现代化净水厂技术手册

洪觉民　主编
陆坤明　主审
蒋继申　胡修国　陈　柳　副主编

中国建筑工业出版社

图书在版编目（CIP）数据

现代化净水厂技术手册/洪觉民主编. —北京：中国建筑工业出版社，2012.9（2022.4重印）
ISBN 978-7-112-14595-9

Ⅰ.①现…　Ⅱ.①洪…　Ⅲ.①净水-水厂-工艺-技术手册
Ⅳ.①TU991.2-62

中国版本图书馆 CIP 数据核字（2012）第 190313 号

本手册是推进城镇净水厂现代化科学技术管理的专业工具书。手册是在调查研究我国现代净水厂建设、运行、管理经验基础上，阐述了现代化水厂的理念、目标和总体要求，系统介绍了水源保护、水质标准和目标、常规净水工艺（加药与混凝、沉淀与澄清、过滤、消毒、地下水除铁、除锰、除氟）、排泥水处理、生物预处理与深度处理、水泵与水泵站、电气设备、通用机械、自动化和信息化等净水厂各种设施、设备的基本原理、基本构造、基本操作方法、运行维护及安全管理要求等，还介绍了供水企业应急预案和水厂应急净水技术。手册内容新颖丰富、资料翔实、深入浅出、通俗易懂，实用性、可操作性强。可供城镇和厂矿供水企业决策人员、技术、管理和操作人员阅读使用，也可作为技术培训教材及设计、研究单位、大专院校师生参考书。

* * *

责任编辑：俞辉群　王美玲
责任设计：董建平
责任校对：刘梦然　陈晶晶

现代化净水厂技术手册

洪觉民　主编
陆坤明　主审
蒋继申　胡修国　陈　柳　副主编

*

中国建筑工业出版社出版、发行（北京西郊百万庄）
各地新华书店、建筑书店经销
北京红光制版公司制版
北京盛通印刷股份有限公司印刷

*

开本：787×1092毫米　1/16　印张：61　字数：1518千字
2013年1月第一版　　2022年4月第八次印刷
定价：**190.00**元
─────────────────
ISBN 978-7-112-14595-9
（37502）

主 编 介 绍

　　洪觉民，教授级高级工程师。1957年上海城市建设工程学校给水排水专业毕业。1964年抚顺科技学院工业与民用建筑专业毕业。从事城市供水专业工作55年，前27年在辽宁省抚顺市工作，曾任抚顺市规划设计处副处长、抚顺市自来水公司副经理、总工程师等职。1984年到杭州市工作后，先后担任杭州市自来水扩建指挥部副指挥、杭州市自来水总公司总工程师、杭州市水业集团高级顾问、浙江省城市水业协会秘书长等职。现为住房和城乡建设部"城市水务专家组"专家、中国水协科技委顾问、中国土木工程学会水工业分会给水委员会顾问，《给水排水》、《供水技术》杂志编审委员会委员。

　　曾独立完成和主持领导了数十项给水排水工程设计；主持和组织了"臭氧活性炭处理被污染水源"、"流动电流单因子凝聚投药自动控制生产性试验"等多项科学研究；在抚顺市和杭州市多项新建、扩建水厂工程中担任现场指挥、甲方技术负责人，参加评审了省内外数十座净水厂设计。先后获得了建设部、辽宁省、杭州市4个科技进步奖；发表过数十篇论文；主编了《中国城镇供水技术发展手册》、《中小自来水厂管理维护手册》、全国城镇水务管理培训丛书《城镇供水》、《城镇供水排水建设与施工》等4本专著；主持了"浙江省城市供水现代化研究报告"、浙江省城市供水现代化水厂和现代化营业所的"评价标准"和"实施细则"的研究和编写工作并在浙江省组织实施。在全国《城市供水行业2010年技术进步发展规划及2020年远景目标》中编著了"提高城市供水水质的技术路线"和"合理选择二次供水方式专题报告"两个专题。2009年12月被中国给水排水协会授予"城镇供排水行业突出贡献个人奖"。

序

　　洪觉民先生主编的《现代化净水厂技术手册》在国家新的《生活饮用水卫生标准》正式实施之际和广大读者见面了，这是一件很有意义的事，谨表祝贺。洪觉民先生是我们行业内有名望的老专家、老同志。他从 1997 年开始担任中国给水排水协会常务理事、浙江省城市水业协会秘书长。我在中国水协工作期间和他相处共事，深感他积极热情、充满活力、不断创新、与时俱进的可贵；对他渊博的技术知识、卓越的工作能力和实事求是的工作作风，印象颇深；对中国水协的工作给了很多帮助启示和教益，非常敬佩。这位老专家 2009 年 70 岁退休后，本来可以颐养天年，但他仍孜孜不倦地将多年积累的宝贵经验主持撰写了《现代化净水厂技术手册》。这本书实际上是供水行业开展创建现代化净水厂取得卓越成就的技术总结。浙江省城市水业协会根据浙江省的实际情况提出了《浙江省城市供水现代化研究报告》和"现代化净水厂"与"现代化营业所"的评价标准。通过几年的努力，使浙江省城市供水行业取得令人瞩目的技术成就。我几次去浙江考察学习，现代化净水厂和营业所的设施及管理水平给我留下深刻印象。现在正当我们行业为全面实施国家新的《生活饮用水卫生标准》而不懈努力时，《现代化净水厂技术手册》的出版发行，无疑是我们提高净水厂科学技术管理水平的及时雨和良师益友。该手册不仅内容系统、全面、丰富，还搜集了不少自来水公司的生产、运行和管理经验。这些经验切合实际，可操作性强。这本手册应该会受到我们行业内外的广大读者欢迎。借此机会向浙江省城市水业协会的领导和同志们取得的成绩表示衷心祝贺，向多年来对中国水协和我工作的支持、帮助表示真诚的感谢！

中国城镇给水排水协会会长　李振东

2011 年 9 月

前　言

　　我国城镇供水事业近 30 年来发展迅速，据最新统计，城镇净水厂（也称自来水厂）已达 4500 余座，日供水能力约 3.87 亿 m³，从业人员约 38 万人，其中专业技术人员达 7 万余人。这些水厂特别是 20 世纪 90 年代以来建设的水厂大都采用了新工艺、新技术、新设备，自动化水平较高。当前存在的突出问题是没有对这些新型净水厂多年积累的技术资料、运行数据和管理维护经验进行系统整理、分析总结提高，编辑成书。因而当前市场上给水排水专业专著很多，绝大多数是教学、设计、施工、科研方面的，管理维护水厂设施和设备方面的书几乎是凤毛麟角。特别是缺少能够结合水厂实际，系统帮助指导水厂科学管理方面的专业技术参考书，可操作性强的工具书。本人在 20 世纪 90 年代初曾编著了《中小自来水厂管理手册》，出版后深受欢迎，近几年还有不少读者索取，但那本书已经过时了，迫切需要重编一本。退休前由于工作繁忙，未能如愿。现在趁尚有精力将几十年收集到的许多专家、学者有关的专著、论文、各兄弟自来水公司的经验资料进行整理、归纳、汇总，这不仅是我多年的宿愿也是编写这本手册的初衷。

　　这本手册取名《现代化净水厂技术手册》是因为从 21 世纪开始，我国已进入全面建设小康社会，加快推进社会主义现代化建设新的发展阶段。城镇供水是城市不可缺少的基础设施，是城市的生命线，应该率先实现现代化。城镇供水现代化应以发达国家供水技术的实际水平，制定发展目标，应在城市实现现代化目标之前达到现代化。2003 年浙江省城市水业协会在全体会员单位的共同努力下，完成了《浙江省城市供水现代化研究报告》。浙江省建设厅在印发该报告时指出"该报告提出的总体要求、基本目标、主要任务基本符合我省各地城市供水企业建设与发展的实际情况。"接着又在广大会员单位的积极支持努力下，在 2005 年编制了《浙江省城市供水现代化水厂评价标准》，出台了该标准的实施细则（2005 版与 2008 版）。经过几年的实践，证明开展现代化水厂的创建活动是供水行业自我约束、自我发展的良好形式，有利于提高供水企业的供水质量、服务质量和安全保障。现在全省创建活动正在健康地发展，形势很好。已经涌现了绍兴宋六陵水厂（80 万 m³/d）、金华金沙湾水厂（30 万 m³/d）、嘉兴贯泾港水厂（15 万 m³/d）、桐乡运河水厂（20 万 m³/d）、温州状元水厂（20 万 m³/d）、台州黄岩水厂（20 万 m³/d）、上虞大三角水厂（15 万 m³/d）、杭州南星水厂（40 万 m³/d）、衢州第三水厂（15 万 m³/d）、宁波市东钱河水厂（50 万 m³/d）等一批现代化水厂，全省已有 70 个供水企业 88 座水厂的水质达到了《生活饮用水卫生标准》GB 5749—2006 的要求，占全省供水能力的 92.32%，受到了中国水协的表彰。在创建现代化水厂和全面贯彻执行新的国家《生活饮用水卫生标准》的活动中，全省供水企业的领导、技术人员和广大职工积极主动，克服困难，采取了许多有针对性措施，取得了宝贵经验。总结和推广这些省内和省外供水企业在建设、运行和管理中取得的实际经验也是撰写本手册的愿望、责任和动力。

本手册共分16章。第1章概论，阐述了城市供水现代化和现代化净水厂的理念、目标、总体要求和评价标准；第2章介绍了对水源保护基本要求和对地表水、地下水，水库、湖泊水取水设施的技术管理要求；第3章释义了水质标准、法规和水质目标；第4章介绍了水厂工艺设施、设备管理的基本要求；第5章全面介绍了净水厂中常用药剂的配制和投加、混合、絮凝的基本要求与管理；第6章沉淀与澄清、第7章过滤、第8章消毒、第9章地下水除铁、除锰及除氟，系统介绍了常规处理的各种构筑物、设备的构造原理、操作维护管理方法、常见故障及排除；第10章排泥水处理主要介绍了工艺要求和常用脱水机械的性能和管理；第11章生物预处理与深度处理介绍了工艺原理、技术要求和建设、运行管理的主要经验；第12章重点介绍了在发生突发性水污染事故时净水厂应急净水技术和案例；第13、14、15章全面介绍了水泵与水泵站、供电和常用机械的基本知识、基本技术和管理要求；第16章全面阐述现代化净水厂的自动化和信息化的主要内容、基本配置及应达到的水平和管理要求。

本手册第1章至第12章由洪觉民执笔，其中10.3.3、11.1、12.4.3由嘉源自来水公司徐兵撰写；11.6由杭州市水务集团朱建文撰写；第13、14、15章由胡修国执笔；第16章由蒋继申执笔。第1章至第12章插图由杭州水务集团刘升彧组织吴莹锋、王岚、何燕君、应松枝、廖静、梁策、吕圣波绘制。全书由洪觉民和陈柳统稿，由中国水协科技委原副主任、深圳水务集团原总工程师陆坤明教授级高级工程师主审。在本手册编写中得到了中国城镇给水排水协会李振东会长、刘志琪常务副秘书长、清华大学王占生、李汉忠教授等鼓励支持，得到了浙江省城市水业协会、杭州市水务集团、宁波、温州、绍兴、嘉兴、桐乡等许多水务企业领导的帮助和支持；杭州市水务集团、绍兴宋六陵水厂、嘉兴贯泾港水厂、上海市政工程设计研究院、杭州天健流体控制设备有限公司、浙江卓锦工业技术有限公司、WT公司上海办事处、HACH公司北京办事处、深圳欧泰华环保科技有限公司、珠海九通水务有限公司等为本手册提供了宝贵资料，在此一并向为本手册付出辛勤劳动的所有同志表示衷心感谢！由于编者水平有限，不足与错误之处在所难免，请广大读者批评指正。

洪觉民

6

目　　录

第 1 章 概 论

1.1 现代化的概念

1.1.1 什么是现代化

《辞海》对现代化的解释是"不发达社会成为发达社会的过程和目标。作为过程，其首要标志是用先进科学技术发展生产力，生产和消费水平不断提高，社会结构及政治意识也随之出现变化。作为目标，它一般指以当代发达社会为参考系的先进科学技术水平、先进生产力水平及消费水平。"

现代化一般理解就是从传统社会向现代社会、传统经济向现代经济、传统政治向现代政治、传统文明向现代文明等各个方面的转变。传统和现代是相对的，是不断变化的，不断前进的。

1.1.2 现代化标准

1. 现代化的理论

现代化是动态的。现代化研究也是不断发展的。现代化有两种理论：一是"经典现代化理论"，该理论认为现代化不仅是一个历史过程，也是一种发展状态，是指发达国家已经达到了的世界先进水平；二是"后现代化理论"，该理论认为现代化的核心是社会目标，不单是加快经济增长，而且要增加人类幸福，提高生活质量。

我国学者在 20 世纪 90 年代提出了第二次现代化理论。该理论认为从人类诞生到 21 世纪，人类文明的发展可分为工具时代、农业时代、工业时代和知识时代等 4 个时代，每一个时代都包括起步期、发展期、成熟期和过渡期等四个阶段。从农业时代向工业时代，农业经济向工业经济，农业社会向工业社会，农业文明向工业文明的转变过程是第一次现代化；从工业时代向知识时代，工业经济向知识经济，工业社会向知识社会，工业文明向知识文明的转变过程是第二次现代化。文明发展具有周期性和加速性，知识时代不是文明进程的终结，将来还会有新的"现代化"。

2. 现代化标准

第一次现代化标准一般按 10 个指标衡量。主要有：人均国内生产总值、农业增加值比重、服务业增加值比重、农业劳动率比重、城市人口比例、医疗服务、婴儿存活率、预期寿命、成人识字率、大学普及率等。

第二次现代化标准分 4 个方面共 16 项指标，主要有：知识创新（指知识创新经费、人员投入）、知识传播（指中学、大学、电视机、因特网普及率）、知识应用生活质量方面

（指城镇人口比例、医疗服务、生育率、婴儿存活率、人均能源消费）、知识应用经济质量方面（指 GDP、人均购买力、农业增加比例、知识产业增加值比例、物资产业劳动力比重）等。

1.1.3 现代化内涵

现代化内涵主要有以下几个方面：

1. 要达到中等发达国家当前的实际水平。

2. 绝不是单纯的物质现代化，而是包括技术产业、社会、文化等因素在内的全方位现代化。

3. 现代化是一个目标，也是一个过程，而且是一个不断促进各行各业发展的过程。

实现现代化首要解决观念现代化。只有冲破旧观念、旧思想才能有发展的新思想、新观念，这是实现现代化的思想基础。在现代化进程中不断采用新技术、新设备、新能源以达到更高的效益，更低的成本，这是实现现代化的重要标志。

1.1.4 中国现代化目标

1. 中国现代化目标

1964 年 12 月 21 日在全国人大三届一次会议上，周恩来总理在政府工作报告中正式提出了"把中国建设成为一个具有现代农业、现代工业、现代国防和现代科学技术的社会主义强国"的宏伟目标。

邓小平同志最早用"小康"描述中国式现代化，"小康"源出《诗经》："民亦劳止，汔可小康"。邓小平同志系统阐述了我国现代化建设"三步走"的发展战略。第一步战略目标是到 1990 年，国民生产总值比 1980 年翻一番，解决温饱问题；第二步战略目标是到2000 年，国民生产总值再翻一番达到小康水平；第三步战略目标是到 2050 年达到世界中等发达国家水平，基本实现现代化。

党的十六大确立了全面建设小康社会的目标，提出"我们要在本世纪的头二十年集中力量，全面建设惠及十几亿人口的更高水平的小康社会，使经济更加发展、民主更加健全、科教更加进步、文化更加繁荣、社会更加和谐、人民生活更加殷实"。2007 年，党的十七大报告中指出："我们已经朝着十六大确立的全面建设小康社会的目标迈出了坚实步伐，今后要继续努力奋斗，确保 2020 年实现全国建成小康社会的奋斗目标。"

综上所述，中国现代化目标是在 2020 年前全面建设惠及十几亿人口更高水平的小康社会，完成第一次现代化，在 2050 年前达到中等发达国家水平，基本实现第二次现代化。

2. 中国现代化进程

改革开放以来，中国现代化进程发展迅速，部分地区现代化水平与世界先进水平的差距明显缩小。2007 年中国内地 31 个省、自治区、直辖市中已有 17 个地区完成或基本实现第一次现代化。预计 2020 年前全国能完成第一次现代化。第二次现代化中国同样在迅速发展。2006 年，中国内地有 6 个地区第二次现代化指标已达到或超过世界平均水平。2010 年 5 月 24 日国务院批准了《长江三角洲地区区域规划》，明确到 2015 年长三角地区率先实现全面建设小康社会的目标。人均地区生产总值达 66000 元，核心区 77000 元；服务业比重达到 45%，核心区 47%；城镇化水平达到 64%，核心区 67%；研究经费支出占地区生产总值的 2%，核心区 2.5%。到 2020 年长三角地区力争率先基本实现现代化，人均地区生产总值达到 109000 元，核心区 130000 元；服务业比重达 53%，核心区 54%；城镇化水平达到 72%，核心区达 75%左右。

1.2 供水现代化

"从 21 世纪开始，我国已进入全面建设小康社会，加快推进社会主义现代化的新的发展阶段。"城市基础设施是现代化城市的重要组成部分和标志。城镇供水是城市不可缺少的基础设施，是城市的生命线，应该率先实现现代化。城镇供水现代化应以发达国家供水的实际水平，制定发展目标，并且应该在城市实现现代化目标之前达到现代化。

1.2.1 供水现代化总体要求

1. 城乡居民都能喝到安全可靠的自来水；
2. 能满足用户需要的水压；
3. 水质符合国家生活饮用水卫生标准，达到国际先进水平；
4. 服务以客户为中心，满意为标准；
5. 有可靠的供水安全保障能力。

1.2.2 供水现代化主要任务

1. 继续新建、扩建和改造水厂，保持供水能力适度超前

现代化城市的供水能力应充分满足社会发展和人民生活需要。由于供水工程建设周期较长，供水能力应适度超前，供需比（供水能力与最高日需水量之比）应保持在 1.1~1.2 左右。

2. 实施城乡供水一体化，提高用水普及率

城市供水应打破城市和农村的界限，跨地区、跨行政区域发展，实施城乡供水一体化。用水普及率要以全体居民计算，达到 90%~95%以上。

3. 不断提高供水水质，提高供水安全保障能力

供水水质关系到人民身体健康，不断提高供水水质是供水企业神圣的任务。国家颁布的《生活饮用水卫生标准》是基于"确保居民终生饮用安全"的基础上制定的，在检测项目数量和指标限值上都已与国际接轨。饮用达到标准的自来水是安全的，可以放心饮用。但是居民生活水平和生活质量进一步提高后，不仅需要安全合格的自来水，而且需要浊度更低、有机物更少、口感更好，安全更有保障的水。发达国家的供水水质都是在达到国家标准基础上追求更加卓越。作为现代化城市的供水水质，应将达到国家规定标准作为最低要求，继而更进一步努力使水质达到国内先进水平和国际先进水平。

供水安全保障能力，不仅体现在保障供水水质上，而且还要体现在安全供水上。目前我国城市供水安全保障能力与国际先进国家相比差距还是很大的，国内地区之间发展也不平衡。因此不断提高供水水质，提高供水安全保障能力仍是实现供水现代化的重要任务。

4. 创建现代化水厂

净水厂是城市供水系统的主要组成部分，城市供水现代化首要任务是水厂现代化。水厂现代化的根本目标就是要使水厂保证不间断地供应质量优良的水。现代化净水厂要有确保水质的处理工艺，要有先进的加药手段和方法，要有可靠先进高效的设备，要实现自动控制，要管理科学、安全生产、环境优美。

5. 加强管网的建设和管理，创建现代化营业所

管网现代化是城市供水现代化的重要方面。现代化的管网应能保证服务水压，水质不受二次污染，漏损得到严格控制，调度优化高效，实现信息化管理。

营业所是管网管理和营销服务的基层部门。现代化营业所的基本概念是：客户服务规范优质，内部管理科学高效，技术装备先进、可靠，员工队伍敬业、优秀，经营业绩突出优良。现代化营业所的核心是"现代化"，即在管网建设与管理、营销服务上与国际接轨，达到世界先进水平。

6. 大力发展城市供水自动化和信息化

自动化和信息化是先进生产力的主要标志。城市供水只有全面实施自动化和信息化才能加快实施现代化。

城市供水自动化和信息化的主要目的是切实保证供水水质，提高供水安全可靠性；切实满足客户需求，提高服务质量；切实加强企业管理，降低成本，提高经济效益和社会效益。

城市供水自动化和信息化的主要任务是建立水厂监测与控制系统（DCS）、计算机辅助调度系统（SCADA）、管网地理信息系统（GIS）、客户服务系统（MIS）、抄表营业收费系统和办公管理信息系统，以及将这些系统集合成计算机网络系统。

城市供水自动化和信息化实施原则是总体规划，分步实施，逐步完善，系统整合，保证适用，适度超前，量力而行，讲究效益。

7. 全方位提高服务质量

树立"以客户为中心，以满意为标准"的服务理念，使客户全方位满意。现代化供水服务的发展趋势是将客户服务中心智能化，做到有求必应，快速反应，一站式服务。

8. 加快企业改革，形成引入市场机制的管理体制和经营机制

城市供水的突出特点是它的"公益性"。城镇供水行业改革要强调引入市场机制，要按照产业清晰、权责明确、政企分开、管理科学为目标建立现代企业制度。引入市场机制，以创新的精神切实加强企业管理。

9. 积极推进供水价格步入科学与法制的轨道

城市供水应实行装表到户，抄表到户，按户计量收费。城市供水价格应遵循补偿成本、合理收益，节约用水、公平负担的原则使城市供水企业具有能够促进发展的合理的盈利。

10. 实施节约用水，建设节水型城市

要从战略的高度，充分认识节约用水，保护水资源的重大意义，将节约用水放在突出位置，大力推行节约用水措施，建设节水型城市。

1.2.3 加快实现城市供水现代化

1. 实现城市供水现代化应率先创建现代化水厂和现代化营业所。创建现代化水厂和营业所是供水行业落实科学发展观的具体体现，是供水行业自我约束、自我发展的良好形式，有利于提高供水质量、服务质量和安全保障。每个城市应先成功创建一个现代化水厂或营业所，用现代化水厂或营业所来推动城市供水现代化。

创建现代化水厂和营业所的关键是领导重视，全面发动。要将创建工作列入企业的发展规划和年度经营管理计划中，切实抓紧、抓实，抓出成效。将创建的重点放在加强企业管理，强化内部考核，提高人员素质上，认真对照现代化水厂和营业所评价标准，找出差距，严格整改。

2. 供水行业实现现代化的主要工程是：城乡供水一体化工程，水厂改造提高水质工程，管网更新和改造工程，一户一表和二次供水改造工程以及信息化工程等。要将实现城市供水现代化的主要工程和目标争取列入政府为民办实事的重点项目。只要同心同德，励精图治，埋头苦干，城市供水现代化一定会早日实现。

1.3 现代化净水厂

1.3.1 现代化水厂总体要求

1. 出厂水质优良，生产安全可靠；
2. 设备先进，自动化程度高；
3. 管理科学，人员少，成本低；
4. 环境优良，排泥水无害化处理；
5. 对各类突发事件有应急预案和应对能力。

1.3.2 现代化水厂评价标准

为推动现代化水厂创建，浙江省城市水业协会参照国内外先进水厂的实际水平，本着"高标准、严要求"、"可望又可及"、"可操作性"的原则，在全省供水企业的领导和专家反复研究讨论基础上，制定了《浙江省城市供水现代化水厂评价标准实施细则》。

1. 现代化水厂基本条件

浙江省制定的现代化水厂评价标准对现代化水厂提出的基本条件是：

（1）具有一定的生产规模，设计能力 $\geqslant 5 \times 10^4 \mathrm{m}^3/\mathrm{d}$，并且实际最高日负荷率 $\geqslant$ 设计能力的 60%；

（2）通过 ISO 9001 质量管理体系和 ISO 14001 环境管理体系的认证；

（3）出厂水水质应达到评价标准规定的出厂水水质要求；

（4）连续三年没有发生责任性水质事故和生产安全事故。

2. 现代化水厂评价项目

《浙江省城市供水现代化水厂评价标准实施细则》对现代化水厂评价制定了 7 个评价

项目：水质要求（25分）、净水工艺（13分）、电气机械设备（17分）、自动化和信息化（20分）、管理科学（11分）、安全生产（4分）、环境优美（10分）。共67个分解项目，评价总分为100分。符合基本条件且考评总分在90分以上时，可评为合格的现代化水厂。

1.3.3 现代化水厂主要技术要求

1. 现代化水厂出厂水水质要求

（1）现代化水厂应有完善的原水水质在线监测和水质预警设施；原水监测（采样点、频率、检测项目）要符合国家有关标准的相关要求；对水源水质要进行定期调查和分析。

（2）供水水质除应达到《生活饮用水卫生标准》GB 5749—2006的规定外，还应达到现代化水厂出厂水优质标准（见本手册3.4.3表3-13）。并要求浑浊度（简称浊度）、余氯、pH24h在线检测，正点记录，各检测项目合格率≥95%（必备条件）。其余检测项目、检测频率都要符合国家相关规定，合格率要≥95%。

2. 现代化水厂净水工艺

（1）现代化水厂净水工艺在确保出厂水质达标的前提下，应先进、可靠、完善。应根据不同水源的原水水质采取不同的处理方式。原则上：

1）对Ⅰ~Ⅱ类水体采取常规和强化常规处理；

2）对Ⅲ类及以上，有机物、臭味等水质指标又经常不能达标的水源要在强化常规处理基础上增加深度处理；

3）对水源受到有机污染并含氨氮较高的原水水质在常规处理、深度处理之前增加生物预处理；

4）对存在季节性有机污染的Ⅱ类水体和饮用水有臭味时，可采用预氧化、投加粉末炭等处理措施。

（2）对水库、湖泊水源要有预防监控和处理季节性藻类及其他特殊超标项目如铁、锰的技术措施。

（3）现代化水厂都要有应对突发性水质污染应急处置能力。加药间应配备相应的多种净水药剂，如混凝剂、助凝剂、助滤剂、pH调节剂、氧化剂、吸附剂等。

（4）现代化水厂对净水构筑物要定期进行技术测定。

3. 现代化水厂的机电设备

现代化水厂的机电设备要求先进、高效、安全可靠，杜绝人为责任事故。设备完好率要在98%以上，要有健全的设备管理制度和可靠的电气配置，配水电耗要在380~405kWh/（km³·MPa）以下。

4. 现代化水厂的自动化信息化

现代化水厂要有合理、完善、安全和高效的自动控制系统，生产基本由计算机控制，在线仪表配置齐全，安装规范，运行正常，生产过程控制正确，技术参数先进合理，并建立有效的管理信息系统，外围配置完好齐全。

5. 现代化水厂的管理

现代化水厂要求管理科学。各工艺单元要具有内控标准，员工持证上岗率达100%，水厂总人数不超过60人，建立员工绩效考核制度，物资、设备、仪器、仪表采购、验收、领用、报废制度齐全，计量符合法规，对职工有计划有针对性地进行培训等。

6. 现代化水厂安全要求

现代化水厂应具有严格的安全生产制度，危险品管理制度、消防制度和必要的设备设施；要有各种事故的应急处理预案；劳动保护、职业卫生符合国家规定。

7. 现代化水厂的环境

现代化水厂应环境优美，排泥水得到有效处理，厂区清洁整齐、功能区分明确，进行了较好的绿化。

第 2 章 水源保护与管理

2.1 概述

2.1.1 水源保护与管理的基本要求

饮用水水源是指向供水企业生产饮用水提供原水的水源。做好饮用水水源保护与管理，对于维持水厂正常生产、保证供水质量、降低制水成本有着重要意义。

1. 地方政府对水源保护的基本职责

根据中华人民共和国《水法》和《水污染防治法》等有关法律、法规的规定，地方政府对水源保护的基本职责是：

（1）对本辖区内饮用水水源的水环境质量负责。饮用水水源保护工作应纳入各级人民政府环境保护目标考核评价范围。

（2）将饮用水水源保护纳入国民经济和社会发展规划。

（3）制定饮用水水源保护规划、建立明确的水源保护区和饮用水水源保护条例。

（4）原水水质应符合国家《地表水环境质量标准》GB 3838、《地下水环境质量标准》（GB/T 14848）。

（5）各级地方环境保护行政主管部门应负责对自辖区的饮用水水源保护工作实施监督管理。

（6）饮用水水源保护工作应实行"统一规划、预防为主、防治结合、确保安全"的原则。

2. 供水企业对水源保护与管理的基本要求

（1）按划定的水源保护区，设立地理界标和明显的警示标志。

（2）定期对原水水质开展调查、分析与评价。

（3）原水水质监测的采样点、频率、检测项目符合《生活饮用水卫生标准》GB 5749—2006 的规定要求。

（4）取水设施可靠完好，管理科学。

（5）有针对水源发生突发性水污染事故的应急预案和应对措施。

2.1.2 水资源

1. 概述

水资源是地球上最为宝贵的财富，是人类和一切生物生存和发展不可缺少的物质。水资源指的是地球上所有气态、液态或固态的天然水。世界人均水资源占有量约为 8350m³。我国多年平均水资源总量约 2.81 万亿 m³，居世界第 6 位。但我国人均水资源占有量为

2231m³，仅为世界平均水平的 1/4，居世界第 128 位（2008 年），是联合国认定的"水资源"紧缺国家。

2. 水资源分类

天然水资源分为降水、地表水和地下水三大类。

（1）降水

降水可分为液态、固态和液固混合型。液态降水有毛毛雨、雨、雷阵雨、冻雨、阵雨等；固态降水有雪、雹、霰等；液固混合型降水有雨夹雪等。衡量降水强度的单位是降水量。气象部门按降水量大小分为小雨、中雨、大雨、暴雨、特大暴雨；小雪、中雪、大雪和暴雪等。降水的特点是水质较好，含矿物质较少，但降落地面后也受到污染，降水本身有时出现酸雨。降水一般集中在每年 6 月～9 月，约占全年降水量的 70%～80%，称丰水期。一年中水量较小、水位较低的时期，一般在每年 12 月至翌年 2 月，称枯水期，其余时间称平水期。

（2）地表水

地表水是降水在地表径流经汇集后形成的水体，包括江河水、湖泊水和水库水等。地表水除了由降水为主要补给源外，与地下水也有相互补给的关系，地表水水量和水质受流经地区的地质、气候、季节及人为活动等因素的影响较大。

（3）地下水

地下水是存在于地壳岩石裂缝或土壤空隙中的水，分浅层地下水、深层地下水和泉水。浅层地下水是指潜藏于地表以下第一个不透水层以上的地下水，俗称潜水或无压地下水，其水量直接由下渗的降水补给，受气象因素影响较大；深层地下水是指在第一个不透水层以下的地下水，由于地层起伏不平，含水层内水位不同，某些地下水具有压力，凡是具有压力的深层地下水也称承压地下水；泉水是由地表缝隙自行涌出的地下水。

3. 我国水环境状况

我国不仅人均水资源较少，而且水源污染相当严重。据 2010 年中国水环境状况公报：全国城市中废水排放总量达到 572 亿 m³，其中生活污水 330.1 亿 m³，处理率仅 42%，长江、黄河、珠江、松花江、淮河、海河和运河七大水系，203 条河流，408 个断面中Ⅰ～Ⅲ类的占 59.6%，Ⅳ～Ⅴ类的占 24.0%，劣Ⅴ类的占 16.4%。国家控制的重点湖（库）中，Ⅰ～Ⅱ类水体占 14.3%，Ⅲ类水体占 7.1%，Ⅳ类水体占 21.4%，Ⅴ类水体占 17.9%，劣Ⅴ类水体占 39.3%。

综上所述，我国水资源紧张的原因是三种情况造成的：一是资源性缺水，二是污染性缺水，三是管理性缺水。因此保护水源、治理污染、合理开发、节约用水等是实现我国社会经济可持续发展的重要条件。

2.1.3　水功能区

水功能区是根据水资源的自然属性、社会属性将一定范围的水域划定为具有某种特定价值与作用的区域。划分功能区主要作用是为满足水资源合理开发利用和有效保护。水功能区分为一级区和二级区。一级区分为保护区、缓冲区、开发利用区和保留区四类。二级区在一级区划定中的开发利用区中划分，分为饮用水源区、工业用水区、农业用水区、渔业用水区、景观娱乐用水区、过渡区和排污控制区，见图 2-1。

水功能区划分分类系统

一级区划：保护区　缓冲区　开发利用区　保留区

二级区划：饮用水源区　工业用水区　农业用水区　渔业用水区　景观娱乐用水区　过渡区　排污控制区

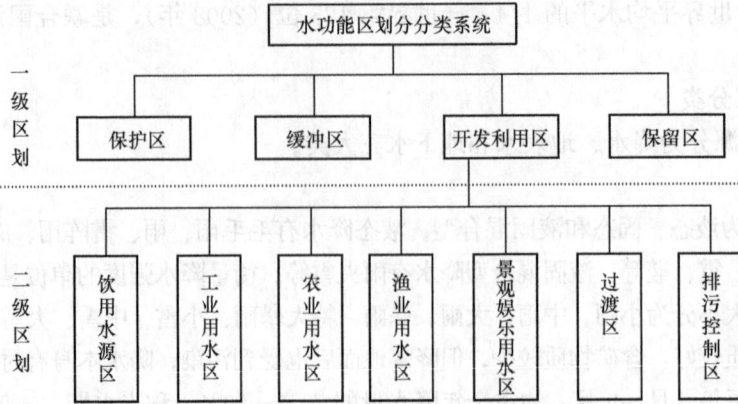

图 2-1　水功能区划分

2.2　水源保护区

饮用水源保护区是指国家为保证水源地环境质量而指定一定面积的水域和陆地，并要求加以特殊保护的区域。分为一级保护区和二级保护区；必要时在水源保护区外围划定一定的区域作为准保护区。饮用水水源保护区的划定，由有关市、县人民政府提出划定方案，报省、自治区、直辖市人民政府批准；有关地方人民政府应当在饮用水水源保护区的边界设定明确的地理界标和明显的警示标志并制定相应的管理条例。

2.2.1　水源保护区的划分

在水环境功能划分中，应将饮用水水源保护区的设置和划分放在最优先位置。跨地区的河流、湖泊、水库、输水渠道原则上上游地区不得影响下游（或相邻）地区对水源质量和合理水量的要求。

1. 河流型饮用水水源保护

河流型饮用水水源保护区划分见表 2-1。

河流型饮用水水源保护区　　　　　　　　　　表 2-1

	一级保护区		二级保护区	
	长度	宽度	长度	宽度
水域范围	1. 应用二维水质模型等方法，分析计算确定。 2. 一般河流从一级保护区上游边界延伸不小于 1000m，下游不小于 100m。 3. 潮汐河段，上、下游两端范围相当，范围可适当扩大	1. 5 年一遇洪水所能淹没的区域。 2. 通航河道，以河道中泓线为界，保留一定宽度的航道外，规定的航道内界线到取水口的范围。 3. 非通航河道为整个河道范围	1. 应用二维水质模型等方法计算确定。 2. 一般河流从一级保护区上游边界延伸不小于 2000m，下游不小于 200m。 3. 潮汐河段不宜采用类比经验方法，应采用模型计算方法	1. 一级保护区向外 10 年一遇洪水所淹没的区域。 2. 有防洪堤的河段为防洪堤内的水域
陆域范围	不小于相应的一级保护区水域长度	沿岸纵深与河岸的水平距离不小于 50m	不小于二级保护区水域河长	沿岸纵深范围不小于 1000m，对于流域面积于 100km² 的小型流域为整个集水范围

注：1. 一级保护区上、下游范围不得小于卫生部门规定的饮用水源卫生防护带范围。
2. 保护区范围确定后，应同时开展跟踪监测。若发现划分结果不合理，应及时予以调整。
3. 准保护区需要设置时可参照二级保护区的划分方法。

2. 湖泊、水库型饮用水水源保护区

湖泊、水库饮用水水源保护区划分见表2-2。

湖泊、水库饮用水水源保护区 表 2-2

湖、库种类	一级保护区		二级保护区	
	水域范围	陆域范围	水域范围	陆域范围
小型水库和单一供水功能的湖泊水库	正常水位以下全部水域面积	取水口侧正常水位线以上200m范围内或一定高程线以下陆域但不超过流域分水岭范围	一级保护区边界外的水域面积	一级保护区以外的上游整个流域
小型湖泊中型水库	取水口半径300m范围内			平原型：一级保护区以外正常水位线以上，水平距离2000m；山区型：水库周边山脊线同脊线以内及入库河流上溯3000m以内汇水区域
大型水库	取水口半径500m范围内	取水口侧正常水位线以上200m范围	一级保护区外径向距离不小于2000m区域，但不超过水面范围	一级保护区外不小于3000m的区域
大中型湖泊	取水口半径500m范围内	取水口侧面正常水位线以上200m范围	同上	一级保护区外不小于3000m的区域

注：1. 大中型湖泊、水库一级和二级保护区在有技术条件时应通过二维水质模型等方法模拟计算确定。
　　2. 一级与二级保护区范围不得小于卫生部门规定的饮用水源卫生防护范围。
　　3. 二级保护区陆域范围主要依据地形条件分析法确定。如果水源地水质受保护区附近点污染源影响严重时，应将污染源集中分布区域划入二级保护区管理范围；如面污染源为主要污染物时，应依据流域内各方面自然地理、环境条件集水汇流特性分析确定，但不超过相应的流域分水岭范围。
　　4. 准保护区按照湖库流域范围、污染源分布及对饮用水源水质影响程度、二级保护区以外的汇水区域设定。

3. 地下水饮用水水源保护区

（1）地下水饮用水水源地分类

地下水饮用水水源地分类见表2-3。

地下水饮用水水源地分类 表 2-3

分类方法	分　类
按含水层介质	1. 孔隙水；2. 基岩裂隙水；3. 岩溶水
按埋藏条件	1. 潜水；2. 承压水
按开采规模	1. 中小型水源（开采量<5万 m^3/d）；2. 大型水源（开采量≥5万 m^3/d）

（2）孔隙水饮用水水源保护区

1）孔隙水饮用水水源保护区划分的一般规定

孔隙水饮用水水源保护区划分的一般规定见表2-4。

孔隙水饮用水水源保护区划分的一般规定　　　　　　表 2-4

保 护 区	保护区划分区域
一级保护区	以取水井为中心，溶质质点迁移 100 天的距离为半径所圈定的范围
二级保护区	一级保护区以外，溶质质点迁移 1000 天的距离为半径所圈定的范围
准保护区	补给区和径流区

2）孔隙水潜水型水源保护区

a）中小型水源地孔隙水潜水型水源地保护范围经验值见表 2-5。

孔隙水潜水型水源地保护范围经验值　　　　　　表 2-5

介质类型	一级保护区半径 R (m)	二级保护区半径 R (m)	准保护区
细砂	30～50	300～500	
中砂	50～100	500～1000	
粗砂	100～200	1000～2000	补给区和径流区
砾石	200～500	2000～5000	
卵石	500～1000	5000～10000	

b）大型水源地保护区

大型水源地采用数值模拟，模拟计算污染物捕获范围为保护区范围。一般按表 2-6 采用。

大型水源地保护区　　　　　　表 2-6

保护区	保护区划分区域
一级保护区	以取水井为中心，溶质质点迁移 100 天的距离为半径所圈定的范围
二级保护区	一级保护区以外，溶质质点迁移 1000 天的距离为半径所圈定的范围
准保护区	补给区和径流区

（3）裂隙水和岩溶水型饮用水水源保护区按有关规定划分

4. 其他

（1）如果饮用水源一级或二级保护区内有支流汇入，应从支流汇入口向上游延伸一定距离，作为相应的一级和二级保护区，可参照上述河流型水源地保护区划分方法划定。

（2）完全或非完全封闭式饮用水输水河（渠）道均应划分为一级保护区，其宽度范围可参照河流型保护区划分方法划定，在非完全封闭式输水河（渠）道及其支流可设二级保护区，其范围参照河流型二级保护区划分方法划定。

（3）湖泊、水库为水源的河流型饮用水水源地，其饮用水保护区范围应包括湖泊、水库一定范围内的水域和陆域，保护级别按具体情况参照湖库型水源划分办法确定。

（4）入湖泊、水库的河流保护区水域和陆域范围的确定，以确保湖泊、水库饮用水水源保护区水质为目标，参照河流型饮用水水源保护区的划分方法确定一、二级保护区范围。

2.2.2　水源保护区的管理

1. 水源保护区

在集中式饮用水水源保护区和准保护区内，必须严格遵守的规定见表 2-7。

水源保护区和准保护区内必须遵守的规定 表 2-7

(1) 禁止向水体排放和倾倒污染物

1) 油类、酸液、碱液或剧毒废液;

2) 工业废渣、城市垃圾和其他废弃物;

3) 放射性固体废弃物或含有放射性物质的废水;

4) 含有汞、镉、砷、铅、铬、氰化物、黄磷等可溶性剧毒废渣,也不能直接埋入地下;

5) 含病原体的污水;

6) 含热废水;

7) 利用无防止渗漏措施的沟渠、坑塘等输送含有毒污染物的废水,含病原体的污水或其他废弃物;

8) 利用渗井、渗坑、裂隙和溶洞排放、倾倒含有毒污染物的废水,含病原体的污水或其他废弃物

(2) 禁止设置堆放和清洗污染物的场所

1) 含有汞、镉、砷、铬、铅、氰化物、黄磷等可溶性剧毒废渣的堆放场所;

2) 贮存工业废水、医疗废水和生活污水的坑塘、沟渠等场所;

3) 禁止在水体清洗装贮过油类或有毒污染物的车辆和容器;

4) 在最高水位线以下滩地和岸坡堆放、存贮固体废弃物或其他污染物;

5) 贮存工业废水、医疗废水和生活污水的池塘、沟渠等场所

2. 准保护区、二级保护区、一级保护区

集中式饮用水水源准保护区、二级保护区、一级保护区内除要遵守以上(2.2.2-1)规定外,还必须遵守的规定见表 2-8。

准保护区、二级保护区、一级保护区必须遵守的规定 表 2-8

准保护区	除要遵守表 2-7 规定外,还必须遵守: (1) 禁止新建、扩建对水体污染的建设项目; (2) 新建、改建、扩建桥梁、码头及其他跨越水体的设施或装置,必须设置独立的水收集、排放和处理系统; (3) 改建项目,不得增加排污量; (4) 禁止在水体内进行网箱养殖、肥水养殖; (5) 禁止进行矿物的勘探、开采活动以及挖砂、采石、取土等有可能影响地下水的活动; (6) 禁止利用污水进行灌溉; (7) 禁止非更新砍伐破坏水源涵养林、护岸林及保护区植被; (8) 人工回灌地下水不得恶化地下水质
二级保护区	集中式饮用水源二级保护区内除要遵守(2.2.2-1)规定外,还必须遵守以下规定: (1) 禁止设置排污口; (2) 禁止新建、改建、扩建排放污染物的建设项目; (3) 禁止在保护区水体清洗船舶、车辆; (4) 禁止设置化工原料、矿物油墨及有毒有害矿产品的贮存场所,以及生活垃圾、工业固体废弃物和危险废物的堆放场所和转运站; (5) 禁止建设无隔离设施的输油管道; (6) 禁止围水造田; (7) 禁止在保护区水体内进行水产养殖,在保护区水体附近进行畜禽养殖; (8) 禁止进行挖砂、采石、取土等有可能影响地下水的活动; (9) 限制使用农药和化肥。 对已建成的排放污染物的建设项目,由县级以上人民政府责令拆除或关闭

续表

一级保护区	集中式饮用水源一级保护区内除要遵守（2.2.2-1 及以上二级保护区的）规定外，还必须遵守以下规定： （1）禁止新建、改建、扩建与供水设施和保护水源无关的建设项目； （2）禁止使用农药和化肥； （3）禁止畜禽养殖活动； （4）禁止与保护水源无关的船只通行； （5）禁止建立墓地，丢弃及掩埋动物尸体； （6）禁止从事旅游、游泳、垂钓或其他可能污染饮用水水体的活动。 对已建成的排放污染物的建设项目，由县级以上人民政府责令拆除

2.2.3　水源卫生防护

2001 年 6 月卫生部在《生活饮用水集中式供水单位卫生规范》中制定了地表水与地下水的水源卫生防护必须遵守的规定：

1. 地表水水源卫生防护规定见表 2-9。

地表水水源卫生防护规定　　　　　　　　　　　　　　　　　　表 2-9

（1）取水点周围半径 100m 的水域内，严禁捕捞、网箱养殖、停靠船只、游泳和从事其他可能污染水源的任何活动。

（2）取水点上游 1000m 至下游 100m 的水域不得排入工业废水和生活污水；其沿岸防护范围内不得堆放废渣，不得设立有毒、有害化学物品仓库、堆栈，不得设立装卸垃圾、粪便和有毒有害化学物品的码头，不得使用工业废水或生活污水灌溉及施用难降解或剧毒的农药，不得排放有毒气体、放射性物质，不得从事放牧等有可能污染该段水域水质的活动。

（3）以河流为给水水源的集中式供水，由供水单位及其主管部门会同卫生、环保、水利等部门，根据实际需要，可把取水点上游 1000m 以外的一定范围河段划为水源保护区，严格控制上游污染物排放量。

（4）受潮汐影响的河流，其生活饮用水取水点上下游及其沿岸的水源保护区范围应相应扩大，其范围由供水单位及其主管部门会同卫生、环保、水利等部门研究确定。

（5）作为生活饮用水水源的水库和湖泊，应根据不同情况，将取水点周围部分水域或整个水域及其沿岸划为水源保护区，并按（1）、（2）的规定执行。

（6）对生活饮用水水源的输水明渠、暗渠，应重点保护，严防污染和水量流失

2. 地下水水源卫生防护规定见表 2-10。

地下水水源卫生防护规定　　　　　　　　　　　　　　　　　　表 2-10

（1）生活饮用水地下水水源保护区、构筑物的防护范围及影响半径的范围，应根据生活饮用水水源地所处的地理位置、水文地质条件、供水的数量、开采方式和污染源的分布，由供水单位及其主管部门会同卫生、环保及规划设计、水文地质等部门研究确定。

（2）在单井或井群的影响半径范围内，不得使用工业废水或生活污水灌溉和施用难降解或剧毒的农药，不得修建渗水厕所、渗水坑，不得堆放废渣或铺设污水渠道，并不得从事破坏深层土层的活动。

（3）工业废水和生活污水严禁排入渗坑或渗井。

（4）人工回灌的水质应符合生活饮用水水质要求

2.3 水源水质标准

2.3.1 地表水环境质量标准

《地表水环境质量标准》GB 3838—83,1983 年首次发布,1988 年第一次修订,1999
年第二次修订,2002 年第三次修订,目前标准为 GB 3838—2002。主要内容如下:

1. 水域功能分类

依据地表水水域环境功能和保护目标,按功能高低依次划分为五类:

Ⅰ类 主要适用于源头水、国家自然保护区;

Ⅱ类 主要适用于集中式生活饮用水地表水源地一级保护区、珍稀水生生物栖息地、
鱼虾类产卵场、仔稚幼鱼的索饵场等;

Ⅲ类 主要适用于集中式生活饮用水地表水源地二级保护区、鱼虾类越冬场、洄游通
道、水产养殖区等渔业水域及游泳区;

Ⅳ类 主要适用于一般工业用水区及人体非直接接触的娱乐用水区;

Ⅴ类 主要适用于农业用水区及一般景观要求水域。

对应地表水上述 5 类水域功能,将地表水环境质量标准基本项目标准值分为五类,不
同功能类别分别执行相应类别的标准值。水域功能类别高的标准值严于水域功能类别低的
标准值。同一水域兼有多类使用功能的,执行最高功能类别对应的标准值。实现水域功能
与达标功能类别标准为同一含义。

2. 地表水环境质量标准

地表水环境质量标准规定不同水域执行不同的标准值。

(1) 地表水环境质量标准基本项目标准限值

地表水环境标准基本项目标准限值适用于全国江河、湖泊、运河、渠道、水库等具有
使用功能的地表水水域。标准限值见表 2-11。

地表水环境质量标准基本项目标准限值(单位:mg/L) 　　表 2-11

序号	分类 标准值 项目	Ⅰ类	Ⅱ类	Ⅲ类	Ⅳ类	Ⅴ类
1	水温(℃)	人为造成的环境水温变化应限制在:周平均最大温升≤1 周平均最大温降≤2				
2	pH 值(无量纲)	6~9				
3	溶解氧≥	饱和率90%(或7.5)	6	5	3	2
4	高锰酸盐指数≤	2	4	6	10	15
5	化学需氧量(COD)≤	15	15	20	30	40
6	五日生化需氧量(BOD₅)≤	3	3	4	6	10
7	氨氮(NH₃-N)≤	0.15	0.5	1.0	1.5	2.0
8	总磷(以 P 计)≤	0.02(湖、库0.01)	0.1(湖、库0.025)	0.2(湖、库0.05)	0.3(湖、库0.1)	0.4(湖、库0.2)

续表

序号	分类 标准值 项目	Ⅰ类	Ⅱ类	Ⅲ类	Ⅳ类	Ⅴ类
9	总氮（湖、库，以N计）≤	0.2	0.5	1.0	1.5	2.0
10	铜≤	0.01	1.0	1.0	1.0	1.0
11	锌≤	0.05	1.0	1.0	2.0	2.0
12	氟化物（以F⁻计）≤	1.0	1.0	1.0	1.5	1.5
13	硒≤	0.01	0.01	0.01	0.02	0.02
14	砷≤	0.05	0.05	0.05	0.1	0.1
15	汞≤	0.00005	0.00005	0.0001	0.001	0.001
16	镉≤	0.001	0.005	0.005	0.005	0.01
17	铬（六价）≤	0.01	0.05	0.05	0.05	0.1
18	铅≤	0.01	0.01	0.05	0.05	0.1
19	氰化物≤	0.005	0.05	0.2	0.2	0.2
20	挥发酚≤	0.002	0.002	0.005	0.01	0.1
21	石油类≤	0.05	0.05	0.05	0.5	1.0
22	阴离子表面活性剂≤	0.2	0.2	0.2	0.3	0.3
23	硫化物≤	0.05	0.1	0.2	0.5	1.0
24	粪大肠菌群（个/L）≤	200	2000	10000	20000	40000

（2）地表水环境质量标准在集中式生活饮用水地表水水源地补充项目标准限值见表2-12。限值适用于水源一级保护区和二级保护区。

集中式生活饮用水地表水水源地补充项目标准限值（单位：mg/L）　表2-12

序　号	项　目	标准值
1	硫酸盐（以SO₄²⁻计）	250
2	氯化物（以Cl⁻计）	250
3	硝酸盐（以N计）	10
4	铁	0.3
5	锰	0.1

（3）地表水环境质量标准对集中式生活饮用水地表水水源地特定项目标准限值见表2-13。限值适用于水源一级保护区和二级保护区。但项目可由县级人民政府环境保护行政主管部门根据本地区地表水水质特点和环境管理需要进行选择。集中式生活饮用水地表水源补充项目和选择确定的特定项目作为基本项目的补充指标。

集中式生活饮用水地表水源地特定项目标准限值（单位：mg/L）　表2-13

序号	项　目	标准值	序号	项　目	标准值
1	三氯甲烷	0.06	6	环氧氯丙烷	0.02
2	四氯化碳	0.002	7	氯乙烯	0.005
3	三溴甲烷	0.1	8	1,1-二氯乙烯	0.03
4	二氯甲烷	0.02	9	1,2-二氯乙烯	0.05
5	1,2-二氯乙烷	0.03	10	三氯乙烯	0.07

续表

序号	项目	标准值	序号	项目	标准值
11	四氯乙烯	0.04	46	四乙基铅	0.0001
12	氯丁二烯	0.002	47	吡啶	0.2
13	六氯丁二烯	0.0006	48	松节油	0.2
14	苯乙烯	0.02	49	苦味酸	0.5
15	甲醛	0.9	50	丁基黄原酸	0.005
16	乙醛	0.05	51	活性氯	0.01
17	丙烯醛	0.1	52	滴滴涕	0.001
18	三氯乙醛	0.01	53	林丹	0.002
19	苯	0.01	54	环氧七氯	0.0002
20	甲苯	0.7	55	对硫磷	0.003
21	乙苯	0.3	56	甲基对硫磷	0.002
22	二甲苯①	0.5	57	马拉硫磷	0.05
23	异丙苯	0.25	58	乐果	0.08
24	氯苯	0.3	59	敌敌畏	0.05
25	1,2-二氯苯	1.0	60	敌百虫	0.05
26	1,4-二氯苯	0.3	61	内吸磷	0.03
27	三氯苯②	0.02	62	百菌清	0.01
28	四氯苯③	0.02	63	甲萘威	0.05
29	六氯苯	0.05	64	溴氰菊酯	0.02
30	硝基苯	0.017	65	阿特拉津	0.003
31	二硝基苯④	0.5	66	苯并(a)芘	2.8×10^{-6}
32	2,4-二硝基甲苯	0.0003	67	甲基汞	1.0×10^{-6}
33	2,4,6-三硝基甲苯	0.5	68	多氯联苯 ⑥	2.0×10^{-5}
34	硝基氯苯⑤	0.05	69	微囊藻毒素-LR	0.001
35	2,4-二硝基氯苯	0.5	70	黄磷	0.003
36	2,4-二氯苯酚	0.093	71	钼	0.07
37	2,4,6-三氯苯酚	0.2	72	钴	1.0
38	五氯酚	0.009	73	铍	0.002
39	苯胺	0.1	74	硼	0.5
40	联苯胺	0.0002	75	锑	0.005
41	丙烯酰胺	0.0005	76	镍	0.02
42	丙烯腈	0.1	77	钡	0.7
43	邻苯二甲酸二丁酯	0.003	78	钒	0.05
44	邻苯二甲酸二(2-乙基己基)酯	0.008	79	钛	0.1
45	水合肼	0.01	80	铊	0.0001

① 二甲苯：指对-二甲苯、间-二甲苯、邻-二甲苯。

② 三氯苯：指1,2,3-三氯苯、1,2,4-三氯苯、1,3,5-三氯苯。

③ 四氯苯：指1,2,3,4-四氯苯、1,2,3,5-四氯苯、1,2,4,5-四氯苯。

④ 二硝基苯：指对-二硝基苯、间-二硝基苯、邻-二硝基苯。

⑤ 硝基氯苯：指对-硝基氯苯、间-硝基氯苯、邻-硝基氯苯。

⑥ 多氯联苯：指 PCB-1016、PCB-1221、PCB1232、PCB1242、PCB-1248、PCB-1254、PCB-1260。

3. 原水水质评价

（1）集中式生活饮用水地表水源地水质评价项目应包括表 2-11 的基本项目、表 2-12 的补充项目以及由县级以上人民政府环境保护行政主管部门在表 2-13 中所选择确定的特定项目。

（2）地表水环境质量评价应根据应实现的水域功能类别，选取相应类别标准进行单因子评价，评价结果应说明水质达标情况，超标的应说明超标项目和超标倍数。

（3）丰、平、枯水期特征明显的水域，应分水期进行水质评价。

（4）集中式生活饮用水地表水源地水质超标的项目经净水厂净化处理后，必须达到《生活饮用水卫生标准》GB 5749—2006 的要求。

2.3.2　地下水环境质量标准

《地下水环境质量标准》GB/T 14848—93 由国家技术监督局 1993 年批准，1994 年 10 月 1 日起实施。其主要内容：

1. 主题内容与适用范围

标准规定了地下水的质量分类，地下水质量监测、评价方法和地下水质量保护。适用于一般地下水，不适用于地下热水、矿水、盐卤水。

2. 地下水质量分类及质量分类指标

（1）地下水质量分类

依据我国地下水水质现状、人体健康基准值及地下水质量保护目标，并参照了生活饮用水、工业、农业用水水质最高要求，将地下水质量划分为五类。

Ⅰ类　主要反映地下水化学组分的天然低背景含量。适用于各种用途。

Ⅱ类　主要反映地下水化学组分的天然背景含量。适用于各种用途。

Ⅲ类　以人体健康基准值为依据。主要适用于集中式生活饮用水水源及工、农业用水。

Ⅳ类　以农业和工业用水要求为依据。除适用于农业和部分工业用水外，适当处理后可作生活饮用水。

Ⅴ类　不宜饮用，其他用水可根据使用目的选用。

（2）地下水质量分类指标

地下水质量分类指标见表 2-14。

地下水质量分类指标　　　　　　　　　　　　　　表 2-14

序号	标准值 项　目　　　　类　别	Ⅰ类	Ⅱ类	Ⅲ类	Ⅳ类	Ⅴ类
1	色（度）	≤5	≤5	≤15	≤25	>25
2	臭和味	无	无	无	无	有
3	浑浊度（度）	≤3	≤3	≤3	≤10	>10
4	肉眼可见物	无	无	无	无	有
5	pH	6.5～8.5			5.5～6.5 8.5～9	<5.5，>9

续表

序号	项目 标准值 类别	I类	II类	III类	IV类	V类
6	总硬度（以 CaCO₃，计）（mg/L）	≤150	≤300	≤450	≤550	>550
7	溶解性总固体（mg/L）	≤300	≤500	≤1000	≤2000	>2000
8	硫酸盐（mg/L）	≤50	≤150	≤250	≤350	>350
9	氯化物（mg/L）	≤50	≤150	≤250	≤350	>350
10	铁（Fe）（mg/L）	≤0.1	≤0.2	≤0.3	≤1.5	>1.5
11	锰（Mn）（mg/L）	≤0.05	≤0.05	≤0.1	≤1.0	>1.0
12	铜（Cu）（mg/L）	≤0.01	≤0.05	≤1.0	≤1.5	>1.5
13	锌（Zn）（mg/L）	≤0.05	≤0.5	≤1.0	≤5.0	>5.0
14	钼（Mo）（mg/L）	≤0.001	≤0.01	≤0.1	≤0.5	>0.5
15	钴（Co）（mg/L）	≤0.005	≤0.05	≤0.05	≤1.0	>1.0
16	挥发性酚类（以苯酚计）（mg/L）	≤0.001	≤0.001	≤0.002	≤0.01	>0.01
17	阴离子合成洗涤剂（mg/L）	不得检出	≤0.1	≤0.3	≤0.3	>0.3
18	高锰酸盐指数（mg/L）	≤1.0	≤2.0	≤3.0	≤10	>10
19	硝酸盐（以 N 计）（mg/L）	≤2.0	≤5.0	≤20	≤30	>30
20	亚硝酸盐（以 N 计）（mg/L）	≤0.001	≤0.01	≤0.02	≤0.1	>0.1
21	氨氮（NH₄）（mg/L）	≤0.02	≤0.02	≤0.2	≤0.5	>0.5
22	氟化物（mg/L）	≤1.0	≤1.0	≤1.0	≤2.0	>2.0
23	碘化物（mg/L）	≤0.1	≤0.1	≤0.2	≤1.0	>1.0
24	氰化物（mg/L）	≤0.001	≤0.01	≤0.05	≤0.1	>0.1
25	汞（Hg）（mg/L）	≤0.00005	≤0.0005	≤0.001	≤0.001	>0.001
26	砷（As）（mg/L）	≤0.005	≤0.01	≤0.05	≤0.05	>0.05
27	硒（Se）（mg/L）	≤0.01	≤0.01	≤0.01	≤0.1	>0.1
28	镉（Cd）（mg/L）	≤0.0001	≤0.001	≤0.01	≤0.01	>0.01
29	铬（六价）（Cr⁶⁻）（mg/L）	≤0.005	≤0.01	≤0.05	≤0.1	>0.1
30	铅（Pb）（mg/L）	≤0.005	≤0.01	≤0.05	≤0.1	>0.1
31	铍（Be）（mg/L）	≤0.00002	≤0.0001	≤0.0002	≤0.001	>0.001
32	钡（Ba）（mg/L）	≤0.01	≤0.1	≤1.0	≤4.0	>4.0
33	镍（Ni）（mg/L）	≤0.005	≤0.05	≤0.05	≤0.1	>0.1
34	滴滴滴（μg/L）	不得检出	≤0.005	≤1.0	≤1.0	>1.0
35	六六六（μg/L）	≤0.005	≤0.05	≤5.0	≤5.0	>5.0
36	总大肠菌群（个/L）	≤3.0	≤3.0	≤3.0	≤100	>100
37	细菌总数（个/ml）	≤100	≤100	≤100	≤1000	>1000
38	总 α 放射性（Bq/L）	≤0.1	≤0.1	≤0.1	>0.1	>0.1
39	总 β 放射性（Bq/L）	≤0.1	≤1.0	≤1.0	>1.0	>1.0

《生活饮用水卫生标准》GB 5749—2006 对水源水质的要求是：

——采用地表水为生活饮用水水源时应符合 GB 3838 要求；

——采用地下水为生活饮用水水源时应符合 GB/T 14848 要求。

2.4 水源污染防治

2.4.1 水源污染及事故分级

1. 水源污染

（1）水源污染是指水体因某种物质的介入，而导致其化学、物理、生物或者放射性等方面特性的改变从而影响水的有效利用，危害人体健康或者破坏生态环境，造成水质恶化的现象。

（2）水污染物是指直接或间接向水体排放的能导致水污染的物质。

（3）有毒的水污染物是指那些直接或间接被生物摄入体内后，可能导致该生物或后代发病、行为反常、遗传变性、生理机能失常、机体变化或死亡的污染物。

2. 水源污染事故分级

按事故的严重性和紧急程度，饮用水水源污染事故分级：

（1）特别重大污染事故；

（2）重大污染事故；

（3）较大污染事故；

（4）一般水污染事故。

具体分级方法应在应急预案中予以规定。

2.4.2 水体污染源

典型的水体污染有以下几种：

1. 细菌与微生物污染

细菌与微生物污染的特点是数量大、分布广，主要来自城镇生活污水、医院污水、垃圾及地面径流等。每升生活污水中细菌总数可达几百万个以上，每克粪便中大约就有 100 多万个。细菌的种类也达数百种之多。作为生活饮用水水源，若只经加氯消毒就供饮用的地下水源，总大肠菌群平均每升不得超过 3 个；经过净化处理及加氯消毒后才供生活饮用的地表水源，粪大肠菌群平均每升也不得超过 10000 个。

2. 有机物污染

有机物的种类很多、分布范围很广。一般水中的碳水化合物、蛋白质、油脂、氨基酸、脂肪酸、脂类等都是有机物，有机物含量愈多，水质就越差，水体污染也就越严重。

水中有机物含量可以用五日生化需氧量或化学需氧量来表示。生化需氧量是指在水温 20℃时，5 天内单位体积水中有机物生化分解过程中所消耗的氧量，单位为 mg/L；化学需氧量是指用强氧化剂，将有机物氧化时所消耗氧化剂的量，用这个量相当的氧量来表示，单位是 mg/L。

有机污染物进入河流后，就开始了氧化分解。氧化分解分三个阶段：第一阶段是易氧化的有机化合物的化学氧化分解，一般几个小时就可完成；第二阶段是有机物在微生物作用下的生物化学氧化分解，这个阶段随温度、有机物浓度、微生物种类和数量的不同要延续几天时间；第三阶段是含氮有机物的硝化过程即将氨氮硝化成亚硝酸氮、硝酸氮的过程，这个阶段最慢，一般要延续一个月的时间。有机污染物的氧化分解过程有快有慢，主要视水体中溶解氧的多少而定，溶解氧的含量是衡量水体污染程度和划分等级的主要指标，污染越严重溶解氧越少。

3. 异臭

饮用水质要求无异臭。但水源污染后往往发生异臭。人能嗅到的异臭多达4000多种，危害大的也有几十种，主要来自冶金、化工、造纸、农药、化肥等生产废水。恶臭也使人恶心、厌食、呕吐，直到使水无法饮用。

异臭为水污染的综合性指标，按照强度分为5级，见表2-15。

异 臭 强 度 分 级　　　　　　　　　　　　　表2-15

分　　级	嗅觉强度	表　　现
0	无	完全感觉不到
1	很弱	一般感觉不到，仅有经验者才能察觉
2	弱	用水者注意时能察觉
3	显著	容易察觉，并对用水不满
4	强	引起注意，不愿饮用
5	很强	气味强烈不能饮用

4. 有毒物质污染

有毒物质对水体的污染可分四种类型，见表2-16。

有 毒 物 质 污 染 分 类　　　　　　　　　　　　表2-16

分　　类	主要有毒物质
1　非金属无机毒物	氰化物（CN^-）、氟化物（F^-）、硫化物（S^{2-}）等
2　重金属无机毒物	汞（Hg）、镉（Cd）、铅（Pb）、砷（As）等
3　易分解有机毒物	挥发酚、醛、苯等
4　难分解有机毒物	DDT、六六六、多环芳烃、芳香胺、多氯联苯等

毒物对人体产生的毒性一般可分为：急性、亚急性、慢性、潜在性等，其中大多数情况属慢性和潜在性危害。由于城乡企业的蓬勃发展，排入水体中的有毒物质越来越多，有毒物质的污染要引起格外注意。

5. 油污染

油品进入水体后会逐渐变成浮油、油膜乳化油。1mL的油可覆盖水面$12m^2$，油中含有烷烃、烯烃芳香烃的混合物，含有3，4苯并芘、苯井蒽等致癌物质。消除水中的油污染是很困难的，最根本的办法是防止工厂和船舶的油排放。

6. 富营养化污染

在水库与湖泊等水源由于水流缓慢、更新期长，在接纳了大量氮、磷等有机物后引起了藻类、浮游动物的急剧增长，这就称水体的富营养化。富营养化的水体藻类较多，水色有的呈蓝、有的呈绿或棕色，且有臭味，往往造成水质净化的很大困难。

防止水体富营养化，主要是控制进入水体的氮、磷及有机物的含量。

水中除了以上污染外，还有其他一些污染如酸、碱、盐类污染、热污染、放射性污染等。

2.4.3　水源水污染的防治

水污染的防治对维护管理好水源极为重要。防治水源污染的原则是预防为主、重在管理。主要工作是：

1. 定期进行水体污染源调查

影响水源水质的污染一般是上游排放的工业废水，对影响水源水质的主要工厂的污水应该定期调查。

（1）调查内容

1）污染物排放点与排放流量，要分清其中生产与生活污水各是多少；

2）生产污水中有哪些有毒成分，其浓度、危害程度大小；

3）工厂废水的排放方式，是否间隙的、均匀的，有无处理等。

调查方法主要靠实地观察、搜集排污方面的资料，并且将污水排出口的水样委托有资质的化验部门进行分析。对水体污染源调查一般每年进行 1～2 次。

（2）调查结果整理

调查结果要整理成文字材料。主要内容为调查时间、调查人、调查对象、污水量与污水成分的分析，以及用地面水环境质量标准来衡量污染的程度，预测污染发展的趋势。

2. 加强水源上游水质监测

加强水源上游水质监测主要是定期对水源上游一定范围内的河水进行定期水质分析，这样做一是可以收集河水水质资料，为水处理和水源保护提供科学依据；二是可以早期发现或预报水质的恶化情况，以便及早采取对策、加以制止。

（1）监测内容

对水源上游监测项目的确定主要选择对本水源有影响的项目进行监测。一般来说，可以选择反映水的感官性状的如浊度、色度、臭味、肉眼可见物；反映有机污染的如溶解氧（DO）、生化需氧量（BOD_5）、化学需氧量（COD）、三氮（氨氮、亚硝酸氮、硝酸氮）；反映细菌污染的细菌总数、粪大肠菌群以及本水源有可能出现的一些毒物或化学污染等。对湖泊、水库水源还要加上藻类与浮游生物的监测。

（2）调查方法

对上游水源水质监测一般每年进行 1～2 次。发现异常情况时要增加监测次数。监测点可以根据河流大小和城镇的分布，在水源上游 5～20km 的范围内选择远、近两点。

3. 紧密依靠当地政府治理污染源

防治水污染是一项综合性系统工程。对已影响水源水质的污染源要依据国家颁布的《水法》、《环境保护法》、《水污染防治法》、《生活饮用水卫生标准》、《地表水环境质量标准》、《污水综合排放标准》等法律规定，紧密依靠当地城管、环保、卫生等执法部门有效地对水源上游污染源进行治理。有条件的要争取成立水系保护管理部门，以切实加强水源的保护与管理。

2.4.4 水源生态环境保护与修复

水源水质与水源地生态环境密切相关。水源生态环境主要指水源的水生态环境、流域的陆地生态环境。水生态包括自然水体、沿岸水陆交界的水位变化区；陆地生态主要指汇水流域内的山地、丘陵、平原。

1. 水生态系统保护与修复

（1）水源生态系统包括水生植物、水生动物、微生物和水生环境等，它们在水体自净过程中担负着不同的角色，影响着水源水质。水生植物有直接净化水体的能力，同时提供其他物种良好的栖息地和食物，促进生态良性循环。滤食性鱼类、原生动物和后生动物能有效吃食藻类，控制富营养化。各种生物间相互依存，相互影响，是一个有机的整体。

（2）水生态的破坏，一是非生物环境因素的改变，使某些生物物种赖以生存的环境恶化，引起物种消亡；二是生物相互依存的生物链被打断，生物种群间比例关系失衡，致使某些生物被严重削弱甚至消亡。水生态的破坏会导致水质恶化。

（3）水生态系统保护与修复

1）控制外源污染的输入，保护生物赖生存的环境因素；

2）加强水土保持，减少泥砂输入；

3）控制营养盐输入，防止蓝藻"水华"产生；

4）控制草食性鱼类和肉食性鱼类放养密度，保持水生生物链平衡，适度放养滤食性鱼类，控制藻类繁殖。

对已经破坏的水生态环境，可进行人工辅助恢复和人工修复。主要是制造有利于水生植物生长的环境条件，促进水生植物的自然恢复。

2. 陆地生态环境保护与修复

陆地生态系统有森林、草原、农作区、山地侵蚀区等多种类型。陆地生态环境保护的目标是尽可能增加流域面积植被覆盖率，减少雨水冲刷带来污染，增加涵水能力，调节径流。主要措施有：禁止在水源流域内滥伐森林，开垦草地等破坏植被的活动，对有条件的荒山实行人工植被、造林等。

2.5 地表水（江河）水源管理

2.5.1 地表水源基本要求

地表水源选用的基本要求是：

1. 水体功能区划所规定的取水地区；

2. 可取水量充沛可靠；

3. 原水水质符合国家有关现行标准；

4. 与农业和水利综合利用；

5. 取水、输水、净水设施安全经济，维护方便；

6. 具有施工条件。

2.5.2　江河水源常用术语和特征

1. 常用术语

（1）降雨

降雨通常用降雨量、降雨强度、降雨面积、降雨中心等表示，见表 2-17。

降 雨 特 征　　　　　　　　　　　　　　　　　　　　表 2-17

降雨特征	含　义
降雨量	在一定时段内降落在某一点或某一面积上的总雨量，用 mm 表示
降雨强度	单位时间内的降雨量，用 mm/h 或 mm/d 表示
降雨面积	降雨所覆盖的水平面积，用 km² 表示
降雨中心	降雨量集中且范围较小的局部地区

日降雨量是指 24h 内降雨量，一般在 10mm 以下称小雨，10～24.9mm 为中雨，25～49.9mm 为大雨，50～99.9mm 为暴雨，100～250mm 为大暴雨，超过 250mm 为特大暴雨。

（2）径流

径流是指大气降水落到地面后，经蒸发或渗透到地下之外沿着各种不同的路径向江河汇集的水流。径流表现有一定的规律，按一年内变化看有汛期和枯水期之分；按年际变化看，有丰水年、平水年和枯水年之别。

径流的特征值通常有径流量、径流深、径流模数、径流系数等，见表 2-18。

径 流 特 征 值　　　　　　　　　　　　　　　　　　　表 2-18

特 征 值	含　义
径流量	在某一时段内（日、月、年）流过河流某一断面的水量，用 m³ 表示
年径流总量	在某一个年度内通过河流出口断面的水量称该断面以上河流的年径流总量，用 m³ 表示
径流深	某一时段、某一断面的流域内径流总量被均匀分布在整个流域面积上的水层深度，用 mm 表示
径流模数	流域内单位面积上所产生的平均流量，也称径流量，用 m³/（km²·s）表示
径流系数	某时段内流域内的径流深与同一时段内降水量的比值，用％表示

（3）流量

流量指单位时间内通过某一过水断面的水量。流量有日平均流量、月平均流量、年平均流量和多年平均流量等。

（4）水位与水深

河流的自由水面离某一基面零点以上的高程称为水位。由于历史的原因，许多大江大河使用大沽基面、吴淞基面、1956 黄海基面等作为基准面。1987 年 5 月，经国务院批准，我国启用"1985 国家高程基准"。

水深是指河流的自由水面离开河床底面的高度。河流水深可以直接反映出河流水量的大小，而水位是相对高度指标，必须明确某一固定基面才有实际意义。

（5）洪水

洪水是江河水量迅猛增加及水位急剧上涨，超过常规水位的自然现象。洪水根据成因不同，可分为暴雨洪水、风暴潮洪水、冰凌洪水、溃坝洪水、融雪洪水等，洪水特征值及含义见表 2-19。

洪水特征值

表 2-19

特　征　值	含　　义
洪峰水位	每次洪水在某断面的最高洪水位
洪峰流量	每次洪水在某断面的最大洪水流量
洪水历时	河流一次洪峰从起涨至回落到原状所经历的时间
洪水总量	河流一次洪峰从起涨至回落到原状所增加的总水量
汛期	河流洪水从始涨至全回落的时期称汛期
主汛期	河流中出现大洪水最多的时段

（6）潮汐

河流潮汐是入海口河流在日月引潮力作用下引起水面周期性升降、涨落与进退的现象。古代称白天为"潮"，晚上为"汐"，合称"潮汐"。潮汐的特征值见表 2-20。

潮汐特征值

表 2-20

特　征　值	含　　义
潮　位	受潮汐影响周期性涨落的水位
平均潮位	某一时期的潮位平均值
平均高（低）潮位	某一时期内的高（低）潮位平均值
最高（低）潮位	某一时期内的最高（低）潮位
潮差	在一个潮汐周期内，相邻高潮与低潮潮位间的差值
平均潮差	某一定时期内的潮差的平均值
最高潮差	某一定时期内的潮差的最高值

我国东海沿岸平均潮差约 5m；渤海、黄海的平均潮差约 2～3m；南海的平均潮差小于 2m。钱塘江河口平均潮差 5.6m，最大潮差达 8.93m。

（7）流域

1）流域划分

河流发源地的地区称河源。直接连接河源的最上段称上游。在上游以下的河段称为中游。中游以下至河口以上河段称下游。河流流入海洋、湖泊或上一级河流的出口处称河口。

2）流域面积

流域分水线和河口断面所包围的面积，称流域面积。

3）流域长度

从流域出口断面沿主河道到流域最远点的连线称流域长度，通常用干流的长度来代替。

4) 流域平均宽度

流域平均宽度为流域面积除以流域长度。

5) 落差与比降

河道两断面间河底高程差为该河段的落差。河段落差与相应河段长度之比，即单位河长的落差也称河道纵比降。

(8) 频率、重现期和保证率

水文上的频率是指通过对某个河流流量或水位的大量历史实测资料推算可能再出现的概率。在工程实际实用中往往又用重现期来代替频率。例如设计洪水位为 1‰的频率，其重现期表示就是 100 年一遇，必须指出，用频率和重现期表示的流量、水位都是根据历史资料推算的结果，如百年一遇洪水位是可能由前 20～50 年历史资料推算的 100 年可能出现的水位，但并不意味着 100 年出现一次或必须出现一次，实际上 100 年内可能出现几次，今年出现了，隔 5～10 年又出现，也可能一次也不出现，它只表示按此标准的设计按以往的资料平均 100 年中有 99％是有安全保证的，见表 2-21。

表 2-21

频率、重现期与保证率的关系

频率 P（％）	重现期（100/P）	保证率 $I=$（100－P）（％）
1	100 年一遇	99
2	50 年一遇	98
3	33 年一遇	97
5	20 年一遇	95
10	10 年一遇	90

(9) 防洪标准与枯水位保证率

《室外给水设计规范》GB 50013—2006 规定："江河取水构筑物的防洪标准不应低于城市防洪标准，其设计洪水重现期不得低于 100 年。水库取水构筑物的防洪标准应与水库大坝等主要建筑物的防洪标准相同，并应采用设计和校核两级标准"。"设计枯水位的年保证率，宜采用 90％～97％"；

2. 江河水源特征

一般江河都有上、中、下游之分，上游属于山区型河流，中、下游属于平原河网地带，它们的水源特征见表 2-22。

表 2-22

江 河 水 源 特 征

种　类	特　征
山区丘陵地带	1. 平时流量较小，水质清澈，枯水期水深很浅，甚至断流； 2. 流量、水位一年中变化幅度很大； 3. 洪水时来势猛烈，水质骤然浑浊，含砂量大，漂浮物多，河床容易变迁
平原河网地带	1. 平时水流缓慢，水位变化小，水质并不浑浊，取水比较容易； 2. 春汛、雷雨、洪水和台风季节降水量大，水中挟带泥砂，浑浊度明显增加； 3. 春播、双抢、高温季节，工农业大量用水，取水紧张； 4. 冬天低温低浊，净化处理困难； 5. 受地面污染影响大，特别是离城市较近的水源
滨海地区	基本相同于平原河网地带，但由于受潮汐的影响，氯化物含量变化较大，有时达到不能饮用的地步

2.5.3 江河水源的管理

1. 水量管理

（1）主要工作内容

1）认真观测和记录取水口附近河流的水位和流量，每日 1～2 次，洪水期间适当增加观测次数；

2）记录当天取水流量和总取水量；

3）收听当地天气预报，记录当天气温和降雨情况；

4）防汛期间及时了解上游水文变化和洪水情况；

5）及时了解冰冻断流情况。

（2）水位观测

1）观测方法

观测水位的设备常用的有水尺和自记水位计两种类型。

水尺的形式有直立式、倾斜式、矮桩式和悬锤式等。观测水位最常用的水尺是直立式水尺，安置在岸边。若水位变化较大时，应设立一组水尺。水尺零点与基面的垂直距离，叫做水尺零点高程，可预先测量出来。水面在水尺上的读数加上水尺零点高程即为水位。水位观测的时间和次数，以能测得完整的水位过程为原则。当水位变化缓慢时，每日只需观测 2 次，洪水时要加测，最好能测出洪水变化过程和最高水位。

自记水位计能将水位变化全部过程自动记录下来，自记水位计一般由感应、传感和记录三部分组成，按感应不同可分为浮子式水位计、压力式水位计、超声波式水位计。这几种水位计在水位遥测系统中作为水位传感器已被广泛使用。

2）资料整理

水位资料应用统一表格进行记录和整理。每日平均水位可用算术平均法计算。水位变化较大时应列出当日最高水位和最低水位。根据计算的日平均水位编制逐日平均水位表，表中附有年、月最高和最低水位，以及月、年平均水位。

（3）流量测量

1）测量方法

流量测量包括取水口附近的断面测量，水深测量、流速测量和流量计算。

断面流量是在测流断面上布置若干条测深垂线，垂线数目和位置宜均匀分布。

水深测量常用测深杆、测深锤、测深铅鱼等，对于水深较大的河流，可使用回声测声仪。

流速测量常用转子流速仪。天然河流的流速变化复杂，自由水面或水面附近流速最大，然后向河底逐渐减小。封冻河流的最大流速在水面下某一深度外，而最小流速位于冰面附近或在河底。横断面上流速分布是岸边附近流速最小，自河岸向河心流速逐渐加大。为反映测流断面流速分布，就要合理布置垂线数目及垂线上测点数目。一般测速垂线沿河宽分布大致均匀，主槽可较密些，测速垂线的位置宜固定，并使测深垂线与测速垂线一致。

流量计算一般按所测水深断面和垂线平均流速计算。

2）为了解断面冲淤变化，对于河床稳定的水源，每年汛期或汛后施测一次，河床不稳定的水源，除每年汛前或汛后施测外，要在洪水期加测。

3）水源地的河床断面，水位标尺，流速测量和流量推算一般可先委托当地水文站进行，掌握规律后可由水位直接估算流量，但每几年需请当地水文站复查一次。水位与流量的观察在汛期和冰冻期尤其重要。汛期要加强水源地附近河流的水位、流量的变化观察要及时记录汛期的河流水位及涨落速度；每年秋冬流冰期、封冰期和春季流冰期的出现时间和持续时间，要实测水温，描述冰屑、底冰、流冰在河床中的分布，特别注意记录每年封冻时间、冰冻水位、冰层厚度及其在河段上分布。记录脱流和断流的时间、次数及延续时间，并详细记录在工作日志中。这些资料对于科学管理水源和取水构筑物的改造很重要。

2. 水质管理

水源水质管理见本手册第 3 章的有关内容外，还要观察和记录：

（1）水生植物、浮游生物的繁殖和生长的季节、数量和情况。

（2）平时特别是洪汛期杂物及河流漂浮物的情况。

（3）分别对枯水期、平水期和汛期河流中泥砂含量、颗粒组成进行化验，记录汛期泥砂变化规律等。

2.5.4　江河水源取水构筑物形式

从水源地取集原水的过程称取水。为取集原水而设置的构筑物称取水构筑物。取水构筑物是水厂的门户，是确保水厂正常供水的前提，要求做到安全可靠、保证水厂连续供水和取得较好的水质。

江河中取水构筑物形式繁多，主要分为固定式取水构筑物、移动式取水构筑物和山溪河流特种取水构筑物。

1. 固定式取水构筑物

固定式取水构筑物的类型有岸边式、河床式、竖井式、斗槽式等。

（1）岸边式取水构筑物

该种构筑物分为合建式和分建式。合建式将取水口、集水井与泵房合建在一起；分建式则将泵房和取水口分开。岸边式取水构筑物的形式见表 2-23。

岸边式取水构筑物形式　　　　　　　　　　　　　　　　表 2-23

形　式		图　示	特　点
合建式	基础呈阶梯形		1. 集水井与泵房底板呈阶梯形布置； 2. 可减小泵房深度，减少投资； 3. 水泵启动需采用抽真空方式，启动时间较长

续表

形 式		图 示	特 点
合建式	基础呈水平平置		1. 集水井与泵房布置在同一高程上； 2. 水泵可设于低水位下，启动方便； 3. 泵房较深，巡视检查不便，通风条件差
	采用立式泵		1. 集水井与泵房布置在同一高程上； 2. 电气设备可置于最高水位以上，操作管理方便，通风条件好； 3. 建筑面积小； 4. 检修条件较差
分建式			1. 泵房可离开岸边，设于较好的地质条件下； 2. 维护管理及运行安全性差，一般吸水管布置不宜过长

（2）河床式取水构筑物

河床式取水构筑物分自流管取水、岸边集水井开设进水口取水、虹吸管取水、水泵吸水管直接取水、桥墩式取水等多种形式，见表2-24。

河床式取水构筑物　　　　　　　　　　　　　　　　表 2-24

形　式	图　示	特　点
合建自流式		1. 集水井设于河岸上，可不受水流冲刷和冰凌碰击，亦不影响河床水流； 2. 进水头部伸入河床，检修和清洗不方便； 3. 在洪水期，河流底部泥砂较多，水质较差，建于高浊度水河流的集水井，常沉积大量泥砂，不易清除； 4. 冬季保温、防冻条件比岸边式好
分建自流式		
岸边集水井开设进水孔		1. 在非洪水期，利用自流管取得河心较好的水，而在洪水期利用集水井上进水孔口取得上层水质较好的水； 2. 比单用自流管进水安全可靠
分建式虹吸管		1. 减少水下施工工作量和自流管的大量挖方； 2. 虹吸进水管的施工质量要求高，在运行管理上亦要求保持管内严密不漏气； 3. 需装设一套真空管路系统，当虹吸管径较大时，启动时间长，运行不便
水泵直吸式		1. 不设集水井，施工简单，造价低； 2. 要求施工质量高，不允许吸水管漏气； 3. 在河流泥砂颗粒粒径较大时，易受堵塞，且水泵叶轮磨损较快； 4. 吸水管不宜过长； 5. 利用水泵吸高，可减小泵房埋深

形 式	图 示	特 点
泵房桥墩式		1. 取水构筑物建在河心，需较长引桥，由于减少了水流断面，使构筑物附近造成冲刷，故基础埋置较深； 2. 施工复杂，造价较高，维护管理不便； 3. 影响航运

（3）竖井式泵房取水构筑物见表 2-25。

竖井式泵房取水构筑物 表 2-25

形 式	图 示	特 点
湿式竖井泵房	 1—取水头部；　2—自流管； 3—集水井；　4—泵房	1. 泵房下部为集水井，上部（洪水位以上）为电动机操作室，运行管理方便； 2. 采用深井泵可减少泵房面积； 3. 水泵检修麻烦，井筒淤砂难以清除； 4. 在河水含砂量和砂粒粒径较大时，需采用防砂深井泵或采取相应措施（如用斜板取水头部）

（4）斗槽式取水构筑物见表 2-26。

斗槽式取水构筑物形式 表 2-26

形 式	图 示	特 点
顺流式斗槽		适用于冰凌情况不严重，含砂量较高的河流。 1. 斗槽中水流方向与河流流向一致； 2. 由于斗槽中流速小于河水的流速，当河水正向流入斗槽时，其动能迅速转化为位能，在斗槽进口处形成壅水与横向环流； 3. 由于大量的表层水流进入斗槽，流速较小，大部分悬移质泥砂能下沉；河底推移质泥砂能随底层水流出斗槽，故进入斗槽泥砂较少，潜冰较多
逆流式斗槽		适用于冰凌情况严重，含砂量较少的河流。 1. 斗槽中水流方向与河流流向相反； 2. 水流顺着堤坝流过时，由于水流的惯性，在斗槽进口处产生抽吸作用，使斗槽进口处水位低于河流水位； 3. 由于大量的底层水流进入斗槽，故能防止漂浮物及冰凌进入槽内，并能使进入斗槽中的泥砂下沉，潜冰上浮，故泥砂较多，潜冰较少

形　式	图　示	特　点
侧坝进水逆流式斗槽	取水口 上层水流 下层水流	适用于含砂量较高的河流。 1. 在斗槽渠道的进口端建两个斜向的堤坝，伸向河心； 2. 斜向外侧堤坝能被洪水淹没，斜向内侧堤坝不能被洪水淹没； 3. 在洪水时，洪水流过外侧堤坝，在斗槽内产生顺时针方向旋转的环流，将淤积于斗槽内的泥砂带出槽外；另一部分河水顺着斗槽流向取水构筑物

（5）特种取水构筑物

针对水溪河流的水文地质特征，一般采用底栏栅、低坝式或橡胶坝等取水形式，见表 2-27。

特种式取水构筑物　　　　　　　　　　　表 2-27

形　式	图　示	适用条件及特点
底栏栅式	水流方向 1—溢流坝；2—底栏栅；3—冲砂室；4—侧面进水闸； 5—第二冲砂室；6—沉砂池；7—二次排砂明渠； 8—防冲砂护坦	适用于河床较窄，水深较浅，河底纵向坡度较大（一般 $i \geqslant 0.02$），大颗粒推移质特别多的山溪河流。其特点是： 1. 利用带栏栅的引水廊道垂直于河流取水； 2. 常发生坝前泥砂淤积，格栅堵塞
低坝式	冲砂闸 取水口 低坝	适用于枯水期流量特别小，水层浅薄，不通航，不放筏，且推移质不多的小型山溪河流，修筑低坝的目的是为了抬高枯水期水位，改善取水条件，提高取水率，但抬高水位后，不得对两岸农田产生影响。其特点是： 1. 在河水中筑垂直于河床的固定式低坝，以提高水位，在坝上游岸边设置进水闸或取水泵房； 2. 常发生坝前泥砂淤积
橡胶坝	设计水位 袋壁 充水或气体 上游 单锚固 / 设计水位 上袋片 下袋片 上游 双锚固	适用于枯水期流量特别小，水浅，不通航，不放筏，且推移质较少的小型山溪河流。其特点是： 1. 利用柔性薄壁材料做成的橡胶坝改变挡水高度，充水（气）可挡水，以提高水位，满足取水要求，排水（气）可泄洪； 2. 坝体可预先加工，重量轻，施工安装简便，可大大缩短工期，节省劳动力； 3. 可节省大量建筑材料及投资； 4. 止水效果好，抗震性能好； 5. 坚固性及耐久性差，且易受机械损伤，破裂后水下粘补技术尚未解决，检修困难

2. 移动式取水构筑物

移动式取水构筑物的形式主要有缆车式取水和浮船式取水,见表2-28。

移动式取水构筑物的形式 表2-28

形式	图 示	适用条件	特 点
缆车式取水		1. 河水水位涨落幅度较大(在10~35m之间),涨落速度不大于2m/h; 2. 河床比较稳定,河岸工程地质条件较好,且岸坡有适宜的倾角(一般在10°~28°之间); 3. 河流漂浮物少,无冰凌,不易受漂木、浮筏、船只撞击; 4. 河段顺直、靠近主流; 5. 由于牵引设备的限制,泵车不宜过大,故取水量较小	1. 施工较固定式简单,水下工程量小,施工期短; 2. 投资小于固定式,但移车困难,安全性差; 3. 只能取岸边表层水,水质较差
浮船式取水	 1—套筒接头 2—摇臂联络管 3—岸边支墩	1. 河流水位变化幅度在10~35m或更大范围,水位变化速度不大于2m/h,枯水期水深大于1m,且流水平稳,风浪较小,停泊条件良好的河段; 2. 河床较稳定,岸边有较适宜的倾角,当联络管采用阶梯式接头时,岸边角度以20°~30°左右为宜;当联络管采用摇臂式接头时,岸坡角度可达60°或更陡些; 3. 无冰凌、漂浮物少的河流,没有浮筏、船只和漂木等撞击的可能	1. 工程用材少、投资小、无复杂水下工程、施工简单、上马快; 2. 船体构造简单; 3. 在河流水文和河床易变化的情况下,有较强的适应性; 4. 水位涨落变化较大时,除摇臂式接头形式外,需要更换接头,移动船位,管理比较复杂,有短时停水的缺点; 5. 船体维修养护频繁,怕冲撞,对风适应性差,供水安全性差
潜水泵直接取水		1. 临时供水; 2. 漂浮物和泥砂含量较少; 3. 取水规模小,河床稳定	1. 施工简单,水下工程量小,施工方便; 2. 投资较省; 3. 目前潜水泵形式较多,可根据安装条件,适当选用

2.5.5　江河水源取水构筑物管理

取水构筑物一般由取水头部、引水管、集水井及闸门、格栅、格网等附属设备组成。其管理要点分述如下：

1. 取水头部

取水头部是水厂的门户，是确保水厂正常供水的关键部位；要求做到在任何情况下安全可靠地取到较好水质的原水。

（1）取水头部形式

固定式取水构筑物的取水头部形式见表 2-29，活动式取水头部形式见表 2-30。

固定式取水构筑物的取水头部形式　　　　　　　　　　　　　　　表 2-29

管式取水头部（喇叭管取水头部）	蘑菇形取水头部	鱼形罩取水头部
1. 构造简单，造价较低，施工方便； 2. 顺水流式：一般用于泥砂和漂浮物较多的河流；水平式：一般用于纵坡较小的河段； 3. 垂直式（喇叭口向上）：一般用于河床较陡、河水较深处，无冰凌，漂浮物较少，而又有较多推移质的河流；垂直式（喇叭口向下）：一般用于直吸式取水泵房	1. 头部高度较大，要求在枯水期仍有一定水深； 2. 适用于中小型取水构筑物	1. 鱼形罩为圆孔进水，鱼鳞罩为条缝进水； 2. 外形圆滑，水流阻力小，防漂物、浮草类效果较好； 3. 适用于水泵直接吸水式的中小型取水构筑物
箱式取水头部	菱形箱式取水头部	岸边隧洞式喇叭口形取水头部

续表

箱式取水头部	菱形箱式取水头部	岸边隧洞式喇叭口形取水头部
钢筋混凝土箱体可采用预制构件，根据施工条件作为整体浮运或分成几部分在水下拼接。 适用于水深较浅，含砂量少，以及冬季潜水较多的河流且取水量较大时。	菱形箱式取水头部多为两面进水，一般分三节预制，水下拼装，在中南地区含砂量较少的河流上采用较多。外形近似于流线形，对水流影响较小，同时施工较简单	1. 倾斜喇叭口形的自流管管口做成与河岸相一致，进水部分采用插板式格栅； 2. 根据岸坡基岩情况，自流管可采用隧洞掘进施工，最后再将取水口部分岩石进行爆破通水； 3. 可减少水下工作量，施工方便，节省投资； 4. 适用于取水量大，取水河段主流近岸，岸坡较陡、地质条件较好时

桥墩式取水头部

桥墩式取水头部分椭圆形、淹没式和半淹没式等。

其特点顶部设置在水面以上，外形如桥墩，有利于管理维护。

桩架式取水头部	侧向流斜板取水头部
1. 可用木桩和钢筋混凝土桩，打入河底桩的深度视河床地质和冲刷条件决定； 2. 适用于河床地质宜打桩和水位变化不大的河流	1. 利用侧向流斜板除砂和利用斗式排砂装置与江河水流速度排砂； 2. 侧向流斜板一般采用：过水断面的平均水流速度 0.10～0.15m/s；斜板的垂直间距 20～40mm

活动式取水头部 表 2-30

形 式	图 示	特 点
软管活动取水头部	最高水位8.7 最低水位0.00 自流管 河床线 支架	采用橡胶管,利用一个浮筒带两个取水头,橡胶管一端与取水头部连接,一端接入钢制叉形三通,焊接在自流管进口的喇叭管上
伸缩罩式活动取水头部	浮筒 钢丝绳 夹具 栅盖 喇叭管 内罩 外罩 托环 DN300 A向视图	1. 取水头部的取水口喇叭口向上,进水活动罩卡在喇叭口上,活动罩上有格栅顶盖,以防止漂浮物进入头部; 2. 活动罩用钢丝绳与钢浮筒连接,随着水位升降改变进水口高程; 3. 适用于枯水水深大于1m时
摇臂式取水头部	1%洪水位 系在浮筒上的尼龙绳穿过摇臂管上孔眼拴在底部上的支墩处 摇臂三通 DN700×DN700 舰艇式浮筒 97%枯水位 固定支墩 摇臂进水管 DN1000×DN700 河床 尼龙绳拴于支墩上	
浮吸式取水头部	±0.00 钢管与胶管接头 洪水位-1.62 常水位-2.12 -2.92 DN200 枯水位-3.92 混凝土墩 -5.42 河床底	

（2）取水头部的防草

防草,实际上是防漂浮物的问题。水流中所挟带的漂浮物,在山区多是树枝、树叶、水草、青草、木材等,在平原及河网地带还会有稻草、鱼、虾等。流经城市或工厂后的河流中还常见破布、纤维、菜叶及其他垃圾等。这些杂物不仅漂浮在水面上,也浮沉于各层水中,很容易聚集于进水孔,严重时会将进水孔堵塞,造成断流事故。取水头部的防草主要从两个方面解决:

1）设置必要的防草措施

a）防草浮堰

防草浮堰的设置和构造如图 2-2 所示，主要作用是阻止漂浮在水面上的杂物靠近取水头部。这种浮堰对河网地区取水头部的防草作用是相当明显的。

b）格栅

为防止水草进入取水口，必须在取水口前设置格栅和格网，格栅一般设在取水孔或集水井的进水处，用来拦截水中粗大的漂浮物及鱼类。格栅由钢框架和栅条组成见图 2-3。框架外形根据进水孔形状可做成方形、圆形、矩形。栅条净距视河中漂浮物情况而定，一般采用 30～50mm。格栅最好能拆卸，以便清洗和检修。

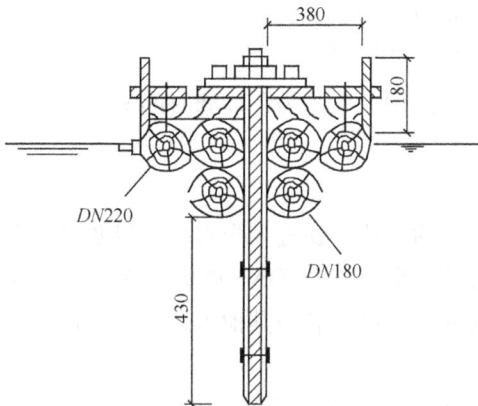

图 2-2 防草浮堰构造图

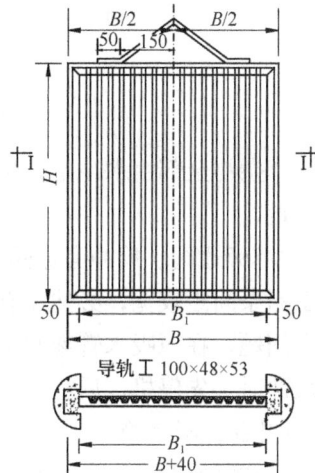

图 2-3 格栅构造图

2）加强管理

取水头部要建立巡回检查制度，一般每天检查一次。在汛期由于草本杂物较多，还要增加检查次数，发现有堵塞现象要及时采取措施，及时清理，以免延误，清理时要注意安全。

3）防草工程实践

江西赣州自来水公司南河水厂的章江水源取水口刚建成时水质较好，堵塞现象并不明显，随着水土流失日趋严重，被堵现象逐年加剧，需经常派人下水清堵。有时每年需下水 100 多次，不但花费了大量清草费用，而且影响了正常供水，特别是寒冬腊月和洪水季节无法派人下水时，清堵就显得更加困难，有时则造成全市停水。

为了改变这种被动局面，根据该取水系统实际，设计了活动格栅、反冲旁通阀、百叶窗式吸水箱等三道防堵除草设施。

a）活动格栅

活动格栅是解决水草堵塞的第一道设施，作用是首先将较粗大的水草杂物等阻挡在取水区之外（见图 2-4）。

设置活动格栅主要从三个因素考虑：一是栅条间距放得较宽，使水流畅通，不致栅后泥砂淤积；二是水下部分阻塞的水草，栈桥上不易人工清除干净，可选择水位较低时抽起

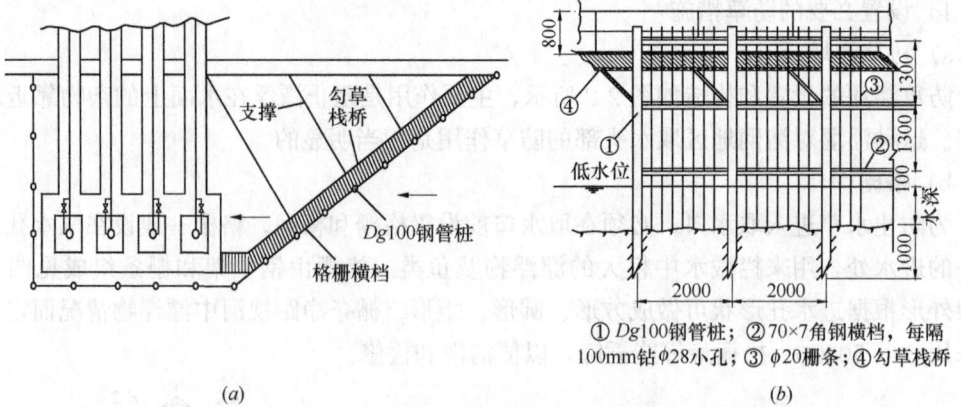

① Dg100钢管桩；② 70×7角钢横档，每隔
100mm钻φ28小孔；③ φ20栅条；④ 勾草栈桥

(a)　　　　　　　　　　　　(b)

图 2-4　活动格栅示意图

(a) 平面布置；(b) 安装示意

栅条使水草杂物全部由水冲走，然后插入继续使用；三是为了检修时的安全，万一落水不致被水冲走。

b）冲草旁通阀、反冲旁通阀见图 2-5。

由于栅条间距较宽，必然还有部分较细小的水草杂物进入吸水区而阻塞吸水头部。为解决这个问题，在原吸水管架水上底阀处分别安装了 4 只 DN300 旁通阀，供其反冲。当要进行反冲时，先停机，后打开水泵出水阀和旁通阀，利用其他水泵的压力进行反冲。

c）百叶窗式吸水箱

百叶窗式吸水箱是在原喇叭吸水头部的基础上改制而成的，吸水箱构造主要由箱体、挡水罩和挡草斜片等组成（见图 2-6）。设计吸水箱的关键是控制好进水流速，约为 0.15m/s。设置挡水罩的作用，主要考虑进水和反冲水草时过水面积较均匀。挡草斜片间距为 3cm，呈 30°角焊在箱底部，在大水流冲击下，水草不易粘住。

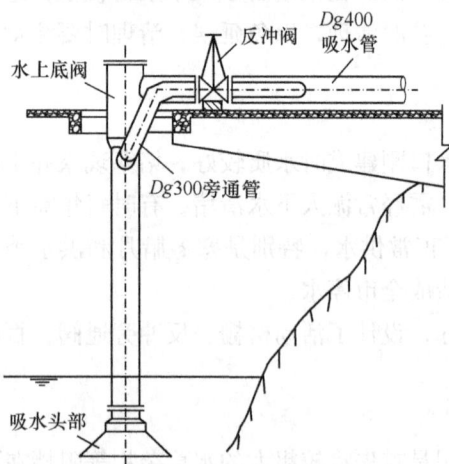

图 2-5　反冲旁通阀安装示意图

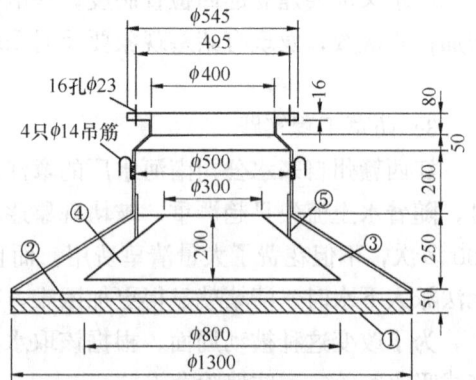

① 挡草斜片(50×5扁钢呈30°间距3cm焊牢)；
② 4根φ14固定筋(均布固定斜片)；③ 4mm厚箱体；
④ 4mm厚挡水罩；⑤ 4根φ14吊筋

图 2-6　百叶窗式吸水箱

以上防草措施投入使用以来，除草效果明显，同时减轻了工人劳动强度，保证了安全。

（3）取水头部的防砂

河流中的含砂量在不同区域变化较大。含砂量在河流断面上的分布是不均匀的。一般泥砂沿水深方向的分布是靠近河底含砂量大，颗粒粒径也大；越近水面含砂量越小，颗粒粒径也越小。从横向来看，一般是河心主流区流速大，含砂量也大，河岸两侧流速较小，含砂量也较小。

取水头部的防砂主要靠取水头部的位置选择。一般取水口设置在凹岸及河道主流深槽处，不在岸边缓流区、死水区及回水区选择，主要目的就是防止泥砂和取水口的淤积。

一旦取水口附近发生泥砂淤积，就要调查其原因。如果不是因为设计位置选择的问题，就要分析外来原因：是否在施工时向河中大量弃土使河中形成潜坝；或者是围堰施工时没有拆除干净；还有在取水口附近是否围堤造田或新建了桥梁等人工构筑物，导致江河水中主流改向等。对于这些问题，不仅要及时发现，而且要抓紧研究对策，及时排除淤积。

（4）取水头部的防冰冻

我国北方地区一般11月份至翌年3月河流封冻，有的地区冰层厚达1.0m左右，使地表取水十分困难，因此，取水头部的防冰冻十分重要，一般的方法是：

1）加快水流速度

水深较浅、河面较宽的河流，在冰冻前用推土机修筑顺河土坝，使水流在较窄的河面上流动，加快取水头部处流速，在一定程度上可以防止冰冻的形成。土坝每年冰冻前修筑，翌年汛前拆除。

2）经常破冰

"冰冻三尺，非一日之寒"，严重的冰冻都是逐渐积累形成的，如果在进水孔附近每天破冰若干次，就不会使整个取水头部封冻造成停止进水的事故。

3）通入压缩空气

在进水孔处如果通入压缩空气，使水经常产生水泡，是防止水流冰冻的有效措施。压缩空气机可以设置在岸边泵房内，利用导管将压缩空气送至进水孔附近的水域中，输送压缩空气的间隔时间视气温高低以水不能封冻来定。

4）防冰凌措施

冰凌指水里的浮冰，在河流解冻时大量产生。冰凌有大有小，较小的冰凌随水流进入取水口，附着在金属上，严重时有堵塞进水孔的危险。

防冰凌的措施一般采取在取水构筑物设置导冰木排，以阻碍冰凌进入进水孔。导冰木排适用于河水中流速较大，冰凌撞击较严重的河段。使用时木排内用块石压浮，使其只露出水面50～60cm。导冰设备的长度视河水流速而定，一般在8～10m左右，布置成二排，间隔为20m左右。导冰设备与进水孔上游的距离视导冰设备后水流情况而定，因被导冰设备撞碎的冰屑需流经一定距离后才逐渐稳定浮于水面，故取水头部位置应在稳定区域内才能有较好的效果，此区域一般在第二排导冰设备后10～30m。导冰设备与水流方向的夹角，视流速大小而定，当流速在1.5m/s时，可采用30°夹角。导冰设备的固定，可在岸上设固定桩用钢丝绳锚固定，也可在水中用铁锚固定。在水位涨落或流速变化时能随时调整其布置及角度。

2. 引水管

引水管是指从取水头部至集水井或进水泵房之间的管子，俗称"导水路"。一般采用自流引水或虹吸引水。

（1）自流引水管

自流引水管的管材有钢管、铸铁管、钢筋混凝土管，也有采用渠道引水的。自流引水管维护工作主要就是清淤，即消除引水管内淤积的泥砂，通常用顺冲或反冲两种方法进行：

1）顺冲法

顺冲法是用加大管中流速的方法来实现，即在河水高水位时，关闭引水管的控制阀门，将集水井水位抽到最低水位，然后迅速打开引水管的闸门，利用河流和集水井的水位差，造成一个较大的流速，达到冲洗的目的。该法比较简单，不需要专门设备，但冲洗效果较差，而且要妥善解决好冲洗与生产的矛盾。

2）反冲法

反冲有两种方法：一是将泵房内水泵出水管与引水管连接，利用水泵压力水或高位水池水进行反冲洗。冲洗时间一般约需 20～30min，引水管中流速要达到 1.5～2.0m/s。二是在河流最低水位时，先关闭引水管末端闸门，将集水井水位充水到最高水位，然后迅速打开闸门，利用集水井与河流水位差来达到反冲洗引水管的目的。以上两种方法，如果只有一根自流管，就只能在供水低峰季节进行。

（2）虹吸引水管

虹吸引水管的运行最重要的是防止漏气。轻微漏气将使虹吸管投入运行时增加抽气时间，减少引水量，严重时会导致停止引水。防止漏气的方法有：投产前进行严格的竣工验收；运行时避免在振动较大的情况下进行；要经常检查引水管各个部件、接口、焊缝有无渗漏现象，外壁保护涂料有无剥落和锈蚀情况。

虹吸钢管出现裂缝需要修理时应将管内存水放空，烘干进行焊补。焊补时应先将裂缝清理干净并扩成坡口。

虹吸管在使用过程中由于长期处于负压条件下，容易产生气蚀和振动，也可能会引起管壁撕裂。当发生这种破坏时，应立即停水检修，对已撕裂部分应割掉重新焊补。

3. 橡胶坝

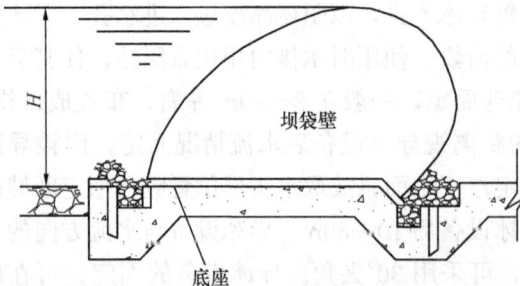

图 2-7　袋形橡胶坝

橡胶坝由于枯水时可抬高水位，丰水时可降低坝的高度，是一种比较方便的取水设备。橡胶坝一般是用锦纶和维纶帆布做受力骨架，用丁苯橡胶作为粘结保护层，制成胶布袋，锚固在混凝土基础上，并充水或充气形成坝体，如图2-7所示。当水或空气排除后，坝袋塌落便能泄水，相当于一个活动闸门。

（1）橡胶坝运行注意事项

1）充水或充气前，应将坝袋上的淤积泥砂清洗干净。坝袋充水或充气时，不能超过设计内压力，以免坝袋超压而胀破。

2）采用单锚的坝袋充水或充气后，不得反向受压，防止坝袋受反力而撕裂。对能出现双向水流的河流，则锚固形式也应改变。

3）坝袋在非挡水季节，应抓紧进行预防性检查修理。检修后，凡充水的坝袋应充入适量的水，这样在高温季节可降低坝袋表面温度以抑制老化速度；在多风季节还可防止大风对坝袋的吹动而造成损害。

4）防止漂浮物撞击坝袋造成坝袋损伤。当上游漂浮物过坝可能损伤坝袋时，要采取降低坝袋、加大溢流水深的方法排除；如漂浮物受回流影响在下游撞击坝袋时，可用加大过坝流量排除；在条件不允许采取上述办法时，应设法打捞。

5）在低温条件下工作的橡胶坝，坝前应保持一条不冻槽。为使坝内水不结冰，可维持坝面过流水深0.2m左右，并经常用地下水或渠水充洗坝袋。

6）为了防止意外的人为损伤，严禁在坝袋附近爆破、炸鱼、打鸟等。

7）在坝袋上下游的淤积物如影响坝袋运行的，应予清除。

（2）坝袋的维护

1）防止坝袋漂动、拍打

坝袋在运用中由于水流因素的影响常出现漂动、拍打现象，一方面恶化了坝袋的受力情况，另一方面使坝袋与侧墙及底板频繁摩擦而引起磨损，甚至会造成坝袋的破坏。处理坝袋的漂动、拍打，首先要分析其产生的原因，摸索其规律性，一般调整坝高是避免坝袋严重漂动和拍打的常用方法，如果是由于坝袋内充水不能排净使坝袋漂动和拍打，则可争取改变坝袋泄水孔位置和形式，在坝袋下游端装上适当数量的排水胶管。

2）坝袋的防磨损

坝袋与底板混凝土面在坝袋漂动、拍打时产生摩擦、冲击容易使坝袋磨损。减少磨损的办法有两种办法：一是将坝袋易磨部分涂敷防老化涂层，以增加抗磨性能；二是将坝袋下混凝土表面的锐角、麻坑等缺陷用环氧树脂抹面，使其光洁平整。

3）坝袋的防老化

坝袋是合成高分子材料制成的，易于在光、热、氧和水分作用下老化，坝袋防老化在运行维护中的措施是：高温季节在坝上保护一定水深溢流，避免阳光直晒，降低坝面温度；也可以在坝面涂防老化涂料如氯磺化聚乙烯、聚氨、脂肪等。

4）坝袋的修理

对于轻度磨损或戳伤刮破而未伤及帆布的，可贴胶片处理。凡戳伤、刮破已破坏帆布的，应在坝袋外表面贴补原胶布，在坝袋内表面贴补胶片。对撕破面积较大的可视工程需要采用挖补、贴补或整幅换掉。

（3）锚固件与附属设备的维护

1）应经常检查坝袋各锚固件（压板、螺栓、螺帽等）如有松动、脱落，必须及时旋紧、补齐。锈蚀严重的应更换。

2）电动机、水泵、空压机等严格执行有关操作规程和维护检修制度。

4. 闸门

地表水取水构筑物常用的闸门有铸铁闸阀和木闸门两种，前者用在管道，后者用在渠道上。闸门在取水构筑物中起到控制水流和流量的作用。

（1）闸门的操作

1）要有严格的启、闭制度

进水孔、引水管上的闸门，不能随便启、闭。操作人员必须在得到有权决定闸门启、闭人员的指示后方可启、闭。启、闭要规定时间和开（关）度。

2）要做好启闭前的检查

启闭前检查闸门的开启度是否在原来记录的位置上，检查周围有无漂浮物卡阻，门体有无歪阻、门槽是否堵塞，如有问题应处理好之后，再进行操作。

3）操作运行注意事项

操作时要用力均匀，慢开慢闭。当开启度接近最大开度或关闭闸门接近闸门底时应注意指示标志，掌握力度，防止产生撞击底坎现象。

4）操作后应认真将操作人员、启闭依据、时间、开（关）度详细记录在值班日记上。

（2）闸门的维护

木闸门的维护如下：

1）经常检查

木闸门一般是多个木材构件用螺栓、型钢连接成一整体，因此维护首先是保证其整体性，应经常检查螺栓、型钢等连接件有无锈蚀松动，面板有无腐蚀、虫蛀、翘曲、开裂、接缝有无离缝、漏水等。叠梁式木闸门不用时，应存放干燥、通风良好的地方，防止腐蚀和虫蛀。

2）木闸门防腐蚀

木闸门常在阴暗潮湿交替的环境中工作，容易繁殖和寄生菌类。为了防止木材腐蚀要定期用油漆或其他涂料保护。常用的材料有油性调合漆、生桐油、沥青和水罗松等。

3）木闸门的维修

木闸门在发生局部腐蚀后，应及时修理或更换。一般腐蚀面积占断面积不到 20% 时，可将腐蚀部分凿除，以新材修补。腐蚀面积超过 20% 时，应更换。

木闸门采用的橡胶水封会日久老化，当失去弹性或磨损严重时应更换，安装新水封时，应用原水封压板在新橡胶水封上划出螺孔，然后冲孔，孔径应比螺栓小 1～2mm，严禁烫孔。

5. 抗洪、防汛措施

取水头部不是在河岸就是在河床中间，取水泵房一般紧靠河道，搞好抗洪防汛是地面取水构筑物维护的一项重要工作。

（1）防汛准备

1）思想上准备

一般每年都要经历防汛，汛情有大有小，但不管如何，首先要做好思想上的准备，克服麻痹大意和侥幸心理。

2）组织上准备

组织好各级防汛组织，明确划分职责范围，严格纪律。

3）物质上准备

常用的防汛物资有土、砂、碎石、块石、水泥、木材、毛竹、草袋、钢丝、绳索、圆钉和照明、运输及挖掘工具等。在汛前都要根据实际需要备全备足。

4）做好防汛前检查

在防汛前要对取水部、引水管、闸门、渠道、堤防以及河道内阻水障碍物等所有工程设施做一次全面细致检查，发现隐患应及时消除。

（2）掌握水情

汛期来临，要关心本地区水文、气象资料，要了解上游洪水情况，正确估计汛情大小，及早制定抗洪抢险具体方案。

（3）加强堤防的巡查

取水头部与进水泵房附近的堤防，直接关系到水源的安全。在汛期，特别是水情达到警戒水位时要组织巡查队伍，建立巡查、联络及报警制度。查堤要周密细致，在雨夜和风浪大时更要加强对堤面、堤坡出现的裂缝、漏水、涌水现象的观察。

（4）堤防的抢护

1）防漫顶的抢护

当水位越过警戒水位，堤防可能出现漫顶前，要抓紧修筑子堤，即在堤防上加高，一般采用草袋铺筑。草袋装土七成左右，将袋口缝紧铺于子堤的迎水面。铺筑时，袋口应背水侧互相搭接、用脚踩实，要求上下层缝必须错开，待铺叠至可能出现的水面所要求的高度后，再在土袋背水面填土夯实。填土的背水坡度不得陡于1：1。

2）防风浪冲击

堤防迎水面护坡受风浪冲击严重时，可采用草袋防浪措施。方法是用草袋或麻袋装土七成左右，放置在波浪上下波动的位置。袋口用绳缝合并互相叠成鱼鳞状。也可采用挂树防浪，挂树防浪是将砍下的树叶繁茂的灌木树梢向下放入水中，并用块石或砂袋压住，其树干用钢丝或竹签连接在堤顶的桩上。木桩直径0.1～0.5m，长1.0～1.5m，布置成单桩、双桩或梅花桩。

3）漏洞处理

一般水面发生漩涡，多为漏洞所致。检查漏洞时，将谷糠及木屑等易漂浮的物质撒于水面上，容易发现漩涡。有时也可以在漏洞近水侧的适当位置将有色液体倒入水中，再观察漏洞出口的渗水，如有相同颜色逸出，则可据此判断漏洞进口的大致位置。

漏洞修补一般在迎水面。若漏洞较小，周围土质较硬时，则可用大于洞口的铁锅或其他不透水器具扣住，也可用软楔、草捆堵塞，再在上面盖以土袋，最后将透水性较好的散土顺坡推下，以帮助截渗。

在漏洞的进口位置一时找不到时，为防止险情恶化，可暂在背水坡面漏洞出口处修筑滤水围井。方法是用土袋围一个不很高的井，然后用滤料分层铺压，其顺序是自下而上分别填0.2～0.3m厚的粗砂、砾石、碎石、块石。围井内的涌水在上部用管引出。

2.6 地表水水源 (水库、湖泊) 管理

2.6.1 水库分类与常用术语

1. 水库分类

水库建设在我国发展很快, 至 2003 年全国已建成各类水库 8.5 万余座, 水库总库容达 5658 亿 m³。水库作为城镇供水水源已很普遍, 以浙江省为例, 全省已有 65% 县以上的城市自来水厂使用水库水。

水库有山谷型水库和平原型水库之分, 按水库总容积可划分为大型、中型、小型水库, 水库分类见表 2-31。

水库分类 表 2-31

水库等级	水库总库容	重 要 性
大型水库	>1 亿 m³	
其中: 大 (1) 型	>10 亿 m³	特别重要, 省级管理
大 (2) 型	1 亿 m³ ~ 10 亿 m³	重要, 县级以上管理
中型水库	1000 万 m³ ~ 1.0 亿 m³	中等, 县级以上管理
小型水库	10 万 m³ ~ 1000 万 m³	
其中小 (1) 型	100 万 m³ ~ 1000 万 m³	
小 (2) 型	10 万 m³ ~ 100 万 m³	

注: 小于 10 万 m³ 称塘坝; 湖泊类, 湖泊水面面积 $S<100km^2$ 为小型; $\geqslant 100km^2$ 为大中型。

2. 常用术语

水库的常用术语见表 2-32。

水库主要特征与库容 表 2-32

特征水位	含 义	
校核洪水位	水库大堤遭遇设计校核洪水时, 水库达到的最高洪水位	
设计洪水位	水库大堤遭遇设计洪水时, 水库达到的最高洪水位	
防洪高水位	水库下游防护区遭遇设计洪水时, 水库达到的最高洪水位	
正常蓄水位	水库在正常运行情况下, 允许为兴利目的蓄存的上限水位	
防洪限制水位	水库在汛期前允许的上限水位	
死水位	水库在正常运行情况下, 允许消落到的最低库水位	
总库容	指校核洪水位以下的水库容积。它是划分水库大小等级的主要依据	
死库容	指死水位以下水库容积	
兴利库容	指正常蓄水位至死水位之间的水库容积	
防洪库容	指防洪高水位至防洪限制水位之间的水库容积	
调洪库容	指校核洪水位至防洪限制水位之间的水库容积	
重叠库容	指正常蓄水位至防洪限制水位之间的水库容积。这部分库容既可用于防洪, 也可用于供水	

2.6.2 水库、湖泊水源水质特征

水库、湖泊的水源水量、水质一般都是有保证的。但是，水库水源有其特定的水质特征，只有掌握其变化规律，才能取到较好的水质。

1. 水温

（1）不同水温下水的密度

水温是水库中影响水质的一项重要指标，水温特性和水库中的其他水质因素均有直接关系。水库中上下层的水温是不同的，不同温度下水的密度也是不同的。水的主要理化指标和各种温度下水的密度见表 2-33、表 2-34。

水的主要理化指标　　　　　　　　　　　　　　　　表 2-33

项　　目	理　化　指　标
分子式	H_2O
分子量	18.0152（1.0079×2＋15.9994）
冰点	0℃
沸点	100℃
最大相对密度时的温度	4℃

注：H 分子量 1.0079，O 分子量 15.9994。

各种温度下水的密度　　　　　　　　　　　　　　　表 2-34

温度（℃）	0	2	4	6	10	20	30	50	80	100
水的密度（kg/m³）	999.87	999.97	1000.00	999.97	990.73	998.23	995.67	988.07	971.83	958.38

（2）水的密度特性

1）最大密度是在水的温度为 4℃时；

2）0～4℃范围内为冷胀热缩，即温度升高，体积缩小，密度增大，4℃时为最大；

3）冰的密度为 916.8kg/m³，结冰时水的体积变大，浮于水面形成冰盖，隔绝下层水与外界的热量交换，保持深水水温，使水生生物在冬季得以生存。

（3）水的异重流

1）夏天表层水温高，密度小，无外力搅动，只留在上层；而底层 4℃以上的水体，水温仍低，密度大，仍沉在下层，所以虽然表层水温已达 20～30℃以上，但底层水仍保留低温。上下层最大温差有时可达 20℃左右。

2）到了秋季与冬季，水温随气温一起降低，水库水温的表层随气温依次冷却下来，上层水冷却后由于密度增加与下层水不断对流，使下层水温升高；另一方面，由于下层水长期的热传导、辐射和对流本身温度也在逐步上升，温差也逐渐缩小从而上下层水温逐渐趋于一致，并随着气温下降而冷却，恢复到初春前状态，完成一个循环。水体中温度变化导致上下游动的现象称异重流。

（4）水库水温变化

图 2-8 为绍兴汤浦水库水温变化情况记录：

该水库历年平均水温 17.2～18.8℃；最高达 32.8℃，最低为 6.5℃，库底最低为

4℃；每年 4 月，水体就逐步形成热分层；一般 0～4m 为表温层，基本无温差；4～12m 为温跃层，有很大的温度梯度；12m 下为底温层，温差大大减少。到了秋天，气温下降，水体产生对流，分层逐渐消失，到 12 月至翌年 3 月，水体基本上呈上下同温现象。

水库中水温在升温期和降温期的一般变化规律见图 2-9。

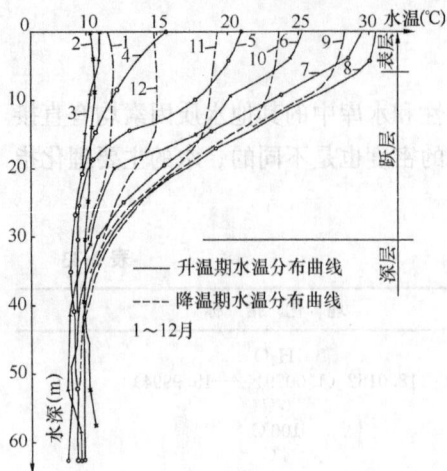

图 2-8 浙江绍兴汤浦水库水温实测变化图   图 2-9 水库中水温分布曲线

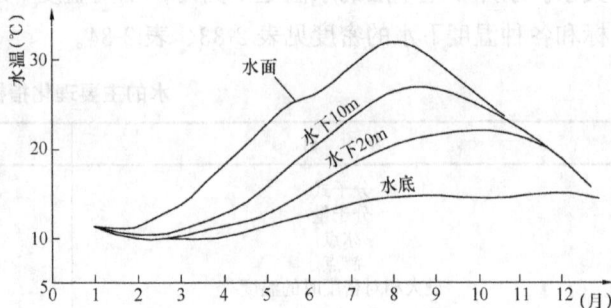

研究水库水温特性，了解水库沿水深的温度变化，对了解水库中原水浊度、色度、臭味以及铁、锰的变化，了解藻类生长规律十分重要。

2. 浑浊度

水库水中的浑浊度主要来源于上游及汛期的雨水。入流浊水的密度一般比表层水大，它在水库入口处与表层水混合后，沿水库低处流入，在达到与其密度相等的水层之后，即开始以水平方向朝库内作层状入流。

浊水在水库内的动态与洪水规模、水库深浅和取水方式有关。表 2-35 为不同洪水、不同取水方式时浊水形态示意图。

水库中浊水形态   表 2-35

洪水形态	取水方式	浊水形态	说　明
小型洪水	中层取水		β≪1（β 为水库一次洪水总量与水库总库容之比值）
	深层取水		β≪1

洪水形态	取水方式	浊水形态	说　明
中型洪水	中层取水		$\frac{1}{2}<\beta<1$
	深层取水		$\frac{1}{2}<\beta<1$
大型洪水	中层取水		$\beta>1$
	深层取水		$\beta>1$

大伙房水库位于辽宁省抚顺市，库容 21.8 亿 m^3。取水口分 3 层：上层标高 125m，可取表层水；中层标高 110m，可取水下 10m 水，底层 103m，可取水下 22m 水。一般年份原水浑浊度平均在 10NTU 以内，丰水年降水量大且集中时，最高浑浊度达 100～800NTU，持续 2～3 个月才降到 50NTU。大伙房水库曾实测不同水位标高的浑浊度变化，见表 2-36。

大伙房水库不同水位标高的浊度变化　　　　　　表 2-36

水位标高（m）	实测浊度（度）				
	7 月 26 日	7 月 30 日	8 月 2 日	8 月 13 日	8 月 20 日
表层	15	19	5.7	7.2	2.9
以下 5m	31	40	14.8	36	19
以下 10m	191	95	58	46	22
以下 15m	110	200	108	52	33

3. pH

（1）水库水的 pH 普遍偏低，一般都在 7.0 以下，甚至在 6.5 左右。主要原因是由于水库水主要由雨水补充，而雨水的 pH 一般都呈酸性仅为 4～5 之间。同时水中各种水生物死亡后，其残骸沉积于底层，腐殖质分解后产生大量有机酸，也是原因之一。

（2）水库水 pH 的变化规律

一般来说，水库水表层 pH 较高，底层偏低；4～7 月降雨较多，pH 明显降低；9～12 月由于藻类大量死亡分解，产生的腐殖质，导致底层 pH 降低。

绍兴汤浦水库 pH 变化多年基本保持稳定，正常情况下处于 6.8±0.3。每年春末夏初或夏末秋初，上层水体 pH 会急剧升高（最高达 9.4），而下层稍有下降（最低达 6.2）。

表温层 pH 与藻类数量呈显著的相关性，由于 pH 随同藻类变化的相应时间非常快，进行表层 pH 的测定可以较快地从侧面反映藻体的生长情况。

4. 溶解氧

溶解氧（DO）反映水的干净程度，不受污染的天然河道 DO 一般在 5～10ppm，水温高 DO 减少，水库水中表层与底层的 DO 也是不同的。水库底层 DO 低，其原因一是进入库内的有机物要耗氧，水库上层水体可从大气中补氧，而水库底层水体耗掉的氧气难于补充；二是缺氧后的底层水使厌氧菌增多，有机物产生厌氧分释放出甲烷、硫化氢、氨等难闻气味，甚至出现恶臭，水质明显恶化。

5. 锰

锰一般含在岩石和土壤中。库底岩石和土壤中的锰在水的作用下就会以离子状态溶入水中。此外，水库底层水由于处于酸性和低溶解氧的厌氧状态即还原产生状态下更容易使锰离子溶入。

水库水中锰含量一般是沿水深变化的，上层低，下层高。表 2-37 和表 2-38 为浙江余姚梁辉水库和台州长潭水库取水口处沿水面不同水深在取水处锰含量的实测纪录。

浙江余姚梁辉水库锰含量沿水深变化　　　　　　　　　　　　　表 2-37

距水面距离（m）	锰含量（mg/L）	
	取样时间（2001.9.1）	取样时间（2001.9.20）
2	＜0.03	＜0.03
12	＜0.03	＜0.03
14	0.08	＜0.03
16	0.60	0.05
18	0.65	0.53
20	0.60	0.57
22	0.47	0.88

台州长潭水库中锰含量沿水深变化　　　　　　　　　　　　　表 2-38

距水面距离（m）	0.2	1	2	5	8	10	12	15	18	20
锰含量（mg/L）	＜0.05	＜0.05	＜0.05	＜0.05	＜0.05	0.05	0.3	0.55	0.6	0.75

综上所述，水库水质总体上呈垂直分布，并呈周期性变化。一般情况下：水库底层

水，水温偏低，pH偏低，锰含量较高，浊度在洪水期也比顶层高；而藻类的高发，往往从水库表层开始，而底层却保持相对的稳定。

2.6.3 水库水源的分层取水

1. 水库分层取水的必要性

水库水源分层取水是由水库水质特点决定的。众所周知，低温低浊水很难处理，pH低影响出厂水的稳定，铁、锰超标会引起黄水黑水，藻类暴发不仅会堵塞滤池，水质有味，而且引发藻毒素问题。单层取水往往只能取底层水，就无法根据水库各层水质的变化，选择合适的水质，就会引发一系列问题。目前，许多水厂在采用已建水库取水时，只设底层取水口，这就需要因地制宜地设法改造成分层取水。

2. 水库水源分层取水方式

分层取水是指沿不同高程设置取水口的取水形式。分层取水一般设三层（也有四层），在无条件情况下，设二层也比单纯从底部取水好。

分层取水的标高要根据水库水深具体分析。一般情况下，分三层取水时，表层取水口在高水位下面3～4m，或常水位下2～3m，中层取水口在死水位与常水位中间；底层取水口在死水位上面。

许多水厂在采用已建水库取水时，只有底层取水口，需要因地制宜地设法改造成分层取水。

表2-39介绍几种分层取水的形式。

分 层 取 水 形 式　　　　　　　　　　　　　　表 2-39

1. 取水塔式分层取水

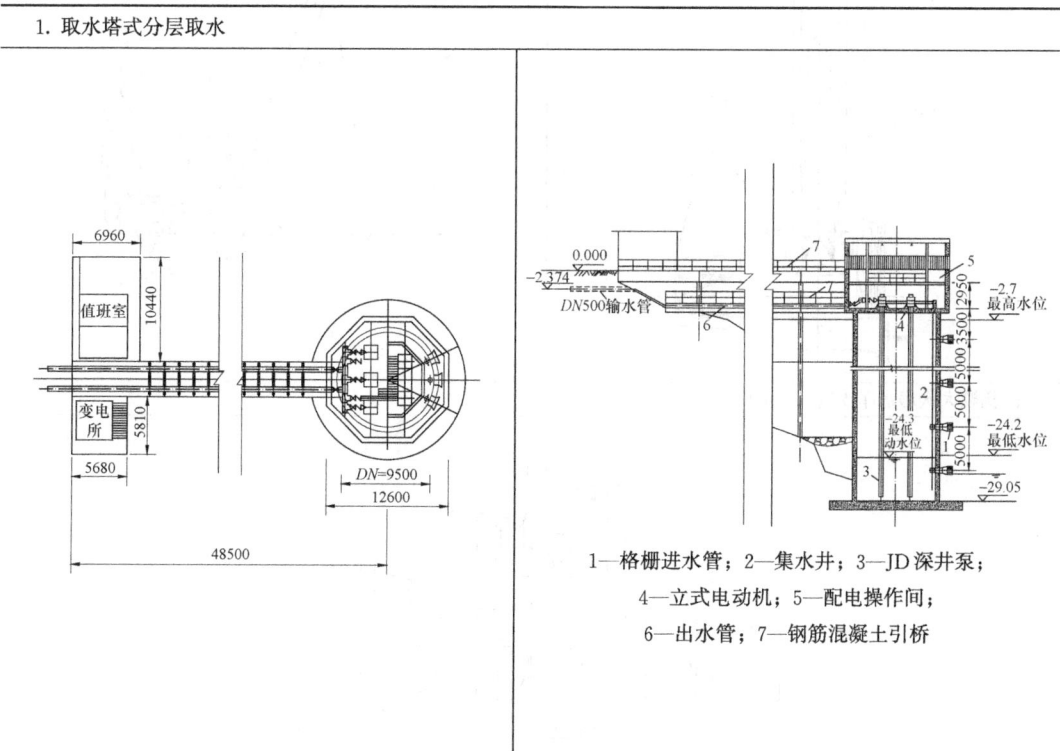

1—格栅进水管；2—集水井；3—JD深井泵；
4—立式电动机；5—配电操作间；
6—出水管；7—钢筋混凝土引桥

水、水库水、pH 值偏低，含铁量较高，浊度与其他地面水源相比较低，而且…

冰水库透明度大，如…清澈并柔和（加药量）

2. 与库堤合建的分层取水

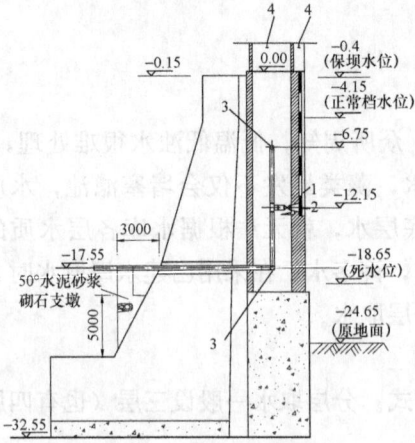

1—格栅；2—叠梁式检修闸门；
3—分层取水的进水管；4—电动葫芦吊轨

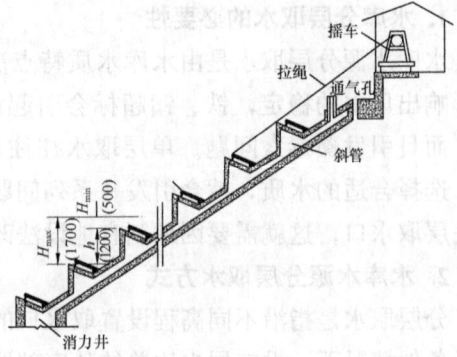

3. 套筒式与浮筒式取水口

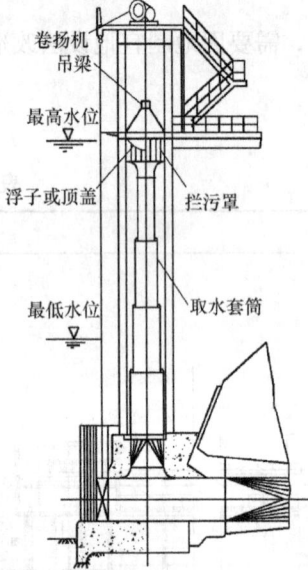

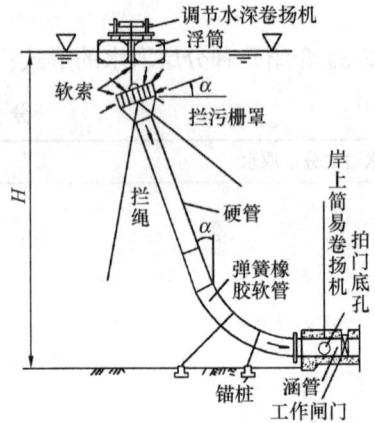

4. 抚顺大伙房水库改造后取水口

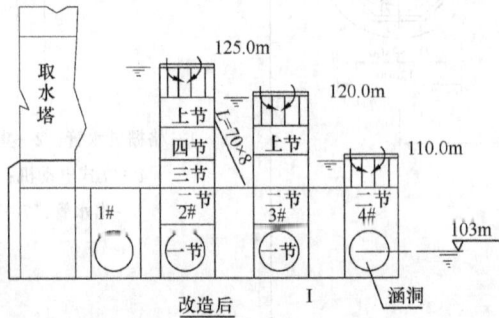

改造后

50

3. 水库分层取水的改造实例

浙江江山自来水厂规模为 11 万 m³/d，原水取自碗窑水库。该水库总库容 2.23 亿 m³，设计洪水位 197.24m，灌溉死水位 149.12m，坝顶高程 198m。水厂引水工程于 2006 年 6 月竣工通水，取水口为碗窑水库大坝 140.6m 高程处预留的 DN1200 放水管，全程重力自流引力。2006 年 10 月中旬发现原水水质变差，含铁量高达 3mg/L，pH 偏低，一般在 6.4～6.7，且有明显的腥臭味。水库原水水样报告表明，除水库底层外，水库中上层水质均较好。为保证市区居民的饮水安全，决定改建取水口。

（1）取水装置改建方案

根据碗窑水库现有取水口的特点、施工条件，经调研及对水下施工设备、工艺情况分析，确定了水下施工安装条件下的直立式钢管分层取水装置方案。

该取水装置通过潜水员水下安装、固定钢管，并在钢管适当位置设置取水口，通过坝顶启闭设备控制各取水口的启闭状态实现水库分层取水。该取水装置见图 2-10。

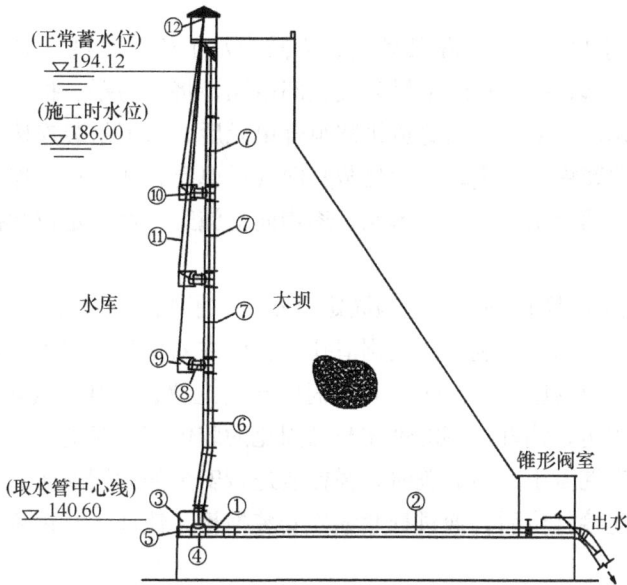

图 2-10　直立式钢管取水装置示意

1—DN1000 钢管；2—原放水管；3—水下混凝土；4—连接三通；5—底部封闭门；
6—竖向钢管；7—抱箍；8—取水；9—拦污栅；10—拍门；11—钢绞线；12—启闭设备

1）钢管与原放水管的连接。连接方法为将一根长 3.5m，DN1000 的钢管①伸入原放水管②中，浇筑水下混凝土③将钢管与原放水管结合并形成镇墩，钢管另一端通过法兰连接三通④，三通一端连接底部封闭门⑤，在检修或特殊情况下开启封闭门取水，三通另一端连接竖向钢管⑥。

2）竖向钢管的固定。沿坝面设置竖向钢管，通过法兰连接底部三通，在竖向钢管的适当部位安装抱箍⑦，并运用水下液压钻孔机具在大坝表面钻孔，安装不锈钢锚栓，拧紧抱箍锚栓固定竖向钢管。

3）取水口的设置。取水口的设置和数量对取水水质和装置运行管理有较大影响，改造时考虑了水库水位变动情况、水质要求，引水工程全程重力自流水的流量要求以及运行管理操作方便要求，在 180m、170m、160m 高程处通过三通连接竖向钢管形成取水口⑧，各取水口外均设拦污栅⑨和拍门⑩，取水口外侧拍门端部连接不锈钢钢绞线⑪，根据用水需要运行坝顶启闭设备⑫拉动钢绞线开启或关闭各高程取水口。

4）启闭设备。在取水口上方坝顶悬挑建一座小型钢结构启闭机房，内设 GSZ5t 型手拉葫芦，拉动不锈钢钢绞线开启拍门取水，松开钢绞线靠拍门自重关闭取水口。

（2）取水装置水下施工方法

直立式钢管分层取水装置施工的难点是水下取水管、取水口的连接，安装施工，潜水员工作水深达 46m，施工程序和方法是：

1）原有拦污栅拆除、原取水平台清理。采用潜水员水下人工清理取水平台内的碎石和浮泥，通过水下等离子切割技术将拦污栅分离后，将其绑在钢丝绳上，通过设在坝顶的起重设备吊至坝顶。

2）测量定位。

3）取水管（进水口）分单元吊装就位。为减少水下施工难度，加快施工进度，将底部水平管、三通、底部封闭门在陆上拼装成底部单元，将拦污栅、拍门、进水短钢管、三通管组成进水口单元，将部分竖向管道拼装组合单元后，水下吊装连接。底部单元吊装就位后，安装抱箍，拧紧螺栓固定，然后吊装竖向管道单元，通过法兰连接底部单元，并安装抱箍、螺栓固定，然后吊装取水口单元，逐步向上施工。水下定位和接口均由潜水员操作。

4）大坝钻孔安装不锈钢锚栓、抱箍固定。水下钻孔机具采用液压钻，锚栓选用注射式裂缝可靠化学锚栓。钻孔后利用清孔刷清孔，孔内注入化学锚固胶，随即插入不锈钢锚杆。化学锚固胶由反应树脂、填充剂、固化剂按比例配置，固化后与混凝土粘结成一体。通过在锚杆上施加扭矩，锚杆尾端的锥体与已固化的胶体相互脱离，从而实现类似于机械锚栓的膨胀锚固。当混凝土产生裂缝时，锚栓能进行安全的后续膨胀。

取水管道法兰连接就位后，通过拧紧锚栓安装抱箍，使取水管道紧贴坝面，限制其水平向侧移。

5）水下混凝土浇筑。混凝土浇筑采用导管法连续浇筑。混凝土内加 3％HLC-1V 水下不分散剂。水下不分散剂能有效减少水下混凝土的强度损失。

6）水下施工检测。主要通过潜水员水下探模、HD 型水下测量电视等。

碗窑水库水下施工直立式钢管取水装置在水库不放水，通过潜水员进行水下操作施工，对水库养殖、电站发电、水资源利用等相关问题影响小，工程于 2007 年 9 月开工，同年 11 月完工，工程投入运行后，根据水库沿水深不同的水质及时调度取水，近三年取水水质一直良好。

2.6.4　水库、湖泊水源富营养化判别指标

由于水库湖泊中水流缓慢，光照良好，水温适合，在接纳了大量氮、磷等物质后引起了藻类等浮游生物的急剧增长，称水体富营养化。富营养化是水体中的一种生物现象，其程度没有统一的指标规定，关键不是水中营养物的浓度，而是连续不断地流入水体中营养

物的负荷量。因此不能完全根据水体中营养盐浓度来判断其富营养化程度。但是为防止水体富营养化，控制水中氮、磷等营养物含量是完全必要的，有关标准中列出的有关指标限值有：

1. 地表水环境质量标准 GB 3838—2002

地表水环境质量标准中与判别水体富营养化的主要指标为总磷、总氮、COD_{Mn} 和 DO等，其对上述指标的限值见表 2-40。一般认为判别富营养化不宜超过表中Ⅲ类限值。

地表水环境质量标准 GB 3838—2002 中富营养化指标限值　　　　表 2-40

指标名称	Ⅰ 类	Ⅱ 类	Ⅲ 类	Ⅳ 类	Ⅴ 类
总磷（mg/L）	0.01	0.025	0.05	0.1	0.2
总氮（mg/L）	0.2	0.5	1.0	1.5	2.0
COD_{Mn}（mg/L）	2	4	6	10	15
DO（mg/L）	饱和率90%或7.5	6	5	3	2

2. 美国 EPA 湖泊水富营养化判别指标

美国 EPA 湖泊水富营养化判别指标见表 2-41。

美国 EPA 湖泊水富营养化判别指标　　　　表 2-41

项　目	贫营养	中营养	富营养
叶绿素 γ（μg/L）	<4	4～10	>10
总磷（mg/L）	0.01	0.01～0.02	0.02～0.025
透明度（m）	>3.7	2.0～3.7	<2.0
深层水 DO（饱和）%	>80	10～80	<10

3. 富营养化程度判别指标

一般对水的富营养化程度评价参考指标见表 2-42。

水的富营养化程度评价参考标准　　　　表 2-42

项　目	贫营养	贫中营养	中营养	中富营养	富营养	重富营养
叶绿素 γ（μg/L）	≤1.0	≤2.0	≤4.0	≤10.0	≤65	>65
总磷（mg/L）	≤0.0025	≤0.005	≤0.025	≤0.05	≤0.20	>0.20
总氮（mg/L）	≤0.03	≤0.05	≤0.3	≤0.5	≤2.0	>2.0
COD_{Mn}（mg/L）	≤0.3	≤0.4	≤2.0	≤4.0	≤10	>100
透明度（m）	10	>5.0	>1.5	>1.0	>0.4	<0.4

一般认为，水中叶绿素 γ>10μg/L，总磷>0.05mg/L，总氮>1.0mg/L，COD_{Mn}6.0mg/L 时，BOD_5>10mg/L 可视为已富营养化。

2.6.5 水库水源中藻类生长特性

1. 水库水源中的藻

（1）水体富营养化，直接导致藻类的繁殖。水库及湖泊中藻类有三万种左右。大小从单细胞到 61μ 长海草。淡水中藻类通常以蓝藻、绿藻、硅藻、中藻、隐藻、金藻、黄藻等 8 个门类为主。

(2) 蓝藻门是已知产生毒素最多的门类，也是富营养化水体中的优势藻类。项圈藻、蓝针藻、简胞藻、含珠藻、顶胞藻、蓝束藻、颤藻、胶鞘藻等都属于蓝藻门。蓝藻可分泌肝毒素和神经毒素。蓝藻属中的浮颤藻和鱼腥藻含有毒性最强的微囊藻毒素-LR。微囊毒素的主要靶器是肝脏。这种毒素即使低剂量时长期作用于人体也有相当大的危害。现有常规制水工艺尚不能有效去除藻毒素，采用臭氧氧化和颗粒活性炭吸附可去除微囊藻毒素-LR。

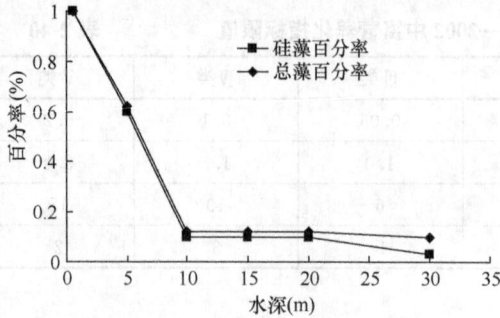

图 2-11　水库中藻类的垂直变化

2. 水库水源中藻类生长特性

(1) 生长时间

水库中藻类一般情况是每年春季表层开始繁殖，随着气温和水温的升高，光照增强，逐渐达到繁殖盛期；入秋后气温下降，生物区下移，数量减少，到达冬季时上下平衡。

(2) 分布规律

水库中藻类生长主要与水体中的营养盐（氮、磷等）含量有关，还与水的温度、溶解氧及光照的关系十分密切，蓝藻形成的适宜温度是在 25℃ 左右。分布呈垂直贯通分布。图 2-11 为水库中藻类的垂直变化。表 2-43 为新安江水库藻类及浮游生物与水深的关系，表 2-44 为松花坝藻类数量的垂直变化。

藻类及浮游生物与水深关系（平均值）　　　　　表 2-43

水库名	藻数量（万个/L）水深（m）			检测时间
	上层	中层	下层	
新安江（大型）	19.46 (0~5)	0.54 (15~20)	0.13 (35~40)	3月9日~25日
狮子滩（大型）	240 (1~2)	133 (9.0)	29 (15~25)	平水期
老营盘（大型）	34.48	24.47	16.97	
肖峰（中型）	56.28 (0.5~2)	35.65 (5~9)	31.26 (15)	
活盘（中型）	194 (0~5)	70 (7)	15 (14)	

松花坝藻类数量的垂直变化　　　　　表 2-44

水　深	硅藻数量（万个/L）	藻总数（万个/L）
0.5	7852	10600
5	4704	6780
10	1037	1560
15	1185	1370
20	1037	1440
30	259	592

3. 藻类对饮用水的危害

(1) 引起水的恶臭异味

藻类产生恶臭和异味一般认为是藻类某些复杂有机化合物造成的。蓝藻一般产生腐败臭、霉臭、青草臭、藻臭、土臭；水中主要的臭味物质 2-甲基异莰醇（MIB）是由蓝藻产生的；土臭素（Geosmin）是由螺旋鱼腥藻产生。绿藻一般产生青草臭、藻臭、鱼臭、腐败臭；硅藻与其他藻类也产生腐败臭、藻臭、鱼臭、芳香臭、青草臭、刺激臭等。

（2）致使水处理困难

含藻水难于处理，不易凝聚、沉淀，进入滤池后会在滤料表面形成一层毯状物堵塞滤池，造成过滤周期缩短，冲洗频率增多；含藻水往往引起水的异味，需要增加加氯量，从而引发水中消毒副产物的增加。

（3）腐蚀与污染配水管道

含藻水经过混凝土和金属表面会产生黏性物质并在表面上生长，管道内残存的藻类，不仅消耗余氯，而且成为细菌的生物营养，污染配水管道。

（4）引起水的色度增加

色是藻类次生物，差不多藻类都有色。色有黄绿、绿、蓝绿、红和褐色，用户极为反感。

注：藻的防治参见本手册第 12 章。

2.6.6 水库水源设施管理

1. 水源设施检查

水库水源往往远离水厂，对水源设施要进行定期检查，特别是由供水企业负责管理的专用水库。

（1）检查分类

检查分为日常巡视检查、年度检查和特别检查。

1）日常巡视检查

应根据水库的具体情况和特点，具体规定检查的时间、部位、内容和要求，并确定巡视路线、顺序、方法。由经验丰富的监测维护人员负责进行。

2）年度检查

年度检查由管理单位负责人组织相关人员，进行比较全面或专门的巡视检查，一般在汛前进行。

3）特别检查

遇到严重影响工程设施安全运行或可能发生的较严重的破坏现象与危险迹象时应由主管单位负责组织特别检查，必要时应组织专人对可能发生险情的部位进行持续监视。

（2）检查内容

检查内容主要是与供水有关的水库的引（泄）水建筑物、闸门及启闭机，如供水专用水库，还要检查坝体、坝基和坝区。

1）引、泄水建筑物

进水段有无坍塌、崩岸、淤堵或其他阻水现象；闸室、进水塔、洞身墙壁等有无裂缝、渗水、剥落、冲刷、磨损、空蚀等现象；伸缩缝、排水孔是否完好；放水期出口水流流态、流量是否正常，停水期出口处是否漏水。泄洪道及工作桥或交通桥有无冲刷、杂物堆积等现象。工作桥或交通桥是否存在不均匀沉陷、裂缝、断裂等现象。

2）闸门及启闭机

闸门及其开度指示器、门槽、止水等能否正常工作，有无不安全因素存在。

启闭机能否正常运行，备用电源及手动启闭是否可靠。

3）其他

观测及通信设施是否完好；通信、交通设施是否畅通，照明等设施有无损坏及故障；液压、空压、通风系统及管路等是否正常。

4）大坝

坝顶：坝顶路面有无裂缝、异常变形、积水或植物孳生等现象，防浪墙有无开裂、挤碎、架空、错断、倾斜等情况。

迎水坡：护面或护坡是否损坏，有无裂缝、剥落、滑动、隆起、塌坑、冲刷或植物孳生等现象。近坝水面有无冒泡、变浑或漩涡等异常现象。

背水坡及坝趾：有无裂缝、剥落、滑动、隆起、塌坑、冲刷、雨淋沟、冒水、管涌等异常现象；排水设备是否通畅，有无兽洞、蚁穴等。

（3）检查方法和要求

1）检查方法

主要采用眼看、耳听、手摸、鼻嗅、脚踩等直观方法观察，或辅以锤、钎、钢卷尺等工具对异常变化部位进行检查。特殊需要时对土石坝可采用开挖探坑、探井、钻孔取样或向孔内注水试验、投放化学试剂、潜水员探摸或水下电视等方法，对土石坝内部、水下部位或坝基进行检查。

2）检查基本要求

检查人员应基本相对稳定，并做好检查记录。年度和特别检查要制定详细检查方案。每次检查都应按规定作好现场记录，对发现异常现象应详细记录其时间、部位、险情，并绘制草图或摄像。各次检查特别是年度与特别检查应有书面检查报告，归档保存，并按规定向上级报告。

2. 水源设施养护

（1）输水隧洞的养护

1）日常养护修理

输水隧洞运用前，要检查有无可能影响放水安全的各种因素。特别是在水库蓄水过程中，应检查洞身有无变形裂缝。运用中，对洞身要经常注意观察和倾听洞内有无异常声响，如听到洞内有"咕咯咯"阵发性的响声或"轰隆隆"的爆炸声，说明洞内有情况，或产生了气蚀现象。放水后，应携带专门的照明设备进洞检查，查找洞壁有无裂缝和漏水的孔洞、闸门槽附近有无气蚀现象，洞内是否有漏水，如有应找出是洞壁漏水还是闸门漏水。

2）输水隧洞断裂漏水的修理

输水隧洞断裂常指衬砌破坏，坝下涵洞断裂常指洞身断裂。常见的原因是因地基不均匀沉陷引起。无论输水隧洞还是坝下涵洞，应严禁无压流变成半有压或压力流的状态运行。对于漏水处理可采取：

a）一般裂缝漏水处理：

对于一般裂缝漏水，可采用水泥砂浆或环氧砂浆进行处理。对于质量较差的衬砌和涵洞洞壁上的纵向渗漏，均可在洞内或坝上进行灌浆处理。

b）喷锚支护：

喷锚支护就是用喷射混凝土和锚杆支护的方法衬砌隧洞，适用于输水隧洞无衬砌段的加固或衬砌损坏的补强，它具有与洞室围岩粘结力高，能提高围岩整体稳定性和承载能力，节约投资，加快施工进度等优点。

c）内衬砌补强处理：

内衬砌补强在成品管与原洞壁间填充水泥砂浆或预埋骨料灌浆。内衬砌的材料可用钢管、钢筋混凝土管、钢丝网水泥管等制成品，也可在洞内用现场浇筑混凝土、浆砌块石、浆砌混凝土预制块，或者支架钢丝网喷水泥砂浆等方法衬砌。

3）输水洞气蚀的处理

气蚀就是当水流流经不平顺的边界时，由于流速较高，不断将不平顺处的空气带走，从而使局部位置的压力低于大气压力，形成负压区，当压力降低到相应水温的汽化压力以下时，水分子发生汽化，体积膨胀，形成小气泡。小气泡随水流流向下游正压区，气泡内的水汽又重新凝结，气泡突然破裂消失，产生巨大吸力而使水工建筑物表面混凝土剥蚀。气蚀破坏初期往往不易引起重视，如长期发展，则可蚀穿洞壁，造成管涌、坍塌，威胁大坝安全。

a）产生气蚀的原因：

输水洞进口曲率变化过急；门后洞壁表面不平整、有突出的棱角或过渡段；门槽形状不好或闸门底缘不平顺；闸门局部开启、门后发生水跃。

b）气蚀破坏的处理

气蚀发生后，应查明气蚀情况，做好记录全面分析原因。首先对已产生气蚀的破坏部分立即修补，一般用环氧砂浆进行修补，剥蚀严重的则应考虑采用钢板衬砌等方法修补。或改善涵洞的进口形状或连接段的过渡形状以及补设通气孔等。

（2）闸门与启闭机的养护

1）日常养护

对闸门应检查是否有扭曲，门槽有无阻碍，铆钉或螺栓有否脱落松动，止水是否完好，闸前闸后有无淤积或残留物等；对螺杆、钢丝绳等金属结构部分要经常进行擦洗、除锈和涂油漆保护；电气设备要经常保养，做到绝缘和防潮，并有备用电源；启闭设备要保证润滑，启闭灵活和制动可靠。应按规定认真进行不定期试运转，试运行应对所有闸门全开全关，包括使用备用电源启闭。

2）闸门门体缺陷的修理

门体缺陷包括门体变位、门叶变形与局部损坏。发现缺陷应及时处理。

3）支撑行走部分的修理

如果滚轮锈死卡阻，拆下锈死的滚轮，将轴与轴瓦清洗除锈后涂上润滑油脂，再按标准安装。如果间隙超过允许范围时，更换轴瓦。

4）启闭机常见故障的修理

卷扬式启闭机常见故障有齿轮啮合不良、钢丝绳锈蚀断丝、制动带磨损减薄等。如齿轮啮合不良，可调节两齿轮轴的平等度来调整齿轮间隙，如调整后仍不能满足要求，可进行空转来碾磨或修整齿形。

当钢丝绳一端有锈蚀或断股时，可将钢丝绳调头使用。若不能调头，则可用两根钢丝绳搭接使用。如调头、搭接均不宜采用时，应更换钢丝绳。

制动带磨损一般应更新制动带。

机电设备应按机电设备的要求，对配电装置及电动机进行日常检查、及时排除故障和定期维护的各项工作。

2.6.7　水库库区管理

1. 管理范围

水库管理不但要管理好水工建筑物及其配套设备，还要管理好水库的水域、岸坡以及水库流域内的植被等。其管理范围通常是在水库管理区域的外缘，再向外延伸扩大至一个适当区域，在这个区域里，对人类的生产、生活活动进行一定限制，以保护水库的环境。水利部《水库工程管理设计规范》SL 106—96 规定："水库保护范围为：由坝址以上，库区两岸（包括干、支流）土地征用线以上至第一道分水岭脊线之间的陆地"。

2. 管理内容

（1）库区水土保持

库区水土保持以预防为主，主要措施和手段有：

1）植树造林，鼓励种草，扩大森林覆盖面积，增加植被；

2）封山育林育草，轮封轮采，保护植被；

3）禁止毁林开荒、烧山开荒和在陡坡地、干旱地区铲草皮、挖树根；

4）严格限制开垦荒地坡地，禁止在 25°以上陡坡地开垦种植农作物；

5）严格控制采伐库区林木；

6）加强对生产建设项目管理，实行水土保持设施与主体工程同时设计、同时施工、同时投产使用的"三同时"制度；

7）加强对崩塌滑坡危险区和泥石流易发区特殊地区的应急安全管理。

（2）对水土流失的治理

当库区存在水土流失现象时，应当及时编制出科学的水土保持规划，建立水土流失综合防治体系，投入一定的资金和人力，采取综合措施，有计划地对水土流失进行治理。主要措施和形式有：

1）小流域综合治理。具体的工程形式有：兴建梯田、拦水沟埂、水平沟、水平阶、水簸箕、鱼鳞坑、山坡截流沟、水窖、挡土墙、谷坊工程、拦沙坝、淤地坝等水土保持工程以及植树种草、封山育林、等高耕作等。

2）在荒坡地开垦地区，采取整治排水系统、修建梯田、蓄水保土耕作等水土保持措施。并实行坡耕地改造，辅之以水利工程、道路工程等。

（3）库区水环境管理

对进入库区水体和水域的污染物排放要实行总量控制和动态控制，严格控制和减少工业污染、船舶污染、面源污染，加强库区污水和垃圾处理设施的建设，全面实施水面漂浮物清理，积极引导企业实施清洁生产。

2.6.8 长距离原水输送技术要点

长距离输水管（渠）道工程是指距离超过 10km 的用管（渠）道输送原水、清水的建设工程。一般包括输水管（渠）道、加压泵站、管道穿越障碍物措施等内容。

1. 主要技术要求

（1）原水输送设施的安全性很重要，一般输水管不少于两条，当有安全贮水池或其他安全保障时，也可只修建一条。无论输水干管采用一条或两条，都应进行事故期供水量的核算，以确保安全供水。

（2）长距离输水管道由于开停泵、开关阀和运行中流量的调节，都可能产生水锤，其危害很大，因此必须进行水锤分析，依据管线的纵向布置、管径、设计水量、工作压力等因素，确定空气阀的位置、数量、形式和口径。

（3）大型、长距离金属原水管通过腐蚀性土壤、电气化铁路附近或有杂散电流存在区域时，应采取阴极保护措施。

（4）长距离原水输水管适当位置应设水质采样点、排放口、湿井等。并应在适当位置有进入管道内部观测的路由等。

2. 水锤防护

水锤防护措施主要是加强排气。大多数输水管道爆管的主因是管道排气不畅，造成在管道内大量存气。如果管道中的一个气囊两端压差为 0.1kPa，其运动速度即可达 10m/s 以上，而水流速度波动为 1m/s，则最大水锤升压将近达到 1MPa，因而管道排气不畅后果极其严重。气缸式排气阀结构上完全不同于老式排气阀，除可保证排气畅通外，还具有缓闭防锤功能，是消除气爆型水锤的首选设备。由于管路施工的条件限制，许多管段排气阀的安装尚难符合要求，而采用泄压阀就可以消除过高的水锤压力峰值，从而消除其破坏作用。此外，因误操作而产生的超高压力，也可通过泄压阀进行泄压保护。

西北某取水工程采取防护措施前管路运行 2 个月，曾出现 3 次爆管，分析原因主要是：

1）排气阀排气不畅，经检测两台双口排气阀和一台复合式排气阀的排气量甚少，大排气口气托现象严重，基本无排气作用，小排气口在压力较大或波动时也容易完全关死，使排气阀失去作用；

2）阀门按常规关闭及切换容易造成水锤升压过高。

采取水锤防护措施及按正确规程操作后，该系统从 2006 年 6 月开始运行至今，虽数次调节、切换、放水、充水，均未出现过任何事故且运行稳定。

3. 压力控制

隧洞输水可分为无压流（重力）和有压流（压力流）或有压流、无压流分段组合。由于输水隧洞不宜承受较高水压，因此输水系统压力控制技术在长距离隧洞输水工程中是一个关键问题。

长距离隧洞输水工程输水系统压力控制技术可有几种选择方案：

（1）利用控制阀门调流阀控制

对输水距离较短、输水流量变化不大，首端与末端水位差值不大的工程，最简单易行的，管理也比较方便的就是利用控制阀门调流阀控制。

（2）利用衔接构筑物（结合井）分段控制

该技术在昆明市掌鸠河引水供水工程输水工程应用。该工程设计供水规模近期为 40 万 m^3/d，远期为 60 万 m^3/d，最大输水流量为 $10m^3/s$，输水线路全长 97.6km，其中 16 段输水隧洞长 86.3km，衬砌后洞径 3m；15 段输水钢管长 11.3m 管径 2.2m，输水线路首部最高水位和水厂进水池水位差为 97.5～99.5m。在输水线路沿线隧洞出口处设 8 个结合井，达到分 9 段控制水压的目的，确保每段隧洞都能低压运行，该工程设计隧洞最大承压水头为 21.5m，分段减压实行压力控制的输水系统的断面示意图见图 2-12。

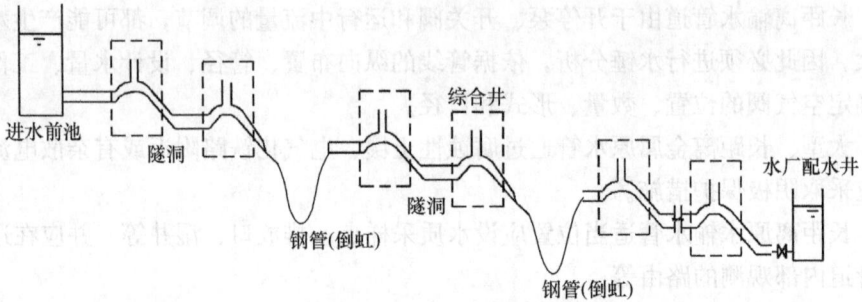

图 2-12　分段控制输水系统示意图

图中结合井为压力控制的关键设施，结合井主要由正溢流堰、侧溢流堰、排气口、下游斜井、检修排水设施等构成，见图 2-13。上游段来水通过正溢流堰溢流进入下游，上游段多余的水头在结合井内被消除，输水量越大堰顶水头越高。在输水量最大时，溢流堰自由出流，下游斜井基本满流；非最大输水量时，下游斜井钢管内会有长度不等的明流，流量越小明流长度越大。侧溢流堰主要作用是排除多余的水量，由于输水线路较长，下游流量的增减会滞后于上游流量的增减，但当下游水厂根据供水需要调减水厂进水量时，上游来水减少会滞后于下游流量的减少，斜井内水面将迅

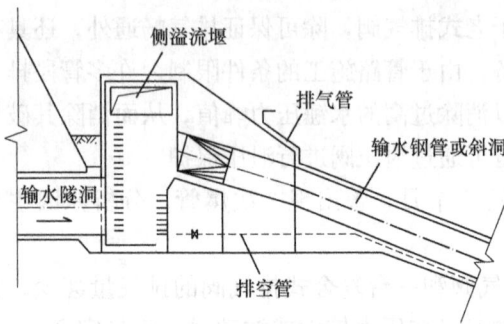

图 2-13　结合井纵剖面示意图

速升高，并导致结合井内的水位升高，侧溢流堰可能发生溢流。当上游来水量增加，而下游输水量增加滞后时，侧溢流堰也可能溢流。另外分段输水系统中，前一段流量的波动传递到下游时，下游将产生的一定的压力和流量波动，并可能合压力和流量振荡逐段扩大，结合井内水位也会高低变化，当高低变化较大时，也将有部分水量会从侧溢流堰流出。在分段减压输水系统中，结合井的设计是关键也是难点。

（3）利用控制阀门和输水隧洞结构变化联合控制

利用结合井分段减压的技术对一个水源单一水厂供水且有足够高差的输水系统是适宜的。但如果输水距离较长，且首尾高差不是很大时，水厂有可能仍希望获得在较小输水量

时更高的水头，或当一个水源向两个或两个以上水厂供水时，这种方案就难以满足。

宁波市白溪水库引水工程中，应用了"自压式输引水工程的控制方法"。该工程利用水库电站发电尾水向两个水厂供水，尾水池黄海标高 75～82.6m，东钱湖水厂为高地水厂，自流供水（无二级泵房），其一级泵房吸水井水位标高为 36.65～51.55m，较高的进池水头将可节省一级泵房提升能耗。北仑水厂为平地水厂，配水井最高水位为 10m。输水线路全长 106.319km，隧洞长度占 93.8%，其余为钢管。水库至分水井为主干线长 75.705km，设计最大输水量为 70 万 m^3/d；分水井至北仑水厂支线长 27.101km，最大输水量为 50 万 m^3/d；分水井至东钱湖水厂支线长 3.513km，最大输水量为 35 万 m^3/d。设计为全长压力输水，主干线隧洞最大承压水头为 40m，分支线隧洞最大承压水头为 50m。钢管承压水头为 50～60m。

工程输水系统示意图见图 2-14。

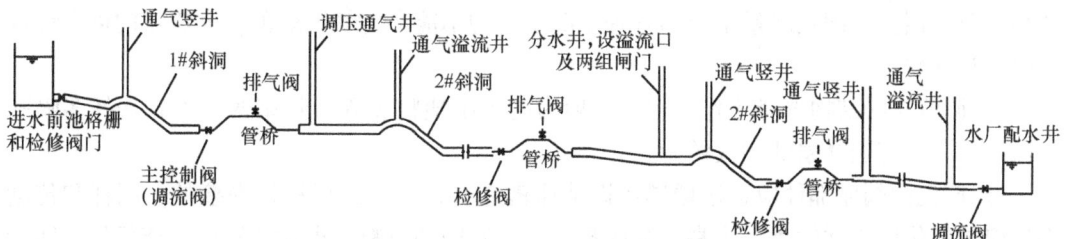

图 2-14 联合控制输水系统示意图

该工程在第一段隧洞出口（离水库 15.6km）后的管道上建控制构筑物，将 DN2600 输水钢管分为三条 DN1200 钢管，设三组控制阀和蝶阀，两用一备，控制阀前后安装水压传感计，通过调节控制阀不同开度，可将阀后水位控制在 54.5～70m 范围内。

输水隧洞沿线布置有 4 处斜井、5 支水位传感计，输水管道上有 6 座管桥，控制构筑物处和水厂进水管道上设有电磁流量计，水厂进水流量由水厂根据生产需要通过水厂进水管道上的控制阀门调节。随着水厂进水量的增减，分水井、调压井和高位保留支洞等处水位相应降低或升高，控制阀后的输水系统水压随之降低或升高，控制构筑物处值班人员可随时观察阀后水压和沿线水位情况，及时调节控制阀门，增减输水量，保持输水系统稳定。

与利用结合井分段控制相比较，该技术方案的优点是可以保持全程有压输水，当输水量较小时，系统水头损失减少，水厂进水处水头会比较大输水量时升高，可节省东钱湖水厂一级泵房提升能耗。当输水量达到最大值时，系统水头基本上可以全部利用。该技术方案的另一个优点表现在需水量调节变化时适应能力较强，长距离输水工程首部调节流量时，尾部水厂常常要滞后数小时才会明显反映。在分段控制方案情况下当水厂需要增加流量时，因流量受最末一个结合井溢流堰顶水头控制，即使溢流堰后斜井水位降低，过堰流速增加，但增加的流量有限，且很难维持较长时间，需待首部增加的流量传递到位后才趋正常，而当水厂主动减少流量时，部分结合井容易产生涌水并可能导致溢流。在该技术方案的情况下，首部和尾部的流量调节直接反映在输水系统的压力（水位）上，因为系统中后部相当于一个很大容量的调蓄池，首、尾部的调节流量的时间即使滞后两、三个小时仍可维持基本正常的运行。白溪水库引水工程试运行实践证明，当输水流量在 10～70 万 m³/d 范围变化时系统压力均可有效控制，在系统水压较高状态下运行，只要控制沿线三个高溢流口不溢流即可。

其他技术要求参见《城镇供水长距离输水管（渠）道工程技术规程》CECS 193：2005

4. 关于调流阀的应用

原水输水工程特别是自流供水系统中往往使用调流阀，对调流阀的选用、设计和运行应注意以下几点：

（1）调流阀的型号、规格选择

1）调流阀的型号、规格要根据设计流量（正常的、最大和最小的工况）、阀前水头、阀后控制水压等合理选择。调流阀开度太小，对运行工况不利，调流阀口径可比输水管口径小一至二档。在满足水量水压的各种工况下，均不能产生气蚀现象。大流量的可设计双管或多管并联。

2）调流阀的结构选择应作比较。一般为防水中塑料袋等杂物堵塞，不宜选择多喷孔和鼠笼式，而宜选择扇叶圈式结构。

3）调流阀阀体部件应选用球墨铸铁整体铸造的，不宜选择钢板焊接的；阀杆和传动部件应选择优质不锈钢等强度高、耐磨损、不易腐蚀的材料；电动装置应性能优异，防护等级通常选用 IP68 级。

4）调流阀开度应既可就地控制也可远程控制。

（2）调流阀的组合装置

1）调流阀要求在阀前、阀后各有一段与阀同径的直管段，阀前直管段的最小长度应 $\geqslant 4～5D$；阀后直管段的长度应 $\geqslant 10～20D$。

2）调流阀前后在直管段以外均应设置检修阀门、伸缩接头及人孔。阀后检修阀宜选用闸阀，阀前检修阀可选用蝶阀。

3）调流阀前后在直管段以外均应设压力传感器（可设在人孔与检修阀之间），传感器应将阀前、阀后压力、流量即时传送至计算机。

（3）调流阀运行

1）调流阀运行前必须将调流前管道内杂物清理干净。前后检修阀应空载试运行一次，一切正常后才可带负荷运行。

2）调流阀开启前应先开启前后检修阀，再缓慢开启调流阀，在调流阀管道内空气未排尽前，调流阀开度不宜大于 30%，开度变化应遵循渐变的原则，不可突然增大或减少。停止运行时应先缓慢关调流阀，再关闭前后检修阀。

3）运行时应注意观察调流阀及检修阀门有无振动现象，声音是否正常，阀后管道内有无积气，流量压力情况是否正常，如发现异常及时采取相应措施。

2.6.9 原水输水管道中贝类控制

1. 深圳原水管道贝类滋生控制技术

深圳水库原水输水管道中曾出现大量的贝壳，导致个别水厂进水格栅严重堵塞，水量急剧下降。同时，死亡的贝壳在水中腐烂变质，产生异臭，造成水质安全隐患。深圳水务集团对原水管道中贝壳的生长繁殖特性、贝壳的去除和控制进行了系统研究。

（1）原水管道中贝壳的生长繁殖特性

在深圳原水管道中，贝壳的繁殖期较长，一年中至少有 6 个月处于繁殖时期。研究结果表明，1 月份到 4 月份，贝壳处于生长阶段；5 月份和 6 月份属于贝壳的小繁殖期；8 月份至 10 月份是贝壳的繁殖高峰期；11 月份是产出新生贝壳的生长期；在 12 月份还有部分母体产出贝壳。

（2）贝壳控制技术措施

在弄清贝壳的生长繁殖等生物学特性后，采用了物理、化学和生物三种方法杀灭去除原水管道中的贝壳。

1）间歇供水的原水管道，采用管道封闭切断贝壳赖以生存的溶解氧以及食物等养分，达到杀灭贝壳的目的。水中溶解氧不断消耗降低是导致贝壳死亡的主要因素，水温越高，贝壳的死亡速度越快。当采用脱水干燥法杀灭管道中的贝壳时，贝壳完全死亡时间与气温、相对湿度等环境因素，以及贝壳的壳长大小密切相关。

2）比较了不同管材和 5 种防贝涂料中对贝壳的防附着能力，发现水泥砂浆表面最利于贝壳附着生长，铸铁管道腐蚀时，腐蚀点成为贝壳的优先附着点。5 种涂料中，只有 5 号防贝漆对贝壳有良好的防治效果，普通防水漆和防锈漆对防止贝壳在管道中附着基本没有作用。对新铺设的原水管，涂防贝漆是有效的控制途径之一。

3）在常用的水处理药剂中，液氯和次氯酸钠都对贝壳有良好的杀灭效果，液氯的杀灭能力略优于次氯酸钠。贝壳的死亡速度随投加药剂有效浓度的增加而增加，小的贝壳个体更易被杀灭。有效余氯浓度为 0.5mg/L，持续作用时间 14d 时，氯和次氯酸钠对贝壳的杀灭率分别为 66.7％和 60％；余氯浓度提高到 10mg/L 时，氯作用 4d 可达到 100％杀灭率，但次氯酸钠需要 5d。根据 CT 值和消毒副产物的可能影响，投加浓度宜选择 1～2mg/L。

比较了间歇性加氯杀灭和持续杀灭的效果，结果表明，间歇性投加的效果不如持续投加。如用氯以 0.5mg/L 余氯浓度进行 12h 加氯和不加氯的循环模式杀灭，10d 后只有 6.85％的杀灭率，而持续投加可达 80％的杀灭率。观察其中的原因，发现由于贝壳具有在恶劣环境下闭壳自我保护的能力，间歇性停氯给了贝壳恢复体能的机会。此外，贝壳有胚胎时对氯气的耐受力明显降低，0.5mg/L 余氯只需 6h 就能将雌体鳃中的所有胚胎杀死，所以在胚胎或幼虫阶段将贝壳杀死是最有效、成本最低的方法。

自 2004 年 5 月开始，在深圳市东湖泵站投加 0.4mg/L 的液氯控制贝壳在原水管道中繁殖和附着，并于 2005 年月 3 月中旬投加 1.5mg/L 的液氯进行管道中成年贝壳的杀灭试验。结果表明，采取的杀灭和控制措施效果明显，水厂进水口截留的贝壳大幅减少。

（3）原水系统贝壳综合防治措施

从根本上控制贝壳的滋生，需要加强水源地防控，尤其是对于不具备药剂投加条件和停用条件的原水输送系统。因此，筛选并驯化了三角鲂、青鱼和鲤鱼 3 种水生生物，并进行对贝壳的吞食特性研究，结果表明，在相同实验条件下，单位体重的鱼对贝壳的食量，以鲤鱼最大，其次是青鱼，三角鲂的食量最小；3 种鱼混养后，其平均食量高于青鱼、三角鲂单养的食量，而低于鲤鱼单养的食量。体重 500g 左右的三种鱼混养时，平均每条每天的食贝量约 200g。由于三角鲂和鲤鱼都可以在水库等静水水域繁殖而形成自然种群，而且三角鲂的经济价值高，而青鱼无法在水库等静水中形成自然种群，所以建议采用以三角鲂和鲤鱼为主、青鱼为辅的混养方式。

根据上述研究结果，提出了水源地及管道中贝壳的综合防治方案：

1) 在水源水库出水口设计生态池，放养一定数量和比例的筛选、驯化的鱼类，从而在水源地生物控制贝壳再生长和繁殖，是防治贝壳的最经济、安全、环保的措施。

2) 对于已经附生了大量贝壳的原水管道，选择贝壳的繁殖前期（11月至次年1月前后）投加较高浓度的氯（1~2mg/L）杀灭成年贝壳，持续 7~10d，降低下阶段的繁殖速度；在贝壳的繁殖期（3月~9月）持续投加 0.5mg/L 的氯，杀灭产生的卵和幼贝，从而基本控制贝壳在管道中的生长繁殖。

3) 对于新铺管道，可内涂安全无毒防贝漆；对于可停用的原水管道，因此，可采用放空或绝氧的物理方式定期杀灭和清除管道中的贝壳；杀灭贝壳具体方法应做到因地、因时制宜。

2. 天津对沼蚬贝固着于管道的防除研究

天津西河水源管道，1975年曾发现管道内有贝壳类固着生长的问题。1980年至1981年先后几次对 DN1450、DN1200 两条原水混凝土管道中的沼蚬贝生长情况进行了细致的现场调查，并开始了沼蚬贝防除的专题研究。

(1) 沼蚬贝的生殖季节，在天津市一般在 10~11 份，11月上旬天气由暖变凉，水温在 10℃ 左右时是生殖最旺盛期，此时每 10L 水里可长到 8~12 个初生幼贝，每 1m³ 水中可有 800~1200 个幼贝。沼蚬贝的生殖期不集中，从每年的9月份一直到翌年2、3月份，半年多时间里陆续有初生幼贝出现。

(2) 原水管道中沼蚬贝固着生长情况

西河泵站到芥园水厂有 DN1450 和 DN1200 两条长为 2km 的输水管道。除个别地段管道上部有空气，大部分管道内都均匀地布满了沼蚬贝。这些沼蚬贝以特有的足丝牢固地在管道内壁固着生长，它们相互联结，层层重叠群居在一起。其厚度为 50~80mm，生长最多的厚度达 250mm。在输水管道所有闸门上也都布满了沼蚬贝，影响闸门启闭，据测算 DN1450 管道正常输水量为 16 万 m³/d，若管道内沼蚬贝固着厚度平均以 60mm 计，则管径缩小至 1330mm，日输水量将减至 11 万 m³/d。可见沼蚬贝在输水管道内固着生长所带来的危害不容低估。

(3) 去除方法

沼蚬贝的去除方法有以下几种：窒息法防除、化学药剂杀灭、油漆表面涂层、机构的刮除、砂滤法防除等。

1) 窒息法除灭

沼蚬贝能大量密集地固着生活在管道中，是和生态环境条件密切相关的。一旦其赖以生存的环境条件被破坏，生存就会受到威胁。大津曾做过沼蚬贝窒息死亡实验。实验在水温 25℃ 条件下，以占水体容积的 5%~2.5% 的生物量的沼蚬贝，封闭在三角瓶中。结果一周大部死亡，十天全部死亡。壳张开并发生腐败；而在水温保持 20℃ 同样实验，结果是一周未见死亡，全部死亡需要 18 天。

2）化学药剂防治法

在低温条件下，施用 2mg/L 低剂量余氯，无论对初生沼贻贝或成年沼贻贝，虽经 30 天处理，沼贻贝贝壳紧闭，活动受到限制。但是如果将这些处理的沼贻贝放回到正常水中，仍然恢复活动并能重新固着，因此低温，2mg/L 的余氯是不能在一个太短时间内杀死沼贻贝的。

如用 5～30mg/L 高余氯，短时间处理沼贻贝 1～5h，对于沼贻贝全无处理效果。

然而当水温在 25℃ 或 27℃，余氯保持 2～5mg/L 条件下，处理 3～7d，能杀死全部沼贻贝。取得如此明显效果的原因是在高温条件下，沼贻贝的新陈代谢旺盛，很快地将沼贻贝壳体内氧气耗尽，双壳被迫张开被氯毒杀而死亡。

综上所述，在沼贻贝生殖期施氯，维持余氯 2mg/L，虽可起到一定的防治效果，但仍然是不彻底。只有在夏季水温 25℃ 以上时短期连续施氯保持余氯 2～5mg/L 一周以上时间，就可以取得对沼贻贝防除的满意效果。

2.7　地下水源管理

2.7.1　地下水源基本要求

用地下水作为供水水源时，应有确切的水文地质资料，取水量必须小于允许开采量，严禁盲目开采。地下水开采后，不得引起水位持续下降、水质恶化及地面沉降。地下水取水构筑物的位置应符合下列基本要求：

1. 位于水质好，不易受污染的富水地段；

2. 尽量靠近主要用水地区；

3. 施工、运行和维护方便；

4. 尽量避开地震区、地质灾害区和矿产采空区。

2.7.2　地下水源特征及常用术语

1. 地下水源特征

地下水源根据取水条件不同，水源特征也是不同的，见表 2-45。

地　下　水　源　特　征 表 2-45

种　类	取　水　条　件	特　征
浅井水	浅井水是指取地面下第一隔水层以上的水，也叫潜水，一般采用土井、大口井、渗渠方式取水	一般无压，由于离地面较近，雨季水位上升，旱季下降，水质容易受到污染，受外界影响较大
深井水	深井水是指穿过地层内隔水层后取得的水，一般采用管井方式取水	一般承压，这种水具有水量稳定、水质较好，不易污染的优点。但过量开采，水位会大幅下降
泉水	含水层露出地面、自流而出的地下水称为泉水。一般可采取自流井取水	如果水量充足，补给稳定，水质较好，是比较理想的水源

2. 地下水源常用术语

地下水源常用术语见表 2-46。

地下水源常用术语 　　　　　　　　　　　　　　　　　　　　　　表 2-46

常用术语	含　　义
含水层	能透过和供出相当水量的岩层，该水层往往由颗粒不同的砂、砾石组成
潜水	埋藏在地面上第一个隔水层上的地下水
地下水位	也称地下水埋深，指地下水水面至地面的距离
隔水层	不能透过和供水水量或透水和供出水量微不足道的岩层
透水层	能透过水，但供出水量与含水层相比十分微弱的岩层
层间水	充满于两隔水层之间的含水层
静储量	指天然条件下地下水最低水位以下整个含水层中的重力水水量
动储量	指天然条件下的地下水径流量
开采储量	指在一定的技术经济条件下，用各种引水构筑物从含水层中可开采出的水量
补给量	指天然状态或开采条件下，在单位时间里从各种途径进入含水层的水量。一般由地下水径流、降雨入渗、地表水渗补、灌溉水渗补、越层补给和人工补给等组成
渗透系数	表示含水层的渗透性质、渗透速度，用 K 表示，单位为 m/d
影响半径	表示抽水井抽水时对含水层的影响程度，用 R 表示，单位为 m

3. 渗透系统 (K) 与影响半径 (R)

渗透系统 (K) 与影响半径 (R) 参考经验值见表 2-47。

渗透系统 (K) 与影响半径 (R) 参考经验值　　　　　　　　　表 2-47

地层岩性	地层颗粒		K (m/d)	R (m)
	粒　径	所占比重（%）		
轻亚黏土			0.05～0.1	
亚黏土			0.1～0.25	
黄土			0.25～0.5	
粉土质砂			0.5～1.0	
粉砂	0.05～0.1	70 以下	1～5	25～50
细砂	0.1～0.25	＞70	5～10	50～100
中砂	0.25～0.5	＞50	10～25	100～300
粗砂	0.5～1.0	＞50	25～50	300～400
砾砂	1.0～2.0	＞50	50～100	400～500
圆砾			75～150	500～600
卵石			100～200	1500～3000
砾石			200～500	600～1500
碎石			500～1000	

2.7.3 地下水取水构筑物分类

地下水取水构筑物一般分水平、垂直和混合三种类型。水平取水构筑物主要指渗渠（按渗渠在含水层中埋设位置可分为完整式和非完整式）；垂直取水构筑物主要指管井、大口井（按管井、大口井进水部分在含水层中的位置又可分为完整式和非完整式）；混合取水构筑物主要指辐射井。各地下水取水构筑物适用范围见表2-48。

地下水取水构筑物适用范围 表2-48

形式	尺寸	深度	适用范围				出水量
			地下水类型	地下水埋深	含水层厚度	水文地质特征	
管井	井径 50～1000mm，常用200～600mm	井深8～1000m，常用在300m以内	潜水、承压水、裂隙水、岩溶水	200m以内，常用在70m以内	视透水性确定	适用于砂、砾石、卵石及含水黏性土、裂隙、岩溶含水层	一般在500～600m³/d，最大可达2～3万m³/d，最小小于100m³/d
大口井	井径2～12m，常用4～8m	井深20m以内，常用在6～15m	潜水、承压水	一般在10m以内	一般为5～15m	砂、砾石、卵石，渗透系数最好在20m/d以上	一般在500～10000m³/d，最大可达2～3万m³/d
辐射井	集水井直径4～6m，辐射管直径50～300mm，常用75～150mm	集水井井深常用3～12m	潜水	埋深12m以内，辐射管距含水层应大于1m	一般大于2m	细、中、粗砂、砾石，但不可含漂石、弱透水层	一般在5000～50000m³/d，最大可达310000m³/d
渗渠	直径450～1500mm，常用600～1000mm	埋深10m以内，常用4～6m	潜水	一般在2m以内，最大达8m	一般在2m以上	中、粗砂、砾石、卵石	一般在5～20m³/d，最大50～100m³/d

2.7.4 地下水源管理

1. 一般管理

地下水源管理除参考地表水源管理的内容外，在水量与水质管理上还应有它的特殊性。

（1）水量管理

1）每天认真记录出水量、井内水位、水温；

2）经常了解和观察周围其他取水井水位的变化，研究由于抽水而造成地下水升降的漏斗范围；

3）在靠近河水附近取水的地下水要观察河水流量与水位变化对地下水取水量的影响。通过观察、了解、分析，及时预测取水量可能发生变化的趋势。

（2）水质管理

除了同地表水源管理一样，做每日一次简单项目分析、每月一次常规分析和每年一次全分析外，严格做好水源的卫生防护工作。

2. 管井管理

（1）管井的一般构造

管井又名机井，是垂直安装在地下的取水构筑物，是地下水取水构筑物中采用最广泛的一种形式，适于含水层厚度大于 5m、底板埋藏深度大于 15m 的情况，最深的管井可达200～1000m。

管井是由井室、井壁管、过滤器、人工填砾及沉淀管等部分组成，其一般构造如图2-15 所示。

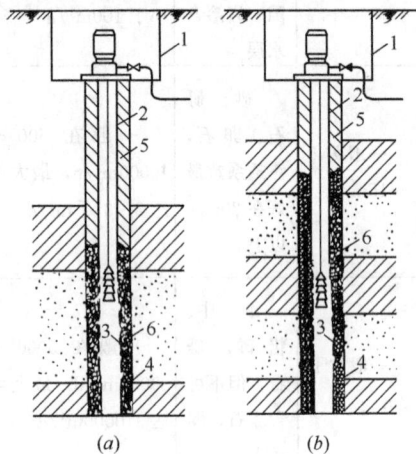

图 2-15　管井的一般构造

（a）单层过滤器管井；（b）双层过波器管井
1—井室；2—井壁管；3—过滤器；
4—沉淀管；5—黏土封闭；6—规格填砾

1）井室

井室是用以保护井口免受污染、安放水泵机组以及进行维护管理的场所。采用深井水泵的井室即为深井泵站；采用深井潜水泵的井室一般为地下式深井；采用卧式水泵的管井，井室有的和泵站合建，有的分建。

2）井管

井管为井壁管、过滤器和沉淀管的总称。

井壁管为井管的不透水部分，目的在于加固井壁，隔离水质不良或水头较低的含水层。一般可用钢管、铸铁管、钢筋混凝土管或木管制成。

过滤器又称过滤管，安装于含水层中用以集水和保持填砾与含水层的稳定性，起滤水、挡砂和护壁作用。过滤器是管井的重要组成部分，应具有足够的强度和抗蚀性，良好的透水性，且能保持人工填砾和含水层的渗透稳定性。

过滤器的形式有很多，常用的有缠丝过滤器、填砾过滤器。缠丝过滤器是指缠绕某种规格线材且有一定孔隙的过滤器；填砾过滤器是指过滤管外周围充填某种规格滤料的过滤器。过滤器选用是否适当，是取得设计出水量、减少含砂量的关键，直接影响井的效率和寿命。过滤器使用时进水流速不能过大，否则会将含水层中的细颗粒带入井内。

3）沉淀管

井的下部与过滤器相接的是沉淀管，用以沉淀偶尔进入井内的细小砂粒和自水中析出的沉淀物，其长度一般为 2～10m。

（2）管井的验交

管井投产前应进行正式的验交。其步骤是：

1) 提交设计、钻探、竣工资料

主要有：地质勘察资料（包括地质柱状图、抽水试验记录、水的理化分析和细菌分析资料）、管井设计资料（包括井的结构、过滤器的填砾规格、井的标高等）、竣工资料（包括过滤器安装、填砾、封闭时的详细记录）。

2) 竣工验收

在资料齐全的基础上，会同有关单位一起对井的构造、深度、安装等施工质量进行竣工验收。

(3) 竣工验收质量标准

1) 出水量应基本符合设计出水量；

2) 出水的含砂量应小于 1/200000（体积比）；

3) 井身应圆正、垂直，井身直径不得小于设计井径；小于或等于 100m 的井段，其顶角的偏斜不得超过 1°；大于 100m 的井段，每百米顶角的偏斜的递增速度不得超过 1.5°；井段的顶角和方位角不得有突变；

4) 井内沉淀物的高度应小于井深的 5‰。

(4) 试运转

管井在验收合格后进行生产性试运转。试运转时在水质和水量方面必须符合下列标准方能验交。

1) 水质方面：除了含砂量方面，还应符合国家《生活饮用水卫生标准》中关于水源水质的规定。

2) 水量方面：井的出水量要不低于设计出水量。

(5) 管井的使用与保养

管井的使用与保养关系到井的寿命。使用保养不当将使出水量减少、水质变坏，甚至导致管井很快报废。保养要点如下：

1) 建立管井使用记录：由操作人员每天认真填写，内容见表 2-49。如发现出水量减少、水质恶化、水位变化等异常情况时，应停止运转，待找出原因修复后方可继续使用。

管 井 观 测 卡 片

年　月　日　　　　　　　　　　　　　　　　　　　　表 2-49

日 期		观测时间	气候状况	静水位	动水位	降深	出水量	单位出水量	延续稳定	值班人员	备注
月	日	(h)		(m)	(m)	(m)	(t/h)	(t/(h·m))	时间 (h)	签字	

注：静、动水位也可按规定的周期，如 10～15 天测一次。

2) 正确选用管井抽水设备：管井在检修或换泵时，对抽水设备机型不能轻易改变。水泵的最大出水量不能超过井的允许出水量。管井不可盲目挖潜。

3) 密切注意出水的含砂量：井的出水含砂量直接影响井的使用寿命。水中经常含砂意味着过滤器周围含水量结构逐渐破坏，最终将导致井外坍塌与井管的弯曲和折断。含砂量标准尚无统一规定，一般要求控制在 1/200 万以下。

含砂量测量方法可以采用简易量筒法，可采用 24 号镀锌薄钢板卷焊成圆柱漏斗形，容量为 5000mL，下部量砂管是有机玻璃制成，用铜螺母连接在上部铁筒上。量砂筒的外径为 10mm，内径为 2.5mm，截面积约为 5mm²，每一纵刻度为 1mm，故每一刻度容积为 5mm³，该筒的总容积为 500 万 mm³，因此，如果测得含砂量为一格即为 1/100 万。

测量时先将量砂管下端的铜堵头拧下，用水冲洗排出管内空气，再拧上螺栓。将筒内充满水静放较长时间，待水中细颗粒绝大部分沉到管内后，再读出其含砂量数值。

管井建成后刚开泵，出水都有一定含砂量，待抽出一定时间后含砂量逐渐变小，并最终稳定到一个数值，一般应以稳定数值为准。

4）及时清淤：管井使用过程中，总会出现井底淤积。其原因是多方面的，有的是因为滤料不合格，挡不住泥砂造成淤积；有的是由于井管接口包扎不严密，抽水时泥砂从接缝中流入井内；有的由于洗井不及时、不彻底、井底原来就有泥砂或者由于井口封盖不严，掉入砖头、瓦块。井底沉淀管内泥砂过多就要及时清淤。清淤办法可用双泵清淤或尖锥清淤。

a. 双泵清淤

就是用一台泥浆泵和一台离心泵，离心泵用铁管或胶管向井内送高压清水，将井底淤积物冲起，泥浆泵则不断向井外抽水排出泥砂，边冲边逐步加长泥浆送水管向下冲击，直到冲净为止。

b. 尖锥清淤

就是用人工架打井的 75～100cm 的尖锥，下入井内淤积的地方，反复冲击掏出井内泥砂，直到掏净为止。也可以边掏边抽水，效果更显著，但冲锥时要注意保护好井管。

5）维护性抽水：管井在停用期间，很容易加快过滤器的堵塞而使出水量减少，尤其在滨海地区砂层颗粒细、硬度高、含铁多，更容易堵塞。因此对季节性供水管井，不用时要每隔两星期抽 1～2 天水。

6）严格执行机泵操作规程和检修制度：管井的机泵如采用深井泵的，在运行中要切记先让轴承套充水润滑后再启动，以防损坏轴承。（泵的管理与维护可参见本手册第 13 章）

7）管井的消毒：管井竣工或每次检修后，在投入使用前都应用漂白粉消毒。漂白粉的有效氯含量约 30％，1kg 漂白粉用 20kg 水稀释成溶液，然后先将药液的一半直接倒入或用虹吸方法吸入井内，使其与井水混合，开动水泵，使出水有氯气味，然后停泵，再将另一半药剂倒入井内，停 24h 后再用水泵抽水直到氯气味完全消失为止。

（6）管井出水量减少的原因及对策

1）出水量减少原因：管井在使用过程中，往往有出水量逐渐减少的现象，其原因很多，问题也较复杂，通常有管井本身和水源两方面的原因。属于管井本身的原因，除一般抽水设备故障外，多为管井过滤器或其周围含水层堵塞造成。属于水源方面的原因，主要可能由于区域内地下水开采过多，水位下降，产生大的漏斗导致管井出水量减少，或者由于地震、矿坑开采等其他自然因素与人类活动的影响，是含水层中地下水流失的缘故。

2）恢复措施：由于管井本身原因造成管井出水量减少及其恢复措施见表 2-50。

管井出水量减少的原因及恢复措施　　　　　表 2-50

管井出水量减少原因	维修恢复措施
过滤器进水孔尺寸选择不当，过滤器的缠丝或滤网腐蚀破裂；井管接头不严或错位，井管断裂，使砂粒大量涌入井内造成堵塞	分析堵塞的原因，如系过滤器损坏，应更换过滤器；如构造上不允许更换，可在井内安装小口径过滤器，在新旧过滤器之间填充砾石进行封闭；如系井管断裂或接头不严，可在漏砂部位采用堵塞封闭措施。
过滤器表面及其周围含水层细小泥砂颗粒堵塞	用钢丝刷接在钻杆上，在过滤器内壁上下滑动清除过滤器表面上的泥砂； 活塞清洗：用活塞在井内上下移动，使井内压力突然增加或减少，引起水流速度和方向的反复改变，将过滤器表面及其周围含水层细小砂粒冲洗出来
过滤器表面及其周围含水层被腐蚀，胶结物和地下水中析出的盐类沉淀物堵塞	酸洗法
因细菌繁殖造成的堵塞	氯化法或酸洗法

3. 大口井管理

（1）大口井的一般构造

大口井是被广泛采用的一种开采浅层地下水的取水构筑物。一般直径为 3～10m，井深在 15m 以内，由井筒、井口、进水部分和井底滤层等部分组成，其一般构造如图 2-16 所示。

1）井筒

井筒通常用砖、块石或钢筋混凝土浇注而成。外形有圆筒形、阶梯圆筒形等。

2）井口

大口井露出地表的部分为井口，主要目的为避免地面上污水从井口或沿井壁侵入含水层而污染地下水。井口应高出地面 0.5m 以上，并在井口周围修建宽度为 1.5m 的排水坡。如地面土壤有渗透性，则在排水坡下面还应填以厚度不小于 1.5m 的黏土层。

在井口上面也可设泵站，如不设泵站就只设盖板、通气孔和人孔。

3）进水部分

进水部分位于地下含水层中，包括井壁进水的进水孔、井底进水的反滤层等。有的井壁本身就做成透水壁。

井底反滤层是为了防止含水层的细小砂粒

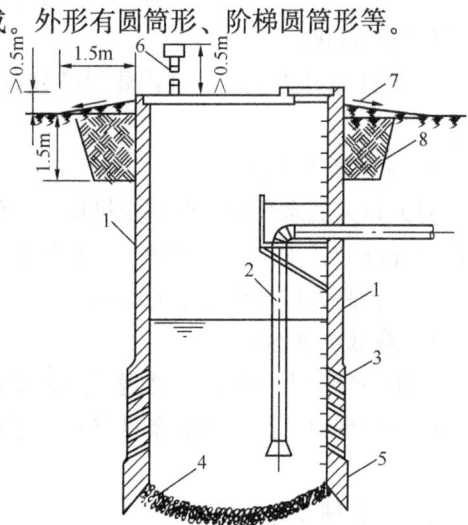

图 2-16　大口井的构造

1—井筒；2—吸水管；3—井壁进水孔；4—井底反滤层；5—刃脚；6—通风管；7—排水坡；8—黏土层

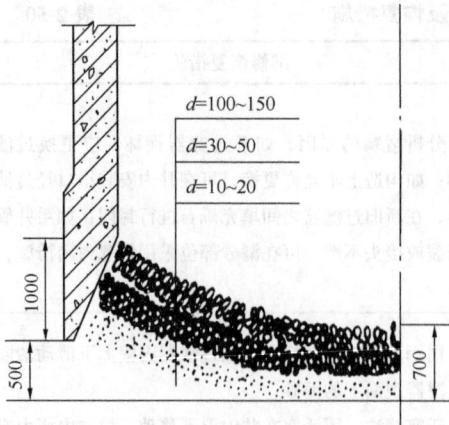

图 2-17　井底反滤层

随水流进井内，保持含水层渗透稳定性。反滤层一般 3～4 层，并做成锅底形，粒径自下而上逐渐变大，每层厚度一般为 200～300mm，如图 2-17 所示，当含水层为细、粉砂时，应增至 4～5 层，总厚度为 0.7～1.2m。当含水层为粗颗粒时，可只设两层，总厚度为 0.4～0.6m。反滤层铺设的质量是防止井底涌砂的关键，如果铺设不好，规格不符合有可能导致井底涌砂，使水井造成最终停产的严重事故。

（2）大口井的使用与保养

大口井的使用保养基本和管井一样，可参考管井的使用保养部分，但大口井应特别重视以下几点：

1）严格控制开采水量

大口井的运转中应均匀取水，最高时开采水量也不要大于设计允许的开采水量。同管井一样，过量的开采会破坏过滤层，导致井内大量涌砂，直至水井报废。

大口井在丰水期和枯水期的出水量变化幅度较大，要特别防止在枯水期加大水泵出水量。即使遇到供水高峰，也要杜绝过量开采的产水方式，否则很容易破坏水井过滤层结构。

2）防止水质污染

大口井一般都是截取浅层地下水。为此：

a）要特别注意防止周围地表水的侵入；

b）要在地下水影响半径范围内，注意污染观测，严格按照水源卫生防护的规定，制定卫生管理制度；

c）要注意井内卫生，井内要保持良好的卫生环境，经常换气并防止井壁微生物的生长。

3）完善规章制度

对大口井的水泵应按照规定操作，检修制度及大口井的运行卡片可同管井的一样，每天需要详细记录水位、出水量、水温等并定期分析水质。

（3）提高大口井出水量的措施

1）降低水泵标高

使用多年的大口井，往往遇到井内动水位下降、水泵吸水扬程增加，效率降低、出水量相应减少现象。这时如有条件将水泵下降，可以改善水泵的工作条件，恢复一定的出水量。

2）重新铺设井底反滤层

对由于井底反滤层铺设不当或年年造成井底严重淤积的大口井，应采取重新铺设反滤层的办法以加大出水量。铺设时要先将地下水位降低，将原有反滤层全部挖出，彻底清洗并补充滤料后按新装标准，严格控制粒径规格、层次排列，保证施工质量。

3）修筑地下坝

如大口井设在河中，在有条件时可以在河内修筑地下坝，利用抬高地下水位的办法增加出水量。

地下坝的位置一定要勘察清楚，要选在可以确保有效拦截地下水且工程量又不大的地段。地下坝一定要修到不透水层上，并使用不透水的修坝材料。

4. 渗渠管理

（1）渗渠的形式

渗渠是截取地下水常用的一种取水方式。它是利用埋设在地下含水层中带孔眼的水平渗水管或渠道，依靠水的渗透和重力流来集取地下水。渗渠的分类及形式如表2-51所示。

渗渠的分类及形式　　　　　　　　　　　　　　　　表 2-51

分类方法	分类	埋设方法	特　点
按补给来源分	集取地表渗透水为主	将渗渠埋设在河床下，集取河流垂直渗透水	水量充沛，但水质水量受河水变化影响明显
	集取地下水为主	将渗渠埋设在河岸边滩地下，集取部分河床潜流水与河岸地下水	水量比较稳定，水质较好
按埋设位置和深度分	完整式	在薄含水层条件下，将渗渠埋设在基岩上	产水量大，施工困难
	非完整式	埋设在含水层中	产水量小，施工较方便

（2）渗渠的一般构造

渗渠一般由集水管、反滤层、检查井、导水管组成，如图2-18、图2-19所示。

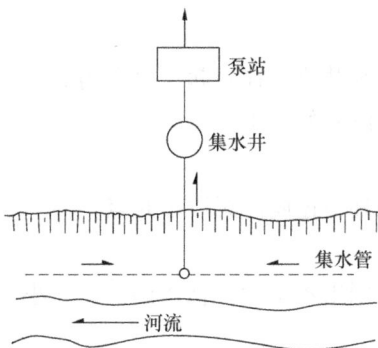

图 2-18　平行于河流布置的渗渠　　　　图 2-19　垂直于河流布置的渗渠

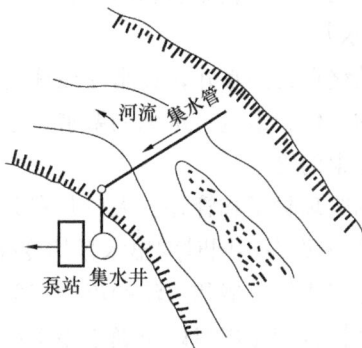

1）集水管

集水管一般采用带孔眼的钢筋混凝土管，孔眼有圆形和长条形两种。圆形的孔径为

20~30mm，布置成梅花状，孔眼内大外小，以防堵塞。孔眼净距为 2~2.5 倍的孔径，长条形的孔眼尺寸宽为 20mm，长为 60~100mm，条缝净间距，纵向 50~100mm，环向 20~100mm，进水孔眼布置离管底在 1/3~1/2 管径以上，下部一般不设孔眼。

完整式集水管一般不设基础。非完整式采用混凝土枕基。管子接口都采用平接口。

2）反滤层

反滤层铺设在集水管周围如图 2-20 所示，主要目的是防止含水层中细小颗粒的泥砂进入集水管，造成管内淤积，反滤层铺设的质量是影响渗渠效果重要因素之一。铺设反滤层一是要求级配正确、二是达到规定厚度。

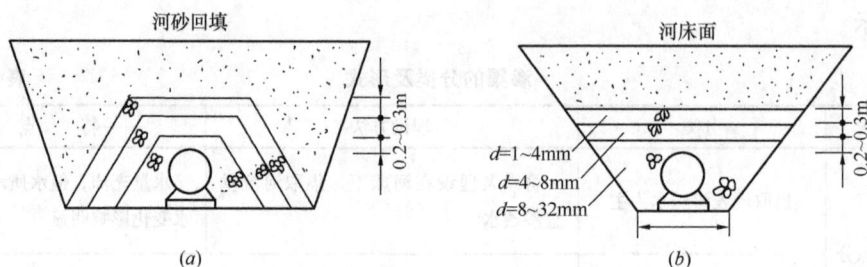

图 2-20　渗渠人工反滤层构造

（a）铺设在河滩下的渗渠；（b）铺设在河床下的渗渠

3）检查井

检查井做成圆形钢筋混凝土较好。直径 1~2m，井底做成深 0.5~1.0m 深的沉砂槽。检查井在河面以上都采用封闭式井盖，外面用螺栓将井盖固定，并用橡皮、铁皮包住以防漏进泥砂与洪水冲击。检查井 50m 左右一个，在转角处都应设置。

4）导水管

渗渠集水管与泵房的连接管称导水管也称导水路。导水管一般采用钢筋混凝土管或渠道，按一定坡度自流到集水井或泵房吸水井。导水管要求不漏水和防止砂土流入。导水管上一般安设闸门以控制流量和水位。

5）集水井

渗渠的终点为集水井，集水井往往与泵房吸水井合设在一起。合设的吸水井既要满足水泵吸水的水位、水量、水深的要求，也要满足沉砂的要求。

（3）渗渠的管理

渗渠的管理除了和管井、大口井有共同之处外，还应注意以下几点：

1）掌握渗渠在不同时期出水量的变化规律

渗渠的出水量一般和河流的流量有关，丰水期出水量大，枯水期出水量小，这就需要通过观察掌握其变化规律以正确指导生产。

观察渗渠出水量，可以利用检查井或专门打几个观察孔，指定专人每隔几天认真观察和记录一次井与孔中的水位，及当时河水水位与水泵的出水量，连续观察 2~3 年，就可以清楚地了解在不同时期、在不同出水量时渗渠内水位的变化规律，地下水影响的范围，地面水和地下水的关系等，观察数据与资料可用表 2-52 形式记录。

渗渠水量观察卡片 表 2-52

项目时间	河水情况		检查井水位					水泵出水量
	水位	流量	检查井 1#	检查井 2#	检查井 3#	检查井 4#	检查井 5#	

2) 加强水质管理

使用渗渠的山区自来水厂往往只经消毒就送往用户，因此搞好渗渠的水质检查和水源卫生防护以确保水质和人民身体健康有直接的意义。

3) 做好渗渠的防洪

设置于河床中的渗渠、检查井、集水井等要严防洪水冲刷，更不能使洪水灌入集水管造成整个渗渠的淤积。

每次洪水来临前应详细检查，如井盖封闭是否牢靠，护坡、丁坝等有无问题，做好防洪的一切准备，洪水过后再次检查以及时清淤和修补被损坏的部分。

(4) 提高渗渠出水量的措施

1) 修建拦水坝

山区河流如在渗渠下游不远的河床上垂直河流修建挡水闸，枯水期下闸蓄水，抬高水位可以增加渗渠出水量。丰水期开闸放水，冲走沉积的泥砂恢复河床的渗透性能。

修建拦水闸要尽量选择造价低、管理方便的闸型，修建时还要考虑河水水位抬高后，不会导致上游农田和房屋受淹的问题。

2) 修建临时性的拦水土坝

一时无条件修闸也可用人工或推土机在渗渠下游将河砂堆成土堤以缩小枯水期河流断面达到提高河水水位的目的。堆堤每年在秋后枯水期时进行，翌年春季雨水来临前拆除，因此这种办法管理上很麻烦。有的地方采取将土坝顺河流修筑，慢慢缩小水面，这样有可能在第二年洪水时只冲走倾斜缩口的部分土堤，而能保留一大部分以减少第二年工程量。

3) 修建截潜流工程

截潜流工程也叫潜水坝。就是在河底以下修筑地下截水墙，当含水层较薄、河流断面较窄时，可以截取全部地下水量，是提高渗渠出水量的有效措施。

地下潜水坝材料可以用黏土，也可以用钢筋混凝土。可以是垂直砌筑，也可以斜向砌筑。但底部一定要深入不透水层 0.2~0.5m，顶部距河底 1.0m 处。潜水坝不能修建在夹有黏土的含水层中，河水浑浊的河床上或在煤矿、电厂冲灰排水造成河床淤积严重的情况下修建，以免发生渗渠出水量更加减少或报废。

(5) 渗渠的维修

1) 渗渠淤塞的处理

渗渠在使用过程中，常会产生淤积与堵塞，影响渗渠的出水量。处理方法有：

a. 水冲洗清淤

清淤时在集水井地面附近安装两台水泵，一台为高扬程水泵，水泵胶管末端用水枪相连，将水枪放在集水井内，当水泵向渗渠灌水时，利用水枪冲力使淤积的泥砂变成浑水；另一台为低扬程水泵，从集水井中将浑水排出，在连续不断地冲、排过程中，将水枪逐渐向里延伸，边冲边移，直至冲完。

b. 修理和加厚反滤层

若渗渠产生淤积的原因是由于反滤层太薄而使浑水进入集水管造成的，应考虑翻修反滤层并适当加厚，翻修时要严格掌握反滤层的级配及厚度要求。

c. 加大渗渠与集水管的流速

如由于集水管流速太小造成淤积的，可以人为地将集水井内水位下降，加大集水管与渗渠的水力坡降，以改善淤积现象。

2）集水管的漏水处理

当渗渠或集水管基础不好发生不均匀沉降，或集水管相互衔接不良造成集水管向外漏水时，要首先将集水管内水抽干净，然后查明漏水部位，针对漏水的原因进行补漏或局部翻修。

第3章 水质标准、法规和水质目标

3.1 水质标准

3.1.1 国际饮用水水质标准的历史与发展

世界上最早关于水质的标准是公元前 1 世纪罗马工程师与建筑师维特鲁威（Vitrurius）根据水煮开的味道提出的。真正有意义的水质标准是美国于 1914 年颁布的《公共卫生署饮用水水质标准》。目前，全世界有许多不同的饮用水水质标准，其中具有国际权威性、代表性的主要是：世界卫生组织（WHO）的《饮用水水质准则》、欧共体（EC）的《饮用水水质指令》、美国环境保护局（EPA）制定的《美国国家饮用水水质标准》，日本饮用水水质标准也具有明显的特色。

1. 世界卫生组织（WHO）的《饮用水水质准则》

世界卫生组织（WHO）于 1958 年发布了《饮用水国际准则（第 1 版）》，1983 年更名为《饮用水水质准则》并出版了《饮用水水质准则（第 1 版）》，该版指标共 31 项，其中微生物 2 项，无机物 9 项，有机物 18 项，放射性 2 项。1993～1997 年 WHO 又分三卷出版了《饮用水水质准则》第 2 版，其中第一卷建议书（1993），第二卷健康标准及其他相关信息（1996），第三卷公共供水的监控（1997）。第 2 版指标共有 135 项，其中微生物指标 2 项、一般化学指标 131 项、放射性指标 2 项。1996 年、1998 年 WHO 对第 2 版再次进行修订，增加了"微囊藻毒素"等关键指标。2004 年 WHO 出版了《饮用水水质标准（第 3 版）》。该版包括了水源性疾病病原体 27 项（细菌 12 项、病毒 6 项、原虫 7 项、寄生虫 2 项），具有健康意义的化学指标 148 项（其中确立了准则指标 93 项，尚未建立准则值指标 55 项），放射性指标 3 项，另有 28 项指标提出了推荐阈值。WHO 的《饮用水水质准则》第 3 版是取代既往各版本的现行水质标准，指标完整、全面，且具有权威性，是各国制定水质标准的重要参考。但《准则》的各项指导值各国可根据实际情况加以调整。

2. 欧盟(EC)的《饮用水水质指令》

EC《饮用水水质指令》80/778/EC 是 1980 年由欧共体制定的。水质指令 66 项，分成细菌学、毒理学、物理学、化学及感官等。1991 年、1995 年、1998 年欧盟通过了新指令 98/83/EC，指令由 66 项减少至 48 项，其中化学指标 26 项，感官性指标 18 项，微生物指标 5 项，放射性指标 2 项。新指令更加强调指标值的科学性，与 WHO 的准则的一致性。

3. 美国《饮用水水质标准》

美国饮用水水质标准由美国环境保护局（EPA）负责制定。1974 年美国国会通过了

《安全饮用水法》（SDWA），美国 EPA 于 1975 年发布了具有强制性的《饮用水一级规程》，并于 1979 年发布非强制性的《饮用水二级规程》。美国最新的《饮用水水质标准和健康建议》EPA822-R-O6-013）是 2006 年 8 月发布的，其中一级饮用水标准指标 98 项（有机物指标 63 项，无机物指标 22 项，微生物指标 8 项，放射性指标 5 项），二级饮用水标准指标 15 项。一级饮用水标准是法定强制性标准，用于公共给水系统，他是根据不有害公众健康为依据的有害污染物的浓度制定的；二级饮用水规程为非强制性准则，用于控制水中对感官、美容等有影响的污染物浓度。美国水质标准中标准值分最大污染物（允许）浓度（MCL）和最大污染物（允许）浓度目标（MCLG）。MCLG 是基于水中物质对人类健康全然无害而设定的理想值。MCL 则指尽可能接近 MCLG 的污染物浓度，是以当前水的现实情况、处理费用、处理技术、许可风险等而设定的最大允许许可值。美国现行标准强调了微生物对人体健康的高风险，将浊度列为微生物指标，同时对消毒和消毒副产物非常重视，对消毒剂提出了最大限定或监控要求。

4. 日本《生活饮用水水质标准》

日本厚生省 2004 年 4 月发布最新《生活饮用水水质标准》分两大类，第一类水质基准 50 项，第二类水质管理目标项目 27 项。除了标准项目以外，还制定了"快适性水质指标"共 13 项。快适性指标是为了提供高质量的饮用水，以求饮用水舒适爽口为目的作为自来水公司的水质管理目标制订的。例如，水质标准中浊度要求小于 1NTU，而快适性指标中浊度要求小于 0.1NTU；又如耗氧量，水质标准中规定小于 10mg/L（以 $KMnO_4$ 计，如折算以 O_2 计，需除以 3.95，为 2.53mg/L），而快适性指标要求小于 3mg/L（折算为以 O_2 计为 0.76mg/L）；而且快适性指标中对臭味作了严格的量化要求，嗅阈值定为 3TON。

近 100 年水质标准发展的历史表明，水中微生物对社会公众健康始终是第一位的，人工合成有机物大多数是有害的，人们对水中污染物的认识深化，随着水质检测水平的提高，发现需要控制的污染物种类越来越多，及时相应地修改和制定水质标准是必然的。水质标准的水平应以社会经济、资源条件和健康风险相适应。

3.1.2 我国饮用水水质标准的历史与发展

我国近代城市供水工程是从 1883 年 6 月上海杨树浦水厂建成投产开始的，已有近 130 年的历史。但真正得到巨大发展还是在 20 世纪 50 年代新中国成立以后，特别是改革开放以来，随着国民经济建设的发展，人民生活水平的不断提高，全国城镇供水事业进入了大发展、大提高阶段，取得了引人瞩目的成就。

我国的饮用水水质标准也是随着社会发展和科学技术的进步而不断与时俱进的。

1. 我国最早制定的地方性饮用水标准是 1928 年 10 月公布的《上海市饮用水清洁标准》。

2. 我国第一部管理生活饮用水的技术法规是 1955 年 5 月卫生部发布的北京、天津、上海、大连等 12 个城市试行的《自来水水质暂行标准》。

3. 我国第一部全国实施的饮用水水质标准是 1956 年 12 月由国家建委和卫生部批准实施的《饮用水水质标准（草案）》，水质指标有 15 项。

4. 我国第一部《生活饮用水卫生规程》是由建筑工程部和卫生部批准发布，自 1959 年 11 月 1 日施行的。该规程水质指标由 15 项增加到 17 项。

5. 我国第一部部级生活饮用水卫生标准是由国家建委和卫生部批准，自 1976 年 12 月 1 日起试行的 TJ 20—1976《生活饮用水卫生标准（试行)》，水质指标由 17 项增至 23 项。

6. 我国第一部国家《生活饮用水卫生标准》GB 5749—1985 由卫生部 1985 年 8 月发布。该标准的水质指标从 23 项增至 35 项，同时还颁布了《生活饮用水卫生标准检验方法》GB/T 5750—1985 共有 40 项指标的 71 个检验方法。

7. 我国现行的《生活饮用水卫生标准》GB 5749—2006 由卫生部、国家标准化管理委员会于 2006 年 12 月 29 日颁布，2007 年 7 月 1 日实施。水质指标从 35 项增加到 106 项。指标内容与限值基本已和国际标准接轨。标准还对水源水质、集中式供水单位、二次供水单位、涉水产品提出卫生要求，对水质检验方法作出规定。同时颁布了《生活饮用水卫生标准检验方法》GB/T 5750—2006，有 142 项指标的 300 个检验方法。

8. 关于《生活饮用水卫生规范（2001)》和《城市供水水质标准》CJ/T 206—2005

2001 年 6 月 7 日卫生部以卫监发 2001161 号文件颁布了《生活饮用水卫生规范》，该规范提出了 96 项水质标准限值，其中常规 34 项，非常规 62 项。2005 年 2 月 5 日建设部批准发布了《城市供水水质标准》CJ/T 206—2005，2005 年 6 月 1 日起实施，该标准提出了水质指标 101 项，其中常规 42 项，非常规 59 项。上述"规范"和"标准"是在 GB 5749—1985 国家标准基础上，为提高城市供水水质适应当时的社会经济发展和人民生活水平提高而提出的，为推动城市供水水质的提高和国家新标准顺利出台起到了承上启下的积极作用。

3.1.3 《生活饮用水卫生标准》GB 5749—2006

1. 基本内容

国家现行的《生活饮用水卫生标准》GB 5749—2006（以下简称"国标"）规定了生活饮用水水质卫生要求、生活饮用水水源水质卫生要求、集中式供水单位卫生要求、二次供水卫生要求、涉及生活饮用水卫生安全产品卫生要求、水质监测和水质检验方法。

2. 适用范围

"国标"适用于城乡各类集中式供水的生活饮用水，也适用于分散式供水的生活饮用水。其全部技术内容为强制性的。

3. 基本术语和定义

（1）生活饮用水 drinking water

供人生活的饮水和生活用水。

（2）供水方式 type of water supply

1）集中式供水 central water supply

自水源集中取水，通过输配水管网送到用户或者公共取水点的供水方式，包括自建设施供水。为用户提供日常饮用水的供水站和为公共场所、居民社区提供的分质供水也属于集中式供水。

2）二次供水 secondary water supply

集中式供水在入户之前经再度储存、加压和消毒或深度处理，通过管道或容器输送给用户的供水方式。

3）小型集中式供水 small central water supply

农村日供水在 1000m³ 以下（或供水人口在 1 万人以下）的集中式供水。

4）分散式供水 non-central water supply

分散居民直接从水源取水，未经任何设施或仅有简易设施的供水方式。

（3）常规指标 regular indices

能反映生活饮用水水质基本状况的水质指标。

（4）非常规指标 non-regular indices

根据地区、时间或特殊情况需要实施的生活饮用水水质指标。

4. 生活饮用水水质卫生要求

"国标"要求生活饮用水水质符合下列基本要求，以保证用户饮用安全：

（1）生活饮用水中不得含有病原微生物。

（2）生活饮用水中化学物质不得危害人体健康。

（3）生活饮用水中放射性物质不得危害人体健康。

（4）生活饮用水的感官性状良好。

（5）生活饮用水应经消毒处理。

（6）生活饮用水水质应符合表 3-1 和表 3-2 卫生要求。集中式供水出厂水中消毒剂限值、出厂水和管网末梢水中消毒剂余量均应符合表 3-2 要求。

（7）小型集中式供水和分散式供水的水质因条件限制，水质部分指标可暂按照表 3-4 执行，其余指标仍按表 3-1、表 3-2 和表 3-3 执行。

（8）当发生影响水质的突发性公共事件时，经市级以上人民政府批准，感官性状和一般化学指标可适当放宽。

"国标"的卫生要求，是指居民在取水点处要达到的水质要求。是考虑了人在洗澡、漱口时可能对人体健康产生影响的因素，也考虑了水质对输配水管道和二次供水的水质安全因素。即符合国标的饮用水就是安全可靠的水。

根据世界卫生组织定义，安全可靠的水是指生活饮用水必须保证饮用者终身饮用安全。所谓"终身"是按人均寿命 70 岁为基数，以每人每天饮用 2L 计算。所谓"安全"是指即使终身饮用不会对健康产生危害。标准所提出的水质指标限值，因饮水而患病的风险要低于 10^{-5}（即 10 万人中仅有 1 人因终身饮用水患病）。

5. 《生活饮用水卫生标准》的指标及限值

"国标"规定的常规指标 38 项，消毒剂指标 4 项，非常规指标 64 项，共计 106 项。

（1）水质常规指标及限值

"国标"规定水质常规指标即反映生活饮用水水质基本状况，分为微生物指标（4 项）、毒理指标（15 项）、感官性状和一般化学指标（17 项），及放射性指标（2 项），共 38 项。详见表 3-1。

3.1 水 质 标 准

水质常规指标及限值   表 3-1

指 标	限 值
1. 微生物指标①	
总大肠菌群/(MPN/100mL 或 CFU/100mL)	不得检出
耐热大肠菌群/(MPN/100mL 或 CFU/100mL)	不得检出
大肠埃希氏菌/(MPN/100mL 或 CFU/100mL)	不得检出
菌落总数/(CFU/mL)	100
2. 毒理指标	
砷/(mg/L)	0.01
镉/(mg/L)	0.005
铬/(六价，mg/L)	0.05
铅/(mg/L)	0.01
汞/(mg/L)	0.001
硒/(mg/L)	0.01
氰化物/(mg/L)	0.05
氟化物/(mg/L)	1.0
硝酸盐(以 N 计)/(mg/L)	10 地下水源限制时为 20
三氯甲烷/(mg/L)	0.06
四氯化碳/(mg/L)	0.002
溴酸盐(使用臭氧时)/(mg/L)	0.01
甲醛(使用臭氧时)/(mg/L)	0.9
亚氯酸盐(使用二氧化氯消毒时)/(mg/L)	0.7
氯酸盐/(使用复合二氧化氯消毒时)/(mg/L)	0.7
3. 感官性状和一般化学指标	
色度/(铂钴色度单位)	15
浑浊度(散射浑浊度单位)/ NTU	1 水源与净水技术条件限制时为 3
臭和味	无异臭、异味
肉眼可见物	无
pH	不小于 6.5 且不大于 8.5
铝/(mg/L)	0.2
铁/(mg/L)	0.3
锰/(mg/L)	0.1
铜/(mg/L)	1.0
锌/(mg/L)	1.0
氯化物/(mg/L)	250
硫酸盐/(mg/L)	250
溶解性总固体/(mg/L)	1000

续表

指　　标	限　　值
总硬度(以 CaCO₃ 计)/(mg/L)	450
耗氧量(COD_Mn法以 O₂ 计)/(mg/L)	3 水源限制，原水耗氧量＞6mg/L 时为 5
挥发酚类(以苯酚计)/(mg/L)	0.002
阴离子合成洗涤剂/(mg/L)	0.3
4. 放射性指标②	指导值
总 α 放射性/(Bq/L)	0.5
总 β 放射性/(Bq/L)	1

① MPN 表示最可能数；CFU 表示菌落形成单位。当水样检出总大肠菌群时，应进一步检验大肠埃希氏菌或耐热大肠菌群；水样未检出总大肠菌群，不必检验大肠埃希氏菌或耐热大肠菌群。

② 放射性指标超过指导值，应进行核素分析和评价，判定能否饮用。

（2）饮用水中消毒剂常规指标及要求

"国标"中对饮用水中消毒剂常规指标及要求（4 项），见表 3-2。

饮用水中消毒剂常规指标及要求　　　　　　　　表 3-2

消毒剂名称	与水接触时间	出厂水中限值 (mg/L)	出厂水中余量 (mg/L)	管网末梢水中余量 (mg/L)
氯气及游离氯制剂（游离氯）	≥30min	4	≥0.3	≥0.05
一氯胺（总氯）	≥120min	3	≥0.5	≥0.05
臭氧（O₃）	≥12min	0.3	—	0.02 如加氯，总氯≥0.05
二氧化氯（ClO₂）	≥30min	0.8	≥0.1	≥0.02

（3）水质非常规指标及限值

"国标"中水质非常规指标及限值，即根据地区、时间、水源水质变化或特殊情况需要实施的生活饮用水水质指标，共 64 项，分为微生物指标（2 项）、毒理性指标（59 项）、感官性状和一般化学指标（3 项），详见表 3-3。

水质非常规指标及限值　　　　　　　　表 3-3

指　　标	限　　值
1. 微生物指标	
贾第鞭毛虫/(个/10L)	＜1
隐孢子虫/(个/10L)	＜1
2. 毒理指标	
锑/(mg/L)	0.005
钡/(mg/L)	0.7
铍/(mg/L)	0.002

指 标	限 值
硼/(mg/L)	0.5
钼/(mg/L)	0.07
镍/(mg/L)	0.02
银/(mg/L)	0.05
铊/(mg/L)	0.0001
氯化氰(以 CN⁻计)/(mg/L)	0.07
一氯二溴甲烷/(mg/L)	0.1
二氯一溴甲烷/(mg/L)	0.06
二氯乙酸/(mg/L)	0.05
1,2-二氯乙烷/(mg/L)	0.03
二氯甲烷/(mg/L)	0.02
三卤甲烷(三氯甲烷、一氯二溴甲烷、二氯一溴甲烷、三溴甲烷的总和)	该类化合物中各种化合物的实测浓度与其各自限值的比值之和不超过 1
1,1,1-三氯乙烷/(mg/L)	2
三氯乙酸/(mg/L)	0.1
三氯乙醛/(mg/L)	0.01
2,4,6-三氯酚/(mg/L)	0.2
三溴甲烷/(mg/L)	0.1
七氯/(mg/L)	0.0004
马拉硫磷/(mg/L)	0.25
五氯酚/(mg/L)	0.009
六六六(总量)/(mg/L)	0.005
六氯苯/(mg/L)	0.001
乐果/(mg/L)	0.08
对硫磷/(mg/L)	0.003
灭草松/(mg/L)	0.3
甲基对硫磷/(mg/L)	0.02
百菌清/(mg/L)	0.01
呋喃丹/(mg/L)	0.007
林丹/(mg/L)	0.002
毒死蜱/(mg/L)	0.03
草甘膦/(mg/L)	0.7
敌敌畏/(mg/L)	0.001
莠去津/(mg/L)	0.002
溴氰菊酯/(mg/L)	0.02
2,4-滴/(mg/L)	0.03

指　　标	限　　值
滴滴涕/(mg/L)	0.001
乙苯/(mg/L)	0.3
二甲苯(总量)/(mg/L)	0.5
1,1-二氯乙烯/(mg/L)	0.03
1,2-二氯乙烯/(mg/L)	0.05
1,2-二氯苯/(mg/L)	1
1,4-二氯苯/(mg/L)	0.3
三氯乙烯/(mg/L)	0.07
三氯苯(总量)/(mg/L)	0.02
六氯丁二烯/(mg/L)	0.0006
丙烯酰胺/(mg/L)	0.0005
四氯乙烯/(mg/L)	0.04
甲苯/(mg/L)	0.7
邻苯二甲酸二(2-乙基己基)酯/(mg/L)	0.008
环氧氯丙烷/(mg/L)	0.0004
苯/(mg/L)	0.01
苯乙烯/(mg/L)	0.02
苯并(a)芘/(mg/L)	0.00001
氯乙烯/(mg/L)	0.005
氯苯/(mg/L)	0.3
微囊藻毒素－LR/(mg/L)	0.001
3. 感官性状和一般化学指标	
氨氮(以 N 计)/(mg/L)	0.5
硫化物/(mg/L)	0.02
钠/(mg/L)	200

以上常规指标 38 项，消毒剂指标 4 项，非常规指标 64 项，共 106 项。

（4）小型集中式供水和分散式供水部分水质指标及限值见表 3-4。

小型集中式供水和分散式供水部分水质指标及限值　　　　表 3-4

指　　标	限　　值
1. 微生物指标	
菌落总数/（CFU/mL）	500
2. 毒理指标	
砷/（mg/L）	0.05
氟化物/（mg/L）	1.2
硝酸盐（以 N 计）/（mg/L）	20

3.1 水 质 标 准

指　　　标	限　　值
3. 感官性状和一般化学指标	
色度/（铂钴色度单位）	20
浑浊度（散射浑浊度单位）/NTU	3 水源与净水技术条件限制时为 5
pH	不小于 6.5 且不大于 9.5
溶解性总固体/（mg/L）	1500
总硬度（以 $CaCO_3$ 计）/（mg/L）	550
耗氧量（COD_{Mn}法，以 O_2 计）/（mg/L）	5
铁/（mg/L）	0.5
锰/（mg/L）	0.3
氯化物/（mg/L）	300
硫酸盐/（mg/L）	300

（5）"国标"附录 A 还提出了生活饮用水水质参考指标及限值（见表 3-5）

生活饮用水水质参考指标及限值　　　　　　　　表 3-5

指　　　标	限　　值
肠球菌/（CFU/100mL）	0
产气荚膜梭状芽孢杆菌/（CFU/100mL）	0
二(2-乙基己基)己二酸酯/（mg/L）	0.4
二溴乙烯/（mg/L）	0.00005
二噁英(2,3,7,8－TCDD)/（mg/L）	0.00000003
土臭素(二甲基萘烷醇)/（mg/L）	0.00001
五氯丙烷/（mg/L）	0.03
双酚 A/（mg/L）	0.01
丙烯腈/（mg/L）	0.1
丙烯酸/（mg/L）	0.5
丙烯醛/（mg/L）	0.1
四乙基铅/（mg/L）	0.0001
戊二醛/（mg/L）	0.07
甲基异莰醇－2/（mg/L）	0.00001
石油类(总量)/（mg/L）	0.3
石棉(>10μm)/（万个/L）	700
亚硝酸盐/（mg/L）	1
多环芳烃(总量),/（mg/L）	0.002
多氯联苯(总量),/（mg/L）	0.0005
邻苯二甲酸二乙酯/（mg/L）	0.3
邻苯二甲酸二丁酯/（mg/L）	0.003

续表

指　　　标	限　　　值
环烷酸/(mg/L)	1.0
苯甲醚/(mg/L)	0.05
总有机碳(TOC)/(mg/L)	5
β-萘酚/(mg/L)	0.4
丁基黄原酸/(mg /L)	0.001
氯化乙基汞/(mg /L)	0.0001
硝基苯/(mg/L)	0.017

6. 正确理解和应用《生活饮用水卫生标准》

（1）饮用水水质达到"国标"要求是供水企业的首要目标

"国标"是强制性标准，具有法律效力，是饮用水水质监管和执法的依据和基础，实施"国标"对改善和提高饮用水质量起着重要作用。供水企业，应将供水水质达到国家生活饮用水卫生标准作为企业管理的首要目标。

（2）正确理解和选择"国标"中常规指标与非常规指标

对饮用水水质评价时，"国标"中非常规指标与常规指标具有同等作用，均属于强制执行项目，非常规指标如果超过限值也同样视为不合格。区分常规与非常规指标主要由于我国地域广阔，各地水源条件相差较大，新标准为了能涵盖全国饮用水水质安全问题，指标设置项目较多，但对某一个具体地方而言，水源水质不可能遇到所有的指标都存在问题，因此有必要进行分类和根据实际情况选择确定检验项目。一般来说常规项目是反映水质基本检验指标，检出率比较高。非常规指标就要根据地区、时间或特殊情况需要进行选择。但不能理解为常规指标为必测项目，非常规指标为非必测项目。例如，常规指标中如用氯消毒，就不必检测臭氧和二氧化氯的副产物，单纯氯消毒也不必检测一氯胺；又如藻类污染的水源，微囊藻毒素就是关键指标。"国标"规定供水单位"水质非常规指标"的选择，由当地县级以上供水行政主管部门和卫生行政部门协商确定。

3.1.4　水质常规指标与人体健康的关系

生活饮用水中含有的污染物，一般通过三个途径进入人体。一是直接饮用由口进入；二是在沐浴时，当水汽蒸发，将水中易挥发性和半挥发性化学物质由呼吸进入；三是洗涤时通过肢体由皮肤进入。从上述三个用水途径进入人体的污染物量大致各占 1/3。因此人们在日常生活中的饮水、洗菜、煮饭、盥洗、洗浴等都需要使用合格的饮用水。水质指标中规定的限值都是基于对人体达到安全健康要求制定的。"国标"中水质常规指标与人体健康的关系是：

1. 微生物指标

"国标"规定的检验微生物的指标共 6 项，其中常规指标 4 项。

（1）总大肠菌群

总大肠菌群作为微生物指标，原因之一是能够指示肠道传染病菌存在的可能性；二是大肠杆菌一般与伤寒、副伤寒、痢疾杆菌等互有联系，有这些致病性细菌时一般均存在大肠杆菌。且大肠杆菌在水中对氯的抵抗力比一般致病菌要强，用大肠杆菌作为水质指标可以提高水的卫生安全度。"国标"规定总大肠菌不得检出。

(2) 耐热大肠菌群（粪大肠菌群）

用提高培养温度的方法将自然环境中的大肠菌群与粪便中的大肠菌区分开，在44.5℃仍能生长的大肠菌群，称为耐热大肠菌群。耐热大肠菌群来源于粪便，检出耐热大肠菌表明饮用水已被粪便污染，有可能存在肠道致病菌和寄生虫病原体的危险。"国标"同样规定每100mL水样中不得检出耐热大肠菌群。

(3) 大肠埃希氏菌

大肠埃希氏菌被认为是指示粪便污染的最有意义的指标。"国标"规定每100mL水样中不得检出。

水样中若检出总大肠菌群，就需进行耐热大肠菌群或大肠埃希氏菌检测。若水样中检出耐热大肠菌群或大肠埃希氏菌，说明水质可能受到粪便污染，必须采取相应措施。若水样中未检出总大肠菌群，就不必检验大肠埃氏菌或耐热大肠菌群。

(4) 菌落总数

菌落总数原称细菌总数。是指水样在营养琼脂上有氧条件下37℃培养48小时后的所得1mL水样所含菌落的总数。"国标"的菌落总数指标为小于100CFU/mL。菌落总数增多说明水体已被污染，但不能说明污染来源，也不能说明该水体传播传染病的风险程度，必须结合总大肠菌等来判断水质污染来源和安全程度。菌落总数也是考核净水处理效果的指标。

2. 毒理指标

常规指标中毒理指标共15项，其中无机物指标9项（镉、铬、铅、汞、硒砷、氟化物、氰化物、硝酸盐）、消毒副产品6项（三氯甲烷、四氯化碳、溴酸盐、甲醛、亚氯酸盐和氯酸盐）。"国标"中毒理指标对人体健康影响见表3-6。

毒理指标对人体健康影响   表3-6

指标名称及限值 mg/L	对人体健康的影响
砷 0.01	主要来自地下水和冶炼废水。砷是致癌物，特别对皮肤、膀胱和肺部致癌。IARC（国际癌症研究中心，下同）将其列为第1组（使人致癌的物质，下同）
镉 0.005	主要来自采矿、冶炼、电镀等化学工业途径，镉是有毒元素。日本发生"骨痛病"就是镉污染。肾脏是镉毒性的主要靶器官，生物半衰期10～30年。镉具有通过吸入途径致癌的证据，IARC列为2A级（很可能对人体致癌的物质，下同）
铬（六价） 0.05	广泛分布于地壳中，金属冶炼厂、镀锌管道腐蚀、废电池水排出等。铬是人体必需的微量元素，三价铬有利于胰岛素发挥作用，促进造血功能。但六价铬化合物在人体的体内和体外遗传毒性试验中显示活性。IARC将六价铬列为第1组，三价铬和金属铬列入3组（不能对人致癌的物质，下同）
铅 0.01	主要来自含铅管道及配件。从管道中溶出的铅与pH、温度、硬度和停留时间有关。酸性水是管道中铅的主要溶剂。铅可在人体内累积，主要毒性为贫血、神经功能失调和肾损伤。6岁前儿童以及孕妇是铅危害的最易感者，有可能影响智力发育

续表

指标名称及限值 mg/L	对人体健康的影响
汞 0.001	俗称水银，在工业、农业、医药卫生和军工生产中广泛应用。金属汞最大用途为电解法中作阴电极。汞的化合物被用作催化剂、防腐剂、染料、起爆剂等。饮用水中摄入无机汞的吸收率约 15%。二甲基汞在胃肠道中几乎完全吸收，人体食入 500mg 氯化汞能引起严重中毒，甚至死亡。甲基汞和乙基汞主要中毒特征是损伤神经系统，无机汞损伤肾脏。日本的水俣病就是由于工厂排放的甲基汞污染可食用的鱼导致人群中毒
硒 0.01	主要来源为冶炼含硒矿石、炼油、制造硫酸、颜料、特种玻璃及陶器等行业水体，被含硒废水污染或流经富硒、硫矿床或煤层中的水都含有各种价态硒。水中硒主要以无机的六价、四价、二价硒等存在。硒是人体必需元素，硒缺乏时可患克山病、大骨节病，使人体免疫力下降。但过量摄入会引起硒中毒，临床表现为食欲不振、四肢无力、脱发、脱甲、偏瘫等
氰化物 0.05	主要来自含氰工业废水。在水体中存在形式是多种多样的，包括有机和无机的氰化物。它有剧毒，能使人中毒甚至死亡。即使低毒性氰化物大量排入地面水也可导致水生物死亡
氟化物 1.0	氟是通过饮用水对人体健康构成威胁最大的地球化学物质。1986 年调查我国氟化物浓度超过 1.0mg/L 的供水人口达 7700 万人。氟是对人体有益元素，适量氟化物可预防龋齿（0.5mg/L 以下）。但超量摄入时可致氟斑牙和氟骨症等急慢性中毒
硝酸盐 10（地下水源限制时为 20）	硝酸盐是含氮有机化合物分解后的最终产物。当有机物进入水体后，在水中微生物和氧的作用下，使复杂的有机物分解成蛋白质、氨基酸和氨。氨在亚硝酸菌作用下氧化成亚硝酸盐，亚硝酸盐在硝酸菌作用下氧化成硝酸盐，即标志着水体已净化。水中"三氮"作为了解有机物在水体净化程度的指标。硝酸盐本身无害，但含量过高会引起喂养婴儿的人工变性血红蛋白血症，此外硝酸盐在口腔和肠道内细菌硝酸还原酶的作用下，很容易被还原成亚硝酸盐，继而与鱼肉等胺类物质结合，产生致癌物质亚硝酸胺。"国标"中没有制定亚硝酸盐的限值，这是因为饮用水中亚硝酸盐本身并不稳定，但如遇到浓度大于 3mg/L 时则要引起重视
三氯甲烷 0.06	主要由饮用水消毒中的氯和原水中存在的腐殖质相互反应形成。人体接触三氯甲烷可以从饮用水未烧开水、淋浴时经呼吸和从皮肤吸收。对人有少量致癌性证据，对实验动物已充分证明有致癌遗传毒性。IARC 将三氯甲烷列为 2B 组（肯定的动物致癌性，对人体可能致癌物，下同）
四氯化碳 0.002	四氯化碳是饮用水消毒的液氯中偶尔存在的污染物。四氯化碳被 IARC 列入 2B 组：动物试验证实诱导致肝癌
溴酸盐（使用臭氧时）0.01	一般情况下，水中不含有溴酸盐，当原水含有溴化物并经过投加臭氧后会产生溴酸盐。当饮用水用浓次氯酸盐消毒时也会产生溴酸盐。IARC 对溴酸盐致癌作用还不能肯定，而溴酸钾对实验动物有致癌作用已有足够的证据，因而列入 2B 组
甲醛（使用臭氧、氯消毒时）0.9	饮用水中甲醛主要是原水中天然有机物（腐殖质）在臭氧或氯消毒过程中产生的。IARC 将甲醛列为第 2A 组致癌物。但甲醛不是经口摄取的致癌物
亚氯酸盐（使用二氧化氯消毒时）0.7	是二氧化氯消毒饮用水的副产物，亚氯酸钠也是生产二氧化氯的原料，当反应不完全时，亚氯酸钠也会进入饮用水。长期接触可引起红血细胞的改变。IARC 没有将亚氯酸盐列入对人有致癌作用的类别中
氯酸盐（使用二氧化氯消毒时）0.7	氯酸钠是生产二氧化氯的原料，如果反应不完全或转化率不高时，氯酸钠会进入饮用水，氯酸盐也是二氧化氯消毒的副产物。可能引起红血细胞的改变

3. 感官性状和一般化学指标

用户往往只凭自己的感受来判断水质的好坏。这些感受主要来自水的外观、臭和味等感官性状和一般化学指标。"国标"将这些指标同样作为强制性执行的指标，水质常规指标中感官和一般化学指标共有 17 项。

（1）色度

清洁的饮用水应该是没有可觉察的颜色。水的色度可能由于矿物质、铁、锰、腐败的有机物、化学物质等多种杂质和水的浑浊度造成的。"国标"对色度用铂钴色度单位衡量，限值为 15 度。"国标"的 15 度是根据大多数人所能接受来制定的。

（2）浑浊度

1）"国标"浑浊度限值规定为 1NTU，在水源与净水技术条件限制时为 3NTU。

2）浑浊度顾名思义为水的浑浊程度，是表达水中不同大小、相对密度、形状的悬浮物、胶体物质、浮游生物和微生物等杂质对光产生效应的表达语。浑浊度并不直接表示水样中各种杂质的含量，但与其存在的数量是相关的。浑浊度是衡量水质的重要指标。

3）浑浊度标准在 GB 5749—85 的旧标准时用"度"表示，"度"是含 1mg/L 硅藻土或高岭土悬浊液所呈现的浊度为 1 度。现行"国标"中浑浊度以"NTU"（Nephelometric Turbidity Unit）表示，是以福尔马肼浊度标准液，在散射光浊度仪中测定的浊度来标定的。NTU 与 GB 5749—85 版中的"度"没有固定的换算关系。浊度标准还有用"FTU"表示的，FTU 也是用福尔马肼浊度标准液但在透射光浊度仪中测定的，与 NTU 也没有固定换算关系。

4）浑浊度本身属感官性指标，也是水厂中重要的运行性指标，是水净化过程中最常用的操作参数。控制各个净化工序中浑浊度可以保证出厂水质量，水厂生产中要尽可能降低浑浊度。因为降低浑浊度的同时，水中的细菌、大肠菌、病毒、贾第虫、隐孢子虫、三价铁、四价锰、部分有机物，包括加氯副产物的母体腐殖酸等均会降低。据研究资料显示，在浑浊度降至 2.5NTU 时，水中有机物去除为 27.3%；浊度在 1.5NTU 时，水中有机物去除为 60%；浊度为 0.5NTU 时，水中有机物去除率为 79.6%；当水中浊度为 0.1NTU 时，水中有机物可绝大多数去除。

（3）臭和味

1）"国标"对臭和味的限值为"无异臭、异味"。

2）洁净的水是无臭无味的，以下情况会使水产生臭和味：

a. 无机物方面，水中氯化钠、氯化锰、氯化钙分别达到 465mg/L、47mg/L、350mg/L 时，就会有不适的味道；

b. 有机物方面，各种化合物如腐殖质、亲水酸、羟酸、缩氨酸、氨基酸、碳水化合物和碳氢化合物都有可能产生臭和味。其阈值可能在 mg/L 至 μg/L 之间。

c. 生物方面，各种微生物如放线菌、各种藻类及其他水生生物都会在水中产生臭和味，一些细菌、真菌、浮游生物和线虫也会引起水的臭和味。

d. 人为污染方面，人工合成有机物污染物质如有机卤代烃是水中最常见的臭和味来源。净化过程中采用的混凝剂、氧化剂、消毒剂有时可以与水中有机物质反应产生臭和味。特别是消毒时产生的异味、异臭。

3）水中常出现的气味一般可分为 8 类，即土味、霉味、沼泽味、芳香味、草味、鱼腥味；药水味和化学品味。水中常出现的味道分为 4 类，即酸、甜、咸、苦。

4）水中臭味强度分为 6 级，见表 3-7。

水中臭味强度分级　　　　　　　　　　　　　　　　　　　　表 3-7

等 级	强 度	说 明
0	无	无任何臭和味
1	微弱	一般饮用者难察觉，但对臭、味敏感者可以发觉
2	弱	一般饮用者刚能察觉
3	明显	已能明显察觉
4	强	已有很明显的臭味
5	很强	有强烈的恶臭或异味

5）饮用水的异臭和异味虽不能直接导致对人体健康的影响，但可得出饮用水已受到污染和不安全的信号。臭味也是用户最常见的投诉项目。臭和味目前仍通过分析人员的嗅觉和尝味的感觉分辨，对水质做出评价。利用仪器的定量分析方法尚未在供水企业中推广应用。

（4）肉眼可见物

"国标"规定水中不得含有肉眼可见物。肉眼可见物是人的眼睛能直接观察得到的杂物，如悬浮于水中的漂浮物、动物体（如红虫）、油膜、乳光物等。指标规定既是外观感觉需要，也是卫生方面的要求。水中含有肉眼可见的杂物会令人厌恶。

（5）pH

pH 是水中氢离子浓度的负对数值，是衡量水中酸碱度的一项重要指标。"国标"规定饮用水中 pH 为不小于 6.5，且不大于 8.5。规定水中 pH 有三方面意义：

1）表示水能否适宜饮用。人体需要适当的 pH 以协助调节体内酸碱的平衡，人体血液的 pH 为 7.35～7.45，而 pH 低于 6.5、高于 9.5 时的水是不宜饮用的；

2）表示水的性质。pH 在 6.5～8 的水为中性，小于 6.5 为酸性，大于 8 为碱性；

3）判断水的净化处理手段，pH 过高氯消毒效果降低，而且味道不好，pH 过低，影响混凝效果，及时测量水中 pH 调整混凝剂用量可以改善净化处理效果。

（6）铝

铝是地球上蕴藏量最丰富的金属，饮用水中铝的来源比较复杂，但主要是土壤中的铝进入水体或水处理中采用含铝混凝剂所致。铝是一种低毒且为人体非必需的微量元素，但长期摄入过多的铝可能导致老年性痴呆。"国标"规定限值为 0.2mg/L，其指定根据是净化处理中使用铝化合物，不会见到絮凝沉积物而影响水的感官性状。

（7）铁

铁在天然水中普遍存在，是人体不可缺少的营养素。人每天从食物中摄取 60～110mg 的铁才能满足需要，饮用水并不是铁的主要来源。水中含铁量小于 0.3mg/L 时无任何异味，达 1mg/L 时便有明显的金属味，在 0.5mg/L 时色度可大于 30 度。水中含铁量高不仅增加水的浊度，使水有特殊的色、臭、味，污染衣服，影响工业产品质量，还会使水管中易于生长铁细菌，加速水管锈蚀。饮用含铁量高的水很不适口，煮饭泡茶还会发黑。"国标"规定其限值为不超过 0.3mg/L。

（8）锰

锰也是人体需要的微量元素之一，每人每日约需从食物中摄取锰 5～10mg/L。锰和铁对水感官性状影响相似，两者也经常共存于天然水中。水中含锰量如超过 0.15mg/L 时，水就会产生金属涩味，洗衣服和固定设备易产生污染斑点，锰的化合物也会在管内壁上逐渐沉积，在水压波动时可造成"黑水"现象。锰的毒性较小，"国标"规定其限值不超过 0.1mg/L，是从感官性状提出的。

（9）铜

水中含铜量达 1.5mg/L 时就会有明显的金属味，超过 1mg/L 的水，可使衣服器皿及白瓷染成绿色。但铜同样也是人体需要的主要微量元素之一，成人每人每日需铜量 2mg，人体中铜最主要的作用是在新陈代谢中参与细胞的生长和酶的活化过程。铜对治疗贫血和糖尿病都有作用。但过量的铜对人体也是有害的，"国标"规定主要从感官出发，不应超过 1.0mg/L。

（10）锌

人体中一切器官中都有锌，总含量达 0.5g 左右，锌具有造血和活化胆碱酶的功能，成人一天需锌 10～15mg。但锌摄入过多则能刺激胃、肠道，产生恶心，口服 1g 硫酸锌可引起严重中毒。天然水中含锌量很低，当水中含锌达 10mg/L 时，水是浑浊的，在 5mg/L 时水中有金属涩味。"国标"规定其限值不超过 1.0mg/L，也是根据感官性状要求制定的。

（11）氯化物

水中氯化物含量过高，产生令人厌恶的味道，长期饮用氯化物过量的水还会引起高血压、心脏病。"国标"主要根据味觉考虑规定其限值不超过 250mg/L。

（12）硫酸盐

硫酸盐在天然水中普遍存在，但含量过高就会使水具有苦涩味，且能使人腹痛、腹泻，基于硫酸盐可能产生的水的苦涩味和轻泻作用。"国标"规定其限值不超过 250mg/L。

（13）溶解性固体

水中溶解性总固体主要成分为钙、镁、钠的重碳酸盐、氯化物和硫酸盐等无机物。当其浓度过高时可使水产生不良的味道，并能损坏管道和设备。溶解性总固体浓度低于 600mg/L 时，一般认为水味尚好，而高于 1200mg/L 时则会影响水味，基于对水味的影响，"国标"规定溶解性总固体不应超过 1000mg/L。

（14）总硬度

水中硬度是由钙离子与镁离子形成的。水的硬度分为暂时硬度（即碳酸盐硬度）与永久硬度（即非碳酸盐硬度）两种，总硬度是这两种硬度之和。暂时硬度主要是钙与镁离子的酸式碳酸盐形成的。当煮沸含有这种硬度的水时，酸式碳酸盐就会分解成碳酸盐而沉淀，容易从水中消除。永久硬度主要是钙与镁离子的硫酸盐、硝酸盐及氯化物形成的硬度。含有这种硬度的水不能用煮沸的方法而必须用特殊的方法才能去除。

硬度表示方法有许多种，一种用"度"表示，即 1L 水中含有钙与镁盐的总量相当于 10mg 氧化钙（CaO）或 7.2mg 的氧化镁时，称为 1 度；另一种用碳酸钙（$CaCO_3$）含量表示。"国标"要求的总硬度以 $CaCO_3$ 计限值为 450mg/L。硬度过高的水不宜饮用，除影响洗衣服外，主要对人的健康不利，能引起暂时性胃肠功能紊乱；硬度过低也会引起人体钙、镁代谢紊乱，导致心血管病症。

（15）耗氧量

1）"国标"对耗氧量（COD_{Mn}，以 O_2 计）限值为 3mg/L，在水源限制，原水耗氧量 >6mg/L 时为 5mg/L。

2）耗氧量（Oxygen Consumed）又称高锰酸盐指数（permanganate index），是将水样加入一定量高锰酸钾溶液，在 100℃ 水浴 30min 后，测定以 O_2 计的高锰酸钾所消耗的量，它反映了水中悬浮的和可溶的可被高锰酸钾氧化的那一部分有机和无机物质的量。耗氧量是反映水质受到污染的特别是有机污染的综合性指标，但不能反映水受到哪些具体的污染物。

3）化学需氧量（COD_{cr}）是与耗氧量相似的另一个水质指标。它是以另一个氧化剂重铬酸钾代替高锰酸钾，并在不同于耗氧量的介质条件和反应时间下测得的以 O_2 表示的重铬酸钾的消耗量。重铬酸钾能氧化大部分有机物，但也不是所有有机物能被完全氧化。

4）水中有机物替代指标除 COD_{Mn} 和 COD_{cr} 外还有总有机碳（TOC）、生化需氧量（BOD）和紫外光消光值 $E_{uv(254)}$。

a）总有机碳（TOC）

在 950℃ 的高温下使水中有机物气化、燃烧，有机物中的碳转化成 CO_2，通过红外分析仪测定其 CO_2，即可知总有机碳在水中的浓度，水中的碳酸盐、重碳酸盐也会生成 CO_2，另外测定予以扣除。若测定前将水样经 0.45μm 滤膜过滤，则所测总有机碳即为溶解性有机碳（DOC）。

b）生化需氧量（BOD）

生化需氧量是在规定条件下微生物分解氧化有机物所消耗水中溶解氧之量，它与水中可生物降解的有机物呈正相关。自然界中的生化过程缓慢，水中有机物的碳化过程需 10~20d 才接近完成，完成硝化过程则需要 100d，故采用 20℃ 水温下培养 5d 所消耗的水中溶解氧的量，称之为 5 日生化需氧量（BOD_5），可反映水体中可生化有机物的 50%~70%。

c）紫外光消光值 $E_{uv(254)}$

水中有机物如芳香烃，以及带共轭双键的化合物对紫外光有一定吸收，特别是前述水中的腐殖物质其组成大多为芳烃化合物，故经常在 260~300nm 波长区域有一最大吸收值，E_{uv} 一般常用 254nm 作测定，水样中的 $E_{uv(254)}$ 值与水质腐殖物质呈正相关。

对于某一特定的水源水，或水厂的出厂水、管网水，所测得的 COD_{Mn}、COD_{cr}、TOC、BOD_5、$E_{uv(254)}$ 值都反映了此特定水样的有机物存在的量，若经过一个较长时间的测定，积累了一定量的数据，可求得 5 个水质指标之间的比值，也就是说，知道其中一个指标值，即可大体上知道其余 4 个指标的估计值。由于 COD_{Mn} 是一项易于操作，所需设备简单，所以"国标"指定为测定有机物的化学性指标。

5) 耗氧量与水质的关系

a) 耗氧量反映其受到有机物污染的程度。有机物会导致水的不良臭味和色度，受到饮用者的厌恶。

b) 耗氧量高的水，消毒后的余氯容易消失，微生物易于复苏，成为二次污染的导因之一。

c) 耗氧量与水的致突变性也有相关性，试验表明耗氧量高的水致突变性往往是阳性，只有当自来水的 COD_{cr}、COD_{Mn}、TOC 和 E_{UV} 分别降低到 7.5mg/L、2.0mg/L、5.0mg/L 和 0.08mg/L 以下时才有可能呈阴性。耗氧量与水的致癌性的研究成果较少。但致突变物与致癌物是有相关关系的。例如我国某河流上游到下游 50 余公里设置 5 个采样点的研究结果，致突变性从阴性到阳性再到强阳性，流行病学调查从上游到下游的胃癌标化死亡率和肝癌标化死亡率逐步增加。根据 1986 年全国饮用水调查和全国肿瘤死亡回顾调查（1973），对具有水中耗氧量资料和消化道肿瘤死亡资料的 2072 个县进行了相关性分析，证明饮用水耗氧量与肝癌与胃癌死亡率之间有非常显著的相关性。

6)"国标"规定耗氧量限值为 3mg/L 是个经验值，没有实验证明超过此限值会对健康造成的风险程度。但根据耗氧量指标的性质和重要性，结合国内外水质标准限值确定耗氧量限值定为 3mg/L，特殊情况下≤5mg/L 是符合国内水质现状的。

（16）挥发酚类

酚分为挥发酚与不挥发酚，在酚类化合物中，能与氯形成氯酚臭的主要是苯酚、甲苯酚、苯二酚等，在水质检验中能被蒸馏出和检出的化合物。水中含酚主要来自工业废水污染，特别是炼焦和石油工业废水，其中以苯酚为主要成分。

酚类化合物毒性低，但因酚具有恶臭，对含酚的水进行加氯消毒时，能形成更强烈的氯酚臭，往往引起饮用者反感。"国标"根据感官性状的要求，定为饮用水挥发酚类（以苯酚计）含量不应超过 0.002mg/L。

（17）阴离子合成洗涤剂

国内生产的合成洗涤剂主要是阴离子型的烷基苯磺酸盐为主，其化学性质稳定，较难分解和消除，毒性极低。一般少量摄入未见有不能耐受的迹象。但是当水中浓度超过 0.5mg/L 时，即能使水起泡沫和具有异味。根据味觉阈及形成泡沫阈浓度，"国标"规定为不超过 0.3mg/L。

4. 放射性指标

"国标"对放射性指标的指导值：总 α 放射性为 0.5Bq/L、总 β 放射性为 1Bq/L（Bq 表示放射性活性限值）。

放射性指标的指导值是采用世界卫生组织的推荐值，是基于假设每人每天摄入 2L 水时所摄入的放射性物质，按成年人的生物代谢参数估算一年内对成年人产生的剂量确定的。并以水中最常见而毒性最大的核素为代表，（总 α 放射性以 Ra-226，总 β 放射性以 Sr-90），估算出每年对人体产生的可能照射剂量，根据 ICRP（国际放射性辐射防护委员会）的资料，该剂量相当于总危险度为每年 $10^{-7} \sim 10^{-6}$，由于推荐值具有较大的安全系数，公众的年龄差异和不同饮水量的影响可以不加考虑。"国标"指定的放射性指导值表明水样低于该值，则认为正常天然本色，可不加管理，但如果高于该值，则应由放射防护专家进行核素分析和评价判定能否饮用。

3.1.5 消毒剂常规指标与人体健康关系

1. 氯气及游离氯制剂（游离氯）

"国标"要求氯气及游离氯制剂与水接触时间≥30min，出厂水中限值 4mg/L，出厂水中余量≥0.3mg/L，管网末梢水中余量≥0.05mg/L。

余量即余氯，系指用氯消毒时，接触一定时间后，水中所剩余氯量。实验证明，加氯接触 30min，余氯在 0.3mg/L 以上足以杀死伤寒杆菌、痢疾杆菌、布氏杆菌等肠道致病菌。当出厂水中余氯大于 4mg/L 时，大多数人能尝出或闻出饮用水中的氯气味，所以限值为 4mg/L。

2. 一氯胺

"国标"对一氯胺（总氯）要求与水接触时间≥120min，出厂水中限值 3mg/L，出厂水中余量≥0.5mg/L，管网末梢水中余量≥0.05mg/L。

采用氯胺消毒时，将氨加入氯化的饮用水时就会形成一氯胺、二氯胺和三氯胺。氯胺中最主要的是一氯胺，一氯胺的消毒效果不如氯，但可保持较长时间的余氯。氯胺的最高允许浓度是根据对大鼠的实验结果推导出一氯胺的限值为 3mg/L。

3. 臭氧

"国标"对臭氧（O_3）消毒要求与水接触时间≥12min，出厂水中限值 0.3mg/L，管网末梢水中余量≥0.02mg/L，如补加氯，总氯≥0.05mg/L。

臭氧为强氧化剂，其氧化能力大于氯和二氧化氯。当臭氧单独作为饮用水消毒时，一般投加量不大于 1mg/L，接触时间 12min 以上时，剩余臭氧在 0.3mg/L 时则可达到良好的消毒效果。但臭氧易分解，即使水中臭氧浓度在 3mg/L 时，其半衰期仅为 5～30min，在较长的输配水系统中几乎没有可能余量，所以出厂时需另加氯或二氧化氯。

4. 二氧化氯

"国标"对二氧化氯（ClO_2）消毒要求与水接触时间≥30min，出厂水中限值 0.8mg/L，出厂水中余量≥0.1mg/L，管网末梢水中余量≥0.02mg/L。

二氧化氯在水中嗅阈和味阈值为 0.4mg/L，"国标"对二氧化氯的消毒要求是根据消毒效果，以及饮用水中二氧化氯很快复原为亚氯酸盐，根据亚氯酸盐的毒性要求而制定的。

3.1.6 水质非常规指标与人体健康关系

1. 微生物指标

（1）贾第鞭毛虫

贾第鞭毛虫（Giardia Lamblia）简称贾第虫，是寄生于人类和动物肠道的有鞭毛的原生动物，是水介寄生虫。被人体摄取后，会出现腹泻、腹胀、疲劳、恶心、痉挛等现象，被称作贾第鞭毛虫病。病症可持续几天到几个月。儿童感染会影响其生长发育，1980～1996 年美国爆发了 84 起贾第鞭毛虫水源性疾病，相关病例达 10262 起。

"国标"贾第鞭毛虫限值为 10L 水样中不得检出 1 个。其根据是蓝氏贾第鞭毛虫的最小感染剂量为 10 个包囊，蓝氏贾第鞭毛虫（又称肠贾第鞭毛虫，人类贾第鞭毛虫的病原体）是贾第鞭毛虫的一种，志愿受试者的半数感染量为 19 个包囊，按安全系数 100％估算其感染值为 0.19 个，假定人饮水量为 2.5L/(人·d)，以 10L 水样为一个计算单位，其中蓝氏贾第鞭毛虫包囊数量小于 1 个即可认为是安全的。

贾第鞭毛虫的包囊直径为 4μm，不易为沉淀、过滤等常规处理方法去除，这些卵囊和包囊对消毒剂的抵抗程度大于大肠杆菌等细菌和病毒，可见对常规指标已安全的水，不能完全保证其对原虫的限制标准是安全的。

（2）隐孢子虫

隐孢子虫（Cryptosperidium Tyzzer）是寄生于哺乳动物、鸟类、鱼类等众多动物胃肠道和呼吸道细胞内的球虫，分布于世界各地，其中小隐孢子虫是引发人类和家畜临床疾病的主要种类。隐孢子虫不仅易在免疫功能缺陷、低下或受抑制的人群中导致严重而持久的腹泻，而且可使免疫功能正常的人出现一种自限性的、持续 1 至 2 周的腹泻性病症。1987 年美国佐治亚州 Carrolltom 市 64900 人中约 13000 人腹泻，发病率达 20％，其中39％的患者粪检呈隐孢子虫卵囊阳性；1993 年美国威斯康星州密尔沃基（Milwankee）市发生了大规模的隐孢子虫病，在该市供水范围内 84 万用水人口中约 40.3 万人腹泻，4400人住院，69 人死亡。对事件期间所取 2 个水样进行检验，每 100L 水样中分别含 13.2 个和 6.1 个隐孢子虫卵囊。经查是养牛污水，屠宰废物和生活污水中的隐孢子虫卵囊随雨水径流进入水源。该市水厂规模 38 万 m³/d，水源为湖水，发病前，暴雨使湖水浊度和细菌急剧上升，由于不合适的投加混凝剂和回用滤池反冲洗水等原因致使出厂水浊度达2.5NTU，粪大肠菌和其他指标仍符合标准。1997 年 2 月至 3 月英国 surebae 自来水公司的水样中发现隐孢子虫，即向公众发出饮用水要煮沸的公告，约有 345 人被感染。1998年 7 月至 9 月，澳大利亚悉尼发生了从自来水中检出的隐孢子虫和贾第鞭毛虫非常多，即发布公告劝 300 多万市民饮用煮沸的自来水。1996 年 6 月日本埼玉县发生自来水被隐孢子虫污染事件，有 8800 余人感染。

隐孢子虫孢囊的直径和贾第鞭毛虫一样，也是 4μm，"国标"对其限值指标根据相同，也是 10L 水样中不得检出 1 个。

日本厚生省于 1996 年 10 月 4 日下发了"关于自来水中隐孢子虫暂定对策"的通知，对策中强调了浊度管理，保证滤池出口浊度低于 0.1NTU。

2. 毒理指标

非常规指标中毒理指标 59 项，现分金属、消毒副产物、农药、有机化合物和藻毒素介绍其与人体健康的关系，分别见表 3-8～表 3-11）。

（1）金属毒理性指标 表 3-8

指标及限值(mg/L)	与人体健康的关系
锑 0.005	最常见的来源是从金属管材和管件溶解出来，IARC 认为三氧化锑是对人可能的致癌物质(2B组)
钡 0.7	水中钡主要来自于自然界，有导致高血压的可能性

指标及限值(mg/L)	与人体健康的关系
铍 0.002	制造核反应堆和航天工业的合金材料，也用于制造陶瓷、电器等，IARC 于 1993 年将铍及其化合物列入有足够证据证明使人和动物致癌的(A1 组)
硼 0.5	用于制造玻璃、肥皂和清洁剂等，饮用水中硼来源于废水的排入。动物实验可损伤睾丸和生殖器
钼 0.07	在土壤中天然存在，成人的必需元素，每日需要 0.1～0.3mg，最大未观察到有害作用剂量为 0.2mg/L
镍 0.02	主要用于不锈钢和镍合金的生产，饮用水中主要在水龙头和水管配件释放的镍。IARC 结论认为吸收镍化合物对人是致癌的(A1 组)，金属镍可能是致癌的(2B 组)
银 0.05	自然界中银主要以氧化物、硫化物和某些盐类形式存在，偶尔会在地下水、地表水和饮用水中检出。过量摄入会患银沉着病，使皮肤和毛发脱色
铊 0.0001	水流径含铊矿石和沉积物时摄入，对人短期影响表现为肠胃刺激和损伤神经系统；长期将改变血液组成，损伤肝、胃、肠和睾丸组织以及毛发脱落。小鼠生物生理试验表明引起精子死亡率增加

（2）消毒副产物指标   表 3-9

指标及限值(mg/L)	与人体健康的关系
氯化氰 0.07	主要中毒症状有呼吸道刺激、气管和支气管的血性渗出物以及肺气肿
一氯二溴甲烷(DBCM) 0.1	动物实验对肝、甲状腺、肾脏和生殖功能等产生病理性改变，IARC 列为第 3 组致癌物
二氯一溴甲烷(BDCM) 0.06	IARC 将此列为第 2B 组致癌物
二氯乙酸 0.05	对鼠实验，大量服用后体重增长受到抑制，肝、肾、肾上腺、脑组织和睾丸出现病理改变，肝脏肿瘤发生率明显增加，但对人致癌性的证据还不够充分
三卤甲烷 1	三卤甲烷(THM)为三氯甲烷、一氯二溴甲烷、二氯一溴甲烷、三溴甲烷的总和。主要是原水中天然有机物的氯化产物在氯消毒时最常见的消毒副产物，一般通过喝水和皮肤淋浴时吸入，IARC 将三氯甲烷(氯仿)其列为对人可能的致癌物(2B 组)
1,1,1-三氯乙烷 2	广泛被用于清洁电子设备的溶剂、粘合剂、制冷剂和润滑剂。动物实验暴露高浓度时能导致人和动物的脂肪肝。IARC 列为第 3 组致癌物
三氯乙酸 0.1	为氯化消毒过程中与水中有机物形成的氯乙酸类副产物，目前已有三氯乙酸对小鼠致癌的证据。根据实验结果，从安全推算考虑限值为 0.1mg/L
三氯乙醛(水合氯醛) 0.01	对皮肤和黏膜有强烈刺激作用，有无致癌作用仍不能肯定，IARC 将水合氯醛列为不能按对人有致癌性分类(第 3 组)
2,4,6-三氯酚 0.2	IARC 列为第 2B 组致癌物。根据对雄性大鼠诱发白血病的实验数据，确定限值为 0.2mg/L
三溴甲烷（溴仿） 0.1	对大鼠进行常规剂量的实验未发现肿瘤，最高剂量时直肠的腺癌息肉和腺癌明显发生，但 IARC 列为第 3 组。

(3) 农药指标   表 3-10

指标及限值(mg/L)	与人体健康的关系
七氯 0.0004	广谱杀虫剂，IRAC 已证明对动物有致癌作用，而对人的致癌作用则证据不足，被列为 2B 类致癌物
马拉硫磷 0.25	高效低毒的有机磷杀虫剂，有强烈的硫醇臭，嗅觉阈为 0.25mg/L，目前没有观察到致畸、致突变作用的资料
五氯酚 0.009	高效、价廉的广谱杀虫剂、防腐剂、除草剂。根据小鼠两年致癌实验结果，IARC 将此列为第 2B 组
六六六 0.005	有机氯农药。在水中稳定，有强烈的异臭，嗅觉阈为 0.02mg/L，已被禁止使用。六六六的蓄积性强，对小鼠有致癌性
六氯苯 0.001	用作农作物拌种以防真菌的农药。能在动物的不同部位诱发肿瘤。IARC 列为 2B 组
乐果 0.08	高效中等毒性的有机磷农药，对昆虫有较强的杀灭作用。不是啮齿类动物的致癌物，在体外试验中显示具有致突变的潜在可能，但在体内试验中没有显现。乐果有强烈异臭，嗅阈浓度为 0.077mg/L。从感官影响确定限值指标
对硫磷 0.003	是一种广谱杀虫剂。在水中较稳定，有强烈的臭味，嗅觉阈浓度为 0.003mg/L
灭草松 0.3	广谱除草剂。为低毒性或中毒性，依据大鼠实验观察到的血液改变从安全角度制定的限值指标
甲基对硫磷 0.02	是一种非内吸杀虫剂和杀螨剂。基于健康的准则，为 9μg/L，限值指标主要按感官性状中的嗅觉阈浓度制定
百菌清 0.01	新型杀菌剂。对皮肤和眼睛有轻度的原发刺激作用，是强致敏物，可诱发迟发型变态反应
呋喃丹 0.007	广泛应用的农药。在急性经口染毒后毒性很强。全身反应是胆碱酯酶抑制，不具致癌性和遗传毒性
林丹 0.002	用于水果和蔬菜作物的杀虫剂。口服、经皮肤暴露和吸水对肾与肝有毒性，IARC 将此列为 2B 组
毒死蜱 0.03	是一种广谱有机磷杀虫剂。可控制蚊虫苍蝇及多种害虫。但不推荐加入水中杀虫。根据对大鼠研究得到的最大未观察到有害作用剂量 1mg/(kg·d)得出标准值
草甘膦 0.7	是一种广谱除草剂，可用于农业等水生杂草的控制。低毒性，对人体健康不造成危害，从保护饮用水安全考虑制定限值
敌敌畏 0.001	广谱有机磷农药。美国曾试验发现人的白血病与使用此农药有关。IARC 认为对人可能致癌，列入 1B 组
莠去津 0.002	是苗前和出苗后早期使用的除草剂，IARC 认为不能对人有致癌性，未分类(第 3 组)。限值是基于健康的准则
溴氰菊酯 0.02	为广谱杀虫剂，能有效杀死螨类以外的大多数农业害虫，会引起皮肤刺激和过敏性皮炎、气喘、耳鸣、恶心、呕吐和兴奋等。为中等毒性农药
2,4-滴 0.03	除草剂和植物生长调节剂，可控制包括水生杂草在内的阔叶杂草。其致癌性的人群流行病学证据十分有限，IARC 将其列为 2B 组
滴滴涕 0.001	用来控制黄热病、昏睡病、斑疹伤寒、疟疾等疾病的传媒昆虫。IARC 结论认为对人类而言，没有足够的证据证明其有致癌性，而对动物而言则有充分证据证明具有致癌性（2B组）

(4) 有机化合物指标　　　　　　　　　　　　　　　　　　　　表 3-11

指标及限值(mg/L)	与人体健康的关系
1,2,-二氯乙烷 0.03	生产氯乙烯和其他化学物的中间体,也可作溶剂。很容易通过消化道、呼吸道和皮肤进入人体并蓄积于肝脏和肾脏。IARC 将其列为对人可能致癌物 (2B 组)
二氯甲烷 0.02	广泛用于油漆、杀虫剂、脱脂剂、清洗剂及其他品种。急性毒性很低,主要表现为中枢神经系统的抑制症状,高浓度可导致麻醉。IARC 将其归为 2B 组
乙苯 0.3	主要来自石油工业及使用石油产品。经口吸入和皮肤摄入后被快速吸收,有报导,乙苯储存在人的脂肪中,进入体内几乎全部转化为可溶性代谢物,快速从尿中排出
二甲苯 0.5	作为溶剂和化学中间体,用于混合汽油。二甲苯对人的影响同乙苯
1.1-二氯乙烯 0.03	用作合成其他有机物的中间体。能快速吸收,快速排泄,主要分布在肝、肾、肺。IARC 将其列为第 3 组致癌物
1,2-二氯乙烯 0.05	有顺式和反式两种形式。水污染多以顺式存在。其存在可能还指示同时还存于更毒的有机氯化合物 (如氯乙烯) 表示需要更广泛的监测。有报导可能引起鲷齿类的动物血清碱性磷酸酶增高
1,2-二氯苯 1	广泛用于工业和家庭用品的去臭剂、化学燃料和杀虫剂。属于经口暴露的低急性毒性化合物,主要影响肝和肾,其嗅觉阈浓度为 0.003mg/L;在水中味阈值为 0.001mg/L。IARC 将其归为第 3 组致癌物
1,4-二氯苯 0.3	广泛用于工业和家庭用品的去臭剂、化学燃料和杀虫剂。长时间暴露后可增加大鼠肾脏肿瘤和小鼠肝细胞腺瘤以及癌症发病率。IARC 将其归为第 2B 组致癌物。其嗅阈味阈浓度分别为 0.001、0.006mg/L,其感官性状应关注
三氯乙烯 0.07	主要用于干洗衣服,金属除油以及脂肪、树脂等溶剂,也可用于吸入镇静剂和麻醉剂。IRAC 将其归为第 3 组致癌物
三氯苯 (总量) 0.02	主要由 1,2,3-三氯苯、1,2,4-三氯苯和 1,3,5-三氯苯组成的混合物,被用作化学合成的中间体溶剂、冷却剂、润滑剂等。具有中等急性毒性,短期经口给药时,所有三种异构体显示相同的肝脏毒性
六氯丁二烯 0.0006	用于氯气生产时的溶剂和橡胶制造的中间体。易被吸收,大鼠经口试验时可见到肾肿瘤,但 IARC 将其列入第 3 组致癌物
丙烯酰胺 0.0005	用作聚丙烯酰胺生间的中间体和单体。用聚丙烯酰胺处理饮用水时会产生丙烯酰胺单体残留,水中该絮凝剂最大允许用量为 1mg/L。丙烯酰胺具有神经毒性,影响生殖细胞,减弱生殖功能,诱导哺乳动物细胞的基因突变和染色体畸变。IRAC 将其列入 2A 组
四氯乙烯 0.04	用于干洗剂、脱脂剂、热导介质等。较低浓度可损肝和肾,高浓度可导致中枢神经系统抑制,并有一定证据可导致大鼠白血病及肾脏肿瘤。IARC 将其列入 2A 组
甲苯 0.7	用作油漆、涂料、树脂等的溶剂。生产苯、酚的原料,汽油的配料。水中甲苯经胃肠道吸收,快速分解,结合反应,经尿排出。IARC 认为对人不具有致癌性 (第 3 组)。限值已超过了甲苯在水中嗅阈值 0.024mg/L
邻苯二甲酸二 (2-乙基己基) 酯 0.008	主要用丁聚氯乙烯和氯乙烯共聚树脂的增塑剂。急性经口毒性低。毒性研究最显著的效应是肝过氧化酶体增多,动物试验发现肝细胞的癌变。IARC 作出是人可能致癌物的结论 (2B 类)

指标及限值(mg/L)	与人体健康的关系
环氧氯丙烷 0.0004	又名表氯醇，用于制造甘油，未改性环氧树脂和水处理树脂。主要毒性效应是局部炎症和中枢神经系统损伤。IARC列为可能对人致癌物（2A类）
苯 0.01	存在于石油中，汽车尾气，也有可能通过工业排放和大气污染进入水体。人急性暴露于高浓度苯时主要影响中枢神经系统，低浓度时，对造血系统具有毒性，会引起白血病。苯是人的致癌物，IARC将其列为第1组
苯乙烯 0.02	用于生产塑料和树脂。苯乙烯的急性毒性低。经口给大小鼠的长期试验中，高剂量会增加肿瘤发病率，对大鼠没有致癌作用，但给苯乙烯-7，8氧化物时，证明有致癌作用。IARC将其列为2B组
苯并[a]芘 0.00001	由各种有机物的不完全燃烧而来。主要经消化道和肺吸收，是多环芳烃中最强的致癌物之一。IARC将其列为可能对人致癌物的第2A组
氯乙烯 0.005	用于聚氯乙烯的生产，制造合成纤维、化学品中间体或溶剂以及生产塑料树脂等，配水管网中使用具有高残留量氯乙烯单体的PVC管会在饮用时摄入氯乙烯。它与各种癌症存在显著的剂量效益关系，IARC将其列人第1组
氯苯 0.3	主要用作溶剂、脱脂剂以及合成农药和其他卤化有机物的中间体。是一种低急性毒性物质。主要是对肝、肾和造血系统有影响。试验无迹象表明对大、小鼠有致癌性。氯苯的味阈、嗅阈浓度均为0.01mg/L
微囊藻毒素 LR 0.001	是藻类分泌的毒素。经常存在于蓝藻、浮颤藻和鱼腥藻中。微囊藻毒素只有当细胞破裂时才大量释放到周围水体中。微囊藻毒素-LR的毒性极强，主要靶器官是肝脏，经静脉或腹腔染毒后，会造成严重的肝损害，血液动力学休克，心衰甚至死亡。动物实验提示其有促癌活性，可促进二甲基苯蒽诱发的皮肤癌

3. 感官性状和一般化学指标

非常规指标中感官性状和一般化学指标共3项。

（1）氨氮

"国标"对氨氮（以N计）的限值规定为0.5mg/L。其限值不是从直接影响人体健康，而是从衡量该水源被有机物污染的严重程度考虑的经验数值。

水中氨氮来源于生活污水和工业废水的污染。氨氮的浓度与有机物含量、溶解氧的多少有相关性。氨氮（NH_3-N）以离子铵（NH_4^+）和非离子氨（NH_3）两种形式存在于水中，两者组成比取决于水中pH和水温，在酸性条件下水中氨趋向生成稳定态的铵离子。在碱性条件下，趋向于生成游离分子的非离子氨。氨在氧充足条件下，通过如氧型亚硝化菌和硝化菌作用氧化成亚硝酸盐和硝酸盐；在缺氧条件下，硝酸盐可被厌氧型反硝化菌作用还原为氨。

水中的氨氮浓度较高时，会导致水质黑臭，氨氮也是富营养化的主要因素。我国一些污染的湖泊、水库氨氮都很高，藻类疯长。

（2）硫化物

"国标"对硫化物的限值规定为 0.02mg/L。硫化物对感官影响主要是硫化氢。硫化氢具有强烈的臭鸡蛋味，在空气中低于 0.8μg/L 就可觉察。硫化物在水中水介时会生成硫化氢。水通过气体吸入硫化氢，急性毒性很强，浓度 15～30mg/L 时就对眼睛有刺激。水中硫化物主要来源于工业废水，生活污水，以及温泉地下水。饮用水中主要是不应该由于臭和味而检出硫化物，水中硫化氢的味阈值和嗅阈值约在 0.05～0.1mg/L 之间。

（3）钠

"国标"对钠的限值规定为 200mg/L。

钠盐即氯化钠存在于所有食物中，钠是人体必需元素，对人体物理机能如酸碱平衡、细胞外渗透压、细胞电子生理、活组织的脉搏传播及营养输送都很重要。成年人安全钠盐摄入量为 500mg，婴儿为 120～400mg。如果意外摄入过量的氯化钠会产生恶心、呕吐、战栗、肌肉抽搐、僵化以及脑和肺水肿等急性甚至死亡。有关高血压和钠摄入量之间有何联系引起相当大争论。短期研究显示这种联系确实存在，降低钠摄入对一些高血压的人可以降低血压，但不是对所有人都有效。饮用水中钠的限值标准是以钠会在水中产生味道考虑的。

3.1.7　表征饮用水水质特性的其他常用水质指标

除《生活饮用水卫生标准》的各项指标外，表征饮用水水质特性的其他常用水质指标还有：

1. Ames 致突变试验

Ames 试验是检验水中化学物质导致三致（致突变、致癌、致畸）的指标。Ames 试验是 1973 年由美国生化学家 Ames 创造的，现在被广泛地应用于衡量水中有潜在危害的大量化学物质作出定性预报。经过一些研究机构和学者的验证，其预测价值为 60%～70%。现已列入美国"水和废水标准检验法"。2001 年我国建设部在行业标准 CJ/T 141—150—2001 中也规定了 Ames 试验的标准方法。

Ames 试验常以诱变指数（MR）表示，MR 值为诱变回复突变菌落数与自发突变菌落数的比值，均以平均值计。MR 值越大说明该被测样品的致突变活性越高。MR≥2 为阳性，<2 为阴性。阴性说明该水体对人体没有危害。

试验证明水中有机物 COD_{Mn}、COD_{cr}、TOC、E_{uv} 与 Ames 致突变有较好的相关性。但也常遇到按水质标准检验合格的水样，Ames 试验仍呈阳性结果。这是因为 Ames 试验是一定水样体积中所有水中已知和未知致突变物对人体健康的综合效应。Ames 尚未列入"国标"，只是对水中已知和未知致突变物对人体健康的风险监测预警。

2. 内分泌干扰物

（1）内分泌干扰物是指外源性干扰生物与人体正常内分泌机能的化学物质，又称环境激素。它们具有类似雌激素作用，主要随人类生产和生活活动排放到环境中。

（2）内分泌干扰物对人体的危害，主要表现其生殖与发育毒性可使人体生殖机能下降或导致异常生理现象；其免疫毒性和致癌性可降低生物体免疫力，并诱发肿瘤；可改变甲状腺形态和功能，引起多种甲状腺疾病。其神经毒性可影响神经发育、损害神经系统，干扰神经内分泌功能。内分泌干扰物的污染直接关系到人类能否延续生存的问题。

(3) 1999 年日本发表了内分泌干扰物 75 种，其中工业原料及产品 23 种、农药 45 种、有机金属化合物 3 种、其他 4 种。美国环保署（USEPA）则将其分为三类，对动物内分泌干扰有强有力的证据的化合物为 K 类；在生物检测中，发现对内分泌有扰乱作用的化学物质为 P 类；尚缺证据只通过检测提供依据的化学物质为 C 类。

(4)"国标"中涉及内分泌干扰物的水质指标有：

1) 常规毒理性指标中有：砷、镉、铅、汞；

2) 非常规毒理性指标中有：七氯、马拉硫磷、五氯酚、六六六、六氯苯、林丹、莠去津、2,4 滴、滴滴涕、1,2-二氯苯、1,4 二氯苯、邻苯二甲酸二酯、环氯氯丙烷、苯乙烯、苯并 [a] 芘、氯乙烯；

3) 参考指标中有：二恶英、邻苯二甲酸二乙酯、邻苯二甲酸二丁酯；

(5) 世界卫生组织"饮用水水质准则"中除 GB 5749—2006 所列指标外的内分泌干扰物还有：甲草胺（草不绿）、七氯环氧化物、氯丹、1,2-二溴-3-一氯丙烷、二-(乙-乙基己苯)己二酸、西玛津、有机锡、狄氏剂、艾氏剂、氟乐灵、甲氧氯等。

3. 水质的生物稳定性与生物可同化有机碳（AOC）

饮用水水质的生物稳定性指饮用水中有机营养基质能支持异养细菌生长的潜力，即细菌生长的最大可能性。

饮用水中的有机营养物质可导致在给水管网中滋生微生物，使细菌数量增加，水质下降。国际上一般以可生物降解有机物（AOC）表示饮用水生物稳定性的评价指标。AOC 的多寡表示营养物的多少，间接地反映生物是否稳定。

目前研究认为 AOC<$10\mu g$ 乙酸碳/L 时异养菌几乎不能生长，AOC<$54\mu g$ 乙酸碳/L 时大肠菌几乎不能生长。据此有人提出 AOC 的水质生物稳定性指标应为 AOC$\leqslant 50\mu g$ 乙酸碳/L。但另有专家对北美 31 个水厂调查表明，AOC<$100\mu g$ 乙酸碳/L 时，给水管网中大肠杆菌大为减少，认为水中加氯后 AOC 在 $50\sim 100\mu g$ 乙酸碳/L 时水质能达到生物稳定。

水质的生物稳定性还可以生物可降解溶解性有机碳（BDOC）来衡量。BDOC 是细菌合成代谢和分解代谢对有机物消耗的总和；AOC 只是单一细菌合成代谢对有机物的消耗，是有机物中最易被细菌同化成细菌体的部分。一般以 BDOC 衡量水源水能否采用生物处理技术去除有机物；AOC 评价饮用水的生物稳定性。

4. 卤乙酸

卤乙酸是致癌风险性比三卤甲烷更高的消毒副产物，一共有 5 种，其中经常能测出的有一氯乙酸、二氯乙酸、三氯乙酸。"国标"中对三氯乙酸规定的限值为 0.1mg/L，世界卫生组织对二氯乙酸规定的限值为 0.05mg/L。一氯乙酸根据现有资料尚不能提出以健康为基础的限量值。

由于近代社会经济和科学技术的发展，大量人工合成化学品问世和使用，其残余物通过多种途径进入水源，致使饮用水水源水质污染加剧。除了上述这些污染物指标外，还有如药品和个人护理用品类化合物（PPCPS），药物活性化合物（PHACs）等，去除新兴污染物已是当代饮用水处理面临的严峻课题。

3.2 水质法律、法规

3.2.1 饮用水相关法律

1. 与饮用水相关的法律：

(1) 中华人民共和国刑法（1997 年 10 月 1 日起实施）

(2) 中华人民共和国水法（2002 年 10 月 1 日起实施）

(3) 中华人民共和国传染病防治法（2004 年 12 月 1 日起实施）

(4) 中华人民共和国水污染防治法（2008 年 2 月 28 日起实施）

(5) 中华人民共和国食品安全法（2009 年 6 月 30 日起实施）

(6) 中华人民共和国突发事件应对法（2007 年实施）

(7) 中华人民共和国物权法（2007 年 10 月 1 日起实施）

(8) 中华人民共和国环境保护法（1989 年 12 月 26 日起实施）

(9) 中华人民共和国城乡规划法（2008 年 1 月 1 日起实施）

2. 饮用水相关法律中与水质有关的内容

(1) 中华人民共和国刑法

第三百三十条中对违反传染病防治法的规定，供水单位供应的饮用水不符合国家规定的卫生标准的；拒绝按照卫生防疫机构提出的卫生要求，对传染病病原体污染的污水、污物、粪便进行消毒处理的，引起甲类传染病传播或者有传播严重危险的，处三年以下有期徒刑或者拘役；后果特别严重的，处三年以上七年以下有期徒刑。

(2) 中华人民共和国水法

第三十三条规定：国家建立饮用水水源保护区制度。省、自治区、直辖市人民政府应当划定饮用水水源保护区，并采取措施，防止水源枯竭和水体污染，保证城乡居民饮用水安全。第五十四条规定：各级人民政府应当积极采取措施，改善城乡居民的饮用水条件。第五十五条规定：使用水工程供应的水，应当按照国家规定向供水单位缴纳水费。供水价格应当按照补偿成本、合理收益、优质优价、公平负担的原则确定。具体办法由省级以上人民政府价格主管部门会同同级水行政主管部门或者其他供水行政主管部门依据职权制定。第六十七条规定：在饮用水水源保护区内设置排污口的，由县级以上地方人民政府责令限期拆除、恢复原状；逾期不拆除、不恢复原状的，强行拆除、恢复原状，并处五万元以上十万元以下的罚款。

(3) 中华人民共和国传染病防治法

1) 规定传染病分为甲类（2 种）、乙类（25 种）和丙类（14 种）。其中甲类的霍乱；乙类的病毒性肝炎、脊髓灰质炎、细菌性和阿米巴性痢疾、伤寒和副伤寒、钩端螺旋体病、血吸虫病；丙类的伤寒和副伤寒以外的感染性腹泻病等为水介传染病。

2) 第十四条中规定：地方各级人民政府应当有计划地建设和改造公共卫生设施，改善饮用水卫生条件，对污水、污物、粪便进行无害化处置。

3) 第二十九条中规定：用于传染病防治的消毒产品、饮用水供水单位供应的饮用水和涉及饮用水卫生安全的产品，应当符合国家卫生标准和卫生规范。饮用水供水单位从事生产或者供应活动，应当依法取得卫生许可证。

4）第五十三条规定：县级以上人民政府卫生行政部门对饮用水供水单位从事生产或者供应活动以及涉及饮用水卫生安全的产品进行监督检查。

5）第五十五条中规定：县级以上地方人民政府卫生行政部门在履行监督检查职责时，发现被传染病病原体污染的公共饮用水源、食品以及相关物品，如不及时采取控制措施可能导致传染病传播、流行的，可以采取封闭公共饮用水源、封存食品以及相关物品或者暂停销售的临时控制措施，并予以检验或者进行消毒。

6）第七十三条中规定：对饮用水供水单位供应的饮用水不符合国家卫生标准和卫生规范的；涉及饮用水卫生安全的产品不符合国家卫生标准和卫生规范的。导致或者可能导致传染病传播、流行的，由县级以上人民政府卫生行政部门责令限期改正，没收违法所得，可以并处五万元以下的罚款；已取得许可证的，原发证部门可以依法暂扣或者吊销许可证；构成犯罪的，依法追究刑事责任。

（4）中华人民共和国水污染防治法

主要包括：水污染防治的标准和规划、水污染防治的监督管理、水污染防治措施、饮用水水源和其他特殊水体保护、水污染事故处置和法律责任。

3.2.2 饮用水相关法规和标准、规范

与饮用水相关的法规主要有：

1. 城市供水条例（国务院第 158 号令，1994 年 10 月 1 日起实施）。

2. 城市供水水质管理规定（建设部第 156 号令，2007 年 5 月 1 日实施）。

3. 饮用水水源保护区污染防治管理规定（国家环境保护局、卫生部、建设部、水利部、地矿部、环管字第 201 号，1989 年 7 月 10 日起实施）。

4. 生活饮用水卫生标准 GB 5749—2006，2007 年 7 月 1 日起实施。

5. 城市供水水质标准 CJ/T 206—2005，（2006 年 6 月 1 日起实施）。

6. 生活饮用水卫生监督管理办法（卫生部第 53 号令，1997 年 1 月 1 日起实施）。

7. 实验室和检查机构资质认定管理办法（国家质量检验检疫总局第 86 号令，2006 年 4 月 1 日起实施）。

8. 取水许可管理办法（水利部第 34 号令，2008 年 4 月 9 日起实施）。

9. 城市节约用水管理规定（建设部第 1 号令，1989 年 1 月 1 日起实施）。

10. 城市地下水开发利用保护管理规定（建设部第 30 号令，1994 年 1 月 1 日起实施）。

11. 取水许可和水资源费征收管理条例（国务院第 460 号令，2006 年 4 月 15 日起实施）。

12. 中华人民共和国水污染防治实施细则（国务院第 284 号令，2000 年 3 月 20 日起实施）。

3.3　水质管理

3.3.1　政府主管部门的水质管理

1. 水质管理的职责划分

国务院建设主管部门负责全国城市供水水质监督管理工作。省、自治区人民政府建设主管部门负责本行政区域内的城市供水水质监督管理工作，直辖市、市、县人民政府确定的城市供水主管部门负责本行政区域内的城市供水水质监督管理工作。涉及生活饮用水的卫生监督管理，由县级以上人民政府建设、卫生主管部门按照《生活饮用水卫生监督管理办法》的规定分工负责。

2. 政府主管部门对供水水质的监督检查

政府主管部门应建立健全城市供水水质检查和督察制度。在实施监督检查时可进入现场实施检查，对供水水质进行抽样检测，查阅、复制相关报表、数据、原始记录等文件和资料，要求被检查单位就有关问题作出说明，纠正违反有关法律、法规的行为。

政府有关部门依法实施监督检查，有关单位和个人不得拒绝或者阻挠，并提供工作方便。实施监督检查时，不得妨碍被检查单位的正常经营活动。

3.3.2　城市供水水质监测体系

国家城市供水水质监测网由国家站和地方网组成。

国家站由住房和城乡建设部城市供水水质监测中心和直辖市、省会城市及计划单列市等经过国家质量技术监督部门资质认定的城市供水水质监测站组成，业务上接受国务院建设主管部门指导。城市供水水质监测中心为国家城市供水水质监测中心站。

地方网由设在直辖市、省会城市、计划单列市等国家站和其他城市经过省级以上质量技术监督部门资质认定的城市供水水质监测站组成。业务上接受所在地省、自治区建设主管部门或者直辖市人民政府城市供水主管部门指导，地方网的中心站一般由省会城市担任。

3.3.3　供水企业的水质管理

1. 供水企业对其供应的水的质量负责，其中经二次供水到达用户二次供水水质由二次供水管理单位负责。

2. 供水企业应当履行的义务有：

（1）编制供水安全计划并报所在直辖市、市、县人民政府城市供水主管部门备案；

（2）按照有关规定，对其管理的供水设施定期巡查和维修保养；

（3）建立健全水质检测机构和检测制度，提高水质检测能力；

（4）按照国家规定的检测项目、检测频率和有关标准、方法，定期检测原水、出厂水、管网水的水质；

（5）做好各项检测分析资料和水质报表存档工作；

（6）按月向所在地直辖市、市、县人民政府城市供水主管部门如实报告供水水质检测数据；

（7）按照所在地直辖市、市、县人民政府城市供水主管部门的要求公布有关水质信息；

（8）接受公众关于城市供水水质信息的查询。

3. 原水水质检测

供水企业应当做好原水水质检测工作，发现原水水质不符合生活饮用水水源水质标准时，应当及时采取相应措施，并报告所在直辖市、市、县人民政府城市供水主管部门和水利、环保部门等。

4. 净水剂及制水有关材料

（1）供水企业所用的净水剂及与制水有关材料等应当符合国家有关标准。

（2）净水剂及制水有关材料等实施生产许可证管理的，供水企业应当选用获证企业的产品。在使用前应当按照国家有关质量标准进行检验；未经检验或经检验不合格的，不得投入使用。

5. 城市供水新设备、新管网或经改造的原有设备、管网，应当严格进行清洗消毒，经质量技术监督部门资质认证的水质检测机构检验合格后，方可投入使用。

3.3.4 供水水质突发事件的水质管理

1. 供水水质突发事件应急预案

政府主管部门应当会同有关部门制定城市供水水质突发事件应急预案，经同级人民政府批准后组织实施。

2. 城市供水企业应当依据所在地城市供水水质突发事件应急预案，制定相应的突发事件应急预案，报所在地城市供水主管部门备案，并定期组织演练。

3. 供水水质突发事件应急预案的主要内容：

（1）突发事件的应急管理工作机制；

（2）突发事件的监测与预警；

（3）突发事件信息的收集、分析、报告、通报制度；

（4）突发事件应急处理技术和监测机构及其任务；

（5）突发事件的分级和应急处理工作方案；

（6）突发事件预防与处理措施；

（7）应急供水设施、设备及其他物资和技术的储备与调度；

（8）突发事件应急处理专业队伍的建设和培训。

4. 停水审批与水质安全事故

（1）城市供水企业发现供水水质不能达到标准，确需停止供水的，应当报所在地直辖市、市、县人民政府城市供水主管部门批准，并提前24小时通知用水单位和个人。因发生灾害或紧急事故，不能提前通知的，应当在采取应急措施的同时，通知用水单位和个人，并向所在地政府主管部门报告。

（2）发生城市供水水质安全事故后，政府主管部门应当会同有关部门立即派员前往现场，进行调查和取证。调查取证应当全面、客观、公正。

（3）因供水企业原因导致供水水质不符合国家有关标准，给用户造成损失的，应当依法承担赔偿责任。对有责任的主管人员和其他直接责任人员依法给予处理，构成犯罪的，依法追究刑事责任。

3.4　水质目标

提高城市供水水质首先要提出出厂水的水质。出厂水水质的提高是保障城市供水水质的前提和基础。出厂水水质也是水厂技术和管理水平的综合标志，对水厂管理来说，提高出厂水水质是纲，纲举目张。

3.4.1　出厂水水质的基本目标

确保出厂水水质能够使用户受水点达到国家标准《生活饮用水卫生标准》GB 5749—2006 规定的要求，是出厂水水质的基本目标。

自来水厂在生产过程中一般需要严格控制的项目有浑浊度、pH 值、余氯、COD_{Mn} 以及铁、锰等。

1. 浑浊度

浑浊度不仅是一项重要的感官性指标，还是一项重要的运行性指标。它与色度、臭和味、微生物、无机和有机化合物含量等其他水质指标呈正相关关系。浑浊度的有效降低，意味着水中各种非溶解性物质和微生物的有效去除。国标（GB 5749—2006）对浑浊度限值要求为 1NTU 是指用户受水点的要求，根据管网条件，出厂水的浑浊度基本目标应小于 0.5NTU~0.8NTU，为确保滤后水浊度达到标准，各水厂应根据滤池条件制定沉淀池（澄清池）水质内控指标，一般沉后水应小于 3NTU。

2. pH

出厂水的 pH 应根据国标要求在 6.5 与 8.5 之间。

3. 余氯

（1）采用氯气消毒或氯胺消毒的出厂水中余氯要≥0.3mg/L（氯胺消毒，总氯≥0.05mg/L），又不得超过 4mg/L；各水厂要根据管网条件，使管网末梢水中的余氯≥0.05mg/L 的要求，制定出厂水余氯的上限内控指标。

（2）采用二氯化氯消毒的出厂水中二氧化氯含量≥0.1mg/L，但不得超过 0.8mg/L 的规定，各水厂要根据管网条件，使管网末梢水中余量≥0.02mg/L 的要求，制定出厂水二氧化氯上限内控指标。

4. 耗氧量 COD_{Mn}

COD_{Mn} 是反映水中有机物含量的综合性指标。国标规定耗氧量的限值为 3mg/L，在水源限制原水耗氧量≥6mg/L 时为 5mg/L。出厂水的 COD_{Mn} 基本目标是＜3mg/L。

5. 铁、锰和氟化物

在水厂运行中对铁、锰和氟化物的出厂控制的基本目标也要严格按照国标规定：铁＜0.3mg/L；锰＜0.1mg/L；氟化物＜1.0mg/L。

3.4.2 出厂水水质的争创目标

在达到国家标准要求基础上，供水企业应该继续与时俱进地争取达到国内先进水平。目前国内先进水平，以浑浊度为例：上海市 11 个水厂 2009 年出厂水的年平均浑浊度为 0.11NTU、管网水浊度为 0.24NTU；深圳水务集团的几个水厂出水浊度都在 0.1～0.2NTU 以下；杭州市 4 个水厂近几年平均出厂水浊度为 0.15NTU，争创目标的出厂水浊度应<0.3NTU、COD_{Mn}<3mg/L。

3.4.3 出厂水水质的现代化目标

已经达到国内先进水平的水厂应继续努力，争取早日达到国际先进水平。

1. 浙江省现代化水厂出厂水优质指标

浙江省现代化水厂评价标准实施细则（2008 版）提出的现代化水厂出厂水优质标准见表 3-12。

现代化水厂出厂水优质标准　　　　　　　　　　　　　　表 3-12

序号	检 测 项 目	单 位	限 值	备 注
1	色度(铂钴标准)	度	≤5	不得有异色
2	臭和味	级	无	强度等级 0-1
3	浑浊度	NTU	≤0.1	
4	铁	mg/L	≤0.2	
5	锰	mg/L	≤0.05	
6	pH		7.0～8.5	
7	耗氧量(COD_{Mn}法，以 O_2 计)	mg/L	≤2.0	水源水限制，原水耗氧量>6.0 时，限值为<3.0
8	菌落总数	CFU/mL	≤30	
9	三氯甲烷	mg/L	≤0.030	
10	三卤甲烷	mg/L	≤0.080	或各单项比之和<0.8
11	总有机碳	mg/L	≤4.0	
12	亚硝酸盐(以 N 计)	mg/L	≤0.1	

说明：其余检测项目与《生活饮用水卫生标准》GB 5749—2006 相同

2. 评价要求

(1) 浊度、余氯、pH 值 24 小时在线检测，正点记录，各检测项目年合格率≥95％（必备条件）。

(2) 色度、臭和味、肉眼可见物、细菌总数、总大肠菌群、耐热大肠菌群、CODMn、铁、锰，每日一次，各检测项目年合格率≥95％。

(3) 其余常规检测项目及非常规检测项目（可能含有的），每月一次。各检测项目年合格率≥95％；可能含有的非常规检测项目是指近两年非常规全项检测中曾检测到的指标和当地政府及供水企业根据当地可能存在的污染物确定的指标。

(4) 其余非常规检测项目每年至少检测二次，年合格率≥95％。

3. 将出厂水浑浊度≤0.1NTU 的理由

(1) 国际上发达国家和地区出厂水浑浊度实际水平都是≤0.1NTU。所考察的欧美发达国家几十个水厂发现各水厂出厂水浑浊度绝大多数都是≤0.1NTU；日本提出的舒适性指标，浑浊度也是≤0.1NTU，日本水厂出厂水实际浑浊度都在0.03NTU以下。

（2）浑浊度虽是水质指标中的感官性状指标，但浑浊度的降低直接影响到水中各种非溶解性物质和微生物的去除效率。特别是贾第鞭毛虫和隐性孢子虫的去除，降低浑浊度是目前现实而有效的方法。浑浊度≤0.1NTU时对两虫去除率可达99.9%。

（3）实践证明，降低出厂水浑浊度并不需要增加较多的投入，主要靠技术创新和管理水平的提高，这是一个可望又可及的目标，只要持续不断地努力并循序渐进，出厂水浑浊度≤0.1NTU是可以达到的。

作为城市供水行业的每个企业和其他行业一样，应该不断地追求产品质量。应该将达到水质的基本目标视为"及格"，是起码的要求；达到争创目标，视为"良好"、"先进"；只有达到现代化目标时，才能视为"优秀"。

4. 现代化出厂水优质标准应该是动态发展的

浙江省现代化水厂出厂水优质指标2008版是在2005版基础上修订的。现在已经在酝酿新的标准。例如，一些水厂提出出厂水的颗粒数$>2\mu m$的颗粒应<50个/mL；Ames试验应呈阴性；AOC$<100\mu g/L$等等。

3.5　水质检验

3.5.1　水样的采集与保存

1. 一般规定

（1）采样计划

采样前应根据水质检验目的和任务制定采样计划，内容包括：采样目的、检验指标、采样时间、采样地点、采样方法、采样频率、采样数量、采样容器与清洗、采样体积、样品保存方法、样品标签、现场测定项目、采样质量控制、运输工具和条件等。

（2）采样容器

采样容器的材质应化学稳定性强，且不应与水样中组分发生反应，容器壁不应吸收或吸附待测组分；采样容器的大小、形状和重量应适宜，能严密封口，并容易打开，且易清洗。对无机物、金属和放射性元素测定水样应使用有机材质的采样容器，如聚乙烯塑料容器等；对有机物和微生物学指标测定水样应使用玻璃材质的采样容器，并应选择适宜的采样器。

2. 水样采集

（1）采样前应先用水样荡洗采样器、容器和塞子2至3次。同一水源、同一时间采集几类检测指标的水样时，应先采集供微生物学指标检测的水样，采样时应直接采集，不得用水样涮洗已灭菌的采样瓶，并避免手指和其他物品对瓶口的沾污。采样时不可搅动水底的沉积物。

（2）水源水采样点通常应选择汲水处。在湖泊、水库等地采集具有一定深度的水时，可用直立式采水器。出厂水的采样点应设在出厂进入输水管道以前处。

（3）管网末梢水的采样点的设置要有代表性，管网的水质检验采样点数，一般应按供水人口每两万人设一个采样点计算，供水人口在 20 万以下，100 万以上时，可酌量增减。末梢水的采集应注意采样的时间。夜间可能析出可沉渍于管道的附着物，取样时应打开龙头放水数分钟，排出沉积物。采集用于微生物学指标检验的样品前应对水龙头进行消毒。

（4）二次供水的采集应包括水箱进水、出水和管网末梢水。

3. 采样体积与保存

一般理化指标采样体积为 3～5L。水样的保存时间、保存方法应符合有关规定的要求。

3.5.2 水质检验项目和检验频率

《生活饮用水卫生标准》GB 5749—2006 规定，城市集中式供水单位水质检测的采样点选择、检验项目和频率、合格率计算按照《城市供水水质标准》CJ/T 206 的水质检验项目和检验频率执行，见表 3-13。

水质检验项目和频率   表 3-13

水样类别		检验项目	检验频率
水源水	地表水、地下水	浑浊度、色度、臭和味、肉眼可见物，COD$_{Mn}$、氨氮、细菌总数、总大肠菌群、大肠埃希氏菌或耐热大肠菌群	每日不少于 1 次
	地表水	现行国家标准《地表水环境质量标准》GB 3838 中规定的水质检验基本项目、补充项目及特定项目	每月不少于 1 次
	地下水	现行国家标准《地下水质量标准》GB/T 14848 中规定的所有水质检验项目	每月不少于 1 次
沉淀、过滤等各净化工序		浑浊度及特定项目	每 1～2 小时 1 次
出厂水		浑浊度、余氯、pH	在线监测或每小时 1～2 次
		浑浊度、色度、臭和味、肉眼可见物、余氯、细菌总数、总大肠菌群或耐热大肠菌群、COD$_{Mn}$	每日不少于一次
		现行国家标准《生活饮用水卫生标准》GB 5749—2006 规定的表 1 全部项目，表 2 和表 3 中可能含有的有害物质	每月不少于一次
		现行国家标准《生活饮用水卫生标准》GB 5749—2006 中规定的全部项目	以地表水为水源的，每半年检测一次；以地下水为水源的，每一年检测一次
管网水		色度、臭和味、浑浊度、余氯、细菌总数、总大肠菌群、管网末梢水还应包括 COD$_{Mn}$	每月不少于两次
管网末梢水		现行国家标准《生活饮用水卫生标准》GB 5749—2006 规定的表 1 全部项目，表 2 中可能含有的有害物质	每月不少于一次

注：当检验结果超出表 1、表 2 中水质指标限值时，应立即重复测定并增加检测频率。水质检验结果连续超标时，应查明原因，采取有效措施，防止对人体健康造成危害

水质检验项目合格率要求见表 3-14。

水质检验项目合格率   表 3-14

水样检验项目出厂水或管网水	综合	出厂水	管网水	表1项目	表2项目
合格率（%）	95	95	95	95	95

注： 1 综合合格率为：表1中42个检验项目的加权平均合格率；
　　 2 出厂水检验项目合格率：浑浊度、色度、臭和味、肉眼可见物、余氯、细菌总数、总大肠菌群、大肠埃希氏菌、耐热大肠菌群、COD_{Mn}共9项的合格率；
　　 3 管网水检验项目合格率：浑浊度、色度、臭和味、余氯、细菌总数、总大肠菌群、COD_{Mn}（管网末梢点）共7项的合格率；
　　 4 综合合格率按加权平均进行统计
　　　　计算公式：
　　　　(1) 综合合格率（%）＝ $\dfrac{\text{管网水7项各单项合格率之和} + \text{42项扣除7项后的综合合格率}}{7+1} \times 100\%$

　　　　(2) 管网水7项各单项合格率（%）＝ $\dfrac{\text{单项检验合格次数}}{\text{单项检验总次数}} \times 100\%$

　　　　(3) 42项扣除7项后的综合合格率（35项）（%）
　　　　＝ $\dfrac{\text{35项加权后的检验合格次数}}{\text{各水厂出厂水的检验次数} \times 35 \times \text{各该厂供水区分布的取水点次}} \times 100\%$

注：《城市供水水质标准》表 1 的检验项目共 42 项，《生活饮用水卫生标准》表 1 的检验项目为 38 项。目前各供水企业的综合合格率具体计算时按 GB 5749—2006 的 38 项计算。

现代化水厂水质检验评定时要求：检查浊度、余氯、pH 值在线检测仪表的安装位置是否符合要求；检查全年水质报表，计算浊度、余氯、pH 值的年合格率；各检测项年合格率的标准计算方法：以全年所有正点记录为统计依据（仪表故障期间，由化验室按正点检测一次的频率进行水质取样化验）。

3.6 水厂化验室

3.6.1 水厂化验室的主要任务

供水企业一般都实行三级检验制度，即班组检验（或在线水质仪表替代）、水厂化验室、公司中心化验室（水质检测中心）。水厂化验室是整个水质检验中的一个重要环节，对保障出厂水水质有着举足轻重的作用。其主要任务是：

1. 按"国标"要求完成水厂需要检验的项目和检验频率，完成水厂使用的净水药剂质量检验；以水库和湖泊为水源的水厂化验室还要负责藻类的监测与分析。

2. 配合工艺负责混凝沉淀搅拌试验，提出合理的加药品种和加药量的指导意见。

3. 应监督协调水厂内部的水质管理，制定有关制度和参与提出水厂各个工序的内控标准，完成水厂提高出厂水水质的有关科学研究和试验。

4. 参与水源卫生调查和水源原水监测。

3.6.2 水厂化验室的化验项目和检验方法

1. 水厂化验室检验项目

设有公司中心化验室的水厂化验室一般只完成公司规定的水厂水质化验项目和检测频率。只设置水厂化验室的中小型自来水公司就要按"国标"要求完成所有规定的检验项目和检验频率，受仪器限制，可以将有关项目委托省内相应有资质的化验室进行。水厂一般的日常检测项目见表 3-15。

水厂日常检测项目、检测频率   表 3-15

采样点	检测类别	项 目 名 称	检测频率
以工艺流程为主线，分别在原水入口、各工艺环节、出厂水取样点	原水	浑浊度、色度、臭和味、肉眼可见物，COD_{Mn}、菌落总数、总大肠菌群、大肠埃希氏菌或耐热大肠菌群、水温、pH、氨氮、亚硝酸盐氮、总硬度、总碱度、铁、锰、溶解氧等	1 次/d
	出厂水	浑浊度、色度、臭和味、肉眼可见物，COD_{Mn}、菌落总数、总大肠菌群、大肠埃希氏菌或耐热大肠菌群、水温、pH、氨氮、亚硝酸盐氮、总硬度、总碱度、铁、锰、溶解氧、余氯等	1 次/d
	絮凝	pH	2 次/d
	沉淀水	浑浊度	12～24 次/d
	滤后水	浑浊度、余氯	12～24 次/d
	出厂水	浑浊度、pH、余氯、COD_{Mn}	12 次/d

注：设置沉淀水、滤后水、出厂水在线仪表检测的仍需要进行水厂化验室的检测。

2. 水厂化验项目检验方法

水厂化验项目检验方法见表 3-16。

水厂化验项目检验方法   表 3-16

序号	检测项目	检测方法	方法依据
1	浑浊度	散射法—福尔马林标准	《生活饮用水标准检验方法：感官性状和物理指标》GB/T 5750.4—2006
		HACH 浊度仪法	《HACH2100AN 仪器说明书》
2	色度	铂—钴标准比色法	《生活饮用水标准检验方法：感官性状和物理指标》GB/T 5750.4—2006
3	臭和味	嗅气法和尝味法	《生活饮用水标准检验方法：感官性状和物理指标》GB/T 5750.4—2006
4	肉眼可见物	直接观察法	《生活饮用水标准检验方法：感官性状和物理指标》GB/T 5750.4—2006

续表

序号	检测项目	检测方法	方法依据
5	pH	玻璃电极法	《生活饮用水标准检验方法：感官性状和物理指标》GB/T 5750.4—2006
		标准缓冲溶液比色法	
6	菌落总数	平皿计数法	《生活饮用水标准检验方法：微生物指标》GB/T 5750.12—2006
7	总大肠菌群	多管发酵法	《生活饮用水标准检验方法：微生物指标》GB/T 5750.12—2006
		滤膜法	
8	耐热大肠菌群	多管发酵法	《生活饮用水标准检验方法：微生物指标》GB/T 5750.12—2006
		滤膜法	
9	水温	水温的测定	GB/T 13195—1991
10	余氯	邻联甲苯胺比色法	《生活饮用水标准检验方法：消毒剂指标》GB/T 5750.11—2006
		DPD 分光光度法	
11	COD$_{Mn}$	酸性高锰酸钾滴定法	《生活饮用水标准检验方法》GB 5750
12	氨氮	纳氏试剂分光光度法	《生活饮用水标准检验方法：无机非金属指标》GB/T 5750.5—2006
13	亚硝酸盐氮	重氮偶合分光光度法	《生活饮用水标准检验方法：无机非金属指标》GB/T 5750.5—2006
14	溶解氧	电化学探头法	水质 溶解氧的测定，GB/ 11913—89
15	总碱度	酸碱指示剂滴定法	《水和废水监测分析方法》（第四版）
16	锰	过硫酸铵分光光度法	《生活饮用水标准检验方法：金属指标》GB/T 5750.6—2006
17	铁	二氮杂菲分光光度法	《生活饮用水标准检验方法：金属指标》GB/T 5750.6—2006
18	藻类	目镜视野法	《淡水浮游生物研究方法》

3.6.3 水厂化验室仪器设备及人员配置

水厂厂级化验室检测仪器设备及人员配置见表 3-17。

水厂厂级化验室检测仪器设备及人员配置   表 3-17

项 目	仪器类别		数 量	备 注
小型仪器	分析天平		1 台	注: 1. 可根据实际情况考虑配置的增减。其余玻璃器皿的配置略; 2. 无菌室面积包括缓冲间、操作间等面积的总和
	分光光度仪		1 台	
	散射光浊度仪		2 台	
	酸度计		1 台	
	生物显微镜		1 台	
	滴定玻璃仪器		4 套	
	比色玻璃仪器		5 套	
其他设备	高温炉		1 台	
	烘箱		2 台	
	生化培养箱		2 台	
	水浴锅		2 台	
	电热板		1 台	
	冷藏柜		1 台	
	标准物质		1 套	
	混凝搅拌试验仪		1 套	
	通风柜		1 套	
环境	实验室面积	恒温面积	≥80m²	
		无菌室	≥20m²	
		其他面积	≥20m²	
	有良好的通风、除湿设备		—	
人员	检测人员		不少于 4 人(其中 1~2 人具有指导工艺生产的能力)	

　　承担中心化验室任务的水厂化验室还应根据水厂规模及实际情况,配备气相色谱仪、原子吸收仪等。实验室面积、环境和人员配备也相应增加,以便能承担自行化验的部分常规和非常规水质检验项目。

第4章 水厂工艺管理

4.1 水厂工艺基本术语

在给水排水工程的设计、施工和运行管理中，为实现专业基本术语的标准化，国家制定了《给水排水工程基本术语标准》GB 50125—2010，该标准自 2010 年 12 月 1 日开始实施。现根据该标准中通用术语、水处理术语、运行管理术语中与净水厂有关的术语摘录如下。

4.1.1 通用术语

通用术语见表 4-1。

通用术语 表4-1

术语名称	术语含义
给水工程 water supply engineering	原水取集、输送、处理和成品水供配的工程
给水系统 water supply system	由给水工程各关联设施所组成的总体
设计规模 design scale	设计目标年限内应达到的生产能力。其计量单位通常以 m^3/d 表示
设计流量 design flow	构筑物、设备或管渠在设定工况下的计算流量。其计量单位通常以 m^3/s 表示
生活饮用水 drinking water	水质符合生活饮用水卫生标准的生活用水
最高日供水量 maximum daily output, maximum daily supplying water	年内最大一日的供水量
平均日供水量 average daily output, average daily supplying water	一年的总供水量除以全年供水天数所得的数值
日变化系数 daily variation coefficient	最高日供水量与平均日供水量的比值
时变化系数 hourly variation coefficient	最高日最高时供水量或用水量与该日平均时供水量或用水量的比值

114

续表

术 语 名 称	术 语 含 义
原水 raw water	未经任何处理或用以进行水质处理的待处理水
水源 water source	给水工程所取用的原水水体
水头损失 head loss	水通过管渠、设备、构筑物引起的能耗
净水厂 water treatment plant，waterworks	对原水进行给水处理并向用户供水的工厂。又称水厂
自用水量 water consumption in waterworks	水厂生产工艺过程和其他用途所消耗的水量
泵房 pumping house	设置水泵机组和附属设施用以提升液体而建的建筑物或构筑物
泵站 pumping station	泵房和配套设施的总称
低温低浊水 low temperature and low-turbidity water	水温在 40℃ 以下、浊度在 15NTU 以下的水源水
含藻水 algae water	含藻量大于 100 万个/L 或足以妨碍混凝、沉淀、过滤正常运行的水源水
高浊度水 high-turbidity water	含砂量为 10kg/m³～100kg/m³ 及以上、沉降后呈现泥水界面清晰的水源水

4.1.2 水处理术语

现将水处理术语分为综合；混凝、沉淀和过滤；消毒、清水池、预处理和深度处理及排泥水处理等四部分说明

1. 水处理综合术语

综 合 术 语
表 4-2

术 语 名 称	术 语 含 义
水质 water quality	给水排水工程中，水的物理、化学、生物学等方面的性质
给水处理 water treatment	对原水采用物理、化学、生物等方法改善水质的过程
常规处理 conventional treatment	给水处理中去除浊度和灭活细菌病毒为目的的处理，一般包括混凝、沉淀、过滤、消毒
预处理 pre-treatment	给水常规处理前的处理。或在进入膜处理装置前的处理

术 语 名 称	术 语 含 义
深度处理 advanced treatment	常规处理后设置的处理
微滤 microfiltration（MF）	在压力作用下，使待处理水流过孔径为 $0.05\mu m \sim 5\mu m$ 的滤膜，截留水中杂物的过程
超滤 ultrafiltration	在压力作用下，使待处理水流过孔径为 5nm～100nm 的滤膜，截留水中杂物的过程
纳滤 nanofiltration	在压力作用下，用于脱除多价离子、部分一价离子和分子量 200～1000 有机物的膜分离过程
离子交换法 ion exchange	采用离子交换剂去除水中某些盐类离子的过程
电渗析法 electrodialysis（ED）	在电场作用下，水中离子透过离子交换膜进行迁移的过程
水质稳定处理 stabilization treatment of water quality	使水中碳酸钙和二氧化碳浓度达到平衡状态的处理过程。又称水质平衡

2. 混凝、沉淀和过滤

混凝、沉淀和过滤术语   表 4-3

术 语 名 称	术 语 含 义
混合 mixing	使投入的药剂迅速均匀扩散到水中的过程
凝聚 coagulation	为了削弱胶体颗粒间的排斥或破坏其亲水性，使颗粒易于相互接触而吸附的过程
絮凝 flocculation	水中细小颗粒在外力扰动下相互碰撞、聚结，形成较大絮状颗粒的过程
混凝 coagulation	凝聚和絮凝的总称
沉淀 sedimentation	利用重力沉降作用去除水中悬浮物的过程
澄清 clarification	通过与高浓度泥渣接触去除水中悬浮物的过程
过滤 filtration	水流通过具有孔隙的物料层去除水中悬浮物的过程
混凝剂 coagulant	使胶体颗粒脱稳和相互聚结的药剂
助凝剂 coagulant aid	改善絮凝条件和效果的辅助药剂

续表

术 语 名 称	术 语 含 义
助滤剂 filter aid	有助于改善滤料过滤性能和效率的药剂
机械混合 mechanical mixing	通过机械装置扰动水体进行混合的过程
水力混合 hydraulic mixing	通过消耗自身能量扰动水体进行混合的过程
水泵混合 pump mixing	在水泵吸水管中投加药剂，通过水泵叶轮高速转动进行混合的过程
机械絮凝池 mechanical flocculating tank	通过机械装置搅动水体进行絮凝的构筑物
隔板絮凝池 spacer flocculating tank, spacing plate flocculating tank	水流通过不同间距隔板进行絮凝的构筑物
折板絮凝池 folded-plate flocculating tank	水体通过折板多次转弯、曲折流动进行絮凝的构筑物
波纹板絮凝池 corrugated-plate flocculating tank	水体通过波纹板多次收缩扩大，改变流速进行絮凝的构筑物
栅条（网格）絮凝池 grid flocculating tank	水体通过栅条或网格相继收缩扩大，形成蜗旋进行絮凝的构筑物
穿孔旋流絮凝池 revolving flow flocculating tank	水体沿池壁切线方向进入交错布置的多格孔洞，形成旋流进行絮凝的构筑物
自然沉淀 plain sedimentation	不投加混凝剂的沉淀过程
混凝沉淀 coagulation sedimentation	投加混凝剂的沉淀过程
平流沉淀池 horizontal flow sedimentation tank	水流沿水平方向流动完成沉淀过程的构筑物
表面水力负荷 hydraulic surface loading	水处理构筑物单位时间内单位表面积所通过的水量。其计量单位通常以 $m^3/(m^2 \cdot h)$ 表示，又称液面负荷
堰负荷 weir loading	单位出水堰长度单位时间内能过的水量，其计量单位通常以 $L/(s \cdot m)$ 表示
上向流斜管沉淀池 tube settler	水流自下而上通过斜管完成沉淀过程的构筑物
侧向流斜板沉淀池 side flow lamella	水流由侧向通过斜板完成沉淀过程的构筑物
竖流沉淀池 vertical flow sedimentation tank	水流向上、颗粒向下沉降完成沉淀过程的构筑物

术 语 名 称	术 语 含 义
机械搅拌澄清池 accelerator	利用机械搅拌和提升作用，促成泥渣循环、接触絮凝，集混凝和泥水分离于一体的构筑物
水力循环澄清池 circulator	利用水力提升作用，促成泥渣循环、接触絮凝，集混凝和泥水分离于一体的构筑物
脉冲澄清池 pulsator	处于悬浮状态的泥渣层不断产生周期性的压缩和膨胀，促使原水中悬浮颗粒和已形成的泥渣层进行接触絮凝和泥水分离的构筑物
气浮池 floatation tank	通过絮凝和浮选，使液体中的杂物分离上浮而去除的构筑物
溶气罐 dissolved air vessel	气浮工艺中，使水与空气在有压条件下相互溶合的密闭容器
快滤 quick filtration	滤料粒径较大、滤速较快的过滤
慢滤 slow filtration	滤料粒径较小、滤速较慢的过滤
微絮凝过滤 microflocculating filtration	原水中投加混凝剂和助凝剂并快速混合后进行的直接过滤
滤料 filtering media	用以进行过滤的具有孔隙的物料。又称过滤介质
滤料有效粒径（d_{10}） effective size of filtering media	滤料通过筛孔累积重量百分比为 10% 时的滤料粒径
滤料不均匀系数（K_{80}） uniformity coefficient of filtering media	滤料通过筛孔累积重量百分比为 80% 时的滤料粒径与有效粒径的比值
均匀级配滤料 uniformly graded filtering media	粒径比较均匀、不均匀系数（K_{80}）一般为 1.3~1.4，不超过 1.6 的滤料
滤料承托层 graded gravel layer, supporting layer	在配水系统与滤料层之间铺垫的粒状材料
滤速 filtration rate	单位过滤面积单位时间内的滤过水量。其计量单位通常以 m/h 表示
强制滤速 compulsory filtration rate	部分滤格因进行检修或翻砂而停运时，在总过滤水量不变的情况下其他运行滤格的滤速
冲洗强度 wash rate	单位时间内单位滤池面积的冲洗水量。其计量单位通常以 L/（m² · s）表示
膨胀率 percentage of bed-expansion	滤料层在反冲洗时的膨胀程度。以滤层膨胀后所增加的厚度与膨胀前厚度之比的百分数表示
冲洗周期 filter runs	滤池冲洗完成后开始运行到再次进行冲洗的整个间隔时间

续表

术 语 名 称	术 语 含 义
表面冲洗 surface washing	采用固定式或旋转式的水射流系统，对滤料表层进行辅助冲洗的冲洗方式
表面扫洗 surface sweep washing	V型滤池反冲洗时，待滤水通过V型进水槽底配水孔在水面横向将冲洗含泥水扫向中央排水槽的一种辅助冲洗方式
初滤水 initial filtrated water	滤池反冲洗后，初始阶段的滤后水
普通快滤池 rapid filter	一种传统的快滤池布置形式。滤料一般为单层石英砂或煤、砂双层滤料，采用单水冲洗，冲洗水由水塔、水箱或水泵供给
虹吸滤池 siphon filter	以虹吸管代替进水、排水阀门，一格反冲洗水由其余滤格滤后水供给的快滤型滤池
无阀滤池 valveless filter	不设阀门，运行过程中滤料面上水位逐渐上升至虹吸上升管管顶形成虹吸，自动进行反冲洗的快滤型滤池
V型滤池 V filter	采用较大粒径的均匀级配滤料，滤格两侧设有V型进水槽，冲洗采用气水冲洗兼有表面扫洗的快滤型滤池
压力滤池 pressure filter	在压力条件下进行过滤的滤池

3. 消毒、清水池

消毒、清水池术语 表 4-4

术 语 名 称	术 语 含 义
消毒 disinfection	使病原体灭活的过程
消毒剂 disinfectant	具有消毒功能的化学药剂
余氯 residual chlorine	投氯后，水中余留的游离性氯和结合性氯的总称
游离性余氯 free residual chlorine	水中以次氯酸和次氯酸盐形态存在的余氯
结合性余氯 combinative residual chlorine	水中以二氯胺和一氯胺形态存在的余氯
液氯消毒 chlorine disinfection	液氯气化后加入水中生成次氯酸的消毒方式
氯胺消毒 chloramine disinfection	将氯和氨反应生成一氯胺和二氯胺等的消毒方式
二氧化氯消毒 chlorine dioxide disinfection	利用二氧化氯氧化杀菌的消毒方式

术 语 名 称	术 语 含 义
漂白粉消毒 chloride of lime disinfection	将漂白粉投入水中的消毒方式
臭氧消毒 ozone disinfection	将臭氧投入水中的消毒方式
紫外线消毒 ultraviolet disinfection	利用紫外线光照射灭活致病微生物的消毒方式
漏氯（氨）吸收装置 chlorine (ammonia) absorption system	将泄漏的氯（氨）气吸收并中和达到排放要求的成套装置
清水池 clean water reservoir	调节水厂制水量与供水量之间差额设置的水池
水塔 water tower	高出地面一定高度，有支撑设施的贮水构筑物

4. 预处理和深度处理

预处理和深度处理 表 4-5

术 语 名 称	术 语 含 义
生物处理 biological treatment	利用生物作用去除水中杂物的过程
预氧化 pre-oxidation	在混凝前投加氧化剂，起助凝作用或去除原水中有机微污染物和臭味的过程
预臭氧 pre-ozonation	设置在混凝沉淀或澄清之前的臭氧净水过程
后臭氧 post-ozonation	设置在过滤之前或过滤之后的臭氧净水过程
臭氧接触池 ozonation contact reactor	使臭氧气体扩散到处理水中，与水体充分接触发生氧化反应的构筑物
臭氧尾气 off-gas ozone	自臭氧接触池顶部排出的含有少量剩余臭氧的气体
臭氧尾气消除装置 off-gas ozone destructor	降低臭氧尾气中臭氧含量达到规定排放要求的成套装置
粉末活性炭吸附 powdered activated carbon adsorption	投加粉末活性炭吸附溶解性有害物质和改善臭、味的净水工艺
臭氧—生物活性炭处理 ozone-biological activated carbon process	利用臭氧氧化、颗粒活性炭吸附和生物降解所组成的净水工艺

续表

术 语 名 称	术 语 含 义
活性炭吸附容量 adsorption capacity of activated carbon	单位重量活性炭吸附某种物质的重量
再生周期 regeneration period	吸附介质两次再生的间隔时间
活性炭吸附池 activated carbon adsorption tank	颗粒活性炭作为吸附介质的处理构筑物
空床接触时间 empty bed contact time（EBCT）	吸附池单位容积在单位时间内的处理水量。其计量单位通常以 min 表示
空床流速 superficial velocity	吸附池单位面积在单位时间内的处理水量。其计量单位通常以 m/h 表示

5. 排泥水处理

排泥水处理术语 表 4-6

术 语 名 称	术 语 含 义
排泥水 waste residuals	沉淀池沉泥排放水和滤池反冲洗排水的总称
污泥含水率 sludge water content	污泥所含水分占湿污泥量的质量百分比
干泥量 dry sludge quantity	以干固体质量计的污泥量
排泥水处理 waste residuals treatment	对排泥水进行收集、浓缩、干化和排放的过程
污泥处理 sludge treatment	对污泥进行减量化、稳定化和无害化处理的过程，一般包括调理、浓缩、脱水
污泥处置 sludge disposal	对处理后污泥的最终消纳过程，一般包括土地利用、填埋和建筑材料利用等
浓缩 thickening, concentration	采用重力、气浮或机械的方法降低污泥或排泥水含水率的过程
脱水 sludge dewatering	污泥或排泥水浓缩后进一步去除水分的过程，一般采用机械方法
干化 sludge drying	污泥和排泥水通过渗滤和蒸发等措施去除大部分水分的过程

4.1.3 运行管理术语

运行管理术语见表 4-7。

运行管理术语 表 4-7

术 语 名 称	术 语 含 义
供水保证率 probability of water supply	预期供水量在多年供水中能够得到充分满足年数的概率
水体污染 water body pollution	排入水体的污染物在数量上超过水体的环境容量，导致水体物理和化学性质发生变化，使水体生态系统和功能受到破坏
富营养化 eutrophication	水体接纳过量氮、磷等营养物，导致藻类和其他水生生物过量繁殖、水体透明度下降、溶解氧发生变化，引起水质恶化生态功能破坏
滤液含固率 the mass of sludge in filtrate	污泥脱水滤液中所含固体与滤液的质量百分比
在线监测 on-line monitoring	通过自控仪器、仪表自动对系统和设备的运行状况进行连续或定时的监测
调试 debugging	用各种手段将设施、设备调整到最佳运转状况的过程
单元调试 unit debugging	对各工艺、机械、电气、仪表等专业的处理设施设备，进行单独功能性测试和调整
联动调试 linkage debugging	对各工艺、机械、电气、仪表等专业的处理设施设备，进行带负荷联动试车，验证系统的安全可靠性
试运行 commissioning operation	工程完成单元调试、联动调试和系统调试后，工程系统正常运行前的运行阶段
安全技术 safety technique	在生产过程中为防止各种伤害、火灾、爆炸等事故，并为职工提供安全、良好劳动条件而采取的各种技术措施
化验数据有效率 test data availability	化验室监测项目原始数据中齐全、完整、准确而能实现预期效果的数据占全部化验项目数据的百分率
设备、设施完好率 availability rate of equipment	能够随时启动运转的设备、设施数量占设备、设施总量的百分率
设备使用率 utilization rate of equipment	设备使用台数和设备总台数之比
电耗 power consumption	全厂每天消耗的电能与每天处理的水量之比。其计量单位通常以 kWh/m^3 表示
混凝剂单耗 coagulant consumption	净化每立方米水所平均消耗的混凝剂数量
消毒剂单耗 disinfectant consumption	净化每立方米水所平均消耗的消毒剂数量

4.2 水厂工艺基本管理

4.2.1 水厂工艺管理基本内容

1. 工艺管理的目标

（1）水厂工艺管理的目标是确保安全、稳定、优质、低耗供水。

（2）"城市供水行业2000年技术进步发展规划"确定的规划主攻方向："提高供水水质、提高供水安全可靠性、降低能耗、降低漏耗、降低药耗"，即"两提高、三降低"和"城市供水行业2010年技术进步发展规划及2020年远景目标"确定的技术进步四大目标，即"保障供水安全、提高供水水质、优化供水成本、改善供水服务"，都是水厂管理的基本任务和奋斗方向。

2. 工艺管理的内容

（1）水厂工艺管理的主要内容为"运行"、"维护"、"安全"。"运行"即通过净水设施、设备的操作，保证水厂正常的生产、供应需要的水量和使出厂水质符合《生活饮用水卫生标准》以及水厂的内控标准。"维护"是为了水厂确保正常运行，设施、设备完好，功能和性能处于良好状态所必需的保养和维护。"安全"是为了不间断供水，杜绝人身和设备事故。

（2）"运行"要以水量管理和水质管理为基本，以提高水质为中心。

（3）"维护"要以保证水厂正常运行为目的，使设施和设备能长期、稳定地运行。

（4）"安全"是水厂的生命，要以制定完善的规章制度，严格的责任到位，精细的管理为保证。运行、维护和安全是水厂管理工作中的核心和最重要的任务。

4.2.2 水量和水质管理

1. 水量管理

1）根据用水状况，确定当日供水量（即目标水量）。

2）由目标水量确定原水量和净水处理过程中各个工序的水量。

3）原水量是水量管理的基本数值。原水量与进水设施条件有密切关系，在决定或变更原水量时必须根据水源和取水设施的能力并与原水泵房及时联系，尤其是水源远离水厂的情况。

4）原水量即进入水厂的净水量是由供水量和水厂自用水量组成的。当日净水量是决定混凝剂、消毒剂投加量的基础，必须正确的测定和控制。水厂自用水量不能用净水量的百分比来简单测算，要充分考虑水厂净水设施和设备的实际运行用水（沉淀池排泥、冲洗；滤池冲洗、药剂溶解、投氯用压力水、机器冷却水、厂内生活与清洁用水、滤池冲洗回收水等）科学地加以计算和计量。

5）水厂的水量管理是水厂"节能减排"的重要因素，对进厂原水、出厂水必须计量，在制水过程中有条件的应根据需要配置流量计。

2. 水质管理

1）水厂水质管理是在净水处理过程中对各个工序定时检测水质，将测定值与目标值加以比较，确定生产运行是否正常以便及时加以调整。

2）水厂水质管理的重点水质指标主要是浑浊度、pH 值、余氯和 COD_{Mn}，以及铁、锰。主要手段是正确地投加混凝剂、助凝剂和氧化剂，每日加注的药剂品种和投加量要以混凝沉淀烧杯试验为基础，及时通过实际效果利用计算机或其他手段进行调整。

4.2.3 供水设施与设备的维护管理

供水设施主要指水厂中的各种工艺构筑物和管线；供水设备主要指为工艺服务的各种机电设备。

1. 供水设施维护

（1）供水设施维护检修，应建立日常保养、定期维护和大修理三级维护检修制度。

（2）日常保养应检查供水设施运行状况，使设备环境卫生清洁，传动部件按规定润滑。

（3）定期维护应对设施进行检查（包括巡检），对异常情况及时检修或安排计划检修。对设施进行全面强制性的检修，宜列入年度计划。

（4）大修理（恢复性修复）应有计划地对设施进行全面检修及对重要部件进行修复或更换，使设施恢复到良好的技术状态。

2. 供水设备维护

（1）供水设备维护应建立日常保养、定期维护和大修理三级维护检修制度。

（2）供水设备日常保养应由运行值班人员负责对设备进行经常性的保养和清扫。

（3）供水设备的定期维护应由维修人员负责，并应每年进行 1～2 次专业性检修、清扫、维修、测试。电气设备（包括电力电缆）预防性试验可 1～3 年进行一次，继电保护装置和校验每年进行一次接地装置和测试接地电阻值的检查应每年春季进行，避雷器应每年进行检查和试验。

（4）供水设备大修理应由专业检修人员负责，并应按规定的周期进行。

4.3 水厂工艺基本要求

4.3.1 水厂工艺流程

由于水源不同，水质各异，给水处理的工艺流程有多种多样。以地表水作为水源时，常规处理工艺流程中通常包括混合和絮凝，沉淀或澄清，过滤和消毒。水源水质较差时，常规处理前加预处理，常规处理后加臭氧、生物活性炭处理，以及膜处理等。

1. 地表水常规处理一般工艺流程

（1）地表水常规处理一般工艺流程见图 4-1。

（2）地表水直接过滤工艺流程见图 4-2。

（3）地表水高浊度水处理工艺流程见图 4-3。

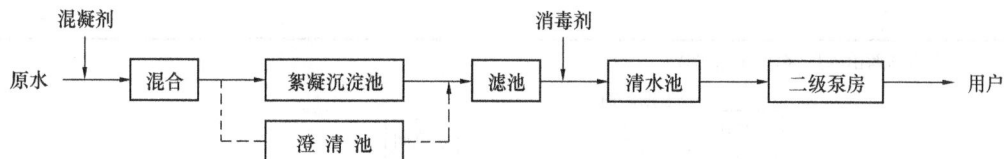

图 4-1 地表水常规处理工艺流程

图 4-2 地表水直接过滤工艺流程

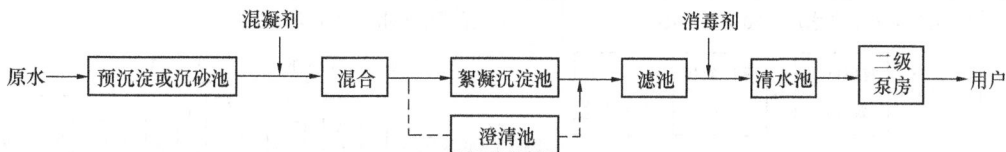

图 4-3 地表水高浊度水处理工艺流程

2. 国内部分水厂常规处理工艺流程图见表 4-8。

国内部分水厂常规处理工艺流程图

表 4-8

（1）杭州九溪水厂（60 万 m³/d）

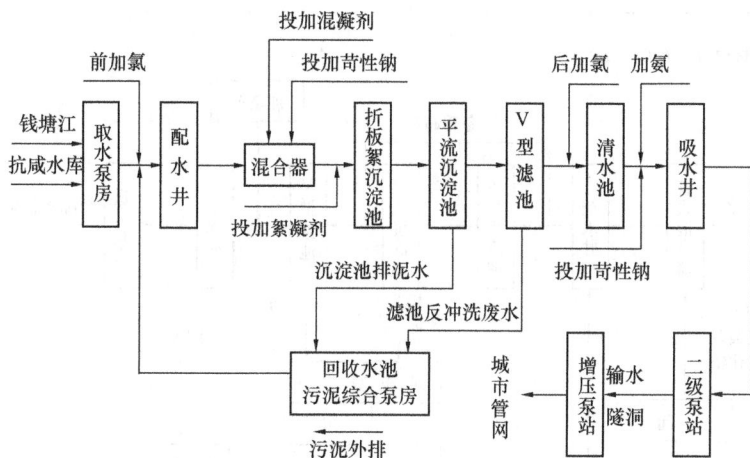

（2）温州新西山水厂（10 万 m³/d）

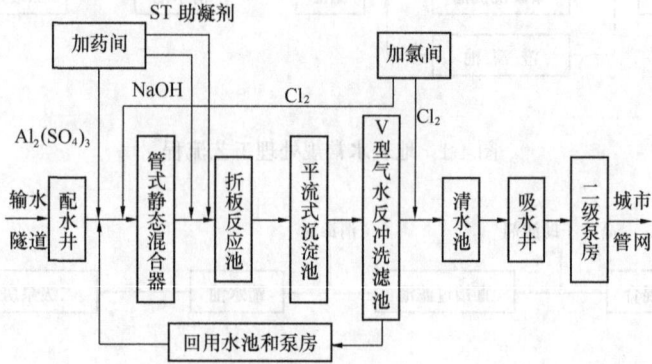

```
                    ST 助凝剂
         加药间 ┐                          加氯间
              │  NaOH        Cl₂         │ Cl₂
  Al₂(SO₄)₃   │                          │
输水   配水   管式静   折板式   平流式   V型气   清水   吸水   二级   城市
隧道 → 水井 → 态混合 → 反应池 → 沉淀池 → 水反冲 → 池 → 水井 → 泵房 → 管网
              器                        洗滤池
              └──────── 回用水池和泵房 ←────────┘
```

（3）哈尔滨沙曼屯水厂（30 万 m³/d）

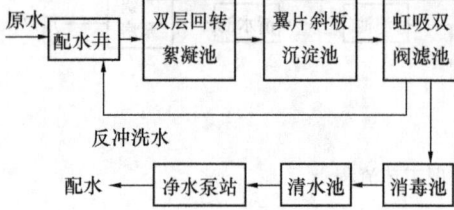

```
原水 → 配水井 → 双层回转 → 翼片斜板 → 虹吸双
                絮凝池      沉淀池      阀滤池
                     ↑                    │
                  反冲洗水                │
                                          ↓
配水 ← 净水泵站 ← 清水池 ← 消毒池
```

（4）昆明第五水厂（20 万 m³/d）

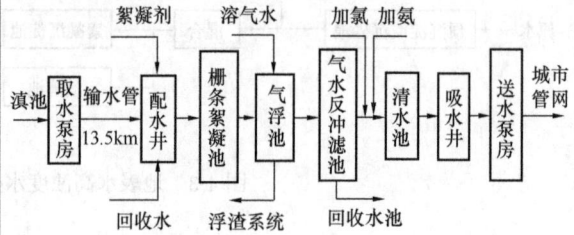

```
          絮凝剂      溶气水        加氯 加氨
                                    │  │
滇池  取水   输水管  配水  栅条絮   气浮  气水反  清水  吸水  送水  城市
  → 泵房 → 13.5km → 水井 → 凝池 → 池 → 冲滤池 → 池 → 水井 → 泵房 → 管网
              │        ↑     └浮渣    └回收水池
           回收水    浮渣系统
```

（5）大庆龙虎泡水厂（50 万 m³/d）

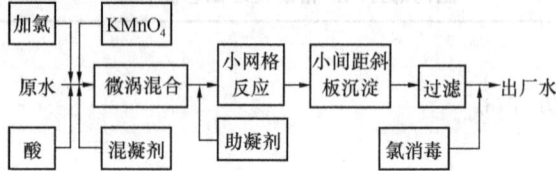

```
 加氯    KMnO₄
   │      │
原水 → 微涡混合 → 小网格 → 小间距斜 → 过滤 → 出厂水
   │      │       反应     板沉淀
  酸    混凝剂    助凝剂    氯消毒
```

（6）石家庄润石水厂（30 万 m³/d）

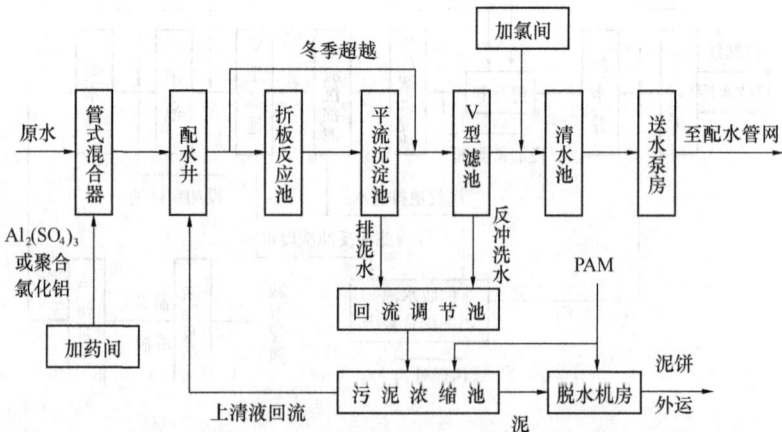

```
                      冬季超越                加氯间
                                               │
原水  管式   配水   折板   平流   V型   清水   送水   至配水
  → 混合器 → 水井 → 反应 → 沉淀池 → 滤池 → 池 → 水泵房 → 管网
      │              池    排泥水  反冲洗水
  Al₂(SO₄)₃                  │        │        PAM
  或聚合                     │        │         │
  氯化铝                   回流调节池            │       泥饼
      │                      │                   │       外运
    加药间 ──── 上清液回流 → 污泥浓缩池 → 脱水机房
                                    泥
```

3. 地表水厂深度处理一般工艺流程

（1）地表水厂深度处理一般工艺流程见图 4-4。

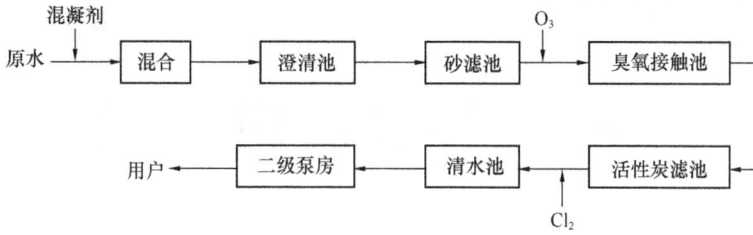

图 4-4 常规＋深度处理工艺

（2）生物预处理＋常规处理工艺见图 4-5。

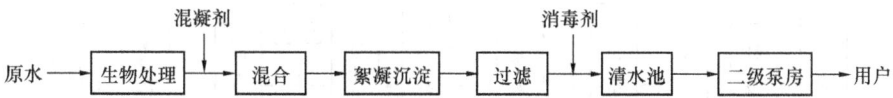

图 4-5 预处理＋常规处理工艺图

（3）预处理＋常规＋臭氧/活性炭工艺见图 4-6。

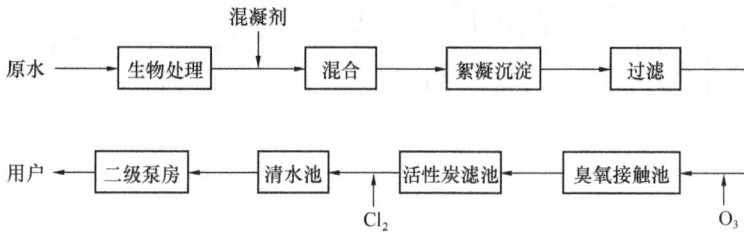

图 4-6 预处理＋常规＋臭氧/活性炭工艺

4. 国内部分水厂深度处理工艺流程图见表 4-9。

国内部分水厂深度处理工艺流程图　　　　　　　　　　表 4-9

（1）嘉兴贯径港水厂（15 万 m^3/d）

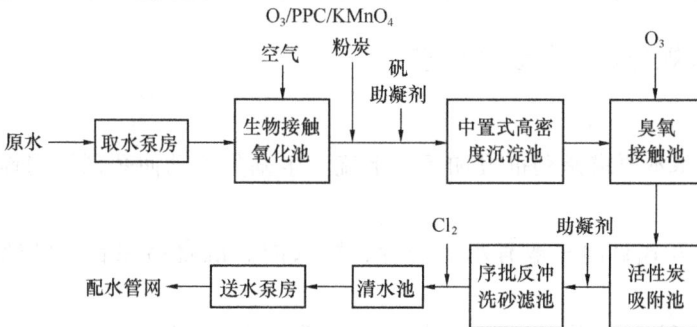

127

(2) 杭州南星水厂一期（10 万 m³/d）

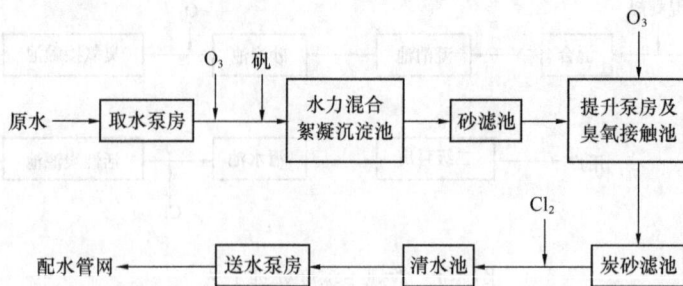

原水 → 取水泵房 →〔O₃ 矾〕→ 水力混合絮凝沉淀池 → 砂滤池 → 提升泵房及臭氧接触池（O₃）

配水管网 ← 送水泵房 ← 清水池 ← 炭砂滤池 ←（Cl₂）

(3) 广州南州水厂（100 万 m³/d）

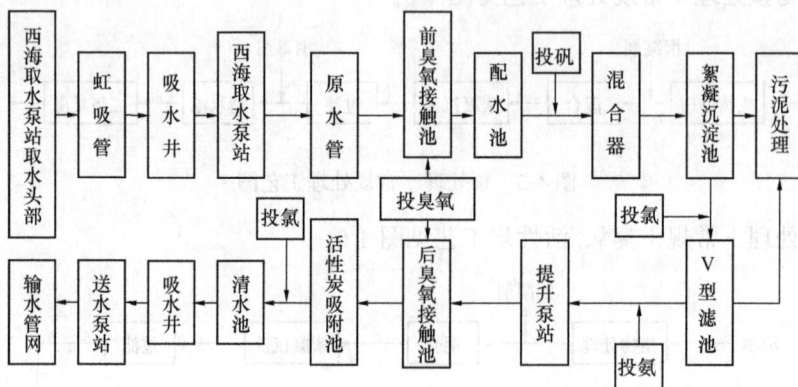

西海取水泵站取水头部 → 虹吸管 → 吸水井 → 西海取水泵站 → 原水管 → 前臭氧接触池 → 配水池 →（投矾）→ 混合器 → 絮凝沉淀池 → 污泥处理

投臭氧 → 后臭氧接触池 → 提升泵站 →（投氯）→ V 型滤池 ←（投氨）

输水管网 ← 送水泵站 ←（投氯）吸水井 ← 清水池 ← 活性炭吸附池 ← 后臭氧接触池

(4) 杭州清泰水厂（30 万 m³/d）

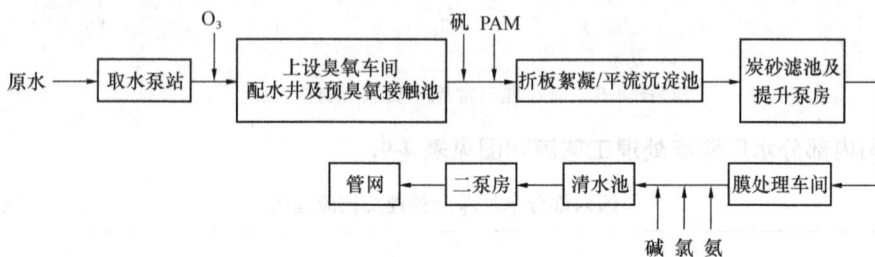

原水 → 取水泵站 →（O₃）→ 上设臭氧车间配水井及预臭氧接触池 →（矾 PAM）→ 折板絮凝/平流沉淀池 → 炭砂滤池及提升泵房

管网 ← 二泵房 ← 清水池 ← 膜处理车间
（碱 氯 氨）

4.3.2 水厂常规处理工艺设计要求

1. 混合

（1）混合的基本要求是药剂投加后，水流产生剧烈紊动使药剂均匀地扩散到整个水中，即快速混合。

（2）混合的方式目前一般有水泵混合、管式静态混合器混合、机械混合和跌水混合等。

（3）混合的时间一般为 10～60s，搅拌速度梯度 G 一般为 600～1000s⁻¹，混合后和絮凝的连接管道的流速为 0.8～1.0m/s。管式静态混合器的水头损失约为 0.5～0.8m。

2. 絮凝

(1) 絮凝的基本要求是良好的水力条件和足够的絮凝时间。

(2) 絮凝的形式目前常用的有机械絮凝、折板絮凝、栅条（网格）絮凝等，有的老水厂还有隔板絮凝。

(3) 絮凝池设计参数见表 4-10。

絮凝池设计参数 表 4-10

絮凝池形式	设 计 参 数	
	停留时间(min)	水力条件(m/s)
隔板絮凝池	20～30	起端流速 0.5～0.6，末端流速 0.2～0.3
机械絮凝池	15～20	3～4 档搅拌机，线速度第一档 0.5，末档 0.2
折板絮凝池	12～20	第一段 0.25～0.35，第二段 0.15～0.25，第三段 0.1～0.15
栅条(网格)絮凝池	12～20	竖井平均流速：前段和中段 0.14～0.12，末段 0.14～0.1；过栅(过网)流速：前段 0.3～0.25，中段 0.25～0.22，末段不设；竖井之间孔洞流速：前段 0.3～0.20，中段 0.20～0.15，末段 0.14～0.10

3. 沉淀（澄清）

(1) 沉淀（澄清）的基本要求是有足够的沉淀（澄清）时间，进、出水均匀，池内水流稳定，尽量提高沉淀效率，减少紊动。

(2) 沉淀形式目前常用的有平流式沉淀池、斜管斜板沉淀池、澄清池。澄清池常用的有机械搅拌澄清池和水力澄清池。

(3) 沉淀（澄清）池设计参数见表 4-11。

沉淀（澄清）池设计参数 表 4-11

沉淀池形式	停留时间(h)	水平流速(mm/s)	液面负荷[m³/(m²·h)]	有效水深(m)	每格宽度(m)	长宽比
平流沉淀池	1.5～3.0	10～25		3.0～3.5	3～8	≮4
上向流斜管沉淀池			5.0～9.0	斜管管径 30～40mm		斜长 1.0m 倾角 60°
侧向流斜板沉淀池			6.0～12	斜板间距 80～100mm		斜长≮1.0m 倾角 60°
机械搅拌澄清池	1.2～1.5		2.9～3.6	搅拌叶轮提升水量为进水流量的 3～5 倍		
水力循环澄清池			2.5～3.2	回流水量为进水流量的 2～4 倍		

129

4. 过滤

(1) 过滤基本要求是运行稳定可靠，确保达到出厂水水质目标。

(2) 过滤形式、滤料等详见本手册第 7 章。

(3) 过滤的基本设计参数见表 4-12。

过滤的基本设计参数 表 4-12

滤池形式	设计滤速 (m/h)	滤 料			推荐滤速 (m/h)
		粒 径		厚度 (mm)	
		d_{10}	K_{80}		
普通快滤池	7～9	石英砂 0.55	<2.0	700	
双层滤料滤池	9～12	煤 0.85	<2.0	300～400	6～8
		砂 0.55	<2.0	400	
虹吸滤池	7～9	砂 0.55		700	6～8
V 型滤池	8～10	0.9～1.2	1.2～1.4	1200～1500	6～8

5. 消毒

(1) 生活饮用水必须消毒，通过消毒使出厂水的微生物指标达到"国标"，确保生活饮用水安全。

(2) 目前自来水常用的消毒方法为氯消毒、氯胺消毒、二氧化氯消毒。

(3) 水与氯应充分混合，有效接触时间不应小于 30min，氯胺消毒不应小于 2h。

4.3.3 国内部分水厂工艺设计参数

国内部分新建水厂工艺设计参数见表 4-13、表 4-14、表 4-15。

国内部分水厂设计工艺 表 4-13

水厂名	设计规模 (万 m³/d)	投产时间	水源概况	处理工艺
北京第九水厂 一期	50	1990.6	密云水库	机械混合—机械澄清池—煤砂滤池—活性炭滤池—消毒
北京第九水厂 二期、三期	50×2	1995、1999		机械混合—波形板絮凝—侧向流斜板沉淀—煤滤池—活性炭—消毒
南通狼山水厂	30	1990.10	长江	管式混合—网格絮凝—斜管沉淀—移动罩滤池—氯消毒
西安曲江水厂	60	1990.8	黑河水库	跌水混合—隔板絮凝—斜管沉淀—V 型滤池—氯消毒
哈尔滨沙曼屯水厂	30	1991 底	松花江	管式混合—双层回转絮凝—翼片斜板沉淀—虹吸双阀滤池—氯消毒
惠阳市水厂	40	1999.2	东江	管式混合—折板絮凝—V 型滤池—氯氨消毒

水厂名	设计规模 （万 m³/d）	投产时间	水源概况	处理工艺
上虞市第二水厂	5	1992.8	曹娥江	管式混合—机械折板絮凝—双折平流沉淀—进水虹吸三阀滤池—氯消毒
合肥第五水厂	25	1992.12	巢湖	回流隔板—平流沉淀—双阀滤池（投加粉炭）—氯消毒
南昌青云水厂	40	1993.10	赣江	管式混合—折板絮凝—平流沉淀—双阀滤池—氯消毒
上海凌桥水厂	40	1994.5	长江陈行水库	管式混合—折板絮凝—平流沉淀—均粒气水反冲洗滤池—氯消毒
大庆龙虎泡水厂	50	1995.10	嫩江龙虎泡水库	微涡混合—小网格絮凝—小间距斜板沉定—气水冲洗滤池—氯消毒
长春第三水厂	22	1996.12	新立城水库	管式混合—隔板絮凝—斜管沉淀—双层滤料滤池—氯消毒
石家庄润石水厂	30	1996.6	黄壁庄水库	管式混合—折板絮凝—平流沉淀—V型滤池—氯消毒
广州西洲水厂	50	1996.7	东江北干流	栅条絮凝—平流沉淀—气冲滤池—氯消毒
珠海唐家水厂	24	1997	凤凰山水库	井式混合—机械搅拌澄清—V型滤池—氯消毒
常熟第三水厂	40	1997.12	长江	管式混合—水平轴式机械絮凝—平流沉淀—V型滤池—氯消毒
中山小榄镇水厂	20	1998.7	西江	网格絮凝—平流沉淀—V型滤池—氯消毒
上海大场水厂	40	1998.10	长江	管式混合—水平轴式机械絮凝—平流沉淀—V型滤池—氯消毒
温州新西山水厂	10	1998.12	瓯江	管式混合—折板絮凝—平流沉淀—V型滤池—氯消毒
广东惠阳市水厂	40	1999.2	东江	管式混合—折板絮凝—V型滤池—氯氨消毒
杭州九溪水厂	60	2000.6	钱塘江	管式混合—折板絮凝—平流沉淀—V型滤池—氯消毒
西安南郊水厂	50	2001.11	黑河、石头河水库	管式与机械混合—竖流波形板—斜板—改进型气水反冲滤池—氯消毒
平顶山第四水厂	20	2001	白鱼山水库	管道混合—栅条絮凝—平流沉淀—气水反冲洗滤池—氯消毒
太原呼延水厂	80	2002	黄河→汾河水库	机械混合—竖流孔室絮凝—侧向流斜板—虹吸滤池—氯消毒

续表

水厂名	设计规模 （万 m³/d）	投产时间	水源概况	处理工艺
广州南洲水厂	100	2004.9		臭氧预处理—常规处理—臭氧—生物活性炭—氯消毒
金华金沙湾水厂	30	2004	金兰水库	折板絮凝—平流沉淀—V型滤池—氯消毒
桐乡运河水厂	15	2006.6	运河	生物预处理—机械混合絮凝—双层平流—双层滤料翻板滤池—臭氧生物活性炭—氯消毒
嘉兴贯泾港水厂	15	2007.7	南郊河	生物预处理—高密度澄清池——臭氧生物活性炭—翻板滤池—氯消毒
宁波东钱湖水厂	50	2008.7	白溪水库	机械混合—折板絮凝—平流沉淀—V型滤池—氯消毒
天津津滨水厂	50		引滦河水与南水北调	前臭氧＋高密度澄清池—均质滤池—氯消毒
杭州南星水厂	40	2009.7	钱塘江	前臭氧—混合—折板絮凝—平流沉淀—V型滤池—臭氧生物活性炭—氯消毒
杭州清泰水厂改造	30	2010.7	钱塘江	前臭氧—混合—折板絮凝—平流沉淀—炭砂滤池—超滤—氯消毒

国内部分水厂絮凝沉淀设计参数
表 4-14

水厂名	混合（停留时间 s）	絮凝		沉淀（澄清）	
		工艺形式 停留时间 （min）	设计流速（m/s） 前端，中端，末端	工艺型式 停留时间 （min）	堰负荷 [m³/(m·d)]
北京第九水厂一期	机械60			机械搅拌澄清池 （上升流速 1mm/s）	
北京第九水厂 二、三期	21.61(二期) 10.51(三期)	推流式波形板 7.83 6.19	0.158，0.077，0.043 0.19，0.1，0.05	侧向流斜板 12.2 侧向流斜板 14.3	
南通狼山水厂	管式 DN800	栅条 14	$G70s^{-1}$ $50s^{-1}$ $20s^{-1}$	斜管 2.5mm/s （上升流速）	
西安曲江水厂	跌水	往复式隔板 20		斜管 2.76mm/s （上升流速）	
哈尔滨沙曼屯水厂	管式(1.6min)	双层隔板 26	$GT 10^4 \sim 10^5$	侧向流翼片斜板 24	
上虞市第二水厂	管式	机械＋折板 机械 5.5 折板 16.5	机械 0.25，0.13，0.08	折式平流沉淀池 1.93h	340

续表

水厂名	混合(停留时间 s)	絮 凝			沉淀(澄清)		
		工艺形式停留时间(min)	设计流速(m/s)		工艺型式停留时间(min)		堰负荷 [m³/(m·d)]
			前端,中端,末端				
合肥第五水厂		回流隔板 27	0.6, 0.2,		平流 4h		
上海凌桥水厂	管式 DN1200	折板 18	0.34, 0.23, 0.08,		1.8h		343.2
大庆龙虎泡水厂	微涡混合 DN800	网格 22	36 个竖井(内设小网格),0.12		小间距斜板 5m³/(m²·h)		
长春第三水厂	管式 DN1200	隔板 35	0.33—0.15,		斜管 1.4h		
石家庄润石水厂	管式 DN1200	折板 11	0.36—0.1		平流 2.0h		
南昌青云水厂	管式 DN1200	折板+隔板 12+12			平流 1.9h		
珠海唐家水厂		机械			机械搅拌澄清池 1.5h		
上海大场水厂	管式 DN1600	水平轴机械 20	G80, 60, 40, 20, s⁻¹		平流 140		500
常熟第三水厂	管式 DN800	水平轴机械 20	G(s⁻¹)80～15		平流	1.9h	500
广州西洲水厂	管式				平流 1.5h		
温州新西山水厂	管式 DN1200	16.6	0.29, 0.19, 0.11		平流 2.0h		
杭州九溪水厂	管式 DN1400	18	80s⁻¹, 43, 24s⁻¹		平流 2.0h		168
中山小榄镇水厂		网格 12.36			平流 1.47		373
惠阳市水厂		折板 15			平流 1.5		
西安南郊水厂	管式 30s 机械 G951s⁻¹	竖流波形板 18.6	0.54, 0.221.0.13		侧向流斜板	81min	
平顶山第四水厂	管式	栅条	0.3, 0.2, 0.1		平流 2.0		294
太原呼延水厂	机械 2min	竖流式孔室 40	0.5～0.7, 0.1～0.5		侧向流斜板 1.0		
广州南洲水厂							
金华金沙湾水厂	管式	折板 13	0.22, 0.15, 0.08		平流 1.4		
桐乡运河水厂	机械 54s	机械 21	G1 50～60s⁻¹ G2 25～35.5s⁻¹ G3 12～15s⁻¹		平流+斜板 1.0		
嘉兴贯泾港水厂	机械 30～60s	生物接触氧化 45			高密度澄清池		
宁波东钱湖水厂	机械 39s G 430s⁻¹	折板 20			平流 1.7		
天津津滨水厂	机械 2min G 250s⁻¹	机械 30			高密度		
杭州南星水厂	机械 30s	折板 14.5			平流 1.65		
杭州清泰水厂改造	管式	折板 20	0.33, 0.25, 0.1		平流 1.84		

国内部分水厂滤池设计参数　表 4-15

水厂名	工艺形式	滤速 (m/h)	单格面积 (m²)	滤料			冲洗强度 [L/(m²·s)]		
				粒径(mm)		厚度 (mm)	气冲	水冲	单纯水冲
				d_{10}	K_{80}				
北京第九水一期	虹吸煤砂滤池 活性炭滤池	7.5 10	133 99	煤 1.0~1.8	≯1.5 ≯1.8	400(煤) 300(砂)	18~20	4~5	15
北京第九水厂 二、三期	均质煤滤池	7.6	99 117.6	砂 0.5~1.0 炭 1.5	≯1.3 (k₆₀)	1500 1500	18~20	4~5	4~8
南通狼山水厂	移动罩滤池	8.0	3.3×21						14.3
西安曲江水厂	V 型	一期 9.47 二期 6.3	110	1.35	K_{60} <1.6	1200	15.3	3.5~4	
哈尔滨沙曼屯水厂	虹吸双阀	7.9	8.7×8.7			400(上) 400(下, 煤)	3	14	
上虞市第二水厂	虹吸三阀	7.9	5.8×5.7					15	
合肥第五水厂	双阀	6.75	26.04	0.8~1.0		900		16	
上海凌桥水厂	V 型	8.8	91				55	12	17
大庆龙虎泡水厂	气水反冲	7.2	101.2	0.98	K_{60} 1.35	1000	55	12	20
长春第三水厂	双层	10	85.7	上层 0.8~1.8 下层 0.5~1.2		650 250		14	
石家庄润石水厂	V 型	10.2	84	0.95		1500	60	15	
南昌青云水厂	双阀	8	48.6	0.6~1.1	1.1	700		15	
珠海唐家水厂	V 型	7	88	0.95	1.2		15	4	10
上海大场水厂	V 型	6	138	0.95	1.4	1200	15	5	10
常熟第三水厂	V 型	8	91.3	0.95	≤1.4	1200	55	10.55	17.55
广州西洲水厂	气水反冲	10.5	91	0.95~1.25	1.2~1.4	1250			
温州新西山水厂	V 型	6.5	83.7	0.8—1.2		1300			
杭州九溪水厂	V 型	7.8	163	0.95	1.6	1200	15.3	1.94	3.6
中山小榄镇水厂	V 型	9.11	68.6			1250	15	5.3	
惠阳市水厂	V 型	9.2	98	0.9		1200			
西安南郊水厂	改进型气水反冲	7.6	120	0.95	≤1.3	1200	15	4.0	
平顶山第四水厂	气水反冲	7.8	70	0.95	≤1.6	1200	16.7	4.2	
太原呼延水厂	虹吸	7.5	148.8	砂 0.6 煤 1.2		600 200		12~15	

续表

水厂名	工艺形式	滤速(m/h)	单格面积(m²)	滤料 粒径(mm) d₁₀	滤料 粒径(mm) K₈₀	滤料 厚度(mm)	冲洗强度[L/(m²·s)] 气冲	冲洗强度[L/(m²·s)] 水冲	冲洗强度[L/(m²·s)] 单纯水冲
广州南洲水厂									
金华湾坞水厂	V型	8.0		0.95	1.2~1.4	1200	15	2	
桐乡运河水厂	双层翻板	7.29	90	陶粒1.6~2.5 砂0.7~1.2	<1.6 <1.6	200 800	16.7	1.58	
嘉兴贯泾港水厂	翻板	12(活性炭) 7.6(砂)	60.4(活性炭) 96(砂)	0.75		1000	16.7		
宁波东钱湖水厂	V型	7.5		0.9		1400			
天津津滨水厂	V型	6	149	0.98	1.6	1200			
杭州南星水厂	V型	8	144	0.95	1.4	1300	55	7.5	15.5
杭州清泰水厂改造	活性炭砂滤池	7.82	135.8	活性炭层0.9 砂层d₁₀0.5	<1.6	活性炭1.3 砂层500	55	25	

4.3.4 水厂工艺高程布置

水厂各构筑物之间水流一般采用重力流。两构筑物之间水面高差即为流程中的水头损失，包括构筑物本身，连接管道、计量设备等水头损失在内。构筑物中的水头损失与构筑物形式和构造有关，一般采用表4-16的数据。

净水构筑物中的水头损失　　　　　　　　　　　表4-16

构筑物名称	水头损失(m)	构筑物名称	水头损失(m)
进水井格栅	0.15~0.3	无阀滤池、虹吸滤池	1.5~2.0
水力絮凝池	0.4~0.5	移动罩滤池	1.2~1.5
机械絮凝池	0.05~0.10	V型滤池(均匀滤料滤池)	2.0~2.5
沉淀池	0.15~0.3	直接过滤滤池	2.5~3.0
澄清池	0.6~0.8	活性炭滤池	0.4~0.6
普通快滤池	2.0~2.5		

各构筑物之间的连接管（渠）断面尺寸由流速决定，其水头损失（包括沿程和局部）应通过水力计算确定，一般可采用表4-17的数据。

135

连接管中允许流速和水头损失 表 4-17

连接管段	允许流速(m/s)	水头损失(m)	备 注
一级泵站至混合池	1.0~1.2	视管道长度而定	
混合池至絮凝池	1.0~1.5	视管道长度而定	
絮凝池至沉淀池	0.10~0.15	0.1	应防止絮凝体破碎
混合池至澄清池	1.0~1.5	0.1	应防止絮凝体破碎
沉淀池或澄清池至滤池	0.6~1.0	0.3~0.5	
滤池至清水池	0.8~1.2	0.3~0.5	流速宜取下限留有余地
快滤池冲洗水管	2.0~2.5	视管道长度而定	
快滤池冲洗水排水管	1.0~1.2	视管道长度而定	

当各项水头损失确定之后,便可核定构筑物高程布置。

4.3.5 水厂检测仪表

水厂在生产过程中采用自动化技术,不仅是为了节省人力,更主要的是强化各个生产环节合理和稳定的运行,提高出水水质,提高供水安全性,降低能耗,降低药耗,降低生产成本。

水厂所用的仪表一部分是通用仪表,如压力、真空、差压、液位、流量、温度、电导率等仪表。一部分是水厂专用仪表,如浊度、余氯、pH 值、溶解氧、氨氮等仪表。水厂仪表的设置标准,也反映了水厂操作管理的现代化水平。一般在条件允许时应尽量配置在线检测仪表。

1. 优先保证配置的仪表有:

1) 水质仪表

原水:浊度仪、pH 仪;

沉淀池出水:浊度仪(每组一个);

滤后:浊度仪(每格或每组一个),有条件时每组配置颗粒计数仪;

出厂水:浊度仪、余氯仪、pH 仪、氨氮仪、COD_{Mn} 仪。

2) 监控仪表

进水流量仪、原水水位仪

出水流量仪、出水压力传感器

清水池液位计、滤池水头损失仪或滤池超声波液位仪

矾液池液位计、漏氯报警仪

机泵、阀门、电器监控仪表,如轴温、电流、电压、开停信号、开度信号等。

2. 根据原水水质情况,可安装在线水质检测仪表,如温度计、盐度计、溶解氧计、氨氮计、耗氧量计等。

3. 自控要求较高的水厂还应配置矾液投加流量仪、SCD 或 FCD、沉淀池泥位计、氯

瓶重量指示、加氯量指示等。

以上检测仪表均安装在各有关生产部位。通过信号线接入附近的 PLC 或网络接口，上传到水厂中心控制室或值班室。

自动化和信息化详见本手册第 16 章。

4.4 水厂工艺改造技术指南

4.4.1 水厂改造原则

1. 水源为《地表水环境质量标准》中Ⅰ、Ⅱ类水体，因水厂工艺或设施原因造成供水水质的微生物指标（菌落总数等）、消毒剂指标（余氯等）和感官性状指标（浑浊度等）不能达标的，应完善常规工艺、设施或进行设施改造，有条件的可采用超滤等膜处理工艺。

2. 水源为存在有机污染的、《地表水环境质量标准》中Ⅲ类水体（包括部分季节性污染的Ⅳ类水体），一般应采用强化常规工艺，对于有机物、臭味等水质指标不能达标的，应增设预处理或深度处理工艺。

3. 水源有机物或氨氮污染严重，超过《地表水环境质量标准》中Ⅲ类水体的相关要求的，应综合采用预处理、强化常规和深度处理等技术措施。

4. 地下水源铁、锰超过《地下水环境质量标准》Ⅲ类水体的水厂，应设置或完善除铁除锰设施。

5. 水源氯化物、总硬度、硝酸盐、硫酸盐超标时，宜优先用替代水源方案，或经综合比较采取特殊处理措施。

6. 对于水源存在某种特定污染物质的，应根据污染物去除特性采取针对性处理措施。

7. 水厂改造中应注意提高工艺的自控水平，为稳定运行提供保障。

4.4.2 预处理和强化常规处理

1. 预处理

（1）预处理措施包括：生物预处理、化学预氧化、投加吸附剂、预沉淀、鼓风曝气、生态调控等。

（2）原水氨氮含量持续较高，宜增加生物预处理。微污染原水，特别是污染物以可生化有机物为主时，应优先采用生物预处理。

（3）原水藻类含量高，宜采用化学预氧化、生态调控等措施。

（4）原水有机污染物含量高，宜采用投加吸附剂、化学预氧化等措施。

（5）原水泥砂含量高，浊度波动大，宜增加预沉淀。

（6）原水存在大量浮游动物（剑水蚤、红虫等）的，宜采取化学预氧化、生态调控等措施。

2. 混凝

（1）强化混凝工艺措施包括：优选混凝剂、混合方式，调整加药点及投加量、调整

pH 值、增投高分子助凝剂等。

(2) 絮凝设施宜采用折板、网格等装置，也可选用机械絮凝装置。

3. 沉淀、澄清和气浮

(1) 宜通过改善沉淀池进出水水力条件等措施来提高沉淀效率。

(2) 对于斜板（斜管）沉淀池，宜采取缩小斜板间距或延长斜板长度、减少斜管单元口径或延长斜管长度等措施以增加有效沉淀面积。

(3) 沉淀效果差、改造条件受用地限制时，宜采用斜板（管）或高效澄清工艺。对于原水为低浊水的大型水厂，也可考虑利用污泥回流来改善处理效果。

(4) 原水藻类含量高时，宜增加气浮强化措施。

4. 过滤

(1) 大型水厂冲洗方式宜优先采用气水反冲洗，滤池配水系统宜优先采用滤头滤板和新型滤砖等方式。

(2) 过滤效果差的滤池，宜采用投加助滤剂、改善滤料级配和厚度，改进滤池进水等措施。

5. 消毒

(1) 应选择合适消毒的方法和经过卫生许可的消毒剂，确保微生物指标和消毒副产物的达标。

(2) 消毒剂与水混合效果差的，宜采用增加混合设备、改善混合条件等措施。

(3) 宜采用水厂工艺沿程多点投加消毒剂的方式改善消毒效果。

(4) 新建或改造清水池时，内部廊道总长与廊道单宽比宜达到 50 以上。

(5) 消毒剂投加量和管网维护作业应保障管网末梢消毒剂余量达标。

(6) 使用液氯消毒的，应注意控制三卤甲烷等和卤乙酸、消毒副产物指标；使用二氧化氯消毒时应注意控制亚氯酸盐、氯酸盐指标；使用臭氧消毒应注意控制溴酸盐、甲醛指标。

4.4.3 深度处理

1. 深度处理工艺选择应根据水源水质超标程度决定，一般情况下宜采用臭氧生物活性炭工艺。对于严重超标的，宜适当增加臭氧投加量或延长生物活性炭滤池的接触时间，一级臭氧生物活性炭工艺无法确保达标时，可采用两级臭氧生物活性炭工艺。

2. 采用臭氧活性炭工艺处理的水厂，为控制生物泄漏风险，砂滤池可设置在活性炭滤池之后，有条件的地区也可考虑增设膜技术。

3. 对于水源存在季节性污染，或水厂内难于增设颗粒活性炭滤池的情况，宜考虑将原有砂滤池改造为炭砂滤池（颗粒活性炭石英砂滤池）。

4. 原水溴离子含量偏高时，应慎重采用臭氧深度处理工艺，或合理确定臭氧投加量、投加方式或投加其他化学禁品，严格控制溴酸盐指标。

4.4.4 特殊水处理

1. 对于沿海地区由于海水倒灌引起的季节性轻度苦咸水，应采取避咸蓄淡及优化调度等措施；以苦咸地下水为水源的地区，无替代水源时，根据水中盐类成分和含量，宜采用纳滤、电渗析或反渗透等处理方法。

2. 地下水铁、锰含量高时，宜采用接触氧化过滤法去除，地表水铁、锰超标时，宜在水厂净水过程中采用预氧化等措施。

3. 原水中氟含量高的，宜采用吸附、电渗析、反渗透等方法去除。

4. 原水中砷含量高的，地表水宜采用氧化混凝沉淀措施；地下水宜采用吸附、电渗析或反渗透等措施。

5. 原水含有其他特殊物质时，可根据试验研究和国内外成熟技术和经验，采取相应的处理措施。

4.4.5　应急处理

1. 根据突发性污染的风险类型及发生频率，合理确定应急处理的规模和能力。在重要的取水设施和水厂应预先配置应急设施和药剂。

2. 对于水源存在农药、苯系物等可吸附污染风险的水厂，应设置粉末活性炭投加设施。

3. 对于水源存在重金属污染风险的水厂，应设置碱性药剂投加设施，并根据污染物性质，设置氧化剂或还原剂投加设施，通过沉淀去除污染物。

4. 对于水源存在硫化物、氰离子等可氧化的污染物风险的水厂，应设置氧化剂投加设施。

5. 对于水源存在突发性致病微生物污染风险的水厂，应设置强化消毒设施。

6. 对于水源存在油污染风险的水厂，应在取水口处储备围栏、撇油装置，并在取水口或水厂内设置粉末活性炭投加装置。

7. 应在水源或水厂设置人工采样监测与在线监测相结合的水质监测系统。

第5章 加药与混凝

5.1 常用药剂

5.1.1 常用水处理剂产品分类

1. 水处理剂产品分类和代号

中华人民共和国化工行业标准 HG/T 2762—2006 将水处理剂产品以其在水处理过程中的基本用途,分为 8 类,其类别和代号见表 5-1。

水处理产品类别和代号 表 5-1

类别代号	类别名称	类别代号	类别名称
ZF	阻垢分散剂	HN	混凝剂
HS	缓蚀剂	QX	清洗剂
ZH	阻垢缓蚀剂	YM	预膜剂
SS	杀生剂	QT	其他

2. 混凝剂产品系统和代号

GH/T 2762—2006 将混凝剂产品系列按其化学成分分为 11 类,见表 5-2。

混凝剂产品系列和代号 表 5-2

类别代号	系列代号	产品化学成分	类别代号	系列代号	产品化学成分
HN	HN10	天然高分子化合物	HN	HN42	阴离子型高分子化合物
	HN21	无机铝盐		HN43	非离子型高分子化合物
	HN22	无机铁盐		HN44	两性高分子化合物
	HN31	无机复合类		HN51	生物絮凝剂
	HN32	有机无机复合类		HN61	其他
	HN41	阳离子型高分子化合物			

5.1.2 净水厂常用药剂

净水厂常用药剂主要是混凝剂、助凝剂、pH 调节剂、氧化剂、吸附剂和消毒剂。

1. 常用混凝剂

水厂常用混凝剂可分为铝盐和铁盐两大类。铝盐用得最多的是聚氯化铝和硫酸铝;铁盐用得最多的是硫酸亚铁、氯化铁和聚合硫酸铁等。常用混凝剂见表 5-3。

5.1 常 用 药 剂

常 用 混 凝 剂
表 5-3

类别	名 称	英 文 名	分 子 式	别 名
铝盐	硫酸铝	Aluminum Sulfate	$Al_2(SO_4)_3 \cdot xH_2O$	
	聚氯化铝	Polyaluminum chloride	$Al_n(OH)_m Cl_{(3n-m)}$ $0 < m < 3n$	PAC，碱式氯化铝
铁盐	硫酸亚铁	Ferrous sulfate	$FeSO_4 \cdot 7H_2O$	铝矾
	氯化铁	Iron(Ⅲ)chloride	$Fecl_3 \cdot 6H_2O$	三氯化铁、绿矾
	聚合硫酸铁	Ferrous polysulfate	$[Fe_2(OH)n \cdot (SO_4)_{3-n/2}]m$	PFs

新型研制和开发的混凝剂还有聚合硫酸铝（PAS）、聚合氯化铁（PFC）、聚合氯化铝铁（PAFC）、聚硅酸硫酸铁（PFSS）、聚硅酸硫酸铝（PASS）、聚合硅酸氯化铁（PF-SC）、聚合氯硫酸铁（PFCS）、聚合硅酸铝（PASI）等。

2. 常用助凝剂

在混凝过程中，与混凝剂协同作用，从而加速絮凝体的生成，提高絮凝效果的药剂称为助凝剂。投加在滤池前用作改善滤料过滤性能和效率的混凝剂称助滤剂。常用助凝剂见表 5-4。

常 用 助 凝 剂
表 5-4

名 称	英 文 名	分 子 式	别 名
聚丙烯酰胺	Ployacrylamide	$(C_3H_5NO)_n$	PAM
硅酸钠	Sodium metasilicate	$Na_2O \cdot nSiO_2 \cdot xH_2O$	水玻璃、泡花碱
硅藻土	Kieselgu(h)r	$Al_2O_3 \cdot 2SiO_2 \cdot 2H_2O$	Daltomite
骨胶	Bone glue		

3. 常用 pH 调节剂

当原水 pH 过高或过低，或因需要提高水处理效果时，就需要调整 pH，常用 pH 调节剂见表 5-5。

常 用 pH 调节剂
表 5-5

名 称	英 文 名	分 子 式	别 名
氧化钙	Calcium Oxide	CaO	生石灰
氢氧化钙	calvital	$CaOH$	熟石灰
碳酸钠	Sodium carbonate	$Na_2CO_3 \cdot xH_2O$	纯碱 苏打
氢氧化钠	sodium hydroxide	$NaOH$	苛性钠

4. 常用氧化剂

氧化剂在水处理剂中的主要作用是对原水中有机物或藻类等进行预处理。常用氧化剂见表 5-6。

常用氧化剂 表5-6

名 称	英 文 名	分 子 式	别 名
氯	Chlorine	Cl_2	氯气、液氯
二氧化氯	Chlorine dioxide	ClO_2	
次氯酸钠	Sodium hypochlorite	$NaClO$	漂白水
次氯酸钙	Calcium hypochlorite	$CaCl_2 \cdot CaCOCl_2 \cdot 2H_2O$	漂白粉、漂粉精
臭氧	Ozone	O_3	
过氧化氢	Hydrogen peroxide	H_2O_2	双氧水
高锰酸钾	Potassium permanganate	$KMnO_4$	过锰酸钾

注：消毒剂见本手册第8章，吸附剂见本手册第12章

5.1.3 常用混凝剂质量标准

1. 硫酸铝

(1) 产品标准编号：HG2227-2004

(2) 产品分类：水处理剂硫酸铝按用途分为两类：饮用水类（Ⅰ类）（技术指标为强制性的）、工业用水废水和污水用（Ⅱ类）（产品指标和其他条文为推荐性的）。

(3) 物理化学性质：固体硫酸铝是具有光泽的无色粒状或粉末晶体，在水中溶解度很大。带有18个结晶水分子的硫酸铝，常温下较为稳定硫酸铝易溶于水（溶解度0℃时，86.9g；100℃时，1104g）。其水溶液pH≤2.5。

(4) 技术要求

1) 外观：固体产品为白色、淡绿色或淡黄色片状或块状。液体产品为无色透明至淡黄色或淡绿色。

2) 质量标准：见表5-7。

硫酸铝质量标准 表5-7

指 标 项 目	指 标			
	Ⅰ 类		Ⅱ 类	
	固 体	液 体	固 体	液 体
氧化铝(Al_2O_3)的质量分数(%)≥	15.6	7.8	15.6	7.8
pH值(1%水溶液)≥	3.0	3.0	3.0	3.0
不溶物的质量分数/ % ≤	0.15	0.15	0.15	0.15
铁(Fe)的质量分数/%≤	0.50	0.25	0.50	0.25
铅(Pb)的质量分数/%≤	0.001	0.0005	—	—
砷(As)的质量分数/%≤	0.0004	0.0002	—	—
汞(Hg)的质量分数/%≤	0.00002	0.00001	—	—
铬(Cr(Ⅵ))的质量分数/%≤	0.001	0.0005	—	—
镉(Cd)的质量分数/%≤	0.0002	0.0001	—	—

(5) 检验方法和允许差

检验方法和允许差见表5-8。表中允许差为取平行测量结果的算术平均值为测量结

果。平行测定结果的绝对差值不得大于允许差。

硫酸铝质量检验方法和允许差   表 5-8

检验项目含量测定	方 法 提 要	允 许 差
氧化铝	试样中的铝与已知过量的乙二胺四乙酸二钠溶液反应，生成络化物。在 pH 值约为 6 时，用二甲酚橙为指示剂，以锌标准滴定溶液滴定过量的乙二胺四乙酸二钠溶液	$\not> 0.15\%$
铁	用抗坏血酸将试样中的三价铁离子还原成二价铁离子，在 pH 为 2～9 时，二价铁离子可与邻菲罗啉生成橙红色络合物，在最大吸收波长(510nm)处，用分光光度计测其吸光度	$\not> 0.03\%$
水不溶物	用水溶液试样，用坩埚式过滤器过滤，残渣干燥后称量	$\not> 0.02\%$
pH 值	试样溶于水，用配有玻璃测量电极和甘汞参比电极的酸度计测量试验溶液的 pH 值	$\not> 0.02\,\text{pH}$
砷	在酸性介质中，金属锌将砷化物还原为砷化氢。砷化氢在溴化汞试纸上形成棕黄色砷斑，与标准斑进行比较	
铅	用电加热原子吸收光谱法，在波长 283.3nm 处测定吸光度	$\not> 0.0002\%$
汞	将试样中的无机汞和有机汞用高锰酸钾氧化成二价汞离子，过量的高锰酸钾用盐酸羟胺还原后，在硫酸酸性溶液中用双硫腙四氯化碳溶液来萃取。在萃取液中加盐酸进行反萃取，然后将水层调节为 pH4.8～pH5.5，再用双硫腙四氯化碳溶液萃取汞离子，过量的双硫腙用氨水洗净后，由分光光度法求出汞的含量	$\not> 0.000005\%$
铬	用氨水将 Al^{3+}、Cr^{3+} 生成氢氧化物或碱式盐，沉淀弃去。用原子吸收光谱法测定铬	$\not> 0.0001\%$
镉	用原子吸收光谱法，在波长 228.8nm 处以空气—乙炔火焰测定镉原子的吸光度，得出镉含量	$\not> 0.00005\%$

（6）检验规则

1）检验项目在正常生产情况下，3 个月至少进行一次形式检验，其中氧化铝、不溶物、pH、铁等项目应逐批检验。

2）每批产品不超过 150t，固体产品采样时，先去掉包装袋上层约 30cm 厚的料层，用采样工具从每袋中间抽取不少于 100g 样品，将采出的样品迅速破碎至约 10mm 以下，混匀，按四分法缩分至不少于 500g；液体产品按 GB/T 6680 的规定采样，从贮槽、船舱、槽车的顶部进口插入液层的上、中、下三部分或从出料口分前、中、后三段采样 500mL 以上样品，混合均匀。

3）使用单位有权按照标准的规定对所收到的产品进行质量检验，核实其质量是否符合标准的要求。

4）如果检验结果中有一项不符合标准要求时，应加倍抽取样品重新检验，核验结果有一项不符合标准要求时，该批产品为不合格。

2. 聚氯化铝

（1）产品标准编号：GB 15892—2003；

（2）产品分类：聚氯化铝按用途分为两类：饮用水类（Ⅰ类）（产品指标为强制性

的）；工业用水废水和污水用（Ⅱ类）。

（3）物理化学性质：聚氯化铝为无机高分子化合物，通过羟基架桥作用交联而成，分子中所含羟基数目不等，聚合物固体呈无色至黄色树脂状，易潮解，溶液为无色到黄褐色透明液体，有时在含有杂质时呈灰黑色黏稠液体。聚氯化铝有较强的架桥吸附性能，易溶于水，并发生水解生成 $[Al(OH)_3(H_2O)]_3$ 沉淀。

（4）技术要求

1）外观：液体产品为无色或黄色、褐色。固体产品为白色或黄色、褐色颗粒或粉末。

2）质量标准见表5-9。

聚氯化铝质量标准　　　　　　　　　　　　　　　　　　表5-9

指　标　项　目	指　　标					
	Ⅰ 类				Ⅱ 类	
	液　体		固　体		液　体	固　体
	优等品	一等品	优等品	一等品		
氧化铝(Al_2O_3)的质量分数(%)≥	10.0	10.0	30.0	28.0	10.0	27.0
盐基度(%)	40~85	40~85	40~90	40~90	40~90	40~90
密度(20℃)(g/cm³)≥	1.15	1.15	—	—	1.15	—
不溶物的质量分数(%)≤	0.1	0.3	0.3	1.0	0.5	1.5
pH 值(1%水溶液)	3.5~5.0	3.5~5.0	3.5~5.0	3.5~5.0	3.5~5.0	3.5~5.0
氨态氮(N)的质量分数(%)≤	0.01	0.01	0.01	0.01		
砷(As)的质量分数(%)≤	0.0001	0.0002	0.0002	0.0002		
铅(Pb)的质量分数(%)≤	0.0005	0.001	0.001	0.001	—	
镉(Cd)的质量分数(%)≤	0.0001	0.0002	0.0002	0.0002		
汞(Hg)的质量分数(%)≤	0.00001	0.00001	0.00001	0.00001		
六价铬(Cr^{6+})的质量分数(%)≤	0.0005	0.0005	0.0005	0.0005		

注：氨态氮、砷、铅、镉、汞、六价铬等杂质的质量分数均按 10.0% Al_2O_3 计。

（5）检验方法和允许差

检验方法和允许差见表5-10。表中允许差为取平行测量结果的算术平均值为测量结果。平行测定结果的绝对差值不得大于允许差。

聚氯化铝质量检验方法和允许差　　　　　　　　　　　　表5-10

检验项目含量测定	方　法　提　要	允　许　差
氧化铝	用硝酸将试样解聚，在 pH=3 时，加过量的乙二胺四乙酸二钠溶液，使 EDTA 与铝离子络合，然后用氯化锌标准滴定沉淀反溶液	液体≯0.1% 固体≯0.2%
盐基度	在试样中加入定量盐酸溶液，以氟化钾掩蔽铝离子，以氢氧化钠标准滴定溶液滴定	≯2.0%
密度	用密度计在被测液体中达到平衡状态时所浸没的深度	
水不溶物	将试样置于烧杯中加水搅拌溶解，在布氏漏斗中用滤纸抽滤	液体≯0.03% 固体≯0.1%

续表

检验项目含量测定	方 法 提 要	允 许 差
pH 值	将试样溶液用酸度计读出	
氨态氮	在试样中加入碳酸钠溶液使 Al^{3+} 形成氢氧化物沉淀，于沉淀上清液中加入次氯酸钠和 1-萘酚，形成蓝绿色靛酚络合物，在波长 720nm 处测定其吸光度，求出氨态氮含量	$\not> 0.002\%$
砷	用 DDTC-仲裁法或砷斑法	$\not> 0.00005\%$
铅	用电加热原子吸收光谱法，在波长 283.3nm 处测定吸光度	$\not> 0.0002\%$
镉	用电加热原子吸收光谱法，在波长 228.8nm 处测定吸光度，算出镉含量	$\not> 0.00005\%$
汞	用分光光度法	$\not> 0.00002\%$
六价铬	用氨水将 Al^{3+}、Cr^{3+} 生成氢氧化物或碱式盐，沉淀弃去。用原子吸收光谱法测定铬	$\not> 0.0001\%$

（6）检验规则

1）标准规定的全部指标项目在正常生产情况下，6 个月至少进行一次形式检验，其中氧化铝、密度、盐基度、水不溶物、pH 等 5 项目应逐批检验。

2）使用单位有权按照标准的规定对所收到的产品进行验收，每批产品液体应不超过 200t，固体应不超过 60t。

3）对于袋装固体产品，采样时应将采样器垂直插入到袋深 3/4 处采样。每袋所采样品不少于 100g。将所采样品混匀，用四分法缩分至约 500g，分装于两个清洁、干燥的玻璃瓶中，密封。对于桶装液体产品，采样时应将采样器深入桶内，从上、中、下部位采样量不少于 500mL。将所采样品混匀，从中取出约 800mL 分装于两个清洁、干燥的塑料瓶中，密封。对于用贮藏车装运的液体产品，应用采样器从罐的上、中、下部位采样，每个部位采样量不少于 250mL，将所采样品混匀，取出约 800mL，分装于两个清洁、干燥的塑料瓶中，密封。

在密封的样品瓶上黏贴标签，注明：生产厂家、产品名称、类别、批号、采样日期和采样者姓名。一瓶供检验用，一瓶保存 3 个月备查。

4）如果检验结果中有一项不符合标准要求时，应加倍抽取样品重新检验，检验结果有一项不符合标准要求时，该批产品为不合格。

（7）聚氯化铝混凝性能的判定

1）方法提要：用混凝沉淀试验搅拌机将自然原水进行混凝沉淀试验，根据试验结果判断混凝性能。

2）仪器和设备：一般实验室用设备和混凝沉淀试验搅拌机、散射光浊度仪。

3）混凝沉淀试验：

a）聚氯化铝稀释液的配制：称取聚氯化铝试样，放入 100mL 容量瓶中，加水稀释至刻度，摇匀，使稀释液 Al_2O_3 含量为 1.0～10mg/L。该稀释液应在使用当天配制。

b）设置试验程序：混合 500～1000r/min　　　30～60s；

絮凝 20～200r/min　　　10～30min；

沉淀　　　　　　　　　　　　　10～30min。

c）将原水注入 6 个完全相同的烧杯中，加至 1000mL 刻度处。将聚氯化铝稀释液用刻度吸管依大小顺序，依次放入加药试管中。

d）启动混凝沉淀试验搅拌器，沉淀时间到，取澄清水样，测定剩余浊度等水质指标。

e）试验期间，同时观测絮凝体形成时间、形状、大小和沉降状况，并作记录。

4）混凝沉淀效果的评价

根据混凝剂投加量、澄清水剩余浊度和其他水质指标以及观测状况，绘制曲线或作表，评价混凝沉淀效果。

3. 硫酸亚铁

（1）产品标准编号：GB 10531—2006；

（2）产品分类：按用途分为两类：饮用水类（Ⅰ类）（产品指标为强制性的）、工业用水、废水和污水用（Ⅱ类）。

（3）物理化学性能：相对密度 1.898，熔点 64℃，90℃失去 6 分子结晶水，300℃失去全部结晶水。在湿空气中易氧化成黄色或铁锈色，溶于水和甘油，不溶于醇。

（4）技术要求：

1）外观：淡绿色或淡黄绿色结晶。

2）质量标准，见表 5-11。

硫酸亚铁质量标准　　　　　　　　　　　　　　　表 5-11

指 标 项 目	指　　标	
	Ⅰ 类	Ⅱ 类
硫酸亚铁($FeSO_4 \cdot 7H_2O$)质量分数(%)≥	90.0	90.0
二氧化钛(TiO_2)的质量分数(%)≤	0.75	1.00
水不溶物的质量分数(%)≤	0.5	0.50
游离酸(以 H_2SO_4 计)的质量分数(%)≤	1.00	—
砷(As)的质量分数(%)≤	0.0001	—
铅(Pb)的质量分数(%)≤	0.0005	—

（5）检验方法和允许差

检验方法和允许差见表 5-12。表中允许差为取平行测量结果的算术平均值为测量结果。平行测定结果的绝对差值不得大于允许差。

硫酸亚铁检验方法和允许差　　　　　　　　　　　　表 5-12

检验项目含量测定	方 法 提 要	允许差
硫酸亚铁	在酸性介质中，用高锰酸钾标准滴定溶液滴定，使二价铁氧化成三价铁，以滴定液自身指示终点	≯0.4%
二氧化钛	试样以浓硫酸和硫酸铵溶解，在二氧化碳气氛下用金属铝将钛(Ⅳ)还原成钛(Ⅲ)，还原后的溶液以硫氰酸铵作指示剂，用硫酸铁铵标准滴定溶液滴定	≯0.02%

续表

检验项目含量测定	方 法 提 要	允许差
水不溶物	在烧杯中加水与硫酸搅拌，溶解过滤	≯0.04%
游离酸	将试样用异丙醇溶解，过滤，以酚酞作指示剂，用氢氧化钠标准滴定溶液滴定	≯0.05%
砷	在酸性介质中，金属锌将砷化合物还原为砷化氢。砷化氢在溴化汞试纸上形成砷斑，与标准砷斑进行比较	
铅	用电加热原子吸收光谱法，在波长283.3nm处滴定吸光度	≯0.0002%

（6）检验规则

1）使用单位有权按照规定对所收到产品进行验收。每批产品质量不得超过60t。

2）按GB/T 6678的规定确定采样单元数。对袋装产品，采样时应将采样器垂直插入到袋深3/4处采样。每袋所采样品不少于100g。对于散装产品，采样时应从产品散装面积上均匀分布的10个取样点采样，采样量不少于100g。将所采样品混匀，按四分法缩分至500g分装于两个清洁、干燥、带磨口塞的瓶中。瓶上贴标签，注明：生产厂家、产品名称、类别、批号、采样日期和采样者姓名。一瓶供检验用，一瓶保存一周备查。

3）按GB/T 1250规定的修约值比较法判定检验结果是否符合标准。检验结果中有一项不符合标准要求时，应加倍抽取样品重新检验，核验结果有一项不符合标准要求时，该批产品为不合格。

4. 氯化铁

（1）产品标准编号：GB 4482—2006。

（2）产品分类：按用途分为两类：饮用水类（Ⅰ类）（产品指标为强制性的）、工业用水、废水和污水用（Ⅱ类）。

（3）物理化学性质：氯化铁有固体和液体两种产品。熔点304℃，沸点332℃，相对密度（25℃）2.898。易吸收水分，水溶液呈强酸性，是一种强氧化剂。许多金属能被氯化铁溶液溶解而生成二氯化物。

（4）技术要求

1）外观：固体应为褐色晶体，液体应为红褐色溶液。

2）质量标准见表5-13。

氯化铁质量标准　　　　表5-13

指 标 项 目	指 标			
	Ⅰ 类		Ⅱ 类	
	固体	液体	固体	液体
氧化铁(FeCl₃)的质量分数(%)≥	96.0	41.0	93.0	38.0
氯化亚铁(FeCl₂)的质量分数(%)≤	2.0	0.30	3.5	0.40
不溶物的质量分数(%)≤	1.5	0.50	3.0	0.50
游离酸(以 HCl 计)的质量分数(%)≤	—	0.40	—	0.50
砷(As)的质量分数(%)≤	0.0004	0.0002		

续表

指 标 项 目	指　标			
	Ⅰ　类		Ⅱ　类	
	固　体	液　体	固　体	液　体
铅(Pb)的质量分数(%)≤	0.002	0.001		
汞(Hg)的质量分数(%)≤	0.00002	0.00001		
镉(Cd)的质量分数(%)≤	0.0002	0.0001		
铬(Cr⁶⁺)的质量分数(%)≤	0.001	0.0005		

（5）检验方法和允许差

检验方法和允许差见表 5-14。表中允许差为取平行测量结果的算术平均值为测量结果。平行测定结果的绝对差值不得大于允许差。

氯化铁检验方法和允许差　　　　　　　　　　　　　表 5-14

检验项目含量测定	方法提要	允 许 差
氯化铁	在酸性条件下，三价铁和碘化钾反应析出碘，以淀粉作指示剂，用硫化硫酸钠标准滴定溶液滴定	≯0.2%
氯化亚铁	在硫酸和磷酸介质中，以二苯胺磺酸钠为指示剂，用重铬酸钾标准滴定溶液滴定	固体：≯0.1% 液体：≯0.02%
不溶物	电热干燥至恒重	固体：≯0.1% 液体：≯0.02%
游离酸	用氟化钠与铁离子反应生成六氟合铁(Ⅲ)酸三钠沉淀，过滤除去铁离子，取定量滤液，以酚酞作指示剂，用氢氧化钠标准滴定溶液滴定	≯0.05%
砷	在酸性溶液中，用碘化钾和氯化亚锡把 As(Ⅴ)还原为 As(Ⅲ)，加锌粒与酸作用，产生新生态氢使 As(Ⅲ)还原为砷化氢。砷化氢在溴化汞试纸上形成砷斑，与标准砷斑进行比较	≯0.00005%
铅	试样中加入硝酸和过氧化氢，使试样中的铅溶解，然后用原子吸收光谱法测定铅含量	≯0.0003%
汞	将试样中的汞用高锰酸钾氧化成二价汞离子，过量的高锰酸钾用盐酸羟胺还原后，在硫酸酸性溶液中用双硫腙四氯化碳溶液来萃取。在萃取液中加盐酸进行反萃取。然后将水的 pH 调整为 4.8～5.5，再用双硫腙四氯化碳溶液来萃取汞离子，过量的双硫腙用氨水洗净后，由分光光度法得出汞的含量	≯0.000005%
镉	用原子吸收光谱法，在波长 228.8nm 处以空气—乙炔火焰测定镉原子的吸光度，求出镉的含量	≯0.00005%
铬	用氨水将 Fe³⁺、Cr³⁺ 生成氢氧化物或碱式盐，沉淀弃去。用原子吸收光谱法测定铬	≯0.0001%

（6）检验规则

1）使用单位有权按照规定对所收到产品进行验收。每批产品质量不超过：固体 20t，液体 60t。

2）固体氯化铁采样时扒开表面约 5cm 厚的试样，将采样器自包装单元的中心垂直插入至料深 3/4 处采样。将所采样品在封闭的容器中混匀后，取出平均样不得少于 500g。对于液体氯化铁，将所采样品混匀后，取出平均样不少于 500mL。将采取的样品分装于两个干净、干燥、带磨口塞的试剂瓶中，密封。瓶上贴标签，注明：生产厂家、产品名称、类别、批号、采样日期和采样者姓名。一瓶供检验用，一瓶保存 3 个月备查。

3）按 GB/T 1250 规定的修约值比较法判定检验结果是否符合标准。检验结果中有一项不符合标准要求时，则应加倍抽取样品重新检验，核验结果有一项不符合标准要求时，该批产品为不合格。

5. 聚合硫酸铁

（1）产品标准编号：GB 14591—2006。

（2）产品分类

按用途分为两类：饮用水类（Ⅰ类）（产品指标为强制性的）、工业用水、废水和污水用（Ⅱ类）。

（3）物理化学性质

聚合硫酸铁是新型无机高分子混凝剂。液体的黏度≥11mPa·s（20℃），固定密度 1.45。聚铁水解后可产生多种高价和多核络离子，对水中悬浮胶体颗粒进行电性中和，降低电位，使胶体粒子相互凝聚。适用 pH 值范围广，具有优良的脱水性能，对设备不腐蚀。

（4）技术要求

1）外观：液体为红褐色黏稠透明液体；固体为淡黄色无定型固体。

2）质量标准见表 5-15。

聚合硫酸铁质量标准　　　　　　　　　　　　　　　　表 5-15

指 标 项 目	指　标			
	Ⅰ　类		Ⅱ　类	
	液　体	固　体	液　体	固　体
密度（g/cm³）（20℃）≥	1.45	—	1.45	—
全铁的质量分数（%）≥	11.0	19.0	11.0	19.0
还原性物质（以 Fe^{2+} 计）的质量分数（%）≤	0.10	0.15	0.10	0.15
盐基度（%）	8.0～16.0	8.0～16.0	8.0～16.0	8.0～16.0
不溶物的质量分数（%）≤	0.3	0.5	0.3	0.5
pH（1%水溶液）≤	2.0～3.0	2.0～3.0	2.0～3.0	2.0～3.0
镉（Cd）的质量分数（%）≤	0.0001	0.0002		
汞（Hg）的质量分数（%）≤	0.00001	0.00001		
铬（Cr^{+6}）的质量分数（%）≤	0.0005	0.0005		
砷（As）的质量分数（%）≤	0.0001	0.0002		
铅（Pb）的质量分数（%）≤	0.0005	0.001		

（5）检验方法和允许差

检验方法和允许差见表 5-16。表中允许差为取平行测量结果的算术平均值为测量结果。平行测定结果的绝对差值不得大于允许差。

聚合硫酸铁检验方法和允许差

表 5-16

检验项目含量测定	方 法 提 要	允 许 差
密度	由密度计在被测定液体中达到平衡状态时所浸没的深度，读出该液体的密度	
全铁	重铬酸钾法（仲裁法）在酸性溶液中，用氯化亚锡将三价铁还原为二价铁，过量的氯化亚锡用氯化汞予以除去，然后用重铬酸钾标准溶液滴定	$\not> 0.1\%$
还原性物质（以 Fe^{2+} 计）	在酸性溶液中用高锰酸钾标准滴定溶液滴定	$\not> 0.01\%$
盐基度	在试样中加入定量盐酸溶液，再加氟化钾掩蔽铁，然后用氢氧化钠标准滴定溶液滴定	$\not> 0.2\%$
pH 值	用酸度计（0.02pH）上读出	
不溶物	液体用水，固体用盐酸在烧杯中搅拌溶解，过滤、干燥	
砷	样品中砷化物在砷化钾和酸性氯化亚锡作用下，被还原成三价砷。三价砷与锌和酸作用产生的新生态氢生成砷化氢气体。通过乙酸铅浸泡的棉花去除硫化氢的干扰，然后与二乙基二硫代氨基甲酸银作用成棕红色的胶体溶液，于 530nm 下测其吸光度（仲裁法），或在酸性介质中，金属锌将砷化物还原为砷化氢，砷化氢在溴化汞试纸上形成棕色砷斑，与标准砷斑进行比较（砷斑法）	
铅	试样中加入硝酸和过氧化氢，使试样中的铅溶解，然后用原子吸收光谱法测定铅含量	$\not> 0.0003\%$
镉	用原子吸收光谱法，在波长 228.8nm 处以空气—乙炔火焰测定镉原子的吸光度，求出镉的含量	$\not> 0.00005\%$
汞	将试样中的汞用高锰酸钾氧化成二价汞离子，过量的高锰酸钾用盐酸羟胺还原后，在硫酸酸性溶液中用双硫胺四氯化碳溶液来萃取。在萃取液中加盐酸进行反萃取。然后将水层 pH 值调节为 4.8～5.5，再用双硫腙四氯化碳溶液来萃取汞离子，过量的双硫腙用氨水洗净后，由分光光度法得出汞的含量	$\not> 0.000005\%$
铬	用氨水将 Fe^{3+}、Cr^{3+} 生成氢氧化物或碱式盐，沉淀弃去。用原子吸收光谱法测定铬（Cr^{6+}）	$\not> 0.0001\%$

（6）检验规则

1）使用单位有权按照规定对所收到产品进行验收。每批产品质量不超过：液体 200t，固体 60t。

2）固体氯化铁采样时应垂直插入至料深 3/4 处采样，每袋所采样品不少于 100g。将所采样品在封闭的容器中混匀后，取出平均样不得少于 500g。对于桶装液体氯化铁，将采样器深入桶内 2/3 处采样，采样量不少于 500mL。将所采取的样品混匀从中取出约

800mL，分装于两个干净、干燥、带磨口塞的试剂瓶中，密封。瓶上贴标签，注明：生产厂家、产品名称、类别、批号、采样日期和采样者姓名。一瓶供检验用，一瓶保存3个月备查。

3）按GB/T 1250规定的修约值比较法判定检验结果是否符合标准。检验结果中有一项不符合标准要求时，应加倍抽取样品重新检验，核验结果有一项不符合标准要求时，该批产品为不合格。

5.1.4 常用助凝剂质量标准

1. 聚丙烯酰胺

（1）产品标准编号：GB 17514—1998；

（2）产品分类

聚丙烯酰胺有非离子型、阳离子型和阴离子型之分。产品有固体和胶体两种。

（3）物理化学性质：固体聚丙烯酰胺的密度（23℃）为1.302g/cm^3，玻璃化温度153℃，软化温度210℃。聚丙烯酰胺能以任意比例溶于水，水溶液为均匀透明的液体，当溶液浓度高于10%时，可呈现出类似凝胶状的结构。

（4）技术要求：

1）外观：固体聚丙烯酰胺为白色或微黄色颗粒或粉末；胶体聚丙烯酰胺为无色或微黄色透明胶体。

2）分子量：根据用户要求提供，与标称值的相对偏差不大于10%。

3）水解度：与标称值的绝对差值不大于2%。或根据用户要求提供。非离子型产品，水解度不大于5%。

4）水处理用聚丙烯酰胺还应符合表5-17的质量要求。

聚丙烯酰胺质量标准 表5-17

项 目	指 标		
	饮用水用	污水处理用	
	优等品	一等品	合格品
固体含量(%)≥	90.0	90.0	87.0
丙烯酰胺单体含量(干基)(%)≤	0.05	0.1	0.2
溶解时间(阴离子型)(min)≤	60	90	120
溶解时间(非离子型)(min)≤	90	150	240
筛余物(1.0mm 筛网)(%)≤	5	10	10
筛余物(180.0μm 筛网)(%)≤	85	80	80

注：1. 胶体聚丙烯酰胺的固含量应不小于标称值。
　　2. 用户对产品粒度有特殊要求时可另订协议。

（5）检验方法和允许差见表5-18。表中允许差为取平行测量结果的算术平均值为测量结果。平行测定结果的绝对差值不得大于允许差。

聚丙烯酰胺质量检验方法和允许差 表 5-18

检验项目含量测定	方 法 提 要	允 许 差
分子量	使用 85g/L 的硝酸钠溶液将试样配制成稀溶液，有乌氏粘度计测定其极限粘度，按经验公式计算试样分子量	≯5%
水解度	以甲基橙—靛蓝二磺酸钠为指示剂，用盐酸标准滴定溶液滴定	≯1%
固含量	使用真空干燥箱，减压下干燥试样，根据干燥前后的试样质量计算固含量	固体：≯0.5% 液体：≯0.3%
丙烯酰胺单体	用规定体积和浓度的甲醇—水溶液浸取聚丙烯酰胺至平衡，用气相色谱法测定浸取液中的丙烯酰胺色谱峰面积	≯20%
溶解时间	随着试样的不断溶解，溶液的电导值不断增大。全部溶解后，电导值恒定。一定量的试样在一定水中溶解时，电导值达到恒定所需时间，为试样的溶解时间	≯5min
筛余物	将一定量试样置于试验筛中，在振筛机上筛分一定时间，计算不同筛网的筛余物	≯2%

（6）检验规则

1）使用单位有权按照规定对所收到产品进行验收。固体产品每批不超过 1t，胶体产品以每釜为一批。

2）固体产品采样时将采样器垂直插入至料深 3/4 处采样。用四分法将所采样品缩分至不少于 200g；液体采样时，用玻璃管或聚乙烯塑料管插入至桶深 2/3 处采样，总量不少于 200mL。将采取的样品分装于两个干净、干燥、带磨口塞的试剂瓶中，密封。瓶上贴标签，注明：生产厂家、产品名称、类别、批号、采样日期和采样者姓名。一瓶供检验用，一瓶保存 3 个月备查。

3）检验结果中有一项不符合标准要求时，应加倍抽取样品重新检验，核验结果有一项不符合标准要求时，该批产品为不合格。

2. 硅酸钠

（1）产品标准编号：GB 4209—84。

（2）物理化学性质

无色、淡黄色或青灰色透明的黏稠液体。溶于水呈碱性，遇酸分解（空气中的二氧化碳也能引起分解）而析出硅酸的胶质沉淀，而其密度随模数的降低而增大。无水物为无定形，无固定熔点。

（3）质量标准见表 5-19。

硅酸钠质量标准 表 5-19

指标名称	指 标									
	一 类					二 类				
	1	2	3	4	5	1	2	3	4	5
相对密度 （20℃）	35.0~ 37.0	39.0~ 41.0	44.0~ 46.0	39.0~ 41.0	50.0~ 52.0	35.0~ 37.0	39.2~ 41.0	44.0~ 46.0	39.0~ 41.0	50.0~ 52.0

续表

指标名称	指 标									
	一 类					二 类				
	1	2	3	4	5	1	2	3	4	5
氧化钠含量 (%)≥	7.0	8.2	10.2	9.5	12.8	7.0	8.2	10.2	9.5	12.8
二氧化硅含量 (%)≤	24.6	26.0	25.0	22.1	29.2	24.6	26.0	25.0	22.1	29.2
模数 (M)	3.5～3.7	3.1～3.4	2.6～2.9	2.2～2.5	2.2～2.5	3.5～3.7	3.1～3.4	2.6～2.9	2.2～2.5	2.2～2.5
铁含量 (%)≤	0.02					0.05				
水不溶物含量 (%)≤	0.2					0.4	0.4	0.6	0.4	0.8

（4）用途

以硅酸钠作为原料制取活化硅酸作助凝剂，以加快絮凝过程，增加凝絮牢固性，提高絮凝效果。

3. 硅藻土

（1）物理化学性质

硅藻土矿是古生物硅藻残骸的沉积物。外观为白色至浅灰色或米黄色多孔性粉末，密度 $1.9～2.35g/cm^3$。干品相对密度 $0.15～0.45$。质地疏松或轻度硬化。硅藻的壳体是无形的二氧化硅，化学性质稳定。壳体很小，一般为 $20～30\mu m$，具有微孔。天然硅藻土的主要成分为 SiO_2（约占 $65\%～90\%$）和 Al_2O_3（约占 $15\%～20\%$），其余为 Fe_2O_3、CaO、MgO 以及一些有机物。其结构形式有圆盘形、连链形、筒形和针形等。不溶于水、酸类及弱碱；溶于强碱。

（2）质量标准：硅藻土参考标准见表 5-20。

硅藻土参考标准　　　　　　表 5-20

指标名称	一级品	二级品	三级品
二氧化硅含量(%)≥	80	75	65
细度(目)	60～180	60～180	60～180

（3）用途

主要在水处理中作助凝剂。

4. 骨胶

（1）物理化学性质

金黄色半透明固体，呈酸性、片状或粉末状。无特殊臭味，无挥发性，不溶于有机剂，溶于有机酸。易受水分、湿度、温度影响而变质。

（2）质量标准：骨胶的企业标准见表 5-21。

骨胶的企业标准　　　　　　　　　　　　　　　　　表 5-21

项　目	指　标		
	一　级	二　级	三　级
黏度(MPa·s)≥	3.4	2.8	2.2
水分含量(%)≤	16	16	16
灰分含量(%)≤	2	2.2	2.5
熔点(℃)≤	23	20	18
氯含量(%)≤	0.6	—	—
pH 值	5.5～7	5.5～7	5.5～7
外观	半透明金黄色颗粒或片状，微带光泽、无毒辣、无臭、无机械杂质	半透明金黄色颗粒或片状，微带光泽、无毒辣、无臭、无机械杂质	红棕色片状或颗粒，无毒、无臭、无机械杂质

(3) 用途：在水处理中，骨胶也是一种助凝剂，可以加速絮体颗粒的形成过程，加快沉淀速度，促进絮体间的吸附，提高絮凝效果。使用时先调配成溶液后投加，配好的溶液需及时投加，不宜久贮。

5.1.5　常用药剂检验和卫生要求

1. 检验要求

(1) 按国家规定，水厂所用化学处理剂都应采用有国家或省级生产许可证企业的产品，并执行索证（生产许可证、省级卫生许可证、产品合格证及化验报告）和验收制度。

(2) 每批净水材料在新进厂和久存后投入使用前必须按有关质量标准进行抽检，未经检验或检验不合格的，不得投入使用。

(3) 净水化学处理药剂的检验项目和检测规则可参见本手册 5.1.3 和 5.1.4。

2. 卫生要求

水厂中使用的药剂都应进行过卫生安全性评价。卫生安全性评价的卫生要求是：

(1) 饮用水化学药品在规定的投加量使用时，处理后水的一般感官指标应符合 GB 5749 的要求。

(2) 有毒物质指标的要求

1) 饮用水化学药品带入饮用水的有毒物质是 GB 5749 中规定的物质时，该物质的容许限值不得大于相应规定值的 10%。有毒物质分 4 类：金属（砷、硒、汞、镉、铬、铅、银）、无机物（取决于产品的原料、配方和生产工艺）、有机物、放射性物质（直接采用矿物为原料的产品应测定总 α 放射性和总 β 放射性）。

2) 饮用水化学处理剂带入饮用水中的有毒物质在 GB 5749 中未做规定的，可参考国内外相关标准判定，其容许限值不得大于相应限值的 10%。

3) 如果饮用水化学处理剂带入饮用水中的有毒物质无依据可确定容许限值时，必须按确定该物质在饮用水中最高容许浓度，其容许限值不得大于该容许浓度的 10%。

3. 样品的采集和保存

正确的采集方法、合理的保存和及时送检是保证饮用水化学处理剂的分析质量的必要前提，根据饮用水化学处理剂的物理形态不同，应按各类化学处理剂的检验规则要求进行样品采集。

5.1.6 常用药剂的性能特点

1. 硫酸铝

(1) 硫酸铝是最早使用和最常用的混凝剂之一，它采用铝矾土矿作为原料，用硫酸分解形成硫酸铝溶液，再加入硫酸钾进行反应，生成硫酸铝钾，经过滤、结晶、离心脱水干燥制得成品。硫酸铝有固体和液体之分。

(2) 硫酸铝溶解在水中时，离解成铝离子(Al^{3+})和硫酸根离子(SO_4^{2-})，铝离子再水解为带正电荷的氢氧化铝($Al(OH)_3$)胶体，它可以和水中带负电荷的胶体相互吸引并结成絮凝体(俗称矾花)，经过沉淀去除水中的浑浊度。

(3) 硫酸铝适宜的 pH 为 6.5～7.5，但在去除有机物时最佳的 pH 为 5～6。使用时要注意原水的 pH，必要时要进行调整，否则会影响混凝效果。调整的方法是加酸或碱，在出厂水 pH 较低时，也需加石灰或碱。

(4) 硫酸铝的缺点是在低温低浊的水中，水解速度慢，生成的絮体比较轻而松，处理效果差。

2. 聚氯化铝 (PAC)

(1) 聚氯化铝也称碱式氯化铝，也是水厂最常用的混凝剂之一。其生产是利用铝灰渣加盐酸经反应、聚合、沉降而成。产品分固体和液体两种，固体尚需过滤、结晶、干燥。

(2) 聚氯化铝是无机高分子混凝剂，投入水体后能生成高价聚合阳离子，在电性中和和吸附架桥作用下，使水中胶体相互凝聚。

(3) 聚氯化铝的主要优点是：

1) 混凝效果好，与硫酸铝相比在低浊度时效果为 1.25～3 倍；

2) 对原水温度、浊度、碱度、有机物的含量的变化适应性较强；

3) 絮凝体形成快，沉淀速度高，同等条件下，可以缩短絮凝和沉淀时间；

4) 排泥水脱水性能高于硫酸铝；

5) 处理水的 pH 值降低少，在处理高浊度水时，可不加或少加碱性助凝剂，pH 值适应范围达 5～9；

6) 处理成本低。

(4) 聚氯化铝的盐基度是聚氯化铝的重要质量指标，也是最重要的生产控制参数，直接影响混凝效果。盐基度是聚氯化铝分子中氢氧根（OH）与铝（Al）的当量百分比。盐基度高混凝效果好，液体优等品的要求是 40%～85%，盐基度在 60% 以下时，聚氯化铝为淡黄色透明液，60% 以上时为无色透明液。提高聚氯化铝产品的盐基度可大幅提高生产和使用的经济效益。盐基度从 65% 提高到 92%，生产原料成本可降低 20%，使用成本可降低 40%。

(5) 氧化铝含量是聚氯化铝产品有效成分的衡量指标，液体成品要求达 10%，固体达 28%～30%，一般说来比重越大，氧化铝分量越高。

(6) 高浊度原水中将聚氯化铝与有机高分子助凝剂如聚丙烯酰胺联用时澄清效果尤为

显著。聚氯化铝也可在提高滤池过滤效果时作为助滤剂使用。

3. 硫酸亚铁

(1) 硫酸亚铁是用硫酸和铁屑加工制成的，俗称绿矾。硫酸亚铁使用效果不受温度影响，低温低浊时效果较稳定，原水碱度高、浊度高时效果也较好。

(2) 硫酸亚铁在水中溶解时，分解成二价铁离子和硫酸根离子，二价铁离子在水中絮凝速度很慢，因此需要将二价铁氧化成三价氢氧化铁，但实际上很难被完全氧化，因此只有 pH 大于 8.5，且原水有足够碱度和氧存在时应用硫酸亚铁絮凝才有较好的效果。

(3) 为了改善硫酸亚铁使用效果，可以采取在加硫酸亚铁的同时加氯，即"亚铁氯化"，氯是很强的氧化剂，能直接将硫酸亚铁氧化成高铁。氯的加注量理论上 1mg/L 的硫酸亚铁需加氯 0.234mg/L，即亚铁与氯气的理论比为 1：0.234。但因氯气与亚铁同时加注原水中，还要增加原水中有机物所需的耗氯量，上海地区的经验加氯量是硫酸亚铁加注量的 8 倍，并再加 1.5~2.0mg/L 的氯。但氯与亚铁必须同时加到原水中，不能先后投加。

4. 聚合硫酸铁 (简称聚铁，PFS)

(1) 聚合硫酸铁是将稀硫酸（约 3% 浓度）加入到硫酸亚铁中，再加入亚硝酸钠 (NaNO$_2$)，与硫酸亚铁之比约为 3：100，通入空气（或氧）进行氧化，经水解，聚合反应制得液体聚合硫酸铁。如再将液体进行喷雾干燥，制成固体颗粒。

(2) 聚合硫酸铁是一种无机高分子混凝剂。20 世纪 70 年代问世以来，引起各方关注，其主要优点是对原水的 pH 值适应范围广，絮凝体形成速度快，密集且重量大，有利于沉降，尤其对低温低浊水表现出较高的絮凝效果。

5. 氯化铁 (俗称三氯化铁)

(1) 氯化铁是以废铁屑和氯气为原料，经反应生成。它溶解在水中后离解成三价铁离子和氯离子。铁离子经水解成氢氧化铁胶体。铁盐生成的絮体颗粒大而密实，沉淀性能好。

(2) 氯化铁适用的 pH 范围为 6.0~8.4，对浑浊度较高或低温低浊原水效果比硫酸铝好。其缺点是对金属和混凝土都有较强的腐蚀性。

6. 聚丙烯酰胺 (PAM)

(1) 聚丙烯酰胺是由丙烯酰胺聚合而成的有机高分子聚合物，无色、无味、无臭、易溶于水，没有腐蚀性。聚丙烯酰胺在常温下比较稳定，高温、冰冻时易降解，并降低絮凝效果。故其贮存与配加时，温度不超过 65℃，室内温度不低于 2℃。

(2) 聚丙烯酰胺有阳离子型、阴离子型和非离子型。阳离子型一般毒性较强，主要用于污水处理和有机质较高的工业废水；阴离子型适用于泥砂含量高的江河水，非离子型适用于一般水质的饮用水处理。

(3) 聚丙烯酰胺可单独使用，也可与混凝剂同时使用。在处理高浊度水时是最有效的高分子絮凝剂之一，当含砂量为 10~150kg/m³ 时效果显著。

(4) 聚丙烯酰胺本体是无害的，但产品中含未聚合的丙烯酰胺单体和游离丙烯腈有微弱的毒性。国家标准《生活饮用水卫生标准》中对丙烯酰胺的限值规定为不得超过 0.5μg/L，为此生活饮用水处理的聚丙烯酰胺允许投加量不得超过表 5-22 的规定。聚丙烯酰胺的配制与投加见本手册 5.4.4。

生活饮用水聚丙烯酰胺允许投加量   表 5-22

经常使用（每年使用时间超过 1 个月）的最高允许投加量（mg/L）	非经常使用（每年使用时间不超过 1 个月）的最高允许投加量（mg/L）
1.0	2.0

7. 活化硅酸（水玻璃）

（1）活化硅酸是硅酸钠加酸活化而成。所谓"活化"即利用活化剂中和掉水玻璃中代表碱的氧化钠，使二氧化硅的成分游离出来，与水分子结合生成聚合硅酸即活化水玻璃后才有助凝作用。

（2）水玻璃原液的 pH 很高，达 12～13，当投加活化剂使 pH 下降到 10～9 以下时，才能不断游离出中性原硅酸单体，并在溶液中产生缩聚过程形成阴离子型无机高分子。

（3）活化硅酸是聚合反应过程中的中间产物，聚合不足助凝效果差，聚合过度生成凝胶而失效，一般以适当的中和度和活化度来控制。要掌握投加活化剂的量和使其达到良好的聚合状态的时间来加以控制。

活化硅酸的配制见本手册 5.4.5。

5.1.7 药剂选用的基本原则

1. 选用原则

混凝剂、助凝剂选用一定要因地制宜，因水质条件而异，一般要考虑的因素是：

（1）是否能取得良好的净水效果；

（2）操作使用是否方便；

（3）质量与货源是否可靠；

（4）价格是否便宜。

2. 常用混凝剂的适用条件

常用混凝剂的一般适用条件见表 5-23。

常用混凝剂的一般适用条件   表 5-23

名 称	适 用 范 围	优 缺 点
硫酸铝	一般情况下都能适用	1. 货源充足，价格适中，使用方便，尤其是液体硫酸铝； 2. 投加量大时，原水中 pH 值如下降过多就要加石灰或碱来调整； 3. 低温低浊时效果差
聚氯化铝	一般情况下都能适用。对低温低浊或高浊，对受微污染的原水处理效果较好	1. 效率高，耗药量少，有利于提高过滤性能，原水高浊时尤为显著； 2. 对温度、pH 适用范围较大，一般情况下不需加碱，腐蚀性小； 3. 货源充足，成本较低，使用方便，尤其是液体聚氯化铝

名　称	适 用 范 围	优 缺 点
硫酸亚铁	除对色度较高，含铁量较大的原水，一般情况下都能适用	1. 不受温度影响，低温低浊时效果较稳定； 2. 原水碱度高、浊度高时效果较好； 3. 腐蚀性大，一般都要用氯氧化后才能使用
氯化铁	除去色度较高，含铁量较大的原水，一般情况下都能适用	1. 不受温度影响，絮体结得大，但对低浊水效果不稳定； 2. 易溶解、易混合，渣滓少； 3. 腐蚀性大
聚氯化铁	一般情况下都能适用	1. 投药量小，混凝效果好； 2. 适应能力强，适合于微污染的原水，也适合于低温低浊处理，基本不改变 pH 值； 3. 原料来源大多为工业废料，必须加以检验合格方可使用

3. 常用助凝剂的适用条件

常用助凝剂的适用条件见表 5-24。

常用助凝剂的适用条件　　　　　　　　　　　　　　表 5-24

名　称	适 用 范 围	优 缺 点
聚丙烯酰胺	1. 高浊度水处理效果显著； 2. 为提高沉淀、过滤效果作为助凝、助滤作用； 3. 排泥水脱水	1. 可提高沉淀过滤的处理效果，在高浊度水处理时可单独投加，但与常用混凝剂配合使用时，要注意投加顺序； 2. 水解后的效果比未水解好，但水解要在专门的机械搅拌缸中配制； 3. 聚丙烯酰胺单体有毒，要注意投加量
活化硅酸	1. 低温低浊特别水温在 14℃ 以下时作为铝盐、铁盐的助凝剂； 2. 为提高过滤效果，用助滤剂	1. 可缩短混凝沉淀时间，提高过滤效能，节省混凝剂用量； 2. 要控制配制效果，要掌握适宜的活化时间和中和度； 3. 必须注意投加点和投加量

5.2　混凝

5.2.1　混凝机理

1. 混凝过程

取一杯浑浊的河水或在一杯清水中放把泥土，就可以观察到水的沉淀现象。首先会发现一些粗大的颗粒迅速下沉到杯底，上层水开始变清，然而过一定时间后，水不再进一步变清，或者变清得十分缓慢，即使再静置更长的时间，也不会清澈透亮。但是如果在水中加一些我们通常称作混凝剂的药剂，并且加以搅拌，就会发现水中出现许多由细小颗粒互相吸附结成较大的颗粒，并在水中迅速分离沉降下来，水也就很快变清了。

这种在水中加药，使细小颗粒结成大粒的过程叫混凝。从浑水中加入药剂起，到水中产生大颗粒絮体止，称为混凝过程。混凝分"凝聚"和"絮凝"两个阶段。凝聚是使水中细小颗粒即胶体失去稳定性的过程，絮凝俗称"反应"，是水中细小颗粒在外力扰动下相互碰撞、聚结、形成较大絮状颗粒的过程。混凝过程中产生的较大颗粒叫絮体俗称"矾花"。能够使胶体颗粒脱稳和相互聚结从而产生絮体的药剂叫做混凝剂。用混凝剂使水中杂质结成絮体，从而使杂质从水中分离出来的方法叫做混凝沉淀法。混凝沉淀法与自然沉淀法的区别就在于在原水中加药还是不加药。

2. 混凝机理

（1）胶体结构

要了解混凝能使浑水变清，首先要弄清胶体的结构。现以黏土胶体为例说明胶体结构。图 5-1 表示黏土胶体结构及双电层示意。胶体的核心是胶核，带负荷，包围在胶核外的是吸附层和扩散层，称双电层，双电层内的正、负离子数是相等的。

胶体在水中移动时，胶核和吸附层一起移动，扩散层的离子不随胶粒一起移动。所以吸附层与扩散层的界面即胶粒的表面出现的电位称 ξ 电位，而胶核表面的电位称 ϕ 为总电位。胶体运动中表现出来的是 ζ 电位而非 ϕ 电位。黏土胶体中 ζ 电位一般在 $-15 \sim -40 mV$ 范围内。

（2）胶体稳定性

由于原水中所有黏土胶体的胶粒表面都是负电荷，相互排斥，且本身又极为微小，只能在水中作不规则的运动，而不能依靠重力下沉，因此极为稳定。例如 $1 \mu m$ 的黏土悬浮粒子，沉降10cm 约需 20h 之久，这是浑水不能自己变清的主要原因。

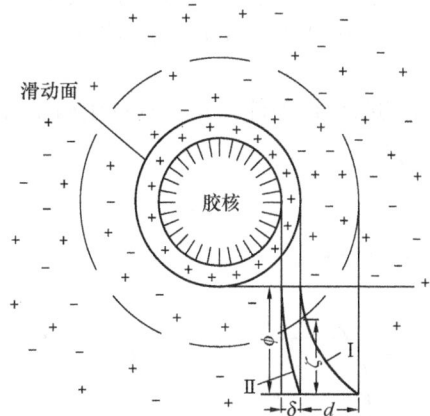

图 5-1 胶体双电层结构示意

理论认为，当两个胶粒相互接近以至双电层发生重叠时（见图 5-2 (a)），便产生静电斥力。静电斥力与两胶粒表面间距有关，用排斥势能 E_R 表示，然而，相互接近的两胶粒之间除了静电斥力外，还存在范德华引力，此力同样与胶粒间距有关，用吸引势能 E_A 表示。将排斥势能 E_p 和吸引势能 E_A 相加即为总势能 E。相互接近的两胶粒能否凝聚，决定于总势能 E。从图 5-2 可以看出，只有两胶粒表面间距非常小时，才有可能使两胶粒凝聚，否则胶体就处于稳定状态。

（3）混凝剂作用

在水中投加混凝剂后，浑水很快得以澄清，主要原因是胶体产生脱稳。比较一致地认为混凝剂对水中胶体粒子的混凝作用有三种：电性中和、吸附架桥和卷扫作用。

1）电性中和作用

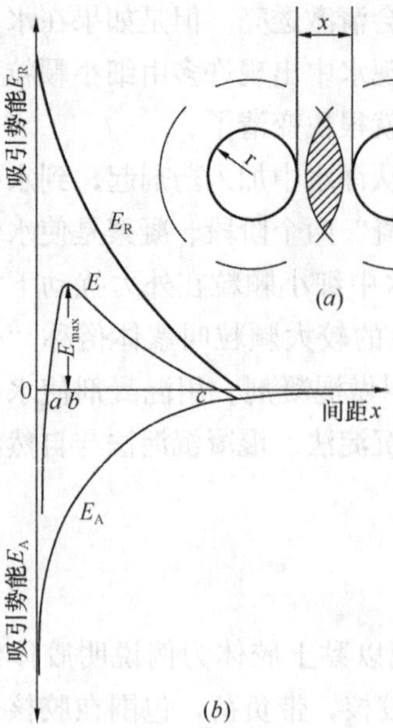

图 5-2 相互作用势能与粒间距离关系

(a) 双电层重叠；(b) 势能变化曲线

电性中和作用主要是降低或消除排斥能峰。在水中投加混凝剂后能产生大量三价正离子，这些正离子进入黏土胶体的双电层以后，使胶体电性斥力大为降低，减少了排斥势能，促使颗粒在静电引力作用下结合，使细小颗粒逐渐变成大的絮体。

2）吸附架桥作用

加过混凝剂后还有一个吸附架桥作用。理论认为不仅带异性电荷的高分子物质与胶粒具有强烈吸附作用，不带电甚至带有与胶粒同性电荷的高分子物质与胶粒也有吸附作用。这是由于当高分子链的一端吸附了某一胶粒后，另一端又吸附另一胶粒，形成"胶粒—高分子—胶粒"的絮凝体，如图 5-3 所示。高分子物质在这里起了胶粒与胶粒之间相互结合的桥梁作用，故称吸附架桥作用。但当高分子物质投量过多时，将产生"胶体保护"作用，如图 5-4 所示。胶体保护可理解为：当全部胶粒的吸附面均被高分子覆盖以后，两胶粒接近时，就受到高分子的阻碍而不能聚集。这种阻碍来源于高分子之间的相互排斥。

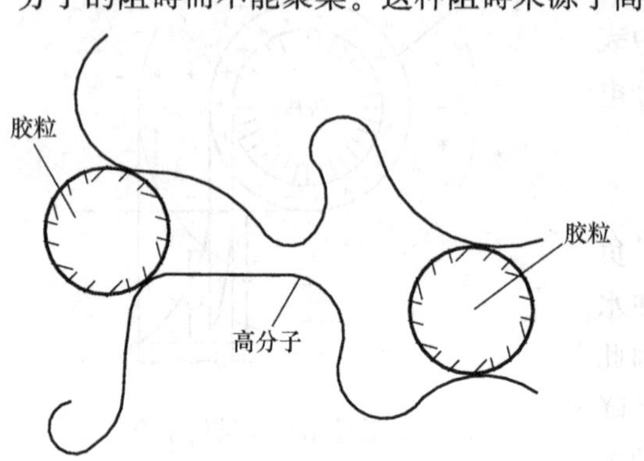

图 5-3 架桥模型示意

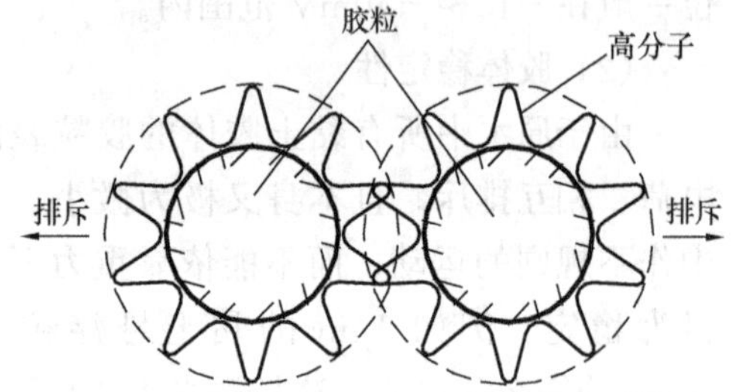

图 5-4 胶体保护示意

3）网捕或卷扫作用。

当铝盐或铁盐混凝剂投量很大而形成大量氢氧化物沉淀时，可以网捕、卷扫水中胶粒以致产生沉淀分离，称卷扫或网捕作用。这种作用，基本上是一种机械作用，所需混凝剂量与原水杂质含量成反比，即原水胶体杂质含量少时，所需混凝剂多，反之亦然。

这三种作用究竟以何者为主，取决于混凝剂种类、投加量、水中胶体粒子性质、含量以及水的 pH 值等。这三种作用有时会同时发生，有时仅其中 1~2 种起作用。

5.2.2 影响混凝的因素

影响混凝效果的因素很多，但以水力条件、pH 值、碱度、水温和混凝剂投加量最为主要。

1. 水力条件

混凝必须创造一个良好的水力条件，才能提高混凝效果。

(1) 对混合的要求

混合要求快速、充分。因为混凝剂水解作用的时间极为短促，混凝剂加入水中后是否能以最快的速度同整个原水充分混合，直接关系到混凝效果的好坏。缓慢、不恰当的混合将导致投药量增加，反应效果不好。一般混合时间要求为 $10\sim30s$。

(2) 对絮凝的要求

1) 控制好流速，絮凝池的流速一般要求由大变小，在较大的流速下，使水中的胶体颗粒发生较充分的碰撞吸附；在较小的流速下，使胶体颗粒能结成较大的絮粒。

2) 充分的絮凝时间和必要的速度梯度。

所谓速度梯度就是水在絮凝池中流动时，靠近池壁、池底的流速与靠近中心或水面的流速是不同的，在非常靠近的两层水流之间的流速差与距离的比值就叫速度梯度，用 G 表示。G 值越大，颗粒相互碰撞的机会就增多，混凝效果可以好些，但 G 值过大也不好，因为两层水流间的流速相差过大，势必产生较大的剪力，会破碎絮体，絮体一经破碎要重新结合起来就比较困难。同时，絮凝时间对混凝效果也有很大影响，絮凝时间长则颗粒的碰撞机会就多。所以絮凝效果应决定于 GT 值，它包含流速和时间两个因素，比较全面。

2. pH

pH 对混凝的影响很大。如硫酸铝加入水体后要形成氢氧化铝才能起混凝作用。但当水的 pH<4 时，氢氧化铝就溶解成 Al^{3+}（铝离子）了，铝离子是不能起吸附架桥作用的，混凝效果就不会好。只有当 pH 在 $6.7\sim7.5$ 时，氢氧化铝的溶解度最小，水中就有条件形成大量的氢氧化铝胶体，混凝效果就好。但当水的 pH 值再大些，例如 pH>8.5 时，氢氧化铝又明显溶解成铝酸离子，这时混凝效果又很差了。其他混凝剂如铁盐也是如此，因此，在水处理中要经常测定 pH 值，并设法加以控制在最佳处理范围内，对保证混凝效果至关重要。

常用混凝剂 pH 值适用范围可参考表 5-25。

常用混凝剂 pH 适用范围　　　　　　　　　　　　　　　　表 5-25

混凝剂名称	pH 适用范围
硫酸铝	$6.5\sim7.5$
硫酸亚铁	$8.1\sim9.0$
三氯化铁	$6.0\sim8.4$
聚氯化铝	$5\sim9$

3. 碱度

碱度是指水中能与强酸相作用的物质含量，在水中主要指重碳酸根（HCO_3^-）、碳酸根（CO_3^{2-}）、氢氧根（OH^-）等。

混凝剂投入水中后由于水解作用，氢离子的数量就会增加。如果这时水中有一定的碱度去中和，pH 就不会降低。所以在水中缺碱度时必须向水中投加石灰等碱性物质以提高水中 pH，以免影响混凝效果。

4. 水温

水温低，化学反应速度慢，影响混凝剂的水解，水中杂质和氢氧化物胶体之间彼此碰撞机会也减少；水温低，水的黏度也大，颗粒下降阻力增加，絮体不易下沉。所以水温对混凝效果有明显影响。

提高低温水的混凝效果，常用办法是适当增加混凝剂投加量或投加助凝剂以改善颗粒的碰撞条件，提高絮体的重量和强度。

5. 其他

混凝剂的品种、投药量、配制浓度、投药方式、原水中有无大量有机物和溶解盐类都会对混凝效果产生影响，因此确保混凝效果的有效办法是加强管理，掌握原水变化情况，正确投加混凝剂，经常观察絮体生成状况以求得最佳的混凝效果。

5.3 混凝沉淀烧杯试验

5.3.1 混凝沉淀烧杯试验的主要用途

混凝剂加注已进入自动控制时代。但烧杯试验仍是水厂生产管理中需要经常进行的一项基本操作，其主要用途是：

1. 比较各种混凝剂的混凝效果

市场上可供选用的混凝剂品种繁多，合理选用混凝剂是水厂保证水质，降低成本的重要工作之一。用混凝沉淀烧杯试验求得各种混凝剂最佳的投加量，然后将筛选后的 2 种或 3 种混凝剂进行试验对比，从而选出最佳的品种。判断混凝剂效果首先看水质处理效果，主要是浑浊度去除率，而作为全面衡量还应包括色度、COD_{Mn}、pH 值适度范围等。其次是经济性，再是药剂的运输、贮存、使用方便性，沉淀后排泥体积以及处理效果等。

2. 确定最佳的混凝剂投加量

最佳混凝剂投加量有两种含义：一是指水质达到最优时的混凝剂投加量；二是达到既定水质目标要求时的最小混凝剂投加量。

3. 优化混合条件

在混凝剂投加量、絮凝搅拌条件和沉淀条件相同的情况下，寻求最佳的混合搅拌强度和时间组合。

4. 优化絮凝条件

在混凝剂投加量，混合搅拌条件和沉淀条件相同的情况下，寻求最佳的絮凝搅拌强度和时间的组合。

5. 探求混合、絮凝、沉淀的合理组合

一般自来水厂为达到滤后水的浊度内定控制指标，对沉淀水的浊度都有一定要求。而沉淀水出水浊度是和混合、絮凝、沉淀条件及混凝剂投加量之间有着相互补充和制约关系的。如某一条件差些，在一定范围内可由其他条件弥补。因此，在满足一定出水浊度要求的前提下，混凝剂投加量与混合、絮凝、沉淀之间有多种组合可以满足出水浊度要求，这就可用混凝沉淀烧杯试验来探求三者之间的最佳组合。

6. 探索使用助凝剂效果

探索使用助凝剂的效果，可先进行不加和加注不同剂量的助凝剂的效果对比，然后经试验求得满足净水要求 的混凝剂和助凝剂的加注量。经分析可求得加注助凝剂的净水效益和经济效益。

助凝剂试验需要在不同典型的水质条件下进行，可能某个时期不加助凝剂为合适，而在另个时期则需要加注助凝剂才能保证水质或能取得较好的技术经济效益。

助凝剂试验还要注意助凝剂和混凝剂哪个先加或同时加注，二者可能取得不同的效果。

加注助凝剂不仅改善混凝沉淀效果还可能改善过滤效果，宜将加与不加助凝剂的水样进行过滤试验，以判断加注助凝剂后对过滤效果的影响。定性试验可用滤纸过滤。

7. 试验调整 pH、碱度、混凝剂浓度等条件对净水效果的影响

各种混凝剂对去除浊度均有其合适的 pH 范围。不同的处理要求，如去除有机物或锰，更有其不同于去除浊度的合适的 pH 范围。同样混凝剂加注量，由于浓度不同净水效果也会不同。用搅拌试验就可试验调整 pH、碱度及浓度的必要性和合理性。

8. 对受污染原水进行添加氧化剂、吸附剂处理效果的试验

在原水受到有机物或其他污染时，首先需要利用搅拌试验对投加预加氯、预臭氧、高锰酸钾、粉末活性炭等进行净水效果试验，取得投加量、投加点、投加方法等才能有把握地运用到生产实际中去。

5.3.2 混凝沉淀烧杯试验术语

1. 混凝沉淀烧杯试验

一种应用搅拌杯系列研究或控制混凝沉淀过程的方法，又称混凝搅拌试验、混凝烧杯试验、烧杯搅拌试验。

2. 模拟试验

探求混凝沉淀烧杯试验与净水厂中混合、絮凝和沉淀生产工艺运行相似性的试验过程。

3. 搅拌器

一种能按要求改变转速和时间的搅拌装置。一般采用多联搅拌器，又称多位搅拌器或成组搅拌器，是混凝沉淀烧杯试验的主要设备。

4. 搅拌杯

混凝沉淀烧杯试验中用于盛水样的容器。

5. 速度梯度

简称"G"，参见 5.2.2-1。

5.3.3 混凝沉淀烧杯试验设备及技术要求

混凝沉淀烧杯试验的试验设备和仪器，主要由搅拌器、搅拌杯、计时器、温度计和浊度仪等组成。

1. 搅拌器

搅拌器的选用应符合下列要求：

(1) 选用可同时搅拌几个搅拌杯的多联搅拌器（一般应有 6 联）；

（2）底部应有观察絮体的照明装置，且照明装置不应引起水样温度升高；

（3）应有加注药剂的小试管和放置试管的支架，且能同时对搅拌杯投加药剂（一个搅拌杯须对应一个加药管）；

（4）搅拌产生的速度梯度 G 值应在 $1000 \sim 20s^{-1}$ 范围内可调；

（5）搅拌桨宜采用无级调速，否则其转速不应少于 5 档。转速应能控制，有显示，其精度为 $\pm 2\%$，当一个或几个桨叶停止或启动搅拌时，不应影响其他桨叶的转速；

（6）搅拌时间应能控制，精度为 $\pm 1\%$，有显示；

（7）宜采用单平直式叶桨；

（8）所有桨叶的材质应相同且均匀，形状和尺寸应相同，精度 $\pm 1mm$，径向摆动应不大于 2mm，应具有化学稳定性、耐腐蚀性，对试验不产生影响；

（9）各桨叶轴中心线应铅垂，允许偏差 $\pm 2mm$；

（10）桨叶在各个搅拌杯中的几何位置应相同，允许偏差 $\pm 2mm$；

（11）搅拌过程中桨叶应全部淹入水体中；

（12）桨叶应能自由放下和提升；

（13）搅拌时整套装置应保持平稳，严禁桨叶在转动时扭弯。

2. 搅拌杯

搅拌杯的选用应符合下列要求：

（1）应具有相同的材质、尺寸和形状，并且有化学稳定性、耐腐蚀性，对试验不产生影响；

（2）材料应采用透明塑料或有机玻璃，形状宜为方形；宽深比宜为 $1:1 \sim 1:1.2$，有效容积应不小于 1000mL；

（3）有固定的取样口，取样口可设于距水面下 1/2 水深处；

（4）搅拌杯上的体积刻度误差应不大于 2%。

3. 温度计与浊度仪

（1）温度计允许偏差应不大于 $\pm 1℃$；

（2）浊度仪应分辩率高，需要的水样少。

4. 水质检验方法应符合现行国家标准《生活饮用水卫生标准检验方法》GB/T 5750

5.3.4 混凝沉淀烧杯试验方法

1. 操作步骤

（1）将试验水样倒入搅拌杯至刻度线，根据需要测定水温、pH 值、浊度、色度和碱度等水质参数。

（2）将搅拌杯放置于搅拌器的设定位置，再将桨叶放入搅拌杯中，对准桨叶与搅拌杯的中心。

（3）根据试验水样水质设定药剂投加量，选用刻度吸管加到加药试管中，再加适量稀释水使各加药管中的体积相等，并摇匀。一般投药前，用蒸馏水将加药试管内的药剂稀释或等体积，通常为 10mL。若某种药剂的投加量大于 10mL，为减少体积变化对试验的影响，其他试管应补水，直至体积与最大的药剂体积相等。当有药剂悬浮液时，投加前需摇匀。

（4）设定试验操作参数：

1）按预定的混合搅拌转速和时间，混合阶段的 G 值一般为 $1000\sim500s^{-1}$，时间 $10\sim30s$；

2）设定絮凝搅拌转速和时间，絮凝阶段 G 值一般为 $100\sim20s^{-1}$，时间 $5\sim20min$，絮凝时 G 值应逐时递减；

3）设定沉淀时间。

用于指导生产的混凝沉淀烧杯试验的操作参数，应按模拟试验确定。

（5）启动搅拌按钮，稍等片刻，当搅拌达到设定混合转速时，按药剂的投加量和投加顺序同时向每个搅拌杯内加药，并同步开始记录搅拌时间，观察混凝状况、絮凝体的生成速度及大小。

（6）混凝搅拌完成后，立即从搅拌杯中提出桨叶，同步记录沉淀时间，观察沉淀状况。

（7）沉淀完成后，先从搅拌杯的取样口排掉少许水样，再取水样测定浊度和 pH 值等水质参数。试验结果的记录可采用表 5-26。

（8）若经混凝沉淀烧杯试验后水质指标未能满足预期的处理结果，则选用另一系列的试验参数。重复以上步骤，直至获得预定结果为止。

混凝沉淀烧杯试验记录   表 5-26

水样：　　　　　pH：　　　　　　浊度：　　　　　　日期：

地点：　　　　　色度：　　　　　　水温：　　　　　　体积：

项　目			搅拌杯号					
			1	2	3	4	5	6
加药顺序及投加量（mg/L）		1						
		2						
		3						
混合	1档	转速						
		时间						
	2档	转速						
		时间						
絮凝	1档	转速						
		时间						
	2档	转速						
		时间						
	3档	转速						
		时间						
絮凝出现时间								
沉淀	时间							
	沉淀速度							
	水质检验	浊度（NYU）						
		色度（度）						
		碱度（mg/L）						
		pH						
混凝沉淀效果								

2. 模拟试验

(1) 应按下列步骤确定混合搅拌转速和时间：

1) 测定水厂混合过程中的速度梯度，计算混合搅拌转速。

2) 在水厂混合装置末端取混合后的水样，立即置于搅拌器的设定位置。设定絮凝速度梯度为 $100 \sim 20s^{-1}$ 中的某一值，搅拌 $5 \sim 10min$ 中的某一时间，静止沉淀 5min 后取样测定浊度。

3) 将装好原水水样的一组搅拌杯置于搅拌器的设定位置。按本条第 1) 款设定混合搅拌转速，同时各杯设定不同的混合搅拌时间；按本条第 2) 款设定絮凝搅拌转速和时间。

4) 启动搅拌器，加入与生产使用相同品种和投加量的药剂，搅拌至设定时间，各杯静止沉淀 5min 后取样测定浊度。

5) 重复本条 3)、4) 款，直到某一搅拌杯水样的浊度与本条第 2) 款相同或相近，则该搅拌杯的混合搅拌转速和时间即为模拟混合操作参数。

(2) 根据水厂絮凝池构造形式将絮凝搅拌转速和时间划分为若干档，应分别按下列步骤进行模拟试验。

1) 第一档絮凝搅拌转速和时间

a. 测定水厂絮凝池第一档的速度梯度，计算第一档絮凝搅拌转速。

b. 在絮凝池第一档末端取水样，立即置于搅拌器的设定位置。用比第一挡转速小的转速搅拌 5min。静止沉淀 5min 后取样测定浊度。

c. 将装好原水水样的一组搅拌杯置于搅拌器的设定位置。按步骤 (1) 设定混合搅拌转速和时间，按本款步骤 a 设定第一档絮凝搅拌转速，同时各杯设定不同的搅拌时间，再按本款步骤 b 设定下一档絮凝搅拌转速和时间。

d. 启动搅拌器，加入与生产使用相同品种和投加量的药剂，搅拌至设定时间，各杯静止沉淀 5min 后取样测定浊度。

e. 重复本款 c、d 步骤，直到某一搅拌杯水样的浊度与本款第 b 项款相同或相近，从而确定第一档模拟絮凝搅拌转速和时间。

2) 参照步骤 1) 的试验方法，依次确定第二、第三档的模拟絮凝搅拌转速和时间。

(3) 应按下列步骤确定沉淀时间

1) 测定沉淀池出水浊度。

2) 将装好原水水样的一组搅拌杯置于搅拌器的设定位置。按步骤 (1) 设定混合搅拌转速和时间，按步骤 (2) 设定各挡絮凝搅拌转速和时间。

3) 启动搅拌器，加入与生产使用相同品种和投加量的药剂，搅拌至设定时间，分别测定不同静止沉淀时间后的浊度。

4) 重复 2)、3) 步骤，直到某一搅拌杯水样的浊度与沉淀池出水浊度相同或相近，从而确定模拟沉淀时间。

5.3.5 判别混凝沉淀烧杯试验效果方法

1. 检验试验设备和操作的正确性

检验试验设备和操作的正确性可以以同一水样，加注同样混凝剂及剂量，用同样的搅拌转速和时间，经同样的沉淀时间，在同样水深取样，其沉淀水浊度应彼此相同或相当接近，如相差较大，则应找出原因加以纠正。

2. 对浊度仪和取样的技术要求

浊度仪的仪表精度分辨率要符合要求，并经校验合格。取样时，取样深度要固定，取样数量要恒定，取样方法最好用虹吸管吸到位于烧杯旁水位低于烧杯的容器中，虹吸可用橡皮球抽气形成。

3. 判别试验效果

主要按颗粒生成速度，絮体结成大小，絮体与水分离状态来衡量。搅拌后絮体大小参照表5-27。

絮体大小参照表　　　　　　　　　　　　　表 5-27

絮体大小	直　径	沉淀100mm需要时间	判别结果
针头大小	肉眼可见的非常小的颗粒	<2min	优秀
细小	0.4mm	2～4min	良好
小	0.8mm	4～7min	可以
中	0.8～1.2mm	>7min	不合格
大	1.2～2.4mm		
合适大小	0.6mm 以上		

5.4　混凝剂的配制与投加

5.4.1　混凝剂投加系统

1. 混凝剂投加系统组成

净水厂混凝剂投加系统一般由储液池、溶解池、溶液池和投加设备组成。如图5-5所示。

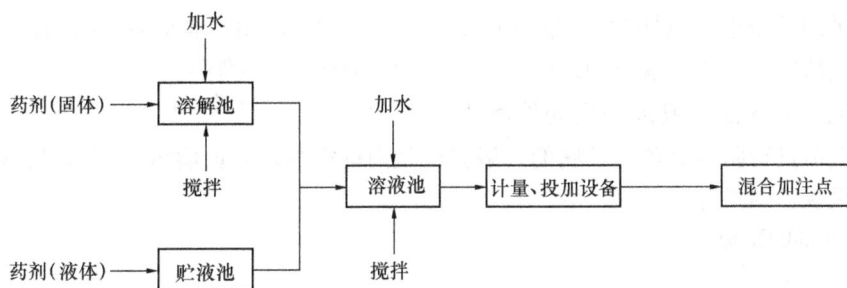

图 5-5　混凝剂投加系统

2. 混凝剂投加方式

水厂常用混凝剂投加方式有：重力投加法、水射器投加法，以及计量泵投加法。依靠重力作用将混凝剂投药的方法称为重力投加法，见图5-7。重力投加法常采用提高溶液池位置，用泵将溶解池中的药液送到高架溶液池中，见图 5-6。中小水厂也有采用水射器将药剂吸入进水管，这种方法称水射器投加法，见图 5-8。但目前新建水厂一般都使用计量泵投加，计量泵投加（见图 5-9、图 5-12、图 5-19）详见本手册 5.4.3。

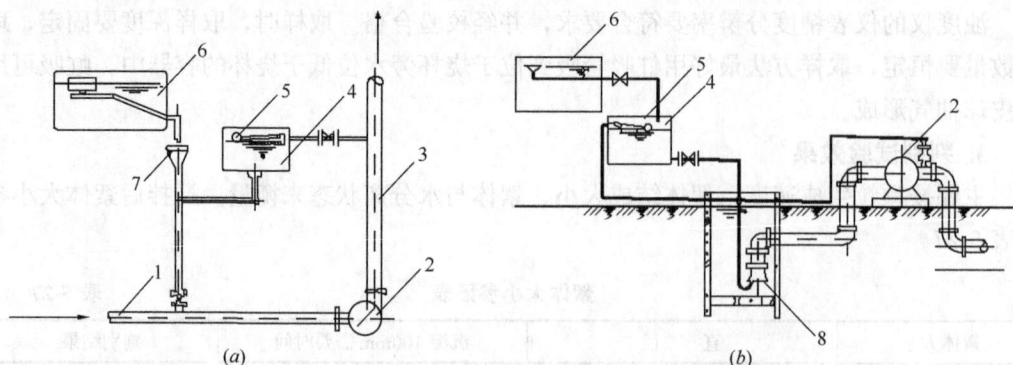

图 5-6 泵前重力投加法

(a) 吸水管处投加；(b) 吸水喇叭口处投加

1—水泵吸水管；2—水泵；3—出水管；4—水封箱；5—浮球阀；6—溶液池；7—漏斗；8—吸水喇叭口

3. 溶解池、溶液池

溶解池、溶液池应根据投加药品的种类要求进行配置。现代化水厂应具有能投加混凝剂、助凝剂、pH 调节剂、氧化剂和粉末活性炭等多品种药剂的设施。溶解池和溶液池的数量和容积应根据处理规模、投加药剂品种、最大投加量和溶液浓度及每日调制次数来确定。

每个池应配备的主要设备和仪表为：电动搅拌机（采用机械搅拌时）、空压机和空气管（采用压缩空气搅拌时）、超声波液位仪、溶液浓度计、进出液电动球阀。

溶解池、溶液池一般采用钢筋混凝土

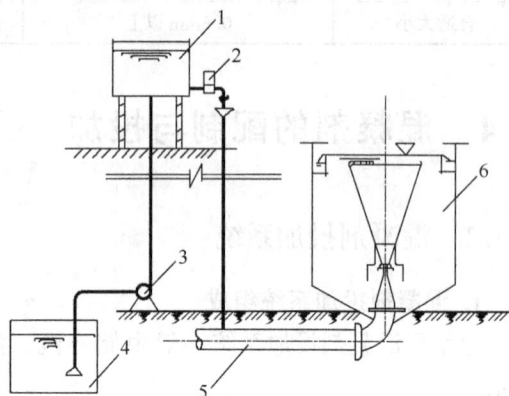

图 5-7 高架溶液池重力投加法

1—溶液箱；2—投药箱；3—提升泵；4—溶液池；

5—原水进水管；6—澄清池

池体，内壁需进行防腐处理，防腐的一般方法是内壁涂衬环氧玻璃钢、辉绿岩、耐酸胶泥贴瓷砖或聚氯乙烯板等。

4. 混凝剂的配制

（1）配制方法

固体混凝剂的配制一般是在溶解池中用机械搅拌或压缩空气搅拌使之溶解，然后将溶解好的药液置入溶液池中，用水稀释成需要的浓度。

（2）配制浓度

1）固体混凝剂的配制浓度是指单位体积药液中所含的混凝剂的重量，用百分比表示。如配制浓度为 10%，即 1000L 溶液中有 100kg 的混凝剂。

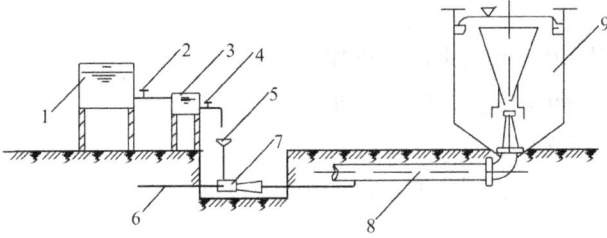

图 5-8 水射器压力投加法
1—溶液罐；2—控制闸阀；3—投药箱；4—控制计量；5—投药
口；6—高压水管；7—水射器；8—原水进水管；9—澄清池

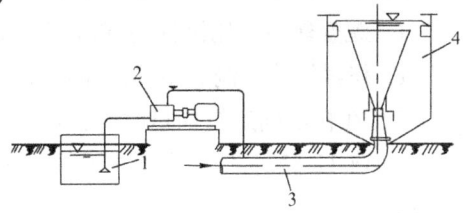

图 5-9 计量压力泵投加
1—溶液池；2—计量泵；3—原水
进水管；4—澄清池

2）固体混凝剂的配制溶液浓度宜控制在 5%～20% 范围内（按固体重量计算），药液配好后，继续搅拌 15min，再静置 30min 以上方能使用。

3）液体混凝剂一般也按一定的配置浓度稀释后投加，但也可将原液直接投加。

珠海自来水公司香州水厂曾对混凝剂原液直接投加进行研究。搅拌试验结果如表 5-28 所示。

珠海自来水公司混凝剂浓度化验室试验　　　　　　　　　　表 5-28

项　目	1#（混凝剂原液）	2#（20%浓度）	3#（10%浓度）
混凝剂原液量(mL)	50	50	50
蒸馏水稀释倍数	0	5	10
稀释后总体积(mL)	50	250	500
投加溶液量(mL)	0.1	0.5	1.0
30min浊度(NTU)	1.77	2.68	2.91
45min浊度(NTU)	1.54	2.49	2.37
絮体情况	絮体颗粒大，沉降速度快		

注：原水浊度 36.1NTU，水温 23.5℃

经香州水厂、西城水厂半年多生产性试验结果也证明混凝剂投加原液取得良好效果。并在全公司得到了推广。香州水厂、西城水厂试验结果如表 5-29 所示。

香州水厂、西城水厂原液直接投加试验　　　　　　　　　　表 5-29

水厂名	时　间	原水浊度(NTU)	滤前水浊度(NTU)		滤后水浊度(NTU)	
			2万 m³/d	3万 m³/d	2万 m³/d	3万 m³/d
香州水厂	2008.9.12(兑水稀释)	11.9～29.6	4.3～9.6	4.23～5.9	0.45～0.9	0.36～0.56
	2008.9.28(投加原液)	24.5～32.1	3.4～4.6	2.28～3.56	0.29～0.43	0.29～0.38
西城水厂	2008.5.4(兑水稀释)	23～38	4.86～5.46	4.79～5.23	0.71～0.81	0.52～0.71
	2008.9.27(投加原液)	13～35	3.72～4.02	3.61～3.82	0.21～0.23	0.19～0.23

（3）投加量（人工控制）

人工控制投加量一般要通过试验和实际观察来确定。

1）确定投加量的步骤：

a. 用烧杯试验初步确定投加量；

b. 观察絮体，用沉淀池或澄清池实际出水浊度来调整投加量；

c. 积累经验，制定不同原水浊度的加药量图表，用以指导日常生产。

2) 在初步确定投加量时，也可采用优选法。

a. 取 1L 烧杯 4～6 只，杯中倒入水质完全相同的原水，测定它们的温度、pH 值和浑浊度；

b. 确定每个烧杯中的加药量。

确定方法如 4 个烧杯为例，以 a、X_1、X_2、b 表示每个烧杯宜加的药量，其中 a 和 b 分别代表最小和最大的加药量，其值按相同类型水质的经验来确定，X_1、X_2 为中间 2 个烧杯的加药量，按下列公式计算：

$$X_2 = a + 0.618(b - a)$$

$$X_1 = a + b - X_2$$

现举例说明：某水样按经验其最大与最小的加药量分别取 a 为 10mg/L，b 为 60mg/L，则得

$$X_2 = 10 + 0.618(60 - 10) = 40.9mg/L（取 40mg/L）；$$

$$X_1 = 10 + 60 - 40.9 = 29.1mg/L（取 30mg/L）。$$

c. 投加混凝剂并观察絮体

按次序向 4 个烧杯中加入所需不同量的混凝剂，采用多联电动搅拌器，先按 100～160r/min 开动搅拌器，当搅拌稳定后，同时向烧杯中按不同投加量投加混凝剂，搅拌 3min，然后改用 20～40r/min 进行慢搅拌 10～30min，停止搅拌后，将搅拌器的叶片提升上来，一般 5～10min 后检测上层水浊度。根据出现絮体时间，絮体形态和絮体沉淀情况综合得出最优加药量。

3) 观察絮体的一般方法

用优选法或直接试验，初步确定投药量后，可以作为指导生产的初步依据，但最终还要观察絮体生成情况和以沉淀水实际出水浊度来加以调整。絮体观察的一般方法见表 5-30。

观察絮体的一般方法 表 5-30

絮体生成评价	特　点
投药量适当时	絮凝池中所结的絮体，颗粒清晰，水与颗粒界限清楚，并有分离倾向。絮凝池后部泥水分离清晰而透明，进入沉淀池后，即开始分离，这表明凝聚良好； 对于浊度较高的原水，絮体一般密集、细小而结实； 对于浊度较低的原水，絮体一般类如小雪花片，颗粒轻而不结实，在絮凝池中，后部才能看到； 对于低浊度原水，一般仅能看到絮体
投药量过大时	絮凝池后部就出现泥水分离，絮体密度降低，甚至在沉淀池中很快就沉淀或在沉淀池进口处虽产生泥水分离，但在出口有大量絮体带出，并呈乳白色，出水浊度增高，这说明投药量过大
投药量过小时	絮凝池中虽然也看到细小絮体，但在后部和沉淀池进口处没有泥水分离现象，水呈浑浊糊状，表明投药量不够

4）原水浊度突然增加时的加药量

在原水浊度突然增高（一般在暴雨）容易出现投药量不足，这时由于新进来的浑水相对密度一般比池中原来的清水大，如果投药不足，悬浮杂质未充分得到混凝，相对密度大的浑水自然会潜入池底流动，在水力学上称浑水异重流，沉淀池表层水仍然很清，也看不到絮体，出现了上清下浑，当上层清水流走后，浑浊的原水开始向上流动，水质立即变坏。这是许多水厂在暴雨过后经常出现水质事故的原因之一。对付这种情况，只有迅速过量地投加混凝剂（如果原水中碱度不够，pH 值下降还要投加石灰）直到水质变好为止。

每个水厂的原水情况不尽相同，控制投药量要靠长时间的细心观察、积累经验、掌握规律，才能摸索出一套行之有效的办法。即使有了经验，仍然要提倡看絮体、检测出水浊度，勤跑、勤看、勤调整。

5. 投加设备的运行管理

（1）初次启动步骤

1）彻底清洗溶解池、溶液池；

2）检查排水阀是否正常；

3）对构筑物和管线进行水密试验；

4）根据不同厂家的具体要求对所有电气、机械设备进行润滑；

5）进行所有电气测试，包括电机旋转方向及设备的自动操作；

6）仔细检查各个安全设施，如低液位停泵；

7）仔细冲洗计量泵的吸入和压出管线，以避免杂质存在损坏计量泵。

（2）确定投药量

（3）计算加药泵的冲程设置，泵的旋转速度设定在最大值，与待处理的最大流量相对应；泵的冲程设定在 $X\%$。

$$x = \frac{105 \times p \times Q}{qm \times c}$$

上式中　p——药品投加量，mg/L；

　　　　Q——待处理水的最大流量，m^3/h；

　　　qm——计量泵最大输出，L/h；

　　　　c——药品溶液的浓度，g/L。

如果 $X>100$ 则在允许范围内，增加 c 值；$X<25$ 则在允许范围内减少 c 值。

（4）启动计量泵

检查计量泵管道上所有阀门（主要有溶液池出口、计量泵进口与出口、投加点的控制阀）在正确位置后，按厂家的操作手册启动计量泵，开始时用手动模式对泵进行操作，稳定后进入自动操作模式。

（5）运行管理

1）填写操作日记：应包括时间（年月日）、原水浊度及温度、水厂供水量、溶液池浓度、泵和溶解池、溶液池工作状态，以及记录期内发生的事件及事故。

2）定时检查溶解池、溶液池的工作状况。

3）定期清扫溶解池与溶液池：溶解池与溶液池一般应每月进行一次彻底排空并用水

冲洗，池底污物及沉积物必须除去，保持加药间的清洁卫生。

4）每个单元的短时间停泵（一个星期内）所有加药管阀门可保持其原来状态，停产时间长于一个星期的应放空，清理并清洗所有设备，关闭所有设备。

5）按厂家设备操作要求进行定期的设备润滑和维护，并记录在操作日记中，如润滑日期，磨损件的更换等。

5.4.2 流动电流自动控制投药

1. 混凝剂投药自动控制一般方式

混凝剂投药自动控制是现代化水厂运行和管理水平的标志之一。实施混凝剂投药自动控制的首要目的是稳定地达到水质目标，节约混凝剂和改善劳动条件。混凝剂投加自动控制方式很多，目前在生产上应用的主要有：

（1）流动电流检测仪（SCD）法

流动电流（SCD）与胶体的流动电位 ξ 有一定的相关性，以沉淀水出水浊度符合目标要求时的 SC 值作为设定值，以测定的流动电流值和设定值进行比较，及时调整加药量。这种方法主要优点是简单方便可行，但是要正确设定和及时调整设定值，尤其是原水水质发生超常变化时。

（2）数学模型法

数学模型法是根据原水水质参数，主要有原水浑浊度、水温、碱度、氨氮、耗氧量以及流量等建立数学模型，通过计算机加以控制。但由于水质参数对投药量影响需要长时间的正确积累，水质在线监测仪表又要监测正确，使这种方法很难在生产实际使用，目前实际应用较多的只采用流量和浊度这两个影响混凝剂投加量的主要参数，建立简单的数学模型，并用沉淀池出水浊度作反馈调整，这种方式同样简单方便可行，但也需要经常根据出水水质加以人工调整。

（3）现场模拟试验法

现场模拟试验法有斜管模拟沉淀池或模型滤池两种形式。

斜管模拟沉淀池以一定上升流速的斜管沉淀来模拟一定停留时间的生产沉淀池，应用时要找到不同水量和进出水浊度，在模型和生产池之间的差别及规律来预测和控制沉淀池出水浊度。该方式的滞后时间一般为 20～30min。

模拟滤池是将混合后的原水经模拟滤池直接过滤，按滤后水浊度是否符合目标要求及时间自动调整混凝剂加注量。该方法由于采用直接过滤，容易堵塞需要经常冲洗，其反馈滞后时间一般为 25～40min。

2. 流动电流投药自动控制原理

如 5.2.1 节所述，胶体在水中移动时，胶核和吸附层一起移动，扩散层的离子不随胶粒一起移动，在吸附层与扩散层的界面出现电位称 ξ 电位，也称流动电位。其大小反映了胶体的脱稳程度，最佳的混凝条作应当是 ξ 电位趋于零时。降低 ξ 电位是通过投加混凝剂，如果能检测 ξ 电位的变化就能达到混凝剂投加自动控制的目的，但 ξ 电位不易检测，美国人 Gerdes 于 1966 年发明了流动电流检测器（SCD），经理论和实践都证明流动电流和 ξ 电位之间呈线性关系，流动电流和流动电位是对胶体表面固液电场特性的不同描述。

因此，通过检测和控制流动电流就可以影响 ξ 电位也就达到控制混凝剂投加的目的了。

1966 年流动电流检测器发明后，直到 1980 年以后该技术趋于完善与实用化，并得到迅速发展，我国的 SCD 控制技术是由哈尔滨工业大学开发并在 1990 年与杭州自来水总公司合作首次在生产性试验中得到成功后，逐步在全国得到广泛的应用。

3. SCD 传感器构造

SCD 有一个传感器和一个信号处理器。传感器是 SCD 的心脏。其内部结构如图 5-10 所示。

被测水样以一定流速进入检测室。在圆形检测室内有一活塞，作垂直往复运动。活塞和检测室内壁之间的狭小缝隙构成一个环形毛细管空间。当活塞在电机带动下作往复运动时，促使水样在毛细管内作相应的往复运动。水样中的微粒会附着于活塞与检测室内壁的表面，形成一个微粒"膜"。环形毛细管中的水流带动微粒"膜"的扩散层中作反离子运动，从而产生流动电流，经检测室两端的环形收集送给后续信号处理装置，传感器为实现投药自动控制提供了关键性的技术手段。

常用 SCD 检测仪有美国 MiltonRoy（米顿罗）生产的 SCD4200、SCD5200；哈尔滨现代水技术发展

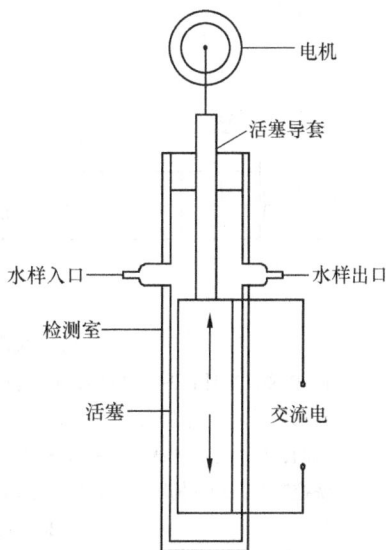

图 5-10 传感器构造示意图

公司生产的 SC-3000 型、SC-4000 型以及美国 sentrol System Inc 生产的 SPD1000 游动电位检测仪等。

4. 流动电流检测仪（SCD）自动投药控制的工艺流程

（1）SCD 自动投药控制工艺的组成

SCD 自动投药一般流程如下：

1）混合取样系统：主要由管道静态混合器、取样管、取样泵、控制阀门组成；

2）检测控制系统：主要由 SCD 检测仪及控制器组成；

3）执行系统：主要由计量泵以及溶液设备和相应的管道组成。

典型的 SCD 控制工艺流程图见图 5-11。

（2）利用 SCD 自动加药控制的简单反馈系统

SCD 用于自动加药控制时，通常由 SCD，带 PID 功能的过程控制器，一台带有可接收 4~20mA 信号的电动冲程控制器的加药泵组成。

图 5-12 表示用 SC5200 控制加药泵的一个简单反馈控制系统，SCD 信号被送到积分过程控制器与设定点进行比较，然后 SC5200 根据 SCD 信号改变，连续输出一个 4~20mA 信号到加药泵调整加药量。

（3）利用 SCD 自动加药控制的前馈控制系统

图 5-13 表示更加先进的控制方案，它使用带可调冲程与速度控制的计量泵。用原水流量作为前馈控制泵的转速，而用 SCD 调节泵的冲程可实现药剂投加的快速调节。

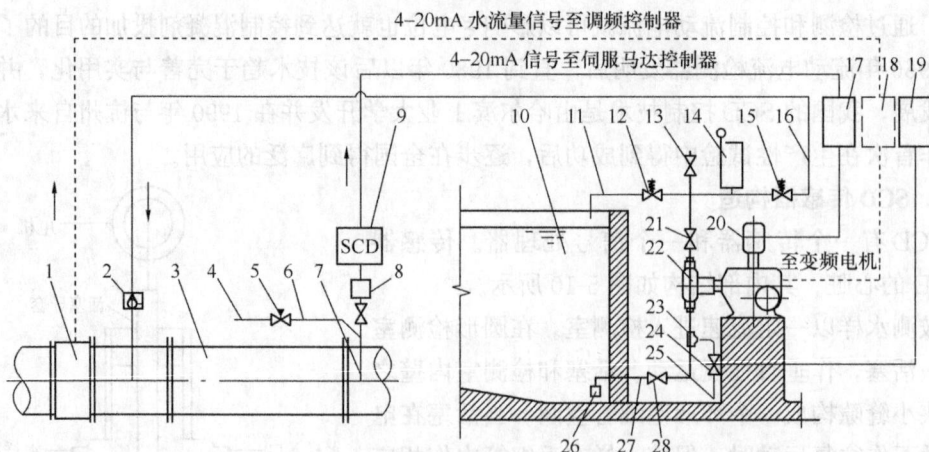

图 5-11　流动电流法混凝剂投加控制工艺流程图

1—电磁流量计；2—注料阀；3—管道静态混合器；4—压力水管；5—电磁阀；6—反冲洗管；7—穿孔采样管；8—采样泵；9—流动电流检测控制仪；10—储液池；11—泄放管；12—安全阀；13—排气阀；14—防脉冲器；15—背压阀；16—投加管；17—伺服马达控制器；18—调频控制器；19—清洗控制器；20—伺服马达；21—手动球阀；22—计量泵；23—清洗器；24—电磁阀；25—压力水管；26—底阀；27—进液管；28—手动球阀

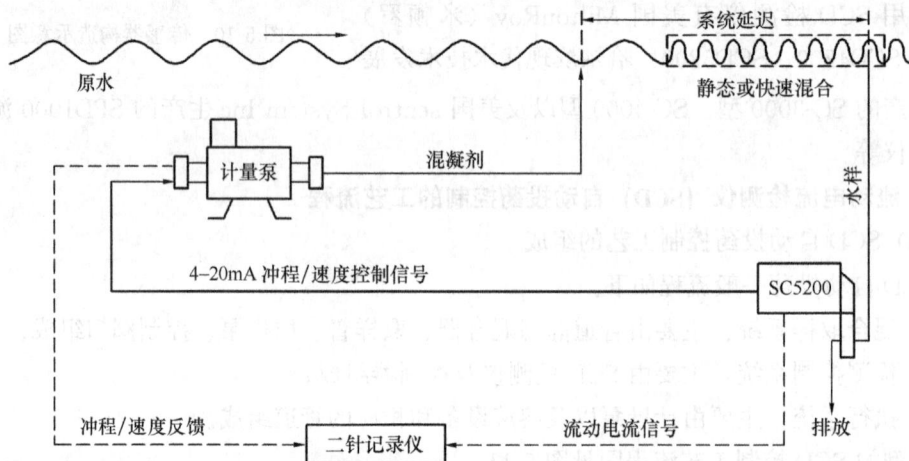

图 5-12　用 SC5200 控制简单的反馈系统

5. SCD 仪表的取样要求

正确的取样是 SCD 检测系统能正常工作的关键。SCD 装置的取样应满足以下要求：

(1) 要在原水与药剂混合均匀后即取样，取样管应伸入管中轴线处，用管道静态混合器的在混合器之后取样；采用机械混合的可使用潜水泵或在混合器至絮凝管之间取样。不能在絮体形成后取样，因为絮体会干扰流动电流的测定。

(2) 尽量缩短取样点至 SCD 检测器的距离，减少滞后时间。

(3) 取样处要有防止原水杂物堵塞措施，要有除砂、排气、拦截漂浮物的功能；不能将含有损坏探头或阻碍水样流动的异物进入检测器。

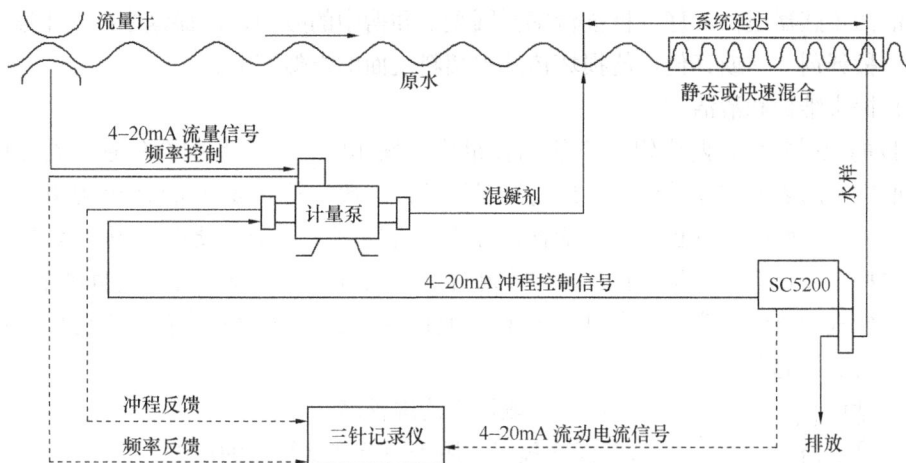

图 5-13 用 SCD 控制的前馈流量比例控制图

（4）尽可能采用重力自流取样，只有在确有必要时才采用取样泵，取样管线要用耐腐蚀的塑料管，取样管要保持适当的流量，管径不宜太粗；取样管应设反冲洗装置。

（5）在混凝剂与助凝剂同时使用时，通常应保持助凝剂投加量的稳定，而由 SCD 控制和调整混凝剂。

（6）投加石灰时，SCD 取样应在混凝剂投加后，石灰投加前取样。如果不能做到这点，就需要在石灰在水中已充分混合均匀后取样。对其他预处理化学药剂如高锰酸钾和粉末活性炭应同样的考虑。

6. 关于设定值的选择

（1）SCD 不能直接确定适宜的混凝剂投加量，而是由处理工艺、原水状况、所用药剂、药品投加点和其他因素决定的。一个特定系统最佳的混凝剂投加量应通过其他传统方法来建立，然后将 SCD 作为一个工具用于在变化的处理工况下维持此投加效果。

（2）最佳工艺设定值是经过沉淀或过滤后能够得到满足浊度和色度标准的出水的 SCD 工艺值。此工艺设定值是通过手动或自动增加和减少药品投加的范围来保持。在手动操作模式，泵投加量是通过操作人员进行调节以维持设定值。在自动操作模式，用可编程控制器来维持已建立的设定值。

（3）水厂在运行一段时间，观测 SCD 读数可能是选择设定值最常用的方法。通过观察 SCD 工艺值以及研究本水厂里的运行数据，可以选择能满足出水水质所需投加量的初始设定值。还可以用烧杯试验建立粗略的工艺设定值。但要注意典型的烧杯试验是在进行 5min 反应后的读数，而 SCD 是在提供投药 2～3min 的读数。设定值最终应按达到沉淀池内控出水指标的要求进行调整和确定。

7. 日常维护

（1）计时传感器的维护

SCD 计时传感器在探头侧盖下面。其目的是从轴承组件的计时圆盘上提取计时信号。应定期检查计时传感器和圆盘的盘面和槽中有无集尘和杂质。由于水样从柱塞泄漏和溅到传感器表面，容易弄脏传感器，同样，轴承组件中的油脂也会进到传感器槽中。

要清洁传感器组件，仔细擦去传感器圆盘上和槽中的赃物，确保盘中的槽干净。不要用酒精、稀释剂、苯或其他可能损坏传感器塑料表面的类似溶剂。

（2）探头维护和清洁

SCD 的取样室由带两个银电极的端孔组成，操作时，一个紧配合的柱塞在孔中往复运动，取样室的表面应保持清洁，以防测量误差。一般运转一段时间水中的矿物质和化学添加剂，将在壁面引起沉积，这包括含铁和铝的混凝剂、石灰、硬水沉积物和高锰酸钾，砂和一些特定的物质等，从而损坏取样室和柱塞。信号漂移和异常通常说明取样室需要清洗。每月检查和清洗探头可确保正常运行，使用手动或自动冲洗装置，则此间隔可以延长。SCD 探头构造见图 5-14。

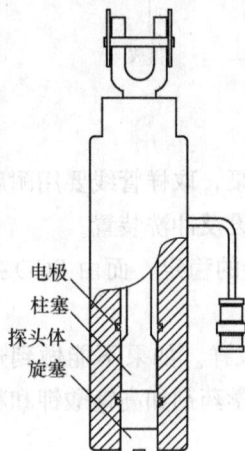

图 5-14　SCD 探头示意

（3）SCD 取样室清洗程序

1）标准程序：用于简单特定物质的清洗：

a. 使用一个清洁的试管刷或瓶刷，边用清水冲洗，边用力刷柱塞表面和取样室孔。

b. 在重新组装前彻底用清水冲洗。

c. 将 SCD 在线运行 10～15min，直到它回到与原始值接近。

2）专用程序 1：用于化学药物沉积和涂层清洗时：

a. 按标准程序所列清洗探头。

b. 用大约 10mL 家用漂白剂兑 100mL 水，配置漂白剂溶液。彻底刷洗取样室和柱塞表面。

c. 用清水彻底清洗取样室和柱塞表面，重新组装。

d. 将 SCD 在线运行 10～15min，直到它回到与原始值接近。

e. 如果 SCD 读数不回到初始读数的 2SC 单位之内，重复清洗，直到获得满意的运行。操作前务必用清水彻底清洗探头。

3）专用程序 2：用于铁或高锰酸盐沉积物的清洗：

当投加的是铁盐（氯化铁或硫酸铁）或高锰酸钾时，SCD 取样室将会覆盖一层铁和锰的沉积物，这些"锈"不容易用刷子或漂白剂除去，而需要用除锈剂。清洗步骤如下：

a. 用 30g Rover™ 除锈剂兑 1L 水配置成溶液并混合均匀。

b. 卸下探头，使用干净的刷子，用溶液彻底刷洗取样室和柱塞，除去壁面所有污点。

c. 用清水彻底清洗取样室和柱塞表面，然后重新组装。

d. 将 SCD 在线运行 10～15min，直到它回到与原始值接近。

8. 故障排除

SCD 故障排除见表 5-31。

SCD 故障排除　　　　　　　　　　　　　　　　　　表 5-31

故障现象	排除方法
仪表不显示、电机不转	● 检查端子排(TB)电源接线； ● 检查 TB 接线是否正确； ● 拆下前面板，检查电路板后的两个熔断器； ● 检查位于电路板前右侧的电机插座

续表

故 障 现 象	排 除 方 法
仪表不显示，电机转动	● 检查端子排是否正确； ● 拆下前面板，检查从主电路板到控制器(在前面板)连接； ● 电缆是否牢固，控制器端子上所有接线是否牢固
显示正常，电机不转或转动不正常	● 拆下前面板，检查电路板上电机插座； ● 拆下探头，仔细用手旋转传感器圆盘和轴承组件，以确认活塞组件可自由运动，如果组件不灵活或显得紧，则检查圆盘和传感器的间隙，或卸下探头，检查活塞和探头体粘合的原因； ● 检查或更换电机
显示不反映过程变化或显示读数为零	● 清洗探头； ● 确认是否满足取样要求； ● 增大仪表增益； ● 检查壳体下部探头连接是否正确，检查探头电缆是否扭折或磨损； ● 检查在主电路板的端子 8 和 9 之间是否接了跨接线，如果端子 8 和 9 连接到记录仪或其他设备，确认接线和极性； ● 检查探头壳体底部的管堵头是否堵上或拧紧，如果装有手动反洗阀，确认阀已关闭； ● 拆下前面板，检查探头信号电缆和传感器信号电缆是否正确连接到电路板的插座上，检查所有电缆是否扭折或磨损； ● 拆下探头盖板，检查传感器圆盘是否可在传感器槽中自由转动，确认圆盘中的槽是否清洁，必要时更换传感器电缆； ● 如果仪表配有备选的自动冲洗装置，确认 TB1 的仪表电源极性，端子 1 应为 HI，端子 2 应有 NEUTRAL
显示器读数溢出量程	● 检查在主电路板的端子 8 和 9 之间是否接了跨接线，如果端子 8 和 9 连接到记录仪或其他设备，确认接线和极性； ● 检查主板和显示器板的电气接线； ● 调节零位和增益设定，使操作在量程内
显示器读数不稳定	● 清洗探头； ● 确认已满足取样要求； ● 增大滤波调节，除去 SCD 信号中小的波动和外部的电气噪声； ● 检查同步传感器圆盘是否在探头盖板下，确认圆盘没有与传感器接触，圆盘和传感器槽没有灰尘和杂质； ● 拆下前面板，检查到主板的所有电气连接，包括传感器和探头电缆； ● 检查水样流速是否稳定，所有流过的流体是否清洁

注：故障不能排除时应及时与供货商或专业维修公司联系。

9. SCD 自动控制投药使用经验

自 20 世纪 90 年代，流动电流技术逐渐在国内水厂大量应用获得了良好的使用效果，但也有不少存在问题，总结 SCD 使用经验主要有：

(1) 对水质的适用性

1) 原水浊度

SCD 对原水浊度的适用范围很广，可以从 3.0～4500NTU 之间，对原水浊度变化幅度大而且变化快的情况都能适应。但原水浊度高时容易对 SCD 的取样、检测系统造成堵塞、干扰等，需要采取适当的预处理措施，必须加强清洗维护。

2) 藻类

采用湖泊、水库的水厂经常遇到季节性藻类问题，在含有大量藻类的情况下，流动电流仍可随混凝剂量的变化有相应的响应,两者之间存在相关性。如深圳沙湾水厂、龙岗水厂,武汉东湖水厂,昆明三水厂利用 SCD 控制低浊高藻的处理仍取得良好效果。

3) 有机污染物

有机污染物对流动电流会造成干扰,可能改变探头的表面特性,对探头造成污染,使测定仪发生偏差。但并不是说存在有机污染的情况下不能使用 SCD,而是应针对水源的特点,及时调整设定值或对仪器的灵敏度加以适当补偿,SCD 控制系统仍能有效地正常工作。

对存在有机污染的且变化频繁的水源水质,例如夜间突然排污或排油,这时会导致控制灵敏度下降,甚至失效。这时就要及时将探头清洗去除油污后才能继续正常工作。

(2) 对混凝剂的适用性

SCD 对各种铝盐、铁盐都能适应。但对铁盐为混凝剂的水厂要注意铁质在检测器上沉积问题。

SCD 技术是以水中胶体脱稳程度为标准,无需控制混凝剂的浓度、总量。只要系统正常,控制系统在混凝剂浓度发生变化时会自动地调整加药量。

但 SCD 对采用无机盐与有机高分子复合混凝剂时由于有机高分子会降低流动电流检测器的灵敏度,在此情况不宜使用。

(3) 对取样要求

正确的取样是 SCD 能否正常工作的首要前提。对取样系统的基本要求详见 5.4.2-5。

(4) 设定值的设定

1) 流动电流是一个相对值,其设定值要根据沉淀池出水浊度实际变化及时调整。能否正确及时调整设定值直接关系到控制的效果。

2) 设定值在初试设立时,可先将 SCD 设定在手动调节上,使流动电流值与相应的处理后水质相对应。将实测系统从改变投药量到检测到流动电流的变化时间 $T1$(一般 4～5min)和在沉淀池中停留时间 $T2$(一般 60～90min)作为一个周期,即每改变一次投药量,在 $T1$ 时记录下流动电流值,在 $T2$ 后测出沉淀池出水浊度,如此,经多次试验可以得到相应的变化曲线,并选择达到沉淀池出水内控浊度对应的 SCD 值作为设定值。

3) 在原水流量和水质变化较稳定时一般设定值可以基本上保持不变。但在季度变化时就要注意观察并及时加以调整。

4) SCD 设定值目前还不能直接自动调整,但可以采取在控制系统中增加一个沉淀池浊度传感器和控制器,将沉淀池出水浊度作为该系统的控制参数,由浊度控制器对该浊度与设定值进行比较,按差值的大小,输出信号到流动电流控制器来对控制器的设定值进行调整。

5.4.3　常用计量泵

一般水厂药剂加注常用的计量泵分为隔膜式计量泵和柱塞泵。隔膜式计量泵有液压驱动和机械驱动两种。液压驱动的流量范围较广,机械驱动的一般在 1500L/h 以下。柱塞泵则适用于投加压力较高的系统。

1. 隔膜式计量泵的基本构造

(1) 基本部件

常用的加药计量泵构造见图 5-15。

1) 电动机：为了能改变转速从而达到调节加药量，可采用变频调速电机。

2) 齿轮机构：将电动机的转速转变成可往复运动的冲程。

3) 活塞：由活塞通过腔内的液体或者由活塞直接推动泵头中的隔膜作往复运动，从而吸入、排出溶液。

4) 泵头：包括隔膜、吸入口和排出口的球型单向阀。当隔膜后退时，吸入口单向阀打开，同时排出口单向阀关闭，吸入溶液至泵头内；当隔膜前进时，吸入口单向阀关闭，同时排出口单向阀打开，将泵头内的溶液压出泵头。由于在一定的活塞冲程长度条件下，泵头腔内体积固定，因而每一次吸入、排出的溶液体积也不变，达到定量加注药剂的目的。

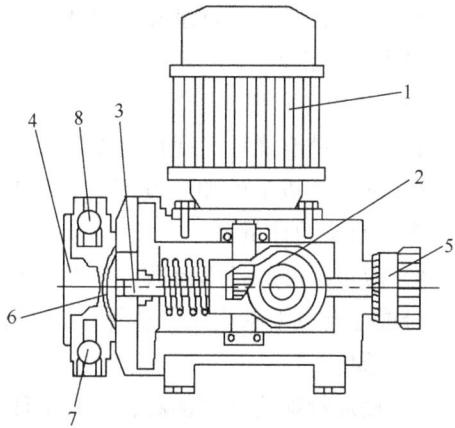

图 5-15 隔膜式计量泵结构示意图
1—电动机；2—齿轮结构；3—活塞；4—泵头；5—冲程长度调节旋钮；6—隔膜；7—吸入口及单向阀；8—排出口及单向阀

5) 冲程调节器：用来调节冲程的长度，一般在泵体上设有调节旋钮，可手动调节，也可配冲程长度调节伺服电机等实现自动调节。

(2) 基本配置

计量泵加注系统按照所投药剂、计量泵类型等不同可有不同的配置，但从保证计量准确、运行安全等考虑，其基本配置大致相同，见图 5-16。

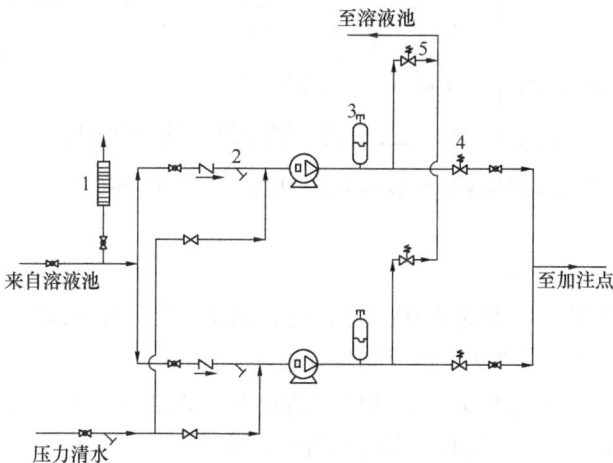

图 5-16 计量泵加注系统基本配置示例
1—计量泵校验柱；2—过滤器；3—脉冲阻尼器；4—背压阀；5—安全释放阀

1) 计量泵校验柱：一般为一透明的柱体，表面标有刻度，其作用是校验计量泵的加注量。如在校验柱的底部设置一液位检测仪，还可在液位降低至低限时，发出信号强制关闭计量泵，以保证计量泵的安全运行。

2) 过滤器：过滤溶液中的杂质，保证计量泵安全和正常运行。

3) 脉冲阻尼器：将计量泵输出的脉冲流转化成稳定的连续流。

4) 背压阀：在投加点的背压小于 0.1MPa 时，需设置背压阀，使计量泵保持一定的输出压力，保证正常运行。

179

5）安全释放阀：当由于投加管路发生阻塞等原因引起投加压力过高时，可通过释放阀自动将药液释放回流至溶液池，保证计量泵的安全。有些计量泵的泵头上已设有安全释放阀，则可不再另外设置。

6）用于管路、计量泵发生阻塞的压力清水清洗系统，需注意其水压力不能大于计量泵的最大工作压力。

（3）使用注意事项

1）为计量准确和实现自动控制调节加注量，一般每个加注点设一台或一台以上加注泵，2 个或 2 个以上的加注点不宜共用 1 台计量泵。在大型水厂为减少计量泵台数，可采用有多个泵头的计量泵。

2）应设足够的备用台数，一般小型水厂可设 1 台，大中型水厂或工作泵台数较多宜设 2 台或 2 台以上备用泵。此外，同一水厂或同一加注系统中，应尽量采用相同型号和规格的计量泵。

3）投加特殊药剂（加碱、酸）应注意计量泵及系统配件材质的耐腐蚀要求。

2. 米顿罗（MILTONROY）计量泵

米顿罗的 G 系列 B 型泵是水厂常用的隔膜式计量泵。能输送受控制的流量达 1183L/h，压力达 10bar（取决于泵型号）。

（1）技术性能

技术性能见表 5-32。

技 术 性 能　　　　　　　　　　　　　　表 5-32

项　目	性　　　能	项　目	性　　　能
流量	0～1183L/h(取决于型号)	调节	可锁定微调旋钮，无论泵运行与否，均可从 0%调至 100%
压力	最大 10bar		
设计	机械驱动隔膜	润滑	油润滑
驱动	可变偏心机构	温度	输送液体最高温度为 40℃
精度	在 10%～100%额定流量范围内稳定精度为±2%	吸程	最大水柱高度 2.5m
		涂漆	氨基甲酸乙酯，黄色 RAC1018

产品型号代码见图 5-17。提升泵及计量泵典型安装示意图见图 5-18、图 5-19。

（2）安装要点

1）管线安装一般要求

a）使用可以防止溶液腐蚀和承受最大压力的管材；应特别小心塑料泵头与 PVC 一类硬质管路的连接，如不能避免额外的应力或波动，建议用软性连接。

b）管路应倾斜以避免气囊的形成，因为泵头内的气体将造成泵的输液量不准，去除管路内部的毛刺、锐边和残渣，进行最后连接以前，应吹净所有管路。

2）吸入管线安装

a）最好让泵的吸液端低于贮液池的最低液位，使泵的吸液端能直接灌入药液。应避免负压吸液条件的产生。2.5m H_2O 的吸程为最大容许吸程高度。

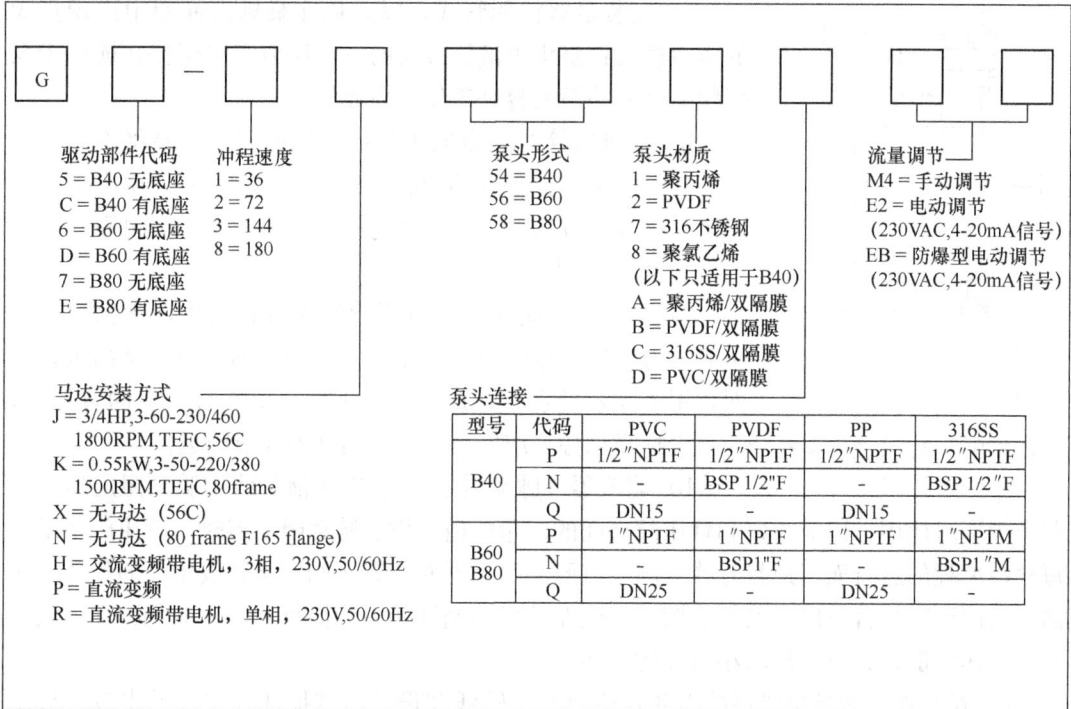

图 5-17　产品型号代码

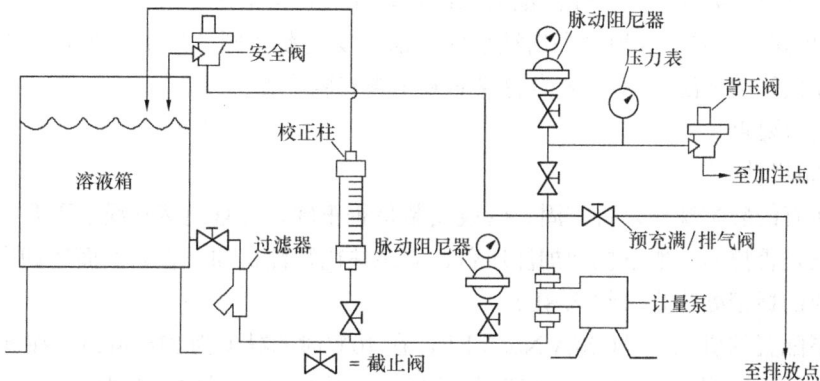

图 5-18　计量泵典型安装图

b）吸液管线应尽量使用金属或塑料管材。因为这样的管材有平滑的内壁，并采用大半径转弯以减少摩擦损失；在吸液管的底部应安装脚阀；吸液管路必须不漏气，以确保精确的输液量；在管路安装完毕后，用空气和肥皂测试吸液管路是否泄漏。

c）吸液管线应使用过滤器，避免外部的颗粒进入泵头，应经常检查过滤器以避免其堵塞。

d）尽量使吸液管线短和直；吸液管口径应大于泵头入口接头配件，以避免泵出现缺液现象；当必须使用长距离吸液管线时，应在泵附近的吸液管线中安装一个竖直立管。

3）排出管线安装

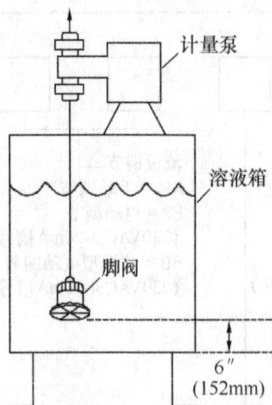

计量泵

溶液箱

脚阀

6"
(152mm)

图 5-19 提升安装示意图

a）安装足够粗的管线，以避免在泵排出冲程中出现过大的压力损失；泵头出液管接头的最大压力必须保持在或低于泵标牌上标明的最大容许工作压力数值。

b）如排出管线压力低于吸液管线的压力，泵将不会输出受控制的流量。如果没有 2bar 的背压，泵将不会输出精确的流量。有许多方法可以建立人为压力，如安装背压阀等。

4）配件安装

a）背压阀：应安装到泵附近的出液管线中，确保足够的出液压力，使计量泵正常工作。一般背压阀应位于泵附近，然而，用于大容量泵、有较长且较小口径出液管线上的背压阀，为减少虹吸趋势，应安装到化学药剂加注点附近。

b）均流器（脉动阻尼器）：在出液管线中脉动阻尼器应与背压阀同时使用，以吸收泵和背压阀之间的流量峰值。没有脉动阻尼器时，背压阀将随着每次泵冲程的进行而快速打开或关阀；有脉动阻尼器时，背压阀在半开或半关的位置上振荡，因而可减少背压阀的磨损速度。均流器还可限制计量泵的流量和压力变化特性，改变泵的工作性能，并可使用较小口径的管线。

c）安全阀：为避免堵塞的出液管线对泵、管线和设备造成损坏，在泵的出液管线上安装安全阀。安全阀可安全地控制系统流量和压力，同时可耐药液的腐蚀。安全阀出液管可返回到吸液池中或排放掉，但都应确保管线末端部分是可见的，以便容易地检测到安全阀的泄漏。安全阀必须安装到储液池的顶部，以使其正常工作。

d）截止阀：在泵的吸液管和出液管两端都应安装截止阀。排出管线截止阀应位于安全阀进液连接管的下游，图 5-18 为建议的截止阀安装位置。

（3）运行要点

1）初始启动

检查所有的装配螺栓是否牢固，管线安装是否正确，并且出液管线是否开放。检查机油排放螺栓是否拧紧，取下机油加注压盖，向泵体内加注机油，直到油面达到机油加注压盖标尺之间的标记处为止（约 2.8L）。

注意泵配置的机油为 AGMA No. 5 EP，在 40℃时的黏度为 218.4cSt，在低于 10℃的较低温度条件下，用 AGMA No. 2 EP 机油代替。其在 40℃时的黏度为 86.4cSt。

2）在泵接通电源以前，先将流量调节旋钮调到零刻度。在流量调节旋钮从零刻度增加以前，检查吸液管路和出液管路，确保所有的截止阀都打开。

3）手动流量调节

拧松位于泵侧盖上的冲程锁定螺栓，以便调节泵流量，调节千分刻度型冲程调节旋钮可改变泵流量，顺时针方向调节减小流量，逆时针方向调节增加流量。整个冲程调节范围都用百分比（%）标出，旋钮上的标定线间隔为 1%，将旋钮调至所需流量设定后，用手拧紧冲程锁定螺栓以保持设定的流量。

4）泵输送系统灌液

泵吸入管线和排入管线的排气是非常重要的。为此在压力测试之前，先在没有任何排出压力的条件下运行泵，使输送系统全部充满液体。一种确保灌注的简单方法是在泵的出口连接端安装一个三通和截止阀。

如泵长时间不运行，液体温度的变化可在系统内产生气体。为了排出空气，应在出液管线上安装一个阀门，以便在泵启动时通过工艺物料排出气体。

5）流量标定

在泵运行最初 12h 以后，应对泵进行标定测试，从而找出在特定运行条件下的精确流量。通常仅在 100％、50％和 10％流量设定下标定泵的流量，就足以表明调节范围内泵的性能。

（4）维护管理

1）备件

每台泵都应考虑足够备件，米顿罗 G 系列 B 型的备件是：

a）B40 金属泵头：隔膜组件（261）、油封（70）、单向阀组件（425）；

b）其他泵头：隔膜组件（261）、油封（70）、阀座/O 形圈/阀球套件（423）。

附件定购时要写明需要的名称、数量、附件编号、泵系列号、型号代码等。

2）维护要求

a）预防性维护：每星期检查一次，以确保正常工作。

b）驱动部分：应在初始的 250h 运行以后更换齿轮机油，之后每运行 4000h 或每 6 个月更换一次机油。在将机油排放螺纹堵再次安装到排油孔以前，应将其缠上 PTFE 胶带。

c）隔膜组件：应每运行 4000h 后检查更换，以避免发生故障。

d）G 系列泵的机油油封：应运行 4000h 后检查更换，以避免发生故障。在检查更换油封时，需要取下隔膜组件。如确有需要，建议同时更换油封和隔膜组件。

3）故障排除

一般故障检查及排除见表 5-33。

计量泵故障排除 表 5-33

故 障	检 查 与 排 除
泵不运行	● 贮液池中药液液位过低：向池中加入药液； ● 单向阀损坏或污染：清洗或更换； ● 出液管堵塞：清通管线； ● 药液冻结：溶化整个加药系统的药液； ● 保险丝熔断：更换保险丝； ● 电动机启动器中热过载装置跳开：复位热过载装置； ● 电缆线断开：查出位置并修复； ● 电压过低：测试并校准； ● 泵未充注液体：向压力管线输送药液前，应使吸液管和泵头充满液体； ● 冲程调节设定到零位置：重新调节冲程设定

故 障	检 查 与 排 除
泵出液量不足	● 冲程设定不正确：重新调节冲程设定； ● 泵运行速度不对：使电源电压和频率与泵电机标牌上的数据匹配； ● 吸液量不足：增加吸液管口径或增加吸液水头； ● 吸液管泄漏：修复吸液管线； ● 吸程过高：重新布置设备，使吸程减小； ● 液体接近沸点：冷却液体或增加吸液水头； ● 出液管线中的安全阀泄漏：维修或更换安全阀； ● 液体黏度过高：降低黏度； ● 单向阀阀座磨损或污染：清洗或更换
输液量不稳定	● 吸液管泄漏：维修吸液管线； ● 安全阀泄漏：维修或更换安全阀； ● 吸程头不足：提高吸液池液位或使用压力溶液箱； ● 液体接近沸点：冷却液体或增加吸液水头； ● 单向阀阀座磨损或污染：清洗或更换； ● 管线过滤器堵塞或污染：清洗过滤器
电机和泵体过热	● 电机和泵体的运行温度触摸起来经常是偏热的，但不应超过 93℃； ● 电源不符合电机的电气规格：确认电源与电机匹配正确； ● 泵在超过额定性能条件下运行：减小压力或冲程速度，如果这样没有作用，则与服务商联系； ● 泵的润滑油加注不对：排放机油，并重新加注适量的建议使用的润滑油
泵在零冲程设定时仍输送液体	● 误调千分刻度旋钮：重新调节冲程设定； ● 出液压差不足：改正运行条件
齿轮噪声过大	● 齿隙过大：与服务商联系； ● 轴承磨损：与服务商联系； ● 润滑油标号不对或加注量不足：更换或补充润滑油
每次冲程都有响亮的撞击	● 过量的齿轮部件损耗：与服务机构联系； ● 轴承磨损：与服务机构联系
液端运行有噪声	● 单向阀中的噪声：阀球受到一定外力而上下运动，一种特殊的"卡塔"噪音声是正常的，尤其在金属管线系统中
泵头底部检测也有物料泄漏	● 隔膜破裂：需要换隔膜
泵头底部检测孔有润滑油泄漏	● 油封破裂：需要换油封

注：目前水厂还有许多品牌的计量泵。如德国的 sera、promet，国产的厦门飞华等。其构造原理、安装维护大同小异，不再一一介绍。

5.4.4 聚丙烯酰胺（PAM）的配制与投加

1. 聚丙烯酰胺的分类

（1）阳离子型聚丙烯酰胺

阳离子型聚丙烯酰胺（CPAM）相对分子质量为 800 万～1500 万，有效 pH 为 1～

14，呈高聚合物电解质特性，适用于污水处理或净化富含有机物的水。

（2）阴离子型聚丙烯酰胺

阴离子型聚丙烯酰胺（APAM）相对分子质量为 600 万～2500 万，在水中溶解度高，有效 pH 为 7～14，在中性、碱性介质中呈高聚合物电解质特性，适用于处理泥砂含量高的江河水，以及矿物质含量高的地下水。

（3）非离子型聚丙烯酰胺

非离子型聚丙烯酰胺（NPAM）外观为白色粉粒。适用于一般水质的饮用水处理，常与无机混凝剂配合使用。

2. 聚丙烯酰胺的使用范围和效果

（1）高浊度水处理

聚丙烯酰胺是处理高浊度水最有效的助凝剂。可单独使用，也可以与普通混凝剂配合使用。

（2）低温低浊水处理

哈尔滨工业大学对冬季松花江水（浊度在 20NTU 左右，pH7.2，水温在 2℃以下）进行试验研究证明，单纯使用混凝剂或单独使用 PAM 对冬季松花江水处理效果并不理想，但将 PAM 作为助凝剂与硫酸铝配合使用，絮凝效果好，产生大而密实的絮体。表 5-34 为聚丙烯酰胺作助凝剂试验水样的剩余浊度。

聚丙烯酰胺作助凝剂试验水样的剩余浊度   表 5-34

剩余浊度		PAM 投加量(mg/L)							
		0.01	0.05	0.07	0.1	0.3	0.5	0.7	1
硫酸铝投加量(mg/L)	10	15.0	4.6	3.4	3.3	1.6	3.1	3.8	5.0
	20	12.0	4.0	3.0	3.0	2.5	2.0	2.4	2.0
	30	20.0	8.0	6.0	4.2	4.1	5.6	4.9	2.8
	40	23.4	10.1	9.3	8.2	8.0	6.0	5.7	4.4

从表 5-34 可得出，聚丙烯酰胺有明显的助凝效果，当硫酸铝投量 10～30mg/L 时，PAM 投量不低于 0.05mg/L，余浊基本在 5NTU 以下，最低可达 2NTU 左右。

（3）复杂难处理条件下的水处理

1）1991 年开始，佛山市供水总公司在低温低浊或高浊低 pH（<6.8）时，使用了聚丙烯酰胺作助凝剂后，大大提高了絮凝沉淀效果，减少了 1/3 以上混凝剂用量，也提高了沉淀池的制水能力和降低了出水浊度。见表 5-35。

使用 PAM 降低净水剂用量的比较   表 5-35

原水浊度(NTU)	投加量			待滤水浊度(NTU)	降低矾耗(%)
	聚氯化铝	硫酸铝	聚丙烯酰胺		
52	2.8			4.1	
	1.5		0.03	3.2	46.4
		25		3.9	
		15	0.03	2.8	40.0

原水浊度 (NTU)	投 加 量			待滤水浊度 (NTU)	降低矾耗 (%)
	聚氯化铝	硫酸铝	聚丙烯酰胺		
150	3.2			3.9	
	2.0		0.04	3.4	37.5
		35		4.0	
		20	0.05	3.8	42.8
1063	5.0			4.2	
	3.0		0.04	2.9	40.0
		25		3.9	
		15	0.04	3.5	40.0
2037	10.0			4.5	
	5.0		0.03	3.1	50.0
		35		4.6	
		20	0.06	4.1	42.8

注：待滤水浊度控制为<5NTU，Al_2O_3 含量为 6.1％的液体硫酸铝。

2）苏州自来水公司在原水水质微污染条件下包括含藻水处理时用聚丙烯酰胺作助凝剂，同样取得了良好的效果。

生产试验时，在原水浊度 38.6NTU，耗氧量 2.8mg/L，pH7.7 时，混凝剂投加量约 25mg/L，PAM 投加量 0.04～0.08mg/L，可以降低沉淀水出水浊度约 0.2～0.3NTU，在保持沉淀后浊度相同的条件下，可节约 30％～40％的硫酸铝。

3. 聚丙烯酰胺的配制与投加

（1）聚丙烯酰胺的配制

聚丙烯酰胺的配制设备一般都选用专门生产厂家的成品。图 5-20 为聚丙烯酰胺絮凝剂的搅拌罐通用图，用于溶解配制絮凝剂溶液，搅拌转速一般为 400～1000r/min。

图 5-21 为嘉兴贯径港水厂使用的瑞典 TOMAL 公司生产的 SE－31058 自动配制系统。

（2）聚丙烯酰胺的投加量、投加点

1）投加量

聚丙烯酰胺作助凝剂的投加量要通过搅拌试验确定。搅拌试验时先进行混凝剂的最佳投加量试验，在选出最佳投矾量后，然后模拟净水生产进行助凝剂沉降试验，将不同助凝剂投加量中效果最佳的投加量运用到生产实际中去。

2）最佳投加点

聚丙烯酰胺投加点的选择是决定絮凝效果好坏的关键。过早或过迟的投加都会影响絮凝效果。最佳投加点也要进行搅拌试验后并在相同生产条件下，进行不同投加点的生产性试验确定。

佛山市供水总公司曾对最佳投加点进行过试验，认为在絮凝反应总时间的 1/2 至 2/3 之间加入聚丙烯酰胺可获得最佳助凝效果。苏州市自来水公司也认为在絮凝反应总时间的

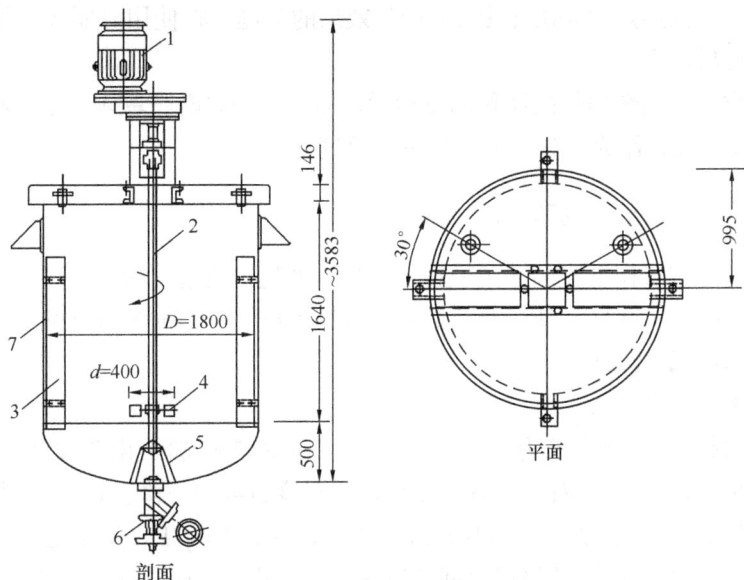

图 5-20 3.5m³ 聚丙烯酰胺絮凝剂搅拌罐通用图
1—电动机；2—主轴；3—挡板；4—搅拌桨；5—底轴承；6—放料阀；7—罐体

1/3（约 5min）后加入为最佳，产生的絮体大而密实。

4. 聚丙烯酰胺的使用要点

（1）PAM 必须充分搅拌溶解后才能投加使用，否则难于发挥应有的助凝效果。还可能造成投加系统堵塞，阻塞滤料表面，大大缩短滤池反冲洗周期。溶解时搅拌速度应控制在 $400\sim1000$r/min，溶解搅拌时间 1h 左右为宜。低温季节水温低，难溶解时加热水可缩短溶解时间，但水温不宜超过 60℃。

（2）PAM 的溶解浓度宜低，一般为 0.05% 左右，既利于搅拌溶解又便于投加使用，而且助凝效果佳。PAM 溶液不宜存放超过 10d，也不能与铁器接触。

（3）有经验表明，在溶解聚丙烯酰胺的同时加入一定比例的氢氧化钠，溶解

图 5-21 PAM 自动配制系统

后放置 8h 左右，使之充分水解（碱化）。经水解后，可使聚丙烯酰胺的吸附架桥网捕作用得到充分发挥，从而进一步提高助凝效果。现配现用的水解比（碱化比）要大一些，一般选用 1：0.2 为宜，即 1g 聚丙烯酰胺加入 0.2g 氢氧化钠。如果水解时间能满足 8h，水解比可选用 1：0.01～1：0.05。水解比越大所需水解时间就越短。但水解比过大会造成净化后水质 pH 值升高。如果使用水解度为 30% 以上的阴离子聚丙烯酰胺，即可免去水解步骤。

（4）投加量、投加点都是决定 PAM 助凝效果的关键，在使用时要经过搅拌试验和生产实际应用验证后确定。

（5）要注意在使用聚丙烯酰胺作助凝剂后，净水中丙烯酰胺单体含量不超卫生标准的规定，一般要求 PAM 作为助凝剂的投加量不超过 $1.0\mu g/L$。

5.4.5　活化硅酸的配制与投加

用硅酸钠即水玻璃作助凝剂必须经过"活化"处理。所谓"活化"即利用活化剂中和掉水玻璃中代表碱的氧化钠，使二氧化硅的成分游离出来，生成聚合硅酸，即活化硅酸。

1. 活化硅酸的助凝效果

（1）提高混凝沉淀效果

1）上海杨树浦水厂生产能力 148 万 m^3/d，小试表明投加活化硅酸 2.5mg/L 后，沉淀池出口浊度可降低 30％左右，并且过滤后水质浊度也同幅下降。该厂 7#制水系统制水能力 1.2 万 m^3/h，原水浊度 30～40NTU，氨氮 0.3～0.4mg/L，絮凝池起端流速 0.6m/s，末端流速 0.17m/s，沉淀池停留时间 45min，水平流速 51mm/s，滤池流速 10～11m/h，硫酸铝加注量 50mg/L，投加活化硅酸 2.5mg/L，絮体密实，颗粒增加，沉淀后浊度从 2.4NTU 下降到 1.5NTU，滤后水浊度降到 0.3NTU 以下。

2）哈尔滨供水厂三厂，认为活化硅酸有"非常显著的助凝效果"，该厂原水取自松花江，使用液体硫酸铝为混凝剂，沉淀后浊度都在 10NTU 以上，而投加活化硅酸后，沉淀后浊度可降到 4～6NTU；宾县水厂原水取自二龙山水库，用活化硅酸后沉淀水浊度为 2NTU。

3）宁波北仑水厂供水能力 30 万 m^3/d，2003 年进行活化硅酸助凝剂投加试验，投加量为 4.0mg/L，未加助凝剂前沉淀池出水浊度约 0.87～1.0NTU，投加后出水浊度下降到 0.53～0.6NTU。

（2）降低混凝剂消耗

上海杨树浦水厂在对该厂 7#沉淀池的出口浊度相仿时 1999 年（试验前）和 2001 年（试验后）的混凝剂加注量对比数据表明，可节省混凝剂 27.8％，在 2#/3#沉淀池进行生产性试验后，在投加 2.5ppm 活化硅酸后，能明显降低硫酸铝消耗，节约用量可达 30％左右。在全厂全面推广后可节约硫酸铝 12.4t/d，增加活化硅酸 2.75t/d；硫酸铝 0.8 元/kg，活化硅酸 1.5 元/kg，全年可减少成本 210 万元左右。

天津从 1953 年开始就使用助凝剂，芥园水厂在使用助凝剂前混凝剂投加量达 38.8mg/L，投加活化硅酸后，混凝剂投加量平均药耗下降 90％左右。哈尔滨的实践也证明，可节省硫酸铝用量 30％。

（3）对低温低浊水处理效果良好

天津原水冬季浊度一般在 10NTU 左右，水温 1～2℃，在未使用助凝剂时无论采用铝盐还是二价或三价铁盐作混凝剂，都难保证水质合格。时常出现滤池穿透现象，滤后水也有超标，并有肉眼可见物，在使用活化硅酸助凝剂后，上述现象消除，保证了冬季水质。活化硅酸不仅在冬季低温低浊时可使用，也可在其他季节使用。

长春第三水厂、哈尔滨沙曼屯水厂以及全国其他许多水厂的生产实践都证明活化硅酸具有良好的助凝效果。

2. 活化硅酸的配制

（1）硅酸钠的选用

硅酸钠一般有 5 种，质量标准见表 5-19。选择硅酸钠作助凝剂，一般应选用模数高的一类为宜。因为模数高的价格低，含氧化钠也低，活化时可节省活化剂硫酸用量。

（2）活化硅酸的制备

1）活化硅酸稀释浓度

活化硅酸的制备是先将水玻璃用水稀释，浓度按 SiO_2 含量的百分数计，通常为 1%、1.5%、2%，稀释用水可用一般自来水，当自来水电导率高时，剩余碱度应适当提高。

2）活化剂用量

用以活化硅酸的物质称为活化剂，一般为硫酸、盐酸等酸性物质。活化时，将活化剂缓缓注入水玻璃水溶液中，同时加以搅拌。开始溶液无色透明，流动性良好，随着活化时间的增加，溶液逐渐变成乳白色，透明度降低，流动性变差，最后成为乳白色无流动性胶冻。一般经验，当溶液呈乳白色时，助凝效果最好。

活化时加酸量越多，硅酸钠成分中的 SiO_2 游离越充分，聚合的活化水玻璃越多。但游离硅酸浓度过高，易使水玻璃过早形成冻胶而失效。如投酸量不足、游离硅酸浓度过低，将会使聚合度不够而影响活化水玻璃的助凝效果。

加酸量的控制有两种方法：一种是以加酸后的水玻璃溶液剩余碱度来控制，加酸时应随时检验。例如，在使用模数低、高碱度的水玻璃配制成 SiO_2 含量为 1.5% 的水玻璃稀释液，再加硫酸使水玻璃溶液的剩余碱度在 2400～2800mg/L（以 $CaCO_3$ 计），此时，只要保证有 1～1.5h 的反应时间，制成的活化硅酸至少在 6h 内不出现胶冻。使用模数高的低度碱时，则可控制在 1100～1700mg/L，水玻璃溶液的碱度检验方法相同于检验水中碱度的方法。

另一种方法是以 pH 控制。上海的经验，如当 3.43% SiO_2 的硅酸钠溶液在 pH5.5～9.8 之间，迅速胶冻，而 pH10.10 以上或 4.0 以下，可稳定 10h 以上不凝冻；2.74% SiO_2 的硅酸钠溶液在 pH6.5～8.5 之间，迅速胶冻。而 pH 在 10.0 以上或 5.0 以下，可稳定 10h 以上不凝冻，这两种浓度的硅酸钠溶液在 pH 降至 2.0 左右，均可稳定在 20d 以上。总的认为，SiO_2 浓度越小，所形成的溶胶稳定的 pH 范围越宽；浓度越高，所形成的溶胶稳定的 pH 值范围越窄，胶凝时间也越短。宁波自来水公司在试验时制成了 pH9～10 左右，SiO_2 浓度 2%～3% 左右，能稳定保存 30d 以上的活化硅酸，助凝效果相当明显。但当活化硅酸 pH 较低时，不但起不到助凝作用，相反使混凝效果比不加时更差。

对不同碱度的原水和不同商品规格的水玻璃，以及同一水源不同水温，其投酸量也应有所变化，这就要在使用中加以观察和调整了。

3）活化时间

活化硅酸溶液加酸后就开始活化，过长的活化时间将使生成的活化硅酸超越有效助凝范围，助凝效果反而不理想，一般采用 1～1.5h，不超过 2h，不少于 45min。

当达到一定活化时间后，为保持活化水玻璃所具有的良好助凝状态，应中止及减缓继续活化反应，一般可采用加 3～5 倍体积的水以稀释的办法。

4）反应温度

温度对活化反应不甚明显，但温度相差 15℃时，胶冻出现时间约差 2h，在生产中一般是在冬、夏二季对活化时剩余碱度或 pH 值加以调整。

5）保存

制备好的活化硅酸应在规定的有效时间内用完，一般有效助凝时间为 4～12h。

3. 活化硅酸的投加

（1）投加量

活化硅酸作为助凝剂的投加量，应视采用的混凝剂品种、原水水质、水温、pH 值而异，并应通过搅拌试验而定。天津的经验是在与硫酸亚铁配合使用时，其投加比例是1：1，用硫酸铝配合使用时其投加比例 1：（0.5～1.0）。宁波生产性试验结果表明，无论对原水浊度较低的北仑水厂和利用江水水源的江东水厂，活化硅酸最佳投加量为 0.9～1.2mg/L。上海杨树浦水厂在生产中原水水浊度 30～40NTU，硫酸铝加注量为 35mg/L，活化硅酸加注量 2.5mg/L 效果最佳。

（2）投加点与投加顺序

宁波经验在混凝剂加入后 30s 再加入助凝剂效果最好。北仑水厂混凝剂采用硫酸铝，助凝剂投加位置为折板絮凝池的头部。哈尔滨也认为投药点设在絮凝池前端较好。

上海对活化硅酸投加顺序的净水效果进行了研究，研究结果表明活化硅酸在硫酸铝之后投加效果较好。

天津认为投加顺序是否正确，对助凝剂效果影响甚大，对各种混凝剂应有不同的使用方法：

1）与硫酸亚铁配合时，硫酸亚铁与活化硅酸同时投加比先加硫酸亚铁为好；先加活化硅酸然后在不同间隔时间加入硫酸亚铁，混凝效果也好。

2）与硫酸铝配合时，必须先加活化硅酸，他们认为三价铝离子在进入水中后比二价铁离子更迅速水解成 Al（OH）$_3$，所以活化硅酸不能后加。

总之，对活化硅酸的配制与投加量，投加顺序，投加点等都要因地制宜地加以试验比较后确定。

5.5　石灰与碱的投加

5.5.1　投加石灰与碱的作用

1. 提高混凝沉淀效果

混凝剂投入原水后，只有在一定的 pH 范围内才能产生较好的混凝效果。采用水库水源的原水不仅浊度低而且 pH 值普遍较低，原水与混凝剂反应后，絮凝效果不理想，絮体细小，不易沉淀。投加石灰或碱可以提高水中 pH 值，改善混凝沉淀效果，石灰还能起到助凝作用。

2. 提高出厂水质的化学稳定性

原水经混凝沉淀和消毒处理后，水的 pH 值一般都有下降，如果低于"国标"的下限值 6.5 时就必须投加石灰或碱。此外，弱酸性的水对供水管道有腐蚀作用，会导致管网黄水的出现，酸性水的口感也不佳。因此，现代化水厂从提供优质饮用水的要求出发，出厂水 pH 应大于 7.0，对于出厂水 pH 小于 7.0 的水厂就需要投加石灰或碱。

5.5.2 石灰与碱的投加点、投加量

1. 投加点

石灰投加点应在加矾点（即加混凝剂或加药点，全书通用）前面，并保持适当的距离，不宜太近也不能太远。因为投加的熟石灰属于微溶解物质，距离太近，石灰乳溶液在水中还没有扩散开，碱度、pH 值也没有提高就起不到加碱的作用。但距离太远也不行，这时石灰基本上已经全部溶解，不能使石灰的粒子不溶物来加重絮体，促进助凝作用。具体投加点要根据具体条件来确定。浙江省一些水厂将石灰投加在配水井中，距离混凝剂投加点大约有几十米的距离，助凝效果良好。

有些水厂采用两点投加，第一点设置在投矾前管道上，主要控制 pH 值在 6.9～7.0 以满足混凝条件；第二点在滤前投加，控灼出厂水 pH7.1～7.2。投加的好处是第一点投加时 pH 值不需太高，有些水厂做过生产试验，过高的 pH 值如在 7.3、7.4 以上，混凝效果也不理想，絮体很细小，容易进入滤池，两点投加并不增加石灰总的投加量，甚至还可减少。

2. 投加量

（1）混凝试验确定

石灰与碱的投加量取决于原水 pH 值、混凝剂品种、投加条件等。最好通过混凝试验确定。混凝试验时可进行单一投加混凝剂与先加石灰后加混凝剂的浊度及 pH 进行对比，确定最佳的 pH 控制，最佳的组合与投加量。

（2）理论计算

理论计算方法以投加硫酸铝为例：

1）化学反应式：$Al_2(SO_4)_3 + 3H_2O + 3CaO = 2Al(OH)_3 + 3CaSO_4$

由上式可知，每投加 1mmol/L 的 $Al_2(SO_4)_3$，需 3mmol/L 的 CaO，将水中原有的碱度考虑在内，石灰投加量按下式计算：

$$[CaO] = 3[\alpha] - [x] + [\delta]$$

式中　$[CaO]$——纯石灰 CaO 投量，mmol/L；

　　　$[\alpha]$——混凝剂投量，mmol/L；

　　　$[x]$——原水碱度，按 CaO 计，mmol/L；

　　　$[\delta]$——保证反应顺利进行的剩余碱度，一般取 0.25～0.5 mmol/L（CaO）（mmol 为毫克当量）。

2）实例说明

例：某地表水源的总碱度为 0.2 mmol/L。市售精制硫酸铝（含 Al_2O_3 约 16%），投量 28mg/L。估算石灰（市售品纯度为 50%）投量。

解:投药量折合 Al_2O_3 为 28mg/L×16％＝4.48mg/L，Al_2O_3 分子量为 102，故投药量相当于 $\frac{4.48}{102}$＝0.044mmol/L，剩余碱度取 0.37mmol/L，则得：

[CaO]＝3×0.44−0.2＋0.37＝0.3mmol/L；CaO 分子量为 56，如石灰纯度为 0.5，则市售石灰投量为 0.3×56/0.5＝33.6 mg/L。

（3）生产实际效果是确定石灰投加量最重要的依据，不管混凝试验或理论计算，最终投加量都应以生产实际效果为准，为此，投加后要及时观察与调整。

5.5.3 石灰与碱的使用比较

石灰与碱都是常用的 pH 调节剂。投加石灰与碱各有其优缺点，要结合原水水质、水厂实际、净水效果、市场供应成本等因素综合考虑，并结合试验确定。现介绍几个典型案例进行比较。

1. 绍兴宋六陵水厂的选用比较

绍兴市宋六陵水厂原水取自汤浦水库，原水 pH 随季节变化在 6.4～7.0 范围内变化。原水经净化处理后，出厂水 pH 有时达不到 6.5，经多方试验比较结果将建厂初期用碱改为加石灰调节出厂水的 pH。

（1）实验室小试：在配 0.2％石灰和 0.4％氢氧化钠投加到沉淀水（pH 为 6.35）中，比较石灰和氢氧化钠投加效果及投加量。试验结果是氢氧化钠是石灰用量的 2～2.4 倍。

（2）生产实际数据：在原水 pH 相同，2002 年 1～6 月投加石灰与 2001 年同期投加碱进行比较，在投加石灰的出厂水 pH 略高于投加氢氧化钠的出厂水情况下，每千吨水氢氧化钠的用量是石灰用量的 1.86 倍，如果将出厂水的 pH 均按 7.0 折算，则氢氧化钠需投加 15.49mg/L，为石灰投加量的 2.48 倍。

（3）投加成本：经半年运行，实际测算，在混凝剂投加 7～8mg/L，液氯投加 1.3～1.6mg/L，原水 pH6.8，出厂水 pH7.0 情况下，投加石灰费用为 5.155 元/km³，投加碱为 8.065 元/km³。

（4）石灰投加点在混凝前对于水库的低浊度水有一定助凝作用，可以提高沉淀效果。

2. 福州自来水公司加碱试验研究

福州自来水公司 6 个制水厂均处闽江下游，其水质呈低浊度、低矿化度、低碱度、偏酸性。一般情况下原水 pH 在 6.9～7.0 左右，经处理后出厂水 pH 在 6.4～6.7 之间，若在浑水季节则进一步降在 6.2 左右，达不到国家规定的生活饮用水卫生标准。因此闽江水的水质特点要求在水处理过程中加碱，提高出厂水 pH。

（1）加碱地点比较

试验先采用搅拌试验，一是采用前后加碱（将原水 pH6.89 加氢氧化钠后调至 7.5），经混凝沉淀后，再投加碱，将出厂水 pH 调至 7.5；二是后加碱，将沉淀过滤后的滤后水调至 7.5。试验结果认为"原水加碱对混凝效果无明显帮助，在大多数情况下，尤其是投加聚合铝时，无前加碱的混凝效果更好。"后经实际生产证明，在福州自来水公司采用滤后水中投加氢氧化钠，效果明显优于其他点投加。

（2）福州水厂在 2000 年 4 月采用加碱办法，将 pH 值由滤后水 6.5 提高到 7.3（控制目标为 7.0～7.5）。碱的投加量为 4.5mg/L，按氢氧化钠的价格 1872 元/t 计算，每吨水加碱成本为 0.0084 元。

（3）投加纯碱与石灰的效果比较

试验表明：无论是沉淀水还是出厂水，当 pH 调至 7.5～8.0 时，石灰的调节效果比氢氧化钠好，投加量少，在自配高浊度、中浊度和低浊度中进行对比试验，也表明混凝效果未起不良影响，而在浊度较低时，还有较好的助凝效果。但加药沉淀后 pH 值下降明显。

3. 纯碱在中山市长江水厂的应用

中山市长江水厂原水取自长江水库，规模 10 万 t/d。原水 pH 偏低，采用搅拌试验证明 pH 对絮凝效果影响很大，如 pH 为 5 和 pH 为 6.9 时的原水，沉淀 10min 后，浊度分别为 43.7 和 6.11NTU。为此，水厂开始采用加碱试验。水厂投加纯碱后，沉淀池出水浊度由以前的 15NTU 降低到 4NTU，pH 为 6.9 出厂水质浊度在 0.1NTU 以下。使用纯碱的价格为石灰的 1.5 倍，费用偏高。

5.5.4 石灰与碱的质量标准

1. 石灰

水厂用的石灰一般都用熟石灰即氢氧化钙。氢氧化钙以生石灰（CaO）为主要原料，加水消化后经干燥、过筛、粉碎、风选等工艺，加工制成氢氧化钙粉末。氢氧化钙目前尚未有国家标准，一般按企业标准要求生产，但水厂使用时要按《饮用水化学处理剂卫生安全性评价》GB/T 17218—1998 要求，并经当地卫生部门颁发的生产许可证。以下为浙江杭州天健流体控制设备有限公司（供净水厂用氢氧化钙专业生产厂）发布的水处理剂氢氧化钙产品质量标准。

1）外观：微细的白色粉末；

2）理化指标（表 5-36）：

氢氧化钙理化指标 表 5-36

项　目	要　求	项　目	要　求
氢氧化钙含量(%)	≥90.0	铅增加量(mg/L)	≤0.001
盐碱不溶物(%)	≤0.8	汞增加量(mg/L)	≤0.0002
细度(0.07mm 筛余物)(%)	≤5.0	银增加量(mg/L)	≤0.005
水分(%)	≤2.0	硒增加量(mg/L)	≤0.001
砷(增加量)(mg/L)	≤0.001	氧化物增加量(mg/L)	≤0.1
镉(增加量)(mg/L)	≤0.0005	总 α 放射性(Bq/L)	≤0.5
铬(六价)增加量(mg/L)	≤0.005	总 β 放射性(Bq/L)	≤0.1

3）包装：产品可提供罐车散装或袋装（25kg、1000kg）或 40kg 桶装。

2. 碱（氢氧化钠）

碱的质量标准见表 5-37。

碱的质量标准 表 5-37

分子式	NaOH（%）	碳酸钠	氯化钠	三氯化铁
NaOH	≥30	0.4	≤4.7	≤0.005

5.5.5 石灰自动投加系统

1. 装置要求

（1）进料、贮料和溶解系统全密封，投加时管道不堵塞，不沉积。现场环境无粉尘，设备具有良好的可靠性、安全性。

（2）自动控制时计量、控制正确，投加量可以通过流量信号、pH 进行闭环控制，参数调节简单方便，也可进行手动控制。

（3）运行成本低，管理维护方便。

2. 工艺流程

石灰自动投加系统投加的熟石灰粉末有散装和小包装两种形式。大中型水厂采用散装熟石灰较多，石灰由专业厂家用槽车运输，通过自带空压机正压吹风输入贮粉仓；采用小包装熟石灰的要经自动切包机处理后通过输送机输入贮料仓。系统运行时根据工艺要求，确定石灰投加量、投加浓度，经过给料机精确计量后，熟石灰粉末进入溶解系统，自动配制成一定浓度的石灰乳液，再经稀释装置稀释后通过投加泵投加至各投加点。流程图见图 5-22。

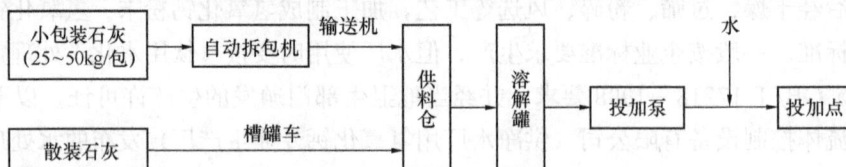

图 5-22 石灰自动投加工艺流程图

3. 石灰自动投加系统构造

现介绍 2 种投加系统。

（1）浙江卓锦工程技术有限公司提供的 ZKSH 型石灰投加制备系统。该系统的标准工艺流程为：

散装石灰罐车→户外石灰储存料仓→螺旋给料机→螺旋输送机→石灰溶液制备缸→石灰溶液贮存缸→投加螺杆泵→原水投加点，见图 5-23。

该系统主要分为料仓系统、配制系统、输送系统和自动控制系统。

1）料仓部分

料仓部分根据客户要求及现场环境设计户外型和破包机 2 种，户外料仓适用于 10 万 m^3/d 以上水厂用户，破包机适用于小型用户。

料仓部分包括：

a）料仓主体(底部为锥体的圆锥体,侧面附有爬梯,进料管直达顶部,方便石灰粉输送)；

b）除尘器（在输送粉料过程中除尘排气）；

c）压力安全阀（避免由于气体输送粉料时压力过大）；

d）料位计（检测仓内物料高度，及时输送粉料）；

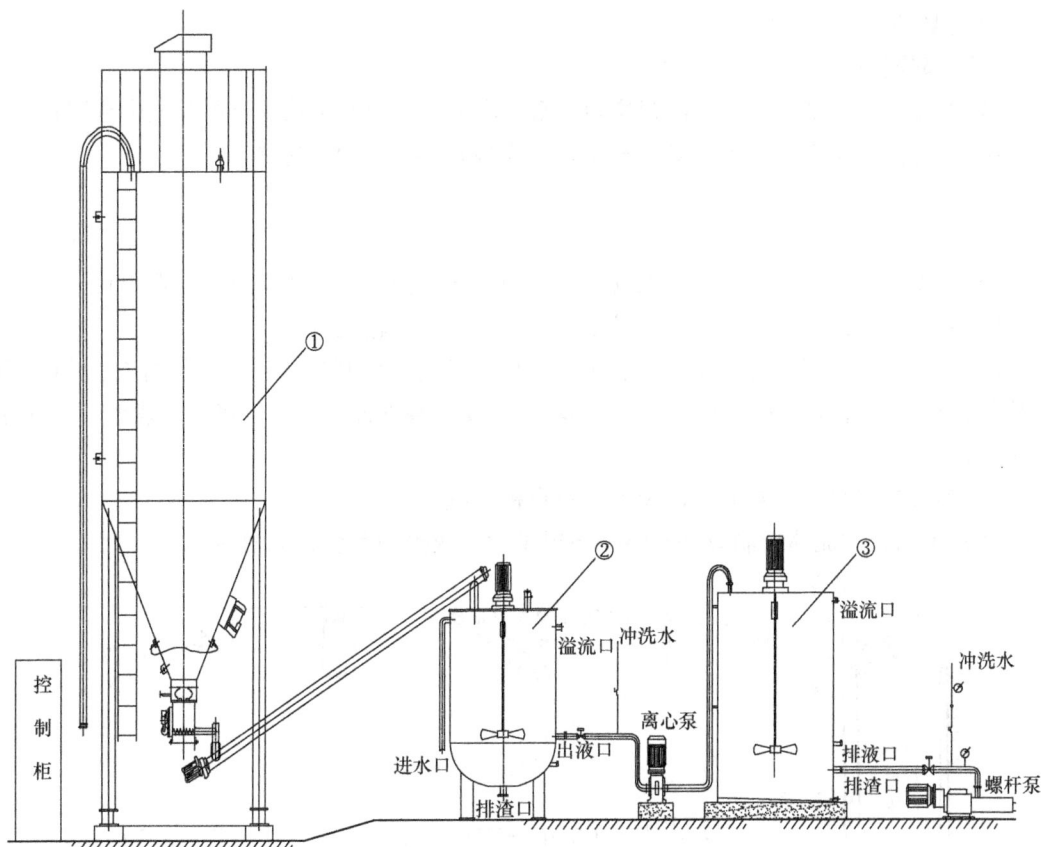

图 5-23　ZKSH 石灰投加系统示意图
①—户外料仓；②—制备罐；③—贮存罐

e) 密度补偿装置（改变料仓底部粉料随着料位变化的现象，使粉料的投加更为准确）；

f) 计量给料机（内带搅拌器，使粉料输出时密度更均一，投加量更准确）；

g) 螺旋输送机（将计量给料机输出的粉料送至配置缸中，全封闭输送，无粉料外泄）；

h) 称重系统（带有显示器，能精确显示即时重量）。

2）配制部分

配制部分主要由制备缸及其配套设施组成，制备缸为直径 2.0～2.5m 的圆柱体；顶部有人孔，以便检修；还有进液口，将水通过电磁阀导入制备缸；底部为斜结构，便于排渣；在缸内内部，设有各种特殊结构，能使石灰粉料溶解更彻底，乳液更均匀；在缸体周边布有出料口、溢流口、排渣口。制备缸的配套设施有：

a) 变频搅拌器（石灰粉料进入制备缸后，在搅拌器的作用下迅速溶解，不易沉淀）；

b) 小型除尘器（消除进粉时在缸体造成的扬尘，缸体多余的空气经过该除尘器排除时不至于造成空间污染）；

c) 气动蝶阀（长期关闭，只在配制时打开，防止缸体中水汽进入螺旋输送机或料仓，引起石灰粉料受潮或变质）；

d) 压力变送器（向控制柜传送缸体液位信号）。

3）存贮部分

存贮部分包括：

a）离心泵（在制备缸中被搅拌均匀的石灰乳液，由离心泵输送至贮存缸中待用）；

b）贮存缸（构造和制备缸基本相同，内设搅拌器和压力变送器）；

4）输送部分

输送部分包括：

a）气体输送管（气体从空压机输出分别到料仓、密度补偿装置及气动蝶阀）；

b）石灰乳输送管（石灰乳液从贮存缸输出后由螺杆输送至投加点）；

c）水输送管（配制石灰乳的进水管，配有电磁阀，控制进水时间；螺杆泵投加过程中稀释管路，能有效防止石灰输送管路的堵塞；螺杆泵的冲洗管路，将泵内残留石灰乳冲洗干净）；

d）螺杆泵（输送石灰乳）以及电气及自控系统。

（2）杭州天健流体控制设备有限公司提供的石灰投加系统，见图 5-24。

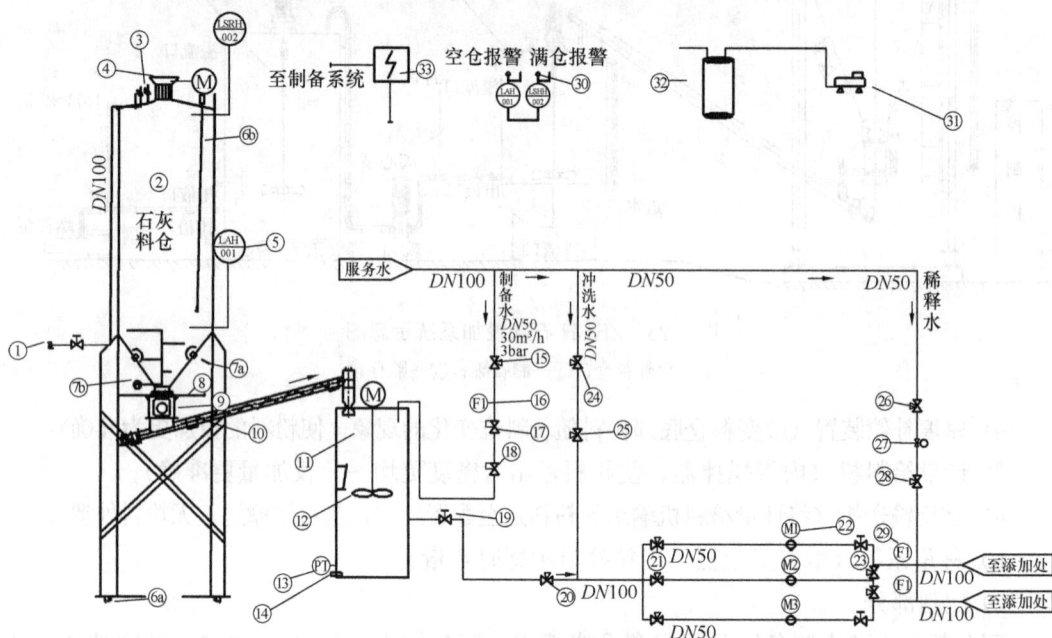

图 5-24　石灰加注流程图

存储系统：
①—进料接口及球阀（与料车匹配，快速连接）；②—料仓（大小根据需要）；③—安全阀（防止料仓过量）；④—仓顶吸尘器（加料时排气吸尘）；⑤—阻旋式料位计（空、满报警）；⑥—物位计（测量物料、称重）；
输送系统：
⑦—破拱装置（粘结或流动不畅用气吹机械破拱）；⑧—电动插板阀（切断进料）；⑨—精确给料机（精确喂料）；⑩—螺旋输选机（分体输送）；
制备系统：
⑪—溶解罐（溶解石灰）；⑫—搅拌器（加速溶解）；⑬—压力传感器（测量液位）；⑭—排空阀（排渣）；⑮—制备水开关阀（手动用）；⑯—电磁流量计（控制流量）；⑰—制备水电磁阀；⑱—制备水调节阀（调节容量）；
投加系统：
⑲—乳液总球阀；⑳—乳液总电磁阀；㉑—泵进口电磁阀；⑩　泵（根据投加量选择螺杆泵或隔膜泵）；㉓—切换球阀；㉔—冲洗水开关；㉕～㉘—电磁开关调节；㉙—电磁流量计；
控制系统：
㉚—声光报警；㉛—空压机；㉜—贮气罐；㉝—控制柜

（3）石灰投加系统技术参数

石灰投加系统根据处理原水量大小可选用不同规格，见表5-38。

石灰投加系统选型规格 表 5-38

参数 型号	ZKSH-05	ZKSH-10	ZKSH-15	ZKSH-30	ZKSH-50	ZKSH-80	ZKSH-100
料仓容积（m³）	5	10	15	30	50	80	100
外形尺寸（mm）	ϕ1500×5600	ϕ1800×6900	ϕ2000×7800	ϕ2800×8300	ϕ3200×9900	ϕ3500×11800	ϕ3800×12500
可处理原水量以投加（10mg/L计）	0～5万 m³/d	0～10万 m³/d	0～15m³m³/d	0～30万 m³/d	0～50万 m³/d	0～80万 m³/d	0～100万 m³/d
石灰溶液投加量（m³/h）（2%浓度）	1.10	2.20	3.29	6.58	11.0	17.6	21.9
螺旋给料输送量（m³/h）	0.4/0.8kW	0.4/0.8kW	0.6/1.2kW	1.0/1.2kW	2.0/1.2kW	5.0/2.4kW	7.0/2.4kW
制备槽容积（m³）	1.5	2.0	2.5	4.0	7.0	10.0	14.0
储存槽容积（m³）	3.0	4.0	5.0	8.0	15.0	20.0	25.0
螺杆泵电机功率（kW）	0.75	0.75	1.1	1.5	3.0	4.0	7.5
搅拌器	0.55	0.75	0.75	1.1	2.2	4.0	11.0

（4）石灰乳液输送一般都采用螺杆泵，也有的中小型水厂采用计量泵或离心泵。计量泵虽成本低，但容易堵塞，使用时要有避免出现堵塞的措施，如在泵前增加冲洗水管，在停止加药时对泵进行冲洗或在出药口流量计后加稀释水管等。

4. 石灰投加系统运行管理

（1）石灰投加系统的操作规程分为料仓进料、启动前检查、手动或自动制备、投加系统操作等，应按供应商要求具体制订，但要注意：

1）料仓停用时间超过30d，应关闭给料机与料仓之间的阀门，给料机及推进器应排空粉末避免堵塞。在停机期间，制备罐、管路及其他制备设备应冲洗，避免结垢；螺杆泵切记不能干运行（无介质运行），在手动状态下一定要先打开稀释阀再开启螺杆泵，并要预先确定溶解罐中是否有介质。

2）在自动运行状态下，如溶解罐中液位低或稀释阀未打开或出口压力高于0.5MPa，螺杆泵都无法运行。

3）螺杆泵首次启动，启动前，在泵里灌满清水，对定子橡胶起到润滑作用，并将进出口侧阀门全部打开。

4）螺杆泵临时停泵后，须将泵内石灰乳液排空，以防阻塞。如停泵时间较长，应通知相关部门将定子拆下贮存在干燥阴凉处，避免光照隔绝空气，以防止定子橡胶发生塑性变形。定子拆下后，转子应用木块支好，简易包装，防止机械碰伤。

5）备用泵长时间不用，应间隔一定时间后开动一次，以防止定子橡胶发生塑性变形。

空压机应每天排水一次，以保持空气干燥。

（2）维护保养要求

石灰投加系统的维护保养计划见表 5-39。

石灰投加系统的维护保养计划 表 5-39

设 备	机组保养内容	维护方式	周 期
螺杆泵	清洗	将泵拆开人工清洗	每月一次
	定子、万向节	检查磨损、检查密封和润滑	一季度一次
	驱动装置	更换润滑油	运行 5000h 或两年一次
	轴承	更换轴承	运行 14500h
空压机	油位、冷凝液	检查油位、排放储气罐内冷凝液	每 50 个工作小时
	空气过滤器	清洁空气过滤器；检查冷干机的冷凝液是否自动排放；清洗冷干机的冷凝器；检查皮带的张紧	每 500 个工作小时
	过滤器	更换空气过滤器、油、油过滤器	每 2000 个工作小时
	冷却器	清洗油冷却器翅片的表面，更换油分离器	每 4000 个工作小时
切包机	检查驱动轴、轴承	预先用油脂润滑	
	填料（带油嘴）	用油脂润滑	每运行 200h 一次
	旋转鼓螺纹齿轮	填充人造油 MOBIL SHC 634 0.35L	首次 200～300h，此后每运行 10000 工作小时
	阻尼气缸、传送器轴	功能检查、检查磨损情况	每年一次
	升降平台	液压油	汽缸内的轴承每 1000 个循环一次，其他地方每 2000 个循环一次
水 平、垂 直螺杆	出口端轴承	补充润滑油脂	每 50 工作小时一次
		更换润滑油	每 7500 工作小时一次
	进口端轴承	补充润滑油脂	每 200 工作小时一次
		更换润滑油	每 7500 工作小时一次
	减速箱	黏度 220 的润滑油	首次 1000 工作小时后更换
安全阀/压力开关	阀门	检查附近是否有物料	每周一次
		彻底检查	每年一次
除尘器	阀门	检查是否堵塞	每周一次
	电磁阀和膜片阀	检查运行	每月一次
	水汽分离器、进气管、通道盖、夹头	检查是否堵塞、检查灰尘、密封条等	每年一次

设 备	机组保养内容	维护方式	周 期
空穴振打系统	电磁阀	功能检查	每月一次
	空气罐	凝结水排空	每周一次
	阀座、膜片、节气门	清理	必要时
闸阀	阀体、轴杆、易损件、磨损件	润滑、更换易损件	每6个月一次
给料机	齿轮箱	矿物油润滑：ISO VG220	每10000工作小时或两年一次
	螺旋轴承、出料口	一次性润滑，油位检查，特殊紧急时加油	每周一次
	法兰处、齿轮、链条	检查	每3个月一次
	进口、出口密封条、易损件等	80℃以上的物料用SKF润滑油LGMT2 81～175℃的物料用SKFLGQ3润滑油	每3个月一次
		矿物油或合成油润滑：ISO，VG220	每10000工作小时或两年一次
单螺旋推进器	齿轮箱	检查油位	每6个月一次
	轴承、出料口	一次性润滑，油位检查，特殊紧急时加油	每周一次
	法兰处、轴承和密封之间、易损件等	检查有无泄漏	每3个月一次
隔断阀	隔断阀	常规检查	每两周一次
搅拌机	齿轮箱	矿物油或合成油润滑：ISO VG220	每10000工作小时或两年一次
大力除尘器	除尘器	常规检查	每两周一次

注：关于碱的投加可参见5.4.1.。

5.6 加药间管理

5.6.1 药剂的进库、贮藏和投加管理

1. 药剂的选用和进库

（1）在选用各类涉及净水原材料、输配水设备、防护材料、水处理材料时，都应具有生产许可证、卫生许可证、产品合格证及化验报告，并执行索证及验收制度。

（2）每批净水原材料在新进厂和久存后投入使用前必须按照有关质量标准进行抽检，未经检验或检验不合格的，不得投入使用。

（3）值班员要对每批进料的数量和重量进行核对、记录；对同一批次的原材料进库

时，质管部门在进行化验的同时需要留样。

（4）发现数量和质量问题，需要及时汇报。

2. 主要净水原材料检验项目和检验方法

主要净水材料检验项目和检验方法见本章 5.1.3。

3. 药剂的贮藏

（1）贮藏量

药剂的贮藏要根据药剂周转与水厂交通条件，一般要贮备 7～15d 的混凝剂用量。药剂周转使用时要贯彻先存先用的原则。但硫酸亚铁切不可积压过久，否则会变质成碱式硫酸铁呈酱油色的冻胶体，使混凝效果大为降低。

（2）药剂的堆放

凝絮与助凝剂一般有固体和液体之分。固体的药剂分包装和散装，其堆放的一般规定是：

1）包装药剂：一般成袋堆放，堆放高度根据工作操作条件一般在 1～2m，药剂之间要有适当的通道，通道宽度要保持 1m 左右。

2）散装药剂：在药库内设几道隔墙分开，隔墙高度在 2m 左右，分格设在药库的一侧或两侧，设在两侧时中间要有通道。散装的药库一般地坪都有 1%～3% 的坡度，中间设地沟，沟上辅穿孔盖板，用水冲溶后可沿地沟流至溶药池。

3）液体药剂：一般都用贮液池，用泵或自流进入溶液池。

（3）高锰酸钾的存放

1）严格执行国家有关剧毒化学品使用的法律、法规；

2）严格执行"五双制度"即双人双发、双人记账、双人双锁、双人运输、双人使用并建立进货、储存、出货、运输等规章制度。

3）只能存放于专用房间内单独存放（化验、试验用的高锰酸钾必须存放在保险箱内），其储存场所必须采取有效的防火、防盗、防泄漏和报警装置等安全防护措施。每周检查不得少于两次，并将检查情况记录在案。

4）使用高锰酸钾必须详细登记使用日期、理由、品种、数量，实行双人收发签名和负责人核定等内容，做到账实相符，有关人员调动时必须列入移交、登记册，登记册要妥善保管两年，接受公安等部门检查。

5）废弃、过期及使用过的高锰酸钾，包装容器必须妥善保管，不得随意丢弃，并按危险品标准进行处置，对容器和剩余物实行定向回收并由原发货单位负责收回。

6）高锰酸钾一旦入库，除本单位生产使用严格禁止向任何单位和个人外借等一切违章出库行为。

7）一旦发生高锰酸钾被盗、丢失等情况应立即向上级和公安机关报告，并同时采取相应措施，控制事态，保护现场。

4. 药剂的投加管理

（1）药剂库存或储药池液位达到规定低值时应及时通知有关部门办理原料采购申请；

（2）要按药液的浓度规定，溶解池或储药池每次进入溶液池的药量，在加水稀释后应使用浓度计对溶液池的药液浓度进行检测。

（3）为控制投加量而对加矾（药）泵的冲程进行变动后，必须将与之相关的参数在交接班日志进行记录并交待清楚。

（4）中控值班人员对加药间实行定时巡检，发现问题及时报告和纪录。

（5）领用高锰酸钾等毒品原料应由安全员到场并按规定做好相关安全工作。

（6）负责投加的现场值班人员在投加过程中必须穿戴好劳动保护用品，注意自身安全。

5.6.2 加药间管理制度

1. 工作标准

加药间工作标准的主要内容有：

（1）按规定的浓度和时间配制混凝剂与助凝剂溶液；

（2）根据原水水质变化、进水量大小和沉淀池出水水质的要求，正确调整和控制好投加量；

（3）提出净水药剂的使用计划，保管好库中的混凝剂；

（4）维护管理各种投加设备，及时保养检修，保持设备完好；

（5）做好各项原始记录，准确填写各项日报；

（6）保持加药间的环境整洁。

2. 巡回检查制

加药间的巡回检查应按规定的路线每 1～2h 进行一次，其主要内容有：

（1）溶药与溶液池水位是否正常；

（2）加药设备、液箱、管线是否有溢流和漏液现象；

（3）混合、絮凝以及沉淀池水位与水质是否正常；

（4）计量泵、压缩机等无异响，电流表、压力表显示正常。

3. 安全技术操作规程

（1）配制混凝剂要穿戴工作服、胶皮手套和其他必要的劳保用品；

（2）配制混凝剂与助凝剂必须按规定的浓度，称取规定的数量；

（3）放入溶解池时要按固定的水位，并均匀搅拌、消化溶解后才放入溶液池，放入溶液池的数量及稀释的水量都要按事先的规定进行；

（4）投药前对所有投药设备及水射器进行检查，确保正常后方可按规定的顺序打开各控制阀门；

（5）确定投药量必须按进水泵房开机数量和原水水质按试验数据或事先规定的投加标准进行。投加后及时观察絮体生成情况和沉淀池出口浊度加以调整，在未正常前不得离开工作岗位；

（6）必须按时正确地测定原水浊度、pH、沉淀池出口浊度，按控制出口浊度大小来调整投加量；

（7）水泵停车前应提前 3～5min 关掉计量泵等投药设备的开关，以减少残留药液、减轻水泵叶轮或吸水管的腐蚀；

（8）加药间日报表应按设备实际情况记录有关生产的开、停数据，计量泵的频率和冲程。

无人操作的现代化水厂的加药间应配备适当的仪表并在控制软件中记录有关数据。

5.7　混合和絮凝

5.7.1　混合的基本要求

混合的基本要求是快速、急剧和均匀。主要是：

1. 混合设施应使水流产生剧烈紊动，并使药剂投加后快速并均匀地扩散到整个水体。

2. 混合时间一般为 10～60s。

3. 搅拌速度梯度 G 一般为 600～1000s^{-1}。

4. 药剂的投加点极为重要，要引起足够的重视。混合应尽量靠近絮凝池，尽可能采用直接连接方式。

5.7.2　混合方式

混合方式有水泵混合、管式混合、机械混合。目前国内水厂较多应用的混合方式主要是管式静态混合器和机械混合。

1. 管式静态混合器

管式静态混合器的形式很多，水厂中常用的形式见图 5-25。

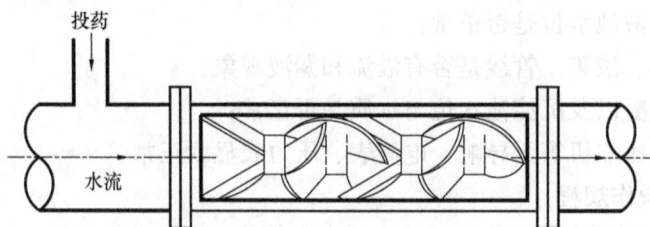

图 5-25　管式静态混合器

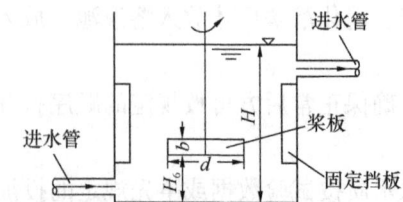

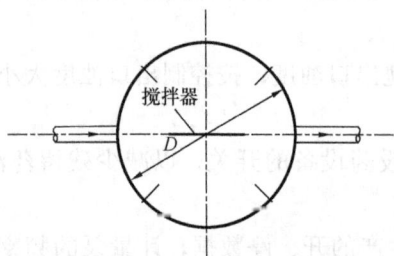

图 5-26　机械混合池

管式静态混合器是在管道内设置多节固定叶片，使水流成对分流，同时产生涡旋反向旋转及交叉流动，从而获得混合效果。该混合器的水头损失与管道流速、分流板节数及角度等有关。实测损失往往与理论计算有较大出入，一般当管道流速为 1.0～1.5m/s，分节数为 2～3 段时的水头损失约为 0.5～0.8m。

2. 机械混合

（1）机械混合的桨板有桨式、推进式、涡流式等多种形式。采用较多的为桨式，其结构简单，一般由专业厂家生产，其构造基本形式见图 5-26。

（2）机械混合池及搅拌用的参数见表 5-40。

混合池及桨式搅拌器的参数要求 表 5-40

项 目	符号	单位	参数计算及要求（桨式）
混合时间	t	s	一般 $10\sim30s$
混合池有效容积	V	m^3	$V=Qt$
混合池直径	D	m	$D=\sqrt{\dfrac{4Lw}{\pi}}$ L：混合池长度 w：混合池宽度
混合池功率	N_Q	kW	$N_Q=\dfrac{\mu QtG^2}{1000}$
搅拌器外缘线速度	V	m/s	$1.0\sim5.0$
搅拌器直径	d	m	$\left(\dfrac{1}{3}-\dfrac{2}{3}\right)d$
搅拌器距池底高	H_s	m	$(0.5\sim1.0)d$
搅拌器桨叶数	Z	m	2,4
搅拌器宽度	b	m	$(0.1\sim0.25)d$
搅拌器速度梯度	G	s^{-1}	$600\sim1000$

3. 其他混合方式

（1）扩散混合器

扩散混合器是在管式孔板混合器前加装一个锥形帽，锥形帽夹角 $90°$，锥形帽顺水流方向的投影面积为进水管总截面积的 1/4。孔板的开孔面积为进水管截面积的 3/4，构造见图 5-27。

（2）跌水混合

跌水混合是利用水流在跌落过程中产生的巨大冲击达到混合的效果。其构造为在混合池的输水管上加装一活动套管，混合的最佳效果可由调节活动套管的高低来达到。套管内外水位差，至少应保持在 $0.3\sim0.4m$，最大不超过 1m。构造见图 5-28。

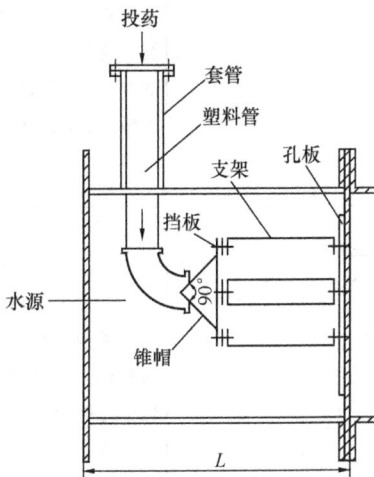

图 5-27 扩散混合器

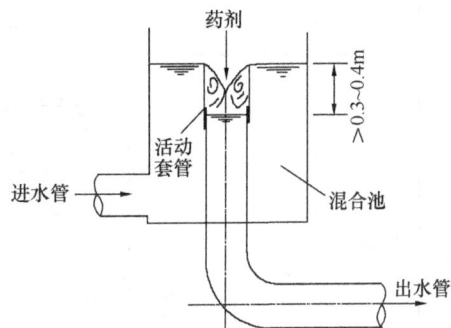

图 5-28 跌水混合

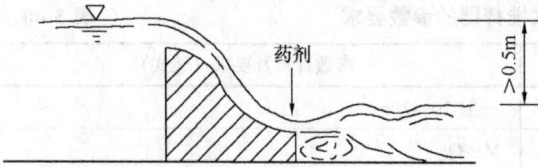

图 5-29 水跃混合

（3）水跃混合

水跃混合适用于有较多水头的大中型水厂，利用 3m/s 以上的流速成迅速流下时所产生的水跃进行混合。水头差至少要在 0.5m 以上。构造见图 5-29。

5.7.3 絮凝池管理

1. 常用絮凝池

絮凝池形式很多，常用絮凝池如表 5-41 所示。

絮凝池形式   表 5-41

形式		简 图	构 造 要 求
隔板絮凝池	往复式		池数不少于 2 个，隔板间净距应大于 0.5m。进水管口应设挡水措施，避免水流直冲隔板。絮凝池超高一般采用 0.3m，转弯处的过水断面面积，应为廊道断面面积的 1.2～1.5 倍
	回转式		池数不少于 2 个，隔板间净距应大于 0.5m。进水管口应设挡水措施，避免水流直冲隔板。絮凝池超高一般采用 0.3m，转弯处的过水断面面积，应为廊道断面面积的 1.2～1.5 倍
折板絮凝池	相对折板		竖流式平折板絮凝可采用不锈钢或塑料等其他材料制作。一般分三段。三段中的折板布置可分别采用相对折板、平行折板及平行直板

续表

形式		简　图	构　造　要　求
折板絮凝池	平行直板	 平行折板反应	
	波形板絮凝池		波形板絮凝池类似于多通道折板絮凝池，是以波形板为填料的絮凝形式。一般：可采用波长500mm、波高100mm，3个连续絮凝室，形成三级絮凝，三级絮凝时间比约为1：2：4。每个絮凝室波形板流程为8～10m，波形板部分总流程为24～30m。3个絮凝室的总水头损失为30～35cm
网格（栅条）絮凝池			1）网格絮凝池由多格竖井串联而成。进水水流顺序从格流向下一格，上下交错流动，直至出口。在全池三分之二的分格内，水平放置网格或栅条，通过网格或栅条的孔隙时，水流收缩，过网孔后水流扩大，形成良好絮凝条件。 　2）絮凝池多数分成8～18格，分成3段，其中前段为3～5min，中段3～5min，末段4～5min。 　3）网格或栅条数前段较多，中段较少，末段可不放。但前段总数宜在16层以上，中段在8层以上，上下两层间距60～70cm。 　4）一般排泥可用长度小于5m，直径150～200mm的穿孔排泥管或单斗底排泥，采用快开排泥阀。 　5）网格或栅条材料可用木料、扁钢、塑料、钢丝网水泥或钢筋混凝土预制件等。木板条厚度20～25mm，钢筋混凝土预制件厚度30～70mm

形式	简 图	构 造 要 求
微涡流絮凝器	微涡流絮凝器外径为 ϕ200mm，表面开有 ϕ34mm 左右的小孔，水流方式可分为上进下出或下进上出，反应时间 6～9min，反应器通道流速 0.036m/s，反应区间孔间流速 0.11～0.27m/s	其核心产品为微涡流絮凝器。该产品为空心球体结构，表面开有小孔，当水流以适当的流速穿过小孔，会在壳体内外表面产生大量的小涡流，同时因壳体流速较小，形成絮凝泥渣层，泥渣层对水体的扰动产生微涡流可大大提高絮凝效率
水平轴式机械絮凝池		
垂直轴式机械絮凝池	\n\n1—桨板；2—桨板支架；3—旋转轴；4—隔墙；\n5—固定挡板	1）主要优点是可以适应水量变化以及水头损失小，如配上无级变速传动装置，则易使絮凝达到最佳效果，国外应用较多。\n2）根据搅拌轴的安放位置，可分为水平轴式和垂直轴式。水平轴的方向有与水流方向垂直，也有平行的。\n3）一般池数不少于 2 个，深度约为 3～4m

2. 常用絮凝池运行控制指标

絮凝池运行控制的主要水力数据为：流速的变化、速度的梯度、絮凝池停留时间，一般根据经验按表 5-42 所示控制。

絮凝池运行控制指标　　　　　　　　　　　　　　　　　　　表 5-42

絮凝池形式	流速（m/s）		平均速度梯度 G 值（1/s）	停留时间（min）	GT 值	备 注
	最大流速	最小流速				
隔板絮凝池	0.6～0.5	0.3～0.2	30～100	20～30	$(3～10)10^4$	
折板絮凝池	第一段：0.25～0.35m/s；第二段：0.15～0.25m/s；第三段：0.10～0.15m/s。		60～100\n30～50\n15～25	6～15\n2～2.5\n2～2.5	$<3\times10^4$	合计停留时间 12～20min
涡流絮凝池	0.5	0.2		6～10		
机械絮凝池（3～4 档）	0.5～0.4	0.2	第一级 50～60\n第二级 25～30\n第三级 12～15	15～20	$(2.5～4.0)10^4$	

续表

絮凝池 形式	流速(m/s)		平均速度梯度 G值(1/s)	停留时间 (min)	GT值	备 注
	最大流速	最小流速				
网格絮凝池	竖井： 　前段和中段0.14~0.12；末段0.14~0.1 过网： 　前段0.3~0.25 　中段0.25~0.22； 孔洞： 　前段0.3~0.2 　中段0.20~0.15 　末段0.14~0.10			12~20		低温低浊时，停留时间适当延长

3. 絮凝池的管理与维护

（1）经常性维护

1）按混凝要求，注意池内絮体形成情况及时调整加药量；

2）定期清扫池壁，防止藻类滋生；

3）及时排泥。

（2）定期技术测定

在运行的不同季节应对絮凝池进行技术测定。主要内容是混合时间、絮凝池流速及停留时间。有条件的水厂也可进行速度梯度的验算及记录测定时的水厂的进水流量、气温、水温、pH等

1）混合时间

混合时间可采用推算法与示踪法：

a. 推算法：$t=V/Q$，V：混合池的有效容积（m^3）；Q：实际流量（m^3/h）。

b. 示踪法：在加药口投加含氯根物质（以不影响水质为前提）并计时，通过连续在混合池出口处采样监测氯根浓度的变化（产生突跃），其时间差即为混合时间。

2）絮凝池流速

采用推算法 $V=L/t$，L：絮凝池的有效长度（m）；t：絮凝池停留时间（h）。

3）速度梯度的验算方法

絮凝池 G 值的测定应事先确定絮凝池池进水流量（可从进水泵房开机数量或其他方法测算）、水温、水头损失和絮凝池的有效容积，然后按下式计算：

$$G=\sqrt{\frac{\gamma h}{60\mu t}}\ (\text{L/s})$$

式中　γ——水的容量（$1000kg/m^3$）；

　　　h——絮凝池内水头损失（m）；

　　　μ——水的动力黏度系数（$kg \cdot s/m^2$）；

t——絮凝时间；$t = \dfrac{V}{Q} \times 60$ (min)；

V——絮凝池有效容积（m^3）；

Q——絮凝池进水流量（m^3/h）。

例：某水厂测得进水流量为 833 m^3/h，絮凝池的有效容积 278m^3，絮凝内水头损失经实测为 0.27m，当时水温为 20℃，求 G 及 GT 值。

解：絮凝时间 $t = \dfrac{278}{833} \times 60 = 20$ (min)，20℃时 μ 为 1.029×10^{-4}，代入公式得：

$$G = \sqrt{\dfrac{1000 \times 0.27}{60 \times 1.029 \times 10^{-4} \times 20}} = 47 s^{-1}$$

$$GT = 47 \times 20 \times 60 = 56400$$

注：水的动力黏度系数，水温 0℃时为 1.814×10^{-4}；5℃时为 1.549×10^{-4}；10℃时为 1.335×10^{-4}；15℃时为 1.162×10^{-4}；20℃是为 1.029×10^{-4} 30℃时为 0.825×10^{-4}。

第6章 沉淀与澄清

6.1 沉淀池与澄清池的类型

沉淀池与澄清池的主要作用是让絮体即水中的悬浮杂质从水中分离沉淀下来,并排除这些沉淀物。沉淀池和澄清池在整个地面水净水系统中能够去除 80%~90% 的悬浮固体,然而它与滤池相比造价仅为滤池的 50%~60%,耗水率仅为 5%~10%,电耗仅为 20%~25%,虽然它不能替代滤池,但它在整个地表水净水处理工艺中的技术经济作用是十分明显的。

6.1.1 沉淀池的类型

沉淀池有多种形式:按水流方向可分为竖流式、平流式和辐流式。竖流沉淀池是水流向上,颗粒向下完成沉淀过程的构筑物,由于表面负荷小,处理效果差,基本上已不采用;辐流式沉淀池水流从中心流向周边,流速逐渐减小的圆形水池,主要被用作高浊度水的预沉。目前,我国水厂常用的沉淀池为平流沉淀池和斜管(板)沉淀池。

1. 平流沉淀池

平流沉淀池是应用较早、比较简单的一种沉淀池形式,它是依靠水在水平流动过程中使悬浮杂质逐渐下沉从而达到沉淀目的构筑物。

平流沉淀池既可用于自然沉淀也可用于混凝沉淀。自然沉淀就是原水中不投加混凝剂的沉淀,一般用作预沉处理;而混凝沉淀是原水加药混凝形成絮体后的沉淀。平流沉淀池虽然占地面积较大,但是它的优点是构造简单、造价较低,处理效果稳定、操作管理方便、耗药量少且对流量和浊度的变化具有较大的适应和耐冲击能力。

2. 斜管(板)沉淀池

斜管(板)沉淀池的特点是在沉淀池中装置许多间隔较小的平等倾斜管或倾斜板,具有沉淀效率高、在同样出水条件下池子容积小、占地面积少的优点。

斜管(板)沉淀池按水流方向的不同可分为:

(1)上向流斜管沉淀池

上向流斜管沉淀池也称异向流斜管沉淀池,即是水流自下而上通过斜管完成沉淀过程的构筑物。

(2)侧向流斜板沉淀池

水流由侧向通过斜板完成沉淀过程的构筑物。

目前,水厂常用的是以上两种斜管(板)沉淀池,但斜管(板)沉淀池还有同向流斜板沉淀池、带翼斜板沉淀池和波形斜板沉淀池。波形斜板沉淀池也有上向流和侧向流之分。

6.1.2 澄清池类型

澄清池的主要特点是在一个构筑物内同时完成混合、絮凝、沉淀过程，使已经形成的絮体循环利用或处在悬浮状态继续发挥作用，以提高沉淀效率。澄清池一般分为泥渣循环型和泥渣过滤型两种。

1. 泥渣循环型

泥渣循环型澄清池的工作特点是利用水力或机械的作用使部分带活性的泥渣即絮体不断循环回流，泥渣在循环过程中不断接触凝聚和吸附水中杂质，使原水较快地得到沉淀。常用的泥渣循环型澄清池有水力循环澄清池、机械搅拌澄清池和高密度澄清池。

2. 泥渣过滤型

泥渣过滤型澄清池工作特点是将加药后的原水从下向上流过处于悬浮状态的泥渣层，水中杂质和泥渣颗粒碰撞，发生凝聚和吸附，从而使原水中杂质很快从水中分离。悬浮状态的泥渣层是利用水流不断上升、泥渣层依靠重力下降两者之间的重力平衡形成的。原水通过这一悬浮层，就像被过滤一样得到了澄清，因此称为泥渣过滤型。常用的泥渣过滤型澄清池有脉冲澄清池与悬浮澄清池。

泥渣过滤型澄清池与泥渣循环型澄清池在使用中都应及时排除过量的、已经老化了的泥渣以保持适当的泥渣浓度及其吸附能力。

目前自来水厂使用较多的是水力循环澄清池与机械搅拌澄清池。但近年来，高密度沉淀池也得到了推广和应用。

6.2 沉淀池与澄清池管理的基本要求

6.2.1 现代化水厂对沉淀池、澄清池管理的要求

浙江省现代化水厂评价标准对沉淀池管理的基本要求是：

1. 沉淀池出水浊度 24h 在线检测，正点记录。

2. 沉淀池出水浊度≤水厂内控指标，合格率≥95%。

合格率计算是按沉淀池出水浊度全年所有正点记录为统计依据（仪表故障期间由化验室按正点检测一次的频率进行水质取样化验数据）。

合格率：年检测合格次数/年检测总次数。

沉淀池浊度合格率≥95%，单次检测不合格值应≤水厂内控标准的 1.3 倍；

3. 保证各项设备完全完好，池内外清洁卫生。

6.2.2 沉淀池（澄清池）出水浊度的内控指标

控制沉淀池出水浊度是确保出厂水浑浊度达标的前提。沉淀池出水浊度内控指标是根据出厂水浊度的内控指标和滤池的除浊能力来确定的。

1.《城镇供水厂运行、维护及安全技术规程》CJJ 58—2009 根据《生活饮用水卫生

标准》GB 5749—2006 的出厂水浑浊度限值为 1NTU 的规定，确定沉淀水出口浊度指标控制在 3NTU 以下。

2. 《深圳市供水行业技术进步指南》SZDB/Z 23—2009 规定的供水规模 10 万 m^3/d 及以上的水厂沉淀池（澄清池）出水浊度应≤2NTU，滤池出水浊度≤0.3NTU，合格率应≥95%；供水规模在 10 万 m^3/d 以下的水厂的沉淀（澄清）池出水浊度应≤3NTU，滤池出水浊度≤0.5NTU，合格率应≥95%。

3. 上海市自来水市北公司杨树浦水厂根据沉淀池的工况和加药（也称加矾）与沉淀池出口浊度的关系，按成本效益原则，将沉淀池出口浊度控制在 1.0NTU。该公司近年来出厂水水质目标和出厂水实际浊度及加矾量与沉淀池出口浊度关系见表 6-1、表 6-2。

上海市自来水市北有限公司近年出厂水浊度 表 6-1

项目	单位	2000 年	2001 年	2002 年	2003 年	2004 年
出厂水浑浊度目标	NTU	0.5	0.5	0.3	0.3	0.3
出厂水实际浑浊度	NTU	0.36	0.26	0.2	0.11	0.1
平均矾耗	Mg/L	33.27	33.22	38.1	47.99	45.3
最高浑浊度	NTU	0.7	0.55	0.55	0.45	0.35
最低浑浊度	NTU	0.15	0.1	0.12	0.08	0.07

杨树浦水厂加矾量与沉淀池出口浑浊度的关系 表 6-2

序 号	1	2	3	4	5	6	7	8	9	10	11	12	13	14	15
加矾量（mg/L）	10	15	20	25	30	35	40	45	50	55	60	65	70	75	80
浊度（NTU）	6.6	2.4	2	1.4	1	0.9	0.8	0.7	0.6	0.6	0.7	0.8	0.8	1.3	1.6

4. 浙江省城市供水现代化水厂评价标准实施细则（2003 版），根据出厂水浑浊度低于 0.1NTU 的要求提出沉淀池出水浊度内控指标应低于 2.0NTU。2008 版在修订时根据一些水厂提出应按各水厂的滤池工艺条件以达到出厂水浑浊度<0.1NTU 的目标，自行规定沉淀池出水浑浊度内控指标。绍兴宋六陵水厂、嘉兴贯泾港水厂的沉淀池出水内控指标定为≤1.0NTU。

6.3 平流沉淀池

6.3.1 平流沉淀池在我国的应用

平流式沉淀池在我国有悠久的应用历史。1883 年我国近代第一个自来水厂上海杨树浦水厂就采用平流沉淀池。平流沉淀池的优点是运行稳定，耐冲击能力强，操作方便，耗药量较少，20 世纪 60 年代之前，许多水厂采用平流沉淀池。之后，由于出现了众多的各种澄清池、斜管（板）沉淀池后，平流沉淀池较少被采用，直到 20 世纪 80 年代，平流沉淀池又被重新受到青睐。最先突破的是上海市政工程设计研究院于 1980 年在上海市自来水公司长桥水厂新建的三号沉淀池采用了平流沉淀池，并将该池与清水池叠建，克服了占地大的缺点。三号沉淀池设计能力 20.0 万 m^3/d，全长 152m，宽 29.6m，池深 2.8m，纵向设导流隔墙，池子长宽比 7：1，池高 2.8m，水深为 2.35m，设计水平流速 37mm/s，沉淀时间 50min，表面负荷 30m³/(m²·h)，沉淀池排泥采用虹吸式吸泥机，该池投产后使用效果良好。1985 年杭州祥符水厂 15 万 m³/d 的扩建工程中，同样也采用了与清水池叠建的平流沉淀池，该池长 110m，宽 25.25m，有效水深 2.6m，停留时间 1.5h，水平流速 16mm/s。在全国城市供水建设大发展阶段，大量新建的城市水厂多数采用平流沉淀池，仅浙江省新建的 3 万 m³/d 以上的 60 多座水厂中几乎全部采用平流沉淀池。

在新一轮平流沉淀池的建设中，技术上得到很多改进。主要有：

1. 絮凝和沉淀的结合部即沉淀池进口设计，尽量使水流在沉淀池断面上，得到均匀分布，以避免在进水分配中絮粒破碎。

2. 提高水平流速，促进颗粒碰撞机率，以利于在沉淀池中继续结绒，从而提高沉淀池效率，水平流速由原来的 5～10mm/s 普遍提高到 10～25mm/s。

3. 改进池形布置，一般呈长、狭、浅形。沉淀池深原设计一般在 3.5～4.0m 左右，改进后有效水深减少到 2.5～3.0m，超高 0.3～0.5m。

4. 改善出口布置，新的平流式沉淀池都已采用指形槽出口，堰负荷率都在 300m³/(d·m) 以下，杭州九溪水厂三期设计堰负荷率只有 168m³/(d·m)，效果很好。

5. 采用了虹吸或泵式吸泥机，并标准化、定型化。

6. 为了节省占地，大都与清水池进行叠层布置。

平流式沉淀池的沉淀时间为 1.5～2.0h，当处理低温、低浊度水或高浊度水时，可适当延长；长宽比不小于 4：1，每格宽度或导流墙间距一般为 3～8m，不超过 15m，池的长深比应不少于 10：1。

6.3.2 平流沉淀池构造

图 6-1 为一般平流沉淀池的布置形式。沉淀池与絮凝池直接相连，进水采用穿孔墙配水，出水采用指形集水槽集水，排泥采用机械虹吸排泥。沉淀池可分为进水区、沉淀区、出水区和池底的存泥区 4 部分。

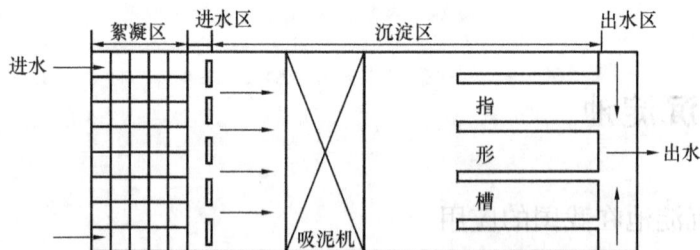

图 6-1 平流沉淀池构造示意图

1. 进水区

进水区的作用是使水流均匀地分布在整个进水断面上，并尽量减少扰动，为防止絮凝体破碎，穿孔墙孔口流速不宜大于 0.08～0.1m/s；为保证穿孔墙的强度，洞口总面积也不宜过大。洞口的断面形状宜沿水流方向逐渐扩大，以减少进口的射流。洞口要布置在池底部存泥区高度 30～50cm 之上。

2. 沉淀区

沉淀区是沉淀池主体，水在池内缓慢流动使絮体逐渐下沉。沉淀区内设吸泥机。沉淀区底部包含存泥区。

3. 出水区

沉淀后的水应尽量在出水区均匀流出，一般采用指形槽出水。指形槽有锯齿堰、薄壁堰和孔口出流3种形式，见图6-2。指形槽的负荷不能过大，否则会将絮体带出池外，指形槽出水口要标高一致，流量一致才能使出水均匀和稳定。

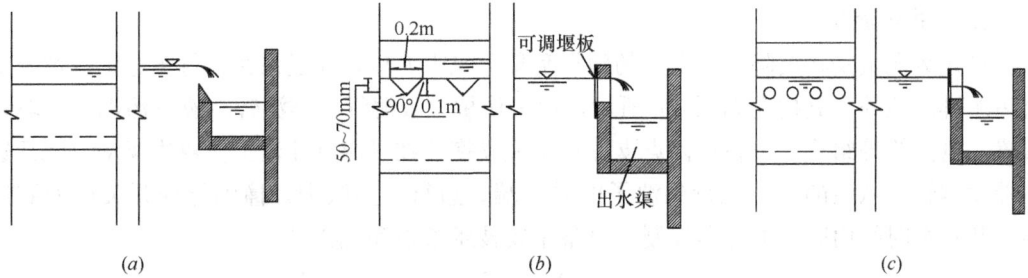

图 6-2 沉淀池指形槽出水形式

(*a*) 薄壁堰；(*b*) 锯齿堰；(*c*) 孔口出流

6.3.3 平流沉淀池的排泥

平流沉淀池排泥有人工排泥、斗式排泥、穿孔管排泥，但现在一般都采用机械排泥。机械排泥的形式主要有虹吸式吸泥机、泵式吸泥机和近年来新出现的单轨式刮泥机。

1. 虹吸式吸泥机

虹吸式排泥是将沉降在池底上的污泥刮集至吸泥口，通过虹吸的办法边行车边吸泥，经虹吸管将污泥排除池外。行车式虹吸吸泥机构造如图6-3所示，由工作桥（箱式梁）、抽真空系统、驱动装置、虹吸装置、电气箱等组成。一般由四点支撑箱式横梁跨在平流池上，采用水射器抽真空形成虹吸，利用池内外的水位差，抽吸沉淀池池底的泥渣，达到排出污泥的目的，行车靠电机带动减速机，双边驱动作全池范围的移动。设备的主要技术参数和规格见表6-3。

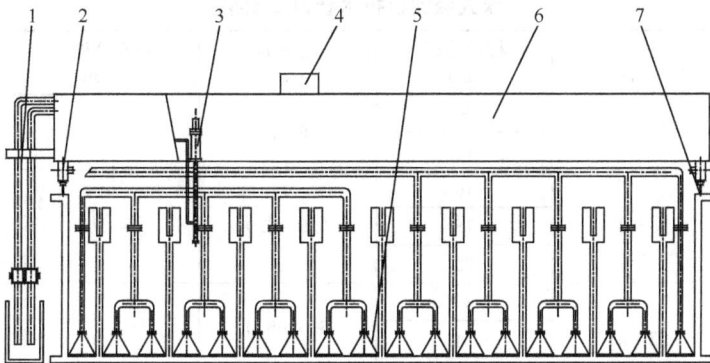

图 6-3 虹吸式吸泥机

1—排渣系统；2—驱动系统；3—抽真空系统；4—电控系统；5—虹吸系统；
6—箱式梁；7—轨道组成及行程控制系统

虹吸式吸泥机技术参数和规格　　　　　　　表 6-3

参数 型号规格	池宽 D (m)	标准池宽 (m)	池深 H (m)	行车速度 (m/min)	驱动功率 (kW)
PBX8-14	8~14	8，12，16	3.5~5.0	~1.0	0.37×2
PBC16-20	16~20	16，18，20	3.5~5.0	~1.0	0.55×2
PBX22-26	22~26	22，24，26	3.5~5.0	~1.0	0.75×2
PBX28-30	28~30	28，30	3.5~5.0	~1.0	1.1×2

注：PBX 为无锡金源环境保护设备有限公司的产品。

2. 泵式吸泥机

泵式吸泥机是将沉降在池底上的污泥刮集至泵吸泥口，通过泵在边行车边吸泥情况下将污泥排出池外。其构造如图 6-4 所示，由工作桥、吸泥管、排泥管、液下污泥泵、驱动装置、电控箱等组成。设备由四点支撑行车大梁横跨在平流沉淀池上，双边驱动，池两边均铺设钢轨，从池的一端运行到池子的另一端，边行走边吸泥，撞到行程开关返回到原地；开停车时间由时间继电器控制。设备主要技术参数和规格见表 6-4。

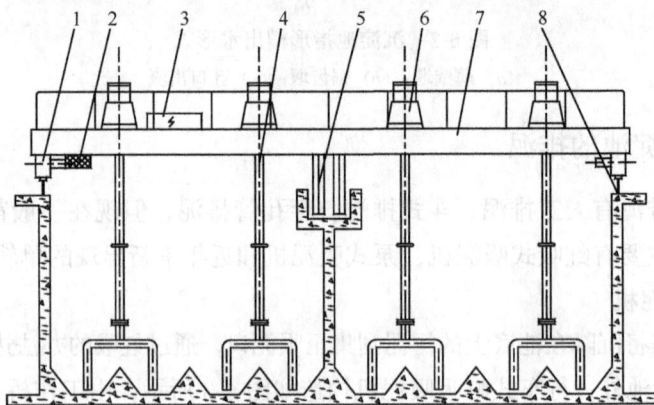

图 6-4　泵式吸泥机
1—驱动装置；2—电缆滚筒；3—电控箱；4—吸泥管；5—排泥管；
6—液下污水泵；7—行走大梁；8—轨道组成及行程控制系统

泵式吸泥机技术参数及规格　　　　　　　表 6-4

参数 型号规格	池宽 D (m)	标准池高 (m)	池深 H (m)	行车速度 (m/min)	驱动功率 (kW)
PBX8-14	8~14	8	3.5~5.0	~1.0	0.37×2
		14			
PBC16-20	16~20	16	3.5~5.0	~1.0	0.55×2
		18			
		20			
PBX22-26	22~26	22	3.5~5.0	~1.0	0.75×2
		24			
		26			
PBX28-30	28~30	28	3.5~5.0	~1.0	1.1×2
		30			

注：PBX 为无锡金源环境保护设备有限公司的产品。

3. 单轨式刮泥机

(1) 构造原理

单轨式刮泥机安装于平流沉淀池底，池底中间铺设一条与沉淀池等长的轨道，两翼刮泥板安装在行走于轨道之上的台车上，由池顶驱动装置牵引圆环链条的水下刮泥机。

刮泥机刮泥行走时，刮板竖立起来垂直于池底，将池底污泥刮向集泥坑；后退时刮泥板翻转平行于池底，在污泥层中滑动。刮板的回程速度约为刮刀前进速度的 2～3 倍，刮板运行约 70cm 后，刮板达到极限位置就开始返回，形成污泥的连续输送。图 6-5 (1) 为水下刮泥机构造示意图，图 6-5 (2) 为刮板运动示意图。

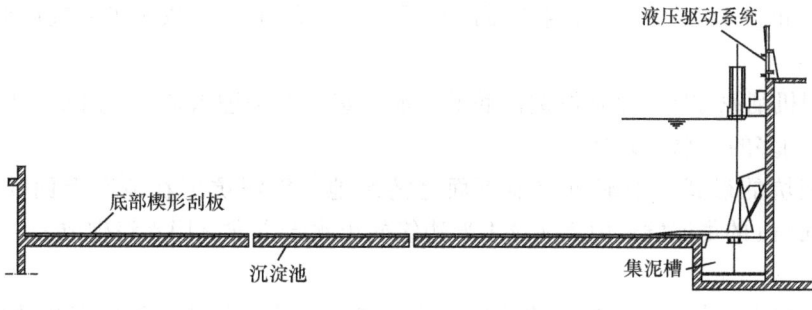

图 6-5　(1) 液压往复式底部刮泥机系统组成

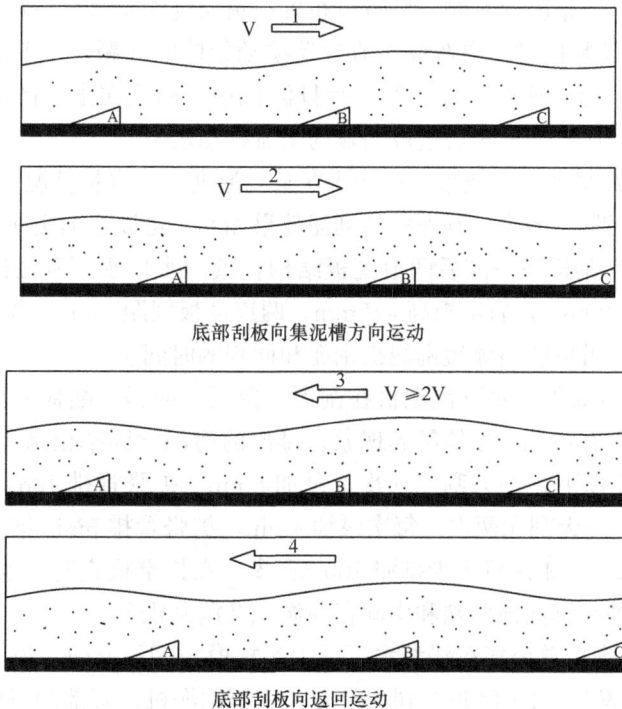

底部刮板向集泥槽方向运动

底部刮板向返回运动

图 6-5　(2) 底部刮板运动示意图

(2) 水下刮泥机的优点

1) 减少排泥水量。一个 90m 长的平流沉淀池采用虹吸方式排泥，每天即使排一次泥，最少要排出 137.5m³ 的含泥废水。采用水下刮泥方式，由于污泥浓度大大提高，一天排泥 1~2 次，合计排泥量约为 18m³，不到虹吸方式的 1/7，排泥量大大减少，一个 60 万 m³/d 的水厂一天可少排 1200 m³ 的含泥废水。排泥量的减少减轻了水厂污泥处理量。

2）改善絮凝效果。平流沉淀池应用水下刮泥机时，如采用污泥回流至絮凝池，将增强絮凝药剂的絮凝作用，有效地强化絮凝工艺，降低药耗。

3）有利排泥水处理。水下刮泥机的排泥含固率达到 3% 左右，可以在排泥水处理时取消污泥浓缩池。

（3）应用实例

1）福州市自来水公司 2007 年在城门水厂（2×5 万 m³/d）安装了单轨式刮泥机，其应用经验是：

a. 刮泥机刮泥方向：平流沉淀池底的污泥量基本上是进水端多、出水端少，从泥量少的一端刮向多的一端较为合理。

b. 集泥坑的形式：平流沉淀池下面是清水池，集泥坑可在池底上面建设一底宽 1.5m，深 0.5m 的集泥坑，由集泥坑上部边缘向出水端方向，用水泥砌成 30m 长的过渡斜坡。

c. 排泥方式：水下刮泥机是将池底污泥全部刮到集泥坑内，坑内泥的浓度比较高。城门水厂采用泵抽与扩张管两种方案相结合的排泥方式，以泵抽为主、扩张管为辅，扩张管安装在集泥坑内靠近絮凝池一侧，泵吸口布置在集泥坑内靠出水一侧。

d. 刮泥机行走及翻板过程中造成水流扰动搅动絮体的问题：水下刮泥机的行走速度为 0.3~1.2m/min，行走速度比传统的虹吸排泥机慢，而且在集水区刮板的高度比水深小得多，因此水下刮泥机同样不会造成明显的水流扰动现象。

e. 刮泥机的刮泥量及刮泥效果：刮泥机在某一浊度、制水量情况下多长时间刮一次，一次允许的最大刮泥量是多少，刮泥机的刮泥效果如何，可以根据实际调整。

f. 刮泥机采用单刮板还是前后两道刮板结构：城门水厂水下刮泥机采用前后两道刮板结构，前刮板高 500mm，后刮板高 475mm，两道刮板间距 30m。30m 间距比较大的一前一后两刮板结构，可以明显缩短刮泥机刮泥和回程的时间。

g. 刮泥机的运行效果：水下刮泥机在刮泥、翻板、回程、翻板运行过程中看不到水流扰动现象，同样没有污泥、絮体翻起现象，排出的污泥含固率很高、排泥量明显减少。原水浊度在 30NTU 以下，一天刮泥一次，泵抽 8min、扩张管排 10min 即可；原水浊度在 30~70NTU 时，一天刮泥两次，每次泵抽 4min，扩张管排 5min 即可；每天排泥量约 20 m³，与虹吸排泥方法相比每天少排泥 100 m³ 多。在排空检查时，池底刮泥平净平整，没有虹吸排泥机那种在沉淀池两端和中间存在淤积及漏刮现象。

2）浙江宁波自来水总公司东钱湖水厂，生产规模 50 万 m³/d，2009 年 8 月投产。沉淀池排泥采用瑞典 WATERLINK 公司的往复式底部刮泥机，底部刮泥板全长 89.5m，液压油缸容量 75L，可输出最高压力 13MPa。沉淀池底部大刮板尺寸 8950cm×825cm，液压驱动电机额定功率 4kW，额定输出压力 100bar，集泥槽底部小刮板尺寸 825cm×200cm，额定功率 1.14kW。

东钱湖水厂对刮泥机运行后进行了技术测定，测试结果认为底部刮泥机运行对沉淀池出水浊度有轻微影响，如果沉淀池底部污泥厚度保持在 30～40cm，可以将影响降到最低；刮泥机的刮泥和返回运行速度不同对沉淀池出水浊度没有影响，从实际使用情况来看，刮泥和返回的运行时间设置在 25s 和 15s 左右较为合适。沉淀池排出污泥含固率高于使用普通行车式吸泥机的测定值。底部刮泥系统可以调整的参数主要有刮泥机刮泥速度、返回速度、停止/运行的间隔时间，其运行效果主要从沉淀池出水浊度和排泥水含固率两方面考虑。

6.3.4 平流沉淀池的管理

1. 主要运行控制指标

(1) 沉淀时间

沉淀时间是指原水在沉淀池中实际停留时间，是沉淀池设计和运行的一个重要指标。设计规范规定为 1.5～3.0h，实际一般在 1.5～2.0h 就可满足运行要求。过短的停留时间，保证不了出水水质。

(2) 表面负荷率

表面负荷率是指沉淀池单位面积所处理的水量，是控制沉淀效果的一个重要指标。比较理想的表面负荷率如表 6-5 所示。

表面负荷率参考指标   表 6-5

原 水 性 质	表面负荷率 [m³/(m²·d)]
浊度在 100～250NTU 的混凝沉淀	45～70
浊度大于 500NTU 的混凝沉淀	25～40
低浊高色度水的混凝沉淀	30～40
低温低浊水的混凝沉淀	25～35
不加凝聚剂的自然沉淀	10～15

(3) 水平流速

水平流速是指水流在池内流动的速度。水平流速的提高有利于沉淀池体积的利用，一般在 10～25mm/s 内认为是比较正常的。

2. 管理与维护

平流沉淀池的管理基本上属于混凝管理的继续，往往是和加药、混凝统一管理的。在平流式沉淀池管理与维护中要着重做好以下几点：

(1) 掌握原水水质和处理水量的变化

掌握原水水质和处理水量的变化主要目的是正确地决定混凝剂投加量。在原水水质方面应掌握：原水浑浊度、pH、水温、碱度。在水量方面要了解进水泵房开停状况。对水质测定结果和处理水量的变化要及时填入生产日报。

(2) 观察絮凝效果、及时调整加药量

在运转中要特别注意出水量变化前调整投药量和水质变坏时增加投药量这两个环节。还要防止断药事故，因为即使短时期停止加药也会导致水质的恶化。对在水质频繁变化的季节如洪水、台风、暴雨、融雪时更需加强管理，落实各项防范措施。

（3）注意进入沉淀池的水温与沉淀池内水温的差别

当沉淀池进水温度超过池内水温时会使池的有效容量迅速下降。由于温度的不同，沉淀池的利用系数可以在0.1～0.9的范围内变化。特别是夏天高峰供水时，原水受到日光的影响，温度比池内水温高出很多，影响沉淀效果，就要特别注意加药量的调整。

（4）及时排泥

及时排泥是沉淀池运转中极为重要的工作。因为排泥不及时、池内积泥厚度升高，会缩小沉淀池过水断面、缩短沉淀时间，降低沉淀效果最终导致出水水质变坏。排泥过于频繁又会增加耗水量。采取人工清理的沉淀池排泥应该在每年高峰供水前进行。

（5）防止藻类及微型生物的孳生、保持池体清洁卫生

原水藻含量较高时可以采取预加氯方法，杀灭孳生的藻类等。沉淀池内外都应经常清理保持环境卫生。

6.3.5 平流沉淀池的技术改造

1. 加设斜管或斜板

根据20世纪80年代的一些水厂的实践，在平流沉淀池内加装斜管，按60°倾角放置，是增加出水量或提高出水水质的有效措施。增设斜管或斜板要考虑到斜管下部与池底的间距不小于1.5m，斜管上部分集水槽间距不小于0.8m。斜管的面积按上升流速以2.0～2.5mm/s设置。

福州市城门水厂平流沉淀池设计水量10万 m^3/d，单组产水量为5万 m^3/d，该池长91.31m，宽15.70m，深4.0m，有效水深3.6m，2006年针对该池进行技术改造：在池长方向约1/2区域靠出水端处增设斜管；拆除原有集水槽及支柱，将出水总渠沿池长方向池壁布置，集水槽改为垂直于池壁，水流直接进入两侧出水渠；拆除行车式虹吸吸泥机安装水下刮泥机，池底浇筑污泥坑、挡水墙。斜管布置长度40m，628m^2，内径50mm，长度700mm，倾角60°。斜管上部有不小于1.0m的清水区，下部有不小于1.5m的配水区。改造后沉淀池出水量从5万 m^3/d提高到6.5万 m^3/d，出水浊度可达1.0NTU以下。

2. 改善出口条件

很多水厂由于指形槽出水堰负荷率太大或安装不水平导致已沉降的絮体重新浮起，使沉淀池出水悬浮物增加，影响过滤效果。降低出水堰负荷的主要办法是延长指形槽长度，出水不均匀时就要调整指形出水槽的安装高度。

广州市自来水公司某厂沉淀池采用网格絮凝，絮凝时间14min，8个沉淀池，每池处理水量5729m^3/h，停留时间1.6h，沉淀池出水指形槽每池16条，11m长，负荷为300～382m^3/(d·m)，出水浊度的控制目标为1NTU，由于出水不均匀，达不到内控要求。2005年对沉淀池左右两侧和中间的三条集水槽的槽前、槽中、槽后的沉后水浊度进行连续检测后发现：

（1）集水槽槽前至槽中、槽中至槽后的沉后水浊度升高，相差基本相同，平均为0.56NTU＼0.18NTU，槽前至槽后沉后水浊度的总差值平均为0.74NTU。集水槽内沉后水浊度的沿程升高主要是从槽中部开始的。致使集水槽前端的浊度只有0.8NTU，而末端的出水浊度偏高，尤其末端3～5cm范围内絮体上浮现象比较严重。

（2）集水槽的槽前、槽中、槽后的集水流量各占 30.8%、36.9%、32.3%，槽中的集水流量分别高出槽前、槽后 6.1% 及 4.6%。这说明集水槽水流的出流主要是中间位置，由于出水水流不均匀导致出水浊度的高低。

（3）在测流基础上，对集水槽现有孔的进行部分封闭处理，以相对增加集水槽前端的集水流量后，沉后水浊度的总差值下降了 0.24NTU，降幅达 32.9%，减少了沉淀池末端絮体上浮，降低了总的集水浊度。满足了沉淀池出水内控要求。

此种方法改造较为容易，见效快，施工方便，费用低。

3. 合理设置药剂投加点

浙江桐乡市运河水厂设计能力 15 万 m³/d，采用机械混合和三级机械絮凝，设计 PAC 投加点位于混合池中部，PAM 投加点位于混合池出口。投产后发现沉淀池出水浊度较高，为 3~4NTU。后经混凝搅拌试验，分析各种原因，发现由于 PAC 的投加位置不合理，导致混合时间偏短，影响了沉淀池出水浊度，在搅拌强度已经足够的情况下，为了增加混合时间，比较简单而又切实可行的办法是将 PAC 加药管从混合池中部移到底部，PAM 投加点从混合后改为混合前，经过调整后，加长了混合时间，增强了助凝剂的架桥作用，沉淀池出水浊度比改造前平均降低了 1NTU 左右。

4. 沉淀池池壁池底积泥治理

深圳梅林水厂处理能力 60 万 m³/d，生产运行中出现池壁挂泥和池底积泥现象。

（1）池壁挂泥治理

池壁常年挂有 5~20mm 厚度黏性絮体，即使每天刷洗池壁也不能排除，除感官较差外，池壁挂泥中还会有摇蚊的幼虫大量繁殖并筑巢。

分析挂泥原因主要是由于原水含有大量藻类，有机物含量较高，水厂将沉淀池排泥水与滤池反冲洗水一起回收，只作简单的自然沉淀即送回配水井重新使用，回到配水井的上清液中含有大量松散絮体，加重了池壁挂泥。

解决办法是对排泥回收水进行加药处理，改善回收水沉淀效果提高回收水水质。

（2）过渡区池底积泥治理

絮凝池与沉淀池的过渡区池底积泥严重时厚度超过 2m，底部积泥发酵后大块状上浮到水面，感官极差，并导致过渡区有效水深减少，打碎较大的絮体。

过渡区积泥主要原因是大絮体在过渡区开始沉淀，穿孔管排泥负荷较重，只能排出孔口附近的一少部分泥，有的甚至穿孔管被堵塞。

解决办法是在穿孔管上设置压力水管进行逆向反冲，水流从穿孔管以射流的方向喷冲散管口附近已经压实的底泥，经实践证明效果很好。

（3）平流沉淀池池底积泥

沉淀池池底积泥原因如果不是不及时排泥外，就是虹吸式排泥的吸泥管径偏小，尤其是由于主干管管径偏小，与各支管流量不相匹配，导致排泥总量偏小而致使池底积泥。

沉淀池首端积泥较多，也可能受过渡区积泥厚度过高的影响，而穿孔配水花墙向沉淀一侧扩散，形成斜坡，行车无法将其排除；沉淀池尾端积泥主要是与尾端设置的出水导流面有关，该导流面上的积泥不会自动滑向池底，导致排泥行车无法吸取此处污泥长期积泥厚度可达 0.5~1.5m，也是导致大量絮体被水流携带而出进入滤池的原因。

治理办法是对排泥行车进行改造，扩大吸泥管管径，改变排泥行车的运行方式，并在沉淀池首端积泥较厚处进行定点延时排泥，强化排泥效率；沉淀池末端在出水导流面上可设置压力水穿孔管，每日进行压力水扫洗等。

5. 优化吸泥机的运行方式

杭州南星水厂针对沉淀池积泥较多，对吸泥行车运行方式进行了优化研究。在经多次试验后认为沉淀池吸泥行车的运行方式必须根据进水量和原水浊度进行阶段性调整。在该厂现状流量和浊度条件下，可以设定为3阶段排泥方式的自动运行，Ⅰ段（从沉淀池起点始）7%的行程走2次，Ⅱ段20%的行程走2次；最后Ⅲ段，60%的行程走1次，其中Ⅰ、Ⅱ段循环10次后运行Ⅲ段，终点停留3h，起点停留3min（不破坏真空）可有效保证沉淀池正常运行。

6.4 上向流斜管沉淀池

6.4.1 上向流斜管沉淀池原理与构造

1. 上向流斜管沉淀池原理

斜管（板）沉淀池所以能够提高生产能力，主要是增加了沉淀面积和改善了水力条件。根据"浅层沉淀"的原理，沉淀池的沉淀效率在通过同样流量与絮凝条件下，和沉淀面积成正比，而不是取决于池子的高度与容积的大小，在沉淀池中加设了斜管，明显地增加了沉淀面积而且还使颗粒沉降距离大大缩短，水在斜管中流动比较平稳，絮体容易沉降。

"浅层沉淀"的理论是1904年由黑曾（HaZen）首先提出来的。1945年肯布（Camp）在《沉淀和沉淀池设计中》提出抽屉式的层格沉淀池设计。20世纪60年代后日本不少水厂开始推广采用斜管沉淀池。我国最早的给水斜管沉淀池1972年建于汉阳水厂，当时采用$\phi36mm$的纸蜂窝，倾角55.4°，垂直高度为750mm，上升流速采用3mm/s，获得了成功。20世纪70~80年代，斜管沉淀池在我国给水处理中应用达到高峰，当时建设的一些水厂基本都采用斜管沉淀池，并在此基础上又出现了同向流、侧向流的斜板沉淀池。斜管（板）沉淀池的主要缺点是需要定期更换老化后的斜管（板）材料，对原水水质变化的适应性较差，管理要求高。

2. 斜管沉淀池的构造

斜管沉淀池一般有配水区、斜管区、集水区、积泥区4部分组成，通常布置如图6-6所示，其工艺流程为：加过混凝剂的原水经过絮凝后生成良好的絮体由整流配水板均匀流入配水区，然后自下而上通过斜管，原水中杂质与水在斜管内迅速分离，清水从上部经集水区、通过集水槽送出池外，沉淀在斜管壁上的杂质沿壁滑下入积泥区由穿孔排泥管或其他排

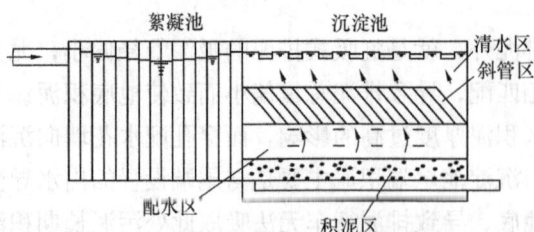

图6-6 斜板沉淀池一般布置

泥设施定期排出池外。

3. 运行主要控制指标

(1) 上升流速与液面负荷率

液面负荷率是指斜管沉淀池单位平面面积上的出水流量，而上升流速是指斜管区平面面积的水流上升流速。因此，两者代表的意义都是指斜管沉淀池的处理负荷大小。例如上升流速 3mm/s 的斜管沉淀池其液面负荷率为 $10.8m^3/(h \cdot m^2)$。根据各地使用斜管沉淀池的实际经验，一般认为液面负荷率控制在 $5.0 \sim 9.0 \ m^3/(h \cdot m^2)$，即相应的上升流速 $1.5 \sim 2.0mm/s$ 较为合适。

(2) 斜管管径、长度与倾角

斜管一般采用正六角形（蜂窝形），这主要由于蜂窝形断面结构合理、刚度较好。定型斜管管径大都为 $30 \sim 40mm$，斜长为 1m，倾角通常为 60°。

6.4.2　供水用斜管的标准

建设部 1999 年 6 月 4 日发布了《供水用斜管》（CJ/T 83—1999）的行业标准，其主要内容为：

1. 产品分类

(1) 根据斜管材料的种类，产品分为聚丙烯（包括乙丙共聚物）塑料斜管、聚氯乙烯塑料斜管。

(2) 塑料斜管产品分为半成品和成品，塑料斜管半成品是指经机械热压而成型的连续半六边形片材，其成品是将半成品焊接或粘结而成的具有一定倾斜角度的组件。规定成品单组斜管的尺寸为长 (L) 1000mm、宽 (b) 500mm，斜长 (L) 1000mm，倾角 60°，见图 6-7。

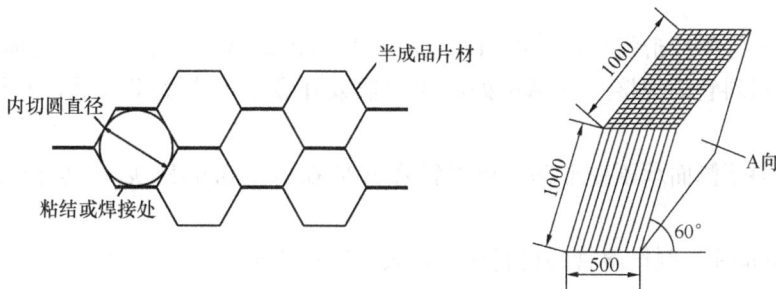

图 6-7　单组斜管尺寸图（mm）

(3) 斜管的使用环境条件是介质温度 $0 \sim 40℃$，pH 值 $6 \sim 9$。

2. 技术要求

(1) 外观

制造塑料斜管的塑料片材应表面光滑，无裂缝、气泡，无明显色差、杂质，无明显凹凸点。

(2) 尺寸

斜管尺寸应符合表 6-6 的规定

单组斜管主要尺寸   表 6-6

型　号	斜管过水断面内切圆直径 d(mm)		单组斜管外形尺寸 l×b×L		倾斜角度		管壁厚度 (mm)		单组斜管理论质量
	基本尺寸	极限偏差	基本尺寸	极限偏差	基本尺寸	极限偏差	基本尺寸	极限偏差	kg
聚丙烯斜管 XG-d-pp	25	±1.5	1000×500 ×1000	l=±10 b=±10 l±10	60	±2			19～30
	30	±1.5					0.4～0.5	±0.05	18～27
	35	±2.0					0.45～0.55	±0.05	18～25
	50	±2.5					0.5～0.6	±0.06	14～24
聚氯乙烯斜管 XG-d-PVC	25	±1.5					0.6～0.8	±0.08	21～47
	30	±1.5					0.3～0.5	±0.05	24～38
	35	±2.0					0.4～0.5	±0.05	21～40
	50	±2.5					0.4～0.6	±0.05	19～28
							0.5～0.6	±0.06	

注：1. pp 为聚丙烯塑料代号，PVC 为聚氯乙烯塑料代号。

2. 单组斜管理论质量分别以下列密度计算：聚丙烯 0.92g/cm³；聚氯乙烯 1.45g/cm³。

（3）材料力学性能

聚丙烯塑料的拉伸强度不应小于 25MPa，聚氯乙烯塑料的拉伸强度不应小于 45MPa。

（4）单组斜管整体强度

1）单组斜管管口水平面承压程度不应小于 1.40kPa，在此条件下应符合以下规定：

a. 聚丙烯塑料单组斜管的脱焊点不应多于 5 个，同一焊接线上脱焊点不应多于 2 个。

b. 聚氯乙烯塑料单组斜管黏结部位开裂数不应多于 5 处，同一黏结线上开裂数不应多于 2 处。

2）单组斜管耐冲击强度：单组斜管应以 A 向自由跌落至平整混凝土地面，跌落高度为 1.0m，塑料斜管的焊接点或黏结处的脱焊数或开裂数不应多于 2 处，并符合本条 1）a、b 的规定。

3）单组斜管侧面承压变形率：单组斜管 A 向在承受 0.6kPa 后，其外形尺寸变化率应小于 1%。

（5）卫生指标：制作斜管的材料应符合表 6-7 的要求。

斜管材料的卫生指标（mg/L）   表 6-7

检验项目	检验指标限量值	
	聚丙烯	聚氯乙烯
蒸发残渣	≤30	<30
高锰酸钾耗氧量	≤10	<10
重金属	≤1	<1
氯乙烯单体	—	<1

3. 试验方法

（1）用目测检查片材和成品的外观。

（2）用精度为 10mm 量具测量斜管外形尺寸，用精度为 0.5mm 量具测量斜管过水断面管口内切圆直径，用精度为 1°的角尺测量斜管倾斜角度，用精度为 0.01mm 量具测量材料厚度。

（3）材料力学性能测定：塑料材料拉伸强度的测定，按 GB 1040 进行。

（4）单组斜管整体强度的测定

1）单组斜管管口水平平面承压强度的测定

将单组斜管按其在沉淀池内的放置方式置于水平地面上，用木制梯形体的腰面（见图 6-8）支撑斜管的倾斜面。在单组斜管的上管口平面上平放一块木板，木板长 1000mm，宽 500mm，厚 40mm，木板两面平整。在木板上均匀施加重物，重物和木板重量之和为 70kg。承荷载 10min 后，卸去荷载，用目测方法检查脱焊、开裂或脱胶情况。

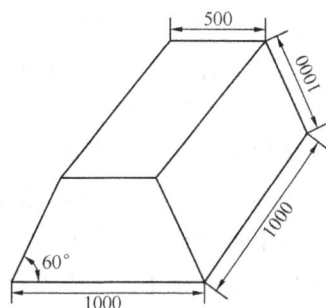

图 6-8　木质梯形体
（mm）

2）耐冲击强度的测定

以单组斜管 A 向呈水平状悬吊于离地面 1m 高度，经自由跌落至平整的混凝土地面，A 向两面各一次。上述试验后，用目测方法检查脱焊、开裂或脱胶情况。

3）侧面承压变形率的测定

以单组斜管 A 向的一面放置在水平地面上，然后在 A 向的另一面上放置与斜管 A 向的形状大小相同厚度为 40mm 的木制平板，在此木板上均匀施加重物，重物和木板质量之和为 60kg，历时 5min，卸去重物和平板，待斜管静置 10min 后，用精度为 1.0mm 量具测量单组斜管的外形尺寸，计算变形率。

（5）卫生指标

1）聚丙烯塑料的卫生指标检验按 GB 5009—60 进行。

2）聚氯乙烯塑料的卫生指标检验按 GB 5009—67 进行。

4. 检验规则

（1）单组斜管需经生产厂质量检验部门按本标准出厂检验项目检验合格后方可出厂，并附有产品合格证。如现场组装产品，生产厂质量检验人员应到现场对组装产品进行出厂检验。

（2）抽样规则：产品以批为单位，塑料斜管以同一批号树脂压制片制造的斜管为同一批；同一批购进的相同批号的片材料制造的斜管为同一批。

6.4.3　斜管沉淀池的构造与安装要求

1. 斜管的制作要求

（1）斜管应严格按照《供水用斜管》CJ/T 83—1999 要求保证产品质量。

（2）焊接质量常常是影响斜管寿命的关键因素之一。焊接质量不好，表现在使用不久就出现焊点脱开，焊接寿命远远低于塑料片老化寿命。由于这一问题常常出现，所以必须注意防止，并严格按照规定要求进行验收。

2. 构造要求

（1）斜管沉淀池设计宽度应为斜管组件宽度的整倍数。

(2) 斜管首、末端的池壁构造。

由于斜管的首、末端与池壁相邻处出现三角形空间，水容易经此走短路，影响水质。可用混凝土板制成的三角形构造固定在池壁上，既有益于水质，又可以保护斜管。

(3) 集水装置

1) 集水装置的选型

集水装置的形式通常有淹没集水槽、穿孔集水管和锯齿形集水堰 3 种。淹没或穿孔集水槽属孔口出流，从水力学角度其流量与淹没水头 0.5 次方成正比，而锯齿形集水堰可视为众多的小三角堰，其流量与作用水头的 2.5 次方成正比，这就可以说明，锯齿形集水堰对较小的高程差可造成较大的流量不均匀，即在安装高程误差相同的情况下，锯齿形堰比淹没孔集水槽和穿孔集水管集水的不均匀程度要大得多。所以用于斜管沉淀池集水采用淹没孔集水槽或穿孔集水槽较为合理。

2) 集水装置的布置和高程误差

斜管沉淀池的集水装置不像平流池按允许溢流率控制，而是按集水均匀的要求来布置的，所以比较密集，单位长度的溢流率为 $150 \sim 200 \text{m}^3/(\text{m}^2 \cdot \text{d})$。溢流率低时堰上水头就小，为保证集水均匀，应对集水装置的高程误差有严格的限制，一般控制在 ±2mm 以内。

斜管的放置方向除满足水进入斜管的转角要求（≥90°）以外，还应使斜管倾斜的方向与池子长、宽尺寸中之较大者平行，这样可以在一定面积上安装较多的斜管。

3. 安装要求

(1) 安装斜管时，其前后左右都应靠紧。应尽量避免安装完毕的斜管有几厘米甚至 10 多厘米的缝隙，这些缝隙导致出水夹带絮体，影响水质。此外，斜管使用一个时期以后，容易使已变疲软的斜管组件向两侧伸展，最终导致斜管倒伏。为避免过早倒伏，在安装时，应在相邻的每两组斜管的两侧面之间施以 $10 \sim 15 \text{kg}$ 的紧力。

(2) 斜管材料的比重都小于 1（$0.9 \sim 0.94$），因此需要进行抗浮处理。通常用尼龙绳穿过斜管的孔眼而将其固定在网床上。为减少斜管的有效面积的降低，可在每一行斜管组件宽度的中线上放置一根直径 8mm 左右的通长圆钢，尼龙绳每隔一定距离以 180° 绕过圆钢，通过圆钢将斜管固定在网床上。

4. 斜管沉淀池的排泥

斜管沉淀池的排泥设备一般采用穿孔管排泥、斗式排泥和机械排泥。穿孔管与斗式排泥与絮凝池排泥方式相同。机械排泥有虹吸式吸泥机（图 6-9）、牵引小车式刮泥机（图 6-10）和中心悬挂式刮泥机（图 6-11）。

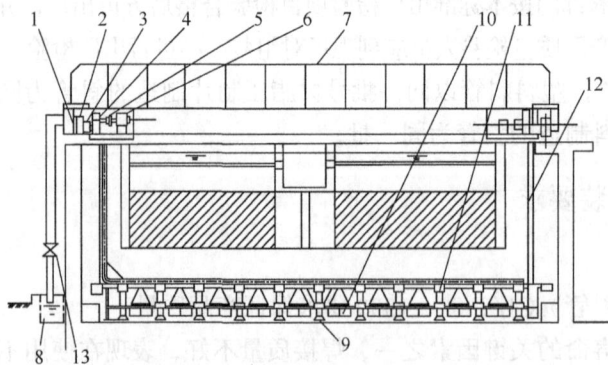

图 6-9 虹吸式吸泥机

1—钢轨；2—车轮；3—轴承装置；4—减速箱；5—联轴器；6—电动机；7—桁车钢架；8—排泥渠；9—吸口；10—集泥器；11—底架；12—垂直架；13—排泥阀

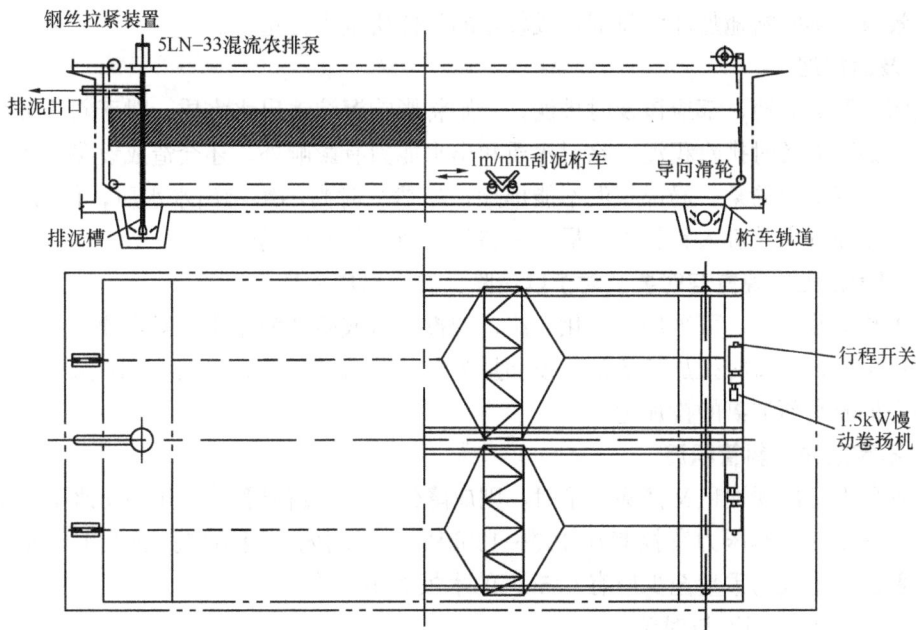

图 6-10 牵引小车式刮泥机（卷扬机在池端）

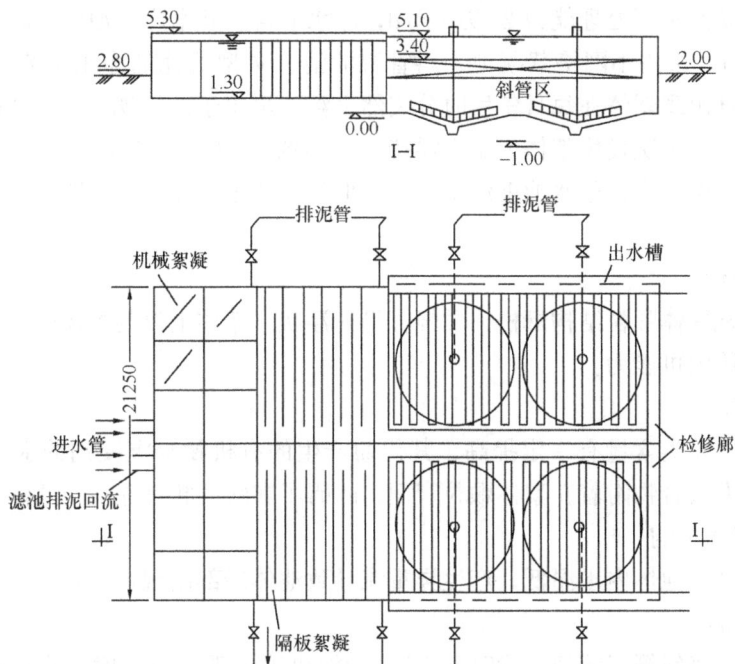

图 6-11 中心悬挂式刮泥机

6.4.4 斜管沉淀池的管理与维护

斜管沉淀池管理与维护基本和平流沉淀池相同，但必须注意以下几点：

1. 要不间断地加注混凝剂

水在斜管沉淀池中停留时间很短，一般只有几分钟，沉淀效果的好坏很大程度上决定于絮凝效果，不间断地加注混凝剂形成较好的絮体质量十分重要。

2. 及时排泥

任何一种沉淀池，都应该及时排泥，否则将影响沉淀池出水水质。对于斜管沉淀池尤其重要，如不能及时排除积泥，除对水质和出水能力有影响外，还会造成设备损坏。

当斜管沉淀池的某一局部积泥不能排除，虽然一时尚不影响出水水质，但时间一长，该处积泥逐渐升高并进入斜管内，最后因超重而使该处网床塌陷。

3. 斜管顶上出现青苔时要及时予以清除，防止形成泥毯

发生藻类孳生时，可采用预氧化方法，如投加氯或高锰酸盐等。斜管顶上出现青苔时最好用化学法，如短时投加硫酸铜，投加量为 0.16～0.17ppm，持续 5～10 天即可，也可短时间增加原水预加氯的投加量。

4. 不定期冲洗斜管积泥

斜管顶上已出现泥毯又消除不了时，则应降低水位、露出管孔，用消防水嘴对斜管进行冲洗。其水的工作压力宜控制在 100～150kPa 的范围内。当站在斜管上工作时，应用木板垫着，一个人的重量至少应有 0.5m² 的木板面积支撑。

5. 运行中常见问题与对策

（1）絮体上浮

胜利油田耿井水厂处理能力 20 万 m³/d，原水取自耿井水库，浊度不高，夏季最高时在 20NTU 左右，采用小网格絮凝池、斜管沉淀池、V 型滤池的净水工艺。2006 年投入运行后，曾一度出现絮体在每日午后时分突然上浮，聚集于池面现象，上浮的泥渣呈乳黄色，并流入滤池。每次发生絮体大量上浮持续时间约 6h 左右，然后会逐渐自然消失。上浮现象发生时水温略高，原水浊度波动不大，但絮凝池中的泥渣厚度明显加大，絮体密度降低。

1）成因分析

经观察发现絮体颗粒结构酥松，质轻，呈悬浮状。絮体上浮与絮体密实度存在一定的因果关系，其原因可能为：

a. 藻类作用

夏季原水中藻类含量有一定提高，其代谢产生的有机物与混凝剂的水解产物发生反应，生成的表面络合物附着在絮体颗粒表面，阻碍了颗粒的相互碰撞与絮体的质量。

b. 水温差的影响

原水水温高，池体内水温低，产生异重流导致池体局部出现短流，形成絮体上浮。

c. 排泥影响

耿井水厂 4 座斜管沉淀池一段时间 3# 池刮泥机曾出现运行故障，停止运行，此段时间 3# 池絮体上浮明显高于其他 3 组沉淀池。

2）对策

a. 控制混凝剂投加量，可以抑制絮体上浮现象。经过两组不同加药量的对比试验，增加投药量的絮体上浮现象明显改善。利用搅拌试验，调整投药量，强化混凝处理应该是首选。

b. 掌握水库的运行情况合理调整运行模式。有条件时通过调整取水塔的取水水位，改善水的温差是抑制藻类生长的有效手段。

c. 合理排泥。根据原水水质、沉淀池出水水质情况调整排泥时间，增加排泥频率。

d. 发生有机物污染和藻类孳生时，投加高锰酸盐进行预氧化，冬季还可投加高分子助凝剂。

(2) 池底积泥严重

新乡市第四水厂取黄河原水，设计规模 12 万 m^3/d，采用斜管沉淀池，虹吸排泥机。1990 年投产以来，沉淀池积泥较多，平均积泥厚度为 70~80cm，南北两端积泥厚度最多可达 180~220cm，严重影响了出水水质。沉淀水出水浊度常高达 12~18NTU。

经过分析主要是黄河原水浊度增高，沉淀物增多；吸泥机吸泥口距沉淀池池底的距离偏大，吸泥效率低，吸程达不到底部，排泥效果差，从而使底部大量积泥；存在刮泥死角，吸泥口距离边墙有 2m 左右，吸口到不了墙边。运行方式不尽合理。

1997 年对排泥系统在设备、工艺、电气方面进行改造，主要内容为制作并更换吸泥口、降低吸泥口高度（距沉淀池底部 15cm）、延长排泥机行程、加固排泥机等。并对排泥机运行操作规程进行修改，增加了排泥时间，并加强了反冲洗虹吸管的冲洗，避免吸泥口及虹吸管堵塞。改造后，斜管沉淀池底部积泥厚度在 15cm 以下，两端积泥现象消失。

(3) 穿孔排泥管孔眼堵塞

穿孔排泥管是斜管沉淀池常用的一种排泥形式。但运行中经常发生孔眼堵塞，造成斜管沉淀池积泥严重，泥位上升，絮体上浮，严重时将斜管网状托架压塌，需停水清洗。

1) 原因分析

a. 原水所含泥砂量增大或泥砂粒径变大而排泥周期依然照旧。或由于原水中夹带的各种异物、草根、小鱼、小河螺、塑料片等吸附在孔眼上；

b. V 型排泥槽夹角偏小，表面粗糙，使污泥下滑困难，穿孔管本身内壁不光滑；孔眼偏小，排泥不及时，穿孔管附近的泥层含水率减少，流动性降低，池内的静水压力无法推动孔眼附近的泥层。

2) 改进措施

a. 扩大穿孔管和排泥孔眼的直径。将 DN200 铸铁管改成内壁光滑的 DN300PVC 管道，将排泥管孔眼 DN25mm 扩大至 DN32mm。增加过流断面，减少阻力系数。

b. 增大 V 型排泥槽边倾角。将原由预制钢筋混凝土板现场拼装手工浇筑、打抹表面粗糙的 V 型排泥槽改成水磨石预制板，机械磨光，倾角从 46°改为 55°，增大了污泥下滑能力。

c. 增设压力喷嘴以松动结泥层，在穿孔管上方 5~10cm 处加设一根 DN25mm 的镀锌钢管，沿钢管下方呈 90°加焊小喷嘴，喷嘴沿水平线均布，在准备打开排泥阀前，先打开 DN25mm 的镀锌钢管上的进水阀门，使喷嘴搅动几分钟后，利用喷嘴冲力将孔眼周围及附近的污泥层进行松动，改善排泥效果。

d. 将排泥阀由手动的普通低压闸阀改为手动杠杆快开排泥阀（或电动蝶阀），并增设总排泥活门装置，缩短停池放水时间，增大排污泥和排水量。

按上述改造后，沉淀池排泥系统运行正常，排泥顺畅，产水量提高，停水清疏周期延长，自耗水降低。

(4) 斜管上部绒状积泥严重

深圳东湖水厂供水规模 35 万 m^3/d，水库取水，原设计为微絮凝直接过滤工艺，1999年开始改造为网格絮凝，斜管沉淀池和砂滤的常规工艺。但运行后发现沉淀池斜管上部绒状积泥现象十分严重，运行 3～5d 整个斜管上部被一层厚厚的积泥覆盖。

1) 原因分析

a. 该厂原水属于低浊、高藻微污染水，藻类与有机物多，浊度低，颗粒少导致絮凝效果差，絮体粒径小，松散，质量轻，易聚积在斜管表面；

b. 沉淀池长 33.9m，宽 9.8m，进水沿着池宽配水，由于配水方式不合理导致沉淀效率低；

c. 在沉淀池进水口处缺乏稳流措施，絮凝池出口也应有整流措施；

d. 两组沉淀池无隔墙导致两单池的中间形成紊流，已长成一定粒径的絮体易被打碎；

e. 集水槽开孔洞个数偏多，设计上升流速虽只有 1.5mm/s，但由于斜管支架阻塞的原因导致上升流速偏大，达 1.78mm/s，影响了沉淀效率；

f. 排泥不及时、不彻底。

2) 改进措施

a. 在斜管沉淀池进水过滤区增设缓冲整流配水板；

b. 在两小格单池间增加隔板，从池底一直隔到池顶；

c. 于进水处底部增装斜板，三角形区用混凝土填实；

d. 取消沉淀池第一格排泥斗槽和穿孔排泥管。

经过上述改进后，斜管沉淀池运行效果大大改善，表现为进水端水流稳定，消除了大块积泥上浮现象，积泥大大减少，洗池次数减少了 50% 以上。为进一步解决绒泥积泥问题，又进行了投加助凝剂和在斜管表面安装自制桁车，桁车紧贴斜管部分用橡胶片，每天刮泥 1～2 次，这样几乎不再需要洗池，但要避免绒状泥体上浮并流入滤池问题。

注：侧向流斜板沉淀池与上向流斜管沉淀池管理要求基本相同，不再介绍。

6.5 机械搅拌澄清池

6.5.1 机械搅拌澄清池在我国的应用

我国从 1964 年开始研究和应用机械搅拌澄清池，第一座大型机械搅拌澄清池由北京市市政工程设计院设计，于 1965 年秋在北京自来水公司水源六厂建成投产，单池设计能力 32400 m^3/d，内径 23.88m，高 6.85m。由于机械搅拌澄清池是将混合、絮凝和澄清 3个工序集中在一个池子完成，具有体积小，投药少，效率高，对流量变化适应强等优点，而且和平流沉淀池相比，可以节约用地 30%，节省投资 33%。因此在全国各地得到了迅速推广，建成了大量规模不等的机械搅拌澄清池。20 世纪 70 年代上海市政工程设计研究院设计的上海吴泾化工厂水厂的直径 29m 机械搅拌澄清池；中国市政工程西南设计研究院设计的四川泸州天然气工厂水厂的直径 36m，单池处理能力 3650m^3/h 机械搅拌澄清池，为当时国内规模最大。北京市第九水厂为全国采用机械搅拌澄清池规模最大的水厂，一期工程 50 万 m³/d，共建有直径 29m 的机械搅拌澄清池 12 座，各地区部分水厂用于给水处理的机械搅拌澄清池情况见表 6-8。

各地区部分水厂机械搅拌澄清池情况　　　　表 6-8

序号	水厂名称	规模 (m³/h)	池内径/池高 (m)	停留时间 (h)	容积比	分离区上升流速 (mm/s)	叶轮直径/叶轮高度 (m)	搅拌机总功率 (kW)
1	松江水厂	400	12.5/5.74	1.0	1：2：7	1.2		2.8
2	福州东区水厂	400	12.5/5.03	1.0		2.4	2.5/0.21	5/1.6
3	泰州市第二水厂	520	16/6.2	1.4	1：2：7	1.0		5.5
4	吉化水厂	534	17/7.2	1.86		0.8	3.4/0.2	10
5	胜利油田水厂	573	17.4/6.39	2.0		1.2	3.2/0.29	7.25/2.5
6	天津北仓水厂	688	17.3/5.75	1.39		1.0	3.5/0.22	7.0
7	宜阳化肥厂	720	16/5.1	1.36	1：0.8：10.4	1.1		8.25
8	汉口二水厂	834	17.5/6.35	1.2	1：2.59：6.41	1.2	3.5/0.35	7.5/2.5
9	株洲第一水厂	834	17.5/6.35			1.2	3.5/0.30	2.8
10	宜昌第二水厂	834	17.5/6.35	1.0		1.2	3.5/0.3	5.5
11	白银水厂	875	18.4/6.17	1.25	1：2.7：7.3	1.18	3.5	7.5/2.5
12	上海石化总厂水厂	1000	19.2/6.05	1.1	1：1.7：7.7	1.27	2.9/0.48	7.5
13	抚顺市滴台水厂	1041	21/7.2	1.4	1：1.93：7.18	1.0	4.2/0.39	15/5
14	苏州横山水厂	1250	24/7.81	1.4	1：2.37：7.1	1.0	3.6/0.5	10
15	北京水源六厂	1320	23.88/6.5	1.5	1：2.24：6.76	1.0	4.8/0.39	10/3.3
16	无锡充山水厂	1460	25/7.87	1.4	1：2：7	1.04		10
17	包头市黄河水厂	1780	25/7.0	1.2		1.2	5.0	17
18	岳阳化工总厂	1875	26/7.49			1.2	5.2/0.42	10/3.3
19	大冶钢厂	2250	29/8.0	1.33		1.4	5.8/0.4	30/15
20	吴泾化工厂	2360	29/8.0	1.25	1：3：7	1.4	5.8/0.4	18.5
21	兰州市西固水厂	2420	19/7.3（方）	0.86	1：2：4.7	3.0		22
22	四川维尼纶厂	2700	32/7.95			1	6.4	22
23	武汉钢铁公司供水厂	2750	31/8.85				6.1/0.54	22
24	泸州天然气工厂	3650	36.0/8.3	1.2	1：1.14：11.1	1.2	7.0/0.5	22
25	湖南资江氮肥厂	4276	32.5/8.75	1	1：3：7	1.8	6.5/0.64	22/7.3

6.5.2 机械搅拌澄清池工作原理和基本构造

1. 工作原理

机械搅拌澄清池的工原理是利用机械搅拌来实现泥渣回流。其净水过程是：

加过混凝剂的原水，在三角配水槽中经过混合进入第一絮凝室；在第一絮凝室内装有搅拌叶片和提升叶轮，搅拌叶片缓慢转动使原水和活性泥渣充分接触凝聚，并将泥渣和水提升到第二絮凝室，提升的水是澄清池进水量的 3～5 倍；在第二絮凝室继续絮凝，以结成更大的絮体；水通过第二絮凝室顶部进入导流室，从导流室出来的水进入分离室，由于分离室面积的突然增大，流速降低、泥渣与水在此分离、清水上升，经集水槽流出池外，泥渣下沉一部分进入泥渣浓缩室，大部分则沿斜壁、从回流缝又回流到第一反应室，不断地进行循环回流。

2. 基本构造

机械搅拌澄清池的基本构造如图 6-12 所示。

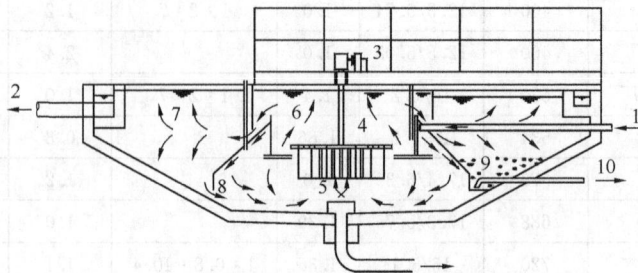

图 6-12　机械搅拌澄清池示意图

1—进水管；2—清水出口；3—搅拌装置；4—搅拌叶轮；5—第一絮凝室；6—第二絮凝室；
7—分离室；8—泥渣回流；9—泥渣浓缩区；10—过剩泥渣排出

（1）进水管

机械搅拌澄清池的进水系统有中部进水和底部进水两种方式。中部进水一般采用三角配水槽或环形管；底部进水是在池底中央进水，在进水管口上罩上伞形帽，以减少水流出时池中泥渣层的冲击。

（2）第二絮凝室、第一絮凝室与分离室

第二絮凝室、第一絮凝室和分离室容积之比称容积比，一般为 1∶2∶7，这个比例是为了保持一个有合理充分的混合、絮凝和澄清的需要。水在池中停留时间一般为 1.2～1.5h，如为 1.5h 则在第二絮凝室停留 9min，第一絮凝室为 18 min。为了保证澄清池出水质量，水在分离室的上升流速不宜太大，一般采用 0.8～1.1mm/s。

针对澄清池高浓度泥渣循环运行的特点，分离室与第一絮凝室设置隔离的伞形板，池子下侧采用斜坡，其坡度一般为 45°，目的是防止泥渣淤积。

第二絮凝室内侧还设有导流板，其作用是破坏水流的整体旋转，改善水力条件。

（3）搅拌及调流系统

搅拌机由三部分组成，即上部的动力系统、中部的叶轮和下部的桨板。动力系统一般采用三相交流整流子电动机进行无级调速；叶轮起提升水量作用，一般可提升 3～5 倍的设计流量。调整叶轮的提升流量，除了调整转速外，主要靠升降传动轴来调整叶轮出口宽度。因为叶轮装在第一絮凝室顶板上圆孔中，顶板厚度可遮住部分叶轮出口，如果位置上下变动，叶轮宽度就相应改变，流量也就随之变化了，提升叶轮高度一般不经常变动。调节机有螺母，也有用手轮的。叶轮直径一般为澄清池直径的 1/5，外缘线速度采用 0.5～1.5m/s；桨板主要起搅拌作用，搅拌桨的外缘线速度一般为 0.3～1.0m/s 加长或加爪可以改善搅拌效果。叶轮和桨板一般用钢板制作，但均需要做防腐处理。

（4）出水系统

出水有 3 种形式：小型的沿圆周内（或外）侧作环形集水槽；中型的在分离室中部设置环形集水槽；大型的采用辐射槽加内侧环形集水槽。

（5）排泥系统

及时和适量的排泥是保证澄清池正常运转的重要条件，特别在汛期高浊度水处理时更为重要。排泥一是靠分离室内设置的污泥斗，其作用是积存多余、老化的泥渣经浓缩后定时排出，这叫小排泥；二是靠池底排空管排泥，这叫大排泥。池底排泥口处一般设有排泥罩，当排泥阀突然打开时，排泥罩内呈真空状态，排泥罩附近的池底污泥高速进入罩内，同时冲刷了池底，使积存的污泥排出。排泥阀门要求使用快开闸，排泥间隙时间视水质而定。

（6）其他装置

1）加药点

加药点应在原水进入三角配水槽前紧贴池子的池外混合较好。药液要有一定的水头，否则会出现加不进去的可能。有的还将加药点设置在澄清池进水前的管式静态混合器中。

2）取样管

为掌握澄清池运行情况，需在进水管、第一絮凝室、第二絮凝室、出水槽处设置取样管。第一、二絮凝室的取样管因泥渣浊度大、易于沉积，所以在池外应设置固定的反冲洗管。各取样龙头宜加以编号并沿池壁集中设置以利操作。

3）透气管

为使配水均匀、三角配水槽不积存空气。在进水管方向的对面、配水槽上端应设置直径 50mm 的透气管。

机械搅拌澄清的附属设备还有人孔、铁爬梯、溢流口、照明及冲洗池底的高压冲洗龙头及操作室等。

3. 标准规格

1966 年北京给水排水设计院编制了机械搅拌澄清池全国通用标准图，S717～S724 和 S744，出水量有 20m³/d、40m³/d、60m³/d、80m³/d、120m³/d、200m³/d、320m³/d、430m³/d 共 8 种。1980 年北京市市政工程设计院进行了修编，修编后机械搅拌澄清池标准图的规格有 200m³/d、320m³/d、430m³/d、600m³/d、800m³/d、1000m³/d、1300m³/d、1800m³/d8 种，最小池径为 9.8m，最大为 29m。原水浊度在 1000～3000NTU，短时间在 5000NTU 以下都可以适用。其技术数据见表 6-9。

机械搅拌澄清池主要技术数据一览表　　　　　　　　　　表 6-9

图纸编号	S774 (一)	S774 (二)	S774 (三)	S774 (四)	S774 (五)	S774 (六)	S774 (七)	S774 (八)
公称水量（m³/h）	200	320	430	600	800	1000	1330	1800
池径（m）	9.80	12.4	14.3	16.9	1935	21.8	25.0	29.0
池深（m）	5.3	5.50	6.00	6.35	6.85	7.20	7.50	8.00
总容积（m³）	315	504	677	945	1260	1575	2095	2835

续表

图纸编号		S774 (一)	S774 (二)	S774 (三)	S774 (四)	S774 (五)	S774 (六)	S774 (七)	S774 (八)
搅拌机	型号	JJ-2	JJ-2L	JJ-2.5	JJ-2.5L	JJ-3.5	JJ-3.5L	JJ-4.5	JJ-4.5L
	电动机功率（kW）	3.0	3.0	4.0	4.0	5.5	5.5	7.5	7.5
	叶轮直径（m）	2.0	2.0	2.5	2.5	3.5	3.5	4.5	4.5
	叶轮开启度（m）	0.11	0.17	0.175	0.245	0.23	0.29	0.30	0.41
刮泥机	型号	JG-6.0	JG-7.5	JG-9.0	JG-10.5	JG-12.0	JG-13.5	JG-15.0	JG-17.0
	电动机功率（kW）	0.8	0.8	0.8	0.8	1.5	1.5	1.5	1.5
	刮臂直径（m）	6.0	7.5	9.0	10.5	12.0	13.5	15.0	17.0
出水槽形式		环形				辐射＋环形			
排泥斗数		二 斗				三 斗			
池底形式		平 底				球 壳			

注：1980年修编标准图时的出水水质标准与目前国家新的饮用水卫生标准（GB 5749—2006）相差很大，利用标准图设计建设的水厂在核定生产能力时应酌情调整。

6.5.3 机械搅拌澄清池主要设备

1. 搅拌机

建设部1999年6月4日批准实施《机械搅拌澄清池搅拌机》行业标准（CJ/T 81—1999）的主要内容是：

（1）型式、规格

1）搅拌机安装在机械搅拌澄清池中心部位，由电动机、减速装置、主轴、调流机构、叶轮、桨板构成，基本型式如图6-13所示。

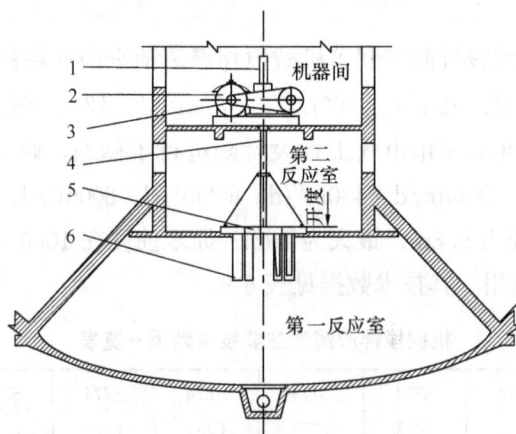

图 6-13 搅拌机基本型式

1—调流机构；2—电动机；3—减速装置；4—主轴；5—叶轮；6—桨板

2）搅拌机规格按照表6-10的规定。

6.5 机械搅拌澄清池

搅 拌 机 规 格   表 6-10

型 号	处理水量 (m³/h)	澄清池直径 (m)	叶轮直径 (m)	电动机功率 (kW)
JJ-20	20	3.5	0.8	0.75
JJ-40	40	4.5		
JJ-60	60	5.5	1.2	1.5
JJ-80	80	6.5		
JJ-120	120	7.5	1.5	
JJ-200	200	10	2	3
JJ-320	320	12		
JJ-430	430	14	2.5	4
JJ-600	600	17		
JJ-800	800	20	3.5	5.5
JJ-1000	1000	22		7.5
JJ-1300	1330	25	4.5	11
JJ-1800	1800	29		

3）搅拌机的型号及其标记按以下的规定：

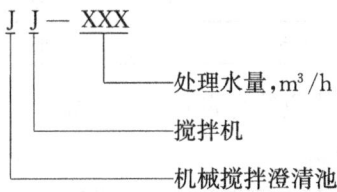

```
J J — XXX
         └──── 处理水量,m³/h
     └──────── 搅拌机
 └──────────── 机械搅拌澄清池
```

标记示例：600m³/h 机械搅拌澄清池的搅拌机,其标记为:搅拌机 JJ-600 CJ/T 81—1999

标记示例：600m³/h 机械搅拌澄清池的搅拌机,其标记为：JJ-600 CK/T 81—1999

（2）技术要求

1）环境条件

电动机、电控设备及减速装置宜安装在室内，环境条件应分别符合 GB 755、GB 4720 和 GB 3797 的规定。

2）电动机及电控设备

a）电动机采用调速电动机或定速电动机，应符合 GB 755 的规定。

b）电控设备应设有电流表、主电路开关、启动和停止的操作按钮、搅拌机各种故障（短路、过负荷、低电压）的保护设备及信号灯。当采用调速电动机时，电控设备应设有调速控制器；遥控时，必须加设机旁紧急停车按钮。电控设备应符合 GB 4720 和 GB 3797 的规定。电控设备可采用柜式或挂墙式结构，防护等级应符合 GB 4942.2 中的规定 IP54。

3）减速装置

a）V 带轮应进行静调平衡（实心轮除外），不平衡力矩应符合表 6-11 的规定。

V 带轮静调平衡规定   表 6-11

V 带速度（m/s）	5~10	>10~15
不平衡力矩（mN·m）	<60	<30

b）蜗杆、蜗轮的精度应符合 GB 10089 中第 8 级精度的要求。

c）蜗杆材料：机械性能应不低于 45 号钢，经调质热处理后硬度应为 HB 241~286。

d）蜗轮材料：机械性能应不低于 ZQAL9-4。

e）减速器内一般注入 HL-20 号齿轮油，油池润滑油温升不得超过 30℃，最高温度不得超过 70℃。减速器装配后箱体所有结合面、输入及输出轴密封处不得渗油、漏油。

4）主轴及调流机构

主轴一般为实心轴。当机械搅拌澄清池设有套轴式中心传动刮泥机时，主轴为空心轴。搅拌机应设有调流机构，一般采用在主轴上端设梯形螺纹螺旋副。梯形螺纹加工精度应符合 GB 5796.4 中粗糙螺纹的规定。调流机构应设有开度指标。

5）叶轮

a）叶轮上、下盖板的平面度公差值应符合表 6-12 的规定。分块拼装的叶轮采用可拆连接，且应设有定位标记。

叶轮上、下盖板平面度公差值   表 6-12

叶轮直径（m）	<1	1~2	>2
平面度公差值（mm）	3	4.5	6

b）叶轮上、下盖板应平行，出水口宽度极限偏差值应符合表 6-13 的规定。

叶轮出水口宽度极限偏差值   表 6-13

叶轮直径（m）	<1	1~2	>2
叶轮出水口宽度极限偏差值（mm）	+2 0	+3 0	+4 0

c）叶轮外缘表面粗糙度为 $50\mu m$。

d）叶轮制造的径向圆跳动公差值应符合表 6-14 的规定。

叶轮制造的径向圆跳动公差值   表 6-14

叶轮直径（m）	<1	1~2	>2
径向圆跳动（mm）	3	5	7

e）主轴轴线对于叶轮下盖板平面的垂直公差值为 $\phi6mm$。

6）桨板

桨板与叶轮下平面应垂直，角度极限偏差值应符合表 6-15 的规定。

桨板角度极限偏差值   表 6-15

桨板长度（mm）	<400	400~1000	>1000
垂直角度极限偏差值	±1°30′	±1°15′	±1°00′

7）铸造及焊接要求

灰铸铁件应符合 GB 9439 的要求。减速器箱体、蜗轮轮毂、V 带轮的铸件毛坯应进行时效处理。焊接件焊缝的形式和尺寸应符合 GB 985 的要求；所有焊缝应保证牢固可靠，并清除溅渣、氧化皮及焊瘤，不允许有裂纹、夹渣、烧穿等缺陷。

8）安全要求

电动机的电控设备应有良好的接地；接地电阻不得大于 4Ω。V 带轮应设封闭式保护罩（网）。减速器箱体上应标出主轴旋转方向的红色箭头。当调流机构采用升降叶轮方式调节叶轮开度时，主轴上端应设有限位机构。主轴上各螺母的旋紧方向应与主轴工作旋转方向相反。搅拌机的噪声不得高于 85dB（A）。

9）安装要求

以减速器机座加工面为安装基准，其水平公差值为 0.1mm/m。搅拌机主轴应在池中心，以二反应室底板孔圆心为基准，同轴度公差值为 $\phi 10$mm。调流机构位于开度"0"位限位点时，叶轮上盖板的安装高度以二反应室底板平均高度为基准，偏差值应在 ± 10mm 范围内。叶轮安装圆跳动公差值应符合表 6-16 的规定。

叶轮安装圆跳动公差值　　　　　　　　　　　　　　表 6-16

叶轮直径（m）	<1	1～2	>2
径向圆跳动（mm）	4	6	8
端面圆跳动（mm）	4	6	9

10）涂装要求

金属涂装前应严格除锈。钢材表面除锈质量应符合 SYJ 4007 中 Sa2 级的规定。搅拌机涂装表面漆膜总厚度应符合表 6-17 的规定；漆膜不得有起泡、针孔、剥落、皱纹、流挂等缺陷。

漆 膜 总 厚 度　　　　　　　　　　　　　　表 6-17

水上部分涂漆表面	150～200μm
水下部分涂漆表面	200～250μm

当搅拌机用于处理生活饮用水时，水下部件涂装应采用无毒涂料。

11）可靠性及耐久性要求

每年检修一次，无故障工作时间不得少于 8000h。每两年大修一次，蜗轮、蜗杆使用年限不少于 5 年。整机使用年限不少于 10 年。

（3）试验方法及检验规则

1）每台产品必须经制造厂技术检查部门检验合格，并附有证明产品质量的合格证书。

2）产品现场安装试验方法及检验规则应符合有关的规定。

3）产品现场负荷试验方法及检验规则应符合表 6-18 的规定。

产品现场负荷试验及检验 表6-18

序号	项目	试验方法	检验规则		说明
			方法及量具	要求	
1	空负荷运行	最高转速		试验时间2h	
2	正常投产后连续运行	最高转速,最大开度		试验时间24h	
1.a 2.a	电动机电流		1.5级电流表	电流平稳,不得高于电动机额定电流	
1.b 2.b	减速器运转平稳性		触觉法	无异常振动	
1.c 2.c	减速器油池润滑油温升		温度计	应符合技术要求	温度计的分度值为1℃
1.d 2.d	减速器各密封处		视觉处	应符合技术要求	
1.e 2.e	搅拌机运行噪声		GB 3768规定的测定方法精密声级计	应符合技术要求	

2. 刮泥机

建设部1999年6月4日实施的《机械搅拌澄清池刮泥机》行业标准（CJ/T 82—1999）主要内容是：

（1）形式、规格及基本参数

1）刮泥机形式一般分为套轴式中心传动刮泥机和销齿传动刮泥机。

a. 套轴式中心传动刮泥机安装在机械搅拌澄清中心部位，一般由电动机及减速装置、过扭保护机构、主轴、刮泥耙和提耙机构构成。基本形式如图6-14所示。

b. 销齿传动刮泥机主轴安装在机械搅拌澄清池内一侧，一般由电动机及减速装置、过扭保护机构、主轴、销齿传动机构、中心支座、刮泥耙和信号反馈机构构成，基本形式如图6-15所示。

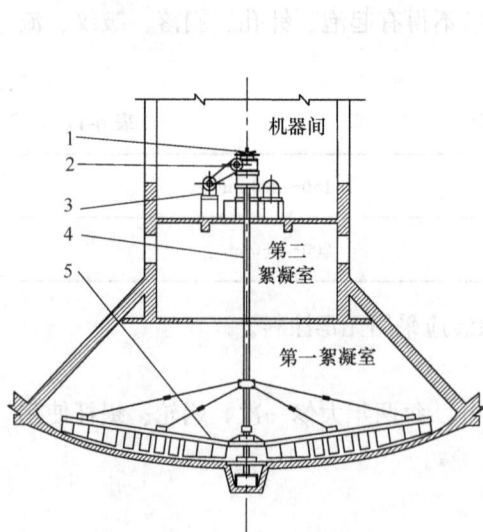

图6-14 套轴式中心传动刮泥机基本形式
1—提耙机构；2—过扭保护机构；3—电动机及减速装置；4—主轴；5—刮泥耙

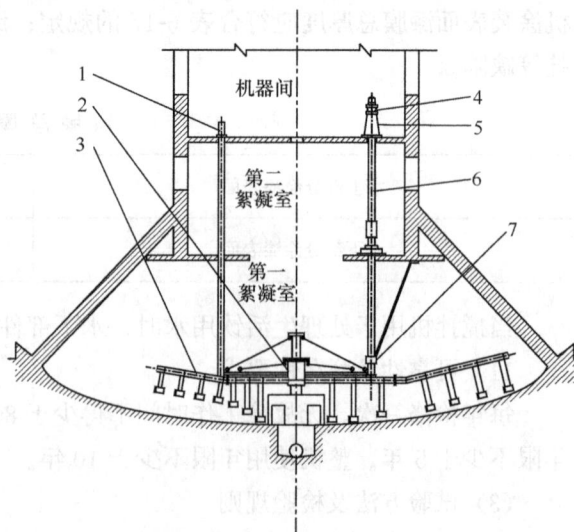

图6-15 销齿传动刮泥机基本形式
1—信号反馈机构；2—中心支座；3—刮泥耙、4—电动机及减速装置；5—过扭保护机构；6—主轴；7—销齿传动机构

c. 套轴式中心传动刮泥机一般适用于刮泥耙旋转直径不大于 12m 的池子。销齿传动刮泥机一般适用于刮泥耙旋转直径不小于 9m 的池子。

2）刮泥机的形式和规格一般按表 6-19 的规定。

刮泥机的形式和规格　　　　　　　　　　表 6-19

形式	型号	处理水量	澄清池直径	刮泥耙旋转直径	电动机功率
		m³/h	m	m	kW
套轴式中心转动	JGT-200	200	10	6	0.75
	JGT-320	320	12	7.5	
	JGT-430	430	14	9	
	JGT-600	600	17	10.5	
	JGT-800	800	20	12	
销齿传动	JGX-430	430	14	9	1.5
	JGX-600	600	17	10.5	
	JGX-800	800	20	12	
	JGX-1000	1000	22	13.5	
	JGX-1330	1330	25	15	
	JGX-1800	1800	29	17	

3）刮泥耙外缘线速度应在 1.8～3.5m/min 范围。

4）刮泥机的型号及其标记按以下的规定

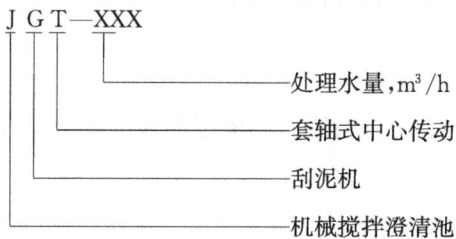

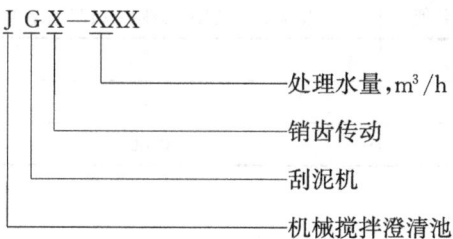

```
J G T—XXX
          └──── 处理水量，m³/h
        └────── 套轴式中心传动
      └──────── 刮泥机
    └────────── 机械搅拌澄清池
```

```
J G X—XXX
          └──── 处理水量，m³/h
        └────── 销齿传动
      └──────── 刮泥机
    └────────── 机械搅拌澄清池
```

标记示例：

600m³/h 机械搅拌澄清池的套轴式中心传动刮泥机，其标记为：

刮泥机　JGT-600　CJ/T 82—1999

800m³/h 机械搅拌澄清池的销齿传动刮泥机，其标记为：

刮泥机　JGX-800　CJ/T 82—1999

（2）技术要求

1）环境条件

电动机、电控设备及减速装置宜安装在室内，环境条件应分别符合 GB 755、GB 4720

和 GB 3797 的规定。

2）电动机及电控设备

a. 电动机应符合 GB 755 的规定；

b. 电控设备应设有电流表、主电路开关、启动和停止的操作按钮、刮泥机各种故障（短路、过负荷、低电压）的保护设备、信号灯及过负荷报警铃。电控设备应符合 GB 4720 和 GB 3797 的规定。电控设备防护等级应符合 GB 4942.2 中规定的 IP54。

3）减速装置

a. 套轴式中心传动刮泥机减速方式一般采用与电动机直联的卧式摆线针轮减速机、链传动和蜗杆减速器的三级减速。

b. 销齿传动刮泥机减速方式一般采用与电动机直联的立式摆线针轮减速机。摆线针轮减速机应符合 JB 2982 的要求。24h 连续运行的摆线针轮减速机要选用油泵润滑。链传动的滚子链应符合 GB 1243.1 的要求；链轮应符合 GB 1244 的要求。蜗杆减速器一般采用圆柱蜗杆；蜗杆、蜗轮的精度应符合 GB 10089 中 8 级的要求。蜗杆材料：机械性能应不低于 45 号钢，经调质热处理后硬度应为 HB 241～286。蜗轮材料、机械性能应不低于 HT300。蜗杆减速器内一般注入 HL-20 号齿轮油，油池温升不超过 30℃，最高油温不超过 70℃。蜗杆减速器装配后箱体所有结合面、输入及输出轴密封处不得渗油、漏油。

4）提耙机构

提耙机构一般采用在主轴上端设梯形螺纹螺旋副；梯形螺纹加工精度应符合 GB5796.4 中的粗糙级螺纹规定。提耙机构应调用有提升高度指示。

5）销齿传动机构

a. 齿轮材料：机械性能不低于 HT300。

b. 齿轮两相邻齿、同侧面间齿距及销齿中心距（齿距）的极限偏差值应符合表 6-20 的规定。

齿轮及销齿齿距极限偏差（mm）   表 6-20

齿距	齿轮两相邻齿同侧面间齿距极限偏差值	销齿孔中心距（齿距）极限偏差值
10π	±0.05	±0.15
20π	±0.10	±0.25
30π	±0.15	±0.40

6）铸造及焊接要求

a. 灰铸铁件应符合 GB 9439 的要求。

b. 蜗杆减速器箱体、蜗轮轮毂应进行时效处理。

c. 焊接件焊缝的形式和尺寸应符合 GB 985 的要求；所有焊缝应保证牢固可靠，并清除溅渣、氧化皮及焊瘤，不允许有裂纹、夹渣、烧穿等缺陷。

7）安全要求

a. 电动机和电控设备均应有良好的接地，接地电阻不得大于 4Ω。

b. 链传动应设有防护罩（网）。

c. 减速器箱体上应标出主轴旋转方向的红色箭头。

d. 刮泥机应设有过扭保护机构，达到许用转矩的 140% 时停机报警。

e. 提耙机构应设有限位螺母，主轴上各螺母的旋紧方向应与主轴工作旋转方向相反。

f. 刮泥机的噪声级不得超过 80dB (A)。

8) 安装要求

a. 以减速器机座及中心支座加工面为安装基准，其水平度公差值为 0.1mm/m。

b. 刮泥耙刮板下缘与澄清池池底距离为 50mm，极限偏差值为 ±25mm（其中包括澄清池池底表面平面偏差 ±15mm）。

c. 当销轮直径不大于 5m 时，其公差值应符合如下规定：

——销轮节圆直径极限偏差值为 $_{-2.0}^{0}$m；

——销轮端面跳动公差值为 5mm；

——销轮与齿轮中心距极限偏差为 $_{+2.5}^{+5.0}$mm。

9) 涂装要求

a. 金属涂装前应严格除锈，钢材表面除锈质量应符合 SYJ4007 中 Sa2 级的规定。

b. 刮泥机涂装表面漆膜总厚度应符合表 6-21 的规定，漆膜不得有起泡、针孔、剥落、皱纹、流挂等对外观质量有影响的缺陷。

c. 当刮泥机用于处理生活饮用水时，水下部件涂装应采用无毒涂料。

漆膜总厚度（单位：μm） 表 6-21

水上部分涂装表面	150~200
水下部分涂装表面	200~250

10) 可靠性及耐久性要求

a. 每年检修一次，无故障工作时间不少于 8000h。

b. 每两年大修一次，蜗杆、蜗杆使用年限不少于 5 年，整机使用年限不少于 10 年。

(3) 试验方法及检验规则

1) 每台产品必须经制造厂技术检查部门检验合格，并附有证明产品质量的合格证书。

2) 产品现场负荷试验方法及检验应符合表 6-22 规定。

产品现场负荷试验及检验 表 6-22

序号	项 目	试验方法	检验项目		说明
			方法及量具	应符合技术要求条号	
1	空负荷连续运行	试验时间 2h			
2	正常投产后连续运行	试验时间 24h			
3	电动机电流		1.5 级电流表	电流应平稳，不得大于电动机额定电流	
4	摆线针轮减速机运转平稳性			(2).3).c	
5	摆线针轮减速机各密封处		JB 2982	(2).3).c	

序号	项 目	试验方法	检验项目		说明
			方法及量具	应符合技术要求条号	
6	蜗杆减速器 运转平稳性		触觉法	无异常振动	
7	蜗杆减速器 各密封处		视觉法	(2).3).i	
8	蜗杆减速器油 池润滑油温升		温度计	(2).3).h	温度计分 度值为1℃
9	运行噪声		GB 3768规定的方法, 精密声级计	(2).3).f	

6.5.4 机械搅拌澄清池的运行维护

1. 基本要求

对澄清池运行管理的基本要求是:勤检测、勤观察、勤调节并且特别要抓住投药适当、排泥及时这两个主要环节,控制好泥渣浓度和搅拌机转速。

1) 投药适当

投药适当就是混凝剂的投加量应根据进水量和水质的变化随时调整,不得疏忽,以保证出水要求。

2) 排泥及时

排泥及时就是在生产实践基础上掌握好排泥周期和排泥时间,即防止泥渣浊度过高,又要避免出现活性泥渣大量被带出池外,降低出水水质(排泥控制方法见本节4)。

只要抓好以上两个环节并按规定的时间和内容对澄清池进行检测、调节,做好管理与维护的各项工作,则澄清池的净水效果是可以得到基本保证的。

2. 机械搅拌澄清池的操作

(1) 运行前的准备

1) 按机电设备要求对搅拌机及其动力设备进行检查;

2) 清除池内积水及杂物,检查各部管线、闸阀是否完好;

3) 测定原水浊度、pH 值,利用混凝搅拌试验方法初步确定混凝剂投加量;

4) 如原水浊度在 20NTU 以下时,应准备好相当数量的黄泥,黄泥颗粒要均匀、质重而杂质少;

5) 准备好混凝剂溶液,其数量要比正常投药量多 3~4 倍。

(2) 初次运行

1) 徐徐开启进水阀,使进水流量控制在设计流量的 1/3,混凝剂投加量要比正常增加 50%~100%。

2) 启动搅拌机应从最低转速开始,待电机运转正常后再调整到所需转速,调节转速要缓慢。叶轮开启度开始时适当下降,叶轮提升可在运转中进行,但叶轮下降必须要停车后操作。

3) 原水浊度较低时，为了加速形成活性泥渣，可以将准备好的黄泥缓慢倒入第一絮凝室。

4) 当池子开始出水时，要仔细观察分离区与絮凝室水质变化情况：

a. 如第一絮凝室中泥渣含量已增高，分离室的悬浮物与水已经开始分离，虽有少量絮体上浮，但面上的水不是很浑浊，可以认为投药适当。

b. 如第一絮凝室水中泥渣含量不增加或加泥时混浊、不加时变清，分离区还有泥浆向上翻，说明投药与投泥量不足，要增加投药与投泥量。

5) 当出水水质不好时，应排入下水道，不能进入滤池。

6) 测定各取样点的泥渣沉降比。泥渣沉降比反映了絮凝过程中泥渣中泥渣的浓度与活性，是运行中必须控制的重要参数之一。泥渣沉降比不正常时，可调整加药量、回流比、转速等。

（3）正常运行

1) 每隔 1～2h 测定一次原水和出水浊度、水温和 pH 值。

2) 在掌握沉降比与原水水质、混凝剂投加量、泥渣回流量及排泥时间之间的关系的规律基础上确定沉降比控制值与排泥间隔时间。

一般沉降比正常值为 10%～20%。排泥时间为：小排泥 2～4h 进行一次，时间为 1～3min；大排泥每天一次，时间为 1min。

3) 在正常运转中，进水量不应突然增加或减少，一般在增加进水量以前半小时，就要多加混凝剂，并且排除部分泥渣以降低泥渣层高度，然后再逐渐增加进水量。

4) 不可中断投药，一旦中断投药，澄清池出水水质很快变坏，这一点务必注意。

（4）停池后重新运行

澄清池不宜间歇运转。必须停止运转时，应注意：

1) 时间不宜太长，搅拌机最好不停，以免泥渣积存池底被压实和腐化。

2) 重新运行时应先开启底部排泥阀，排除池底少量泥渣，然后以较大水量进水。

3) 进水时也应适当增加混凝剂投加量，使底部泥渣有所松动并产生活性，然后减少进水量。

3. 运行中测定

（1）测定内容

1) 进水流量、pH 值、水温、加药量；

2) 第二絮凝室沉降比；

3) 排泥状况；

4) 清水区出水浊度。

（2）泥渣沉降比的测定

取泥渣水 100mL，置于量筒内，经静止沉淀 5min 后，沉下泥渣部分所占的总体积的百分比即为 5min 泥渣沉降比。

（3）进水流量与上升流速的近似测定

进水流量可用水位在池直壁部分上升的速度来近似测定。测定前在池内直壁部分量取一段距离，做好记号，然后放空水位到记号以下。测定时，将进水闸阀开到正常运行位置，当水位上升到记号下限时开始记录时间，水位上升到记号上限时终止记录，流量值则可用下式近似算出：

$$Q = \frac{H (F - F_1)}{T} \times 3.6$$

式中　Q——澄清池出水流量，m^3/h；

　　　H——水位上升高度（即直壁部分上、下记号间距），m；

　　　F——池子总面积，m^2；

　　　F_1——第一、二絮凝室的面积，m^2；

　　　T——水位上升 H 高度所需时间，s。

如量测水位上升部分在集水槽处，则还应包括集水槽的面积，当近似出水流量测得后可用下式求近似上升流速：

$$V = \frac{Q}{3.6(F - F_1)}$$

式中　V——澄清池上升流速，mm/s。

（4）回流比的测定

回流比常用加盐法进行测定。测定步骤如下：

1）测定时取食盐若干，用水溶解于缸中；

2）测定原水氯化物含量；

3）准备容量为 100mL 烧杯 20 只，10 只取进水管水样用（1 号取样点），另外 10 只取第一絮凝室出口处水样用（2 号取样点）；

4）将含盐溶液快速投加到澄清池进水管中，使食盐溶液与原水充分进行混合；

5）食盐溶液投加后，立即在上述两个取样点同时取水样，每隔 10s 可取水样 1 次，到取齐 10 次为止。

6）用硝酸银滴定法测定所有水样中氯化物含量。

用下式计算回流比

$$n = \frac{A - C}{B - C}$$

式中　n——回流比；

　　　A——1 号取样点最高总氯化物含量，mg/L；

　　　B——2 号取样点最高总氯化物含量，mg/L；

　　　C——原水氯化物含量，mg/L。

4. 澄清池的排泥控制

澄清池中泥渣浊度应保持不变，泥渣浓度和出水水质是有一定关系的，一般关系如表 6-23 所示。

泥渣浊度和出水水质的关系 表 6-23

浊度（mg/L）	出水浊度（NTU）
1500～2000	5～7
1000～1500	7～10

泥渣浓度高则处理效果好，但浓度太高会使部分泥渣随清水带出池外，控制泥渣浓度一般有下列两个方法。

（1）控制泥渣面高度。一般要求分离室内泥渣面在第二絮凝室外筒底口水平面稍下。当泥渣面上升到预定位置时开始排泥。泥渣面位置可在分离室泥渣面附近设置活动取样管或在池壁设观察窗来检查。

（2）控制第二絮凝室 5min 泥渣沉降比。最佳沉降比要根据实际运行经验确定，一般在 10％～20％范围内，超过规定的沉降比即进行排泥。

5. 运行中故障及处理方法

澄清池运行中可能遇到的问题和处理方法见表 6-24。

澄清池运行中故障及处理方法   表 6-24

故障情况	原 因	处理方法
清水区细小絮体上升、水质变浑、第二絮凝室絮体细小，泥渣浓度越来越低	1. 投药不足； 2. 原水碱度过低； 3. 泥渣浓度不够	1. 增加投药量； 2. 调整 pH； 3. 减少排泥
絮体大量上浮、泥渣层升高，出现翻池	1. 回流泥渣量过高； 2. 进水流量太大超过设计流量； 3. 进水水温高于池内水温、形成温差对流； 4. 原水藻类大量繁殖，pH 值升高	1. 增加排泥； 2. 减少进水流量； 3. 适当增加投药量，彻底解决办法是消除温差； 4. 预加氯除藻，或在第一絮凝室出口处投加漂白粉
絮凝室泥渣浓缩过高，沉降比在 20％～25％以上，清水区泥渣层升高，出水水质变坏	排泥不足	增加排泥
分离区出现泥浆水如同蘑菇状上翻，泥渣层趋于破坏状态	中断投药，或投药量长期不足	迅速增加投药量（比正常大 2～3 倍），适当减少进水量
清水区水层透明，可见 2m 以下泥渣层，并出现白色大粒絮体上升	加药过量	降低投药量
排泥后第一反应室泥渣含量逐渐下降	排泥过量或排泥阀漏水	关紧或检修阀门
底部大量水气泡上穿水面，有时还有大块泥渣向上浮起	池内泥渣回流不畅，消化发酵	放空池子，清除池底积泥

6. 低温低浊及其他情况时的处理

（1）低温低浊时一般为了提高混凝效果，可加助凝剂，也可适当投加黄泥以增加泥渣量提高出水水质。低温低浊阶段要适当减少排泥，尽可能保持高一点的沉降比；

（2）原水碱度不足时投加石灰；

（3）对污染较重的水源，有机物或藻类较多时，可采用预加氯或高锰酸盐或粉末活性炭等方法，防止池内繁殖藻类和青苔和去除臭味。

7. 澄清池的管理

（1）澄清池的工作标准

基本内容有：

1）熟悉本厂澄清池基本构造、工作原理和操作方法；

2）严守操作规程，做到勤跑、勤看、勤检测；

3）力求做到优质、低消耗，出水浊度始终控制内控规定的范围内；

4）按规定的时间取水样、测定原水浊度、水温、pH、出水浊度、分析 5min 沉降比，适时适量进行排泥，做好各项原始记录，随时清除水面上的杂物；

5）做好附属设备的维护保养及环境清洁卫生等。

（2）巡回检查制

澄清池巡回检查应按规定线路每 1～2h 进行一次，主要内容有进水状况、出水水质、各种设备有无异常情况，发现问题及时处理，处理不了的要及时报告。

（3）澄清池的检修

澄清池最好每年放空 1～2 次，进行检修的主要内容有：

1）彻底清洗池底与池壁积泥；

2）维护各种阀门及其他附属设备；

3）检查各取样管是否堵塞。检修时间宜放在供水低峰季节进行。

（4）澄清池的生产运行报表

澄清池的生产运行报表参见表 6-25。

澄清池的生产运行报表　　　　　　　　　　　表 6-25

水厂　　　　　　　　日期　　年　　月　　日　　星期　　　　　　天气

时间	进水流量 (m³/h)	进水浊度 (NTU)	pH	水温 (℃)	沉降比 (%)	排泥时间				搅拌机		出水浊度 (NTU)	说明
						泥斗		中心		开启度 (cm)	转速 (r/min)		
						开启	终止	开启	终止				
1...8													
小计	值班人签名：												
9...16													
小计	值班人签名：												
17...24													
小计	值班人签名：												

6.5.5 机械搅拌澄清池加装斜板和优化运行

为提高澄清效果或增加处理水量，许多水厂在机械搅拌澄清池中加设了斜板（管）并取得了较好的效果。

1. 加装斜管（板）的基本作用

1) 可以提高出水水质。进入清水区的部分细小颗粒在斜管中进一步去除。

2) 可以增加出水量。由于加设了斜管，可以提高清水区上升流速，从而增加出水量。据北京自来水公司水源六厂、上海南市水厂、昆明二水厂等许多测试资料表明，加设斜板后上升流速可提高到 1.5～2.0mm/s，单位面积负荷率由 3.6m³/（m²·h），单池出水量可增加 1.3 倍。

2. 斜管（板）布置方式

(1) 斜管（板）的布置方式与上向流斜管沉淀池一样，倾角 60°，可以沿径向由外侧向池中心安装。斜管（板）可以倾向池周壁环向布置，即水流可顺向流入斜管（板）；也可倾向池中心布置，即水经折流进入斜管（板）。

(2) 斜管（板）的下缘一般要高出机械搅拌澄清池外导流筒 30～40cm。

浙江舟山虹桥水厂，1983 年建设时未装斜管，由于原水较清，受进出水温差影响，易泛絮体，1985 年安装了斜管后，基本解决了此问题，稳定了水质，增加了出水量。但1987 年第二期工程建设中，虽然也安装了斜管，但投产数月后，絮体上浮严重，经停池检查，寻找与原池不同之处，共有两处，一是第一絮凝室的伞形板标高降低了 10cm，致使伞形板与锤形池壁间的回流缝尺寸减小；另一处是将斜管的安装标高降低了 35cm，即在原池设置在第二絮凝室导流筒底以上 10cm 处改为导流筒底下 25cm 处，虽然增加了斜管上部的清水区高度，但压缩了第二絮凝室导流筒出流的过水断面，阻碍了水流，加快了流速，造成斜管进水分配不均，泥渣随上升流进入斜管，加重了斜管的泥渣负荷，破坏了原池泥水分离的功能，出水水质变差。经分析后，重新改造，于 1988 年 3 月投产运行，效果良好。原水进水浊度 5 度，投加硫酸铝 6mg/L，出水浊度为 1 度，彻底解决了絮体上浮的问题。

3. 回流缝易堵问题

湖北黄石水司五家里水厂，1970 年建成直径为 12.5m 的机械搅拌池两座，清水区上升流速 1mm/s，增设斜管后可超负荷 25% 左右。但运转后，一直存在矾耗高水质差的问题，当原水浊度为 300～1600NTU 时。回流缝少则 6d、多则 41d 就会全部堵塞。几年来通过改变排泥方式，增加中央斗排泥周期和历时；池底增设高压冲洗管；调整回流缝、三角配水槽流速等，但作用都甚微。后来分析水力条件后，采取对原有搅拌机的 8 片桨板下端中 4 片采取了间隔加长桨板的长度和加宽桨板的下端对称直径的办法，使桨板高为絮凝室的 1/2，桨板总面积占絮凝室平均纵剖面面积的 22.9%，大大增强了第一絮凝室底部的 G 值，使 G 值由原来的 75s⁻¹ 增加到 105s⁻¹。经过数年的运行观察，解决了回流缝的易堵问题，冲洗周期由原来的 3 个月延长到 8 个月，并提高了出水水质。

4. 运行优化

为提高沉后水水质和达到节能降耗的目的，上海浦东威立雅自来水公司其中一个设计能力为 10 万 m³/d，水厂实际制水量 8~15 万 m³/d 的水厂进行了运行优化的生产性试验。该厂共设 4 座斜管机械搅拌澄清池，单池内径 21.8m，上升流速 1.8mm/s，总容积为 1575m³，水力停留时间 1.14h，第一、二絮凝室的水停留时间合计为 30min，机械搅拌桨的转速为 3~5r/min。

试验分别考察了小水量(8~9 万 m³/d)、正常运行水量(10~12 万 m³/d)、高峰水量(14~15 万 m³/d)等条件下机械搅拌澄清池不同搅拌速率下的沉后浊度及颗粒物数量，确定最优的搅拌速度；探讨不同制水量条件下第一、二絮凝室的沉降比变化规律，确定合理的排泥方式。试验方法是不同制水量和不同转速条件下运行并从排泥 1h 起每小时采样测定出水浊度和颗粒物数量，制成曲线图表，得出最佳出水浊度时的转速条件。

试验结果是：

(1) 在冬季加药最高，水温低等不利条件下机械搅拌澄清池在大、中、小制水量下的最佳转速分别为 3~4r/min、4~5r/min 及 5.5r/min，即可促进絮体的正常生长，沉后水的水质最好。

(2) 当处理水量较低时，可适当延长大排泥周期，但为确保机械搅拌澄清池内泥渣浓度的稳定，同时防止池底部及排泥管出现积泥现象，建议每 24h 进行一次大排泥。

(3) 颗粒计数法作为一种水质监测方法，其准确、灵敏、高效的特色能够用于辅助监控澄清池的出水水质，为水厂运行管理提供可靠的技术参数。

6.6 水力循环澄清池

6.6.1 工作原理与基本构造

1. 工作原理

水力循环澄清池于 1960 年在浙江嘉兴毛纺厂首先得到应用。它的工作原理和机械搅拌澄清池相仿，只是取消了机械搅拌澄清池的机械部分，而利用进水管水流中的动能，促进泥渣回流，达到加速混凝、澄清的目的。水力循环澄清池主要优点是构造简单，不需要机械搅拌，易于上马，投资省，适宜与无阀滤池配套使用。20 世纪 60~70 年代在我国迅速推广，目前不少中小城镇和工矿企业的水厂还都在使用。其净化过程是：

(1) 混合过程

加混凝剂的原水从进水管通过水力提升器的喷嘴造成高速射流在喷嘴外围形成负压而将数倍于进水量的活性泥渣吸入喉管，使刚进入池中的原水、混凝剂和活性泥渣在水力提升器的喷管中进行剧烈而充分的快速混合。

(2) 絮凝过程

经过混合了混凝剂和活性泥渣的原水进入第一和第二絮凝室后由于过水断面都是顺水流逐步扩大，因此流速逐渐降低，造成一个良好的絮凝条件。

(3) 澄清过程

当水流离开第二絮凝室进入分离室时，流速又显著下降，泥渣在重力作用下从水中分离，使水澄清。分离后清水向上溢流出水，沉下的泥渣除经污泥斗浓缩后排出池外以保持池中泥渣浓度平衡外，大部分向底部沉降，并继续被水力提升器吸入喉管进行泥渣循环回流。

2. 基本构造

水力循环澄清池基本构造由进水管、水力提升器（即喷嘴、喉管）、第一絮凝室、第二絮凝室、伞形罩、分离室、出水管及排泥系统等部分组成。如图 6-16 所示，主要部分的构造要求如下：

（1）进水管：一般由池底部进入。

（2）喷嘴与喉管：

1）喷嘴：是使进水的能量转化为高速动能的装置。为了使这一转化过程中的能量损失最小，要求喷嘴收缩在 13°左右为宜；为改善喷嘴的水流条件，在喷嘴的出口处加设一段垂直管段，其高度通常与喷嘴直径相等。喷嘴内壁加工要求尽可能光滑；喷嘴的流速一般在 7~8m/s，净作用水头要求达到 3~4m，流速过高会打碎已结成的絮粒，影响凝聚效果。流速过低对泥渣回流量有一定的影响；喷嘴离池底的高度不宜超过 600mm，否则会在池底产生积泥。

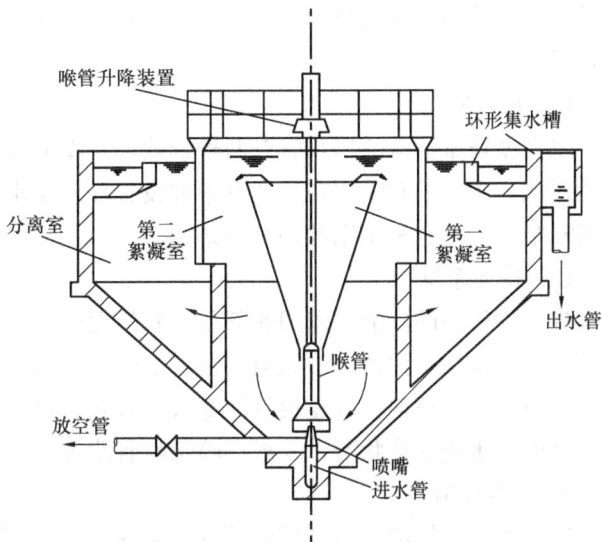

图 6-16　水力循环澄清池示意图

2）喉管：是进水与活性泥渣进行瞬时混合的场所。喉管中流速一般达到 2~3m/s，混合时间在 0.5~1s 范围内。喉管的进口做成喇叭口形式，进口直径一般为喉管本身直径的 2 倍，喇叭口下缘也加设一段垂直管段。

3）喉嘴距及其调节装置：喷嘴与喉管的距离称喉嘴距。喉嘴距对泥渣回流量有一定影响。在开始使用的时候对喉嘴距进行调整，一经确定后很少改变。调节喉嘴距的有两种形式：

a. 采用操纵盘整体升降喉管和第一反应室，这种装置因升降重量大，操作很费力。

b. 采用操纵盘只升降喉管方式，喉嘴距的调节距离一般为喷嘴直径的 2 倍。

（3）第一絮凝室

第一絮凝室的功能是促使自喉管的原水与活性泥渣回流的混合水流在一定的水流条件和一定的接触时间内形成絮体。水在第一絮凝室内一般停留时间为 15~30s，出口流速在 50~60mm/s。

（4）第二絮凝室

水流通过第一絮凝室后，絮凝一般还不够完善，第二絮凝室的功能是促进完善絮凝，使水流进入分离室时能迅速清污分流。为了保证絮凝效果，第二絮凝室应有足够的高度，一般第二絮凝室的停留时间在 110~140s 之间，高度都在 3m 以上。高度不够会使絮凝不够完善，运行也不稳定。

(5) 分离室

分离室是实现清污分流的场所，清水向上、泥渣向下，分离室上升流速，一般为 0.7～1.0mm/s，水在澄清池中总停留时间一般为 1.2～1.5h。

(6) 伞形罩

伞形罩主要目的是迫使分离室活性污泥沿伞形罩下缘回流到池底，防止第二絮凝室出流后直接被喷嘴射流而吸入喉管造成短流现象。伞形罩的斜面倾角应不小于 45°，以防罩面积泥。

(7) 出水管

水力循环澄清池的出水管有两种形式，小型的常采用沿外圆周内（或外）侧作环形集水槽形式；中型的常采用在分离室中部设置环形集水槽形式。出水槽一般采用钢筋混凝土或钢板结构，也有采用钢丝网水泥结构。

(8) 排泥系统

排泥除较小的澄清池采用底部放空管排泥外，一般采用污泥斗。污泥在污泥斗内浓缩并及时排出池外，保持池内泥渣层浓度是保证水力循环澄清池能够正常运行的关键之一。

水力循环澄清池一般还设有池底放空管及取样管等。取样管是为了便于在运行中观察泥渣程度与水质变化状况，一般在喷嘴喉管附近、第一絮凝室出口处及分离区设置。

3. 标准规格

中小净水厂用的水力循环澄清池一般采用全国通用给水排水标准图集 S771，出水量有 40、60、80、120、160、200、240、320 共 8 种，其主要尺寸如表 6-26 所示。

水力循环澄清池主要尺寸　　　　　　　　　表 6-26

标准图集编号		S771（一）	S771（二）	S771（三）	S771（四）	S771（五）	S771（六）	S771（七）	S771（八）
净产水能力（m³/h）		40	60	80	120	160	200	240	320
主要尺寸	喷嘴直径 d_0（mm）	45	55	65	75	90	100	110	130
	喉管直径 d_1（mm）	160	200	230	260	300	350	400	450
	第一絮凝室上口直径 d_2（m）	1.02	1.25	1.50	1.80	2.10	2.30	2.5	2.9
	第二絮凝室直径 d_3（m）	1.60	2.00	2.35	2.82	3.28	3.60	3.96	4.6
	澄清池底部直径 d_4（m）	0.60	0.8	1.00	1.10	1.20	1.70	2.0	2.0
	澄清池内径 D（m）	4.20	5.2	6.00	7.20	8.40	9.30	10.40	12.0
	池体直部高度 h（m）	3.35	3.35	3.50	3.55	3.55	3.55	3.55	3.55
	澄清池总高度 H（m）	5.20	5.5	5.8	6.3	6.8	7.2	7.4	8.2

续表

	标准图集编号	S₇₇₁（一）	S₇₇₁（二）	S₇₇₁（三）	S₇₇₁（四）	S₇₇₁（五）	S₇₇₁（六）	S₇₇₁（七）	S₇₇₁（八）
管道直径	进水管（mm）	150	150	200	200	250	250	300	300
	出水管（mm）	150	150	200	200	250	250	300	300
	排泥管（mm）	75	75	75	100	100	100	100	150
	放空管（mm）	150	150	150	150	150	150	200	200

6.6.2　水力循环澄清池的运行维护

水力循环澄清池的运行维护与机械搅拌澄清池基本相同。其基本要求、操作、运行中测定、排泥控制、故障及处理方法、管理制度等可参见本手册 6.5.4。

水力澄清池运行维护中要注意：

1. 准备运行前先将喉管与喷嘴口的间距调节到等于两倍的喷嘴直径的位置；

2. 测定泥渣沉降比要注意喷嘴附近泥渣沉降比，如增加较快，而第一絮凝室出口处却增加很慢，说明回流量过小，应调整喉嘴距，增加回流量。若上述两个泥渣沉降比增加情况相同，表明回流量合适，这时如出现浊度正常就说明运转正常。

3. 第一絮凝室出口与喷嘴附近处泥渣沉降比要 2～4h 测定一次。

4. 水力循环澄清池生产日报表可参考表 6-27。

水力循环澄清池生产日报表　　　　　　　　　　　　表 6-27

时间	一号										
	进水流量（m³/h）	进水浊度（NTU）	pH	水温（℃）	沉降比%		排泥时间				出水浊度（NTU）	说明
					第一絮凝室出口	喷嘴附近	泥斗		中心			
							开启	终止	开启	终止		
1 . . . 8												
小计											值班人签名：
9 . . . 16												
小计											值班人签名：
17 . . . 24												
小计											值班人签名：

6.6.3　水力循环澄清池的改进

水力循环澄清池属于泥渣分离型净水构筑物，虽有不少优点，但也存在不少缺点，如絮凝不够完善，药耗量较高，水力提升器动能有效利用率低，池容结构不尽合理，适应水质变化能力低等。各地在使用中都进行了不少改进，取得了较好效果，比较典型的有：

1. 吉化公司水厂的水力循环澄清池的改进

吉化公司水厂的水力循环澄清池是 20 世纪 60 年代近似于 S771 通用图设计的。设计主要参数：

喷嘴与喉管比：1：4；喷嘴流速：6～9m/s；喷嘴水头损失：2～5m；

喉管流速：2～3m/s；喉管停留时间：0.5～0.7s；

第一絮凝室出口流速：50～80mm/s；停留时间：15～30s；

第二絮凝室出口流速：40～50mm/s；停留时间：80～100s；

清水区上升流速：0.7～1mm/s；总停留时间：1～1.5h；排泥耗水量：5%。

经长期测定：在不改变池体并力求节约投资的原则下，进行综合性改进，见图 6-17。

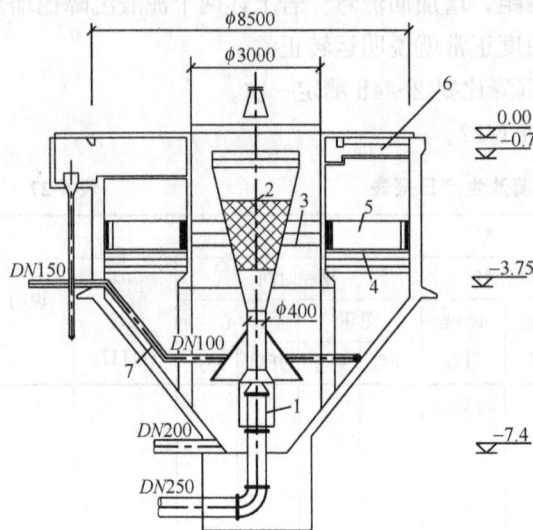

图 6-17　水力循环澄清池剖面图

1—双级静态混合器；2—强化絮凝器；3—强化絮凝格网；
4—径向疏流折板；5—蜂窝斜管；6—不等距孔口集水槽；
7—半环不等距排泥管

（1）在原水的管道上，采取单池投药，并于喷嘴前加装了单级管道静态混合器，以利于强化混合，并利于单池监控运行。

（2）在一、二絮凝室增设强化絮凝器。絮凝器位于喉管上方 1/3 处，设（25×25×4）mm 筛网，内置聚乙烯塑料的 φ50×50 拉西环，其堆积容积率为 50% 的网框，网框顶部距第一絮凝室末端 1/3 处，筛网采取可卸式固定，扁形分格网框内共装有 1.5m³ 塑料拉西环，表面积为 120m²，过流水头损失 0.080～0.12m。拉西环的比重为 0.97，池运行时漂浮于限定的网框内以增大速度梯度和改善水力条件。于第二絮凝室内下部 1/3 处设 3 层格网，间距 300mm。

（3）增装斜管，并于斜管区下加装径向折板。以稳定第二絮凝室水流进入分离区的流态。

（4）辐射式厚壁堰的内侧，加装钢制不等距的可调的孔口集水槽，提高了池表面负荷率。

（5）增设了不等距穿孔排泥管。

水力循环澄清池经综合增设性改造后，经历了寒冬低温、低浊期，春季高浊期，并进行与没改造水力循环澄清池和机械搅拌澄清池对比测定，运行较为理想。单池产水量由 80m³/h 提高至 140m³/h，药耗降低了 15%～20%，接近机械搅拌澄清池混凝剂耗量，并提高了处理水水质。取得了较为理想的效果。

2. 四川涪陵自来水厂水力循环澄清池改进

该厂于 1977 年建成水力循环澄清池一座，直径 9m，设计生产能力为 5000m³/d，投产运行后不断出现问题。长江水源春夏季浊度较高，一般在千度以上，最高时达万度，只有通过加大混凝剂投量，才能使出水水质达到要求。同时积泥严重，每班排泥次数多达 4 次以上，为此，于 1983 年对该池进行了挖潜改造，在池内加装了蜂窝斜管，将喷嘴由 250mm×125mm 改为 250mm×100mm，投产后运行情况稍有好转。该池耗药、耗电、水质等主要问题还没有完全解决。1989 年 3 月对该池进行改型改造，改型后大幅度地降低了混凝剂投量；成倍地增加了产水量，大大地缓和了供水量不足的矛盾。

（1）改型前主要数据：

池数：1 座；池直径：9m；池高：6.8m；设计水量：250m³/h；喷嘴直径：250×100；喉管喇叭罩：650×300mm；絮凝筒：300×330×400×1300mm；采用穿孔管排泥；混凝剂投加于喷嘴处。

（2）水力循环澄清池改型措施

改型中充分利用了原池结构，见图 6-18，其主要内容如下：

1）池体部分：原池结构不变，加高 500mm；改变原池进水方式，改下部进水为上部进水，取消原池喷嘴，同进将输水管 DN250mm 增大到 DN300。在池顶增设混合槽一组。增加环形集水槽、辐射集水槽、孔眼数目。增大出水管管径，将原池出水管 DN300 增大到 DN400。

2）絮凝池部分：取消原池中喉管，伞形管。增设网格板 7 层规格（30×30）mm，（40×40）mm，（50×50）mm。

3）沉淀池部分：在沉淀池内装配边长各为 35mm 的山形斜管。

4）排泥部分：取消集泥斗。取消穿孔排泥管。增加设置水力池底阀，利用原池进水管道、作为排泥管，利用原池锥部作为自然沉泥斗。

5）其他：为了便于及时了解和掌握该池生产运行情况，设置 DN20 自流管三根，定时观察池内悬浮层情况。增设 DN400 流量计一台。

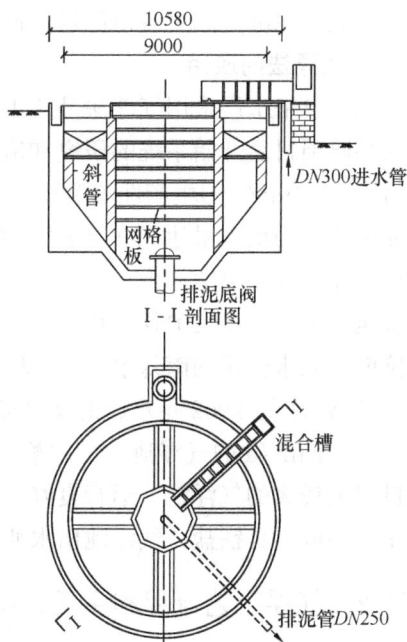

图 6-18 改型后构造图

（3）改型投产后效果

1）大幅度降低了电耗。由于取消了喷嘴，增大了输水管道，千吨水耗电由 226.19kWh 降至 128kWh。

2）对该池改建后，完全改变了原水力循环澄清池的工作原理，取而代之的高效网格反应池，人字形斜管沉淀池，大大地提高了水处理能力。

3）降低了混凝剂用量。安装水力底阀后，管理较为方便，排泥次数和排泥时间大大减少，现平均每班只排泥一次，自用水量也相应地减少，并且出水水质较稳，极少出现改建前经常出现的翻池现象。

6.7 气浮池

6.7.1 气浮技术原理与应用

1. 气浮法原理

气浮法是以微小气泡作为载体，粘附水中的杂质颗粒，使其密度小于水，然后颗粒被气泡挟带浮升至水面与水分离的方法。

2. 气浮法特点

用于低浊水，可使疏松、易破碎、难沉淀的絮凝体迅速上浮分离；用于被污染的水，能减轻臭味与色度，增加水中溶解氧，降低耗氧量；用于低温低浊水，依靠气泡的浮力能大大减少水的黏度的影响，加速絮凝体的上浮；用于含藻水，经过凝聚的藻类，絮凝颗粒轻，且黏附气泡的性能好，十分有利于气浮。另外，气浮法并不要求絮凝体结得很大，因此净水效果比沉淀法更显得优越，特别在低温低浊和含藻的情况下。

3. 气浮法的应用

我国自来水厂采用气浮法是从 1977 年原国家建设总局将"气浮法净水新技术及机理"列入科研项目后开始系统的研究和应用。1977 年苏州自来水公司在胥江水厂建成了处理能力为 $5000m^3/d$ 的生产性气浮池；1979 年昆明自来水公司第三水厂将 1 万 m^3/d 的平流沉淀池改造为出水量达 3.9 万 m^3/d 的气浮池；1978 年武汉东湖水厂 6 万 m^3/d 的气浮池投产，藻去除率可达 80%，出水浊度 2NTU，高藻期间滤池冲洗周期也由过去的 2～3h 延长至 8～16h。近 20 多年来，气浮法净水已取得较大发展，其中运行效果较好的有 1987 年济南自来水公司的南郊水厂（8 万 m^3/d）、1997 年建成的苏州新加坡工业园区水厂和苏州吴县新水厂、2002 年建成的秦皇岛海港水厂和潍坊眉村水厂等。天津市津滨水厂已建成了 50 万 m^3/d 的气浮池，采用溶气气浮（DAF）工艺，用于解决夏季高藻问题，为目前世界上最大的气浮池。运行良好，进水藻含量 $(4～8)×10^7$ 个/L，浊度 10～30NTU，投入 10～20mg/L 铁盐，气浮池出水浊度达到 0.5～2NTU，叶绿素去除率达 90%。

6.7.2 气浮工艺流程和主要设备

1. 气浮工艺流程

气浮工艺流程见图 6-19。原水经投加絮凝剂后，自流或由水泵（3）提升进入絮凝池（4）。经絮凝后的水，自底部进入气浮池接触室（5），并与溶气释放器（B）释出的含微气泡水相遇，絮粒与气泡黏附后，即在气浮分离室（6）进行渣、水分离。浮渣布于池面，定期刮（溢）入排渣槽（7），清水由集水管（8）引出，进入后续处理构筑物。其中部分清水，则经回流水泵（9）加压，进入压力溶气罐（10）；与此同时，空气压缩机（11）将压缩空气压入压力溶气罐，在溶气罐内完成溶气过程，并由溶气水管（12）将溶气水输往溶气释放器（13），供气浮用。

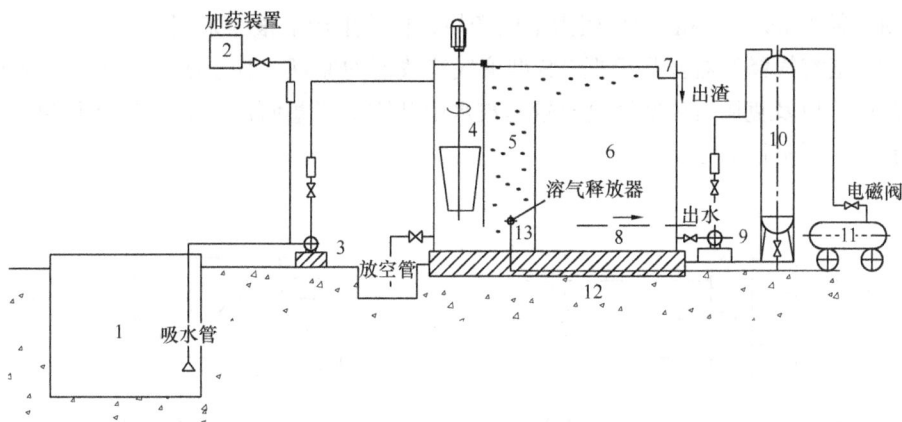

图 6-19　气浮工艺流程示意图

1—原水取水口；2—絮凝剂投加设备；3—原水泵；4—絮凝池；5—气浮接触室；6—气浮分离室；7—排渣槽；
8—集水管；9—回流水泵；10—压力溶气罐；11—空气压缩机；12—溶气水管；13—溶气释放器

2. 工艺要求

(1) 溶气压力采用 0.2～0.4MPa，回流比（指溶气水量与待处理水量的比值）取 5%～10%，通常絮凝时间 10～20min。

(2) 为避免打碎絮粒体，絮凝池宜与气浮池连建。进入气浮接触室的水流尽可能分布均匀，流速一般控制在 0.1m/s 左右。接触室应对气泡与絮粒提供良好的接触条件，其宽度还应考虑安装和检修的要求。水流上升流速一般取 10～20mm/s，水流在室内的停留时间不宜小于 60s。

(3) 接触室内的溶气释放器，需根据确定的回流水量、溶气压力及各种型号释放器的作用范围确定合适的型号与数量，并力求布置均匀。

(4) 气浮分离室应根据带气絮粒上浮分离的难易程度确定水流（向下）流速一般取 1.5～2.5mm/s，即分离室表面负荷率取 5.4～9.0m³/(m²·h)。

(5) 气浮池的有效水深一般取 2.0～2.5m，池中水流停留时间一般为 15～30min。气浮池的长宽比无严格要求，一般以单格宽度不超过 10m，池长不超过 15m 为宜。

(6) 气浮池排渣，一般采用刮渣机定期排除。集渣槽可设置在池的一端、两端或径向。刮渣机的行车速度宜控制在 5m/min 以内。

(7) 气浮池集水应力求均匀，一般采用穿孔集水管，集水管内的最大流速宜控制在 0.5m/s 左右。

(8) 压力溶气罐一般采用阶梯环为填料，填料层高度通常采用 1.0～1.5m。罐直径一般根据过水截面负荷率 100～200m³/(m²·h)。罐高度在 2.5～3.5m 之间。

3. 气浮池设备

(1) 溶气释放器

目前国内常用的溶气释放器为 TS 型、TJ 型及 TV 型溶气释放器。

1) TS 型溶气释放器：当压力溶气水通过器内孔盒时，因流态的骤变而急剧地消能，从而使气泡得以在减压条件下，瞬间充分释出。见图 6-20。TS 型溶气释放器共有 5 种型号，作用直径为 25～70cm。TS 型为早期产品，目前生产上很少采用。

2）TJ 型溶气释放器：是根据 TS 型溶气释放器的原理，为了扩大单个释放器出流量及作用范围，以及克服 TS 型释放器较易被水中杂质所堵塞而设计的。其材质为铸铁内衬不锈钢套，外形见图 6-21。

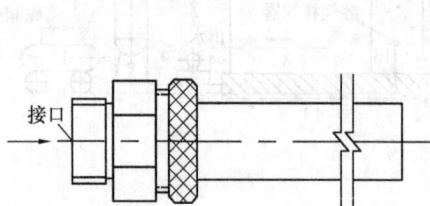

图 6-20　TS 型溶气释放器外形

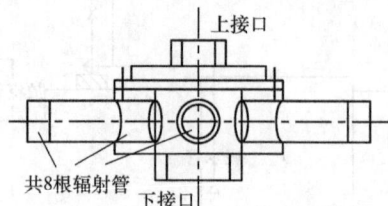

图 6-21　TJ 型溶气释放器外形

该释放器在堵塞时，可以通过从上接口抽真空，提起器内舌簧，以清除杂质。

TJ 型溶气释放器共有 5 种型号，它们在不同压力下的流量及作用范围见表 6-28。

TJ 溶气释放器性能　　　　表 6-28

型号	规格	溶气水支管接口直径 (mm)	不同压力下的流量（m³/h）								作用直径 (cm)
			0.15	0.2	0.25	0.3	0.35	0.4	0.45	0.5	
TJ-Ⅰ	8×15	25	0.98	1.08	1.18	1.28	1.38	1.47	1.57	1.67	50
TJ-Ⅱ	8×15	25	2.10	2.37	2.59	2.81	2.97	3.14	3.29	3.45	70
TJ-Ⅲ	8×25	50	4.03	4.61	5.51	5.60	5.98	6.31	6.74	7.01	90
TJ-Ⅳ	8×32	65	5.67	6.27	6.88	7.50	8.09	8.69	9.29	9.89	100
TJ-Ⅴ	8×40	65	7.41	8.70	9.47	10.55	11.11	11.75	—	—	110

3）TV 型匀分布溶气释放器：这种释放器是为了克服上面两种释放器布水不均匀及需要用水射器才能使舌簧提起等缺点而设计的。采取圆盘径向全方位释放，与含絮粒水的接触条件更佳。当该释放器受堵时。接通压缩空气，即可使下盘体向下移动，增大盘间水流通道，而使堵物排出，另外，为了防止释放器在废水中有腐蚀，采用了全部不锈钢材质。TV 型释放器外形见图 6-22，安装见示意图 6-23。

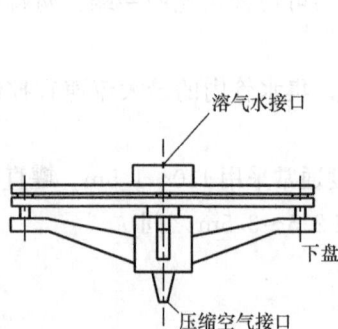

图 6-22　TV 型溶气释放器外形

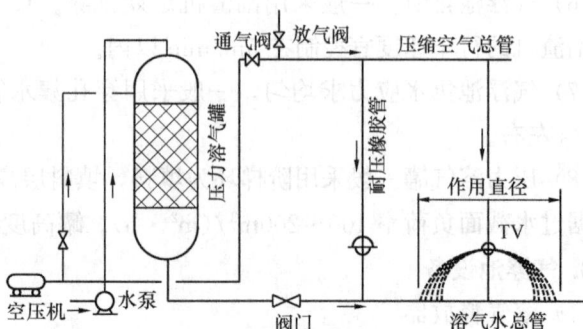

图 6-23　TV 型溶气释放器安装示意图

TV 型溶气有 3 种型号。它们在不同溶气压力下的出流量及作用范围见表 6-29。

TV 溶气释放器性能   表 6-29

型号	规格	溶气水管接口直径（mm）	不同压力（MPa）下的出流量（m³/h）								作用直径（cm）
			0.15	0.2	0.25	0.30	0.35	0.40	0.45	0.50	
TV-Ⅰ	φ25	25	0.95	1.04	1.13	1.22	1.31	1.4	1.48	1.51	40
TV-Ⅱ	φ20	25	2.0	2.16	2.32	2.48	2.64	2.8	2.96	3.18	60
TV-Ⅲ	φ25	40	4.08	4.45	4.81	5.18	5.54	5.91	6.18	6.64	80

（2）压力溶气罐

压力溶气罐有多种形式，一般采用能耗低，溶气效率高的空压机供气的喷淋式填料罐。其构造形式见图 6-24。溶气罐根据不同直径需配置不同尺寸的填料，填料高度一般取 1m，直径较大时，考虑到布水均匀性，可适当增加填料高度。

（3）空气压缩机

空气是难溶气体，在水中的溶解度很小，根据亨利定律，不同压力下的理论溶气量随水温而变。目前气浮常用的空气压缩机型号、性能及大致配套适用气浮池范围见表 6-30。

（4）刮渣机

气浮池采用池面撇渣，刮渣很重要，如果大量浮渣得不到及时的清除，或者刮渣时对渣层的扰动过剧、刮渣时液面及刮渣程序控制不当、刮渣机运行速度与浮渣的黏度不相适应等都仍将影响气浮净水的效果。目前，对矩形气浮池采用桥式刮渣机刮渣，对圆形气浮池，大多采用行星式刮渣机，其适用范围在直径 2～20m，集渣槽位置可在圆池径向的任何部位。

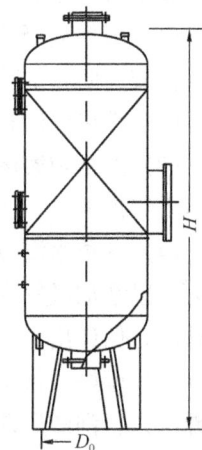

图 6-24 喷淋式填料罐

常用空压机性能   表 6-30

型号	气量（m³/min）	最大压力（MPa）	电动机功率（kW）	配套适用气浮池范围（m³/d）
Z-0.025/6	0.025	0.6	0.375	＜5000
Z-0.05/6	0.05	0.6	0.75	＜10000
Z-0.2/7	0.20	0.7	2.2	＜40000
Z-0.3/7	0.30	0.7	3.0	＜60000

6.7.3 气浮池运行管理事项

1. 投入运行前

（1）在气浮池投入运行时，除对各种设备进行常规的检查外，尚需对溶气罐及管道进行多次清洗，待出水没有易堵的颗粒杂质时，再安装释放器。

（2）在调试时，应首先调试压力溶气系统，包括溶气水泵的开停、空气压缩机上、下压力范围的设定、溶气罐液位自动控制是否进入正常工作等。

（3）在装上溶气释放器后，应检查释放器是否水平安置、溶气水出流是否均匀、溶出气泡是否微细、防堵部分是否能正常工作等。

（4）上述系统运行正常后，才开始向絮凝池注入已加有混凝剂的原水。

2. 正常运行时

（1）压力溶气罐的进、出阀门，在运行时应完全打开。避免由于出水阀门处截流所造成的压降，而使气泡提前释出，并在管道内变大。

（2）气浮净水系统的运行管理较为简便，特别是溶气罐液位实现自控后，在一般情况下，只需每隔 2～4h 用按钮操纵刮渣机排渣即可。

3. 日常维护及管理

（1）根据絮凝池的絮凝、气浮池分离区浮渣及出水水质，调整混凝剂投加量等混凝参数。检查并防止加药管堵塞。

（2）掌握浮渣积累规律和刮渣时间，建立刮渣制度。

（3）经常观察溶气罐的水位指示管，控制管内水位在 60～100cm 之内，防止大量空气窜入气浮池。

（4）冬季水温过低时，絮凝效果差，除增加投药量外，有时还须增加回流水量或溶气压力，以增加微气泡数量及与絮粒的黏附，以弥补因水流黏度的增加而降低带气絮凝的上浮性能，保证出水水质。

（5）做好日常运行记录，包括处理水量、水温、进出水水质、投药量、溶气水量、溶气罐压力、刮渣周期、泥渣含水率等。

4. 注意事项

（1）空气压缩机的压力应大于溶气罐内压力，才可向罐内注入空气。为了防止压力水倒灌进入空气压缩机，可在进气管上装设止回阀。

（2）应反复检验刮渣机的行走状态，限位开关、刮板插入深度、刮板翘起时的推渣效果等，应尽力避免扰动浮渣而影响出水的水质。

（3）刮渣时，为使排渣顺畅，可以略为抬高池内水位，并以浮渣堆积厚度及浮渣含水率较好选好定刮渣周期。

（4）需经常观察池面情况，如发现接触区浮渣面不平，局部冒出大气泡，则很可能是由于释放器被堵，需进行释放器抗堵操作。

（5）如发现气浮分离区渣面不平，池面常有大气泡鼓出或破裂，则表明气泡与絮粒粘附不好，应采取相应的措施（如投加表面活性剂）加以解决。

6.8 高密度沉淀池

6.8.1 高密度沉淀池构造与特点

1. 高密度沉淀池构造

高密度沉淀池是 20 世纪 90 年代法国得利满公司开发的一种新型高效沉淀池。它由混合区、絮凝反应区、分离沉淀区、浓缩排泥区及分离出水区 5 个过程组成。具体布置见图 6-25。工艺流程是原水进入絮凝区，并与沉淀池浓缩区的部分沉淀泥渣混合，在絮凝区中加入絮凝剂，并完成絮凝反应。反应采用螺旋桨搅拌器，经搅拌反应后的水以推流方式进入沉淀区。在沉淀区中泥渣下沉，澄清水进一步经斜管分离由集水槽收集出水。沉降的泥渣在沉淀池下部浓缩，浓缩泥渣的上层由螺杆泵回流，与原水混合。底部多余泥渣由螺杆泵排出。

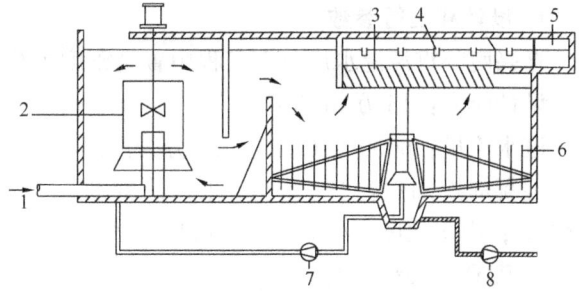

图 6-25 高密度沉淀池示意图
1—原水进水；2—絮凝反应区；3—斜管；4—集水槽；5—沉淀出水；6—带栅条刮泥机；7—泥渣回流；8—泥渣排放

2. 高密度沉淀池特点

（1）将混合区、絮凝区与沉淀池分离，采用矩形结构，简化池型。

（2）沉淀分离区下部设污泥浓缩区，占用土地少。

（3）在浓缩区与混合部分之间设污泥外部循环。部分浓缩污泥由泵回流到机械混合池，与原水、混凝剂充分混合，通过机械絮凝形成高浓度混合絮凝体，然后进入沉淀区分离。

（4）采用有机高分子絮凝剂，絮凝过程中投加 PAM 助凝剂，以提高矾区凝聚效果，加快泥水分离速度。

（5）沉淀部分设置斜管，进一步提高表面负荷。

（6）沉淀区下部按浓缩池设计，大大提高污泥浓缩效果，含固率可达 3% 以上。

6.8.2 中置式高密度沉淀池

上海市政工程设计研究院在嘉兴贯泾港水厂设计中，综合机械搅拌澄清池和高密度沉淀池优点，在 8 个技术点进行优化后开发出了中置式高密度沉淀池。该池采用池中向两侧分布形式，大大缩短了布水路径，从而有效避免了布水不均和单池处理水量受到限制问题。其基本构造如图 6-26 所示。

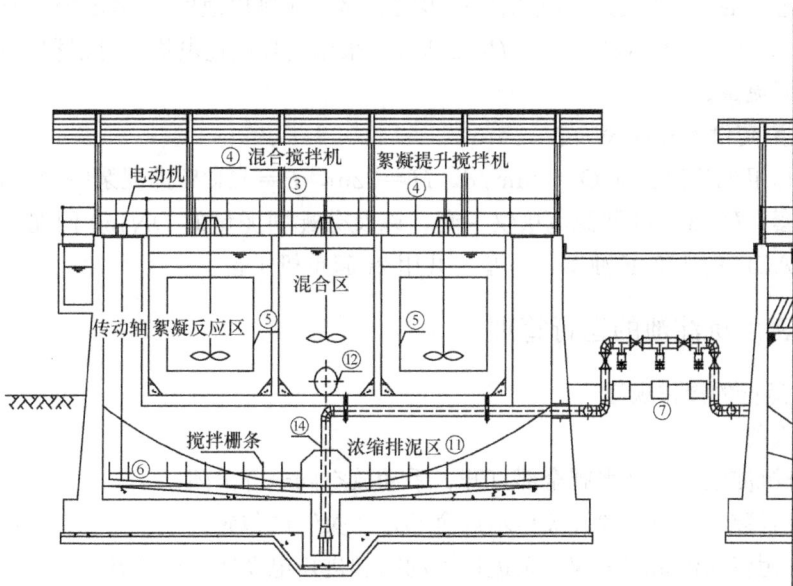

图 6-26 中置式高密度沉淀池剖面图

1. 设计和运行参数

嘉兴南郊贯泾港水厂一期工程中置高密度沉淀池的设计运行参数如下：

设计能力：15 万 m^3/d；

进水流量：6000～7000m^3/h，分为两组；

混凝剂投加量：25～50mg/L；助凝剂投加量：0.08～0.1mg/L；进水浊度：30～90NTU；出水浊度：0.6～1.5NTU

2. 配套设备和仪表

中置式高密度沉淀池采用的主要工艺设备有混合搅拌机、絮凝搅拌机及附属的导流筒体、刮泥机和污泥回流泵。

1）混合搅拌机

混合搅拌机1台，叶轮设在水下，电机和齿轮箱设在水面以上，通过搅拌轴连接，见图6-26。通过水下高速搅拌，使投加混凝剂与原水充分混合，达到扩散和均匀混合的目的。技术参数 $n=52r/min$，$p=5.5kW$。

2）絮凝搅拌机及附属的导流筒体

絮凝搅拌机及附属的导流筒体2台，叶轮和导流筒设在水下，电机和齿轮箱设在水面以上，通过水下低速絮凝搅拌，使混合的经投加混凝剂与助凝剂和回流污泥的原水充分凝聚。技术参数 $n=39r/min$，$p=5.5kW$，可变频调速。导流筒体直径配合絮凝搅拌机能力和要求。

3）往复式刮泥机

刮泥机也是很重要的设备，分周边转动式和往复式。贯泾港水厂采用往复式水下刮泥机。

4）污泥回流泵

污泥螺杆泵3台，2用1备，安装在池体外污泥泵房内，将池体下部浓缩污泥送入混合室与原水进行混合，当池体污泥积累过多时，将污泥排出池外。污泥回流泵能力按照设计水量的10%配置，$Q=120m^3/d$，$P=22kW$，采用变频调速电机，可根据实际水量和水质条件调节回流量。

5）其他配套设备和仪表

另外，每组沉淀池各配 $Q=40m^3/d$，$H=22m$，$P=11kW$ 排泥泵一台，DN1200 进水流量仪一套，DN300 的回泥流量仪一套，以及分配回泥量的 DN150 回泥流量仪一套。每组各配 HACH 的 1720E 浊度仪一套。共用 2t 起重机 1 台。

6.8.3 高密度沉淀池的运行管理

1. 投入运行的操作规程

（1）投入前

1）检查沉淀池手动进水阀全部打开，手动放空阀全部关闭。

2）检查各装置设备电源开关指示灯全部在"关"的位置。

3）检查污泥回流系统中螺杆泵进口手动阀和进口电动阀是否全开。

4）打开沉淀池浊度仪、污泥流量计、污泥泥位计电源开关并检查有无数值显示。

（2）投入运行

投入运行顺序是：

1）打开沉淀池进水阀

2）开取水泵

3）开加药计量泵、加矾量比正常运行大 20%～30%

4）开高锰酸钾计量泵，投加量为 1～1.5kg/km³

5）PAM 投加量为 0.06～0.10 kg/km³，投加点为混合区出水处

6）等沉淀池浊度稳定后将加矾量调到正常值

7）开污泥回流泵，将流量控制在进水流量的 1%～3%

8）开混凝搅拌机，将频率调到 20～25Hz

9）开絮凝提升搅拌机

10）开刮泥机

2. 巡回检查制度

值班人员必须每隔 2h 巡回检查一次，正确判断设备运行情况，监视各仪表指示数字，巡回时应注意各设备：声音无异常，电流＜额定电流。出水浊度小于内控制指标。各种仪表的检查，其显示数据应在正常范围内。

3. 排泥

随着运行时间的延长，原水中的污泥不断在池体不断在池体内富集，如不排放则会造成泥面上升影响出水效果，若排放过多则会降低池体内回流污泥的浓度，影响接触絮凝的效果也会影响出水水质，因此排放的时机和持续时间必须严格控制。通过运行积累，掌握其中规律，对于保证出水浊度和污泥浓缩效果具有重要意义。污泥回流量根据进水流量大小，以及污泥浓度，排泥泥位和化验室所测的沉淀池实际底泥浓度（SS），在 1%～3% 之间调整。

4. 水质控制

根据沉淀池水质控制标准，定时检查水质，并在需要是及时采取措施，如调整进水量、调整药剂投加量等。若沉淀池浊度严重超标，大量冒絮体时应对措施：

（1）加大混凝剂、PAM 投加量；

（2）打开沉淀池紧急排放口；

（3）等到沉淀池浊度恢复正常时，再将加药量、PAM 投加量减下来，并关闭紧急排放口。

5. 运行报表

中置式高密度沉淀池运行报表主要记录：沉淀池开停、螺杆泵频率、排泥泵开停和延时、出水浊度和流量等。

6.9 其他沉淀、澄清池

6.9.1 同向流斜板沉淀池

1970 年，在瑞典出现了一种新型斜板沉淀装置，称"兰美拉"，立即引起国内业界的重视。"兰美拉"的原意是"薄层流"，实际上就是和异向流斜管沉淀池的流向相反，为一种下向流，即和水流同向，故称同向流斜板沉淀池。1973 年～1975 年北京市政工程设计研究院进行了由小到大的试验。1975 年又与福州自来水公司合作，在福州马尾水厂建成了 8000m³/d 的木质同向流斜管沉淀池，液面负荷达 40～50m³/(m² · h)(11m/s～14m/s)。在天津、江苏南通也相继修建了同向流斜板装置。天津第一座同向流斜板沉淀池是 1979 年在扬柳青水厂建成投产的，规模为 1.5 万 m³/d。1980 年和 1983 年又在凌庄水厂相继建成第二、第三座同向流斜板沉淀池，规模都为 9.0 万 m³/d。据上世纪 90 年代初文献介绍，这些水厂一直使用正常，沉淀后浊度在 1-3NTU，液面负荷控制在 24m³/(m³ · h)～50m³/(m³ · h)(6.7m/s～13.8m/s)范围内。

同向流斜板沉淀池的基本构造如图 6-27。絮凝后的原水流入斜板沉淀池上部，然后向下流入斜板沉淀区，在沉淀区内进行悬浮颗粒的分离，在每一斜板通道内，颗粒沉于斜板底面，而分离的澄清液则位于通道的上部，在进出水水位差的作用下，水流向下流动，通过设在斜板的集水装置，清水向上汇集，污泥沿斜板下滑至污泥区，然后排除。一般设计采用斜板倾角 60°，斜板斜长 1.5m，板距 0.1m，水平流速 20～25mm/s，上部清水区高度＞1.0m，下部布水区高度＞1.5m，沉淀池总高约 4.0m。斜板由工厂制作，材料采用聚丙烯或无毒聚氯乙烯。

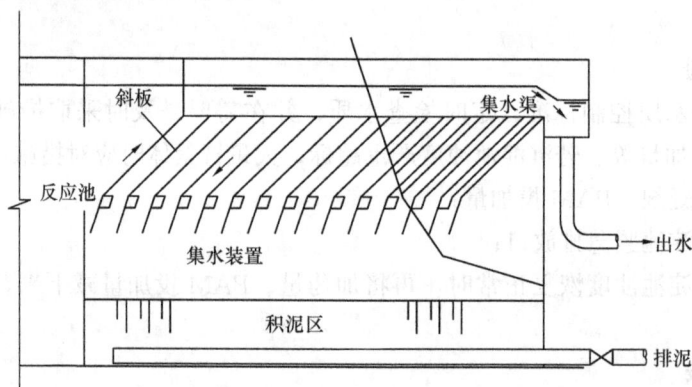

图 6-27 同向流斜板沉淀池示意图

同向流斜板沉淀池的主要问题是使用时间长后，板间积泥，集水系统易堵塞。天津的经验是一定要注意沉淀池的排泥及定期冲洗，以免影响出水质量和正常运行。

6.9.2 翼片斜板沉淀池

翼片斜板沉淀池又称迷宫式斜板沉淀池。是 1974 年由日本人桥本、长谷川等提出，丹保宪仁等对此进行了实验研究，并证明其具有稳定的除浊性能，且分离效率高，而后在日本有 50 多个水厂应用。其中较有代表性的有北海道函馆市水厂 5.0 万 m^3/d，北苫小牧市水厂 2.0 万 m^3/d。我国是从 1984 年由中国给水排水中南设计研究院与广西南宁市自来水公司合作，在南宁西郊水厂进行了迷宫式沉淀池阶段性试验，在重庆、嘉兴、哈尔滨、成都、南京扬子石化水厂等均有应用。

翼片斜板沉淀池，可以布置成侧向流或上向流。侧向流带翼片斜板沉淀池与一般侧向流斜板沉淀池不同的就在于其斜板上装置一定数量的平行翼板。其构造如图 6-28 所示。

水流通过带翼斜板即"迷宫"时形成 3 个不同区域，一为主流区（沉淀区），水流为平行的层流；二为涡流区（交换区）；三为两翼板间区格内的环流，称旋流区（分离区）。原水进入"迷宫"后，一部分絮体在主流区慢慢下沉，另一部分在交换区涡流作用下的絮体进入旋流区，

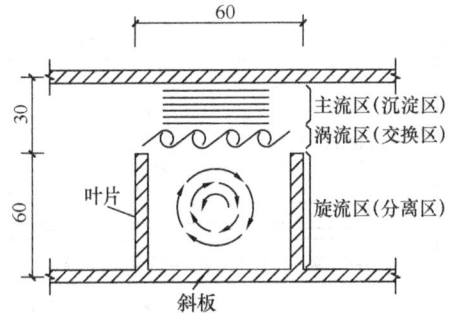

图 6-28 翼片斜板沉淀池中
分离器中水流示意

在旋流作用下，向中心移动，使该处浓度增大，增加絮体碰撞机会，以形成更大的絮体，然后下沉到斜板上。迷宫沉淀池的带翼斜板长度一般为 1.0m～2.0m，断面水平流速为 7～10mm/s，主流区流速为 20～35mm/s，表面负荷采用 10～14$m^3/(m^2 \cdot h)$(2.8～3.9m/s)。

1991 年年底哈尔滨沙曼屯净水厂建成了 30 万 m^3/d 的翼片斜板沉淀池。该沉淀池分 3 组，2 个系列。每组沉淀池单体尺寸为 18m×21m×6m，沉淀区高 4.5m，翼片斜板采用 UPVC 材料，斜板单体 600mm×1050mm，底板和肋板厚 2mm，翼片厚 1.5mm，斜板成 60°安装，设计主流区流速 24.5mm/s，空塔流速 8.0mm/s，总停留时间为 24min，沉淀池底部设有往复式机械刮泥机。使用效果在原水浊度 15～1200NTU 条件下，出水浊度为 4NTU-9NTU，比相同面积的斜板沉淀池出水能力增加 25%。

6.9.3 脉冲澄清池

1956 年法国得利满公司（Degremot）在秘鲁利马水厂使用了脉冲澄清池。我国第一座脉冲澄清池是 1967 年 7 月在南京市自来水公司中华门水厂建成投产的。后来南京七个水厂中除城南水厂外均设有脉冲澄清池，规模为 1.5 万～5 万 m^3/d。国内单池设计能力最大是天津开发区水厂的 15 万 m^3/d。

脉冲澄清池的优点是生产效率高，构造简单，布置灵活，单池设计流量能大、能小，造价低，容易满足一般城镇自来水厂的需要，操作管理方便，维修工作量少，20 世纪 70～80 年代在我国华东、华南地区建造了不少脉冲澄清池。

脉冲澄清池的工作特点，主要是利用脉冲发生器，将进入池中的原水，利用脉冲配水的方法，按一定周期充水和放水，自动地调节悬浮层泥渣浓度的分布，使悬浮层泥渣交替地膨胀和收缩，增加了原水颗粒与泥渣的碰撞接触机会，从而达到澄清的目的。

脉冲澄清池主要由脉冲发生器系统，配水稳流系统，澄清系统及排泥系统组成，见图 6-29。脉冲发生器按其工作原理可分为真空式、虹吸式两大类。真空式有机械式和水射器

启闭脉动阀；虹吸式有钟罩式、S 型、皮膜虹吸浮筒切门式、浮子喷气式等，大都由我国首创。但比较有代表性和使用较多的是钟罩虹吸式，见图 6-30。

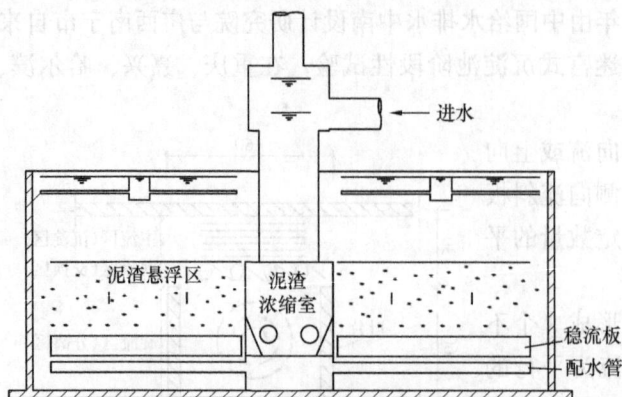

图 6-29　脉冲澄清池示意图

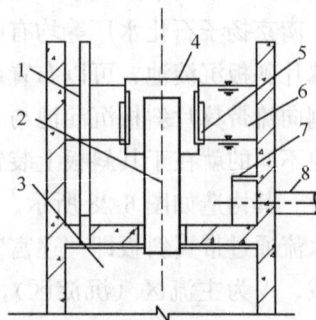

图 6-30　钟罩虹吸式示意图

1—透气管；2—中央管；3—中央竖井；4—斜罩；5—虹吸破坏管；6—进水室；7—挡水板；8—进水管

其原理是加药后原水进入进水室，室内水位逐步升高，钟罩内空气被压缩，当水位超过中央管顶时，有部分原水溢流入中央管，由于溢流作用，将压缩在钟罩顶部的空气逐步带走，形成真空，发生虹吸，进水室的水迅速通过钟罩、中央管进入配水系统，当水位下降至破坏管口（即低水位）时，因空气进入，虹吸被破坏，这时进水室水位重新上升，进行周期性的循环，上海南市水厂使用的就是这种钟罩式脉冲发生器。

脉冲澄清池进水悬浮物含量一般应小于 1000mg/L，南京的经验是原水中泥渣颗粒粒径<0.1mm，原水浊度在 20～3000mg/L 时，处理效果稳定。脉冲澄清池的总停留时间 1～1.3h，清水区平均上升流速 0.7～1.0mm/s，总高度 4～5m，悬浮层高度 1.5～2.0m，清水区高度 1.5～2.0m。

脉冲澄清池在使用过程中主要问题是对水量、水质及水温较敏感，操作管理不易掌握，容易产生积泥，目前已使用不多。

6.9.4　Actiflo 澄清池

ACTIFLO 澄清池是由法国 Veolia Water 公司开发出来的一种高速澄清工艺，从 1992 年到现在全球使用该工艺的大型水厂已达 100 多个，处理规模从 7000m³/d 到 7 万 m³/d。上海临江水厂 2004 年扩建规模 20 万 m³/d 时采用了 Actiflo 澄清池。一年运行效果表明，出水浊度稳定在 2～2.5NTU。

1. 工作流程

ACTIFLO 工艺结合了细砂絮凝和斜管沉淀工艺，利用细砂作为絮体形成的絮核，在高分子聚合物的作用下，将絮粒或悬浮固体黏附在细砂上，可以有效地去除浊度、色度、TOC、藻类、隐孢子虫、铁和锰等。

ACTIFLO 池主要包括混凝池、聚合物和细砂注入池、絮体熟化池以及斜管沉淀池，

见图 6-31。工作流程如下:

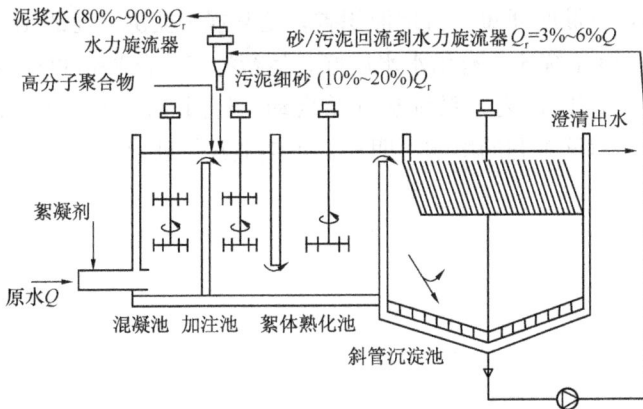

图 6-31　ACTIFLO 工作流程图

（1）混合反应：原水进入 ACTIFLO 池前投加混凝剂，进入混合池进行快速混合、搅拌，使得胶体颗粒脱稳，停留时间约 1～2min。

（2）絮凝：在加注池中，有机高分子聚合物和细砂投加到经过快速混合的原水中，再通过聚合物的吸附架桥作用，该池中等强度的混合加速了絮体、悬浮固体和细砂之间的聚结，形成更大和更重的絮体。原水在该池的停留时间约 1～2min。

（3）絮体熟化：形成絮体的原水进入絮体熟化池，搅拌强度进一步降低，池内的水力停留时间增加到 4～6min。絮粒进一步变大、密实，有利于后面的沉淀。即使因为搅拌强度控制不当造成絮体的破碎，当搅拌强度降低破碎的絮体也可以迅速重新结合起来。

（4）高速沉淀：水流进入斜管沉淀池，澄清的水再进入到过滤单元，在沉淀池水流的上升流速高达 30～70m/h。

（5）含细砂的污泥回流：含有细砂的沉降污泥由污泥泵连续泵入到系统上方的水力旋流器，在水力旋流器里借助离心力泥浆和细砂很快地被分离，泥浆从旋流器的上部流出进入排泥水处理系统，约占回流量的 80%～90%；分离好的细砂则由旋流器的下部流出被注入絮凝池中循环使用，约占回流量的 10%～20%。污泥回流率一般控制在 3%～6% 处理水量左右。水力旋流器见图 6-32。

2. 工艺特点

ACTIFLO 系统具有如下的特点：

（1）采用高分子絮凝剂助凝，提高了絮凝效果；

（2）投加细砂，提高了絮凝沉淀效果；

（3）沉淀部分采用斜管沉淀池，提高了沉淀效果。

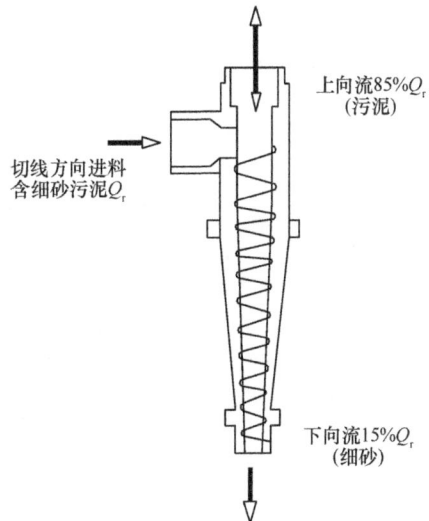

图 6-32　水力旋流器工作示意图

在 ACTIFLO 池的沉淀区安装有斜管，水流的上升流速很大，一般在 30～70m/h（8.3～19.4mm/s），沉淀时间短，占地面积省，是常规平流沉淀池的 1/5～1/50。

此外，ACTIFLO 系统还具有出水水质好，运行稳定，耐冲击负荷等优点。处理后出水浊度可以控制在 1NTU 以内，系统从开始启动，经过 15～20min 运行即可达到稳定，原水水量或水质波动对该工艺的影响不明显，仍然能够保证出水的水质。

第7章 过 滤

7.1 过滤概述

沉淀后的水，通过一层或几层粒状滤料使水中残余的细菌和悬浮杂质进一步被截留分离出来的方法叫过滤。过滤是地面水常规处理中最重要的环节。原水经过混凝沉淀后必须经过过滤和消毒，水质才能达到国家规定的生活饮用水卫生标准。因此过滤具有对水质把关作用，是净水工艺的关键工序，过滤的效果直接影响出厂水水质。

7.1.1 过滤机理

过滤的机理主要涉及两个过程，一个是迁移，即悬浮杂质在滤料孔隙中脱离水流流线，向滤料颗粒表面迁移；另一个是黏附，即杂质接近或接触到滤料颗粒时在滤料表面被吸着的过程。

1. 迁移

在过滤过程中，滤层孔隙中的水流速度较慢，被水流夹带的杂质由于受到一般认为的拦截、沉淀、惯性、扩散和水动力等作用使杂质脱离流线而与滤粒表面接近。

2. 黏附

已经到达滤料表面的颗粒在范德华引力、静电力、化学键和化学吸附的相互作用以及絮凝颗粒架桥作用下，使它们附于滤料表面上不再脱离而从水中除去，这就是杂质黏附。黏附过程主要决定于滤料和水中杂质的表面物理化学性质，未经脱稳的悬浮颗粒过滤效果差就是证明。不过在过滤后期，当滤层中孔隙尺寸逐渐减小时，表层滤料的筛滤作用也将起很大作用。

7.1.2 滤池的分类

滤池的分类见表 7-1。

滤 池 分 类　　　　　　　　　　　　　　　　　表 7-1

分类方式	类　型
按滤速大小	快滤池（>5m/h） 慢滤池（0.1~0.2m/h）
按滤料和滤料组合	单层滤料滤池 双层滤料滤池 三层滤料滤池

续表

分类方式	类 型
按控制方式	普通快滤池（含单阀、双阀、四阀、鸭舌阀等） 无阀滤池 虹吸滤池 移动罩滤池 V型滤池 翻板滤池
按冲洗方式	单纯水冲洗（含小阻力、中阻力、大阻力）滤池 气、水反冲洗滤池 水冲洗与表面冲洗滤池

目前净水厂常用的滤池是 V 型滤池、普通快滤池、虹吸滤池和无阀滤池。

7.1.3 滤池运行中的主要指标

滤池运行中主要指标见表 7-2。

滤池运行中主要指标　　　　　　　　　　　表 7-2

指标名称	含　意	计　算　方　法
滤速	是指每平方米滤池面积在 1h 内滤过的水量，是衡量滤池生产能力的指标，用 m/h 表示	$V = \dfrac{Q}{T \times F}$ 式中　V——滤速（m/h）； 　　　Q——滤水量（m³）； 　　　T——过滤时间（h）； 　　　F——滤池实际过滤面积（m²）
水头损失	是指滤层上面的水位与过滤后水位之间的高差。用 m 表示，它代表了滤层对水流阻力的大小	水头损失是随着时间的延续，滤料中杂质不断增加，滤料孔隙率不断减少，其值是不断增加的，需在过滤过程中实测而得
冲洗强度	是指滤池反冲洗时，单位滤池面积上冲洗水或气的流量，是衡量冲洗能否得到保证的主要指标，用 L/(s·m²) 表示，分水冲洗强度和气冲洗强度	$q = \dfrac{W}{F \times T}$　　[L/(s·m²)] q——冲洗强度[L/(s·m²)] W——总耗用的冲洗水量（L） F——滤池面积（m²） T——冲洗时间（s）
膨胀率	滤料层在反冲洗时的膨胀程度，以冲洗前的滤料厚度与冲洗时滤料膨胀后的厚度之比称膨胀率，是检验冲洗强度大小的指标，用％表示	$e = (H - H_0)/H_0$ 式中　e——膨胀率（％）； 　　　H_0——滤料膨胀前厚度（m）； 　　　H——滤料膨胀后厚度（m）。
杂质穿透深度	过滤时，若从滤料中某一深度取的水样恰好达到了过滤后的水质要求，该深度就是杂质穿透深度，用 m 表示	实测

指标名称	含　意	计 算 方 法
滤料含污能力	指滤池内单位体积滤料在一个周期内所截留的杂质重量。以 kg/m³ 表示	实测
冲洗周期	是指过滤开始到需要冲洗的时间，即滤池两次冲洗间隔的实际运行时间，用 h 表示	实测

7.1.4 影响过滤的主要因素

影响过滤的因素很多，也很复杂。但一般认为主要有以下几点：

1. 沉淀池出水浊度

沉淀池出水浊度直接影响滤池的过滤质量和运行周期。经过良好的絮凝、沉淀后浊度较小，即便以较高的滤速运行，也可获得满意的过滤效果。相反，如果沉淀出水浊度高，滤池内水头损失便很快增长，冲洗周期显著缩短，出水水质无法保证。为确保滤池出水浊度及合理的冲洗周期，水厂都要根据出厂水浊度的要求制定沉淀池出水的内部控制指标。

2. 滤速

滤速大，出水量也大，滤池的负荷增加，容易影响出水水质，缩短冲洗周期。滤速低，出水浊度低，冲洗周期就长。但从国内实际情况从兼顾水质、水量和运行要求出发，滤速宜控制在 6~8m/h 为好，如果由于水量需要滤速已经超出正常范围，宜将滤料改为双层或多层滤料。

3. 滤料粒径与级配

滤料是滤池的主要部分，是滤池工作好坏的关键，滤料的粒径与级配、滤层的厚度直接影响出水水质、冲洗周期和冲洗水量。

滤料粗，滤速就大、水头损失增长就慢、冲洗周期也长，但杂质穿透深度大，如果滤层厚度不够就会影响出水水质，滤料粗还需要有较高的冲洗强度。

双层滤料或三层滤料因为上层滤料质轻粒大，所以既能增加滤速又不需要大幅度提高冲洗强度，因此是提高滤速的重要途径。

4. 冲洗条件

经过一个周期，滤层内特别是上部截流了大量泥渣和其他杂质，把这些杂质冲洗干净恢复到过滤前的状态是过滤能够持续进行的重要条件。冲洗条件包括要求合理的冲洗强度、正确的冲洗方法，保持一定的滤层膨胀率和冲洗时间。

5. 水温

水温也是影响过滤的一个因素。水温低，水的黏度大，水中杂质不易分离，因此在滤层中的穿透深度就大。冬季水温低，如要维持相同的出水水质，滤速应该小一些。

6. 原水加氯

对受有机物污染的原水采取原水加氯，不仅有利于絮凝沉淀，而且也由于灭活了水中的藻类，可以防止滤层堵塞、改善过滤性能、提高出水水质。但原水加氯会增加三卤甲烷等氯的有害副产物含量，因此要适当控制。

7. 投加助滤剂

对滤池，尤其是直接过滤的滤池，如果在原水浊度较高时，或水温较低时在加注一些助滤剂可以改善过滤性能。加注量要严格控制，否则会影响滤池的冲洗周期。

综上所述，对过滤来说，在确保出水水质的前提下如果需要增加出水量、提高过滤速度则主要是依靠降低沉淀水出水浊度，合理选配滤料，维持良好的冲洗条件等。

7.2 滤料及其铺装

滤池中作过滤的材料叫做滤料。滤料是各种滤池不可缺少的最基本的组成部分，滤料的粒径、级配及质量的好坏对滤池的正常工作关系极大。

7.2.1 滤料粒径及级配要求

1. 滤料颗粒粒径及级配的主要指标

（1）有效粒径（D_{10}）

在滤料代表性样品中，正好通过样品重量 10% 的筛孔径为滤料的有效粒径。例如，颗粒粒径分布中有重量 10% 的样品小于 0.5mm，则滤料的有效粒径 d_{10} 为 0.5mm。

（2）不均匀系数（K_{80}）

通过滤料样品重量 80% 的筛孔径与通过同一样品的重量 10% 的筛孔之比称为不均匀系数，用 K_{80} 表示。

$$K_{80} = \frac{d_{80}}{d_{10}}$$

式中 d_{10}——有效粒径，代表了细颗滤料的尺寸；

     d_{80}——通过 80% 滤料重量的筛孔直径，代表了粗颗粒滤料的尺寸。

另外 d_{60} 称均匀系数，即 $K_6 = \frac{d_{60}}{d_{10}}$。

（3）粒径范围

粒径范围即滤料中最大颗粒的粒径与最小粒径的范围。

2. 滤料粒径及级配的组成要求

（1）滤料组成

滤池滤速及滤料组成要求见表 7-3。

表 7-3

滤 料 组 成

滤料种类	滤料组成			正常滤速 （m/h）	推荐滤速 （m/h）
	粒径 （mm）	不均匀系数 K_{80}	厚度 （mm）		
单层细砂滤料	石英砂 $d_{10}=0.55$	<2.0	700	7～9	6～8
双层滤料	无烟煤 $d_{10}=0.85$	<2.0	300～400	9～12	8～10
	石英砂 $d_{10}=0.55$	<2.0	400		

续表

滤料种类	滤料组成			正常滤速 (m/h)	推荐滤速 (m/h)
	粒径 (mm)	不均匀系统 K_{80}	厚度 (mm)		
三层滤料	无烟煤 $d_{10}=0.85$	<1.7	450	16～18	
	石英砂 $d_{10}=0.50$	<1.5	250		
	重质矿石 $d_{10}=0.25$	<1.7	70		
均匀级配滤料	石英砂 $d_{10}=0.9\sim1.2$	1.3～1.4≯1.6	1200～1500	8～10	<8

（2）承托层组成

当滤池采用大阻力配水系统时，其承托层宜按表 7-4 采用；三层滤料滤层的承托层宜按表 7-5 采用。

大阻力配水系统承托层材料、粒径与厚度（mm） 表 7-4

层次（自上而下）	材料	粒径	厚 度
1	砾石	2～4	100
2	砾石	4～8	100
3	砾石	8～16	100
4	砾石	16～32	本层顶面高度应高出配水系统孔眼 100

三层滤料滤池的承托层材料、粒径与厚度（mm） 表 7-5

层次（自上而下）	材料	粒径	厚 度
1	重质矿石	0.5～1	50
2	重质矿石	1～2	50
3	重质矿石	2～4	50
4	重质矿石	4～8	50
5	砾床矿石	8～16	100
6	砾床矿石	16～32	本层顶面应高出配水系统孔眼 100

7.2.2 滤料的技术要求

对滤料的基本要求应是滤料粒径级配适当，有足够的机械强度和较高的化学稳定性。建设部于 2005 年 4 月 15 日批准，同年 8 月 1 日实施的《水处理滤料》（CJ/T 43—2005）对水处理用的滤料和承托料的技术要求，规定如下：

1. 一般规定

（1）滤料和承托料不应使滤后水产生有毒、有害成分。

（2）滤料的粒径范围、有效粒径（d_{10}）、均匀系数（K_{60}）、不均匀系数（K_{80}）由用户确定。

（3）在用户确定的滤料和承托料粒径范围中，小于最小粒径、大于最大粒径的量均应小于 5%（按质量计，下同）。

（4）有关滤料和承托料的密度、含泥量、盐酸可溶率以及破碎认磨损率之和，应符合表 7-6 的规定。

滤料和承托料规格的几项规定 表 7-6

项 目	无烟煤滤料	石英砂滤料	高密度矿石滤料	砾石承托料	高密度矿石承托料
密度（g/cm³）	1.4～1.6	2.5～2.7	>3.8[a]	>2.5	>3.8[a]
含泥量（%）	<3	<1	<2.5	<1	<1.5
盐酸可溶率（%）	<3.5	<3.5	—	<5	—
破碎率与磨损率之和（%）	<2	<2	—	—	—

注：a 磁铁矿滤料和承托料的密度一般为 4.4～5.2 g/cm³

2. 无烟煤滤料

(1) 无烟煤滤料应为坚硬、耐用的无烟煤颗粒。

(2) 无烟煤滤料不应含可见的页岩、泥土或碎片杂质。

(3) 在无烟煤滤料中，密度大于 1.8g/cm³ 的重物质不应大于 8%。

3. 石英砂滤料

(1) 石英砂滤料应为坚硬、耐用、密实的颗粒。在加工和过滤、冲洗过程中应能抗蚀，其含硅物质（以 SiO_2 计）不应小于 85%。

(2) 石英砂滤料不应含可见的泥土、粉屑、云母或有机杂质。

(3) 石英砂滤料的灼烧减量不应大于 0.7%。

(4) 在石英砂滤料中，密度小于 2 g/cm³ 的轻物质不应大于 0.2%。

4. 高密度矿石滤料

(1) 高密度矿石滤料应为坚硬、耐用、密实的磁铁质、石榴石或钛铁矿颗粒，在加工和过滤、冲洗过程中应能抗蚀。

(2) 高密度矿石滤料不应含可见的泥土、粉屑、云母或有机杂质。

5. 砾石承托料

(1) 砾石承托料为滤池中承托滤料的砾石。砾石承托料应有足够的强度和硬度，在加工和过滤、冲洗过程中应能抗蚀。

(2) 砾石承托料不应含可见的泥土、页岩或有机杂质。

(3) 砾石承托料中，明显扁平、细长（长度超过 5 倍厚度）的颗粒不应大于 2%。

(4) 砾石承托料粒径范围一般为 2～4mm、4～8mm、8～16mm、16～32mm、32～64mm。

6. 高密度矿石承托料

(1) 高密度矿石承托料为滤池中承托滤料的高密度矿石颗粒，应为磁铁矿、石榴石或钛铁矿较粗颗粒，应有足够的强度和硬度，在加工和过滤、冲洗过程中应能抗蚀。

(2) 高密度矿石承托料不应含可见的泥土、页岩或有机杂质。

(3) 高密度矿石承托料中，明显扁平、细长（长度超过 5 倍厚度）的颗粒不应大于 2%。

(4) 高密度矿石承托料粒径范围一般为 0.5～1mm、1～2mm、2～4mm、4～8mm。

7.2.3　滤料检验方法

CJ/T 43—2005 还规定了水处理用滤料检验方法，主要内容如下：

1. 总则

（1）滤料检验方法适用于石英砂滤料、无烟煤滤料和高密度矿石滤料，以及砾石承托料、高密度矿石承托料。

（2）称取滤料和承托料样品时应准确至所称样品质量的 0.1%。样品用量与测定步骤，应按照本方法的规定进行。

（3）所用的仪器、容量器皿，应进行校正。

（4）所用的试验筛，按照 GB/T 6003.1、GB/T 6003.2 和 GB/T 6003.3 标准的规定执行。

（5）所用的水系指蒸馏水，当对水有特殊要求时，则另加说明。

2. 取样

（1）堆积滤料的取样

在滤料堆上取样时，应将滤料堆表面划分成若干个面积相同的方形块，于每一方块的中心点用采样器或铁铲伸入到滤料表面 150mm 以下采取。然后将从所有方块中取出的等量（以下取样均为等量合并）样品置于一块洁净、光滑的塑料布上，充分混匀，摊平成一正方形，在正方形上画对角线，分为 4 块，取相对的两块混匀，作为一份样品（即四分法取样），装入一个洁净容器内。样品采取量不应少于 4kg。

（2）袋装滤料的取样

取袋装滤料样品时，由每批产品总袋数的 5% 中取样，批量小时不少于 3 袋。用取样器从袋口中心垂直插入 1/2 深度处采取。然后将从每袋中取出的样品合并，充分混匀，用四分法缩减至 4kg，装入一个洁净容器内。砾石承托料的取样量可根据测定项目计算。

（3）试验室样品的制备

试验室收到滤料试样后，根据试验目的和要求进行筛选和缩分。然后在 105℃ ～ 110℃的干燥箱中干燥至恒量[注]，置于磨口瓶中保存。

3. 检验方法

（1）破碎率和磨损率

1）操作

称取经洗净干燥并截留于筛孔径 0.5mm 筛上的样品 50g（石英砂滤料）或 28g（无烟煤滤料），置于内径 50mm、高 150mm 的金属圆筒内。加入 6 颗直径 8mm 的轴承钢珠，盖紧筒盖，在行程为 140mm、频率为 150 次/min 的振荡机上振荡 15min。取出样品，分别称量通过筛孔径 0.5mm 而截留于筛孔径 0.25mm 筛上的样品质量，以及通过筛孔径 0.25mm 的样品质量。

2）计算

破碎率和磨损率分别按下式计算。

注："灼烧或干燥至恒量"，系指灼烧或烘干，并于干燥器中冷却至室温后称量，重复进行至最后两次称量之差不大于所称样品质量的 0.1% 时，即为恒量，取最后一次质量作为计量依据。

$$C_1 = \frac{G_1}{G} \times 100$$

$$C_2 = \frac{G_2}{G} \times 100$$

式中 C_1——破碎率，%；

C_2——磨损率，%；

G_1——通过筛孔径 0.5mm 而截留于筛孔径 0.25mm 筛上的样品质量，g；

G_2——通过筛孔径 0.25mm 的样品质量，g；

G——样品的质量，g。

（2）密度

1）操作

向李氏比重瓶中加入煮沸并冷却至约 20℃ 的水至零刻度，塞紧瓶盖。在（20±1）℃ 的恒温水槽中静置 1h 后，调整水面准确对准零刻度，擦干瓶颈内壁附着水，通过长颈玻璃漏斗慢慢加入洗净干燥的滤料样品约 53g（石英砂滤料）或约 30g（无烟煤滤料）或约 90g（高密度矿石滤料），边加边向上提升漏斗，避免漏斗附着水及瓶颈内壁黏附样品颗粒。旋转并用手轻拍比重瓶，以驱除气泡。塞紧瓶盖，在（20±1）℃ 的恒温水槽中静置 1h 后，再用手轻拍比重瓶，以驱除气泡，记录瓶中水面刻度体积。

测定无烟煤滤料时，最好用煤油代替水。

2）计算

样品的密度按下式计算。

$$\rho = \frac{G}{V}$$

式中 ρ——样品的密度，g/cm³；

G——样品的质量，g；

V——加样品后瓶中水面刻度体积，cm³。

（3）含泥量

1）操作

称取干燥滤料样品 500g，置于 1000mL 洗砂筒中，加入水，充分搅拌 5min，浸泡 2h，然后在水中搅拌淘洗样品，约 1min 后，把浑水慢慢倒入孔径为 0.08mm 的筛中。测定前，筛的两面先用水湿润。在整个操作过程中，应避免砂粒损失。再向筒中加入水，重复上述操作，直至筒中的水清澈为止。用水冲洗截留在筛上的颗粒，并将筛放在水中来回摇动，以充分洗除小于 0.08mm 颗粒。然后将筛上截留的颗粒和筒中洗净的样品一并倒入已恒量的搪瓷盘中，置于 105℃～110℃ 的干燥箱中干燥至恒量。

2）计算

含泥量按下式计算。

$$C = \frac{G - G_1}{G} \times 100$$

式中 C——含泥量，%；

G——淘洗前样品的质量，g；

G_1——淘洗后样品的质量，g。

（4）密度小于 $2g/cm^3$ 的轻物质含量（用于石英砂滤料的检验）

1）配制氯化锌溶液（相对密度为 $2.0g/cm^3$）

向 1000mL 的量杯中加水至 500mL 刻度处，再加入 1500g 氯化锌，用玻璃棒搅拌使氯化锌全部溶解（氯化锌在溶解过程中将放热使溶液温度升高），待冷却至室温后，取部分溶液倒入 250mL 量筒中，用比重计测其相对密度。如溶液相对密度大于要求值，则再加入一定量的水，搅拌、混合均匀，再测其相对密度，直至溶液相对密度达到要求数值为止。

2）操作

称取干燥滤料样品 150g，置于盛有氯化锌溶液（约 500mL）的 1000mL 烧杯中，用玻璃棒充分搅拌 5min 后，将浮起的轻物质连同部分氯化锌溶液倒入 0.08mm 筛网中（剩余的氯化锌溶液与滤料表面相距 2～3cm 时即停止倒出），轻物质留在筛网上，而氯化锌溶液通过筛网流入另一容器，再将通过筛网的氯化锌溶液倒回烧杯中。重复上述过程，直至无轻物质浮起为止。

用水洗净留在筛网中的轻物质，然后将其移入已恒量的蒸发皿中，在 105℃～110℃ 的干燥箱中干燥至恒量。

3）计算

密度小于 $2g/cm^3$ 的轻物质含量按下式计算。

$$C = \frac{G_1}{G} \times 100$$

式中　C——密度小于 $2g/cm^3$ 的轻物质含量，%；

　　　G——干燥滤料样品的质量，g；

　　　G_1——干燥的轻物质的质量，g。

（5）灼烧减量（用于石英砂滤料的检验）

1）操作

称取干燥滤料样品 10g，置于已灼烧至恒量的瓷坩埚中，将盖斜置于坩埚上，从低温升起，在 (850 ± 10)℃ 高温下灼烧 30min，冷却后称量。

2）计算

灼烧减量按下式计算。

$$C = \frac{G - G_1}{G} \times 100$$

式中　C——灼烧减量，%；

　　　G——灼烧前干燥样品的质量，g；

　　　G_1——灼烧后干燥样品的质量，g。

（6）盐酸可溶率

1）操作

将滤料样品用水洗净，在 105℃～110℃ 的干燥箱中干燥至恒量。称取洗净干燥样品 50g，置于 500mL 烧杯中，加入 1＋1 盐酸（1 体积分析纯盐酸与 1 体积水混合）160mL

（使样品完全浸没）。在室温下静置，偶作搅拌，待停止发泡 30min 后，倾出盐酸溶液，用水反复洗涤样品（注意不要让样品流失），直至用 pH 试纸检查洗净水呈中性为止。把洗净后的样品移入已恒量的称量瓶中，在 105℃～110℃ 的干燥箱中干燥至恒量。

2）计算

盐酸可溶率按下式计算。

$$C = \frac{G - G_1}{G} \times 100$$

式中　C——盐酸可溶率，%；

　　　G——加盐酸前样品的质量，g；

　　　G_1——加盐酸后样品的质量，g。

（7）筛分

称取干燥的滤料样品 100g，置于一组试验筛（按筛孔由大至小的顺序从上到下套在一起，底盘放在最下部）的最上的筛上，然后盖上顶盖。在行程 140mm、频率 150 次/min 的振荡机上振荡 20min，以每分钟内通过筛的样品质量小于样品的总质量的 0.1%，作为筛分终点。然后称出每只筛上截留的滤料质量，按表 7-7 填写和计算所得结果，并以表 7-7 中筛的孔径为横坐标，以通过该筛孔样品的百分数为纵坐标绘制筛分曲线。根据筛分曲线确定滤料样品的有效粒径（d_{10}）、均匀系数（K_{60}）和不均匀系数（K_{80}）。

筛 分 记 录 表　　　　　　　　　　　　　　　　　表 7-7

筛孔径	截留在筛上的样品质量	通过筛的样品	
mm	g	质量，g	百分数，%
d_1	g_1	g_7	$g_7/G \times 100$
d_2	g_2	g_8	$g_8/G \times 100$
d_3	g_3	g_9	$g_9/G \times 100$
d_4	g_4	g_{10}	$g_{10}/G \times 100$
d_5	g_5	g_{11}	$g_{11}/G \times 100$
d_6	g_6	g_{12}	$g_{12}/G \times 100$

注：G—滤料样品总质量，g。

（8）砾石密度

1）操作

砾石密度的测定，按照砾石承托料的铺料层次及粒径范围分组测定。测定前将样品洗净和干燥至恒量，并按下述步骤分别测定。

粒径 2～4mm 的样品，按照 7.2.3 的 3.(2)密度的规定测定。

粒径 4～8mm 或 8～16mm 的样品，称取 300g，慢慢加入盛有 250mL（V1）煮沸并冷却至（20±1）℃ 水的 500mL 量筒中，旋转并用手轻拍量筒，以驱除气泡。在（20±1）℃ 的恒温水槽中静置 1h 后，再用手轻拍量筒，以驱除气泡，记录量筒中水面刻度体积（V2）。

粒径 16～32mm 的样品，称取量为 1000g，用 1000mL 量筒，加 500mL 水。粒径 32～64mm 的样品，称取量为 1500g，用 2000mL 量筒，加 1000mL 水，按照上述方法测定。

2）计算

砾石的密度按下式计算。

$$\rho = \frac{G}{V_2 - V_1} \times 100$$

式中　ρ——样品的密度，g/cm³；

　　　G——样品的质量，g；

　　　V_1——加样品前量筒中水面刻度体积，cm³；

　　　V_2——加样品后量筒中水面刻度体积，cm³。

（9）砾石含泥量

将样品在 105℃～110℃ 的干燥箱中干燥至恒量。

称取表 7-8 中规定的样品质量，置于搪瓷盆中并加入水浸泡 2h 后，在水中搅拌淘洗样品。以下操作按照前述含泥量的检验方法和其含泥量公式计算。

不同粒径样品的检验样品量　　　　　　　　　　表 7-8

样品粒径（mm）	2～4	4～8	8～16	16～32	32～64
样品质量（g）	500	1500	2500	5000	5000

（10）砾石盐酸可溶率

将样品用水洗净，在 105℃～110℃ 的干燥箱中干燥至恒量。

不同粒径样品的检验样品量和盐酸量　　　　　　表 7-9

样品粒径（mm）	2～4	4～8	8～16	16～32	32～64
样品质量（g）	100	100	250	250	500
1+1 盐酸量（mL）	320	320	800	800	1600

称取表 7-9 中规定的样品质量，置于 1000mL 的烧杯中（样品质量 500g 用 2000mL 烧杯），加入表 7-9 中规定的盐酸量，在室温下静置，待停止发泡 30min 后，倾出盐酸溶液，用水反复洗涤样品（注意不要让样品损失），直至用 pH 试纸检查洗净水呈中性为止，把洗净后的样品在 105℃～110℃ 的干燥箱中干燥至恒量。

盐酸可溶率按照前述公式计算。

（11）明显扁平、细长颗粒含量（用于承托料的检验）

1）操作

将样品在 105℃～110℃ 的干燥箱中干燥至恒量。称取表 7-8 中规定的样品质量（粒径小于 2mm 的样品，称取 100g），找出扁平、细长的颗粒。用游标卡尺测出各扁平、细长颗粒的最大长度和中央处的最小厚度，然后称出明显扁平、细长（长度超过 5 倍厚度）颗粒的质量。

2）计算

明显扁平、细长颗粒含量按下式计算。

$$C = \frac{G_1}{G} \times 100$$

式中 C——明显扁平、细长颗粒含量，%；

G——干燥承托料样品的质量，g；

G_1——干燥的明显扁平、细长颗粒质量，g。

(12) 密度大于 $1.8\mathrm{g/cm^3}$ 的重物质含量（用于无烟煤滤料的检验）

1）配制氯化锌水溶液（相对密度为 $1.8\mathrm{g/cm^3}$）

向 1000mL 的量杯中加水至 500mL 刻度处，再加入 1500g 氯化锌，用玻璃棒搅拌使氯化锌全部溶解（氯化锌在溶解过程中将放热使溶液温度升高），待冷却至常温后，取部分溶液倒入 250mL 量筒中，用比重计测其相对密度。如溶液相对密度大于要求值，则再加入一定量的水，搅拌、混合均匀，再测其相对密度，直至溶液相对密度达到要求数值为止。

2）操作

称取洗净干燥至恒量滤料样品 50g，置于盛有氯化锌溶液（约 500mL）的 1000mL 烧杯中，用玻璃棒充分搅拌 5min，静置 10min 使密度大于 $1.8\mathrm{g/cm^3}$ 的物质沉淀下来，然后用网勺按一定方向小心捞取漂浮物，反复操作直至捞尽为止。捞取时应注意，勿使沉淀物搅起混入漂浮物中。

将烧杯中的氯化锌溶液慢慢倾入另一容器中（注意不要让沉淀物倾出）。用温水冲洗烧杯中沉淀物上残存的氯化锌，然后将沉淀物倒入已恒量的称量瓶中，在 105℃～110℃ 的干燥箱中干燥至恒量。

3）计算

密度大于 $1.8\mathrm{g/cm^3}$ 的重物质含量按下式计算。

$$C = \frac{G_1}{G} \times 100$$

式中 C——密度大于 $1.8\mathrm{g/cm^3}$ 的重物质含量，%；

G——干燥滤料样品的质量，g；

G_1——干燥的沉淀物质的质量，g。

(13) 含硅物质（用于石英砂滤料的检验）

含硅物质以 SiO_2 计，按照 GB 178—1977 附录一的规定检验。

7.2.4 滤料粒径及级配的调整

滤料粒径及级配的调整方法举例如下：

1. 某滤料样品经筛分结果如表 7-10 所示。

2. 根据表 7-10 绘制筛分曲线。

(1) 绘制方法：

利用方格纸，将筛孔（mm）尺寸作横坐标，通过筛孔的重量的百分比数为纵坐标，分别在图上点好连成一直线，该直线即为筛分曲线（见图 7-1）。

(2) 求得原样的有效粒径及不均匀系数

从筛分曲线图上以纵坐标 10% 及 80% 处分别作平行于横坐标的直线与筛分曲线相交于 A、B 两点，该两点的横坐标值即为原试样的 d_{10} 与 d_{80} 值。

某滤料样品筛分结果　　　　　　　　　　　　　　　　表 7-10

筛号（目）		12	16	18	20	24	26	28	32	35
筛孔径（mm）		1.6	1.25	1.0	0.9	0.8	0.71	0.63	0.56	0.50
截留在筛上的重量（g）		0	20.0	15.0	19.9	9.9	15.2	3.0	7.0	8.0
通过该筛孔的样品	重量（g）	100	80.0	65.0	45.1	35.2	20.0	17.0	10.0	2.0
	百分数（%）	100	80.0	65.0	45.1	35.2	20.0	17.0	10.0	2.0

注：上表为某滤料样品经筛分得出的结果

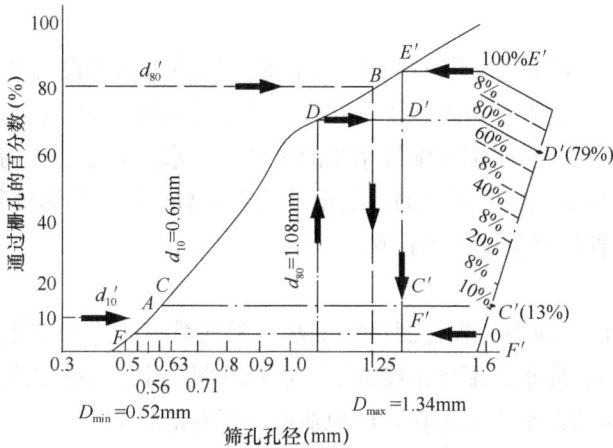

图 7-1　筛分曲线与滤料级配调整

本题 $d_{10} = 0.56$mm（图上 d_{10}'、A 点处）；$d_{80} = 1.25$mm（图上 d_{80}'、B 点处），则：

$$K = \frac{d_{80}}{d_{10}} = \frac{1.25}{0.56} = 2.23$$

3. 调整

如设计要求 $d_{10} = 0.60$mm、$d_{80} = 1.08$mm，$K = 1.8$，则说明原滤料不均匀系数太大，需做调整。为使滤料粒径及级配符合设计要求，其调整方法：

（1）以设计 $d_{10} = 0.6$、$d_{80} = 1.08$ 在横坐标上相应点处作垂线与筛分曲线上相交于 C、D 两点；

（2）以 C、D 两点作与横坐标平行线相交于纵轴上 C′、D′；

（3）测量 C′、D′ 之间的尺寸，本题应为 13% 与 69%。因此原级配 69%～13%＝56% 应相当于设计要求的 80%～10%＝70%；设计级配的 10% 则相当于原级配 56% 的 1/7，即 8%；

（4）在 D′ 一端延伸 20% 即可得设计配的最大值 d_{100}'，这相当于本题在原级配曲线上向上延伸 $80\% \times \frac{20}{10} = 16\%$、即在图 7-1 上 E′ 点，同样道理，在原级配曲线 13% 一端向下延伸 8%，即在图 7-1 上 F′ 点；

（5）在 E′、F′ 处作平行于横坐标直线，相交于筛分曲线上得 E、F，再从 E、F 两点作垂线得出设计级配的最小粒径 $D_{min} = 0.52$mm，最大粒径 $D_{max} = 1.34$mm。

4. 按此筛孔直径采购两个筛网，加工二套筛子对所有滤料进行筛分就可得到符合设计粒径与级配要求的滤料。

实际应用中也常用规定最大和最小粒径方法表示滤料的级配和粒度。这种方法比规定简单方便，但不能符合级配的要求。

为了不浪费滤料和保持滤料粒径和级配的要求，最好在滤料生产单位进行筛分，水厂工作人员到现场验收后再装运，这样可以确保滤料的质量。

7.2.5 滤料的铺装方法

1. 准备

1）在滤池铺装承托料和滤料以前，应先清除滤池内一切部位的全部杂物，并清洗干净；应先检查配水配气的管系是否水平、孔眼或缝隙是否畅通无阻；再按设计冲洗方法用水或气、水冲洗，观察冲洗时配水配气系统的水或气、水分布是否均匀和有无渗漏。

2）在滤池内壁按承托料和滤料的各层设计顶高画水平线，作为铺装高度标记。

3）分别清洗各种粒径范围的承托料。

2. 铺装

1）铺装承托料时，应避免损坏滤池的配水、配气系统。应均匀轻撒承托料，严禁由高向低把承托料倾倒至配水、配气系统或下一层承托料之上。铺装人员不应直接在承托料上站立或行走，而应站在平板上操作，以免造成承托料的移动。

2）使滤池充水并使水面符合池内壁水平线，以校核铺装的承托层顶高。承托层顶面与水面的高度差值应小于 10mm，承托层顶面高于与低于水面的面积之和应小于 10%。

3）在下层承托料顶面符合要求后，再开始铺装上一层承托料。铺毕粒径等于或小于 2~4mm 的承托层后，应用该滤池设计上限冲洗强度进行冲洗。开始冲洗时必须使用小冲洗强度，以便排除配水系统中的空气。气排完后，再逐渐提高冲洗强度。达到设计上限冲洗强度以前的历时不应少于 3min。冲洗水中夹带大空气泡时，极易搅乱分级的承托料。停止冲洗前应先逐渐降低冲洗强度。排水后，细心刮除该层承托料表面的轻物质和细颗粒。

4）承托料全部分层铺装完成后，使滤地充水至洗砂排水槽以下。由槽顶向水中撒入预计数量的滤料（包括应刮除的轻细杂物）。应尽量使撒入滤料均布全池，不应形成滤料丘。排水后，先将滤料整理平再进行冲洗。冲洗后，刮除轻细杂物。按上述方法操作后，如滤料层顶面未达到设计顶高水平线，应重复上述撒料、整平、冲洗、刮除操作，直到滤料符合要求为止。如果是双层或三层滤料滤池，则应在下层滤料完成上述四步操作并且该层滤料顶面达到水平线后，再铺装上一层滤料。无烟煤滤料装入滤池后，应在水中浸泡 24h 以后，方可进行冲洗和刮除的操作。

5）对于大厚度的单一滤料滤床，一次铺装滤料厚度不应超过 0.9m。在下面 0.9m 厚滤料完成上述四步操作后，再进行上部滤料的四步操作。

6）刮除：刮除步骤应进行几次，以便去除全部轻细杂物。刮除工具可用灰刀、半锹等。两次刮除步骤之间，一般冲洗 1~3 次，每次冲洗历时不应少于 5min。

7.3 滤池的冲洗

滤池反冲洗是滤池可持续运行不可缺少的环节。冲洗质量的好坏，直接影响滤后水质、冲洗周期和使用寿命。

7.3.1 滤料配水、配气系统

滤池由进水系统、滤料、承托层、配水配气系统、排水系统等组成，对滤池的配水、配气系统要求是能均匀地收集滤后水、分配反冲洗水，安装维修方便，不易堵塞，经久耐用。

1. 滤池配水、配气系统形式

滤池的配水、配气系统有大阻力、中阻力和小阻力3种类型。常用的配水系统形式见表7-11。

常用的配水系统　　　　　　　　　　　　　　表 7-11

配水系统名称	常用配水形式	开孔比（%）	通过池内配水系统的水头损失（m）
大阻力	带有干管（渠）和穿孔支管的"丰"字形配水系统	0.2～0.28	＞3
中阻力	滤球式、 管板式 二次配水滤砖 三角形内孔的二次配水（气）滤砖	0.6～0.8	0.5～3
小阻力	豆石滤板 格栅式 平板孔式 三角槽孔板式 滤头	1.25～2.0	＜0.5

注：开孔比为配水孔眼的总面积与过滤面积之比（%）。

2. 大阻力配水系统

普通快滤池中常用的是"穿孔管大阻力配水系统"，见图7-2。中间是一根干管或干

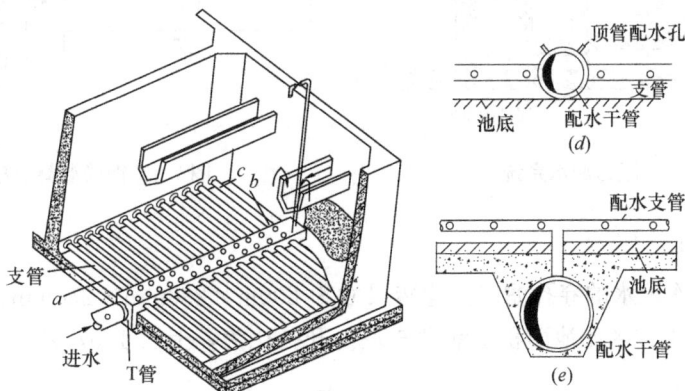

图 7-2 大阻力配水系统图

渠，干管两侧接出若干根相互平行的支管。支管下方开两排小孔，与中心线成45°交错排列。冲洗时，水流自干管起端进入后，流入各支管，由支管孔口流出，再经承托层和滤料层流入排水槽。大阻力配水系统的基本原理就是通过增大孔口阻力系数，从而削弱承托层、滤料层阻力系数及配水系统压力不均匀的影响，以达到配水均匀的目的。

3. 中、小阻力配水系统

大阻力配水系统已有悠久的历史，冲洗效果也比较满意。但随着虹吸滤池、移动罩滤池和无阀滤池等依靠本身有限水头进行冲洗的滤池出现，不允许配水系统的水头损失过大，从而产生了中、小阻力配水系统。近来，由于节能的原因，大多数滤池包括快滤池在内都已采用中、小阻力配水系统。

"小阻力"一词的含义，即指配水系统中孔口阻力较小，这是相对于"大阻力"而言的，见图7-3。其基本原理就是通过减小干管和支管进口流速，减小孔口的水头损失，使系统中的压力变化对布水均匀性的影响大大削弱。中阻力配水系统就是介于大阻力和小阻力配水系统之间。

小阻力和中阻力配水系统的形式和材料多种多样，且不断有新的发展，这里仅介绍以下几种。

(1) 钢筋混凝土穿孔（缝隙）滤板

滤板是最早使用在虹吸滤池与无阀滤池上的小阻力配水系统，其构造是在钢筋混凝土板上开圆孔或条式缝隙，板上铺设一层或两层尼龙网。板上开孔比和尼龙孔网眼尺寸不尽一致，视滤料粒径、滤池面积等具体情况决定。图7-4为滤板示意图。该滤板尺寸为980mm×980mm×100mm，每块板孔口数168个。板面开孔比为11.8%，板底为1.32%。板上铺设尼龙网一层，网眼规格可为30～50目。这种配水系统造价较低，孔口不易堵塞，但这种滤板必须注意尼龙网接缝应搭接好，且沿滤池四周应压牢，以免尼龙网被拉开。尼龙网上可适当铺设一些卵石。

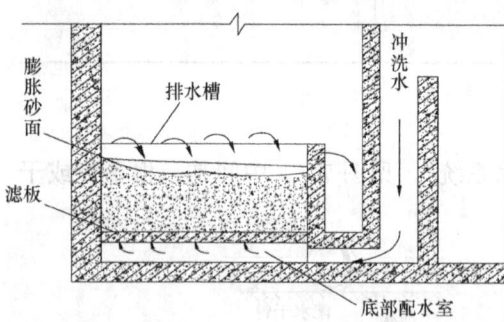

图7-3 小阻力配水系统

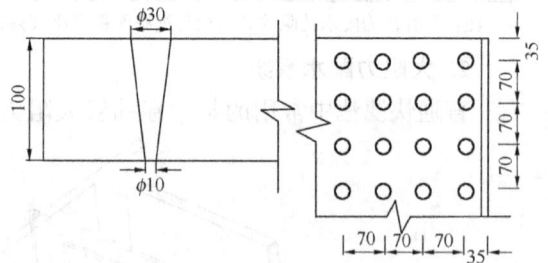

图7-4 钢筋混凝土穿孔滤板

(2) 穿孔滤砖

图7-5为二次配水的穿孔滤砖。滤砖尺寸为600m×280mm×250mm，用钢筋混凝土或陶瓷制成。每平方米滤池面积上铺设6块。开孔比为：上层1.07%，下层0.7%，属中阻力配水系统。

(3) 滤头

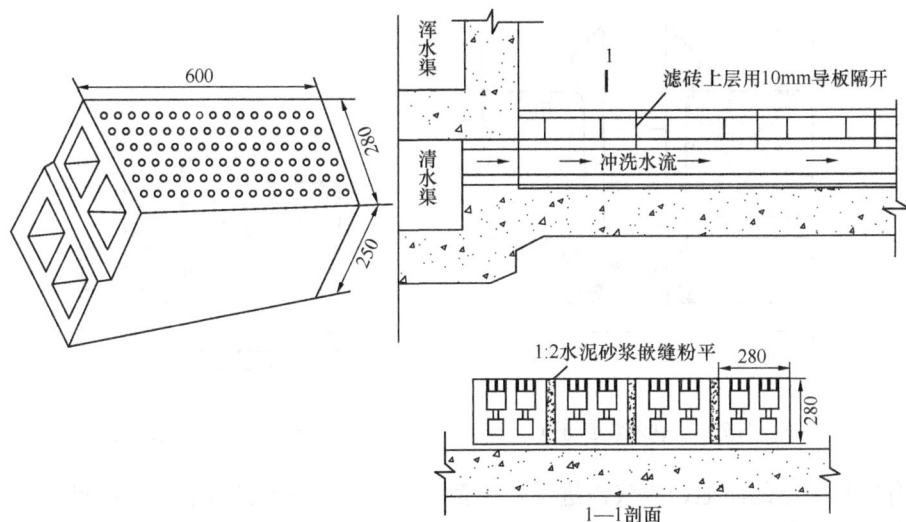

图 7-5 穿孔滤砖

滤头是目前采用最广泛的配水系统。它是由具有缝隙的滤帽和滤柄（具有外螺纹的直管）组成。短柄滤头用于单独水冲滤池，长柄滤头用于气、水反冲洗滤池。

4. 气水反冲洗系统的配气和配水系统

（1）大阻力配气和配水系统

采用大阻力配气、配水系统有两种形式，一是气、水共用一套配气、配水系统，二是气、水各用一套配气、配水系统。气、水共用系统，由于只能单独配气或配水，两者水力条件也不尽相同，冲洗效果不理想，基本上已不采用。

常用的气水分开的大阻力配水系统。其进气方式有两种，一种是从管廊中进气，一般在新建滤池中使用如图 7-6 所示，另一种是从池子顶上进气，一般在滤池改造中采用，如图 7-7。

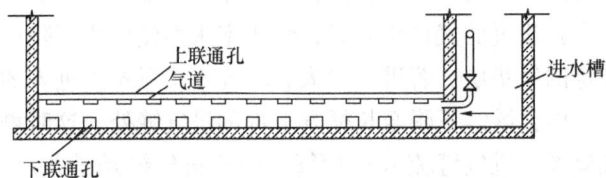

图 7-6 集中式进气

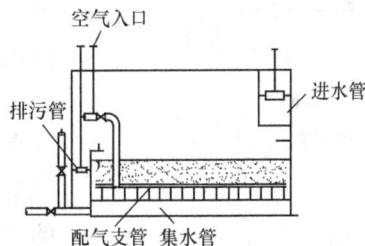

图 7-7 池顶上进气

配气管位置一般在配水管上面承托层中，配气支管在干管上面以"丰"字形布置。

配气支干管设计一般为：空气流速 10m/s，孔眼的空气流速采用 30～35m/s，孔眼间距 70～100mm，直径 1～2mm，布置呈 45°向下交错排列。池内空气干管和支管布置必须均匀，并有防止水气对支干管产生位移的措施。

（2）长柄滤头的配气配水系统

采用长柄滤头的气冲滤池的进气方式有两种，一种为中央渠道进气，如图 7-8 所示，另一种为集中式进气如图 7-9 所示。

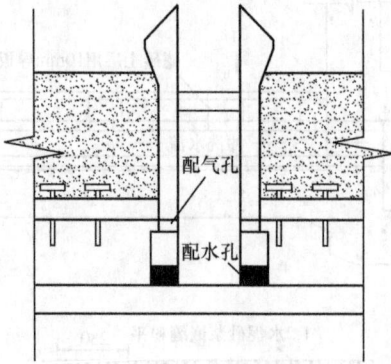

图 7-8　中央渠道进气

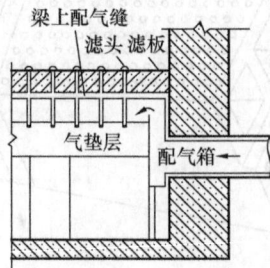

图 7-9　集中式进气

设有中央渠道的滤池，空气由进气管送至滤池中央渠下部的气、水分配槽，由配气孔分散进入滤池，其直径 10mm，间距 200mm，这种方式由于配气孔紧靠滤板下部，且是沿着滤池长度均匀布置，可以迅速形成气垫层，因此使用很成功。但在单池面积不大的滤池中使用比较困难。

集中式进气是由供气管直接进入池内，这种进气方式成功的关键在于一要将进气管尽量布置在紧靠滤板的下面，如因构造的限制可在池内设配气箱；二是在安装滤板的区格梁顶要设置均匀的配气缝，以便迅速地在滤板下部形成气垫层，达到配气均匀的目的。

（3）长柄滤头

长柄滤头是均匀分配气、水的关键部件。国内外长柄滤头的形式很多，但基本类似，由滤帽、预埋件及长柄管组成，构造如图 7-10。

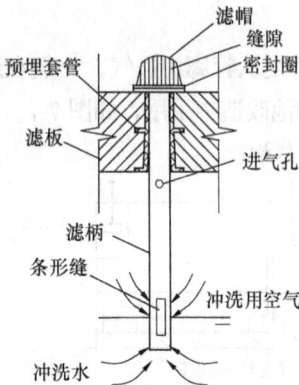

图 7-10　长柄滤头

滤头的使用机理是：送气时，只要气压大于静水压力，空气就汇聚在滤板下逐渐增厚形成气垫层，并迫使气水室水面下降。当水面渐渐降至长柄管上的进气小孔时，空气开始经小孔流入长柄管，再通过滤帽进行滤层。如果流入的空气量与经小孔流过的气量相等时，气水室水面便停止下降形成一个稳定的气垫层。若进气量大，小孔不足以排走进入的空气量，水面会继续下降至长柄管下部的进气缝处，这时剩余的空气就经过进气缝流入长柄管。由于进气缝是长条形的，其进气面积随水位下降而增大，且总面积比进气孔又大许多。因此，不仅足以排走气孔中未排走的空气量，而且可以起到控制气垫层厚度的作用，使气垫层不能到达长柄管末端。

对滤头的质量要求应达到配气配水均匀和经久耐用两点。滤头各部件应尽量不粘接，以免使用一段时间后产生脱落。滤柄上不必开多余的孔眼，长度也只需满足气垫层厚度就可。但滤柄拧入预埋于滤板的套管及套管本身的螺纹段，应有足够的长度。一般去掉滤板厚度应余 40～50mm，这样不仅可以保证滤头的安全也可在滤头安装时调整滤头的高度。长柄滤头的滤帽缝隙总面积与滤池过滤面积之比约为 1.25%，长柄滤头呈网状分布在滤板上，每平方米滤板的滤头数量在 50～60 个左右，不宜小于 36 个。

5. 供气和供水系统

供气方式一般有两种,一种采用鼓风机直接向滤池供气,另一种用空压机通过中间储气罐向滤池供气。由于鼓风机供气效率高,设备简单,操作方便,目前使用较多。但空压机和储气罐的组合供气可以在冲洗时实现不停机的连续冲洗,因此在中小水厂中也有采用。

鼓风机或贮气罐输出的流量,应取单格滤池冲洗气量的 $1.05\sim1.1$ 倍。鼓风机宜选用离心式鼓风机,空压机宜选用无油润滑空压机。风机房应尽量靠近滤池,能方便操作和管理的位置,并考虑必要的减噪减振措施。

供水方式一般采用专用水泵。

7.3.2 滤池冲洗的基本要求

1. 要有合理的冲洗强度

冲洗强度是滤池冲洗效果的主要因素。一般认为冲掉滤料表面的泥渣主要靠冲洗过程中颗粒间的碰撞摩擦,其次靠水的剪力。过高或过低的冲洗强度都影响冲洗时颗粒的碰撞机会。合理的冲洗强度与滤料的粒径、密度和水的温度有关。冬天水温低、水的绝对黏滞度高,冲洗强度应高些。

2. 正确的冲洗方法

正确的冲洗方法是,对冲洗强度按两头小,中间大的要求进行控制,反冲刚开始时,由于滤料层比较密实,各处积泥也不均匀、阻力各不一样,为了避免产生"射流"或整个表层滤料向上托起,应让水流先慢慢松动滤料,然后逐步增加到额定值,当冲洗结束时,冲洗强度也应逐步减小,以利滤料自行按颗粒大小、依次分层下沉,保持滤料按大小排列的完整性。

3. 保持一定的膨胀率

滤池冲洗时,砂层受到自下而上的反冲水流的影响,体积就开始膨胀。滤料膨胀不足、砂粒不易洗净;滤料膨胀过大,砂粒可能被冲走。一般要求滤料的膨胀率达 $30\%\sim50\%$。通过测定膨胀率也可能校核冲洗强度是否合理,当膨胀率过高时就应适当调整冲洗阀门,使冲洗强度小一些。

4. 合理确定滤池冲洗周期

滤池的冲洗周期决定于滤池的出水水质是否达到规定标准及水头损失值是否达到 $1.5\sim2m$。一般认为冲洗周期宜大于 24h,只是短期可允许缩减到 12h,否则冲洗次数频繁、耗水量太多。

5. 合理确定冲洗历时

在合理的冲洗强度下,冲洗时间也十分重要。一次冲洗需要的时间即冲洗历时决定于两个因素,一是要考虑洗清滤料,二是要考虑冲洗结束时排水浊度对初滤水的影响。

7.3.3 滤池冲洗方法

1. 冲洗方式的选择

滤池冲洗方式的选择,应根据滤料层组成、配水、配气系统形式,一般按表 7-12 选用。

冲洗方式和程序 表 7-12

滤 料 组 成	冲洗方式、程序
单层细砂级配滤料	水冲 气冲—水冲
单层粗砂均匀级配滤料	气冲—气、水同时冲—水冲
双层煤、砂级配滤料	水冲 气冲—水冲
三层煤、砂、重质矿石级配滤料	水冲

2. 水冲

单水冲洗是利用流速较大的反向水流冲洗滤料层，使整个滤层达到流态化状态，且具有一定的膨胀率。截留于滤层中的污物，在水流剪力和滤料颗粒碰撞、摩擦双重作用下，从滤料表面脱落下来，然后被冲洗水带出滤池。冲洗效果决定于冲洗强度、膨胀率和冲洗时间。其要求根据滤料层不同按表 7-13 确定。

冲洗强度、膨胀度和冲洗时间 表 7-13

序号	滤 层	冲洗强度 (L/ (s·m²))	膨胀率 (%)	冲洗时间 (min)
1	单层细砂级配滤料	12~15	45	7~5
2	双层煤砂级配滤料	14~16	50	8~6
3	三层滤料	16~17	55	7~5

3. 气、水反冲洗

水冲虽然操作方便，设备简单，但冲洗耗水量大；冲洗结束后，滤料上细下粗分层明显。采用气、水反冲洗方法既提高冲洗效果，又节省冲洗水量。同时，冲洗时滤层不一定需要膨胀或仅有轻微膨胀，冲洗结束后，滤层不产生或不明显产生上细下粗分层现象，即保持原来滤层结构，从而提高滤层含污能力。但气、水反冲洗需增加气冲设备（鼓风机或空气压缩机和储气罐），池子结构及冲洗操作也较复杂。

气、水反冲效果在于：利用上升空气气泡的振动可有效地将附着于滤料表面污物擦洗下来使之悬浮于水中，然后再用水反冲把污物排出池外。因为气泡能有效地使滤料表面污物破碎、脱落，故水冲强度可降低。

气、水反冲操作方式有以下几种：

（1）先用空气反冲，然后再用水反冲。

（2）先用气、水同时反冲，然后再用水反冲。

（3）先用空气反冲，然后用气、水同时反冲，最后再用水反冲（或漂洗）。

冲洗程序、冲洗强度及冲洗时间的选用，需根据滤料种类、密度、粒径级配及水质水温等因素确定。一般，气、水冲洗滤池的冲洗强度及冲洗时间如表 7-14 所示。

气、水冲洗滤池的冲洗强度及冲洗时间 表7-14

滤料种类	先气冲洗		气、水同时冲洗			后水冲洗		表面扫洗	
	强度 (L/(s·m²))	时间 (min)	气强度 (L/(s·m²))	水强度 (L/(s·m²))	时间 (min)	强度 (L/(s·m²))	时间 (min)	强度 (L/(s·m²))	时间 (min)
单层细砂级配滤料	15~20	3~1	—	—	—	8~10	7~5	—	—
双层煤砂级配滤料	15~20	3~1	—	—	—	6.5~10	6~5	—	—
单层均匀级配滤料	13~17 (13~17)	2~1 (2~1)	13~17 (13~17)	3~4 (2.5~3)	4~3 (5~4)	4~8 (4~6)	8~5 (8~5)	1.4~2.3	全程

注：括号内的数值适用于有表面扫洗的滤池。

4. 滤池反冲洗的质量控制

对滤池冲洗质量的基本要求是：

(1) 冲洗水流均匀，不发生气泡上升，冲洗后滤料表面平整不产生凹凸起伏和裂缝；

(2) 冲洗开始时，排出水很浑，浊度超过500NTU，1~3min后，浊度迅速下降，逐渐变清，结束时能小于10NTU。这种情况说明冲洗过程良好。如果冲洗时排出的水一直不太浑，则反而是不正常的。

(3) 每次冲洗后各个滤池本身开始的水头损失应是一样的。如果冲洗后开始的水头损失较大，说明冲洗不够彻底。

(4) 定期测定冲洗后上部滤层的含泥量，如含泥量按表7-15要求超过3%说明滤料状态已不正常，就要查清原因并采取适当措施。（采用双层滤料时，砂层含泥率不应大于1%，煤层含泥量不应大于3%）。

滤料含泥量要求 表7-15

含泥量百分比（%）	滤料状态	含泥量百分比（%）	滤料状态
<0.5	很好	3.0~10.0	不满意
0.5~1.0	好	>10.0	很不好
1.0~3.0	满意		

美国芝加哥水厂对表层15cm的砂层含量要求，认为含泥量0.1%~0.2%为优，0.2%~0.5%为佳，1.0%~2.5%为次，2.5%~5.0%为差，大于5.0%为极差。

5. 控制滤池反冲洗质量的主要因素

(1) 冲洗强度是滤池冲洗效果好坏的主要因素。冲洗强度过大会造成滤料流失，但冲洗强度达不到要求的话，也会直接影响滤池的可持续运行。两者之间的平衡点在于合理。在合理的冲洗强度下，冲洗时间也十分重要。冲洗强度和冲洗时间是相辅相成的，两者缺一不可。

(2) 衡量合理的冲洗强度和冲洗时间要以技术测定数据为依据。

桂林市自来水公司城北水厂通过生产实践，证明反冲洗效果与滤层的膨胀度有关，只有将膨胀率控制在最佳范围才能最大限度地提高反冲洗效果，而冲洗强度则是反应膨胀率的一个指标，并不是冲洗强度越大，反冲洗效果越好。在合适的冲洗强度下，冲洗时间是一个重要的因素，其长短直接影响冲洗效果的好与坏，以及冲洗成本的高与低，只有两者在一个合适的范围内在达到最佳冲洗效果的同时，减少运行成本。城北水厂 V 型滤池的反冲洗技术参数及各阶段的膨胀率见表 7-16 与表 7-17。

反 冲 洗 技 术 参 数　　　　　表 7-16

项　　目			运 行 值
气冲	强度 [L/ (s・m²)]		17.98
	冲洗时间（min）		3
气、水冲洗	气冲强度 [L/ (s・m²)]		17.98
	水冲强度 [L/ (s・m²)]		3.71
	冲洗时间（min）		7
水冲	强度 [L/ (s・m²)]		6.68
	冲洗时间（min）		5
表面扫洗	强度	取水流量 4000m³/h	2.06
		取水流量 3000m³/h	1.67
	冲洗时间（min）		15
冲洗排水量（m³）	取水流量 4000m³/h		395
	取水流量 3000m³/h		375

冲洗过程中各个冲洗阶段膨胀率　　　　　表 7-17

池　号	气冲膨胀度（%）	混冲膨胀率（%）	水冲膨胀率（%）
1	37.5	45.83	8.33
2	41.67	45.83	4.17
3	37.5	41.67	8.33
4	37.5	45.83	8.33
5	37.5	45.83	4.17
6	41.67	41.67	8.33
7	37.5	41.67	8.33
8	45.83	45.83	8.33

从表中可以看出气冲时膨胀率为 37.5%～45.83%；气、水混冲膨胀率比较稳定为 41.67%～45.83%，单纯水冲时膨胀率比较低都在 10% 以下。以上数据都符合运行规程的要求。冲洗结束后滤料含泥率如表 7-18 所示。

冲洗后滤料含泥率　　　　　表 7-18

池号	冲洗前含泥率（%）			冲洗后含泥率（%）			冲洗评价
	左格	右格	平均值	左格	右格	平均值	
1	0.43	0.43	0.43	0.16	0.22	0.19	好
2	0.51	0.5	0.51	0.21	0.13	0.17	好
3	0.49	0.42	0.46	0.2	0.13	0.17	好
4	0.54	0.55	0.55	0.14	0.17	0.16	好
5	0.43	0.42	0.43	0.17	0.16	0.17	好
6	0.43	0.35	0.39	0.18	0.14	0.16	好
7	0.47	0.46	0.47	0.16	0.16	0.16	好
8	0.47	0.52	0.50	0.17	0.17	0.17	好

（3）合理调整滤池冲洗参数

目前大多数滤池都采用气、水冲洗。为了确保冲洗效果，对各个阶段的冲洗强度和时间应在总结实践基础上不断加以优化调整。上海泰和水厂经过多次调整，从设计气冲4min，气、水混冲5min，水冲5min调整为气冲5min，气、水混冲7min，水冲7min；规定每一格滤池的冲洗水量从原来的270m³为不能小于300m³；水冲结束时，要求2台冲洗泵逐台依次停下，以加强滤料自然分层，提高滤池含污能力，降低初滤水浊度；规定冲洗排出浊度达到15NTU时，方可停止冲洗。调整后冲洗效果大为改善。

7.3.4 气、水反冲洗的滤头、滤板安装要求

1. 滤板安装高度对分配进气量影响

滤头构造不完全相同，进气孔有的设1个，有的设2个，进气缝有的2条，有的3条。现以玉环生产的QS-Ⅰ型滤头为例，进气孔为2个，每个直径2mm，面积3.14mm²，位置在离顶端40mm和104mm处；进气缝2条，每条长13mm，宽2mm，2个缝之间的间隙为2mm；进气面积52mm²，上面的进气缝位置离第一个进气孔175mm，离长柄管末端30mm，长柄管直径为21mm，底端孔管面积346.2mm²。

每个滤头的进气量可以推算。空气设计流量如为20L/(s·m²)，滤头58个/m²，每个滤头的空气量应为0.345L/s。据哈尔滨建工学院实测，气孔的流速与进入气孔的水头损失即气垫形成厚度有关，当气孔的水头损失为0.1m时，气孔的流速为30m/s，当水头损失为0.17m时气孔的流速为40m/s。

QS-Ⅰ型滤头的小孔离进气缝顶端距离为0.17m，则小孔的流速为40m/s，通过流量应为0.126L/s，2个小孔为0.252L/s，占设计流量0.345L/s的73%，其余27%的流量应从进气缝通过。在正常情况下进气缝只要1～2mm，进气就足够了，滤板下的气垫层厚度约115mm。但正如前所述，如果滤板安装不平，情况就不同了，图7-11所示3个不同安装高度的进气状况，表7-19为处于不同高度的滤头的进气量计算。

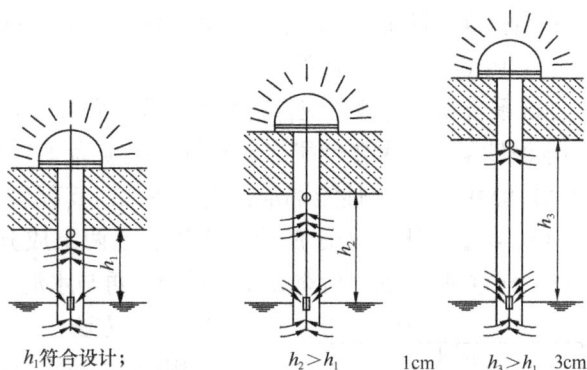

图7-11 安装高度不同时滤头进气状况

h_1符合设计； $h_2 > h_1$ 1cm $h_3 > h_1$ 3cm

安装高度不同时滤头进气状况 表7-19

项　　目	滤头标高符合设计要求时	滤头标高与设计要求差1cm	滤头标高与设计要求差3cm
设计流量（L/s）	0.345	0.345	0.345
进气小孔流量（L/s）	0.252	0.252	0.252
缝隙的流量（L/s）	0.093	0.8	2.4
长柄管末端流量（L/s）	0	0	13.85
滤头的流量（L/s）	0.345	1.052	16.50
大于设计流量的倍数	0	2.05倍	47倍

上表说明，当两个滤头标高差 10mm 时，进入滤头的空气量就差 2 倍，相差 20mm 时差 4 倍，相差 30mm 时则为 47 倍，这时一个滤头的进气量就相当于 1m² 面积上 58 个滤头的 81% 的进气量，一个池子中只要有几个这样的滤头就足以使空气分配不均匀的。

由于滤头的进气缝隙起到调整和控制气垫层厚度的作用，缝隙高度在 ±13mm，超过这个高度就有可能使滤杆底端进气，从而破坏进气平衡。所以从安全角度出发，提出滤板安装水平误差 ±2mm 是有充分根据和完全必要的。

2. 滤板平整的基本方法

为实现滤板平整，滤板安装可按以下方法进行：

（1）在设计交底时对施工单位详细说明并提出严格要求；

（2）在滤板制作时要求每个尺寸误差不能大于 ±1mm，进入池内安装的滤板要逐块进行验收；

（3）在施工区格梁，浇捣混凝土前逐个校准尺寸及高度，确保梁中心及锚固筋位置标高误差在 ±2mm 之内，拆摸后再进行校正；

（4）滤板安装后，对滤板逐个进行测量和校正，确保水平误差不在于 ±3mm；

（5）安装滤头后，在放入滤料前进行放水试验，仔细检查每个滤头顶端标高水平误差，如出现大于 2.0mm 的，须重新校正；

（6）通气试验，确保每个滤头空气分布均匀后再放入滤料。

3. 滤板接缝处理

滤板接缝处理不当，运行不久，就会开裂，导致跑砂、漏砂，严重时可造成滤板翻转，需要重新检修。目前一般采用 903 聚合物水泥砂浆（即 PCCM）效果较好，见图 7-12。

（1）PCCM 材料的性能

903 聚合物水泥砂浆配合料是由高分子乳液及有关助剂组成，它与砂、水泥配制成聚合物水泥砂浆，其主要性能指标是抗拉强度为 4.95MPa，黏结强度为 7.43MPa，抗压强度为 31.8MPa，抗渗性能 7mm，厚＞S12；其配合比例为水泥：砂：配合料＝1：（1～1.5）：0.5（重量比）。903 配合料由甲、乙两组成分组成，施工时配合使用，比例为甲：乙＝1：1（重量比）混合后充分搅拌均匀，再与水泥、砂配成聚合物砂浆。

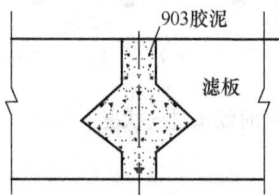
图 7-12 903 聚合物水泥砂浆接缝

（2）施工方法

1）用钢丝刷清除滤板接缝的浮尘，用水冲洗干净；

2）按设计要求安装滤板，滤板接缝保持在 10～20mm 为宜；

3）在滤板接缝底部刮水泥砂浆或其他合适的材料，防止 PCCM 砂浆漏下。

4）PCCM 砂浆的配制，先将水泥和砂按 1：1 重量比干拌均匀，然后加入配方量的 PCCM 配合料拌和均匀后，反复压抹待用；

5）将 PCCM 砂浆嵌入接缝中，用刮刀或其他工具将 PCCM 填满接缝，用工具嵌压、填实，最后用抹子或刮刀将缝面抹光。

6）PCCM 砂浆应在潮湿环境中养护 3～5d，终凝后可洒水养护，之后可干燥养护 7～10d。

7）PCCM砂浆黏结强度高，施工时应注意避免与塑料滤嘴接触，以免堵塞滤嘴。

7.4 普通快滤池

7.4.1 普通快滤池构造

1. 构造与工作过程

快滤池的构造见图7-13。

快滤池的工作过程是：

（1）过滤过程

沉淀池出水经浑水渠、排水槽流入滤池，再经滤料层过滤，水就变清了，清水经承托层、配水系统，最后经出水总管至清水池。

浑水经滤料层时，水中杂质即被截留，滤料中污物逐渐增加，滤料间孔隙逐渐变小，滤层中水头损失也相应增加，当水头损失增至一定程度或滤过的水质不符合要求时，滤池就需停止过滤进行冲洗。

（2）冲洗过程

冲洗时冲洗水经冲洗水管、配水系统后，由下而上穿过承托层及滤料层，均匀地分布于整个滤池平面上，使滤料层处于悬浮状态并在冲洗水流作用下将泥渣冲洗干净，冲洗废水经排水槽和废水管排入下水道。冲洗持续一定时间使滤料基本冲洗干净后，结束冲洗并使过滤重新开始。

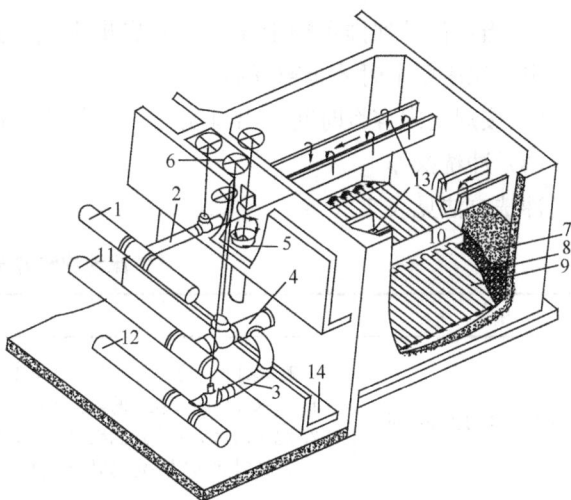

图7-13 普通快滤池构造图（箭头表示冲洗水流方向）
1—进水总管；2—进水支管；3—清水支管；4—冲洗水支管；
5—排水阀；6—浑水渠；7—滤料层；8—承托层；9—配水支管；
10—配水干管；11—冲洗水总管；12—清水总管；13—排水槽；
14—废水渠道

2. 附属设备

（1）水头损失仪（一般用液位仪计算的）

（2）阀门：普通快滤池一般设有进水、清水、冲洗水及排水共4个阀门。

（3）配水系统：快滤池的配水系统有两个作用：一是均匀分配反冲洗水；二是收集滤后水。

7.4.2 普通快滤池的操作运行

1. 投产前的准备

快滤池新建或大修后需做如下投产前准备：

（1）检查所有管道和阀门是否完好，检查各管口标高是否符合设计，特别是排水槽上

缘是否水平;

(2) 滤料放入前应进行严格的检查,确保粒径和级配符合设计要求,铺设方法按
7.2.5 要求进行。

(3) 放水检查,放水按"操作运行"的"过滤时"要求进行。放水要慢慢进行,排除
滤料内空气。对滤料进行连续冲洗。冲洗按"冲洗时"要求进行。

2. 操作运行

(1) 运行前准备

1) 检查各种阀门是否全部关闭;

2) 检查沉淀水出口水位与浊度是否符合要求;如果一切正常,开始进行过滤操作。
开始开启出水阀时要注意出水浊度,待达到要求时方可全部开启。

(2) 过滤操作

1) 开启进水阀;

2) 当水位升到排水槽上缘时,开启出水阀,过滤开始。出水阀开启时要慢慢开启,
达到出水浊度要求时才全部开启。

3) 按规定内容将时间、出口浊度、水头损失记入操作运行原始记录。

(3) 冲洗操作

冲洗方法见表 7-20。

快滤池冲洗方法

表 7-20

内　　容	方　　法
需要冲洗的衡量标准	一般达到下列情况之一就需要冲洗: 1. 出水浊度超过规定的内控指标,如 0.1NTU 或 0.5～0.8NTU; 2. 滤层内水头损失达到额定指标,如 1.5～2m; 3. 运转时间达到规定的时间,如 24～48h
冲洗前准备工作	1. 检查冲洗水塔的水量是否足够; 2. 清水池水位是否足够
冲洗顺序	1. 关闭进水阀; 2. 待滤池内水位下降到滤料层砂面以上 10～20cm 时关闭出水阀; 3. 开启排水阀; 4. 打开反冲洗水阀; 5. 冲洗 5～7min,使反冲洗水的浊度已下降到 10～20NTU 时,关闭反冲洗水阀、冲洗停止
滤池恢复工作时	1. 关闭排水阀; 2. 打开进水阀; 3. 按过滤时要求,恢复滤池正常运转

7.4.3 普通快滤池常见故障及排除

1. 滤池常见故障及排除

滤池常见故障及排除见表 7-21。

7.4 普通快滤池

滤池常见故障及排除 表 7-21

故 障	主要危害	主要原因	排除办法
冲洗时大量气泡上升即"气阻"	1. 滤池水头损失增加很快，工作周期缩短； 2. 滤层产生裂缝，影响水质或大量漏砂、跑砂	1. 滤池发生滤干后，未经反冲排气又再过滤使空气进入滤层； 2. 冲洗水塔存水用完，空气随水夹带进入滤池； 3. 工作周期过长，水头损失过大，使砂面上的水头小于滤料中水头损失，从而产生负水头，使水中逸出空气存于滤料中； 4. 藻类滋生产生的气体； 5. 水中溶气量过多	1. 加强操作管理，一旦出现用清水倒滤； 2. 水塔中贮存的水量要比一次反冲洗水量多一些； 3. 调整工作周期，提高滤池内水位； 4. 采用预加氯杀藻； 5. 检查产生水中溶气量大的原因，消除溶气的来源
滤料中结泥球	砂层阻塞，砂面易发生裂缝。泥球会腐蚀发酵直接影响滤池正常运转和净水效果	1. 冲洗强度不够，长时间冲洗不干净； 2. 沉淀水出口浊度过高，使滤池负担过重； 3. 配水系统不均匀，部分滤池冲洗不干净	1. 改善冲洗条件，调整冲洗强度和冲洗历时； 2. 降低沉淀水出口浊度； 3. 检查承托层有无移动，配水系统是否堵塞； 4. 用液氯或漂白粉、硫酸浸泡滤料，情况严重时，就要大修翻砂
滤料表面不平，出现喷口现象	过滤不均匀，影响出水水质	1. 滤料凸起，可能是滤层下面承托层及配水系统有堵塞； 2. 滤料凹下，可能配水系统局部有碎裂或排水槽口不平	针对凸起和凹下查找原因，翻整滤料层和承托层，检修配水系统和排水槽
漏砂、跑砂	影响滤池正常工作，清水池和出水中带砂影响水质	1. "气阻"； 2. 配水系统发生局部堵塞； 3. 冲洗不均匀，使承托层移动； 4. 反冲洗时阀门开放太快或冲洗强度过高，使滤料跑出； 5. 滤水管破裂	1. 消除"气阻"； 2. 检查配水系统，排除堵塞； 3. 改善冲洗条件； 4. 注意操作； 5. 检查滤水管
过滤后水质达不到标准	影响出水水质	1. 如果水头损失增加正常，则可能是沉淀池出水浊度过高； 2. 初滤水流速过大； 3. 如果水头损失增加很慢可能是滤层内有裂缝，造成短路； 4. 滤料太粗，滤层太薄； 5. 滤层太脏，含泥率过大； 6. 也可能原水是难处理的，过滤性差的水	1. 降低沉淀池出口浊度； 2. 降低初滤时滤速； 3. 检查配水系统，排除滤层的裂缝； 4. 改善冲洗条件； 5. 更换滤料； 6. 加氯或助滤剂解决

291

故　　障	主要危害	主要原因	排除办法
滤速逐渐降低周期下降	影响滤池正常生产	1. 冲洗不良、滤层积泥或长满青苔； 2. 滤料强度差、颗粒破碎	1. 改善冲洗条件； 2. 用预加氯杀藻； 3. 刮除表层滤砂，换上符合要求的滤砂
冲洗后短期内水质不好	影响滤池正常生产	1. 冲洗强度不够，冲洗历时太短，没有冲洗干净； 2. 冲洗水本身质量不好	1. 改善冲洗条件； 2. 保证冲洗水质量
表面结垢，呈黑色	密度变小过滤性能下降，滤层易堵塞，影响正常生产	1. 水中含锰量大，使砂粒成黑棕色，呈甲壳状； 2. 使用时间较长	1. 3%浓度的盐酸浸泡； 2. 换砂

2. 滤料消毒处理方法

滤料需要消毒时，常用液氯或漂白粉，其处理方法见表 7-22。

滤料消毒处理方法　　　　　　　　　　　　　　　　　　　表 7-22

加氯量	1. 用氯消毒按 $0.05\sim0.1kg/m^3$ 的滤料与承托层体积计算； 2. 用漂白粉按有效氯含量折合上述投加量计算
方法、步骤	1. 关闭出水阀门； 2. 将液氯或漂白粉溶液通过滤池进水管徐徐进入滤池； 3. 当水放至 2/3 池深后停止进水； 4. 继续投加液气或漂白粉溶液直至规定投加量； 5. 每隔一小时放一次滤池底部水，每次放到滤池底部水的含氯量达 3mg/L 为止； 6. 连续放水 7~8 次，使氯完全耗尽于滤层及承托层中，放水时如池内水量不够可适当补充进水； 7. 12h 后再彻底冲洗滤池直至滤池水不含氯味为止

7.4.4　滤池的保养和检修

1. 一级保养

一级保养为日常保养，每天要进行一次，由操作值班人员负责，主要内容是：

（1）保持滤池池壁及排水槽的清洁，洗刷和清除孳生的藻类和蛛网；

（2）各类阀门填料压盖漏水的校紧，滤池各种附属设备的正常维护；

（3）管廊保持清洁无积水，滤池周围环境整洁、卫生；

（4）各种设备仪表的维护；

（5）滤池、阀门、冲洗设备、电气仪表及附属设备的运行状况检查，传动部件的润滑保养。

2. 二级保养

二级保养为定期检修，一般按内容规定每月、每半年或每年进行一次。

（1）每月对阀门、冲洗设备、电气仪表及附属设备保养一次，并及时排除各类故障；

（2）每季测量一次砂层厚度，当砂层厚度下降10%时，必须补砂且一年内最多一次；

（3）每年对阀门、冲洗设备、电气仪表及附属设备等检修一次或部分更换；铁件应做防腐处理一次。

（4）必要时，滤池放空检查，检查过滤及反冲洗后滤层表面是否平坦、裂缝出现多少，以及滤层四周有无脱离池壁现象，测定承托层是否移动；

（5）滤层中如发现有机物含量大可采取用液氯、漂白粉处理，严重时可用盐酸或硫酸处理。处理前首先对滤料进行最大强度的冲洗，然后在滤料表面保持10~15cm的水深，并以每m^2滤池面积加入1~5kg工业硫酸或盐酸均匀地散布在滤池滤层上，在倾倒盐酸及硫酸时要特别注意安全，要佩戴胶皮手套、胶皮靴子和防毒面具。倾倒后每3h对滤料进行翻动一次，连续翻动4次，再静止放置6~8h后进行彻底冲洗。

3. 大修理

大修理为设备恢复性修理，应在年初制订计划，并安排在供水淡季由专业检修人员负责进行。

（1）滤池、土建构筑物、机械设备5年内必须进行一次大修，且当发生下列情况时必须立即大修：

1）滤层含泥量超过3%；

2）滤池冲洗不均匀，大量漏砂；

3）过滤性能差，滤后水浊度长期超标；

4）构件损坏等。

（2）滤池大修项目、内容应符合下列规定：

1）检查滤料、承托层，按情况更换；

2）检查、更换集水滤管、滤砖、滤板、滤头、尼龙网等；

3）阀门、管道和附属设施进行恢复性检修；

4）土建构筑物进行恢复性检修；

5）行车及传动机械应解体检修或部分更新；

6）钢制排水槽做防腐处理与调整；

7）检查清水渠，清洗池壁、池底。

（3）滤池大修理质量应符合下列规定：

1）滤池壁与砂层接触面的部位凿毛；

2）滤池排水槽高差允许偏差为±3mm；

3）滤池排水槽水平度允许偏差为±2mm；

4）集水滤管或滤砖、滤头、滤板安装平整、完好、固定牢固；

5）配水系统铺填滤料及承托层前进行冲洗，以检查接头紧密状态及孔口、喷嘴的均匀性，孔眼畅通率大于95%；

6）滤料及承托层按级配分层铺填，每层平整、厚度偏差不大于10mm；

7) 滤料经冲洗后抽样检验，不均匀系数符合设计的工艺要求；

8) 滤料全部铺设后进行整体验收，经冲洗后的滤粒平整，并无裂缝和与池壁分离的现象；

9) 新铺滤料洗净后对滤池进行消毒、反冲洗，然后试运行，待滤后水合格后方可投入运行；

10) 冲洗水泵、空压机、鼓风机等附属设施及电气仪表设备的检修应按相关规定要求进行。

(4) 大修理的验收

滤池大修理后验收十分重要，一般采取分阶段验收的办法：

1) 配水系统重新安装后应进行一次反冲洗以检查接头紧密状孔口、喷嘴的均匀性；

2) 在铺设滤料及承托层时要分层检查，以确保按规定的级配和层次铺设；

3) 滤料全部铺设后再进行整体验收，每次验收都要由负责操作的人员和主要技术人员与大修理人员共同参加并在验收记录上签字。

7.4.5　普通快滤池的管理

1. 滤池管理的工作标准

(1) 根据进水量和沉淀出水浊度适当控制滤速、保证滤后水质；

(2) 每 1~2h 观察一次进、出水浊度、pH 值、余氯、水头损失，正确记录或填写生产日报表；

(3) 负责滤池的启闭和冲洗及各项事故的排除；

(4) 做好一级保养、配合好二级保养和参与滤池大修理工作；

(5) 了解一、二级泵站和前后工序运行状况，及时调整有关操作；

(6) 掌握滤池生产中各有关数据，按规定进行滤池定期运行测定；

(7) 保持池子表面清洁，定期洗刷池壁和排水槽；

(8) 严格执行交接班制度和巡检制度。

2. 滤池管理人员的巡回检查制度

(1) 每 1~2h 对整个滤池进行一次巡回检查；

(2) 检查砂面水位，防止滤干、溢水事故，注意沉淀池、清水池、水塔水位情况和出水阀开启度；

(3) 检查冲洗泵、排水泵及其他附属设施有无异常。

7.5　无阀滤池、虹吸滤池、移动罩滤池

7.5.1　无阀滤池

无阀滤池是目前小型水厂中最常用的一种滤池。无阀滤池和快滤池的区别仅仅在于控制方式上的不同，快滤池是 4 个阀门控制的。冲洗水是由专设的水塔或水泵提供的，无阀滤池不用阀门而是靠本身特有的构造利用虹吸作用进行自动过滤和冲洗的。无阀滤池分重

力式或压力式两种，目前使用较多的是重力式无阀滤池。其构造见图 7-14。

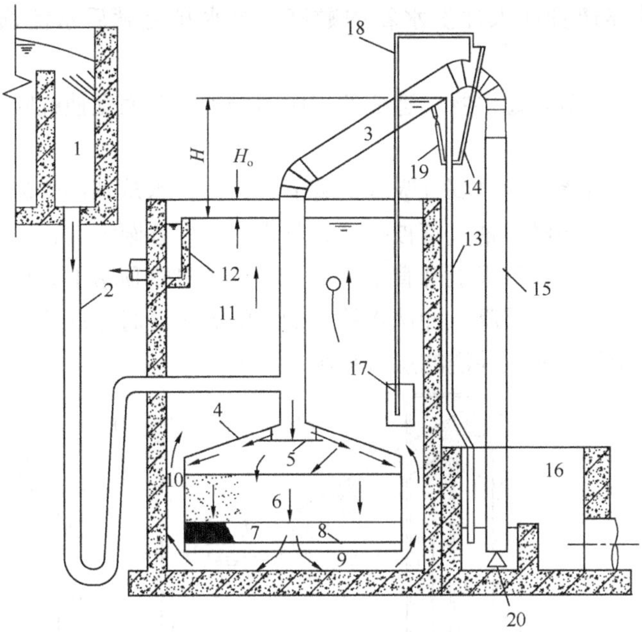

图 7-14 无阀滤池构造

1—进水分配槽；2—进水管；3—虹吸上升管；4—伞形顶盖；5—挡板；6—滤料层；7—承
托层；8—配水系统；9—底部配水区；10—连通渠；11—冲洗水箱；12—出水渠；13—虹吸
辅助管；14—抽气管；15—虹吸下降管；16—水封井；17—虹吸破坏斗；18—虹吸破坏管；
19—强制冲洗管；20—冲洗强度调节器

1. 重力式无阀滤池的工作过程

（1）过滤开始时（见图 7-15）沉淀后水经进水分配箱，通过 U 型进水管，进入滤池；

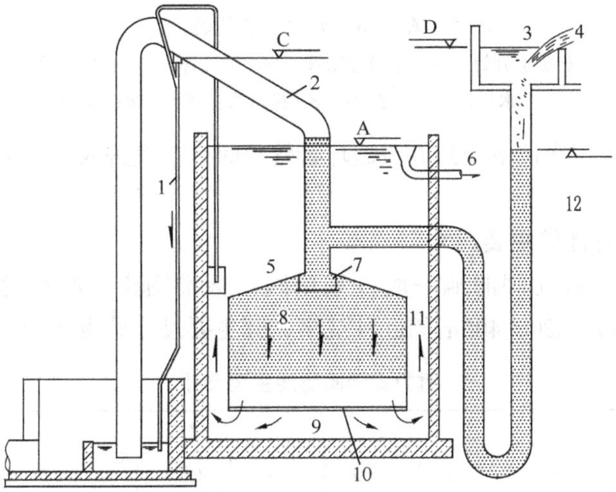

图 7-15 滤池过滤状态

1—虹吸辅助管；2—虹吸上升管；3—进水槽；4—分配堰；5—清水箱；6—出水管至清
水池；7—挡板；8—滤池；9—集水区；10—格栅；11—连通管；12—进水管

295

（2）原水经过滤层自上而下地过滤；

（3）清水即从连通管注入冲洗水箱内贮存。当水箱充满后水流通过出水渠流入清水池；

（4）滤池滤层不断截留悬浮物，造成滤层阻力增加。因而促使虹吸上升管内的过滤水头慢慢爬高；

（5）当虹吸上升管水位上升到虹吸辅助管的管口时，水从辅助管流下，在下降水流作用下使虹吸管内空气逐渐经过抽气管被扶走，管内真空度逐渐增大；

（6）当到达一定值时，虹吸上升管中水便大量地越过管顶落下，很快形成了虹吸；

（7）这时滤层上部压力骤降，冲洗水箱内的水沿着过滤时相反的方向经过连通管、底部集水区、配水系统从下而上冲洗滤层（见图7-16）；

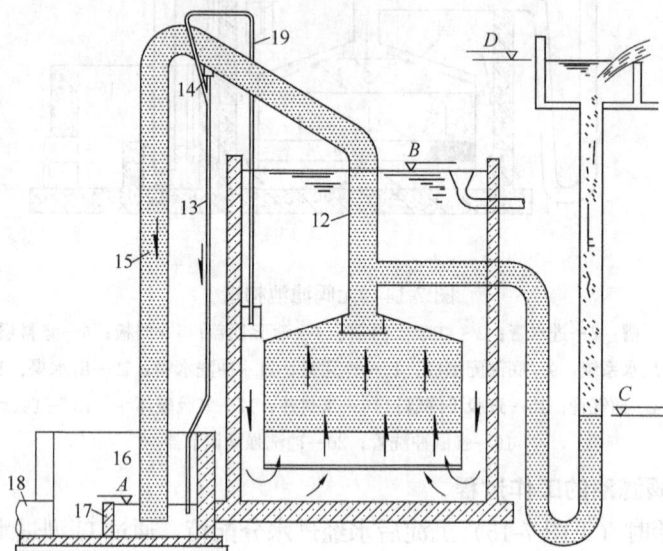

图 7-16　滤池冲洗状态

12—虹吸上升管；13—虹吸辅助管；14—抽气管；15—虹吸下降管；
16—水封井；17—堰版；18—排水管；19—虹吸破坏管

（8）当冲洗水箱内水位下降到虹吸破坏管管口时，空气进入虹吸管、虹吸破坏，冲洗结束。过滤重新开始。

2. 重力式无阀滤池的主要尺寸

中小水厂用重力式无阀滤池一般都采用国家标准图集。产水能力分 40、60、80、120、160、200、240、320、400m³/h9 种规格，其主要尺寸见表7-23。

重力式无阀滤池主要尺寸　　　　　　　　　　　　　　　　表 7-23

标准图集编号		S775								
		（一）	（二）	（三）	（四）	（五）	（六）	（七）	（八）	（九）
净产水能力（m³/h）		40	60	80	120	160	200	240	320	400
主要尺寸（m）	滤池地面以上高度，h_1	3.95	4.00	3.95	4.00	4.05	4.15	4.15	4.24	4.24

标准图集编号		S775								
		(一)	(二)	(三)	(四)	(五)	(六)	(七)	(八)	(九)
主要尺寸 (m)	滤面至分配箱堰顶高度，h_2	1.65	1.65	1.65	1.65	1.65	1.65	1.65	1.65	1.65
	排水井深度，h_3	1.20	1.10	1.20	1.10	1.20	1.20	1.30	1.40	1.40
	滤池高度×长度 $B×L$	2.1×2.1	2.6×2.6	6.21×4.31	2.6×5.31	2.9×5.95	3.3×6.78	3.6×7.38	4.1×8.4	4.7×9.6
	滤池高度，H	4.37	4.5	4.45	45	4.45	4.65	4.65	4.74	4.74
管径 (mm)	进水管	150	200	200	250	250	300	300	350	400
	出水管	150	200	150×2	250	250	300	300	350	400
	排水管	400	400	400	400	500	500	600	700	800
	虹吸上升管	200	250	250	250	350	350	350	400	450
	虹吸下降管	200	250	200	250	250	300	300	350	400

3. 重力式无阀滤池的附属设备

（1）冲洗强度调节器：设置在虹吸下降管末端，见图 7-17。运行时经过测定如发现冲洗强度过大，以至滤料流失时，可抬高调节器的锥形挡板，减少挡板与下降管出口的间距，如发现冲洗强度不够，可将挡板放下经过调整使冲洗强度符合要求。

（2）进水系统：无阀滤池进水中如带有空气，往往会影响虹吸管的虹吸形成时间，即使期终水头损失已达到，由于进水带气，往往等很长时间才能冲洗，或即使冲洗了，因为虹吸管内有气体积存而影响冲洗效果。为了避免出现这种情况，无阀滤池的进水有特殊要求：

1）必须设置配水槽

配水槽也可放在澄清池出口，但堰口标高必须高于虹吸辅助管的管口，配水槽的底部又应低于虹吸辅助管口 50cm。这样，在滤池将要冲洗以前、配水槽进水口处不致形成漩涡而吸入大量空气；

2）必须将进水管作成落底的 U 形管

以避免虹吸形成时将水管中水流抽光，从而大量空气进入虹吸管、破坏虹吸。U 形存水弯的底部标高可等于排水井的井底标高。

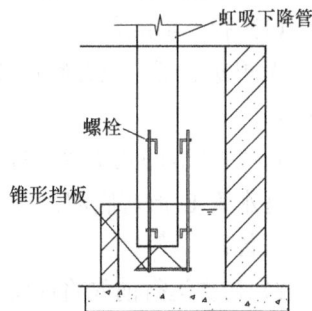

图 7-17 冲洗强度调节器

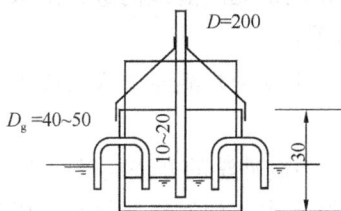

图 7-18 虹吸破坏斗

（3）虹吸破坏管

虹吸破坏管的作用是引入空气，使虹吸破坏，停止冲洗。虹吸破坏管的底部加装虹吸破坏斗，见图 7-18。破坏斗目的是延长虹吸破坏管进入空气的时间，使虹吸彻底破坏。

（4）人工强制冲洗设备

无阀滤池到达期终水头损失时候靠虹吸自动进行冲洗。但由于某种原因如出水水质突然变坏或要进行其他冲洗时，可以利用强制冲洗设备。强制冲洗设备是利用压力水经强制反冲洗管射入虹吸辅助管，强制带走虹吸管中空气，形成真空，产生冲洗。人工强制冲洗设备见图 7-19。

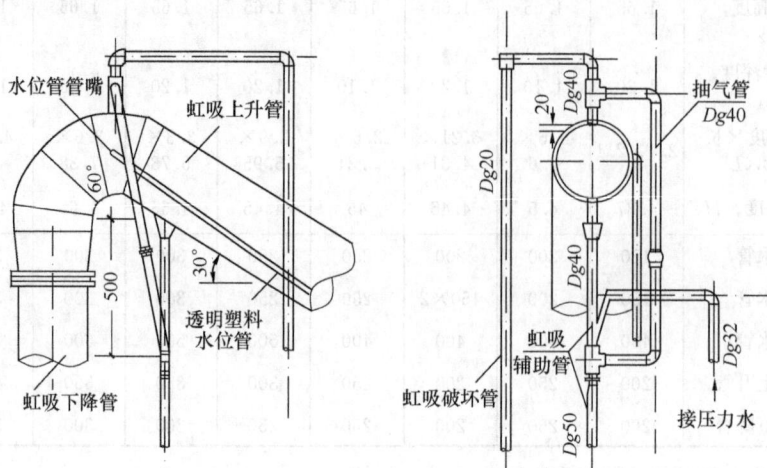

图 7-19　虹吸辅助管与强制冲洗设备

4. 无阀滤池的操作运行

（1）投产前准备

无阀滤池新建或大修后投产除参照普通快滤池应做的投产前准备外，尚需做好如下工作：

1）对滤池的几个关键性标高如虹吸辅助管管口、滤池出水口、进水分配箱堰口及底部、进水管 U 形弯底部、排水堰口等的标高进行实测、复合，确实与设计符合后方可作投产准备；

2）初次运行前先将冲洗强度调节器调整到 1/4 的开启度，以防冲走滤料，待试运行后，根据情况逐步放大直至达到设计规定的要求；

3）为了顺利排除空气，最好在投产前先将水注入冲洗水箱内，使水自下而上地浸润滤料。否则就采取控制进水量使水慢慢地从挡板洒下的办法；

4）试运行的滤池在冲洗水箱充满后即采用人工强制冲洗的方法连续冲洗滤料，然后按快滤池滤料消毒的方法进行消毒处理。

（2）操作运行

1）无阀滤池的操作运行简单，正常运行时只要每 1～2h 记录无阀滤池的进、出水浊度，虹吸管上透明水位管的水位、冲洗开始时间、冲洗历时等；

2）当沉淀水浊度较高，致使无阀滤池出水不合格时应设法减少沉淀池进水量或采取增加投药量的办法以保证滤后水质；

3）发现滤池出水变坏而虹吸又未形成时，应即采用人工强制冲洗的办法加以冲洗；

4）无阀滤池一般不设进水停止装置，冲洗时沉淀池继续来水，如果需要停水可以设立"自动停止进水装置"；

5) 滤池运行后每半年应打开人孔，对滤池全面检查，检查滤料是否平整、有无泥球或裂缝，池顶有无积泥并分析原因、采取相应措施；

6) 做好滤池运行技术参数的监测工作。虽然无阀滤池的工艺过程是自动进行的，但仍然需要定期进行技术测定，主要是每个滤池的实际进水量、滤池的冲洗强度、冲洗周期与冲洗历时（水箱水位下降起到虹吸破坏为止）、虹吸形成时间（排水井堰顶流起到冲洗水箱水位下降为止）等，以便正确评定滤池的工况。

5. 无阀滤池常见问题与对策

无阀滤池常见问题原因分析与改进措施见表 7-24。

无阀滤池常见问题原因分析与改进措施 表 7-24

常见问题	原因分析	改进措施
反冲洗困难，虹吸下降管出现大水量，刚形成虹吸，即刻停止，随后又重复，造成大量水流失	与虹吸管相连的管道因腐蚀有漏气现象时，真空度难以保证，就无法实现反冲洗	检查和更换腐蚀漏气的管道
反冲洗连续不停或持续时间较长	虹吸破坏管漏气或堵塞，浸没在水中的一段虹吸破坏管若腐蚀穿孔，反冲洗水位下降到此处时，由于漏气而使反冲洗停止，造成反冲洗时间不够	对脱落的挡水板重新设置，确保进水不直接冲刷滤层
过滤效果差	挡水板腐蚀脱落。进水直接冲刷滤砂，造成局部砂层较薄，过滤阻力小而产生穿透，使过滤效果变差	增加虹吸辅助管长度，使虹吸管的真空度小于虹吸辅助管的垂直长度
虹吸辅助管鼓泡冒气，反冲洗水带砂，高位水槽溅水、过滤水溢流	虹吸辅助管的管长小于虹吸管顶部的真空度。在反冲洗过程中，虹吸管顶部的真空度大于辅助管的垂直管长时，空气就会从辅助管管口倒吸入虹吸管，使反冲冲无法得到保证	反冲洗下降管出口设置调节器以调节冲洗强度及时间
	尼龙网安装不合理或损坏，尼龙网固定件被腐蚀，造成卵石滤料堵塞布水板，反冲洗不均匀，局部滤料厚度变薄，出水水质恶化	对尼龙网进行更新或改为短柄滤头

无阀滤池的反冲洗好坏是影响滤池正常运转和出水浊度达标的关键因素。无阀滤池的虹吸管，虹吸辅助管、抽气管、虹吸破坏管应严格保证不漏气，虹吸辅助管要进行水封，虹吸破坏管要保持畅通，因水中夹气而无法实现反冲洗时，应关掉进水，及时进行强制反冲洗，必要时增加反冲洗次数，以保持滤砂的清洁。

无阀滤池的管理和保养检修可参考本手册 7.4.4 与 7.4.5。

7.5.2 虹吸滤池

1. 构造

虹吸滤池在过滤机理上是和快滤池相同的，只是在控制方法上既不同于快滤池又不同于无阀滤池。它的构造如图 7-20 所示。

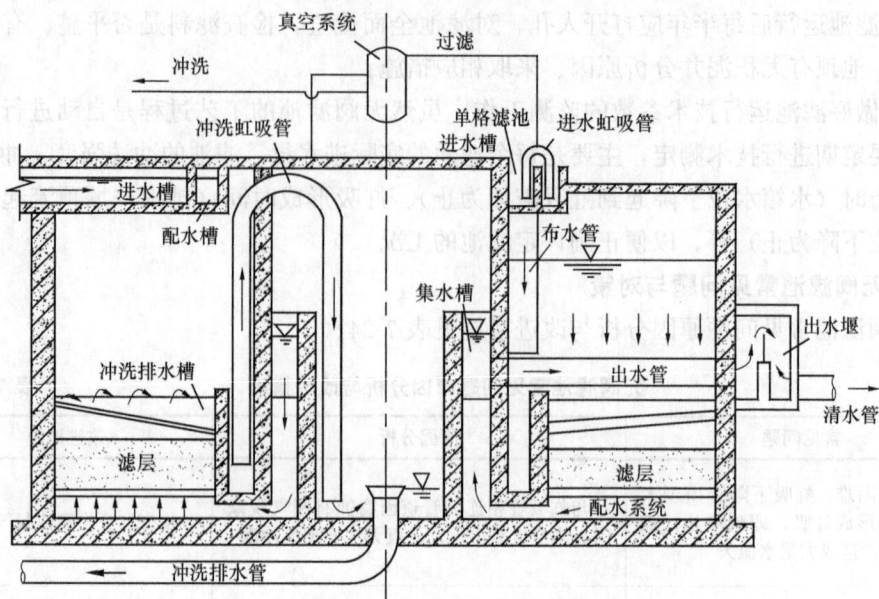

图 7-20 虹吸滤池构造图

2. 工作过程

（1）过滤过程

1）沉淀后的水经进水渠道通过进水虹吸管和进水堰板进入滤池。

2）经滤层过滤后进入清水渠，通过清水渠的出水堰流到清水池。

3）随着过滤时间的延续，滤层阻力增加，滤池内水位逐渐升高。当过滤水头到达规定值或滤后水浊度超过规定水质标准时，就进入反冲洗。

（2）反冲洗过程

1）首先破坏进水虹吸，使该格池子不再进水，此时池内水位下降。

2）然后将排水虹吸管引成真空，在虹吸作用下使池内水位迅速下降。

3）当下降到反冲洗排水槽时，由于清水渠中水位与排水槽顶的水位差作用，使其他格滤池的水从底部配水室经过清水渠自下而上冲洗滤层。

4）冲洗下来的污物随上升水流依次进入排水槽集水渠、排水虹吸管最后排出池外。

5）经过一定时间冲洗后，人工或自动破坏排水虹吸，冲洗就结束了。

（3）恢复过滤过程：

将进水虹吸管形成真空，滤前水又进入滤池恢复过滤。

虹吸滤池不用阀门、没有专门的管廊，没有冲洗水泵或水塔，就可具备普通快滤池全部的功能。但由于某一格虹吸滤池冲洗依靠其他格滤池的出水补充，因此一般一个水厂需分格 6 组以上、限制了它在小型水厂中的应用。

3. 附属设施

（1）进水系统

虹吸滤池的进水系统包括进水渠、进水虹吸、进水斗、堰板和降水管组成。堰板包括固定堰板和活动堰板，固定堰板作用是保持进水虹吸的水封，活动堰板则起均衡各格进水量的作用。进水系统示意图见图 7-21。

（2）出水系统

出水系统包括清水室、出水孔洞、清水渠和堰板。过滤后清水首先经过清水室垂直向上，通过出水孔洞进入清水渠，然后再经堰板跌落、流出池外。冲洗时清水由清水渠向下流经出水孔洞进入清水室，然后进入滤池底部配水室进行滤池反冲洗。

设置出水孔洞是为滤池进行单格检修，检修时可将该格的出水孔洞用孔盖盖上，利用其上下的水压差将孔洞关死，以便其他滤格仍能继续运行。堰板在总出口处也有固定和活动之分，固定堰板起到保持一定冲洗水头作用，活动堰板调节冲洗强度。

（3）配水系统

虹吸滤池的配水系统是采用小阻力配水系统，开始常用的有孔网板，即在钢筋混凝土孔板上铺一层或两层尼龙网，尼龙网网眼尺寸一般为 16～40 目。目前不少虹吸滤池都已改造采用短柄滤头的配水系统。

（4）控制系统

最初的虹吸滤池控制系统靠真空泵和真空罐进行，现已有不少虹吸滤池改成水力自动控制。水力自动控制构造及操作原理见表 7-25。

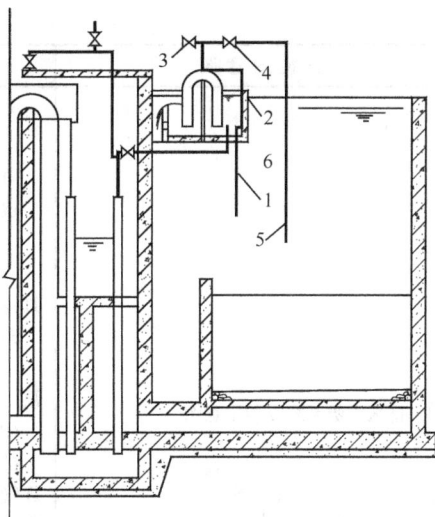

图 7-21 虹吸滤池进水系统
1—虹吸辅助管；2—抽气管；3—强制破坏阀门；4—破坏管封闭阀门；5—破坏管；6—抽气三通

虹吸滤池水力自动控制构造及操作　　　　表 7-25

安 装 示 意 图	操 作 顺 序
1. 进水虹吸系统安装示意图 	1. 进水虹吸操作 1）向配水槽注水，使进水虹吸管形成水封； 2）关闭破坏管封闭阀 4 及强制破坏阀门 3； 3）辅助虹吸管 1 将进水虹吸管空气不断抽出，直到形成虹吸、开始工作； 4）当滤池正常工作后，再打开阀门 4

安 装 示 意 图	操 作 顺 序
2. 排水虹吸系统安装示意图	2. 排水虹吸操作 （1）冲洗形成 a）滤池一个滤程后期，滤池内水位升高，排水辅助虹吸管 6 的进口被淹没； b）水由辅助虹吸管 6 流入排水渠； c）在抽气三通 16 作用下，使排水虹吸管内水位上升，直至形成虹吸； d）排水虹吸形成后，滤池内水位迅速下降； e）当水位下降到接近排水槽上口时，清水即通过配水系统穿过滤层向上流动，开始形成冲洗。 （2）停止进水 排水虹吸形成后，虹吸滤池内水位迅速下降，当降到进水虹吸管破坏管的管口下去后，空气进入进水虹吸管，虹吸被破坏，即停止进水。 （3）停止冲洗 排水虹吸形成后，滤池内水位下降到计时水槽 10 的上沿时，槽内的水开始被破坏管 9 吸出，水位下降。经一定时间，破坏管 9 的管口露出，空气进入排水虹吸管，虹吸被破坏，冲洗停止。 （4）恢复进水 冲洗停止后，滤池内水位逐渐回升，当水位淹没进水虹吸破坏管 5 的下水口时，进水口被封住。由于进水辅助虹吸管 1 及抽气三通 15 的作用，将进水虹吸管内空气不断抽走又形成虹吸，从而恢复进水。 3. 强制操作 （1）强制虹吸排水 a）打开强制辅助虹吸管上阀门 14 及 11 就可使排水虹吸管形成虹吸进行冲洗 b）冲洗停止后关闭阀门 14 及 11 （2）强制破坏 a）打开阀门 3 使进水虹吸破坏； b）打开阀门 11 关闭阀门 14，使排水虹吸破坏； （3）强制进行虹吸 一般情况下都能自动形成虹吸，如需强制虹吸，可用胶管临时将强制虹吸与进水虹吸抽气管联通，并同时打开阀门 11 及 3，当虹吸形成后应关阀门 11 及 3

4. 投产前准备

新滤池投产前应作如下检查：

（1）检查进水、排水虹吸是否正常。

（2）检查进出水堰板是否能按设计位置就位。

（3）检查排空阀是否关闭严密。

（4）检查所有的真空虹吸系统和仪表是否正常。

（5）参照快滤池应做的其他各项准备工作，如清洗滤料、冲洗消毒等。

如一切正常方可准备投产灌水。

5. 操作运行

（1）过滤时

1）按图 7-21 所示开启进水虹吸，使滤池进入运行状态。

2）然后检查出水水质并按规定时间，一般每小时观察并记录一次滤池水位，每两小时测定一次进出水浊度和水温。

（2）冲洗时

安装水力自动控制的虹吸滤池，冲洗是自动进行的，如手动控制的滤池则：

1）当滤池水位达到额定水位、或者滤后水质超过标准时，滤池应进行反冲洗。

2）反冲洗前应检查所有真空系统的运行是否正常，清水池水位是否足够、反冲洗的操作步骤同虹吸滤池工作过程，操作运行的其他要求和普通快滤池一样。

7.5.3 移动冲洗罩滤池

1975 年底南通市自来水公司研究成功一座 3000m³/d 的半生产性泵吸式移动冲洗罩滤池；1977 年又建成 2 万 m³/d 的生产性移动冲洗罩滤池。由于移动冲洗罩滤池具有不设阀门，不需冲洗水塔或水箱，土建结构简单，占地少，施工方便，工程造价低等优点，20世纪 80 年代很快在全国十几个省市得到推广应用。最大的是 1980 年在上海长桥水厂建成的 60 万 m³/d 的大型虹吸移动冲洗罩滤池。

1. 构造和工作过程

移动冲洗罩滤池的构造见图 7-22。

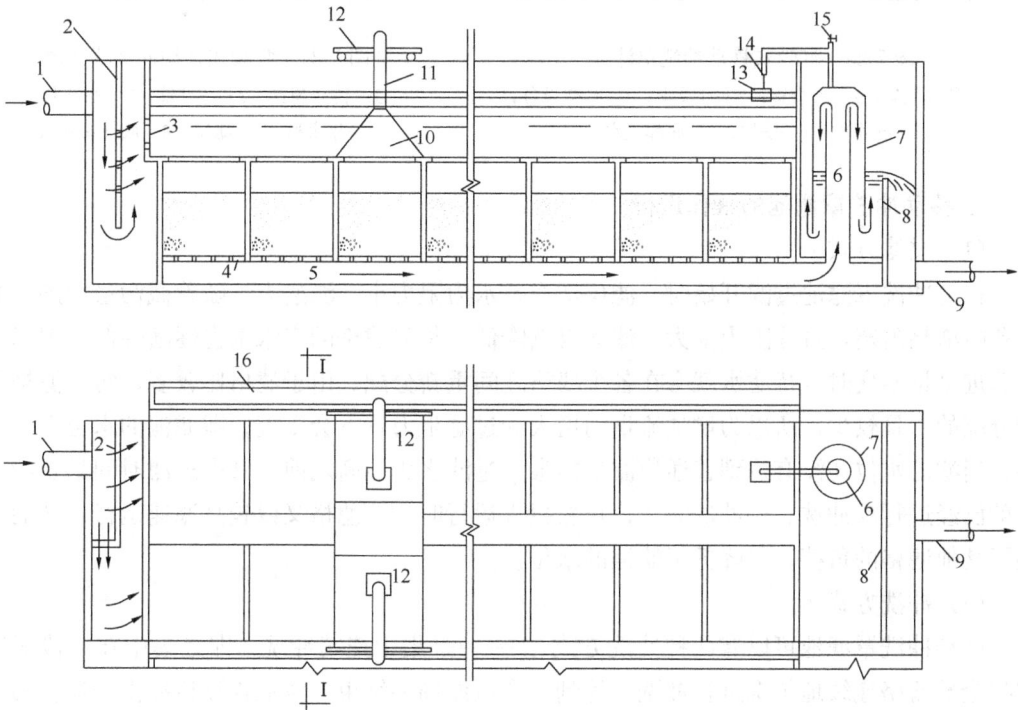

图 7-22 移动冲洗罩滤池

1—进水管；2—穿孔配水墙；3—消力栅；4—小阻力配水系统的配水孔；5—配水系统的配水室；
6—出水虹吸中心管；7—出水虹吸管钟罩；8—出水堰；9—出水管；10—冲洗罩；11—排水虹吸管；
12—桁车；13—浮筒；14—针形阀；15—抽气管；16—排水渠

移动冲洗罩滤池是利用可以移动的冲洗罩，在人工或机电装置的控制下移位，一俟移到滤池的某一滤格上方对准位置后，在保证罩体与滤格严格密封的情况下，进行反冲洗。冲洗时，桁车带动冲洗罩移到滤格上方定位，然后使罩体紧贴在滤格四周的隔墙上，达到密封不漏水的要求，即可用虹吸或水泵抽吸的方法，使该滤格进入反冲洗阶段。反冲洗水来自各滤格的过滤水，冲洗完毕后，破坏冲洗罩的密封，重新恢复过滤。冲洗罩再移到下一滤格，以同样步骤一格一格依次反冲洗。图 7-23 是虹吸或移动冲洗罩滤池构造示意图，图 7-24 为泵吸式移动冲洗罩滤池示意图。

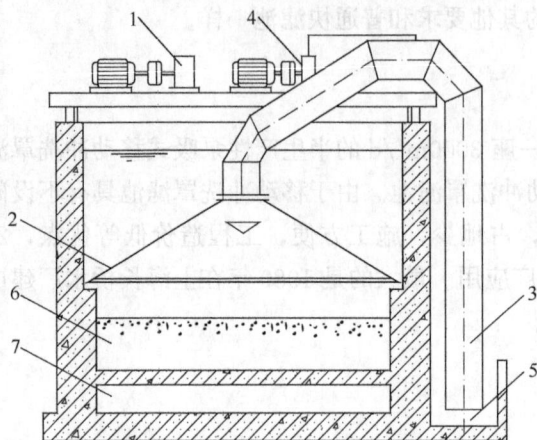

图 7-23 虹吸式移动冲洗罩滤池
1—传动装置；2—冲洗罩；3—虹吸管；4—真空设备；
5—排水槽；6—滤层；7—底部集水区

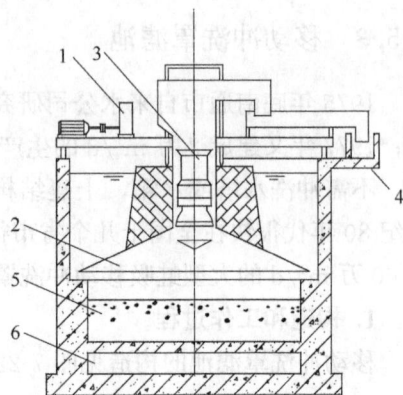

图 7-24 泵吸式移动冲洗罩滤池
1—传动装置；2—冲洗罩；3—冲洗泵；
4—排水槽；5—滤层；6—底部集水区

2. 移动冲洗罩滤池的操作运行

（1）过滤方式

移动冲洗罩滤池过滤开始时，滤层洁净，水力阻力小，滤速大，随着截污量增加，滤层孔隙渐趋阻塞，过滤阻力变大，滤速自然降低。每只滤格的产水量也逐渐降低，但当滤池总进水量不变时，待滤水就会在各个滤格之间重新分配。由于滤格比较多，每一滤格重新分配的水量较少，所以为增加流量而增大的过滤阻力就不会太大，即滤池的水位上升不多。当滤池水位还没有达到普通快滤池的最大过滤水头标高之前，其中过滤时间最长的一格就已经进行反冲洗。待冲洗完毕，重新投入运行时，该滤格又以较高滤速运行，从而减轻了其他滤格的负荷，也降低了滤池的水位。

（2）冲洗方式

移动冲洗罩滤池可以有两种冲洗方式：一种是集中连续冲洗；即是集中在一段时间内将全部滤格连续地依次进行冲洗。等到一个过滤周期结束，滤池再逐格冲洗一遍。另一种冲洗方式是在过滤周期内，按一定时间间隔，一格一格地进行冲洗。这样一个周期又一个周期地轮流冲洗下去。这种冲洗方式过滤水水质稳定可靠，冲洗周期较前一种方式长。加之采用逐格间隔冲洗方式每次均是冲洗运行时间最长的一格，所用的程序控制方法比较简便。因此，大多数滤池采用此方式。

（3）操作运行要点

1）滤池初次或检修后重新投入运行时，要逐步增大进水量。

2）开始冲洗时，由于滤层内部积有空气，无论采用虹吸式反冲洗，还是泵吸式反冲洗，都会因滤层膨胀时，滤料孔隙中的气泡逸出，而延长虹吸形成的时间，或引起水泵吸空，造成一段时间内无法冲洗。要等到空气排尽后才能正常。

3）运行值班人员应经常观察冲洗情况，如果情况异常，需及时采取相应措施，保证滤池正常运行。特别要注意冲洗罩定位是否准确，密封是否良好或短流活门是否关严等问题。

4）冲洗罩是这种滤池的关键设备，它的工作状况将直接影响到滤池的运行效果。因此对设备的日常维护保养十分重要。除运行值班人员应经常检查设备的工作状况外，还应定期保养检修，各种易损件的备品备件必须齐全。

5）运行值班人员除应熟悉滤池的构造和控制滤池水质外，还应了解滤池的电气控制、机械性能，能排除一般的故障，确保滤池的正常工作。

3. 存在的主要问题与解决办法

在各地使用移动冲洗罩滤池时经常遇到的问题和解决办有：

（1）罩壳问题。因滤池水中余氯较高，罩壳极易腐蚀和损坏，应研究采用铝合金罩壳或较厚的经喷锌处理的防腐钢板罩壳。

（2）密封橡皮问题。罩体与池顶的密封除定位必须正确外，密封的性能对反冲效果影响很大，一般的普通平板夹布橡皮，合胶率低，延伸率小，耐磨性差，易断裂，经常损坏，应采用抗拉强度和耐磨性能较好，并较厚的三胶二丝尼龙夹布输送带。

（3）反冲洗强度问题。移动罩滤池的反冲洗强度依靠冲洗强度调节器控制，如控制不当会造成反冲强度过大，将滤料冲入排水槽，甚至破坏承托层；反冲强度过小，砂面易积泥球，影响过滤效果。解决的办法主要是对反冲强度经常检测并将调节螺丝改为铜螺杆，以方便调节。

（4）漏砂问题。漏砂原因较多，因针对漏砂现象，查找原因，采取措施，加以解决

7.6 V型滤池

7.6.1 V型滤池构造和主要特点

V型滤池是法国德利满（Degremout）公司首创的一种新型快滤池。引进我国后，因性能卓越，很快风靡全国。

1. V型滤池的构造

V型滤池由进水及布水、冲洗水排水、配气配水、滤后水出水及运行控制等系统组成。其构造如图 7-25 所示。

（1）进水及布水系统

进水及布水系统由以下部分组成：进水总渠、进水孔、控制闸阀、溢流堰、过水堰板、进水槽及V型槽。见图 7-26。

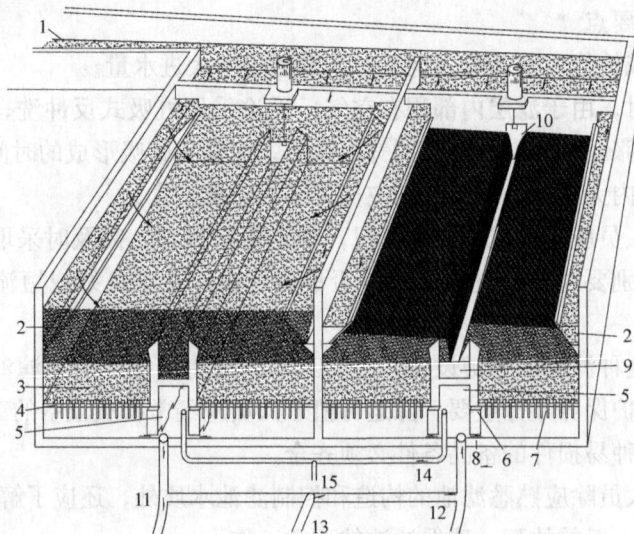

图 7-25 V 型滤池构造透视图

1—进水渠；2—V 型进水槽；3—滤床；4—长柄滤头；5—出水渠；6—反冲洗空气分配孔；
7—带滤头滤板；8—反冲洗水配水孔；9—反冲洗水出水渠；10—反冲洗水出水阀；
11，12—出水；13—反冲洗进水；14，15—反冲洗进气

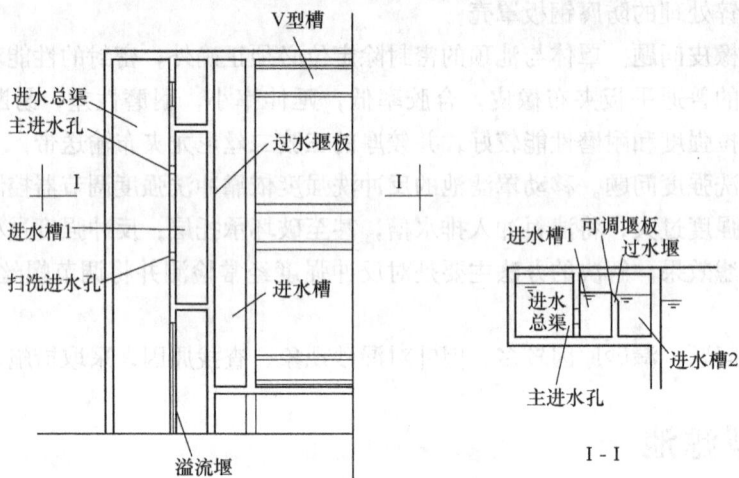

图 7-26 进水及布水系统示意

1) 进水孔

进水孔一般应有两个，即主进水孔及扫洗进水孔。当滤池过滤时，主进水孔及扫洗进水孔均开启；当滤池冲洗时，主进水孔关闭、扫洗孔保持开启，此时进水量即为表面扫洗水量。为了便于调节，主进水孔一般设气动或电动闸板阀，表面扫洗孔也可设手动闸板。

2) 溢流堰

溢流堰设置于进水总渠，以防止滤池超负荷运行。当进水量超过一定值时，超出部分的流量经溢流堰流入进水槽底部的排水渠，溢流堰顶高度根据设计允许的超负荷要求确定。

3) 过水堰板

过水堰的堰板一般设计为可调式，以便调节单池出水量，使各池进水量相同。

4）进水槽

进水槽 1、2 的底面应与 V 型槽底平，不得高出。

5）V 型槽

V 型槽在滤池过滤时处于淹没状态。槽内设计始端流速不大于 0.6m/s。冲洗时，池水位下降，槽内水面低于斜壁顶约 50～100mm，见图 7-27。V 型槽底部开有水平布水孔，表面扫洗水经此布水。布水孔沿槽长方向均匀布置，内径一般为 $\phi 20 \sim 30$，过孔流速 2.0m/s 左右，孔中心一般低于用水单独冲洗时池内水面 50～150mm。

（2）冲洗水排水系统

冲洗水排水系统包括排水槽及排水渠，见图 7-28。

排水槽底板≥0.02 的坡度坡向出口，底板底面最低处应高出滤板底约 0.1m，最高处高出 0.4～0.5m，使有足够高度安装冲洗空气进气管，排水槽内的最高水面宜低于排水槽顶面 50～100mm。排水槽底层为配气配水渠。为方便施工，两者的宽度一样。

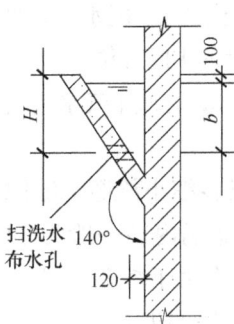

图 7-27　V 型槽

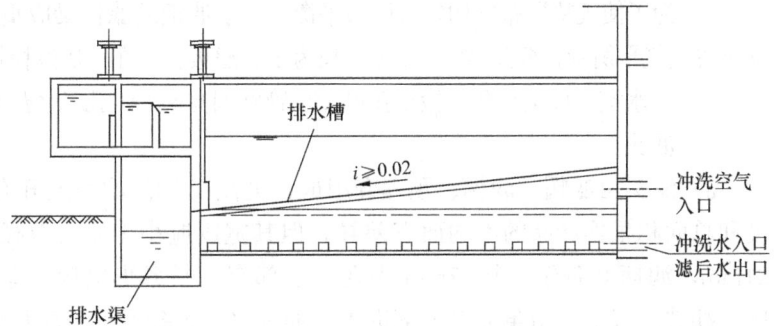

图 7-28　排水系统布置

排水渠设在与管廊相对的一侧。排水槽出口设置电动或气动闸阀。出口流速一般为 2.0m/s。

（3）配气、配水系统

配气、配水系统由配气、配水渠、气水室及滤板和滤头组成，见图 7-29。

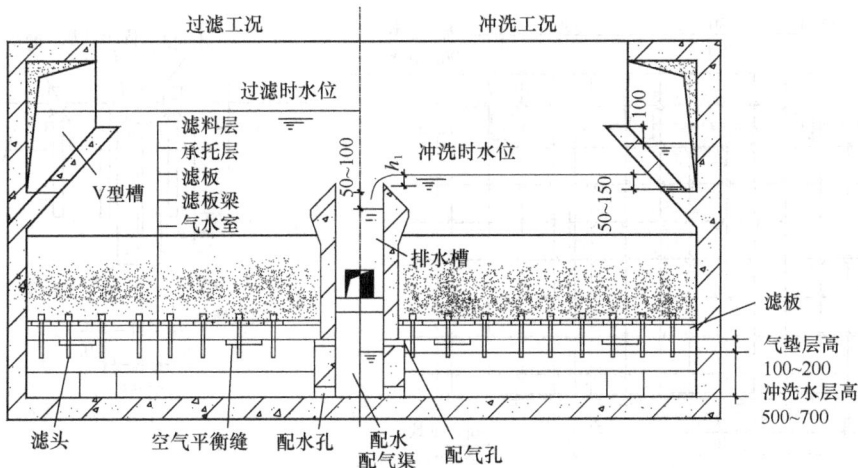

图 7-29　均粒滤粒滤池剖面

　1）配气、配水渠

　配气、配水渠的功能是在过滤时收集滤后水，在冲洗时沿池长方向分布冲洗空气和冲洗水。进气干管管顶宜平渠顶，冲洗水干管管底宜平渠底。

　2）气水室

　滤池池底表面以上、滤池底面以下，由池壁所围成的空间，称为气水室。气、水冲洗时，冲洗空气在气水室上部形成稳定的空气层称为气垫层。气垫层的厚度一般为 100～200mm。气水室下部为冲洗水层。配气、配水渠的空气和冲洗水分别通过配气孔和配水孔进入气水室。

　气水室的布置要点如下：

　a）配气孔孔顶宜平滤板板底，有困难时，可低于板底，但高差不宜超过 30mm。通常预埋 UPVC 管，配气孔平面配置时应注意避开滤板梁。

　b）配水孔孔底应平池底，孔口流速为 1.0～1.5m/s 左右。

　c）为了使气垫层布气均匀及压力平衡，支承滤板的滤板梁应垂直于配气、配水渠，且梁顶应留空气平衡缝，缝高 20～50mm，长为 1/2 滤板长，在每块滤板长度的中间部位。

　d）气水室宜设检查孔，检查孔可设在管廊侧池壁上，孔径≮φ400mm，孔底平气水室底。

　3）滤头

　a）滤头由滤帽、滤柄、预埋套组成，见图 7-10。滤帽上开有很多细小缝隙，缝隙宽度和总面积根据产品的不同而有差异，但其宽度应小于滤料粒径。滤柄内径一般为 14～21mm，滤柄上部有一个 φ2mm 小孔，下部有一长条形缝隙。条形缝用于控制气垫层厚度。冲洗时气主要由条形缝上部进入，冲洗水则由条形缝下部及滤柄底部进入。

　滤头的滤柄长度为：滤板厚度＋气垫层厚度＋50mm（淹没水深）。

　b）滤头个数的确定：滤头滤帽缝隙总面积与滤池过滤面积之比（β 值）应在 1.2%～2.4% 之间。一般每平方米滤池面积布置 30～50 个。

　4）滤板

　滤板是安装滤头的支承板，见图 7-30。滤板及其安装，必须满足以下条件：

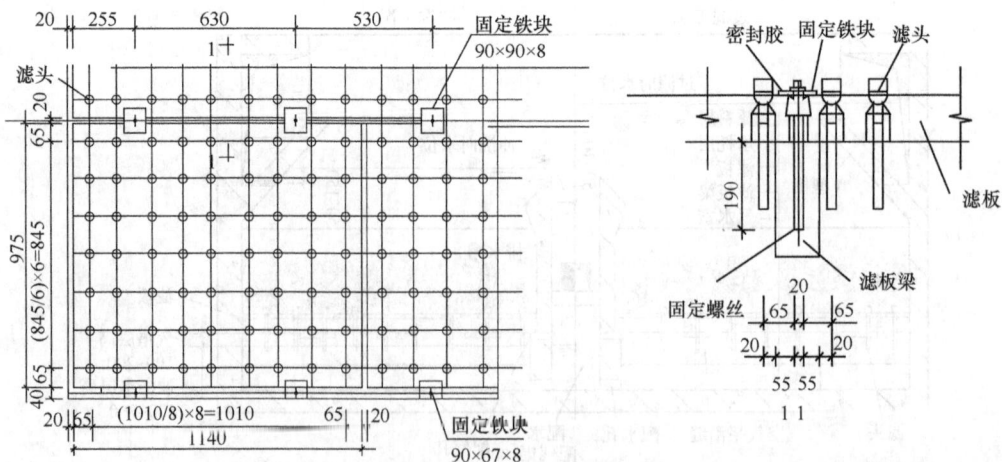

图 7-30　滤板布置

a) 具有足够的强度和刚度。在施工时能承受滤料重量及施工荷载；在冲洗时，能够承受冲洗及空气的压力。

b) 滤板表面应光滑平整，安装时，每块板的水平误差应小于±1mm，整个池内板面的水平误差不得大于±3mm。

c) 滤板间的接缝密封措施必须严密、可靠、不得漏气漏水。滤板可是预制混凝土板，每块滤板的面积约在 1～3m² 左右，也可采用整体浇筑。

(4) 滤后水出水稳流槽

1) 槽内水面标高与滤料层底面标高基本持平；

2) 槽内水深为 2～2.5 倍滤后水出水管管径，出水管应为淹没出流，管顶不应高出溢流堰堰顶。

3) 溢流堰堰上水深取 0.2～0.25m，按薄壁无侧收缩非淹没出流堰计算确定堰宽和堰顶标高。

(5) 运行控制

1) V 型滤池采用恒水位等速过滤；

2) 当某格滤池冲洗时，进入该格滤池的表面扫洗水量大致与其过滤时的水量相当，因此进入其他各格的过滤水量基本保持不变；

3) 滤池恒水位过滤可以通过调节出水系统阻力来实现。控制过程采用自动控制，不受人为因素影响。控制方式可采用虹吸控制和闸阀控制。

a) 虹吸控制系统

滤池出水管采用虹吸布置。虹吸管顶部连接一个空气吸入管，虹吸管的出水流量通过自动调节空气进入量控制虹吸管顶真空度以达到恒定，从而使保持滤池水位的恒定。

b) 闸阀控制系统

闸阀控制系统可分为电动蝶阀控制和气动蝶阀控制，其控制原理类似。控制系统见图 7-31。出水蝶阀 2 作为一个控制装置，受池内的水位控制，水位通过装有应变片的薄膜压

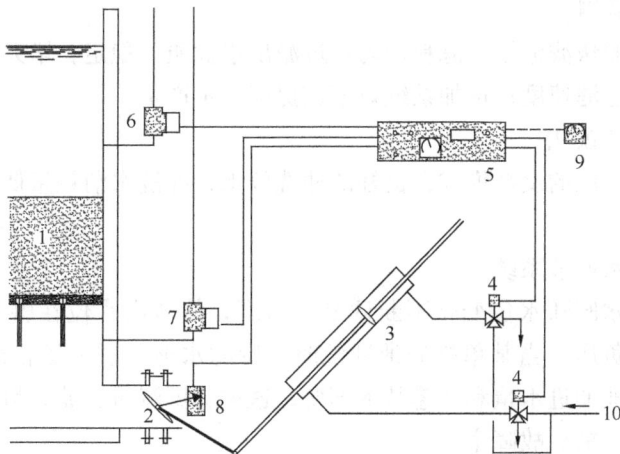

图 7-31 V 型滤池出水控制图

1—滤料层；2—滤后水出水阀；3—阀门控制活塞；4—电磁三通阀；5—电动控制单元；6—待滤水压力传感器；7—滤后水压力传感器；8—与阀杆偶联电位计；9—堵塞指示器；10—压缩空气

力传感器 6，提供给具有与滤池水位深度成比例的信号控制系统 5。这个信号与设定水位信号比较，在判断出水位不稳定的方向，并在信号水位和设定水位的偏差值超过 ±2cm 时，即启动控制单元，打开设置有压缩空气的两个电磁三通阀 4 中的一个，使压缩空气进入气动蝶阀的气缸 3，操作蝶阀 2，使其相应开启或关闭。

与蝶阀阀杆偶联的电位计 8，在控制回路中产生一个可调的反馈信号，并在一段时间后逐渐自行消失，随而恢复水位到所设定的位置。

在电动控制单元 5 中，附有一个堵塞显示器，滤层的堵塞状态通过薄膜传感器 7 测定；堵塞显示器安装一个报警装置，可在超出最大堵塞值时报警。此外，还附有一个逐渐启动装置，在反冲洗后的设定时间内开启蝶阀。

滤池的控制元件被全部放在控制柜内，控制柜一般设在管廊上部的控制室内靠近滤池的位置处，或集中在一个较小的控制室内。

(6) 冲洗空气和水的供应

1) 冲洗水采用专用冲洗水泵供应。

2) 空气的供应一般采用鼓风机直接供气，机房靠近滤池。鼓风机应有备用机组，输气管应有防止滤池中的水倒灌的措施；水平管段一般有不小于 0.003 的坡度，其最低点设凝结水排除阀；管段应有伸缩补偿措施，输气管上一般装有压力计、流量计。鼓风机的振动和噪声应达到有关部门规定。

3) 管廊内空气干管应架高敷设，高出滤池的过滤水位，防止水流倒灌；进气控制阀至配气配水渠端壁间的进气管段上应接出放气支管，管径与进气管管径的 1/4～1/3，管上应设有电磁阀。支管出口高出滤池顶面 50～100mm，管口与水平面夹角 45°～60°。放气支管也可以从配气配水渠进口端最高处接出。

4) 管廊内应有良好的防水、排水设施和适当的通风、照明等设施。

2. V 型滤池的主要特点

V 型滤池的主要特点是：

(1) 深层均匀滤料

滤层厚度比普通快滤池厚，滤料均匀；过滤出水优质、稳定；增大纳污能力，延长过滤运行时间；提高过滤速度；增加系统效率，提高出水产量。

(2) 气、水反冲模式

气＋水＋表面扫洗的反冲模式；良好的冲洗效果；冲洗水消耗量低，滤料微膨胀，无跑砂现象。

(3) 独特的出水调节系统

V 型滤池的出水阀随水位变化不断调节开启度，使池内水位在整个过滤周期内保持不变，滤层不出现负压。当某单格滤池冲洗时，待滤水继续进入该格滤池作为表面扫洗水，其他各可格滤池的进水量和滤速基本不变，这样就恒流量过滤，恒水位；过滤过程平稳迅速；系统简化，减少故障率。

(4) 可靠的自控系统

每座滤池一个控制台，可独立完成控制；控制系统稳定可靠，无人值守。

3. V 型滤池运行过程

V 型滤池的运行过程见构造图 7-32。

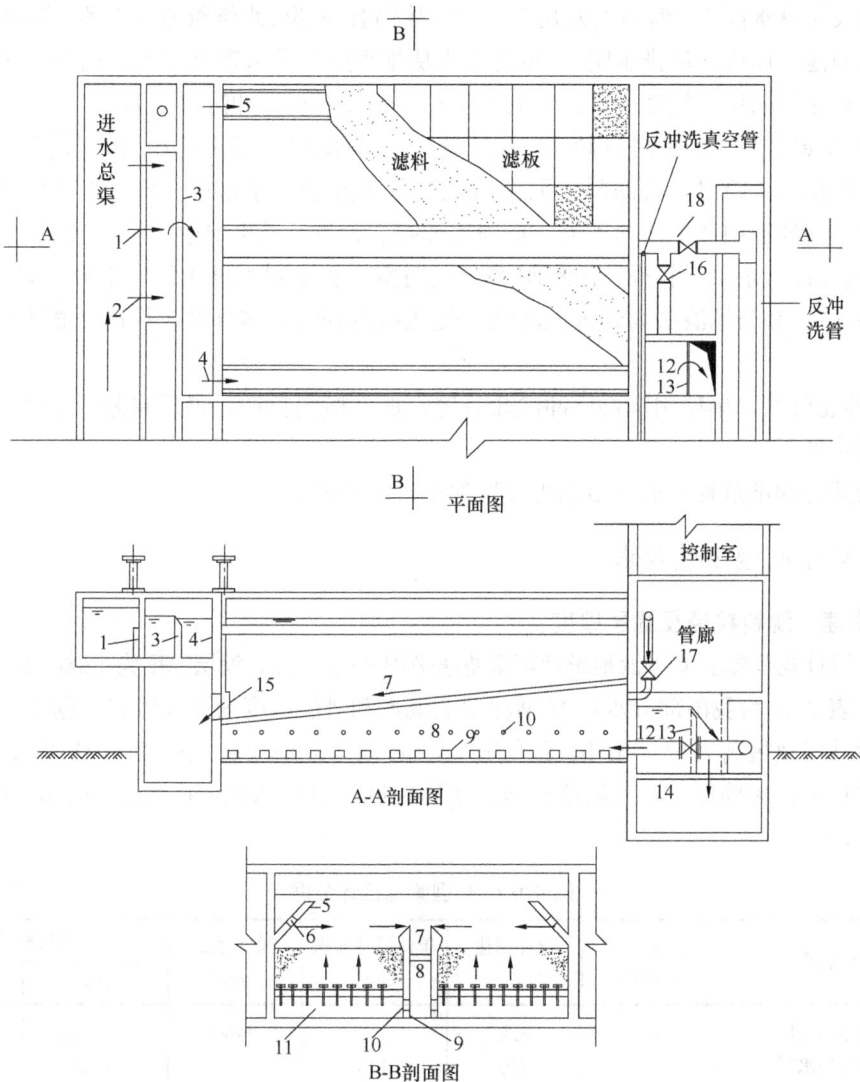

图 7-32 V 型滤池构造简图

1—进水气动隔膜阀；2—方孔；3—堰口；4—侧孔；5—V 型槽；6—小孔；7—排水渠；8—
气、水分配渠；9—配水方孔；10—配气小孔；11—底部空间；12—水封井；13—出水堰；
14—清水渠；15—排水阀；16—清水阀；17—进气阀；18—冲洗水阀

（1）过滤过程

待滤水由进水总渠进入气动隔膜阀 1 和方孔 2 后，溢流堰口 3 再经侧孔 4 进入 V 型槽 5。待滤水通过 V 型槽底小孔 6 和槽顶溢流，均匀进入滤池，而后通过砂滤层和长柄滤头流入底部空间 11，再经方孔 9 汇入中央气水分配渠 8 内，最后由管廊中的水封井 12、出水堰 13、清水渠 14 流入清水池。可根据滤池水位变化自动调节出水蝶阀开启度来实现均衡出水。过滤周期较长，可达 48h 甚至更长，考虑到保持滤层较好状态，目前国内水厂一般采用 24～48h 进行冲洗。冲洗前的滤层水头损失一般采用 1.5～2.0m。过滤时滤层上的

311

设计水深一般为 1.2~1.5m。

(2) 冲洗过程

首先关闭进水阀 1,但两侧方孔 2 常开,故仍有一部分水继续进入 V 型槽并经槽底小孔 6 进入滤池。而后开启排水阀 15 将池面水从排水渠中排出直至滤池水面与 V 型槽顶相平。冲洗操作可采用:气冲→气、水同时反冲→水冲 3 步。冲洗过程为:

1) 启动鼓风机,打开进气阀 17,空气经气水分配渠 8 的上部小孔 10 均匀进入滤池底部,由长柄滤头喷出,将滤料表面杂质擦洗下来并悬浮于水中。由于 V 型槽底小孔 6 继续进水,在滤池中产生横向水流,形同表面扫洗,将杂质推向中央排水渠 7。

2) 启动冲洗水泵,打开冲洗水阀 18,此时空气和水同时进入气、水分配渠,再经方孔 9 和小孔 10 和长柄滤头均匀进入滤池,使滤料得到进一步冲洗,同时,横向冲洗仍继续进行。

3) 停止气冲,单独用水再反冲洗几分钟,加上横向扫洗,最后将悬浮于水中杂质全部冲入排水槽。

V 型滤池冲洗过程一般都由预先设置的程序自动控制。

7.6.2　V 型滤池工艺要求

1. 滤速、滤料粒径及滤层厚度

(1) 设计规范要求 V 型滤池设计正常滤速采用 8~10m/h,滤层厚度为 1200~1500mm。

(2) 表 7-26 为我国部分水厂 V 型滤池的滤速和滤层厚度的设计数据。据上述 16 个水厂统计设计滤速最高为 10.5m/h,最低 6.0m/h,平均为 8.14m/h。实践证明滤速对出厂水质至关重要,为确保出厂水质达到新的水质标准,设计滤速不应大于 8m/h,最好控制在 6~8m/h。

部分水厂 V 型滤池设计数据　　　　　　　　表 7-26

水厂名称	设计能力万 (m³/d)	设计滤速 (m/h)	单池设计面积 (m²)	滤层厚度 (mm)	滤料粒径	
					d_{10}	K_{80}
上海凌桥水厂	40	8.8		1250	0.9~1.5	1.2~1.4
上海大场水厂	6	6.0	138	1200	0.98	1.4
西安曲江水厂	60		110			
天津津滨水厂	50	6.0	149	1200	0.98	1.6
广州西江水厂	50	10.5	91	1250	0.9~1.25	1.2~1.4
石家庄润石水厂	30	10.2	84	1500	0.95	
珠海唐家水厂	24	7.0	88		0.95	1.2
常熟第三水厂	40	8.0	91.3	1200	0.95	1.4
中山小榄镇水厂	20	9.11		1250	1.35	1.6
温州西山水厂	10	6.5	83.7	1300	0.8~1.2	
惠阳水厂	40	9.2	98	1200	0.9	
杭州九溪水厂	60	7.8	163	1200	0.95	1.6
金华金沙湾水厂	30	8.0		1200	0.95	1.2~1.4
宁波东钱湖水厂	50	7.5		1400	0.9	
汕头月浦水厂	20	9.5	92.3	1200	0.9~1.35	1.26
成都二水厂	20	8.03	84			

（3）设计规范要求 V 型滤池滤料粒径 $d_{10}=0.9\sim1.2$，不均匀系数 $K_{80}<1.4$，根据众多水厂的实践，d_{10} 和 K_{80} 都不宜过大。长柄滤头的顶至滤料层之间承托层厚度 $50\sim100mm$，采用 $2\sim4mm$ 的粗石英砂。

（4）滤层厚度（L）与有效粒径（d_{10}）之比，V 型滤池应大于 1250。

2. 滤池单池面积和尺寸

为了保证冲洗时表面扫洗及排水效率，V 型滤池的单格滤池的宽度一般在 2.5m 内，最大不超过 5m，单格滤池面积最大可达 $100m^2$。滤池尺寸及面积控制见表 7-27。滤池个数的确定应作技术经济比较，因为滤池个数的减少，相应阀门及管道数量也减少，但管道口径及冲洗设备的容量将增加。

滤池尺寸及面积　　　　　　　　　　　　　　　　　　　　　表 7-27

宽度（m）	长度（m）	单格面积（m^2）	双格面积（m^2）
3.50	8.6～14.30	30.3～50.0	60.0～100.0
4.00	12.50～16.30	50.0～65.0	100.0～130.0
4.50	12.20～17.80	55.0～80.0	110.0～160.0
5.00	14.00～20.00	70.0～100.0	140.0～200.0

3. 冲洗强度和冲洗时间

V 型滤池采用均质石英砂滤料，冲洗时只要求微膨胀其冲洗方式为：气冲→气、水同时冲→水冲。

（1）气冲时，冲洗强度一般为 $13\sim17L/(m^2\cdot s)$，历时 $1\sim2min$；

（2）气、水同时冲洗时，气的冲洗强度仍为 $13\sim17L/(m^2\cdot s)$，水的冲洗强度为 $2.5\sim3L/(m^2\cdot s)$，冲洗时间为 $3\sim4min$；

（3）后水冲时，冲洗强度为 $4\sim6L/(m^2\cdot s)$，历时 $5\sim8min$。

（4）V 型槽处表面扫洗的强度是 $1.4\sim2.3L/(m^2\cdot s)$，冲洗时间为全程。

4. 为了适应不同冲洗阶段对冲洗水量的要求，冲洗水泵一般采用二用一备组合，单泵流量按气、水同时冲洗时的水冲洗强度确定，在单独水冲洗阶段可采用两台泵并联供水。当采用一用一备组合时，单泵流量应满足不同冲洗条件下最大冲洗强度，同时水泵出水管上应有调节流量的措施。

7.6.3　V 型滤池的操作维护

1. V 型滤池的启动

（1）装滤砂之前的检查

1）清理滤池底部以及渠道，注意存在可能阻塞排水阀的残余木块；

2）检查包括堰水平度在内的各处标高，这些标高对正确运行非常重要，需高度重视。注意检查反冲洗水收集渠的标高，用水准仪检查其水平度，如有必要，对其进行整改；注意检查每个滤池澄清水进水堰的标高，如有必要则进行调整，因为这关系到滤池之间的流量分配；注意检查滤池进水孔的尺寸，如有必要进行调整。

3）检查滤头：在装入滤料前，准备好清水，开启反冲洗水进水阀，以便检查通过所有的滤头的水流量均匀相等。

4）检查空气的分配

让滤池进水至滤板以上 5cm，打开空气进气，用视觉检查气流的分配情况，检查整个滤池内的气泡是否均匀。如发现靠近滤头的显著气泡表明此滤头有破损，则应按要求更换；仔细检查滤板以及滤板之间的密封，如有必要则进行修理。

整个检查过程应做纪录，最好拍照或摄像。

（2）向滤池内装入滤料

按本手册 7-2.5 要求进行滤料铺装，但特别注意：

1）检查滤砂质量

确信砾石和砂的质量，经过样品分析粒径符合设计要求。这一点非常重要，因为直接关系到出水质量和滤池的正常运行。

2）在滤池装砂之前，让滤池的水位达到滤板以上 50cm。不管装砂以何种方式（手动或自动），都需非常小心，不能损坏滤头。一旦滤头被覆盖在砂层以下后，可以适当加快装砂速度。当所有滤料都装入滤池后，平整砂层表面。需注意，不要将砂倒入出水渠中。

3）确信滤料深度达到设计要求后，一般应再多装 5% 的滤料，以便弥补滤池刚开始运行时发生的损耗。

4）装完滤料后，纪录滤砂层相对于堰的高度，以便计算反冲洗期间所损失的砂量。

（3）启动过滤控制系统

1）澄清水在进入滤池前必须先经过溢流堰并确认浊度已降至 3NTU 以下。

2）启动前检查各控制回路和阀门，确信正常后按操作程序关闭和开启各个阀门，使滤池开始过滤。

3）在滤后进入清水池之前，先开启滤池排水阀，将水引到排水渠，直到水变清为止。

（4）滤池初步反冲洗

1）滤池第一次进行反冲洗时，如有条件可以用管网内清水，或者用以极慢速度过滤的澄清水来注入清水池，同时以足够的水量用于此滤池的第一次反冲洗。

2）在第一次过滤过程中，有必要使用额外剂量的氯或投加漂白粉对滤料进行消毒。

3）一旦生产出足够的水，则开始对一个滤池进行反冲洗。反冲洗时对反冲洗水泵的手动阀门或调节减压阀进行调整，以确保反冲洗水流量适中。

4）在第一次反冲洗过程中，检查空气在滤池整个面积得到均匀分配，如有问题但即需检查原因并解决问题后方可再行投入使用。

5）一旦该滤池被冲洗干净，此池则继续进行过滤，直到生产出足够的水以冲洗下一个滤池，由此继续。

（5）工艺测试

1）检查水流的均匀分配：当完成液位仪探头调节后，检查每个滤池的进水堰是否在同一水平高度，以保证水流的均匀分配；所有滤池进水堰上升层的高度必须完全一致。

2）检查流量：检查反冲洗、漂洗水及其流量。检查期间，确保反冲洗阶段中排至污水管中的水流不夹带滤砂。

3）检查反冲洗流量即反冲洗强度。

4）检查水头损失：在启动滤池后，记下滤池刚启动时一定流量下的水头损失，然后随着时间比较其变化，由此检查滤料的工作情况，确定反冲洗时间和强度等。

2. V 型滤池的操作

（1）滤池运行

1）调节出水阀（清水阀）开度，使滤池水面保持在滤料表面上 $1.0\pm0.5m$ 左右。

2）每 2h 检测一次滤池的出水（滤后水）浊度、余氯、pH 值。

3）夏季定期检查滤池有无藻类，有无"结泥球"或出现"泥毯"现象。

4）若当出水阀开度调节到全开位置时，滤池水面仍在继续上升，或出水（滤后水）浊度或水头损失超过设定值时，或滤池已连续运行 24～48h（或根据滤池实际运行情况确定的时间），滤池须进行反冲洗。

（2）滤池反冲洗

1）反冲洗前，必须确认压缩空气压力达到规定的压力以上时方可进行。

2）反冲洗过程为气冲——气、水混冲——水冲（表面扫洗）三个连续阶段。反冲洗操作时，按反冲洗操作规程进行。

3）冲洗阶段

a）缓慢关闭待冲洗滤池的进水闸门，缓慢打开滤池出水阀（清水阀），直至全开位置。待水位下降到 0.5～0.6m 时，关闭滤池出水阀（清水阀），打开滤池排水阀。

b）打开待冲洗滤池的气冲阀，关闭该滤池排气阀。

c）开启鼓风机的安全阀，关闭出气阀，启动鼓风机。当鼓风机完全开启，正常运行后，打开出气阀，关闭安全阀，向风管供气，准备气冲。

d）开启另一台鼓风机的安全阀，关闭出气阀，启动该鼓风机。正常运行后，打开出气阀，关闭安全阀，继续向风管供气，进行气冲。

e）到达设定时间，气冲阶段结束，打开鼓风机的安全阀，关闭出气阀，停运第 1 台鼓风机。进入水、气混冲阶段。

4）气、水混冲阶段

a）打开滤池水冲阀，开启 1♯反冲洗泵至正常运行后，打开第 1 台反冲洗泵出水阀，进行气、水混冲。

b）达到设定时间后，打开第 2 台鼓风机的安全阀，关闭出气阀，停运第 2 台鼓风机。气、水混冲阶段结束。

c）关闭滤池气冲阀，打开滤池排气阀，进入水冲、表扫阶段。

5）水冲、表扫阶段

a）开启第 2 台反冲洗水泵至正常运行后，打开第 2 台反冲洗泵出水阀，进行水冲。

b）到达设定时间后，开启滤池进水闸门，此时水冲阶段结束，进入表扫阶段。

c）1min 后，关闭滤池水冲阀，关闭反冲洗泵的出水阀，停运两台反冲洗泵。

d）关闭滤池排水闸门，开启滤池出水阀（清水阀）。

e）将转换开关从"手动"切换到"自动运行"位置。

在滤池冲洗时应定期巡视检查反冲洗过程有无跑砂现象，气、水分布是否均匀，反冲洗是否完全、干净。定期清洗滤池表面，打捞漂浮物。

（3）滤池停运

1）滤池停运应尽量安排在完成一次反冲洗过程后。

2）缓慢关闭待停运滤池的进水阀。缓慢关闭出水阀，待池中水位下降到排水槽口以下，完全关闭出水阀（清水阀）。若滤池检修，待水位下降到排水槽口以下时关闭出水阀，同时打开放空阀，排干池内余水。

3）滤池停运 8h 以上，须放空滤池内余水。

4）做好停运记录。

5）滤池应保持连续运行，严禁长时间"搁池"。

（4）滤池补砂

1）滤池在运行中出现跑砂现象应查明原因及时补砂。

2）滤池补砂后的滤料层厚度应大于设计厚度，但应小于 10cm。

3. V 型滤池运行模式

（1）自动运行模式

自动运行模式为在滤池生产中，由滤后水阀控制滤池的水位。在满足以下条件之一后，滤池自动进行反冲洗。

a）滤池运行达到规定的时间；

b）水头损失高于设定值；

c）出水浊度高于设定值。

自动运行模式由控制台或监控计算机发出反冲洗要求。滤池将自动进入反冲洗，在反冲洗周期完成后，滤池返回到过滤状态，一般一次只能洗一格滤池，如果由于水位、空气压力等因素导致条件不具备冲洗时应有相应的控制顺序。

（2）手动运行模式

操作人员在控制台处按操作规定操作阀门进行的运行模式。一般此模式应当在紧急情况、测试或调整反冲洗步骤时使用。

4. V 型滤池的维护

（1）滤池工艺维护

1）附着于滤池表面的沉积物必须用坚硬的刷子刷去，并用水流冲洗干净，以保持滤池良好外观。

2）对有缺陷的密封件、滤头予以更换。

3）每年进行一次水头损失及液位探头的校准。

4）反冲洗完成后，滤池的水头损失和运行时间的关系应保持相对稳定。如初始水头损失增长异常表明反冲洗质量存在问题，应及时检查反冲洗水和气的流量及冲洗时间。

5）每隔 3 个月测量砂层深度，当砂层损失达到 10cm 时，重新补充滤砂，如果砂损失过多，应检查过滤及反冲洗过程中滤头是否损坏，或反冲洗水或气是否过量。

6）一旦发现滤池内有藻类生长（尤其在池壁、配水管及中央水槽上）必须清理。并采取前加氯处理。

（2）机电设备的维护

设备的润滑及维护应按照厂家说明书内的要求定期进行，并记录在运行日记中，如上润滑油的日期、磨损件更换日期等。

（3）气动阀门及闸板与空压机系统的维护

1）气动阀门正常压力由减压阀调节，一般为 6.0bar。

2）滤后水出水阀的正常压力应由减压阀调整，一般为 2.5bar。

3）压缩空气由两台空压机提供，根据压力开关为 7～9bar，配有自动切换装置，空气中的水汽从吸收缸罐处手动排出。空气干燥器用于去除吸收缸出口处的水汽，以便对进入阀门的空气进行彻底干燥。

7.6.4　V 型滤池常见故障及处理办法

（1）V 型滤池常见故障及处理办法见表 7-28。

V 型滤池常见故障及处理办法　　　　　　　　　　　表 7-28

常见故障	可能原因	处理办法
过滤周期过短	1. 待滤水中过多的悬浮固体	检查待过滤水，提高沉淀水质量
	2. 有藻类生长	加氯或其他化学药品，及时除藻
	3. 反冲洗不充分	进行一次或多次的连续反冲洗
反冲洗期间滤砂损失	1. 反冲洗流量过大	降低反冲洗流量
	2. 堰的水平度	检查堰口是否平整，如不平整将其磨平或抹灰
	3. 表面扫洗水流过大	检查水流，必要时降低水流
气冲不正常	1. 滤头阻塞	1. 清洗或更换有缺陷的滤头，并更换垫圈
	2. 滤头损坏	2. 更换滤头并换新垫圈
	3. 密封缺陷	3. 将有缺陷的密封周围的砂移开，重新密封
	4. 滤板漏气	4. 对泄漏部分进行抹灰处理（在抹灰前后预留一定干燥及固化时间）
过滤期间滤砂损失	有缺陷的滤头（过滤过程中可看见焊缝或反冲洗过程中气泡密集）	检查滤板并更换有缺陷的滤头。为方便更换滤头，可将滤头周围的砂挖开并在其外围放铁框以防砂子滑坡。在插入滤头之前，检查固定孔是否清洁，更换密封环并用于将滤头拧紧
启动时水头损失变化不正常	过滤速度改变	检查澄清水进入滤池时是否均匀，检查工作中滤池的数目
	滤砂被藻类或有机物淤塞	进行加氯处理

（2）鼓风机常见故障及处理办法见表 7-29。

鼓风机常见故障及处理办法　　　　　　　　　　　表 7-29

故　障	可能原因	补　救　措　施
低风量	1. 风机速度太低	1. 如果需要检查皮带驱动器是否打滑并调整检查速度是否超出限度
	2. 过压	2. 检查进气真空和排放压力，确保保护阀安装正确并可操作
	3. 管路破损	3. 检查管路、过滤器、减压阀、隔离阀和消音器确保气路通畅
	4. 过分滑动	4. 检查内部间隙看是否有过度磨损

续表

故　　障	可 能 原 因	补 救 措 施
功率过大	1. 风机速度过高	1. 检查速度是否超出限度
	2. 压力过高	2. 检查压力是否超出限度
	3. 叶轮不平衡或损坏	3. 检查外壳发热点，检查驱动校准
	4. 进气过滤器堵塞	4. 更换或清洗过滤器
过热	1. 润滑不足或不够	1. 确认油的规格是否正确，将两端的润滑油位调整到正确位置
	2. 压力上升过度	2. 检查及排除
	3. 驱动失去校准	3. 检查并重新校准
	4. 风机速度过低	4. 检查及排除
运行震动或有噪声	1. 驱动失去校准	1. 检查并重新校准
	2. 叶轮不平衡或损坏	2. 检查并重新校准
	3. 轴承或齿轮磨损	3. 更换损坏的轴承和齿轮
	4. 马达、风机或管路松动	4. 检查并将松了的螺丝拧紧
卡死	1. 压力过载	1. 检查及排除
	2. 失去水平	2. 检查及排除
	3. 有杂质积聚	3. 清除杂质
驱动轴损坏	悬垂过载	维修或更换单元，检查飞轮的尺寸，重新校准和调整张紧度，更换驱动器的构造

（3）空压机常见故障及处理办法

空压机常见故障及处理办法见表 7-30。

空压机常见故障及处理办法　　　　　　　　　　　表 7-30

故障现象	可 能 原 因	排 除 方 法
上气速度慢或压力不足	1. 空滤器阻塞	1. 清洗或更换
	2. 气路泄漏	2. 旋紧管或更换
	3. 缸盖气阀失效	3. 清洗或更换
	4. 皮带打滑	4. 调整轮距或更换
排气温度过高	1. 空压机反转	1. 改变转向，从皮带轮端看，空压机应逆时针方向旋转
	2. 通风不足	2. 轮和墙壁之间距离应 0.5m
	3. 进气受限制	3. 清洗空滤器或更换
	4. 气阀松动、灰、阀片和弹簧损坏	4. 拧紧、清洗或更换
阀室中有响声	1. 排气阀未压紧	1. 拧紧阀螺塞
	2. 阀片或弹簧损坏	2. 更换
	3. 检修后将进气阀错装在排气阀的位置上，阀座沉入气阀中与活塞碰撞	3. 检查排除
	4. 进气阀螺栓松动，使阀座沉入气缸中	4. 检查排除

故障现象	可 能 原 因	排 除 方 法
气缸中有响声	1. 边杆小头衬套过分磨损，工作时产生冲击	1. 检查或更换
	2. 活塞环过分磨损，工作时环在槽内上下冲击	2. 检查或更换
	3. 检修后在气缸内落入异物或阀片，弹簧破碎掉入缸内活塞在上死点时，发生顶撞	3. 检查或排除
曲轴箱内有响声	1. 连杆瓦过分磨损或检修后连杆螺栓未拧紧，工作时发生冲击	1. 检查或排除
	2. 曲轴、轴承过分磨损	2. 检查或更换
	3. 飞轮未装紧或健间配合过松	3. 检查或排除
压力分布不正常（1）一级排气压力过高（2）一级排气压力过低	1. 中冷器阻塞	1. 检查或排除
	2. 二级进气阀漏气或阀片弹簧损坏	2. 检查或排除
	3. 一级吸气阀漏气或阀片弹簧损坏	3. 检查或排除
	4. 空滤器阻塞	4. 清洗或更换
	5. 缸盖垫片损坏	5. 检查或排除
	6. 活塞环严重磨损	6. 检查或排除
	7. 中冷器或中冷器接头泄漏	7. 检查或排除

7.6.5　V 型滤池建设、使用经验

1. 南宁自来水公司关于 V 型滤池建设与运行经验

（1）V 型滤池设计中应注意的几个问题

1）关于设计负荷与过滤面积：

V 型滤池的滤速以 6～8m/h 为宜，过滤面积以一池 60～100m² 为宜，过低则投资与运行成本均高，过高水质不能确保优良；

2）冲洗方式、冲洗周期和冲洗强度设置

先以空气擦洗，再同时以空气和水低速反洗，最后以水低速反洗，这样可保证 V 型滤池的良好工况，同时最大限度地下水节能，以其气冲强度 13～15L/(m²·s)，水冲强度 4～5L/(m²·s)，水漂洗强度 2.0L/(m²·s)，气冲 2～3min，气混冲 4～6min，水反洗 3～5min。低浊期取低值，高浊期取高值，过滤周期 48h。运行八年，滤料含泥率不超过 1%。

3）关于滤砂厚度的微膨胀

滤砂厚度以 1.0～1.2m 为宜，过低则过滤周期短，同时耐冲击负荷低，水质不能确保；过高水头损失大，增加运行成本。

V 型滤池从理论上讲是微膨胀反冲洗，但膨胀率以多少为宜，未见有明确的规定，从运行效果来看，以控制在 15%～20% 为宜，滤砂砂面至排水堰顶的距离视气、水冲洗强度大小确定，以 0.4～0.6m 为宜。过小容易跑砂，过大冲洗不净。表面扫洗孔的位置

设定宜慎重，最好试验确定。一般不超过排水堰顶 0.05m，不低于排水堰顶 0.15m。

（2）V 型滤池施工安装中应注意的几个问题

1）标高应严格控制在施工验收规范范围之内，排水堰顶两侧水平高差，两则 V 型槽水平标高应严格±2mm 的高差控制，应有可靠的施工方法，技术与组织保证，否则将严重影响滤池反冲效果，同时跑砂现象严重。

2）滤板上滤头预埋件标高应进行严格控制，不允许负偏差，负偏差将引起滤头安装不到位，长期运行后，滤头松动，易导致快速跑砂现象。同时，在滤头安装时，施工员因要控制滤头高，为应付验收，滤头往往不拧紧，结果运行一年就出现快速跑砂现象。相比标高控制，滤头密封控制影响更为重要，同时严禁因安装不下而将滤头长柄割短安装的现象，这样将会严重影响布气均匀，局部跑砂严重。还有一个现象值得注意，密封垫的规格型号应与滤头设计功能配合，这在滤头安装时，往往忽略，安装的密封垫往往将滤头的排气孔也封死。同时滤头形式设计应充分考虑封拧的需要，考虑足够强度的结构，同时，方便用工具安装拧紧，这应在设备采购和施工安装时给以充分考虑。

3）滤板之间，滤板与池壁之间的接缝处理工艺应严格要求，一旦接缝处理不好，会给生产运行带来的后患无穷。

（3）V 型滤池运行维护中应注意的几个问题

1）V 型滤池运行参数的确定应以各水厂具体情况为准，但也基本在其设计参数范围变化幅度不宜太大。

2）V 型滤池不宜超负荷运行，实践中 V 型滤池在超过 20％负荷运行的 6 个月内，出水平均浊度由 0.2NTU 上或至 0.6NTU。

3）滤砂使用周期以 8～10 年为宜，过长，滤后水质恶化趋势明显，耐冲击负荷能力大大降低，水质不能确保。滤头密封垫以 6～8 年更换一次为佳，滤头视其性能而定，一般应能使用 15 年左右。

4）V 型滤池的阀门，空压机等设备可优考虑国产设备，这样可以大大节约投资与运行维护费用。

2. 佛山水业沙口水厂 V 型滤池的使用和维护

佛山沙口水厂的一、二期 V 型滤池分别于 1993 年和 1994 年投入使用，采用均匀级配石英砂滤料，粒径 0.95～1.35mm，砂层厚 1.35m，单格滤池过滤面积 69m²，设计滤速一期为 8.2m/h、二期为 9m/h，气冲强度为 14.9L/(m² · s)，水冲强度 4.8L/(m² · s)，水表面扫洗强度 1.7L/(m² · s)，每个滤板上安装 56 个长柄滤头，钢筋混凝土滤板配水。滤池的工作过程通过 PLC 控制系统实现全自动化控制，控制由滤水控制和反冲洗控制两部分组成。滤池的滤水控制是 PLC 根据接收到的滤池液位信号，对滤池出水阀进行开度调节，实现滤池的恒水位滤水，其过程是一个 PID 闭环控制系统。滤池反冲洗控制是根据滤池工作周期向系统发出反冲洗申请，系统在接受申请后通过 PLC 控制相关的设备动作，完成反冲洗。

沙口水厂一、二期 V 型滤池的工作周期为 35h，实际滤速 7～8.5m/h，滤后水浊度通常在 0.15NTU 以下，最高不超过 0.25NTU。对滤池的反冲洗分气洗、气、水混洗、水洗三个阶段。各阶段历时分别为 3min、5min、5min。

运行中发现的问题及其维护

(1) 在对滤池的日常维护中，沙口水厂坚持对滤池的滤砂进行抽样检查。即每月在每期抽取一个滤池挖出池底的砂进行检查。

(2) 一、二期滤池在投产后至 2001 年，滤池的运行周期一直在 48h。但 2000 年下半年开始，滤池经常出现没到运行周期就因堵塞值达到而进入反冲洗现象，在对滤砂的检查中也发现池底的滤砂有发黑结团的现象。为此，水厂将滤池的运行周期调整到 35h，经两个月的运行后，滤砂发黑结团的现象消失。

(3) 2004 年下半年开始，一、二期 Ⅴ 型滤池反冲时风机的电流值明显增大（气、水混合冲洗的电流由 120A 增大到 135A），相同的故障现象为局部滤板被顶起，滤板之间缝隙的密封胶被冲开，反冲时大量空气从此处并发出来，造成部分滤板和滤梁的损坏，滤板的压顶块连接螺杆等被腐蚀。经分析，一期滤池损坏的原因主要为钢筋及预埋件腐蚀较严重，滤梁与支撑柱连接处出现断裂。由于滤板失去与滤梁的固定连接，致使反冲时滤板随气流震动，从而将滤板间的密封胶震得松脱，加上滤头堵塞后反冲气压的加大，最终将滤板冲起。对损坏的四个滤池清空滤池的滤砂，将所有滤头拆卸并清洗干净，局部更换损坏的滤梁、滤板，之后再安装清洁好的滤头并恢复砂层，对其余滤池逐个进行大检修。

3. 深圳笔架山水厂 Ⅴ 型滤池的维护管理

笔架山水厂1994 年增设了 Ⅴ 型滤池，共分 8 格。每单池面积 84m²，池深 4.15m，单层均质石英砂厚度为 1.4m，砂粒径 0.9～1.2mm，承托层厚度为 0.1m，砂粒径为 1.2～6.0mm。在实际运行中发现存在下列问题：

2000 年 3～4 月，水量一直在 3000～4000m³/h，而过滤周期总处于一个较低的水平（15h 左右）。反冲洗效果较差，Ⅴ 型滤池东西两格的冲洗效果大不一样，严重影响了滤池的正常过滤；单池滤池东、西两格的滤层高度不一；滤砂粒径变细。

后采取了调整与改造措施：

(1) 平整滤池砂面厚度

平整滤砂后对其进行彻底的反冲洗，滤砂平整一周后，发现两格的反冲洗效果均得到了较大的改善。

(2) 调整气、水反冲洗的强度和时间

Ⅴ 型滤池的反冲洗时间自设计以来，没有经过比较大的调整，在实际生产中发现两个问题：反冲洗结束后的排水浊度比较高；原有滤池在气、水同时反冲时滤池的局部膨胀率偏低，有时甚至在 5% 以下。

为此单独将空气反冲、气、水同时反冲和单独用水冲的时间根据滤池的实际情况作了适当的调整，使气、水反冲洗强度得到了提高。

(3) 鼓风机实行变频调速

将鼓风机的运行频率设为两档运行，单独空气反冲时的运行频率为 44.5Hz，气、水同时反冲时的运行频率设为 46.00Hz。

(4) 检测滤砂的粒径

以 6# 滤池为例，先将滤池反冲洗干净，规定在滤砂面以下 10cm、20cm、25cm、30cm 处分别取砂样约 300g，将滤砂烘干称重，通过 0.9mm、0.6mm 筛子进行筛选，发现与原有的砂粒径（0.9～1.2mm）尺寸相比，出现较大的偏差，这样势必导致整个滤池滤料孔隙变小，滤层的截污能力下降，从而导致滤池的过滤周期缩短。检测后全面进行了调整。

经调整和改造，滤池一直保持正常运行。

4. 对滤池中亚硝酸盐的抑制与去除

（1）杭州九溪水厂设计能力 60 万 m^3/d，以钱塘江珊瑚沙段为水源。由于供水管网较长，采用氯胺消毒方式，前加氯、加氨点位于进水泵房后。前加氨量根据原水氨氮含量控制，当原水氨氮高于 0.5mg/L 时，停止前加氨；后加氯、加氨点位于滤池后，投加量根据出厂水水质要求控制。出厂水余氯控制在 1.0～1.8mg/L，氨氮 0.3mg/L 左右，总的加氯量一般为 2.8mg/L 左右。夏季高温时，钱塘江原水氨氮及有机物含量高的条件下，滤池滤砂层中会滋生、积累大量亚硝化细菌，并在滤后产生较高的亚硝酸盐。应对措施是：

1）原水亚硝酸盐含量较低

当原水亚硝酸盐含量较低时，采用漂粉精对滤池浸泡消毒的方式：首先对滤池进行反冲洗，停止滤池的运行，排水使砂层透空，人工在砂层表面均匀地撒好漂粉精，再开滤池进水阀至工艺水位后，根据滤速开启清水阀约 4～5min，使混合了漂粉精的高浓度氯水渗入整个砂层（折算有效余氯为 8～10mg/L），停用滤池 24h 后，重新启用，待滤池恢复正常运行并测试消毒前后的亚硝酸盐氮的数据。

2）原水亚硝化细菌、亚硝酸盐含量较高

当原水在含有氨氮等有机物的同时，亚硝化细菌、亚硝酸盐的含量较高，在沉淀池中未被去除的亚硝化细菌会直接在滤池砂层中吸附、累积，此时滤池中亚硝化细菌数量增长速度快，而漂粉精浸泡消毒的周期较长，不能有效地抑制亚硝化细菌滋生，针对以上状况，采取以下的一系列措施来去除和抑制亚硝化细菌：

停止前加氨，切断亚硝化细菌的食物来源，仅通过加单氯来去除亚硝酸盐和杀菌，由于高温水中余氯易挥发、损耗，在沉淀池上增设加氯点，实现多点加氯，增强氯氧化消毒效果，去除原水中含有的亚硝酸盐，杀灭亚硝化细菌，抑制滤池砂层中亚硝化菌滋生。由于出厂输水管线较长，为保证出厂余氯稳定，在滤后补加氨。

针对滤池砂层中积累的亚硝化细菌，增设 V 型滤池进水口处的加氯点。化验室每天检测滤前、滤后的余氯和亚硝酸盐情况，当滤后亚硝酸盐升高，余氯衰减幅度大时，开启滤前加氯系统，通过开闭阀门，依次对每个滤池进行 10mg/L 的液氯消毒，时间为 4h。消毒前后，取滤池滤前滤后水样做亚硝酸盐氮检测，结果显示，对滤池进行滤前加氯消毒效果明显，消毒后滤后的亚硝酸盐含量较滤前几乎没有升高，比消毒前有了明显的降低，使与亚硝酸盐反应的余氯损失减少，因此降低了滤后加氯量，保证出厂水及管网中余氯。

选择低温、阴天时期，原水氨氮、有机物含量较低，停加氨，提高加氯量，持续 4～5d，对水厂工艺设施、供水管网进行单氯杀菌消毒，单氯消毒后，管网中的余氯衰减较缓慢。

（2）笔架山水厂处理亚硝酸盐问题的方法

1）在净水流程中设置多点加氯，形成原水加氯、滤前加氯、滤后加氯和清水池补加氯的多级屏障，并适当提高出厂水余氯标准，强化滤前加氯，使出厂水亚硝酸盐保持在较低的水平。

2）在原水氨氮较高时，设法增加滤池负荷来提高滤速，缩短原水中氨氮与滤料中亚硝酸细菌的接触时间，以达到降低滤后水亚硝酸盐的目的。同时，增加反冲洗次数，缩短过滤周期，由 24h 减小到 16h，甚至 12h，以此来破坏滤料中生物膜的形成和繁衍。

3) 水中的悬浮物是细菌附着和寄存的主要载体，如果加强混凝沉淀工艺，采用能够产生较重较大矾花的混凝剂，投加适当的混凝剂和助凝剂量，同时，加强沉淀池的排泥来降低沉淀池出水，即滤前水浊度，就可以减少细菌附着和寄存了载体，以达到降低亚硝酸盐的目的。

5. 石家庄水厂 V 型滤池泥球形成的原因及解决方法

石家庄市地表水厂设计规模 30 万 m^3/d，原水取自黄壁庄水库和岗南水库，前者属于浅型水库，在夏季水温过高，藻类繁殖较快；后者水位较深，水温变化不大，其水质优于黄壁庄水库。

2002～2004 年夏季，发现沉淀池的集水槽处有一些大的漂浮物，因为质轻而难于下沉，随水流漂入滤池，在过滤过程中，这些物质就黏在砂面上，形成泥球。在反冲洗过程中，只能冲走很少一部分，大部分泥球仍黏结在砂面上，严重时会堵塞滤池，如果长时间留在水中，泥球内有机物就会腐化发臭，影响滤池的正常运行，导致滤速明显降低，滤后水浊度增加。

1) 原因分析

经分析滤料结泥球原因有以下几方面：

a. 与滤池反冲洗周期延长有关

由于水厂水源取自黄壁庄和岗南两个水库，冬季浊度低，将反冲洗周期从 36h 延长至 72h，就可满足冬季低温低浊水的处理需要。随着气温的升高，水温也逐渐升高，水中的有机物繁殖速度加快，但原水浊度变化不大，在反冲洗周期长、水温高、阳光充足的情况下，滤池里出现的泥球就容易黏结生长，生成一层厚厚的泥膜，从而堵塞砂层降低滤速，影响了滤后水质。

b. 与沉淀池排泥方式有关

在夏季高藻期，取水口预加氯并不能全部杀灭原水中的藻类等水生生物，导致其在沉淀池池壁继续生长繁殖。水中的藻类与混凝反应生成的絮体花结合在一起，由于刮泥机的刮板距池底有 5～10cm 的间隙，池底有一层底泥刮不到，形成死泥区，遇到夏季高温晴朗天气，正适合藻类生长，当刮泥机运行时，会将池底和池壁大块藻片扰动起来，浮在水面，随水流跌入滤池，形成大量泥球。

2) 解决办法是：

a. 曝晒滤池

在气温进入 35℃ 高温的时候，充分利用自然温度，将含泥球多的滤池逐个曝晒。V 型滤池砂面上的泥球两三天就会晒干，泥球的体积变小，质量变轻，在滤池反冲洗时，随着反冲洗水流走。

b. 缩短反冲洗周期并延长气冲时间

将反冲洗周期由 72h 缩短到 24h，随着反冲洗周期的一次次缩短，减少了藻类物质在滤池的停留时间，阻止泥球和藻类物质在滤池里继续生长，同时延长气冲时间，由原来的 4min 延长到 8min，使颗粒较大的泥球在长时间气冲下，被打碎成小颗粒，随反冲洗水流走。

c. 投加脱色剂

　　由于岗南水库原水在 7～10 月有锰超标现象，水厂有 7 月中旬开始投加脱色除臭剂（主要成分为高锰酸钾）。具体方法是根据原水中的锰含量，在投加聚合氯化铝之前投加脱色剂，由于脱色除臭剂的灭藻助凝作用，在氧化锰的同时，提高了混凝沉淀效果，降低了沉后水浊度，沉后水的漂浮物明显减少。

　　通过采取以上措施，取得了明显效果，滤料上再也没有结泥球。

7.7　翻板滤池

　　翻板滤池所谓的"翻板"，是因为该滤池的反冲洗排水舌阀（板）工作过程中是在 0～90°范围内来回翻转而得名，它是瑞士苏尔寿（SUIZER）公司的研究成果。我国第一座翻板滤池是在 2004 年昆明第七水厂一期工程得到成功应用。

7.7.1　翻板滤池的工作原理和构造

1. 工作原理

　　翻板滤池的工作原理与其他类型气、水反冲洗滤池相似：原水通过进水渠经溢流堰均匀流入滤池，水以重力渗透穿过滤料层，并以恒水头过滤后汇入集水室，详见图 7-33。滤池反冲洗时，先关进水阀门，然后按气冲、气、水混冲、水冲三个阶段开关相应的阀门，详见图 7-34。一般重复两次后关闭排水舌阀（板）开进水阀门，恢复到正常过滤工况。

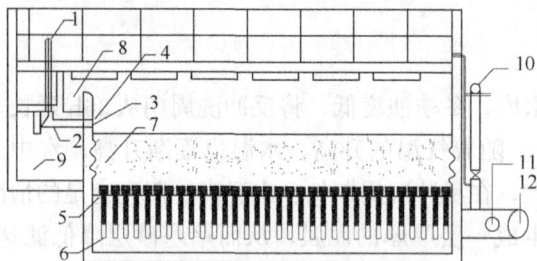

图 7-33　翻板滤池结构剖面图

1—翻板阀气压缸；2—翻板阀连杆系统；3—翻板阀阀板；
4—翻板阀阀门框；5—滤水异型横管；6—滤水异型竖管；
7—滤料层；8—进水渠道；9—反冲排水渠道；
10—反冲气管；11—滤后水出水管；12—反水管

2. 翻板滤池主要特点

　　(1) 翻板滤池适合多层滤料的组合，多层滤料具有高容污能力，在 1.5m 水头损失下可以达到 3.5kg/m³ 的容污能力，因此提高了滤池的反冲洗周期。

　　(2) 翻板滤池在气、水反冲洗时，特别在双层滤料或活性炭滤池时，不容易流失

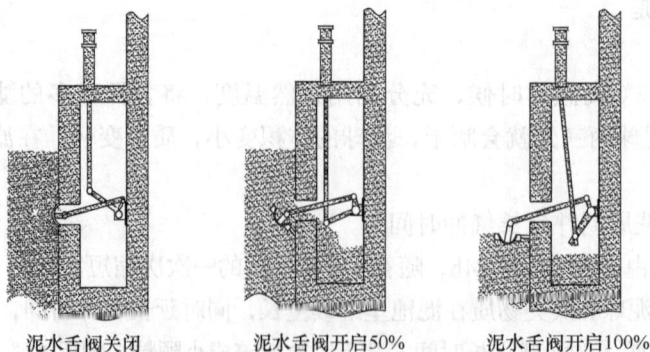

泥水舌阀关闭　　　　泥水舌阀开启50%　　　　泥水舌阀开启100%

图 7-34　翻板阀结构示意图

滤料。

(3) 反冲洗分两次反复冲洗，反冲洗排水时剩余排水减低到最小，反冲洗水的消耗仅是产水量的 1%～2%。

(4) 当使用小量的絮凝剂应用微絮凝过滤时，滤池的过滤效果很好。

(5) 滤后水持续保持低浊度，同时去除藻类能力较强。

(6) 排水底板的土建结构比滤头底板的土建结构简单，尤其对于大的单格面积滤池则更具有优越性。

7.7.2 翻板滤池的应用情况

1. 昆明第七水厂翻板滤池

昆明第七水厂一期工程规模 40 万 m^3/d，水源为水库水，最高浊度<300NTU，一般在 10～20NTU。采用"机械混合池——机械絮凝池——平流沉淀池——过滤——消毒"常规净化工艺。过滤采用翻板滤池。

1) 过滤系统：分二组，每组由 8 格滤池组成，每格滤池面积120m^2（15m×8m），滤速 8.38m/h。采用双层滤料，上层陶粒厚 0.7m，粒径 1.6～2.5mm；下层石英砂厚 0.8m、粒径 0.7～1.2mm；承托层厚 0.45m，上层粒径 8～12mm，厚 0.1m，中层粒径 3.5～5.6mm，厚 0.1m，下层粒径 8～12mm，厚 0.25m，滤层上水深 1.5m。

2) 配水系统：采用独立纵向布水、布气管和横向排水管组成配水系统。

3) 反冲系统

第一阶段气冲，强度为 17L/(m^2·s)，相应冲洗速度为 60m/h，历时 3min，目的是充分松动滤料层，摩擦掉滤料上所截留的污物。

第二阶段气、水混冲，气冲强度仍为 17L/(m^2·s)，水冲强度 3～4L/(m^2·s)，相应冲洗速度为 12.5m/h，历时 4.5min。

第三阶段水冲，强度为 15～16L/(m^2·s)，相应冲洗速度约为 55m/h，历时 1min，此时滤池中水位已基本达到最高运行水位，静置 20～30s，待滤料沉降而污物仍呈悬浮状态时开始排污，排污舌阀由 0%逐步升到 100%。上述反冲洗过程一般重复两次，滤料的膨胀率将达到 15%～25%，截污遗留量低于 0.1kg/m^3。

实际使用时，滤层水头损失约为 0.35～0.4m，反冲洗一次用水量为 360m^3，约为产水量的 1.5%，过滤周期为 40～70h，处理效果为 95%的滤后水浑浊度小于 0.2NTU。

2. 翻板滤池使用中注意事项和可能出现的问题

(1) 翻板滤池对反冲洗过程的控制是成败的关键。翻板滤池在整个反冲洗过程完成后才一次性排污，掌握排污时机特别重要。排污过早上层悬浮滤料随污水流失，过晚则污水中的悬浮的污物又重新沉淀到滤料表面，影响冲洗效果。

(2) 翻板滤池滤前水溢流堰位于排水舌阀上方，距滤料层较高（昆明的高差为 1.7m），冲洗刚完成时进水落差较大，明显冲击排水污舌阀下方滤层，应对的方法是：在反冲洗过程完成后，用反冲洗水泵使滤池中水位提升到 1.5m，先开启进水阀，再开出水阀，以缓冲进水对滤层的冲击。

(3) 翻板滤池是在整个反冲洗过程完成后才一次性排污的，其排污舌阀又处于滤池的端头，排污时浮在水面的泡状污物无法在液面处于排污状态的短时间内流出。应对方法是在排污舌阀对面滤池壁上安装一排喷水头、在污水面接近排污舌阀时，将表层泡状杂物冲向排污舌阀，推动上层污物的排除，或者是在反冲洗完成后，增加一个低强度冲洗程序，边冲洗边排污，这样排污将更彻底，滤料的洁净度将更高。

7.8 滤池的科学管理与技术改造

过滤是自来水厂净水处理中的关键工序。滤池管理在自来水厂管理中起着举足轻重的作用。滤池的科学管理主要体现在确保滤后水的水质和设备的正常运行。实现科学管理要从传统管理转变为现代管理。

7.8.1 滤池的技术测定

为了用好、管好滤池，需要掌握滤池的技术性能，要求对滤池定期进行测定，并将测定结果记入设备卡。滤池技术测定的主要内容和方法为：

1. 滤速的测定

滤速可以利用迅速关闭进水阀的方法来测定。测定时的滤池内事先标定好一个固定的距离，然后迅速关闭进水阀、记录下降这段距离的时间，按下式推算出滤速，每次测定重复 3 次以上，取其平均值。

$$V = \frac{60h}{T}(m/h)$$

式中 V——滤速（m/h）；

h——多次测定水位下降值（m）；

T——下降 h 水位时所需的时间（min）。

2. 冲洗强度的测定

(1) 用水塔冲洗的滤池测定冲洗强度，可以根据水塔的水位标尺所示的下降水位值，算出冲洗一次所用的水量，再从冲洗时间与滤池的面积，推算出冲洗强度。

(2) 用泵冲洗的滤池：用泵与水塔冲洗的滤池或虹吸滤池测定其冲洗强度可利用冲洗时滤池内冲洗水的上升速度来测定。测定时迅速关闭排水阀，等反冲洗上升水流稳定后，再测定事先已标好的一段固定高度所需的时间，每次测定需重复几次，取其平均值，并以下式推算出冲洗强度：

$$q = \frac{1000H}{t}$$

式中 q——冲洗强度(L/(s·m^2))；

H——滤池内标定的高度（m）；

t——水位上升 H 所需的时间（s）。

3. 膨胀率的测定

测定膨胀率可自制一个专用的测棒，该测棒用长 2m，宽 10cm、厚 2cm 的木板制作，在木板上钉有许多间隔只有 2cm 的敞口小瓶，如图 7-35 所示。

　　测定时将测棒竖立在排水槽边，棒底刚好碰到砂面，敞口小瓶对着砂面。反冲洗时，砂层膨胀，膨胀到敞口的小瓶处的砂粒留在小瓶内，等冲洗结束后测量小瓶中存在砂粒离测棒度的高度就是滤料膨胀到的高度。如某滤池冲洗时测得测棒中发现在砂粒的小瓶口离滤料面高 35cm，滤料厚为 70cm，则其膨胀率为：

$$e = \frac{H_1}{H} = \frac{35}{70} = 50\%$$

4. 含泥量的测定（见 7.2.3，3（3））

5. 水头损失的测定

水头损失的测定利用水头损失计。

滤池的测定要定期进行，每次测定要详细记录在测定报告中。

7.8.2　滤池的科学管理

滤池科学管理的主要方面为：

1. 建立完整的资料档案：

（1）工程设计、竣工（含历年改造）资料；

（2）各附属设备（如鼓风机、空压机、反冲洗泵、阀门等）的安装图纸、性能资料；

（3）各在线仪表资料；

（4）日常运行记录报表；

（5）定期技术测定和分析资料；

（6）滤料筛分析资料；

（7）历年设备维修记录等。

全部文字、图纸资料应分类计算机管理。

2. 坚持做好滤池的日常管理和定期技术测定；

（1）正确进行滤池反冲洗操作，提高反冲洗效果；

（2）及时排除滤池故障；

（3）有计划地进行滤池大检修，滤料补砂，更新或翻砂。

3. 完善在线监测

　　滤池出水质量控制主要靠浊度仪的在线检测，比较先进的在每格滤池出水处都按装在线浊度仪。现代化水厂已开始启用颗粒计数仪，用来监控滤池出水颗粒物的尺寸与数量，这对于保证出水水质，严防两虫超标等恶性事故发生将起重要作用。在美国已有 500 多家水厂采用这种仪器，浙江不少新水厂及北京第九水厂都已开始使用。颗粒计数仪安装维护见本手册 16.8.3。

7.8.3　滤池的技术改造

1. 明确出水水质目标，科学地核定滤池滤速

（1）出水水质目标

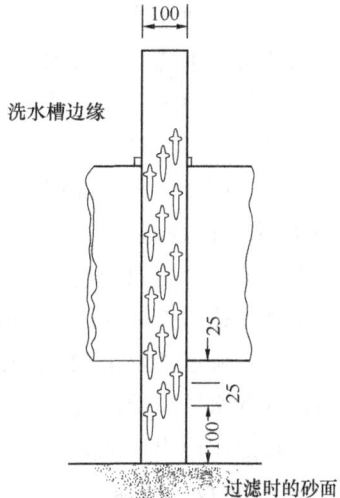

图 7-35　滤料膨胀率测定装置

浑浊度属感官性指标，但也是水厂运行的一个重要控制目标。本节指的出厂水水质目标主要指水的浑浊度。滤池改造前应根据各自水源、净水设备和技术经济条件及沉淀池出水可能达到的内控指标确定滤池的出水水质目标，是达到基本目标（3.4.1）还是争创目标（3.4.2）和现代化目标，并以此目标确定滤池的改造方案。

（2）核定滤池滤速

为使滤后水达到要求的水质和维持滤池的正常运行合理的控制滤速是关键，滤池技术改造时要科学地核定设计滤速。

1）检查设计滤速

我国水厂滤池设计滤速大都是根据《室外给水设计规范》确定的。1997 年施行的原《室外给水设计规范》GB JB—86 规定滤池的正常滤速为 8～10m/h，强制滤速为 10～14m/h。2006 年 6 月施行的现行《室外给水设计规范》GB 50013—2006 规定单层细砂滤料的正常滤速为 7～9m/h，强制滤速为 9～12m/h，均匀级配粗砂滤料正常滤速为 8～10m/h，强制滤速为 9～13m/h。20 世纪设计的国内大多数水厂滤速一般都采用 10m/h，目前设计的水厂，滤池滤速采用 8～10m/h 为多。在滤池进行技术改造时首先要检查设计滤速，核定滤池出水能力。

2）核定设计滤速

滤池的出水浊度与沉淀水质量和滤料级配有很大关系，但一般来讲，滤速越低，出水浊度越低。有试验表明：6m/h 左右的滤速，冲洗用水率最低，美国长期来曾以 5m/h 作为滤速的控制上限。日本自来水厂一般采用单层砂滤料，有效粒径为 0.45～0.7mm，厚度 600～700mm，相应采用的滤速为 5～6.25m/h。法国则以采用均匀级配单层粗砂滤料较多，有效粒径一般为 0.95～1.35mm，厚度为 800～1500mm，相应的滤速都在 7m/h 以上。

我国新的《生活饮用水卫生标准》颁布以后，对滤池出厂水的要求进一步提高，许多水厂的实践表明，从科学发展的角度，以确保水质为前提，滤速设计不宜太高。如果已建成的水厂在滤池面积不变情况下，设计滤速的减低则意味着供水能力的降低，要维持原有的设计能力则需增加滤池面积或改变滤料结构解决。

2. 合理选用滤料级配

（1）我国自来水厂目前除少数采用煤砂双层滤料外，大多采用单层砂滤料。滤料级配主要有两大类：一种为传统的细砂级配滤料，有效粒径 0.55mm 左右，厚度 700mm；另一种为 V 型滤池，采用的均匀级配粗粒滤料，有效粒径 0.9～1.2mm，厚度 1200～1500mm。

（2）美国《水质与水处理：公共供水技术手册》对不同粒径滤料的运用：

1）混凝沉淀后处理：砂滤料有效粒径为 0.45～0.55mm，总厚度 600～700mm；双层滤料有效粒径为 0.9～1.1mm，总厚度 600～900mm；

2）气、水反冲洗的单层粗滤料：砂滤料有效粒径为 0.9～1.0mm，总厚度 900～1200mm；去除 Fe 与 Mn 的有效粒径为 1～2mm，总厚度 1500～3000mm；

（3）衡量滤料性能可用滤层厚度 L 与有效粒径 de（或平均粒径 dp）之比即 L/de 或 L/dp 表示。

1）美国《水质与水处理：公共供水技术手册》建议：普通细砂和双层滤料滤层，

L/de≥1000；深床单层滤料滤层(1.0<de<1.5mm)L/de>1250；深床粗滤料滤层(1.5<de<2.0mm)L/de=1250~1500。

2）英国手册建议，L/dp 应大于 1000。

3）日本《水道设施设计指针》规定，L/dp 应大于 800，平均粒径 dp 与有效粒径 de 之比应根据不均匀系数求得。

滤池更新改造时，上述指标可作为重要参考。

（4）滤料的更新

1）由于滤料在长期运行过程中受冲洗气和水流的不断摩擦会造成一定损耗，一些细小颗料也可能随冲洗水流失。当配水系统不当时还可能随出水流失。因此，实际运行中的滤料级配是在不断改变的，需要定期取样，进行筛分，必要时进行更新。

2）滤料的更新包括：全部滤料的更换、滤料取出清洗后重新使用、补充部分损耗的滤料。

3）我国城镇供水厂运行、维护及安全技术规程（CJJ 58—2009）对滤池规定："每季测量一次砂层厚度，当砂层厚度下降 10％时，必须补砂且一年内最多一次"。又规定"5 年内必须进行一次大修，且当发生下列情况时必须立即大修：a）滤层含泥量超过 3％；b）滤池冲洗不均匀，大量漏砂；c）过滤性能差，滤后水浑浊度长期超标；d）结构损坏等"。

4）日本大阪规定原则上使用 15 年后全部滤料需作更换，同时当出现以下情况时则需更换或补充：a）砂的有效粒径大于 0.7mm（原有新砂为 0.55mm）；b）滤层厚度减少100mm 以上；c）滤料表面发生坍陷或裂缝；d）L/dp 小于 600。札幌市规定每 10 年更新滤料一次；e）横滨市、京都市规定每 8 年更新一次。

当滤池进行更新改造时，其滤料组成和级配的选择应结合原有滤池条件和冲洗设施情况进行综合考虑。实践运行表明，传统的细砂级配滤料截污能力相对较小，当滤速较大时易造成浊质泄漏，冲洗周期也较短。因此，当条件允许时，倾向于改用均匀级配粗粒滤料，但其冲洗系统必须得到相应配套。当由于受池体构造或冲洗条件限制，仍需采用细砂级配滤料时，也宜采用粒径较均匀、厚度较厚的滤料级配。另外，改用煤、砂双层滤料可能也是个较好的选择方案。

3. 改造冲洗方法

（1）滤池冲洗状况的鉴别

滤池的冲洗是保证滤料正常运行的关键。冲洗不良将造成滤后水浊度恶化、水头损失增快。出现下列情况时说明滤池冲洗状况不佳：

1）滤层中结泥球；

2）滤层表面出现裂痕；

3）滤层也池壁间产生间隙；

4）滤料流失，有效粒径增大；

5）滤层减薄；

6）滤料层与承托层界面不平整等。

（2）冲洗水排出水浊度和含泥量控制

鉴别滤池冲洗是否完善，除了观察上述现象外，还可以通过测定冲洗排出水间浊度及滤层的含泥量加以判断。

完善的冲洗要求最终的冲洗排出水浊度较低。我国《JJ 58—2009》规定，冲洗结束时，排水浑浊度不宜大于 10NTU；日本规定一般应以 2NTU 为目标，并希望能降至 1NTU 以下。

观察冲洗前、后滤层含泥量的变化可以分析冲洗的完善程度。良好的冲洗效果应使冲洗前、后的含泥量有明显改变，同时保持冲洗后滤层具有较低的含泥量。

含泥量的测定，对于单层滤料，可以取表面 15cm 深度的滤层进行测定，对于多层滤料，还应分析不同滤料界面的含泥量。

根据冲洗后滤层含泥量的大小，可判断冲洗的完善程度。我国《JJ 58—2009》规定，每年对每格滤池做滤层抽样检查，含泥量不应大于 3%（双层滤料时，砂层含泥量不应大于 1%，煤层含泥量不应大于 3%）。美国芝加哥水厂按照砂样含泥量大小（表层 15cm）对冲洗效果砂样含泥量在 0.1%～0.2% 为优；0.5%～1.0% 为良；1.0%～2.5% 为次；2.5%～5.0% 为差；大于 5.0% 为极差。

（3）滤池冲洗不完善的主要原因

造成滤池冲洗不完善的主要原因有：

1）冲洗强度过小或冲洗历时不充分；

2）冲洗强度过大，造成细粒滤料流失；

3）配水系统不完善，造成冲洗分布不均匀，或者滤料流入配水系统；

4）冲洗方式与滤料组成和级配不相适应。

滤池的冲洗强度可以通过实测确定。当冲洗强度不当时，应通过冲洗系统的改造加以完善。对于采用水塔或水箱冲洗的滤池，如由于其容量或高度受限制，难以满足要求时可考虑改用水泵冲洗。水泵冲洗宜设调节阀门及计量仪表，以方便对冲洗强度的控制。

滤池配水系统和承托层布置是保证冲洗水分布均匀、防止滤料流失的关键。当配水系统由于长期的磨损和腐蚀，影响冲洗强度和配水均匀时，应及时更换。改造时应优先使用滤头式小阻力配水系统和气、水反冲。

4. 助滤剂的应用

在滤池进水中投加少量的助滤剂是改善滤池过滤性能，降低滤后水浊度的有效措施。作为助滤剂的药剂可以采用聚合氯化铝、硫酸铝、活化硅酸或聚丙烯酰胺等。助滤剂的投加，一方面可有效降低浊度，但另一方面也将使水头损失增加过快，过滤周期缩短。助滤剂投加量应通过实践使用确定。日本福增水厂曾对助滤剂的应用进行长期的试验，研究结果表明：在过滤前投加高分子助滤剂 0.01～0.005mg/L 与在混凝过程中投加高分子助凝剂 0.2～0.3mg/L 相比较，两者可以获得同样的过滤效果；高分子絮凝剂同时作为助凝剂与助滤剂投加时，滤层水头损失增长过快；高分子絮凝剂作为助滤剂，当其投加量为 0.02～0.04mg/L 时，水头损失急剧上升，当投加量采用 0.01～0.005mg/L 时，能获得较理想的效果。

5. 初滤水的排放与控制

考虑到水质要求的提高，对初滤水的合理处置应是今后滤池改造的一个内容。滤池反冲洗后，滤层中积存的冲洗水和滤层以上的水较为浑浊，因此在冲洗完成开始过滤时的初滤水水质较差，浊度较高，尤其是存在致病原生动物的几率较高，从提高出水水质和保证供水安全考虑，初滤水宜排除或采取其他控制措施。

6. 滤池冲洗废水的回用

滤池冲洗废水一般约占水厂制水量的 1.5%～3%。滤池冲洗废水的回收和利用，特别是对于水资源紧缺以及需长距离引水的城市更具有意义。对于需要进行排泥水处理的水厂，滤池冲洗废水的回用还可减轻后续浓缩工序的负荷。

但是滤池冲洗废水中富集了原水中的悬浮物，胶体物质、有机物、微生物以及生产工艺投加的混凝剂等，有可能造成对出水水质的影响，并容易造成隐孢子虫和贾第鞭毛虫爆发的隐患，需引起特别的注意。

从保障出水水质安全考虑，新建水厂以及有条件改造的现有水厂冲洗废水回用拟设沉淀（澄清）构筑物，冲洗废水经沉淀后回用。沉淀（澄清）构筑物形式可根据处理能力选用。因条件限制而未设专用沉淀构筑物的回用水系统，也可利用冲洗废水调节池的调节容量对冲洗废水进行预沉，使冲洗废水得到一定的澄清。对于采用冲洗废水直接回用的系统，则应严格控制回用水的比例，不超过净水系统处理水量的 5%，尽可能均匀投入，同时还应经常检测回用水水质，出现异常及时排放。

7.8.4 滤池技术改造实践

1. 郑州市柿园水厂对传统普通滤池的气、水反冲洗技术改造

柿园水厂为 20 世纪 50 年代建的老水厂，设计能力已达 37 万 m^3/d，滤池原采用穿孔管大阻力配水系统，为了满足国家新的城市供水水质标准要求，提高出水水质，节约反冲洗水量，延长过滤周期等，将原有配水系统改造成小阻力配水、气、水反冲洗系统。

（1）滤池改造前状况

该厂原来滤池为中间廊道式普通快滤池，共分 12 组 24 格。单格尺寸为 $11 \times 5.5m$，每组过滤面积 $121m^2$，总面积 $1452m^2$。滤料层由无烟煤、石英砂双层滤料组成，厚度 70cm，设计滤速为 10m/h。配水系统采用大阻力丰字形孔管配水、单一水反冲洗工艺，设计冲洗强度为 15L/(m^2·s)。冲洗水由送水泵房反冲洗水泵提供，过滤周期为 24h。存在问题：

1）原设计按 GB 5749—85 水质标准要求，出水浊度为低于 5NTU。已不能满足新的供水水质标准要求。

2）配水系统的陶质或铸铁穿孔配水管孔口锈垢堵塞严重，致使滤水和反冲洗配水严重不均匀。滤池表面形成泥球或泥饼。

3）冲洗耗水量多，能耗高。

4）滤池管配件多，阀门陈旧，设备老化，不能满足自控要求，管理劳动强度较高。

（2）技术改造内容

1）拆除滤池中的穿孔配水管和配水槽，将滤池中的浑水渠向下拓展 410mm 后，中间以 80mm 钢筋混凝土预制板隔开，上部为反冲洗排水渠，下部为气、水冲洗的进气管道。

2) 设置三根异型布气支管，以完成反冲洗时的快速均匀布气。

3) 配水系统采用长柄滤头配水配气，每格滤池铺设滤板 55 块，滤板尺寸为 1080×980×100mm，每块滤板上布置滤头 56 个，滤梁均做成预制件，池内全部缝隙用密封胶泥，水泥砂浆封固，提高配水槽标高，确保滤池滤料厚度和反冲洗要求的满足。

4) 将原有滤池洗砂排水槽提高 500mm，确保技改后的滤料层厚度 0.7m，并使滤料层不超过排水槽底部。不再增加滤层厚度，仅将原来的级配滤料改为粒径 1.0～1.2mm，的石英砂均匀滤料。对均匀滤料层，采用气、水进行微膨胀（6%以内）的清洗、再生，滤池的原有高度得到了充分利用。

5) 滤池采用进口的气动蝶阀，实现现场控制和远程控制。

6) 新建一座鼓风机房，安装 2 台罗茨鼓风机和 2 台空压机及一个贮气罐，压力 0.6MPa，分别给滤池反冲洗和气动阀门提供压缩空气。

(3) 改造后运行效果分析

该滤池改造完成并投入运行后，经过一年多的生产运行，情况一直稳定，运行效果良好，主要体现在以下几个方面：

1) 滤后出水水质提高

在不增加滤层厚度的条件下，通过控制滤池、气、水反冲洗时间和强度等手段，使得滤后水质较改造前有明显的提高，平流式沉淀池出水浊度小于 5NTU 时，改造前滤池工作周期内出水平均浊度在 1.5～2NTU，浊度去除率 60%～70%；技术改造后出水浊度 0.3～0.5NTU，浊度去除率 90%～94%。

2) 反冲洗效果明显改善

由于采用气、水反冲洗，强化了对滤料的剪切和碰撞作用，改造后滤料含泥量明显减少，从而能够增大滤层的含污能力、提高出水水质、延长过滤周期等。

3) 过滤效果提高

对改造后滤池进行了观察，运行周期从 24h 提高到 48h；冲洗水量从每次 381m³ 下降到 191m³，产水量大大提高。

4) 控制管理水平提高

滤池自控系统的改造完成，可使监控和管理水平明显提高，使出水水质和安全运行有了保障，同时可以最大限度地节省人力物力，提高劳动效率。

2. 桂林东江水厂将双阀滤池改造为翻板滤池

(1) 现状

桂林东江水厂建于 1993 年，采用双阀滤池，共两座，每座规模为 3 万 m³/d。单座滤池为双排对称布置，共 8 格，左右各 4 格，中间为廊道。单格滤池过滤面积 23.52m²，净尺寸 4.9×4.8m 滤池主要技术参数如下：

1) 滤池进水采用鸭舌阀，正常滤速 7.2m/h，强制滤速 8.2m/h；

2) 砾石承托层厚 0.3m，$d4.0～8.0$mm；级配石英砂滤料层厚 0.9m，$d0.7～1.1$mm，过滤水深 1.2m，出水系统采用带有水位恒定调节器的钟罩式虹吸出水管以实现恒水位过滤。

3) 采用单水反冲洗，配水系统为中阻力二次配水滤砖，固定式穿孔系统表面冲洗，单池共有 3 条 U 洗砂排水槽，滤砖高 0.27m，排水槽顶距滤料层顶 1.25m；

4）反冲洗水来自二泵房出水，反冲洗强度 14～16L/(m^2·s)，历时约 7min；

5）滤池总高 4.0m，其中配水渠深 1.0m，宽 0.5m。

（2）存在的主要问题及改造的必要性

双阀滤池是在普通四阀快滤池基础上改进的一种滤池，是较早出现的一种滤池形式，运行中存在如下问题：

1）采用单水反冲洗，滤料冲洗不干净，出现了板结、结泥现象，导致整个滤层

出现多处死区，滤池有效过滤面积减少，出水的水质、水量下降，过滤周期较短（15～20h）。

2）原设计滤池为中阻力陶瓷砖配水系统，陶瓷砖易破碎，长期经受正反两面的过滤与反冲负荷，隐性裂纹扩大，发生破裂、堵塞，使得部分承托层紊乱、翻滚，出现了跑砂、漏砂现象，降低过滤及反冲洗功能，水质变劣。

3）单水反冲洗强度约 15L/(m^2·s)，历时 7min，冲洗用水约占自产水量的 5%，耗水量大。

4）鸭舌阀进水均匀性差，从出水口跌落的大流量原水对管口下部的滤料容易形成冲击。反冲洗时进水鸭舌阀关闭不严，大量反冲洗泥水混入进水配水渠，使待滤水受到污染。

（3）改造的原则及要求

1）维持滤池的主体土建结构及工艺不变，保持过滤面积不变；

2）采用布水均匀的小阻力配水系统；

3）采用气水联合反冲洗，改善滤池反冲洗的效果，延长滤池工作时间，降低反冲洗耗水量，节约水资源；

4）实现滤池全自控运行，提高滤池正常运行的稳定、可靠性。

（4）工艺改造方案

根据实际情况，将滤池改造为翻板滤池，具体做法如下：

1）拆除滤池进水管出水口处的鸭舌阀，代以安装 $B \times H = 300 \times 600$mm 的气动闸板。同时在该端滤池壁上增设横向通长进水配水槽以实现均匀配水。

2）拆除出水管、反冲洗管上 DN500 电动蝶阀，代以安装两个 DN500 气动蝶阀。同时废除出水系统原采用的钟罩式虹吸系统，在出水井增设出水堰，使滤后水经过堰口跌水后再收集流入清水总管中，利用出水堰和清水阀共同控制滤池的恒水位过滤。

3）拆除原中阻力配水滤砖系统，代以安装翻板型滤池所采用的配水、配气系统；

4）更换滤料及承托层，采用 450mm 厚砾石承托层，石英砂与无烟煤双层滤料。

5）反冲洗排水。为实现滤池的闭池反冲，避免高强度的气、水反冲洗时出现跑砂现象，将原反冲洗洗砂排水槽废除，更换增设翻板阀排水口。翻板阀排泥水口设置在进水端池壁上，尺寸为 3200×1500mm。

6）反冲洗供气供水。切断二泵房接出的反冲洗供水管道，新建设反冲洗泵及鼓风机房，反冲洗供水管道系统采用原管道系统，新增设供气管网。

（5）改造效果

滤池改造前后的效果比较见表 7-31。

滤池改造前后效果比较 表 7-31

项 目	改 造 前	改 造 后
平均工作周期 h	18	36
冲洗水量 m³/格	150（约为自产水量的 5%）	115（约为自产水量的 2.5%）
滤后水的平均浊度（NTU）	0.75	<0.5
运行方式	人工控制	自动控制

3. 天津新开河水厂双阀滤池改造为气、水反冲洗滤池

（1）改造背景

天津新开河水厂一期滤池为双阀滤池，设计产水能力为 50 万 m³/d，于 20 世纪 80 年代投产运行，其设计参数见表 7-32。

一期滤池设计参数 表 7-32

项 目	数 值	项 目	数 值
分格	6×4	滤层厚度(mm)	无烟煤：300 石英砂：500
单池有效面积(m²)	84	冲洗方式	水冲洗
设计滤速(m/h)	10	冲洗强度 L/(m²·s)	13~15
滤料级配(mm)	无烟煤：0.8~1.8	冲洗周期(h)	24~48
	石英砂：0.5~1.2	出水浊度(NTU)	<3

经过 20 多年的运行，该滤池性能衰减严重，主要表现在以下几个方面：

1）滤料老化，磨损严重。滤层厚度偏小，滤层截污率降低，难以持续稳定保证滤池出水水质；滤速只能维持在 4m/h 左右，过滤周期降低至 16~24h。

2）由于水厂整体工艺性能的下降，为了保证滤池出水浊度<0.3NTU 的企业标准，前端混凝工艺的药剂投加量大。

3）进水、排水采用虹吸系统，真空系统设备老化严重，运行工况不稳定。采取人工控制方式，滤池水位难于控制。

4）采用传统的大阻力配水系统，能量损失大，同时年久失修，配水不均匀，滤层表面凹凸不平。

（2）改造方式

针对滤池运行中出现的问题，围绕几个核心问题进行改造：

1）滤料：将原有双层级配滤料更换为均匀滤料，有效粒径 $d_{10} = 0.9$mm，$d_{80} = 1.2$mm，不均匀系数 $K_{80} \leqslant 1.3$；滤层厚度增加至 1130mm。L/D>1000，改造后设计滤速 8.7m/h，过滤周期 24~36h。

2）进水排水系统：拆除原有的进水虹吸管和排水虹吸管，新装进水、排水电动提板闸，增加了进水及排水过程的可控性。进水闸后设置缓冲区及可调节过流堰板，其顶部施工误差控制在±5mm 内，以最大限度地实现滤池进水分配的均匀性。

3）冲洗方式：将原有的单水冲洗改为气、水反冲洗，新装 3 台鼓风机，利用原有反冲洗水泵提供反冲洗水源，使用变频调速装置控制水量，中间设置高位水罐进行缓冲。整

个冲洗过程采用分序列连续冲洗的方式，将改造后的 12 组滤池分为 2 个序列，每个序列中的 6 组滤池交叉排队，交替进行冲洗，单个滤池反冲洗耗时 20min 左右，经过交叠排序后，整个序列反冲洗耗时 90min。滤池改造后的气冲洗强度 10L/(m² · s)、冲洗时间 3min；气、水冲洗的气 10L/(m² · s)、水 4L/(m² · s)，时间 5min；单纯水冲洗强度 4～8L/(m² · s)，时间 5～8min。

4）配水、配气系统：拆除原有穿孔管式大阻力配水系统，新装滤板、滤头式的小阻力配水系统。滤板分为两层，上层为现浇钢筋混凝土板，下层为不饱和聚酯模板，单组滤池滤板的安装误差控制在±5mm 内，整个滤站的滤板安装误差控制在±10mm 内；每组滤池内设置 4234 个可调滤头，开孔率为 1.74%，滤头高度的安装误差控制在±2mm 内，以最大限度地实现配水配气的均匀性。

5）控制方式：滤池运行过程采用自动化控制方式，整个控制系统包括 1 个主站 PLC，4 个子站 PLC，1 台监控计算机以及各种附属仪表。

（3）改造后的运行效果

1）采用恒水位过滤方式，运行水位波动小，滤速稳定保持在 7m/h 左右，出流变化缓慢，出水水质稳定，在沉淀池出水浊度小于 1.4NTU 的条件下，滤池的出水浊度可以持续稳定地保持在 0.2NTU 左右，最低可达 0.1NTU。

2）改为均匀滤料后，可以避免反冲洗后的水力分级；同时滤层厚度的增加可能以有效发挥滤层深度方向的截污作用，含污能力高，有利于运行周期的延长。目前滤池的运行周期稳定保持在 24h 左右，在强制过滤试验中，将滤池的运行周期延长到 48h 后，滤池仍然保持平稳的运行工况。

3）采用滤板、滤头式的小阻力配水系统，施工过程中的误差控制质量高，有效保证了配水配气的均匀性，在一定程度上提高了冲洗效率。

4）节能降耗效果显著。反冲洗耗水量降低 23% 左右。

5）自动化程度高，控制简便。

4. 湖州市城北水厂滤池改造

湖州城北水厂建于 1986 年，滤池经二期扩建共分两组 12 格，单格面积 5.35×5.35m。配水采用大阻力丰型穿孔管配水系统，单水反冲洗工艺方式，设计反冲洗强度 15L/(m² · s)，反冲洗水由高位水箱提供，过滤周期为 24h。

滤池采用大阻力配水系统的钢质穿孔管，埋设在砾石承托层中，时间长管内逐渐生锈结垢，孔眼堵塞，致使配水不匀。冲洗时在同一格滤池不同区域出现膨胀不足或水力反冲局部过大，造成承托层发生移位，出现严重漏砂现象，在冲洗不充分的地方出现积泥死区，影响了过滤效果。降低了出水水质，运行周期明显缩短。

（1）技术改造

经过认真分析，考察论证，确定了改穿孔管为滤头板组合装置，即大阻力配水改为小阻力配水系统的方案。

改造后每格滤池有 25 块长宽均为 1.05m 的滤板，每块滤板有 64 只滤头（开孔比为 1.4%）；滤头缝隙为 0.25～0.3mm，滤料采用 0.6～1.2mm 单层均匀石英砂，厚 0.9m。

（2）改造施工

把大阻力配水系统改造成小阻力配水系统，主要有下面三个施工步骤：

1) 清除原滤池中滤料和砾石承托层，拆除大阻力配水系统的穿孔钢管和支管；

2) 在滤池内构筑滤梁，找平后安装高精度预制混凝土滤板，板与板之间用 903pccm 专用胶泥密封；

3) 滤池内各条滤板缝上用正方形不锈钢压板固定，滤板与池壁之间用 L 型不锈钢压板固定，装上滤头后直接铺干净的均匀石英砂滤料。

施工时应特别注意滤板必须水平，滤头高程误差不能超过 2mm，运转中控制好反冲洗强度。

(3) 滤池参数

改造前后的工艺参数与运行数据见表 7-33。

工艺参数与运行数据对比   表 7-33

项 目	改 造 前	改 造 后
滤池运行 26h，滤后水的平均浊度(NTU)	0.71	0.39
滤池运行 70h，滤后水的平均浊度(NTU)		0.42
运行周期(h)	40	72
最大滤速(m/h)	13.8	18
冲洗强度(L/(m² · s))	14	6
冲洗历时(min)	7	6
冲洗水量(m³/格)	235	85

5. 丹东大东港水厂采用气、水反冲洗的虹吸滤池

丹东大东港水厂从虹吸滤池基本工艺特点出发在保持自助冲洗条件下，将虹吸控制改为压板阀气动控制，实现了气、水反冲洗式的虹吸滤池。

(1) 采用气、水反冲洗要解决的主要问题

1) 滤池的分格问题

虹吸滤池各格之间是互通的，如采用气、水反冲洗，当向一格滤池冲气时，气会自然通过清水渠流向其他滤格。因此，虹吸滤池如采用气、水反冲洗，清水渠不仅需要互通，而且需要分格。气冲时，利用分格不让气流向其他滤格，水冲时，利用互通使其他滤格水流向待冲滤格。

2) 虹吸控制问题

虹吸滤池采用虹吸控制，可省去机械阀门、方便操作，有利于实现自动化。但采用气、水反冲洗问题就出现了，因为气冲前，先要使排水虹吸形成真空，才能使水位下降到排水槽顶，然后气冲；气冲后又要使排水虹吸形成第二次真空，才能具备水冲条件，将冲洗废水排出。这样操作很不方便，尤其是气冲时间一般很短，只要 1~2min。为了不让经过气冲已经膨胀的滤料下沉，气冲完毕时最好立即水冲，这在虹吸管条件下很难做到。为了解决以上问题，只有将虹吸控制改为其他方式控制。虹吸滤池虽是以它的控制方式命名的，但就工艺而言，它的基本特点是利用本身的出水水头和过滤的水量进行反冲洗，是一种自助冲洗式滤池。因此在保持自助冲洗条件下，将虹吸控制改为其他方式控制，应视为

对虹吸滤池的改革和完善。

（2）气动控制的压板阀滤池构造、

1）气动控制的压板阀滤池工艺设计

气动控制的压板阀滤池，与虹吸滤池的不同，在于它的进水和排水不用虹吸管，而用气动压板阀，并在清水渠中增加一个清水阀。

该池每格滤池平面尺寸为 4.5×6.5m，共 10 格。图中进水阀代替原进水虹吸管，排水阀代替排水虹吸管，清水阀在气冲时可对滤池各格起到隔离作用，还可使单格滤池停产检修。这种滤池在反冲洗时，操作步骤如下：徐徐关闭进水压板阀，停止进水；当滤池水位下降到接近清水渠时，关闭清水阀，打开排水阀，使滤池水位下降到排水槽顶；开启气冲阀，按规定的时间与强度进行空气反冲洗；开启清水阀进行水冲并立即关闭气冲阀；冲洗达到规定要求后，关闭排水阀，打开进水阀，使滤池恢复运转。

气动控制的压板阀滤池和虹吸滤池一样是自助式滤池，但它可以很方便地进行水冲洗与气冲的交替操作。

2）气动控制的压板阀构造

气动控制系统由气源、贮气罐、气动压板阀组成。气动压板阀是的关键部分，由四通阀、活塞缸和压板阀 3 个部分组成，操作时，旋转四通阀，使压缩空气与活塞缸上部或下部相通，活塞做向下或向上移动，带动轴杆使盖板关闭或开启。构造见图 7-36。

3）压板阀滤池的气、水反冲洗系统设计

丹东大东港水厂压板阀滤池设计滤速 8m/h，冲洗方法为先气冲 $1 \sim 1.5$min，冲洗强度为 20L/(m² · s)；后水冲 $5 \sim 6$min，冲洗强度为 $5 \sim 8$L/(m² · s)。供气系统采用空压机通过中间储罐供气。配气系统采用长柄滤头，滤头缝隙宽度为 0.25mm，滤头与一根插入滤板下 200mm 左右的短管相接，短管上设有小孔，下部有一条缝隙。气冲时，空气聚集在滤板下部形成气垫层，气量加大后，气垫层随之加厚，大量空气由缝隙进入长柄滤头，以达到配气均匀之目的。

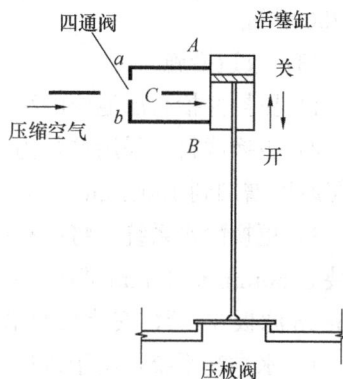

图 7-36 压板阀动作示意图

铺设在底梁上的滤板与滤板之间做成碶口连接，内填高强度胶泥填料，板上面用镀锌板或角钢与螺栓加以固定。

经过改造，压板阀滤池投产后，运行正常，出水浊度保持在 1NTU 以下。操作时，开动压板阀只需 $3 \sim 4$s，比一般虹吸开成时间提高效率 60 倍，而且操作可以根据生产需要随意调度，性能可靠。

6. 大连大沙沟水厂将普通快滤池改造为气、水反冲洗滤池工程实践

大连大沙沟水厂分别建设于 1989 年和 1997 年，净水能力为 40 万 m³/d，采用常规水处理工艺，其中滤池为普通快滤池。自 2003 年开始，滤池先后出现出水夹砂、反冲洗不均匀等现象，使过滤周期缩短、出厂水水质变差、产水量降低。2004 年针对滤池运行状况，结合现有池型对滤池进行了技术改造。

（1）滤池基本情况及存在的问题

337

大沙沟水厂二组净水系统，净化能力均为 20 万 m^3/d，滤池均为普通快滤池，每个系统共有 16 座滤池。一系统单池面积为 69.30m^2，滤速为 7.68m/h；二系统单池面积为 77.22m^2，滤速为 7.00m/h。滤池配水系统为中阻力陶瓷滤砖，承托层为 250mm 多层级配卵石，滤料层为 700mm 双层滤料；滤池采用单一水反冲洗，反冲洗强度为 15L/(m^2 · s)，反冲洗水均由系统自的高位水箱供给，过滤周期为 24h。经过多年运行，滤池主要存在以下问题：

1）配水系统所采用的陶瓷滤砖出现裂缝、堵塞，造成反冲洗布水不均匀，滤料中洗不干净，滤料上层结有泥球，并逐渐出现部分滤砖破损、漏砂、承托层泥乱、反冲洗周期短等问题，严重影响了出水水质。

2）由于采用单一水反冲洗，冲洗耗水量大，能耗较高。

（2）改造方案

将原水中阻力陶瓷滤砖配水系统改为整体滤板小阻力长柄滤头配有配水；滤料由原有的双层滤料改为石英砂均匀滤料；拆除原有洗砂排水槽，抬高并更新为新型断面的不锈钢洗砂排水槽；滤池反冲洗由原来的单水冲洗改为气、水反冲洗，增高鼓风机及气管路；同时配合工艺改造，完善滤池的自动控制系统。

改造后的滤池竖向各层高度如下：超高，440mm；清水层 1200，（洗砂排水槽顶至滤层顶 520mm）；均匀石英砂滤料层 1500mm；整体滤板层 310mm；池底找平层 50mm；总高 3500mm。

（3）改造措施

1）更换并抬高滤池内的洗砂排水槽；

2）更换滤料，采用粒径为 0.95mm 的均匀石英砂滤料代替原有的煤砂双层滤料，滤料层厚度增加到 1500mm。

3）更换配水系统，将原有的滤砖配水改为整体滤板，安装长柄滤头；一系统每池内安装 3450mm×595mm 滤板 30 套，安装长柄滤头 3450 个；二系统每池内安装 3750mm×595mm 滤板 30 套，安装长柄滤头 3750 个。滤板下设置压力冲洗系统。

4）水冲洗系统：由于改造后水冲洗强度减小，滤池原反冲洗水管偏大，为调节反冲洗强度，将冲洗水总管部分缩径并在高位水箱出水总管增加一个电动调节阀和流量计，以利于日后冲洗强度调节和运行管理。将原有进入每座滤池的 DN800 反冲洗进水管在阀门后缩径为 DN500 管，然后与滤后水管道连接。

5）气冲洗系统：增设滤池反冲洗气系统，新设鼓风机房和气管路。管路系统采用 DN350 管道，从鼓风机房经管廊至滤池上部中间 H 槽进气位置，同时安装气管路上 32 台 DN350 电动蝶阀和 32 台 DN40 电动球阀。

一系统、二系统鼓风机房内分别设 3 台罗茨鼓风机，2 用 1 备。其中，一系统单机性能参数：风量 1950m^3/h；进出口风压 0.04MPa；配套电机功率 37kW。二系统单机性能参数：风量 2200；进出口风压 0.04MPa；配套电机功率 45kW。

6）为实现滤池自动化运行，进行相应的电气与自动化改造，安装 1 面公共冲洗软启动电气柜、2 台反冲洗控制柜、16 台滤池控制台，改造 1 面公共冲洗柜，以及各控制柜、控制台的 PLC 程序、中控室滤池控制部分程序，实现滤池全自动运行的工艺要求。

（4）改造后的运行效果

一系统、二系统滤池改造分别于 2006 年 7 月用 2006 年 11 月完工投入运行。经过多次运行调试，从改造后滤池的运行情况看，出水水质大大提高；反冲洗效果明显改善，产水量大大增加，并且节水降耗，降低了运行成本，滤池实现了自动化运行，改造前后的运行参数见表 7-34。

滤池一系统改造前后运行参数　　　　　　　　　　表 7-34

项　　目	改　造　前	改　造　后
反冲洗周期(h)	13～24	24
滤速(m·h⁻¹)	5.6～7	9～11
冲洗时间(min)	单水洗 6	气洗 1，气、水洗 6，水洗 6
反冲洗强度(L/(m²·s))	15	气洗 6.25，气、水洗 12.5 气洗 1.92，水洗 10
滤层厚度(mm)	700	1500
全年平均滤后水浊度(NTU)	1.4	0.33
滤后水浊度去除率	16%～62%	63%～89%
滤料含泥量	煤 2.1%～3.5% 砂 1%～2%	0.1%～0.4%

第8章 消　毒

8.1　概述

8.1.1　消毒的历史

1. 氯消毒

氯气最早于 1774 年由 Scheel 制备出来，但直到 1808 年才被承认为一种化学元素。最早将氯用于水的消毒的是 1908 年美国的两个水厂（Bubbly Creek 和 Jerseg），不到两年就被引入 New York 等许多城市，到 1918 年 1000 多个城市的水厂都以氯作为消毒剂。美国消毒现状调查表明：20 世纪 80 年代后期各水厂采用氯和氯胺消毒的占 87.27%。氯胺消毒美国最早在 1917 年 OTTAWA 等水厂使用。由于氯胺消毒能延长和稳定管网中余氯和减少产生氯酚气味，因而受到提倡。近来又由于对加氯产生的有机副产物担心，更受到重视。

我国最早采用氯消毒的是上海杨树浦水厂。杨树浦水厂 1883 年建成，1920 年 8 月 4 日正式加氯。当时液氯从美国进口，加氯量在 1.0～1.5ppm 之间。北京东直门水厂建于 1910 年，20 世纪 30 年代开始采用漂白粉消毒，20 世纪 50 年代初天津、上海为了提高消毒效果，保证城市管网末梢的余氯，开始采用氯胺消毒。目前，我国大部分的水厂采用氯消毒。

2. 二氧化氯消毒

二氧化氯最早是在 1811 年由 Davy 制得，当时是通过氯酸钾和盐酸反应实现的。但是，直到亚氯酸钠实现工业化生产使制备二氧化氯更加容易之后，它在水厂中的使用才得以推广。1944 年美国尼亚加拉瀑布城首先用二氧化氯控制自来水中的臭和味，到 1977 年，美国有 84 个自来水厂使用了二氧化氯。经过半个世纪的发展，二氧化氯消毒已得到世界普遍重视，在欧洲已有 500 多个水厂应用，已成为饮用水消毒的主流药剂。

我国从 20 世纪 90 年代以后才开始在一些中小水厂中应用，但发展很快。据不完全统计，2000 年底，二氧化氯发生器已投放市场 2000 台以上，产品规格从 300～500g/h，最大可达 20kg/h。我国饮用水消毒采用二氧化氯已占有一定的比例。

3. 臭氧

臭氧是 1783 年 Van Marum 发现的，1840 年由 Schonbein 命名。1857 年生产出第一台放电臭氧发生器，最早是在 1893 年开始商业化应用。将臭氧用于饮用水消毒的是在荷兰 Oudshoorm，1906 年法国 Nice 水厂引入了臭氧处理工艺，后来在欧洲许多城市水厂都采用了臭氧消毒工艺。美国最早应用臭氧是在 1906 年纽约的 Jerome 公园，但到 1987 年才在 5 个水厂使用，主要是来控制臭、味和去除三卤甲烷前体物，1993 年 Milwankee 爆发了隐孢子虫之后，将臭氧用作消毒剂变成了热门。

我国 1926 年在厦门赤岭水厂（0.5 万 m^3/d）采用过臭氧消毒，但一直没受到青睐。

4. 紫外线消毒

紫外线照射的灭菌作用早在 1877 年就得到了认可，1909 年法国马赛市水厂就应用了紫外线消毒技术。目前欧洲已有 3000 多饮用水厂使用紫外线消毒。20 世纪末，由于紫外线消毒对于抗氯的隐孢子虫和贾第鞭毛虫有很好的消毒效果，且不产生有害的副产物，美国环保局（USEPA）认为值得重视。并在 2006 年年底出版了《紫外线消毒指南手册》。在美国已有很多水厂推广紫外线消毒与氯消毒相结合的技术。我国的紫外线照射消毒已经在天津开发区净水厂、上海临江水厂等应用，但就总体而言还处在起步阶段。

8.1.2　消毒的目标

消毒的目的是去除水中的致病微生物，确保饮用水安全。《生活饮用水卫生标准》GB 5749—2006 明确要求"生活饮用水中不得含有致病微生物"、"生活饮用水应经消毒处理"，《室外给水设计规范》GB 50013—2006 也明确规定"生活饮用水必须消毒"。

消毒的具体目标是：

（1）消毒后的出厂水不得检出总大肠菌群、耐热大肠菌群、大肠埃希氏菌，并使菌落总数≤100（CFU/mL）。

（2）消毒后的出厂水还要求贾第鞭毛虫<1 个/10L；隐孢子虫<1 个/10L；

（3）消毒后出厂水中消毒剂的限值，出厂水中余氯和管网末梢水中余氯要符合本手册表 8-2 的规定。

8.1.3　消毒方法比较

自来水厂中我国目前较普遍采用的是氯和氯胺消毒，二氧化氯消毒。现将常用的消毒方法优缺点及适用条件见表 8-1。

常用的消毒方法优缺点及适用条件　　　　　　　　表 8-1

方　　法	优　缺　点	适用条件
液氯	优点 1. 具有余氯的持续消毒作用； 2. 成本较低； 3. 设备成熟，方便操作简单，投加量易控制 缺点 1. 原水有机物高时会产生有机氯化物； 2. 原水含酚时产生氯酚味； 3. 使用时需注意安全，防止漏氯	1. 液氯供应方便的地点； 2. 大中小水厂
氯胺	优点 1. 能延长管网中余氯的持续时间； 2. 能降低三卤甲烷和氯酚味的产生 缺点 1. 需较长接触时间； 2. 需增加加氨设备	原水中有机物多以及输配水管线较长时

方 法	优 缺 点	适用条件
二氧化氯	优点 1. 减少生成有机氯化物，杀菌效果好； 2. 具有强烈的氧化作用，可除臭、去色、氧化锰、铁等物质； 3. 投加量少，接触时间短，余氯保持时间长 缺点 1. 成本较高，一般需现场随时制取使用，不能贮存； 2. 以氯酸盐制取二氧化氯时，有氯气存在兼备氯气的优缺点； 3. 氯酸盐和亚氯酸盐等副产物易超标	适用于中小水厂或有机污染严重时
漂白粉 漂白精	优点 1. 投加设备简单，使用方便； 2. 漂粉精含有效氯达 60%～70% 缺点 1. 同液氯； 2. 易受光、热、潮气作用而分解失效，须注意贮存	漂白粉与漂粉料仅适用于生产能力较小的水厂
次氯酸钠	优点 1. 具有氯气的氧化消毒作用； 2. 操作简单，比投加液氯安全方便 缺点 1. 不能贮存，必须现场制取使用； 2. 目前产地少，使用受限制； 3. 成本较高	适用于人口稠密地区，对安全要求较高的水厂
紫外线消毒	优点 1. 杀菌效率高，需要的接触时间短； 2. 不改变水的物理化学性质，不会生成有机氯化物和氯酚味； 3. 具有成套设备，操作方便 缺点 没有持续的消毒作用，易受二次污染	小型集中用水户
臭氧消毒	优点 1. 具有强氯化能力，对微生物、病毒等均具有杀伤力，消毒效果好，接触时间短； 2. 能除臭、去色，除铁、锰等；能除酚，无氯酚味； 3. 不会生成有机氯化物 缺点 1. 基建投资大，经常电耗高； 2. 臭氧在水中不稳定，易挥发、无持续消毒作用	可用作预处理或与活性炭联用作深度处理

8.2 氯消毒基本知识

8.2.1 氯的性质和氯消毒原理

1. 氯的性质

凡是利用氯气或含氯化合物如氯胺、次氯酸钠、漂白粉等消毒的均称氯消毒。氯的性质是：

(1) 氯是一种有强烈刺激性的黄绿色气体。

(2) 在标准大气压力下，温度 0℃ 时每升氯气重约 3.214g，约为空气重量的 2.5 倍。

所以一旦泄氯，氯气会向氯库底部流动。

（3）在常压下，当温度低于零下 33.6℃时，或在常温下将氯气加压到 6—8 个大气压时，就成为深黄色的液体，俗称液氯。

（4）在 0℃时每升液氯重 1468.41g，约为水重的 1.5 倍。相同重量的液氯与氯气的体积比为 1：456，由于液氯体积小，便于贮存和运输，这就是净水厂消毒用的氯气都是在工厂中加压成液氯的原因。

（5）在常温常压条件下，液氯极易气化，沸点为 −34.5℃，1kg 液氯可气化为 0.31m³ 氯气，液氯气化时需要吸热（约 2900J/kg），所以气温低或出氯量大时，氯瓶上会结霜。

（6）氯气易溶于水，并即刻与水发生水解作用，氯气在 20℃，98kPa 时的溶解度为 7160mg/L。

（7）氯气有毒，对人体的生理组织有害。

2. 氯消毒的原理

氯消毒原理有多种解释，但比较一致的认为是因为氯气溶于水中，几乎瞬间生成次氯酸（HOCl）、次氯酸根（OCl⁻）和氢离子。因为次氯酸是很小的中性分子，可以很快地扩散到带负电荷的细菌表面，并穿透细菌细胞壁，到达细胞内部，并起氧化作用，破坏细菌的酶系统，从而导致细菌的死亡。次氯酸根虽具有杀菌能力，但它带负电难以接近带负电的细菌表面，杀菌能力比次氯酸要差。

8.2.2　影响加氯效果的因素

1. pH

水中 pH 对消毒效果有很大影响。因为加氯效果好坏主要看加氯后水中生成次氯酸的多少。但次氯酸是一种弱电解质，当 pH 高时，次氯酸根较多，pH＞9 时，次氯酸根几乎接近 100％；pH 低时，次氯酸较多，当 pH＜6 时，次氯酸也几乎接近 100％；当 pH＝7.54（20℃）时，次氯酸与次氯酸根大致相等。因此为提高消毒效果，控制水中 pH 值不要大于 7.5 是很重要的，pH 值越高，需氯量越大。

2. 水温

水温对杀菌效果的影响主要体现在余氯的损耗上。温度越高氯对微生物的杀灭效果越好。但温度高，氯的挥发性就强，余氯消耗大，这就是夏季水温高时，往往需要提高加氯量的原因。

3. 接触时间

氯消毒时间很快，据静态实验结果，用氯消毒，5min 内可杀灭 99％以上的细菌，用氯胺消毒 5min 可杀 60％细菌。但要达到充分消灭细菌的目的，必须保持一定的接触时间，才能有利于杀灭细菌。一般要求水与游离氯不应少于 30min 接触时间，采用氯胺消毒时不应少于 120min。

4. 加氯量

为保证氯的杀菌作用，投加的氯量必须充足，即除杀菌和氧化水中有机物之外，还应有一定数量的剩余氯。但余氯不宜过大，否则不仅浪费氯气，而且还会使水中呈现氯味，容易使用户反感。

5. 浑浊度

水中杂质多,浑浊度高,消耗的氯量就会增加,遇到这种情况,就要增加加氯量。

8.2.3 加氯量的确定和加氯点的选择

1. 加氯量的确定

(1) 加氯量的一般控制

1) 加氯量可以分成两部分:一部分是为了杀灭细菌、氧化有机物等而消耗的氯量,这和原水水质好坏有关;另一部分是剩余氯量,这是为了抑制水中残余细菌的再度繁殖需要,也是必须达到"国标"规定的对出厂水和管网末梢水余氯要求而投加的。

2) 水质是影响加氯量的重要因素。水中除了细菌、微生物消耗氯以外,其他的有机物如氨氮、亚硝酸盐等都会影响加氯量。原水中 COD_{Mn} 是反映水中有机物的综合指标,其值高耗氯量就大,按化学平衡 1mg/L COD_{Mn} 相当于 4.43mg/L 的氯。氨氮本身虽然不会被氯直接氧化,但氨氮在制水过程中会通过硝化反应,转化为亚硝酸盐氮,而完全氧化1mg/L 的亚硝酸盐氮需要 5mg/L 的氯。所以在出厂水余氯控制指标确定后,水质本身需要的耗氯量加上余氯控制值就是实际生产中的氯投加量。

3) 一般水厂的加氯量都是采取事先确定的出厂水余氯的最高值与最低值,由加氯机根据流量和出厂水的余氯控制的。最低值是根据出厂水余氯不低于 0.3mg/L 及管网末梢能确保达到 0.05mg/L,并使水中细菌及大肠菌值达到规定来加以确定。最高值则是以不过多浪费氯气和水中不产生氯臭味来确定。

自来水厂出厂水余氯一般控制见表 8-2。

自来水厂余氯的一般控制 表 8-2

情 况	出厂水余氯量 (mg/L)	相应加氯量 (mg/L)
一般情况下	0.3~0.6	0.5~1.0
水源微污染或管网较长时	0.5~0.8	1.0~2.0
个别污染严重时	按折点加氯法控制	

(2) 总氯与游离性余氯

余氯是指用氯消毒时,加氯接触一定时间后,水中所剩余的氯量。余氯有游离性余氯和结合性余氯之分。

氯气加入水中后由氯分子、次氯酸分子、次氯酸离子产生的余氯称游离性余氯。

水中特别是地面水往往存在以"氨"的形式存在的有机物。这种氨和氯结合后,会产生一氯胺、二氯胺等化合物,而氯胺也能产生次氯酸,也有消毒作用。由氯胺产生的余氯称结合性余氯。

游离性余氯和结合性余氯的总和称总氯。"国标"规定的游离氯余量要≥0.3mg/L,总氯的出厂水余量≥0.5mg/L。

(3) 折点加氯

1) 折点加氯是在水源污染比较严重的情况下,使用一种加氯方法。

2）对于一般水源当加氯量满足需氯量后，剩余氯就随加氯量的增加而增加，它们之间呈正比关系（见图 8-1）。

3）但当水源污染比较严重时，水中存在氨和氮有机物时，情况就比较复杂了（图8-2），开始时需氯量 OA 满足以后，随着加氯量的增加，剩余氯相应增加，当加氯量增加到某一值时，剩余氯开始下降，当下降到某一点时，如果再增加氯，水中余氯又重新上升，水中剩余氯曲线从下降到上升转折点 B 称折点。折点加氯就是控制加氯量、超过折点 B 的加氯方法。

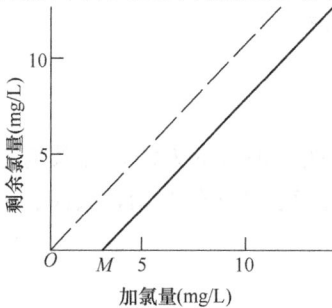

图 8-1　加氯量与剩余氯量的一般关系

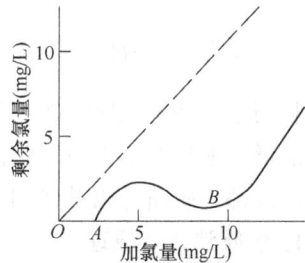

图 8-2　折点加氯

4）剩余氯随着加氯量的增加而上升、下降、又上升的变化，主要是由于水中结合性余氯已被全部消耗才使余氯上升，这时候的余氯就是全部游离性余氯，而且又都是消毒能力最强的次氯酸部分。

5）对于污染比较严重的水源，采用折点加氯对去除水中臭味和色度有较大效果。但必须严格掌握好折点，避免加氯量未达到折点从而造成水中结合性余氯太高，使水质未能得到充分的消毒，当然也不要超过折点太多。

6）采用折点加氯的水源，往往由于水中有机物含量多，加氯后生成的氯仿有所增加，在这种情况下，应控制好氯消毒副产物。

加氯量确定是水厂日常管理中的一项重要职责。其目的是在保证消毒效果的前提下，减少氯耗，降低成本。这就要求掌握原水水质的变化；了解气候和水温；熟悉原水中化学物质对加氯量的影响；注意氨氮和耗氧量的变化，并在此基础上总结规律性经验，合理科学制定加氯量和出厂水余氯控制目标。

2. 加氯点选择

加氯点选择要根据原水水质情况，净水设备条件，因地制宜合理进行。一般在以下几种：

（1）滤前加氯（原水预氧化）

加氯点选在沉淀池前或进水泵房吸水井内，与混凝剂同时投加，称滤前加氯，也称原水预氧化。滤前加氯适宜于水中有机物较多，色度较高，有藻类孳生的水源。采用滤前加氯既可以充分杀菌，还可提高混凝沉淀效果，防止沉淀池底部污泥腐烂发臭或滤池与沉淀池池壁滋长青苔。这种方法虽然加氯量大，但仍被河网平原地带的许多水厂采用。

（2）滤后加氯

加氯点选在过滤后流入清水池前的管道中间或清水池入口处，称滤后加氯。滤后加氯适宜于一般水质的水源。由于水中大量杂质已被沉淀和过滤所去除，加氯只是为了杀灭残

存的细菌和大肠杆菌。采用滤后加氯，水在清水池中最少停留 30min 以上，但不宜过量
以免剩余氯自行消失。

（3）二次加氯

当原水水质污染较重时，可以采取二次加氯的方法，即在滤前和滤后分别加氯。滤前
的投加主要为了杀灭细菌、大肠杆菌，氧化有机物，提高混凝过滤处理效果；滤后的投加
则主要是为了保证出厂水的剩余氯。

在管网末梢余氯难于保证时，也可以管网中途补充加氯。

8.2.4 氯胺消毒法

利用结合性余氯即将氯和氨反应生成的二氯胺和一氯胺等消毒的方法称氯胺消毒法。
氯胺消毒法最早在 1917 年就开始在美国使用，我国在 20 世纪 50 年代开始，天津、上海、
广州、成都、杭州等相继使用。

1. 氯胺消毒法原理

原水中加入氯后就会产生如下反应：

$$Cl_2 + H_2O = HOCl + HCl$$

HOCl 即次氯酸能起杀菌消毒作用。但水中如有氨氮或人工投入一定的氨，次氯酸就
会与氨继续进行化学反应：

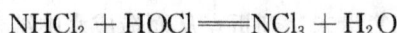

$$NH_3 + HOCl = NH_2Cl + H_2O$$

$$NH_2Cl + HOCl = NHCl_2 + H_2O$$

$$NHCl_2 + HOCl = NCl_3 + H_2O$$

上述反应中 NH_2Cl 为一氯胺，$NHCl_2$ 为二氯胺，NCl_3 为三氯胺统称结合性氯。就消毒
效果而言，水中有氯胺时仍然可理解为依靠次氯酸起消毒作用，但从上述化学反应中可见，
只有当水中 HOCl 因消毒需要而消耗后，反应才向左进行，继续产生消毒需要的 HOCl。氯
胺消毒就是利用这样的原理使消毒作用比较缓慢地进行，从而延长了余氯时间。

氯胺中一氯胺、二氯胺、三氯胺的含量取决于氯、氨的相对浓度、pH 和温度。一般
讲，当 pH 大于 9 时，一氯胺占优势；当 pH 为 7.0 时一氯胺和二氯胺都存在，近似相
等；当 pH 小于 6.5 时，主要为二氯胺；而三氯胺只有在 pH 低于 4.5 时才存在。比较三
种氯胺的消毒效果，一氯胺和二氯胺都起消毒作用，但二氯胺消毒效果要比一氯胺强，在
pH 低时二氯胺要比一氯胺多，并因氯胺消毒主要还是次氯酸在起作用，所以 pH 低时，
消毒效果好。三氯胺消毒作用极差，且具有恶臭味，但一般净水厂的 pH 不可能低到产生
三氯胺的程度。

2. 氨的物理化学性质

氯胺消毒可以人工加氨，也可以利用原水中的氨氮。人工投加氨可以是液氨、硫酸铵
或氯化铵。液氨投加方法如同液氯，硫酸铵、氯化铵的投加方法如同混凝剂，先配成溶
液，然后投加到原水中。氨的物理化学性质为：

（1）氨其分子式为 NH_3，分子量为 17.031。氨与空气的比重为 0.588，具有刺鼻的
臭味。水厂一般使用钢瓶装的液氨。

（2）氨在空气中的浓度按体积比达到 16%～25% 时能引起爆燃。因此设计加氨间及

氨库时应使之有足够的通风换气能力。在设备选择和系统安装中应采取防爆防火的措施。

水厂特别应注意的是：氨与氯虽然均是用于水厂消毒工艺，但装有氨及氯的钢瓶绝对不可同室存放。这是因为氨和氯混合可引起爆炸危险。

（3）干的氨气与湿的氨不腐蚀铸铁和钢，但与铜、锌、银、汞及合金均能作用。因此凡接触氨的设备、仪表、闸阀和管道均不得含有上述金属，以防止发生腐蚀。

（4）氨的压力对温度的变化是非常敏感的，如图 8-3 所示。

从图中曲线可明显地看出容器内压力随温度升高而增加极快。由此，告诫我们若使氨瓶增加蒸发量时，绝对不准直接用热水浴、蒸汽或明火加温，避免压力失控造成意外危害。

（5）液态氨在汽化时也需要吸收一定的热量。故必须使氨瓶周围空气流动，以补足所需的热量。

氨瓶中的氨处于气-液两相临界状态，如果输送氨气的钢管所处环境的温度低于氨瓶中液态氨的温度，钢管中的氨气会出现液化，形成的液滴一旦进入设备突然汽化，体积迅速膨胀将会造成设备的损坏。因此设计氨气管道的路由时，应尽量使氨瓶接出至减压阀的管段进入增温区（至少不低于氨瓶所处的环境温度）且减压阀的竖向位置应高于氨瓶，管路坡向氨瓶，为液滴回流瓶中创造条件。在管路设计中不能满足上述条件时，可在反坡的低端设置液滴捕集器将氨液滴截流于捕集器内使其自然吸收外界热量而汽化。

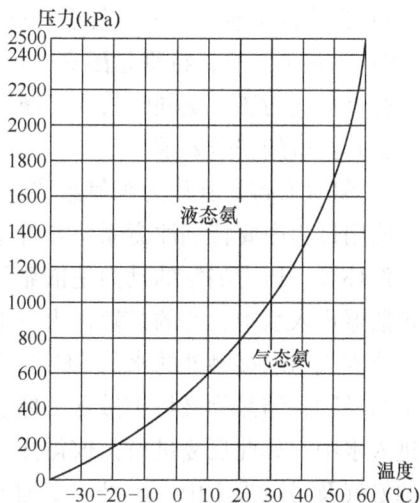

图 8-3 氨气蒸发曲线

3. 氯胺消毒法技术特点

（1）氨的投加量

1）当原水中氨氮含量较高时，加氯量控制在加氯曲线（图 8-2）第一高峰之前，结合性余氯能满足消毒要求时，则无须加氨，如满足不了消毒要求，则可人工加氨。

2）氯和氨的投加比例可视水质不同而定。一般采用氯：氨为 3：1～6：1。前加氯时为预加氯量的 1/3～1/4，后加氯时为余氯设定值的 1/2～1/3。当以防止氯臭为主要目的时，氯氨比可小些，当以杀菌和维持余氯为主要目的时，氯氨比应大些。

（2）氨的投加方式

目前市场上供应的加氨设备有压力加氨设备和负压加氨设备两大类型。负压加氨系统基本上是由汽化、调压、计量调节和投加四部分组成。不论采用负压加氨或压力加氨其汽化方式是一样的。负压加氨的动力来自压力水，压力水通过设置在管道上的水射器时，抽吸经真空调节器后转化成负压的氨气。氨气在水射器处与水混合形成氨的水溶液进入被处理的水体。由于自真空调节器出气端起经加氨机至投加点所经管路中，氨均处于负压之下（即表压小于 0.1MPa），因此不会有氨气逸出，大大改善了氨的投加环境。但是也应注意到负压加氨技术的使用条件：第一，在投加点必须有可供水射器使用的压力水。其水量应满足投加氨的需要量，其压力应足以克服被处理水体的背压力。第二，作为水射器所用的压力水，其水的硬度有严格限定要求。如有的设备要求水的硬度不能超过 1 德国度（相当于碳酸钙 17.85mg/L），否则不能使用水射器。因为过量的氨加入到硬度高的水中，极易使碳酸钙析出，其结晶物会逐渐堵塞水射器使之无法产生足够的真空度。所以选用以水射器作为投加氨的设备，一定要了解设备对水质硬度的要求，不能盲目选用。

（3）氨的投加顺序

氯与氨的投加顺序应根据原水水质、水厂工艺和消毒要求确定，一般：

1）为维持余氯，可先加氯后加氨；

2）为减少氯臭，特别是酚臭，可先加氨后加氯；

有资料认为氯、氨同时投加可减少消毒副产物。

（4）投氨的安全要求

1）氨气有毒，在压力加氨系统中，因所有输气管道和设备部件处于正压之下，在安装和使用过程中要特别注意系统和管道的密封，同时也要做好氨库及加氨间的通风，以改善工作环境。压力加氨的动力是依靠氨瓶内的气源压力，氨气通过减压、调压、计量调节经扩散器投入水中。有的扩散器为一带有缝隙的膨胀套，氨气由缝隙中溢出。由于氨的投入，使氨气与水接触处的水的 pH 上升，水中的钙镁盐类溶解度降低，因而在扩散器外面产生结晶物，结晶物又将扩散器（橡胶套）上缝隙堵塞，使橡胶套膨胀，结晶物脱落，氨气进入水中。如此反复进行。值得注意的是加氨管端应淹没在水面以下一定深度。应使加入的氨气及时溶入水中，不准将氨加入静水中。

2）氨库中应设置氨瓶的称重设备。若库中贮有 0.5t 氨瓶时应设置起重设备，其起重能力以实际需要的二倍为宜。

3）加氨工艺中，安全防护必须给予充分的重视。例如，在液氨管路系统中，两个阀门之间必须设有泄压安全装置，以保护这两个阀门间的管道。为了维修与安全，在加氨系统内的管道、减压阀和调压阀等设备均应设置安全阀及排空管道。

4）加氨间内，对事故出现时的应急救护，也应给予充分考虑。如在氨库中设置洗涤盆，以便及时冲洗眼睛。并设置消火栓，以便在事故时有足够的水量，使扩散的氨气溶入水中，防止氨气的蔓延。当然必要的防护服装、劳保用品也应在必备之中。

4. 氯胺消毒法使用经验

（1）成都市自来水公司（简称水司）从 1997 年至 1998 年进行了近 20 次消毒效果实验，并在第六水厂进行生产性试验结果证明：当滤后水浊度小于 0.5NTU，加氨量为 0.3～0.5mg/L，氯氨比为 3：1～4：1，结合性余氯达 0.4mg/L 以上时，1.5h 即能达到国标要求的消毒效果。成都水司的实践还表明，氯胺消毒在减少出厂水、管网水中氯仿等消毒副产物含量方面较液氯消毒法有较大的优势。也证明在折点之前的氯胺消毒对去除原水中酚的影响也有较好的效果。

（2）上海水司在使用黄浦江作水源时经过比较认为采用先折点加氯法，后氯胺消毒相结合的工艺比较有效。上海吴淞水厂当年使用黄浦江下游水源，污染较重，根据当时原水氨氮浓度定出一套相应的余氯要求（见表 8-3）。吴淞水厂原水一年中≤0.5mg/L 氨氮的约占 61%。该厂在清水池进口处设加氨点将游离余氯转化为结合性余氯，氯浓度不足部分进行第二次补加氯。

上海吴淞水厂氯胺消毒余氯控制 表 8-3

等级	原水氨氮 (mg/L)	游离余氯 (mg/L)	接合余氯 (mg/L)
1	≤0.5	0.3～1.3	0.5～1.6
2	0.6～1.0		1.6～2.0
3	1.1～1.5		1.5～2.5
4	1.6～2.0		2.0～3.0
5	2.1～3.0		2.5～3.5
6	>3.0		3.0～4.1

(3) 杭州水司氯氨消毒的经验是絮凝前先投加氨，后加氯，氯氨比例一般控制在 3：1～6：1。氯氨消毒时与水接触时间不少于 2h，出厂水余氯含量控制在 0.8～1.8mg/L，管网末梢水余氯含量不低于 0.05mg/L。

8.2.5 消毒副产物

1. 消毒副产物发现和标准

饮用水加氯已有很长历史，但直到 1974 年在美国新奥尔良自来水中发现水经加氯消毒后含有有害的消毒副产物，如三卤甲烷等（THM）等。1976 年美国国家癌症协会认定氯仿有致癌作用。美国曾对 80 个城市的卤代有机物进行调查，三卤甲烷中氯仿（三氯甲烷、二氯一溴甲烷、一氯二溴甲烷和三溴甲烷的总和）在美国加氯的水中普遍存在。经研究证明它们的生成与水中总有机碳总量、富里酸含量、加氯量、pH、水温以及与氯作用时间等因素有正相关关系，即 pH 越高，反应时间越长，加氯量越多，则生成三氯甲烷越多。

国外为此对消毒副产物和余氯量都做了严格的要求和规定。我国新的生活饮用水标准，按照世界卫生组织和各先进国家的标准在 GB 5749—2006 中对三氯甲烷、三溴甲烷、二氯一溴甲烷、一氯二溴甲烷、甲醛、三氯乙醛、二氯乙酸、三氯乙酸、氯化氰、2，4，6-三氯酚、亚氯酸盐、溴酸盐、氯酸盐等与消毒副产物有关的指标进行了严格规定和要求。

2. 消毒副产物的控制

根据研究，饮用水的消毒副产物大都在预氯化时产生。消毒副产物的产生程度和加氯量、消毒方式等有关，一般控制和去除方法为：

(1) 在加氯前尽可能去除或降低水中能形成氯仿母体的有机物。原水经混凝、沉淀、过滤可去除部分有机物，然后再加氯，则形成的氯仿量可减少 20%，必须进行预加氯的就要严格控制加氯量，并检测加氯后的消毒副产物含量。

(2) 氯胺消毒。当原水中氨氮含量较低时，采用氯胺消毒，当氯氨比 3：1 时，三卤甲烷产生量可减少 70%，有利于减轻氯酚味，使口感更自然。

(3) 二氧化氯消毒。二氧化氯杀菌效果好，欧洲国家大量利用亚氯酸钠生产的二氧化氯，不会产生有机氯化合物。但如果用氯酸钠做原料生产的二氧化氯中仍然会产生大量的氯气。采用二氧化氯也要防止亚氯酸盐和氯酸盐的超标。

(4) 深度处理。臭氧可氧化水中有机物，有利于活性炭的除臭、除色，吸附有机物，但是也要防止溴酸盐、甲醛等指标的超标。

我国自来水用户一般饮用煮沸过的开水则是比较简单易行的氯仿去除法。

8.2.6 液氯质量要求

国家对工业用液氯制定的质量标准 GB 5138—2006 要点如下：

1. 质量指标（见表 8-4）

液氯质量指标   表 8-4

项　　目	指　标		
	优等品	一等品	合格品
氯的体积分数（%）≥	99.8	99.6	99.6
水分的质量分数（%）≤	0.01	0.03	0.04
三氯化氮的质量分数（%）≤	0.002	0.004	0.004
蒸发残渣的质量分数（%）≤	0.015	0.1	—

注：水分、三氯化氮指标强制

注：产品按批检验。用户以每次收到的同一批次的工业用液氯为一批。

2. 试验方法

（1）氯含量的测定

液氯气化后，取 100mL 气氯样品，用碘化钾溶液吸收氯气，测量残余的气体体积，计算气化样品中氯气的体积分数。

（2）水分含量的测定

气化的样品，通过已称量的五氧化二磷吸收管吸收氯气中的水分，用已称量的氢氧化钠溶液吸收氯气，分别称量吸收管和吸收瓶，根据各自测定前后的质量差，计算样品中的水分含量。

（3）三氯化氮含量的测定

液氯气化后通入浓盐酸、三氯化氮转变为氯化铵，与纳氏试剂显色反应，在 420nm 处用分光光度计测定吸光度。

（4）蒸发残渣含量的测定

在低温条件下，量取一定体积的试料，气化蒸发后，称量蒸发残渣的质量。

3. 检验

用户有权按标准规定对收到的工业用液氯进行验收检验，验证其质量是否符合标准要求。检验结果中如有一项指标不符合标准要求，应重新加倍采取有代表性样品，对不合格项进行复检。复检结果中仍有一个结果不符合标准要求，则该批产品为不合格品。

8.3　加氯系统及加氯、加氨设备

8.3.1　加氯系统

1. 加氯系统组成

加氯系统从氯瓶供液氯开始至氯气投加点，一般在氯库、加氯机房和加氯点三处设置：

（1）氯库

氯库中设置氯瓶、电子秤、液氯歧管、自动压力切换装置、真空调节阀及漏氯报警器、通风设备、起重机等。

(2) 加氯机房

加氯机房主要安装加氯机、漏氯报警器及氯气管线。水射器设置在加氯点附近。大型加氯系统还设有蒸发器,蒸发器设置在加氯机前,专门的房间内。

2. 典型加氯系统

加氯系统按水厂供水能力或投加气量大小一般分:

(1) 小容量加氯系统

一般指供水能力 10 万 m^3/d 以下,加氯机 10kg/h 以下的水厂加氯系统。

1) 小容量柜式加氯系统见图 8-4。

2) 挂墙式加氯机系统见图 8-5。

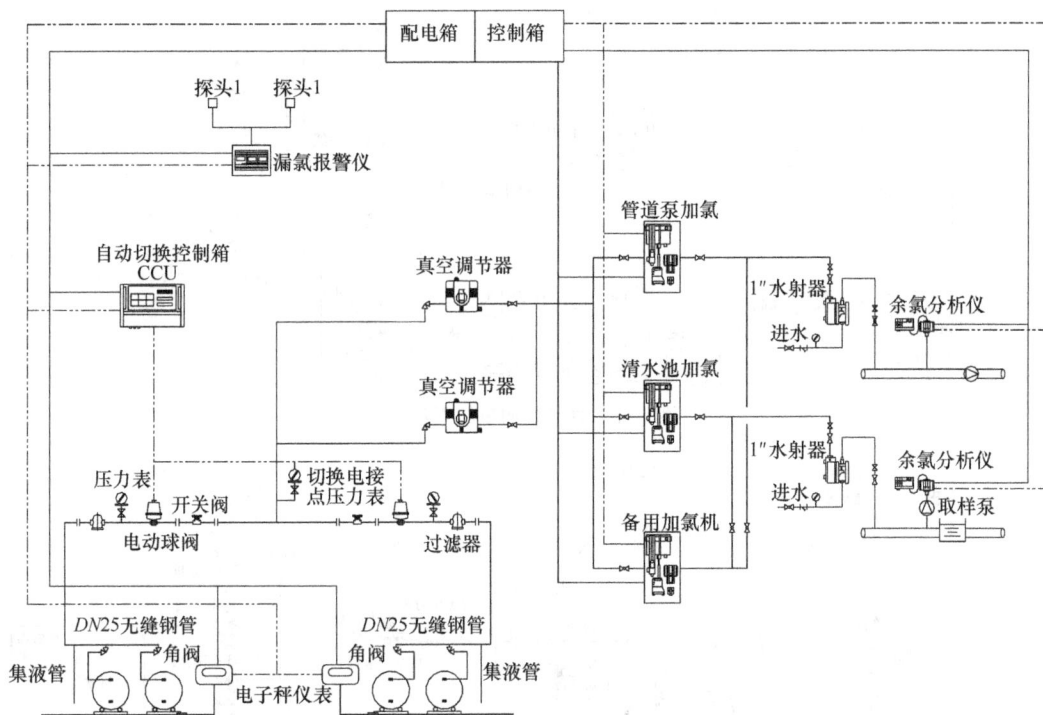

图 8-4 小容量加氯机系统图

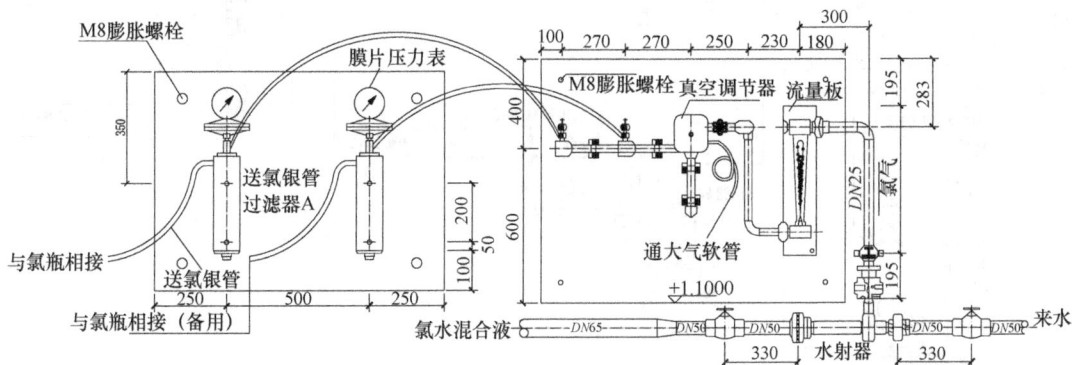

图 8-5 挂墙式加氯机系统图

351

（2）中容量加氯系统

一般指供水能力 30 万 m³/d 以下，单台加氯机 20kg/h 以下，氯气总投加量在 60kg/h 以下的水厂加氯系统，见图 8-6。

（3）大容量加氯系统：一般指设置蒸发器，加氯机在 40kg/h 或氯气总投加量在 60kg/h 以上的大型水厂加氯系统，其系统组成见图 8-7。

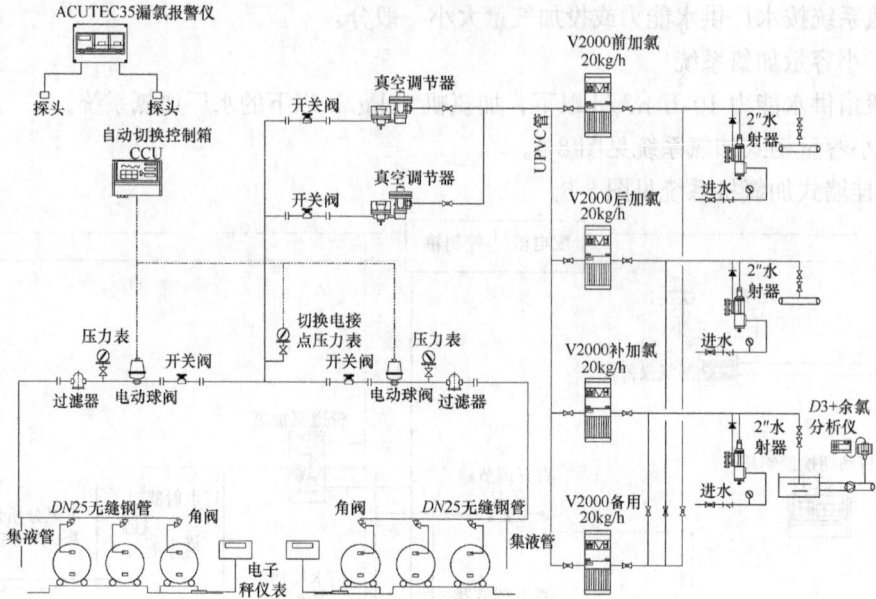

图 8-6　中容量加氯机系统图

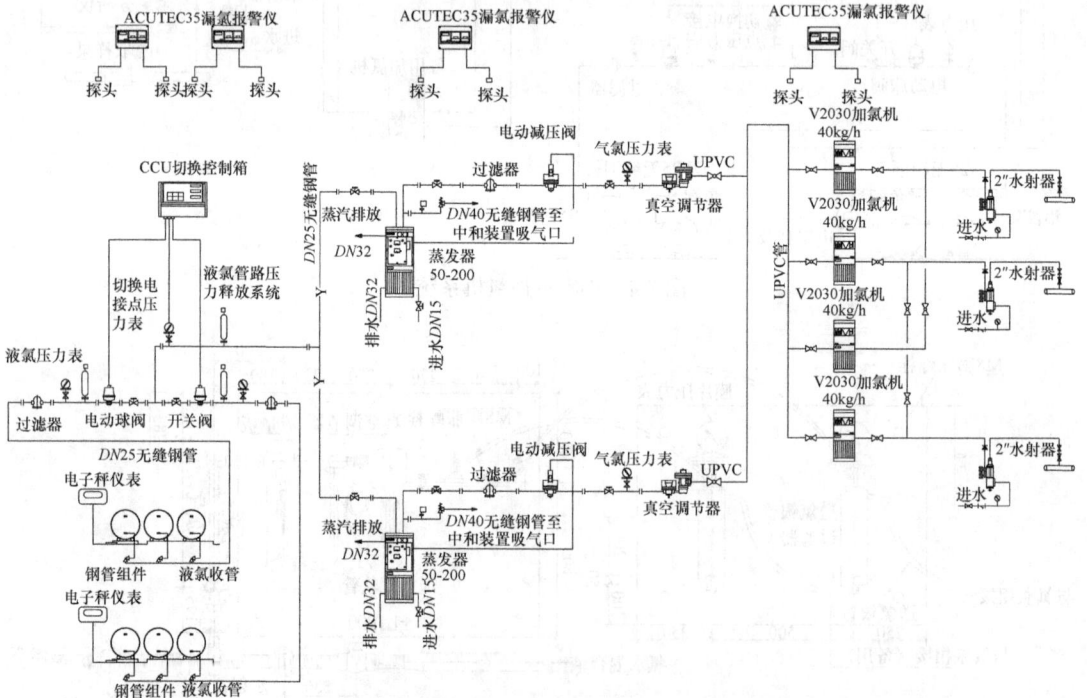

图 8-7　大容量加氯机系统图

3. 系统配备要则

(1) 加氯机容量选择

1) 一般按设计加氯量选择。如每升水需加氯量 3mg，前加氯为 2mg，后加氯为 1mg。10 万 m^3/d 的水厂，每小时的加氯量为 12.5kg，前加氯为 8kg，后加氯约为 4kg。则加氯机选 225kg/d（10kg/h）即可。

2) 自动方式的选择

一般前加氯主要是根据进水量的变化改变加氯量，因此只需配流量比例控制器；后加氯一般要求含氯量控制的比较严，所以采用余氯反馈控制或复合环控制。控制器的选择就需要复合环控制器。

3) 真空调节器的选择

一般是根据总加氯量来选择真空调节器的容量，即可能同时工作的所有加氯机的加氯量之和。真空调节器按容量分为 4kg/h、10kg/h、57kg/h、190kg/h。

4) 水射器的选择

水射器是根据加氯机的加氯量配套选择。一般水射器的容量为：3/4″（4kg/h）；1″（15kg/h）；2″（57kg/h）；3″（150kg/h）；4″（190kg/h）。

(2) 设备布置原则

设备布置要求尽量操作方便，管路尽量短且不交叉。

(3) 阀门

系统中的阀门主要有角阀、开关阀、电动球阀等。选择阀门时尽量选择原生产公司产品，因为这些公司的阀门都是经过专门针对氯设计的。

(4) 防止氯气重新被液化

应避免氯气由于各种原因重新被液化。如果液氯流到真空管或加氯机，将会使塑料部件软化及老化，还可能损坏真空调节器的隔膜和控制阀。如氯气管道出现结冰现象都表明管道中有液氯存在，而且它正在急骤蒸发成氯气，防止办法如下：

1) 压力管道和加氯机所处环境温度应比氯瓶间环境温度高一些。一般应高 2~5℃。

2) 在安装氯瓶和加氯机之间的压力管道时，应略微向氯瓶方向倾斜，以使有可能存在的液氯返回氯瓶。

3) 将减压阀或真空调节器安装在尽可能离开氯瓶和靠近蒸发器的位置，安装高度要高于氯瓶或蒸发器。

4) 最好把氯气压力管道安装在比较温暖的地方，安装在头顶上方。不要把管道安装在外墙上以防冬季低温；也不要将管道安装在窗子底下，以防冬季冷空气下行。

5) 如果上述安装方式在现场无法满足，那么则必须对管道加装加热装置，采取补救措施。但必须注意加热器的功率及温度不能过高。

6) 如果将一个或多个氯瓶连到一个导管上供氯，则需安装一个 1in 宽 18in 长的 80 号厚壁无缝钢管的 T 形集液管，支管底部套上帽，将这个集液管沿氯气流动方向安装在最后一个氯瓶的后方，以截流刚开机时从氯瓶的氯气出口阀排出的液氯。

7) 如果两个或多个吨级氯瓶同时串联使用。保证所有的吨瓶具有相同的温度，能够使各个氯瓶氯的消耗量保持基本一致。

8）在氯气管线上的减压阀或真空调节器前安装氯气过滤器是经常采用的方法，这个过滤器同样可截流少量的液氯。

（5）投加点距离

一般超过 20m 就要将水射器放到投加点现场。如果投加点的距离在 100m 左右，中间的管路需要放大到 DN40 左右才能保证真空度的形成和持续供氯。

（6）增压水的要求

水射器对增压水的要求如表 8-5，根据水量和水压选择合适的增压泵

水射器对增压水的要求 表 8-5

	3/4″水射器	1″水射器	2″水射器	3″水射器	4″水射器
投加能力	4kg/h	10kg/h	57kg/h	150kg/h	200kg/h
水压要求	0.35MPa	0.35MPa	0.35MPa	0.35MPa	0.35MPa
水量要求	6m³/h	6m³/h	12m³/h	28m³/h	58m³/h
最大水压	2.07MPa	2.07MPa	0.86MPa	1.21MPa	1.75MPa
最大背压	0.5MPa	0.5MPa	0.5MPa	0.5MPa	0.5MPa

（7）材料要求：氯气歧管及到真空调节器的正压管路需采用 80 号厚壁无缝钢管，一般选择 1 英寸的管径。从真空调节器到加氯机和水射器的 UPVC 管路一般选用 SCH80 的化工级优质 UPVC 管。所有与氯接触的管路、管件及密封材料均需确认和氯不会产生化学反应。

8.3.2 转子加氯机

转子加氯机用于氯气投加已有近百年历史，经历了由正压式、转子式到真空式的发展历程。国内部分小型水厂仍有使用转子加氯机，但大中型水厂已普遍采用真空式加氯机。

1. 转子加氯机形式与构造

转子加氯机的形式有许多，中小水厂中常用的有：ZJ 型、LS$_{80}$ 型、SDX 型和 MJL 型。ZJ 型转子加氯机由旋风分离器、弹簧膜阀、控制阀、转子流量计、中转玻璃罩和平衡水箱、水射器等主要部件构成。氯瓶中的氯气首先进入旋风分离器，通过弹簧膜阀、控制阀进入转子流量计后，经中转玻璃罩，被水射器抽出与管道中的压力水混合，氯溶解于水并输送到加氯点。ZJ 型转子加氯机的组成流程见图 8-8。

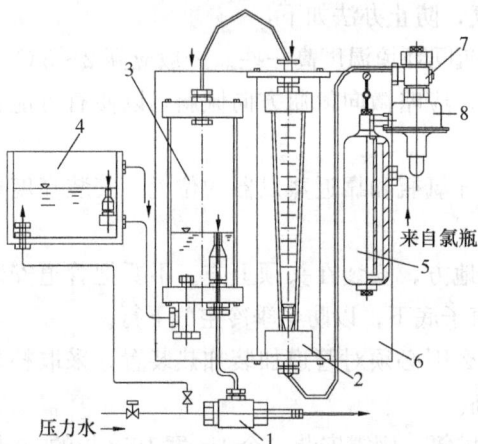

图 8-8 ZJ 型转子加氯机示意图

1—水射器；2—转子流量管；3—中转玻璃罩；
4—平衡水箱；5—旋风分离器；6—框架；
7—控制阀；8—弹簧隔膜

2. ZJ 型转子加氯机各部构造的功能

（1）旋风分离器

利用氯气在切线方向上以高速进入分离器，产生旋流，在离心力作用下，氯气中可能存在的一些悬浮杂质，如铁锈、油污等，分离、沉降。分离器上下都配有旋塞，去除积存的杂渣，氯气压力表可安装在旋风分离

器的上部旋塞上。

(2) 弹簧膜阀

弹簧膜阀是用来保护氯瓶的,当氯瓶压力小于 0.1MPa,此阀就自行关闭,以符合氯气制造厂规定的氯瓶内氯气不能全部抽吸光,必须保持一定剩余压力的要求。

(3) 控制阀与转子流量计

控制阀与转子流量计是用来控制加氯量的。转子流量计分为上下两个部分。可以旋开,转子内装有铅碎片,用以调整转子重量之用。转子重量一经校正,不可随意增加或减少,否则会影响转子流量计的计量准确性。转子流量计玻璃管上刻有表示加氯量的标尺,在调换转子流量计的玻璃管或转子时都应重新校正刻度。转子流量计的流量即加氯量的大小由控制阀来控制。

(4) 中转玻璃罩及平衡水箱

中转玻璃罩的作用:一是观察加氯机的工作状况;二是平衡真空抽吸容量。因为水射器的抽吸量并不等于通过转子流量计所需的额定加氯量,二者差额就由罩内水量来平衡,以保证抽吸氯气量的稳定;再是在水射器水源突然中断并有少量水倒流时,可以起中转保护作用,防止这部分水侵入加氯机。

(5) 水射器

水射器的作用在于使中转玻璃罩内抽吸额定的需氯量,并将氯气和水混合液送到投氯点;水射器用 ABS 塑料制成,能耐氯气腐蚀。水射器的进水压力不小于 0.25MPa,加氯点压力不大于 0.1MPa;水射器用水端须保持 2~3m 的直线距离。ZJ-2 型加氯机耗水量约为 2.5~3.0m³/h,ZJ-1 型为 4.5~5.0m³/h。水射器喷出的氯气水溶液浓度一般都不超过 1%,加氯管在加氯点一般要求深入水面以下,以防止氯气逸出水面。

(6) 输氯管

氯瓶至加氯机的连接管 ZJ-1 型直径不得小于 10mm;ZJ-2 型直径不能小于 8mm。可以用铜管也可用软聚丙烯塑料管。

3. ZJ 型转子加氯机的操作运行

投入使用前操作人员要熟悉加氯机的构造和性能,经过检查,一切正常后方可投入使用;投入运行时首先开启压力水阀门,使水射器投入工作,此时中转玻璃罩内应有气泡翻腾。然后开启平衡水箱进水阀门,再缓慢开启氯瓶的出氯总阀,用氨水检查各有关接头部位是否漏气,如无异常再开启氯总阀至正常状态。运行中经常注意转子流量计的转子位置是否移动;关机时首先关闭出氯总阀;待转子流量计的转子跌落至零位时再关闭控制阀,关闭平衡水箱进水阀门;最后关闭压力水进水阀使水射器停止工作。

8.3.3 真空加氯机

真空加氯机自 20 世纪 30 年代从美国问世以来已有 80 多年历史了。目前国内已普遍使用,规格从 1kg/h 到 190kg/h,生产厂家主要有美国的 Wallacl&Tiernan(W&T)和 Capital controls(首都)、瑞高以及德国的 Alldos 等。其工作原理、主要部件、产品规格、安装形式、维护技术基本雷同,现主要介绍 W&T 的真空加氯机。W&T 加氯机根据投加量的大小大致分为两类:V100、V2000 系统两种形式。

1. V-100 系列加氯机

V-100 系列是早期引进的小型加氯机，墙挂式安装，投加量为 0~10kg/h，通常规格为 1kg/h、2kg/h、4kg/h（参见图 8-5），一般用在小型水厂。

（1）结构组成

V-100 系列加氯机采用耐腐材料制成，主要由三部分组成：

1）真空减压器带轭钳，轭钳上有密封铅垫，可直接安装在小钢瓶或歧管上；

2）流量控制器由流量调节阀、流量计、指示器、差压稳压器、压力放泄阀等部件组成。转动流量调节阀上红色旋钮可随意调定加氯量。流量计很容易拆卸更换。在有扰动的加氯过程中，差压稳压器可稳定地保持调节阀两边一定的真空度值。当气源将尽，真空度增大时，红色指示器将作出显示。

3）水射器内设逆止阀，在系统停气时关闭，将水与气路隔开，防止水逆流进入系统。

（2）工作原理

首先压力水流经水射器产生抽吸，使系统管线逐渐形成真空，当真空达到一定程度时，真空减压器上阀门开启，被送气体进入系统。气体经减压器转换为真空进入流量控制器，经流量计、流量调节阀，并由差压稳压器恒定后沿系统管线进入水射器。在水射器喷嘴处氯与水混合成氯水溶液，投入被处理水体。

（3）操作简介

1）设备安装完毕后应按下列程序启动：

a. 打开水射器水源，使气路形成负压；

b. 打开氯气角阀，将减压器上黑色旋钮向"ON"转动；

c. 转动流量控制器上红色旋钮，调节送气量。逆时针转动为增加；顺时针转动为减少。

2）短时间停止加氯只需关闭水射器水源；长时间停止加氯应按下列程序关机：

a. 关闭氯瓶角阀；

b. 当控制器流量计浮子降至零时，将减压器上黑色旋钮向"OFF"转动。

c. 关闭水源。

在加氯过程中，如发现漏氯现象应立即按上述方法关机，并查找原因。故障排除后方可继续开机。

（4）通用规格：

1）送气量：1kg/h；2kg/h；4kg/h；

2）连接尺寸

连 接 尺 寸　　　　　　　　　　　　　　　　　　　表 8-6

最大送气量	真空管接头	放空管接头	水射器接头	真空管外径
1kg/h	3/8″	3/8″	进口与出口均有 3/4″阳螺纹，均带 3/4″软管接口	3/8″
2kg/h	3/8″	3/8″		3/8″
4kg/h	1/2″	3/8″		1/2″

3）升压水压力与背压

升压水压力与背压   表 8-7

最大送气量	升压水压力（kg/cm²）	水流量（T/h）	背压（kg/cm²）
1kg/h	1.8	1.5	0.5
2kg/h	2.5	2	0.5
4kg/h	3.5	2.5～3	0.5

2. V-2000 系列加氯机

V-2000 系列加氯机有墙挂式与柜式安装二种，规格有 10kg/h、20kg/h、38kg/h、57kg/h、190kg/h 等。

（1）工作原理

V-2000 系列真空加氯系统以水射器通过文丘里原理产生的真空而运行，真空调节阀、控制柜和水射器之间采用塑料硬管或软管进行连接。运行时，水射器产生的真空通过控制柜传到真空调节阀，于是阀内膜片一面感受真空，一面承受气压，其作用力移动弹簧顶杆，使阀塞脱离阀座，阀前压力气体通过阀口降为真空气体，弹簧膜片机构又将真空气体调节为正常运行真空度（330～890mmH₂O）。真空气体沿管线进入控制柜，经转子流量计测定流量，并通过 V 形槽阀孔面积的变化控制流量，再由差压调节阀通过恒定 V 形槽阀前后真空差保持其流速稳定，然后沿管线进入水射器，与水混合为氯水溶液，送至加氯点。

图 8-9 加氯机内部构造，图 8-10 为 10kg/h 加氯机原理图。

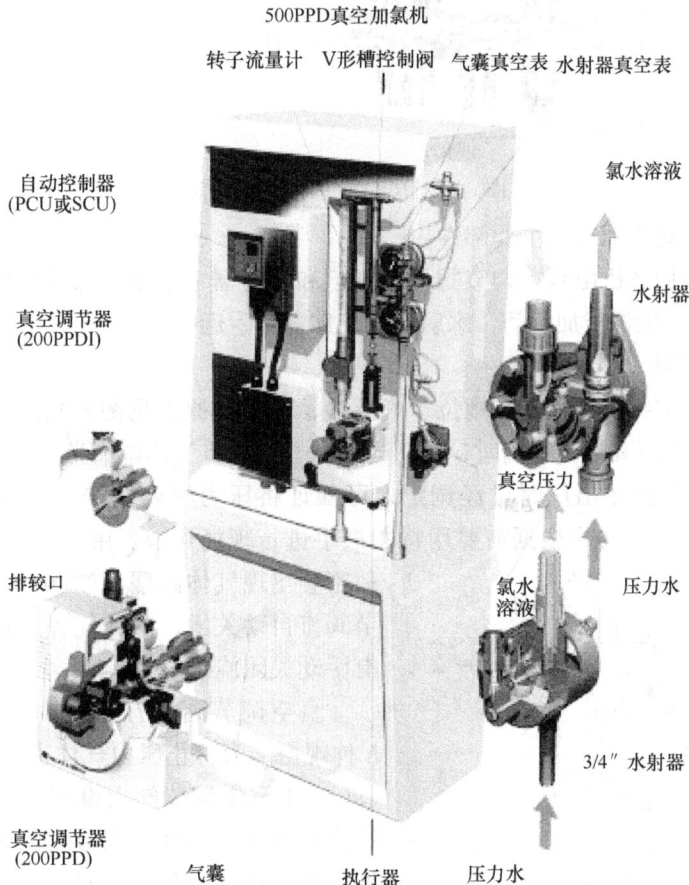

图 8-9   10kg/L 加氯机内部构造图

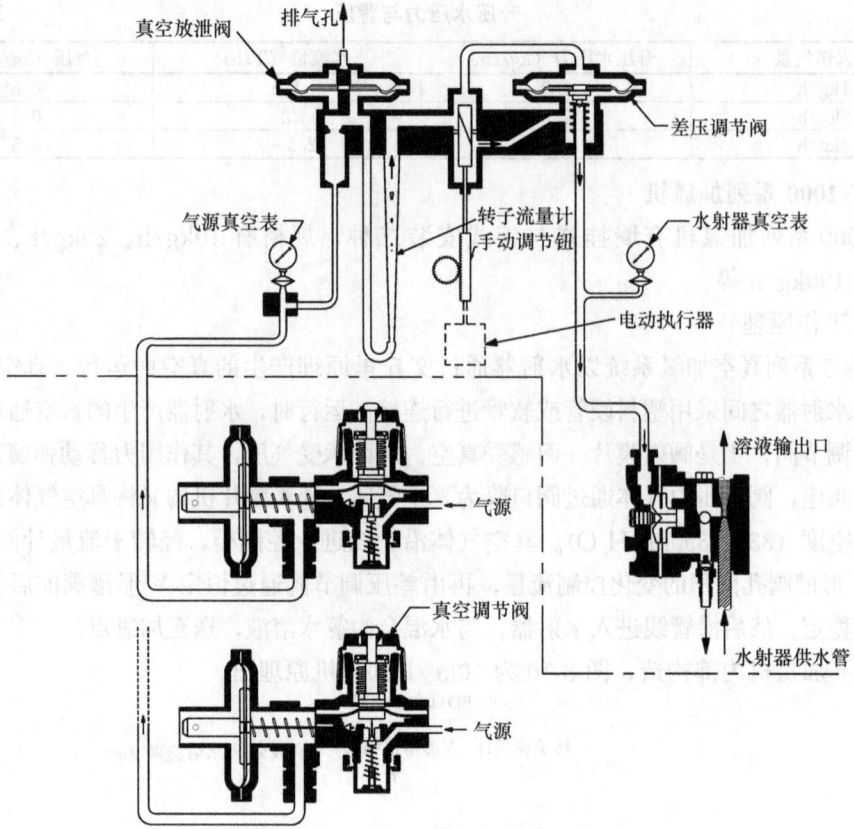

图 8-10　10kg/h 加氯机原理图

（2）V-2000 真空加氯机主要部件

V-2000 系列加氯机由真空调节阀、控制柜和水射器三个基本部件组成。真空调节阀位于氯瓶间，控制柜位于加氯间，水射器位于加氯点附近。

1）真空调节阀

V-2000 系列加氯机真空调节阀位于气源处，其工作原理见图 8-11。当水射器产生的真空通过控制柜传到真空调节阀时，阀门自动打开，并将气体调节为真空气体，为整个系统供气，真空调节阀在出厂时已经调定，可保证将压力气体调节为最佳运行真空气体（330～890mmH$_2$O），也可根据需要用特制扳手进行现场调节。由于系统为全真空运行，

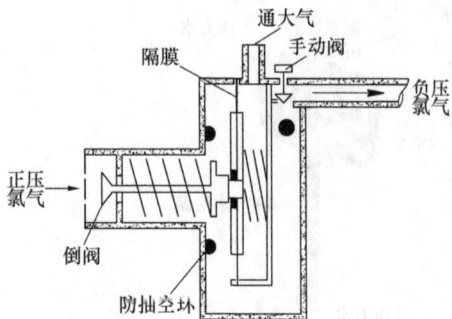

图 8-11　真空调节器工作原理图

故不会出现气体跑漏，如遇真空破坏，真空调节阀将自动关闭，截断气源。真空调节阀还设有手动关闭旋钮。

真空调节阀具有 2、4、10、57、190kg/h 5 种规格。为防止压力气体进入系统，10、57、190kg/h 真空调节阀上设有压力止回调节阀和压力放泄阀。当真空调节阀因脏物黏附于阀座而关闭不严，出现漏气时，压力止回调节阀可起到二级保护作用，减小漏气几率。当真空调

节阀、压力止回调节阀均因脏物黏附阀座而关闭不严时，压力放泄启动，将漏气排至室外，确保系统中不出现正压。2、4kg/h 真空调节器可串联安装，作为双阀保护。57、190kg/h 真空调节阀内装有过滤器，可防止氯气中的杂质进入控制系统。为防止氯气冷凝为液氯，57、190kg/h 真空调节阀附有电加热器，在与 50-200 系列蒸发器配套使用时，57、190kg/h 真空调节阀还装有电动执行器和低温报警开关。一旦蒸发器氯气温度、加热水温或真空调节阀处气温降至低限值或电源发生故障，真空调节阀将由电动执行器强制关闭，并启动报警。

两个真空调节阀可组成气源自动真空切换系统。当在线氯源将尽时，备用气源自动开启，此时在线氯源继续供气，直至瓶内氯气彻底用光。在不得将气瓶用空或液氯切换场合，可选用 50-204 系列压力切换系统。

液相氯气及杂质进入真空调节阀是其故障损坏的主要原因。判断真空调节阀先进性主要考虑两个方面的技术水平：一是真空调节范围，先进的真空调节阀无需进行一级减压即可将 0~1.6MPa 气压调节至负压；二是真空调节阀防液相氯气及杂质进入的功能是否齐全。先进的真空调节阀标准配置有集液管、电加热器及微孔过滤器（90 目）。

电加热器是防止真空调节阀结霜及冷凝液氯进入；集液管是防止冷凝液氯直接进入真空调节阀；低温开关是当真空调节阀温度过低，可能出现结霜时进行报警；气压表指示进入真空调节阀的压力；气源耗尽指示及报警远传开关，以适应自动化要求，现场指示或远传真空调节阀进气状态；过滤器（90 目）防止氯气杂质进入真空调节阀，延长真空调节阀维护周期。

2）控制柜

V-2000 系列加氯机控制柜有 2、4、10、38、190kg/h5 种规格，其控制、计量部件装在 ABS 标准柜内。在多柜系统中，可按组合柜式排列，线缆在柜底穿行，管道在柜后管沟内敷设，控制柜上装有便于读数的 250mm 长刻度转子流量计，其为弹簧式装配，拆装便利；两块真空表，一块显示水射器产生的真空度，一块显示气源真空度；并装有手动调节旋钮。整个系统可在模拟运行条件下预先检测，以节省投产起始时间和费用。

控制柜内装有加氯机主要投加量控制部件 V 形槽和差压调节阀。

a）V 形槽阀

W&T 加氯机的一个显著特点是控制柜中设置 V 形槽阀。V 形槽阀内设 V 形槽阀塞。阀塞在密封环内滑动配合，可在任意位置形成一特定孔径，对应投加量，V 形槽阀具有精确的气体流量控制能力和良好的重复性，阀塞可调节范围 76mm，无论手动、自动控制均可精密调节，V 形槽阀由耐化学腐蚀的自润滑塑料制成，抗黏附，抗腐蚀，防杂质堵塞。

b）差压调节阀

差压调节阀为弹簧膜片稳压阀，其作用在于使 V 形槽阀两端真空度保持恒定（292~432mmH₂O），使投加量不受水射器产生真空度变化的影响。

10kg/h 控制柜，可配装 2、4、10kg/h3 种规格的真空调节阀，并装有压力放泄阀，防止压力气体进入系统内部。

38kg/h 控制柜内装有真空放泄阀（真空度放泄范围 1473～1676mmH$_2$O），在气源用尽时，可防止系统内部真空过高造成部件损坏。一旦真空调节器出现故障，压力止回释放阀可阻挡一部分压力，一旦压力超过其承受能力，压力止回释放阀可让压力释放入大气层。

190kg/h 控制柜内装有真空调节阀、泄水阀（在 1016～1118mmH$_2$O 水压之间泄水）和防回水真空切断阀，它们具有稳定水射器产生的真空度和多级防回水功能。

在自动控制加氯系统中，控制器可装于控制柜面板上，或远程安装。

c) 转子流量计

转子流量计是变面积式流量计的一种，在一根由下向上扩大的垂直锥管中，圆形横截面的浮子的重力是由液体动力承受的，浮子可以在锥管内自由地上升和下降。在流速和浮力作用下上下运动，与浮子重量平衡后，通过磁耦合传到刻度盘指示流量。

3）水射器

a）水射器原理

水射器是根据伯努里能量守恒原理，采用文丘里喷嘴结构产生负压抽吸力而将氯气与水混合形成氯水投加出去。在真空加氯机系统中，水射器是加氯机的发动机，加氯机工作性能在很大程度上是由水射器的效能决定的，因而水射器的效率及技术经济指标也是评价加氯技术水平的重要依据之一。水射器原理见图8-12。

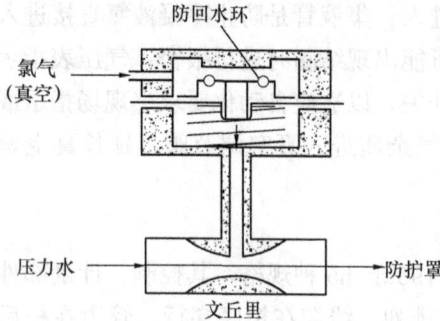

防回水环

氯气
（真空）

压力水

防护罩

文丘里

图 8-12 水射器工作原理

b）水射器的效率参数

水射器效率的参数为工作背压、工作水压和工作水耗。

水射器工作水压及水耗直接关系到加氯设备的运行成本和投资成本。国际上技术先进的水射器可达到在背压 0.07MPa 时，工作水压<0.3MPa。

在选择加氯机及水射器时，要求供货商在水厂投加点工作背压及设备额定最大投加量条件下，提供水射器的工作水压及水耗曲线图或数据表，以评判技术的先进性。

c）水射器安装

水射器安装方式可多样。先进的水射器不仅可垂直安装，还可水平安装。水射器本身应有防倒涌结构、排污结构。

为保证水射器安全可靠运行，除提供可靠的工作压力水外，水射器进出口管路配置应合理和完整。为防止水射器堵塞，在水射器入口处安装过滤器，过滤器要求透明材质，便于巡检，且具有耐氯水腐蚀的性能。

水射器尽量安装靠近投加点，且水射器出口氯水管路口径要求大于水射器出口管径。

为便于对水射器工作状态及工作水压差的评估及故障查询，在水射器进口及出口处安装水压表。水射器出口处水压表要有足够的耐腐蚀性。

d）V-2000 型加氯机的水射器

V-2000 系列加氯机的水射器结构设计合理，可使全系统形成最佳运行真空度，节省用水量和升压泵功率，其所用材质抗腐蚀，耐冲刷，共有 3/4″、1″、2″、3″5 种规格。

3/4″水射器为 PVC 固定喉管式，最大投氯量 4kg/h，其内部装有弹簧膜片止回阀，当运行压力水停止时，阀门自动关闭，防止回水进入系统。

1″水射器为 PVC 固定喉管式，最大投氯量为 10kg/h，其内部装有弹簧膜片止回阀、泄水阀和球止回阀，具有三级防回水功能。

2″水射器为 PVC 可调喉管式，其小喉管可调 0～28kg/h，大喉管最大可调至 57kg/h。其内部装有弹簧膜片止回阀、球止回阀，具有两级防回水功能。因其喉管可调，对升压水压力及流量有不同要求的用户都可满足。在间歇运行系统中可采用青铜感压膜片可调喉管式水射器。

3″、4″水射器为塑料和橡胶内衬铸铁可调喉管，3″水射器小喉管可调范围为 0～150kg/h，4″水射器小喉管可调范围为 0～190kg/h，最大投氯量分别为 152kg/h 和 190kg/h。其内部装有球止回阀，过水量通过手动调节喉管控制。

e）水射器工作用水及水压

水射器工作用水，水质相当于一般生活饮用水。其进口处水压、水量可根据加氯量、加氯点背压及水射器规格查安装数据进行计算，最终产生真空度 152～203mmHg 为调节水压和水量标准。

f）投加点压力

溶液管为软塑料管或橡胶管允许最大背压为 0.5MPa；溶液管为高压橡胶管或硬管允许最大背压 0.5～1.1MPa。如背压更高时可在水射器后面增加溶液泵。

（3）加氯机控制方式

所有加氯机气体流量的控制均是切断水射器压力水以至中断加氯机运行真空，或在保持 V 形槽上下游真空差的前提下，改变 V 形槽过流面积（V 形槽在 O 型环内滑动）。

1）手动控制

通过调整加氯机面板上的旋钮，改变 V 形槽阀孔面积即改变阀塞在密封环中的位置，实现对加氯量的控制。手动控制也可通过对远程安装的控制器开关的控制，调节 V 形槽阀阀位，控制加氯量，控制器装有条状发光二极管显示器，用于读取投加量，即最大投加量的百分数。

2）自动控制

W&T 公司生产的 V 形槽控制器有两种规格：流量配比控制器和余氯控制器控制器包括测试仪和数据中心，其读数清晰，运行参数易校准、更改。控制器可装于加氯机内，也可远程安装。电动执行器为 NEMA4X 标准，可自动确定 V 形槽阀位，即加氯量。

a）流量配比控制适用于水流量变化较大的加氯控制系统。控制器接收一次流量计传送来的流量信号，根据流量变化增减加氯量。控制器面板上有阀位及流量信号百分比的条状显示，无流量显示，加氯机手动控制显示，加氯率增减选择开关。

b）余氯控制适用于水流量变化不大，余氯量要求严格的加氯控制系统，控制器接收余氯分析仪传送来的 4～20mA 余氯信号，将此信号与余氯设定值相比较，反比例增减加氯量。在控制器面板上可连续读取余氯量或设定值，并设有余氯量与设定值百分数偏差和高低余氯报警指示。

c) 复合环路控制适用于水流量变化范围较大、较快，余氯量要求严格的加氯控制系统。控制器为闭环双信号反馈控制。它既可根据水流量信号进行流量配比控制，也可根据余氯信号进行直接余氯控制，还可根据两种信号进行复合环路控制。运行范围 100：1。控制器面板上有余氯或设定值显示，余氯偏差百分数显示，水流量或加氯量百分数显示，高低余氯显示及无水流量显示。

W&T 的单参数控制单元采用 SCU，具有 8 位 LCD 显示及包含 6 个触摸式按键的键盘；双参数据控制单元为 PCU，可以任意以 4 种不同的控制方式进行控制，包括余氯反馈、复合环路、双信号前馈及流量配比等。

d) 用 PLC 的控制方式

多数净水厂加氯机的自动控制方式主要采用加氯机自带控制器，实现独立的流量配比、余氯反馈或复合环路控制，并独立于水厂 PLC 计算机控制系统。近年来，随着水厂自动化水平的提高，尤其 DCS 系统的应用，不少水厂已采用 PLC 计算机系统控制加氯机运行。这样可以根据水厂实际情况发挥计算机系统的功能，并能提高自动化控制的灵活性，也降低了设备投资成本。

3. 真空加氯机技术的发展

随着真空加氯机技术的发展，自 20 世纪 80 年代起出现了音速调节原理的加氯机。音速调节加氯机采用的原理是：当气体的流速达到音速时，该气体即变成不可压缩。在加氯机中当流过控制阀口的氯气达到音速，即流速不变。而此时氯气的密度不随系统压力（真空度）波动而波动（不可压缩）。则氯气流量（质量流量）同阀口开度成正比。因而阀口开度大小代表真空的氯气流量。采用这种调节技术使得加氯机的调节及控制技术产生了质的飞跃，控制阀口开度即真正达到了控制氯气真实流量的目的。

这种新型技术原理的真空加氯机，其优点表现在 3 个方面：

（1）在加氯机中省掉了差压调节器及真空泄放阀。系统结构大为简化，可动部件大幅减少，可靠性提高，维护及备件成本大幅降低。

（2）提高了加氯系统控制的准确性和稳定性，在最小工作水压以上不受工作水压力波动的影响。阀位开度代表其实际的气体流量，可输出真实的氯气流量信号，提高了加氯机的自动化水平。

（3）可直接使用大气空气对真空加氯机进行现场测试标定、调试。缩短了设备安装调试周期，降低了调试费用，提高了安全性。

目前这种音速调节原理的加氯机正在受到一些国际知名加氯机制造商的重视并开始制造。

8.3.4 氯瓶及电子秤

1. 氯瓶的规格与构造

（1）用作贮藏和运输液氯的钢瓶叫氯瓶。按国家标准（GB 7144）规定氯气瓶的颜色标志应符合表 8-8 要求。

氯 瓶 颜 色 规 定　　　　　　　　表 8-8

介质名称	化学式	颜色	字样	字色	色环
氯	Cl_2	深绿	液氯	白	
氨	NH_3	淡黄	液氨	黑	

注：瓶帽、防护罩等颜色与瓶色一致。

（2）氯瓶的构造见图 8-13。

氯瓶装有两只出氯总阀，使用时应一个在上，一个在下。上面一只阀门接到加氯机，氯瓶的出氯总阀都和一根弯管连接，只要氯瓶放置正确，上面一根弯管总是伸到液氯面以上，所以出来总是氯气。如果氯瓶内装氯过满，或弯管位置移

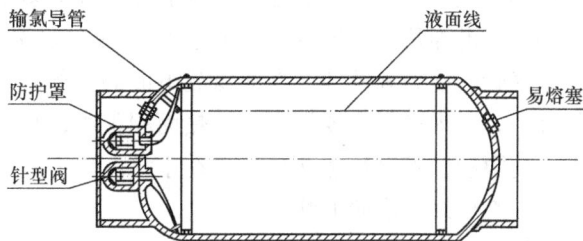

图 8-13　氯瓶简图

动，出来不是氯气而是液氯时，可以转动氯瓶，将下面一只总阀转到上面来，如果仍然出来的液氯，就需将氯瓶在出氯总阀一头垫高。卧式氯瓶安装见图 8-14。

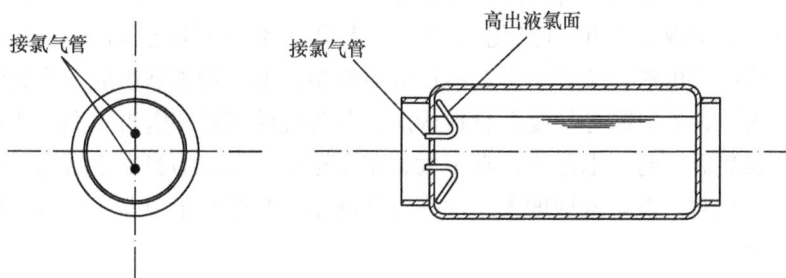

图 8-14　卧式氯瓶安装图

（3）氯瓶上最重要的部件是出氯总阀，其构造见图 8-15。

阀体用铸钢或精黄铜，阀杆用镍钢，阀杆外圈由填料压盖和压盖帽，总阀下面装有低熔点安全塞，温度到 70℃时就会自动熔化，氯气就会从钢瓶中逸出，不致引起钢瓶爆炸。

出氯总阀外面有保护帽，防止运输和使用时碰坏。氯瓶上的螺纹全部都是右旋螺纹，使用时应注意开关的方向。

2. 氯瓶的标志与包装

出厂的液氯钢瓶上应有明显的标志，内容包括：企业名称、地址、产品名称、商标、执行标准号、空瓶质量及包装量、槽车或钢瓶号、生产许可证编号及 GB 190 中规定的"有毒品"标志。

3. 氯瓶的运输、贮存及使用

氯瓶的使用见 8.4.1，运输和贮存见 8.5.1。

4. 氯瓶的供热

1 个吨瓶，氯库气温 4℃时，其可能最大的供气量为 8kg/h～10kg/h，对南方地区的小型小厂可以用数个氯瓶

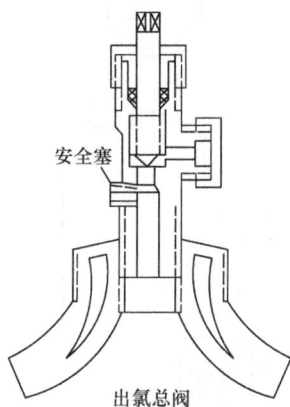

图 8-15　出氯总阀

（如 2~4 个）并联起来，增加空气向液氯的传热面积来增加供氯量。但在我国大部分地区的气候条件下，特别是冬季，5 万 t/d 以上的水厂，都需要考虑液氯的加热气化措施。

国内采用过的加热设施有：

（1）喷淋加热法

喷淋加热法是用自来水连续喷淋氯瓶，或向多个氯瓶喷淋。其原理是用水的温度向氯瓶供热，喷淋加热法有明显的缺点：由于极少量漏氯与水接触之后就会使出氯阀、紫铜管、氯气管、压力表锈蚀。在线氯瓶下面的磅秤因受水淋生锈严重，喷淋水只能在氯瓶上半部流动，瓶内液氯将要用完时传热面积很小，喷淋水量和水速又不可能很大，因此传热效果受到限制。喷淋加热法目前虽在小水厂仍有应用，但应逐渐弃用。

（2）红外线灯泡照射法

将氯瓶置于密闭的小室中，用数个 500~1000W 的灯泡照射氯瓶。

（3）电暖加热法，将氯瓶放在密闭小室中，用电热油汀加热室内空气，其电热功率需达 4kW 以上。

红外灯泡照射与电暖加热法能耗较高，效率低下，只适宜用小型水厂。

（4）9T-CVD 安全型液氯自恒温汽化装置

9T-CVD 安全型液氯自恒温汽化装置是珠海九通水务有限公司专利产品（专利号022502289），该产品由汽化装置、多功能恒温控制柜、温度传感器组成。汽化装置的核心是加热元件，由一种导电高分子复合材料构成，与传统的恒功率电阻不同，当被加热体温度低于其最高发热温度时，电阻小，功率大，温度迅速上升，而当发生短路或被加热温度接近最高发热温度时，电阻逐渐增大，功率逐渐减小，甚至趋于断路。9T-CVD 液氯自恒汽化装置见图 8-16。

9T-CVD 有适用氯瓶 500kg 和 1000kg 两种规格，安装调试简单。出厂时已按用户要求配好电缆线和接头插座，接上电源，插上插头，就可使用。

5. 电子氯瓶秤

电子氯瓶秤是为使用液态氯气、液态氨气称量钢瓶贮气量的专用电子秤。电子秤具有使两组氯气钢瓶自动切换的功能。切换系统可自动从已用完的气源切换到备用气源而不中断加氯。电子秤的构造见图 8-17。

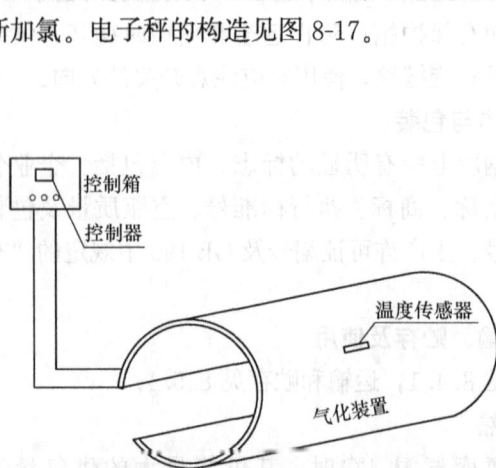

图 8-16　9T-CVD 氯瓶气化装置图　　　　　　图 8-17　电子氯瓶秤

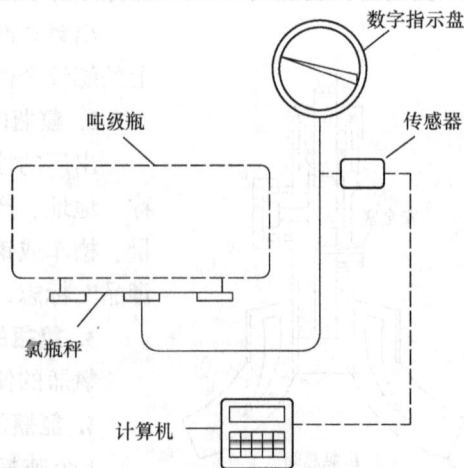

电子秤分单瓶秤和多瓶秤，常用的有珠海九通水务有限公司生产的 9T-SCS 型钢瓶电子秤和美国 F&F 公司生产的电子秤。

8.3.5 压力自动切换与正压氯气歧管

1. 压力切换系统

切换系统有手动切换和自动切换两种。目前各自来水厂采用的切换系统大多数是压力自动切换。压力切换系统可以通过压力信号把气源从空钢瓶自动切换到满钢瓶组，为加氯提供连续的气源。

W&T 公司生产的 50-204 系统和 CCU 型压力式切换系统，一般包括 1 台墙挂式控制箱；2 个 1″电动球阀和 1 套压力开关。两个球阀分别装在两组氯源管道上。压力开关装于两组氯源连通的管道上。NEMA12 标准控制箱可壁装，也可柜装。其盘面上设有电源通断开关；三位自动、手动切换开关；及电源灯，蒸发器压力显示灯，氯源开闭显示灯，备用源显示灯。

（1）工作原理

1）自动切换

设定开关为自动位置，选任一组氯源在线运行，其工作指示灯呈绿色。另一组氯源作为备用，其工作指示灯呈琥珀色。当在线氯源将尽，压力开关探测到 0.14MPa 时，此氯源阀门自动关闭。备用氯源阀门自动打开上线运行，指示灯转呈绿色。同时控制盘上红色指标灯亮表示该换备用氯瓶（也可接音响报警）。氯瓶换好后，操作人员需接电钮琥珀色，表明"备用源可用"。

2）手动切换

设定开关为手动位置，更换氯源完全以手动切换。

遇停电，两气源阀门同时关闭，必须施行手动切换。

（2）安装系统

安装系统见图 8-18。

2. 正压气瓶歧管

真空加氯技术的发展，极大地提高了氯气流量调节控制环节的安全性。但是从氯瓶出气至加氯机真空调节器之间的正压管路及正压切换系统仍存在许多可能的泄漏点，是目前氯气使用中的主要安全隐患，解决和降低这种安全风险的主要技术要求有：

（1）严格按氯气使用标准选择、安装、维护正压管路的管道、接头、阀门。

（2）尽可能地简化正压管路及切换系统，将正压连接点的数量降至最少，最大限度地减少可能的泄漏点。

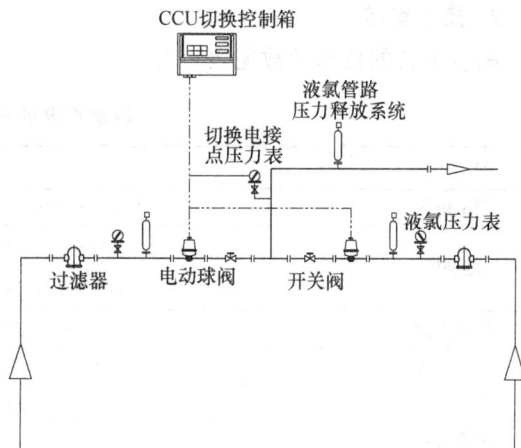

图 8-18 CCU 压力自动切换系统——安装示意图（液体）

(3) 氯气正压管路、接头、阀门要具备基本技术条件：

口径：DN20——用于气相管路，壁厚≥3.5mm

DN25——用于液相管路，壁厚≥4.5mm

材质：管路——10 号或 20 号优质碳素无缝钢管，执行标准为 GB 8163—87 或等同。

接头——（直通、弯头、三通、四通）锻钢，材质标准为 ASTM105 或等同；耐压≥3000LB（20.7MPa），耐压标准为 API602 或等同。

阀门——在干氯气（液相或气相）管路上仅采用两种阀门；GLOBE 型截止阀和球阀。由于 GLOBE 型截止阀在开/关两个方向上均不会容留液氯，经多次旋转操作才能全开/闭，可防止意外快速开/关阀门，提供了非常重要的安全特性。为干氯气管路上首选之截止阀。球阀为干氯气（液相或气相）管路上的一种选择应用，特别注意在液相使用时，普通结构的球阀会在关阀时容留液氯造成安全隐患。故在液相管路上使用球阀时，要选择特殊结构的球阀，如果选择替代阀门要特别慎重，球阀一般不用于自动切换。

8.3.6 漏氯检测仪

漏氯检测仪是用来监测氯库中氯的含量，并显示气体浓度。如空气中氯含量超过设定值，就会自动报警。漏氯检测仪型号较多，但一般都可带单探头、双探头，集检测、监控和报警于一体。

1. 结构原理

漏氯检测仪包括探测器和装有电子电路的检测仪，探测器内有一小型电传感器，由两条绕在 PVC 棒上的铂条构成，内外铂条由多孔带隔开，多孔带由探测盒内电解液连续湿润。此结构可有效防止空气粉尘进入堵塞探测器。

当周围空气中含氯量达到限定值时，探测器输出电流增大，电子检测仪迅速测出电流变化，启动报警继电器和报警指示灯。此报警状态一直持续到情况完全恢复正常时，按动复位钮方可停止。检测仪有两个独立的灵敏度：1 或 3ppm 预警；3 或 15ppm 报警；并内部设有灵敏度开关，可自行调定限值。

2. 技术参数

漏氯报警的技术参数见表 8-9。

漏氯报警的技术参数 表 8-9

项 目	技 术 参 数
测量范围	标准 0~10ppm，最小 0~5ppm，最大 0~50ppm
报警值	出厂设定：预警 1ppm 报警 3ppm 自行设定：预警 1 或 3ppm 报警 3 或 15ppm
环境温度	0~40℃ 连续操作；−23~49℃ 间断操作
湿 度	0~99％不结露
电 源	115 或 230V 50/60Hz，功率 12VA
模拟输出	4~20mA
外形尺寸	厚 140mm、宽 190mm、高 292mm

注：以上参考 W&T50-135 系列 ACU35 漏氯报警器。

3. 主要部件

(1) 主机：包括电源、单探头型装 1 个接收器，双探头型装 2 个接收器，主机带一喇叭。

(2) 电源：为 1 个或 2 个接收器，声喇叭、备用电池充电提供电源

(3) 检测器接受单元：接受来自传感/传送器的信号，可设定 2 个报警值，并提供 3 个报警接点，接收器设有设立/确认钮，为传感/传送器提供电源，并控制自检发生器。

(4) 监测器接受单元：与检测器相同，但另包括气体浓度数值显示和 4～20mA 信号输出。

(5) 传感/传送器：包括一个与传送器相连的电化气体传感器相连，能日常自检传感器的相应性能。

(6) 备用电池

4. 操作维护

每月应进行：

(1) 检测传感器，如果没装自检气体发生器，则需要实际气体检测传感器的灵敏性，检测次数也可增加。

(2) 传感器调零

(3) 清洁电池孔

(4) 确认备用电池工作时，AC 电源每季应进行一次传感器量程调整。

8.3.7 液氯蒸发器

在大型加氯系统中，由于需氯量较大，在采用多氯瓶并联自然蒸发方式已不能满足供氯需求时（一般限止最多 6 只氯瓶并联供气），可用电热蒸发器对液相氯气进行强制加热，使之蒸发为气相氯气以满足加氯机的投加量要求。由于是对有毒气体的蒸发，为防止蒸发器及管路/氯瓶的爆炸事故，蒸发器的设计及制造技术的安全性及对我国氯气品质的适用性是必须优先考虑的。国外有代表性的加氯机制造商提供的液氯蒸发器主要有两类，即油溶式和水溶式。水浴式的安全可靠性高，国内各供水企业大都用的是水浴式。水浴式蒸发器加热循环技术有两种：一种为直热内循环式，即通过良好的水加热自然对流循环交换设计，即可达到均匀加热目的。无需额外加循环泵；另一种为强制外循环式，即加热过程中需要通过加循环泵或搅拌装置进行强制热循环才能达到均匀加热目的。从可靠性及安全性考虑大都采用直热内循环式。

1. 直热内循环式蒸发器基本构造

蒸发器系统由电加热器、蒸发室、热水箱、热水循环泵、阴极保护装置、控制盘、电磁阀、膨胀室和泄压阀等组成，见图 8-19。

(1) 蒸发室：是蒸发器主要部件，浸泡在热水箱中。液氯进入蒸发室底部，经热传导，蒸发为过热氯气，由蒸发室上部出气口送出，出气率恒定则液氯液位恒定；若出气率增加，室内压力降低，液压使室内液位上升，液氯受热面增大，蒸发加快，当气压升至与液压相等时，液压达到再平衡。若出气率减少，则产生相反现象。

(2) 热水箱：经电加热器加热后的水由泵强制循环送入热水箱。由高低水位差控制进

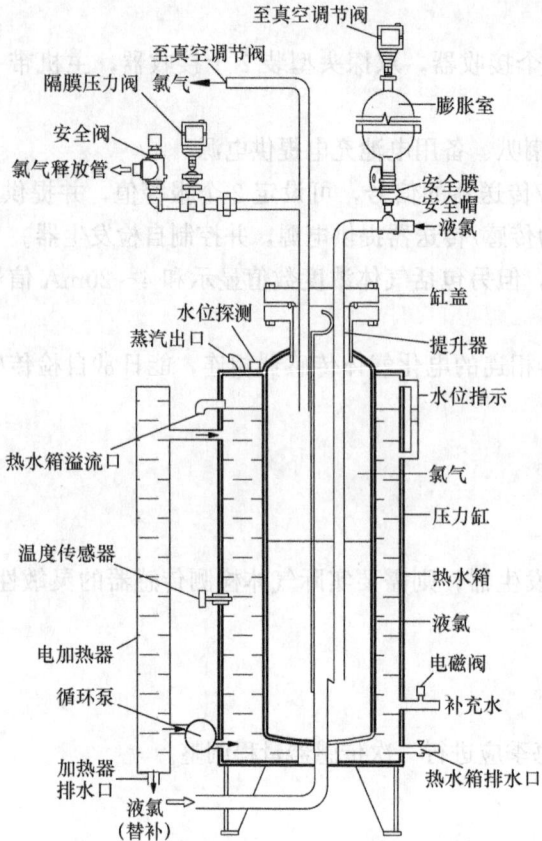

图 8-19 蒸发器系统示意

水电磁阀启闭，实现水位自动调节，保持水位一定，并由恒温器、水温传感器对水温进行控制，使其恒定在一定范围。

（3）阴极保护装置：阴极保护利用镁棒做牺牲阳极，插入水箱中，以适量硫酸钠溶于水中，以保护恒定导电性，达到水箱壁和蒸发室壁的防腐目的。

（4）控制盘：通常设在蒸发器上方。上面设有电源接线端子、带有控制功能和报警接点的印刷电路板、控制开关、电源指示器、报警灯、水位观察窗、气温表、气压表、水温计、阴极保护电流计、阴极保护控制旋钮和电源熔断开关。

（5）泄压阀组：由安全膜及压力开关组成，装在蒸发器氯气出口处。当氯气压力达到 2.76MPa 时安全膜破裂，压力开头运作，并提供报警。在气压达 3.9MPa 时泄压阀开启，将氯气排出泄压。

（6）膨胀室：装在氯瓶和蒸发器之间的液氯管道上，用于防止液氯管道阀门误关闭。当液氯升温气化时，冲破膨胀安全膜进入膨胀室，以避免管道破裂，液气膨胀室设有压力开关，并可外接报警。

2. 蒸发器的技术安全指标

水浴式的安全性是众所周知的，但由于我国氯气的纯度不高，选择适合我国氯气品质的蒸发器才能达到真正安全可靠运行的目的，低压低温型更适合杂质含量高的氯气（特别是含有三氯化氮 NCl_3）。电热蒸发器的设计、制造及出厂检测必须严格遵照美国 ASEM 法规的要求。如果在引进蒸发器时未考虑到 ASME 法规及我国氯瓶工作压力的要求，也未要求供货商提供相应的认证及检测，则将为蒸发器运行留下安全隐患。

低压低温型蒸发器的主要技术安全指标：

蒸发腔设计压力：≥3.8MPa

水压试验压力 5.7MPa

安全释放压力≤2.0MPa

饱和蒸汽温度≤60℃

低压低温型在防止氯气中杂质成分在较高温度时可能产生的意外事故方面更安全。

3. 蒸发器选择的重要提示

为确保加氯系统管路及氯瓶的安全，电热蒸发器除满足上述主要技术安全指标外，必须具备下列技术安全特征及配套附件：

(1) 蒸发器安全释放压力必须<2.0MPa，这是确保运行安全必须满足的条件。

(2) 液相管路上每两个截止阀之间的管路上必须安装配备液氯膨胀室。

(3) 为防止蒸发出的热蒸发汽发生二次液化，必须安装配备液氯减压阀。

4. W&T 公司 50-200 系列液氯蒸发器技术参数

W&T公司 50-200 系列液气蒸发器的技术参数见表 8-10。

W&T公司 50-200 系列液气蒸发器的技术参数 表 8-10

项　　目	技 术 参 数
蒸发器能力	氯（190kg/h）（152kg/h）（114kg/h） 氨（40kg/h）（32kg/h）（24kg/h）
电源要求	50/60Hz　电压 220、380 可选　功率 12kW，15kW，18kW
供水	水压 0.07～0.93MPa
蒸发室压力	工作压力：39.2bar
压力放泄阀	气体压力放泄系统 28bar　报警；39.2bar 放泄； 液体压力放泄系统 28bar　放泄/报警
热水循环泵	功率 0.75kW，50/60Hz，出现低水位停泵
热水缸	正常水位为液位计的 2/3～3/4，低水位为不位计 1/8；正常水温 72～82℃，低于 72℃或 82℃报警
液氯	2.1～10.8bar 相对湿度 0～37℃
压力开关报警	无源接点 125VAC 或 250VAC，10A
阴极保护装置	需配硫酸钠约 113g 增加水导电性，保持电流表 250mA 值
外形尺寸、重量	1893×1070×800mm 净重约 386kg，安装重约 500kg

注：蒸发器应设置在专门房间并配置漏氯报警仪。

8.3.8 加氨设备

1. 压力式加氨机工作原理

加氨机一般分手动型加氨机和自动型加氨机。

(1) 手动型加氨机

压力型加氨机由氨气减压阀及装有流量计、隔膜控制阀、泄压阀、背压阀、压力表的标准柜组成。

氨气减压阀可用于保证加氨系统在调整正压下运行，防止超压。泄压阀可防止系统意外超压。隔膜控制阀通过调整阀门开度，控制加氨量，手动调节通过面板上旋钮进行自动调节通过电动执行机构完成。背压阀、氨气通过压力 0.12～0.14MPa，保持加氨机输出压力稳定，并防止回流倒水，逆阀起止作用。

手动型加氨机工作原理是：由氨输出的气体经减压阀调至运行压力 0.17MPa（0.2～2kg/h 低加氨量）或 0.28MPa（4～20kg/h 高加氨量），运行压力可通过面板上压力表观察，调整面板上控制阀旋钮使转子流量计指示所需氨气流量。氨气经背压阀保持固定背压力，由输气管送至加氨点。

（2）自动加氨机

控制器安装于符合标准的防腐箱内，包括伺服放大器和线性流量配比电子线路板，面板上有发光二极管条形指示图，可连续显示水流量输入信号或加氨率百分数（以 5％增值），并设有无流量报警，剂量控制电位计，电子手动修正设施及流量输入信号和阀位独立调零、调幅旋钮。

电动执行器装在符合标准的密封壳体内，用于驱动控制阀阀芯双向调节动作并设有过热保护和限位开关。

差压变送器用于测定流量计入口处氨气压力降，并将所测结果以电压信号输给开方器，经其变换为流量信号输入加氨控制器。

自动加氨机的工作原理是：氨气在转子流量计入口处产生压力降，差压变送器将测到的压力降以 $1\sim5VAC$ 电压信号输入开方器，再由开方器将其转换成氨气流量比例信号输给加氨控制器，控制器将其与水流量信号进行比较，所得差值由伺服放大器输出，驱动双向电动执行器对控制阀进行精确定位，从而实现氨气与水成比例投加。

2. 加氨机工作流程

压力式加氨机工作流程见图 8-20。

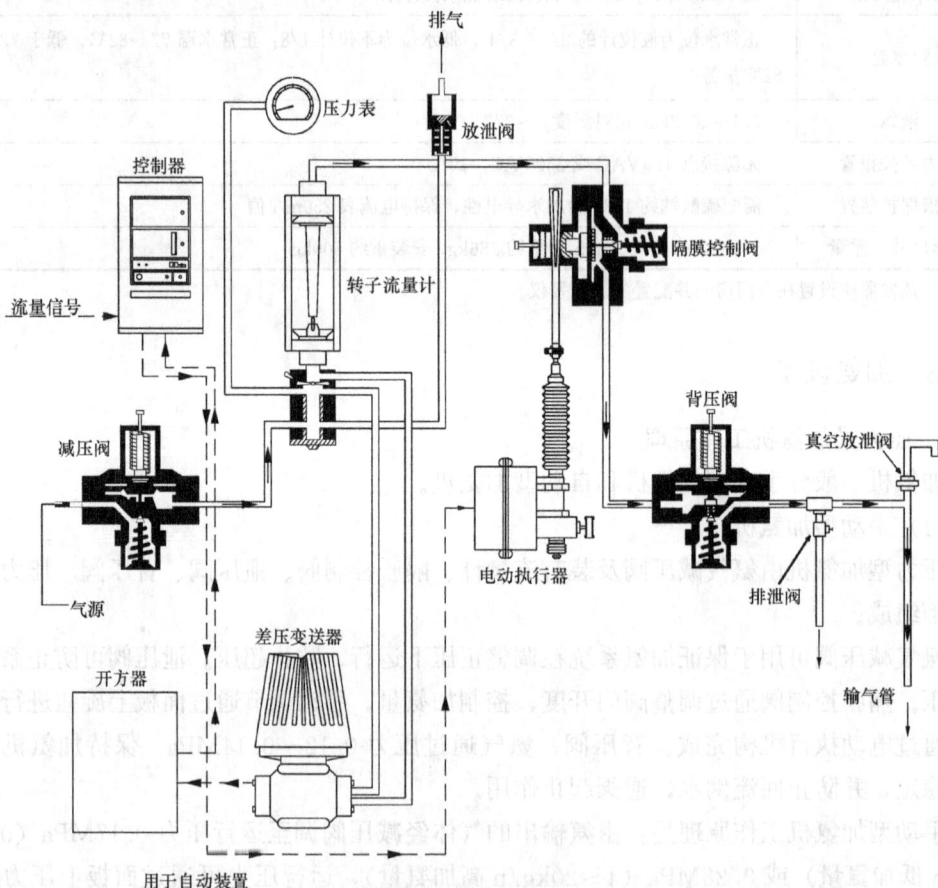

图 8-20　加氨机工作流程图

3. 技术参数

W&T 公司 60-225 系列压力式加氨机的技术参数见表 8-11。

W&T 公司 60-225 系列压力式加氨机的技术参数　　　　　　　表 8-11

项　　目	技　术　参　数
加氨能力 kg/h	0.2，0.4，0.6，1，2，4，6，10，20
控制方式	手动、自动
工作压力	氨瓶正常压力：0.17~1.9MPa 氨气减压阀控制压力：0.17~0.28MPa 背压阀控制压力：0.12~0.14MPa 加氨量允许最大水压：0.11MPa
加氨点	干管或水池，开口扩散器淹没浓度：0.5~10m 干管式扩散器最大加氨量 14.2kg/h（20kg/h 时需设 2 个）
精确度	满量程±4%
重复性	满量程 1%
线性度	满量程 0.5%
运行范围	手动 10：1、自动 5：1
环境温度	10~49℃
电流信号	4~20mA

8.3.9 漏氯吸收装置

1. 工作原理

将泄漏的氯气吸收并中和达到排放要求的成套装置称漏氯吸收装置。漏氯吸收装置的工作原理是一旦发生跑氯事故，液氯自钢瓶或液氯管线泄漏到大气中，压力骤然降低，吸收了环境中的热而迅速气化。漏氯吸收装置通过自动控制，利用机械抽吸能力将泄漏的氯气吸收反应使空气中有害的氯气迅速达到国家规定的排放标准。

能吸收氯化合反应的药剂很多，但主要有以下两种：

（1）碱液中和型

碱液中和型以氢氧化钠溶液作为吸收液，氯与氢氧化钠化合后，生成较稳定的次氯酸钠、氯化钠和水，其化学反应式如下：

$$Cl_2 + 2NaOH \longrightarrow NaClO + NaCl + H_2O$$

（2）氧化还原型

以氯化亚铁溶液和铁屑或铁棉组成吸收液，与氯发生氧化还原反应，氯气将二价铁氧化成三价铁，三价铁又被吸收液中的铁屑或铁棉还原成二价铁，继续吸收氯气形成循环吸收。其化学反应式如下：

$$2FeCl_2 + Cl_2 \longrightarrow 2FeCl_3$$
$$2FeCl_3 + Fe \longrightarrow 3FeCl_2$$

2. 工艺特点

根据这两种反应原理设计制造的泄氯吸收装置的工艺过程基本相似，但对尾气的处理不同。

碱液中和型吸收装置对尾气的处理方式是：尾气从第二吸收塔顶通过尾气管道排出，进入大气。在第二吸收塔的顶部有一除雾装置，除去尾气中所夹带的碱液雾珠。其工艺过程如图 8-21 所示。

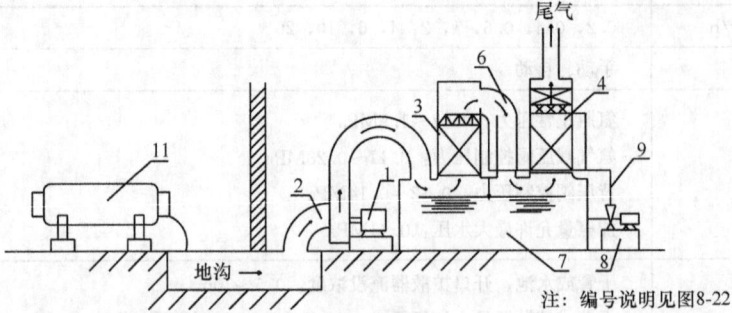

注：编号说明见图8-22

图 8-21　盐碱中和型吸收工艺过程图

氧化还原型吸收装置中未被吸收的氯气从第二个反应塔的尾气回收管流回氯库，构成一个闭路循环系统，使泄漏的氯气不外溢，达到把氯气限制在泄漏车间内吸收处理的目的。其工艺过程如图 8-22 所示。

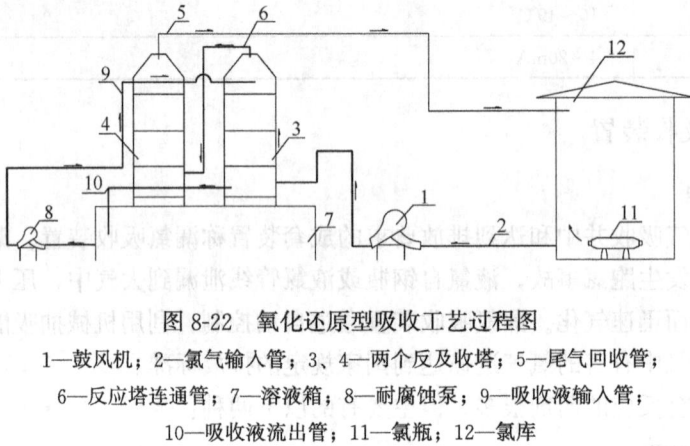

图 8-22　氧化还原型吸收工艺过程图

1—鼓风机；2—氯气输入管；3、4—两个反及收塔；5—尾气回收管；
6—反应塔连通管；7—溶液箱；8—耐腐蚀泵；9—吸收液输入管；
10—吸收液流出管；11—氯瓶；12—氯库

这两种吸收设备都有吸收效率高的共同特点，吸收塔内充满高效能填料，增大吸收液与氯气的接触面积和接触时间，塔顶有高效布液装置使吸收液分布匀均，提高吸收效率。

其不同特点是：

（1）对吸入的含氯气体的浓度要求不同，碱液中和型的吸入气体浓度不能超过 10%。否则排放的尾气不能达到排放标准。氧化还原型对此则无要求，可吸收任何高浓度氯气，而且尾气不向大气排放，而是通过尾气回收管与氯库相连，构成一个闭路循环系统，对环境不会造成任何污染。

（2）碱液中和型吸收装置的吸收液 NaOH 溶液浓度要求 20%，腐蚀性强，对管道接头的金属螺栓和磁力泵构件腐蚀较大。氧化还原型吸收液对设备的腐蚀性较小。

（3）吸收剂的补充和更换不同。酸碱中和型的 NaOH 吸收液易与空气中的 CO_2 反应，因此要定期检查其浓度，特别是处理完较大的泄氯事故之后，当浓度降低到16％以下时，要添加固体 NaOH 以保证其浓度，若已在10％以下时，要全部更换。氧化还原型在浓度降低时，只需加入再生剂，可以循环使用而无需更换。

（4）维护保养方面：碱液中和型吸收装置在每次处理较大的泄氯事故后，要用自来水冲洗塔内结构，以防内部结晶影响吸收效率。氧化还原型不需清洗，操作管理方便。但都要定期对阀门、风机和泵等设备进行手动或自动测试。

3. 泄氯吸收装置的维护及保养

（1）日常保养项目

1）加氯值班工每日检查吸收液（碱、氯化亚铁）、提升泵、贮液箱及管道是否泄漏并及时检修，保持清洁；

2）加氯值班工每日检查吸收装置电气电路是否正常，并做好清洁工作。

（2）定期保养项目

1）定期测试吸收装置系统的有效性；

2）每年测定一次吸收液有效成分浓度，用碱液中和吸收的，氢氧化钠浓度宜在12％以上，且不出现结晶块；用氯化亚铁反复吸收的，贮液箱内应有足够的固体铁质还原剂。

（3）大修理项目

1）提升泵应每年解体检修一次，更换易损部件、润滑脂；

2）风机（包括电机）的轴承应换润滑脂，并做防腐处理；

3）系统中暴露的铁件每年进行一次防腐处理；

4）吸收装置所在房间或遮阴篷每3年检修一次。

8.4 加氯系统的运行与维护[1]

8.4.1 加氯系统的运行

1. 加氯机的开机与停机

（1）开机前检查

1）检查氯瓶摆放位置正确，氯源、管路连接正确。

2）正压管路。在正式通氯气前必须经过试压，确保无泄漏后，对管路用氮气吹扫，清除管中可能的杂质，吹扫后立即封闭管路，不让空气及水汽进入管道中。

3）检查蒸发器进液、出氯管路、真空调节器连接正确。

4）负压管路在正式通氯气前，同样必须确保无泄漏。检查完毕后也需要对管路吹扫，保证管道内干净无杂质。

5）检查水射器所处位置淹没深度足够，不低于0.8m。

6）加氯机检查：

a. 保持氯瓶出口阀门的关闭状态，确认投加点有水以便运行；

---

❶ 加氯系统的设备品牌很多，运行维护大同小异，本手册以 WT 为例介绍。

b. 确认 V 形槽处于完全关闭位置，打开水射器压力水供水阀门。加氯机上的水射器真空表显示应在 25～30in Hg 之间，表示水射器运行正常。

c. 完全打开 V 形槽；

d. 当水射器运行，气源关闭时，检查转子流量计的浮子，如果浮子没有静止在底部，则表明在转子流量计之前有真空泄漏。如果这种发现现象，则在下列位置有可能有真空泄漏：

——压力释放阀座。这可能通过放一手指在压力释放阀排气口来感觉；

——有空气通过流量计下部的 O 形圈或转子流量计垫片缝隙，上述问题可以通过涂抹上适量的真空硅脂来达到密封要求。并要确保流量计安装在 O 形圈上。

——检查管连接处的 O 形圈或连接部件。当管路配件和连接不正确连接时会有空气进入，可以通过拧紧管接头和配件或替换坏的 O 形圈。在安装前要注意要在 O 形圈外涂上密封脂。

e. 检查以下内容以保证连接紧密：

——通过 V 形槽阀塞的移动检查 V 形槽；

——检查差压调节阀座下的垫片。

f. 完全关闭 V 形槽

(2) 开机

1) 接通所有投加设备的电源，确认状态正常；

2) 若液相投加，开启蒸发器，待水溶槽水温上升到 180 ℉左右，准备投加；

3) 用专用扳手缓缓开启 1 组 1 只氯瓶的总阀，开启度相当于扳手绕氯瓶 1 圈；

4) 从氯瓶至加氯机，依次缓慢打开出气阀、歧管连接阀、安全阀、电动球阀、同时用氨水检查管路中所有阀门、接头和管路，如发现白色烟雾或试纸变色，则表明有氯气泄漏，应立即停止作业，迅速关闭氯瓶上的总阀，查找泄漏点和原因，并进行检查，直到检查后不再发生泄漏，方可进行下一步操作；

5) 完全打开总阀，观察气源压力表读数变化；观察真空调节器的动作；观察蒸发器的温度表、电流表、压力表读数变化，并做记录；

6) 打开水射器压力水阀，观察加氯管线中水压的变化，确保水射器的压力大于 0.3MPa；

7) 检查真空管路的气密性，关闭调节阀，将黑色旋钮转至 "OFF" 位置，数秒内气源指示器转至红色，表明气密性良好，如指示器无变化或变化缓慢，应查找真空管路泄漏地点和原因，并进行检修，直至检修后不再发生泄漏，方可进行下一步操作；

8) 接到加氯运行指令后，将调节阀黑色旋钮转至 "ON" 位置，开启加氯机，使系统运行。根据投加点投加量的要求，在加氯机 PCU 上输入相应的所需加氯量；

9) 做好加氯系统运行数据的记录，定期检测水中余氯值变化，根据需要及时调整加氯量的设定值。投加氯约半小时后，化验室应及时检测投加氯后水体中的余氯值，同时打开取样泵前后阀门，按取样泵的正确开泵方法，开启取样泵，观察并记录余氯仪中显示的余氯值，用人工检测值来校核仪器检测值，并调整余氯仪，使两者相近；

10) 加氯系统各备用设备应至少每月切换一次，以保证备用设备的正常使用功能，当在使用中蒸发器内镁棒用尽时再切换备用蒸发器。

（3）运行中检查

1）氯瓶中液氯重量足够，满足投加要求：出气阀、歧管连接阀、安全阀、电动球阀完好，启闭灵活。

2）加氯管路完好；过滤器完好；自动切换系统正常，控制、切换灵活可靠。

3）蒸发器与氯瓶出氯针形阀连接方式对应一致；管路、接头、阀门完好；蒸发器水浴槽供水正常，电磁阀控制水位灵活、准确，水位正常；蒸发器电流表、温度表、压力表完好，电流表、压力表读数为"零"。

4）检查正压管路正常，加氯机进、出管路、接头、阀门完好。水射器、压力表正常，压力表读数为"零"。

5）不同投加点加氯机之间的联络控制阀门，应置于相应的位置。

6）加氯机观察窗清晰，转子浮球处于"零位"，加氯机 PCU 完好，设置正常。

7）真空调节器完好，气源压力表完好，读数为"零"。

8）增压泵正常，水质合格。水射器能正常工作。

（4）停机

1）关掉气源钢瓶出口阀门。约 10min 后关闭真空调节器。

2）等到加氯机真空表达到满量程，转子流量计浮子静止在流量计底部后，关掉加氯机的 V 形槽。

3）最后关闭水射器进水。

2. 氯瓶的投入运行

（1）氯瓶的投入

1）氯瓶一般分两组，每组 1 只或 2～4 只投加。

2）两台电子秤上各放置 1 只氯瓶（1 用 1 备），当使用组电子秤上的氯瓶重量接近限重时，开启备用组电子秤上氯瓶阀门以便自动切换；当使用组氯瓶用空进行自动切换后，将空瓶更换为满瓶以备下一次切换用，并挂好"备用"标志牌。

3）值班人员尽量将更换氯瓶的时间安排在白班进行，在更换时要严格遵守操作规程。

4）液氯使用中，应尽量利用其自然蒸发进行气相直接投加；当液氯自然蒸发量不能满足生产所需投加量时，方可启用蒸发器进行液相投加。

5）当氯库内仅剩 6 只满瓶（或按规定数量）的氯瓶时，要及时通知部门负责人，以便尽快进氯。

（2）连接氯瓶操作规程

1）连接氯瓶要有受过专门培训的人员一人操作，一人监护。

2）打开风机进行通风直至换瓶操作结束。

3）操作前检查有完好的、正确规格的铅垫圈，有效的氨水，安全合格的防毒面具、防护手套、防护服、扳手等工具。备好防毒面具，操作工必须戴防护手套，开关氯瓶总阀、出氯阀时须穿防护服，同时第二人备好防毒面具站在氯库外监护第一人的操作。

4）换瓶人戴上防毒面具（或空气呼吸器）。

5）利用行车起吊，同时读取行车秤的满瓶重量读数，确认氯瓶已安全放置。读取电子秤的满瓶重量读数，进行重量复核。

6）检查歧管及歧管接头，如发现异常情况立即报告，并进行处置，直至可以安全操作；取下氯瓶总阀塑料保护帽，小心去除氯瓶总阀出氯口上的保护帽，如发现异常，立即报告并进行处置，直至可以安全操作。

7）换上新的铅垫圈，小心将出氯阀与氯瓶总阀连接好；用专用扳手缓慢打开瓶上气阀 1/4 圈，并用氨水检查其气密性；如不漏气安全打开氯瓶总阀 1/2 圈。

8）依次打开出氯阀、歧管连接阀，并用氨水测试漏气性，如发现异常情况应报告，并进行处置，直至可以安全操作。如没发现泄漏，可以取下防毒面具，并放在手边处于备用状态。

9）做好操作日期、氯瓶编号、满瓶重量、操作人等记录。

（3）分离氯瓶操作规程

1）分离氯瓶操作时也要和连接氯瓶操作规程 1～4 项要求一致。

2）关闭待换氯瓶总阀、出氯阀（针形阀），歧管连接阀。

缓慢松开针形阀吊紧螺栓，以驱散歧管中剩余氯气。若发现大量氯气泄出，重新拧紧针形阀吊装螺栓并检查所有的阀门已关闭。气体要完全排除才能继续下一步操作。

3）从氯瓶上卸下出氯阀（针形阀），将氯瓶总阀出氯口上的保护帽拧好，并用氨水检查其气密性。检查完毕后，将氯瓶总阀塑料保护帽拧好。

4）利用行车起吊，同时读取行车秤的空瓶重量读数。将空瓶从工作位置吊至贮存位，在空瓶上悬挂"空瓶"标志牌。做好操作日期、氯瓶编号、空瓶重理、操作人等记录，填写报表。

3. 自动切换控制器操作规程

（1）手动操作

1）将开关置于"MAN1"则阀门 1"打开"，阀门 2"关闭"；将开关置于"MAN2"，则阀门 1"关闭"，阀门 2"打开"。

2）将开关置于"AUTO"，则 2 组气源互为自动切换。

（2）自动控制

1）2 组氯瓶均满时，将控制开关置于"AUTO"，则投加系统处于"自控"状态。

2）当第 1 组气源重量不足报警时，压力开关自动启动控制电器。

8.4.2　加氯（氨）系统的维护

良好的周期性维护可以保证设备始终处于正常的工作状态，最终可以保证系统良好的安全性，加氯系统的一般维护和周期性检查的主要内容有：

1. 加氯（氨）设施的日常保养

（1）每日检查氯瓶（氨瓶）针形阀是否泄漏，安全部件是否完好，并保持氯（氨）瓶清洁。

（2）每日检查称重设备是否准确，并保持干净。

（3）加氯（氨）机应随时检查并处理泄漏。应每日检查调整密封垫片，检查弹簧膜阀，压力水、水射器、压力表和转子流量计是否正常，并擦拭干净。

（4）每日检查蒸发器电源、水位、循环水泵、水温传感器、安全装置是否正常，并保持清洁。

（5）输氯（氨）系统应每日检查管道、阀门是否泄漏并检修。

（6）起重行车在使用前或定期检查钢丝绳、吊钩、传动装置是否正常，并保养。

2. 加氯设施的维护保养

（1）氯瓶、氨瓶可委托生产厂在前进行维护保养。

（2）泄漏的检查

1）氯气泄漏

a. 氯气泄漏检查时应使用商业用 42°波美度的氨水；

b. 将瓶装氨水靠近连接处、接头处或可疑的泄漏部位，如有白烟生成，则表明有泄漏存在；

c. 一旦发现有氯气泄漏，立即关闭氯瓶出气总阀，并开启泄漏氯回收装置以清除逸出的氯气和设备中的所有氯气；

d. 氯气泄漏检查应每天检查连接处一次，金属件上的绿色或带红色的污点则表明可能有泄漏。

2）水泄漏

不能允许任何水泄漏，一旦发现水泄漏应立即予以修复；

（3）零件的清洗

1）转子流量计浮子、V 形凹口塞子或任何阀座或通道发现被杂质污染时，将它们卸下并用温水或洗涤剂用洗管器或软刷子清洁；

2）零件在重新安装时，应注意：检查所卸下的零件有无任何物理损伤，更换损坏了的零件；废弃与更换所有卸下来的 O 形密封环，密封条与垫片；更换损坏了的膜件。

3）水射器前滤网器应作定期检查与清洁处理作业，以防水射器的喉管被外部异物堵塞。

（4）周期性的性能检查

1）性能检查每三个月检查一次。

2）检查内容

a. 打开氯瓶和真空调节器的所有阀门、水射器处于工作状态，调节加氯机调节阀，检查调节阀的灵活性和准确性，并检查转子流量计的浮子能够上下自由升降，没有上下跳动现象；

b. 在水射器工作时，关掉氯瓶出气总阀。数分钟后，真空表上应指示为 $100inH_2O$ 并且在真空调节器前面的指示器应移动至 "EMPTY"。经过最初的上升后，转子流量计的浮子将会下沉，直至其停在底部的止动器上。若真空读数不正确，则表明水射器的真空度不足或有空气泄漏。若浮子不能沉落并停留到止动器上，则表明在转子流量计的上游的什么地方有空气泄漏。

c. 当真空水平达 $100inH_2O$ 以及转子流量计浮子已停到止动器上时，关掉水射器工作水，若真空度有急速下降，则表明在本系统中某处有空气泄漏。

d. 关掉氯瓶出气总阀，关掉水射器并带正常的反压存在，从位于水射器的气体入口连接上卸下管道。是否从被断开连接的管道端中有任何水滴下，并让断开的管道放置 10min，是否在水射器上连接管的外端有任何水迹。如果有水迹则维修水射器的背部控制器；

（5）定期性的清洁作业

清洁处理作业的时间间隔　　　　　　　　　　　　　　　　表 8-12

维护项目	维护保养时间
真空调节器转子流量计	当在玻璃管内见有污物沉积或浮子粘死在管道上时
V 形凹口塞子	当转子流量计中所见的同样污染成分也存在于流经 V 形凹口塞子喷口的气体时
水射器喉管件与尾道件	每 6 个月

（6）周期性的防护性维护时间间隔

周期性的防护性维护时间间隔　　　　　　　　　　　　　　表 8-13

维修项目	维修时间
真空调节器	每隔一年
控制模块	每隔一年
塑料管、联合施工及溶液管	每隔一年

（7）加氯机常见故障及排除

加氯机常见故障及排除见表 8-14。

加氯机常见故障及排除　　　　　　　　　　　　　　　　　表 8-14

故障现象	可能原因	排除措施
加氯机根本不加氯或不能到满刻度	水射器真空不够	取下喉管和尾管清洗，或更换损坏件。清洗水过滤器，检查出口管线有无脏物。测量时水压力和投加点压力，有无异常，如果有升压泵，检查泵有无磨损，有无沉积物和漏空气。如果是新系统，确认水射器后的管线是否合理和正常
加氯机根本不投加或只能少加料量，高加氯量上不去，水射器真空度是对的，而且气源充足	真空调节阀或气体管线堵塞，隔膜有洞漏气，或垫片连接处松动或破损	清洗真空调节器。清洗气体管路。拧紧接头，更换损坏垫片
加氯机高加氯量正常，但低加氯量不能控制	真空调节器气流不充分，被铁锈或脏物顶住了	清洗真空调节器
当气源关闭和水射器开启时，浮子不掉下来	转子上游漏气或转子脏了	检查真空调节阀膜片，包括中心密封，检查压力放泄膜片阀座表面，清洗转子
转子不能随 V 形槽的设置比例上下	V 形槽有脏物，V 形槽开口磨损	取下 V 形槽组件，清洗槽塞和槽杆。注意，不要用尖锐的工具刮擦槽沟
气体投加正常，但瓶重损耗低于转子显示	转子流量计上游漏空气	检查压力放泄阀膜片和阀座表面、真空调节器膜片，包括中央密封和管接头

故障现象	可能原因	排除措施
加氯机不投加，但气源正常，V形槽，转子，水射器真空正常	差压调节阀弹簧有问题或脱出，没有将阀杆拔出，气体不能流到水射器	注：弹簧应在膜片下。如有问题，更换差压调节器的弹簧
加氯机加氯正常，但氯瓶称重损耗大于转子显示	差压调节阀、阀杆、O形圈有问题，膜片有孔洞	如果气源是因为杂质引起的，那么清洗气体管线和真空调节器。如果差压调节阀、弹簧、O形圈、膜片有问题，则更换
V形槽移动困难，当用劲移动时，漏空气	V形槽塞杆有杂物，并与密封圈黏结或由于强行通过密封，而造成开口变形	卸下整个V形槽组件，泡在温水中约2分钟。拧下红色旋钮，直至丝扣脱开，拧下螺钉。卸下密封夹，抽出V形槽。清洗槽杆。抹上一层润滑脂后，装回去

3. 蒸发器的维护保养

(1) 保养内容

1) 汽化室每隔一年停机进行清洁及检测。

2) 低水位开关每隔一年检查一次。将水位降低，确保打开补充水阀，检查运行正常。

(2) 常见故障及排除方法

常见故障及排除方法见表 8-15。

常见故障及排除方法　　　　　　　　　　　　　　　　　表 8-15

故障现象	可能原因	处理办法
液氯进入加氯机转子流量计中	1. 超出蒸发器过载设计能力。 2. 供应压力太高或由于在筒内有污染或筒外有沉积物造成热传送不够；或由于低水温开关没能关闭 GPRV 的低水箱温度报警器报警并使面板上的灯亮。 3. 在气体减压阀的旁通阀打开。 4. 气体减压阀通过阀门泄压	1. 减小加氯机气体排放率。 2. 降低蒸发筒内压力。关闭供给阀，排空系统并关机。 3. 关闭旁通阀。 4. 关闭供应阀，排空系统并关机
前面板压力表读数高（大于140psi）	1. 气垫压力太高。 2. 蒸发器出口关闭或加氯停止同时在蒸发器进口和供应之间阀门关闭。 3. 由于污染阻塞供应线的同时，蒸发器出口关闭或加氯停止。长时间关机。清洗供应线	1. 降低压力 2. 打开供应线上的所有阀 3. 按照要求，打开阀门以避免液氯被困压管线内，排空系统并关机
供应线压力表固定在最大读数处。当防爆膜片破裂时，供应线压力释放系统报警。由于压力升高，氯气可能从接头处泄漏	1. 液体被困压在两个关闭阀之间。 2. 关闭供应阀并停止加氯，液氯被困在蒸发筒内。 3. 液氯被困在关闭阀和一个阻塞线之间	1. 打开供应线上所有的阀门。 2. 排空系统并关机。更换防爆膜片。 3. 打开阀，排空系统并关机

故障现象	可能原因	处理办法
蒸发器压力释放系统报警启动，压力表读数在 30～140psi 之间，液体管线压力系统报警启动但液体管线压力表读数在 30～140psi 之间	防爆膜片泄漏	遵守程序更换膜片
低温面板闪亮 在面板的温度表读数偏低（在 160 ℉ 以下）。 压力减压阀关阀。 可能存在另外现象： 低水位报警并且低水位面板灯亮	1. 气体供应量超过蒸发能力。 2. 循环泵停止或旋转方向不对。 3. 电磁阀卡住不能打开，使冷水不能进入水箱。 4. 水从水箱或管道漏出。 5. 加热继电器出错，线圈或接点破损。 6. 热交换器工作不正常，或所有元件烧毁，或加热器电压不匹配。 7. 线路板上的温度控制线路或在探头箱内温度感应元件出错或连线不正确	1. 按照要求，降低气体供给量。 2. 查泵的马达和连线或更换失效设备。 3. 检查电磁阀是否有异物卡住阀体，检查水位传感器接线和控制线路。如果出错，更换相应设备。 4. 修补泄漏处。 5. 检查线圈和接点，更换故障设备。 6. 检查元件和标牌值，更换有故障元件。 7. 检查连线或更换有故障元件
高温面板灯亮	1. 线路板温度控制失效或连接不正确 2. 探测箱内温度控制传感器失效或连接不正确	更换有故障设备或改正布线
低水位面板灯亮。 低水位报警启动。 热交换器或循环系统关闭。 压力减压阀关闭。 水位在可视玻璃管内较低或根本看不见。 另外可能的现象是低水温报警或面板灯被启动	1. 供水堵塞或出现故障。 2. 电磁阀卡住或出现故障。 3. 在水箱或管道中有泄漏。 4. 排放阀打开或泄漏 5. 自动水重新注入控制失效或水位探测元件连接不正确	1. 清理管道恢复供水。 2. 清理或更换有故障的阀。 3. 修补泄漏。 4. 关闭或更换阀。 5. 更换失效控制器或检查线路
水从溢水口流出和或越过箱顶流到地板上。 可视玻璃管已满或接近满。另外可能现象是低水温报警和面板灯启动	1. 异物卡住电磁阀； 2. 电磁阀失效； 3. 自动水注入电路失效或水位探测线路连接不正确	1. 清理电磁阀。 2. 更换电磁阀。 3. 更换失效控制器或检修线路

4. 真空调节器维护保养

1）为避免可能造成的人员伤害和设备损坏，不能使用酒精、碘、汽油和石油溶剂，所有的清洗应在一个开放的区域或通风比较好的房间进行。

2）由于弹性部件的老化及检查内部区域可能出现的沉淀的要求，应以一年为周期进行全面的检查。将系统的各个主要零部件都拆开检查。在开始工作之前，务必确保已有适当的备件包。

3）实际的清洗频率取决于使用时间、加料量、更换气瓶时的仔细程度、气体和压力水的质量。如果装置是按季节使用的或要长时间停机的话，应在启动之前完成维修。

4）沉积在设备内的杂质通常可用热水或清洁剂进行清洗。橡胶部件只能用热水和清洁剂进行清洗。在安装和气体接触之前部件上的溶剂和水必须清除。不要用加热方式除去塑料件和硬橡胶件上的水分。

5. 水射器的维护与保养

1）保养周期见表 8-16。

水射器保养周期

表 8-16

检查水射器防倒水性能	以 3 个月为周期
清洗喉管	每 6 个月进行 1 次
清洗尾管	每 6 个月进行 1 次
清洗弹簧及膜片	以 1 年为周期
清洗阀芯及阀座	以 1 年为周期
更换 O 形圈	以 1 年为周期

2）沉积在设备内部的杂质通常可用热水或清洁剂进行清洗。橡胶部件只能用热水和清洁剂进行清洗。同样，为避免可能造成的人员伤害和设备损坏，不要使用酒精、醚、汽油和石油溶剂，所有的清洗应在一个开放的区域或通风比较好的房间进行。

8.4.3 加氯间的管理与维护

1. 加氯的安全操作规程

加氯操作，有的水厂与加药间操作在一起，有的与滤池操作在一起，不管加氯操作属于哪个部位管理，都需要制定加氯安全操作规程。加氯安全操作规程的主要内容可以参照本章中所述的加氯机的操作运行、贮存和使用方法中的主要内容，结合本厂加氯机的形式和具体情况进行制定。

2. 加氯间操作人员的工作标准

正确控制好加氯量，确保出厂余氯是加氯间操作人员的最基本责任，为此主要要做好以下工作：

（1）掌握好原水水质的变化

原水水质变化对加氯量影响很大，氯在水中为杀灭细菌所消耗的数量很小，而存在于水中的各种有机物无机物质都消耗大量氯，因此加氯量不足就不能有效地杀菌，也不能保证出厂余氯。为此，加氯人员要掌握好影响加氯的各种因素，及时正确地调整加氯量。

（2）负责前后工序的联系

加氯量和出水量、水的澄清、过滤处理效果也有密切的关系。加氯人员要加强前后工序的联系，了解进出水量的变化和水的处理效果。一般在开机前，要事先检查好加氯设备，做好加氯前各项准备，接到开机信号后，能及时加氯，停机前提前 2～3min 关闭出氯总阀，停止加氯，当澄清过滤后的 pH 值发生变化时要及时调整加氯量。

（3）控制好余氯量

控制好余氯量是保证水质的关键，控制余氯的常用方法就是定时定点的在线检测余氯，及时调整加氯量。一般一次加氯时对清水池进出 2 个点，二次加氯时对沉淀池出口、过滤后及清水池出口 3 个点设余氯检测仪，要根据余氯量及时调整加氯量。

（4）严格遵守操作规程，保证加氯安全

（5）搞好设备维护

加氯间的主要设备是加氯机，氯瓶，电子秤，起重工具，以及保安用具，如氨水、防毒面具、通风设施等，对所有设备要定期检查并加以维护，对各种管道阀门，平时也要有专人维护，一旦发现漏气，立即调换。务必按时做好操作记录，使各种设备处理完好状态。

8.5 加氯加氨系统的安全管理

8.5.1 氯气安全规程

为生产、使用、贮存氯气的安全，国家制定了"氯气安全规程"（GB 11984—2008），标准的全部技术内容为强制性。其中与净水厂有关的内容主要有：

1. 一般要求

（1）生产、使用、贮存氯气的厂房、库房建（构）筑应符合 GB 50016（建筑设计防火规范）中的有关规定。

（2）氯气相关从业人员，应经专业培训、考试合格，取得合格证后，方可上岗操作。负责人（含技术人员）应熟练掌握工艺过程和设备性能，并具备氯气事故处理能力。

（3）氯气作业场所，都应配备应急抢修器材和防护器材，并定期维护。常备的防护用品应有与作业人员相同的过滤式防毒面具；正压式空气呼吸器和防护服、手套、防护靴等并有适当的备用数。

（4）对于全封闭式氯气使用、贮存等厂房应设置氯气泄漏检测报警仪，应配套吸风和事故氯气吸收处理装置。车间的空气中氯气含量最高允许浓度为 $1mg/m^3$。

（5）液氯设备、管道的设计应符合有关规定，氯气系统管道应完好，连接紧密，无泄漏。法兰垫片应选用耐氯垫片，用氯设备应有完善的仪表等安全装置，检修时应符合有关安全检修作业规程。

（6）氯气生产、使用单位应制定氯气泄漏应急预案，预案的编制应符合 AQ/T9002（生产经营单位安全生产事故应急预案编制导则）中的有关内容，并按规定向有关部门备案，定期组织应急人员培训、演练和适时修订。

2. 使用安全

（1）液氯气瓶的使用安全

1）使用液氯的单位不应任意将液氯自行转让他人使用。

2）充装量为 50kg 和 100kg 的气瓶，使用时应直立放置，并有防倾倒措施；允装量为 500kg 和 1000kg 的气瓶，使用时应卧式放置，并牢靠定位。

3）使用气瓶时，应有称重衡器；使用前和使用后均应登记重量，瓶内液氯不能用尽；

充装量为 50kg 和 100kg 的气瓶应保留 2kg 以上的余氯，充装量为 500kg 和 1000kg 的气瓶应保留 5kg 以上的余氯。使用氯气系统应装有膜片压力表、调节阀等装置。操作中应保持气瓶内压力大于瓶外压力。

4）不应使用蒸汽、明火直接加热气瓶。不应将油类、棉纱等易燃物和与氯气易发生反应的物品放在气瓶附近。

5）连接气瓶用紫铜管应预先经过退火处理，金属软管应经耐压试验合格。

6）不应将气瓶设置在楼梯、人行道口和通风系统吸气口等场所。

7）开启气瓶应使用专用扳手。开启瓶阀要缓慢操作，关闭时不能用力过猛或强力关闭。

8）气瓶出口端应设置针型阀调节氯流量，不允许使用瓶阀直接调节。

9）作业结束后应立即关闭瓶阀，并将连接管线残存氯气回收处理干净。

10）使用液氯气瓶处应有遮阳棚，气瓶不应露天曝晒。

11）空瓶返回生产厂时，应保证安全附件齐全。

（2）液氯气瓶的贮存安全

1）空瓶和充装后的重瓶应分开放置，不应与其他气瓶混放，不应同室存放其他危险物品。

2）重瓶存放期不应超过 3 个月。

（3）液氯瓶的运输安全

1）气瓶装卸、搬动时，应戴好瓶帽、防震圈，不应撞击。

2）充装量为 100kg、500kg 和 1000kg 的气瓶装卸时，应采用起重机械，起重量应大于重瓶重量的一倍以上，并挂钩牢固。不应使用叉车装卸。

3）危险化学品运输车辆运输气瓶时，应严格遵守当地公安交通管理部门规定的行车路线，不应在人口稠密区和有明火、高热等场所停靠。应按规定悬挂危险品标志。不应同车混装其他物品或让无关人员搭乘。

4）车辆停车时应可靠制动，并留人值班看管。

5）高温季节应根据当地公安交通管理部门规定的时间运输。

6）运输液氯气瓶的车辆不应从隧道过江。

7）车辆运输气瓶时，瓶阀一律朝向车辆行驶方向的右侧。

8）充装量为 50kg 的气瓶应横向装运，堆放高度不应超过两层，充装量为 100kg、500kg 和 1000kg 的气瓶装运，只允许单层放置，并牢靠固定防止滚动。

9）船舶装运液氯气瓶应严格遵守交通、港口部门制定的船舶运输危险化学物品规定。

8.5.2 氯气泄漏时的应对措施

1. 在紧急情况下应该采取的处理原则

（1）防护用品应放置在醒目显眼的地方，保证所需的应急设备随时可用，并提供需要的急救设施。

（2）进入紧急危险区之前先要穿戴好防护服和空气呼吸器，并采取其他相应的安全措施。

（3）一旦发生泄漏情况，必须由配备正确工具和防护并熟悉内部情况的合格人员进行维修和检查。

（4）注意泄漏容器（指氯瓶、氨瓶、蒸发器、过滤器等）和管道的安放位置，应使漏泄处只逸出气体，不溢出液体。

（5）上述容器应置于向风的一侧，这样可使外逸以较低的浓度送到下风口。

（6）禁止将水或其他液体直接洒在泄漏的容器上。

2. 泄氯事故应急处理方法

（1）生产岗位发生少量泄漏时，应戴好防护器具（指空气呼吸器、活性炭过滤器等），检查氯瓶出口阀、输氯管连接处、加氯机各连接部件、用氨水熏查法查出其确切的泄漏点，然后关闭氯瓶出口阀，由修理工对泄漏点进行处理。

（2）对泄漏氯量较大且一时难以判断其泄漏点时，启用漏氯中和吸收装置，戴好防护器具，在有人监护的情况下进场，迅速关闭全部氯瓶出口阀，排除室内氯气后，再将氯瓶出口阀开启少许，用氨水熏查出泄漏点，重新关闭氯瓶出口阀，加以处理。

（3）上述泄漏查明并进行处理后，必须再将氯瓶出口阀开启少许，用氨水熏查再进行检查，确认无泄漏时，方可投入生产运行。

（4）当氯瓶发生大量泄漏事故而一时无法制止时，如氯瓶总阀阀颈断裂、安全塞融化、砂眼裂缝喷氯等首先要保持沉着镇静，启用漏氯中和吸收装置，立即戴好空气呼吸器等防护器具，在有人监护的情况下进场，迅速切断全部氯瓶出口阀。

视泄漏情况进行处理或撤离，处理时，人居上风位置，对泄漏部位进行应急后用专用堵漏工具或竹签、木条堵塞，或用软金属如铅等敲入堵住，对砂眼裂缝也可用抱箍和橡胶作垫料，将抱箍箍于砂眼裂缝处，使之不漏氯；若泄漏严重或无法确定具体的泄漏部位，在切断全部氯瓶出口阀后人员应迅速撤离。发生泄漏的氯瓶必须及时通知生产厂家，由生产厂家进行处理。

（5）用以上方法尚难制止氯瓶泄漏，且启用漏氯中和吸收装置收效不大时，应关闭氯库间门窗，开启室外消火栓，用大量自来水喷射氯库间四周，使氯气溶于水中，以减少空气中高浓度氯对周围环境的危害。如动用水厂力量还难以处理制止泄漏时，应立即报告上级部门和消防大队，请求援助。并视漏氯量大小，及时通知周围单位、居民，组织人员疏撤，控制事故扩大。

8.5.3 氯气泄漏事件案例分析及对策

液氯在生产、运输、贮存和使用过程中都有泄漏的风险，是重点监管的危险化学品。我国近几年曾发生多起液氯泄漏事故，如 2005 年 3 月京沪高速淮安段，一辆运输液氯的槽罐车与一辆解放牌大货车相撞后翻倒。致使槽罐车上满载的 32T 液氯快速泄漏，最终导致 29 人死亡，436 名村民和抢救人员中毒住院治疗，门诊留住人员 1560 人，1 万余名村民被疏散转移。2006 年 7 月，宁夏鑫尔特化学公司发生液氯泄漏事故，导致 160 多人不同程度中毒。2009 年 11 月温州发生了液氯爆炸事故，造成 2 人死亡。现介绍三例净水厂氯气泄漏事件及处理的案例。

1. 因三氯化氮爆炸使液氯蒸发器出气管炸裂的氯气泄漏事故

（1）事故发生及制止经过

1997年10月4日5时30分，杭州祥符桥水厂加氯间当班净水工按规定对加氯设备进行巡检，确认运转及指标信号正常返回到值班室。5时50分，蒸发器室传来一声爆炸声，内有火光和喷出大量烟雾和氯气，立即意识到这是氯气泄漏（当时未安装漏氯吸收装置），由于液氯泄漏量太大，无法取用置放于维修间的空气呼吸器，于是立即拨打"110"寻求外援并告上级领导。6时10分第一辆消防车赶到现场，6时12分该厂氯气专管员赶到现场，经观察分析确认浓雾从液氯蒸发器上端冒出，后经消防战士奋力抢救，关闭输氯总阀，6时25分制止了氯气的泄漏。从事故发生到制止共35min，后经测算，液氯泄漏798kg，在抢险过程中，3名职工和10名消防战士不同程度中毒受伤。

（2）事故性质及原因分析

根据现场爆炸情况和相关资料分析，专家组确认此次事故为三氯化氮爆炸。

1）从现场值班工人看到火花，烟雾及炸裂管子有烧灼痕迹分析，这是一起明显的爆炸事故，爆炸部位为蒸发器出气管上方20cm处。

2）从美国W&T公司提供的资料认为氯气中含有三氯化氮（NCl_3）会引起爆炸，爆炸不仅发生过在蒸发器（1965年在印度，1981年在南美），而且也可能出现在氯瓶（1929年在纽约），由于很难预言三氯化氮的安全浓度等，以及三氯化氮使用过程中引发爆炸的充分条件和温度、压力、积累浓度在技术上未被完全掌握，从1930年起美国和加拿大采用提高液氯纯度，即液氯中的三氯化氮含量必须在5ppm以下，有效防止此类事故发生。杭州爆炸后氯瓶残余三氯化氮含量经检测为17ppm。

3）三氯化氮早在1811年从一次氯胺溶液中发现。发现人Dulong在爆炸中失去了一只眼睛、三只手指。在原苏联资料中也查明，电解法氯气中可能含有三氯化氮杂质，其密度1.653kg/L，沸点71℃，熔点-40℃，液态和气态NCl_3在亮光下加热到93℃以上即分解发生强烈爆炸。三氯化氮的化学性质极不稳定，遇黄油、橡皮等有机物或是受到撞击或是光照、超声波都能引起爆炸，但也有资料表明，三氯化氮在气相中爆炸的体积浓度极限为4.9%～5.5%，而在液氯残余物中三氯化氮重量少于18%均不发生爆炸。

（3）预防及整改措施

1）加强"氯气安全规程"等安全生产标准和文件的学习，提高人员素质，对事故的预置方案进行定期演练，使防范措施落到实处。

2）根据三氯化氮在气化过程中易发生事故的特点，在液氯钢瓶与蒸发器之间加装一只自动紧急切断阀，一旦发生三氯化氮爆炸，可有效制止液氯持续或大量泄漏。

3）将目前漏氯报警仪与各制水厂厂部值班室相连，一旦有报警可更有效地调动、组织抢险人员。

4）各制水厂再增加一套有效防毒面具，重新设计防毒装置的摆放位置。特别要注意发生大量液氯泄漏时能及时取到。

5）改进目前巡检工作，将过去只记录不正常数据显示的做法改为定时记录所有数据，以摸索事故发生的前兆规律。

6）配备必要的检测仪器如超声波测厚仪，加大巡检工作力度，进一步做好设备的维护保养工作。

7）按国家的有关规定将蒸发器列入压力容器的管理范围，并按期请劳动部门检验。

8）根据国家对液氯蒸发器水温≤45℃及底部要设置排污口的要求，和进口设备控制水温为 71～82℃，并在底部无排污口之间的差与制造商联系解决途径。（以上摘自专家组调查报告）

杭州市自来水公司随后大大加强用氯安全教育，严格控制进厂氯气质量，改造加氯设施，增添漏氯吸收装置，制订应急预案，定期演练，使安全水平得到了长足的提高。

2. 湖北某水厂因三氯化氮致使氯瓶爆炸事故

（1）事故经过

2002 年 3 月 29 日上午 11 点左右，长江中游城市某水厂加氯间正在使用的 1000kg 的液氯钢瓶发生爆炸，瞬间液氯钢瓶裂出一个 0.4×0.4m 的缺口，约 400kg 重的钢瓶喷射 6m 高撞上行车钢轨后反弹到地面。事故钢瓶中盛装的液氯为某化工厂改制恢复生产后的第一批产品。经对同批未使用的液氯钢瓶中氯气采样分析，其三氯化氮含量高达 70ppm，大大超出化工行业当时的内控标准。专家们分析，三氯化氮密度比液氯低但比氯气高，随着钢瓶中的液氯不断使用，三氯化氮占据钢瓶中的气相空间相对增大，由于液氯中三氯化氮超标，从而使钢瓶中的气相空间达到三氯化氮爆炸的体积浓度极限，进而引发了液氯钢瓶爆炸。

（2）防止及处理对策

1）选择信誉好，质量优的厂家作为液氯供应商。液氯进厂时要进行检查分析，严格控制三氯化氮含量。

2）在氯库和加氯间安装泄氯吸收装置。上述的氯瓶爆炸事例，爆炸时钢瓶中尚有 200kg 氯气，由于该厂安装了浙江生产的 YJH-D 型泄氯吸收装置，加氯室、氯库处于密闭状态，氯气尚未泄漏到加氯室、氯库以外的大气中去，故未对运行人员和社会造成危害。事故时泄氯吸收装置自动启动成功，工作一个半小时后，加氯室、氯库中的空气基本达到了无害标准。

3. 氯瓶易熔塞穿孔泄氯事故案例

（1）事故经过

1984 年 12 月 31 日下午 5 点 40 分左右，某自来水公司使用后的空氯瓶在换氯途中的武昌关山发生易溶塞穿孔泄漏事故。虽经化工厂有关人员及时对易熔塞进行了处理，但在不到一小时的时间内仍然造成当时人口较少的关山附近 213 人中毒，其中门诊治疗 178 人，住院治疗 35 人，大片树叶枯死。

（2）事故原因分析

氯瓶易熔塞内灌注的易熔合金在 60～68℃时熔化。当氯瓶接触大于 64℃的热源或是在阳光下曝晒都可能引起易熔塞穿孔，当氯瓶吸进了水后，水与氯气反应生成次氯酸，次氯酸是一种强腐蚀剂，会腐蚀氯瓶和易熔塞，使其强度下降导致易熔塞穿孔，氯瓶中若吸入了其他物料，氯气与其反应后，也会释放出热能，从而使易熔塞穿孔。

（3）防止及处理对策

1）严格控制与氯瓶接触的热源不得大于 45℃。

2) 采用先进的加氯设备投氯;

3) 直接投氯时,要保证氯瓶中有一定的余压。若氯瓶中没有余压,某种原因导致温度降低后氯瓶就可能吸入水和其他物料。

8.5.4 氯气中毒处理

1. 氯对人体毒性影响

氯气是高毒、强烈刺激性、在日光下与易燃气体混合发生燃烧爆炸的危险性物质。氯对人体的毒性影响见表 8-17。

氯对人体的毒性影响　　　　　　　　　　　　　　　　　　　表 8-17

空气中氯的浓度		毒　性
mg/m³	ppm	
1.0～6.0	0.35～2.0	对人体产生明显的刺激作用
12.0	4.0	短时间内使人难于忍受
40～60	14～21	接触 0.5～1h 有生命危险
100～200	35～70	接触 0.5～1h 后死亡
2500～3000	750～1000	短时间立即死亡

2. 氯气中毒症状

氯气中毒临床分为刺激反应、轻度、中度、重度中毒。氯气中毒症状的诊断及分级标准见表 8-18。

氯气中毒诊断及分级标准　　　　　　　　　　　　　　　　　表 8-18

中毒程度	中　毒　症　状
刺激反应	出现一般性的眼及上呼吸道刺激症状。脑部无阳性体征或偶尔有少量干性罗音,一般于 24h 内消退
轻度中毒	主要表现为气管炎或支气管周围炎,有咳嗽,可有少量痰、胸闷等。两肺有散在干性罗音或哮鸣音,可有少量湿性罗音。胸部 X 线表现为肺纹理增多、增粗、边缘不清,一肌以下肺野较明显
中度中毒	主要表现为支气管肺炎,间质性肺水肿或局限性肺泡性肺水肿。咳嗽、咳痰、气短、胸闷或胸痛,可有轻度发绀,两肺有干性或湿性罗音;或气短,于两肺有弥漫性哮喘音
重度中毒	咳嗽、咳出大量白色或粉红色泡沫痰,呼吸困难,胸部紧束感,明显发绀,两肺有弥漫性湿性罗音,或严重窒息,中度、深度昏迷,猝死,出现严重并发症,如气胸、纵隔气肿等

3. 氯中毒的急救处理

(1) 如受害者仍清醒,应立即脱离现场,将其移至空气新鲜安静的地方躺下,上半身抬高,解开衣服,尤其要解开领口和皮带,盖上毯子。

(2) 如被逸出液氯或氯水污染,应立即脱去受污染的衣物,用大量的流动清水冲洗(置身于淋头下)至少 10min,以免被烧伤。

(3) 眼睛受污染应立即用大量清水或凉开水冲洗,保持眼皮睁开,持续至少 15min,然后送至医院。

(4) 呼吸系统受伤,应抬出污染区,不要让其做任何体力运动。如果伤者停止呼吸,应迅速将其抬出放在地上,如有可能,则放在地毯上。解开领口和裤带,立即开始做人工呼吸。

8.5.5 加氨系统的安全管理

1. 加氨间设施安全要求：

（1）加氨间构造安全要求

1）气态氨密度比空气小，加氨间排气孔应设在最高处；进气孔设在最低处；

2）氨瓶存放及电子秤位置应避免阳光曝晒；

3）液氨间及仓库应与液氯间及氯库完全隔开；

4）压力加氨管与加氯管不能同沟槽铺设；

5）电气设备要采用防爆电器并有接地设施；

6）构筑物地面应有防腐措施，门要朝外开启；

7）选用防曝型通风机、照明和行车等。

（2）加氨系统安装安全要求

压力式加氨机系统主要有加氨机、电子秤、氨瓶、压力自动切换和报警装置，其安装要求主要有：

1）氨对钢铁材料不具腐蚀性，但对铜及铜合金具有腐蚀性，故所有管道、配件不能使用铜质材料；

2）对需拆卸的正压管路螺纹处可缠绕四氟氯乙烯生带密封，而永久密封的螺纹处，则最好抹白漆加麻丝密封；

3）放空阀排空管路和残氨放泄管路要有一定的向上坡度，布置在室外的排除点，要有防护帽，防止雨水和异物进入；

4）对液氨设备和管道作静电接地，电气接线和接线盒都应符合防爆要求。

（3）附属设施安全要求

1）要有完善的监控设施，可监测设备运行和作业者动态，避免发生误操作和人机事故；

2）漏氨报警仪与防爆型通风机通过开关信号连锁并将信号接到调度室；

3）配备砂土、抗溶性泡沫和二氧化碳灭火器；

4）就近设有消火栓和带有雾状水抢头的水龙带；

5）备用砂袋用于遮盖窨井口，防止污染物进入下水道；

6）配备自给正压式空气呼吸器，化学防护眼镜、防静电服、橡胶手套和靴；

7）设清水槽，悬挂必要的安全提示和操作须知及禁烟、防爆标志等。

2. 安全管理要求

（1）操作工要经安全部门危险化学品培训合格并取证后才能上岗；

（2）正式上岗前要请加氨设备制造商进行操作培训，要举行泄氨事故应急处理的教育和模拟演练；

（3）要按规定选择有资质的氨厂供应液氨，用氨做到双人领、双人用、双人管、双把锁、双本账，要有完整的交接班记录；

（4）每年对设备和系统，特别是橡胶密封圈、安全阀、减压阀、背压阀、仪器仪表等重要部件进行周期性维护检查，确保各部件的密封性、可靠性，及早排除隐患；

（5）漏氨检测仪和呼吸器要始终保持完好状态。

漏氨检测仪的探头主件是膜片，当泄氨吸附在膜片上后会产生电压信号，通过二次仪表转换成浓度信号，浓度达到 25ppM 时预警，达到 35ppM 时报警。为确保能始终处于完好状态，每月要强制报警运行一次。探头膜片使用寿命约 2 年，到期要及时更换。膜片在泄氨量大时会引起失效，则应及时更换。对呼吸器要严格按规定要求进行安全检查，到寿命期应报废更新；

（6）要编制漏氨事故应急处理预案，并定期进行演练。

3. 漏氨事故应急处理方法

漏氨事故处理同漏氯基本相同，不同之处是：

（1）查漏点用酚酞试剂或高浓度氯水；

（2）加氨为正压投加，加氨机及加氨机后续的漏点视情况可不关氨瓶，关加氨机进口阀即可；

（3）氨库、加氨间没有漏氨中和吸收装置的，发现泄漏应立即打开排风扇，以降低泄漏地点空气中的浓度；

（4）当出现大量泄漏难以制止情况，在迅速切断全部氨瓶出口阀后，同时切断内部所有电源，开启自来水喷雾装置。

4. 氨中毒的急救

人接触 533mg/m³ 的氨可发生强烈的刺激症状，可耐受 1.25min，3500～7000mg/m³ 浓度下会立即死亡。氨中毒的临床表现：短期内吸入大量氨气后可出现流泪、咽痛、声音嘶哑、咳嗽、痰可带血丝、胸闷、呼吸困难，可伴有头晕、头痛、恶心、呕吐、乏力等，可出现紫绀、眼结膜及咽部充血及水肿、呼吸率快、肺部罗音等。对氨中毒者在 120 急救人员未到前，设法将中毒者移至空气新鲜处，如果呼吸、心跳停止、应立即做人工呼吸和胸外挤压术；用大量流动清水或生理盐水冲洗眼、鼻、口或皮肤损伤处。

8.6 二氧化氯消毒

8.6.1 概述

1. 二氧化氯的理化性质

（1）二氧化氯的英文名为 Chlorine Dioxide，化学分子式为 ClO_2，相对分子质量 67.452。

（2）二氧化氯常温常压（25℃、1atm）下是一种黄绿色至橙色的气体。颜色变化取决于其浓度，具有类似于氯气的刺激性气味。

（3）二氧化氯在 760mmHg 时沸点 11℃，熔点 −59℃，比重为 3.09g/L，0℃时的蒸气压力为 $6.53×10^4$Pa，在 20℃、一个标准大气压时在水中的溶解度为 8.3g/L。

（4）二氧化氯是一种易于爆炸的气体。当空气中的二氧化氯含量大于 10% 或水溶液含量大于 30% 时都易于发生爆炸。遇电火花、阳光直射、加热至 60℃ 以上都有爆炸危险。

二氧化氯溶液置于阴凉处、密封于避光下，才能稳定。

（5）二氧化氯具有较强的氧化能力，其理论氧化能力是氯的 2.63 倍。它可与很多物质都能发生剧烈反应，腐蚀性也很强。由于它的不稳定性和一定的腐蚀性，在商业上不便制成压缩气体或浓缩液，必须现场制备，就地使用。

2. 二氧化氯的消毒特性

（1）消毒特性

1）具有高效杀菌能力

二氧化氯能迅速杀灭水中的病原菌，对大肠杆菌、异氧菌、铁细菌、硫酸盐还原菌、脊髓灰质炎病毒、肝炎病毒、贾第虫孢囊等均有很好的杀灭作用。其消毒效果基本不受 pH 的影响。表 8-19 的实验表明二氧化氯在不同 pH 的杀灭效果。

二氧化氯与氯在不同 pH 下的杀菌效果　　　　表 8-19

pH	二氧化氯		氯气	
	残余菌数 10^3 个/mL	杀菌率	残余菌数 10^3 个/mL	杀菌率
6	2.8	94	10	77
7	5.7	97	12	72
8	5.9	87	25	44
9	6.5	85	24	45

注：实验条件：原水细菌总数 44×10^3 个/mL，投药量 1mg/L，接触时间 1min

2）具有较强的杀灭病毒能力

二氧化氯对病毒的杀灭能力比氯要强。例如，二氧化氯投量为 25.0mg/L，作用 20min，在 pH 为 3.0～8.0 范围内均可对乙肝病毒失活达 95％以上，乙肝表抗原 HbsAg 呈阴性结果；而氯气在同样条件下即使作用 60min，仍呈阳性结果；二氧化氯对流感病毒 Ⅰ、Ⅱ、Ⅲ型都具有很好的消毒效果，二氧化氯投加 30～40mg/L，作用 20min 在 pH 为 3.0～8.0 范围内均可这 3 种病毒失活；而氯气投加 60mg/L，作用 120min 时上述 3 种病毒仍存活。

3）消毒副产物较少

二氧化氯消毒主要通过氧化反应，而非取代反应，反应生成的三卤甲烷、卤乙酸等消毒副产物几乎可忽略不计，尽管二氧化氯在消毒过程中会产生一定的亚氯酸盐和氯酸盐，但一般由于用于消毒的二氧化氯投加量比较低，不太容易超标。二氧化氯消毒的安全性被世界卫生组织（WHO）定为 AⅠ级。

4）二氧化氯的持续消毒能力强，能延长和保证管网消毒作用。如法国的 2 个大型配水系统中，0.3mg/L 的二氧化氯就足够维持长达 450～500km 的整个系统；0.5mg/L 的二氧化氯在 12h 内对异养菌的杀灭率保持在 99％以上。

（2）消毒机理

关于二氧化氯的消毒机理，目前有很多解释。一般认为二氧化氯在与微生物接触时先附着在细胞壁上，然后穿过细胞壁与微生物的酶反应而使细菌死亡。也有认为它与微生物蛋白质中的部分氨基酸发生氧化还原反应，使氨基酸分解破坏，导致由氨基酸组成的肽链分开，致使微生物酶及其他蛋白质变性，或破坏蛋白质的合成，最终导致其死亡。近期还有一些研究认为，对蛋白质合成的抑制不是二氧化氯消毒的主要机理，二氧化氯的主要作用点应该是在微生物外膜，通过改变外膜的蛋白质结构而改变外膜的渗透性，从而引起微生物生理代谢异常，导致微生物死亡。

3. 二氧化氯的氧化特性

二氧化氯作为氧化剂，其氧化能力要比氯和过氧化氢强，而比臭氧弱。

（1）二氧化氯与许多无机物反应可有效氧化无机污染物。二氧化氯对去除铁和锰很有效，可迅速地将 Fe^{2+} 氧化成 Fe^{3+}、溶解性的二价锰氧化成不溶性高价锰。还可与多种硫化物反应生成硫酸盐；可将氰化物（CN^-）氧化成 CO_2 和 N_2；可与许多含氮化物反应最终生成硝酸盐。

（2）二氧化氯可以有效破坏水体中的微量有机污染物。它与酚类化合物、多环芳烃中的蒽、菲、苯并（a）芘和苯并（a）蒽、有机硫化物、脂肪胺、芳香胺、不饱和化合物、酮醛类化合物等都能发生反应。

（3）有效控制藻类等水生植物。二氧化氯对藻类具有良好的去除效果，同时又不产生有害副作用。研究表明投加 1mg/L 二氧化氯进行预氧化时的除藻率即可达 75%，并且除藻效果随其投加量的增加而增强。

（4）二氧化氯还具有除臭、除色的作用。饮用水的臭味是用户最敏感的感官指标之一，臭味主要由水中的腐殖质等有机物、藻类、放线菌和真菌以及过量投氯引起。根据哈尔滨工业大学黄君礼等研究结果，二氧化氯预氧化具有良好的除酚和酚臭效果，还能去除硫化物的异臭。

4. 二氧化氯消毒的影响因素

（1）pH

二氧化氯可在 pH 为 3~9 的范围内有效地杀灭细菌，而液氯只有在近中性条件下，即 pH 为 6.5~8.5 时才可有效杀死细菌。

（2）温度

二氧化氯消毒效果受温度的影响和液氯相似，温度高杀菌效力大。有试验表明，在同等条件下当水温从 20℃ 降低至 10℃ 时，二氧化氯对隐孢子虫的灭活效率降低了 40%。

（3）悬浮物

悬浮物被认为是影响二氧化氯消毒效果的主要因素之一。因为悬浮物能阻碍二氧化氯直接与细菌等微生物的接触，从而不利于二氧化氯对细菌的灭活。有研究表明，当向纯菌液中投加膨润土产生的浑浊度等于或低于 5NTU 时，二氧化氯的灭菌效率下降了 11%；而当悬浮液浊度为 5~17NTU 时，二氧化氯的灭菌效果下降了 25%。

（4）投加量与接触时间

二氧化氯对微生物的灭活效果随其投加量的增加而提高。消毒剂对微生物的总体灭活效果取决于残余消毒剂浓度（c）与接触时间（T）的乘积，即"CT"值，有资料表明，二氧化氯灭活大肠杆菌所需 CT 值（25℃）为 0.4~0.75；灭活隐孢子虫所需 CT 值为 78（pH7.25）；灭活贾第虫 Muric 孢囊所需 CT 值为 7.2~18.5。因此延长接触时间也有助于提高消毒剂的灭菌效果。

8.6.2　二氧化氯的制备方法

二氧化氯制备方法有十几种。根据化学原理可分为还原法、氧化法和电解法。自来水厂中常用的主要有氯酸钠法和亚氯酸钠法两种。氯酸钠法又有用盐酸和硫酸作不同原料的两种方法。这几种方法的制备技术和主要特点是：

1. 氯酸钠＋盐酸法

（1）反应原理

该法采用氯酸钠和盐酸为原料进行反应，反应式如下：

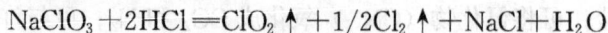

$$NaClO_3 + 2HCl = ClO_2 \uparrow + 1/2Cl_2 \uparrow + NaCl + H_2O$$

（2）工艺流程程和特点

国内市场上用于自来水消毒的以氯酸钠和盐酸为原料的二氧化氯发生器一般采用单级反应，其工艺流程如图 8-23 所示。

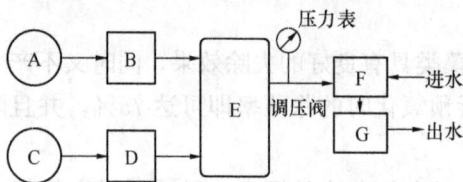

图 8-23　氯酸钠＋盐酸法工艺流程
A—氯酸盐槽；B—盐液计量泵；C—盐酸槽；
D—酸液计量泵 E—ClO₂ 反应器；F—混合器；
G—ClO₂ 溶液贮槽

从该法的化学反应式可以看出，在产生二氧化氯的同时还有约占二氧化氯发生量一半的氯气，其二氧化氯的有效转化率只有50%左右，实际上这种方法制造的是二氧化氯和氯气的混合液，这样二氧化氯的优点和氯气的缺点都同时存在。但用这种方法的制备发生器工艺简单，操作容易，运行成本低，在国内使用较普遍。

2. 氯酸钠＋硫酸＋过氧化氢法

（1）反应原理

该法使用原料为氯酸钠、硫酸、过氧化氢，反应式如下：

$$2NaClO_3 + 2H_2SO_4 + H_2O_2 = 2ClO_2 \uparrow + 2NaHSO_4 + 2H_2O + O_2$$

（2）工艺流程和特点

从反应式可以看出，产品中二氧化氯纯度高，可达95%以上，转化率高可达92%以上，无氯气，可以说投加的是纯二氧化氯，是近年发展的新工艺，及其工艺流程图见图 8-24。

3. 亚氯酸钠＋盐酸法

（1）反应原理

该法使用原料为亚氯酸钠、盐酸，反应式如下：

$$5NaClO_2 + 4HCl = 4ClO_2 + 5NaCl + 2H_2O$$

（2）工艺流程和特点

从反应式可以看出产品中主要是二氧化氯，有效产率达80%（以亚氯酸钠转化为二氧化氯计），二氧化氯纯度也可达到95%

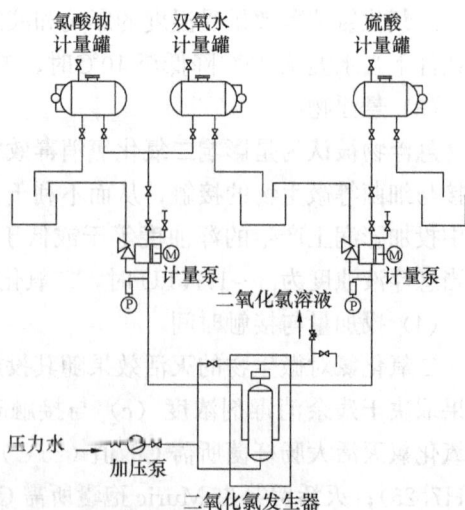

图 8-24　氯酸钠＋过氧化氢＋硫酸法工艺流程

以上。

该法工艺同样简单，工艺流程与氯酸钠＋盐酸法基本相同。目前国外的大多数水厂（70%）都采用这种工艺生产二氧化氯。国内由于亚氯酸钠价格较高，产量较少，发展还不够迅速。

8.6.3 二氧化氯发生器的国家与行业标准

1.《化学法复合二氧化氯发生器》

中华人民共和国质量检验检疫总局和中国国家标准化管理委员会于 2006 年 9 月 14 日发布 2007 年 2 月 1 日实施的《化学法复合二氧化氯发生器》(GB/T 20621—2006)。该标准规定了化学法复合二氧化氯发生器的术语与定义、要求、试验方法、检验规则以及标志、标签、包装、运输、贮存。标准适用于各种水体的杀菌、灭菌、除臭、漂白、脱色及氧化等处理的化学法复合二氧化氯发生器。主要内容有：

（1）定义

化学法复合二氧化氯发生器 generator of complex chlorine dioxide by chemical reaction（以下简称：发生器）是以氯酸钠和盐酸为主要原料经化学反应生成二氧化氯和氯气等混合溶液的发生装置。

（2）术语

化学法复合二氧化氯发生器术语　　　　　　　　　　表 8-20

术　　　语	含　　　义
二氧化氯产量 production of chlorine dioxide	指发生器在设计的正常工作状态下，每小时产生二氧化氯的质量，单位为 g/h，kg/h
有效氯 available chlorine	有效氯是衡量含氯消毒剂氧化能力的标志，是指与含氯消毒剂氧化能力相当的氯量（非指消毒剂所含氯量），本标准特指发生器出口溶液中反应生成的二氧化氯和氯气全部按氧化价态换算成氯气的质量
有效氯产量 production of available chlorine	指发生器在设计的正常工作状态下，每小时产生有效氯的质量，单位为 g/h，kg/h
二氧化氯浓度 concentration of chlorine dioxide	指每升出口溶液中所含二氧化氯的质量，单位为 mg/L
有效氯浓度 concentration of available chlorine	指每升出口溶液中所含有效氯的质量，单位为 mg/L
二氧化氯转化率 yield of chlorine dioxide	每小时产生二氧化氯的摩尔数与每小时进入反应器的氯酸钠的摩尔数之比，以百分数表示
氯酸钠耗率 sodium chlorate consumption	二氧化氯发生器在额定状态下运转时，每生成 1kg 有效氯所消耗原料氯酸钠的质量，单位为 kg/kg

（3）规格系列

化学法复合二氧化氯发生器应按以下格式表明规格。

XXX-YXL-EYHL-T（Z）

其中：XXX——化学法复合二氧化氯发生器代号；

YXL——额定的有效氯产量，单位为 g/h 或 kg/h；

EYHL——额定的二氧化氯产量，单位为 g/h 或 kg/h；

T——温控型（带温度控制的产品）；

Z——自动控制型。

（4）基本要求

1）发生器的设计及电器设计应符合 GB/T 4064 和 GB 5083 或相应的国际标准和国际组织认可的标准要求。

2）发生器采用的 PVC 材料应符合 GB 4219 和 QB/T 3802—1999 或相应的国际标准和国际组织认可的标准要求。

3）发生器的制造应符合 JB 2932—1996 或相应的国际标准和国际组织认可的标准的规定。

4）发生器的反应系统应设置安全防爆装置。

5）各管道应无泄漏现象。

6）原料液输送应有连动装置。

7）发生器的外观应无明显脱漆、裂缝。

8）发生器运行时所用原料盐酸、氯酸钠应符合相应国家标准的规定。

（5）性能要求

1）出口溶液外观：黄色或淡黄色，清澈透明，无可见机械杂质。

2）发生器的性能应符合表 8-21 的要求。

二氧化氯发生器性能 表 8-21

项 目	指 标	
	一等品	合格品
二氧化氯产量（g/h）≥	额定值	额定值
有效氯产量（g/h）≥	额定值	额定值
二氧化氯与氯气的比值（%）≥	0.90	0.75
二氧化氯转化率（%）≥	60	50
氯酸钠耗率（kg/kg）≤	0.70	0.90
出口溶液 pH 值≥	2	2

3）本发生器用于饮用水处理时，应保证处理后的水质达到《生活饮用水卫生标准》要求。

4）连续运转稳定性要求：发生器调试稳定后，72h 内平均抽样不少于 10 次，二氧化氯转化率应达到表 8-21 要求。标准相对偏差不大于 15%。

（6）安全提示

二氧化氯是强氧化剂，其气体对上呼吸道有刺激作用，因而要保持操作环境通风。采样时须带防护手套，必要时戴上专用呼吸面罩以保护呼吸道免受刺激。移取样品应在通风橱中进行。同时，部分分析试剂具有强腐蚀性，操作时应小心谨慎，避免溅到皮肤上。

试验方法、检验规则、标志、标签、使用说明和包装运输及贮存可查标准原文。

2. 《化学法二氧化氯消毒剂发生器》环境保护行业标准 HJ/T 272—2006

国家环境保护总局于 2006 年 7 月 28 日发布、2006 年 9 月 15 日起实施的《化学法二氧化氯消毒剂发生器》HJ/T 272—2006。该标准规定了化学法二氧化氯消毒剂发生器的分类与命名、要求、试验方法、检验规则、标志、包装、运输和贮存。适用于以化学反应产生二氧化氯或二氧化氯和氯气，用于饮用水消毒、废水处理、卫生防疫及工业生产的化学法二氧化氯消毒剂发生器（以下简称发生器）。其主要内容有：

（1）术语和定义

1）化学法二氧化氯消毒剂发生器

反应原料在发生器中进行化学反应产生二氧化氯的设备。

2）化学法二氧化氯复合消毒剂发生器

反应原料在发生器中进行化学反应二氧化氯和氯气的设备。

3）有效氯浓度

发生器产生的消毒剂氧化能力的强弱用有效氯浓度表示，即每升消毒剂的溶液相当于若干毫克质量的氯气，单位为 mg/L。

4）消毒剂溶液中二氧化氯浓度

每升消毒剂溶液中所含二氧化氯的质量，单位为 mg/L。

5）二氧化氯产量

二氧化氯消毒剂发生器的产量用二氧化氯产量表示，其数值等于设备在额定状态下工作时，每小时产生二氧化氯的质量，单位为 g/h。

6）有效氯产量

二氧化氯复合消毒剂发生器的产量用有效氯产量表示，其数值等于设备在额定状态下工作时，每小时产生有效氯的质量，单位为 g/h。

（2）分类与命名

1）分类

发生器分两类，一类为二氧化氯消毒剂发生器，另一类为二氧化氯复合消毒剂发生器。

2）规格

a）二氧化氯消毒剂发生器的规格按设备的二氧化氯产量（g/h）区分确定。

b）二氧化氯复合消毒剂发生器的规格按设备的有效氯产量（g/h）区分确定。

3）型号

发生器的型号由汉语拼音字母和阿拉伯数字规则排列组成。

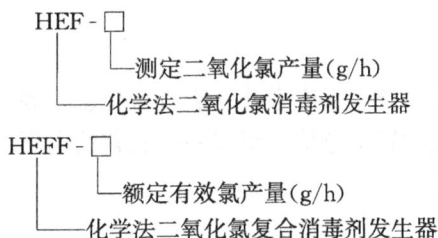

```
HEF - □
       └── 测定二氧化氯产量(g/h)
     └──── 化学法二氧化氯消毒剂发生器

HEFF - □
        └── 额定有效氯产量(g/h)
      └──── 化学法二氧化氯复合消毒剂发生器
```

（3）要求

1) 基本要求

a) 发生器应符合本标准的要求，并按照经规定程序批准的图样及技术文件制造。

b) 发生器的安全卫生设计应按 GB 5083 进行，电气设计应按 GB/T 4064 进行。

c) 发生器应采用耐腐蚀、耐热材料制造。

d) 制造发生器各部件的材料应符合 GB/T 4454 和 GB/T 4219 的规定。

e) 发生器所用软管应符合 GB/T 13527.1 的规定。

f) 反应原料中，氯酸钠应符合 GB/T 1618 的规定，盐酸应符合 GB320 的规定，亚氯酸钠应符合 HG3250 的规定。

g) 发生器的制造应符合 JB/T 2932 的规定。

h) 消毒剂溶液应清澈透明，无可见杂质。

i) 发生器应设置安全防爆措施。

2) 技术要求

a) 二氧化氯消毒剂发生器的二氧化氯产量应不低于额定值；产生的消毒剂溶液中，二氧化氯（以有效氯计）占总有效氯的质量百分数不小于 95%。主要原料如亚氯酸钠的转化率不低于 80%。

b) 二氧化氯复合消毒剂发生器的有效氯产量不应低于额定值；发生器产生的消毒剂溶液中，二氧化氯（以有效氯计）占总有效氯的质量百分数不小于 55%。主要原料如亚氯酸钠的转化率不低于 60%。

c) 在正常工况下，发生器的使用寿命不小于 5 年，平均无故障工作时间不少于 8000h。

d) 发生器在正常工况下应具备良好的密封性，发生器在室内使用时（具备良好的通风条件，环境温度以 5℃～40℃为宜）。室内环境中氯气浓度应符合 HJ/T30 的规定，其最高允许浓度应小于 $1mg/m^3$。

e) 用于饮用水时，消毒后水中的亚氯酸根，氯酸根等原料残留物的总量应不大于 0.7mg/L。

（试验方法、检验规则、标志、包装、运输和贮存查标准原文。）

8.6.4 二氧化氯发生器设备及管理维护

二氧化氯发生器制造厂家已经很多，国产的主要有深圳欧泰华环保技术有限（OTH 系列）、山东青岛海晟环保技术有限公司的 HS 系列、山东华特科技股份有限公司等。现以欧泰华 OTH 系列为例，介绍其设备构成、使用安装、管理维护等。

1. 设备构成及工作原理

（1）构成

二氧化氯发生器由供料系统、反应系统、吸收系统、控制系统和安全系统构成。它和现场待处理水、传感器、通过管道连接。组成一个完整的闭环水处理自动控制系统。其工作原理框图见图 8-25、图 8-26。

（2）基本工作原理

在负压条件下，计量泵精确地将氯酸钠水溶液和盐酸输送到反应系统中，在一定的温

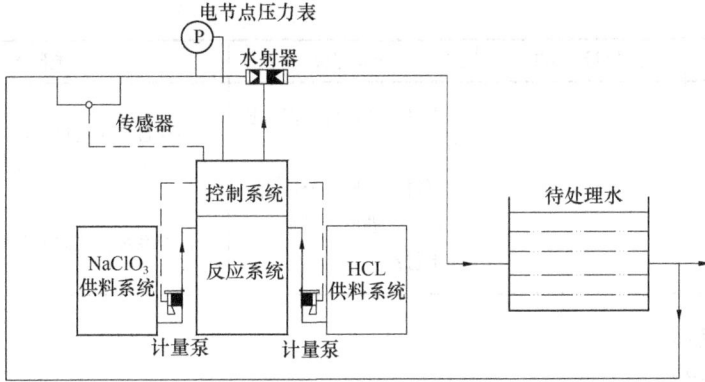

图 8-25 二氧化氯发生器基本工作原理框图

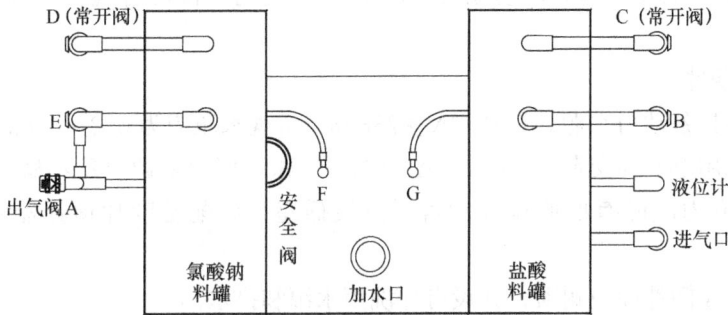

图 8-26 二氧化氯发生器

度下,经曝气和充分反应产生出二氧化氯和氯气的复合消毒气体。经水射器抽汲与水充分混合成消毒液,注入待处理水中。

2. 设备系列型号配置(见表 8-22)

设备系列型号配置   表 8-22

系列及型号	产气量(g/L)	标准配置	控制形式
OTH99P 系列 20~5000 型	20~5000	主机:级差反应器 原料罐:C-PVC 一体式 计量:滴定阀 水射器	手动控制 温控器:数字显示,自动恒温加热
OTH2000 系列 200~10000 型	200~10000	主机:特殊复合材料多级反应器 原料罐:外置分体式 计量:新道茨计量泵 水射器	手动控制 控温系统:数字显示,智能输入、加热控制。另配余氯控制系统
OTH2000D 系列 200~10000 型	200~10000	主机:特殊复合材料多级反应器 原料罐:外置分体式 计量:进口计量泵 水射器	自动频率和手动固定频率相互切换 控温系统:数字显示,加热控制恒温控制 自动系统:LED 显示+单片机

系列及型号	产气量（g/L）	标准配置	控制形式
OTH2001 系列 1000～10000 型	1000～10000	主机：高新材料多极反应器 原料罐：外置分体式 计量：进口计量泵 水射器	手动自动转换控制： 控温系统：数字显示、加热控制、恒温控制 自控系统：PLC＋人机界面

3. 设备安装要求

(1) 环境条件

设备应单独设置工作室，环境温度 15～35℃，室内下部应合理安装排风扇，保持室内通风良好。

(2) 安装条件

1) 室内应具备动力水源，管径 $DN \geqslant 25mm$，常规水压应为 0.2～0.4MPa；

2) 设备配用电源为交流 220V，10A，50Hz，如果用户电源电压不稳，需自备 220V 的稳压电源。室内应配有照明设施和若干三线插座；如配备叶片搅拌器还应配置三相电源。

3) 设备工作间地面应耐酸，并设有冲洗用水源和排水沟。

(3) 设备安装

在具备上述环境条件与安装条件的情况下，设备的安装与调试将由制造商派专业安装技术人员去现场指导、安装、调试并进行设备的使用技术培训。

4. 设备操作程序

(1) 原料的配制，见表 8-23。

原料配制　　　　　　　　　　　　　　　表 8-23

适用系列 配制内容	OTH99P	OTH2000	OTH2000D	OTH2001	特别说明
原料标准	盐酸：设备使用的盐酸必须选用符合国家标准 GB 320—1993《工业用合成盐酸》规定的总酸度≥31％的一级品。 氯酸钠：设备使用的氯酸钠必须选用符合国家 GB/T 1618—1995《工业氯酸钠》规定的氯酸钠含量≥99％的一等品				严禁使用废盐酸和含有机物、油脂的其他废酸，以及氢氟酸等酸类
原料配制	盐酸：直接选用 GB 320—1993《工业用合成盐酸》，待水射器抽吸至盐酸料罐中。 氯酸钠：将氯酸钠与水按 1：2 的重量比混合，例如 1kg 氯酸钠加 2kg 水。在容器内搅拌至氯酸钠完全溶解后，待水射器抽吸或泵送至氯酸钠料罐中				可选用 25kg 筒装盐酸或配置大型贮罐。 搅拌方式可选用：桶式手工搅拌、叶片式机械搅拌、液力循环搅拌

(2) 原料的添加

1) 主机自身吸料方法见图 8-27。

盐酸吸料：在水射器正常工作
状态下，首先打开阀门 B，然后将
进料口 C 下部的 PVC 吸料软管插
入盐酸桶中，再关闭阀门 A 和呼吸
阀，开始抽料。注意观察液位，加
满后，先打开阀门 A，再打开呼吸
阀，再关闭阀门 B。

氯酸钠吸料：在水射器正常工
作状态下，首先打开阀门 E，然后
将进料口 D 下部带过滤头的 PVC
软管插入氯酸钠溶液桶中，再关闭
阀门 A 和呼吸阀，开始抽料，注意

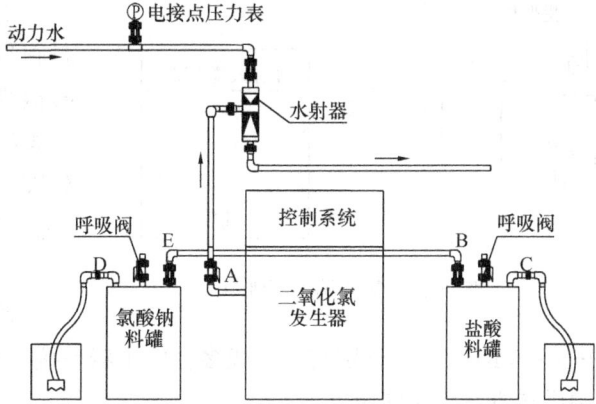

图 8-27　二氧化氯发生器利用主机水射吸料

观察液位。加满后，先打开阀门 A，再打开呼吸阀，最后关闭阀门 E。

2）独立吸料方法（在动力管线上单独配置吸料水射器），见图 8-28。

盐酸的添加：首先打开吸料的水射器前面的控制阀门 K，使水射器处于正常工作状
态，然后打开阀门 B，将进料口 C 下部的 PVC 吸料软管插入盐酸桶中，关闭呼吸阀门，
水射器开始吸料，注意观察料罐液位，当液位达到液位计上限位置时，停止吸料，先打开
呼吸阀门，关闭 B 阀，关闭水射器前面的控制阀 K，吸料结束。

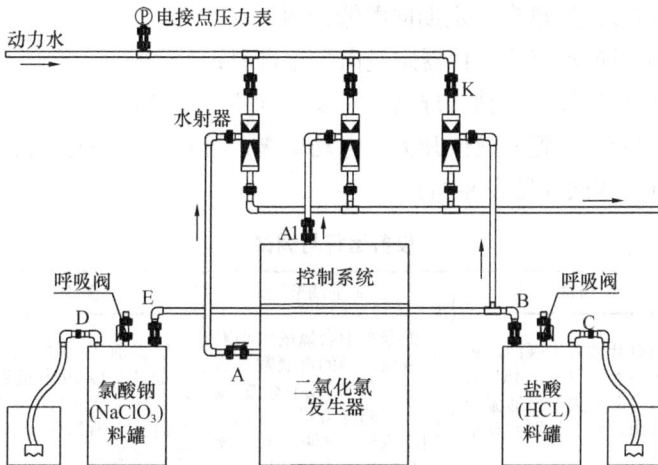

图 8-28　二氧化氯发生器独立吸料

氯酸钠溶液的添加：首先打开吸料的水射器前面的控制阀门 K，使水射器处于正常
工作状态，然后打开阀门 E，将进料口 D 下部带过滤头的 PVC 软管插入配制好的氯酸钠
桶中，再关闭料罐上面的呼吸阀，水射器开始吸料。注意观察液位，当液位达到液位计上
限位置时，停止吸料，先打开呼吸阀门，关闭 E 阀，关闭水射器前面的控制阀 K，吸料
结束。

注：阀门的开、闭必须遵守"先开后关"的原则。

3）氯酸钠罐正压进料，见图 8-29。

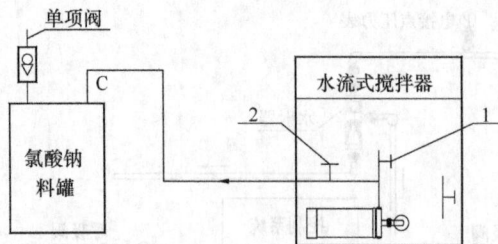

图 8-29　氯酸钠正压吸料

用软管将氯酸钠吸料口 C 与搅拌器送料阀门"2"相连接；当搅拌器按比例将氯酸钠溶液搅拌均匀后，打开阀门"2"，关闭阀门"1"，开始向料罐送料；当进料达到液位上限时，立即停止磁力泵工作，关闭阀门"2"。

4）贮罐供料

系统贮罐容量规格有：$3m^3$、$5m^3$、$10m^3\cdots20m^3$ 等，可分别与单台或多台发生器串接供料，根据需要可实现手动控制和自动控制供料方案，见图 8-30。

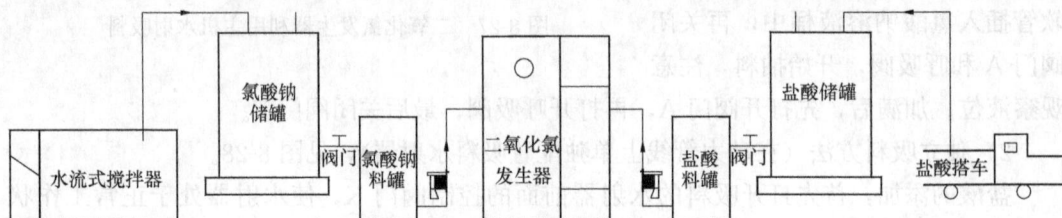

图 8-30　贮罐供料

a）贮罐按要求选配，料罐根据主机型号配置；

b）盐酸贮罐通过盐酸槽车，定期向贮罐送料；

c）氯酸钠贮罐通过水流式搅拌器定量向贮罐送料；

d）通过手动操作管线上的截止球阀，可实现向主机供料；

e）通过控制贮罐上配置的液位开关和电动球阀，可实现自动向主机供料。

（3）设备运行与调试（见表 8-24）

设备运行与调试　　　　　　　　　　　　　　　　　表 8-24

调节型号	启动	流量调节	关机	备注
OTH99P	先打开动力水阀门，将水压调到 0.2～0.4MPa，接通电源开关，接通温控器电源，使其加温并显示正常	根据水中余氯的大小来调节滴定阀的点滴数（滴/分），如果水中余氯偏高，可调低流量，反之则调高流量。（两个滴定阀每分钟滴数大致相同）	应提前 1h 关闭滴定阀下面 F、G 两个进料阀门，1h 后再关闭动力水阀门，水射器停止工作，发生器关机	运行前必须检查：1. 各阀门连接位置是否正确，无泄漏。2. 安全阀橡胶塞是否塞紧，并加水。3. 各液位是否加满；4. 电源是否接通
OHT2000	1. 打开动力水阀门，将水压调至 0.2～0.6MPa，使水射器正常工作；2. 打开电源开关，接通温控器电源；3. 接通计量泵电源，如果计量泵管道中有空气，应先排出空气，然后调节计量泵	发生器运行中，水中余氯较高，可将流量适当调低；余氯不够，可适当加大流量。计量泵流量的调节是通过调节其冲程长度旋钮和冲程频率旋钮来实现的（两个泵的频率、冲程应保持同步）	应提前 1～2h 关闭计量泵，并断开电源。但水射器应继续工作，将设备中已产生的气体抽完，防止反应气体外溢。停机抽吸 1～2h，后再关闭动力水，设备关机，同时关闭压力表下面的控制阀	
OTH2000D	手动调节同 OTH2000，单片机控制，可按单片机操作程序进行			
OTH2001	手动调节同 OTH2000，自动控制，可按自动程序进行			

5. 设备维护与清洗要求

(1) 设备维护

1) 每天要检查，调整好动力水压；

2) 设备进气口要经常检查保持与外界通畅；

3) 液位计玻璃管中如有气泡产生，应立即更换密封圈；

4) 吸料前后一定要将过滤头清洗干净；

5) 要注意水射器、单向阀的清洁以防堵塞；

6) 计量泵管道如有泄漏，应立即进行密封检查和处理；

7) 随时保持室内通风，以防气体泄漏污染环境；

8) 定期检查安全阀的密封性。

(2) 设备清洗

每半年进行一次主机、原料罐、水射器、单向阀和球阀的清洗。清洗时，设备电源全部关闭。

1) 主机清洗：由进气口注入清水，并打开反应器的排空阀，排放污水，反复清洗，直至变成清水为止。

2) 原料罐清洗：用吸料方法将清水吸入料罐冲洗，并打开料罐的排空阀排污，反复清洗，直至清洗干净。

3) 水射器、单向阀和球阀的清洗：拆下水射器、单向阀和球阀，用清水冲洗，清除内部杂物，直至清洗干净，再恢复设备原状。

4) 平时如遇堵塞现象，可及时按上述方法清洗。

6. 用户维修指南

故障排除见表 8-25。

故 障 排 除　　　　　　　　　　　　　　　　　　　　表 8-25

故障	图　　示	排 除 方 法
吸料故障		① 调节水压； ② 将水射器卸下清除堵塞物； ③ 检查水射器、接口及阀门是否漏气； ④ 按操作规程对阀门进行检查。
电源故障		① 接通电源； ② 更换保险管或泵继电器； ③ 更换触摸开关； ④ 更换指示灯。

401

续表

故障	图　示	排　除　方　法
计量泵故障	▽注意 　　计量泵故障请按计量 泵维修说明书检查。 料上不去！请查看入口 是否堵塞或有气体。	① 查看原料罐出口阀门； ② 检查泵入口单向阀排气

8.7　次氯酸钠、漂白粉和紫外线消毒

8.7.1　次氯酸钠消毒

1. 作用原理

次氯酸钠消毒是利用钛阳极电解食盐水，产生次氯酸钠。次氯酸钠（NaClO）是一种强氧化剂，在水溶液中水解生成次氯酸离子，通过水解反应生成次氯酸，次氯酸具有与氯相似的氧化和消毒作用。其化学反应式是：

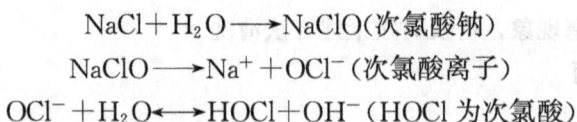

$$NaCl + H_2O \longrightarrow NaClO（次氯酸钠）$$

$$NaClO \longrightarrow Na^+ + OCl^-（次氯酸离子）$$

$$OCl^- + H_2O \longleftarrow HOCl + OH^-（HOCl 为次氯酸）$$

2. 次氯酸钠特性

10%有效氯浓度次氯酸钠液体：淡黄色，有少量刺激性气味，清澈透明，易溶于水，比重为1.18，呈现强碱性；稳定性差于氯气，见光要分解，随着次氯酸钠温度升高，浓度会慢慢降低，影响有效氯成分，不宜曝晒和久藏，要贮藏在密闭容器中。次氯酸钠是强氧化性，和氯气氧化性相同，与人体皮肤接触有轻微腐蚀性，可用清水冲洗。

3. 次氯酸钠发生器

国家技术监督局于1990年1月12日批准，7月1日实施的《次氯酸钠发生器》国家标准（GB 12176—90），国家环境保护总局2006年4月13日发布，6月15日实施的环境保护行业标准《环境保护产品技术要求电解法次氯酸钠发生器》（HJ/T 258—2006）都规定了电解低浓度食盐水的次氯酸钠发生器的产品分类、技术要求、试验方法和检验规则。标准适用于饮用水消毒，其主要内容：

（1）术语和定义

次氯酸钠发生器的术语和定义见表8-26。

（2）分类与命名

1）次氯酸钠发生器根据使用用途分为卫生消毒和环境保护两大类。卫生消毒类指用于饮用水消毒等。环境保护类不得用于卫生消毒。

次氯酸钠发生器的术语和定义   表 8-26

术　语	含　义
电解槽	指在电解低浓度食盐水的发生器内发生电解反应和溶液反应的装置。根据运转方式和使用上的不同要求，电解槽可以采用不同的槽体结构和电极形状
有效氯浓度	次氯酸钠溶液氧化能力的强弱用有效氯浓度定量表示。表示每升溶液所具有的氧化能力，相当于若干克质量的氯气在水中所具有的氧化能力，单位为 g/L
有效氯产量	发生器的产量用有效氯产量表示，其数值等于设备在额定状态下工作时，每小时生成有效氯的质量，单位来 g/h
电流效率	电解槽电流过一定电量后，有效氯的实际生成量与理论生成量之比
额定电解电流	指发生器维护额定产率时，电解槽中流过的电解电流值，单位为 A。当设备电解槽采用多对阴阳极并联供电时，额定电解电流可用每对电极间电流与并联约数相乘表示
直流电耗	指发生器在额定状态下工作时，每生成 1kg 有效氯，电解槽中所消耗的直流电能，单位为 kWh/kg
交流电耗	指发生器在额定状态下工作时，每生成 1kg 有效氯，设备整机所消耗的交流电能，单位为 kWh/kg
盐耗	指发生器在额定状态下工作时，每生成有效氯所消耗的氯化钠，单位为 kg/kg

2) 次氯酸钠发生器的运转方式分为连续运转和间歇运转两类。

3) 次氯酸钠发生器的规格按设备有效氯产率分为 5、10、25、50、75、100、150、200、250、300、400、500、750、1000、1500、2000、3000、5000g/h，超过 5000 g/h 的规格根据实际需要确定。

4) 次氯酸钠发生器按质量等级分为优质品（A）、一级品（B）、合格品（C）。

（3）产品标记示例

次氯酸钠发生器WL100B　GB 12176—90

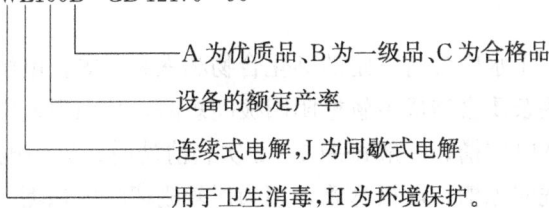

——A 为优质品、B 为一级品、C 为合格品

——设备的额定产率

——连续式电解，J 为间歇式电解

——用于卫生消毒，H 为环境保护。

（4）技术要求

1) 使用环境温度：0～40℃；环境湿度：空气中最大相对湿度不超过 90％（在相当于空气 20±5℃时）。

2) 基本技术要求应符合图纸和技术文件制造，外壳必须设置接地螺栓，连接电阻实测值小于 0.1Ω.

3) 产率大于 25g/h 设备所使用的电解槽和贮液箱必须采用封闭式结构，并设置与通往室外排气管路联结的标准接口。必须设置有关监测仪表。

4) 次氯酸钠溶液应清澈透明，无可见杂质。

（5）技术经济指标及质量分等见表 8-27。

技术经济指标及质量分等
表 8-27

技术经济指标	单位	质量等级		
		A	B	C
电解电流效率	%	≥72	≥65	≥60
直流电耗	kW·h/kg	≤4.5	≤5.0	≤6.5
交流电耗	kW·h/kg	≤6.0	≤7.0	≤10
盐耗	kg/kg	≤4.0	≤4.5	≤6.5
阳极寿命强化试验失效时间	h	≥20	≥15	≥10

4. 次氯酸钠溶液的投配

次氯酸钠的投配方式同一般混凝剂溶液投加方式相同，详见本手册第 5 章。

5. 次氯酸钠发生器操作一般方法

（1）将配制成的 3% 的食盐溶液，经过滤后，接入次氯酸钠发生器的盐水进液管，盐水箱底部位置必须高于次氯酸钠发生器本身。盐水箱一般在制造厂与发生器同时购买。盐水浓度高，可降低电解槽电压，减少耗电量，并能延长阳级的使用寿命，但食盐的利用率就低，会使费用增加。因此盐水浓度不宜太高，也不宜太低，3%～3.6% 为宜。

（2）按要求接好冷却水、盐水、次氯酸钠贮液箱及电源。

（3）开机前，打开盐水流量计，让盐水进入回流柱，液满后关闭流量计，即可打开电源。调节工作电源，调节冷却水，冷却水流量视回流柱电解槽电极温度高低而定。电解槽的适宜工作温度一般保持城 30℃～45℃。通电 10min 后，再打开盐水流量计，并调整流量，使其达到所需要求。

（4）关机时，关掉盐水流量控制阀，让回流柱内剩余的盐水再电解 10min 后，关掉电源，然后关冷却水，最后将回流柱消毒溶液虹吸排空，每次必须用洁净水冲洗回流柱并将水吸净。

（5）清洗电解槽。由于水中含有一定的钙化合物和铁离子等，电解时会以碳酸钙、氢氧化铁的形式出现，这些杂质会造成电解槽阴阳极间短路，从而引起电极击穿现象。所以要根据水质情况定期冲洗电解槽，一般每周 1～2 次。清洗时，拆除电极上连接电线，取出钛极管，用洁净水冲洗回流槽，电极套管，用圆形软刷清除内积垢。对钛极管表面用软毛刷，边冲边刷，以清除表面积垢，最后用清水冲洗干净，即可组装。

（6）注意事项

1）经常注意电解液及冷却水的流通情况，观察各管道接头是否有漏液现象，以免造成对某些器件的腐蚀。

2）不要将酸及酸性物质混入次氯酸钠，以免发生氯气中毒。

3）次氯酸钠不宜久贮，夏天应当天生产，当天用之；冬天贮存时间不得超过 周，并需采取避光贮存（气温低于 25℃，每天损失有效氯 0.1～0.15mg/L；气温超过 30℃，每天损失有效氯 0.3～0.7mg/L）。

4）操作人员应首先熟悉装置的性能，严格遵守该装置的操作规程。

6. 次氯酸钠消毒在上海浦东水厂中应用

上海浦东水厂（10 万 m^3/d）地处市中心，为了提高供水安全性，消除使用液氯带来的安全隐患，经过多方研究，从 2000 年开始利用次氯酸钠代替氯气进行氯胺消毒。

（1）次氯酸钠加氯工艺

上游原水加入硫酸铝后，经提升泵或静态混合器混合后，加入次氯酸钠和氨气，通过沉淀和过滤流入清水池。次氯酸钠采用成品从制造工厂用槽车送入厂内。

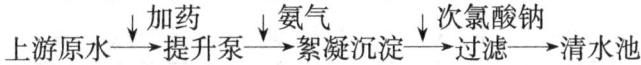

$$上游原水 \xrightarrow{加药} 提升泵 \xrightarrow{氨气} 絮凝沉淀 \xrightarrow{次氯酸钠} 过滤 \rightarrow 清水池$$

（2）次氯酸钠加注设施

1）加注工艺流程

$$槽车卸料池 \xrightarrow{\quad 提升泵 \quad} 贮液池 \rightarrow 高架PE塑料筒 \rightarrow 计量泵 \rightarrow 电磁流量仪 \rightarrow 投加点$$

混凝土卸料池 $22.6m^3$、混凝土贮液池 $22.5 \times 2m^3$、高架池（2 只）：PE 塑料筒，容量各为 3T，互相切换。总贮液量：67.8 m^3；采用 PE 塑料容器，费用低，使用寿命长，既防腐又轻便。

2）贮液提升泵：利用耐腐提升泵 2 台，型号 80FPZ—30，流量为 50m^3/h，数量为 2 台，一用一备，把待检池原液提升至贮液池或高架池。各贮液池上安装液位仪，可和提升泵组成自动进液控制系统，无需人操作和管理。

3）加药泵：选用变频泵、电磁流量仪、压力传感器和电动控制阀组成自动控制投药系统，一台泵可控制多个加药点；浦东水厂采用的是计量泵和电磁流量仪组成加药控制系统（计量泵规格：流量：265L/h，2 台）。

（3）次氯酸钠加注量

浦东水厂采用氯氨消毒法，以滤前加氯为主。当原水氨氮浓度低于 0.5mg/L 时，通过滤前加氨将氨氮浓度补至 0.5～0.6mg/L. 由耗氯实验测得，黄浦江上游原水的耗氯量在夏季时为 0.8～1.0mg/L，冬季由于水中溶解氧浓度上升而降至 0.5mg/L 左右。

根据氯氨消毒的原理，采用烧杯搅拌试验的方法来确定合理的加氯量，并考察氯的预氧化及助凝作用。试验以有效氯含量为 10％的 NaClO 做加氯试验，混凝剂为 10％的硫酸铝。夏秋季加注量在 3.5～4.0 mg/L，氯氨比在 3.7～4.5；冬季加注量在 4.0～4.5 mg/L，氯氨比在 2.0～2.5 可满足水厂余氯要求。次氯酸钠液不易久藏，一般贮存量控制为一周为宜，可达 2 周。

（4）次氯酸钠和氯气消毒效果比较

陆家嘴分厂 10 万 m^3/d 加次氯酸钠与居家桥分厂 10 万 m^3/d 加氯气的生产运行数据比较见表 8-28、表 8-29（原水为同一上游原水）。

2005 年陆家嘴分厂：上游原水次氯酸钠投加量与余氯关系 表 8-28

季节	原水：氨氮 mg/L			NaClOl 加注量 ppm			余氯幅度 mg/L（沉淀池）
	最大值	最小值	平均	最大值	最小值	平均	
一季度	2.8	0.4	1.43	3.5	2.6	3.0	2.0～3.0

续表

季节	原水：氨氮 mg/L			NaClOl 加注量 ppm			余氯幅度 mg/L (沉淀池)
	最大值	最小值	平均	最大值	最小值	平均	
二季度	1.0	0.05	0.18	3.7	3.4	3.2	2.0~3.0
三季度	1.1	0.05	0.1	4.4	3.0	3.5	2.0~3.0
四季度	1.7	0.05	0.45	5.0	2.8	3.4	2.0~3.0
全年						3.28	

2005 年居家桥分厂：上游原水氯气投加量与余氯关系　　　表 8-29

季节	原水：氨氮 mg/L			氯气加注量 ppm			余氯幅度 mg/L (沉淀池)
	最大值	最小值	平均	最大值	最小值	平均	
一季度	2.5	0.4	1.49	4.04	2.81	3.91	1.7~2.5
二季度	0.89	0.03	0.19	4.4	2.26	3.74	1.7~2.5
三季度	1.1	0.05	0.33	5.51	2.38	4.55	1.6~2.5
四季度	2.3	0.06	0.53	4.02	2.55	3.48	1.7~2.25
全年						3.81	1.4~3.0

以上加运行数据表明：投加次氯酸钠与投加氯气后余氯、有效氯消耗等水质指标，两者是一样的，次氯酸钠略优于氯气消毒效果。

氯与次氯酸钠成品成本为 1：1.84，每吨水次氯酸钠比氯气成本增加约 0.02 元，每年加氯费用相差约 30 万元。总成本核算（按 10 万 m^3/d 制水规模统计），次氯酸钠总费用高于氯气，每年相差约 8.46 万元。

（5）次氯酸钠液市售成品与自制的成本比较

水厂采用次氯酸钠消毒时，可以选用次氯酸钠市售成品，也可自制。陆家嘴分厂使用的次氯酸钠液为市售成品，产地为上海，有效氯浓度为 10%，pH＝12，比重 1.18，用槽车运输。成品单价 6.9 元/kg（有效氯），出水量以 10 万 m^3/d 计，成品总费用（变动、固定、折旧）为每年 105 万元。

次氯酸钠现场生产采用次氯酸钠发生器，是电解低浓度盐水产生次氯酸钠的设备，每台产能为 2T/h，每 kg 有效氯需 4kg 盐，用电量 4.5kW。现场自制变成成本 4.7 元/kg（有效氯），比氯气增加 0.014 元，自制总费用（变动、固定、折旧）为每年 100.7 万元，成品费用每年高于现场制作费用 4.3 万元。

从水厂投加量、运行成本、设备购置、场地等方面综合考虑：20 万 m^3 规模以下水厂选用商品的次氯酸钠较宜，运行安全又方便。而大中型水厂倾向于因地制宜，可考虑现场自制，较经济，费用低，占地面积小。

（6）次氯酸钠消毒面临问题及解决措施

1）贮液池防腐处理：混凝土池子环氧防腐处理，在实际使用中会与次氯酸钠发生反应，混凝土池壁和环氧树脂都要逐渐侵蚀和剥落，混凝土池壁要考虑防强碱性涂料。

2）管路密封圈防腐性不够，时常出现管路渗漏，现改为耐强碱的密封圈，解决了管路渗漏。

3）管路不能暴露，应设管沟。

4）控制室与加注管路、设备及贮液池应隔开，防止检查或故障时，次氯酸钠挥发造成对设备腐蚀。

5）泵选型应考虑次氯酸钠腐蚀性。

6）加药间和贮液池便于检修清洗。

7）真空加氨水射器要改为气/气（PVC）喷射器：加氯改为次氯酸钠液加注后，取消水射器真空加氯，会对加氨点水射器酸洗带来问题（会结垢），而用气体代替压力水作为水射器动力水源，解决了加氨水射器带来的酸洗难题。

8.7.2 漂白粉消毒

1. 漂白粉的质量

（1）漂白粉中有效氯含量

漂白粉消毒和氯气消毒原理是相同的。漂白粉是用氯气和石灰制成的，由于反应的不完全和原料中夹带的杂质，因此一般漂白粉中的有效氯含量有 25%～30%，见表 8-30。

漂白粉规格 　　　　　　　　　　　　　　　　　　　　　　　　　　　　　表 8-30

名　称	有效氯含量%	性　质	包装方式
漂白粉	32%、30%、≥28%	白色粉末具有极强的氯臭，有毒	50kg 木箱或铁筒装
漂白精	≥60%	白色粉末	50kg 木箱或铁筒装

（2）漂白粉质量的检验

1）漂白粉是白色粉末，有刺鼻的氯气味，很容易在运输或贮存中受潮、受热。使用时应对漂白粉有效氯含量加以测定，以便正确计算投加漂白粉的数量。

2）漂白粉能使蓝墨水漂白，所以可用蓝墨水来大致测定其有效氯含量。测定方法是称取 0.5g 漂白粉样品到玻璃瓶中，加 10mL 清水摇匀 1min，放置 5min 后倒出上面的清液，摇匀，吸 38 滴到白瓷盘中，然后用吸管将蓝墨水一滴滴地滴到白瓷盘中，边滴边搅拌，到出现蓝绿色不退为止，蓝墨水的滴数就是有效氯的百分数。

3）还可用鼻闻氯臭的刺激性大小来判断含氯量的大致多少；若闻不到氯味并且从外观看已发现受潮或已结成大块硬块，则这类漂白粉已不宜使用。

2. 漂白粉溶液的配制与投加

（1）漂白粉投加设备

漂白粉投加设备、投加方法、计量基本与混凝剂相同。溶解漂白粉须有两个缸，一个为溶药缸，另一个为投药缸，但由于氯气容易逸出，因此溶液与溶药缸必须加盖。漂白粉腐蚀性很强，所有设备和管材都宜用塑料、陶瓷等耐腐蚀材料。由于漂白粉溶液中含有大量沉渣，容易堵塞，溶药与溶液缸需有较大的排渣口，池底也应有一定的坡度，排渣口宜用陶瓷旋塞或橡胶塞加以塞住。

（2）漂白粉的配制方法

1）先将一定量的漂白粉加少量水，在溶药缸中搅拌成无块的糊糊状，然后边加水边搅拌配制成 10%～15% 的漂白粉溶液浓度，即一包 50kg 的漂白粉需用 400～500kg 水来配制。第一次配制后溶药缸中的漂白粉渣仍有 6%～7% 的有效氯还可用水搅拌 1～2 次继续用水配制。

2）在漂白粉溶药缸中溶药完毕，浓度为 10%～15% 的溶液放到溶液缸后再用水配制成 1%～2% 的浓度。

3）配制好的溶液须澄清后方可投入到投加点，配制次数最好每日一次。

（3）投加点选择

漂白粉消毒的投加点选择原则和方法基本和加氯时相同，要根据水源水沂南 及净水设备状况，从确保剩余氯出发，选择一次投加还是二次投加；滤前投加还是滤后投加。

（4）漂白粉的投加量

漂白粉投加量也是根据出厂余氯要求及漂白粉有效含氯量来测算控制的。如根据水源水质情况，出厂水余氯需要加氯量为 2mg/L，则每千吨水需投加氯气 2kg。如漂白粉有效含氯量为 20%，则可算出，每千吨水需投加氯气 10kg，假如漂白粉溶液浓度为 1%，则投加漂白粉溶液量为 1000kg。

投药量是否适当，直接影响消毒效果的好坏，值班人员要根据原水水质的变化，控制好投加量，确保出厂水余氯。

（5）投加漂白粉的注意事项

1）漂白粉应贮藏在阴凉、干燥和通风良好的地方。并按照先到先用的原则，不宜在仓库中贮藏过久。

2）要经常进行巡回检查，重点是溶液缸及投药缸液位变化是否正常，管道是否畅通，要尽量避免由于药渣流入管道发生堵塞，要做到溶液缸中漂白粉不结块，无结垢，排渣及时彻底。

3）如发现管道堵塞或结垢，可用稀盐酸加以清洗。

8.7.3　紫外线消毒

1. 紫外线消毒技术的应用

欧洲是饮用水紫外线消毒技术的发源地。1909 年法国马赛水厂（200m³/d）是全世界首先应用紫外线消毒的水厂。此后，紫外线技术在欧洲迅速普及。目前欧洲已有 3000 多个饮用水设施使用紫外线消毒，规模较大的有荷兰鹿特丹水厂（47 万 m³/d），俄罗斯圣彼得堡水厂（86 万 m³/d），德国的 styum-Ost 水厂（19.2 万 m³/d）。在北美由于新的饮用水标准对隐孢子虫、贾第鞭毛虫和消毒副产物的严格规定，紫外线技术得到了前所未有的重视，美国环保局（USEPA）研究证明了紫外线是控制隐孢子虫、贾第鞭毛虫最有效可行的技术后，迅速建立了紫外线技术在饮用水处理中的应用标准。美国 2006 年公布的第二阶段强化地表水处理的法规（LT2ESWTR）中规定，要求现有水厂使用过滤加紫外线或臭氧的消毒工艺，而新水厂则需使用过滤和多级组合消毒工艺。目前北美采用紫外线消毒的较大的水厂有美国芝加哥中湖水厂（18 万 m³/d）、西雅图水厂（68 万 m³/d）、加拿大温哥华 Victorial 水厂（51 万 m⁰/d）、蒙特利尔水厂（30 万 m³/d）等。美国正在建设的纽约水厂（836 万 m³/d）也采用紫外线消毒。紫外线技术在饮用水消毒中有大力发展的趋势。

我国第一个采用紫外线消毒的是大庆东风水厂（5万 m^3/d），2004年以来清华大学的团队开展了紫外线消毒技术的系统研究。并在广东东莞、北京第九水厂进行了中试。2009年天津开发区净水厂三期（15万 m^3/d）、上海临江水厂（60万 m^3/d）的紫外线消毒工程已投产。

2. 紫外线消毒的作用原理

紫外线是电磁波谱中波长从100～400nm辐射总称，按波长范围分A波段320～400nm、B波段275～320nm、C波段200～275nm，真空紫外线100～200nm不同波长的紫外线有不同的生物效应，其中200～290nm的紫外线具有杀菌作用。紫外线消毒技术的原理认为，光是物质运动的一种特殊形式，微生物受到紫外线照射后将作为一切生命体的基本物质和生命基础的核酸突变，阻碍其复制、转录封锁及蛋白质合成使其灭活。消毒是通过紫外线对水照射进行的，其中波长253.7nm的紫外线消毒效果最好。

3. 紫外线消毒的特点

（1）紫外线消毒是一种物理消毒方法，不使用化学消毒剂，不会产生消毒副产物。

（2）紫外线能高效率杀灭大多数致病原生动物、细菌、病毒和囊性微生物包括隐孢子虫和贾第鞭毛虫。

（3）紫外线消毒时间短，对细菌、病毒的杀菌作用一般在1s以内，处理后的水无味、无色。

（4）紫外线消毒不腐蚀设备，设备占地少，操作管理安全方便，利于自动化管理和安全生产。

（5）紫外线的穿透能力不强，要求处理水的浊度和吸收物质不能太高。

（6）紫外线消毒的最主要缺点是没有维持管网持续消毒的能力，但如果在通过紫外线消毒后再补加氯胺的组合工艺，就可取得既保证消毒效果又能在管网中维持余氯的作用。

4. 紫外线消毒的影响因素

（1）水质的影响：紫外线的穿透能力很低，对水的色度、浊度、肉眼可见物及其他杂质的含量有关。一般要求色度不小于15度，浊度不小于5NTU，总铁离子浓度小于0.3mg/L。

（2）波长、照射强度、照射时间对紫外线消毒效果也有影响。

5.《生活饮用水紫外线消毒器》（CJ/T 204—2000）

原建设部在国内科研成果和生产实践基础上，于2000年12月7日批准，2001年6月1日实施的《生活饮用水紫外线消毒器》（CJ/T 204—2000），其主要内容有：

（1）术语

术语见表8-31。

术 语 表8-31

术 语 名 称	含 义
生活饮用水紫外线消毒器	以紫外汞灯为光源，利用灯管内汞蒸气放电时辐射253.7nm紫外线为主要光谱线，对生活饮用水进行消毒的设备（简称消毒器）。
紫外线辐照强度	受紫外线垂直照射单位面积上的辐射功率，以 $\mu W/cm^2$ 表示。
紫外线辐照剂量	辐照强度与照射时间的乘积，以 $(\mu W \cdot s)/cm^2$ 表示。

续表

术 语 名 称	含 义
消毒	杀灭或清除传播媒介上病原微生物，使其达到无害化的处理
活菌计数	测定每毫升液体中含有活菌的数量
残留菌数	经消毒器消毒后出水残留的活菌数

（2）分类

1）消毒器按水流状态分为：

敞开重力式——K；

封闭压力式——B。

2）产品型号

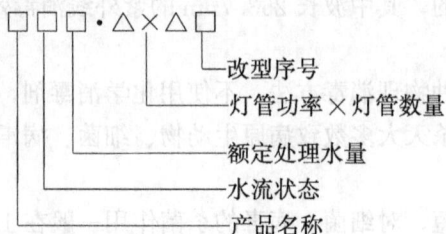

a）产品名称，用字母 SZ 表示。

b）水流状态，按 1）确定。

c）额定处理水量，用数字表示，量纲为 m^3/h。

d）灯管功率×灯管数量，用数字表示，量纲为 W×支。

e）改型序号根据产品的改型设计顺序，用 A、B、C……表示。

3）标记示例

生活饮用水紫外线消毒器，封闭压力式，额定处理水量 $8m^3/h$，使用 30W 灯管 6 支，第三次改型。

（3）进水水质和环境

1）进水的水质：浑浊度≤5NTU、总含铁量≤0.3mg/L、色度≤15 度、水温≥5℃、总大肠菌群≤1000 个/L、细菌总数≤2000 个/mL。

2）空气环境：环境温度≥5℃、空气中最大相对湿度≤90%。

3）电源：电源频率 50Hz±2.5Hz、电源电压 220V±22V。

（4）基本技术要求

1）消毒器的设计应符合 GB 8988 的要求；

2）消毒器应按技术管理规定程序批准的图纸及技术文件制造；

3）同一型号消毒器的零部件应保证其互换性；

4）消毒器受紫外线照射面应做抛光处理；

5）承受筒体的工作压力不应小于 0.60MPa，试验压力不应小于 0.90MPa。

6）筒体或箱体内宜设置导流板。

7）直管形石英紫外线低压汞灯及灯管的安装要求应符合 YY/T 0160。灯管主要尺寸、外形光电参数符合要求。

8）在对环境有较高要求时，宜优先选用低臭氧型灯管，以减少臭氧对环境的污染。

9）灯管的布置应使受紫外线照射面上的紫外线强度分布均匀。

10）消毒器应设有灯管点燃指示、点燃累计时间指示或紫外线辐射中纬度的相对指示。

11）灯管应用石英玻璃管与水隔开，石英套管 253.7nm 紫外线的透过率大于 85%。

12）消毒器选用的低电压电器应符合相应产品的技术要求。

13）消毒器上应设有进出水管、泄水管、取样管。在消毒器不便安装放泄水管时，也可以在与消毒器等同处的连接管路上安装。

14）消毒器的规格及进、出水管管径宜按表 8-32 选用。

表 8-32

消毒水量（m³/h）	1	4	8	15	20	30	40	50
管径（mm）	20	40	50	65	80	100	100	125

15）按本标准的检验要求，装备新灯管的消毒器产品，测得的紫外线辐照剂量不得小于 $12000\mu W \cdot s/cm^2$（应充水），正常工作的消毒器测得的紫外线辐照剂量不得小于 $9000\mu W \cdot s/cm^2$。

16）按本标准的使用条件，在额定消毒水量下工作，出水的细菌学指标应符合 GB5749 的要求。

17）消毒器材料应符合 GB/T 17219 要求。消毒器宜使用 304L、316L 不锈钢。

18）消毒器在额定消毒水量下工作的水头损失应小于 0.005MPa。

（5）试验方法

1）灯管检测

灯管的紫外线辐照强度，用经国家计量法定单位校准的紫外线辐照强度测定仪，在仪器标定有效内测定。

测定前，灯管的稳定放电时间取 5min，电源的频率稳定在 50Hz±0.5Hz，电源电压 220V±4.4V，电测仪表的精度不应低于 0.5 级。

测定时的环境温度为 25℃±2℃，相对湿度不大于 65%.

紫外线辐照强度的测定次数为 3 次，取平均值为测定值。

测定时，将仪器接受探头放在灯管表面正中法线下 1m 处读值。

按表 8-33 判定新、旧灯管紫外线辐照强度的合格与不合格。

表 8-33

灯管功率	8	15	20	30	40
新管（$\mu W/cm^2$）	≥10	≥30	≥60	≥90	≥100
旧管（$\mu W/cm^2$）	<7	<21	<42	<63	<70

2）辐照剂量检测

辐照剂量检测使用的紫外线辐照强度测定仪及环境要求与灯管检测相同。测定次数为 3 次，也平均值为测定值。测定时灯管全部开启，将仪器原接受探头置于设备的测光孔处

读值。辐照剂量按下式计算

$$辐照剂量(\mu W \cdot s/cm^2) = 辐照强度(\mu W \cdot s/cm^2) \times 时间(s)$$

3) 天然水的消毒检测

天然水的水质条件应符合进水的水质要求。消毒器的运行条件符合规定。消毒器在额定消毒水量时的出水应符合 GB 5749 要求,细菌总数小于 100 个/mL,总大肠菌群数小于 3 个/L。出水的水质应按 GB/T 5750 进行检验。试验进行 3 次,以残留菌量较高一次者为准。用滤膜过滤活菌培养计数。

4) 人工染菌水的消毒检测

指示菌采用大肠杆菌 8099,菌悬液含 1‰的蛋白胨。将菌流进行活菌计数,用脱氯自来水制成 $5 \times 10^5 \sim 5 \times 10^6$ cfu/L 的染菌水样做消毒试验。

消毒器的运行条件与天然水消毒试验相同。试验次数与残留菌数的计算同天然水。在额定消毒水量时的出水,以大肠杆菌的杀灭率达 99.9%以上为合格。

5) 通水试验

消毒器通过额定流量,并在规定的工作压力下工作时,设备管路应通畅、无渗漏,无破损。

6) 通电试验

在规定的电源工作条件下灯管应无闪烁、熄灭现象,供电指示仪表工作应正常。

检验规则、标志、包装、运输和贮存可查标准原文。

6. 紫外线消毒在水厂中的应用

(1) 天津开发区水厂三期工程

天津开发区水厂三期工程采用紫外线联合氯的消毒方式,是国内首家紫外线消毒系统与主体工艺同时设计、同时投入运行的净水厂。设计能力 15 万 m^3/d,采用的反应器型号为 swift-6L30,总功率 70.5kW,灯管 6 支,灯管设计寿命>90000h,光电转化效率>15%,剂量>40mJ/cm^2。2009 年 7 月建成通水。

经对三项传统微生物指标实测:总大肠菌群、菌落总数和美国 EPA 规定的 HPC(异养菌计数)均达标。4 次取样,UV 出水的总大肠菌群都为零。菌落总数 2 次为零,一次为 31,一次 4;而 HPC 虽有一定数值检测,但远低于标准限值(500CFU/mL),经加氯消毒后可降至为零或接近零。

三期出水水质实际检测证明余氯较高尚有一定的降低空间,溴酸盐达标,出厂水和管网水中 AOC 浓度均未超过 100μg/L,氯化消毒副产物明显降低,说明紫外线消毒具有较高的消毒效率。

(2) 上海临江水厂工程

上海临江水厂工程紫外线消毒采用 WEDECO 公司的紫外线消毒反应器装置,设备成套引进,其主要设计参数为:

1) 设计规模 60 万 m^3/d,共分成 4 条生产线,每条生产线由 DN1200 管道与进水总渠相连。

2) 设计的紫外灯采用低压灯,单波长 254nm 射线,安装功率仅为中压灯的 1/3~1/2,效率比高压灯高约 300%,可节约电费。紫外线反应器设计使用寿命为 12000h,实际达 15000h。

3）每台紫外线反应器共设 5（7）组灯组，每组 12 根紫外线灯，共计 60（84）根灯管，其中 2 组可根据需要调节，每台紫外线反应器的功率为 22kW，最大工作压力 0.15MPa。

4）紫外线消毒剂量按 40mJ/cm² 计算。每台紫外线反应器内水流流速 1.2～2m/s，过流时间 2.2～3s。

5）紫外线反应器及其管道材质采用 SS304L 钢，要求环境温度≤35℃，常年湿度≤65%。

6）在 UV 强度因表面结垢下降达 20%时进行清洗，清洗剂使用 QA32 磷酸基化合物，该清洗剂以浓缩物（＞3%）的形式提供。浓缩液使用时以 1∶5 的稀释液清洗 30min。

第9章 地下水除铁、除锰及除氟

9.1 地下水除铁和除锰

9.1.1 地下水除铁方法

含铁和含锰地下水分布在我国 18 个省市达 3.1 亿人口的地区，在北方有不少地区将含铁和含锰的地下水作为城镇的唯一水源。水中含铁量高时，水有铁腥味，家用器具发生锈斑，管道内滋长铁细菌，出现红水；含锰量高的水和含铁量高的情况类似，水含有色、臭、味，洗涤衣物会有微黑色和斑渍。我国生活饮用水卫生标准中规定铁、锰限值分别不得超过 0.3mg/L 和 0.1mg/L。含量超过标准的原水必须经除铁除锰处理。

传统的地下水除铁、除锰方法以曝气氧化法、氯氧化法、高锰酸钾氧化法和接触过滤氧化法为多。

1. 曝气氧化除铁法

（1）工艺原理

曝气氧化除铁法是利用空气中的氧将二价铁氧化成三价铁，使之析出，然后经过沉淀、过滤予以去除。

（2）空气氧化除铁的需氧量

地下水中的二价铁以 $Fe(HCO_3)_2$ 形式存在，它与空气的氧化反应式如下：

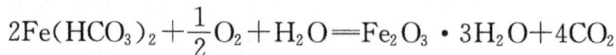

$$2Fe(HCO_3)_2 + \frac{1}{2}O_2 + H_2O = Fe_2O_3 \cdot 3H_2O + 4CO_2$$

由上式计算可知，氧化 1g 二价铁大约需要 0.14g 溶解氧，即：

$$Fe^{2+} : O_2 = 1 : 0.14$$
$$O_2 = 0.14 \, Fe^{2+}$$

上式中 O_2 为除铁所需溶解氧量(mg/L)，Fe^{2+} 为水中二价铁含量，这是依据化学反应式理想状态下的理论计算。但若要反应能正常进行，即 O_2 的浓度要达到一定的水平。设此时 O_2 的浓度为理论需要量的 a 倍。即空气氧化除铁所需的氧量为：$[O_2] = 0.14 \, a$ $[Fe^{2+}]$ （a 称过剩溶氧系数，一般取 3～5）。

（3）工艺流程

曝气氧化除铁法的工艺流程为：

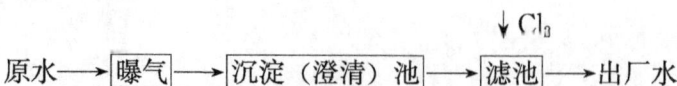

$$\downarrow Cl_2$$

原水 ⟶ 曝气 ⟶ 沉淀（澄清）池 ⟶ 滤池 ⟶ 出厂水

（4）工艺特点

414

1) 曝气不是完全为了充氧，不可忽视的是散失 CO_2，恢复地下水本来的 OH^- 浓度，提高 pH 值。曝气后沉淀效果取决于溶解氧和 Fe^{2+} 充分接触，生成固态 Fe (OH)$_3$ 颗粒，并使其尽量在沉淀池中沉淀，细小的 Fe (OH)$_3$ 颗粒再在滤池中截留。

2) 停留时间应由曝气氧化除铁实验得出的完全氧化时间来确定，只考虑氧化速度是不充分的。滤池的过滤周期也应从满足出水水质和滤层阻力两方面要求综合考虑。

3) 溶解性硅酸含量对曝气氧化除铁有明显影响。溶解性硅酸能与 Fe (OH)$_3$ 表面进行化学结合，形成稳定的高分子。溶解性硅酸含量越高，生成 Fe (OH)$_3$ 粒径越小，凝聚越困难，效果就大受影响。

4) 曝气氧化除铁不需投加药剂，滤池负荷低，运行稳定，是一种经济的除铁方法，适用于含铁量高的原水。但由于二价铁氧化速度慢，并受许多因素影响，其中水的 pH 值影响最大，当水的 pH 大于 7.0 时，溶解氧氧化二价铁的速度比较快，而当水的 pH 小于 7.0 时，氧化速度过慢，很难在水处理装置中完成。另外曝气氧化除铁也不适合于溶解性硅酸含量较高及高色度的地下水，目前只有在原水二价铁浓度≥20mg/L 时才适用。

2. 氯氧化除铁法

(1) 工艺原理

1) 氯是比氧更强的氧化剂，可在广泛的 pH 值范围内将二价铁氧化成三价铁，反应瞬间即可完成。氯与二价铁的反应式为：

$$2Fe^{2+} + Cl_2 \xrightarrow{\quad\quad} 2Fe^{3+} + 2\ Cl^-$$

按此反应式，每 1mg/L 二价铁理论上需 0.64mg/L 氯气，但由于水中尚存在能与氯化合的其他还原性物质，所以实际所需投氯量要比理论值高。

2) 含铁地下水经加氯氧化后，通过絮凝、沉淀和过滤以去除水中生成 Fe (OH)$_3$ 的悬浮物。当原水含铁量小时，可省去沉淀池，当含铁量更少时，还可省去絮凝池，采用投氯后直接过滤。

(2) 工艺流程

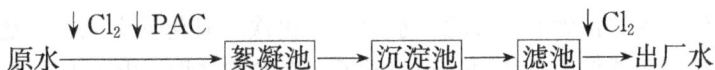

原水 $\xrightarrow{\quad\downarrow Cl_2\ \downarrow PAC\quad}$ 絮凝池 $\longrightarrow$ 沉淀池 $\xrightarrow{\quad\downarrow Cl_2\quad}$ 滤池 $\longrightarrow$ 出厂水

(3) 工艺特点

1) 实验表明，只要投加必要的氯量，二价铁瞬间就完成氧化，达到 Fe^{2+} 浓度为零。在氯氧化除铁反应中，确定使水中二价铁瞬间氧化为零的投药量在确保出厂水水质和水厂经济运行方面都是非常重要的。

2) 向原水管中投氯，通过管内混合就可以顺利进行二价铁的氧化。但若溶解氯气的压力水含有锰，则在管道中，锰会因自催化氧化作用被氯所氧化，形成二氧化锰粉末沉淀，日积月累就会引起投氯管道的堵塞。因此，溶解氯气的压力水应使用含锰量在 0.05mg/L 之下的净化水。

3) 在沉淀池中除去氢氧化铁绒粒、悬浮物的主要目的是减轻滤池的负荷。良好的凝聚处理是高效沉淀的前提。采用机械搅拌的絮凝池和普通平流沉淀池或澄清池都可以达到除铁的目的。

4) 过滤是除铁工艺不可缺少的操作单元。除铁滤池的形式和构造与除浊工艺一样，重力式、压力式滤池都可采用。只是滤料粒径应比除浊滤料更为细小。

5）氯氧化法的适应性很强，几乎适用于各种水质，这是它的最大优点。但是它有两个缺点，一是氧化形成的氢氧化铁的形态是无定形的，铁泥处理也是个难题；二是原水含游离 CO_2 多的情况下需脱气处理，建设费用和运行费用比较高，运行管理较麻烦。

3. 高锰酸钾氧化除铁法

（1）工艺原理

高锰酸钾是比氧更强烈的氧化剂，能迅速地将二价铁氧化为三价铁，反应式如下：

$$3Fe^{2+} + MnO_4^- + 2H_2O = 3Fe^{3+} + MnO_2 + 4OH^-$$

（2）工艺流程与氯氧化相同。

（3）工艺特点

1）理论上每氧化 $1mg/L$ 的二价铁需要 $0.94mg/L$ 的高锰酸钾 $KMnO_4$。但实际上，有时高锰酸钾在投药量较上述理论值小的情况下，就能具有良好的除铁作用。这可能是由于反应生成的二氧化锰（MnO_2）具有吸附和接触催化作用所致。

2）当水中还存在其他还原性物质时，将消耗一部分高锰酸钾，所以除铁所需之高锰酸钾投加量应由实验来确定。

3）含铁地下水投加高锰酸钾能生成密实的絮体，易于为砂滤池所截留，所以含铁地下水在投加高锰酸钾后可以立即过滤。但当有机物含量较高时，需要较长的氧化时间，对地面水受污染较重，水中有机物与铁质络合形成高稳定性铁则难以去除。

4. 接触过滤氧化除铁法

（1）工艺原理

20 世纪 60 年代，我国试验成功天然锰砂接触氧化除铁工艺，是将催化技术用于地下水除铁的一种新工艺。其工艺原理是用天然锰砂作滤料，除铁时溶解氧对水中二价铁的氧化反应有很强的接触催化作用，能大大加快二价铁的氧化反应速度。其处理方法是将曝气后含铁地下水经过天然锰砂滤池过滤，水中二氧化铁的氧化反应能迅速地在滤层中完成，并同时将铁质截留于滤层中，从而一次完成了全部除铁过程，由于不需要在过滤以前进行氧化反应，因此不需要设置反应沉淀构筑物，这就使处理系统大大简化。

（2）工艺流程

$$原水 \longrightarrow \boxed{曝气装置} \xrightarrow{\ \downarrow O_2\ } \boxed{天然锰砂滤池} \xrightarrow{\ \downarrow Cl_2\ } 出厂水$$

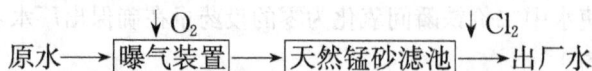

接触过滤氧化法不需投加药剂，流程短，出水水质良好稳定，但不适合用于还原物质多、氧化速度快以及高色度原水。

（3）工艺特点

1）含有二价铁的地下水大多数不含有溶解氧，所以原水应经曝气充氧处理。但这里的曝气处理与曝气氧化除铁法中的曝气处理宗旨不同。曝气氧化除铁法的曝气处理是为了完成原水中二价铁直接氧化的单元操作。曝气过程中除了使空气中的氧溶入水中以外，还要原水中的碳酸物质以 CO_2 的形式释放出来，以提高 pH 值，增大二价铁的氧化速度。而接触过滤氧化除铁法的曝气操作仅仅是为了将空气中的氧气向原水中充入，以达到增加溶解氧浓度的目的，并不考虑二价铁的氧化问题。二价铁的氧化处理是下一步接触除铁滤层过滤工序的任务。因此接触过滤氧化除铁的充氧装置可以较简单。

2）原水经充氧后，在二价铁尚未被氧化之时就迅速地进入披覆 FeOOH 滤砂的接触除铁滤池，在 FeOOH 滤料层中，在极短时间里 FeOOH 表面上的二价铁与 O_2 反应生成新的 FeOOH，并与原有的 FeOOH 结成一体，从而完成了除铁任务。

3）接触过滤氧化除铁法与曝气氧化除铁法和氯氧化除铁法比较起来虽然都有滤池，但其过滤除铁性质有很大差别，因而具有优越的特性。但其对水质的适用性是有限的，也是有一定条件的。如对含有浓度在 0.2mg/L 以上的 H_2S 的地下水、有机有色的含铁地下水，高矿化度的含铁地下水，采用接触过滤法是不适合的。但对大多数地下水水质都是适合的，而且除铁能力非常强，是其他方法无法比拟的。

9.1.2 地下水除锰方法

1. 地下水除锰技术概述

（1）地下水中的锰通常是由于岩石和矿物中锰的氧化物、硫化物、碳酸盐、硅酸盐等溶解于水中所致。在富含有机物（如腐殖酸等）的水中，锰通常与腐殖酸相结合而成为有机锰，如湖泊、水库底层水中由于不能向水的底层供氧，因而造成强烈的还原状态而导致底泥中的锰被还原而溶于水中，使底层水中锰大大超标。

（2）锰的价态可以从 Mn^{2+} 到 Mn^{7+}，但除了二价锰和四价锰以外，其他价态的锰在中性天然水中一般均不稳定，所以天然水中的锰几乎都是以溶解的离子状态的二价锰存在的，若要将溶解态的二价锰去除，必须将其氧化为四价锰，因为四价锰在水中以固态 MnO_2 的形式存在，可以通过沉淀、过滤工艺将其从水中去除。

（3）尽管铁、锰两元素的化学性质极其相似，但它们的氧化还原性质差别很大。锰的氧化还原电位比铁高，在 pH 中性域几乎不能被溶解氧所氧化，相反铁却容易被氧化，所以在一般的铁的氧化去除条件下，锰不能被氧化去除，而且在铁的掩护下更不易被发现。这就导致了在很长的一段时间认为二价锰的氧化去除比二价铁的氧化去除要难得多。这实际上是认识上的误区，其实只要去除方法得当，锰的去除非但不困难，反而比铁更容易。例如，除铁的氧化剂为空气，即依靠溶解氧，而除锰的氧化剂如为高锰酸钾或氯就极有效。再如用碱提高 pH，二价锰也会和二价铁同样容易被氧化。

2. 高锰酸钾（$KMnO_4$）氧化法除锰

（1）工艺原理

高锰酸钾是比氯更强的氧化剂，它可以在中性和微酸性条件下迅速将水中二价锰氧化成四价锰。反应式如下：

$$3Mn^{2+} + 2KMnO_4 + 2H_2O \Longrightarrow 5MnO_2 + 2K^+ + 4H^+$$

根据反应方程式计算每氧化 1mg 的二价锰理论上需要 1.92mg 的高锰酸钾。

（2）工艺流程

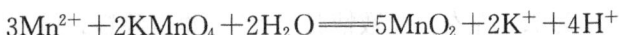

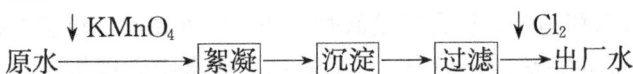

（3）工艺特点

1）高锰酸钾实际上所需投加量比理论值要低，因为反应生成物二氧化锰是一种吸附剂，能直接吸附水中的二价锰，从而可使高锰酸钾用量降低。但当水中含有其他易于氧化的物质时，则高锰酸钾用量应相应增大。

2）若高锰酸钾投加量超过需要量，处理后的水会显粉红色，这是必须严格加以控制的。高锰酸钾投加量允许在一定安全幅度内变动，在安全幅度内处理水的性状可保持良好。此安全幅度大小随 pH 而变，pH 越高，幅度越宽，且所需投加量也相应减少。

3）若与其他药剂同时投加，投药顺序和间隔时间对处理过程有很大影响，宜用实验来确定。一般使用高锰酸钾和氯时，宜先投氯后投高锰酸钾，或两者同时投加，如还投加硫酸铝和石灰投加顺序为先投氯，经 5～10min 反应后，再投加硫酸铝、石灰和高锰酸钾。

3. 曝气接触氧化法除锰

（1）工艺原理

曝气接触氧化法除锰原理与曝气接触氧化法除铁类似。含锰地下水曝气后经滤层过滤，能使高价锰的氢氧化物逐渐附着在滤料表面上，形成锰质滤膜，使滤料成为黑色或暗褐色的"锰质熟砂"。这种自然形成的熟砂具有接触催化作用，能大大加快氧化速度，使水中的二价锰在比较低的 pH 条件下就能被溶解氧氧化为高价锰而由水中除去，这种在熟砂接触催化作用下进行的氧化除锰过程，称为曝气接触氧化法除锰。

（2）工艺流程

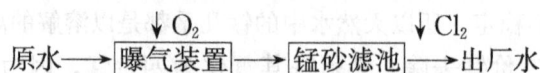

（3）工艺特点

1）在接触氧化法除锰中，滤料的成熟过程是一个比较缓慢的过程。滤料成熟是指滤料表面逐渐形成具有催化活性的氢氧化锰滤膜，形成滤膜的过程称为滤料"成熟"过程，形成滤膜的时间，称为滤层的成熟期。新滤料表面开始时没有锰质滤膜，滤层以吸附除锰为主，随着时间的推移，滤料表面的滤膜物质越积越多，接触氧化除锰能力也越来越强。当接触氧化除锰能力的增加速率超过了吸附除锰能力的衰减速率时，滤层出水含锰量便又开始下降，当出水含锰量降到要求浓度<0.1mg/L 以下时，便认为滤层成熟。

2）滤料品种不同，吸附能力也不同。石英砂和无烟煤不含高价锰的氧化物，所以吸附容量很低，天然锰砂不仅吸附容量大，并且滤层成熟得较快。但不同滤料只有在滤层成熟以前有差别，当滤层成熟以后，就不再有大的差别了。

3）水的 pH 对接触氧化除锰过程有很大影响，有人认为 pH 越高，滤层的除锰速率也越大。能使曝气接触氧化除锰过程顺利进行的界限 pH，与水质及采用的除锰工艺有关。一般认为界限 pH 为 7.5 左右，少数情况下<7.5 也可除锰，但不得小于 7.0。

4）水中有机物、硫化物、铵盐等还原性物质含量高时，能对二价锰的氧化起阻滞作用。采用滤前投氯，能破坏还原物质的阻碍作用。

5）当地下水同时含有铁和锰时，且含量较低时，铁、锰可在同一滤层中被除去，这时滤层上部为除铁带，下部为除锰带，仍先除铁后除锰。或水中含铁量较高，或滤速较高，除铁带会向滤层下部延伸，压缩下部的除锰带，而致锰质穿透滤层。这时，也可采用两阶段除铁除锰，其工艺流程为：

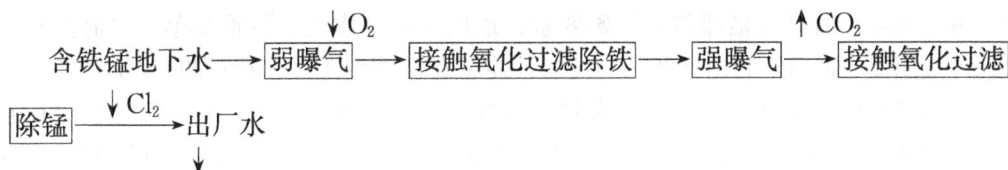

4. 氯接触氧化法除锰

（1）工艺原理

用氯氧化法除锰有氯自然氧化法和氯接触氧化过滤法两种。

1）氯自然氧化法除锰的化学反应式如下：

$$Mn^{2+}+Cl_2+4OH^-\rule[0.5ex]{2em}{0.4pt}MnO_2+2Cl^-+2H_2O$$

氯是一种比氧更强的氧化剂，能将水中的二价锰氧化为高价锰，按化学反应式计算，每氧化 1mg 二价锰需要氯 1.3mg。

2）氯接触氧化过滤法除锰

向含锰地下水投氯后，经石英砂滤层长期过滤，能在砂面形成一层具有催化活性的锰质滤膜，滤膜物质的化学组成为：$MnO_2 \cdot H_2O$，它首先离子交换吸收水中的二价锰为：

$$Mn^{2+}+ MnO_2 \cdot H_2O+ H_2O\rule[0.5ex]{2em}{0.4pt}MnO_2 \cdot MnO \cdot H_2O+2 H^+$$

被吸附的二价锰进一步被氯氧化为四价锰，从而使催化剂得到再生：

$$MnO_2 \cdot MnO \cdot H_2O+ Cl_2+2H_2O\rule[0.5ex]{2em}{0.4pt}2MnO_2 \cdot 2 H^++2Cl^-$$

生成的 $MnO_2 \cdot H_2O$ 作为新的催化剂参加反应，所以上述反应也是一个自动催化反应过程，由于水中二价锰是在催化剂作用下被氧化的，氧化速度就大大加快。

（2）工艺流程

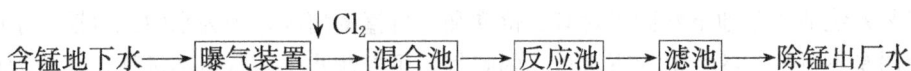

（3）工艺特点

1）氯接触氧化时实际投氯量要比理论值大。当水中含有其他易于氧化的物质，如二价铁、硫化氢、氨氮、有机物等时，投氯量就更大。当水中有氨氮存在时，投氯量需要增加到铵盐全部氧化，水中出现游离态氯（折点以后）。因为化合态氯不能氧化二价锰，如投氯量过多形成氯臭就要投加活性炭吸附。

2）避免投氯量不足或中断投加等事故发生是氯接触氧化除锰很重要的操作要求。因为氯中断投加或投加量不足时，再生反应受阻，滤层除锰性能就会逐渐下降，甚至最终丧失除锰能力。此时即使立即提高投氯量也不能很快恢复滤层的除锰能力。最简单快捷的恢复生产能力的办法就是停止运行，用高锰酸钾溶液（2%～3%浓度）浸泡一夜，次日早晨将浸泡液排掉，再生处理进行完成与否，可用排水颜色来判断，若排水中有稍微显紫红色的高锰酸钾色调，就可以认为再生完成。若排水仍含有褐色的 $MnO_2 \cdot H_2O$ 悬浊质，说明高锰酸钾用量不足。

3）为了减少氯的投加量，常常投氯前使水曝气，以便用空气中氧氧化水中的二价铁和硫化氢等。

4）氯接触氧化法与氯自然氧化法相比有很大改进。氯接触氧化法在 pH 中性附近很容易地将锰去除，而且除锰滤料无特殊要求，适用于各种水质，装置简单，只需要投加氯，处理费用低，而且运行时间越长，滤料性能越好，这些优点是传统的除锰方法不可相比的。但当原水中氨氮含量较高时，必须投加折点以上的氯量，其结果常常导致滤后水中除氯含量过高，氯味难除。此时，当地下水含铁浓度高时，砂表面能被铁覆盖而导致滤料的接触催化活性降低或丧失。所以氯接触氧化法除锰也只适用于地下水含铁不高的情况。

5. 生物固锰除锰法

（1）工艺原理

1）中国市政工程东北设计研究院、哈尔滨工业大学与吉林大学经多年研究，发现了除锰的生物氧化机制，确定了以空气为氧化剂的生物固锰除锰技术。

2）在 pH 中性范围内，二价锰的空气氧化是以二价锰氧化菌为主的生物氧化过程。二价锰首先吸附于细菌表面，然后在细菌胞外酶的催化下氧化为四价锰，从而由水中去除。

3）含锰地下水经曝气充氧后，进行生物除锰滤池。生物除锰滤池必须经除锰菌的接种、培养和驯化，运行滤层的生物量保持在几十万个/g 湿砂以上。曝气也可采用跌水曝气等简单的充氧方式。

生物固锰除锰理论摆脱了传统化学氧化思路的羁绊，而从生物学角度开创了除铁除锰技术发展的新时期。

（2）工艺流程

我国研究者推荐的生物法除铁除锰工艺流程如下：

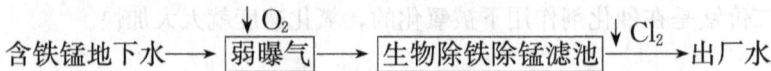

$$含铁锰地下水 \longrightarrow \overset{\downarrow O_2}{\boxed{弱曝气}} \longrightarrow \boxed{生物除铁除锰滤池} \overset{\downarrow Cl_2}{\longrightarrow} 出厂水$$

该工艺系统适用于地下水同时含有二价铁和二价锰的情况，因为水中二价铁对于除锰细菌的代谢是不可缺少的。对地下水进行弱曝气，可控制水中溶解氧不过高，一般为理论值 1.5 倍。此外，弱曝气可控制曝气后水的 pH 值不过高。以免二价铁氧化为三价铁，对生物除锰不利。

（3）工艺特点

生物除铁除锰滤池是生物固锰除锰法的核心处理单元。生物除铁除锰滤池既不同于慢滤池，也不同于快滤池。慢滤池对水质净化功能一般认为来自于其表层的滤膜，滤膜的出现是藻类、微型动物和细菌等微生物在滤床内大量繁殖的结果。使滤床既存在生物氧化作用，又存在物理化学的吸附截留作用，因此慢滤池可以说是生物滤池。但由于一是去除的对象不同，氯化机理不大相同，且生物除铁除锰滤池的滤速可在 5～17m/h 之间属于快滤池的滤速范畴，比慢滤池一般 0.1～0.3m/h 大得多。而且与快滤池也不相同，快滤池是除浊，处理机理主要依靠滤料和悬浮颗粒之间的物理化学作用，因此不属于生物滤池范畴，并且与快滤池相比具工作周期长，反冲洗水量少，反冲洗强度要求低等特点。

生物除铁除锰滤池中固定技术，通过人量工程实例，认为采用自然固定方式更为优越。即以充氧的含铁含锰水通入滤池，进行长期的自然培养，使滤砂表面形成的微生物群与其环境相适应，这种自然固定方式所需时间稍长，但活性稳定长久，可以保证处理效果。据中国市政工程东北设计研究院承担设计的生物除铁除锰水厂实践最短的成熟期抚顺开发区水厂达 3 个月，最长的成熟期黑龙江兰西水厂达 8 个月。

9.1.3 地下水除铁除锰工艺流程

对于铁、锰共存的地下水，其处理工艺流程一般可组合下列的各种流程。

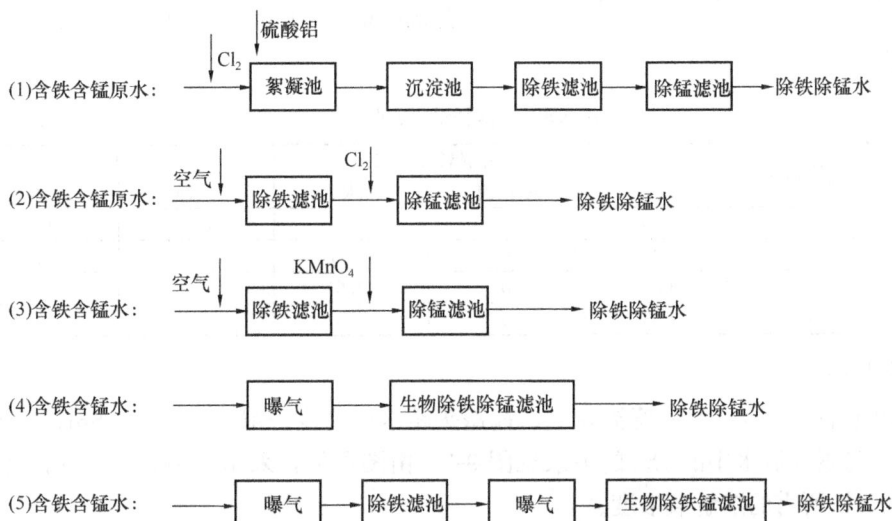

(1)含铁含锰原水：$\xrightarrow{\text{Cl}_2}$ 硫酸铝 → 絮凝池 → 沉淀池 → 除铁滤池 → 除锰滤池 → 除铁除锰水

(2)含铁含锰原水：空气↓ → 除铁滤池 $\xrightarrow{\text{Cl}_2}$ 除锰滤池 → 除铁除锰水

(3)含铁含锰水：空气↓ → 除铁滤池 $\xrightarrow{\text{KMnO}_4}$ 除锰滤池 → 除铁除锰水

(4)含铁含锰水： → 曝气 → 生物除铁除锰滤池 → 除铁除锰水

(5)含铁含锰水： → 曝气 → 除铁滤池 → 曝气 → 生物除铁锰滤池 → 除铁除锰水

流程（1）是以氯接触氧化法的化学氧化除铁除锰流程。该流程是根据 Fe^{2+} 和 Mn^{2+} 氧化还原电位的差异而采用的两级过滤流程，先用氯氧化除铁，然后再用氯接触过滤除锰。当原水含锰、含铁量较小时，也可应用一级滤池除铁、除锰。

为节省投氯量，可采用流程（2），先以空气为氧化剂经接触过滤除铁，再投氯用氯接触过滤除锰。

流程（3）是先用空气氧化接触过滤除铁，再用高锰酸钾除锰。当含量大于 1.0mg/L 时需在除锰滤池前设沉淀池。

流程（4）是以空气为氧化剂的接触过滤除铁和生物固锰相结合的流程。其滤池滤层为生物滤层，存在着以除锰菌为核心的微生物群系。除铁也在同一滤层完成，其氧化剂仍以接触氧化为主。

流程（5）当 Fe^{2+} 含量大于 10mg/L，Mn^{2+} 含量大于 1.0mg/L 时，可采用两级曝气两级过滤流程。一级用作接触氧化除铁，二级用于生物除锰。

9.1.4 除铁、除锰工程设施及管理

1. 曝气装置

常用的曝气形式有跌水曝气、喷淋曝气、表面曝气和射流曝气等。

(1) 跌水曝气

利用原水水头进行跌水曝气是最简单的曝气方式。原水从池周边跌入集水渠，因与空气接触而充氧。通常跌水曝气高度在 0.5~1m 之内就可以。曝气水在集水渠内的停留时间越短越好，因此其断面与水深按结构需要设计即可。跌水曝气池结构如图 9-1。跌水曝

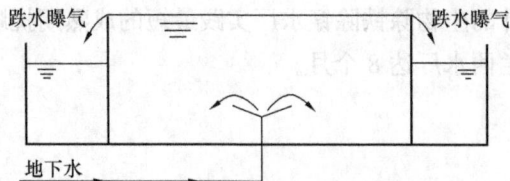

图 9-1　跌水曝气池结构示意图

气的溶氧效率，与跌水的单宽流量、跌水高度以及跌水级数有关。一般可采用跌水 1～3 级，每级跌水高度 0.5～1.0m，单宽流量 20～50m³/（h·m），也有的单宽流量达 400m³/（h·m）。曝气后水中溶解氧含量可增 2～5mg/L。跌水曝气的生产实际数据见表 9-1。

跌水曝气溶解氧实测值　　　　表 9-1

水厂编号	流量 m³/h	跌水高度 (m)	溶解氧（mg/L）		pH 值	
			跌水前	跌水后	跌水前	跌水后
1	417	0.5	—	5.4	6.2	6.2
2	417	0.87	—	5.53	6.5	6.7
3	417	0.7	0	3.6	—	—
4	417	1.3	0	4.6	—	—

（2）喷淋曝气

常用的喷淋曝气形式为莲蓬头曝气，莲蓬头距水面高度一般为 0.5～2.5m，如图 9-2。喷淋高度与曝气后水中的 DO 的关系见图 9-3。由图可见，采用很小高度的喷淋曝气，就可以得到除铁所需的溶解氧浓度。

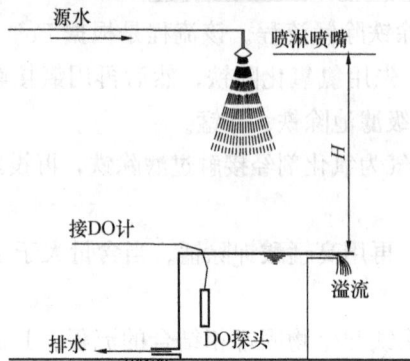

图 9-2　喷淋曝气示意图

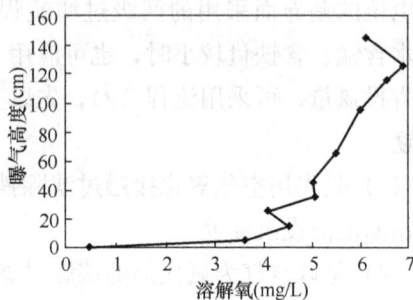

图 9-3　溶解氧与高程关系曲线

在实际工程中，许多喷淋头排列在一起，共同进行喷淋的情况与单一喷淋头的实验结果是不同的，这将恶化溶解氧过程，减少氧的溶解度。这是很自然的事，因为地下释放出来的 CO_2，使空气中的 CO_2 分压上升，而相对的氧分压要比单一喷淋头的情况低。氧分压下降的程度和地下水水质，特别是 CO_2 的含量、天然气（主要是甲烷）的含量直接相关。这些问题可以通过加强曝气室的换气条件来解决。

（3）表面曝气

叶轮表面曝气装置如图 9-4。在曝气池的中心装有曝气叶轮，叶轮由电动机带动旋转，叶轮中的水便在离心力的作用下高速向四周流动。由于叶轮安装在水的表面上，叶轮的急速转动能使表层的水与空气剧烈混合，将大量空气卷入水中，并以气泡的形式随水流向四周。表层水流遇到池壁便转而螺旋向下运动，同时也将部分气泡带向池的深处。池中心的水向上流向叶轮以补充螺旋向下运动的水流。这样，在池内便形成了水的循环运动。由于循环水流的流量很大，所以水能在池内经循环曝气多次，然后流出池外。水在池内反复循环地进行曝气，可以获得很大的气水比，不仅能使氧溶于水中，而且也能充分去除水中的二氧化碳。

叶轮形式有平板型和泵型两种，见图 9-5。叶轮直径与池边长之比一般为 1：6～1：8；叶轮外缘线速度为 4～6m/s；曝气池容积可按水在其中停留 20～40min 计算。平板叶轮的主要设计参数，见表 9-2。

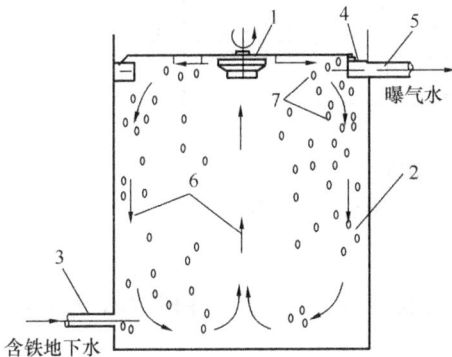

图 9-4 叶轮表面曝气装置
1—曝气叶轮；2—曝气池；
3—进水管；4—溢流水槽；
5—出水管；6—循环
水流；7—空气泡

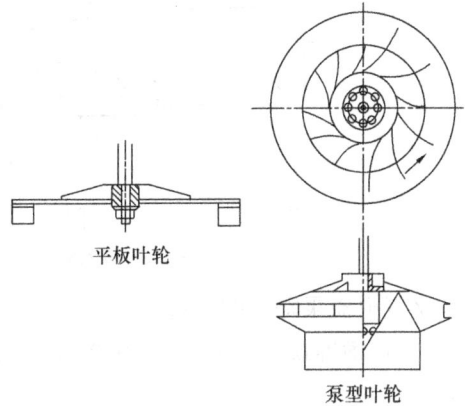

图 9-5 表面曝气叶轮

平板叶轮的主要设计参数 表 9-2

叶轮直径 (mm)	叶片数目	叶片高度 (mm)	叶片长度 (mm)	进气孔数	进气孔直径 (mm)	叶轮浸没深度 (mm)
300	16	58	58	16	20	45
400	18	68	68	18	24	50
500	20	76	76	20	27	55
600	20	84	84	20	30	60
700	24	92	92	24	33	65
800	24	100	100	24	36	70
1000	26	110	110	26	40	77

对于地下水除铁除锰，平板叶轮上进气数量较多，孔径较大，不易堵塞，工作比较可靠，宜优先采用。

叶轮表面曝气装置，在水停留时间为 20min 的情况下，水中溶解氧饱和度可达 80%～90%，二氧化碳散除率可达 50%～70%。

(4) 射流曝气

图 9-6 为射流泵的构造示意图。通常用于压力除铁设备。高压水经喷嘴以高速喷出，由于势能转变成动能，使射流的压力降至大气压以下，从而在吸入室中形成真空。空气在

压力差的作用下经空气吸入口进入吸入室，并在高速射流的紊动携带作用下随水流进入混合管。空气与水在混合管中进行剧烈的紊动，将空气粉碎成极小的气泡，从而形成均匀的气水乳浊液进入扩散管中，扩散管的作用是将高速水流的动能转变为势能。

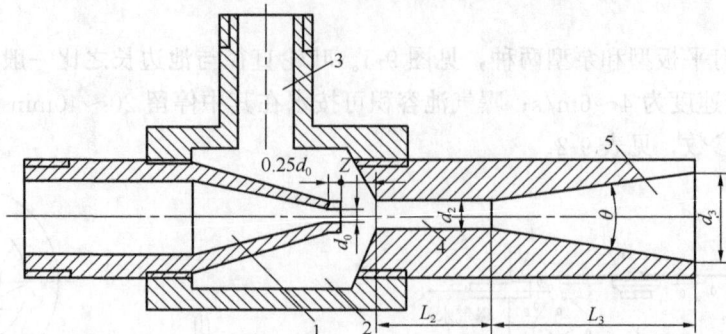

图 9-6 水-气射流泵构造

1—喷嘴；2—吸入室；3—空气吸入口；4—混合管；5—扩散管

水气射流泵曝气的构造要点：

1）喷嘴锥顶夹角可取 15°～25°；喷嘴前端应有长为 $0.25d_0$ 的圆柱段（d_0 为喷嘴直径）。

2）混合管为圆柱形，管长 L_2 为管径 d_2 的 4～6 倍（$L_2 = (4～6)\,d_2$）。

3）喷嘴距混合管入口的最佳距离 Z 为喷嘴直径 d_0 的 1～3 倍（$Z=(1～3)d_0$）；当面积比 m 较大时，取较大的 Z 值。

4）空气吸入口，应位于喷嘴之后。

5）扩散管的锥顶夹角为 $\theta = 8°～10°$。

6）喷嘴内壁、混合管内圆面、扩散管内圆面的加工光洁度应达到 5～6 级。喷嘴、混合管和扩散管的中心线要严格对准。

射流泵由于高速射流的剧烈紊动和摩擦，能量损耗甚大，所以一般效率比较低，特别是当射流泵的构造设计不合理时，更使效率大为降低。

2. 除铁除锰滤池

（1）滤池形式的选择

普通快滤池和压力滤池工作性能稳定，滤层厚度及反冲强度的选择有较大的灵活性，是除铁除锰工艺中常用的滤池形式。前者主要用于大、中型水厂，后者主要用于中、小型水厂。

无阀滤池构造简单、管理方便，也是除铁除锰工艺中常用的滤池类型之一。滤池类型的选择应根据原水水质、工艺流程、处理水量等因素来进行。使其构筑物搭配合理、减少提升次数，占地少、布置紧凑、方便管理。

（2）除铁除锰滤料

1）滤料要求：除铁除锰滤料除了应满足作为滤料的一般要求——有足够的机械强度、有足够的化学稳定性、不含毒质、对除铁水质无不良影响等之外，还应具有对铁、锰有较大的吸附容量和较短的"成熟"期。

目前大量用于生产的滤料有石英砂、无烟煤、天然锰砂。

在曝气氧化法除铁工艺流程中，滤池滤料一般采用石英砂和无烟煤。

在接触氧化法除铁工艺流程中，上述各类滤料都可用作滤池滤料，但一般天然锰砂滤料对水中二价铁离子的吸附容量较大，故过滤初期出水水质较好。

2) 滤料粒径:

在工程上，常用滤料的最大粒径 d_{max} 和最小粒径 d_{min} 作为除铁、除锰滤料的粒度特征指标向生产厂订货。天然锰砂滤料最大粒径可在 1.2~2.0mm，最小粒径可在 0.5~0.6mm 之间选择；石英砂滤料最大粒径可在 1.0~1.5mm，最小粒径可在 0.5~0.6mm 之间选择；当采用双层滤料时，无烟煤滤料最大粒径可在 1.6~2.0mm，最小粒径可在 0.8~1.2mm 之间选择；石英砂滤料粒径选择同上。

3) 承托层组成:石英砂滤料及双层滤料滤池的承托层组成，同一般快滤池；锰砂滤池的承托层由锰矿石块、卵石或砾石等组成。

(3) 滤速和滤层厚度

1) 除铁滤池的滤速一般在 5~10m/h，但有的高达 10~20m/h，甚至有的天然锰砂除铁滤池高达 20~30m/h。设计中应根据原水水质，特别是地下水的含铁量，来确定适宜的滤速。设计滤速以选用 5~10m/h 为宜，含铁量低可选用上限，含铁量高宜选用下限。

2) 除锰滤池及除铁锰滤池滤速一般为 5~8m/h。

3) 滤池滤层厚度:重力式为 700~1000mm；压力式:1000~1500mm；双级压力式:每级厚度为 700~1000mm；双层滤料:无烟煤层 300~500mm、石英砂层 400~600mm，总厚度 700~1000mm。

4) 滤池工作周期及反冲洗

a) 除铁滤池及除铁锰滤池的工作周期，一般为 8~24h。在设计中应保证滤池运转后工作周期不小于 8h，因为周期过短，既浪费水量，管理又麻烦。因此，当含铁量较高时，应采取以下措施:

——采用粒径较均匀的滤料。

——采用双层滤料滤池，一般可延长工作周期约 1 倍左右。

——降低滤速。

b) 在曝气，两级过滤除铁除锰工艺中，第二级除锰滤池工作周期一般较长，可达 7~20d，最短也可 3~5d。但在运转中，不宜将周期延至过长，否则滤层有冲洗不均匀及逐渐板结之虞。

c) 滤池的反冲洗，一般以期终水头损失为 1.5~2.5m 为度。也可在掌握规律之后定期反冲洗。

5) 除铁滤池反冲洗水的回收和利用

a) 除铁滤池反冲洗水中铁质浓度最高可达数百甚至数千 mg/L。反冲洗水经 8~10h 静置沉淀，能将水中铁质浓度除至 30~50 mg/L，可抽送回滤池再行过滤。

b) 用聚丙烯酰胺混凝反冲洗水，效果良好。对于铁质浓度为 30~1000 mg/L 的反冲洗水，投加 0.16mg/L（按纯质计）的聚丙烯酰胺，经 30s 混合 40min 沉淀，能将水中铁质浓度降至 10 mg/L 以下。

c) 由反冲洗水中沉淀下来的铁泥，经水选，滤干、焙烧、球磨、炕干，可制成三级氯化铁红。成分不纯的铁泥，经风干、焙烧、球磨、风选后，可制成红土粉。

3. 天然锰砂滤料

原建设部于 1996 年 6 月 1 日颁布实施的中华人民共和国城镇建设行业标准《水处理用天然锰砂滤料》（CJ/T 3041—1995），其主要技术要求如下：

（1）天然锰砂滤料的技术要求

1）用于地下水除铁除锰的天然锰砂滤料，其锰的形态应以氧化锰为主。含锰量（以 MnO_2 计）不应小于 35％的天然锰砂滤料，既可用于地下水除铁，又可用于地下水除锰；含锰量为 20％～30％的天然锰砂滤料，只宜用于地下水除铁；含锰量小于 20％的锰矿砂则不宜采用。宜优先采用经过科学试验或生产使用证明能获得良好除铁和除锰效果的天然锰砂品种作滤料。

2）天然锰砂滤料的平均密度一般为 3.2g/cm³ 至 3.6g/cm³ 范围内。使用中对密度有特殊要求者除外。

3）天然锰砂滤料的盐酸可溶率不应大于 3.5％（百分率按质量计，下同）。

4）天然锰砂滤料的破碎率和磨损率之和不应大于 3％。

5）天然锰砂滤料应不含肉眼可见泥土、页岩和外来碎屑，含泥量不应大于 2.5％。

6）滤料的水浸出液应不含对人体有毒、有害物质。

7）天然锰砂滤料的粒径

a）天然锰砂滤料的粒径范围，最小粒径为 0.5～0.6mm，最大粒径为 1.2～2.0mm。当对天然锰砂滤料的有效粒径和不均匀系数有特殊要求时，可按要求来选择滤料的粒径范围。

b）在各种粒径范围的天然锰砂滤料中，小于指定下限粒径的不应大于 3％；大于指定上限粒径的不应大于 2％。

（2）锰矿承托料的技术要求

1）锰矿承托料与天然锰砂滤料应为同一产地的矿石，两者的密度应基本相同。

2）锰矿承托层应不含肉眼可见泥土、页岩和外来碎屑。承托料含泥量不应大于 1％。

3）承托料的水浸出液应不含对人体有毒、有害物质。

4）锰矿承托料的粒径

a）锰矿承托料的粒径范围，为 2～4mm，4～8mm，8～16mm。

b）在各种粒径范围的锰矿承托料中，小于指定下限粒径的及大于指定上限粒径的均不应大于 5％。

（3）检验方法

1）取样

a）堆积天然锰砂滤料的取样。在滤料堆上取样时，应将滤料堆表面划分成若干个面积相同的方形块，于每一方块的中心点用采样器伸入到滤料表面 150mm 以下采取。然后将从所有方块中取出的等量（以下取样均为等量合并）样品置于一块洁净、光滑的塑料布上，充分混匀，摊平成一正方形，在正方形上画对角线，分为四块，取相对的两块混匀作为一份样品（即四分法取样），装入一个洁净容器内。样品采取量应不少于 4kg。

b）袋装天然锰砂滤料的取样。取袋装滤料样品时，由每批产品总袋数的 5% 中取样，批量小时不少于 3 袋。用取样器从袋口中心垂直插入 1/2 深度处采取。然后将从每袋中取出的等量样品合并，充分混匀，用四分法缩减至 4kg，装入一个洁净容器内。

锰矿承托料的取样量可根据测定项目计算。

c）试验室样品的制备。试验室收到天然锰砂滤料试样后，根据试验目的和要求进行筛选和缩分。然后在 105℃～110℃的干燥箱中干燥至恒量，置于磨口瓶中保存。

2）检验项目

检验项目有含锰量密度、盐酸可溶率、破碎率、磨损率、含泥率、筛分等。

4. 含铁含锰地下水供水系统的构造要求

以含铁含锰地下水为水源的给水系统特别应注意的是在取、输水过程中不可曝气，不可充入溶解氧一旦溶入空气，地下水中的二价铁被氧化成三价铁的微小胶体颗粒，造成给水系统运行中的许多困难。

（1）在含铁含锰地下水的取水环节上，若在管井当中出现充氧现象，大量的铁就会在这一过程中发生氧化形成胶体颗粒，结果造成人工填料层、井壁管过滤器的堵塞，减少出水量，同时减少设备和管井的使用寿命。

（2）若在原水的输水管线中含有溶解氧，二价铁氧化物在管壁形成沉积，大量的铁泥沉积会减少输水管线的过水面积，浪费电能。同时，大量铁泥的产生和溶解氧的存在使输水管线中形成了适宜铁细菌生长的繁殖的条件。铁细菌的大量繁殖，不但导致输水管线输水能力的减弱，而且更大的危害是细菌在铁泥底层接触管壁的一面，形成了厌氧区，引发厌氧化学腐蚀和化学腐蚀，大大缩短输水管线的使用寿命。

（3）地下水生物除铁除锰技术要求最好是以二价铁的形式进入滤层，若取、输水过程中形成的三价铁有胶体颗粒进入净水厂的滤池后会穿透滤层使出厂水的总铁含量增高。

为此，在工程设计中应尽量减少含铁含锰地下水在取水、输水过程中的充氧机会，切实做到以下几点：

1）深井泵取水管和深井进水滤管均不可露出水面，以免在取水过程中吸入空气。

2）取水泵真空吸水管不要漏气，一旦漏气会大量吸进溶解氧。

3）原水输水管道全线应作气密实验。气密实验是不混入空气的保证，同时输水管道不宜存在真空管段。

4）禁止向含铁含锰输水管道中投入氯、高锰酸钾等预氧化剂，减少二价铁在进入处理系统前的氧化。

5）在设计以含铁含锰地下水为水源的取水、净化、配水系统时，要使除铁除锰水厂的位置尽量靠近取水区域，以减小源水输水管线的长度。从而在整个系统中应尽早将二价铁、二价锰从水中除掉。

5. 生物除铁除锰水厂的维护和管理

生物除铁除锰滤池的运行效率来源于滤层中微生物的数量及其活性的保持。成熟的生物滤层有很强的抗冲击能力，但如果系统经常处于变化的状态之下，势必影响其正常效率的发挥，严重时会造成滤层处理能力的丧失。因此，以滤池为核心的生物除铁除锰水厂的维护管理关键是为微生物提供稳定适宜的生存环境。

（1）除铁除锰生物滤层实际需氧量较小，要求的溶解氧过剩系数也较小，进水溶解氧水平维持在 4～5mg/L 即可满足运行要求，所需进水溶解氧的饱和度较低，所以是生物滤层除铁除锰过程的非限制性因素。从经济和运行效果考虑，生物除铁除锰工艺可以采用低强度曝气方式，如简易的跌水曝气和喷淋曝气。

（2）铁、锰氧化细菌属于低温贫营养型微生物，一般地下水的水质条件均能满足其正常生长繁殖时对营养物质、温度和 pH 要求。

（3）在生物除铁除锰水厂维护管理中可控制的运行参数主要是滤池的滤速、反冲洗强度和时间。在低滤速条件下培养的即将成熟的且出水水质已合格的生物滤池，应继续以低滤速运行两周，再提高滤速，每次提速幅度不宜大于 1.0m/h，时间间隔以 5～7d 为宜。以设计滤速稳定运行中严禁突然加大滤速，如果需要，应考虑到滤层的适应过程，每次滤速变化不超过 1m/h。

（4）严格按要求进行反冲洗。合理的冲洗强度和运行周期是衡量生物滤池性能的重要指标，冲洗强度和运行周期最好通过现场实验确定。运行周期过长，滤层中积泥太多，水头损失会大大增加，使水厂的运行效率降低。此外，还会影响微生物的正常代谢。运行周期太短，反冲洗频繁，减少产水量，增加能耗，而且加剧滤料表面微生物的脱落，生物量减少会降低处理能力。反冲洗强度的选择应以铁泥刚好冲出滤层为宜，从保持细菌数量考虑，不能将滤层冲洗得太干净，并防止"跑砂"。对于成熟稳定性的生物滤层，适度的反冲洗始终不会影响初滤水水质。必须将生物镜检作为常规检测项目，定期测定滤层中铁、锰氧化细菌的数量，以指导和调整滤池的稳定运行。

（5）原水水质与滤池的成熟期

滤层的成熟期长短与原水水质密切相关。当含铁量、含锰量符合一般地下水铁、锰比例的正常规律时成熟期较短，完全稳定运行只需 2～3 个月的时间；如原水含铁量很低，而含锰量较高，则水质滤层的培养期可能需要 6 个月。如原水含铁含锰量都很高，则成熟期会长达 8～12 个月。

9.2 除氟

9.2.1 除氟方法

长期摄入氟化物含量过高的饮水，将引起以牙齿和骨骼为主的慢性疾病，前者称为氟斑牙，后者称为氟骨病，是严重危害人类健康的地方病。

我国《生活饮用水卫生标准》规定，氟化物的含量不得超过 1.0mg/L。当原水氟化物含量超过标准时，就应设法进行处理。

氟化物含量过高的原水往往呈偏碱性，pH 值常大于 7.5。

除氟的方法大致可分为以下几种.

1. 吸附过滤法

含氟水通过滤层，氟离子被吸附在由吸附剂组成的滤层上。当吸附剂的吸附能力降至一定极限值，出水含氟量达不到规定时，用再生剂再生，恢复吸附剂的除氟能力，以此循环以达到除氟的目的。主要的吸附剂有活性氧化铝、骨炭、天然沸石、稀土金属氧化物等。

2. 膜法

利用半透膜分离水中氟化物，包括电渗析及反渗透两种方法。膜法处理的特点是在除氟的同时，也去除水中的其他离子，尤其适合于含氟苦咸水的淡化。

3. 絮凝沉淀法

在含氟水中投加絮凝剂，使之生成絮体而吸附氟离子，经沉淀和过滤将其去除。主要的絮凝剂为铝盐，包括硫酸铝、氯化铝和碱式氯化铝等。电凝聚法除氟原理与絮凝沉淀法类似，在电解槽中通过铝离子的溶解生成絮体以吸附去除氟离子。

4. 离子交换法

利用离子交换树脂的交换能力，将水中的氟离子去除。普通阴离子交换树脂对氟离子的选择性过低，螯合有铝离子的胺基磷酸树脂对氟离子有极好的吸附效果。

选择除氟方法应根据水质、规模、设备和材料来源经过技术经济比较后确定。目前常用的方法有活性氧化铝法、电渗析法和絮凝沉淀法。

当处理水量较大时，宜选用活性氧化铝法；当除氟的同时要求去除水中氯离子和硫酸根离子时，宜选用电渗析法。絮凝沉淀法适合于氟量偏低的除氟处理，这是由于除氟所需的絮凝剂投加量远大于除浊要求的投加量，容易造成氯离子或硫酸根离子超过《生活饮用水卫生标准》的规定。

9.2.2　活性氧化铝法

活性氧化铝是一种用途很广的吸附剂。除氟应用的活性氧化铝属于低温态，由氧化铝的水化物在约400℃下焙烧产生，其特征是具有很大的表面积。

1. 影响活性氧化铝吸附能力的主要因素：

（1）颗粒粒径：活性氧化铝的颗粒粒径对其吸附氟离子能力有明显影响，粒径越小，吸附容量越高，但粒径越小，颗粒的强度越低，将会影响其使用寿命。

（2）原水的pH值：对活性氧化铝吸附除氟能力有明显影响。当pH大于5时，pH越低，活性氧化铝的吸附容量越高。

（3）原水的初始氟浓度：也是影响活性氧化铝吸附容量的因素之一。初始氟浓度越高，吸附容量越大。

（4）原水的碱度：原水中重碳酸根浓度是影响活性氧化铝吸附容量的一个重要因素。重碳酸根浓度高，活性氧化铝的吸附容量将降低。

（5）氯离子和硫酸根离子：对于一般水源，氯离子和硫酸根离子浓度对活性氧化铝的除氟能力没有影响。活性氧化铝对氯离子和硫酸根离子没有明显的去除能力。

（6）砷的影响：活性氧化铝对水中的砷有吸附作用。砷在活性氧化铝上的积聚将造成对氟离子吸附容量的下降，且使再生时洗脱砷离子比较困难。

2. 处理流程

活性氧化铝除氟处理工艺流程图见图9-7。

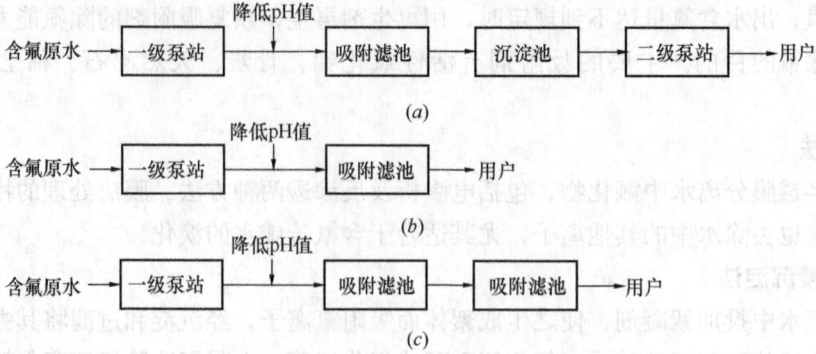

图 9-7　活性氧化铝除氟工艺流程

(a) 敞开式吸附滤池方式；(b) 压力式吸附滤池方式；

(c) 串联吸附滤池方式

3. 工艺设计

(1) 吸附滤池：

1) 滤料

吸附滤池的滤料是作为吸附剂的活性氧化铝。其粒径不宜大于 2.5mm，一般采用 0.4～1.5mm。滤料应有足够的机械强度。

2) 原水 pH 值的调整

活性氧化铝每个吸附周期的吸附容量随原水 pH 值的不同而不同，可相差数倍。天然含氟量高的水，往往 pH 值较高，从而降低了吸附容量。为此，可以采取人为措施，在进入滤池前降低原水 pH 值。降低的值应通过技术经济比较确定，一般宜调整到 6.0～7.0 之间。

3) 滤速

当原水不调整 pH 值时，滤速只能达到 2～3m/h，连续运行时间 4～6h，间断运行 4～6h；当原水降低 pH 值至小于 7.0 时，可采用连续运行方式，滤速为 6～10m/h。

4) 流向

原水通过滤层的流向可采用自下而上或自上而下方式。当采用硫酸溶液调整 pH 值时，宜采用自上而下方式；当采用二氧化碳气体调整 pH 值时，为防止气体挥发，增加溶解量，宜采用自下而上的方式。

5) 周期工作吸附容量

滤料工作吸附容量受许多因素影响，主要因素有原水含氟量、pH 值、滤池滤速、滤层厚度、终点出水含氟量及滤料自身的性能等。

6) 终点出水含氟量

当采用多个吸附滤池时，其中任一单个滤池的终点出水含氟量可考虑稍高于 1mg/L。这是由于再生后活性氧化铝滤池的出水，在较长时间内小于 1mg/L，为延长除氟周期，增加每个周期处理水量，降低制水成本，故单个滤池出水含氟量可稍高于 1mg/L。设计时应根据混合调节能力确定终点含氟量值，保证混合后出水含氟量不大于 1mg/L。

7) 滤层厚度

滤池滤料厚度可按下列规定选用：当原水含氟量小于 4 mg/L，滤层厚度宜大于 1.5m；当原水含氟量小于 4～10mg/L，滤层厚度宜大于 1.8m，也可采用二个滤池串联运行；当采用硫酸调整 pH 值至 6.0～6.5，处理规模小于 5m³/h，滤速小于 6m/h 时，滤层厚度可以降低到 0.8～1.2m。

8）滤池高度

滤池总高度包括滤层厚度、承托层厚度、滤料反冲洗膨胀高度和保护高度。当采用滤头布水方式时，应在吸附层下铺一层厚度为 50～150mm、粒径为 2～4mm 的石英砂作为承托层。

9）滤池构造

滤池可采用敞开式或压力式。前者适用于处理规模较大的场合，管理方便，但需设置调节构筑物和二次提升。后者适合于处理规模较小的场合，不需设置调节构筑物和二次提升。

10）pH 值调整剂投加方式

浓酸应稀释至 0.5%～1% 后投加。酸液应加入到原水进水管的中心。二氧化碳气体的投加应通过微孔扩散器来完成。

（2）再生

当滤池出水含氟量达到终点含氟量时，滤池停止工作，滤料应进行再生处理。

1）再生剂

再生剂宜采用氢氧化钠溶液，也可采用硫酸铝溶液。从水质考虑，氢氧化钠溶液较为适宜，因为无论是硫酸根离子还是铝离子都会对水质有影响。

2）再生操作方法

当采用氢氧化钠再生时，再生过程可分为首次冲洗、再生、二次冲洗及中和四个阶段，可参见图 9-8。当采用硫酸铝再生时上述中和阶段可省略。

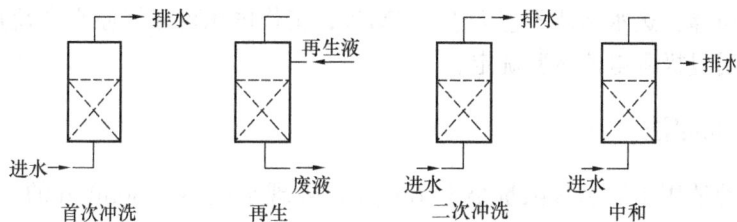

图 9-8　再生操作工艺流程

4. 除氟站设计

（1）除氟工艺可按连续运行设计。当站内有调节构筑物时，可按最高日平均时供水量设计；当无调节构筑物时，应按最高日最高时供水量设计。

（2）为了保证供水安全，宜设置 2 个以上滤池。当原水含氟量小于 4mg/L 时，可采用多个滤池并联运行；当含氟大于 4mg/L 时，宜采用每两个滤池为一组串联运行，以提高滤料的工作吸附容量。

（3）除氟站内必须为操作人员设置淋浴和洗眼设备。必须配备中和酸碱的化学品，以便处置漏溢。

(4) 除氟站的管道一般有原水管、处理出水管、废水排放管、酸液管或二氧化碳气体管、再生液管以及取样管等。酸、碱液管道、阀门等材质应采用塑料或不锈钢。

9.2.3 电渗析法

应用电渗析器除氟运行管理简单，不需化学药剂，只需调节直流电压即可。电渗析法不仅可去除水中氟离子，还能同时去除其他离子，特别是除盐效果明显。

1. 适用范围

(1) 原水要求

1) 电渗析器膜上的活性基因，对细菌、藻类、有机物、铁、锰等离子敏感，在膜上形成不可逆反应，因此进入电渗析器的原水应符合以下条件：含盐量大于 500mg/L，小于 10000mg/L；浊度 5NTU 以下；CODcr 小于 3mg/L；铁小于 0.3mg/L；锰小于 0.3mg/L；游离余氯小于 1 mg/L；菌落总数不宜大于 1000 个/mL；水温 5～40℃。

2) 当原水水质超出上述范围，应进行相应预处理或改变电渗析的工艺设计。

(2) 出水水质

经处理后出水含盐量不宜小于 200mg/L，否则一些离子迁出，含盐量过低同样会影响健康。当出水中含碘量小于 $10\mu g/L$ 时，应采取加碘措施，尤其在地方性甲状腺肿症多发地区，一般可加碘化钾。

2. 工艺设计

(1) 工艺流程：电渗析除氟一般可采用下列工艺流程：

含氟原水→预处理→电渗析器→消毒→清水池

(2) 主要设备：电渗析除氟的主要设备包括：电渗析器、倒极器、精密过滤器、原水箱或原水加压泵、淡水箱、酸洗槽、酸洗泵、浓水循环箱、供水泵、压力表、流量计、配电柜、硅整流器、变压器、操作控制台、大修洗膜池等。

(3) 电渗析器：进水水压不应大于 0.3MPa；工作电压可根据原水含盐量、含氟量及相应去除率或通过极限电流试验确定。

9.2.4 絮凝沉淀法

絮凝沉淀池适用于原水含氟量小于 4mg/L，处理水量小于 $30m^3/d$ 的小型除氟工程。当原水含氟量大于 4mg/L 时，由于投药量大，水中增加的硫酸根离子和氯离子将影响处理水水质。絮凝沉淀除氟处理工艺流程见图 9-9。

(1) 絮凝剂与净水药剂相同，一般可采用铝盐，效果较好。

(2) 混合可采用泵前加药混合或采用管道混合器等方式。

(3) 絮凝可采用底部切线进水的旋流絮凝方式或采用机械絮凝方式。

(4) 沉淀采用静止沉淀方式，沉淀时间 4～8h。排泥间隔时间小于 72h。

(5) 过滤可采用常规普通快滤池。

9.2 除 氟

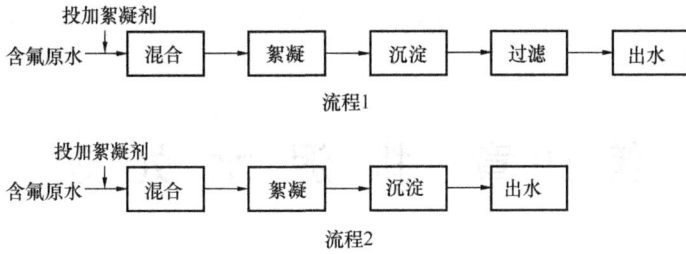

图 9-9 絮凝沉淀除氟工艺流程

第 10 章 排 泥 水 处 理

10.1 概述

10.1.1 国内外净水厂排泥水处理发展概况

1. 国外来外水厂排泥水处理发展概况

发达国家的净水厂排泥水处理经过几十年的发展，已有较系统、完整的处理设施和技术。日本于 1975 年 6 月颁布了《水质防浊防止法》，规定设有沉淀池和滤池的净水厂，其排水必须经处理在符合水质排放标准后才能排出，从法律上规定了净水厂必须进行排泥水处理。欧美等国较大的净水厂一般均配置有较完善的、自动化程度较高的排泥水处理设施。一些规模较小的净水厂也用专门车辆将排泥水输送到大水厂进行脱水处理。据资料介绍，欧洲许多国家的净水厂的排泥水处理率已达 70%，日本则达 80% 以上。

2. 排泥水处理在我国的发展

我国水厂排泥水处理的研究开始于 20 世纪 80 年代。1987 年上海市自来水公司开展了"水厂排泥水处理研究"，1993 年北京市自来水公司田村山水厂排泥水处理设施是国内首次用于净水厂的污泥脱水装置。1996 年 9 月 6 日石家庄润石水厂建成通水，设计能力 30 万 m^3/d，是我国第一个排泥水处理设施与水厂同时启用的水厂。1997 年 6 月北京市第九水厂排泥水处理工程建成投产，水厂设计总规模为 150 万 m^3/d，是国内目前最大的水厂排泥水处理设施。

1997 年上海市自来水公司、同济大学、上海市环境科学研究院在上海闵行水厂共同开展了"自来水厂排泥水处理工程生产性试验研究"。该研究主要包括污泥处理设计规模的确定、聚丙烯酰胺预处理药剂的筛选和最佳投加量的确定、污泥离心脱水生产性试验、脱水后泥饼的处置和资源化利用等。

近 10 年来，一大批新建水厂如上海市闵行水厂、深圳市梅林水厂、杭州市祥符水厂、南星水厂、广州市西洲水厂、无锡市梅园水厂、苏州市新加坡工业园区水厂，以及浙江省 10 万 m^3/d 以上的许多县级水厂都相继建成了水厂排泥水处理设施。大批正在建设和筹备建设的水厂也都考虑了排泥水处理设施，我国已进入水厂排泥处理设施建设和发展时期。

10.1.2 对净水厂排泥水处理要求

1. 我国对净水厂排泥水处理的法规要求

我国对净水厂排泥水处理尚没有专门的法规。但《室外给水设计规范》GB 50013—

2006已明确"净水厂排泥水处理后排入河道、沟渠等天然水体的水质应符合现行国家标准《污水综合排放标准》GB 8978"。GB 8978—1996规定生产废水排入水体Ⅲ类水域执行一级标准，即悬浮物含量不能超过70mg/L；排入Ⅳ、Ⅴ类水域执行二级标准，悬浮物含量不超过200mg/L；排入城市下水道并进入二级污水处理厂进行生物处理，执行三级标准，悬浮物含量不能超过400mg/L。对于排入未设置二级污水处理的城市下水道，必须根据下水道出口受纳水体的功能要求，分别执行一级或二级标准。

净水厂的生产废水特别是沉淀池排泥水，悬浮物含量一般都在1000mg/L以上，有时高达10000mg/L，如果这些废水不加以处理，直接排入水体和下水道，将造成河道、湖泊的淤积，下水道的堵塞。

各地环保部门据此对新建自来水厂排泥水处理都提出了治理要求。

2.《浙江省现代化净水厂评价标准》对排泥水处理的要求

(1)《浙江省现代化净水厂评价标准》对排泥水处理的要求是"排泥水得到有效治理，污水达标排放率100%。有完善的污泥处置设施。"

(2) 评价内容与方法

1) 有完善的排泥水、污泥处理设施（排泥水由管道送至污水处理厂处理也可）；

2) 有完整的污泥处理设施运行记录。抽查记录10份，该记录包括污泥装置的运行、处理设施运行情况。

3) 污水排放按照《污水综合排放标准》GB 8978—1996，达标排放率为100%。排放水每年委托环保部门检测一次及以上，需检测SS、pH、BOD_5和COD_{cr}，达标排放率按环保部门提供的数据计算。

10.1.3　排泥水处理系统组成

1. 排泥水的分类处理

净水厂排泥水处理系统有的将沉淀池排泥水和滤池反冲洗水合并处理，有的分别处理，其工艺流程如图10-1所示。

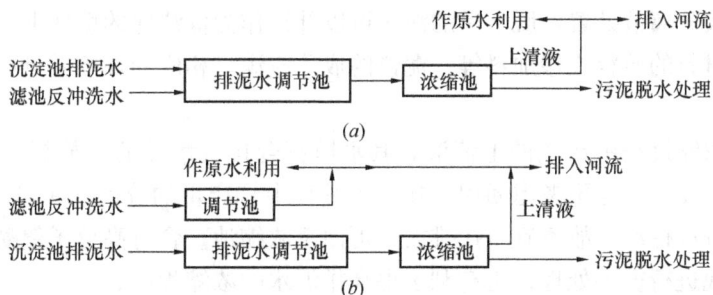

图10-1　排泥水分类处理工艺流程

(a) 沉淀池排泥水和滤池反冲洗水合并处理；

(b) 沉淀池排泥水和滤池反冲洗水分别处理

2. 排泥水处理系统

排泥水处理系统通常包括调节、浓缩、平衡、脱水以及泥饼处置等工序，其流程如图

10-2。

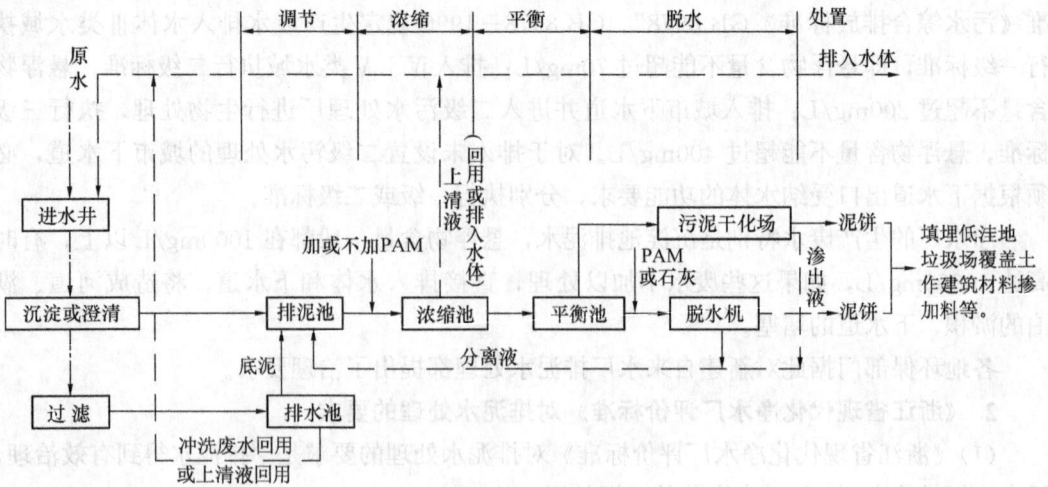

图 10-2 净水厂排泥水处理流程

（1）调节：水厂滤池的冲洗废水和沉淀池排泥水都是间歇性排放，其水量和水质都不稳定，设置调节池可使后续设施负荷均匀，有利于浓缩池的正常运行。通常将接纳滤池及冲洗水的调节池称为排水池，接纳沉淀池排泥水的称为排泥池。

（2）浓缩：水厂排泥的含固率一般很低，仅在 0.05%～0.5% 左右，因此需进行浓缩处理。浓缩的目的是提高污泥浓度，缩小污泥体积，减少脱水机的处理负荷。含水率高的排泥水浓缩较为困难，为了提高泥水的浓缩性，可投加絮凝剂等。

（3）平衡：为了均衡脱水机的运行要求，一般在浓缩池后设置一定容量的平衡池。设置平衡池还可以满足原水浊度大于设计值时起到缓冲和贮存浓缩污泥的作用。

（4）脱水：浓缩后的浓缩污泥需经脱水处理，以进一步降低含水率，减小容积，便于搬运和最后处置。当采用机械方法进行污泥脱水处理时，还需加石灰或高分子絮凝剂（如聚丙烯酰胺等）。

（5）泥饼及分离液处置：脱水后的泥饼可以外运作为低洼地的填埋土、垃圾场的覆盖土或作为建筑材料的原料或掺加料等。泥饼的成分应满足相应的环境质量标准以及污染物控制标准。

排泥水在浓缩过程中产生的上清液，其水质符合排放水域的排放标准时，可直接排放；当水质满足要求时也可考虑回用。在脱水过程中将产生的分离液中悬浮物浓度较高，一般不能符合排放标准，故不宜直接排放，可回至浓缩池。含有高分子絮凝剂成分的分离液回流到浓缩池进行循环处理，也有利于提高排泥水的浓缩程度。

10.1.4　排泥水处理的工艺流程

目前国内采用机械脱水的排泥水处理系统大致有带式压滤机、板框压滤机和离心脱水机三种工艺流程。

1. 带式压滤机脱水的排泥水处理系统

图 10-3 为一采用带式压滤机脱水的排泥水处理系统。滤池反冲洗排水和沉淀池排泥

水排入排泥池，然后经浓缩池浓缩后用泵送至带式压滤机脱水。浓缩池上清液回用，脱水机的分离液直接排入下水道，高分子絮凝剂分别加注于浓缩池和脱水机前。

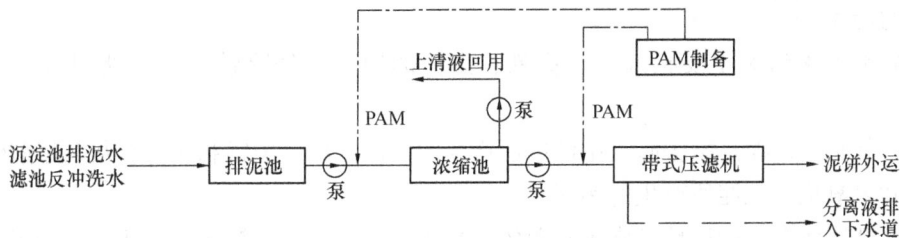

图 10-3　污泥处理工艺流程示意（带式压滤）

2. 板框压滤机脱水的排泥水处理系统

图 10-4 为一采用板框压滤机脱水的排泥水处理系统。沉淀池排泥水和滤池反冲洗的排水合并进入排泥池，经排泥池预浓缩，上清液回流，沉泥进入辐流式浓缩池。浓缩污泥投加高分子絮凝剂，然后经板框压滤机脱水。

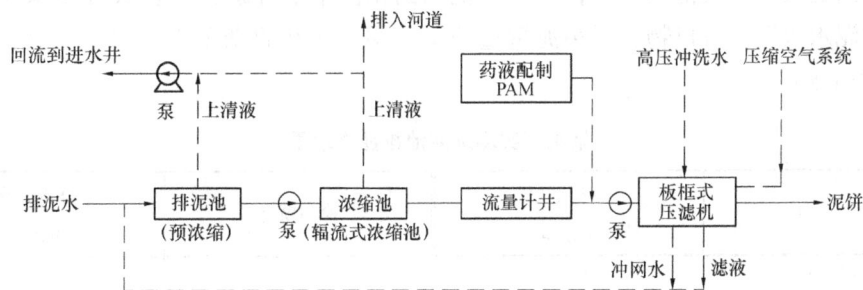

图 10-4　污泥处理工艺流程示意（板框压滤机）

3. 离心脱水机脱水的排泥水处理系统

图 10-5 为一采用离心脱水机的排泥水处理系统。滤池冲洗水全部回用，沉淀池排泥水进入排泥池。经排泥池调节后进入斜板浓缩池浓缩，上清液排放。浓缩污泥经平衡池后用离心脱水机脱水。脱水前投加高分子絮凝剂，脱水分离液回流至排泥池。

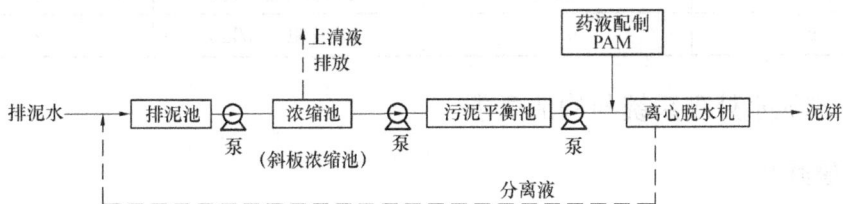

图 10-5　污泥处理工艺流程示意（离心脱水）

10.2　排泥水处理技术要求

10.2.1　排泥水污泥种类和性质

1. 排泥水污泥种类

净水厂排泥水的污泥根据原水性质及水处理工艺不同分成天然污泥、地下水污泥、软化水污泥和絮凝污泥。

（1）天然污泥是指未加任何混凝剂，依靠自然沉淀所产生的污泥。例如来自预沉池或慢滤池的污泥。

（2）地下水污泥主要指来自含高铁、高锰的地下水经除铁、除锰处理后所产生的污泥。

（3）软化水污泥是指去除水中硬度所产生的污泥。原水中钙和镁与石灰及碳酸钠形成碳酸钙和氢氧化镁沉淀所产生的污泥。

（4）絮凝污泥是指以地表水为水源的自来水厂采用混凝、沉淀、过滤等处理工艺所产生的污泥。絮凝污泥主要来自絮凝池、沉淀池的排泥水和滤池的反冲洗水，以及滤池反冲洗后的初滤水。

2. 絮凝污泥的性质

絮凝污泥主要由原水中的悬浮物质、部分溶解物质和药剂所形成的絮状物组成。随着江河、湖泊的水污染及富营养化，其含有机物的比例呈上升趋势。表 10-1 为某水厂实测沉淀池排泥水水质，有机物占干污泥重量的 43.3%，无机物灰分占 56.7%，污泥比阻达 $2.8 \times 10^{12} \, \text{m/kg}$。

某水厂实测沉淀池排泥水水质

表 10-1

检测项目	分析结果 （mg/L）	检测项目	分析结果 （mg/L）
总氮（N）	5.73	锰（Mn）	4.53
总磷（P）	0.078	铜（Cu）	未检出
COD_{Cr}	99.2	铅（Pb）	未检出
总固体	540	锌（Zn）	未检出
溶解性固体	232	镉（Ca）	未检出
悬浮性固体	308	有机物含量（%）	43.3
含固率（%）	0.054	无机物含量（%）	56.7
铁（Fe）	0.54	污泥比阻（m/kg）	2.82×10^{12}

10.2.2　排泥水处理系统与构造要求

1. 一般要求

（1）水厂排泥水处理量通常包括两个方面：一是排泥水总量，主要包括沉淀池排泥水量和滤池反冲洗废水量，它的大小关系到排泥池和浓缩池的规模；二是污泥干固体量，它直接影响污泥脱水机械等的选型配置、有关设备和构筑物的配备和设计，整个污泥处理的工程投资和运行费用，以及今后工程正常合理运行的可能性，因此对污泥干固体量的合理确定更关键。

（2）水厂排泥水处理后排入河道、沟渠等天然水体的水质应符合现行国家标准《污水综合排放标准》GB 8978。

（3）水厂排泥水处理系统的规模应按满足全年 75%～95% 日数的完全处理要求确定。

（4）排泥水处理系统生产的废水，经技术经济比较可考虑回用或部分回用。但应符合以下要求：

1）不影响水厂出水水质；

2）回流水量尽可能均匀；

3）回流到混合设备前，与原水及药剂充分混合。

若排泥水处理系统产生的废水不符合回用要求，经技术经济比较，也可经处理后回用。

2. 排泥水总量与污泥干固体量的确定

排泥水总量的确定比较简单，对于已建成投产的水厂，可根据水厂的实际运行参数较准确地计算出。对于尚未建成的水厂，排泥水总量的确定可参照已建成的条件相近水厂的实际运行资料进行估算。污泥干固体量的合理确定则相对困难，根据国内外有关资料，确定污泥干固体量主要有三种方法：一是计算法；二是混凝剂物料平衡分析法；三是现场测定法。应用最为广泛的是计算法。有以下几种计算方法：

（1）我国《室外给水设计规范》GB 50013—2006

对净水厂排泥水处理系统设计处理的干泥量可按下列公式计算：

$$S = (K_1C_0 + K_2D) \times Q \times 10^{-6}$$

式中　C_0——原水浊度设计取值（NTU）；

　　　K_1——原水浊度单位 NTU 与悬浮物 SS 单位 mg/L 的换算系数，应经过实测确定；

　　　D——药剂投加量（mg/L）；

　　　K_2——药剂转化成泥量的系数；

　　　Q——原水流量（m³/d）；

　　　S——干泥量（t/d）。

（2）英国水研究中心在《污泥处理指南》中推荐下式计算污泥干固体产率：

$$S = 2T + 0.2C + 1.53A + 1.9F$$

式中　S——污泥干固体产率（mg/L）；

　　　T——去除的原水浊度（NTU）；（将原水 SS 与 NTU 的比值直接设定为"2"）

　　　C——去除的原水色度（H）；

　　　A——铝盐混凝剂的投加率（以 Al_2O_3 计，mg/L）；

　　　F——铁盐混凝剂的投加率（以 Fe 计，mg/L）。

（3）日本水道协会推荐以下公式计算污泥干固体量：

$$S = Q(TE_1 + CE_2) \times 10^{-6}$$

式中　S——污泥干固体量（t/d）；

　　　Q——自来水厂净水量（m³/d）；

　　　T——原水浊度（NTU）；

　　　E_1——原水浊度与 SS 换算率；

　　　C——铝盐混凝剂的投加率（以 Al_2O_3 计，mg/L）；

　　　E_2——铝盐混凝剂（以 Al_2O_3 计）换算成污泥干固体量的系数，取 1.53。

（4）美国 Cornwell 分别对采用铝盐和铁盐作混凝剂时污泥干固体量提出计算方法，

公式如下：

$$S = 8.34Q(0.44Al + SS + A) \times 10^6$$

$$S = 8.34Q(1.9Fe + SS + A) \times 10^6$$

式中　S——污泥干固体量（lb/d，lb/d=0.453kg/d）；

Q——自来水厂净水量（m^3/d）；

Al——铝盐混凝剂的投加率（以 $Al_2O_3 \cdot 14H_2O$ 计，mg/L）；

Fe——铁盐混凝剂的投加率（以 Fe 计，mg/L）；

SS——原水中总悬浮固体（mg/L）；

$$SS = b \cdot T$$

b——原水 SS 与浊度的相关关系系数；

T——原水浊度（NTU）；

A——水处理中投加的其他添加剂，如高分子絮凝剂、黏土或粉末活性炭（mg/L）。

从上面公式可以看出，不论采用哪个公式，计算污泥干固体量最需要的就是确定原水悬浮固体含量和混凝剂投加率。对于已建成的水厂，混凝剂的投加率可以根据实际运行情况较准确地确定，而悬浮固体含量的确定则有一定困难。由于，原水悬浮固体含量不是水厂的日常水质检测项目，水厂经常检测的项目是原水的浊度，但对某一原水而言，它的悬浮固体含量与浊度 NTU 之间基本上存在着一定的比例关系，因此，需要通过浊度来推求原水的悬浮固体含量。

3. 原水浊度与 SS 的相关关系

（1）排泥水中污泥总量计算都是以水中 SS 含量计算的。不同水源、不同季节（潮汐河流）的不同浊度都可能影响其与 SS 的相关性。表 10-2 为不同水厂原水 SS 与浊度的相关关系。

不同水厂原水 SS（mg/L）与浊度（NTU）的相关关系　　　　表 10-2

水　厂　名	SS：NTU
杭州市祥符水厂（苕溪水）	1.5：1
上海市闵行一水厂（黄浦江水）（<80NTU）	1.97：1
上海市月浦水厂（陈行水库）（<40NTU）	0.6：1
上海市川沙城镇水厂（川杨河）（100～800NTU）	0.8：1
福州市西区水厂（<50NTU）	2.0：1

从表中数据可以看出，不同水源水 SS 与浊度 NTU 的相关关系不同，最低比值为0.6，最高比值为2.0，相差很大。由此可见，若不能根据水源水质实际情况得出可靠的SS：NTU 的相关值，则估算的污泥干固体量的日处理规模可能与实际相差甚远，甚至可能相差3倍以上。而且设计阶段得到的这些 SS 与 NTU 比值关系所依据的数据测定的时间都较短，多为某一年的某一段时间，因此，得到的数据并不是非常全面，普遍性较差。在实际应用中要反复的加以验证。

（2）通常地表水源水质受自然条件的影响较大，不同水源，甚至同一水源的不同地段、不同时间，浊度相关也较悬殊，最低时仅几个 NTU，而高时可达几千 NTU。杭州南星水厂以钱塘江为水源，该水源水质受潮汐影响较大，在潮水期水中泥砂含量大，浊度很高，一般在 200NTU 以上，最高达 700NTU 以上。而在正常情况下，水中泥砂含量少，浊度一般较低，多小于 50NTU。图 10-6 和图 10-7 分别是正常时期和潮水期南星水厂原水 SS 与浊度 NTU 的相关关系。图中数据是对钱塘江原水进行连续 12 个月测定的结果，每一个 SS 与 NTU 比值点都是至少两次测定结果的平均值。

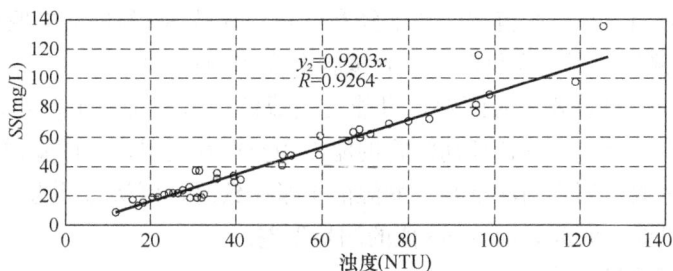

图 10-6　以钱塘江水为水源的南星水厂原水浊度与 SS 相关关系图
（正常情况）

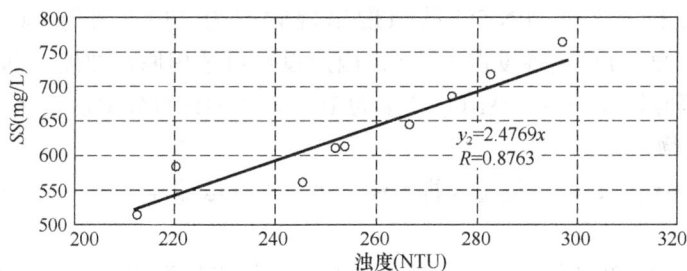

图 10-7　以钱塘江水为水源的南星水厂原水浊度与 SS 相关关系图
（潮水期）

由图可见，正常情况下，测定的原水浊度较低，多低于 100NTU，SS 与 NTU 的比值为 0.92；在潮水期，测定原水浊度在 200～300NTU 之间，SS 与 NTU 的比值为 2.48，是正常时期两者比值的 2.7 倍。钱塘江原水在不同时期 SS 与 NTU 的比值不同表明，原水 SS 与 NTU 的比值受水源水质变化影响较大。潮水期，由于受潮水影响，钱塘江江水流量猛增，冲刷河床，致使沉积江底的泥沙被冲起，造成江水的浊度升高，且水中泥沙等大颗粒悬浮物质含量高，因而 SS 值较高；正常时期，由于江水流量较小，大颗粒悬浮物质沉积江底，因此，江水浊度低，水中颗粒状悬浮物含量少，多为粒径较小的胶体物质，SS 值较低。

（3）原水 SS 与 NTU 相关关系中 SS 值的测定

在测定原水 SS 与 NTU 相关关系时，由于浊度测定可以通过浊度仪很方便且较准确地测定。因此，SS 值能否准确测量就非常关键，然而，SS 却很难测准确。在测定 SS 时应注意以下问题：

1）滤纸的选取。如果滤纸的孔径选择不当，可能会造成部分能在混凝中去除的细小颗粒滤过，使 SS 值偏低，应采用 0.45μm 的滤膜代替滤纸；

2）过滤水样量的选取。对于浊度较低的原水，SS 值也很低，如果过滤水样取量过少，则测定结果误差较大。对于浊度低于 50NTU 的水样应至少取 1000mL 进行过滤以减少误差；

3）过滤后截留悬浮物滤纸（滤膜）的烘干。过滤后滤纸的烘干在 SS 测定中非常关键，一般都建议滤纸烘干时设定烘箱的温度为 103～105℃，但由于烘箱温度控制的误差，试验发现设定烘箱温度在这个范围，滤纸经常泛黄，导致 SS 测量结果偏低，甚至在原水浊度较低时，SS 测定结果出现负值。因此试验温度控制在 101～103℃较合适。另外，烘干滤纸的时间控制也很重要，时间短，可能会造成滤纸未完全烘干，导致 SS 结果偏高，在烘干滤纸时，取一空白未截留任何污物的滤纸用蒸馏水润湿，与试验样品一同烘干，每隔一段时间测量一次，当空白滤纸与未润湿前重量一致时，可认为过滤滤纸已烘干，这样可较准确控制滤纸烘干时间，减少 SS 值的测量误差。

（4）污泥干固体量的确定。

确定自来水厂污泥干固体量，除了要确定原水 SS 与 NTU 的比值，还要确定原水的浊度和加药量。一般根据较长时间的统计报表分析确定如杭州南星水厂 2001 年 1～10 月原水浊度统计分析，小于 20NTU 的浊度出现频率为 46%，小于 50NTU 的浊度占 82.2%，而大于 120NTU 的浊度占 5.2%。因此设计可选用原水浊度 50NTU。同样办法确定聚氧化铝加药量 25mg/L（Al_2O_3 含量为 10%，占累计百分率达 80%）。

4. 调节构筑物

排泥水处理系统中，调节设施为排水池、排泥池和浓缩池后的污泥平衡池。

（1）一般规定

1）排泥水处理系统的排水池和排泥池宜分建，但当排泥水送往厂外处理，且不考虑废水回用，或排泥水处理系统规模较小时，可采用合建。这主要由于沉淀池排泥水和滤池反冲洗水浓度相差较大，沉淀池排泥平均浓度一般在 1000mg/L 以上，而滤池反冲水仅约 150mg/L。进入浓缩池的排泥水，浓度越大，对浓缩越有利，如果合建，不仅进入浓缩池的水量增加，而且也不利于浓缩。此外分建也有利于滤池反冲洗水的回收利用。

2）调节池（排水池、排泥池）出流流量应尽可能均匀、连续。池内应设搅拌机等扰流设施；当只进行量的调节时，池内应分别设沉泥和上清液出流设施。

3）沉淀池排泥水和滤池反冲洗废水一般采用重力流入调节池。

4）调节池应设置溢流口，以避免出流设备故障时，泥水溢出地面。并宜设置放空管。

（2）排水池

排水池调节容积应分别按下列情况确定：

1）当排水池只调节滤池反冲洗废水时，调节容积宜大于滤池最大一次反冲洗水量；

2）当排水池除调节滤池反冲洗废水外，还接纳和调节浓缩池上清液时，其容积还应包括接纳上清液所需调节容积；

3）当排水池废水用水泵排出时，排水泵的容量应根据反冲洗废水和浓缩池上清液等的排放情况，按最不利工况确定；当排水泵出水回流至水厂时，其流量应尽可能连续、均匀；排水泵的台数不宜小于 2 台，并设置备用泵。

（3）排泥池

1）排泥池的容量不能小于沉淀池最大一次排泥量，或不小于全天的排泥总量，排泥池容量中还需包括来自脱水工段的分离液和设备冲洗水量。

2）为考虑排泥池的清扫和维修，排泥池应设计成独立的两格。

3）排泥池的有效水深一般为 2~4m。

4）排泥池内应设液下搅拌装置，以防止污泥沉积。

5）排泥池进水管和污泥引出管管径应大于 DN150，以免管道堵塞。

6）提升泵容量可按浓缩池连续运行条件配置。

（4）污泥平衡池

污泥平衡池为平衡浓缩池连续运行和脱水机间断运行而设置，同时可作高浊度时污泥的贮存。平衡池的要求为：

1）池容积根据脱水机房工作情况和高浊度时增加的污泥贮存量而定；

2）池有效深度一般为 2~4m；

3）池内应设液下搅拌装置，以防止污泥沉积和平衡污泥浓度；

4）污泥提升泵容量和所需压力，应根据采用脱水机类型和工况决定；

5）污泥平衡池进泥管和出泥管管径应大于 DN150，以免管道堵塞。

5. 排泥水浓缩

（1）浓缩池运行指标

浓缩池是污泥处理系统中重要构筑物。浓缩效果的优劣直接影响到后续脱水效果。一般衡量浓缩池运行效果的指标为：

1）浓缩池上清液含固率能达到排放水域规定的排放标准；

2）浓缩池底部浓缩污泥含固率能达到设计要求（视脱水机型不同约为 2%~4%）；

3）干泥回收率（浓缩污泥中干泥重量与进入浓缩池水中干泥重量的比值）能达到 95%以上。

（2）浓缩方式

1）重力浓缩法：重力浓缩有沉淀浓缩法和气浮浓缩法两种。沉淀浓缩法是净水厂污泥处理中最常见的方法，具有能耗少，在高浊度时有一定的缓冲能力。气浮浓缩法一般用于高有机质活性污泥，以及用于比重轻的亲水性无机污泥，但能耗大，浓缩后泥渣浓度较轻（2~3g/L）；

2）机械浓缩法：有离心法和螺压式浓缩等方法。

排泥水浓缩宜采用重力浓缩法，当采用气浮或机械浓缩时，应通过技术经济比较确定。

（3）浓缩池形式

浓缩池常用的池型有圆形辐流式浓缩池、上向流斜板或斜管浓缩池、泥渣接触型高效浓缩池等。

1）辐流式浓缩池构造

排泥水从浓缩池中央进入，经导流筒沿径向以逐渐变慢的速度流向周边，完成固液分离的过程。在池底部设置刮泥机和集泥装置，分离后的上清液通过周边溢流堰引出。在刮泥机上装置若干竖向"栅条"，随刮泥机旋臂一起旋转，以破坏污泥间架桥现象，帮助排出夹在污泥中的间隙水和气体，促进浓缩。构造见图 10-8。

这种池型的平面尺寸取决于表面负荷（一般不小于 $1.0m^3/m^2 \cdot h$）和污泥固通量（一般为 $0.5\sim1.0$ 干固体/$m^2 \cdot h$）。池深度则由两部分组成，一部分相当于澄清区，是絮凝体沉降过程的区域，在这区内水的上向流速度应低于悬浮固体的沉降速度，这部分高度一般为 $1\sim2m$；另一部分为压密区，高度一般在 $3.5m$ 以上，以便获得有效的污泥压密效果。

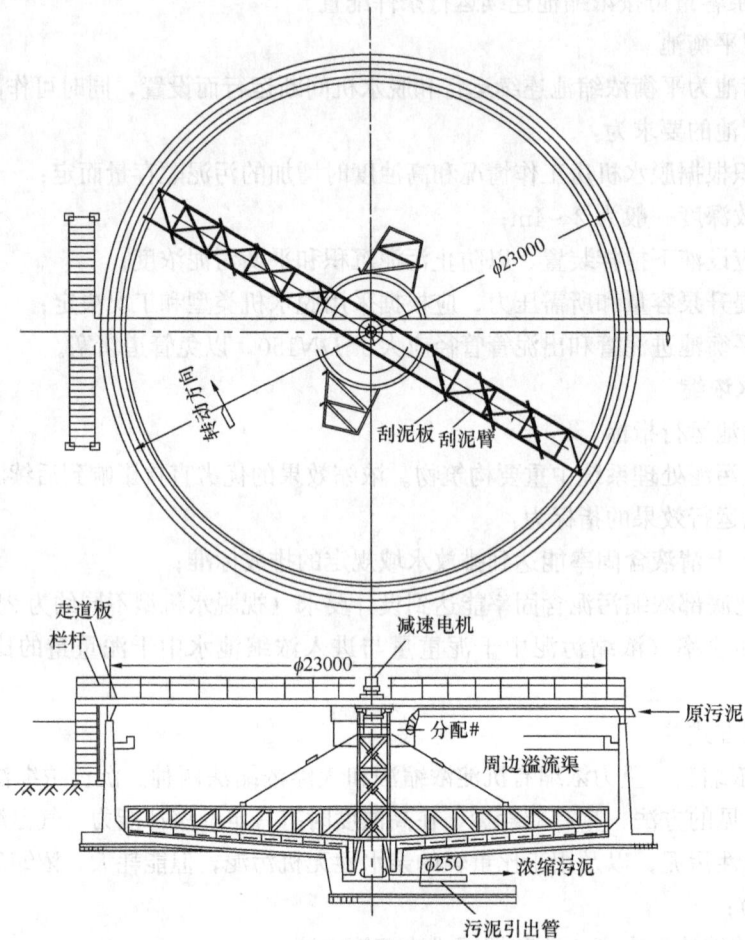

图 10-8 辐流式浓缩池

2）斜板或斜管浓缩池

图 10-9 为兰美拉（Lamella）斜板浓缩池构造示意图。兰美拉斜板浓缩池分两个工作区，上部为斜板浓缩区，下部为污泥压密区。在斜板区内安装许多插入式不锈钢斜板，板长 $2.5m$，宽 $1m$，板间距 $80mm$，板倾角为 $53°$，池总深为 $5.4m$。污泥压密区处于相对静止的压密环境。斜板区表面负荷为 $5.48m/h$。图 10-10 为另一上向流斜板浓缩池示意图。

池形为矩形，斜板斜长 1m，板间距 80mm，板倾角 60°，池总深 6.5m。

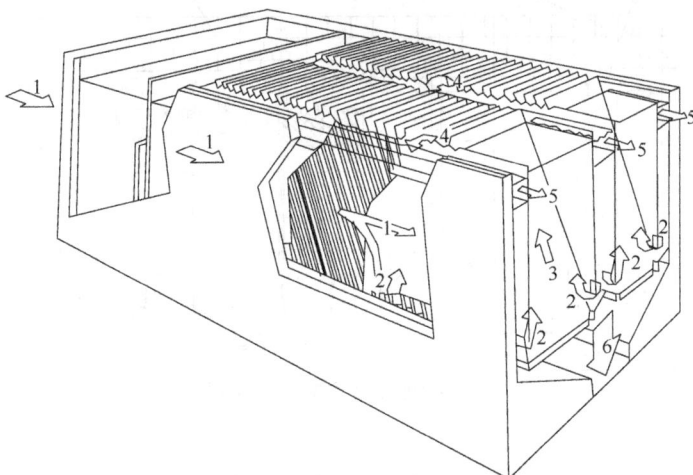

图 10-9　兰美拉斜板浓缩池

1—水厂排泥水进水；2—排泥水进水布水；3—斜板浓缩；

4—浓缩池上清液；5—上清液收集槽；6—浓缩污泥

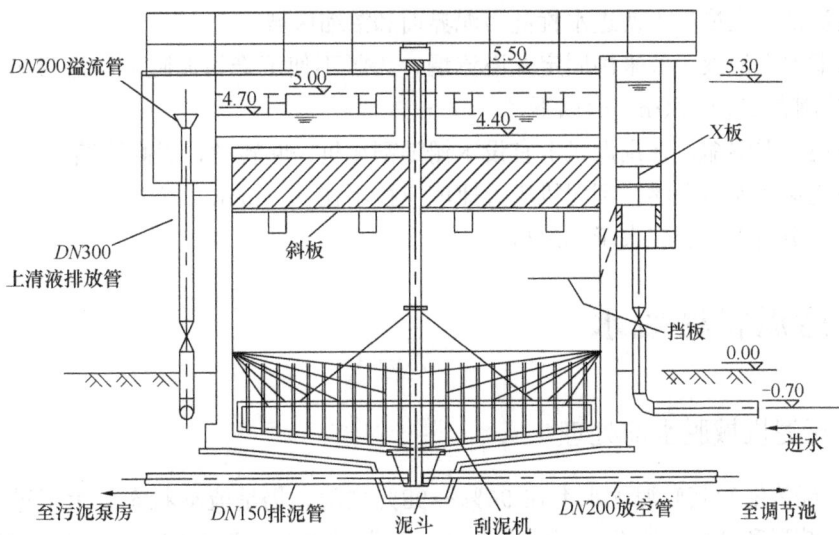

图 10-10　上向流斜板浓缩池

3) 泥渣型高效浓缩池

图 10-11 为法国德利满公司 Densadeg 浓缩池构造示意图。

该池主要特点是将沉泥回流与来水接触，增加絮凝效果，并增稠底泥浓度。这种池型也应用于水处理过程中的混凝沉淀。当采用 Densadeg 作为沉淀池时，其排泥浓度可达 3%～12%，沉淀池排泥可直接进脱水机房，不需另设浓缩池。

(4) 浓缩池构造要求

1) 浓缩池处理的泥量除沉淀池排泥量外还需考虑清洗沉淀池、排水池、排泥池所排出的水量以及脱水机的分离液量等。

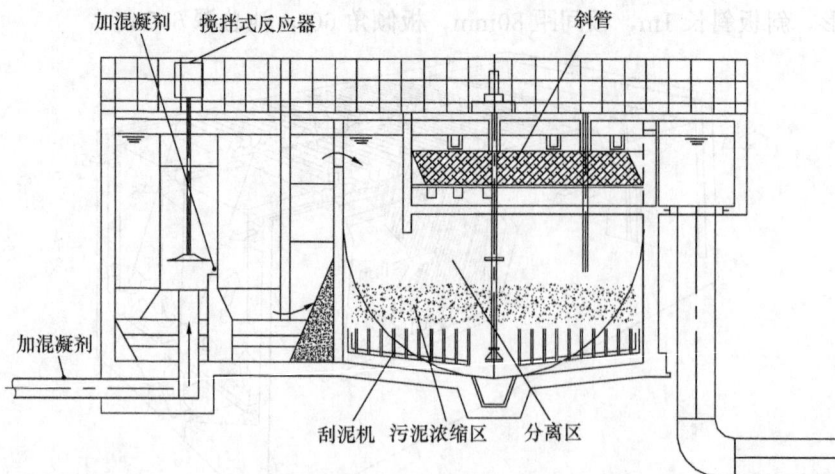

图 10-11 Densadeg 浓缩池

2) 浓缩池池数宜采用 2 个或 2 个以上。

3) 浓缩池底部应有一定坡度以便刮泥和将泥集中刮到池中央集泥斗，底坡宜大于 1：10。

4) 进流部分应尽量不使进水扰乱污泥界面和浓缩区域。

5) 浓缩池上清液一般采用固定式溢流堰，为了不使沉降污泥随上清液带出，溢流堰负荷率应控制在 150m³/(m·d) 以下。

6) 为使污泥浓缩，在刮泥机上宜设木栅随刮泥机一起转动，提高浓缩效果。

7) 为避免污泥再上浮，刮泥机周边速度应控制在 0.6m/min 以下。

8) 污泥引出管管径应大于 DN200。

10.3 污泥机械脱水

10.3.1 污泥机械脱水前处理

排泥水经浓缩后其底泥含水率在 96%～98% 之间，仍呈流动状态。为了进一步缩小体积，便于装运和处置，需要进行脱水处理。污泥脱水前，为了使脱水设备能最佳运行，需要投加化学药剂，一般投加石灰或高分子絮凝剂。但投加石灰虽然可改善污泥的脱水性能，但也增加了泥量和脱水滤液的 pH 值，加上投加石灰，操作管理麻烦，目前一般多投加高分子絮凝剂。

(1) 投加高分子絮凝剂有无机和有机两种。使用方法也有两种：一种是单独使用一种絮凝剂，另一种是两种及两种以上絮凝剂组合使用。

(2) 若单独用一种絮凝剂，一般应选择聚合度较高、分子链较长的有机高分子絮凝剂，以便更好地发挥吸附和桥架作用。高分子絮凝剂一般常用聚丙烯酰胺，即 PAM，它有阳离子、阴离子、非离子、阴阳离子四种类型。从理论上分析，阳离子型 PAM 具有压缩双电层和吸附架桥双重功效。可以大幅度提高脱水效率，调质效果较好。但由于在自来水厂净化工艺流程中已添加过铝盐或铁盐混凝剂，经双电层压缩，ξ 电位负电性已明显降低。浓缩和脱水阶段投加高分子絮凝剂，主要表现为絮凝过程。促使污泥颗粒之间架桥絮凝成较大的颗粒，加之阳离子价格较贵，因此，一般多选用阴离子型 PAM。

（3）投加设备。投加高分子絮凝剂，一些厂家的脱水设备中配备有药剂设备与投加系统，作为附属设备由厂家供货。而且这种药剂制备和投加系统除自身配备自控系统外，还纳入了脱水机主机及其他附属设备的现场控制系统。因此，如果脱水设备配有药剂制备和投加系统，最好由厂家直接供货。图 10-12 为聚丙烯酰胺制备系统的示意图。

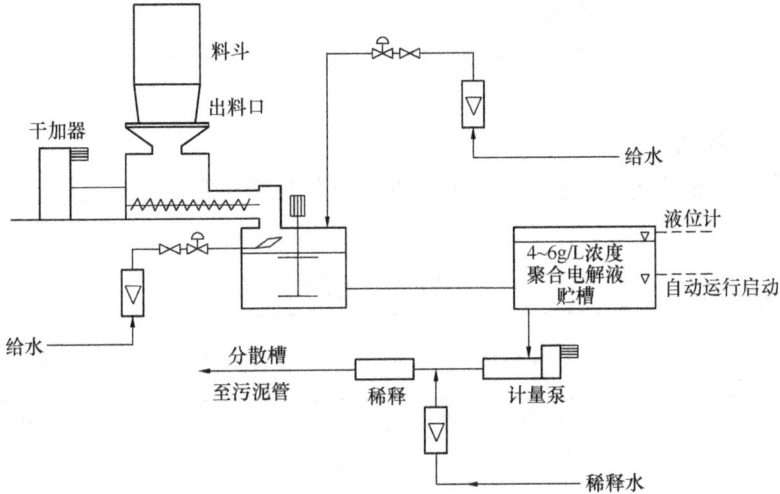

图 10-12　聚丙烯酰胺制备系统

（4）污泥与高分子絮凝剂一经混合，会立即发生絮凝，絮凝体体积增大，但也易破碎，因而加注点位置应以足够重视，尽量靠近脱水机。对于离心脱水机，絮凝剂可直接加在离心机进料管内，不需外加混合；对于带式压滤机，在紧靠重力脱水区前，设置一个小型搅拌箱，絮凝剂在此箱内与污泥混合后直接进入重力脱水区；对于板框压滤机，絮凝剂加注点应设在脱水机高压给泥泵之后的进泥管。并通过管道静态混合器与污泥混合后进入脱水机。

絮凝剂投加量对自来水厂的无机污泥约为每吨干泥 0.3～2kg，即 0.3‰～2‰DS。絮凝剂调制浓度为 0.3‰～1‰，太稀会很快变质，在加注点处可根据需要浓度，再加水稀释。

10.3.2　污泥脱水

1. 一般规定

（1）脱水机房应尽可能靠近浓缩池。脱水机械的选型应根据浓缩后泥水性质、最终处置对脱水泥饼含固率要求等，经技术经济比较后选用。一般可采用板框压滤机、离心脱水机，对于一些易于脱水的泥水，也可采用带式压滤机。

（2）脱水机的产率及对进机含固率的要求宜通过试验可按相同机型、参考相似排泥水性质的运行经验确定，并考虑低温条件对脱水机产率的不利影响。

（3）脱水机的台数应根据所处理的干泥量、脱水机的产率及设定的运行时间确定，但不宜少于 2 台。

（4）脱水机前应设平衡池。池中应设扰流设备。平衡池的容积应根据脱水机工况及排泥水浓缩方式确定。

（5）泥水在脱水预处理的化学调质，药剂种类及投加量宜由试验或按相同机型、相似排泥水性质的运行经验确定。

（6）机械脱水间的布置除考虑脱水机械及附属设备外，还应考虑泥饼运输设施和通道。并考虑通风和噪声消除设施。

（7）输送浓缩泥水的管道应适当设置管道冲洗注水口和排水口，其弯头宜易于拆卸和更换。

2. 脱水机性能比较

目前自来水厂常用的脱水机有带式压滤机、板框压滤机和离心式脱水机。其性能综合比较见表 10-3。

常用脱水机性能比较 表 10-3

项目 \ 机型	带式压滤机	板框式压滤机	离心式脱水机
脱水原理	重力过滤和加压过滤	加压过滤	由离心力产生固液分离
工作状态	连续式	间断式	连续式
对进机污泥含固率要求	3%～5%	1.5%～2%	2%～3%
管理难易	较方便（滤带需定期更换）	较复杂（滤布需定期更换）	方便（螺旋输送器叶片易磨损）
环境卫生条件	由于是敞开式，卫生条件差	卫生条件相对较差	全封闭，卫生条件好
噪声	小	中	大（由于转速高）
占地面积及土建要求	与板框压滤机相比占地面积稍小	由于本身体积大，且辅助设备多，占地面积大，土建要求高	设备紧凑，占地面积小
辅助设备	空压机系统，滤带清洁高压冲洗泵系统	空压机系统，滤布清洗高压冲洗泵系统，较复杂	不需要辅助设备
自动化程度	实现全自动化有一定难度	实现全自动化有一定难度	容易实现全自动
泥饼含固率	15%～20%	30%～45%	20%～25%
滤液含固率	高（>0.05%）	少（仅 0.02）	较高（0.05%左右）
泥饼稳定性	较差	好	较好
能耗（kW·h/t DS）	10～25	20～40	30～60 较高
絮凝剂用量	聚合电介质 3～4kg/tDS	20%～30%CaO/SS	聚合电介质 2～3kg/tDS

3. 脱水机的选择

脱水机械的选择除考虑脱水机械本身性能外，还应考虑对总体工艺流程的适应性，主要考虑以下几点：

（1）在选择脱水设备时，首先应考虑污泥脱水采用什么方式。如果采用无加药脱水方式，则板框压滤机应为首选设备。

（2）应对脱水前后两道工序浓缩和处置统一考虑。估计浓缩后的污泥浓度能否满足脱水机的进机浓度要求。如进机浓度达不到 4%，选用带式压滤机就不合适。

（3）如果污泥的处置是有效利用，例如用于制砖或其他建筑材料，则在机械脱水环节后一般有干燥、烧结、粉碎等。在选择脱水机械时可考虑选用构造较简单，故障少的造粒脱水机与干燥相结合的脱水方式。

（4）脱水机的选型也与运行管理的要求有关。一般都要求尽量减少管理环节，但减少管理环节会带来脱水费用的增加，因此应从技术经济上及管理运行方面统一考虑。

（5）在确定脱水机型前，尽可能对脱水机进行现场脱水处理试验，或从现场取泥进行试验，试验结果可作为选机依据之一。

4. 泥饼处置和利用

排泥水处理的最终产品是脱水后的泥饼，是自来水厂排泥水处理最后一道工序处置的主要内容。但在排泥水处理系统中产生的生产废水如经排水池调节后的滤池反冲洗废水，浓缩池上清液及滤液的处置也是处置工序的内容之一，也应引起重视。处置它们总的原则是不能产生新的二次污染。对泥饼处置和利用的原则是：

（1）脱水后的泥饼处置可用作地面填埋或其他有效利用方式。有条件时，应尽可能有效利用。

（2）泥饼处置必须遵守国家颁布的有关法律和相关标准。

（3）当采用填埋方式处置时，渗滤液不得对地下水和地表水体造成污染。

（4）当填埋场规划在远期有其他用途时，填埋泥饼的性状不得有碍远期规划用途。

（5）有条件时，泥饼可送往城市垃圾卫生填埋场与垃圾混合填埋。如果采用单独填埋，泥饼填埋深度宜为 3～4m。

10.3.3 带式压滤机

1. 工作原理

带式压滤机是使浓缩后的污泥在上下两层滤布中承受压力、剪力而脱水。污泥在压力区的状态是上下受挤压，两侧为开放式，其受挤压的空间是不密闭的，因此，带式压滤机对污泥进机浓度有一定要求。与板框压滤机相比，要求的污泥含水率相对较低。进机污泥含水率一般要求不大于 95%，且进入带式压滤机前需进行凝聚预处理，形成大而强度较高的絮凝颗粒。否则进泥容易从滤布两侧挤出，或直接从滤布渗出，最后的脱水产品污泥是稀薄状而不能形成泥饼。

带式压滤机脱水一般分以下几个区域，如图 10-13。

（1）重力区

带式压滤机在压榨脱水之前，有一水平段，在这一段上大部分游离水借自身重力穿过

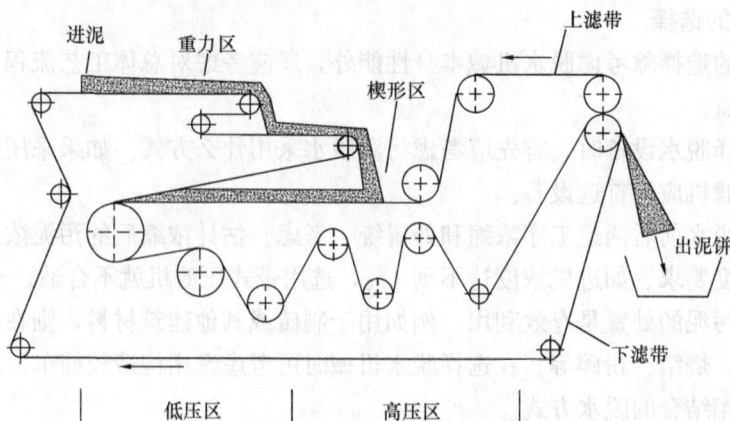

图 10-13 带式压滤机工作原理

滤带，从污泥中分离出来，形成不流动的，初步可以承受外力挤压的状态。一般重力脱水区可脱出污泥中 50%～70%的水分，使污泥的含固率增加约 5%～7%。此段长度为 2.5～4.5m 左右。在此段内设有分料耙和分料辊，可将污泥疏散并均匀分布在滤布表面，使之在重力脱水区更好地脱去水分。

（2）楔形区

楔形脱水区是一个三角形的空间，两滤带在该区逐渐靠拢，污泥在两条滤带间开始逐渐受到挤压。在该区段内，污泥又脱去一部分水分，其含固率进一步提高，并由半固态向固态转变，形成了较大的污泥内聚力。为进入压力脱水区段受一定的压力和剪力做好准备。

（3）低压区

污泥经楔形区后，被夹在上、下两条滤带之间，并随滤带一起绕辊筒作 S 形上、下移动。施加到泥层上的压榨力与滤带张力和辊筒直径有关。在张力一定时，辊筒直径越大、压榨力越小。压榨机前面三个辊直径较大，一般为 500～800mm，施加到泥层上的压力较小，因此，称低压区。污泥经低压区脱水后，含固率和内聚力会进一步提高，为接受高压脱水段承受更大的压力和剪力做好准备。施加给上、下滤布污泥层的压榨力必须与其污泥浓度相适应。如果没有重力浓缩段直接进入低压脱水段，或没有低压脱水段直接进入高压脱水段，污泥层承受不了施加给它的剪力和压力，而产生蠕变有可能从滤布两侧挤出，或从滤布下、下两面渗出。

（4）高压区

经低压区脱水后的污泥，进入高压区后，受到的压榨力逐渐增大，其原因是辊筒的直径越来越小。高压区辊筒直径一般为 200～300mm。在高压脱水段，上下交错的压辊使滤布中的泥饼成形，此时，剪应力的升高使污泥颗粒间发生相对位移，进一步迫使间隙水沿新开成的水流通道排出。污泥经高压脱水后，其含固率进一步提高，一般为 20%。可用输送机输送至堆放场，或直接装车送至厂外。

低压脱水和高压脱水，统称为压榨脱水。常见的带式压滤机辊数目为 4～11 个，压辊直径在 150～1200mm 范围内。

2. 带式压滤机构造及主要部件

带式压滤机构造见图 10-14。主要部件为：

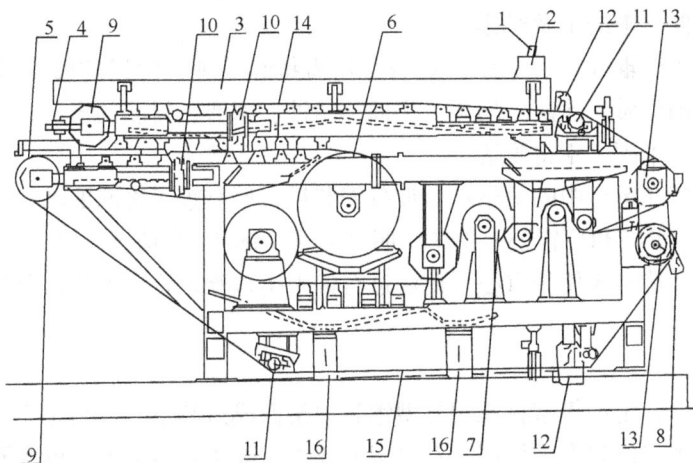

图 10-14 带式压滤机结构原理图

1—入料口；2—给料器；3—重力脱水区；4—挡料装置；
5—楔形区；6—低压区；7—高压区；8—卸料装置；9—张
紧辊；10—张紧装置；11—调偏装置；12—清洗装置；13—驱
动辊；14—上网带；15—下网带；16—排水口

（1）主传动装置

由于污泥的种类较多，性质各异，要求带式压滤机能适应较宽的工作范围。主传动系统一般采用无级调速。常用交流电动机——摩擦盘无级调速——蜗轮减速直联两级减速，实现滤带速度的无级调节。

滤带速度一般为 $0.5 \sim 5 \mathrm{m/min}$，对于不易脱水污泥如自来水厂含 $Al(OH)_3$ 的亲水性无机污泥及其他有机成分较高的污泥应取低速，对于含泥砂较多无机污泥可取高速。

（2）滤带的张紧及矫正装置

对于处理不同性质的污泥，要求滤带的张紧力能够调节。滤带张紧拉力常用气动或液动系统来实现。改变气体或液体的压力即可调整滤带的拉力。采用气动系统，气体减压阀的压力一般在 $0.1 \sim 0.4 \mathrm{MPa}$ 之间调节，常用滤带的张紧气压为 $0.2 \sim 0.3 \mathrm{MPa}$。气体传动与液体传动相比，具有动作平稳可靠、灵敏度高、维修方便、没有污染等特点，因此气压传动比液压传动应用得更多。

正常工作时，滤带允许偏离中心线两边 $10 \sim 15 \mathrm{mm}$，超过 $15 \mathrm{mm}$ 时，滤带矫正装置开始工作，调整滤带的运行。如果矫正装置失灵，滤带得不到调整，当滤带偏离中心位置超过 $40 \mathrm{mm}$ 时，应有保护装置，使机器自动停机。

（3）传动辊、压榨辊及导向辊

带式压滤机有各种不同直径的辊，其结构形式相似。一般高压脱水段或直径小于 $500 \mathrm{mm}$ 的压榨辊都是用无缝钢管，两端焊接轴头，一次加工而成。为增加主传动轴和纠偏辊的摩擦力，在外表面衬一层橡胶。在低压脱水段使用直径大于 500mm 的压榨辊，一般用钢板卷制而成。由于此工作段污泥的含水率较高，常有辊筒表面钻孔或辊筒表面开有凹槽，以利于压榨出来的水及时排出。

除了衬胶的压榨辊外，一般压榨辊表面均需特殊处理，涂以防腐层以提高其耐腐蚀性，或采用不锈钢材质。涂层应均匀、牢固、耐蚀、耐磨。衬胶的金属辊，其胶层与金属表面应紧密贴合、牢固、不得脱落。

为了保持滤带在运行中的平稳性，设备安装后，所有辊子之间的轴线应平行，平行度不得低于 GB1184 形状和位置公差中未注明公差规定的 10 级精度。对于直径大于 300mm 的辊子，在加工制造时应使用重心平衡法进行静平衡检验，辊子安装后要求在任何位置都应处于静止状态。

（4）机架

机架是用槽钢、角钢等型材或用异型钢管焊接而成。其主要作用是安装传动装置和各种工作部件，起到定位和支承作用。对机架的要求，除了有足够的强度和刚性之外，还要求有较高的耐腐蚀能力，因为它始终工作在有水的环境之中。

（5）滤带冲洗装置

滤带卸去滤饼后，上、下滤带必须清洗干净，以保持滤带的透水性，以利于脱水工作连续高效。对于一些黏性较大的污泥，常堵塞滤布的缝隙不易清除，故冲洗水压力必须大于 0.5MPa。

（6）安全保护装置

当带式压滤机发生严重故障不能连续、正常运行时，应自动停机报警。带式压滤机应设置以下保护装置：

1）滤带张紧采用气压时，当气源压力小于 0.5MPa 时，滤带的张紧压力不足，应自动停机并报警。

2）当冲洗水压小于 0.4PMPa 时，滤带不能被冲洗干净而影响循环使用，应自动停机报警。

3）运行中滤带偏离中心，超过 40mm 而无法矫正时，应自动停机报警。

4）机器侧面及电气控制柜上，设置紧急停机按钮，用于紧急情况下停机。

3. 嘉兴贯泾港水厂选用的带式压滤机

（1）设备主体

嘉兴贯泾港水厂（15 万 m³/d）选用 DYG－2000A 型带式压滤机，该压滤机及絮凝剂自动配制投加系统是一个完善的污泥泵送、压榨脱水及絮凝剂自动配制投加的工作系统，其性能参数见表 10-4。其设备主体为框架结构，机架是焊接加工而成的能承受重负荷的机架。可保证在所有静负载和动负载的作用下无挠曲变形及操作时产生振动。不能分解的最大部件≤2.5 吨（机架），最大的辊筒重量≤150kg，便于安装检修。机架的设计充分考虑了便于检测所有内部构件及滤带的更换，滤带的接缝处更换方便无需拆卸设备。设备外形如图 10-15 所示。

（2）配套设备和仪表

带式压滤机系统配套设备和仪表设备见表 10-5。

图 10-15 DYG-2000A 型压滤机

DYG-2000A 型压滤机设备主要性能参数表 表 10-4

序号	项　　目	参　　数
1	滤带宽度	2000mm
2	脱水机滤带运行速度	0.6～6m/min
3	单机处理能力	正常处理能力 350kg ds/h 台
		最大处理能力 500kg ds/h 台
4	工作时间	间歇工作（可连续 24 小时运转）
5	进料污泥含水率	94％～97％
6	脱水后泥饼含水率	≤80％
7	冲洗水耗水量、压力	12m³/h，≥0.50MPa
8	气源	$V=0.5$m³/min，≥0.6MPa
9	驱动电源	380V，3 相，50Hz，3kW
10	外形尺寸（长×宽×高）mm	主体 5100×2500×1595
11	主机重量	6200kg

带式压滤机系统配套设备和仪表一览表 表 10-5

序号	设备名称	说　　明	数量
1	带式压滤机控制系统		1 套
2	污泥螺杆泵	Q 8～40m³/h H 0.2MPa 噪声＜75dB	3 台
3	加药螺杆泵	Q 0.5～2m³/h H 0.2MPa	3 台
4	自动加药装置	箱体材料为 SUS304 不锈钢；搅拌机减速机为 SEW 产品，轴、叶轮为不锈钢	1 套
5	冲洗水泵	满足压滤机的冲洗要求，1 台水泵对应 1 台压滤机	2 台
6	管道过滤器	外壳材料为球墨铸铁，网为不锈钢	2 个

续表

序号	设备名称	说　　明	数　量
7	空压机系统	Q0.5m³/min 出口压力 1.0MPa 1 用 1 备	2 台
8	水平/倾斜螺旋输送机	减速机为 SEW 产品，螺旋体材料为 16Mn；外包为 SUS304 板	各 1 台
9	25m³ 污泥储斗	配手电两用卸泥斗门	1 个
10	流量仪	DN100	2 台

（3）加药装置

1）加药装置

自动加药装置见图 10-16。

图 10-16　絮凝剂自动配制和投加系统

包括溶药箱、药粉贮料斗和药粉贮量监测装置、干粉投加器、预混器、电动搅拌机（2 个）、电控柜、气动阀门等设备及设备紧固用螺栓。用于配制母液的溶药箱含电动螺旋桨搅拌装置、进水附件。进水通过分布器，无黏滞地分布药剂。当熟化时间已到，并且贮药罐有足够的空间，母液自动释放到贮药罐。贮药罐具有药位控制装置。设备还包括完备的内部管道阀门系统。

聚合物计量投加泵用于投加母液，通过特殊混合管，将聚合物母液稀释到工作浓度，具有可调的驱动装置，并配有便于操作的稀释水流量计及完整的阀门管道系统。

2）加药品种与控制

加药品种主要是聚丙烯酰胺（PAM）。工作顺序如下，把优选的一定分子量的聚丙烯酰胺装入容积式漏斗内（72L），计算出所需溶解药剂浓度，将干粉给药机定时，再将各搅拌溶解装置分别按功能定时，最后设定好液位，将程序输入 PLC 中，然后启动系统按钮，系统开始工作。将所需要的药剂进行溶解，并不间断地为用药系统提供所需药剂。若需要改变母液浓度，只需将自动给药装置重新定时即可。该系统从干粉投加、到药剂溶解储存及使用，循环反复，全部由 PLC 自动控制完成。

（4）运行管理要点

1）溶药系统运行注意要点

a）通过阀门调节进入混合器中的水量，既不能过大溢出，又要保证形成足够的旋流将干粉带走。

b) 系统的溶药速度应大于用药的速度。

c) 保持干粉出料口干燥畅通，否则需及时清理。

d) 溶药箱内不应存在可能造成加药管路堵塞的杂物或沉淀物，应时刻注意出料池的低液位信号是否正确，以防止出料池抽空，造成给药螺杆泵干磨损坏。

2）脱水系统运行中的注意事项

a) 每天设备投入正常运行前，先空机运转 5~10min，确认设备运行正常后，再投入生产。

b) 空压机储气罐每天放水一次。滤带冲洗效果不佳时，需检查喷头、进水过滤网和冲洗泵。滤带冲水喷头每周清理一次，日常工作中若单组有三个以上喷嘴堵塞时应及时处理，保证滤带透隙率。

c) 因故停车或跳闸后，必须将调速开关旋钮回到"0"位，开机时逐渐调整到需要转数。

d) 每星期彻底冲洗一次接液盒及各托辊，达到接液盒没有淤泥，托辊没有沾泥。

e) 及时清理调偏限位开关盒内积泥，保证开关动作灵活。

f) 各滚动轴承每月初检查注油一次并做好记录。如静态混凝器发生堵塞，及时清理并做好记录。

g) 滤带跑偏必须及时调整并查找原因，做到无刮带、折带、断带现象发生。

h) 保证减速机油位、两连体油杯油位正常。当出料口泥量较少时，应即时切换进泥管。

i) 认真填写交接班日志，产品量、药耗、设备情况必须记录清楚。

溶药系统与脱水机都应按厂家提供的产品说明书制定操作规定

（5）常见故障及处理方法

1）跑偏

滤带的跑偏程度是带式压滤机能否正常和长期稳定运转的关键。在配套设备工艺系统正常情况下，往往因为带子严重跑偏，导致设备被迫停转，影响设备正常运转。

导致滤带严重跑偏（使设备不能正常运转）因素较多，首先可能有制造出厂时部件精度及合理性的问题、安装调试问题、滤带质量问题、调偏系统是否设置合理等问题。滤带严重跑偏也与操作者操作的不良操作或设备的使用状态有关。常见的有以下几种情况：

a) 操作中将将布料偏移中心，或布料器使用不当。也就是说布料不均匀，或偏左，或偏右。当物料进入挤压段时，一侧的滚筒上的物料偏厚，另一侧则偏薄，这时滤带就会跑偏。此时虽然调偏系统正在工作，但是由于偏心力太大，无法将滤带往另一侧调整，导致滤带严重跑偏，最后只能人工调整或者停车调整。

b) 絮凝不理想，或滤带破损。使物料通过滤带网孔，被挤压到滚筒上，导致辊面上形成一些厚度不均衡的泥膜，滤带会向辊子挂泥较厚的一侧跑偏。

c) 两侧张紧缸行程不等。这时会向行程较大的一侧跑偏。应检查气缸活塞是否串气、杠杆伸缩是否受阻、两侧风源是否压力不均等情况。

d) 滤带破损或使用期限过长，造成两侧张力不均。应及时修补或更换滤带。

e) 由于检修或其他原因造成辊筒位置变化，或造成布料框或接液盒横梁等部件对滤带两侧的压力或摩擦不均。

上述情况造成的跑偏，如超出调偏系统的纠偏能力，往往无法用调偏系统来校正，应及时查明原因采取相应措施进行处理。

2）滤带冲洗

滤带冲洗也是该设备的一个十分关键的环节。操作中往往因操作者对此重视不足，而导致设备不能正常运转。带式压滤机冲洗滤带是在滤带完成了一个工作周期后，把滤带内含有影响进一步脱水的固体或者说被挤压在滤带缝隙中的泥渣冲洗掉，使滤带尽可能的完全恢复最佳的透水效果，继续出色完成下一个工作周期，循环往复下去。如果冲洗效果不好，使滤带缝隙的泥渣没有被冲洗掉或大部分没有被冲洗掉，进入下一个周期时，严重影响滤带的透水效果，直接影响泥饼产量和泥饼的含水率。大量物料中的水没有在重力脱水段等各段排出或挤出，物料会被迫从滚筒两侧排出，这就影响到了设备的正常使用。因此，操作者必须高度重视滤带的冲洗效果，维护好设备冲洗装置的冲洗滤带功能。

3）"跑料"

过多布料和滤带冲洗不好，会导致物料从滚筒两侧被挤出，这种现象俗称"跑料"。"跑料"还与压力和絮团效果有直接关系。压力过大，使絮团完的物料从楔形预压段进入挤压段后，突然增压过大，还没有从流动状态达到稳定状态，即被强大的压力挤出，这是滤带受气缸作用压力过大所至。此时应适当调整气缸压力。此外由于絮团状态不好，即物料没有形成良好的絮团，只处于一般的絮凝状态，物料内还含有大量的间隙水没有被分离出来，处于较强的流动性状态，经过挤压，往往大部分被挤压出来。因此，操作者当看到"跑料"时，要认真分析其原因，采用相应的措施。

4）含水率

设备说明书中都说明了处理不同物料结果的含水率。物料的含水率除了与物料自身特性有关外，还与滤带的张紧力、滤带的速度和布料的厚度有关。在同等条件下，张紧力过高时，带速慢时，滤饼薄时，相对应的泥饼含水率低，反之则高。因此，操作者可掌握上述相互制约关系，根据需要调整好设备的操作运行。

5）絮凝剂的配制浓度

高分子絮凝剂是比较昂贵的，但在实际应用中投加量不是很多，因此科学掌握絮凝剂投加对增产节支大有好处，对设备正常运行也大有好处。从理论与生产实践都证明，絮凝剂投加量不宜过多，否则一是浪费药剂，二是沾黏带子直接影响冲洗滤带效果；三是絮团效果反而不好，达不到最佳絮团状态，因为颗粒表面被聚合物分子过饱和，高分子的自由末端也可以吸附在同一表面上，形成弯曲状，相邻颗粒间的架桥结合数因而减少，就会导致絮凝恶化。絮凝剂的配制与所要处理的物料含固率有关。同样分子量的高分子絮凝剂，物料含固量高，配制比率要低，反之，物料含固量低，配制比例要高。在投加中更要讲求科学。目前，尚无科学仪器来帮助操作者如何使投加量达到最佳效果，但是操作者可以通过自己的责任心，工作的熟练程度和摸索到的经验来掌握。

10.3.4 板框压滤机

1. 一般要求

（1）进入板框压滤机前的含固率不宜小于 2％，脱水后的泥饼含固率不应小于 30％。

（2）板框压滤机宜配置高压滤布清洁系统。

（3）板框压滤机宜解体后吊装，起重量可按板框压滤机解体后部件的最大重量确定，如脱水机不考虑吊装，则宜结合更换滤布需要设置单轨吊车。

（4）滤布的选型宜通过试验确定。

（5）板框压滤机投料泵配置宜采用容积式泵，自灌式启动。

2. 工作原理

板框压滤机是一种间歇加压过滤设备，其脱水的工作原理是将浓缩后的污泥用投料泵输入压滤机的滤室，对污泥进行加压、挤压，使滤液通过滤布排出，固态颗粒被截留下来，以达到固、液分离的目的。

板框压滤机本身只是在压力下将一定数量的过滤板加以固定的一种装置。由于滤板两侧工作面均为中间凹进，当两块滤板闭合时，板与板之间即形成一个容留污泥的腔室——滤框。所有滤板均包有滤布，接在一起形成一连串相邻的滤框。当排泥水在滤框内受压脱水形成泥饼后，分开滤板，泥饼就与滤布分离落入下部输送带运走。由于泥水在密闭状态下受压脱水，固态颗粒不易漏出，故比较适合给水污泥亲水性强、固液分离困难的特点，使进泥含水率可相对较高些，泥饼含水率则较低。

板框压滤机脱水过程一般分 4 个阶段，第一阶段滤板压紧即为预备阶段，滤板已卸出泥饼，关闭完毕，准备进入第二阶段。第二阶段是加压脱水投料泵启动，将泥送入滤框中，在 5～15min 内充满板框压滤机滤框中泥室，然后进行压力过滤，滤液通过滤布流出，经收集后回收利用或排入下水道。滤室里初步形成泥饼。第三阶段是隔膜挤压阶段，用压缩空气或压力水进行挤压，挤压压力为 1.5MPa，形成含水率更低的最终产品泥饼。第四阶段是打开滤框，卸出泥饼，冲洗滤布，直至关闭滤板。其结构原理见图 10-17。

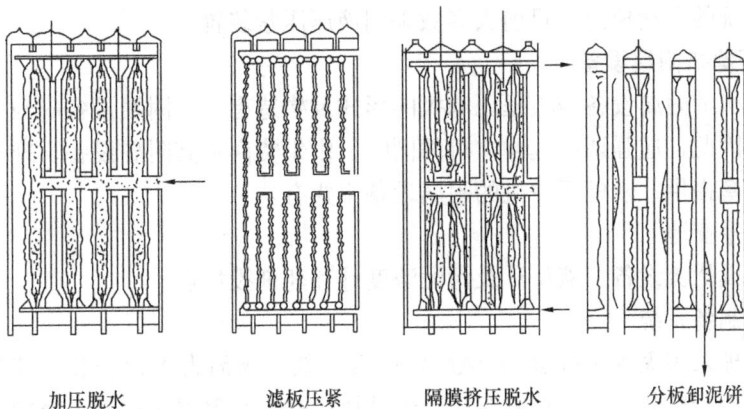

加压脱水　　　　　滤板压紧　　　　隔膜挤压脱水　　　　分板卸泥饼

图 10-17　板框压滤机脱水系统

3. 板框压滤机构造

板框压滤机从构造上有两种类型一种是一段式压力过滤，过滤压力为 0.4～0.6MPa；

加压压力由投料泵提供。另一种是在压力过滤终止后又进行薄膜挤压的两段式加压、挤压过滤设备。前一段加压压力与一段式相同或稍低，由投料泵提供；后一段薄膜挤压压力由压缩空气或压力水流提供。薄膜挤压的压力为 $1.0\sim1.5MPa$。带薄膜挤压的板框压滤机虽然构造复杂，但要求的进机浓度相对较低，且泥饼的含水率也较低。是实施无加药脱水的首选脱水设备。

图 10-18 是带薄膜挤压的两段式板框压滤机的构造原理图。

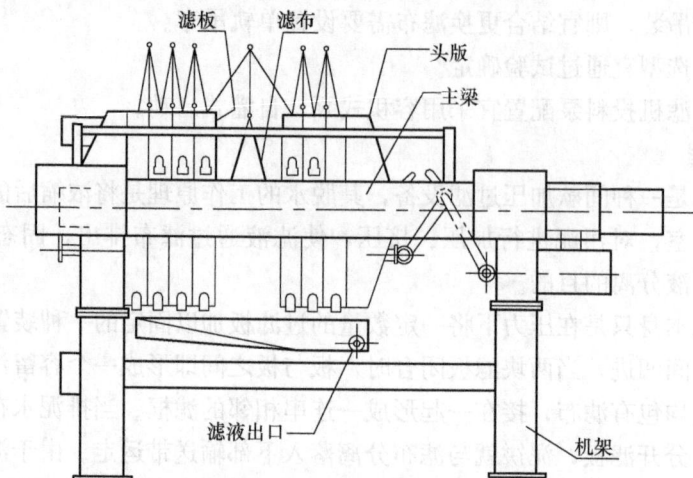

图 10-18 板框压滤机构造图

板框压滤机是一种在压力将一定数量的过滤板加以固定的一种装置。由尾板、滤框、滤板、主梁、头板、压紧装置几部分组成。两根主梁将尾板和压紧装置连成一起构成机架，机架上靠近压紧装置的一端放置头板，在头板与尾板之间依次排列着滤板和滤框，形成一连串相邻的小室，板框间夹着滤布。板框压紧后，板框与其两侧的滤板构成滤室，用以积存滤渣。当有薄膜时，在过滤部分后方有一个空腔，充满气体或压力水时，可对滤饼进一步挤压，去除残余水分。板框压滤机的压紧形式有手动螺旋压紧装置及液压压紧装置。为便于系统的自动控制，目前大多数采用液压压紧装置。

4. 板框压滤机附属设备

板框压滤机的附属设备与板框压滤机的形式及构造有关。附属设备应与主机板框压滤机协调动作。因此，应强调在选购主机的同时，由供货商将其附属设备，现场控制设备组成一个系统配套提供。板框压滤机的附属设备主要有：

（1）污泥平衡池

平衡池中设扰流设备、液位计及污泥浓度计和药剂投加点。

（2）药剂制备系统

脱水前处理采用聚丙烯酰胺（PAM）作絮凝剂，药剂为干粉袋装，药剂存放按 15d 用量考虑。干药粉剂装入干药箱漏斗后，经鼓风机送入水射器按比例稀释输入混合桶，混合桶溶液浓度为 0.5%，混合桶出药经输药泵输送，稀释泵稀释至 0.2% 浓度输入储药罐约液，或将 0.5% 的药液直接储罐加定量水混合稀释至 0.2%，药液储罐一般设在二楼，可重力投加至投药点，即两台投料泵的吸入侧。

（3）污泥投料泵

投料泵是向板框压滤机投送污泥的设备。投料泵从平衡池中吸取污泥。泵的选型应是适合于在变化幅度非常大的工作条件下运行。在一个周期的开始，投料泵输送的污泥只是用来填充板框压滤机的小室，泵的压力较低。但当板框压滤机小室充填满后，小室里的污泥越来越密实，滤液透出滤布的阻力越来越大，污泥逐渐被压实，投料泵的压力逐渐增大，流量越来越小。一个周期完成时，过滤流量下降到最初流量的 5%～10%，最有效的投料泵系统应该是在一个周期内流量逐渐减小，压力稳定地增加到最大值。因此投料泵的运行应与过滤压力成闭环控制。这样就可以用过滤压力来控制一个周期的长短。

投料泵的选型应注意以下几点：

1）当进机污泥浓度较稀时，应选用两种类型的泵，一台是大流量低扬程，另一台为低流量高扬程。第一台用于周期开始时输送污泥充填板框压滤机过滤小室。第二台用在一个周期后段，以适应后段过滤小室里污泥填满后被压缩，过滤压力越来越大，流量越来越小的要求。对于浓缩得较好，进机浓度较高的污泥，单台泵也能满足要求。

2）在泵的压力输送中，污泥调理过程所形成的矾花不能被剪碎。为了保持矾花的完整性，选用容积式泵比离心泵好。选用空气提升泵虽然也能达到目的，但初期投资较大。

3）对于用于挤压的高扬程水泵，应尽可能采用转数低的泵型。

4）投料泵选择应与所处理的污泥的性状相适应，要防止被大块物料及其他垃圾所堵塞。

由于投料泵启、停频繁，且污泥浓度较大。因此水泵应安装在水泵吸水液位以下，自灌式启动，不宜采用真空泵启动。

脱水机投料泵目前采用较多的是污泥螺杆泵。螺杆泵为卧式，可供输送中性、带腐蚀性、带磨损性或含有气体，产生气泡的液体，以及高黏度、低黏度的含有纤维或固体物质的液体。

（4）压缩空气系统

空压机提供的压缩空气一部分用来作为板框压滤机第二段薄膜挤压的动力和吹出板框中心泥芯，另一部分用来作为仪表、气动阀门的气源。薄膜挤压的压力为 1.5MPa；供仪表、阀门用的气源经减压、过滤、干燥处理后送至仪表和阀门处。空压机放在一层。

（5）高压冲洗水系统

用来冲洗板框压滤机滤布，设高压冲洗水泵，一般一用一备，设在一层，流量约 250L/min，扬程为 10MPa，进水来自设在二层的储水罐，供高压水至压滤机滤布喷淋装置。

以上辅助系统除污泥平衡池均由厂家随主机配套提供。

（6）泥饼输送设备

泥饼的输送设备决定地泥饼的运输方式。泥饼输送方式一般都是经过皮带输出，送入泥饼堆积间，再用铲车将泥饼装入运泥车运走。

（7）起重设备

为了维护和检修脱水机及附属设备，一般需设置起重设备。由于板框压滤机整机很重，可达百吨以上，按整机吊装负荷太大，而且除第一次安装外，以后很难碰上整机吊装。因此，吊车负荷不按整机考虑，一般设 2 吨吊车就可满足按板框压滤机解体时部件的最大重量就可。

5. 板框压滤机脱水系统及设备布置

(1) 板框压滤机脱水系统图

图 10-19 为某自来水厂板框压滤机脱水系统图。该脱水系统除 2 台板框压滤机主机外，辅助设备还包括空压机系统、投料系统、药剂制备系统，高压水冲洗系统及泥饼运输系统。

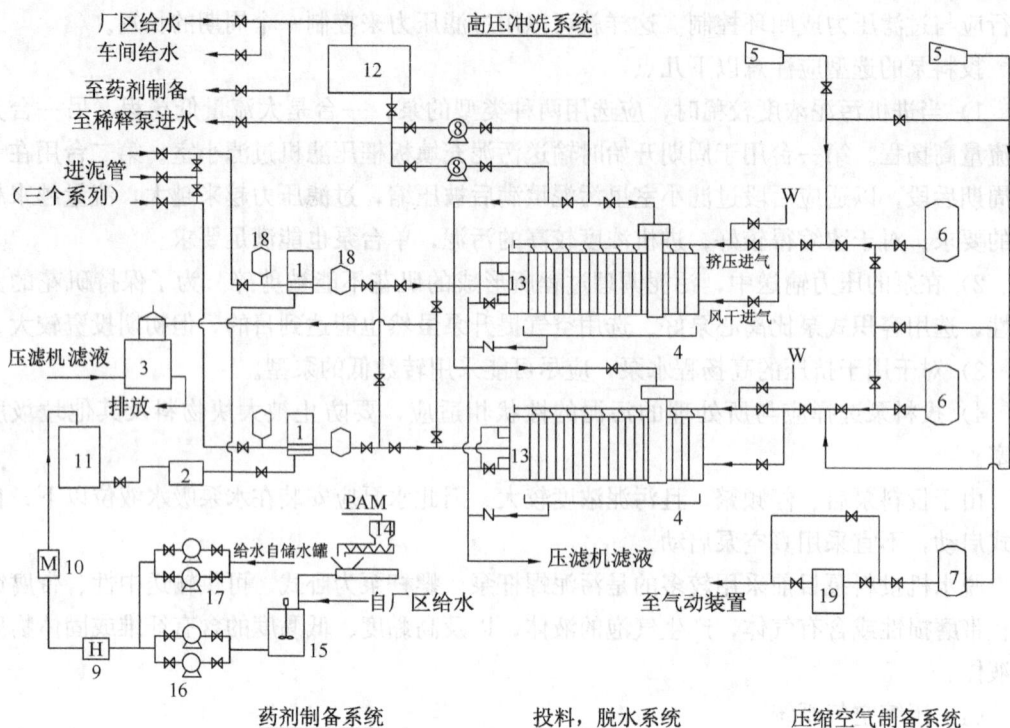

图 10-19 某水厂板框压滤机脱水系统图

1—投料泵；2—药液分配罐；3—压滤机滤液罐；4—滤液收集器；
5—空气压缩机；6—压缩空气罐；7、19—空气干燥净化装置；
8—高压水冲洗泵；9—换药液稀释罐；10—流量计；11—溶液罐；
12—给水罐存；13—板框压滤机；14、15—药液自备系统；
16—输药泵；17—稀释泵；18—均流器

(2) 脱水机房布置

板框脱水机房一般布置成两层，板框压滤机放在上层，板框压滤机下方为皮带输送机，泥饼堆置场（即贮泥间），放在下层，其辅助系统一般将药剂制备系统放在上层，以便实现重力投加，污泥池、投料泵、空压机、高压冲洗水泵等放在下层。

由于滤布要经常冲洗，地面应有良好的排水系统。在底层，泥土较多，特别是贮泥间，最好设置便于清扫的明沟，上面用铁子或多孔盖板。

脱水机房内应有良好的通风设备。以排除其泥腥味。

由于板框压滤机主机各厂家的产品构造不尽相同，其附属设备也有一定的差异。其布置形式也有一定差别。应根据各厂家产品的特点并结合工程的具体情况经综合分析比较后，提出最佳布置方案。

板框压滤机的最大优点是泥饼含固率高（30%～45%）；但设备庞大，占地多，环境卫生条件较差。国内水厂采用进口板框机，如苏州工业园水厂（45 万 m³/d）、无锡雪浪水厂均采用了德国安德利茨耐克板框机，目前更新型的为日本石恒株式会社"LASTA"滤布走行式压滤机，其最大特点高效、脱水全自动操作，泥饼自动剥落，不沾滤布等。长沙第八水厂、第二水厂、南宁三津水厂、上海青浦二水厂等已采用。

10.3.5 离心脱水机

1. 一般要求

（1）离心脱水机进机含固率不宜小于 3%，脱水后泥饼含固率不应小于 20%。

（2）离心脱水机的产率、固体回收率与转速、转差率及堰板高度的关系宜通过拟选用机型和拟脱水的排泥水的试验或按相似的机型、相近的泥水运行数据确定。在缺乏上述试验和数据时，离心脱水机的分离因素可采用 1500～3000，转差率 2～5r/min。

（3）离心脱水机应设冲洗设施，分离液排出管宜设空气排除装置。

2. 构造和工作原理

离心脱水机是通过转子的转动产生离心力将离心力施加在转子内的污泥上。根据离心脱水机的结构形式，几何形状及转子内污泥的流向，离心脱水机可分为转筒式、筛网式、壳式、双锥式、盘式等。在以上几种离心脱水机中，以转筒式离心脱水机应用最普遍，目前国内自来水厂排泥水处理采用的离心脱水机均是这种形式。

（1）转筒式离心脱水机结构

转筒式离心脱水机也称卧式螺旋离心脱水机，与其他离心脱水机不同的是可以连续运行。

转筒式离心脱水机主要由转鼓、带空心转轴的螺旋输送器、差速器等组成，如图 10-20 所示，其工艺流程如图 10-21 所示。

（2）工作原理

离心脱水机工作原理是：需脱水的污泥从中心管进入脱水机内转子，在离心力的作用下，被甩到周壁，形成一个圆环形的浅池。由于污泥中所含成分的相对密度不同，在转子内会产生分层现象，较重的无机颗粒位于圆环最外层。固体颗粒比水重，在转子内壁上沉淀，即位于圆环的最外层，较轻的水形成内环。在这种离心式脱水机的一端设有高度可调的圆环形堰板。转子内圆环形浅池的浓度取决于堰板的高度。随着进泥量的增加位于转子中心即内层的水分积到一定厚度，超过堰板高度后翻过堰板排出。堰板的高度直接影响着澄清区的沉淀时间和脱水效果。一般堰板的内径应大于锥体的直径。在堰板的另一侧设有螺旋输送器，沉淀在转子内壁上的污泥固体依靠转子和螺旋输送器的速度差输送至转子的锥体端，进一步脱水后排出。一般螺旋输送器的转速略大于转子的转速。通过调节螺旋输送器的速度和调节堰板高度来达到最佳脱水效果。

按照沉淀的污泥固体与进入转子的污泥水在转子内的流向。转筒式离心脱水机可分为

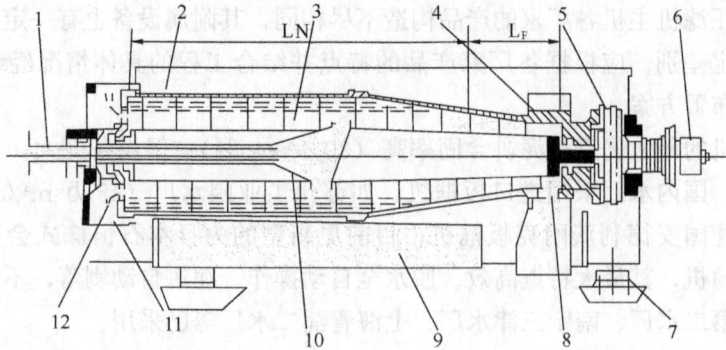

图 10-20 转筒式离心机

1—进料口；2—转鼓；3—螺旋输送器；4—挡料板；5—差速器；6—扭矩调节；
7—减震垫；8—沉渣；9—机座；10—布料器；11—积液槽；12—分离液

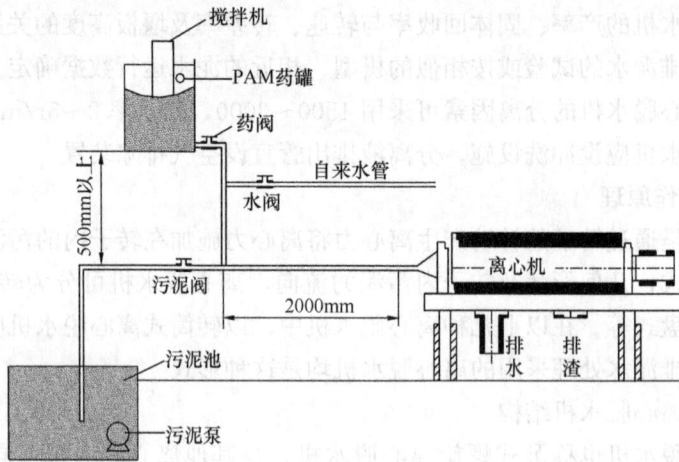

图 10-21 污泥脱水流程图

异向流和同向流两种。同向流转筒式离心脱水机具有原液流动方向与污泥流动方向相同。沉淀后的底泥从锥体端经锥体进一步浓缩脱水后排出。异向流转筒离心脱水机与同向流转筒式离心脱水机的区别主要有两点：一是同向流原液直接从柱体端部进入，而异向流虽然也从柱体端部进入，但是原液是用一根进泥管经柱体端部伸入转子内一段较长的距离。其二是同向流转筒式离心脱水机的上清液是在其末端，用管子收集后，从柱体端部引出，而异向流是直接从端部引出，上清液容易将沉淀冲起而混掺，因此，从固体回收率即分离效果上看，同向流优于异向流。图 10-22 为异向流转筒式离心机示意图。

（3）影响离心脱水机的因素

1）转速的影响

离心力与转速的平方成正比，离心脱水机转速越大，离心力越大。提高转速可以增加泥饼的含固率，提高固体回收率。但是提高转速不仅导致了电耗、机械磨损、噪声的增加，而且随着转速的增加，对污泥絮体剪切力也增加，大的絮体容易被破坏和剪碎，这又降低污泥的分离效果。因此应综合各方面的因素，通过实践确定离心脱水机的转速。

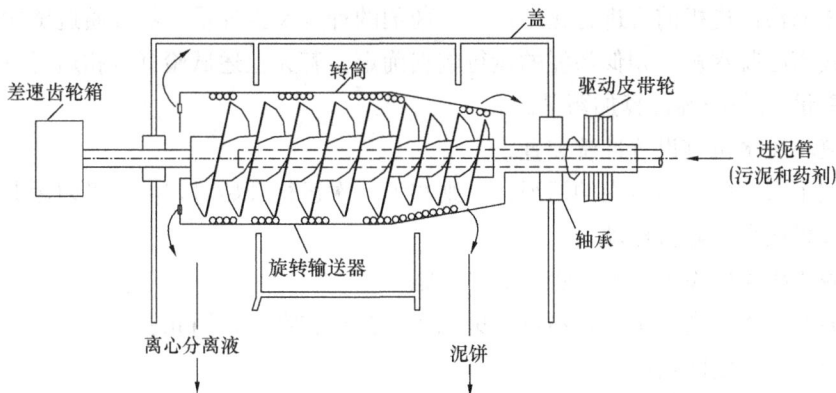

图 10-22　离心逆向流离心脱水机

2）堰板的高度

筒体内液环深度可通过堰板进行调节。液环深度低时，干燥区面积大，可促进干燥，但当沉淀物太松散时，需调高液环高度。液环深度的影响见图 10-23。

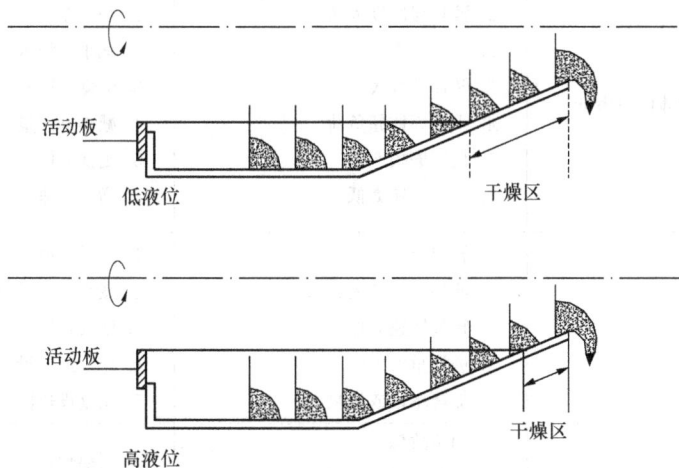

图 10-23　液环深度的影响

3）运行工艺参数

当污泥性质已确定时，改变进料投配速率，减少投配量可以使固液分离效果提高，增加絮凝剂加注量，可以加速固液分离速度，并使分离效果好。

3. 离心脱水机机房布置要求

（1）离心脱水机的台数应根据所处理的污泥量，脱水机的产率及设定的运行时间综合确定。但不宜少于 2 台。

（2）脱水机前宜设平衡池，平衡池的容积可按 1～2d 的污泥量设计。

（3）上清液排出管应便于气体的逸出，或设有抽气装置。

高速旋转排出的上清液。含有大量的空气并可见到气泡，容易在排出管中形成气阻，因此应设置便于气体逸出的装置。如气水分离器，在高点设置排气阀或采用一般明渠输送。

（4）浓缩污泥进机前宜进行化学调节。药剂的种类及投加量一般宜通过试验确定，或按同一形式离心脱水机、相似污泥的运行数据确定。若无上述试验资料和运行数据，则可按干固体重量 2%～3% 计算加药量。

（5）离心脱水机宜设置冲洗装置

运行完了后，应清扫机内的污泥，否则在下一次运行开始时，由于机内污泥的沉积而影响处理效果或发生异常振动。

（6）脱水机房内设置防振和噪声消除设施。

由于离心脱水机高速旋转，不可避免地产生振动和噪声，因此在脱水机设备基础上应有隔振措施和噪音消除措施。

4. 离心脱水机常见故障及排除方法

离心脱水机常见故障及排除方法见表 10-6。

离心脱水机常见故障及排除方法

表 10-6

常见故障	原因分析	排除方法
1. 分离液浑浊，固体回收率低	1. 液环层厚度太薄 2. 进泥量太大 3. 转速差太大 4. 入流固体超负荷 5. 机器磨损严重 6. 转鼓转速太低	1. 增大厚度 2. 减小进泥量 3. 降低转速差 4. 减小进泥量 5. 更换零件 6. 增大转速
2. 泥饼含固率低	1. 转速差太大 2. 液环层厚度太大 3. 转鼓转速太低 4. 进泥量太大 5. 加药不足或过量	1. 降低转速差 2. 减小液环层厚度 3. 增大转速 4. 减小进泥量 5. 调整投药比
3. 离心机过度振动	1. 轴承故障 2. 部分固体沉积在转鼓一侧，引起运动失衡 3. 基座松动	1. 更换轴承 2. 彻底清洗 3. 拧紧紧固螺母
4. 转动扭矩太大	1. 进泥量太大 2. 转速差太小 3. 齿轮箱出故障	1. 减小进泥量 2. 增大转速差 3. 加油保养

10.4 排泥水处理在国内净水厂的应用

10.4.1 我国已建净水厂排泥水处理设施特点

1. 排泥水的收集方式

（1）我国已建自来水厂对沉淀池排泥水和滤池反冲洗水有的采取合并处理，有的分开处理。但不论是合并处理还是分开处理，在进入浓缩池前均首先排放到调节池内。

（2）对滤池反冲洗水的收集方式各有不同，主要有三种方式：

1）对滤池反冲洗水回收再利用，沉淀池排泥水单独进入污泥处理系统，如上海闵行水厂、杭州祥符水厂；

2）对滤池反冲洗水与沉淀池排泥水共同排入调节池，混合后进行浓缩，如石家庄市润石水厂、深圳市梅林水厂、广州西洲水厂；

3）滤池反冲洗水与沉淀池排泥水单独收集，将滤池反冲洗水收集后进行初步浓缩，将浓缩后的底泥再与沉淀池排泥水共同排入排泥水调节池内，然后进行浓缩，如北京市第九水厂。

2. 排泥水的浓缩技术

（1）目前国内都采用重力浓缩排泥水。重力浓缩池也有两种类型，即辐流式浓缩池和斜板浓缩池。深圳市梅林水厂、北京市水源九厂、石家庄市润石水厂采用辐流式浓缩池；而上海市闵行水厂、杭州市祥符水厂、广州市西洲水厂采用的是斜板浓缩池。相对辐流式浓缩池而言，斜板浓缩池具有效率高、占地面积小的优点，但初期投资较大，适合用地面积紧张的水厂。大部分水厂污泥均采用自然浓缩，而少数水厂则在浓缩池前投加聚丙烯酰胺以提高污泥的浓缩性能。

（2）浓缩池的上清液和污泥脱水后的分离液处理方式各水厂也不同。有的水厂对这两部分液体予以回收再利用；有的水厂或直接排入，或返回到排泥水调节池内进一步处理，对上清液或分离液的重复回用，可能会导致某些污染物积累，影响出厂水质。但由于污泥处理设施在我国运行时间尚短，目前尚未见有污染物的积聚导致出厂水水质恶化的报导。

3. 排泥水的脱水技术

污泥脱水是排泥水处理的关键环节。一般要求水厂脱水后的污泥含固率大于 25％。污泥脱水方法可分为自然干化和机械脱水两大类，但一般都采用机械脱水。主要由带式压滤机、板框压滤机和离心脱水机三种类型。

（1）带式压滤机。具有连续出泥、管理容易、电耗低等优点，但带式压滤机要求进入压滤机的污泥絮体必须成团，而且牢度要强，需要投加适量的聚合物和石灰等。带式压滤机产生污泥量较多，出泥含固率一般为 20％左右，处理费用较大。

（2）板框压滤机。板框压滤机被认为较经济，而且出泥含固率较高。目前常用的为膜式板框压滤机，进泥含固率一般 2％～3％就可，出泥含固率如投加聚合物和石灰可达30％～35％。但这种设备自动化程度不高，运行过程是周期性地泵入污泥压滤和脱除泥饼的间歇过程，根据滤布堵塞情况，一定的运行周期后冲洗滤布。整个操作过程较繁杂，劳动强度大，操作环境较差。设备投资与占地大也是其主要的缺点。

（3）离心脱水机。离心脱水机近年来采用较多，可连续自动化运行工作，稳定可靠，设备效率高，泥饼含固率在 25％～30％之间，出泥量大，占地小，管理方便，机房环境清洁。主要的缺点是噪声大，能耗高，对离心机旋转叶片的耐磨性能和加工精度要求严格。

4. 排泥水的污泥处理

脱水后泥饼的处置都采用外运填埋方式。这种处置方式是目前不得已而采用的方式，处置费用相当高,据调查,如将泥饼交环卫部门填埋处置,每个城市情况不同,每立方米泥饼的处置费用基本在 30~70 元不等,虽然有很多关于对泥饼资源化利用的研究报导,如烧陶、制砖等,但由于成本和规模等方面的原因,未见有水厂实施。

10.4.2 我国已建净水厂排泥水处理工程实例

1. 石家庄市润石水厂

石家庄市润石水厂,设计规模 30 万 m^3/d,水源取自黄壁庄水库,原水浊度在 10NTU 左右。排泥水处理系统由调节、浓缩、脱水、泥饼处置四道工序组成,其处理工艺流程见图 10-24。

图 10-24 石家庄市润石水厂污泥处理系统工艺流程图

（1）调节

调节池既收集沉淀排泥水,又收集滤池反冲洗排水,在调节池内安装潜水搅拌机,池内污泥处于悬浮状态,使污泥浓度均匀。同时在池内安装 2 台潜水泵,以恒定流量向浓缩池投配污泥。潜水泵的设计流量为 $500m^3/h$,泵的开停由液位控制,调节池尺寸为 24m× 9m×4.2m,调节池容积为 $900m^3$。

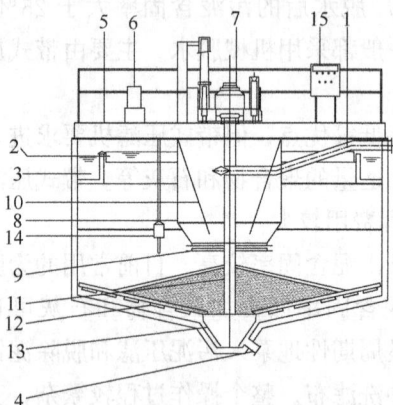

图 10-25 SUPAFLO 高速浓缩池

1—进料管；2—出水堰；3—集水槽；
4—底流排出管；5—桥架；6—电源；
7—减速器；8—进料井；9—导流锥；
10—絮凝剂扩散器；11—传动轴；
12—耙臂；13—底流锥；14—超声
波泥位计；15—控制柜

（2）浓缩

浓缩采用重力式浓缩池,设计池型引进澳大利亚技术,采用 SUPAFLO 高速浓缩池,如图 10-25。

SUPAFLO 高速浓缩池的浓缩原理为:在进入浓缩池的污泥中投入一定量的絮凝剂,污泥从池底附近注入,由导流锥呈 20°~45°注入泥浆层中,固体物被拦截在泥浆层内；通过泥浆层滤出的澄清液经溢流堰流入集水槽内,泥浆层的上半部分保持悬浮状态,下半部分产生浓缩污泥。这种浓缩机理弥补了传统浓缩池固体缓慢地干扰沉降的工艺缺陷,因此,可获得较高的产量。

该高速浓缩池直径 18m,池深 4.8m,水力负荷采用 $2m^3/（m^2 \cdot h)$,停留时间 2h,聚丙烯酰胺投加量为 200g/tDS。聚丙烯酰胺投加点设在浓缩池的进水管上,投药后的污泥在中心进料井内得到充分混合,经导流锥进入浓缩池。经浓缩后,上清液汇集到集水井,由潜水泵均匀地流到配水井,上清液浊度通常为 5NTU。底部浓缩污泥用变频调速螺旋泵提升至污泥脱水间。浓缩池内设有超声波泥位控制开关，用来闭环控制污泥螺旋泵的运行，确保浓缩污泥层在所控制的范围内，并保证浓缩池的正常工作。

（3）脱水

污泥脱水设备采用韩国制造的带宽为 3m 的一套带式压滤机，包括全套高分子聚合物制备及投加设备，主要设计参数：

干污泥产率：200kg（m·h）；

泥饼含水率：≤80%；

高分子聚合物投加量：2～3kg/tDs；

投配浓度：1‰。

高分子聚合物制备装置采用干投机，容量为 1500L/h。聚合物采用固体聚丙烯酰胺。制备好的药液由两台隔膜计量泵分别投加至压滤机和浓缩池。

石家庄市润石水厂排泥处理部分于 1996 年 9 月投入运行。正常情况下运行状况良好，脱水后泥饼含水率能达到 80% 左右。但也存在一些问题，主要浓缩效果不够理想和由此引起的脱水污泥含水率有时较高，无法形成泥饼。

浓缩效果不够理想，主要原因是浓缩池容积偏小，停留时间偏短，只有 2h。又同时接纳和调节沉淀池排泥水和滤池反冲洗水，沉淀池排泥水浓度较高，被滤池反冲洗水稀释，进入浓缩池的污泥不仅浓度低了，而且水量也大了一倍多，使浓缩池的停留时间短了，液面负荷也大了。如果调节池改成分建式，单设排水池接纳和调节浓度较低的反冲洗水，经调节后的滤池反冲洗水直接回流，不仅流量少了一倍多，而且入流浓度也有较大的提高，浓缩效果有所改善。浓缩效果提高后，其脱水效果也进一步提高。

2. 北京市第九水厂

北京第九水厂是我国较早建设污泥处理设施的水厂，水厂总规模 150 万 m³/d，分三期建成，三期工程配套的污泥处理设备安装于 2000 年 5 月完工，从而实现了与该厂日供水量 150 万 m³ 相适应的污泥处理规模。第九水厂原水平均浊度 5NTU，平均加药量 5mg/L，设计

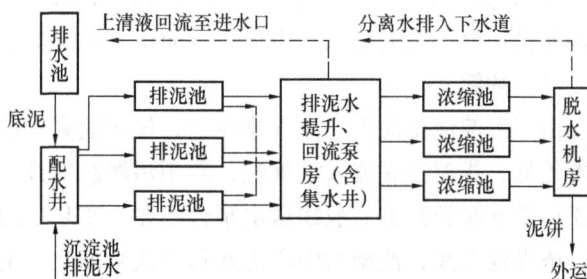

图 10-26　北京市第九水厂污泥处理厂流程

日处理干泥总量按进水年平均浊度的 4 倍与混凝剂投加量之和考虑。进厂排泥水的含水率一般为 99.8%～99.95%。主要构筑物为排泥池、浓缩池、脱水机房。污泥处理工艺流程见图 10-26，排泥水处理系统见图 10-27。

（1）调节

北京市第九水厂调节构筑物采用分建式，即排水池与排泥池分建，排水池主要接纳和调节滤池及活性炭吸附池反冲洗水，上清液回流到净水工艺混合井，底泥定时用潜污泵间歇送往排泥池。排泥池主要接纳和调节沉淀池排水。排泥池设计成既具有调节功能，又具有一定浓缩功能的浮动槽形式排泥池，进水是间歇不连续的，而下道工序连续重力式浓缩池要求入流是连续均匀的，因此需要一定的容积进行调节。排泥池容积按满足一日的排泥

467

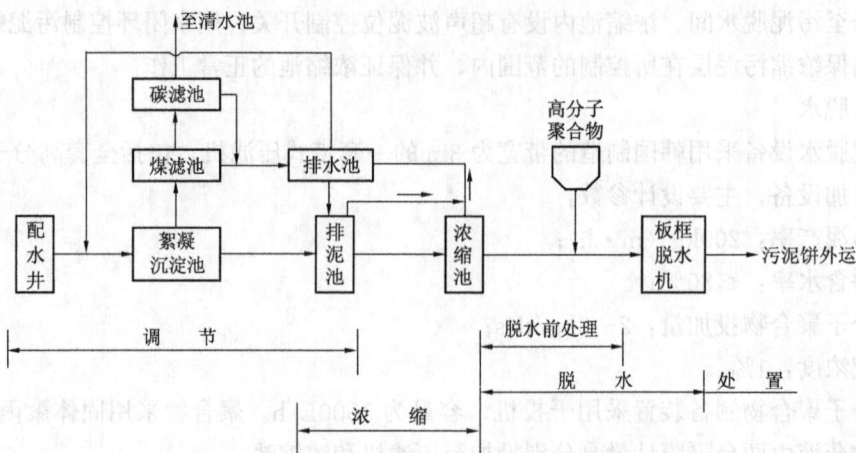

图 10-27 北京市第九水厂排泥水处理系统图

量进行设计，以满足调节要求；池面积按固体负荷 24kg/(m² · h) 设计，以满足浓缩要求。底流污泥由排泥泵 24h 连续均匀送往下一级浓缩池。为了充分利用排泥池容积进行浓缩，设浮动槽吸取上清液，浮动槽可动幅度为竖向 1.5m，上清液均匀连续地从浮动槽排出，细水长流，对底泥扰动小。

排泥池上清液利用虹吸管从浮动槽重力流入集水井，然后用排水泵送入回流池与回流水池上清液一并回流到混合井重复利用。

排泥池池形采用正方形中心进水辐射式浓缩池 3 座，平面尺寸为 24m×24m，有效水深 4.5m，为了池四角不积泥，池下部做成圆形，池中心设有荷兰 HUBBERT 公司的悬挂式刮泥机一台，刮泥机将泥由池边刮向中央集泥沟，然后由排泥泵送往浓缩池。

（2）浓缩

由于沉淀池排泥重力流入排泥池，排泥池离三期沉淀池又有一定距离，因此，排泥池位置较低，排泥池底流入浓缩池，需用污泥泵提升。在浓缩池前设提升泵房 1 座，排泥池底流提升水泵和其上清液输送水泵合建在一座泵房内。

浓缩池 3 座，池型为中心进水辐流式浓缩池，上方下圆。每池设中心传动带竖直栅条刮泥机一台，将泥由池边刮向中心集泥沟，上清液重力流入排水池，重复利用。

（3）脱水

采用机械脱水，脱水机形式为带薄膜挤压的二阶段板框压滤机，从英国进口两台 Edwards&Jones 产品。板框压滤机型号为 AWLW1515H。随同主机一并供货的附属设备有：

1）压缩空气系统：包括空压机两台及其他配套设备；

2）高压冲洗水系统：两台高压水泵，压力 10MPa；

3）投料系统：两台托马斯·威廉供料泵、容积式水泵；

4）药剂投加系统。进机的污泥浓度要求不低于 2%，脱水前投加高分子絮凝剂 PAM 调质。并预留了向浓缩池投加 PAM 的技术措施。随主机板框压滤机供货的药剂投加系统包括溶解、稀释、投配全过程的所有环节的全部设备；

5）现场控制设备：随主机一并提供的现场控制装置能自动控制板框压滤机及其附属设备按程序自动运转。并预留有与上一级计算机控制系统的通信接口。北京第九水厂脱水机房布置见图 10-28。

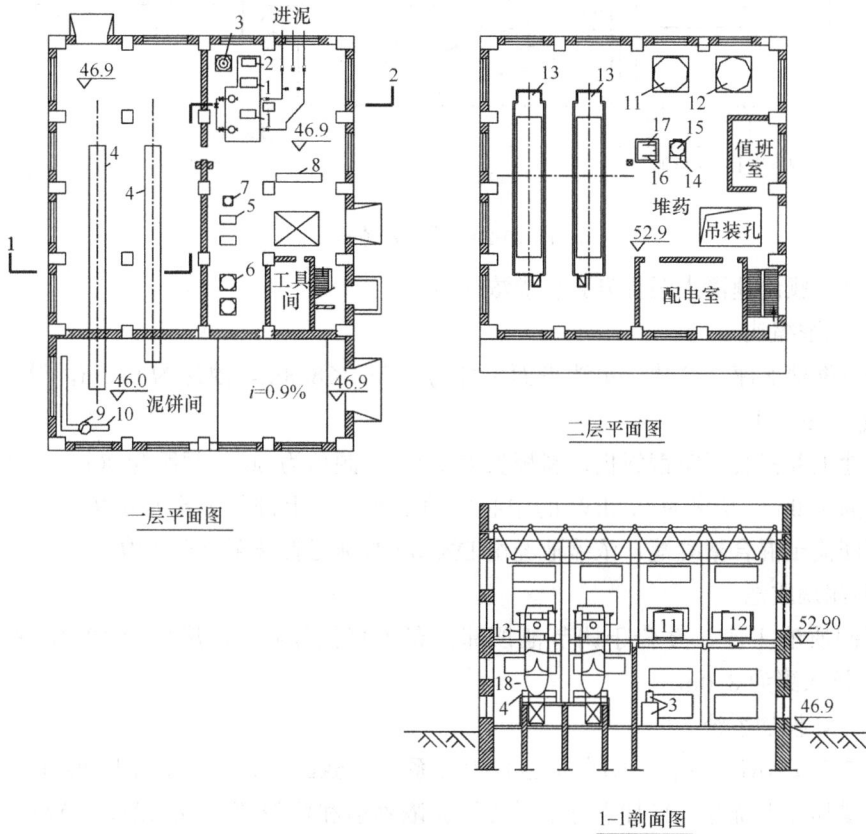

图 10-28 北京第九水厂排泥水处理板框压滤机车间平剖面图

1，2—投料泵及附件；3—滤液收集罐；4—皮带输送机；5—空气压缩机；6—压缩空气储罐；7—干燥器；8—高压水冲洗泵；9—排水泵；10—排水管沟；11—水罐；12—溶液储罐；13—板框压滤机；14，15，16，17—药液制备系统；18—脱水机卸料斗

3. 杭州祥符水厂

祥符水厂排泥水处理工程设计能力 25 万 m³/d，排泥水总量 2000m³/d，2001 年 8 月投产。设计干泥量为 7t/d，主要构筑物有调节池 1 座，斜板污泥浓缩池 2 座。污泥调质池 1 座，脱水机房 1 座。运行结果表明，浓缩池负荷为 $10\sim35$ kg/（m²·d），进泥含固率为 $0.98\%\sim1.44\%$，PAM 投量为 0.4mg/L，出泥的含固率 $\geqslant3\%$，上清液 SS 为 $18\sim24$mg/L。离心脱水机脱水后泥饼含固率均为 $25.03\%\sim39.74\%$。工程总投资 1015 万元，泥饼外运价格 32 元/t，处理排泥水增加了成本为 0.028 元/m³，工艺流程见图 10-29。

（1）主要构筑物及设计参数：

1）调节池

调节池（上叠调质池）1 座，有效容积为 1200m³，尺寸为 26.8m×13.4m×7.2m，有效深为 4.0m。设 2 套功率为 11kW 的水下搅拌器，进行 24h 搅拌。经均质量后的排泥

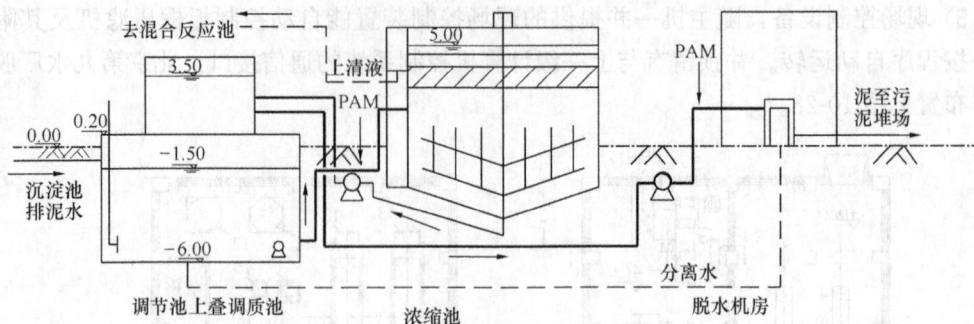

图 10-29 排泥水流程

水通过 3 台变频调速潜水泵提升到斜板浓缩池。

2）污泥浓缩池

污泥浓缩池 2 座，合建。单池平面尺寸为 8.5m×8.3m，池深为 6.5m，设计负荷为 10～40kg/（m² • h）。

浓缩池上部安装不锈钢斜板，斜板长为 1.0m，倾角为 60°，间距为 80mm，下部污泥区设直径为 7.6m，功率为 0.8kW 的中心传动刮泥机；上部的分离水由集水槽汇入回用池，进而回流至混合絮凝池；浓缩池经由 DN150 的排泥管被泵至调质池。

3）污泥调质池

污泥调质池 1 座，叠合于调节池顶部，有效容积 300m³，尺寸为 13.4m×9.2m×3.8m，有效水深为 3.0m。

4）PAM 投加系统

配备 2 套 PAM（粒状，阴离子型）投加系统（5kg/h），包括自动吸料机、贮料筒、双螺旋定量加注系统等。投加点分别设在污泥浓缩前和污泥离心脱水前。PAM 投配浓度为 0.2%～0.3%。在线稀释浓度为 0.01%。

5）综合泵房

采用半地下式，平面尺寸为 14.6m×9.7m，设螺杆式变频调速输送泵 6 台，其中 3 台用于提升浓缩污泥至调质池，流量为 23.5m³/h，扬程为 200kPa，电机功率为 4kW；另外 3 台用于将调质池污泥送至离心脱水机，流量为 14.3m³/h，扬程为 200kPa，电机功率为 4kW。

6）脱水机房及污泥堆场

脱水机房设卧螺离心脱水机 2 台，配有液压差速器。污泥处理能力为 10～14m³/h，差转速为 2～20r/min（无级可调），最大分离因数为 2290g，长径比（L/D）为 4.4，效率 ≥96%，进泥含固率为 2%～3%，出泥含固率＞25%～35%，PAM 耗量为 1.5～3kg/t，电机功率为 29.5kW。

同时还设脱水泥饼螺旋输送机 2 台，泥饼输送量为 5m³/（h • 台），脱水后的泥饼运至污泥堆场，再送到垃圾填埋场，而分离水则进入调节池。

7）自控系统

在控制室设一套排泥水处理监控系统，采用 PLC 中央控制，配有污泥浓度计、流量仪、液位仪、压力表等在线自动跟踪监测仪表，用变频调速方式实现对流量的控制，在工作站显示动态实时处理流程、各主要工艺设备的运行状态、工艺参数。控制原则是采用集散型控制方式，分就地控制箱、就地控制设备、现场 PLC、中央 PLC 等 4 个层次，以提高操作的灵活性和系统的可靠性。

（2）处理效果

1）斜板浓缩池

运行结果表明，浓缩池负荷为 10～35 kg/（m²·h）、进泥含固率为 0.98％～1.44％、PAM 投量为 0.4mg/L，出泥的含固率≥3％，上清液 SS 为 18～24mg/L，完全达到《污水综合排放标准》（GB 8978—1996）中的一级标准（SS≤70mg/L）。

2）离心脱水机

脱水是污泥处理的关键环节，通常为了便于运输及泥饼的最终处置，脱水后的污泥含固率应在 25％以上。祥符水厂在不同的进料浓度和进料量情况下，脱水后的泥饼含固率均为 25.03％～39.74％，回收率＞98％；在使用单台离心机时，在进泥量为 16.7m³/h、进泥含固率为 2.78％时，对应的干泥量为 464.26kg/h，是运行中最大的干泥量，比离心机设计最大产泥量高出 10％，且脱水后泥饼含固率可达 30％；而 2 台离心机同时使用时，在进泥量为 24.6m³/h、进泥含固率为 4.30％，对应的干泥量为 1057.80kg/h，是两台离心机同时运行的最大产泥量，比离心机设计最大产泥量高出 26％，脱水后泥饼的含固率也可达 25％以上；离心脱水后分离水中 SS 为 0.11～0.39mg/L，此分离水通过调节池回到污泥处理系统。

3）运行成本

运行成本主要由人工费、电费、药剂费、设备检修费、泥饼处置费、管理费、折旧费等构成。通过分析得出，处理排泥水使制水成本增加约 0.028 元/m³。

4. 深圳市梅林水厂

深圳市梅林水厂的源水主要来自深圳水库，供水规模 60 万 m³/d。排泥水处理系统按源水浊度为 50NTU 进行设计。

来自絮凝池、沉淀池的排泥水和 V 型滤池的反冲洗水进入回收水泵井截留调节，然后用泵送入回收水平流沉淀池沉淀，其上清液进入回收出水泵井，经潜水泵送回水厂的配水井回用；回收水沉淀池的沉淀经吸泥机排入浓缩池，浓缩后的污泥由潜水泵送入配泥池，经投加聚丙烯酰胺和石灰絮凝沉淀后，其上清液溢流排放，其沉泥由泥浆泵送至板框压滤机进行脱水。脱水后含水率为 65％～70％的泥饼由皮带运输机运至泥库，用汽车送出水厂。其工艺流程见图 10-30，各工序情况：

（1）调节

梅林水厂排泥水处理采用合建式构筑物——综合排泥池（又称回收水泵井），即调节既接受平流沉淀池排水，又接纳滤池反冲洗水。间歇排出的沉淀池排泥废水和滤池反冲洗水在回收水泵井汇合后，由潜污泵均匀排入回放水沉淀池。回收水沉淀池池型为平流式沉淀池，桁架式吸泥机，上清液经水泵回流至配水井，回收利用。底泥由桁架式吸泥车排往浓缩池。

（2）浓缩

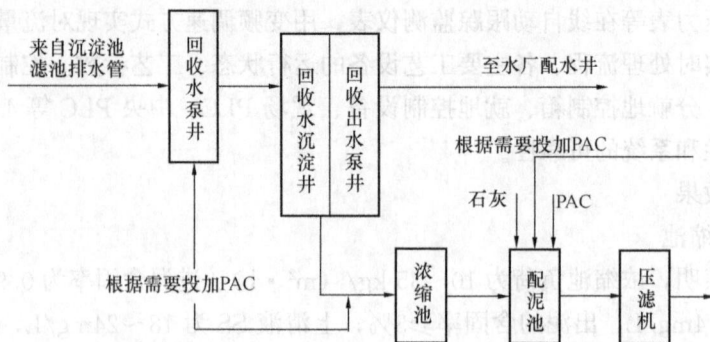

图 10-30 深圳梅林水厂排泥水处理流程

梅林水厂设 10m×10m×6m 浓缩池 5 个，每个浓缩池里设刮泥机 1 台。浓缩池进口前设有格栅机 1 台。浓缩池上清液进入调节构筑物回收水泵井，底流由潜污泵送入脱水机的搅拌罐。浓缩池可根据运行情况投加药剂 PAM。经浓缩后，其污泥含水率可降至 97%。

（3）脱水

梅林水厂污泥脱水方式采用机械压滤脱水。压滤机形式采用吉林第一机械厂生产的带薄膜挤压的二段式加压板框压滤机，6 台。型号为 XMZG300/1250—U，单台过滤面积 300m²，框外形尺寸 1250mm×1250mm，板框数量 117 块，滤饼厚度 25mm，滤饼总容积 3.8m³。

（4）附属设施

1）低压给料螺杆泵 6 台，每台板框压滤机对应 1 台低压给料螺杆泵，扬程 0.6MPa，螺杆泵流量 1108L/min，功率为 11kW。

2）高压给料螺杆泵 6 台，每台主机对应 1 台，扬程 1MPa，流量 300L/min，功率为 7.5kW。

3）无油润滑空压机 2 台，排气量 10m³/min，压力 1.6MPa，功率 75kW。

4）污泥搅拌罐 12 个，单个容积约 60m²。

5）皮带输送机 2 台。

脱水阶段前处理为投加石灰和高分子聚合物 PAM（阳离子型），浓缩池浓缩后的污泥经潜污泵抽入污泥搅拌罐，在罐内投加石灰和 PAM，经搅拌机搅拌混合均匀后，进行絮凝沉淀，再由给料泵送入板框压滤机进行压滤，滤液重力流至回收水泵井，泥饼自动卸料时由皮带运输机输送至集泥斗，再由专用车辆外运至垃圾填埋场。

5. 保定中法供水有限公司净水厂

保定市中法供水有限公司净水厂设计规模 26 万 m³/d，水源为河北省西大洋水库。年平均浊度 10NTU，最高浊度 20NTU，大部分时间是低浊度 3~4NTU。该水厂的排泥水处理系统设有调节、浓缩、脱水及泥饼处置四道工序。调节池采用合建式综合排泥池，平流沉淀池排泥水和滤池反冲洗水均排入一个池子。综合排泥池有效容积 600m³，池子设微孔曝气扰流，以防止污泥沉淀，起均质作用。

浓缩构筑物采用得利满的高密度斜管沉淀池技术。池平面尺寸 4.95m×6.75m，斜管部分有效面积 25m²。斜管斜长 639m，垂直高度 600mm，斜管内切圆 d＝80mm，倾角 60°。在斜管沉淀前投加高分子絮凝剂，斜管沉淀池底部浓缩污泥回流到絮凝池前，与综合排泥池泥水混合后进入机械絮凝池，高密度斜管沉淀池液面负荷约 15m³/（m²·h）。

脱水工序采用离心式脱水机 1 台，进泥浓度约为 3%，脱水后泥饼含水率为 80%。在斜管浓缩池和离心脱水机之间设储泥池 1 座，容积 300m³。斜管浓缩池浓缩污泥底流由排泥泵送入储泥池，脱水机进料泵从储泥池抽泥送入离心脱水机。污泥脱水前进行化学调节，投加的化学药剂经药剂制备系统制成一定浓度后，用计量泵压力投加，投加点在脱水机前进料泵出水管上。处理工艺流程见图 10-31，Densadeg 高密度澄清池示意图见图 10-32。

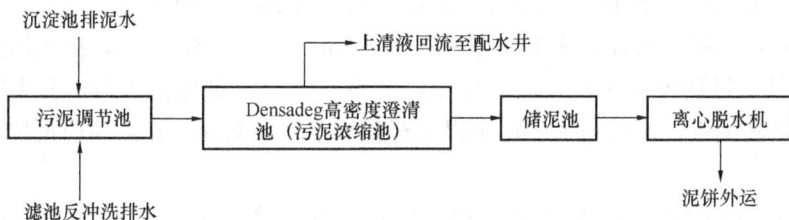

图 10-31 保定中法供水有限公司净水厂排泥水处理工艺流程

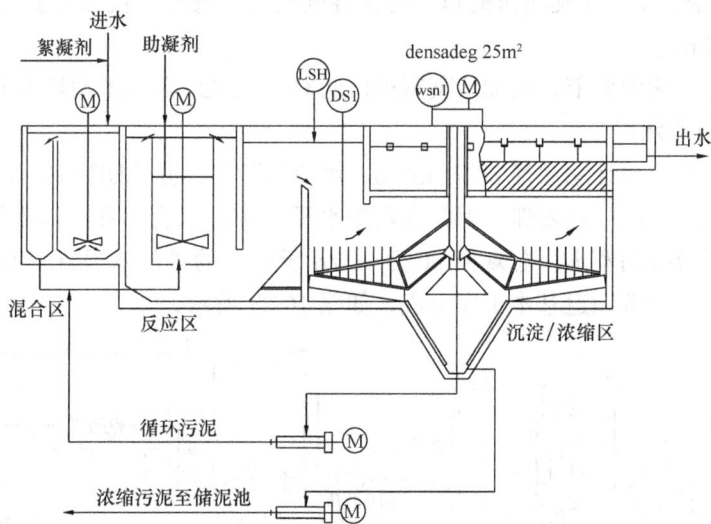

图 10-32 Densadeg 高密度澄清池示意图

6. 大连市沙河口净水厂

大连市沙河口净水厂设计规模 40 万 m³/d，水源以碧流河水库为主。该厂排泥水处理工艺流程见图 10-33，由调节、浓缩、脱水、处理四道基本工序组成。处理对象为滤池反冲洗水、沉淀池排泥水（包括少量折板絮凝池排泥水）。处理规模按年平均浊度的 4 倍计算干泥量。

（1）调节：调节构筑物采用分建式，即单设排水池接纳和调节滤池反冲洗水，设排泥池接纳沉淀池排泥水和少量絮凝池排水。滤池反冲洗水经排水池调节后提升至配水井重复利用。设排泥池 1 座，排泥池对沉淀池排泥水进行质和量的调节。平面尺寸为 20m×

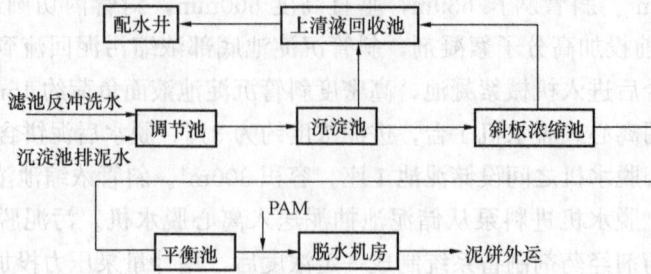

图 10-33 水厂排泥水处理工艺流程

14m，有效水深 3m，池内设 2 台潜水搅拌器、3 台排泥泵（2 用 1 备）。

（2）浓缩：采用重力辐流式浓缩池 2 座，D22m，有效水深 3.5m，按固体负荷 23 kg/（m²·d）设计。进泥含水率 99.6%，排泥含水率 97.5%；每座池内设 1 套半桥式周边驱动带浓缩栅条刮泥机。浓缩池底泥用泵提升至脱水工序平衡池。在浓缩前投加高分子聚合物 PAM。

（3）脱水：选用离心式脱水机 3 台，2 用 1 备。进泥含水率 97.5%，泥饼含水率 75%。附属设备为每台脱水机配一套污泥切割机和 1 台进料泵，进料泵采用偏心螺杆泵，共 3 套，2 用 1 备。1 台螺旋输送机和一套絮凝剂制备、稀释、投加装置。脱水机房平面尺寸为 24m×12m。

在脱水前进行化学调节，投加从英国进口的 Ciba LT27 阳离子型聚丙烯酰胺。

7. 长沙市第八水厂

长沙市第八水厂设计总规模 50 万 m³/d，水源为湘江，分两期建成。长沙第三水厂设计规模 30 万 m³/d，两厂相毗邻，因此将两座水厂的排泥水合并在长沙市第八水厂处理，其排泥水处理系统按两座水厂总规模 80 万 m³/d 所产生的排泥水设计。其工艺流程由调节、浓缩、脱水、处置四道基本工序组成，如图 10-34 所示。

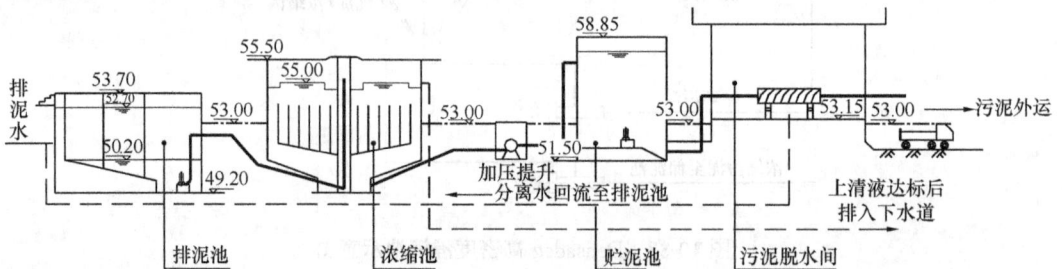

图 10-34 排泥水处理工艺流程

（1）调节：设综合排泥池，收集和调节净水厂排泥水。包括沉淀池排泥水、滤池反冲洗水和脱水机滤液。浓缩池上清液达标（SS＜70mg/L）后排放。综合排泥池共 2 个，单池尺寸 10m×10m×3.5m，有效水深 2.5m，两池有效容积 550m³。池底设 15% 坡度坡向集泥坑，池内设置叶轮直径为 260mm，功率为 0.85kW 潜水搅拌机 2 台。

由于排泥池既接纳沉淀池排水，又接纳滤池反冲洗水和脱水机滤液，属合建式综合排泥池。

(2) 浓缩：采用重力连续式、中心进水辐流式浓缩池 4 座，单池尺寸为 $D=24m$，有效水深 4.0m，有效容积 2304m³，池底坡 10% 坡向集泥坑。每池设 1 台污泥浓缩机，浓缩机周边线速度控制在 0.6m/min 以下，池内设置污泥浓度计。

(3) 脱水：采用滤布行走式板框压滤机 2 台，进机污泥含水率 98%，泥饼含固率 45%。该系统的一个显著特点是脱水过程中无需进行化学调质，属无加药脱水系统，而且泥饼的含固率较高，方便管理。

板框压滤机脱水间建筑面积 1716m²，共 3 层。底层布置脱水机辅助设备。二、三层布置 2 台滤布行走式板框压滤机。板框脱水机辅助设备包括 4 台污泥进料泵，4 台隔膜挤压泵，4 台滤布清洗泵，4 台真空泵，2 台空压机，2 台干燥机，2 个储水罐，3 个储气罐，2 台无轴螺旋输送机和 5 台浓缩池出料泵。

在底层还没污泥平衡池 1 座，尺寸为 12m×6.2m×7m，有效水深 6.05m，有效容积 450m³，池内设置液位计和潜水搅拌机。

8. 上海长桥水厂

长桥水厂始建于 1959 年，目前供水能力已达 160 万 m³/d，是目前国内规模最大的自来水厂。2005 年，长桥水厂在对旧系统改进时新建的 60 万 m³/d 的系统中进行了排泥水处理系统的建设。设计干泥量为 58T/d。

(1) 工程概况

排泥水处理工艺流程见图 10-35。

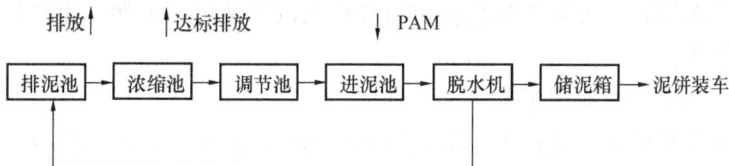

图 10-35 排泥水处理工艺流程

1) 浓缩池

采用占地面积小的斜板浓缩池，分 3 座，单池尺寸为 12m×12m，池深 7.6m，设计斜板固体通量约为 21kg/(m²·d)，池内设中心传动旋转式浓缩刮泥机，池底设置集泥坑，由 DN200 出泥管道至调节池。池内设不锈钢斜板 9 排，每排斜板之间设有上层集水槽和下层进水槽，水流由斜板底部侧向进水，顶部侧向出水。为更好地控制运行，在浓缩池内斜板下约 500mm 处设置了污泥泥位计，在至调节池的出泥管上设置管式污泥浓度计，监视池内浓缩情况，控制出泥浓度，并控制电动出泥阀门的开闭。

2) 调节池

设置 2 座调节池，以对浓缩污泥调质调量。单池容积约 1000m³，池内各设 2 套潜水搅拌机。浓缩池出泥依靠重力自流至调节池，为避免因调节池液位变化带来流量冲击使浓缩池出泥浓度降低，调节池进口设置了电动进水堰板阀，可上下调整 1.5m 的水位差，以控制进泥流量。

3) 板框压滤机系统

污泥脱水机械采用板框压滤机，共设置大型悬梁吊顶式板框压滤机 3 台。板框压滤机包括带悬梁及端板的机架、聚丙烯滤板、滤布、液压关板系统、滤板悬挂系统、全自动开板装置、全自动滤布抖动装置（自动脱泥）、带喷嘴的滤布高压清洗装置，过滤液收集计量槽、隔膜板挤压管路、机架上的进泥排水吹脱管路、滴水盘、安全光栅等。

每台板框压滤机由 2m×2m 滤板 149 块形成 148 个腔室，其中 74 块为可更换隔膜板的滤板。滤板中间设 φ200 圆孔，4 个角上各设 φ50 圆孔，关板后中间形成进泥通道、4 个角形成过滤液排水通道。板框机采用了全自动滤布抖动装置，将滤板间 2 片滤布悬挂对一个由弹簧加连杆组成的滤布悬挂装置，开板时使滤布上半部被拉斜。在全自动开板器上加装了一个凸轮装置，开板后在转动凸轮和滤布悬挂装置弹簧共同作用下，抖动滤布促使泥饼卸落。加装滤布抖动装置可以减少劳动强度，提高自动化程度，并减少人工铲泥对滤布的损伤。

4）进泥泵

进泥泵选用大型液压柱塞泵，由 3 用 1 备 4 台泵组成，单泵最大能力 2000L/min，设定工作压力 1MPa，冲程次数≤22 次/min。

柱塞泵由泵体、液压驱动装置、吸入及压出端脉冲缓冲器及配套的 PAM 吸液筒组成。

5）贮泥箱

钢筋混凝土储泥箱直接悬置于板框压滤机下面与板框压滤机支撑柱连接。贮泥箱容积约为 2d 泥饼量。贮泥箱底部设置料仓推架系统，将泥饼推向出料口，出料口设置平板刀闸门，出料口下部设置螺旋输送机将泥饼直接送至汽车装运。推架、出料口出泥、输送装运实现一步化操作。

（2）板框压滤机系统运行情况

排泥水处理系统建成后进行了全面调试和试运行，各环节工艺流程及设备运行基本正常。由于试运行中排泥水量未达到设计水量，因此没有对浓缩池运行效果进行测定。

对板框压滤机系统进行了 45 次完整的压滤脱水试运行，每台板框压滤机运行每个批次的时间小于 3h，每个批次的干污泥量大于 4t，泥饼含固率大于 50%。板框压滤机相关运行数据为：进泥浓度 5%～6%（浓缩池非连续运行状态）；泥饼含固率 51%～55%；阴离子型聚丙烯酰胺平均加注量 1.5kg/t 干泥，最大不超过 2.5kg/t 干泥。每批次运行时间中进泥压滤时间约 70～80min（压力达到 0.7MPa），隔膜挤压时间约 20min（压力达到 1MPa），开板卸泥时间 60～70min。

（3）长桥水厂污泥处理系统主要特点

1）板框压滤机采用悬梁吊顶式，滤板尺寸 2m×2m，每台 149 块，单机国内最大，以适应长桥水厂规模大、用地紧张的需要。实际运行脱水含固率超过 50%，含固率高，泥饼数量少，减少运输量。

2）采用液压驱动柱塞泵作为进泥泵，可以根据板框压滤机过滤压力自动调节冲程频率，整个进泥过程中流量、压力与板框压滤机压滤过程完全匹配，加上初期进泥速度适中，可使板框压滤机脱水泥饼含固率提高。

3）采用自动滤布抖动装置，卸泥比较彻底，一般无需人工铲泥，劳动强度低，自动化程度高，并减少对滤布的损坏。同时滤布抖动装置可以根据需要选择运行，减少耗时。

4）采用储泥箱加料仓推架出泥系统，储泥箱叠合在板框压滤机下，解决了场地紧张及环境问题，也方便自动出泥装运。

5）选用板框压滤机，PAM 投加量较少。

6）集中组合布置减少占地。楼板吊物孔布置方便设备进出。

（4）设计经验及需关注的问题

1）滤板数量估算。滤板腔室容积、腔室厚度及脱水泥饼含固率是确定滤板数量和板框压滤机大小的重要参数，一般应根据脱水试验确定（长桥水厂经现场脱水试验得出泥饼厚度 15mm，含固率大于 50%），当缺乏资料时可按经验取值，一般泥饼厚度为腔室厚度的 2/3，泥饼含固率约取 35%～40%。以 2m×2m 滤板为例，两块滤板间形成的腔室厚度 30mm，腔室容积约 95L，若以泥饼 35% 含固率估算，则每个腔室每次脱泥量约 7.35kg。

2）2m×2m 的滤板是最大的滤板，滤板的进泥、排水通道设计布局是否合理对泥饼厚度、均匀度、含固率有很大影响。大尺寸滤板均为中间设大孔四角设小孔设计，中间大孔为进泥通道，周边 4 只小孔有采用"1 挤 3 出"设计的，这样可以节省些造价，但往往会使压力水通道附近泥饼薄、含固率低，最好是在滤板下部一侧侧壁另外附带一个小孔，另设一条压力水管用高压软管与小孔连接，给出挤压水通道。小尺寸滤板进泥排水均匀性要求不高，采用各种进泥、挤压方式均可。

3）大型板框压滤机滤板数量较多时，为使进泥均匀需要采用两端进泥方式。即使这样，由于实际布置中进泥泵往往会偏向板框压滤机一端，会造成进泥速度近端大远端小，在运行中也发现远端滤饼较薄含固率较低的现象，有时还会因此略有黏布现象。设计中应尽量使进泥泵位置居中布置，或偏向于移动端板一端，可以避免上述现象发生。

4）板框压滤机过滤特性是初期过滤速度快压力低后期则相反，选用的进泥方式对滤饼厚度及含固率影响较大，有用离心泵作为进泥泵的，通常只用于过滤压力增加不大的板框压滤机；有用高低压两套变频螺杆泵分级进泥的，即先用大流量低压螺杆泵进泥，到一定压力后再用小流量高压螺杆泵进泥，同时均配有变频根据压力变化调节流量，可以适应过滤压力增加较大的板框机；有采用液压驱动的柱塞泵，可完全根据板框压滤机过滤压力调节冲程频率和进泥量，因此脱水效果较好的泥饼。另外选配的进泥泵能力应适中，流量太大滤布"堵塞"加快，水不易挤出，泥饼含固率下降，流量太小则会延长进泥时间。因此对大型板框压滤机进泥，建议优先选用冲程式的柱塞泵或隔膜泵，其次选用高低压两套变频螺杆泵分级进泥方式。

5）2m×2m 滤板腔室高度 30mm，在挤压时隔膜滤板的周边一圈隔膜贴不到后背，是脱空的，在高压反复挤压时隔膜容易疲劳开裂，应选用反空腔形式的隔膜。另外，选用隔膜可脱卸式滤板可在隔膜损坏时仅更换隔膜，不会报废滤板，当然价格会略高些。

6）全自动滤布抖动装置是基于板框压滤机无人值守要求而设置的。也有生产厂不提供此类装置。用于本工程悬梁吊顶式滤板的滤布抖动装置由于滤布中心是固定的，滤布悬挂和抖动只能对滤布上半倾斜部分产生作用，而下半部滤布基本不动，实际运行中发生局部粘泥的也正是在下半部，考虑到增加该装置造价增加较大，因此需视泥饼粘布情况酌情而定。

7）板框压滤机脱水后阶段可以采用水挤压或压缩空气挤压，考虑到安全问题一般宜选用水挤压。

8）板框压滤机下面直接设置钢筋混凝土储泥箱，再配以料仓储推架系统出泥，对于场地紧张，环境要求高的地方是一种有效的方式，也方便泥饼自动运装、装车外运。

9）浓缩池到调节池常采用螺杆泵提升或重力自流。采用螺杆泵提升不仅解决了高程问题，而且方便了定量控制出泥量，另外管路布置上可以平接减少弯头防止堵塞，但螺杆泵定子衬套易损坏。采用重力自流可以省去泵房及设备，但因调节池液位变化大出现流量较难控制；设置堰板阀可以解决这一问题。而且，管路成倒虹吸布置易积泥，也是一个实际问题。因此应全面权衡后作选择。

9. 太原市呼延水厂污泥处理工程

呼延水厂采用常规处理工艺，其污泥处理系统按 80 万 m^3/d 处理水量的规模设计，土建一次完成，主要分污泥的收集调节、浓缩、脱水三个部分，具体工艺图流程见图 10-36。

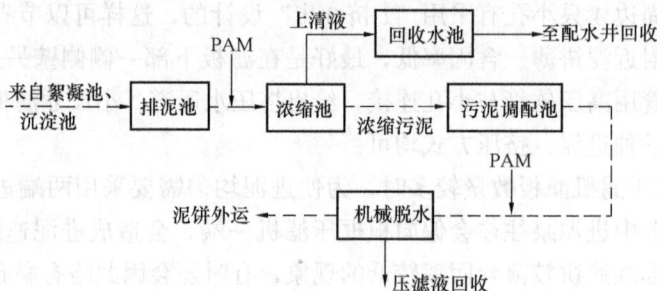

图 10-36　污泥处理工艺流程

（1）主要构筑物

1）排泥池

水厂内每 40 万 m^3/d 处理单元设排泥池 1 座，分为 2 格。该排泥池用于收集、调节、均质絮凝池及沉淀池的排泥水，尺寸为 $30.25m \times 10m \times 5.5m$，以隔墙分隔。每池内设有潜水搅拌机，以保持池内污泥均质。另设有潜水泵，将池内污泥抽至污泥浓缩池。

2）浓缩池

4 座，为中心进泥辐流式重力浓缩池，每池设中心驱动式污泥浓缩机 1 台，池型为上方下圆，其设计表面固体负荷为 $10.5kg/(m^2 \cdot d)$，水力停留时间为 21.4h，单池尺寸 $17m \times 17m \times 5.5m$，浓缩池底流流浓度约为 2%～3%，经螺杆泵加压送至污泥调配池收集后送脱水机房，上清液则送至污泥回收池回收利用。

为提高浓缩效果，在浓缩池污泥进口设置管式静态混合器，投加高分子阴离子型 PAM 絮凝剂，投加质量分数为 0.02%。

3）污泥调配池

2 座，每座尺寸 $6m \times 4m \times 5.6m$，经浓缩后，污泥含水率已降至 97%～98%。池内各设 1 台潜水搅拌机，以保证池内污泥均匀。污泥由该池以由螺杆泵输送至脱水机房进行机械脱水。

4）回收水池

2 座，每座尺寸为 6m×6m×5.6m，每池设有 150QW140－18－15 型潜水泵 2 台，用于将池内上清液送至水厂配水井回收利用。

以上中心辐射流式浓缩池、回收水池、污泥调配池全部设于沉泥浓缩车间内（60m×20m）。螺杆泵采用德国 NETZSCH 公司的 NEMO 泵，中心传动浓缩机等则选用国产设备。

5）污泥脱水机房

水厂污泥脱水机采用德国 NETZSCH 公司的 NETZSCH 板框压滤机。浓缩污泥经投加 PAM 后，由 NEMO 螺杆泵送入压滤机，机械脱水后，泥饼外运，压滤液回收利用。

水厂的污泥脱水系统由以下几部分组成：压滤机本体、进料泵、絮凝剂配制及投加系统、隔膜挤压系统、空压机、滤布清洗装置及清洗泵、PLC 控制系统以及相关的仪表、阀门等，见图 10-37。

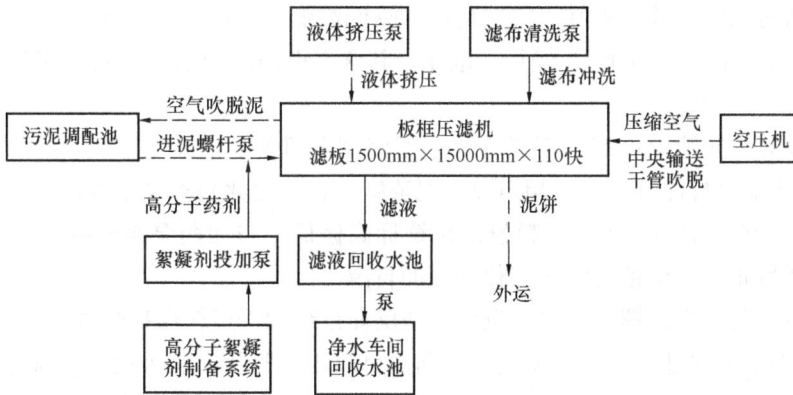

图 10-37　污泥脱水系统流程

NETZSCH 侧杠式全自动隔膜板框压滤机采用以水为介质的隔膜压榨系统，该系统的工作程序如下：

首先启动污泥进料泵，达一定压力停泵后，隔膜压榨系统开始启动，每块隔膜压滤板的外侧下部都有连接软管与挤压分配管连接，隔膜滤板通过高压软管与分配管连接，软水管带有快速连接器，包括通过压力开关和余压控制装置进行电气安全的连锁。采用变频控制的隔膜挤压泵通过连接软管将水充进隔膜滤板的隔膜背部，使隔膜朝滤饼方向挤压，通过控制程序升高挤压压力，隔膜对泥饼进行直接和进一步的挤压脱水，从而确保较高的滤饼含固率。当达到最大的压榨压力（约 1.5MPa）并保持一段时间后，隔膜压榨泵关闭，从而实现最佳的污泥脱水效果。

污泥脱水系统采用的主要设备、装置的技术参数如下：

1）侧杠式全自动隔膜板框压滤机 1 台：板框尺寸 1.5m×1.5m 泥饼厚度 32mm，室腔 110 个/台，最大进料压力 0.7MPa，最大膨胀压力 1.5MPa。带有自动卸饼装置。

2）低压进料泵 Q=10000～100000L/h，H_{max}=0.9MPa，德国 NEMO 螺杆泵。

3）隔膜压榨泵 Q=1500～11000L/h，H_{max}=1.5MPa，德国 NEMO 螺杆泵。

4）高压滤布清洗泵 Q=330L/min，H_{max}=10MPa，德国 ABFL 三缸式高压活塞泵。

5）空压机 Q=1319L/min，H=1.5MPa，德国 BOGE 活塞式压缩机。

6）絮凝剂自动配制及投加系统的系统投加量≥2600L/h，投加质量分数 0.1%。

自动吸干粉装置根据全自动干粉配制装置中的干粉料位传感器，自动将 PAM 固体颗粒从干粉袋中吸到全自动干粉配制装置中，由 1 台全自动干粉配制装置配制成质量分数为 0.5%的 PAM 溶液，通过 3 台药剂投加泵和稀释装置将 0.5%的 PAM 溶液分别稀释成 0.02%的溶液投加到浓缩池前进泥管线上的管式静态混合器处，或稀释成 0.1%的溶液投加到压滤机前注料管线上的管式静态混合器上。

（2）系统运行中存在的问题及采取的措施

系统运行以来，总体情况良好，基本能达到设计的要求，但在运行中也发现一些问题需要解决。

1）冬季低温低浊水时水处理排泥量较少，使浓缩池不能正常运行从而影响污泥浓缩效果。

2）给水污泥浓缩效果不好，特别是在冬季低温低浊水时，由于沉淀池排泥水含水率较高（实测约在 99.5%以上），经加药浓缩，其含水率仍高于 98%，影响了污泥机械脱水的效果。

3）原设计浓缩池中设有污泥界面计，但因刮泥机的安装影响了污泥界面计的安装，故调整为在浓缩池排泥管上设置超声波污泥浓度计，并由此来控制是否排泥，方便管理。

4）原 PAM 投加系统中，干粉投加系统标高偏低，与加药泵泵轴标高相差较小，而 PAM 溶液黏度很大，致使有时不能保证泵的自灌。

5）原设计药剂投加螺杆泵没有设置自动反冲系统和干运转保护装置。

作为大型地面水处理厂的污泥处理，国内目前还不普及，从污泥量的确定到工艺流程的选择再到设备的安装调试都缺乏经验。在生产运行的实践中也有许多问题需要解决。

第 11 章　生物预处理与深度处理

11.1　生物预处理

生物处理方法包括活性污泥法和生物膜法，在污水处理领域早就被采用。生物膜法主要包括生物滤池和生物接触氧化法。20 世纪 20~30 年代出现了较多的生物过滤池，由于体积负荷和 BOD_5 去除率均很低，易堵塞等缺点，应用发展缓慢。20 世纪初美国韦林（Waring）、德国迪特（Ditter）试验研究了生物接触氧化处理生活污水，1938 年日本也进行了研究。1971 年，日本小岛贞男从河流自净作用开始，在受污染的给水原水处理研究中，采用蜂窝管式填料和充氧方法，使生物接触氧化在给水领域处理微污染水源水有了突破。20 世纪 90 年代起，我国微污染原水处理技术开始进入生产试验和工程应用阶段，如深圳梅林水厂生物接触氧化池改造工程、嘉兴石臼漾水厂生物接触氧化工程扩建工程。1998 年底世界最大规模生物预处理工程广东东江－深圳 400 万 m^3/d 生物接触氧化工艺建成并运行。

11.1.1　生物预处理基本概念

在常规处理前利用生物作用，去除水中部分有机杂质，特别是氨氮的处理工艺称"生物预处理"。生物预处理工艺一般设置在常规处理工艺之前，主要利用生物填料上的微生物群体的新陈代谢活动，对水中氨氮等含量较高的有机污染物进行氧化分解，同时也对水中 COD_{Mn}、色度、臭味、藻类、铁、锰等部分去除。既解决了后续常规处理和深度处理难于解决的问题，又改善了常规处理和深度处理综合处理效果。

1. 基本原理

生物预处理的基本原理是在原水中进行人工充氧，强化好氧微生物繁殖条件，形成生物膜。使原水在足够的充氧条件下，与附着生长在填料表面的生物膜不断接触，通过微生物自身生命代谢活动——氧化、还原、合成、分解等过程，以及微生物的生物絮凝、吸附、氧化、硝化和生物降解等综合作用，使水中许多有机污染物逐渐转化和去除。

原水中有机污染物通常是含有由碳、氢和氧组成的含碳有机物，以及由有机氮、氨氮等组成的含氮有机物。其生物接触氧化过程是复杂的，一般认为：

（1）含碳有机物，特别是可生物降解的溶解性有机碳（BDOC），在好氧环境中通过微生物作用可分解为 CO_2 和 H_2O；

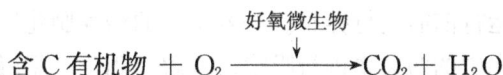

$$含 C 有机物 + O_2 \xrightarrow{\text{好氧微生物}} CO_2 + H_2O$$

（2）含氮有机物在有关微生物作用下，有些可逐步生物降解生成 NH_3 和 NH_4^+。在亚硝化杆菌和硝化杆菌的作用下进一步硝化合成 NO_2^- 和 NO_3^-，最后完成有机物的无机化过程：

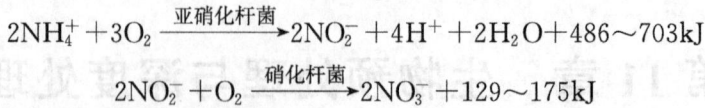

$$2NH_4^+ + 3O_2 \xrightarrow{\text{亚硝化杆菌}} 2NO_2^- + 4H^+ + 2H_2O + 486 \sim 703kJ$$

$$2NO_2^- + O_2 \xrightarrow{\text{硝化杆菌}} 2NO_3^- + 129 \sim 175kJ$$

2. 影响生物预处理效果的主要因素

影响生物预处理效果的主要因素有：

（1）温度

由于低温条件下水中微生物新陈代谢作用受抑制，生命活动远不如常温条件下活跃，因此低温情况下生物氧化预处理效率将明显下降。水温低于 5℃时，微生物代谢作用显著迟缓，生物硝化作用几近停止，甚至可能使微生物死亡。常年或半年时间处在低温的地区，应考虑将生物接触氧化池建于室内。

（2）停留时间

利用微生物将水中的各种污染物加以代谢、分解，这需要一定的时间。

（3）pH

微生物的生理活动与水中 pH 密切相关，多数生物只有在适宜的酸碱度条件下，才能进行正常的生理活动，最佳 pH 在 6～8 之间。

（4）溶解氧

充氧是生物预处理效果的关键条件。氧是水和有机化合物的主要成分，是细胞的组成部分，好氧微生物的代谢活动、分解有机物都需要有充分的氧的参与。所以生物接触氧化池充氧条件会直接影响处理效果。

3. 基本形式

生物氧化预处理的工艺形式主要有塔式生物滤池、生物转盘、生物流化床、生物接触氧化池和生物陶粒滤池等。在生物预氧化处理工艺中，作为生物载体的填料以及曝气方式和池形布置等也可有多种形式。最常用的是悬浮填料生物预处理，但弹性填料和生物滤池也仍在使用。

11.1.2　弹性填料生物预处理

1. 构造特点与主要参数

（1）构造特点

弹性填料生物预处理是以弹性立体填料作为生物载体处理微污染原水的一种方法。其构造和布置见图 11-1。微污染原水进入生物氧化池后，流经充满大部分池体容积的弹性立体填料层，在池下方的穿孔布气管或微孔曝气器曝气供氧条件下，通过填料表面生物膜硝化菌等的生化作用去除水中氨氮、COD_{Mn} 等污染物质，净化后的水经集水系统流出生物接触氧化池。

生物接触氧化池在运行前需进行挂膜。经若干天的培养驯化后，微生物附着生长在填料上生成生物膜，对原水中的污染物进行吸附、分解、硝化、絮凝和去除。当生物氧化池出水氨氮去除率达 60% 以上时，可认为挂膜完成。挂膜期一般半月以上，与水温有关。

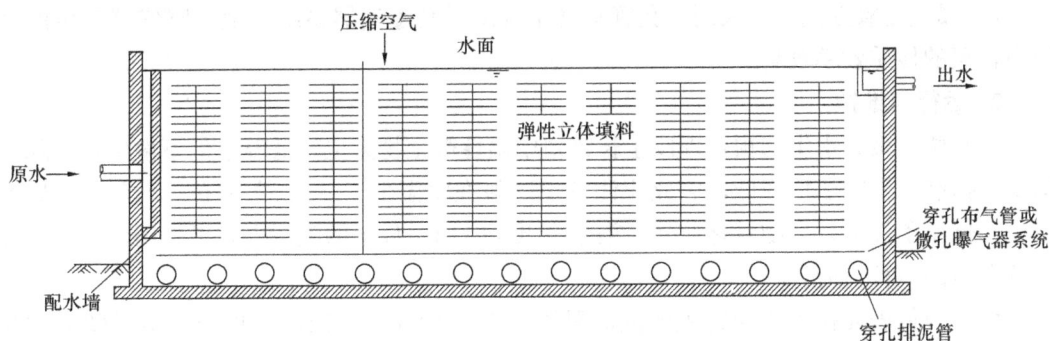

图 11-1 弹性填料生物接触氧化池布置示意

（2）主要参数

弹性填料生物接触氧化池的设计参数应根据当地原水水质、水温以及处理要求确定，并宜通过小试和中试加以验证。一般如下：

1）弹性填料生物接触氧化池有效水深为 4～5m。

2）生物氧化水力负荷为 2.5～4m³/(m²·h)（与弹性立体填料单元布设密度和单元长度的填料丝根数等有关）。

3）生物氧化部分有效停留时间为 1～2h。

4）气水比为 0.8:1～2:1。

5）填料单元布置：布置密度和填料比表面积大小，直接关系到生物处理效果和微生物代谢活动等，宜在不影响填料上积泥和冲泥等需要的前提下，尽量利用池体空间紧凑布置。

6）波纹弹性立体填料：单元直径一般采用 170～200mm，填料丝径 0.5mm，丝密度平均为 22～24 丝/cm。在生物氧化池中一般将各单元组合成梅花形布置，也可相互适当搭接。每一单元的立体填料以乙纶绳或包芯塑料绳（金属丝芯）作中心绳，将聚烯烃类塑料丝通过中心绳纹合固定成辐射状立体构造，悬挂于吊索或吊杆下（见图 11-2）。

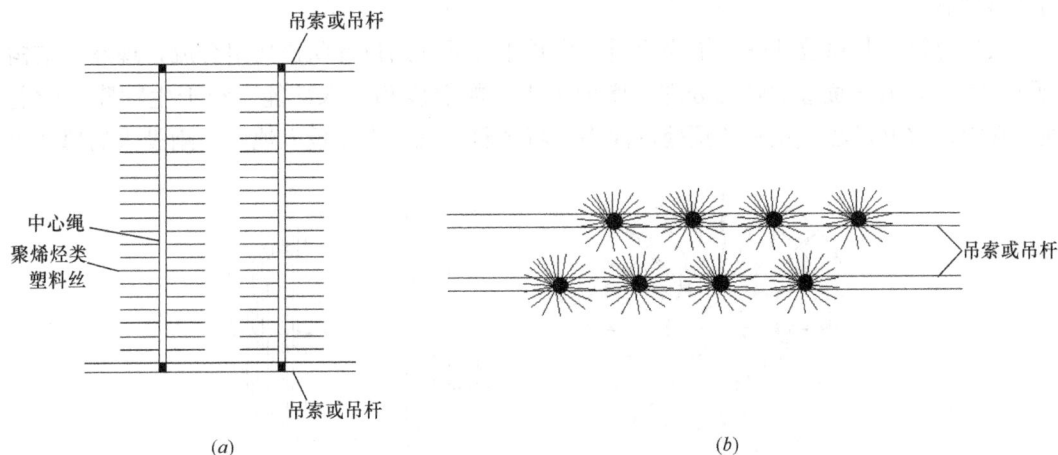

图 11-2 弹性立体填料单元及梅花形布置

(a) 单元立面；(b) 梅花形布置平面

7）曝气充氧方式：可采用穿孔管曝气系统或微孔曝气器系统。微孔曝气器产生的气泡小，氧的传质效率较高。

2. 运行与维护

（1）微污染原水生物预处理以生长繁殖中温性微生物为主。低温条件下微生物新陈代谢受到抑制，生物活性降低，因此应注意：一般在水温低于 10℃情况下，不宜进行填料挂膜。低温条件下，生物氧化池除污染效率低于常温条件下的除污染效果，因此应适当降低低温时的运行负荷。

（2）填料表面在生长生物膜的同时黏附较多泥砂等悬浮杂质，将增厚填料丝上的膜层，妨碍微生物与水中污染物和溶解氧的生化传质作用，降低生物活性，明显降低生物处理效果。填料表面生物膜层的增厚，还会导致出现兼氧区和减少填料比表面积，影响处理效果，因此应注意：

1）当生物膜增厚时，注意及时适度冲洗，保持生物膜的及时更新和良好的生物活性。

2）当处理含悬浮杂质较多的微污染原水时，可考虑在生物氧化池前增设原水预沉措施。

（3）生物氧化池经较长时间运行后，依附在填料上的苔藓虫等水生物有可能大量暴发生长，影响正常运行，可停池降低水位，用消防水枪冲洗去除。

3. 存在的主要问题

弹性填料生物接触氧化预处理存在的主要问题是短流、池底和填料的积泥；另外由于弹性填料在池内固定，运行一定时间后，填料表面产生黏性，黏积悬浮物和覆盖生物膜，使生物膜活性减弱，影响处理效果，故需定期进行冲洗，实际操作中通常放空或半放空池子，用高压水枪冲洗，但效果并不理想。

11.1.3　悬浮填料生物预处理

1. 构造特点

悬浮填料是在弹性立体填料生物预处理工艺在实践应用中发现一系列问题后开发出来的新型填料。

（1）悬浮填料由改性聚丙烯为原料，由数十片叶片通过环状连接组合成合理球形结构（见图 11-3），其表面经过特殊处理，增加了表面粗糙度和亲水性能，利于生物膜的附着性。在放满水并已曝气正常的预处理池中，将填料一批一批地投入池中。刚投入的填料由

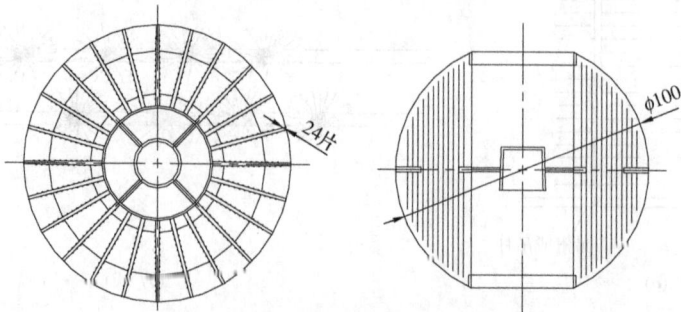

图 11-3　悬浮填料示意图

于比重轻浮于水面，运行一段时间后，填料表面附着生物膜（见图11-4、图11-5），比重接近于水，悬浮在水中，在充足的曝气量对水体扰动的影响下处于流化状态，填料经自然接种后，在水温适宜，溶解氧充分条件下，微生物得以迅速繁殖。填料表面会慢慢附着大量的生物膜，原水污染浓度越大，附着量越大，比重逐渐增加，当生物膜到一定厚度时，填料从非曝气区下沉，在水池底部，改造后的底部结构将悬浮填料下滑到曝气区，曝气区底部的冲击力最强，能迅速冲洗掉悬浮填料上的残余生物膜，脱膜后的填料比重也随之降低，并在曝气区上升。根据挂膜前后的比重变化特点，填料可以随水流在曝气区和非曝气区翻腾，从而交替完成了生物膜的生长和脱落过程，保证生物膜的数量稳定性和活性，使工艺运行较稳定。

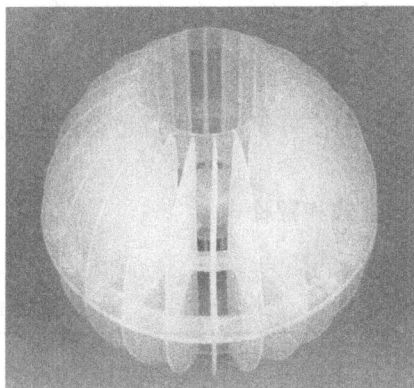

图11-4　挂膜前的悬浮填料示意

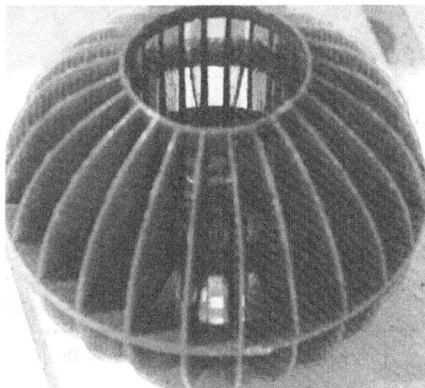

图11-5　挂膜后的悬浮填料示意

（2）与弹性填料相比，悬浮填料比表面积大，有效比表面积均在 $500m^2/m^3$ 以上，处理效果较好；填料的特殊结构使其很容易流化，良好的水流通过减少了运行时的阻力损失，生物膜在运行过程中能自行脱落流出，对布气要求也不是很高。无需设置排泥系统。

（3）填料表面的生物膜存在好氧区和厌氧区，因而在生物膜中也可以达到脱氮的效果，一般情况下，氨氮去除率可以达到70%以上，COD_{Mn}去除率15%左右。铁、锰去除率20%，对色度的去除率10%左右。

（4）填料在水中处于流化状态，填料表面上的微生物与水中的空气可以充分接触，提高了氧的利用率，从而节省了能耗。

（5）采用悬浮填料后，曝气系统可改为穿孔管曝气方式，穿孔管曝气的水头损失小，可降低风机的耗电量；同时穿孔管曝气不易堵塞，故障率较低，可降低维修工作量、维修费用及维修频率。悬浮填料生物预处理池为钢筋混凝土结构，构造示意见图11-6。

曝气系统除采用穿孔管外，还有选用圆盘橡胶板可闭微孔曝气器、鸭嘴阀曝气和"T"形布气、布水系统。圆盘橡胶板可闭微孔曝气器充氧率要高于穿孔管曝气，但国产的微孔曝气器因长时间受气体压力，易出现橡胶板老化而不能复位现象，使用年限一般在5年左右。同时，微孔曝气器对水体的搅拌作用较弱，较易积泥堵塞，价格相对较高。

（6）悬浮填料可以直接投放于生物预处理池中，不须安装任何填料支架，避免了人工绑扎类填料及人工组合类填料在生产过程中的质量问题，也免除了填料支架的维护和保

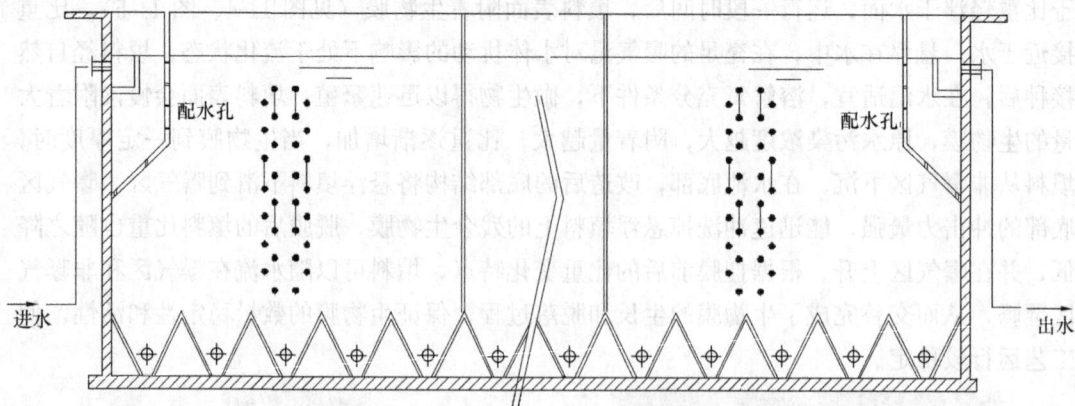

图 11-6　悬浮填料生物接触氧化池曝气系统

养，从而可以降低投资费用。在投加填料时，不用停产排空好氧池，可以边运营边投加填料，因此不会影响水厂的正常运营。

池形结构为水平推流式池型，可选用平流式、廊道式和翻腾式。

2. 主要参数

悬浮填料技术参数　　　　　　　　　　　　　　　　　　　表 11-1

填料规格	外形尺寸 （mm）	填料表面积 （m²/只）	比表面积 （m²/m³）	空隙率 （%）	排列个数 （个/m³）	排列重量 （kg/m³）	材　质	技术特点
LT50	φ50	0.018	144	97	8000	71	改性塑料	根据不同气水比要求有不同的比重
LT100	φ100	0.106	106	98	1000	50	改性塑料	

水力停留时间一般为 1.5h，气水比为（1～1.5）∶1；

池底采用泥斗结构，安装角为 60 度，便于填料和污泥下滑。

3. 运行管理

（1）启动检查

悬浮填料生物预处理池是否按设计要求建设。然后检查配水和配气是否符合要求，水路及气路是否畅通，布水及布气是否均匀正常，尤其是气路。检查是否能满足正常运行曝气及反冲的需要，一切合格后再装填好填料，然后进行微生物的挂膜。

（2）装填填料

投放悬浮球填料前将池放满水，在曝气正常后，将填料一批一批投入池中。刚投入的填料由于比重轻浮于水面。运行一段时间后，填料表面附着生物膜，比重接近于水，悬浮于水中，在充足的曝气量对水体扰动的影响下处于流化状态，此时，再投入第二批。填充率需达到池总容积的 50%，由于悬浮球数量多，生产周期长，整个投加过程需 2 个月以上。

（3）挂膜

生物预处理池在投入正常运行前需进行挂膜。经若干天的培养驯化后，微生物附着生长在填料上生成生物膜，对原水中的污染物才有去除作用。挂膜方式可分为两种，即自然挂膜和接种挂膜。在夏天水温较高，可采用自然挂膜。如果水温较低，则应采用接种挂膜，强化挂膜效果，减少挂膜时间。

自然挂膜方法：以小流量进水（流速0.5m/h），使微生物逐渐接种在悬浮填料上附着生长，然后逐渐增加水力负荷，每3d增加0.5m/h流速，直至达到设计要求。

接种挂膜方法：在水源取水点附近取一定量的河流或湖泊底泥，经稀释后加入生物接触氧化池中，同时向池内加入一定量的有机及无机营养物以保证微生物生长的需要，然后进行曝气。曝气期间不进水也不出水。24h后换水，然后重新投加营养物。曝气3d后改成小流量进水（停留时间从8h开始），使微生物逐渐适应进水水质，待出水变清澈后，逐渐增加水力负荷，方式同自然挂膜，直至达设计要求。在挂膜期间每天对进出水的COD_{Mn}、氨氮进行监测，当COD_{Mn}去除率达5%～20%，或氨氮去除率达60%以上时，可认为挂膜完成，挂膜一般需7～30d左右，最好在水温较高的夏季或秋季进行。

（4）日常管理

挂膜完成后，即进入正常运行阶段。悬浮填料生物预处理主要依靠载体上的微生物的新陈代谢作用，对有机物进行分解氧化。微生物对环境因素的变化较为敏感，如果操作不当或管理不善，将影响生物预处理的运行效果。为保证生物预处理稳定运行，需注意以下几点：

1）保持稳定运行。虽然生物预处理能抗一定的冲击负荷，如长期运行不稳定或负荷变动较大，将影响微生物活性。因此应尽量保持生物预处理负荷稳定。

2）保持稳定的曝气。足够的溶解氧是维持细菌生长的必备条件，不能经常处于停气状态。如果经常出现曝气不足或停止曝气的情况，由于微生物长期缺氧而使其活性受到严重影响，将使整个生物预处理池达不到应有的处理效率。生物接触氧化池的设计气水比为(0.5～1.5)：1，值班工人应根据进水流量，及时调整预处理池的气量，水面要有明显气泡，并应使出水溶解氧保持在2～4mg/L。

3）要及时进行冲洗。如果生物膜表面老化的生物体得不到更新，有积泥，将发生局部厌氧，出水水质变差，此时应进行合适的冲洗，以保证生物预处理的运行效果。

4）调节气水比和运行负荷。由于微污染原水生物处理的效果受原水水质、负荷、生物量、生物活性和温度等诸多因素影响。如果运行时水质变化很大，则应根据具体情况对生物预处理运行进行调整。一般情况下，主要通过调节气水比和运行负荷等增强调节手段来强化运行过程的控制。

5）定期清泥，同时对曝气鸭嘴和悬浮球进行维护、更换。

（5）其他

1）低温条件下，生物氧化池除污染效率低于常温条件下的除污染效果，因此应适当降低低温时的运行负荷。

2）每天有专人负责对预处理池水面杂物打捞，保持池面清洁。

3）生物预处理池经较长时间运行后，有可能出现苔藓虫、贝壳类等水生物依附在填料、池壁上大量暴发生长，影响正常运行，可停池降低水位，用消防水枪冲洗去除。

（6）常见故障及处理方法

悬浮填料生物接触氧化预处理工艺在水厂多年的运行中，常见的影响正常生产的问题有：

　　1）格栅堵塞

随着时间的推移，原水中的杂物和悬浮球碎片会将预处理池各池子出水格栅堵塞。格栅堵塞处理较为简单，只需要工人用网兜把卡在格网上浮球碎片和杂物捞起即可保持水流畅通。

　　2）鸭嘴喷气头个别脱落

鸭嘴曝气头脱落，应先观察水面曝气情况，目测水面曝气效果是否均匀，有不均匀的，记录好位置及数量，待池子排水至池底时，工作人员穿上潜水衣，进入池底工作。仔细检查曝气鸭嘴的抱箍及固定件，并检查气管有无损坏漏气，松动的曝气鸭嘴应重新安装，损坏的气管应修复，检修过程中还应注意用塑料袋将管道结合绑好避免杂物进入。检修完毕，进水曝气检测。

　　3）池底结泥

池底结泥定期清理即可。另外，设计时，池子底部平底改成"锯齿形"，曝气头设置在"V"形底部，同时，在保证水力停留时间和水头平衡的情况下，减小池子面积，增加池子深度，从而增加曝气头的密度，也可改善结泥现象。

4. 工程实践

　　(1) 嘉兴南郊贯泾港水厂

　　1）设计和运行参数

嘉兴南郊贯泾港水厂采用悬浮填料生物预处理，池底采用鸭嘴阀曝气。设计能力 15 万 m^3/d，独立 2 排，每排 3 格串联，共 6 格。每格尺寸 $14m \times 14m$，设计有效水深 4.5m。填料区的有效水力停留时间为 45min，填料的填充率为 35%。鸭嘴阀分布为每平方米 1 只，气水比控制在 0.5~1.5 : 1。

　　2）配套设备和仪表

鼓风机房叠合在生物预处理池下面，配套设备主要为 3 台 BE250 鼓风机，2 用 1 备，其中 1 台采用变频调速，2 台为工频，单台风机风量为 $3500m^3/h$，风压 6m，功率为 110kW。实际运行台数可按气水比 0.8 : 1、1.1 : 1、1.4 : 1 等多种不同的工况自控选择。3 台鼓风机出气管径 DN400，出气管上设有安全阀和手动蝶阀。在鼓风机房内还设 2T 电动单梁悬挂起重机 1 套。

BE250 为罗茨鼓风机，是定容式气体压缩机的一种，特点是：在最高设计压力范围内，管路阻力变化对流量影响很小，工作适应性强，结构简单，制造维护方便，适合于在流量要求稳定、阻力变化较大的情况，缺点是噪声较大。

主要的在线仪表为 1 台 HACH GLI D53 极谱法溶解氧分析仪，装在生物预处理池出水处检测出水水质。

另外还配有曝气管网，沿池宽设置，曝气器支座和管网的材质均为 ABS。每组管网都装控制闸门，可根据运行要求和处理效果调整运行工况。采用鸭嘴阀曝气，其特点是属大中气泡型，但氧利用率相对较低，约 4%。其优点是不易堵塞，国产的造价较经济。

　　3）运行效果

在进水氨氮≤2.5mg/L 时，出水氨氮为 0.5~1.0mg/L。一般情况下出水氨氮能稳定保持在 0.5mg/L 以下，氨氮去除率也可保持在 70% 以上。亚硝酸盐氮的去除效果在挂膜

8～9d 后，出水保持在 0.01mg/L 以下，去除率稳定在 96％以上。去除 COD_{Mn} 也有一定效果，去除率能基本保持在 10％～15％之间，对浊度、铁、色度也有去除效果。

悬浮球填料与弹性立体填料比较在淤积、水生动物生长、生物膜活性、维护保养以及处理效果等方面具有优越性。

图 11-7 贯泾港水厂生物预处理池

（2）其他水厂

浙江其他水厂设计参数见表 11-2。

浙江其他水厂设计参数 表 11-2

参数名称	单位	桐乡果园桥水厂	桐乡运河水厂	海宁第二水厂	海盐水厂
生产规模	万 m³/d	8.0	15.0	5.0	6.0
预处理池尺寸	m	60×20×6.8		21.5×158×6.5（2 组）	8.0×4.5×5.3（24 格）
有效水深与容积	h/m³	6.0/7200		6.0/4076	4.7/4060
有效停留时间	h	1.5	1.0	1.4	1.6
有效水流推流速度	m/s	0.0077		0.0032	0.0017
填料规格		LT100	φ25	LT100	LT100
填料比表面积	m²/m³	106	500	106	106
填料区容积填充率	％	30	50	30	30
采用气水比		0.5～1.2∶1	0.5～1.5∶1	0.5～1.2∶1	0.5～1.5∶1
进水氨氮浓度	mg/L	3～5	3～5	3～6	3～6
出水氨氮浓度	mg/L	0.5～1.0	0.5～1.0	0.5～1.0	0.5～1.0
投产时间		2004.06	2005.06	2003.09	2005.03

采用悬浮填料的生物预处理池在浙江水厂已建成 10 座以上，一般对氨氮平均去除率为 66.47％～73.56％，对亚硝酸氨的平均去除率为 32.59％～54.64％，对 COD_{Mn} 的平均去除率为 7.75％～14.04％。

11.1.4 颗粒填料生物预处理

1. 构造特点

（1）基本结构

颗粒填料生物预处理构造形式布置，与砂滤池类似，因此也称为淹没式生物滤池。与砂滤池的主要差异是滤料改为适合生物生长的颗粒填料以及增加了充氧用的布气系统。

颗粒填料生物滤池的基本布置见图 11-8。

生物滤池的运行既可以采取上向流也可以采取下向流方式，或者两种方式交替运行，以提高滤池的处理能力和对污染物的去除效率。

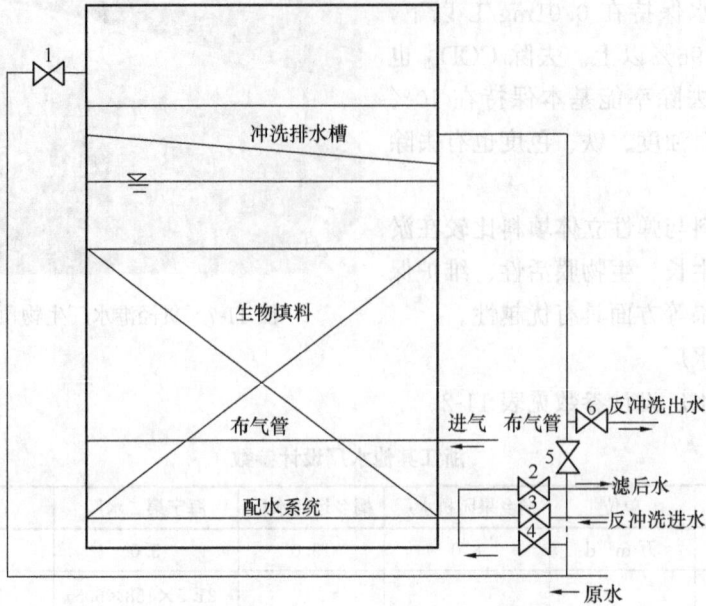

图 11-8　颗粒填料生物滤池的基本布置

（2）颗粒填料主要的选择原则

1）比表面积大：颗粒填料一般选用适宜的粒径、表面粗糙的惰性材料，这种填料有利于微生物的接种挂膜和生长繁殖，保持较多的生物量。

2）足够的机械强度：填料必须有足够的机械强度，以免在冲洗过程中气和水对颗粒冲刷而磨损或破碎。

3）合适的颗粒松散密度：既利于反冲洗，又不致被冲走。

4）具有化学稳定性，以免填料在过滤过程中，发生有害物质溶解于过滤水的现象。

5）能就地取材、价廉，以减少投资。

（3）不同填料的比较

清华大学在对不同的惰性载体（页岩陶粒、黏土陶粒、砂子、褐煤、沸石、炉渣、麦饭石、焦炭等）进行筛选，并与生物活性炭进行比较后，认为陶粒、砂子、沸石和麦饭石优于其他几种材料。目前应用较多的填料主要是页岩陶粒，主要特点如下：

页岩陶粒粒径一般采用 2~5mm。陶粒颗粒的物理特性及详细的化学组成见表 11-3。

页岩陶粒的物理化学组成　　　　　　　　　　　　　　　　　　表 11-3

物理性质			化学成分（%）					
比表面积 （m²/g）	堆积密度 （g/L）	孔隙率 （%）	SiO_2	Al_2O_3	FeO	CaO	MgO	烧失量
3.99	890	75.6	61~66	19~24	4~9	0.5~1.0	1.0~2.0	5.0

（4）布置

颗粒填料生物接触氧化滤池由配水系统、配气（布气）系统、生物填料、承托层、冲洗排水槽以及进、出水管道及阀门等组成。

1）配水系统：生物滤池出水的收集与反冲洗水的分布，由同一配水管系完成。该管系位于滤池底部。滤池工作时均匀集水；反冲洗时使反冲洗水在整个滤池面积上均匀分布。生物滤池一般采用管式大阻力配水方式，具体设计同普通快滤池。

2）配气系统：生物滤池内设置布气系统主要有两个目的：一是正常运行时曝气，二是进行气水反冲洗的供气。

宜分设反冲洗和曝气两套系统。即使采用长柄滤头气水反冲，也仍需在滤头上面单独布置曝气系统。为保证曝气效果，通常将配气管布置成环网状。

3）生物填料层：生物接触氧化滤池所用填料的特性是影响其处理效果的关键因素之一。

4）承托层：

承托层主要是为了支承生物填料，防止生物填料流失，同时还可以保持反冲洗稳定进行。承托层常用材料为卵石，或破碎的石块、重质矿石。为保证承托层的稳定，并对配水的均匀性充分起作用，要求材料具有良好的机械强度和化学稳定性，形状应尽量接近圆形。

5）冲洗排水槽和管廊：生物接触氧化滤池的冲洗排水槽和管廊布置与普通快滤池类似。

（5）充氧曝气系统

1）充氧方式：生物滤池一般采用鼓风曝气的形式，良好的充氧方式具有高的氧吸收率，即单位时间内转移到水中的氧与供氧量之比值较高。

微孔曝气头虽具有气泡体积小，气液接触面积大，氧传质效率较高；但微孔曝气存在阻力大的缺点。颗粒填料本身具有切割气泡作用，因此可不用微孔曝气头，一般推荐采用多孔管或长柄滤头。

生物滤池最简单的鼓泡装置为采用穿孔管。穿孔管属大中气泡型，氧利用率低，约为4%。其优点是不易堵塞，造价低。

2）曝气量：根据气水比确定。由于正常运行的曝气量仅为反冲洗所需的 1/8～1/10，因此能保证反冲洗气量一般即可保证正常运行所需气量。

3）曝气系统：

由于正常运行的充氧曝气量明显低于冲洗用气量，若采用同一布气系统，将造成配气的不均匀，因此，正常运行的充氧曝气与反冲洗的配气一般仍分设 2 个供气配气系统：充氧曝气常采用穿孔管布气系统；气冲洗可采用长柄滤头，或采用穿孔管配气系统。

2. 主要设计参数

（1）滤速为 4～6m/h；

（2）滤池冲洗前水头损失控制为 1～1.5m；

（3）滤池总高度约 4.5～5m，其中生物填料层 1.5～2.0m，承托层 0.4～0.6m，填料层以上淹没水深 1.5～2.0m，保护高度 0.3～0.5m；

（4）反冲洗方式采用气水冲洗，气冲强度一般取 10～15L/($m^2 \cdot s$)，冲洗时间 5min 左右。水冲强度一般取 4～8L/($m^2 \cdot s$)，冲洗时间 5min 左右。单水冲洗时，水冲强度 12～17L/($m^2 \cdot s$)，反冲洗时填料膨胀率达 30%～50%。

3. 运行与维护

（1）启动与挂膜

1）启动检查：颗粒填料生物接触氧化池是否按设计要求建设。然后检查配水和配气是否符合要求，水路及气路是否畅通，布水及布气是否均匀正常，尤其是气路。检查是否能满足正常运行曝气及反冲的需要，一切合格后再装填好填料，最后进行微生物的挂膜。

2）挂膜方式：可分为两种，即自然挂膜和接种挂膜。挂膜方法与悬浮填料生物预处理池相同，可参见本手册 11.1.3（3，（3））。水温对生物陶粒的启动影响较大所以挂膜最好在水温较高的夏季或秋季进行。

（2）正常运行及维护

挂膜完成后，即进入正常运行阶段。颗粒填料生物接触氧化主要依靠载体上的微生物的新陈代谢作用，对有机物进行分解和氧化。微生物对环境因素的变化较为敏感，如果操作不当或管理不善，将影响生物滤池的运行效果。为保证生物滤池稳定运行，需对下列几个方面加以注意：

1）保持稳定运行：虽然生物接触氧化滤池能抗一定的冲击负荷，如长期运行不稳定或负荷变动较大，将影响微生物活性。因此应尽量保持滤池负荷稳定。

2）保持稳定的供气：足够的溶解氧是维持细菌生长的必备条件，不能经常处于停气状态。如果经常出现曝气不足或停止曝气的情况，由于微生物长期缺氧而使其活性受到严重影响，将使整个滤池达不到应有的处理效率。应使出水溶解氧保持在 $2\sim4mg/L$。

3）严格按要求定期进行反冲洗：过滤周期过长，滤料中积留的污泥太多，水头损失大大增加，能耗增加，同时生物膜表面的老化的生物体得不到更新，发生局部厌氧，出水水质变差。因此合适的反冲洗强度和周期对生物预处理的运行效果有十分重要的意义。

4）如果运行时水质变化很大，则应根据具体情况对过滤周期进行调整。一般情况下，当水头损失增至 1m 时，应进行反冲洗。

4. 工程实例

（1）蚌埠市自来水公司二水厂

取用淮河蚌埠段原水，总设计规模为 5.0 万 m^3/d，共有 2 条工艺流程。其中一条流程为 1.8 万 m^3/d。采用澄清池和多层滤料滤池。

20 世纪 80 年代以来淮河水源污染严重，色度、氨氮和有机物增高。为此，采用了生物接触氧化法对原水进行生物预处理。

生物预处理工艺流程：在原第二条流程的澄清池前，新建一组四个生物陶粒滤池。工艺流程见图 11-9，过滤出水与第一套流程出水混合，加氯后通过清水池送往用水点。

生物陶粒滤池的主要设计要点与参数如下：

1）生物陶粒滤池一座分为四格，每格规模为 $4500m^3/d$。

2）滤速：试验运行范围为 $3.6\sim6m/h$；空床停留时间为 $30\sim20min$。

3）陶粒填料：粒径为 $2\sim5mm$；高度为 2m。

4）滤池（包括管廊）总尺寸为 $21.2m\times11.6m$；其中滤池面积为 $5.6m\times18.75m$。每格滤池尺寸为 $5.6m\times4.5m$，面积为 $25m^2$；滤池总高度为 $6.0m$，其中支承层 $0.65m$。

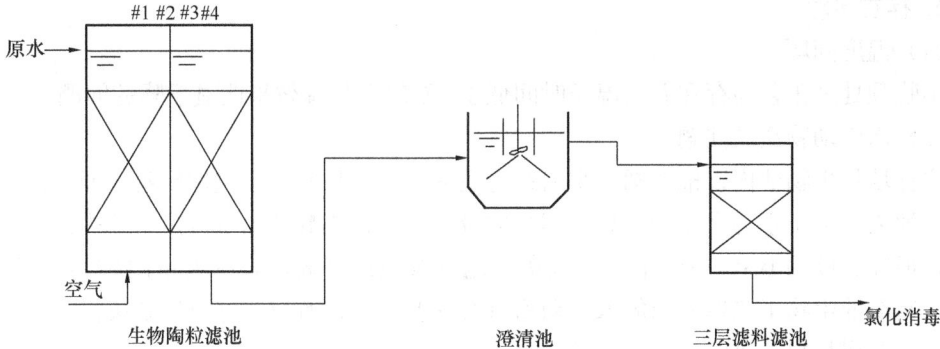

图 11-9　生物陶粒滤池预处理工艺流程

5）滤池下部设穿孔管配气系统，气水比 1∶1。

6）冲洗采用气水联合反冲，配水系统采用大阻力穿孔管配水。

（2）浙江嘉兴港区乍浦水厂

生产规模：2.5 万 m^3/d，应用美国 STS 公司的 SAF 滤池，其主要特点是：

1）池体尺寸 25.6m×10.68m×8m，有效水深 6.1m，填料区的有效水力停留时间：1.0h，采用卵石填料，直径 4～6cm，曝气方式为"T"形气水分布器。

2）采用气水比：2.0～2.5∶1。进水氨氮为 5～8mg/L，最高达 9mg/L，出水氨氮为 0.5mg/L 左右。对氨氮去除率可高达 80%～90%，特别对高氨氮原水的适应性以及抗冲击负荷能力强。

采用轻质颗粒的生物滤池，我国也有应用。2007 年 3 月无锡充山水厂 1 万 m^3/d 深度处理改造示范工程新增加的轻质填料生物滤池（BIOSMEDI），采用聚丙烯圆球形滤料，直径为 4～6mm，堆积密度为 0.05g/cm²，气水比 0.5∶1～1.5∶11，在气水比为 1.5∶1 水力停留时间为 1h，水温 24～28℃的条件下，去除 COD_{Mn}、氨氮、亚硝酸盐氮和藻类分别为 9.6%、71.7%、42.7%和 20.7%。上海徐泾水厂（7 万 m^3/d）BIOSMEDI 生物滤池，2003 年 2 月竣工，运行结果生物预处理后进水氨氮 4～5mg/L，去除率达 80%左右。

11.1.5　生物预处理应用评价

1. 应用评价

（1）在常温条件下，原水生物预处理工艺是去除水体中氨氮的有效办法，对氨氮的去除率一般可达 50%～90%，同时对 COD_{Mn}、铁、锰也有一定的去除效果。

（2）但生物预处理工艺投入使用一段时间后，存在运行效果下降的现象。主要是由于原水浊度较高导致填料积泥、堵塞，比表面积大幅下降影响生物挂膜所致。其中，弹性填料生物预处理的运行效果下降幅度最明显。悬浮球填料生物预处理及"SAF"滤池对原水有较好的适应性。从稳定运行效果考虑，加强日常管理，保证供气，及时冲洗十分重要。

（3）不同的填料的生物预处理工艺各有优缺点，故针对不同的原水，其设计及相关的池型结构、曝气设施等有待进一步优化。

（4）生物预处理工艺主要靠微生物作用，故进水不宜采用预氧化或预氯化处理。需要投加氯或高锰酸钾，应在生物预处理之后考虑。

493

2. 存在问题

（1）温度问题

生物预处理工艺还存在着水温长时间低于 5℃时，处理效果明显下降的问题。

（2）水生动物泛滥问题

弹性填料生物池内以椎实螺、小河蚌为主的水生动物常会暴发性繁殖；而悬浮球填料预处理池内，由于水的紊动程度高，相当数量的小螺、小蚌随出水流走，池内的水生动物较少，但在后续的 BAC 滤池中，可观察到池壁及炭滤料表层，有大量的椎实螺等孳生，因此，富氧的生物工艺单元内的水生动物时有泛滥问题，有待更好研究解决。

（3）金属材料防腐的问题

有的水厂穿孔曝气管的固定螺栓使用不到一年，就因电化学腐蚀而断裂，导致曝气管上浮，甚至振动断裂。也有的水厂的格栅因材质选用不当锈蚀而失去作用。

11.2　臭氧——生物活性炭处理

11.2.1　臭氧——生物活性炭处理概述

利用臭氧氧化、颗粒活性炭吸附和生物降解所组成的净水工艺称臭氧——生物活性炭处理，也称生物活性炭法（BAC）。生物活性炭法是在 1961 年西德 Dasseldsrf 市 Amstard 水厂使用的，后很快在欧洲和世界各地得到推广应用。

活性炭孔隙丰富，在炭的内部存在着大量微小孔隙，构成了巨大的孔表面积，对水中非极性、弱极性有机物质有很好的吸附能力，但存在两个问题：一是对大分子有机物吸附能力有限，二是吸附周期较短。而臭氧是一种强氧化剂，它不仅能破坏细菌和病毒的结构，是很好的杀菌剂，而且能将大分子有机物分解成小分子有机物，臭氧本身还能产生大量溶解氧。如果将臭氧和活性炭联合处理，先投加臭氧后经过活性炭吸附，在活性炭周围形成生物膜，使臭氧分解产生的许多中间氧化物得到去除，还可以大大增加活性炭的使用周期，取得完善的处理效果。

11.2.2　臭氧——生物活性炭法工艺流程

1. 臭氧的单独应用

臭氧的单独应用，主要有两种方法：一是消毒，将臭氧作为生活饮用水消毒剂，在欧美国家使用较多。二是在混凝沉淀池前投加臭氧，作为常规处理的预处理，作用是氧化铁、锰，去除色度和臭味，改善絮凝和过滤效果，取代前加氯，减少氯消毒副产物，以及促进有机物的氧化降解。臭氧消毒目前在我国水厂仍很少采用。

2. 臭氧——生物活性炭法的工艺流程

臭氧——生物活性炭法的工艺流程也有两种：一是臭氧在砂滤后投加，然后经活性炭吸附再经消毒后处理水出厂；二是臭氧在沉淀后投加，然后先经活性炭吸附，再经过滤、消毒后处理水出厂。前者工艺流程目前在国内使用较多，即常规处理＋深度处理；后者工艺流程目的是，将活性炭吸附后的生物泄漏物再经过滤把关，这种方法增加了出水的生物安全性，在日本使用较多，在我国浙江嘉兴贯径港水厂也得到了成功应用。

11.2.3　臭氧——生物活性炭工艺在国内外应用概况

（1）目前欧洲很多国家都已将臭氧——活性炭技术作为地表水源水厂的常用工艺。其中法国用得最为广泛，法国巴黎塞纳河 Mont-Valerin 水厂为法国境内第一座臭氧——活性炭工艺的大型水厂，现在已约有 600 多个水厂应用了该技术；英国、荷兰、德国等许多欧洲国家即使水源水质比较良好的水厂也采用常规处理和臭氧——活性炭工艺相结合的工艺；东欧国家如匈牙利布达佩斯、捷克的布拉格、波兰的华沙等在 1989 年后也均增加了臭氧——活性炭深度处理工艺。莫斯科东部水厂生产能力 120 万 m^3/d，是世界上以空气制造臭氧规模最大的水厂，臭氧产量为 200kg/h。据报道美国从 1992 年到 2000 年有 7500 座地面水厂采用臭氧——生物活性炭工艺。日本从 90 年代开始也大力发展了臭氧——生物活性炭工艺，东京、大阪一些规模很大的水厂，如东京金町水厂（90 万 m^3/d）、大阪水厂（180 万 m^3/d）都在原有常规处理的基础上增设了臭氧和活性炭滤池。

（2）我国从 20 世纪 80 年代开始清华大学与全国深度处理研究会进行了大量研究，每年组织召开全国性的深度处理经验交流会，推动和促进臭氧——生物活性炭工艺在我国的运用和发展。北京田村山水厂是我国最早采用生物活性炭工艺的净水厂，该厂 1985 年投产，生产能力 17 万 m^3/d。1997 年昆明市五水厂南分厂建成了 10 万 m^3/d 的臭氧——生物活性炭深度处理厂，处理微污染滇池水源；接着，香港又建成了臭氧——生物活性炭深度处理的牛尾潭水厂，一期工程规模为 23 万 m^3/d。

进入 21 世纪以来，臭氧——生物活性炭深度处理水厂迅速发展，浙江桐乡果园桥水厂（15 万 m^3/d）、运河水厂（15 万 m^3/d）、嘉兴石臼漾水厂（8+17 万 m^3/d）、南郊水厂（15 万 m^3/d）、平湖古横桥水厂（10 万 m^3/d）、杭州南星水厂（40 万 m^3/d）、深圳梅林水厂（60 万 m^3/d）、上海杨树浦水厂（36 万 m^3/d）、东莞第六水厂（50 万 m^3/d）、上海临江水厂（50 万 m^3/d）、苏州相城水厂（30 万 m^3/d）、广州南洲水厂（100 万 m^3/d）、长沙四水厂二期（40 万 m^3/d）等一大批水厂陆续投产，使这些水厂的出厂水水质明显提高，口感明显改善，实践证明臭氧——生物活性炭工艺是提高水质的有效手段。

11.3　臭氧系统

11.3.1　臭氧的基本知识和制造方法

1. 臭氧的性质

"臭氧"英文为"ozone"，是由德国科学家 Schonbein 在 1840 年命名的，取自希腊语"ozein"一词，意为"难闻"。臭氧是地球上广泛存在的一种物质，大气层中臭氧使得地球上的生物免受紫外线的伤害，微量臭氧也会伴随着雷电在低空产生，它的特殊气味使人们认识到它的存在。

臭氧（O_3）是氧（O_2）的同素异形体，常温下是一种具有刺激性特殊气味不稳定的淡蓝色气体，其相对密度为氧的 1.5 倍，气态密度 2.144g/L（0℃，0.1MPa），在水中的溶解度比氧气大 13 倍，比空气大 25 倍。臭氧的化学性质极不稳定，在空气和水中都会慢慢分解还原成氧气。由于分子中的氧原水具有强烈的亲电子或亲质子性，故臭氧具有强氧化性，其氧化还原电位与 pH 值相关，在酸性溶液中 $E_0 = 2.07\text{V}$，氧化性仅次于氟，在碱性溶液中 $E_0 = 1.24\text{V}$，氧化能力略低于氯。臭氧分子的结构呈三角形，中心氧原子与其他两个氧原子间的距离相等，在分子中有一个离域 π 键，臭氧分子的特殊结构使得它可以作为偶极试剂，亲电试剂及亲核试剂。

臭氧属于有害气体，浓度为 0.3mg/m^3 时，对眼、鼻、喉有刺激感。浓度为 $3\sim30\text{mg/m}^3$ 时出现头痛及呼吸器官局部麻痹等症状。国际臭氧协会规定，在空气中臭氧浓度的允许值为 0.2mg/m^3。

2. 臭氧的制造方法

由于臭氧是一种不稳定的气体，不能储存运输，因而必须在使用现场制备。生产臭氧的方法根据工作原理和原料的不同有电解法、核辐射法、紫外线、等离子体及电晕放电法等几种。但大多数臭氧发生器均采用放电法制造臭氧。

放电法产生臭氧也叫无声放电或电晕放电，它应用高压交流电作用于空气或纯氧，使氧气分子电离出的氧原子与氧气结合产生臭氧。其形成如图 11-10。

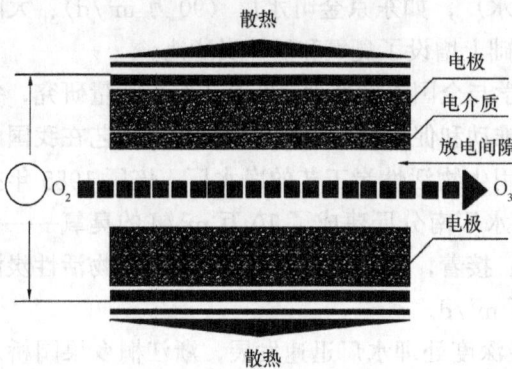

图 11-10　臭氧的形成

3. 影响臭氧产量因素

在放电法臭氧发生系统中，影响臭氧产量的主要因素有气源特性、电源、发生器的结构和冷却方式等。

（1）气源特性

气源中的含氧量、气源的流量、气源的露点，气源中的杂质含量等因素都会直接影响臭氧的产量。

1）气源中的含氧量

含氧量与臭氧的产量关系式可用下式表示：

$$[O_3] \propto [O_2]^{0.5}$$

空气的含氧量为 21%，所以用纯氧气为气源比以空气为气源的臭氧产量约高一倍。实践证明，采用含氧量 85% 以上的富氧空气生产臭氧，其效率几乎与以纯氧为气源相同。

2）气源流量

在保持放电功率不变时，增加发生器进气的流量，可以增加臭氧的产量，降低臭氧的浓度，从而抑制臭氧的分解，降低电耗。

3）气源露点

粉尘、油污和有机物等杂质将影响放电区电子流的运动，并黏附在电极表面，使臭氧浓度降低，电耗增加，尤其是气源中所含水蒸气过多，不但容易产生弧光放电，浪费电能，还会和气源中的氮气生成 HNO_3 等，加速分解和腐蚀电极及管道等设备。因此气源应保持一定的干燥度，空气的干燥度以露点温度表示，一般要求空气的露点为 $-50\sim-60℃$。

（2）电源特性

放电法臭氧发生系统的臭氧产量是放电功率 P 成正比，而根据电晕放电理论，放电功率与电流频率、电压等有关。因此，采用同样的放电设备，提高电源的输出频率，或者提高放电电压，都可以提高电源放电电晕功率，从而提高臭氧产量。当然，提高电源频率和电压，对放电元器件要求也相应提高，会增加设备的造价。

（3）发生器的构造

发生器的构造和臭氧产量及电耗关系密切，其中主要是电介体、放电间隙、电极的冷却方式等因素。

1）电介质和放电间隙

一般情况下，电介质越薄，放电间隙越小，产生放电所需的电压越小，耗电量越小，相对臭氧产量越高。但电介质越薄，对电介质的加工要求越高，放电间隙越小，气流通过放电区的阻力越大。

目前常用的陶瓷电介质厚度 $0.3\sim0.5mm$，搪瓷和云母电介质厚度 $0.5\sim1.0mm$。工频－中频发生器放电间隙一般为 $2\sim3mm$，高频发生器放电间隙小于 $1mm$。

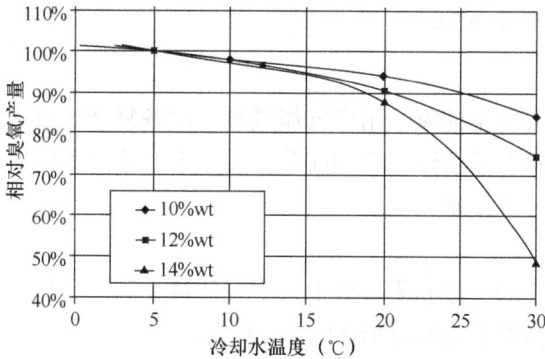

图 11-11　冷却水水温与臭氧产量关系

2）冷却方式

在放电产生臭氧的过程中，只有约 $4\%\sim12\%$ 的能量被用于氧气分子的重排，其他均转化为热量，理论上，臭氧的生成热为 $0.835kWh/kgO_3$。由于臭氧在温度 $50℃$ 以上时会较快分解，因此需在反应器中安装冷却系统。

发生器的冷却系统对于发生器的臭氧产量及其能否长期稳定运行是极其重要的。从图 11-11 可知，随着冷却水温的升高，相对臭氧产率明显下降。

因此，一般臭氧发生器气所用的冷却水温均控制在 $15℃\sim25℃$ 之间。

11.3.2　臭氧发生系统

1. 臭氧发生系统组成

臭氧发生系统组成示意（见图 11-12）。

（1）气源系统：由气体输送装置（空压机、鼓风机）、气体干燥装置（吸附装置、冷却装置）和浓缩贮存装置等组成。气源制备一般可采用空气、液态纯氧蒸发和现场纯氧制备等方法。当用空气作气源时，空气质量必须满足无尘、无油、无水、无有机物及其他气体污染。因此，在空气进入蒸发器前必须进行除尘、除油、除湿等处理。

（2）臭氧发生系统：包括：臭氧发生器、供电设备（调压器、升压变压器、控制设备等）及发生器冷却设备（水泵，热交换器等）。

（3）臭氧与水的接触反应系统：用于水的臭氧化处理，包括臭氧扩散装置和接触反应池。

（4）尾气处理系统：用以处理接触反应池排放的残余臭氧，达到环境允许的浓度。

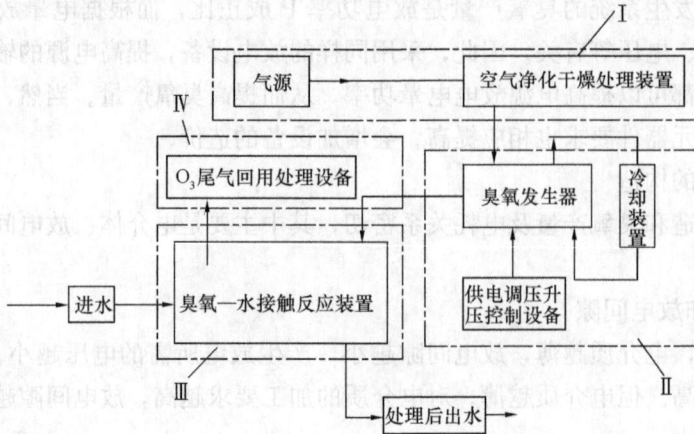

图 11-12 臭氧化法工艺系统组成示意

Ⅰ—气源系统；Ⅱ—臭氧发生系统；Ⅲ—水—臭氧的接触反应系统；

Ⅳ—尾气处理系统

2. 臭氧发生器气源系统

供臭氧发生器的气源可以是空气，也可以是纯氧。用空气作气源，设备复杂，效率较低，能耗较高；用液氧作气源，效率高，具有灵活性，管理简单，适用于中小型水厂；采用现场制氧，效率高，可靠性好，适用于大中型水厂。

（1）以空气为气源

进入臭氧发生器的原料空气应满足一定的气量和质量要求。空气质量需满足无尘、无油、无水、无有机物及其他气体污染。具体要求见本手册 11.3.5-3 （2）。

空气处理流程见图 11-13。

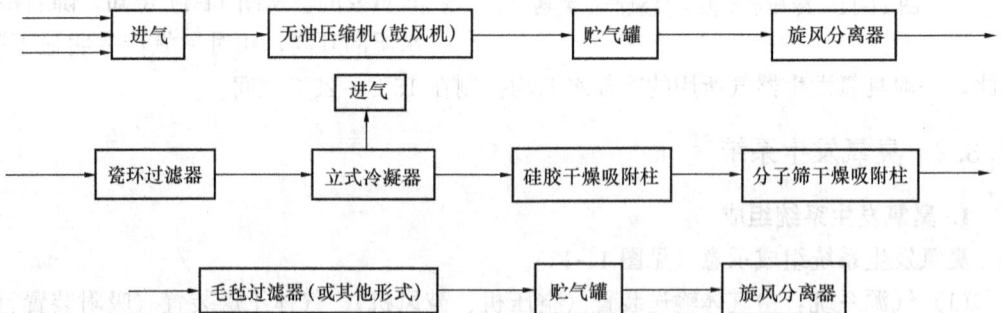

图 11-13 原料空气处理流程

原料空气进行净化装置要点如下：

1）除油污处理：

采用无油润滑压缩机或高压鼓风机以减少或消除油污染；通过冷却及冷凝后的旋风分离

器，瓷环（或装活性炭、焦炭等）过滤器等设施可去除空气中的油污染物、水分及灰尘等。

2）除尘处理：

在吸附干燥柱前通过旋风分离器和过滤器除尘；在吸附干燥柱之后，则设粉尘过滤器（毛毡过滤器等），以去除固体吸附剂粉末和其他微粒污染物；毛毡过滤器为管式过滤器或柱式过滤器，长径比（或高径比）取 3~5，管径取 200~300mm，内部管芯采用羊毛毡或新型过滤材料数层包缠。

3）原料空气的干燥处理：

空气的湿度对臭氧的生产影响很大，合成臭氧时的空气要求其露点达到 $-50℃$ 以下，相应空气中含湿量（水分）少于 0.032g 水$/m^2$ 气。

a）不同深度的除湿处理阶段可采用不同的冷却措施；如采用不同的除湿剂（冷却水、冷冻盐水、干燥吸附剂等）和不同的除湿设备（冷却器、冷冻、冷凝装置、干燥吸附柱等）。

b）吸附干燥柱的径高比，一般可取 1:5.5；空气在干燥柱中的线速度，可取 0.25~0.5m/s；停留时间，取 4~5s 左右。

干燥柱中吸附剂 5min 的吸湿量应小于吸附剂重量的 5‰（变压吸附工作周期，一般取 5min）。

常用干燥吸附剂再生采用硅胶、铝胶及分子筛等。

（2）以现场制氧为气源

采用氧气代替空气生产臭氧时优点明显：当采用空气作气源时，在相同条件下，发生器的臭氧浓度（重量比）约为 1%~2%；而采用纯氧时，其浓度可达 6%~10%，发生器耗电量明显降低；如用空气气源时电耗约 15~25kWh/kgO$_3$；氧气气源时仅 8~10kWh/kgO$_3$。

现场制取氧气的方法主要有低温精馏和吸附分离两种：

低温精馏是先将空气液化，通过改变压力将液化空气的氧和氮分离。低温精馏设备可靠性高，运行成本低，但设备投资较大，适用于氧气用量大、纯度高的场合。

吸附分离方法是利用变压或变真空吸附（PSA/VSA）来分离空气的方法。空气通过具有高吸附性能的固体分子筛，以不同的压力对空气中氧和氮的不同吸附能力，氮气被优先吸附以实现氧气的富集。该方法不产生液态氧。

（3）以液氧为气源

现场储存液氧的主要设备包括储存罐和蒸发器。储存罐可采用卧式或立式，必须采用双壁保温形式，以减少液态氧的蒸发。蒸发器用于将液态氧蒸发成气态氧（GOX），有管式和板式两种。一般可通过水、电、蒸汽或环境空气等来完成。以液氧为气源适用于臭氧用量中等规模以下的水厂。当由液态氧 LOX 蒸发供氧时，通常需要补充少量氮气（约 3% 左右）。获取液氧一般是向专业的气体公司租用整套设备，用户只需支付租用费及耗用的液氧费，较为方便且有供应保障，液氧储存罐容量应为 7~10 天的使用量。贮存罐必须与周围建筑保持足够的距离。

3. 臭氧发生装置

臭氧发生装置包括臭氧发生器和其供电设备（调压器、升压变压器等）、电气控制和量测设备及空气净化设备等。

（1）臭氧发生器及其工作特点

在水处理领域中，主要采用以高压无声放电法生产低浓度的臭氧化空气。臭氧发生器分为板式和管式两种，见图 11-14、图 11-15。

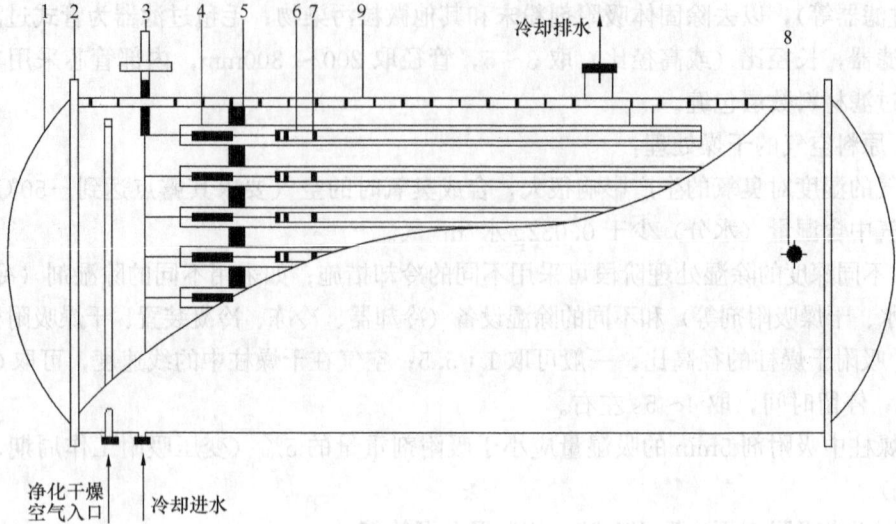

图 11-14　管式臭氧发生器

1—封头；2—布气管；3—高压电极接线柱；4—高压熔丝；5—花板；6—玻璃介电管；
7—不锈钢管高压电极；8—臭氧化气出口；9—外壳

1）生产每千克臭氧的理论耗电量为 0.82kWh（或每千瓦小时的理论臭氧得率为 1220g）；但工业化生产实践中臭氧的耗电量一般在 10～12kWh/kgO$_3$ 以上。即 95% 以上的输入电能转变为其他形式的能量，主要为热能。因此，臭氧发生器需装设冷却水系统。

2）臭氧发生器运转稳定时，生产出来的臭氧化空气的气量和所含臭氧的浓度也稳定不变。当采用空气为气源时，臭氧化空气中的最高含臭氧浓度可达 1.02%～1.22%（体积比，气温为 25℃时）。采用纯氧可提高臭氧化空气中臭氧的浓度和单位电能的产率，此时臭氧浓度可达到 6%～10%。

3）臭氧化空气的浓度和产率与输入电流的频率有关，频率增高则浓度和产率都增高。臭氧发生器按供电频率一般分为低频（如 50～60Hz）、中频（400～1000Hz）和高频（2000Hz 以上）三类。

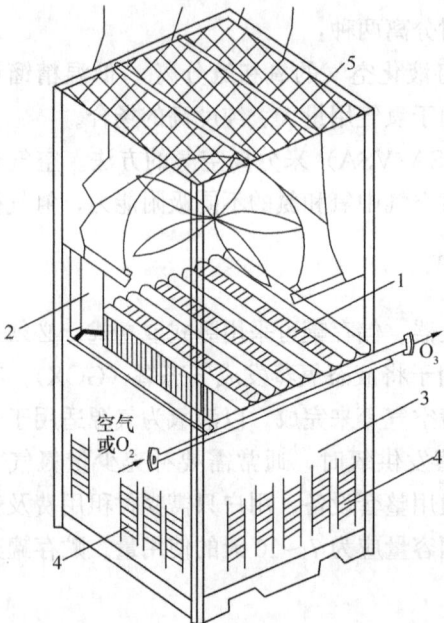

图 11-15　板式臭氧发生器

1—臭氧发生器元件；2—挡板；3—百叶窗后固体电子设备；4—冷却空气进气口；5—冷却空气出口

4）当输入的电流频率不变且发生器运转稳定时，发生器所生产的臭氧化气中的臭氧浓度和产率以及单位臭氧产量所需的电耗，与输入的气量、气压和电压有关。

（2）臭氧发生器产品技术参数（参见11.3.5-2（3））

（3）臭氧发生装置必须放置在室内。室内应设置必要的通风设备和空调设备，满足其室内环境温度的要求。其用电设备必须采用防爆型。

4. 臭氧的加注方式

臭氧在水处理系统中加注方法有：

（1）鼓泡塔（接触氧化塔）：一般为空塔无填料，有时为提高传质及反应效果，可适当加装填料。鼓泡塔中被处理水一般自塔顶进入，经喷淋装置下流，而臭氧化气体自设置在塔底部的微孔扩散设备，扩散成微小气泡上升，气水逆流接触而完成处理过程。

（2）接触池：处理水流由池下部进入池内，呈上向流或下向流。臭氧通过设在底部的扩散器与水流进行逆向接触。详见本节5。

（3）蜗轮注入器

蜗轮注入器是将处理水流入扩散室内，由电动机带动叶轮高速旋转，在水通过叶轮孔眼吸入，再由叶轮边缘喷出时，将臭氧抽吸到水中并与之混合，这种方式的臭氧传递效率高，但能耗较大。

（4）静态混合器

固定螺旋混合器是一种直接在管道中装设固定螺旋形元件的强制性气水混合接触反应装置。它的传质能力很强，但由于系由水流的压力降提供，因此消耗能量也较大。

（5）喷射器

喷射器是根据文丘里原则制成。是臭氧化法水处理过程中较早使用的臭氧投配装置。其工作原理是在处理水通过收缩喷射时所造成的负压下，将臭氧化空气吸入水中，适用于负压运行的臭氧发生器。

5. 臭氧接触池

（1）一般规定

1）臭氧接触池的个数或能够单独排空的分格数不宜少于2个；

2）臭氧接触池的接触时间，应根据不同工艺目的和待处理的水质情况，通过试验参照相似条件下的运行经验确定；

3）臭氧接触池必须全密闭。池顶应设置尾气排放管和自动气压释放阀。池内水面与池内顶保持0.5～0.7m距离；

4）臭氧接触池水流宜采用竖向流，可在池内设置一定数量的竖向导流隔板。导流隔板顶部和底部应设置通气孔和流水孔。接触池出水宜采用薄壁堰跌水出流。

（2）预臭氧接触池

预臭氧接触池宜符合下列要求：

1）接触时间为2～5min；

2）臭氧气体宜通过水射器抽吸后注入设于进水管上的静态混合器，或通过专用大孔扩散器直接注入接触池内。注入点宜设1个；

3）抽吸臭氧水射器的动力水不宜采用原水，接触池设计水深宜采用4～6m，导流隔板间净距不小于 0.8m；

　　4）接触池出水端应设置余臭氧监测仪。

（3）主臭氧接触池

主臭氧接触池宜符合下列要求：

　　1）接触池由 2～3 段接触室串联而成，由竖向隔板分开；

　　2）每段接触室由布气区和后续反应区组成，并由竖向导流隔板分开；

　　3）总接触时间应根据工艺目的确定，宜控制在 6～15min 之间，其中第一段接触室的接触时间宜为 2min；

　　4）臭氧气体宜通过设在布气区底部的微孔曝气盘直接向水中扩散，气体注入点数与接触室设置的段数一致；

　　5）曝气盘的布置应能保证布气时布气均匀，其中第一段布气区的布气量占总布气量的 50％左右。接触池设计水深宜采用 5.5～6m 布气区的深度与总长度之比宜大于 4，导流隔板宜净距不小于 0.8m。接触池出水端必须设置余臭氧监测仪；

　　6）接触池可采用钢筋混凝土结构，内涂耐臭氧腐蚀的防腐层。扩散设备国内常采用微孔钛板、陶瓷滤棒、刚玉微孔扩散板等。微孔孔径约 20～60μm 也可采用不锈钢或塑料穿孔板（管）。扩散出的气泡直径以≤1～2mm 为宜。

接触反应池示意图见图 11-16。

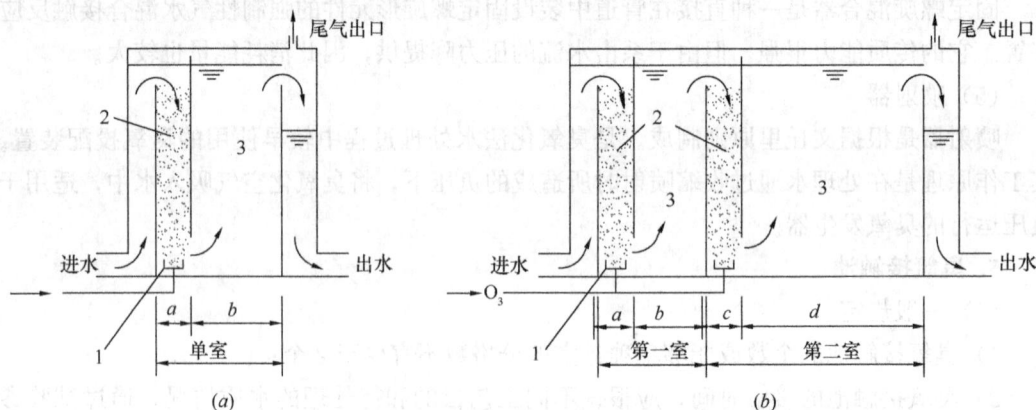

图 11-16　接触反应池

(a) 单接触室；(b) 双接触室

1—扩散布气；2—接触室；3—反应室

6. 臭氧尾气处理

（1）尾气及其利用

　　1）臭氧接触池排出的尾气中，仍含有一定数量的剩余臭氧。尾气中剩余臭氧量的大小随所处理水的水质及其吸收反应情况、臭氧投加量的大小、水—气接触时间、臭氧化气的浓度及水的温度、pH 值等因素而变化。

当尾气直接排入大气并使大气中的臭氧浓度大于 0.2mg/L 时，即会对人们的眼、鼻、喉以及呼吸器官带来刺激性，造成大气环境的二次污染。因此必须消除这种污染，并提高臭氧的利用率。

2) 在生产实践中，可考虑将这种尾气回用于原水的预处理设施，即投配到水—臭氧接触反应装置的进水管中（也可利用微孔扩散头或水射器投配到原水中），见图 11-17。

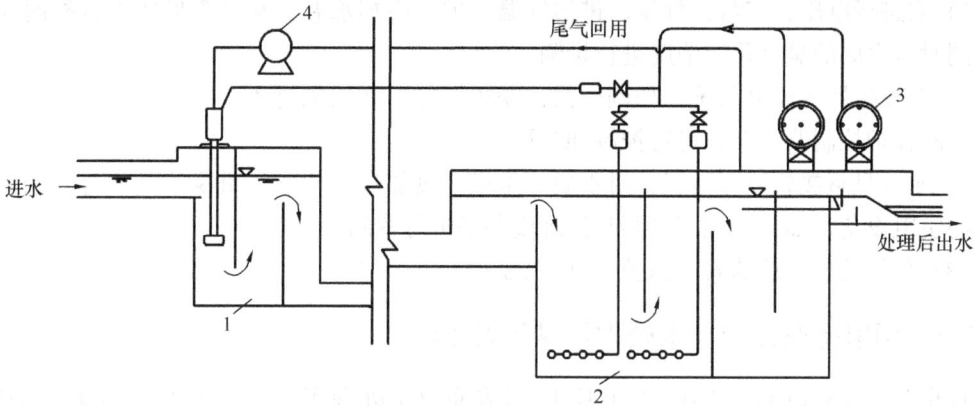

图 11-17　尾气的回收利用系统
1—预臭氧接触池；2—主臭氧接触池；3—臭氧发生器；4—压缩机

3) 尾气回用后产生的二次尾气中，所含剩余臭氧已经减少（二级臭氧利用率可达 95%～98% 以上），但浓度仍可达 0.1～0.5mg/L，也会造成大气的污染，应进一步采取措施将其分解破坏。

（2）尾气处理

目前采用较多的尾气处理方法：

1）加热分解法

臭氧在 30℃时开始分解，230℃时、1min 内即可分解 92%～95%；在高温时（≥300℃），1～2s 内可达到 100% 分解；温度为 330℃时，1.4s 左右的时间就可以使臭氧浓度降到 0.1mg/L 以下。

2）霍加拉特剂催化分解

霍加拉特剂催化分解是一种常用的触媒催化分解法。霍加拉特剂是一种黑色颗粒状物质，粒径约 3mm 左右；其基本组成为氧化铜和二氧化锰的二元催化剂。它能够对臭氧尾气起有效催化分解作用。据试验资料，每千克霍加拉特剂可分解 27kg 以上臭氧（甚至达 100kg）；使用时应注意在尾气进入催化剂前必须经除湿处理，以防它遇潮后吸收分解效果降低或很快失效。为此，可采用尾气加热办法或采用有效的除湿装置。运转经验表明，催化剂被水润湿后，可取出并在 110～120℃烘箱中烘干后重新使用或在运转过程中考虑每隔 50～100h 可进行活化再生。

7. 臭氧发生系统的操作控制

（1）臭氧化处理系统的运行控制

由于原水水量和水质经常发生变化，要求臭氧化处理系统的设备操作具有灵活性和可靠性。臭氧化设备的操作和控制有三种方法：

1）人工操作（人工调整电压频率）。

2）人工仪表配合操作（人工用监测仪表操作）。

3）计算机自动控制。

（2）臭氧发生器的监控要求

1）需进行电压、气量、气压、进出气温、进出冷却水温、水量等参数进行控制和监测；同时对生成的臭氧化气浓度进行量测。

2）对发生器的供电系统（如调压器、变压器等）和放电过程（放电现象、电压、电流及熔断保护控制监测等）进行控制和观测。

3）水—臭氧接触反应装置：对水质、水量、投加臭氧化气气量及浓度进行控制；对系统的机电设备，如泵、尾气量测与处理设备等进行控制。

（3）臭氧处理系统的安全保护（见 11.3.6）

11.3.3　国家行业标准《水处理用臭氧发生器》

住房和城乡建设部于 2010 年 1 月 14 日发布《水处理用臭氧发生器》（CJ/T 322—2010），于 6 月 1 日实施。该行业标准规定了水处理用臭氧发生器的分类和规格、结构和材料、要求、试验方法、检验规则、标志、包装、运输和贮存。其主要内容如下：

1. 术语和定义

水处理用臭氧发生器的术语和定义规定见表 11-4。

臭氧发生器术语和定义　　　　　　　　　　表 11-4

序号	术语名称	定义
1	介质阻挡放电 Dielectric barrier dicharge	在被介电体阻隔的电极和放电空间，施加并升高交流电压产生的气体放电现象
2	臭氧发生单元 Ozone generation unit	产生臭氧的基本部件，由介电体与被其分隔的电极和放电空间组成
3	臭氧发生室 Ozone generation chamber	由单组或多组臭氧发生单元组成的装置
4	臭氧发生器 Ozone generator	氧气或空气通过介质阻挡放电方式产生臭氧所必需的装置
5	臭氧系统 Ozone system	臭氧发生器、气源装置、接触反应装置、尾气处理装置、监测控制仪表等设备组合的部分或全部
6	标准状态 Normal temperature and pressure	在温度 $T=273.15K$（0℃），压力 $P=101.325kPa$（标准大气压）时的气体状态
7	臭氧浓度 Ozone concentration	臭氧发生器出气中的臭氧含量
8	臭氧化气 Ozone-containing gas	臭氧发生器产生的含臭氧的气体
9	臭氧产量 Ozone production rate	臭氧发生器每小时产生的臭氧量
10	臭氧电耗 Specific power consumption of ozone	产生 1kg 臭氧消耗的电能

2. 分类和规格

(1) 分类

1) 按臭氧发生单元的结构形式，分为管式和板式。

2) 按介质阻挡放电的频率，分为工频（50、60Hz）、中频（100~1000Hz）和高频（>1000Hz）。

3) 按供气气源，分为空气型和氧气型。

4) 按冷却方式，分为水冷却和空气冷却。

5) 按臭气产量，分为小型(5~100g/h)、中型(>100~1000g/h)、大型(>1kg/h)。

(2) 规格

臭氧发生器额定臭氧产量应符合表 11-5 的规定。

臭氧发生器额定臭氧产量规格　　　　　　　　　　表 11-5

臭氧发生器类型	单　　位	规　　　格
小型	g/h	5 10 15 20 25 30 40 50 70 85 100
中型	g/h	200 300 400 500 700 800 1000
大型	kg/h	1.5 2.0 2.5 3.0 4.0 5.0 6.0 7.0 8.0 10 12 15 20 25 30 40 50 60 70 80 100

3. 结构和材料

(1) 结构

1) 臭氧发生器由臭氧发生室、臭氧电源、冷却装置、控制装置及仪表组成。

2) 臭氧发生器结构应满足不同应用条件的外接臭氧系统设备连接要求。

3) 属于压力容器的臭氧发生室应按压力容器要求进行设计、加工、检验，并提供压力容器检测认证的原始文件。

4) 臭氧发生室的外观不应有机械损伤，对于尖锐伤痕及表面腐蚀等缺陷均应修复，修复深度不应大于板厚 5%，修复斜度不小于 1/3，否则应补焊，焊缝应光滑平整。

5) 臭氧发生器应在合理位置设置流量、压力、温度等检测仪表，检测臭氧化气流量。应根据仪表系统与被测气体密度的关系，确定流量仪表的设置位置（在臭氧发生器进气端或出气端）。

6) 臭氧发生器应在合理位置设置有关的阀门、仪表等，实现臭氧化气流量的调节。

7) 臭氧发生器所用电气设备的设计应符合 GB 19517 的规定。

8) 大、中型臭氧发生器电源柜防护等级应符合 GB 4208 的规定，不应低于 IP44。

9) 大、中型臭氧发生器电气设备的功率应能根据需要进行调节。

(2) 材料

1) 臭氧发生单元介电体应采用绝缘强度高、耐臭氧氧化的玻璃、搪瓷、陶瓷等材料，或其他已经证明同样适用的材料。

2) 裸露于放电环境中的臭氧发生单元金属电极应采用 022Cr17Ni12Mo2（S31603）等耐晶间腐蚀的奥氏不锈钢、钛等耐臭氧氧化材料，或其他已经证明同样适用的材料。

3) 臭氧发生室、管道、控制阀门、测量仪表等接触臭氧的零部件应采用耐臭氧氧化的材料。

4）臭氧发生器连接用的密封圈、垫片等接触臭氧部件应使用聚四氟乙烯（PTFE）、聚偏二氟乙烯（PVDF）、全氟橡胶等耐臭氧氧化材料，或者其他已经证明同样适用的材料。

4. 要求

（1）环境要求

1）臭氧发生器额定技术指标检测的环境条件要求：

a）环境温度 20℃±2℃，相对湿度不高于 60%；

b）冷却水进水温度 22℃±2℃。

2）臭氧发生器正常工作条件要求：

a）环境温度不高于 45℃，相对湿度不高于 85%；

b）冷却水进水温度不大于 35℃。

（2）供气气源

1）臭氧发生器对各类气源要求参见表 11-6。

供 气 气 源 指 标　　　　　　　　　表 11-6

气源种类		供气压力（MPa）	常压露点（℃）	氧气体积分数（%）
空气		≥0.2	≤-55	21
空气 PSA/VPSA 制氧	<1m³/h	≥0.1	≤-50	≥90
	≥1m³/h	≥0.2	≤-60	≥90
液氧		≥0.25	≤-70	≥99.6

2）应在臭氧发生器进气端配置精度不低于 0.1μm 的过滤装置。

（3）冷却水

1）直接冷却臭氧发生器的冷却水应满足以下条件：pH 值不小于 6.5 且不在于 8.5；氯化物含量不大于 250mg/L；总硬度（以 $CaCO_3$ 计）不大于 450mg/L；浑浊度不大于 1NTU。

2）大型臭氧发生器宜采用闭式循环冷却系统。

（4）额定技术指标

臭氧发生器的额定技术指标按标准状态（NTP）计算，应符合表 11-7 的规定。

额 定 技 术 指 标　　　　　　　　　表 11-7

气源	臭氧产量	臭氧浓度（g/m³）	臭氧电耗（kW·h/kg）
空气	按 2.（2）选定	25	≤18
氧气	按 2.（2）选定	100	≤9
	按 2.（2）选定	150	≤11

（5）压力部件

臭氧发生器的安全阀、控制器件在臭氧发生器工作压力超过最高允许工作压力时，应及时可靠动作，保证安全，与压力有关的仪器、部件应提供合格证书。

（6）气密性

臭氧发生器应满足强度、刚度要求并保证气密性要求符合 GB 150 的规定。

（7）稳定性

臭氧发生器运行 4h 后，在设计的额定功率及进气流量的工况下，2h 内臭氧浓度与臭氧电耗的变化值不应超过 5％。

（8）臭氧泄漏

臭氧发生器在最高允许工作压力与额定功率时的臭氧泄漏量应符合 GB 3095—1996 的规定，1h 平均臭氧浓度值不超过 $0.2mg/m^3$。

（9）调节性能

对于大、中型臭氧发生器，臭氧产量的调节和控制范围应为 10％～100％。

（10）电气

臭氧发生器应采用适当的绝缘保护和直接、间接接触保护措施防止电击危险，应注重防止高压电击危险。均应可靠接地，绝缘保护可靠有效。

5. 试验方法

（1）臭氧浓度测定

应采用碘量法（化学法）或紫外吸收法（仪器法）测定臭氧浓度，碘量法作为仲裁方法。

（2）臭氧产量测定

同时测定臭氧发生器的臭氧浓度及臭氧气流量，计算臭氧浓度数值与臭氧化气流量（标准状态）数值的乘积，即为臭氧产量数值。气体流量计、压力表的准确度不应低于 1.5 级，温度计的准确度在 $\pm 0.2℃$ 以内。

（3）臭氧电耗测定

通常臭氧电耗仅涉及臭氧发生器自身从供电电网获取的电能，不包括气源制备和其他间接用电量。测定时应同时测定臭氧发生器的臭氧产量及取自供电电网的有功功率，计算此电功率与臭氧产量的比值，即为臭氧电耗。

（4）额定技术指标和性能参数、压力检测、气密性、稳定性、泄漏、调节性能、电气等检测应按规定进行。

11.3.4　国内外主要臭氧制造商产品特点

1. 国外品牌的臭氧发生器

国内目前使用进口的臭氧发生器主要是瑞士 OZONIA、法国 TRAILIGAZ、德国的 WEDECO、日本富士和三菱公司等。这些臭氧发生器特点是：

（1）瑞士 OZONIA

瑞士 OZONIA 最早进入国内市场，采用其 "Advanced Technology" 非玻璃放电技术。"AT" 放电介质的机械强度和耐热强度比玻璃放电介质更高，击穿电压高于 8 倍最高运行电压。其主要特点是：采用节状电介质管、电介质为薄搪瓷涂层、中频运行（800Hz）、需要保险丝。图 11-18 为 OZONIA 公司臭氧发生器主要构造图。

OZONIA 10kg/h 臭氧发生器，放电管的数量约 300 根，其中三根放电管串接组成一

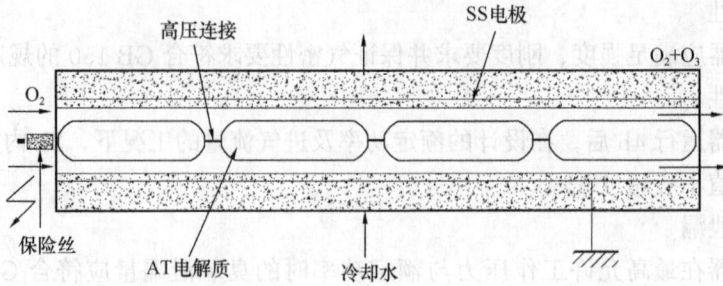

图 11-18　OZONIA-AT 基本构造

个"放电单元"，每一个"放电单元"均安装了独立保险丝。保险丝的仅仅是保护"放电单元"，而且使损坏的"放电单元"与系统其他部分隔离，这样可以保证即使有部分"放电单元"损坏，其他的"放电单元"可以不间断的继续运行。

OZONIA 臭氧发生器的气源为纯氧加 3％氮气，供电单元应用 IGBT 技术，总谐波小于 4％，功率因素 0.99，运行在 4000V 电压和 600～1400Hz 频率条件下。供电单元通过调节电流来控制发生量，发生量调节范围 10％～100％，入口氧气量可调，臭氧发生器浓度 6％～13％W/t 之间可调。机身材料为 316L 不锈钢。

OZONIA 臭氧发生器通过系统仪器、仪表信号，送入设备自带 SIEMENS7-300 系列 PLC 控制，设备人机界面为触摸屏。臭氧车间控制系统通过 PROFIBUS-DP 协议能使每台臭氧发生器 PLC 和水厂 PLC 自控系统之间通信。根据进水流量变化，按设定的投加量进行自动调节；根据出水的余臭氧浓度及尾气中余臭氧浓度进行反馈调节；臭氧车间全自动控制而能对氧气及臭氧的泄漏报警，并自动关机。

（2）德国 WEDECO

德国 WEDECO 臭氧发生器采用玻璃绝缘双层放电技术，放电管外径特别小，约 11mm。每根放电管的活跃表面与所占空间的比例增加优势明显，一定容积内可以安装更多的放电管，为了保证长期运行的可靠性，放电管在不超过击穿电压 10％的电压范围内运行，但放电管不配单独保险丝。其主要特点是：双层放电空间、电介质厚度小，仅 11mm 左右、中频运行（200～600Hz）、原料气中不需要加氮气。

WEDECO 臭氧发生器主要构造见图 11-19。

WEDECO 10kg/h 臭氧发生器放电管数量约 1300 根，单台产量 10kg/L 以上时，WEDECO 使用立式放电管的容器，这种安装提供了导管的一致冷却，但由于存在双层放电空间，通过内置介质放电管的气体冷却效率较低。

WEDECO 臭氧发生器气源为纯氧，不需添加氮气，减少了配套设备，方便了日常运行和维护。供电单元应用可控硅技术，功率因数高于 0.92，运行在 8500V 电压 400～600Hz 频率

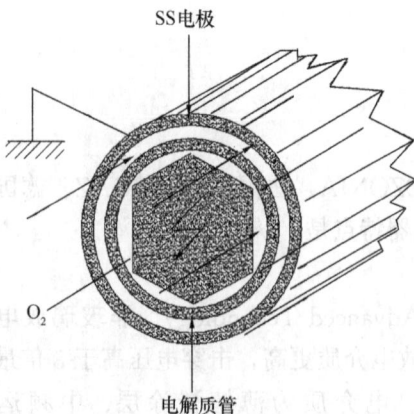

图 11-19　WEDECO EFFIZON 臭氧发生管构造

条件下。控制及自控部分与 OZONIA 基本相似。

（3）法国 TRAILIGAZ

法国 TRAILIGAZ 原是世界三大臭氧发生器制造公司之一，于 2003 年 3 月被德国 WEDECO 收购，成为 WEDECO 的子公司。其生产的臭氧发生器的主要特点是：采用节状电介质管（与 OZONIA 类似）、采用玻璃电介质、高频运行（5000～7000Hz），构造图见图 11-20。

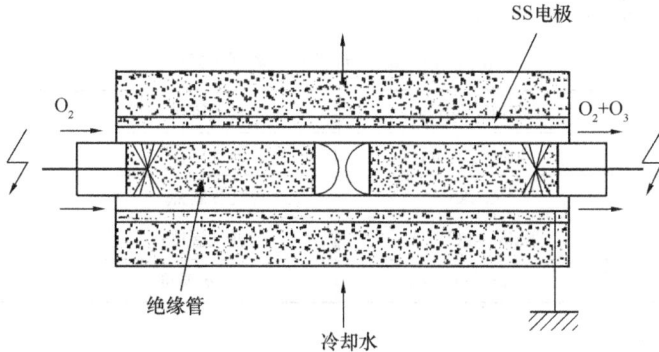

图 11-20　TRAILIGAZ 管式臭氧发生器基本构造

TRAILIGAZ 臭氧发生器采用高压放电管，由纯硅制成，这种材料可避免由金属管表面涂珐琅质制成的绝缘材料可能引起的裂缝等问题。约有 70 根放电管（10kg/h），不配单独保险丝。气源为纯氧加 3％～4％氮气。供电单元采用更高的中频输出，设备运行在小于 2kV 电压和 5000～7000Hz 频率条件下，功率因数 0.92，控制和自控部分与 OZONIA 基本相似。

（4）日本富士电机

富士电机臭氧发生器主要构造如图 11-21。其主要特点是：采用玻璃衬管电介质、放电间隙小，仅为 0.3mm、双面冷却、高频运行（3000～7000Hz）、需要保险丝。

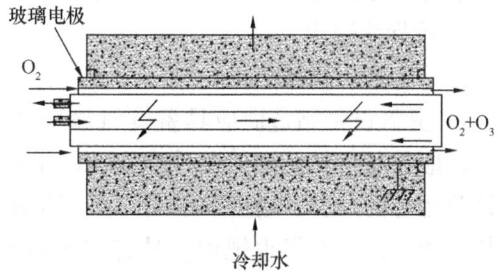

图 11-21　FUJI 电机臭氧发生管构造

（5）日本三菱臭氧发生器

三菱臭氧发生器采用化学耐久力强，耐电压高，介电常数稳定的玻璃管，放电间隙小，约 0.4mm。它开发了特殊的隔离电圈，防止了因气体压力而造成的玻璃管损坏，可高精度地保持放电间隙。

三菱 10kg/h 臭氧发生器放电管数量约 550 根，无独立保险丝。气源为纯氧加 1％氮气，供电单元应用了 IGBT 技术，功率因数大于 0.95，运行在 5kV 电压和 2000Hz 频率条件下。控制及自控部分与 OZONIA 基本相似，其 PLC 为三菱公司生产，人机界面汉化，便于操作。

2. 国内制造的臭氧发生器

与国外设备相比，国内臭氧发生器制造厂家起步较晚，但发展很快，随着技术的引进和创新，国产臭氧发生器在单机产量和性能上已有很大进步。主要生产厂家有青岛国林、江苏扬中康尔等。

国林臭氧发生器采用 DTA 非玻璃放电管（搪瓷涂层高压电极），击穿强度大于 9kV。其生产的 10kg/h 臭氧发生器放电管数量约 450 根。三根放电管组成一个"放电单元"，并安装独立保险丝。气源为纯氧不需加氮气。设备运行在 4.5kV 和 800～7000Hz 频率条件下。其 6～10kg/h 臭氧发生器运行技术参数见表 11-8，发生器产量与浓度、单位臭氧耗电量基本接近国外同类产品水平。

6kg/h 臭氧发生器运行技术参数

表 11-8

输入电源	380V/50Hz	臭氧浓度	60～80mg/L
电源频率	800～1000Hz	进气流量	12.5～20m³/h
电源电压	4.5kV	气源露点	−45℃
主机功耗	8kW/kgO₃·h	进气温度	15℃～20℃
冷却水流量	3～5t/kgO₃·h	冷却水温度	15℃～20℃

11.3.5　臭氧系统设备的选用

中国工业经济联合会臭氧专业委员会、给水深度处理研究会、浙江大学建工学院市政工程研究所在国家水体污染控制与治理科技重大专项（2008 ZX07421—003）的"高氨氮和高有机物污染河网原水的组合处理技术集成和示范"课题中提出了《生活饮用水净化用臭氧系统设备选用指南》，其主要内容有：

1. 投标商资质

（1）臭氧设备制造商

1）臭氧设备制造商应具备臭氧深度处理系统的设计和配套设备、仪器优化选型的能力；应具备良好的加工条件和丰富的生产、应用经验。具有加工、装配、调试、检验与试验运行的厂房、动力和设备，具有检测各项技术指标的资质合格的仪器；具有规范的技术管理、生产管理规程，具有三年以上生产臭氧设备的历史和 ISO 9000 系列质量体系认证。

2）投标之国内臭氧产品应为通过相关部级产品鉴定或成果评估的规格及同类型较小规格的产品，产品具有连续工作一年以上的应用报告。

3）国外臭氧设备制造商在中国大陆应设有常驻的专业售后服务点，并配备人数与市场占有率相适应的具有三年以上同类型设备服务经验的技术服务工程师，能够提供良好的售后服务和技术培训。

（2）成套设备代理商

1）具有臭氧用于生活饮用水深度处理工艺设计与臭氧系统设备选型，系统设计、安装、调试与运行管理的能力。

2）所选用的臭氧发生器产品制造商应具备相应资质，该产品资质符合项目要求；具有臭氧发生器制造商的有效授权；具有独立的进出口资质；应配备专职的、具有三年以上同类型设备服务经验的技术服务工程师，已完成的臭氧水处理项目技术服务与售后服务的能力、信誉良好。

2. 臭氧发生器

(1) 产品资质

1) 产品按有关技术标准生产。应具有完整的图纸、工艺资料，完善的技术保障措施。

2) 发生器本体采用耐臭氧材料制造。金属件采用不锈钢、钛等材料，冷却水含氯时，发生器壳体应选用 S30403（304L）不锈钢，接触臭氧的放电电极采用 S31603（316L）不锈钢、钛等材料。

3) 工作压力≥0.1MPa 的发生器壳体应按压力容器要求，并提供壳体及安装的与压力相关的仪表、零件的压力容器检测认证的原始文件。

(2) 产品标准、规范

目前我国尚未制订臭氧发生器的国家标准，新修订的住房与城乡建设部行业标准《水处理用臭氧发生器》（CJ/T 322—2010）可作为国产发生器执行标准。进口产品按各自国家相关标准生产，与 CJ/T 322—2010 标准要求矛盾时协商解决。

(3) 产品的技术参数

1) 臭氧发生器所需气源种类、成分，对露点、洁净度的要求，工作压力及允许最大压力、额定发生量时的标准体积流量。

2) 臭氧发生器的冷却方式，额定功率工作时的冷却条件：风冷时的最高环境温度；水冷时的允许入口最高水温；臭氧发生器冷却水输出端体积流量；冷却水允许最大压力；水质要求。

3) 臭氧参数：产生一定浓度臭氧（g/m^3 或 mg/L）时臭氧发生器的额定产量(kg/h)及额定电耗（kWh/kgO_3）。臭氧产量的调节控制范围（10%～100%）并指明调节方法。

4) 电参数：电源相数、频率、电压、电流、有功功率及功率因数；臭氧发生器的最大工作电压有效值、工作频率；高压变压器温升。

5) 设备主要尺寸，设备安装、操作、检修所需空间（长×宽×高）。

6) 工作状态下的设备重量，非工作状态下的设备重量。

7) 推荐额定技术指标（NTP 状态）：

发生器臭氧出口压力≥0.075MPa

空气源：臭氧浓度 $25g/m^3$，电耗 $18kWh/kgO_3$，常压露点≤−55℃。

氧气源：臭氧浓度 $120g/m^3$，电耗 $10kWh/kgO_3$。

(4) 臭氧发生器的工作条件

臭氧发生器产品应在用户提出的应用现场之空气温度与湿度、海拔高程、冷却水温度与质量、电源电压条件下正常工作并达到技术指标要求。

(5) 产品的仪器、仪表配置

1) 发生器必须配备具有专业资质的相关参数的仪器仪表，根据用户的使用要求与投资水平，所配仪表可有不同的监测参数与不同的控制水平。最基本的配置应有：电源电压、电流、发生室气压、气体流量与气温、冷却水流量、进出口水温、水压等参数仪表，其中气压、水压、水流、水温、气温、电压、电流都应具有报警与自动切断功能，与气体密度有关的气体流量计应与气源类别相符。

2）接触臭氧的接头、密封件、管道、阀门、传感器、仪表等均应选用耐臭氧材料。

3）10kg/h 以上规格产品应配备臭氧在线监测仪并配备 PLC 控制与人机界面系统。

4）控制电路和软件应适合用户现场工作条件，在正常的波动范围内不应频繁保护停机。

（6）产品出厂验收

1）供货商应在设备出厂前邀请用户派代表到厂验收，验收代表在验收数据报告签署合格意见后设备方可交货。验收报告作为正式文件备案。

2）验收时臭氧系统应注意到订货要求的气源、电源、冷却水源条件和使用环境条件，并对验收的臭氧性能数据按用户现场条件修正。

3）设备运行达到平衡状态后，连续工作 6h，此期间内进行臭氧浓度、臭氧产量与电耗指标的检测，同时检验臭氧产量调节、各种参数调节、控制与报警功能。

4）在额定参数不变的条件下，连续工作 2 小时内臭氧浓度与电耗的变动量不得超过 ±5%，同时记录电、气、冷却水相关数值。

5）验收检测仪器均应事前校准。

（7）应用业绩

生产商有义务向订户提供其应用业绩，供订户实地考查。

3. 系统设备

（1）冷却水

1）冷却水条件：水温、压力、流量应满足臭氧发生器正常工作的要求，水质 pH 值、总硬度、浑浊度等指标应符合生活饮用水卫生标准，氯化物含量≤100mg/L，以防设备焊缝腐蚀。

2）冷却水条件差可选用冷却水闭路循环系统，循环水量、水压、换热器等应按发生器容量与环境条件匹配选择。

（2）气源

臭氧用气源目前分为空气源、空分制氧源与液氧源三种，各有特定的要求。

1）空气源

a）臭氧用空气源须经净化、干燥等技术处理，达到如下指标要求：

——露点≤−55℃（常压）；

——含油量≤0.01mg/m³；

——颗粒物尺寸≤0.1μm；

——压力 0.2MPa，温度≤30℃。

空气源处理系统按用户的环境条件（温度、湿度、气压等）配置空气压缩机，贮气罐，冷凝器，除水除油过滤器，冷冻干燥机，吸附干燥机，除尘过滤器等设备，应满足指标要求。

空压机噪声需控制在使用场所要求的标准。

b）供货商应提供空气源处理系统的调试，维护，使用说明书。所配置之设备必须附有专业资质证明与维护修理资料。工作压力≥0.1MPa 的压力容器设备必须随机提供专业压力检测证明文件。

c) 系统设备应提供二年用易损备件，其中保质期间备件是免费的。气源设备所配用的阀类、电器控制器、仪表等应选用优质可靠产品。

d) 10kg/h 以上臭氧设备的空气源供气管路装设空气露点仪，并提供常压露点换算资料。按用户要求空气源系统配置自动控制相关参数的 PLC 控制器。供货商应提供干燥剂的品牌、型号、更换时间及用量。

2) 空分制氧

a) 由空气分离出氧气有低温分离与分子筛吸附分离二种技术方法。目前从空气直接分离制氧多采用分子筛变压吸附（PSA）技术方法。大型设备（≥100Nm³/h）采用低压吸附、真空解析的 VPSA 方法，具有更高的效率、更低的能耗。国内、外都有成熟的制氧设备。

b) 空分制氧应达到如下指标：

——氧气含量≥90%（Vol）；

——常压露点≤−60℃；

——碳氢化合物含量≤25mL/m³；

——颗粒物尺寸≤0.1μm；

——压力 0.2MPa，温度≤30℃。

c) 空分制氧机应集成为独立的系统，应具备完整的监测，控制功能。应提供调整，维护与修理的使用说明书。空压机噪声需控制在使用场所要求的标准。应随机提供二年用易损备件，其中保质期间的备件是免费的。

d) 制氧机输出端应装备氧气含量仪表（Vol%）和露点仪，并给出常压露点换算资料。制氧设备车间应装设氧气泄露监测报警仪。

e) 供应商应准确提供制氧分子筛的品牌，型号与更换时间，用量（国内 PU-8 型分子筛企业保证一次性填充使用寿命为 10 年）。

3) 液氧

a) 利用液氧汽化为氧气作为大型臭氧系统气源，具有经济合理性。

——液氧应达到如下指标：

——氧气含量≥99.6%（Vol）；

——常压露点≤−70℃；

——碳氢化合物含量≤20mL/m³；

——颗粒物尺寸≤0.1μm；

——液氧汽化减压后压力 0.25MPa。

b) 液氧贮罐、汽化器、热交换器（选用）、减压装置一般由用户自选。根据发生器需要氧气量和液氧质量选择相应的液氧贮罐与蒸发汽化器，一般液氧贮罐容量应为 4~7 天的使用量（注：1L 液氧重 1.14kg，汽化后体积为 0.80Nm³）。

c) 电晕放电产生臭氧特性要求液氧应添加 1%~3% 干燥的氮气或空气，干燥空气一般用小型 PSA 空气干燥装置或膜分离器制取。

（3）投加装置

1) 饮用水臭氧处理是通过投加装置实现臭氧化气与水体充分接触而达到较高的吸收

率。臭氧处理饮用水分为预臭氧处理与主臭氧处理。主臭氧处理投加量应符合 GB 5749—2006 的要求：出厂水中限值 0.3mg/L，接触时间 $\geqslant$12min。

2）按要求设计臭氧投加管路、水射器、静态混合器、曝气盘、仪器仪表及附件，全部采用耐臭氧材料。供货商应依据曝气盘的技术参数（直径、定压下的额定出气量、气泡直径等）和臭氧浓度与气量选择各级曝气盘数量及位置布置；接触池每格都有独立管路送气，并分别配置流量计与调节阀门；投加管路各连接点均应密封可靠，曝气盘便于检查与更换。

3）主臭氧处理是降解化学污染物的主要阶段。应通过实验确定臭氧投加比 mgO_3/L 水，接触时间 t（min）和要求达到的溶解度 c（mg/L），并给出主臭氧接触池的设计尺寸与要求。主臭氧接触池一般水深 6m 左右，分为三级逆向接触，投加气量比为 6：2：2，推荐总接触时间 $\geqslant$15min。臭氧接触池出水段应安装液相臭氧浓度检测仪，检测并控制臭氧处理效果。臭氧接触池应密封良好，顶部应装设排吸气安全阀，保护接触池安全。（参考设定动作压力为＋2kPa 及－3kPa）；在接触池后端顶部排吸气安全阀前部装设臭氧尾气采样管，内径 ϕ10mm 深入池顶内层 100mm，以便连接臭氧浓度仪检测尾气浓度，监测臭氧吸收率，但不能在排吸气安全阀后和尾气总管上采气检测。

4）预臭氧处理可提高原水除藻、混凝与生化效果。也应通过实验确定射流器及管路水量与水压，臭氧投加比 mgO_3/DK 和臭氧接触时间 t（min）并确定预臭氧接触池设计尺寸。预臭氧接触池顶部应装设排吸气安全阀，保护接触池安全。（参考设定动作压力为＋2kPa 及－3kPa）。预臭氧处理反应（吸收）效率高，尾气臭氧浓度一般较低。

（4）尾气处理与回收利用

1）尾气处理

a）臭氧处理尾气分解处理的常规方法按尾气量大小有加热分解、触媒催化分解与活性炭分解。触媒催化与活性炭分解前应进行气水分离和除雾处理，以提高处理效果并保持催化分解性能。

b）需处理的尾气臭氧浓度和主臭氧处理池尾气浓度可按 10％～15％投加浓度估算。处理后排放臭氧浓度规定 $\leqslant$0.2mg/m^3（0.1ppm），符合国家环境空气质量标准。低臭氧浓度尾气（预臭氧处理）可采用空气混合稀释排放。

c）加热分解

臭氧在 350℃下会立即分解为氧气，在连续运行的大型臭氧系统尾气臭氧浓度高时（氧气源）常采用加热分解，供货商应提供加热分解系统的设计、试验参数，确保分解的效果和能耗控制，并应注意排放热能再利用。加热分解设备要保证人体不会直接接触到高温部位，应提供系统结构简图与维护、检修说明资料。并符合消防法规定。

d）触媒催化分解

尾气臭氧通过含有氧化锰、氧化铜与镍等催化剂会分解为氧气。触媒催化分解适用于中小规模臭氧系统尾气处理应用。供货商应具备触媒催化分解系统应用选型的经验确保分解的效果和能效，提供系统结构简图与使用、维护、检修说明资料。应提供触媒催化剂的名称、型号、生产厂与更换周期、用量。

2）尾气回收利用

主臭氧处理池排出气体可经环流涡轮混合器混入预臭氧处理原水中，也可经离心风机送入预处理水射器混合，还可采用耐臭氧压缩机将主臭氧处理池尾气加压送到预处理池曝气投加。涡轮混合能耗一般为 $100\sim200W\cdot h/Nm^3$，压缩机能耗为 $80\sim150W\cdot h/Nm^3$。

3）铭牌

尾气处理装置应装贴铭牌。内容包括：臭氧尾气的分解方法；抽吸风机工作的额定抽风量；分解剂更换周期或维护周期；电源功率；生产厂商名称和联系方法；生产日期。

（5）检测、监测仪器仪表

1）臭氧系统设备检测、监测仪器仪表主要有臭氧浓度检测仪、流量检测仪、压力与温度计和空气露点仪等，当采用氧气源时还需氧气泄露报警器；电源输入端及臭氧发生器的高压电源也应有相应的电量监测仪表。臭氧系统采用 PLC 控制时，各种仪器仪表应有与 PLC 通信功能，如 RS485 口等。臭氧浓度检测仪器技术指标要求见表 11-9。

2）臭氧浓度检测仪是用来检测臭氧系统以下部分的仪器：

a）臭氧发生器出口的臭氧浓度；

b）水中溶解臭氧浓度；

c）臭氧投加后尾气处理排出气体中的臭氧浓度；

d）环境臭氧浓度（泄漏报警）；

e）尾气处理前臭氧浓度（可选）。

臭氧浓度检测仪器技术指标要求　　　　　表 11-9

检测部位	臭氧发生器出口在线检测	水中溶解臭氧在线检测	尾气处理前（可选）	尾气处理后在线检测	工作环境臭氧泄漏
仪器类型	紫外吸收式	极谱化膜电极式或紫外吸收式	紫外吸收式	紫外吸收式	电化学传感器式或 MOS 传感器式
测量范围	$0\sim200g/m^3$	$0\sim20mg/L$	$0\sim20g/m^3$	$0\sim20mg/m^3$	$0\sim4mg/m^3$ 或 $0\sim10mg/m^3$
分辨率	$0.1g/m^3$	$0.01mg/L$	$0.1g/m^3$	$0.01mg/m^3$	$0.02mg/m^3$
示值误差≤	±2%	±2%	±2%	±2%	±10%
零点漂移≤	2%F.S/24h 自动调零	0.01mg/L（月）	2%F.S/24h 自动调零	0.01mg/m³（24h）	
线性误差≤	2%F.S	2%F.S	2%F.S	2%F.S	报警值设定 0.2mg/m³
信号输出	4~20mA	4~20mA	4~20mA	4~20mA	超限报警信号
数字显示	√	√	√	√	√
环境补偿	温度、气压	温度	温度、气压	温度、气压	
其他	仪器排气口装设臭氧催化分解器		仪器进气口加不吸收和分解臭氧的干燥器	有采样泵、流量计和尘过滤器	有声光报警功能

3）其他仪器仪表技术指标要求

其他仪器仪表技术指标要求见表 11-10。

其他仪器仪表技术指标要求　　　　　　　　　表 11-10

指　标	氧气泄露报警器	空气露点仪	气体流量计	压力传感器	温度计
仪器类型	可选电化学传感器报警探头	在线式	优先选用压损较小的类型		
测量范围	0～30% vol	−80～+20℃	按需选定	0～1.0MPa	0～50℃
示值误差≤	±2%	在−80～−40℃±3%	±2.5%	±1%	±0.2℃
分辨率	0.1%				
信号输出	超限报警信号	4～20mA	4～20mA	4～20mA	4～20mA
数字显示	√	√	√	√	√
其他	有声光报警功能		流量计装在发生器输出端的应耐臭氧		

4）定购水处理臭氧系统检测仪器，要备有两年以上的易损备件，在保质期内损坏更换的备件是免费的。

5）臭氧检测仪器仪表在现场安装前，应有出厂检验合格证，中文安装、使用说明书及备件清单。

6）水处理臭氧系统检测、监测仪器仪表的定期检验。

按仪器种类分别为：

a）检测臭氧发生器出口臭氧浓度的仪器每 12 月检验一次。要求设备要预留带调节阀的检测口，出口可接 ϕ6mm 或 ϕ6.3mm 聚四氟乙烯管；

b）水中溶解臭氧检测仪应每 6 月检验一次，检验结果记录备案；

c）尾气检测仪表每 12 月检验一次，检验结果记录备案；

d）泄露报警仪每 6 月检验一次，检验结果记录备案。

检验仪器仪表应采用有省级（含）以上质量监督检验部门检验的仪器，检验结果及记录应备案。

4. 系统安装与调试

（1）开箱检查

在业主与监理人员在场时供货方人员开箱检查以证明设备在运输途中完好无损，发现损坏应立即更换或修补。开箱检查验收所有物品、资料应符合合同及装箱单要求，并由按合同规定的人员保管，业主单位应提供必要的存放条件。

（2）安装

1）供货方应在图纸设计阶段向监理与业主提供详细的安装计划，包括时间、步骤、人员、设备、图纸及需业主提供的配合等，并征得监理与业主同意。臭氧发生装置平面布置设计应考虑检查、巡视和更换零件需要的空间。

2）安装工作由供货方负责，进行本系统各设备的就位、固定和设备之间的连接工作，包括在土建施工过程中所需预埋件的施工。当需要业主或第三方进行与本系统设备有衔接或配合关系的安装工程时，供货方需委派技术人员到现场指导及配合。

3）安装除应执行相应的电、水、气施工及验收规范、标准外，还应按供货方的具体安装要求进行。设备安装与应用车间应符合消防法规要求。

4）所有安装工作结束后，供货方技术人员应先行检查无误后再与监理及其相关承包单位共同对所完成的安装内容进行检查，注意检查所有设备、仪器、阀门的安装、连接是否正确、可靠，连接管道与设备内部是否清洁；供电开关装置，配电设备和高压装置的安装与电试验应符合当地供电局的要求。流体管路应标明流体名称、流向。验收合格后签字确认，供货方即应进行设备调试。

（3）调试准备

1）系统设备调试应由供货方编制调试方案：准备工作，调试内容与步骤，时间安排，操作方式，人员及岗位配置，必要的应急措施等。方案报请项目监理与业主审查、批准。

调试中各步骤均应有业主单位职能人员参加，各项调试应记录备案。调试及试运行过程中应尽可能安排对业主方人员结合调试工作实际进行岗位培训。

调试中由供货方承担技术与管理责任，上述方案报批及业主方人员参与并不免除其应负责任。

2）调试步骤原则上应先辅机后主机，先部件后整机，先空载后带载，先单机后联动进行。

3）调试前应详细列出全系统及各分系统设备应达到的工况参数和极限参数，并在调试过程中记录实际调整的参数。

4）供货方应准备好调试所需的工具、材料、辅料及可能要更换的零部件，并确保安全防护装置齐全可靠。调试及试运行期间若动用了质保期应免费提供的上述物品应限期补齐。

（4）分系统调试

通过对各分系统的调试以校核安装工作的质量，确定现场条件下适当的运行参数，验证该分系统的性能，并与其出厂检测报告相比较。

各分系统调试结束后应断开该系统的电源和其他动力源，消除压力和负荷（放水、放气），安装好因调试未装的或调试时拆下的部件和附加装置，检查设备有无异常变化，检查紧固件、密封件、安全保护器具的状况。并整理调试记录，填写调试报告。

1）气源系统的调试。

a）气源采用空气源或空分制氧时，空气压缩机、冷冻干燥机、吸附干燥机或吸附制氧机等应能正常启停，供气管道的阀门工作正常，可按要求调整供气压力、流量。检测供气压力、流量、气温、洁净度与露点、氧气源的氧含量等均应符合设计要求。

b）气源采用液氧时，液氧贮罐、汽化器、减压装置、阀门及添加氮气或干燥空气的装置均应能正常工作，可按要求调整供气压力、流量。检测供气压力、流量、气温、洁净度与露点、氧含量等均应符合设计要求。

c）气路部分各接点应密封可靠，无泄漏。

d）气路压力保护器具动作应准确可靠，温度、压力、流量等监测仪表工作正常。

2）冷却水系统的调试

a）使用管网水直接冷却时，应检测冷却水的水温、水压及 pH 值、总硬度、浑浊度、氯化物含量等。水质差应提出改善处理措施，由业主完成。

b）采用闭路循环冷却系统时，应按设计要求灌充适量冷却液，并须检测其水质合格。

c）供水管路的泵、阀门等应能正常工作，可按设计要求调节供水压力、水量。

d）水路各节点应密封可靠，无泄漏。

e）水路系统压力保护器具动作应准确可靠，温度、压力、流量等监测仪表工作正常。

3）臭氧发生器系统的调试

a）发生器的发生室、供电电源与控制系统柜均应打开进行仔细、严格的检查，确认电、气、水各部分无损坏，无松脱、移位，安全可靠；每个放电单元均应逐个加电试验；发生室应通冷却水进行耐压试验，不应有泄漏。

b）发生室内部检查完毕后关闭，紧固时注意保证发生室的气密性。此后可进行通气、通冷却水试验，验证气、水压力流量调节功能，并保证密封可靠、无泄露。

c）臭氧发生器系统须在冷却水、原料气源工作供应正常且所产臭氧混合气能适当处理时方可通电调试。经调试验证臭氧发生器系统的性能：工作、调节正常有效，生产一定浓度的臭氧时的臭氧产量及电耗，相应的各种电、气、水运行参数，逆变电源及高压变压器的温升等。

4）臭氧气体投加与传质系统的调试

用不含臭氧的原料气进行模拟调试，检查管路连接密封，微孔扩散器气泡均匀，射流器吸气口真空度正常，如必要进行适当调整。应保证投加比例符合设计要求，确保防水倒灌保护措施可靠。

5）尾气处理系统的调试

按设计要求检查气路与分解催化设备及仪器仪表等工作正常。

6）仪器仪表的检查校准

按设计工艺流程图检查各类仪器仪表接入位置，回路完整性与测定参数量程、精度，必要时予以校准。

7）单机 PLC 控制与总控 PLC（或 DCS）检查

检查验证单机与总控机正常工作，近、远程操控动作、数据显示、传输功能正确通畅。

（5）联机统调

所有各分系统检查、调试正常并得到监理与业主认可后，进行系统联机统调，联机统调供货方应进行充分准备并安排指导业主操作人员在各岗位进行检查、操作。

1）当水处理工程系统具有多台臭氧发生器时，轮番开一台臭氧机组与相应的水处理系统，按本节（2.（3））臭氧参数要求作调节，检查、记录各部分参数值，每台发生器均应达到性能指标要求。

2）改变气、水参数，检测发生器自动保护功能动作可靠性。

3）检测并熟悉单机 PLC 与总 PLC 操作与控制，利用远控功能调节控制发生器工作，检查验证处理水量或水质变化后的自动控制功能。

4）发生器调节在额定参数下连续运行 24h，检查其工作稳定性。同时检查系统各部分工作状况并对各类参数值进行采集记录。

518

（6）试运行

联机统调发生的影响设备运行问题与功能指标缺陷都已解决完毕后，可向项目监理和业主申请 14 天的试运行。

1）试运行由供货方人员主持，指导业主方相关人员对系统设备进行操作，每天 24 小时连续运转 7d。如因故障停机或必要的调整修正需要停机，则要重新计算运行时间。

2）在第二个 7d 连续满负荷运行工作中，应对系统运行参数进行现场检测，现场检测由供货方提供计量仪器仪表，并应经资质合格的机构进行检测标定，检测时应有监理与业主人员参与鉴证。所检测项目均需达到或超过设计指标要求，正规检测并认定的指标可以作为验收数据使用。

5. 技术资料

（1）买方应向供货商提供所需臭氧系统设备所应用的水处理工程的相关技术资料：

1）水处理工程系统工艺流程设计及相关参数。

2）工程所处地理位置、海拔高程、气候条件、冷却水条件、气源供应条件、地质状况（地震烈度预测）等。

3）拟由买方承担的与臭氧系统设备配套的工程及土建技术资料。

（2）投标商应提供的文件资料

1）投标书文件资料

投标商在其投标书文件中至少应提交下列文件和资料：

a）尺寸齐全的设备外形图和安装图，包括设备重量，基础承载力以及安装空间要求等。

b）各种设备主要技术性能和规格的文字和图表说明。

c）各种设备的设计、制造、测试所参照的主要标准。

d）各种设备的主要材料组成的说明。

e）出现技术偏差部分的图纸和文件说明。

f）各种设备的制造商名称及产地的清单，包括制造商的联系地址。

g）投标人所建议的设备 2 年运行的备品、备件（含润滑剂）及制造商的地址和通信号码以及专用维修工具的清单。

h）投标商计划的供货日程表。

i）提供与本项目相同或相似项目的成功业绩表。

j）以及其他投标时可能需要的资料。

2）文件资料形式

上述文件资料应该是以图纸、表格、文字相结合的形式出现，并应该是印刷制品。文件应以中文形式出现（进口设备以中、英文形式出现，并以中文为准），图纸和文件中计量单位必须用国际单位。

（3）供应商应提供的文件

1）参照标准

供货商提供的机械设备均应符合中国有关标准或用户可接受的国际标准，并提供相应的标准号；提供的电气设备均应符合 IEC 标准或用户可接受的国际标准并提供相应的标准号。提供的设备及测试仪器、仪表的计量均采用 SI 国际标准计量单位；提供的设备如按制造商的企业标准生产，则应提供相应的企业标准。

2）设计文件

a）生产工艺流程图和仪表控制流程图，并标明其规格性能，如流量、压力及温度等参数，并应列出发生器产量、气量等指标修正计算的依据及计算式。

b）设备结构示意图、设备基础图、设备布置图、管道和管件布置图、电缆电线敷设图。

c）反应池的工艺图、管道及扩散器布置图。

d）主要设备的技术资料，包括注有基本尺寸的总图、技术参数、使用注意事项等。

e）电气系统和控制系统的原理图、接线图及控制软件。控制软件应提供源文件及密钥，以利买方在运行和维护时改进（质保期内的改动须经供货商同意方可进行）。

f）连接和互连图。显示所供设备部件之间、各分系统之间以及系统设备与外部设施之间的连接点、接线和管路。

g）土建负荷资料。

h）臭氧系统设备所需配套的水、电、气等公用工程设计资料。

3）说明书、测试报告及合格证书

a）设备技术说明书，包括：

——各方案的系统描述及单项设备描述，设备清单（注明设备名称、规格型号、制造商、原产地、数量，并附有相关技术指标、说明书和资料）。

——臭氧发生器的工作方式及性能描述（注明臭氧浓度、放电器件材料及放电电压、频率等）。

——臭氧尾气处理系统的工作方式及性能描述。

——供电单元的工作方式及性能描述。

——控制系统的 P&I 图及控制方式。

——提供预臭氧处理和主臭氧处理的投加方式说明及接触时间。

——臭氧发生、臭氧扩散接触及臭氧尾气处理系统的技术参数。

b）设备样本。

c）制造厂的检验报告、测试报告、设备检验合格证书、质量保证书等。

d）系统的安装、调试、操作、使用、维护以及异常现象和事故处理的技术文件。

4）验收、测试与运行文件

系统、设备的验收标准。应符合中国有关的国家、地方、行业的标准。系统、设备验收的测试方法应符合有关标准、规范的规定。设备的运行操作规程应根据实际的系统和设备的要求编写以及设备应定期检查的检查点与检查项目、记录表格，发现缺陷应采取的措施。

5）清单文件

a）项目的系统、设备清单。

b）系统设备用的专用工具清单。

c）保证系统设备 2 年以上正常生产运行所需的备品备件、易损件的清单及其分项价格。

6）担保文件

供货商至少要对以下项目提供书面担保（违约罚金详见商务部分）：

a）臭氧浓度及臭氧发生量担保。

b）能耗（kWh/O_3）担保。

c）放电器件寿命担保。

d）臭氧接触池的臭氧转化率≥95％发生量担保。

e）备品备件的长期、及时供应。

7）其他

a）上述资料将按供货阶段、配合工程设计阶段、设备制造检验阶段、施工调试阶段、性能检测验收阶段和运行维护阶段等过程分阶段提供。

b）技术资料、文件的组织结构要求逻辑性强，内容正确、准确、一致、清晰、完整。

c）除有特别规定外，进口设备的文件资料采用中、英文两种文字，以中文为准。

d）供货商认为有必要提供的其他技术资料及文件。

e）所提供的技术资料，纸质文件为 5 套，光盘 3 套。

6. 培训

（1）培训计划与内容

1）为保证买方技术人员了解系统设备的技术特点，熟悉设备的规格性能，掌握设备的运行操作，学会分析系统设备的异常现象和事故处理，供货商应提供充分的培训机会，并有相应的培训实施计划。计划应包括培训的内容、场所、期限、人数、教材、课程表以及要达到的目标等。计划要明确培训人员和待培人员的数量、专业和水平。

2）培训的内容应包括：臭氧的基本物理化学性质及其应用特点，臭氧发生器的基本结构和特点，臭氧设备及其系统的基本原理和工艺流程、操作运行、维护检修、故障分析和事故处理技术，系统设备的运行规程，系统设备保养、校准、更换用料等的周期和操作方法，安全生产的要求和对相关监测仪表的检查、记录等。

3）要结合臭氧系统的设备特点，编写培训教材。

（2）培训实施

1）根据培训对象、内容、期限至少要安排在系统设备制造厂培训和现场上岗培训两个阶段，参照培训教材进行培训。

2）制造厂培训是指在制造厂为用户人员提供的培训，重点是设备结构、设备特点和维护检修方面的培训。

3）上岗培训是在工程现场为用户操作人员进行的培训，重点是操作方面的培训。

4）要结合安装、调试和运行进行培训，包括对系统设备的使用操作、检查维护、故障分析与排除、PLC 程序操作、检查等，进行岗位培训；要有生产安全与安全事故紧急处理的规程规范，建立健全运行维护档案等内容的培训。

5）有关技术理论知识方面的培训，可以提前进行，或者安插在制造厂培训和上岗培训过程中。

（3）考核测评

每次培训要根据明确的目标，在结束时对受训人员进行适当形式的考核测评，并发给合格证明文件。

（4）培训经费

上述培训的经费包含在合同总价中。

7. 备品备件和工具

（1）随机备品备件

1）供货商应随机提供系统设备正常运行 2 年所需的备品备件、易损件。

2）备品备件和易损件的品种由供货商根据系统设备的特点决定，但至少应该包括臭氧发生器的介电体（或与介电体一体化的放电元件）和高压保险丝、发生器专用电源的重要器件、检测仪器用的特殊器件、气源过滤器和尾气处理器用的催化剂、控制设备用的专用器材等。质保期内的备件应免费供应。

3）备品备件和易损件的随机配供备件数量由供货商根据系统设备的特点决定。臭氧发生器介电体（或与介电体一体化的放电元件）的备件数量必须不少于其正常运行总数量的 4%～10%。

4）在质保期内，如因备品备件、易损件不足或供应不及时，供货商必须承担由此造成的经济损失。

5）备品备件和易损件检验验收应与主机的要求一致。

（2）后续备品备件

1）供货商应根据买方的需要，自系统设备投入运行的第 3 年起的 10 年内提供系统设备正常运行所需的备品备件、易损件。

2）上述备品备件和易损件的报价不包含在合同总价中，但供货商应根据买方提出的要求和订单，及时优惠供应。

（3）专用工具

1）供货商应随机提供系统设备安装调试、检修维护、操作运行需要的专用工具。

2）上述专用工具的报价应包含在合同总价中。

8. 验收

系统设备经安装、调试、试运行后达到合同约定的相关要求时，供货方可同监理与用户三方协商进行验收。验收小组由监理单位组织，除三方人员外可以邀请行业相关专家参加。

验收由供货方出具资质合格的仪器、仪表检测有关技术参数，验收小组人员在验收报告上签字通过，业主正式接管系统设备。

（1）技术文件验收

供货方自投标开始各阶段的文件，如合同，设备仪器与备件清单，标准规范与规程、各类图纸、说明书、合格证、检测报告、系统操作与维护的运行规程（手册），培训教材等，均应验收存档，缺少的应在验收签字前补齐。

国外产品供货方编制的文件均应以中/英文提供，并应附带电子文本，参见本节（5.（3）.7）。

（2）备品备件与专用工具验收

1）供货方应保质按量提供系统设备两年用的备品备件，产权归买方所有，应按合同清单清点入库。在安装调试过程中供货方用掉的备品备件应在验收前补齐或在验收文件中注明，定期补齐。

2）系统设备维护、检修的专用工具的验收同上。

（3）技术培训验收

1）供货方应提供系统完整的培训教材。

2）供货方应提供培训实施的时间、地点、受训人员、培训内容、受训人员考核测评成绩等情况的记录。

3）验证受训人员对培训内容熟悉理解掌握的程度，验证受训人员独立进行系统设备运行操作、日常的维护保养和一般故障检查、维修的能力。

（4）系统的技术性能验收

1）臭氧发生器技术性能指标应达到合同要求：

额定浓度下臭氧产量和电耗指标达标（允许 5％差值）。

在额定臭氧浓度下单机调节 10％～100％发生量。

最高臭氧浓度验证。

主电源功率因数 $\cos\varphi$ 值在额定工作条件下达标。

2）水中溶解臭氧浓度验收

在满负荷下臭氧投加量为上限值时后臭氧接触池水中溶解臭氧浓度应达到下限值。

3）臭氧扩散（传质）效率验收

在满负荷下臭氧投加量为上限值时检测主臭氧接触池上部尾气臭氧浓度。注意检测点应保持常压或正压，采样时间不得少于 15min。

$$扩散（传质）效率 \% = \frac{臭氧源浓度(mg/L) - 尾气臭氧浓度(mg/L)}{臭氧源臭氧浓度(mg/L)}$$

注：在水质差时，水中溶解臭氧浓度值偏低，臭氧扩散（传质）效率偏高。

4）尾气处理系统性能验收

在满负荷（最大水量）臭氧投加量为上限值时臭氧尾气处理装置出口臭氧浓度 $\leqslant$ 0.2mg/m³。

5）PLC 系统验收

检查并验证臭氧单机 PLC 与总 PLC 监控系统工作正常，与水厂中控室上位机的通讯和操作正常、通畅。

6）安全装置验收

确认气路与发生器罐体安全阀动作可靠；确认前后臭氧接触池安全阀正、负压动作可靠；确认发生器工作间臭氧、氧气泄漏监测仪报警可靠；发生器单机 PLC 检测保护功能条件确认。

7）气源装置验收

气源装置提供的原料气温度、压力、流量应满足臭氧发生器正常工作的要求。气源装置提供的原料气质量满足合同要求。气源装置及其控制设备运行可靠，并能自动配合、适应臭氧发生系统的工作需要。

8）冷却水装置验收

冷却水装置冷却水的水温、压力、流量应满足合同要求。冷却水装置提供的冷却水水质满足合同要求。冷却水装置及其控制设备运行可靠，并能自动配合、适应臭氧发生系统的工作需要。

9. 质保期与售后服务

（1）质保期

质保期不少于 24 个月。自系统设备验收合格签署文件日开始计算。

1）在质保期内属于设备本身缺陷造成的各种故障应由卖方免费技术服务与维修。

2）在质保期内故障时间累积超过一个月，买方有向卖方索赔的权力。如系统内设备有替换则该设备质保期自替换后工作之日算起。

3）卖方在质保期的最后一个月应对设备进行一次常规的维护保养，所发生的设备维修、保养、更换费用由卖方负担。

4）当设备质保期满后，卖方应继续提供技术支持与备件供应。

（2）售后服务

1）在设备整个使用期内，卖方应提供确保设备正常使用所需的售后服务与配件供应。

2）如设备发生故障，卖方应在收到用户通知后 24h 内给予有效响应，并在 72h 内服务人员到达买方现场，在 4 个工作日内排除故障并交付使用（不可抗力因素影响除外）。

10. 国外订货的付款方式及违约赔偿（供参考）

（1）付款方式

1）合同签订后 15 日内，买方应由中国银行开立以卖方为受益人，金额为合同总价的 100% 的不可撤销的即期信用证（L/C）。

2）在卖方设备装船后提供装运单据及其他符合 L/C 条款的文件后支付设备合同价的 80%。

3）设备安装调试经验收合格后，在买方银行收到由双方代表签署的验收合格证书及其他与信用证内容一致的单据，并在买方收到由卖方银行开具的以买方为收益人的不可撤销的质量保函后 1 个月内，由买方向卖方支付合同总价的 20%。

4）质量保函金额为合同单价的 10%，有效期至质保期满。

（2）违约赔偿

合同设备在质量、交货退货与售后服务方面违约则应由责任方赔偿。

1）性能罚款

a）运行试验中设备的主要技术性能指标达不到合同要求，且在一个月内未能整修解决的，则买方有权按每台设备合同金额（全额）5% 对卖方处以罚款；

b）设备主要性能指标低于合同值 15% 或由于产品质量问题造成系统事故或导致重大事故，则买方有权按每台设备合同金额（全额）8% 对卖方处以罚款；

c）如卖方提供的设备不符合合同要求，买方有权全部或部分拒收，并有权提出索赔。

2）逾期赔偿

a）卖方逾期交货应按迟交设备之总价计算向买方赔偿违约金。比例为每 7 天交

0.5％，不满 7 天按 7 天计算，最高金额不超过迟交设备部分合同金额的 5％。如违约金达到最高限额仍不能交货时，买方有权终止部分甚至全部合同，而卖方仍有义务支付上述迟交核定损失金额；

b）卖方不能交货，应向买方支付违约金。违约金按不能交货部分货款的 30％计算；

c）买方因自身原因中途退货应向卖方支付退货部分货款 30％的违约金；

d）经买卖双方协商同意延期交货或中途退货时可免除赔偿责任。

3）售后服务违约赔偿

在系统设备因质量问题发生故障，卖方维修人员不及时到现场或到现场因技术能力不能按约定时间排除故障造成系统停产，则停产责任由卖方承担。损失赔偿额度由相关专业部门裁定后在质量保函金中扣除。

11.3.6 臭氧系统设备的安全管理

1. 臭氧设备的安全要求

臭氧系统设备是由原料气体供应装置、臭氧发生器装置、冷却装置、电源和控制装置等组成，其安全要求是：

（1）原料气体供应装置

1）供臭氧发生器的原料气体，其水分浓度的露点温度应在规定要求以下，一般在 $-50℃ \sim -70℃$。

2）原料气体中有可能含有粉尘或盐分等情况时，则应具有去除它们的措施。

3）应使用不会因原料气体的组成、露点温度、臭氧气体等而造成变劣的材料。

4）应具有以下监测装置：监测原料气体流量的设施、检测原料气体中水分浓度（可由露点温度代用）的设施、高压机械应具有检测压力的设施、有加热的机械则应具有检测温度的设施。

5）应具有以下安全措施：

a）应设定原料气体的流量、压力、温度及露点异常值。

b）当上述各指标的测定值中被检测到超出设定的异常值时，则应有报警的设施并自动停止臭氧发生设备的运行。

c）高压机械，加热机械应有妥善的安全措施，以防止压力和温度过高。

d）当原料气体为纯氧或富氧空气时，则应有防止高浓度氧泄露的措施。

e）空气压缩机或风机应符合振动限制及噪音限制的要求。

f）氧气浓缩装置（PSA）、加热再生式的防湿、干燥机需符合劳动安全卫生要求。

（2）臭氧发生器装置

1）为避免爆炸的危险性，发生的臭氧浓度应在 10Vol％以下。因放电等触发因素，臭氧浓度爆炸的下限为 $10 \sim 11Vol％$，故当臭氧浓度小于 10Vol％，全压即使在大气压以上也不会发生爆炸。

2）与臭氧接触的罐体、配管、密封垫、阀等均需用耐臭氧腐蚀的材料；用水或空气冷却时，其相接触部分也应使用耐臭氧蚀性材料或经防蚀处理。臭氧发生器一般使用防蚀铝、陶瓷、PTFE（聚四氟乙烯）等。

3) 耐压试验应符合标准；水压试验时应在最大允许压力的 1.3 倍，气压试验则应在最大允许压力的 1.25 倍处保压 10min 以上，并确认无局部性的鼓起或伸长、泄漏等异常。配管也需做上述同样的耐压检查。

4) 无论是原料气体或含臭氧气体，臭氧发生设备中均应无气体泄漏。

5) 含臭氧气体、原料气体及冷却水等配管和阀类上面均应有流体名称和流通方向的识别标志。

6) 应设置以下监测装置

a) 应设置监测臭氧发生浓度、冷却处的温度及冷媒流量的设施。

b) 在装有臭氧发生设备的室内、外（周边环境），应设置监测其臭氧浓度的设施。

7) 应具有以下安全措施

a) 当发生臭氧浓度、冷却温度及冷媒流量其测定值超过所设定的异常值时，应具有报警的设施。

b) 当安装臭氧发生设备的室内，其臭氧浓度超过 0.1ppm 时，应具有报警的设施。

c) 当发生臭氧浓度超过其设定值时，应有自动停止臭氧发生装置运行的机制。

d) 应具有防止气体泄漏的措施。

e) 为防止压力异常升高，应设置压力调整装置、压力开关等。

f) 与高浓度臭氧相接触的部分，于装置运行前，应具有预先防止氧化膜形成而使温度快速上升的措施。（注 1）

g) 与臭氧相接的部分需做除油处理。（注 2）

h) 臭氧发生器开启高压电源前，应先通干燥气体一段时间以便排除机体和管路内的水分。（注 3）

i) 装置停运过程中，应具有防止罐体内结露和水渗入的措施。

j) 电路内应设置熔断器，断路器等安全设施。

k) 安装臭氧发生设备的室内应设置换气设备。

（注 1：与臭氧接触后不锈钢表面会被激剧氧化从而温度升高。为避免此类现象发生，应按运行条件将材料表面氧化以预先形成氧化膜。

注 2：与臭氧相接触的材料表面如附着油脂等有机化合物，则会与臭氧发生反应而发热。发热会促进臭氧的自行分解，某些情况下甚至有发生爆炸的危险。

注 3：与高浓度臭氧共存的 NO_X 易溶于水，产生 N_2O_5。N_2O_5 溶于水后变为硝酸，从而腐蚀材料。）

8) 作业环境中的臭氧浓度标准

日本于 1985 年规定作业环境下臭氧允许浓度为 0.1ppm（$0.20mg/m^3$）。作业人员在一天 8h，一周 40h 左右的工作时间中，从事体力上并不剧烈的工作，如暴露浓度的算术平均值在此数值以下，则可认为对作业人员之健康几乎无不良影响。此暴露浓度乃指未戴呼吸护具时，作业人员在工作中吸入空气中的臭氧浓度。另外要求 15 分钟内的平均暴露浓度不能超过允许浓度的 1.5 倍。

（3）冷却装置

1) 需监测冷媒温度、流量。

2) 当上述指标的测定值出现异常时，应具有能停止臭氧发生装置运行并报警的机构。

（4）电源与控制装置

1）臭氧发生器所用电源装置，其额定二次电压应小于15000V。结构、绝缘性能（绝缘电阻和绝缘强度）、各部分允许温度上升值、输入电流允许值（水电解法电源）、噪音功率允许值（连续性噪音）均应符合电气及劳动卫生等有关规定。

2）随着负荷变动（臭氧的需求量变化）应能控制所发生臭氧的浓度。

3）紧急时应可手动直接停止臭氧发生作业。只要装置在运行中有异常状况信号出现，这个信号便是最优先的信号，第一时间内停止装置运行，从而使装置能处于安全状态。

4）在构成臭氧发生装置的机械中，应设置连锁回路和当处于异常状态时的安全动作控制回路（自动防止故障特性 fail-safe）。

2. 臭氧接触池的安全要求

（1）臭氧接触池及其附属设备中均应无臭氧泄漏。

（2）接触池应方便维护管理。气体扩散器具（扩散气板、机械的叶轮搅拌翼等）必须设计成无泄漏且维护管理方便。因是易耗品，需经常检查更换，故选择耐臭氧材料特别重要。为防止臭氧泄漏，在反应槽上部由排气风机吸引而处于一定的负压状态。

（3）用于水处理装置的扩散气板上应具有防水倒灌的措施。

（4）凡与臭氧相接触的部分，无论是气相还是液相，均需使用耐臭氧腐蚀的材料。

（5）含有臭氧的气体，被处理及处理对象物所流通的配管和阀上面，均应有流通物质的识别和流向标识。

（6）臭氧接触池及其设备如设在室内，应设置臭氧浓度检测设备与换气设备。换气设备有设排气孔等自然换气以及万一发生臭氧泄漏事故时可进行强制性换气的机械换气设备。

（7）臭氧排气分解设备

1）当臭氧发生装置产生最大臭氧浓度时，向大气中所排放的气体臭氧浓度应在0.4ppm以下。排放口能迅速将排出气体予以扩散，其设置位置应在不可能直接对着人的地方。

2）当含有臭氧的气体停止向臭氧排气分解装置流通时，应具有让不含臭氧的气体再流通一段时间，以排净管路内臭氧的措施。

3）臭氧排气分解中有可能会有使催化剂不活化的物质，如气泡、Nox、微小粉尘等，因此务必不使此类物质进入臭氧排气分解设备。

4）随时监测臭氧排放浓度及室内外臭氧浓度。

1985年日本对臭氧浓度的推荐值为1天8小时作业环境下0.1ppm。环保部门对关系大气污染的强氧化剂（臭氧为其一种）环境基准为1小时值0.06ppm以下。人对低浓度的臭氧也能感觉，虽因人而异，低达0.01ppm的浓度也有人能感知。因此：

a）当室内臭氧浓度超过室外环境臭氧浓度时，即有泄漏的可能性，应发出警报。

b）应具有当排放臭氧浓度达0.1ppm以上时发出警报的措施。

c）采用热分解及催化剂方法时，其结构上要保证人体不会直接接触高温部分。对其他设备有热隔断措施，确保与其他设备的隔离距离。

d）当分解材料为活性炭时，要防止与臭氧反应而引起燃烧。如处理对象气体含有氮氧化物时，要用水洗等方式加以去除。

3. 臭氧设备的安全管理要求

（1）安全管理员

设备使用部门必须设置安全管理员。为确保操作人员安全，安全管理员必须做好以下各项工作：

1）备齐设备的操作说明书。

2）备齐设备运行管理手册。

3）作好对操作人员的培训和教育，其内容为：

本设备的原理、操作及管理方法、臭氧的基本特性、臭氧对人体的影响、臭氧的各种允许浓度、与臭氧接触后的措施、其他必要的安全事项。

（2）操作人员不能在臭氧浓度超过 0.1ppm 的场所内进行日常作业。臭氧主要危害是接触呼吸道后所引起的急性中毒和慢性中毒。急性中毒时：从刺激眼球、皮肤和呼吸系统黏膜开始，咳嗽、头沉重、胸痛、呼吸困难、脉搏加快、麻痹、昏睡直至死亡。因反复接触臭氧，易造成呼吸系统机能障碍和疾病感染，出现眩晕、头沉、头痛、神经过敏、疲倦感和失眠等慢性中毒症状。

（3）应考虑臭氧泄漏时作业中需设置的保护器具。在设备安装和替换等无法避开与臭氧接触时，必须使用适当的保护器具。其标准是能在臭氧浓度 10ppm 左右情况下使用的内有活性炭防尘口罩。为保护眼黏膜则应使用全面罩。如可能接触高浓度臭氧时，则必须配备供气式面罩。

（4）使用纯氧或富氧空气的设备，应在适当部位配置相合适的灭火器。

（5）为防灾害于未然，应设置在劳动安全卫生法上必须要求的指示和标识。由臭氧反应设备所构成的装置、机械类上，应标志其名称、机能、制造年月日。按劳动安全卫生规定，在规定的设备和作业现场，必须对其机械名称、内含物、操作要点、阀内流体名称及流动方向，阀的开闭方向及开闭状态，禁止入内等警戒标志，保护器具使用的指示，灭火设备等作出相应规定的标识。

（6）关于监测和记录

1）定期对预设的监测点进行检查并做好记录。

2）如认为有异常时应可直接采取必要的措施。

3）检查要点包括如下各点：

a）表示设备运行状况的监控指示值。

b）室内外臭氧浓度。

c）臭氧排气分解设备出口处的臭氧浓度。

d）换气设备。

相关监测点、检查频度、认定发生异常情况的处置，可要求设备制造、销售、流通部门提供资料，并制成检查记录及相应的手册。

为监测臭氧泄漏，必须要与室外臭氧浓度（比较低值）作比较。如室内臭氧浓度超过室外臭氧浓度时，则有泄漏的可能性。

（7）发生臭氧泄漏事故的处置

1）马上确认停止臭氧发生。

2）如仍处发生状态则应立即使其停止。

3）进行换气（臭氧重于空气）。

4）工作人员如已吸入高浓度臭氧，则应马上离开现场并采取适当措施。

5）如不得已必须要进入臭氧泄漏的场所，则必须穿戴有效的保护面罩服饰。

6）合适的初期救护方法

a）吸入救护：将接触的操作人员移至新鲜空气的环境。如有呼吸困难，则应由熟练人员帮助吸氧。如呼吸已停止，则应施行人工呼吸并求医生指导。

b）皮肤接触：用水充分洗净。

c）眼接触：马上将眼睑强制固定，用流水（自来水）冲洗至少15分钟以使眼表面得以洗净。为慎重起见应求助医生指导。

（8）设备保养与检修

1）为使各机器能常年正常且安全使用，预先要做出各设备定期检修及装置的保养管理计划。有条件时是将设备的定期检修，保养管理应与具有专业知识的单位签订委托保养管理合同。

2）根据设备具体状况和厂商要求制定安全操作规程、设备运转记录、维修规程及检修记录。

11.4　活性炭吸附系统

11.4.1　活性炭概述

1. 活性炭定义

活性炭是含炭材料经过炭化、活化处理后，具有巨大比表面积和发达孔隙结构的炭吸附剂。这种炭吸附剂具有去除水中的溶解性有机物（其中大部分是在水中产生味和臭及对人体有害的物质）的能力。

2. 活性炭原料

我国制造活性炭所用的原料有：烟煤（如山西大同煤）、无烟煤（如宁夏太西煤）、椰子壳、果核、皮及竹材。这些材料通常在炭化后，在≥850℃的高温下与气体（主要是水蒸气，但也含有二氧化碳）产生反应，生成吸附所要求的发达的内部孔隙结构。

3. 活性炭制造过程

活性炭的制造通常分两大类，即气体法和药品法。生活饮用水净化用活性炭绝大部分都是采用气体法生产出来的。活性炭制造过程基本分为三大部分，即：炭化、活化和后处理。炭化过程实质是开环物质热聚合成稠环并形成孔隙雏形的过程。活化过程则是高温下依靠气体的氧化能力，清除孔隙中游离炭使孔隙成形的过程。后处理则是将活化料破碎成用户要求粒度的过程，这包括破碎、筛分和包装。筛上物即为颗粒状活性炭，筛下物进一步粉碎即成粉末状活性炭。

4. 活性炭分类

（1）圆柱状活性炭

具有相当均匀的圆柱形外观的一种颗粒活性炭，通常为单一煤种制成。

（2）原煤破碎活性炭

原煤破碎活性炭有活化无烟煤和烟煤两种活性炭。活化无烟煤是无烟煤经过破碎后，直接活化而得。这种产品吸附性较低，碘吸附值通常≤900mg/g，产品孔隙分布比圆柱状活性炭更狭窄，基本是原煤的结构。烟煤活性炭是烟煤经破碎后，炭化、活化而得，这种炭的吸附性能较高，碘吸附值可达 1000mg/g 以上，亚甲蓝吸附值也可达到 200mg/g，但这种产品的孔隙分布仍有原煤结构的局限性。

（3）压块（片）破碎炭及圆柱破碎炭

这两种类型的产品共同点是：它们不是单一煤种的制品，而是用配煤（将孔隙结构不同的煤种按一定比例混合，乃至加一些改变孔隙分布的药剂），经磨粉成型、炭化、活化、破碎、筛分而成的。这种产品的孔隙分布比较合理，不需要添加黏结剂，成本低，一般更适宜于饮用水净化用。

（4）粉末活性炭

小于 200 目为粉末状活性炭（日本标准为 150 目，美国为 80 目），大于 200 目的为颗粒状活性炭。我国生活饮用水净化主要使用气体法制成的粉状活性炭，pH 多显碱性。而日本都采用木质粉状活性炭，药品法活化制成，pH 显酸性。

11.4.2　活性炭吸附机理

1. 吸附机理

（1）吸附作用：活性炭的吸附作用是指水中污染物质在活性炭表面富集或浓缩的过程。活性炭是一种经过气化（碳化、活化），造成发达孔隙的、以炭做骨架结构的黑色固体物质。活性炭的发达孔隙、导致其形成很大的表面积，活性炭的表面积，一般可达 $500\sim1700m^2/g$ 炭，从而具有良好的吸附特性。

（2）产生吸附的原因是由于分子间和分子内键与键之间存在作用力（即吸附力）。这种力是物质聚集状态中分子间存在着的一种较弱的相互作用力，这种吸附力即范德华力。它由静电力、诱导力和色散力组成。

2. 吸附特性

活性炭能去除原水中的部分有机微污染物和无机污染物，常见的有机物：腐殖酸、异臭（活性炭的除臭范围较广，几乎对各种发臭的原水都有很好的处理效果。）、色度、农药、烃类有机物、有机氯化物、洗涤剂以及去除水中部分无机污染物。

3. 影响活性炭吸附的主要因素

（1）活性炭性质

活性炭比表面积、孔隙尺寸和孔隙分布以及表面化学性质对吸附效果影响很大。但吸附效果主要决定于吸附剂和吸附质两者的物理化学性质，一般需通过试验选择合适的活性炭。

（2）吸附质性质及浓度

吸附质分子大小和极性是影响活性炭吸附效果的重要因素。过大的分子不能进入小孔隙中。一般认为,分子量在500~1000范围更易被吸附。活性炭对非极性分子的物质吸附效果较好。有机物中,活性炭对芳香族化合物吸附优于对非芳香族化合物的吸附,对分子量大、沸点高的有机化合物的吸附,高于分子量小、沸点低的有机化合物的吸附。

吸附质浓度对活性炭吸附量也有影响,一般情况下,吸附质浓度越高,活性炭吸附量越大。

(3) pH

水的pH值往往影响水中有机物存在形态。当pH<6时,苯酚很容易被活性炭吸附;当pH>10时,苯酚大部分会电离为离子而不易被吸附。不同吸附质的最佳pH应通过实验确定。一般情况下,水的pH值越高,吸附效果越差。

(4) 水中共存物质

无论是微污染水源或污水中,总是会有多种物质,包括有机物和无机物。多种物质共存时,对活性炭吸附有的有促进作用,有的起干扰作用,有的互不干扰。

水中多种物质共存时,往往存在竞争吸附。易被活性炭吸附的物质首先被吸附,只有当活性炭尚余吸附位时,才吸附其他物质。对特定的吸附对象而言,其他物质的竞争吸附就是一种干扰或抑制。

(5) 温度

吸附剂吸附单位质量吸附质时放出的总热量称为吸附热,吸附热越大,则温度对吸附的影响越大。在水处理中的吸附主要为物理吸附,吸附热较小,温度变化对吸附容易影响较小,对有些溶质,温度高时溶解度变大,对吸附不利。

11.4.3 《生活饮用水净水厂用煤质活性炭》

活性炭国家标准原有两个版本,即《净水用煤质颗粒活性炭》GB/T 7701.2—2008和《木质净水用活性炭》GB/T 13803.2—1999。由于这两个标准与生活饮用水水深度处理的实际结合不够紧密,针对性、可操作性不强。为此,住房和城乡建设部发布了《生活饮用水净水厂用煤质活性炭》标准CJ/T 345—2010,于2011年5月1日开始实施。主要内容如下:

1. 适用范围

标准规定了生活饮用水净水厂用煤质活性炭的要求、试验方法、检测规则、标志、包装、运输和贮存。

标准适用于生活饮用水净化以及水源突发污染的净化处理用煤质活性炭。

2. 术语和定义

标准适用的术语和定义见表11-11。

标准适用的术语和定义 表11-11

术　语	定　义
1. 活性炭 Activated carbon	含碳物质经过炭化、活化处理制得的具有发达孔隙结构和巨大比表面积的碳吸附剂
2. 煤质(基)活性炭 Activated carbon from coal	制造碳吸附剂时所用的基材为煤的活性炭
3. 颗粒活性炭 Granular activated carbon	颗粒尺寸在80目(0.18mm)筛网以上的活性炭
4. 粉末活性炭 Powdered activated carbon	颗粒尺寸在80目(0.18mm)筛网以下的活性炭

3. 要求

(1) 外观

暗黑色炭素物质，呈颗粒状或粉末状。

(2) 杂质

活性炭中不应有影响人体健康的有毒、有害物质。

(3) 技术指标

生活饮用水净化处理用煤质活性炭技术指标应符合表 11-12 的要求。

生活饮用水净化处理用煤质活性炭技术指标　　　　　　表 11-12

序号	项　　目	指 标 要 求		粉末活性炭
		颗粒活性炭		粉末活性炭
1	孔容积（mL/g）	≥0.65		≥0.65
2	比表面积（m²/g）	≥950		≥900
3	漂浮率（%）	柱状	≤2	—
		不规则状	≤3	
4	水分（%）	≤5		≤10
5	强度（%）	≥90		—
6	装填密度（g/L）	≥380		≥200
7	pH 值	6～10		6～10
8	碘吸附值（mg/g）	≥950		≥900
9	亚甲蓝吸附值（mg/g）	≥180		≥150
10	酚值（mg/L）	≤25		≤25
11	二甲基异莰醇吸附值（μg/g）	—		≥4.5
12	水溶物（%）	≤0.4		≤0.4
13	粒度（%）	φ1.5mm	>2.50mm	≤2	≤200 目[a]
			1.25～2.50mm	≥83	
			1.00～1.25mm	≤14	
			<1.00mm	≤1	
		8 目×30 目	>2.50mm	≤5	
			0.60～2.50mm	≥90	
			<0.60mm	≤5	
		12 目×40 目	>1.60mm	≤5	
			0.45～1.60mm	≥90	
			<0.45mm	≤5	
		30 目×60 目	>0.60mm	≤5	
			0.60～0.25mm	≥90	
			<0.25mm	≤5	
14	有效粒径（mm）	0.35～1.5[b]		—
15	均匀系数	≤2.1[b]		—

续表

序号	项 目	指标要求	
		颗粒活性炭	粉末活性炭
16	砷 (As) (μg/g)	＜500	＜500
17	锌 (Zn) (μg/g)	＜2	＜2
18	镉 (Cd) (μg/g)	＜1	＜1
19	铅 (Pb) (μg/g)	＜10	＜10

注：a——200目对应尺寸75μm，通过筛网的产品大于或等于90%；

b——适用于降流式固定床使用的不规则状颗粒活性炭。

11.4.4 活性炭的应用

1. 活性炭的选用

市场上活性炭质量参差不齐，产品规格混乱，为了确保净水质量，选用活性炭时应严格把好质量关，使活性炭质量符合标准的各项技术指标。应尽量选用符合技术指标要求的压块（片）破碎炭及圆柱破碎炭，选用时要特别注意：

（1）孔容积、比表面积

活性炭孔容积要求在0.65ml/g以上；比表面积、颗粒活性炭在950m²/g以上，粉末炭在900m²/g以上。但要注意活性炭孔容积的检测方法要符合《煤质颗粒炭孔容积的检测方法》，该检测方法测得的数据中，涵盖了活性炭的大孔、中孔和微孔，而不能采用氮吸附法进行孔容积检测，检测方法不同，结果也不同。

（2）漂浮率、水分

活性炭的漂浮率和水分对净水厂的运行和制水成本影响较大，目前国内工程应用中一般漂浮率都不应大于3%。

活性炭在储运过程中，易吸收空气中水分。标准中水分为产品包装时水分，在现场验收时，发现水分超标，可比照标准，做扣减重量处理。

（3）强度

活性炭在运输、向吸附池装填以及反洗过程中，会受到各种外力的作用，从而引起颗粒因冲击而破碎，颗粒间摩擦而产生炭粉，目前国标GB/T7701.3中采用筛盘法来测定产品的耐磨性能。即强度一般要≥90%。

（4）装填密度

装填密度是在规定的装填条件下，单位体积内所含活性炭的质量，其测定方法为：GB/T 7702.4，颗粒活性炭为≥380～500g/L，粉末炭≥200g/L。

（5）吸附性能指标

1）碘吸附值

碘值是衡量活性炭活化程度的标志，是指在一定浓度的碘溶液中，在规定的条件下，每克炭吸附碘的毫克数。它是用以鉴定活性炭对半径小于2nm吸附质分子的吸附能力，且由此值的降低来确定活性炭的再生周期。一般的碘吸附值颗粒活性炭≥950mg/g，粉末活性炭≥900mg/g，当碘值小于 600mg/g 时活性炭需进行再生。

2）亚甲蓝吸附值

亚甲蓝吸附值是指在一定浓度的亚甲基蓝溶液中，在规定的条件下，每克炭吸附亚甲蓝的毫克数。亚甲蓝吸附值是用以鉴定活性炭对半径为 2～100nm 吸附质即中等质分子的吸附能力。亚甲蓝吸附值越高，水中污染物的去除能力越强。理想的亚甲蓝吸附值为大于 200mg/g，一般工程应用中颗粒活性炭亚甲蓝吸附值大于 180mg/g，粉末活性炭≥150mg/g，小于 85mg/g 时，活性炭需要再生。

3）酚值

酚值是一个能反映低浓度下（μg/L）吸附能力的指标。其定义为：将水中的含酚量从 100ppb 降至 10ppb 时的粉状活性炭投加量（mg/L）。一般酚值应满足，颗粒活性炭≥180mg/g；粉末活性炭≤25mg/L。

4）强度（耐磨性能）

生活饮用水净化用活性炭在运输、向吸附池装填及反洗过程中，会受到各种外力的作用，从而引起颗粒因冲击而破碎，颗粒间摩擦而产生炭粉。所以为保证其有效性，活性炭的强度应满足：颗粒活性炭≥90%（以 GB/T 7702.3 中筛盘法来测定）。

5）二甲基异莰醇吸附值

当地表水污染严重时，特别是水体呈富营养化蓝藻暴发时，水中往往有强烈异臭异味。土臭素和 2-甲基异莰醇是导致饮用水产生恶臭的主要物质，美国、日本和我国台湾地区都将其列入监测指标。选用 2-甲基异莰醇为代表性物质，来表示活性炭去除水中的异臭异味的能力，是因为土臭素的分子结构更易被活性炭吸附，如果水中的 2-甲基异莰醇能被有效去除，则土臭素必然去除。台湾地区标准 NIEA W537.S1B《水中土霉味物质 Geosmin 及 2-Methylisobormeol 检测方法固相微萃取/顶空/气相层析质谱仪法》中粉末活性炭 2-甲基异莰醇吸附值≥4.5μg/g。土臭素和 2-甲基异莰醇的主要来源是富营养化水体中蓝藻类和放线菌的次级代谢产物。其阈值为 5～10ng/L。

（6）活性炭的粒度

活性炭的粒径是一个重要指标，即单位体积的吸附剂所提供的外表面积（cm²/cm³），它表示了吸附剂和吸附质能够接触，发生吸附的外表面积大小。很明显活性炭颗粒粒径越小，外表面积就越大，吸附质进入活性炭的通道也就越多，吸附质在活性炭孔隙中扩散的距离越短。但粒径越小，反洗时损耗也越大，再生的得率也越低。一般情况下，粒度介于美国标准筛 8～40 目（2.36～0.425mm）之间，具体规格有 8×16 目（2.36～1.18mm）、8×20 目（2.36～0.85mm）、8×30 目（2.00～0.60mm）、12×40 目（1.70～0.425mm）、14×40 目（1.40～0.425mm）、20×40 目（0.85～0.425mm），个别也有 20×50 目（0.85～0.30mm），但常用的两种规格是 8×30 目和 12×40 目。根据水在活性炭中的流动形式的具体情况确定粒度范围。

（7）均匀系数

让产品的 60% 通过的筛孔尺寸（d_{60}）与同一产品通过 10% 的筛孔尺寸（d_{10}）之比值为均匀系数。颗粒活性炭的均匀系数应≤2.1，均匀系数对工程设计和实际应用也是十分关键的指标。

(8) 有效粒径

让产品的 10％通过筛孔尺寸（d_{60}）。例如：粒度分布有 10％的产品粒径＜0.5mm，则此产品的有效粒径即为 0.5mm。它是研究水流过程用以计算雷诺数的一个重要参数。颗粒活性炭有效粒径应在 0.35～1.5mm 之间。

(9) 其他指标：pH 值、水溶物、锌、砷、镉、铅等都应符合标准。

2. 活性炭的验收

(1) 活性炭验收应具有：

1) 合格检验报告和符合采购者规格的质量合格证明。

2) 由采购者委托的第三方试验室出具的检验合格报告。

3) 采购者自己对供应者提交的参比样品进行的试验和要求的质量合格证明。

(2) 取样

为了样品的真实可靠，必须在使用现场取样，取样方法必须事先由供应者和采购者双方协商确定。样品采集不得小于 5％的包装件，不得从破损的包装件中取样；可用直径不小于 19mm 的取样管。从包装件取样时，取样管必须伸达包装件的全长，以获得代表性的样品。在取样过程中会引起颗粒破碎，因此要特别注意，以尽量减小对粒度分布的影响。所取样品必须混合均匀，然后分成 3 份，存放于双层气密性的塑料袋中。

(3) 关于质量不符合要求的通知

如果收到的活性炭不符合采购者的要求，必须在到货现场 15 个工作日内向供应者提交不符要求的通知。如果供应者在收到该通知后 5 个工作日内不通知采购者要求复检的话，则采购者的试验结果被认为有效。收到复检要求后，采购者应向供应者按标准采集的样品。如果复检结果与采购者的结果不一致，则将第三份密封样品提交给双方同意的仲裁试验室进行检验。仲裁结果作为最终结果而予以承认。

3. 供应商的选择

(1) 供应商资质

1) 活性炭制造商应具备生活饮用水净化处理用活性炭的配套设计、选配、投装、运行、出池和再生的能力。

2) 活性炭制造商应具备良好的加工条件和丰富的生产经验，活性炭制造商或其代理商应具有按国标 GB/T 7702 和《生活饮用水净水厂用煤制活性炭标准》中规定的出厂应检验项目的资质合格的测试手段。

3) 活性炭制造商应具有规范的技术管理/生产管理规程，具有 3 年以上生产生活饮用水净化处理用活性炭的历史和 ISO 9000 系列质量体系认证。

4) 活性炭制造商或其代理商应聘有 3 年以上生活饮用水净化处理用活性炭应用经验的技术服务工程师具备活性炭项目技术服务及售后服务能力，信誉良好。

5) 活性炭制造商应具有省级疾控中心食品级的《卫生许可证》。

(2) 关于供货期、售后服务

1) 供货期

供应商须严格遵守和采购者达成的供货日期，根据合同要求和约定按期供货。

2) 售后服务

为了确保科学地选炭/用炭，避免浪费资源和使用过的饱和活性炭对环境造成再次污染，参照发达国家现行通例，活性炭供应商有义务提供如下技术和售后服务：

a) 活性炭投装现场服务，包括：入池/水洗等方案的配合制定与损失控制等；

b) 饱和活性炭的出池服务，包括：出池/贮运等方案的配合制定与现场环境保证等；

c) 回收饱和活性炭，为用户提供饱和活性炭的再生服务；

d) 活性炭使用过程中，出现任何问题，供应者应及时为采购者提供必要的技术咨询。

4. 使用活性炭时的注意事项

(1) 选择好活性炭固然重要，但正确使用也很重要。活性炭从本质上讲，它是还原剂。因此和氧化剂是相互作用的。根据研究证明：活性炭和游离氧的反应相当明显。活性炭除去水中余氯的功能这是公认的事实，因此余氯的投加点必须设在活性炭处理之后。

(2) 为了对付水源突发性污染，在采用投加粉状活性炭时，为了使活性炭能够发挥其应有的作用，投加点的选择相当重要。因为吸附过程是一个扩散过程，需要时间。以除去水中臭和味为例，活性炭和水的接触时间必须达到 0.5～1h。粉状活性炭颗粒在水中通常是带负电的，因此一遇水中带正电的颗粒，絮凝剂很易实现电中和，从而失去稳定而沉淀，如果粉状活性炭尚未吸附就产生沉淀，则其吸附作用将得不到发挥。因此粉状活性炭的投加点必须设在混凝剂的投加点前。

(3) 活性炭在净化生活饮用水中主要是靠吸附去除水中溶解的有机物，因为是吸附，水通过吸附层的方式就不一定要采用降流方式，也可以采用升流式。采用升流式不仅可以减少反洗次数，减少反冲洗水量和反冲洗过程中炭的磨损量，更重要的是可以减小活性炭的粒径使活性炭，从而增加外表面积，这样即有利于初期 GAC 的吸附速度，也有利于后期的 BAC 的生物作用。实践证明：膨胀床的生物作用是优于固定床的。

(4) 炭吸附池中氧气充足，既适合微生物繁殖，也适合生物繁殖。因此，活性炭池要密封加盖（池顶或密闭房间），以避免直接光照，否则会引起光合藻类的大量繁殖。

(5) 炭吸附池的另一个问题是微生物泄漏，即微生物穿透炭层，进入清水中，因此需采取必要措施以防止此现象的发生。如将滤池设在炭池后等，据报道加强反冲洗也可减少生物穿透。

5. 贮存活性炭的注意事项

活性炭容易吸附空气中的氧，可造成局部空间的严重缺氧危险。因此，在进入存放活性炭的封闭空间或半封闭空间时，必须严格遵守有关缺氧大气的适宜安全措施。活性炭还是还原剂，在贮存中要严格避免与强氧化剂直接接触。氯、次氯酸盐、高锰酸钾、臭氧和过氧化物等均属强氧化剂。

活性炭与烃类（油、汽油、柴油燃料、油脂、颜料增稠剂等）混合可引起自燃，因此活性炭必须与烃类物的贮存处隔开。

11.4.5 生物活性炭处理工艺流程

生物活性炭处理工艺流程，一般有以下几种形式：

(a) 预臭氧＋常规处理＋臭氧生物活性炭；

(b) 生物预处理＋常规处理＋臭氧生物活性炭；

(c) 絮凝沉淀＋臭氧＋砂滤＋生物活性炭；

(d) 地下水曝气＋常规处理＋臭氧生物活性炭。

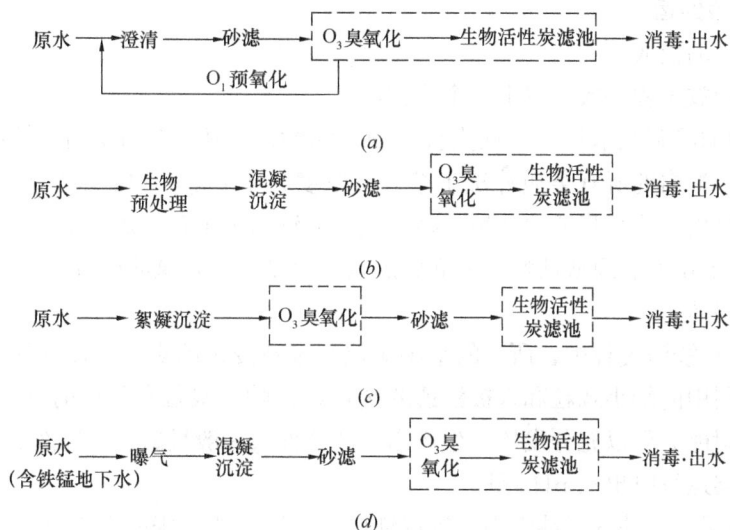

图 11-22　臭氧化生物活性炭净水工艺流程

11.4.6　颗粒活性炭吸附池

1. 设计参数

活性炭吸附池的进水浊度应小于 1NTU，其主要设计参数：

(1) 滤速：采用空床流速为 6～20m/h。一般在 10m/h 以下。接触时间：应不少于 7.5min，一般采用 10～15min 较多。

(2) 滤层厚度：活性炭滤层越厚，相同滤速时，去除效果越好；但运行成本与投资也越大。炭层厚度取决于原水性质（主要是有机物种类、数量）、滤速、活性炭质量、冲洗方法等。炭层厚度，一般为 1.0～2.5m。承托层厚度；承托层宜采用分层级配。以 5 层承托层为例，其粒径级配排列由下至上为 8～16mm，厚为 50mm；4～8mm，厚为 50mm；2～4mm，厚为 50mm；4～8mm，厚为 50mm；8～16mm，厚为 50mm。

(3) 炭滤池面积及个数：计算方法同普通砂滤池，一般不少于 4 个。

(4) 炭滤池总高度：炭滤池总高度计算式与普通滤池相同，炭滤层上水深（m）一般取 1.5～2m；保护高度（m），取 0.2～0.3m。

(5) 配水系统：炭吸附池宜采用中、小阻力配水（气）系统。配水孔眼面积与炭吸附池面积之比可采用 1%～1.5%。

(6) 炭吸附池的冲洗

1) 考虑炭的吸附能力不因为使用滤后水而降低，冲洗水应尽量使用炭滤水，为此，将增加设备、工程与投资。也可采用滤后水反冲洗和气水反冲洗方式。

2) 冲洗强度、冲洗历时与膨胀率：活性炭吸附池经常性的冲洗周期为 3～6d，常温下经常性冲洗时，冲洗强度为 $11\sim13L/(m^2 \cdot s)$，历时 $8\sim12min$，膨胀率为 $15\%\sim20\%$；定期大流量冲洗时，冲洗强度为 $15\sim18L/(m^2 \cdot s)$，历时 $8\sim12min$，膨胀率为 $25\%\sim35\%$。

2. 炭吸附池的运行

（1）活性炭的投放

活性炭的投放过程一般分以下几个步骤：

1）投放前的吸附池清洗。活性炭投入前对活性炭吸附池需采取很严格的消毒措施，用出厂水将吸附池内的所有杂质冲洗干净，将浓度为 $15mg/L$ 的氯水注入滤池，浸泡 24 小时后将氯水排出，反复将滤池冲洗干净，直至冲洗出水不含余氯为止。

2）投放后的浸泡。投放活性炭后立即加入一定量不含余氯的滤后水，浸泡 24 小时以上，使活性炭湿透。

3）冲洗。在浸泡过程中，所有的细小颗粒和未被浸透的炭会慢慢的浮上水面。经数次反冲洗，炭层中的细小颗粒和未被浸透的炭得以去除，炭粒孔隙中的空气被置换出来，使活性炭的吸附能力得以充分发挥。生产出来的活性炭一般呈碱性，冲洗后其 pH 达到中性，不至于引起运行时出水 pH 超标。

4）炭床分层。反冲洗时冲洗强度需逐渐增加到炭床的膨胀率为 30% 左右，并稳定保持 $10\sim15min$。在此过程中，炭床发生分层，即大小颗粒重新分布，细小的颗粒随冲洗水流上升排出滤池。

（2）炭吸附池的运行维护

1）对进水浊度的控制。采用活性炭处理的目的是为了更有效地去除有机物，而不是为了截留悬浮固体，但进水浊度过高容易造成炭床堵塞，缩短吸附周期。

2）进水中不得含有余氯。活性炭可以吸附水中的余氯，余氯对活性炭表面的生物膜会产生极大的破坏，因此生产中必须控制活性炭吸附池进水不得有余氯。

3）为保持活性炭吸附程度的相对均匀，应定期清理吸附池表面。活性炭滤池一般都采用方形池型，在反冲洗时各个位置的冲洗强度并不一致，角上的冲洗强度相对较小，而池中间以及离反冲洗进水管近的位置，冲洗强度相对较大，运行一段时间后就会造成炭层面中间低、四周高，低的位置炭层较薄水头损失较小，因此该处局部的滤速相对较大，运行负荷的增大使炭层薄的地方活性炭的使用周期缩短，造成单格池内活性炭在吸附饱和程度上的不均匀。因此在使用一段时间后需人工耙平，以保持池内活性炭在吸附饱和程度上的相对均匀。如活性炭吸附池增加了气冲系统，由于气冲时炭粒处于完全膨胀状态，炭层能在气冲结束后保持比较均匀的厚度。

4）增加水中的溶解氧。臭氧的投加极大地增加了水中的溶解氧，去除有机物、氨氮需要消耗大量的溶解氧，通常在 $1:4$ 以上，进入炭层内部的水中留有一定的余臭氧，保证了炭层中生物的需要。滤前水溶解氧能保持在 $12\sim15mg/L$，基本处于饱和状态，使活性炭的生物作用得以稳定发挥。

（3）活性炭吸附池反冲洗

对反冲洗的控制。随着活性炭滤池运行时间的延长，炭粒表面及炭层中积累的生物和非生物颗粒的数量不断增加，导致炭粒间隙减小，水头损失增加，影响活性炭滤池的出水水质和产水量。如果反冲洗时炭层的膨胀率不足，下层的炭粒悬浮不起来，炭层就冲洗不干净，如膨胀率过大，水流剪力就较小，炭粒不易碰撞，达不到冲洗效果。膨胀率随着冲洗强度的增大而增大，冲洗强度过大，会造成炭粒的流失，由于反冲洗水的流速很大，会冲动承托层，破坏其级配排列，使炭层和承托层卵石混合在一起，即不利于再生又影响出水水质。合理的反冲洗可以充分除去过量的生物膜和截留的微小颗粒，而频繁的反冲洗则使生物膜难以形成。因此反冲洗成为活性炭滤池运行维护的关键，是保证活性炭滤池成功运行的一个重要环节。一般需注意以下几个方面：

1）至少采用砂滤池滤后水反冲洗，最好采用活性炭滤池出水，保证冲洗用水具有较低的浊度和较好的水质，即可以使冲洗后的炭层比较洁净又避免炭层在冲洗过程中的无效吸附。

2）保证合理的冲洗历时、冲洗强度和膨胀率。一般以冲洗结束时排出水的浊度来作为冲洗强度和历时是否达到冲洗目的的衡量标准。活性炭滤池反冲洗废水中的微生物浓度一般不低于 10^5 个/mL，因此将反冲洗废水的浊度作为一项主要检测指标，一般以反冲洗废水浊度 3～5NTU 作为反冲洗结束的前提。冲洗时 25%～30% 的膨胀率是比较合理的。

3）气冲的运用。在活性炭滤池运行中不允许有气水混冲这种冲洗方式，因为活性炭比重小在气水混冲时容易随反冲洗废水排出池外。在气冲结束后，水冲开始前必须静止3～5min，以使气冲时处于悬浮状态的炭粒完全下沉。

（4）及时更新和再生活性炭

1）必须对活性炭的吸附能力定期的测定。对于每一批新炭更应做各项测定，以核查产品规格性能是否符合规定。活性炭的吸附能力主要是测定碘值和亚甲蓝值指标。当碘值小于 600mg/g、亚甲蓝值小于 85mg/g 时，即被认为应再生。

2）活性炭的再生周期取决于吸附前水质和活性炭商品质量、臭氧投加量、滤速等因素有关。浙江嘉兴地区从 2003 年以来已建有多座臭氧——活性炭为深度处理的水厂。有的水厂活性炭已连续运行 3～7 年，出厂水质仍然满足要求。所以活性炭的再生周期不能完全按照活性炭的吸附参数作判别标准。应该以确保出厂水质的限值为活性炭再生周期的控制点。

3. 活性炭再生

（1）再生原理

所谓活性炭再生是指在不破坏活性炭原有结构的前提下对吸附饱和后失去活性的炭进行技术处理，使其恢复活性的过程。在再生过程中活性炭吸附的有机物质挥发或炭化，炭表面局部氧化、疏松，形成新的孔隙和活化点，使吸附性能得以恢复。

高温加热法是目前使用最为广泛的再生方法，工艺较为成熟，经济合理，经过再生处理的活性炭非常接近最初的吸附性能，再生时间短，对吸附质的去除基本无选择性，特别适用于水处理炭的再生。国内企业普遍采用的再生设备是转炉，它是一卧式转筒，从进料端到出料端炉体略有倾斜，炭通过螺旋输送设备，经调速电机定量给料，途经干燥段、高温活化段、冷却段，在炉内的停留时间靠倾斜度及炉体转速来控制。由于氧化性气体对活性炭自身的烧损较大，一般用水蒸气作为活化气体。炉膛温度一般控制在 850～950℃。

（2）再生效果

浙江桐乡市果园桥水厂活性炭滤池 2003 年 5 月投入使用，2006 年 2 月对 5 格滤池的活性炭进行再生。再生效果如下：

1）新炭的主要指标见表 11-13（根据生产企业出厂检验报告）。再生炭的主要指标见表 11-14。

新炭的主要指标 表 11-13

规格	碘值 mg/g	亚甲基蓝值 mg/g	强度 %	灰分 %
1.55mm	1025	205	95.2	7.78

再生炭的主要指标 表 11-14

项目	1#格	2#格	3#格	4#格	5#格
碘值/mg/g	905	910	918	923	946
亚甲基蓝值/mg/g	180	180	180	180	180
强度/%	95	90	91	94	95
灰分/%	15.6	19.3	13.5	12.8	13.3

从上表看，再生炭的碘值全部在 900mg/g 以上，恢复率为 89.8%。并且随着再生企业对生物活性炭特性的逐步掌握以及对再生工况的进一步优化，再生炭的碘值由 905mg/g 上升到 946mg/g；再生炭的平均亚甲基蓝值为 180mg/g，恢复率接近 90%；再生炭的平均强度为 93%，保持较高值；再生炭的平均灰分高达 14.9%，比原新炭时增长为 91.5%，说明饱和炭中吸附了大量的无机物质，而这部分无机物质在高温再生中难以去除。

用于水处理的活性炭应有三项要求：吸附容量大、吸附速度快、机械强度好。再生不仅能去除有机物及其他挥发性杂质，而且还能扩张炭的孔隙，在其表面形成新的活性中心，使活性得以充分恢复，但其整体吸附性能以及强度指标还是会有所下降。有研究表明活性炭的吸附性能随着再生次数的增加而略有下降，相对于新炭而言，除了第一次再生后，平衡吸附量下降较多以外，以后循环再生的再生效率有所下降，但不是十分明显。

2）再生后运行效果

再生炭于 2 月 22 日投入运行，对其进行了跟踪检测，并与同期使用的同规格同指标未再生活性炭进行了对比，见表 11-15。

再生与未再生活性炭对 COM_{Mn} 去除效果对比 表 11-15

年月	进水 mg/L	再生炭		未再生炭	
		出水 mg/L	去除率%	出水 mg/L	去除率%
2007.02	2.82	0.61	78.4	2.19	22.3
2007.03	3.04	0.93	69.4	2.44	19.7
2007.04	2.97	1.24	58.2	2.37	20.2
2007.05	2.72	1.36	50.0	2.22	18.4
2007.06	3.02	1.42	53.0	2.39	20.9
2007.07	3.72	1.79	51.9	2.77	25.5
2007.08	3.34	1.78	46.7	2.48	25.7

上述检测数据表明，再生炭可以有效去除水中有机物，投入运行当月炭滤池平均进水 COM_{Mn} 为 2.82mg/L，平均出水 COM_{Mn} 为 0.61mg/L，去除率高达 78.4%，而同期使用

的同规格同指标未再生活性炭 COM_{Mn} 去除率仅为 20% 左右。再生炭运行半年内 COM_{Mn} 出水稳定保持在 2mg/L 以下，去除率高达 50% 左右，显示其稳定高效的吸附效果。

活性炭价格高，在水处理中使用量大，通过经济比较再生方式比全部用新炭更换可节省费用 50% 以上。

11.5 臭氧—生物活性炭处理工程实例

11.5.1 嘉兴市贯泾港水厂臭氧—生物活性炭工艺处理工程

1. 工程概述

嘉兴市贯泾港水厂设计总规模为 45 万 m^3/d，分三期建设，一期工程供水能力为 15 万 m^3/d，于 2007 年 6 月 28 日建成投入试运行。

(1) 水源情况

原水水质为Ⅳ～Ⅴ类，主要特性：

1) 主要超标因子为微生物指标和有机物综合指标：氨氮超标，检测氨氮多年均值为 1.10mg/L，≥2mg/L 的水样占全年 5%～10%；较高的有机物污染，COD_{Mn} 多年均值约为 6.35mg/L，≥8mg/L 的水样占全年 5%～10%，其中 COD_{Mn} 大于 6mg/L 以上占 77%。

2) 原水水样经超滤膜切割分子量试验，水中溶解性有机物各分子量区间分布：分子量大于 30000 道尔顿（原子质量单位 Dalton，用 D 表示）的溶解性有机物占总溶解性有机物的 14%；分子量在 10000～30000D 范围的有机物很少，仅占 1.5%；分子量在 4000～10000D 范围的有机物占 6%；分子量在 1000～4000D 范围的有机物占 12.6%，分子量小于 1000D 的有机物含量较大，占 65.9%。

3) 铁锰超标，铁 0.5～2.5mg/L，锰 0.2～0.8mg/L。

4) 色度超标，检测值通常为 20～50 度，50 度以上占 17%。

(2) 工艺流程

针对上述水源特性，贯泾港水厂在总结以往生物预处理—加强常规处理—深度处理的工艺基础上作了进一步调整，具体工艺流程如图 11-23。

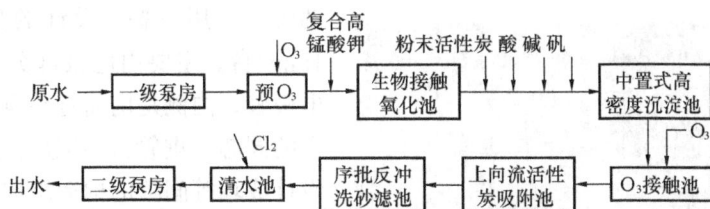

图 11-23 嘉兴市贯泾港水厂工艺流程图

(3) 臭氧—生物活性炭部分

1) 主臭氧接触池

主臭氧接触池规模为 15 万 m^3/d，不设中间提升泵房。采用全封闭结构，接触时间 15min。分为独立 2 组，每组接触池前均设 $DN1400$ 的手动蝶阀。接触池分 3 次曝气头曝气接触，三阶段反应，最后经跌落出水至活性炭吸附池。曝气头采用管式微孔曝气，臭氧向上，水流向下，充分接触。

接触池内逸出的臭氧经负压收集、热催化剂破坏分解成氧气后排入大气。

2）臭氧发生器间

臭氧发生器间与臭氧接触池合建，按 15 万 m^3/d 建设，臭氧设计最大加注是 4mg/L，其中前臭氧 0.5～1mg/L，后臭氧 3～3.5mg/L，采用 15kg/h 臭氧发生器，共 2 台，不设备用。当 1 台发生器故障或检修时通过加大另一台负荷达臭氧供气量。

在厂区西侧设贮氧/制氧专区，近期安置液氧罐，远期再建制氧车间。

3）滤池

活性炭吸附池和砂滤池合建在一起，双排布置，一排为上向流活性炭吸附池，另一排为序批反冲洗砂滤池，设计规模均为 15 万 m^3/d，各分为 9 格，共用中间管廊。

4）活性炭吸附池

主臭氧接触池出水进入活性炭吸附池，采用上向流运行方式，即下部进水，经过活性炭吸附层吸附后，上部利用指形槽出水。活性炭吸附池单格面积 60.4m^2，上升流速 12m/h。吸附层为活性炭层厚度 2.5m，炭层停留时间 15min。

活性炭吸附池采用气冲，最大强度 60m^3/(h·m^2)，冲洗历时约 3min。

活性炭吸附池仅设气冲增大气水与炭粒之间摩擦即可，考虑气冲后出水浊度升高，设置初期水排放管。

5）序批反冲洗砂滤池

活性炭吸附池出水后直接进入砂滤池，在进水前视需要最大投加 5mg/L 聚氯化铝铁作为助滤剂，采用机械混合，砂滤池采用序批气水反冲洗池，单格面积 96m^2，滤速 7.6m/h，滤层由上而下为石英砂 $D = 0.75mm$，厚 1m；支承层 $D = 3～16mm$，厚度 0.45m。采用气、水反冲洗，水冲为水箱冲洗，由设在管廊里的水泵抽取砂滤池出水注入水箱。水箱设在管廊上部，气冲设备设在滤池鼓风机房内。

2. 臭氧系统

（1）臭氧发生器

贯泾港水厂选用的臭氧发生器，由日本三菱电机生产制造，型号为 OS－A15K，共两台，一用一备。设计的臭氧发生量为 15kg/台。主要由电极部分（外侧是接地电极管，内侧是内面有导电膜的高压电极管的同芯二重管）、不锈钢管和玻璃管间设计成均等间隙的构造组成，见图 11-24。

（2）配套设备和仪表

1）气源。

贯泾港水厂采用纯氧为气源，向上海宝钢普莱克斯气体有限公司外购，同时租用该公司液氧罐。该液氧属于医用纯氧，纯度高达 99.6%。生产应用时，一般还

图 11-24　水厂臭氧发生器

需在纯氧中添加 $1-3\%$ 的氮气（即空气），其目的是提高臭氧发生器放电效率及保护放电管并延长放电管寿命。

2）配套氮气系统。

为了确保添加空气的洁净度、露点等达到臭氧发生器正常工作的要求，同时引进入配套氮气系统，该系统主要由无油型压缩机（由于臭氧发生器放电管对于油类物质非常敏感，所以空气压缩机必须是无油型的）和氮气投加系统组成，空压机两台，由 HitACHI 供货，型号为 2.2OP-9·G5C，氮气投加设备一套，由 SMC 供货，型号为 TDG60SV。

3）其余机械设备和仪表还有：

冷却泵（格兰富泵业）：2 台，型号为 CR45-2-2。

热交换机（ALFALABE）：1 台，型号为 M10-BFM33.36m²。

膨胀罐：1 个，型号为 ET-20SF。

前臭氧水射器一个。

发生臭氧浓度仪（EBARA）：1 个，型号为 620。

氧气、臭氧报警仪（CROWCON）一个。

（3）运行管理

1）液氧到货接收

a）液氧灌装前，记下体积表上数值。

b）充装过程中，值班工人应在现场监督，充装刻度不得高于规定数值，液氧灌装后，记下体积表上数值。

c）根据两数据差值，对照体积重量换算表，算出重量。

d）核对发货单上数量无误，签字。

e）记录送氧时间及氧量。

2）液氧罐

a）每 2 小时抄一次表，检查液位表液位在 300（蓝线）—820（本厂限定值）之间。

b）检查液位传感器有数据显示，且与液位表读数大体一致。

c）当液位低于 300（蓝线）时，供货商未来气装液氧，迅速报告厂部。

d）检查液氧罐压力表压力不低于 0.5MPa，不超过 1.0MPa。

e）检查阀前压力表不低于 0.5MPa，不超过 1.0MPa。

f）检查阀后压力表不低于 0.3MPa，不超过 0.4MPa。（因为调节阀液氧输出压力不超过 0.4MPa）。

g）当液氧罐压力表压力低于 0.5MPa 时，系统将会自动增压。若不能自动增压，值班人员应立即向有关责任人汇报。

h）蒸发器结霜至 4 格时切换。

3）臭氧发生设备

a）0.25MPa<氧气进气压力<0.40MPa，发生器压力控制在 0.1MPa±0.02，氮气投加系统压力控制在 0.5MPa。

b）臭氧发生器：电流≤280A。

c）冷却水泵：声音无异常；外循环进水流量不小于 1350L/h，内循环进水流量不小于 240L/h，温度<38℃。

　　d）空压机：声音无异常；是否两台轮流工作；排水一次/班次；空气流量计转子正常。

　　e）臭氧浓度≈10％。

　　f）每周检查氧气及臭氧管道、阀门是否有泄漏。

　　4）臭氧车间操作规程（自动运行）

　　a）在主菜单画面选择运行设定画面；

　　b）在运行设定画面，单击臭氧处理设备的［运行模式］，在［手动］或［关］的状态下，进行设定；

　　c）在臭氧发生器控制柜触摸屏的菜单画面中选择［工艺流程］，把工艺流程画面的运行模式设定［远控］；在尾气臭氧分解设备控制柜，将转换开关切换到［REMOTE］；在前臭氧控制柜转换开关切换到［远控］；

　　d）在运行设定画面，设定臭氧发生设备，尾气臭氧分解设备的［运行台数］，［先启动号机］，另外，在手动运行画面中设定空压机，氮气投加阀的［先启动号机］；

　　e）在运行设定画面下，［设定项目］中输入设定值，输入时触摸［输入值］栏的数字，出现数字窗口，输入数据，单击［输入确认］，对进水量的设定，在［客户设定］下取自触摸屏设定的值，在下传［设定］下取自上位机；

　　f）在运行设定画面，触摸臭氧处理设备的［控制模式］，选择［水中溶解臭氧］或［臭氧投加率］来控制；

　　g）在以上设定中，臭氧发生器和尾气臭氧分解设备都在 1 台以上能够运行的状态，前臭氧控制柜在远控准备完了的状态，PLC 柜在准备完了的状态，在同时满足这些条件下才能进行自动运行；

　　h）在运行设定画面，触摸臭氧处理设备的［运行模式］，选择［自动］。

　　5）故障及处理办法

　　该套臭氧发生器在贯泾港水厂运行两年多以来，遇到的故障较少，但是也有几例发生概率低，却很典型的故障：

　　a）臭氧发生器内循环缺水导致流量低限报警，解决办法就是给内循环补充水。该故障仅出现过一次；

　　b）液氧罐罐体压力过高，造成臭氧发生器进气压力高限报警，发生器不动作，解决办法就是将液氧罐泄压，使进气压力降低。液氧罐压力过高，都是充装过量引起的，所以在液氧充装的时候必须有值班工在现场监督，不得超过本厂规定值；

　　c）液氧罐自动增压异常，该故障一旦发生，应立即关闭增压入口阀，上报厂部，由厂部通知上海宝钢普莱克斯气体有限公司派专人来维修。

　　3. 臭氧接触池

　　（1）基本构造

　　臭氧接触池结构如下：

　　该池采用全封闭结构，分为独立二组，接触池分 3 级接触，臭氧向上，水流向下，充分接触，最后经跌落出水至活性炭滤池。

　　（2）设计和运行参数

设计运行参数为规模 15 万 m³/d，臭氧最大投加量 3mg/L，总接触时间 15min，水深 6.8m，占地面积 341m²。

（3）配套设备和仪表

贯泾港水厂的臭氧接触池，配套的设备主要是阀门和布气系统。

手动蝶阀 4 个，型号 DN1200。

不锈钢墙管及盲板 1 套。

催化氧化填料。

传力伸缩接头 4 个，型号 DN1200。

臭氧接触氧化池内通常有一定量的剩余臭氧排出，因此，必须对接触池内

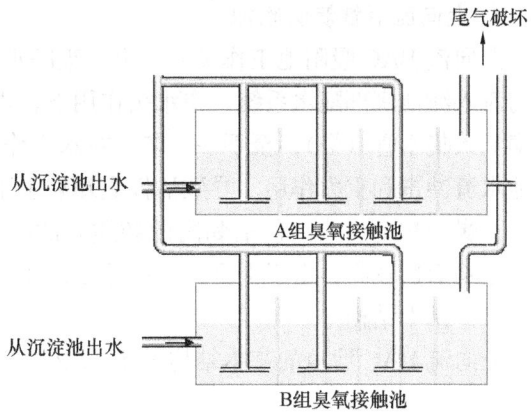

图 11-25　水厂臭氧接触池结构

排出的尾气进行处理，使尾气臭氧浓度小于 0.1ppm。所以，在臭氧接触池上，还配置了两套尾气破坏系统，该系统由日本三菱公司提供，型号为 MED－C150S；

前臭氧水射器一个，安装在一期静态混合器处；

双向安全阀（PROTEGO）：2 个，型号 V0/SV－300；

布气系统：2 组，由三菱公司提供，每组 48 个曝气盘。

该池配套仪表有 EBARA 提供的型号为 ELP－100 的水中臭氧浓度仪和型号为 620 的尾气臭氧浓度仪，以及 HACH 的 LDO 溶氧仪。

（4）操作管理制度

该接触氧化池自动化水平较高，操作管理较为简便，在运行中应注意臭氧车间的转子流量计，后臭氧投加比例约为 2∶1∶1。巡查时，要注意查看尾气破坏系统，分解塔温度应＜70℃。

该池运行多年，未遇到任何故障，液氧罐与臭氧系统运行报表见表 11-16。

臭氧系统运行报表　　　　　　　　　　　　　　　表 11-16

年　月　日　　星期

时间	液氧记录					臭氧间运行记录														值班人员
	累计用氧量	液氧液位	液氧罐压力	阀前压力	阀后压力	用氧量	液氧进气压力	加氮流量	实际浓度	露点	发生器运行状态		发生器电流	流量设定	进发生器压力	冷却水进温度	冷却水出温度	总投加量	前臭氧投加量	后臭氧投加量	排气	
											开	关										
	kg	cm	MPa	MPa	MPa	kg	barg	kg/L	%	℃			A	m³/h	barg	℃	℃	mg/L	mg/L	mg/L		
00																						
…																						
23																						
运行情况																						

4. 上向流活性炭吸附池

上向流 BAC 吸附池工作过程：上一级净水构筑物的出水通过进水管（渠）经溢流堰均匀流入滤池底部配水系统，在水头作用下，水流向上穿透承托层和活性炭层，经集水槽汇集流入集水管（渠），至下一工艺。在水力作用下，活性炭床层处于膨胀流化状态，不停地水流冲击和重力作用，导致活性炭颗粒上下对流，活性炭颗粒间发生轻微碰撞摩擦，使活性炭颗粒生物膜（包括黏附的杂质）的生长和脱落保持动态平衡，生物膜能有效更新，生物活性较高。由于上升流速高达 12～16m/h，因此，实际上处于不停地水反冲洗。

（1）基本结构

上向流 BAC 滤池的基本结构见图 11-26。

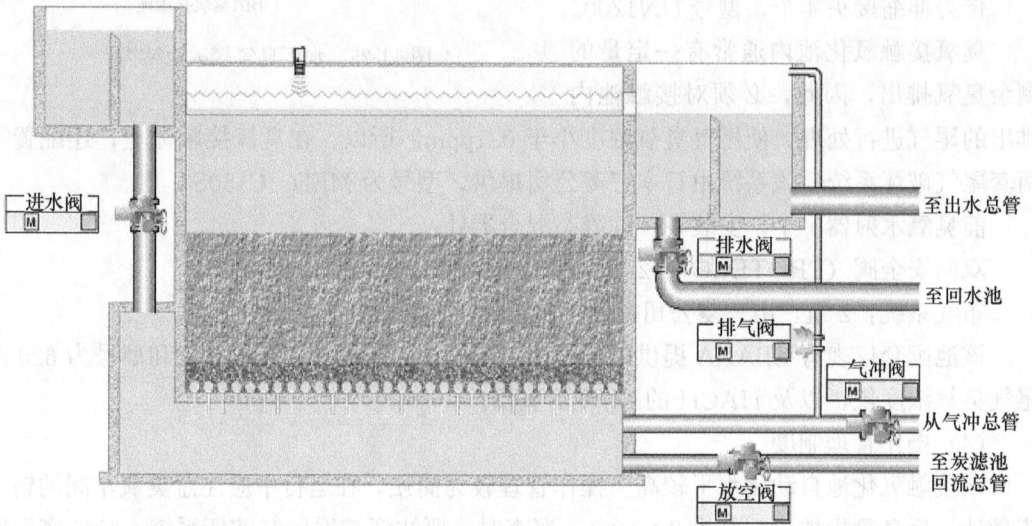

图 11-26　上向流 BAC 滤池结构示意图

上向流 BAC 滤池的外形与序批气水反冲洗滤池类似，亦可分为池体部分、进水系统、出水、反冲系统和排水系统，池体布置见图 11-27。上述系统中，进水（布气）系统与序批气、水反冲洗滤池类似，其余有一定区别。

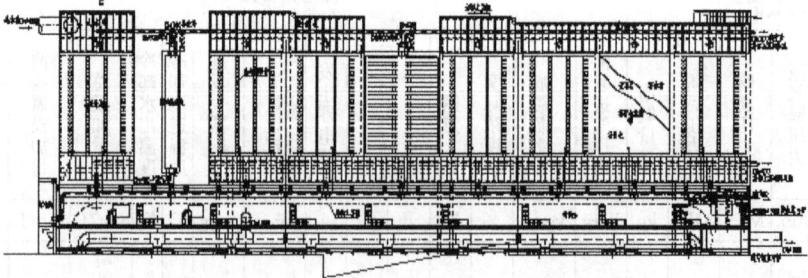

图 11-27　平面示意图

1）池体

上向流 BAC 滤池的池体平面，无普通气水反冲洗滤池常设的中央排水集水槽，池体的有效面积更大。由于单格滤池的排水均排向管廊方向，考虑排水的距离，单格池体长度不宜太长。

由于上向流 BAC 滤池运行时，活性炭层通常膨胀 30%～50%，且其上距出水集水槽尚需留有缓冲水深，因此其池深较普通滤池深。

2）滤料

滤料选用颗粒活性炭，其下有级配的砾石承托层，保证布水布气均匀和滤料一般不会从滤池底部流失。因运行时，要求活性炭床层稳定膨胀 30%～50%，故活性炭选型十分重要，应通过试验，选用粒径合适、强度高（可减少磨损）的活性炭。

活性炭床层膨胀与炭颗粒的粒径大小、比重、密度等指标有关，当这些指标一定时，活性炭床层膨胀的主要影响因素是上升流速和水温，与上升流速成正比，与水温成反比。

由于上升流速又涉及炭水接触时间和 BAC 池子的土建尺寸大小，若上升流速过大，为保证炭水接触时间，BAC 池子需修造得足够深，这不符合生产实际。若上升流速过小，则炭床层膨胀又难以保证，故粒径过大活性炭不适合作为上向流活性炭滤池的备选炭种。

经过试验，嘉兴南郊贯泾港水厂选用 30×60 目煤质压块破碎活性炭。该规格的活性炭强度大，在不同水温、不同上升流速的试验结果表明，无论低温还是高温时，只要控制合适的上升流速，活性炭床层都能满足膨胀 30%～50%的要求，较为适合。

3）出水/反冲系统

由于水流向上，因此，滤池上部设锯齿形集水槽汇集出水。如前述，该滤池实际处于经常性水反冲洗状态，但为防止底部活性层生物黏结，影响运行，预留了气冲设备。与普通气水反冲洗滤池采用长柄滤头布水布气系统不同，该滤池采用新型的 PE 材质的条形二次配水配气穿孔管，材料造价低，安装施工方便，同序批反冲洗滤池相似，在底板上、下形成 2 个均匀的气垫层，从而保证布水、布气均匀。

4）排水系统

定期气水反冲洗后，冲洗废水借用滤池上部集水槽汇集经排水渠排入回收池。

（2）设计和运行参数

BAC 滤池共 9 格，单格过滤面积约 60.4m²。活性炭选用规格 30×60 目的压块破碎炭，装填层高 2m，其下为层高 0.45m 的卵石承托层，规格 2～16mm，炭层上距指形集水槽 3m，采用倒 U 形面包管系统布水（气）。活性炭滤池设计的上升滤速 12m/h。

（3）配套设备和仪表

上向流活性炭滤池涉及的配套阀门较多，每格主要有：进水电动蝶阀（DN600）；排水电动蝶阀（DN400）；放空电动蝶阀（DN300）；气冲电动蝶阀：（DN300）；排气电动蝶阀（N80）。

管廊内还有两个排水泵，与翻板滤池共用，型号 50WQ25-7-1.5。配套仪表有两种，即炭滤出水处的 HACH 的 LDO 溶氧仪一台和 9 台 E+H 的型号为 FMU230E 的液位仪。冲洗系统与砂滤共用，参见翻板滤池配套设备。

（4）操作管理制度

1）运行中的注意事项，因炭滤池控制柜上的转换开关由［就地］改为［PLC］后，该炭滤池会立即投入自动运行状态，滤池值班人员及时调整运行。

2）炭滤池运行格数应根据实际运行负荷控制。冲洗周期每月一次。

3）每年由专业技术人员进行技术测定。

4）制定炭滤池反冲洗操作规程和生产运行报表。

嘉兴贯泾港水厂多年运行表明，生物预处理工艺对氨氮去除率达 80％以上，COD_{Mn} 平均去除 6.5％～10％。O_3-BAD 工艺对氨氮可去除 70％，COD_{Mn} 去除 25％～45％，最终出水氨氮≤0.5mg/L，COD_{Mn}≤3mg/L，出水色度、臭和味等感官指标也有大幅度改善，出厂水已全面达到国家新的生活饮用水标准，也达到了浙江省优质水标准。Ames 试验从原有常规处理的阳性转为阴性。出水 AOC 明显下降，从原水 339μg/L 下降到 142μg/L，大大有利于管网水的生物稳定性。

11.5.2　杭州南星水厂一期臭氧－生物活性炭工程

杭州南星水厂规模 10 万 m^3/d 的臭氧——生物活性炭深度处理工程于 2004 年 11 月完成设备安装调试进入生产试运行。臭氧系统由臭氧发生系统、输送系统、臭氧扩散系统、尾气破坏系统以及监测仪器仪表设备等组成。

1. 臭氧发生系统

（1）臭氧发生器

臭氧发生系统包括 2 台 MZC2012 型臭氧发生器和压缩空气系统以及液氧储气罐。臭氧发生器为一体化装置，每台臭氧发生器带有安全装置、电动阀门、PLC 以及运行操作界面，其设备参数见表 11-17。

臭氧发生器参数　　　　　　　　　表 11-17

项目	设计臭氧产量（kg O_3/h）	设计臭氧质量分数（％）	臭氧浓度范围（％）	标定臭氧产量时的电耗（kWh）	冷却水温度（℃）	放电管结构	变频频率（kHz）	保护等级
参数值	13	10	6～14（可调）	127±5％	4～32	纯硅	5～6	电子

臭氧发生器采用的气源为液态氧经汽化后的氧气，采用租用一个液氧储气罐（30m^3）、蒸发器以及配套安全设施和远程监控系统。压缩空气系统包括 FS2-8 无油卷轴型空压机、UFK 型空冷机以及 MSD0010 型无需加热一体化过滤器和空气干燥器，处理能力为 10.3m^3/h。主要作用是为气动阀门供气，向臭氧发生器的原料（氧气）中添加 2.3％的氮气。

（2）臭氧输送系统

臭氧输送系统采用 316L 型不锈钢管道，管道之间的连接采用 316L 型不锈钢焊条进行亚弧焊焊接。管道走管沟，管道外面用玻璃棉壳保温材料进行保温。臭氧输送管道在投入生产运行前，要经过泵压试验、气密性和严密性试验以及酸洗、水洗、氮气吹扫、氧气吹扫等一系列过程。

（3）臭氧扩散系统

预臭氧接触池，分 4 格（设计能力 40 万 m^3/d），每格池子的规模为 10×$10^4$$m^3$/d，前臭氧最大投加量为 1mg/L，后臭氧最大投加量为 2mg/L，为确保水中 95％以上的臭氧

转化率，因而采用不同的扩散系统和反应时间，前臭氧扩散装置采用水射器（文丘里管）和多孔管扩散，即水射器利用高速水流在变径管道中流动造成的负压区吸入臭氧后形成湍流进行混合，混合后的含臭氧水流通过安装在离臭氧接触池底部的水平设置的向上开有3排微孔的多孔管进行喷射，其含臭氧水的喷射方向与接触池中的原水水流方向相反，进行逆向充分混合，接触反应时间为3min；而后臭氧扩散装置采用多孔陶瓷盘扩散器，每个扩散器由1个多孔陶瓷盘装在一个不锈钢实体上组成，支撑扩散器的支管安装在接触池的底部，臭氧气流方向与水流方向相反，进行逆向混合以提高混合反应效果，对臭氧采用三段投加，投加比例分别为50%、25%、25%，反应时间为10min，三段反应时间分别为4：4：2。前、后臭氧接触池顶部均采用封闭式，臭氧尾气由尾气收集管负压收集后送入尾气破坏器。

（4）尾气破坏系统

尾气破坏系统由尾气收集管和2台尾气破坏器组成，尾气破坏器是FD18电加热型，由不锈钢电加热器、盘式热交换器、变频器、排风扇以及控制盘和温度控制器等组成，尾气处理能力为182m^3/h，正常运行温度为330℃，经尾气破坏器分解后的尾气通过不锈钢管道排放到室外大气中，经对排放的尾气进行实测，其臭氧浓度仅为0.015mg/m^3。

在尾气破坏器的进、出口分别装有臭氧浓度监测仪，以检测臭氧的浓度。

（5）监测设备及控制系统

监测设备有露点监测仪、水中臭氧浓度分析仪、气体中臭氧浓度监测仪、氧气泄露报警仪以及臭氧泄露报警仪和便携式臭氧泄露报警仪等，以检测、控制臭氧的浓度变化。

自动控制系统采用三级控制方式，① 设备级控制，包含于一体化臭氧发生器上，可以根据来自用户的信号自动监测和控制臭氧发生器的安全装置和臭氧生产过程。②工艺级控制，其PLC控制柜设置在臭氧车间的控制室，可以对整个臭氧系统包括臭氧发生系统、投加系统以及尾气破坏系统等工艺流程上的每个过程进行自动/手动控制，如根据前、后臭氧接触池的水流量和余臭氧量，实现所需臭氧量的自动控制。③工厂级控制（中控室），在水厂办公大楼的中控室也可对臭氧系统进行控制，实现臭氧车间现场的无人管理。

臭氧系统的自动控制方式可实现以下功能：① 根据前、后臭氧接触池的进水流量和水中剩余臭氧值，计算前、后臭氧接触池所需臭氧量；②根据目前总臭氧需求量自动调整臭氧发生器的功率；③利用流量分配器和控制阀自动分配前、后臭氧接触池所需的臭氧量；④利用水中剩余臭氧分析仪计算产量与需求量的差值，从而调整臭氧产量，达到精密控制的目的；⑤调整氧气流量，保持固定的臭氧浓度，以减少运行成本；⑥针对在线设备的故障状态发出警报，启动备用设备；⑦当在线破坏器发生故障、臭氧或氧气发生泄漏时，停运全厂臭氧系统。

2. 臭氧系统的运行

（1）臭氧发生器

臭氧发生器只要管理人员在控制室设定好设备运行的参数，设备就能自动运行而无需进行人为操作。通过对2台臭氧发生器的设备性能分别在最大输出功率的34%、54%、70%、82%、88%、93%以及95%等情况进行了实测，结果如表11-18、表11-19。

1 号臭氧发生器设备性能　　　　　　　　　　　　　　　　表 11-18

功率输出比例（%）	32	54	71	85	95	
露点（℃）	-65	-65	-65	-65	-65	
臭氧浓度（%）	3.12	6.53	8.69	10.37	11.12	
臭氧产量（gO_3/h）	3924	8218	10937	13048	13990	
发生器能耗（$W \cdot h/kgO_3$）	6.24	6.21	6.95	7.97	8.93	

2 号臭氧发生器设备性能　　　　　　　　　　　　　　　　表 11-19

功率输出比例（%）	34	54	70	82	88	93
露点（℃）	-70	-70	-70	-70	-70	-70
臭氧浓度（%）	2.94	5.93	8.15	9.67	10.24	10.51
臭氧产量（gO_3/h）	3759	7572	10403	12349	13081	13421
发生器能耗（$W \cdot h/kgO_3$）	6.65	6.67	7.31	8.10	8.79	9.31

由上两表可见，臭氧发生量可以达到 13kg/h，臭氧浓度可达 10%，露点≤-60℃，臭氧发生器能耗（kWh/kgO_3）分别为 7.97 和 8.79（臭氧浓度 10% 时），满足设计要求，同时，1 号臭氧发生器的性能优于 2 号臭氧发生器。

（2）臭氧扩散系统

考核臭氧扩散系统性能优劣的关键性指标是臭氧在水中的溶解转化效率，转化率高低也即臭氧利用率的高低直接影响到臭氧发生器的能耗。臭氧转化率的计算公式为：

$$\frac{[进气中臭氧浓度(g/m^3)-尾气中臭氧浓度(g/m^3)] \times 100\%}{进气中臭氧浓度(g/m^3)}$$

通过对前、后臭氧扩散系统臭氧转化率的测试发现，对后臭氧接触池在臭氧投量分别为 1.6~2.0mg/L 时，其臭氧转化率为 98.5%~96.2%；对于前臭氧接触池臭氧投量分别为 0.4~0.8mg/L 时，其臭氧转化率为 98.17%~94.7%。

（3）尾气破坏器

尾气破坏器能够实现自动运行，其工作温度为 330°C，排放出口的臭氧浓度为 0.015mg/m³。

3. 臭氧——活性炭生物处理应用效果

南星水厂原水浊度为 6.2~188NTU，经 O_3 预氧化、常规处理以及生物活性炭过滤后，其出水浊度平均值为 0.121~0.161NTU，浊度去除率为 99.25%~99.74%。

原水 NH_4^+-N 的浓度范围为 0.08~1.70mg/L，平均浓度 0.167~0.609mg/L。经 O_3 预氧化、常规处理以及生物活性炭过滤后，出水 NH_4^+-N 平均值为 0.02~0.237mg/L，去除率为 61.08%~99.71%。同时还可看出，对 NH_4^+-N 的去除率随季节变化很大，在冬季（11 月）至次年 2 月期间，对 NH_4^+-N 的去除率只有 61%~79.89%；而在其他时间对 NH_4^+-N 的去除率＞97%。这主要是因为冬季气温低，生物活性炭上微生物的生物活性弱，而进入 3 月份随着气温上升，微生物的活性逐渐恢复、增强，对 C、N、P 等营养物质的需求增加，NH_4^+-N 的去除率也随之增加。

原水 COD_{Mn} 浓度为 1.76~3.60mg/L，平均浓度为 2.35~2.94mg/L。经 O_3 氧化、常规处理以及生物活性炭过滤后，出水 COD_{Mn} 平均值为 0.70~1.15mg/L，最低值为

0.48mg/L，COD_{Mn} 的去除率为 57.03%～76.19%。

原水色度变化范围为 12～27 度，经 O_3 氧化、常规处理工艺以及生物活性炭过滤后，其出水色度低于 3 度（平均 2 度以下），去除率为 86.4%～95%。

4. 结语

(1) 在臭氧发生量为 13kg/h 和臭氧质量分数为 10% 时，1、2# 臭氧发生器的能耗 (kWh/kgO_3) 分别为 7.94 和 8.74，1# 臭氧发生器的能耗比 2# 臭氧发生器低 10% 左右。

(2) 后臭氧转化率>96%，前臭氧转化率>94%。

(3) 臭氧系统能实现全自动控制运行。

(4) 预臭氧具有助凝效果，可以节约药耗 20% 左右。

(5) O_3/BAC 工艺对微污染原水有良好的处理效果，浊度的去除率>99.2%，出水浊度<0.2NTU；出水色度<3 度；原水 COD_{Mn} 值为 1.76～3.42mg/L 时，出水 COD_{Mn} 值为 0.48～1.57mg/L，去除率为 57%～77%；原水 NH_4^+-N 值为 0.08～1.70mg/L，出水 NH_4^+-N 均值为 0.02～0.237mg/L，去除率为 61%～99.7%；原水 NO_2^--N 浓度为 0.01～0.173mg/L，出水 NO_2^--N 平均值为 0.001～0.053mg/L，去除率为 −25%～99.74%。

(6) O_3/BAC 工艺在不同季节，对 COD_{Mn}、NH_4^+-N、NO_2^--N 的去除效果有较大的变化，春、夏、秋季节去除效果好，而冬季去除率下降。

11.5.3 上海松江二水厂深度处理改造及运行效果

1. 松江二水厂现状概况

松江二水厂供水规模为 20 万 m^3/d，分 2 条各 10 万 m^3/d 生产线，分两期建成，一期建成于 1995 年，二期扩建于 2005 年。2 条生产线均采用平流沉淀池和气水反冲均质滤料滤池为主体的常规处理工艺，净水工艺流程见图 11-28。

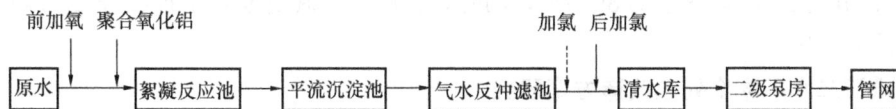

图 11-28 松江二水厂常规处理工艺流程示意图

松江二水厂原水取水黄浦江上游支流斜塘，斜塘原水的 COD_{Mn}、氨氮较高，其中 COD_{Mn} 最高超 11mg/L，氨氮最高达到 5.6mg/L。此外原水铁、锰浓度也较高，铁最高达到 9mg/L，年度平均也在 2mg/L 左右，锰最高浓度也曾达 1mg/L 以上。

表 11-20 为松江二水厂 2004～2009 年出厂水部分水质指标汇总。

松江二水厂 2004～2009 年出厂水部分水质指标汇总　　　　表 11-20

年份	项目	浊度	色度	氨氮	亚硝酸氮	COD_{Mn}	铁	锰	pH	余氯
	单位	NTU	cu	mg/L	mg/L	mg/L	mg/L	mg/L	—	mg/L
新国标限值		1.0	15	0.5	—	3	0.3	0.1	6.5～8.5	≥0.5
2004	最大值	1.18	7	1.7	0.015	5.26	0.01	0.14	7.5	2
	最小值	0.14	4	0	<0.001	2.6	0	0	6.8	0.3
	平均值	0.4	5	0.42	<0.001	3.6	0	0.03	7.1	1.04

续表

年份	项目	浊度	色度	氨氮	亚硝酸氮	COD$_{Mn}$	铁	锰	pH	余氯
	单位	NTU	cu	mg/L	mg/L	mg/L	mg/L	mg/L	—	mg/L
2005	最大值	0.75	7	2.00	0.015	4.56	0.11	0.1	7.5	2.3
	最小值	0.19	4	0	<0.001	2.40	0	0	6.9	0.3
	平均值	0.42	5	0.39	<0.001	3.48	0.004	0.008	7.2	1.1
2006	最大值	0.81	8	3.2	0.16	4.28	0.08	0.15	7.4	2
	最小值	0.16	3	0	0.002	2.40	0	0	6.9	0.4
	平均值	0.385	4	0.50	0.0436	3.36	0.004	0.02	7.1	1.2
2007	最大值	0.75	10	5.6	0.015	4.59	0.28	0.17	7.5	1.8
	最小值	0.04	3	0	<0.001	2.85	0.05	0.05	6.8	0.3
	平均值	0.31	5	0.8	<0.001	3.81	0.12	0.05	7.1	1.2
2008	最大值	0.40	11	1.40	0.005	5.62	0.25	0.10	7.5	1.86
	最小值	0.09	4	0.05	0.002	2.18	0.05	0.05	6.5	0.50
	平均值	0.20	5	0.37	0.004	3.38	0.11	0.07	7.1	1.10
2009	最大值	0.30	12	1.10	<0.001	4.08	<0.05	0.10	7.40	1.96
	最小值	0.10	4	0.02	<0.001	2.26	<0.05	0.05	6.70	0.65
	平均值	0.19	6	0.24	<0.001	3.17	<0.05	0.09	7.02	1.29

　　从表中可知，在常规处理工艺下，松江二水厂出厂水浊度、色度等主要水质指标较好。但由于原水污染，出厂水中 COD$_{Mn}$、氨氮、锰，常有超标的现象。对松江二水厂 2003~2009 年出厂水 1972 个 COD$_{Mn}$ 数据统计结果表明，其中有 1701 个数据大于新标准 3.0mg/L 的限值，超标率达到 86.3%，同时，出厂水氨氮超过新标准 0.5mg/L 限值的比率也达到 30.4%。

2. 松江二水厂深度处理改造方案研究

（1）深度处理改造总体方案

　　松江二水厂作为一个老水厂，厂区内已无预留的建设用地。周边土地都已开发建设，没有征地条件，要实施深度处理改造，用地十分困难。另一方面，水厂改造工程不能对正常生产和不间断安全供水产生任何影响，这为实施水厂改造增加了极大难度。经深入分析，并在中试的基础上，提出了将平流沉淀池改造为平流—斜管沉淀池，同时将节约的沉淀池的空间改造为上向流颗粒活性炭滤池。利用两期沉淀池之间的空地建设臭氧发生系统和臭氧接触池。由此形成了如图 11-29 的新的净水工艺流程。

（2）沉淀池改造方案

　　松江二水厂原有单座制水能力为 5 万 m³/d 平流沉淀池 4 座，沉淀区长度约 75m，宽度约 15.6m，每座沉淀池又被隔墙分为等宽的 2 格（参见图 11-30）。即将沉淀池沿水流方向分隔为 3 段，第 1 段保持现状，仍作为平流沉淀区，长 34m。第 2 段改造为斜管区。斜管沉淀区长 20m，上升流速为 6.67m/h，PVC 斜管长 1.0m，倾角 60°，上部设不锈钢指型槽。为解决斜管沉淀区底部排泥问题，在现有虹吸排泥机上设置了一个机械推杆和刮泥

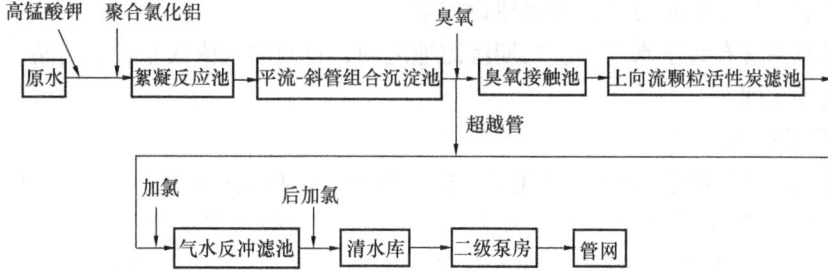

图 11-29 松江二水厂深度处理改造后净水工艺流程

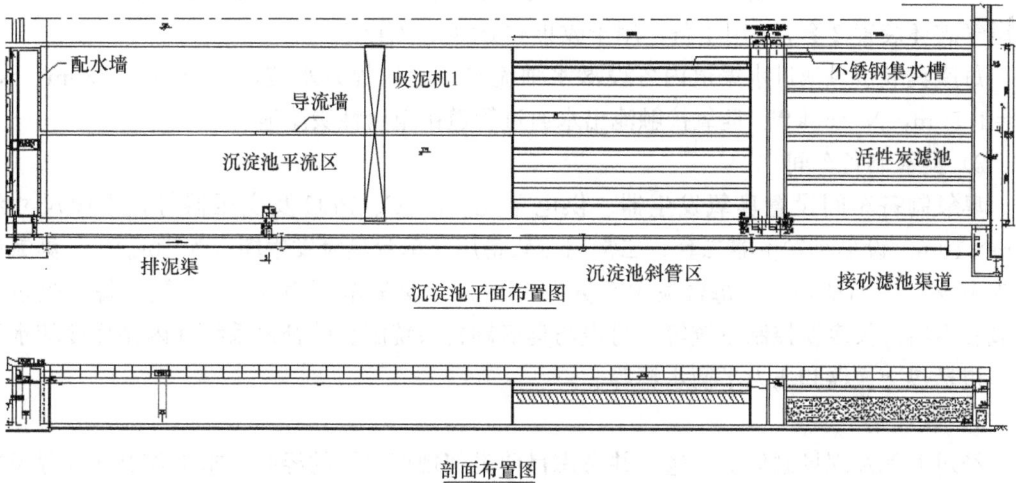

图 11-30 松江二水厂沉淀池改造后布置

翻板的刮泥装置，将斜管区的积泥刮至平流沉淀区后再由原有排泥机排出池外。斜管区末端设出水渠，沉淀出水在导流渠内直接提升至臭氧接触池。第 3 段改造为上向流颗粒活性炭滤池。活性炭滤池出水直接进入砂滤池。松江自来水公司开展了上向流颗粒活性炭滤池的中试研究，结果表明活性炭滤池采用上向流工艺在技术上可行，在一定的工艺条件下，上向流活性炭滤池的水头损失约 40～50cm。与下向流活性炭滤池相比大大减小，从而减小了增加深度处理工艺所需提升的水头，减小了所需新增的电力负荷，可解决厂内电力容量不足的困难，这对老厂改造具有重要意义。另一方面，炭滤池采用上向流工艺可保证炭滤池出水水位与砂滤池之间的高程差相当于原沉淀池与滤池之间的高程差，因而可以满足自炭滤池至砂滤池实现重力流的要求，从而无需对现有沉淀池进行加高改造，节省了工程投资和时间。

活性炭滤池长 16m，加设隔墙分为宽约 3.8m 的 4 格，单格滤池面积为 60.8m²，滤床厚 2m，颗粒活性炭粒径为 8×20 目，不均匀系数 1.5～2.0，空床停留时间为 14min，相应滤速为 8.6m/h。活性炭滤池利用现有滤池反冲洗鼓风机单气冲，强度为 55m³/(m²·h)，设计冲洗周期 3～4d。

改造后的斜管沉淀池和活性炭滤池，另增加了移动式遮光罩，以控制夏季可能发生的藻类繁殖。

（3）臭氧发生系统及臭氧接触池建设方案

新建臭氧系统布置于水厂一、二期沉淀池之间，自西向东依次布置氧气站、臭氧接触池和臭氧制备车间。

1）臭氧接触池

新建臭氧接触池按 20 万 m^3/d 规模设计，分设为可独立运行的 2 座，每座规模为 10 万 m^3/d。臭氧接触池设计加注能力为 2～2.5mg/L，有效接触时间为 15min，设 3 个阶段，按 5：5：5 的时间比例设置，单座池宽 14.95m，长 17.75m，水深为 7.4m。每座接触池内设导流墙。布气装置拟采用微孔扩散接触器。整个臭氧接触池为全封闭设计。在池顶设正负压释放阀，不锈钢人孔盖板，尾气收集装置等，池内设不锈钢检修门。在池顶设置尾气破坏装置 2 套，1 用 1 备，用于收集和分解臭氧尾气。

每座臭氧接触池进水渠道内各设潜水轴流泵 1 台以提升水位，单台 $Q=5630m^3/h$，$H=1.50m$，$N=55kW$。臭氧接触池出水通过管道接至活性炭滤池。

2）臭氧制备车间

臭氧制备车间设置臭氧发生器、供电单元、MCC、PLC 及变压器等，平面尺寸约 24m×10m。设臭氧发生器二套，二常用，软备用。单台臭氧发生能力为 10kg/h，臭氧浓度为 10%。一台故障时，每台最大产量为 15kg/h，臭氧浓度为 6%。臭氧制备系统包括臭氧发生器、仪表及控制系统等。另设与臭氧制备系统配套的补氮系统和内循环冷却水系统，包括热交换器和压力平衡水箱等。

3）氧气站

经对液氧及现场制氧的比选，并考虑目前类似规模水厂的经验，本工程氧气气源考虑采用液氧供应系统。氧气站设置于臭氧接触池西侧的室外，平面尺寸约 10m×7m，液氧储存供应系统设备放置于此，采用租赁液氧供应系统方式供氧。

（4）改造施工实施过程

鉴于松江二水厂改造片刻也不能影响正常生产和不间断安全供水，只能利用在供水量较小的冬季里分期开展。改造工作从沉淀池开始，首先将平流式沉淀池改造为平流—斜管沉淀池。自 2008 年冬季开始，依次对 4 座沉淀池进行改造。每座改造完成后，立即投入生产运行，然后进行下一座沉淀池的改造。由于冬季用水低谷期时间有限，每年冬季只能完成 2 座沉淀池的改造。至 2009 年冬季结束，完成了全部 4 座沉淀池的改造施工。在每座沉淀池改造为平流—斜管沉淀池的同时，也进行沉淀池分割出来区域改造为活性炭滤池的施工，因而同期也完成了活性炭滤池的建设。

3. 松江二水厂深度处理改造后净水效果

2010 年 5 月，深度处理改造工程全部完工，经过调试后正式投入运行。

（1）平流—斜管沉淀池运行效果

沉淀池总出水的浊度稳定在 0.6～1.6NTU 之间，平均浊度约 1NTU。上述运行结果表明，松江二水厂将平流式沉淀池改造为平流—斜管沉淀池是成功的。

（2）有机污染指标去除效果

松江二水厂改造前出厂水 COD_{Mn} 基本都在 3.0mg/L 的限值以上，而深度处理改造后，出厂水 COD_{Mn} 在 1.0～2.0mg/L 之间，平均约 1.5mg/L。

（3）UV$_{254}$去除效果

UV$_{254}$作为一个代表水中碳－碳双键和苯环类有机污染指标，检测方便，开展饮用水深度处理研究的人员经常被采用。松江二水厂深度处理工艺运行后，对各水处理工艺出水的UV$_{254}$进行了监测。

监测表明，在混凝沉淀对UV$_{254}$有一个较大去除之后，活性炭滤池也对UV$_{254}$有一个较好地去除效果。全部工艺流程对UV254的总去除率平均达到近80%。

（4）净水效果综述

从表11-21可以看出，深度处理投入运行后，出厂水水质显著改善。松江二水厂深度处理前出厂水色度平均5～7度，深度处理后出厂水色度基本在2度以下，色度的下降，大大改善了出厂水的感官性状指标。COD$_{Mn}$降至1.5mg/L左右，下降50%以上，远低于饮用水新标准3.0mg/L的要求，有效地去除了水中的有机污染物，此外出厂水中的铁、锰都低于检测限值，而在改造之前锰偶有超标。总体而言，经过深度处理工艺，出厂水关键水质指标均已达到国家新颁布的水质标准的要求。

松江二水厂深度处理改造后出厂水部分水质指标汇总　　　　表 11-21

项目	浊度	色度	氨氮	COD$_{Mn}$	铁	锰	总氯	游离氯	溴酸盐	菌落总数
单位	NTU	cu	mg/L	mg/L	mg/L	mg/L	mg/L	mg/L	μg/L	CFU/mL
新国标限值	1.0	15	0.5	3	0.3	0.1	≥0.5	≥0.3	10	100
最大值	0.24	4.00	0.07	2.32	<0.05	<0.05	1.44	1.05	5.71	3.00
最小值	0.10	0.00	<0.02	0.96	<0.05	<0.05	0.78	0.54	0.00	0.00
平均值	0.15	0.83	<0.02	1.56	<0.05	<0.05	1.05	0.76	0.38	0.20

注：表中带"<"符号的数据表明低于检测限，其中的数值为检测限值。

松江二水厂深度处理改造工程独具特色地将沉淀池沿池长方向改造为平流—斜管组合沉淀池和活性炭滤池，解决了用地、用电的困难，节省了投资，改造后的沉淀池、滤池运行效果稳定。从松江二水厂深度处理改造的实践来看，为使供水水质达到新标准的要求，为我国各大中城市现有自来水厂进行深度处理改造是一条可供选择的技术路线。

11.6　膜处理技术与超滤

11.6.1　膜处理技术概述

1. 膜处理技术在饮用水处理中的应用

膜技术被称为"21世纪的水处理技术"，在饮用水处理中得到了广泛的应用。1987年，世界上第一座膜分离水厂在美国的科罗拉多州的Keystone建成运行，处理水量为105m³/d。

在美国，应用传统水处理工艺的自来水公司发现越来越难以满足所有的饮用水标准和处理要求，总大肠杆菌规则（Total Coliform Rule）中提出了去除水中大肠杆菌的更严格的标准和更严格的检测手段，而另一方面消毒剂/消毒副产物规则（Disinfectants/Disinfection By—product Rules）却严格地限制了水中消毒剂和消毒副产物的最大浓度，这样的限制使得微生物的灭活要求难以满足。膜过滤工艺表现出来的处理效能不仅能够满足这些要求，而且也能够满足预期未来的更为严格的水质标准。

日本在 1991—1993 年间进行了名为 MAC21（Membrane Aqua Century 21）的研究项目，主要研究了微滤和超滤膜在固液分离中的应用，并且相继组建了 30 多座小规模的采用低压膜过滤技术的水厂。在 1994—1997 年间，日本又进行了 New MAC21 项目的研究，主要研究的内容包括纳滤技术和微滤、超滤与其他处理工艺相结合的技术。与微滤、超滤相结合的处理工艺主要包括活性炭吸附、臭氧氧化和生物处理。主要去除或分离的目标污染物质包括消毒副产物，合成有机物（SOC）、臭、味、病毒以及水处理中的污泥等。

在十年前，人们还认为当水厂的规模超过 20000m³/d 时，膜过滤技术不如传统工艺具有竞争力。然而现在采用超滤工艺的水厂的规模已经大于 100000m³/d，膜过滤工艺应用的迅速发展主要是以下几个因素的影响结果：操作简便、对工艺参数的进一步了解、水质标准的逐渐提高、高通量低堵塞膜的发展和造价降低等。

2. 膜处理技术在我国的应用

我国的膜技术开始于 1958 年离子交换膜的研究，20 世纪 60 年代研究反渗透膜，70 年代就已开发出反渗透、超滤、微滤和电渗析等器件设备，随后投入工业应用，80 年代继续发展液体分离之外，气体膜分离和渗透汽化等也进入开发和研究阶段，这一时期膜技术在苦咸水和海水淡化，纯水、超纯水和饮用水处理，食品加工，药品制造，工业废水处理，合成氨和石油化工过程尾气回收等领域有了较大规模的应用。

我国膜和膜装置的生产能力近年来得到很大发展。膜在饮用水处理领域中的应用也得到长足进步。2006 年 6 月，佛山新城区优质水厂 5000t/d 膜处理工艺投运，2008 年 5 月，天津杨柳青水厂 5000t/d 膜处理工艺投产，2009 年 12 月，江苏南通卢泾水厂 2.5 万 t/d 超滤膜短流程工艺、山东东营南郊水厂浸没式超滤膜深度处理工艺、无锡中桥水厂 15 万 t/d 超滤膜深度处理工艺相继得到成功应用，充分表明以超滤膜为代表的膜技术在我国城镇饮用水处理中已经开始进入发展时期。

3. 膜处理技术的基本原理

（1）膜的分类和性质

膜分离过程可以理解为以外界的能量或化学位差为推动力，用天然或人工合成膜，对多组分溶质和溶剂进行分离、分级、提纯和富集的方法。在饮用水处理工艺中，经常采用的膜为压力驱动膜，根据其孔径的不同主要包括微滤、超滤、纳滤和反渗透等。各种压力驱动膜的孔径及适于分离的物质见图 11-31。

（2）各种膜分离方法及特点

1）微滤（Microfiltration，简称 MF）

微滤是利用微孔膜孔径的大小，以压差为推动力，将滤液中大于膜孔径的微粒、细菌及悬浮物质等截留下来，达到除去滤液中微粒与澄清溶液的目的。通常微滤膜的孔径在 $0.02\sim10\mu m$，一般认为微滤过程用于分离或纯化含有直径近似在 $0.02\sim10\mu m$ 范围内的微粒、细菌等液体。由于孔隙率高、滤材薄，出水阻力小，一般只需较低的压力，其操作压差为 $0.01\sim0.2MPa$。

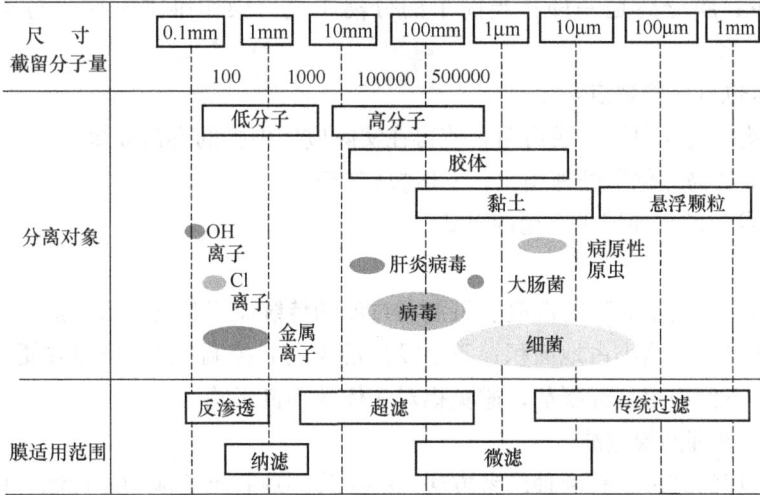

图 11-31　饮用水处理中几种主要膜工艺

2）超滤（Ultrafiltration，简称 UF）

超滤是通过膜的筛分作用将溶液中大于膜孔的大分子溶质截留，使这些溶质与溶剂及小分子组分分离的膜过程。其膜为多孔性不对称结构，膜孔的大小和形状对分离起主要作用，一般认为膜的物化性质对分离性能影响不很大。超滤膜的孔径范围一般在 0.01～0.1μm，截留分子量在 1000～500,000 道尔顿（原子质量单位 Dalton）左右，主要截留水中的微粒、胶体、细菌、大分子有机物和两虫等，操作压力一般为 0.2～0.4MPa。世界上第一座超滤膜水厂是 1998 年在法国 Amoncourt 建成的，处理水量为 240m³/d，采用 0.01μm 的醋酸纤维素中空纤维超滤膜。

3）纳滤（Nanofiltration，简称 NF）

纳滤是介于反渗透和超滤之间的一种压力驱动型膜分离技术，纳滤膜表面分离皮层具有纳米级微孔结构。纳滤膜为无孔滤膜，是以压力差为推动力的不可逆过程，其分离机理可以用电荷模型、细孔模型、静电排斥和立体阻碍模型等来描述。

纳滤膜孔径一般为 1～2nm，只对特定溶质具有脱除作用，对 NaClO 脱除率低于90%，操作压差为 0.5～2.0MPa，截留分子量界限为 200～1000，分子大小约为 1nm 的溶解组分。可去除水中大部分的溶解性有机物和盐类。目前世界上最大的纳滤膜水厂是 1999 年在法国建设的梅里奥塞水厂，处理水量为 14 万 m³/d。

（3）膜技术在供水领域中的应用

1）膜技术在供水领域中应用的优点

膜技术与其他分离技术相比较，应用于给水领域有以下几个优点：

● 出水水质稳定，受进水水质波动的影响小。出水浊度能稳定在 0.1NTU 以下。

● 出水生物稳定性好。由于膜可以完全地截留微生物，起到消毒作用，既保证了出水的卫生安全性，同时又减小了管网的二次污染。

● 能够减少混凝剂和消毒剂投加量，减少消毒副产物的产生。

● 膜分离工艺以组件的形式构成，可以适应不同生产能力的需要，而且会使水厂的用地大大减少；膜分离是一种相当简单的分离工艺，操作维护方便，易于实现自动化控制。

但膜技术也有一些缺点：

- 膜在使用过程中易生成污垢，使得在实际应用中膜的寿命较短；
- 与传统的物理化学处理相比，一般投资较高。

2）膜技术在供水领域中应用的形式

- 膜直接过滤

用膜过滤代替给水处理的混凝、沉淀和过滤的传统流程是直接膜过滤的目的。该处理方式有如下优点：可缩小占地面积；不必投加混凝剂和控制 pH，管理方便；能去除微小的胶体物质；不使用铝盐混凝剂，避免铝对人体的不良影响。

- 混凝预处理的膜过滤

混凝预处理的膜过滤有两种思考方法，一是代替现有沉淀池和砂过滤，用于除浊使处理装置面积减小，其二是通过混凝使过滤阻力下降，从而提高处理水质。

- 采用其他预处理的膜过滤

其他的预处理工艺包括：臭氧、颗粒活性炭、粉末活性炭等。

11.6.2 超滤膜与膜组件

1. 超滤膜结构

目前商品化的超滤膜几乎都是不对称膜，由致密的皮层和多孔的支撑层构成。皮层的厚度约 $0.1 \sim 0.25 \mu m$，多孔支撑层的厚度约为 $100 \mu m$。而多孔支撑层在靠近皮层部分是具有微细孔结构的过渡层，最下层是具有较大孔径的支持层。

2. 超滤膜的性能表征及操作参数

（1）超滤膜的性能表征

膜性能通常是指膜的物化性能和分离透过性能。膜的物化性能主要包括膜的机械强度、耐化学药品、耐热温度范围和适用 pH 值范围等。分离透过性能主要是指水通量和截留分子量及截留率。

水通量

水通量是指在一定的压力和温度下，单位面积膜在单位时间内的透过水量，常用下式表示：

$$J = \frac{Q}{At}$$

式中　Q——透过水量，L；

　　　A——膜面积，m^2；

　　　t——透过水量 Q 所需的时间，h。

截留分子量与截留率

商品化的超滤膜多用截留分子量或相近孔径的大小来表明产品的性能，这种表示方法虽然不能完全代表实际的膜性能但可作为使用者的一种基本的选择。

截留分子量是指能被膜截留住的溶质中最小溶质的分子量。

截留率的含义是指溶液中被膜截留的特定溶质的量所占溶液中该特定溶质总量的比率。可用下式表示

$$R_0 = \left(1 - \frac{C_P}{C_F}\right) \times 100\%$$

式中　R_0——截留率，%；

　　　C_P——透过液中特定溶质的浓度，mg/L；

　　　C_F——原溶液中特定溶质的浓度，mg/L。

通常超滤膜所标称的截留分子量，对具有相同分子量的线形物质和球形蛋白质类物质的截留率分别应为≥90%和≥95%。

（2）超滤的操作参数

正确的掌握和执行操作参数对超滤系统的长期、安全和稳定运行是极为重要的。一般讲来，操作参数主要包括流速、压力、跨膜压差、浓水排放量、回收率和温度等。

1）流速

流速是指供给水在膜表面上流动的线速度，是超滤系统中一项重要的操作参数。流速太快不但会造成水源的浪费和产生过大的压力降，而且还加速了超滤膜分离性能的衰退。反之，如果流速过慢，容易产生浓差极化现象，既影响了透水性能，又会使透水质量下降。最佳流速的选择通常是依据实验来确定的。不同构型的超滤组件要求流速不一样。即便是相同构型的组件，处理不同的料液，要求的流速也可能相差甚远。供给水量的多少，决定了流速的快慢，实际运行中应按产品说明书标定的数值操作。

2）操作压力及跨膜压差

超滤的工作压力范围约为 0.05～0.7MPa（不同的书上介绍的略有不同）。分离不同分子量的物质需要选用相应截留分子量的超滤膜，则操作压力也有所不同。需要截留物质的分子量越小，选择膜的截留分子量也小则所需要的工作压力就比较高。在允许的工作压力范围内，压力越高，膜的透水量就越大。但压力又不能过高，以防产生膜被压密的现象，反而导致透水量的下降。

组件产水侧和原水侧的压力差称为跨膜压差（TMP）。TMP 是系统运行的关键参数。它与供水量、流速及浓水排放量是密切相关的。供水量大、浓缩水排放量大、流速快，则跨膜压差也就越大。跨膜压差大，说明处于下游的膜未达到所需要的工作压力，因而直接影响到组件的透水能力。因此实际应用中，尽量控制跨膜压差值不要过大。随着运转时间的延长，由于污垢的积累而增加了水流的阻力，使得跨膜压差增大，下列数据可供参考：

工作压力 0.5～0.7MPa 时，跨膜压差一般不大于 0.1MPa；

工作压力 0.05～0.2MPa 时，跨膜压差一般不大于 0.05MPa。

3）水通量和回收率

水通量指单位面积单位时间内透过的水量，一般单位为 L/(m² · h)。不同的超滤膜有不同的水通量，同一超滤膜用于不同的原水情况下也有不同的水通量，在无相应资料可以参考的情况下，水通量一般应通过中试来确定。运行中应根据设计值合理设定。

回收率指系统的净产水流量与原水的进水流量的比值。对于正冲采用原水的压力式系统：

$$回收率 = \frac{膜过滤流量 \times 过滤时间 - 反洗流量 \times 反洗时间}{膜过滤流量 \times 过滤时间 + 正冲流量 \times 正冲时间} \times 100\%$$

在饮用水项目中，超滤的回收率一般都在 90% 以上，有的甚至可以达到 95% 以上。

4）渗透率

超滤运行的主要参数除了通量(Flux)和跨膜压差(TMP)外，还有一个将这两个主要参数联系起来的计算量：渗透率/透过率(Permeability)，用来表征跨膜压差和温度修正系数归一化后的水通量，因此是一个考察膜性能的综合参数(一般以 20℃ 为参考温度)。

渗透率 = 通量/(跨膜压差 × 温度修正系数)

温度修正系数（TCF）的计算公式如下：

$$TCF = \frac{1855 - 5596 \times 10^{-2} \times T_0 + 6533 \times 10^{-4} \times T_0^2}{1855 - 5596 \times 10^{-2} \times T_1 + 6533 \times 10^{-4} \times T_1^2}$$

式中　T_0——参考温度（℃）；

　　　T_1——工作温度（℃）。

上述公式可以通过计算将计算结果做成表格的形式，方便查找。

5）工作温度

超滤膜的透水能力随着温度的升高而增大，生产厂家所给出组件的性能数据绝大多数是在 20℃ 条件下测定的。在工程设计中应当考虑工作现场供给水的实际温度，实际温度低于或者高于 20℃ 时，都应当乘以温度修正系数。虽然透水量随温度的升高而增加，但操作温度也不能过高，因为温度太高将会导致膜被压密，反而影响透水量。

3. 膜组件及其种类

所谓的膜组件是指将膜、固定膜的支撑材料、间隔物或管式外壳等通过一定的粘合或组装构成基本单元，在外界压力的作用下实现对杂质和水的分离。膜组件由板框式、管式、卷式和中空纤维式四种类型。

板框式：膜被放置在多孔支撑板上，两块多孔支撑板叠压在一起形成的料液流到空间，组成一个膜单元。单元与单元之间可并联或串联连接。板框式膜组件方便膜的更换，清洗容易，而且操作灵活。

管式：管式膜组件由外压式和内压式。管式膜组件的优点是对料液的预处理要求不高，可用于处理高浓度的悬浮液。缺点是投资和操作费用较高，单位体积内的膜装填密度较低，在 30~500m²/m³。

卷式：卷式膜组件将导流隔网、膜和多孔支撑材料依次叠合，用胶黏剂沿三边把两层膜粘结密封，另一边开放与中间淡水集水管连接，再卷绕一起。反渗透和纳滤多采用卷式膜组件。

中空纤维膜：中空纤维膜是将一束外径 50~100μm、壁厚 12~25μm 的中空纤维完成 U 型，装于耐压管内，纤维开口端固定在环氧树脂管板中，并露出管板。透过纤维管壁的处理水沿空心通道从开口端流出。中空纤维膜的特点是装填密度最大，最高可达 30000m²/m³。中空纤维膜可用于微滤、超滤、纳滤和反渗透。

由于中空纤维膜装填密度高，即相同体积内的膜面积最大，所以，应用于大型工程的超滤膜一般都是中空纤维膜。

11.6.3 超滤系统

一般的膜系统都由若干个膜组件并联组成单元膜块，在膜块中，所有的组件都是并联运行，每个组件的操作条件完全一样。整个超滤系统一般由多个单元块构成，进行过滤、物理清洗、化学清洗和完整性检测等操作。

1. 分类

超滤膜系统属于压力驱动的低压膜系统，其运行有全流过滤（死端过滤）和错流过滤两种模式。全流过滤时，进水全部透过膜表面成为产水；而错流过滤时，部分进水透过膜表面成为产水，另一部分则夹带杂质排出成为浓水。全流过滤能耗低、操作压力低，因而运行成本更低；而错流过滤则能处理悬浮物含量更高的流体。具体的操作形式宜根据水中的悬浮物含量来确定。

根据过滤方式的不同，可分为压力式系统和浸没式系统。根据水流方向的不同，还可将压力式系统分为外压式过滤系统和内压式过滤系统。

(1) 外压式与内压式的比较

1) 外压式 系统进水从中空纤维膜丝的外部由外向内通过膜产生产品水（进水在外，产品水在内），所以水流通道没有被固体悬浮物阻塞的风险。对压力式膜而言，纤维间死角易导致堵塞，不易清洗，一般外压式膜厂家会采用端头配水方式来解决这个问题。

2) 内压式 系统进水从中空纤维膜丝的内部由内而外通过膜产生产品水（进水在内，产品水在外），无死角，适于水质良好的原水。但如果进水水质较差，则较外压式膜而言抗污染能力差，且需要更严格的预处理。

外压式系统和内压式系统的比较　　　　　　　　　表 11-22

	外压式系统	内压式系统
空间利用率	单位体积内膜有效过滤面积大，污染负荷低	单位体积内膜有效过滤面积小，污染负荷高
反洗方式	多采用气水反洗，反洗流量低，清洗效果好，但是容易伤到膜	多采用水洗方式
系统回收率	较高	偏低
抗污染性	对进水水质要求较低，清洗时容易有死角	清洗死角较少，但对进水水质要求高，否则流路很容易堵塞

(2) 压力式与浸没式膜系统的比较

1) 压力式

将大量的中空纤维膜丝装入一圆柱形压力容器中，纤维束的开口端用专用树脂浇铸成管板，配备相应的连接件（包括进水端、产水端和浓缩水端）即形成标准膜组件，通过不同数量的压力式膜组件并联即组装成膜系统。

2) 浸没式

浸没式膜组件包括固定在垂直或水平框架上的中空纤维膜、设在框架顶部和底部的透过液集水管。每个集水管包含有一层密封膜丝的专用树脂，使得膜的内腔与管道相连以收集产品水，因此浸没式膜组件只有产水端一个连接点。几个或几十个膜组件通过两个硬直角管将其集水管相连接，同时将它们位置固定，形成一个膜箱。周期性反冲洗和平缓温和的空气擦洗可以减少膜面的浓差极化。若干个膜箱并联浸没在膜池中组成一个膜列，若干个膜列并联组成不同处理规模的膜处理系统。

压力式与浸没式系统的比较　　　　　　　　表 11-23

项目	压力式	浸没式
系统	密闭式	开放式
过滤方式	内压式或外压式	外压式
预处理要求	预处理要求比较高	预处理要求相对较低
操作压力	采用较高操作压力，能耗高	采用较低的操作压力，能耗相对较低
水通量	采用较高的水通量，所需膜面积较小	采用较低的水通量，所需膜面积大
安装方式	安装在密封的压力容器内，系统需要较多的、复杂的连接件和阀门	安装在土建或金属钢池中，连接件和阀门较少，但是对土建的要求较高，土建较复杂，防腐处理要求高

图 11-32、11-33 表示了两种形态膜系统的主要设备构成。

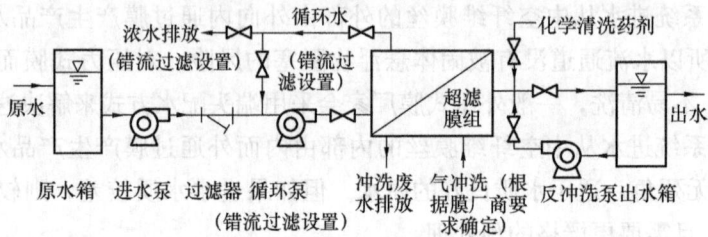

图 11-32　压力式超滤膜过滤示意图

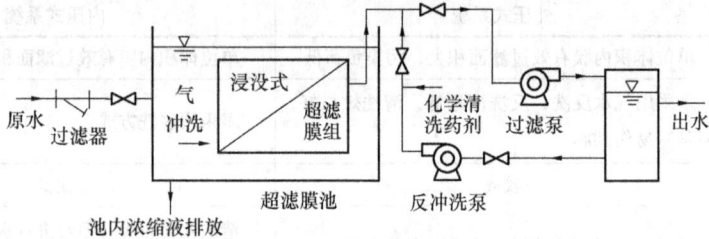

图 11-33　浸没式超滤膜过滤示意图

2. 系统构成

整个超滤系统一般由进水系统、预处理系统、超滤装置单元、物理清洗系统、化学清洗系统、中和系统、完整性检测系统等组成。

系统构成及功能　　　　　　　　表 11-24

序号	名称	主要构成	功能
1	进水系统	进水泵、配水管	为膜提供一定压力的进水，均匀配水
2	预处理系统	预过滤器	防止较大的颗粒物及硬物意外进入超滤膜系统划伤膜元件

序号	名　称	主要构成	功　能
3	超滤装置	超滤膜	过滤，净化水质
4	物理清洗系统	鼓风机、反洗水泵	用压缩空气和水洗去膜丝表面的污染物，延长膜的化学清洗周期
5	化学清洗系统	清洗水箱、清洗水泵	用化学药剂清洗膜的表面，降低跨膜压差
6	中和系统	中和池	化学清洗完毕后，废液排至中和池，通过加药达到无害化后排放
7	完整性检测系统	压力传感器、空压机	对膜系统的完整性进行检测，查找破损膜组件

3. 膜系统布局和管路布置

压力式超滤膜生产构筑物为宽敞的车间，膜组的布置力求管路最省，方便检修和拆运膜柱。浸没式超滤膜池的土建工程比压力式超滤膜车间复杂很多，膜池可以在车间内，也可以敞开式。其占地面积一般小于压力式膜，但需设置起重机和较高的起吊高度，检修时膜组从膜池起吊运出。由于化学清洗液会进入膜池，因此膜池需设计防腐涂层。

管道敷设，一般设置管沟或专门管道层，方便施工和维护。

4. 超滤膜系统配套设备

(1) 管道与管材

膜系统中各种管道材质的选择取决于内部流动液体的腐蚀性、操作压力、温度和配件价格等。国外早期膜水厂主要采用塑料管材，但近年来越来越多采用不锈钢管材。需要注意的是，酸洗的管道避免采用不锈钢管。由于钢管的防腐较难做好，因此膜出水的管道慎用钢管。推荐的管道选材如下表所示。

膜系统管道材质选择　　　　　　　　　　　　　　　　表 11-25

管　道	材　质
进水管和产水管	镀层钢管（CCS），球墨铸铁管（DIP），不锈钢管（SS），高密度聚乙烯管（HDPE），聚氯乙烯管（PVC SCH 80），内衬环氧树脂球墨铸铁管（LDIP）
膜组内连接管	不锈钢管（SS），聚氯乙烯管（PVC SCH 80），氯化聚氯乙烯管（CPVC SCH 80）
反冲洗进水管	镀层钢管（CCS），不锈钢管（SS），内衬环氧树脂球墨铸铁管（LDIP）
反冲洗排水管	镀层钢管（CCS），不锈钢管（SS），球墨铸铁管（DIP），高密度聚乙烯管（HDPE），内衬环氧树脂球墨铸铁管（LDIP）
化学清洗管（酸碱氯）	聚氯乙烯管（PVC SCH 80），氯化聚氯乙烯管（CPVC SCH 80），玻璃纤维增强塑料管（FRP）
压缩空气管	钢管（CS），不锈钢管（SS），紫铜管（CU）

(2) 仪表

每个单元膜块应该装配以下检测仪表：

● 原水压力

- 浓水压力（在采用错流过滤方式时）
- 产水压力
- 产水流量
- 浓缩流量（在采用错流过滤方式时）

整套超滤系统应配备检测仪表，检测项目如下：

- 进水浊度
- 进水温度
- 总产水流量
- 总产水浊度
- 反洗流量
- 反洗压力
- 化学清洗流量
- 化学清洗 pH 值
- 化学清洗温度

（3）阀门配置

超滤膜系统上阀门有以下 4 个特点：①超滤膜系统阀门数量很多；②膜组上阀门开关非常频繁，每个反冲洗周期开关一次，如果以寿命 20 年计，需开关约 30 万次；③阀门开关速度需要快，反冲洗历时 1～2min，阀门启闭时间最好小于 5s；④由于膜组需要化学清洗，阀门应耐化学清洗的腐蚀药液。考虑到阀门数量多，启动要快，国内外大部分超滤膜系统采用气动蝶阀，阀门采购时由设计人员和业主提出要求，阀门厂商专门定制。

11.6.4　超滤的运行管理

1. 安装调试

（1）安装

对于浸没式超滤膜系统，膜箱在运输过程中，为防止膜丝变干要注入甘油溶液以保护膜。安装前首先需要检查膜池预装的支架及穿墙出水管垂直度、水平度，其值要求在 ±4mm 内。各池体内在完成防腐基础上要清理膜池、反洗池、化学清洗池及多次冲洗管道，以免试运行时留在池体内的细小的颗粒物质损伤膜丝。当膜箱吊入膜池内就位后，要严格检查膜箱产水管、曝气管与池体预留管连接处是否密封，以保证后续运行产水质量。

对于压力式系统，膜柱对安装场地的要求：避免阳光或紫外线直接照射，因为紫外线会损害膜柱外壳和膜。推荐的安装程序如下：

1）清洁系统及管线，以防外物进入膜组件。

2）拿掉接口上的塑料端帽。

3）将组件放到支撑台架上，通过适当的调整后固定。

4）连接所有的端口，开始启动原水泵。缓慢加压，检查连接部位是否有渗漏。

5）用透过液或自来水对系统进行全面冲洗。

（2）调试

所涉及的基本步骤如下：

1）启动供水泵；

2）装置灌满水和冲洗；

3）启动反洗水泵；

4）设置和调整反洗压力；

5）设置和调整进气压力；

6）设置反洗时间间隔；

7）设置气洗时间间隔；

8）设置并联装置反洗顺序。

启动前的检查内容：

1）超滤预处理系统运行正常，超滤进水符合设计要求；

2）排水系统已经准备完毕；

3）PLC 程序已输入；

4）电路系统检查已完成；

5）管路系统连接完成并已清洗干净。

启动：

当做完上述各项准备工作后可先进行试启动，即接通电源，开动泵后立刻停止。其目的有二：一是观察水泵叶轮的转动方向是否与标签箭头所指的方向一致；二是检查水泵在启动时有无反常的噪声产生，当确认正常后方可正式启动。

对于浸没式系统，调试过程首先启动提升泵向膜池注水，多次反复的正向产水、曝气清洗、排空操作，将甘油冲洗干净并排放掉，直至出水 COD_{Cr} 比原水低 12mg/L 方可认为此列膜池清洗完毕。一旦甘油被冲洗掉，为防止膜变干，必须使膜完全浸入水中。系统短期停运时也要将超滤膜处于完全浸没状态，并保持少量的余氯来抑制生物活动。调试中可以通过观察浊度仪的读数确定膜箱出水管的密封连接是否合格。

对于压力式系统，具体步骤如下：

1）超滤组件的冲洗

① 打开装置的产水排放阀和正洗排放阀；

② 启动供水泵；

③ 缓慢调节超滤装置正洗手动阀门，维持较低的进水压力；

④ 连续冲洗至排放水无泡沫。

2）启动程序

根据进水确定超滤装置的允许最大产水量、工作压力、反洗时间间隔，流量和压力的调整程序如下：

① 产水的调整

打开产水阀；

缓慢打开进水阀门；

调整进水阀门，使产水流量达到要求水量；

如果同时有浓水排放，应同步调整。

② 浓水的调整（错流工作状态）

缓慢打开错流阀，调节至需要的排放量。

③ 反洗水压力的调整

全开浓水排放阀；

启动反洗水泵；

缓慢打开反洗阀；

调整反洗阀门达到压力要求。

④ 带气反洗压力的调整

进入反洗程序；

缓缓开启进气阀至进气压力。

3）自动控制

当装置由手动控制将所有的流量、压力设置完毕后，装置需要关闭，然后以自动方式重新启动。

① 关闭所有开关，将手动开关转为自动；

② 启动超滤装置；

③ 调整产水压力保护开关，当产水压力高于设定值，正洗排放阀自动开启。

（3）参数优化

在调试的过程中，有个重要的参数需要优化，即反洗参数。反洗程序有多个步骤，可以包括药剂（比如，氯、次氯酸钠和柠檬酸）的使用，也可以不包括。如果反洗程序的任何组成部分没有经过优化或者反洗循环的频率不够，跨膜压差（TMP）将会升高。跨膜压差（TMP）的增加过程也许会非常慢，增长期甚至长达一周或两周，但在一段时间之后，TMP 会有明显的增长。为了保持系统性能和回收率的稳定，反洗程序的每一个步骤都需要优化。同时，这也是一个反反复复的过程，需要耗费大量的时间。一个理想的系统操作应该是高通量、低反洗频率和反洗使用滤液体积最小。在确定最佳反洗效率时，要改变许多操作参数。最佳的操作参数可能每个地方都不一样，如果已进行过现场的中试，则可以将试验中找到的优化操作参数作为一个起点。为了能进行反洗优化，以下几点要求是必要的：

1）每组膜堆中至少有一支膜采用透明 PVC 管将给水口和产水口与母管上相应端口连接。

2）能通过改变 PLC 或控制器来改变反洗参数。

3）系统至少连续运行 12h。

反洗的优化可分两个步骤，一是反洗程序的优化，二是反洗频率的优化。

1）反洗程序优化

在优化前，先要对反洗性能进行观察：

让系统运行 3～4h，检测在反洗前后每一个透明管中水的颜色和固体含量。因为只是做定性分析，有必要指定一个参考点或基线值，来考察这些端口处在每一个反洗步骤结束时的颜色深浅和固含量高低。比如可以任意定义一个范围，按照 1～5 来定义色度和固体含量（1 为无色/无固体，5 为最深色/高固体含量）。在每一个优化尝试之后确定反洗步骤去除色度和固体的定性结果。采用这种规定，记录每一个反洗步骤之后的"透明度"。

然后依此确定哪些反洗程序的步骤需要优化，可以对强度和时间进行调整。一旦所有的反洗步骤都被优化了，系统运行 12 个小时，反复观察每一个反洗步骤的透明 PVC 管的透明度情况。一般还需要进行两次优化。

2）反洗频率优化

反洗频率或反洗周期的优化是一个定量的过程，需要仔细监测 TMP。到了这个过程，系统一般经过了反洗程序优化，大多数情况不再需要考虑膜污染问题了，系统性能参数（如 TMP、通量等）必须回到原始值或者某个稳定值。如果不是这样，污染就不是预定操作参数所能解决的问题了。这种情况有可能是生产时间过长所致，污染物积聚起来并被压实了，定期的反洗已经无法清除这样的污染。这时需要实施手动反洗。在反洗后 12～24h 内 TMP 增加 0.5～0.7psi 时，需要实施手动反洗。如果手动反洗还不能恢复性能，可能就需要进行化学增强反洗或化学清洗了。通过上述措施再次将 TMP 恢复到基线值，就应该减少生产时间（即增加反洗频率）5 分钟，按照新的设定预运行 12～24h。继续这种反复减少生产时间的过程，知道能够连续稳定运行数天为止。相反，如果系统自从经过反洗优化后一直保持稳定，说明有可能增加生产时间，减少反洗频率，直到 12～24h TMP 增加 0.5psi（反洗后 2min 测定），到了这个程度，再减少生产时间到此前设定值（递减 5 分钟）。

应该注意的是，污染的机理和特点随地点和季节的不同会有明显的变化。系统稳定性的定义是，长期运行中反洗后 TMP 的稳定性。对于同一个运行周期，TMP 的起始值与末了值可以相差 2psi，但只要反洗能够将 TMP 恢复到起始值，说明系统是稳定的。

2. 运行管理

（1）数据记录

大多数膜系统都有中央控制和数据记录系统（SCADA），运行数据可以自动获取并储存下来。尽管如此，每个膜系统都需进行人工数据记录。人工记录数据不仅可以使运行操作人员监测系统，也可确证变送器与监测仪表是否工作正常。当电子数据意外丢失时，人工记录表是非常有用的备份。

数据记录表一般应包括以下参数：

日期：实际运行日期

时间：当地时间

运行小时数：系统实际运行时间（小时）

温度：给水温度（℃）

保安过滤器入口压力（MPa）

保安过滤器出口压力（MPa）

进水压力（MPa）

浓水压力（MPa）

产水压力（MPa）

进水浊度：给水浊度值（NTU）

产水浊度：产水浊度值（NTU）

产水流量：即时产水量（m³/h）

浓水排放流量：即时浓水排放流量（m³/h）

循环流量：即时循环流量（m³/h）

备注：需要特别提醒的情况：如至下次反洗剩余时间（分钟），反洗种类（如酸洗、碱洗、NaClO 加药反洗等），加氯浓度，以及其他需说明的事情。

另外，多数超滤系统需要辅助设施如化学加药泵、加药箱、颗粒计数器、pH 计等，与这些设备相关的数据都应记录下来，以确保超滤系统稳定运行。每个膜和膜组架，每天至少记录一次运行数据，最好是每个运行班记录一次。记录表中包括反洗前两分钟和反洗后两分钟的数据，这样可以精确地估计出反洗效果和膜的性能。

（2）膜性能分析

1）回收率

除非进行膜优化操作或系统进水条件有所改变，否则每个膜和膜组件应该在固定的回收率下工作。假设一个系统达到平衡，系统性能良好，而增加回收率将导致系统运行不稳定，使 TMP 增高、水通量下降，进而导致先前确定的化学清洗时间改变，化学清洗频率增加。

2）水通量

同回收率一样，水通量也应保持不变。如果可能，应通过 SCADA 监测并控制水通量。如果水通量有变化，反洗频率和各反洗步骤的持续时间都应做适当的调整。

3）压差 ΔP

压差只是在错流过滤方式下才有助于分析系统性能。当采用全量过滤方式时，ΔP 很低，大多数情况下无法因此用 ΔP 判断膜丝内腔的污染程度。膜丝堵塞将威胁到纤维丝完整性。随着膜丝的堵塞，有效膜面积逐渐减少。如果大量膜丝堵塞，每根丝内的水流量将过高，膜丝有可能断裂或污染速度加快。如果 ΔP 大幅升高（TMP 也升高），应将该膜组件与系统脱离并检测膜丝进水端部。如果膜丝没有明显堵塞现象，很有可能是形成了较厚的滤饼层，此时应对反洗频率进行优化，并进行一次化学清洗。

4）透膜压差（TMP）

当水通量和温度不恒定时，TMP 可表明出膜污染程度，因为此条件下干净膜的 TMP 将恒定不变。然而，水的黏度和膜脱除率都与温度有关。某些情况下，如果水温或水通量波动很大时，TMP 也会波动。因此，TMP 的增加不一定就是表明污染存在，而只是表明有污染的可能性。

5）渗透性或温度修正水通量（TCSF）

对于任何膜系统，监测 TCSF 都非常重要。作为膜本身的特性，TCSF 将表示无论水通量和温度变化如何，膜本身的情况。维持 TCSF 也可以维持能耗。如果膜受到污染，TCSF 降低，在系统运行参数不变的情况下，能耗将增加。

6）几个注意点：

① 每天记录数据，如果可能最好是每个班记录一次，并确保在线仪表正常工作，数据可靠；

② 同时记录下每个参数的时间，这样可以监测到数据的突变；

③ 在控制室有图表记录和档案；

④ 有超滤系统控制失误、运行异常、障碍等记录；

⑤ 尽量查找每次数据趋势（特别是 TMP、水通量和渗透性）变坏的原因；

⑥ 记录进水水质以及其与系统性能的关系；

⑦ 记录水温对污染速度的影响。

（3）停机

1）先降压后停机，当完成运行任务或者由于其他原因需要停机时，可慢慢开启浓缩水出口阀门，使系统压力徐徐下降到最低点再切断电源，因为在工作状态下如果突然停泵容易产生水锤现象而伤害超滤膜，降压速度约在 1min 内完成。

2）用纯水或精密过滤水冲洗膜表面　利用运转水泵或者辅设的清洗系统，采用大流量冲洗 3～5min，以清除掉沉积在膜表面上的大量污垢，在冲洗过程中，系统内不升压不引出透过水。

3）停机期间的维护保养

① 保护性运转　如果停机时间短，例如 2～3d，可每天运行约 30～60min，用新鲜水置换出装置内存留的水。

② 注入保护液　如果停机时间较长，例如 7d 以上应向装置内注入保护液（如 0.5%～1%甲醛水溶液），以防止细菌繁殖。

③ 停机期间应自始至终保持超滤膜浮湿润，一旦脱水变干，将会失效。

（4）运行管理中需要注意的问题

1）膜组件断丝

通过压力测试及泡点定位，确定断丝的位置。并视泄漏面大小选用隔离或修补措施。如泄漏面积较小，可使用隔离阀暂时隔离泄漏组件。如泄漏面积较大，则将有断丝的膜组件取出后进行修补。

断丝是目前中空纤维膜组件难以克服的屏障，对断丝需要及时隔离或修补，但更重要的是建立有效的监测断丝的手段，如在实时监测膜出水浊度的基础上定期进行压力衰减测试（PDT）。

2）膜丝颜色变粉红

根据佛山新城区水厂的经验，膜丝变粉红最大的可能性是化学清洗时氢氧化钠对PVDF材质的膜丝长期作用的结果。因此，在生产运行中应建独立的中和池避免中和时膜丝与氢氧化钠的直接接触。

3）膜组件外壳破损

佛山新城区水厂在运行中发现膜组件的外壳出现不同程度的破损，通常在固定外壳的四个边角出现裂缝，并露出较锋利的断口，严重者整个外壳从组件上剥落下来。

原因：膜池进、排水速率设定过高；频繁的气水反冲洗；膜壳本身的外壳设计。

措施：调整膜池进水调节阀的开度；加装膜池排水口挡板；优化超滤系统反冲排水周期；反冲结束后不将池内水全部排空，只排除池内部分水；对膜外壳的设计进行改进。

4）反冲洗水箱藻类的滋生

对于单独设置反冲洗水箱的，须特别注意水箱内藻类滋生的问题。可通过采用不透明的材料制作水箱、定期往水箱投加一定浓度的次氯酸钠溶液等方法来达到抑制藻类生长的效果。

3. 污染与清洗

（1）膜污染

膜污染是指料液中的某些组分在膜表面或膜孔中沉积导致膜渗透流率下降的现象。包括膜的孔道被大分子溶质堵塞引起膜过滤阻力增加；溶质在孔内壁吸附；膜面形成凝胶层增加传质阻力。组分在膜孔中沉积，将造成膜孔减小甚至堵塞，实际上减小了膜的有效面积。组分在膜表面沉积形成的污染层所产生的额外阻力可能远大于膜本身的阻力，而使渗透流率与膜本身的渗透性无关。这种影响是不可逆的，污染程度同膜材料、保留液中溶剂以及大分子溶质的浓度、性质、溶液的 pH 值、离子强度、电荷组成、温度和操作压力等有关，污染严重时能使水通量下降 80％以上。

膜受到污染时的标志及症状：①单位面积迁移水速率逐步下降（水通量下降）。②通过膜的压力和膜两侧的压差逐渐增大（进料压力和 ΔP 逐渐增大）。③膜对溶解于水中物质的透过性逐渐增大（矿物截留率下降）。

（2）膜的清洗

膜的清洗分为物理清洗，化学清洗和生物清洗三种方法。物理清洗是利用高流速的水或空气和水的混合流体冲洗膜表面，这种方法具有不引入新污染物、清洗步骤简单等特点，但该法仅对污染初期的膜有效，清洗效果不能持久。化学清洗是在水流中加入某种合适的化学药剂，连续循环清洗，该法能清除复合污垢，迅速恢复水通量。生物清洗是借助微生物、酶等生物活性剂的生物活动去除膜表面及膜内部的污染物。化学清洗和生物清洗都存在向系统引入新的污染物的可能性，另外运行与清洗之间的转换步骤较多。

一般的清洗程序包括：

1）用水清洗整个体系，包括膜组件、管道、阀门、泵。清洗中要遵循保持膜纤维湿润的基本原则。

2）根据膜污染的组分有针对性地选择化学药剂浸泡或循环清洗膜组件。

3）用清水冲掉化学药剂。

4）在标准条件下校核通量。

物理清洗

物理清洗的方法主要为水力清洗法，包括气水联合清洗。水力清洗的具体方法有：

1）正向冲洗　用高压泵使滤过水从膜组件原水入口进入，用高速水流的剪切作用将膜面上的污染物从膜组件浓水出口冲走。

2）反向冲洗　滤过水在高压泵加压下，从滤过水透过侧被反向压入原水侧或浓水侧，同时将膜面上的污染物从原水侧或浓水侧冲走。反洗的时候存在一定的风险，因为一旦操作不慎，很容易把膜冲坏或者破坏密封粘结面。

3）气水联合冲洗　用滤过水对膜组件进行清洗的同时，在水流中加入空气，使气水界面产生湍流作用，扰动组件内部的膜纤维，并使其产生振动，导致纤维壁上的污染物变疏松，再利用水流的作用将疏松的污染物冲走。

上述几种水力清洗的方法可根据需要选择。物理清洗的频率一般为 0.5～1.0h 一次。

化学清洗

在实际运行中，对于污染严重的膜，仅靠物理清洗很难使水通量完全恢复，必须借助于化学清洗。化学清洗剂的选择应根据膜污染物的类型和污染程度，以及膜的物理化学特性来进行，清洗剂可单独使用，也可复合使用。清洗剂中无机酸主要用来清除无机垢，使污染物中一部分不溶性物质转变为可溶性物质；强碱主要是清除油脂、蛋白、藻类等的生物污染、胶体污染及大多数的有机污染物；螯合剂主要是与污染物中的无机离子络合生成溶解度大的物质，从而减少膜表面及孔内沉积的盐和吸附的无机污染物。针对不同的料液也可将几种清洗剂适当复配作为专用清洗剂，或采取酸和碱交替清洗的清洗方法。

对于不同的原水水质，清洗的频率各不相同，每年一次到多次的情况都有。为了增强清洗效果，有的膜在清洗过程中对清洗液进行加热处理，一般加热到 $30 \sim 40℃$。

复合膜污垢的清洗方法

表 11-26

化学药剂	污 染 物 类 型					
	碳酸盐垢	SiO_2	硫酸盐垢	金属胶体	有机物	微生物
HCl (pH=2.0)	√			√		
0.5% H_3PO_4	√					√
1% 甲醛						√
2%柠檬酸+氨水 (pH=4)	√		√	√		
1.5% Na_2EDTA+NaOH (pH=7~8)		√	√			
1.0%$Na_2S_2O_4$						√
NaOH (pH=11.9)		√		√	√	
1.5%Na_2EDTA+NaOH (pH=11.9)	√	√		√	√	√
三聚磷酸钠，磷酸三钠和 Na_2EDTA (各1.0%)					√	√

（3）膜清洗过程需要注意的几个问题

膜清洗过程中需要注意的问题很多，如操作压力、循环流速、清洗剂浓度等，在此不再赘述，现主要谈几个容易被忽略的膜清洗问题。

1）确定膜清洗剂及清洗方法首要考虑的问题

膜清洗是与膜污染密切相关的过程，对膜清洗剂及清洗方法的确定要基于以下两点：对料液中污染物质和膜相互作用的机理有深入理解；膜清洗程序的经济性，这主要包括两方面的内容，即清洗方法的费用和该清洗方法对膜寿命和膜分离效率的影响。

2）膜清洗时机的确定

在膜运行过程中，选择合适的时机进行膜清洗对于保障膜寿命和膜产水率非常关键。可采用下述方法来判定膜清洗时机，即

① 根据超滤装置进、出口压力降的变化。多数情况下，压力降超过初始值 0.05MPa 时，说明流体阻力已经明显增大，作为日常管理，可采用等压大流量冲洗法，如无效，再选用化学清洗法。

② 根据透过水的数量或质量的变化。当超滤系统的透过水量或质量降到不可接受程

度时，说明透过水流路被阻，或者因浓差极化现象而影响了膜的分离性能，此种情况，多采用物理—化学相结合清洗法，即选用物理方法冲去大量的污染物质，然后再采用化学力法进行清洗，以节约化学药品。在恒定压力和温度运行时，产水量下降 10%～15%；当温度不变时，其净操作压力增加 10%～15%；产水水质下降 10%～15%。当然，针对不同的膜过程，膜污染状况及清洗恢复程度会有所不同，具体过程应根据实际运行状况确定。

③ 定时清洗。运行中的超滤系统根据膜被污染的规律，可采用周期性的定时清洗。可以是手动清洗也可以通过设置时间控制器或者微机实现自动定时清洗。

3）低温清洗的改善措施

采取提高清洗剂温度、延长浸泡时间及进行恢复性清洗（反洗时投加次氯酸钠）等措施能改善低温时的清洗效果。

（4）清洗效果的评价

膜的清洗效果可用洗液及膜面的颜色变化来定性评价，用清洗前后膜的通量恢复率和清洗液杂质含量定量评价。

渗透率恢复系数

$$r=\frac{J}{J_0}\times100\%$$

式中　J——清洗后的渗透率，L/(m² · h)/bar；

　　　J_0——新膜刚投入运行时的渗透率，L/(m² · h)/bar；

　　　r——透水率恢复系数，r 越大则说明清洗效果越好。

一般的渗透率均指在标准状况下的值，即 20℃，一个大气压下的通量。

单一物质水溶液在最大吸收波长下的吸光度直接反映其浓度大小。紫外—可见光范围内清洗液的吸光度代表清洗液中杂质的含量。使用前后清洗液吸光度曲线下面积变化反映清洗下来的杂质量，清洗液吸光度曲线下面积变化越大，清洗下来的杂质越多，清洗效果越好。

4. 常见故障对策

超滤系统常见故障及处理措施如表 11-27：

超滤系统常见故障及处理措施　　　　　　　表 11-27

故障表现	可能原因	处理措施
供水压力低或供水量不足	水泵反向转动 水泵进水管漏气	重新接电源线 堵塞透气口
压力降增大	流体受阻 流速过快	疏通水道 减少浓水排放量
透水量下降	膜被杂质覆盖 膜被压密	清洗 停机松弛
截留率下降	浓差极化 接头泄露 膜破损	大流量冲洗 更换密封圈 更换新组件

11.6.5 膜处理技术在水厂的应用实例

1. 佛山新城区优质水厂

(1) 工程概况

投产时间：2006 年 6 月；

规模：5000m³/d；

回收率：95%；

总投资：2700 万元（其中膜系统部分 960 元/m³/d）；

原水特点：以自来水为原水；

出水水质：出水浊度小于 0.1NTU，颗粒物数量，粒径大于 $2\mu m$ 的颗粒数稳定在 50 个/mL 以下；

膜厂家及形式：GE 的 ZeeWeed1000 系列 PVDF 材质浸没式超滤膜

工艺流程：

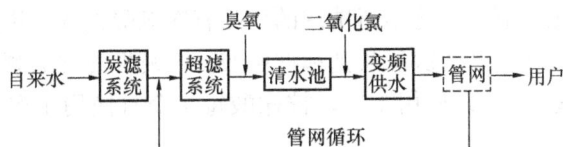

以自来水为原水，经过活性炭吸附、超滤膜过滤、臭氧和二氧化氯联合消毒处理，再由供水泵组和管网送至各用户，并定期对管网水循环回流，形成一个完整闭环的水处理系统。

(2) 工艺参数

1) 活性炭过滤

炭罐滤速设定为 13~14m/h；炭层厚度为 1.5m；直接利用进厂管网水压力进行炭罐反冲洗，冲洗强度为 12~14L/(s·m²)，冲洗时间为 7~8min，冲洗周期约 5d。为提高制水安全可靠性，设 2 个滤罐，每个滤罐直径为 3.2m，高 4.2m，最高处理能力约为 5400m³/d；滤料选用煤质柱状活性炭，直径为 1.5mm，长 3~5mm，亚甲基蓝值为 170mg/g，堆积密度小于 360mg/L，碘吸附值大于 950mg/g。

2) 浸没式超滤膜过滤

超滤膜系统设 2 组，每组最大产水量为 117m³/h，总处理能力约为 5 600m³/d。为增加超滤膜的使用寿命，制膜选用耐氧化抗腐蚀的 PVDF(聚偏氟乙烯)材料，滤膜孔径为 $0.02\mu m$，设计水通量为 57.5 L/(m²·h)(20℃)，总有效膜面积为 3623.1m²。整个膜滤系统共由 78 个膜组件组成。

3) 臭氧消毒

臭氧发生器共 2 台(1 用 1 备)；单台臭氧产量为 100g/h，臭氧浓度为 80~100g/Nm³。臭氧发生器前设置了富氧机，提高臭氧产率。

4) 二氧化氯消毒

二氧化氯发生器共 2 台 (1 用 1 备)；单台二氧化氯产量为 100g/h。

(3) 超滤膜系统的运行方式

浸没式超滤膜系统运行方式示意见图 11-34。浸没式超滤膜系统由膜池、滤液泵组、

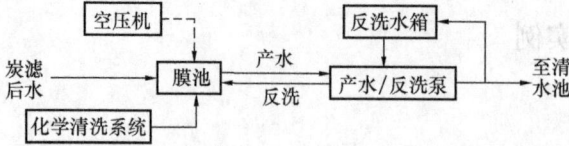

图 11-34　浸没式超滤膜系统运行方式示意

反洗水箱、空气压缩系统、化学清洗系统等组成。膜组件采用中空纤维超滤膜，直接浸没在膜池中，利用泵组抽吸产生的负压进行过滤。每个膜池有各自独立的透过液泵，该泵还可同时作为反冲洗泵使用。系统采用空压机向超滤膜提供反冲洗所需要的擦洗空气，膜完整性测试和气动阀的开关等也是使用空压机所提供的压缩空气完成的。

产水时，滤液泵从膜丝内侧抽吸真空，使膜丝内外形成压差，待滤水在压差作用下从外至内透过超滤膜得到净化。膜滤处理出水先后进入反洗水箱和清水池。

当系统回收率达到 92％（最高可达 95％）时（产水 40～50min），系统停止产水，自动进入反冲洗程序。反冲洗过程包括将反洗水箱的水反向透过膜，从膜池底部曝气对膜丝进行擦洗，再将反冲洗水排出膜池。最后，膜池重新注入原水，开始下一周期的产水。反冲洗过程不使用任何化学药品，持续约 4min。当反冲洗不足以清洗干净膜丝表面的沉积物时，需对膜丝加以化学清洗。化学清洗用的药品有次氯酸钠和柠檬酸。亚硫酸氢钠和氢氧化钠分别用来中和清洗剩余的次氯酸钠和柠檬酸。恢复性清洗的频率视水质和运行条件而定，一般次氯酸钠每 2～3 月使用 1 次，柠檬酸每 4 个月使用 1 次。化学清洗时，需将膜浸泡在清洗剂中 6 h。

2. 天津市杨柳青水厂

（1）工程概况

投产时间：2008 年 5 月；

规模：5000m³/d；

占地：390m²；

总产水率：98％；

总投资：597.6 万元；

原水特点：季节性藻类高发和低温低浊；

出水水质：出水浊度在 0.07～0.08NTU，并且始终小于 0.1 NTU。颗粒物数量，粒径大于 2μm 的颗粒数稳定在 10 个/mL 以下；

膜厂家及形式：主流程为立升公司的 LH3-1060-V 内压式 PVC 合金超滤膜

反冲水回收装置为立升公司的 LH3-0685 型浸没式超滤膜

工艺流程：

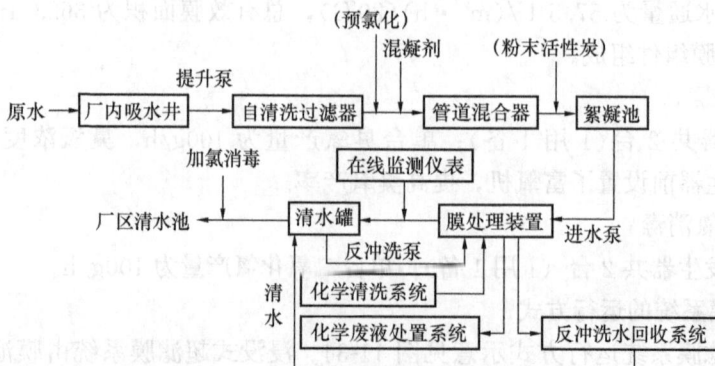

原水由厂内进水泵房的原水泵从厂内吸水井输送至膜处理车间，首先进入孔径为 $150\mu m$ 的自清洗过滤器，然后投加混凝剂或预氧化剂，经管道混合器混合后进入絮凝池，根据需要可在絮凝池之前投加粉末活性炭。絮凝池出水通过膜进水泵进入超滤膜过滤装置，膜出水进入清水罐，最后经消毒后进入厂区清水池。膜处理装置的反冲洗水进入反冲洗水回收系统进行回收处理，回收系统出水可直接进入清水罐。根据需要可对膜处理装置进行化学清洗，清洗废液进入化学废液处置系统，进行回收再利用或处理后排放。

该工艺采用混凝—超滤工艺，打破了以往混凝—沉淀—超滤的模式，缩短了处理流程，具有工艺简单，占地面积小，系统运行平稳、灵活的特点，并且通过优化和控制混凝条件，在提高有机物去除率的同时，缓解了膜污染。通过回收处理膜反冲洗水，每年可减少废水排放量 22 万 m^3。

(2) 工艺参数

工程包括原水进水系统、预处理系统、混凝剂配制系统、粉末炭配制系统、超滤膜处理系统、消毒系统、化学清洗系统、膜反冲洗水回收系统、供气系统、在线监测系统、自动控制系统等。预处理系统包括自清洗过滤器、管道混合器、絮凝池和加药系统。自清洗过滤器精度为 $150\mu m$，絮凝池采用网格絮凝，絮凝时间 10min。加药系统中，预氧化剂和粉末活性炭根据原水水质变化选择投加，混凝剂采用三氯化铁，常年投加。膜处理系统分为 4 个独立模块，共有 152 支膜，采用海南立升公司的 LH3-1060-V 型内压式合金 PVC 超滤膜，设计水通量 $37.5L/(m^2 \cdot h)$，正常过滤周期 30min，正常过滤跨膜压差 $<0.15MPa$，单支膜反冲洗水量 $7.8m^3/h$，反冲洗时间 1.0~1.5min。膜反冲洗水回收系统采用 1 模块运行模式，共有 60 支浸入式膜，采用海南立升公司的 LH3-0685 型浸入式合金 PVC 超滤膜，膜过滤孔径 $0.01\mu m$，设计水通量为 $27.2L/(m^2 \cdot h)$，过滤周期 60min，单支膜反冲洗水量为 $2.2m^3/h$，单支膜曝气量为 3~4m^3/h，反冲洗时间 2min。在线监测系统由颗粒计数仪、在线浊度仪、在线余氯仪、在线温度传感器和在线 pH 计等组成。自动控制采用以可编程控制器技术为基础的控制系统，整个产水过程可实现全自动控制，同时系统具备手动控制功能。通过 PLC 对温度、压力、流量等参数进行实时采集和处理，可对系统所有监控点进行集中监控。

(3) 运行成本

超滤膜工艺和传统工艺的运行成本比较如表 11-28 所示。表 11-28 的数据表明，不含固定资产折旧，超滤膜工艺的运行成本略低于常规工艺。超滤膜工艺的运行成本构成中，动力费和膜折旧费用高于传统工艺。

运 行 成 本   表 11-28

费　　用	超滤膜处理工艺 （规模 5000m^3/d）	传统处理工艺 （规模 11000m^3/d）
药剂费/元/m^3	0.009（预氧化＋混凝＋化学清洗）	0.075（混凝＋消毒）
净水动力费/元/m^3	0.072（电价 0.67 元/(kWh)）	0.050（电价 0.67 元/(kWh)）
人工费/元/m^3	0.08	0.145（12 人现场运行）
检修维护费/元/m^3	0.024	0.025（10 万元/a）

费　用	超滤膜处理工艺 （规模 5000m³/d）	传统处理工艺 （规模 11000m³/d）
膜 4 年折旧/元/m³	0.104	
合计(不含固定资产折旧)/元/m³	0.289	0.295

3. 台湾高雄拷潭水厂

投产时间：2007 年；

规模：30 万 m³/d；

回收率：90%；

原水特点：有臭味、硬度较高（平均硬度在 300ppm 左右）；

出水水质：符合 1992 年环保署要求的水质标准（TDS＜250ppm，总硬度＜150ppm）；

膜厂家及形式：LH3-1060-V 型超滤膜组件。

工艺流程：膜深度处理部分采用：超滤＋纳滤/超低压反渗透。

超滤系统出水部分进入反渗透系统，部分直接进入清水池与反渗透出水进行勾兑，以保证清水池出水有适度的硬度。

两年多的运行表明，超滤系统非常稳定，一直保持低压高通量的运行状态，运行压力仅为 0.05～0.08MPa。化学清洗周期平均为 4 个月，每次化学清洗后都能恢复到原有的水平。

4. 无锡中桥水厂

投产时间：2009 年 12 月；

规模：膜部分 15 万 m³/d，水厂总制水能力 60 万 m³/d；

回收率：98%；

总投资：4000 万元；

原水特点：以太湖水为原水；

出水水质：浊度＜0.05NTU；

膜厂家及形式：西门子 L20V 压力式柱状超滤膜。

工艺流程：

太湖原水（生物预处理、氯氧化）＋混凝（加混凝剂、粉末活性炭、高锰酸钾）＋沉淀＋炭砂滤＋超滤。

采用 Siemens 公司的超滤膜，型号为 L20V，一共 10 套膜组件（其中一套为备用），每组超滤膜过滤装置内有 228 根膜柱，每根膜柱中有 7400 根膜丝。一期超滤膜净水系统膜投资 4 千万，厂房土建投资 8 千万。设计通量最高在 90LMH，压差最高为 120kP。一般工作过滤跨膜压差 80～90kP 之间，系统采用一段膜处理方式，水回收率可达 98%多。

西门子超滤膜形式是中空纤维膜，压力式；过滤方向从外侧到内侧；膜丝直径（内/外）0.53mm/1.0mm；膜公称孔径 0.04μm；膜材质 PVDF（聚偏氟乙烯）；膜丝平均长度 1640mm；单只膜组件有效过滤面积 38m²；单只膜组件外形尺寸长 1800mm，外径

119mm；特点为上下同时进水、出水，外侧进水，里侧出水。上下同时进水和同时出水，能够更好地使布水均匀。清洗时容许的最大次氯酸钠浓度 1000ppm；次氯酸钠耐受性 1000000ppmhours。实际次氯酸钠浓度 500ppm；磷酸 pH＝2.0；柠檬酸 1000ppm。

运行方式采用恒流量终端过滤的方式，过滤周期为 45min，即每隔 45min 进行一次物理清洗，小化学清洗（MW）的方式为酸碱交替，每 3 天进行一次，大化学清洗（CIP）1.5 个月进行一次。清洗的条件只要以下三个参数中有一个达到即开始：压差、R 值（跟阻力有关的一个参数）、时间。物理清洗采用气水清洗的方式，化学清洗采用酸洗和碱洗，酸洗的药剂为用磷酸调到 pH＝2，与 500ppm 的柠檬酸一起进行清洗，碱洗的药剂为 500ppm 的 NaClO，大化学清洗和小化学清洗的不同点是上述 3 种药剂的配置浓度和浸泡时间有所差别。

运行结果表明，整个膜处理出水水质良好，颗粒计数器（HACH）显示颗粒为零，对藻类截留效果达到 100％，对化学需氧量可去除约 20％。膜系统日常运行能耗约 6 分/t 水，药耗 0.2～0.3 分/t 水。

5. 东营南郊水厂

投产时间：2009 年 12 月；

规模：10 万 m^3/d；

回收率：98％；

总投资：膜组件部分 902 万元；

原水特点：以黄河水为原水；

出水水质：浊度＜0.05NTU；

工艺流程：

黄河水库水＋混凝＋沉淀＋砂滤＋超滤过滤，并视情况在混凝池前或膜处理前投加粉末炭，在混凝前投加高锰酸钾预氧化。

制水规模 10 万 t/d，其中 5 万 t/d 膜采用立升公司负压浸没式膜，5 万 t/d 采用中水源公司负压浸没式膜。超滤膜净水系统投资膜 902 万元，系统加土建 1.8 千万元。工程由上海市政设计研究院给水一院设计，于 2009 年 4 月开工，2009 年 12 月 5 日建成投产。

中水源的膜组件性能参数如下：膜丝为 7 孔超滤膜，总长度 203cm，净（膜丝）长度 200cm，每个组件由 1200 根直径 0.38cm 膜丝浇铸组成，单个组件膜面积 25m^2，平均膜孔径 0.03μm。膜丝材料 A-PVC，密封材料是环氧树脂。

立升的膜组件性能参数如下：型号为 LJ1E-2000-V160，材质为 PVC 合金，孔径 0.01μm，膜丝内外径分别为 1.0mm 和 1.6mm。

超滤车间共设置膜池 12 格，每格面积 31.9m^3，每隔内由 6 个膜堆组成，设计水深 2.8m，膜总过滤面积约 15 万 m^3，设计水通量 30LMH，过膜压力 4～6m，实际运行水通量夏季最高 37LMH，过膜压力 1.9m，冬季 29LMH，过膜压力 4.5～4.9m。设计水反冲洗强度 60L/（m^2·h），气洗强度 60m^3/（m^2·h）。

超滤出水由 12 台德国产的博格转子泵抽出，由膜池的平均水位调节电机频率，控制转子泵转速，实现膜池恒水位过滤。膜池反冲洗周期为 5h，每格膜池反冲洗时间为 10min。

膜组离线化学清洗，采用 1000ppm 的 NaClO、1％浓度的 NaOH 和 1％浓度的盐酸（或柠檬酸）进行。先碱洗，再酸洗，同时配以曝气擦洗。清洗工作在膜池东端设置的酸、碱清洗池内进行，依靠 4 台转子泵的正反转冲洗膜组附着的污染物质。化学清洗泵房位于膜池室外北侧，内设储药池四格，由 4 台米顿罗计量泵向酸、碱清洗池内按设计比例提供药剂来配置清洗液浓度。运行一年未进行化学清洗（设计 4～6 月一次）。

膜池产水率可达 99％以上，每次反冲洗排放的废水，经过 2 台潜水泵提升，输送至水库循环利用，实现运行过程零排放。

原水藻类较高，但是出水可 100％去除藻类。

6. 南通芦泾水厂

投产时间：2009 年 12 月；

规模：膜部分 2.5 万 m³/d，水厂总制水能力 5 万 m³/d；

改造费用：1000 万元；

原水特点：以长江水为原水；

出水水质：浊度＜0.05NTU，颗粒数＜20 个/mL；

膜厂家及形式：立升 LJ1E-2000-v160 型 PVC 超滤膜

工艺流程：

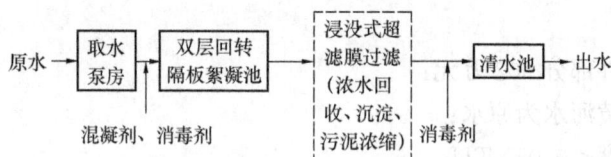

我国颁布新修订的《生活饮用水卫生标准》GB 5749—2006 水质指标由原标准的 35 项增至 106 项，江苏省建设厅要求苏中地区 2010 年 7 月 1 日前须全面达标。

南通市芦泾水厂始建于 1973 年，供水能力为 5 万 m³/d，占地 14 亩（1 亩≈667m²），无可供改造的闲置场地。经方案对比，确定了利用原有斜管沉淀池进行改造的方案。方案中将水厂原有一组斜管沉淀池改造为集絮凝、沉淀、超滤膜过滤、反洗水回收、污泥浓缩为一体的短流程处理构筑物。待以后再将原有的虹吸滤池改造成为应对突发性原水水质事故的应急处理构筑物。系统改造的组成如下：

（1）预处理系统

因为原有管道无法加装自清洗过滤器，原有工艺构筑物无法加装自动格栅，因此只能在絮凝池出口自制 2 套半自动格栅。格栅孔径为 5mm，虽然可以有效去除原水中较大漂浮物而保护膜丝，但极小的鱼虾或鱼虾的卵依然可以穿透该孔径的格栅，并在膜池中生长，带来膜丝破损的风险，需要在生产中采取其他措施进行控制。

（2）产水系统

超滤系统设计产水能力为 2.5 万 m³/d，分为 10 组，为方便检修起吊，每组分为 2 个膜单元，每个膜单元由 52 帘海南立升公司的 LJ1E-2000-v160 型 PVC 超滤膜组件组成，每个膜组件的有效过滤面积为 35m²，膜的设计通量为 32L/(m²·h)，过滤周期为 1～3h。为了利用膜池与清水池最高水位之间 3.2m 的水头，在膜池旁边增设容积为 50m³ 产水渠，一年中的大部分时间都可以虹吸出水。产水渠中超滤后的水，通过管道经加氯消毒自流到清水池中。并且，在产水渠中安装了 2 台流量为 1 250m³/h 的变频潜水轴流泵，在水温极低的条件下，可以保证产水量。

（3）物理清洗系统

系统设置了 3 台(2 用 1 备)流量为 160m³/h 的潜水泵，2 台(1 用 1 备)流量为 387 Nm³/h 的罗茨风机。实践表明气水反洗的物理清洗方式，对于减轻膜污染具有良好的效果。

（4）化学清洗系统

系统中，根据清洗药剂、方式的不同，化学清洗分为维护性化学清洗和恢复性化学清洗两种。

根据设计，超滤膜在运行过程中（7～14d）应进行维护性清洗。因此，设置了 2 台 35m³/h 的变频离心泵，1 台次氯酸钠加药泵，并在水管和药管上均设置了流量计，根据膜污染情况对加药浓度进行调节。

恢复性化学清洗系统采用离线化学清洗，即化学清洗时，将需要化学清洗的膜单元移至离线化学清洗池，用备用膜单元替换进行产水，基本不影响正常生产。

化学清洗由盐酸清洗、氢氧化钠和次氯酸钠清洗两个过程组成。系统设离线化学清洗池 4 座，根据三种药剂酸、碱、次氯酸钠分别配置 3 个储药罐和 3 台加药泵。为了提高恢复性化学清洗效果，还设置耐酸碱循环泵 2 台，化学清洗时进行药液循环。为了尽可能充分利用化学药剂，减少化学药剂的排放，该系统还有 2 台转移泵，可将酸或碱的溶液转移到其他池子，重复利用。考虑到化学清洗的时间较长，运行过程较复杂，恢复性化学清洗系统使用了 70 余个气动阀门，通过 PLC 控制实现全自动清洗。

（5）完整性检测系统

系统中，设计了以泡点原理为基础的压力直接完整性测试系统和以 HACHPCX2000 颗粒计数仪、HACH FT660 激光浊度仪为基础的间接性完整测试系统。运行中，例行监测出水浊度和颗粒数组合判断膜的完整性，另外周期性地进行压力衰减法的直接完整性检测，如果压力衰减值大于标准值，则通过气泡法对破损位置进行定位，及时修补。

7. 澳门大水塘（MSR）水厂

澳门大水塘(MSR)水厂水源为大水塘水库水，浊度 3～10NTU，$COD_{Mn} \leqslant 3.5mg/L$，$TOC \leqslant 3.2mg/L$，藻类峰值为 1.2×10^8 个/L，平均 3.5×10^7 个/L。采用混凝-Aquadaf 高速气浮-ZeeWeed1000 浸没式超滤膜工艺。设计处理规模为 6 万 m³/d(二期将增加至 12 万 m³/d)，浸没式超滤膜系统共设 9 列膜池，其中一期为 5 列，每列膜池选用 3 个 Zee-Weed1000-96M 膜箱，共 1350 个膜组件，系统回收率为 95%。膜系统处理效果见表 11-29。

澳门大水塘（MSR）水厂膜系统进出水水质   表 11-29

项　　目	高速气浮出水（膜进水）	膜处理后出水
藻类（个/L）	≤5000	去除率>4.5lg
浊度（NTU）	≤5	<0.1
TOC（mg/L）	≤3	≤3
隐孢子虫		去除率>4lg
贾第鞭毛虫		去除率>4lg

8. 杭州清泰水厂

投产时间：2012 年 12 月（预计）；

规模：30 万 m^3/d；

回收率：99.5%；

总投资：约 7100 万元；

原水特点：钱塘江；

出水水质：浊度<0.1NTU；

膜厂家及形式：PALL 公司 UNA-620A 压力式柱状膜。

工艺流程：

原水+预臭氧+混凝+沉淀+炭砂滤+微滤。

采用 PALL 公司的膜，型号为 UNA-620A，分成两个大系统，主过滤系统共 18 列，每列 168 支膜，设计通量 100LMH，水回收系统共 2 列，每列 86 支膜，设计通量 60LMH。每根膜柱中有 6350 根膜丝。膜丝材质为 PVDF，膜丝孔径为 $0.1\mu m$，外径 1.3mm，内径 0.7mm。膜柱高 2164m，直径 167mm，每只膜组件的过滤面积为 $50m^2$。一般工作过滤跨膜压差 5~120kPa 之间，系统水回收率可达 99.5%。

运行方式采用恒流量终端过滤的方式，主过滤系统过滤周期为 30min，即每隔 30min 进行一次水反洗/气洗，水反洗/气洗持续时间 60s。另外，整个系统平均每 2~4d 进行一次小化学清洗（EFM），以保持整个系统处理高通量、低运行压力，从而降低系统总的投资及长期运行费用，并延长系统大化学清洗（CIP）的间隔时间（35d）。水回收系统的产水能力为 5000m^3/d，每自动过滤 16min 后，自动进行一次水反洗/气洗，水反洗/气洗持续时间 60s。另外，该系统每天进行一次 EFM，每 30 天进行一次 CIP。

主过滤系统的 EFM 清洗采用 400ppm 的 NaClO 清洗剂，反洗回收系统的 EFM 清洗液采用 500ppm 的 NaClO 清洗剂。CIP 分碱洗和酸洗，碱洗采用 0.5%~1% 的 NaOH+1000ppm NaClO，酸洗采用 1%~2% 的柠檬酸。碱洗循环时间约 60min，碱洗后进行水冲洗，然后进行酸洗，酸洗循环持续时间约 60min，酸洗后进行水冲洗。

第 12 章　城市供水应急预案与水厂应急净水技术

12.1　城市供水应急预案

为确保城市供水发生突发事故时能高效、有序的应急处理，最大限度地减轻损失，维护社会稳定，各级政府和当地供水企业都要制定突发事故的应急预案。

12.1.1　城市供水突发事故分级（注）

城市供水突发事故按照其严重程度和影响范围一般分为四级：

1. 特别重大事故（Ⅰ级）

（1）造成 3 万户以上居民连续 24 小时以上停止供水，或发生一次性死亡 30 人以上的特别重大事故；

（2）城市水源或供水设施遭受生物、化学、毒剂、病毒、油污、放射性物质等污染并由供水造成传染性疾病暴发；

（3）取水水库大坝、拦河堤坝、取水涵管发生垮塌、断裂、致使水源枯竭；

（4）地震、洪灾、滑坡、泥石流、台风、海啸等导致取水受阻，泵房（站）淹没，机电设备毁损；

（5）消毒、输配电、净水建筑物、设施设备等发生火灾、爆炸、倒塌、严重泄漏事故；

（6）城市主要输供水干管和配水系统管网发生大面积爆管或突发灾害，影响大面积及区域供水；

（7）城市供水网络的调度、自动控制、营业等计算机系统遭受入侵、失控、毁坏；

（8）战争、恐怖活动导致水厂停产、供水区域减压等。

2. 重大事故（Ⅱ级）

（1）造成 1 万户以上居民连续 24 小时以上停止供水，或发生一次性死亡 3 人以上、30 人以下的重大事故；

（2）涉及跨市级行政区域或超出事发地市级政府处置能力的重大供水事故；

（3）需要由省应急领导小组负责处置的重大供水事故。

3. 较大事故（Ⅲ级）

（1）造成 1 万户以上居民连续 12h 以上停止供水，或发生因停水造成一次性死亡 3 人以下的特别较大事故；

（2）城市供水主要配水管网口径 $DN \geqslant 200$mm 或 $DN < 500$mm 的管道突然发生爆管；

（3）制水车间停产预计 12h 以上的；

（4）当水源水、出厂水、管网水受到轻度污染，即水中出现异味，主要感官理化指标超过标准 1 倍，区域用户集中反映水质问题已超过 10 人以上 20 人以下；

（5）供水设施受到破坏、被盗、遭抢劫等，导致供水干管 $DN \geqslant 200\text{mm}$ 或 $DN < 500\text{mm}$ 的管道停水，导致 2km^2 以上 6km^2 以下面积内居民生活、生产秩序受到影响；

（6）自动控制系统受到病毒侵害导致投药、消毒系统停止工作 12h 以上，出厂水浊度超过水质标准。

4. 一般事故（Ⅳ级）

（1）造成 1 万户以上居民连续 8h 以上停止供水的一般事故；

（2）制水车间预计停产 8h 以上，12h 以下；

（3）当水源水、出厂水、管网水受到轻度污染，即水中出现异味，主要感官理化指标超过标准；

（4）自动控制系统受到病毒侵害导致投药消毒系统停止工作 8h 以上、12h 以下，出厂水浊度超过水质标准。

（注）以上摘自《浙江省人民政府办公厅关于印发浙江省城市供水燃气突发事故应急预案的通知》（2006.1）。重大事故分类，各省市不是完全一致。如广东江门市对 Ⅰ 级（特别重大）定为造成城市城区 80% 以上的用户无压、无水、且 12h 内不能恢复的；Ⅱ 级是指为 50% 以上用户，且 12h 内不能恢复的；Ⅲ 级是指 30% 以上用户无压、无水、且 24h 内不能恢复的；Ⅳ 造成局部地区无压无水，且 48h 内不能恢复的。

12.1.2　城市供水突发事故应急预案的主要内容

城市供水突发事故应急预案的主要内容有：

1. 总则

编制目的、依据、适用范围、工作原则等。

2. 组织指挥体系及职责

领导小组、应急处理办公室、现场指挥部等组织体系及职责。

3. 事故分级

4. 预警及预防机制

监控机构、检测网络等。

5. 应急响应

总体要求、预警启动、事故报告、指挥和协调、信息发布、善后处理等。

6. 应急处理工作程序

7. 应急保障

指挥技术系统、通信、队伍、装备、宣传培训与演练、奖励与责任等。

8. 主要突发事件抢救、抢修的应急预案

12.1.3　现场指挥部的主要职责

1. 现场指挥部的主要职责

（1）迅速赶赴现场，指挥协调现场的应急处置、抢险救灾工作。采取措施，防止事件扩大，最大限度地减少人员伤亡、财产损失和社会影响，现场指挥部可视灾情设秘书、抢险、调查、通信、专家、保卫、医疗救护、后勤保障等小组并开展应急处置工作。

（2）核定现场人员伤亡和损失情况，及时向领导小组、地方政府、公安机关等汇报抢险救援工作及事件应急处理的进展情况。

（3）及时落实地方政府、领导小组主要领导的指示。

（4）安排上级领导视察事件现场的有关事宜。

（5）完成抢险救灾等工作后写出书面报告。

2. 现场指挥长的主要职责

现场指挥部应当设指挥长，并实行指挥长负责制，现场指挥长由领导小组根据事件的性质和应急处理的重点指定。现场指挥长的主要职责是：

（1）负责召集各参与抢救部门和单位的现场负责人研究现场抢救应急方案，制定具体抢救应急措施，决定抢救人员的出动、支援和轮换，明确各部门的和单位的职责分工并跟踪落实。

（2）负责组织设立现场应急处置的各工作小组。

（3）组织划定事故现场的范围，实行必要的管制。

（4）负责与领导小组组长或副组长及地方政府的联络。

12.1.4 事故报告

重特大事件报告应当包括以下内容：

（1）事件单位的详细名称、单位负责人、联系电话及地址。

（2）事件单位的经济类型、生产规模、水厂数、水源地数（包括地表水、地下水）。

（3）发生事件的时间、地点、类别。

（4）事件造成的危害程度、影响范围、伤亡人数、直接经济损失的初步估计。

（5）事件的简要经过。

（6）事件原因的初步分析判断。

（7）事件发生后采取的应急处理措施及事件控制情况。

（8）需要有关部门和单位协助抢救和处理的有关事宜。

（9）事件报告单位、签发人和报告时间。

（10）其他需要上报的有关事宜。

12.1.5 应急体系建设要求

1. 城市政府部门的应急指挥体系建设要求

（1）指挥机构权威高效。

（2）应急预案切实可行。应当在充分调查研究的基础上，组织制定各种可预见情况下的突发事件应急预案。预案制定后，要经过专家论证和模拟推演；发现问题及时修改、补充、完善，经过多次修改并相对固定后，要组织有关部门和单位的岗位关键人员进行宣贯和演练，以保证应急预案切实可行并处于可随时启动的状态。

（3）职责明确，分工落实。

（4）快速决策，果断处置。决策是处理城市供水突发事件成败的关键。城镇供水突发事件演变迅速的特点要求决策必须快速果断。

（5）统一指挥，协调配合。

（6）信息渠道畅通无阻。信息的可靠性、及时性和透明度在处理城市供水突发事件中占有极其重要的地位。

（7）后勤配套，保障有力。

2. 城镇供水企业内部应急体系建设要求

（1）建立应急处理领导指挥机构。

（2）评估薄弱环节，制定切实可行的应急预案。

供水企业应组织专家对企业进行全面的安全评估，找出薄弱环节，并依据评估结果，针对薄弱环节，制定相应的应急预案。

例如，针对供水系统的人为破坏可能包括：物理爆破、投放生物、化学毒物、计算机入侵破坏 SCADA 系统从而破坏生产运行或管网系统，纵火等。供水企业应分析通过上述手段可能影响供水量 30% 以上特别是 50% 以上的薄弱环节，可能影响居民生命健康或职工生命安全的薄弱环节，可能导致管网较大面积降压的薄弱环节，从而制定相应的防范措施和应急计划。

应急预案制定后，应组织专家进行论证和模拟推演，以验证其有效性。修改完成后的应急预案，应组织有关部门和岗位的人员进行演练，以保证应急预案能随时启动。

（3）加强备用水源的建设与保护

供水企业在主要水源之外，根据条件选用两个水源或建设一定能力的备用水源。对于备用水源应予以登记，按照常规水源防护措施进行有效防护和监管，以备随时应急启用。如果备用水源为企业自备水源的，应当有政府加强日常监管，严格限制取水量、防止污染、保护应急取水设施，应急启用时由政府下达指令，企业应暂时停止取水。

对于饮用水源由水利部门管理的城市，城市备用水源的职责应当明确由水利部门承担并保证能随时应急启用。

（4）重要设施设备应建立后备措施

各类自动化的设备均应有后备的人工操作方式。

（5）加强物资贮备

混凝剂、消毒剂、氧化剂、吸附剂等物资，应按有关规定进行定量的贮备。

（6）要进行信息化与数据备份。

（7）设置安全预警与防范系统。

（8）有应对突发事件的技术保障措施。

12.1.6　水厂主要突发事件抢救抢修应急预案

水厂发生突发事故抢险救援，应急处理内容很多，如输配电故障；设备设施故障损毁；净水构筑物发生火灾、爆炸倒塌、有害物漏泄；地震、洪灾、滑坡、泥石流等灾情迫使水厂停产；调度、自控系统计算机系统遭受入侵、破坏、失控、毁坏；战争、破坏、恐怖活动导致水厂停产等，各水厂应根据实际情况，制订应急预案，现对部分主要突发事件抢修应急预案介绍如下：

1. 供电故障应急预案

（1）要加强值班巡检，发生电源故障随时切换，保证一路电源正常运行，若 2 路电源故障导致机泵停运，应立即上报公司各有关部门和中心调度室并根据调度预案供水，尽量满足对外服务供应。

（2）各水厂在发生断电及出水泵跳车时，若有备用电源应及时启用备用电源，尽早开启出水机泵，以防溢水的恶性事故发生。

（3）一旦发生大面积停电，即启动电气系统应急预案，及时排除故障，恢复生产。

2. 防投毒预案

供水系统从水源，到水厂和管网以及二次供水设施均是投毒设防点，其范围大、隐蔽性强，影响危害大。常见投毒物质包括六价铬、氰化物、铊、砷、汞、铅等重金属。由于投毒的未知性，事发后应先检测生物毒性，须要进一步检测上述投毒物质是否存在并制定好应急预案。

（1）落实各制水单位各设防点的专人管理，明确岗位责任制。

（2）明确各制水单位的滤池和水库等设防点，安全防范管理制度具体要求，控制外来人员参观访问，严把单位门口、滤池和水库的各个出入口关，严格执行各项登记、验证手续，加强有毒有害化学危险品管理组织安全防范检查及时抓整改。

（3）严格执行安装实施有 24h 监视、图像记录的电视监控系统以及水库维修（清洗）出入口安装防盗安全门、防入侵功能的报警系统。

（4）对投毒突发事件的处置方法。及时报告公安、消防、环保安全保卫、卫生等部门和上级主管部门，及时分析事故可能造成现实危害和可能产生危害的因素情况采取有效的控制措施防止危害区域、危害程度扩大，减少损失。

3. 氨、氯泄漏事故处理

（1）当班人员应立即向总机、调度室报警，及时迅速果断地采取紧急措施，控制事故的扩大，并接应救援力量的支持。

（2）总机和调度室接到报警后，总机应立即按"紧急回厂有关人员名册"，通知指挥人员救援队主要人员到岗（夜间或双休日由厂值班人员暂时担负指挥工作），立即启动本单位化学事故应急预案，并向上级有关部门、地区街道报警。

（3）指挥部人员应迅速到位，按各自职责，分头现场指挥，并与指挥部保持联络。

（4）发生事故的部门，应迅速查明事故发生的源点，泄漏部位及原因，凡能经应急处理而消除事故的，则以自救为主。如泄漏部位自己不能控制的应及时开启中和设施，立即向指挥部报告并提出泄漏或抢修的具体措施。如果歧管泄漏，应立即关闭相应组数的氯瓶，并开启中和设施。

（5）迅速组织人员疏散，备好交通运输工具。治安队应配合做好警戒、疏散工作。

（6）抢修队根据指挥部下达的抢救指令迅速进行抢修，控制事故扩大。

（7）医疗队应与消防队配合，立即救护伤员和中毒人员，并对其他人员采取简单的防护措施。

（8）积极做好善后处理工作。

4. 水灾抢险方案

(1) 水厂、水源、泵站等引发水灾后,应立即召集抢险队伍,设法阻断厂区水灾源水,制水要害部门及时采用小包围挡水措施,并动用一切排水设备实施应急排水,确保厂区内部积水 30cm 内仍能正常供水。

(2) 重要经济目标单位因不可抗拒的原因造成要害部位进水超过 30cm 以上,而引起制水中断时,其他制水单位在公司统一调度下尽可能满负荷运行,维持日供水量,同时要加强保卫力量,守好门,管好物,确保内部治安秩序稳定。

(3) 水灾发生后,按应急预案和指挥网络组织抢险并由公司统一协调,动用其他单位设备及人员进行排水抢险,同时抽调各单位抢险物资和机、电技术人员对供水设备抢修,尽快回复生产。

5. 火灾扑救应急方案

(1) 采取"边扑救,边报警;先控制,后消灭;救人重于救火;先重点后一般"的原则。

(2) 及时报告公安消防部门和上级主管部门。

(3) 组织职工进行火灾扑救、安全疏散、防护救护工作等措施。

(4) 切断电源,用阻燃的铁箱等物隔离火势蔓延,抢救被困人员及贵重物品。

(5) 确定火场抢险救灾指挥联络中心。

(6) 做好被毁坏的设备抢修工作,尽快回复生产。

6. 爆管抢修工作预案

(1) 各抢修单位应事先安排好抢修值班名单,接到通知应立即组织人员到位。各抢修单位负责人要随身携带通讯设备,以便随时联系。

(2) 做好各类抢修资料、物资、机具等设备的准备,并能随时启用,特别是阀门资料、抽水机、发电机、送水车和常用配件、零件等。

(3) 爆管发生和接到报告后要及时进行信息反馈,抢修、断水通知按已有规程执行。

(4) 中心调度接到爆管信息电话后,立即做好水量调度,并做好关闭阀门的配合工作,阀门关闭后应采取及时有效的科学调度方案做好安全供水的各项工作。

12.2　突发性水污染事故的应急净水技术

12.2.1　突发性水污染事故特点和应对的关键环节

1. 突发性水污染事故的特点

突发性水污染事故是指发生概率低,发生时间、地点、污染物定性定量事发前无法预计,对城市供水水质将会造成重大影响。一般都是指现有水厂工艺难以应付,常规水处理工艺难以解决的,以生物污染、有毒有害有机物污染和重金属类的污染为主,一般污染物具有浓度高,污染时间短的特点。

2. 应对突发性水污染事故的关键环节

(1) 做好源头控制

消除污染源，流域性污染治理与保护，做好源头控制，这是根本性措施。

城市供水企业每年要对水源上游和输水干管沿线的污染源情况进行调查（主要调查内容见本手册第2章），并根据调查情况进行污染事故风险分析，确定那些无机污染物、那些有机污染物可能对水源造成的污染，并将其中等毒性的有机物及无机物污染物编制为《污染物黑名单》做重点防范。

（2）建立水源水质预警系统，及时掌握水体变化情况。

水质污染事故往往有其突发性，偶然性，日常的人工检测无法及时发现的特点，这就需要用在线水质监测仪进行实时监控。现代化的水源水质预警系统主要包括两个部分：

1）水源水质在线监测系统

水源水质在线监测系统，一般选择水温、浊度、pH值、氨氯、COD_{Mn}、电导率、溶解氧、电导率（盐度）等常规理化指标，有的根据需要还加设 TOC、碱度、UV_{254}、叶绿素等。在线仪表的具体选择可根据水源的特性、实际需要和管理能力确定，也可一次规划，分步实施。

2）生物毒性监测系统

为了提高及时检测能力及毒性的判定，给应急处置争取更多时间。一般可以在原水进水口安装"综合毒性在线检测仪"或"在线生物安全预警系统"。综合毒性在线监测仪是利用发光细菌的发光率来判断污染物的存在及毒性程度。"在线生物安全预警系统"是选用国际标准试验鱼种或根据本地气候和水质特点的鱼种作为生物毒性监测对象，通过获取水生生物行为学变化，实现对水体突发性污染事故的安全预警，并对水体内污染物的综合毒性进行分析，进行检测。

2010年9月广州两江引水工程建成通水，取水规模350万 m^3/d。其水质在线监测预警系统共采用了12套进口设备，分别为：常规5参数水质自动监测仪、在线重金属监测仪、COD_{Mn}、总磷、氨氯、氟化物、氰化物、六价铬/硫化物/总锰在线分析仪 d线油膜分析仪；在线水质毒性监测仪；在线水质色度分析仪；在线有机物污染监测仪等。

（3）建立应急监测网络，及时准确的判断污染物。应急监测网络有两个含义：一是与水源上游的供水企业建立资源共享，使上游发生的水污染信息以最快的速度传递过来；二是为了快速定性水中污染物，便于更加有针对性进行处理，与当地环保、疾控中心等具备相关检测能力的实验室建立应急监测网络，从而尽可能短时间内对污染物的种类、浓度、污染范围及可能造成的危害作出判断。

（4）准备应急处理方案

结合水厂现有工艺系统情况，在对可能出现的污染物，研究应对技术措施。

目前，突发性水污染事故大多数是重金属、农药、危险性化学品、有机物、微生物及恶臭等，成分复杂、种类繁多。但处置方法无非是投加粉末活性炭吸附；投加高锰酸盐氧化；调整 pH 值；强化混凝沉淀和加强消毒。在污染物性质确定后，就要在投加物、投加量、投加点上迅速确定技术方案，争取第一时间内控制、解决问题，并赢得时间。

（5）建立相应的设施储备

对于新水厂在建设时，就应该在加药间内设置针对突发性水污染发生时的应急处理设施。对于老水厂特别是大的水厂都应该对加药间进行技术改造，以便可以进行多种药剂的投加能力,特别是投加粉末活性炭、高锰酸钾、和调节 pH 值的设施。

在水厂药剂贮备中都应准备一定数量的针对突发性水污染使用的药剂,或与这些药剂生产厂家建立某种应急状态下供货渠道的约定。

(6) 实施应急调度预案

在多水源,多水厂的城市采取临时避开污染源与污染物,采用优化调度的方法,尽可能保证城市供水的安全是首选的应急方案。这就需要预先制定优化调度方案,研究可能性及需要采取的措施。即使在单一水源城市,一旦发生水质污染事故最关键的是如何保证居民的基本生活用水,避免全面停水。这同样也要制定好管网低压供水的调度预案。

12.2.2　突发性水污染事故应急处理技术

1. 无机污染物的应急处理技术

无机污染物的应急水处理主要是靠调整 pH 值,增加或调整混凝剂、助凝剂、强化混凝沉淀解决。现以饮用水水质标准中各个无机污染物为例,介绍备选处理技术见表 12-1。表中所列投加量均为理论或化验室实验的数据,实际投加量都要进行现场试验确定。

无机污染物的应急处理技术　　　　　　　　　　　　　表 12-1

污染物名称	水质标准(mg/L)	应急处理方法	最佳 pH 值	理论投加量 x(mg/L) C_0 为原水浓度(mg/L)
1. 水质常规技术指标				
砷	0.01	一般用絮凝沉降、吸附法或离子交换法。应急时可采用投加高铁酸钾(K_2FeO_4)或高铁酸钠(Na_2FeO_4)	5.5~7.5	$x=(C_0-0.01)\times15$ 氧化 10min 絮凝 30min
镉	0.005	1. 调节反应前 pH>9~9.5,控制反应后 pH>8.5,投加三氯化铁或聚氯化铝	反应前9,反应后8.5	当 C_0 为 0.42 时,投加 20mg/L 三氯化铁或 50mg/L 聚合氯化铝
		2. 投加硫化钠(Na_2S)		$x=(C_0-0.005)\times0.69$
铬	0.05	投加硫酸亚铁($FeSO_4 \cdot 7H_2O$)将六价铬还原成三价铬而沉淀	7~8	$x=(C_0-0.05)\times64.15$
铅	0.01	投加硫化钠(Na_2S),生成硫化铅(PbS)沉淀		$x=(C_0-0.01)\times0.38$(一般投加 0.5mg/L 就可)
汞	0.001	1. pH 调至中性后投加硫化钠(Na_2S),生产硫化汞(HgS)	中性左右	$x=(C_0-0.001)\times0.389$
		2. 调节 pH 值,投加三氯化铁(或聚氯化铝)	反应前 > 10 或 9.5 反应后 > 9.8 或 9.3	广州用三氯化铁去除超标 4 倍汞的有效投加量为 5mg/L,反应后 pH>9.5
硒	0.01	投加氯化铁沉淀	7.0	C_0 50mg/L 时,$FeCl_3$ 投加 5—80mg/L
氰化物	0.05	氰化物如氰化钠、氰化钾、氰化氢都可用增加加氯量氧化解决		现场试验烧杯试验

续表

污染物名称	水质标准(mg/L)	应急处理方法	最佳 pH 值	理论投加量 x(mg/L) C_0 为原水浓度(mg/L)
氟化物	1.0	投加活性氧化铝吸附，吸附容量为 0.9—1.05mg/g	4～9	$x = C_0 - 1.0/(0.9 \sim 1.05)$
硝酸盐	10	投加铝粉反硝化除氮法，还原 1g 硝酸盐氮需 1.16g 铝，脱硝的最佳 pH 值是 10.25	9～10.5	$x = (C_0 - 10) \times 1.16$
溴酸盐	0.01	粉末活性炭吸附		现场烧杯试验
亚氯酸盐	0.7	粉末活性炭吸附		10～20mg/L，具体现场烧杯试验
氯酸盐	0.7	二氧化氯消毒时的产物，很难去除，主要发生器控制技术，氯酸盐发生法时控制反应的 pH 为酸性	<7.0	
铝	0.2	调节不同水温时的最佳 pH 值，投加碳酸钠（Na_2CO_3）或氢氧化钠（NaOH）		现场烧杯试验
铁	0.3	先投加氢氧化钠将 Fe^{2+} 和 Fe^{3+} 形成氢氧化物沉淀去除，再加酸调节 pH 至中性	>9.09	$x = (C_0 - 0.3) \times 2.14 + 0.49$
锰	0.1	1. 投加高锰酸钾，将 Mn^{2+} 氧化为 MnO_2 沉淀去除		1mg Mn^{2+} 需要 1.92mg KMnO4
		2. 投加三氯化铁	反应前＞10.0，反应后＞9.5	超标 4 倍时，广州用 5mg/L 以上三氯化铁，pH＞9.0（关键）
铜	1.0	1. 投加氢氧化钠（NaOH）	反应前＞8.5 反应后＞7.5	$x = (C_0 - 1.0) \times 1.25$
		2. 投加三氯化铁，聚氯化铝		超标 4 倍，广州用投加 Fe ＞5mg/L（Al＞10mg/L），pH ＞7.5（关键）
锌	1.0	1. 投加氢氧化钠（NaOH）	≮7.95	$x = (C_0 - 1.0) \times 1.22$
		2. 用铁盐、铝盐生成氢氧化锌、碳酸锌沉淀	反应前＞9.0 反应后＞8.5～8.0	
氯化物	250	无应急快速方法，一般利用蓄淡避咸水库或上游放水		
硫酸盐	250	投加氯化钡（$BaCl_2 \cdot 2H_2O$）		$x = (C_0 - 250) \times 2.54$
溶解性总固体	1000	常规处理很难解决，有针对性的投加药剂或投加粉末活性炭吸附		
总硬度	450	碳酸盐硬度可投加石灰（Ca(OH)$_2$）和苏打（Na_2CO_3）可同时降低非碳酸盐硬度		1mol 的 Na_2CO_3 去除 1mol Ca^{2+}，与 1mol Ca(OH)$_2$ 的协同作用可去除 1mol 的 Mg^{2+}

续表

污染物名称	水质标准 (mg/L)	应急处理方法	最佳 pH 值	理论投加量 x(mg/L) C_0 为原水浓度(mg/L)
2. 水质非常规指标				
锑	0.005	调节 pH 值，投加三氯化铁 (FeCl₃)	5(5 价锑时)	现场烧杯试验
钡	0.7	1. 投加无水硫酸钠(Na₂SO₄)		$x = (C_0 - 0.7) \times 1.03 + 3.07$
		2. 投加硫酸铝或硫酸亚铁		超标 4 倍时，铝盐 30mg/L 铁盐 5mg/L
铍	0.002	投加三氯化铁、聚氯化铝	反应前 8.5 反应后＞7.5	超标 4 倍时，铁盐 5～10mg/L
硼	0.5	离子交换和反渗透可以去除硼，应急时采用与低硼水稀释		
钼	0.07	投加硫化铵((NH₄)₂S)和氨水 (NH₃·H₂O)		烧杯论证试验
镍	0.02	1. 调节 pH 值，投加氢氧化钠，沉淀去除，再投加 HCl 使 pH 达到 7.0～7.5	9.88	$x = (C_0 - 0.02) \times 1.36 + 3.06$
		2. pH＞10(反应后 9.8)投加三氯化铁		超标 4 倍时，投加 5mg/L
银	0.05	1. 投加三氯化铁、聚氯化铝	通常范围内	超标 4 倍时，投加 10mg/L
		2. 投加硫化钠		$x = (C_0 - 0.05) \times 0.36$
铊	0.0001	1. 先投加氢氧化钠(NaOH)，将 Ti³⁺形成 Ti(OH)₃ 沉淀去除，再加酸(HCl)调整 pH 值	9.11	$x = (C_0 - 0.0001) \times 0.588$
		2. 硝酸铊无法通过铁盐或铝盐混凝剂沉淀去除，需研究其他技术		
硫化物	0.02	投加高锰酸钾氧化去除		现场烧杯试验
钠	200	从口感要求，对人体健康没有危害影响，不必进行应急处理		
氨氮	0.5	曝气吹脱法、折点加氯法、沸石吸附法及生物氧化法		现场烧杯试验

2. 有机污染物的应急处理技术

有机污染物的净水处理主要靠投加氧化剂或吸附剂。

现以饮用水水质标准中各个有机污染物为例，介绍备选处理技术见表 12-2。表中所列投加量均为理论或化验室试验投加粉末活性炭（除注明外）的数据，实际投加量都由现场试验确定之。

有机污染物的应急处理技术 表 12-2

污染物名称	水质标准 (mg/L)	应急处理方法(除注明外,均投加粉末活性炭)	理论投加量 $v(g/L)$
1. 水质常规技术指标			
三氯甲烷	0.06	吸附性较差,$C_0=0.12mg/L$,理论投加 42mg/L 才能达标	$v=C_0-0.06/1.43$
		吸附平均时间为 120min 以上,$C_0=0.383mg/L$,投加 10mg/L,30min 去除率,在深圳实验可去除 40%,超标 4 倍理论投加 730mg/L,工程上难以实施	
四氯化碳	0.002	当 $C_0=0.01mg/L$,理论投加量 16.3mg/L 可达标	$v=C_0-0.002/0.49$
		上海实验 $C_0=0.01mg/L$,投加 20mg/L,30min 去除 60%,240min 可去除 77%,但不能有效去除	
甲醛	0.9	强化常规处理可以使用甲醛浓度达到 0.03mg/L	
挥发酚类	0.002	可以用粉末活性炭去除	现场烧杯试验
阴离子合成洗涤剂	0.3	泡沫分离法,可用压缩空气通过微孔管向水体曝气	
2. 水质非常规指标			
氯化氰	0.07	用足量的氯氧化去除	
一氯二溴甲烷	0.1	$C_0=0.5mg/L$ 时,理论投加量 36.8mg/L 可达标	$v=C_0-0.1/10.87$
二氯一溴甲烷	0.06	$C_0=0.18mg/L$ 时,理论投加量 34.5mg/L 可达标	$v=C_0-0.06/3.48$
二氯乙酸	0.05	$C_0=0.25mg/L$ 时,理论投加量 20mg/L 可达标	$v=C_0-0.05/10.0$
1,2-二氯乙烷	0.03		现场烧杯试验
二氯甲烷	0.02	粉末活性炭吸附	现场烧杯试验
三卤甲烷	$\not> 1$	一氯二溴甲烷见上,$C_0=0.5$ 理论投加量 36.8mg/L 可达标	$v=C_0-0.1/10.87$
		三溴甲烷 $C_0=0.5$ 理论投加量 19.6mg/L 可达标	$v=C_0-0.1/20.36$
		三氯甲烷、二氯二溴甲烷见上,三卤甲烷总量超标可投加粉末活性炭	现场烧杯试验
1,1,1-三氯乙烷	2	投加粉末活性炭,但吸附容量较小,不能有效处理,当 $C_0>3mg/L$,理论投加量达 53mg/L;超标 4 倍理论投加量 741mg/L,无法实施	$v=C_0-2/18.78$ 现场烧杯试验
三氯乙酸	0.1	当 $C_0=0.6mg/L$,理论投加 15.8mg/L 可达标	$v=C_0-0.1/31.6$
三氯乙醛	0.01	$C_0=0.05mg/L$,投加 10mg/L,上海实验 30min 可去除 29%,但也有实验结果认为投加粉末炭不能有效处理	现场烧杯试验
2,4,6 三氯酚	0.2	$C_0=1.0$,理论投加量为 9.83mg/L 可达标	$v=C_0-0.2/81.4$
		$C_0=1.0$,投加 10mg/L,平衡为时间 240min,可去除 69%	
三溴甲烷	0.1	$C_0=0.5mg/L$,超标 4 倍时,理论投加量 19.6mg/L,可达标	$v=C_0-0.1/20.36$
七氯	0.0004	$C_0=0.04mg/L$ 超标 99 倍时,理论投加量 5.7mg/L 可达标	$v=C_0-0.0004/6.97$

续表

污染物名称	水质标准 (mg/L)	应急处理方法(除注明外,均投加粉末活性炭)	理论投加量 $v(g/L)$
马拉硫磷	0.25	$C_0 = 1.25mg/L$,投加 10mg/L,30min 去除 64%,试验超标 4 倍投加 30mg/L 以上	现场烧杯试验
五氯酚	0.009	$C_0 = 0.9mg/L$ 时,理论投加 10.1mg/L 可达标	$v = C_0 - 0.009$ /87.89
		平衡时间为 120min 以上,超标 4 倍,无锡试验投加量为 11mg/L	
六六六	0.005	吸附平衡时间 120min 以上,C_0 为 0.0303,投加 5mg/L,120min 广州试验去除率达 84%(30min 为 66%)	现场烧杯试验
六氯苯	0.001	$C_0 = 0.1mg/L$ 时,理论投加量 13.9mg/L 可达标,六氯苯不溶于水,易吸附在水中颗粒状物上	$v = C_0 - 0.001/7.1$
乐果	0.08	平衡时间为 120min 以上,$C_0 = 0.413mg/L$,投加 10mg/L,30min 广州试验可以去除 54%	现场烧杯试验
对硫磷	0.003	C_0 0.0744,投加量 10mg/L,30min 广州试验可去除 100%,平衡时间为 120min 以上	现场烧杯试验
灭草松	0.3	$C_0 = 1.5mg/L$,投加量 10mg/L,30min 上海试验可去除 24%,平衡时间为 120min 以上	现场烧杯试验
甲基对硫磷	0.02	$C_0 = 0.11mg/L$,投加量 10mg/L,30min 广州试验可去除 67%,平衡时间为 60min 以上	现场烧杯试验
百菌清	0.01	$C_0 = 0.05mg/L$,投加量 10mg/L,30min 无锡试验可去除 78%,平衡时间为 120min 以上	现场烧杯试验
呋喃丹	0.007	$C_0 = 0.07$,理论投加量 18.2mg/L,可达标	$v = C_0 - 0.007/3.47$
		$C_0 = 0.035$,投加 10mg/L,30min 黄河水试验可去除 91%,平衡时间 120min 以上	
林丹	0.002	$C_0 = 0.2mg/L$,理论投加量 10.1mg/L	$v = C_0 - 0.002/19.7$
		$C_0 = 0.0101$,投加 10mg/L,30min 广州试验可去除 75%,平衡时间为 120min 以上	
毒死蜱	0.003	$C_0 = 0.15mg/L$,投加量 10mg/L,30min 济南试验可去除 85%,平衡时间为 120min 以上	现场烧杯试验
草甘膦	0.7	预加氯氧化,用 2.1mg/L 的 Cl_2 的接触 7.5min,可将 796μg/L 降到 25μg/L 以下	
敌敌畏	0.001	$C_0 = 0.01mg/L$,投加量 10mg/L,30min 无锡试验可去除 35%,平衡时间为 120min 以上	现场烧杯试验
莠去津	0.002	$C_0 = 0.2mg/L$ 时,理论投加 4.2mg/L,可达标	$v = C_0 - 0.002/47.37$
溴氰菊酯	0.02	$C_0 = 0.1mg/L$ 时,投加 10mg/L 粉末炭 30ppm 液,无锡试验去除率 86.5%	现场烧杯试验

污染物名称	水质标准（mg/L）	应急处理方法（除注明外，均投加粉末活性炭）	理论投加量 v(g/L)
2，4-滴	0.03	$C_0=0.3$mg/L，理论投加量10.4mg/L，可达标	$v=C_0-0.03/25.99$
		$C_0=0.15$mg/L，投加10mg/L，120min上海试验可去除53%	
滴滴涕	0.001	$C_0=0.1$mg/L，理论投加量9.7mg/L，可达标	$v=C_0-0.001/10.18$
		$C_0=0.005193$mg/L，投加10mg/L，30min广州试验可去除93%	
乙苯	0.3	$C_0=1.2$mg/L，理论投加量44mg/L，可达标	$v=C_0-0.3/20.47$
		$C_0=1.65$mg/L，投加10mg/L，120min深圳试验可去除57%，平衡时间为120min	
二甲苯	0.5	$C_0=3.0$mg/L，理论投加量20mg/L，可达标	$v=C_0-0.5/125.6$
		$C_0=2.785$mg/L(间二甲苯)，投加10mg/L，30min深圳试验可去除64%	
1，1-二氯乙烯	0.03	$C_0=0.15$mg/L，理论投加量45.6mg/L	$v=C_0-0.03/2.63$
		$C_0=0.15$mg/L，投加10mg/L，30min上海试验可去除41%，认为超标4倍，不能有效处理	
1，2-二氯乙烯	0.05	$C_0=0.15$mg/L，理论投加量41.7mg/L，可达标	$v=C_0-0.05/2.84$
		$C_0=0.25$mg/L，投加10mg/L，30min上海试验可去除57%，认为超标4倍，不能有效处理	现场烧杯试验
1，2-二氯苯	1.0	$C_0=2.0$mg/L，理论投加量8.34mg/L，可达标	$v=C_0-1.0/119.8$
		$C_0=4.683$mg/L，投加10mg/L，30min深圳试验可去除63%，认为超标4倍，不能有效处理	现场烧杯试验
1，4-二氯苯	0.3	$C_0=3.0$mg/L，理论投加量16.2mg/L，可达标	$v=C_0-0.3/166.8$
		$C_0=1.5576$mg/L，投加10mg/L，30min深圳试验可去除74%，平衡时间为120min以上	
三氯乙烯	0.07	$C_0=0.35$mg/L，理论投加量18.1mg/L，可达标	$v=C_0-0.07/15.5$
		$C_0=0.35$mg/L，投加10mg/L，30min上海试验可去除57%，认为超过4倍不能有效处理	
三氯苯(总量)	0.02	$C_0=0.5$mg/L，理论投加量10.3mg/L(1，2，4-三氯苯)	$v=C_0-0.02/164.98$ (1，3，5-三氯苯)
		$C_0=0.1138$mg/L(1，2，4-三氯苯)，投加10mg/L，30min深圳试验可去除92%，平衡时间为120min以上	$v=C_0-0.02/467$ (1，2，4-三氯苯)
六氯丁二烯	0.0006	$C_0=0.06$mg/L，理论投加量6.5mg/L，可达标	$v=C_0-0.0006/9.16$
		$C_0=0.003$mg/L，投加10mg/L，30min济南试验可去除40%~68%，平衡时间为120min	

续表

污染物名称	水质标准 (mg/L)	应急处理方法(除注明外,均投加粉末活性炭)	理论投加量 v(g/L)
丙烯酰胺	0.0005	常规处理无法去除,生产中控制聚丙烯酰胺的单体含量	
四氯乙烯	0.04	$C_0=0.4$mg/L,理论投加量 13.4mg/L,可达标	$v=C_0-0.04/26.8$
		$C_0=0.2$mg/L,投加 10mg/L,30min 上海试验可去除 94%,但也有实验就认为不能有效处理	
甲苯	0.7	$C_0=3.5$mg/L,理论投加量 33.7mg/L,可达标	$v=C_0-0.7/83.2$
		$C_0=3.782$mg/L,投加 10mg/L,30min 深圳试验可去除 52%,吸附平衡时间为 120min	
邻苯二甲酸二 (2-乙基己基) 脂	0.008	$C_0=0.16$mg/L,理论投加量 18.8mg/L,可达标	$v=C_0-0.008/8.09$
		$C_0=0.0238$mg/L,投加 10mg/L,30min 北京试验可去除 32%,可以接近吸附能力的 44%,吸附平衡时间为 120min 以上	
环氧氯丙烷	0.0004	$C_0=0.008$mg/L,投加 10mg/L,30min 济南试验可去除 71%,吸附平衡时间为 120min	
苯	0.01	$C_0=0.5$mg/L,理论投加量 11.4mg/L,可达标	$v=C_0-0.01/4.3$
		$C_0=0.0556$mg/L,试验投加 10mg/L,30min 深圳试验可去除 45%,平衡时间为 120min	
苯乙烯	0.02	$C_0=1$mg/L,理论投加量 19.2mg/L	$v=C_0-0.02/51$
		$C_0=0.1219$mg/L,试验投加 10mg/L,30min 深圳试验可去除 82%,吸附平衡时间为 120min	
苯并(a)芘	0.00001	$C_0=0.001$mg/L,理论投加量为 4.7mg/L,可达标	$v=C_0-0.00001/0.21$
氯乙烯	0.005		现场烧杯试验
氯苯	0.3	$C_0=1.5$mg/L,理论投加量 18.1mg/L,可达标	$v=C_0-0.3/66.4$
		$C_0=1.5737$mg/L,试验投加 10mg/L,30min 深圳试验可去除 74%,吸附平衡时间为 120min	

注:以上均摘自《城镇供水应急技术手册》与《城市供水系统应急净水技术指导手册》。

3. 微生物的应急处理和控制技术

水中的常见病原微生物包括细菌、病毒、原生动物三大类,生活饮用水卫生标准微生物指标中常规指标有:总大肠菌群、耐热大肠菌群、大肠埃希氏菌和菌落总数 4 项,非常规指标中有贾第鞭毛虫和隐孢子虫 2 项。微生物的应急处理技术主要靠常规处理和消毒工艺。一般而言,消毒工艺对细菌的灭活效果较好,病毒次之,原生动物最差。

水厂实际消毒效果必须以出厂水的微生物培养测试为准。但由于微生物测试往往要滞后 1d 以上,水厂生产运行达到消毒效果主要控制好剩余消毒剂的浓度和 CT 值,余氯在应急时应保持大于 0.5mg/L,而 CT 值可参见表 12-3。

主要病原微生物的消毒灭活 CT 值　　　　　　　　　　表 12-3

分类	指标或病原微生物名称	99%灭活所需 CT 值(min・mg/L, 5℃)			
		游离氯	氯胺	二氧化氯	臭氧
微生物综合指标	细菌总数 大肠杆菌 异养菌总数	0.034～0.05	95～180	0.4～0.75	0.02
细菌	军团杆菌属 志贺菌属 霍乱弧菌属 沙门菌属	6(20℃)			
病毒	肝炎病毒 脊髓灰质炎病毒Ⅰ 柯萨奇病毒和埃克病毒	10(20℃) 1.1～2.5 35	768～3740	0.2～6.7	0.1～0.2
原虫及孢子	蓝氏贾第鞭毛虫(包囊) 隐孢子虫(包囊)	69(10℃) 3700～上万	1230(10℃) 7万	15(10℃) 829	0.85(10℃) 40

贾第虫孢囊和隐孢子虫体积小,在常规的混凝剂沉淀和砂滤中不能完全去除。美国环保局研究表明,降低出厂水浊度至 0.5NTU 可大大降低两虫传播的风险,浑浊度降至 0.3NTU,可使两虫去除率在 99%以上,降至 0.1NTU 则可基本去除两虫,为此在应急期应保持出水浊度小于 0.1NTU,余氯大于 0.5mg/L 对有效防止两虫的爆发是十分必要的。美国加强地表水处理规则要求去除隐孢子虫 $3lg$(去除率 99.9%)。美国水厂的通用标准是滤后水>2μm 颗粒的数量为<50 个/mL,浊度≤0.1NTU。

4. 放射性污染的应急备选处理技术

《生活饮用水卫生标准》在水质常规指标中列的放射性指标为总 α 放射性为 0.5Bq/L;总 β 放射性为 1Bq/L。天然辐射源中 Ra^{226} 和 U^{238} 是总 α 放射性的主要来源,K^{40} 为总 β 放射性的主要来源。很难用快速简单的方法解决总 α 与总 β 放射性污染,最好改用其他水源。如果一旦发生应急事故,则采用送水车、桶装水、瓶装水等方式解决紧急供水问题。总 α 和总 β 放射性检测值超过标准规定的指导值时,应进行核素分析和评价,判定能否饮用。

5. 其他污染物的应急处理技术

(1)其他有机污染物

《地表水环境质量标准》(GB 3838—2002)中的特定项目的应急处理技术参考表 12-4,药剂投加量和处理效果均需现场烧杯试验而定。

其他特有有机项目应急处理技术　　　　　　　　　　表 12-4

污染物名称	应急处理方法	污染物名称	应急处理方法
苯胺	投加粉末活性炭	邻苯二甲酸二丁酯	投加粉末活性炭
丙烯腈	氧化剂氧化,投加高铁酸盐	氯丁二烯	投加粉末活性炭
丙烯醛	曝气吹脱	内吸磷	投加粉末活性炭

续表

污染物名称	应急处理方法	污染物名称	应急处理方法
敌百虫	投加粉末活性炭	吡啶	投加粉末活性炭
多氯联苯	超声波降解法	2,4,6-三硝基甲苯	投加粉末活性炭
2,4-二氯苯酚	投加粉末活性炭	水合肼	投加粉末活性炭
二硝基苯	投加粉末活性炭	四氯苯	投加粉末活性炭
2,4-二硝基甲苯	投加粉末活性炭	四乙基铅	投加粉末活性炭
2,4-二硝基氯苯	投加粉末活性炭	松节油	投加粉末活性炭
环氧七氯	投加粉末活性炭	硝基苯	投加粉末活性炭
甲萘威	投加粉末活性炭	硝基氯苯	投加粉末活性炭
甲基汞	查找并消除汞源	异丙苯	投加粉末活性炭
苦味酸	投加粉末活性炭	乙醛	曝气吹脱
联苯胺	氧化剂氧化,投加高铁酸盐	甲草胺	投加粉末活性炭

（2）其他无机物

其他特定无机物应急处理技术见表 12-5。

其他特有无机物应急处理技术 表 12-5

污染物名称	应急处理技术	污染物名称	应急处理技术
钒	酸性条件下投加铁屑沉淀	黄磷	氧化剂氧化处理投加漂白粉或二氧化氯，理论投加量$(C_0-0.003)\times2.18$mg/L
钴	投加高锰酸钾，去除 1mgCo^{2+} 需要投加 0.89mg 的高锰酸钾，即 $x=0.89\times(C_0-0.1)$	钛	先投加氢氧化钠，将 Ti^{3+} 形成 Ti(OH)$_3$沉淀去除，再加酸将 pH 值调节至中性

6. 油污染应急的处理技术

突发性油污染是以湖泊、水库和江河取水的地表水源经常有可能遭受到的一种污染。对有可能遭受突发性油污染的供水企业应该采取如下措施：

（1）调查研究

对上游发生油污染可能性的各种因素和环境进行调查研究排查，摸清水源上游的化工厂、电子厂、炼油厂或运油船舶的生产运作情况，对原材料、成品或一些辅助燃料等，凡是有可能产生泄漏和溢油事故的风险源，进行详细登记、建立资料库、一旦有意外发生可为应急处理提供准确、科学的数据，可赢得宝贵的救援时间。

（2）迅速切断污染源

当油污染水质事故发生时，应迅速到事发地，会同环保、卫生、河道等监管部门查找污染源，检查肇事单位的贮油阀门、输油管阀等泄漏溢油地位，采取有效措施切断污染源。

（3）拦截和处理油污染

1）对岸边发生的泄油事故，可及时采取砂袋堵截、引流、筑沟渠方法防止油溢流入水体中。

2）物理清除法

如果发生在水域、湖（水库）面上，则采用围油栏，撇油器、吸附剂法等物理清除法，可迅速摆放油污栅，设放油污栅至少用三圈以上，围住污染源附近的水体断面，以防止油污进一步扩大，如图 12-1 所示。

3）化学清除法

使用消油剂是除油快而最简单的处理方法。但消油剂有一定的毒性，会对水质造成一定污染，要谨慎适当使用。根据事故现场的实况，还可以采用有效的凝固法、沉降法、燃烧法等。

（4）保护取水口

1）油污侵袭到取水口前应在取水口周围增设二环以上的拦油栅，作为安全防范区，如图 12-2 所示。

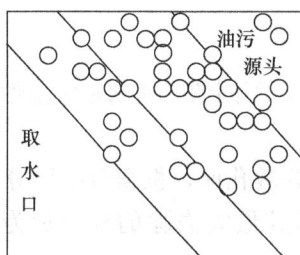

图 12-1 拦截污染源   图 12-2 保护取水口

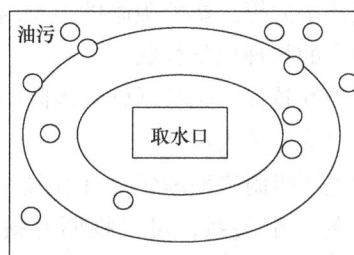

2）油污侵袭到取水口时，应迅速组织人员利用吸油毡或吸油纸全力打捞漂浮在水面的油污，并加大巡查力度，密切注意水质变化。

（5）加强水质监测

当油已污染到水体，应对取水口上、中、下 3 个断面进行采样分析，每 2h 一次并及时上报监测数据。

（6）投加粉末活性炭应急处理

根据检测数据，采取投加粉末活性炭应急处理。活性炭投加量应根据现场水样搅拌实验确定。如污染严重，处理效果达不到要求，就要根据应急预案采用市政调度或启用备用水源以及送水车送水等应急措施。

12.3 投加粉末活性炭的应急处理技术

12.3.1 粉末活性炭的基本特性

1. 主要特点

活性炭是水处理中常用的吸附剂。根据活性炭的形态和使用方法，活性炭分为粉末活性炭（简称 PAC）和颗粒活性炭（简称 GAC）。在应急处理中常采用的是粉末活性炭。

粉末活性炭的颗粒很细，直径都在几十微米，可以像药剂一样直接投入水中使用，吸附污染物后再从水中借助混凝-沉淀工艺分离，含污染物的粉末炭可随水厂污泥一起处理处置。受粉末炭投加设备、炭末对过滤工艺影响等条件的限制，粉末活性炭的最大投加能力为 80mg/L 左右，应急投加量一般采用 10~40mg/L。

粉末活性炭应急处理的优点是实施方便，使用灵活，可根据水质改变活性炭的投加量，在应对突发污染时可以采用大剂量投加，几乎不影响产水能力。不足之处是部分细炭末被混凝沉淀去除的效果较差，会进入滤池，增加滤池负担，造成过滤周期缩短。对于采用粉末活性炭应急处理的水厂，必须采取强化混凝的措施，如增加混凝剂的投加量和采用助凝剂等。此外，已吸附有污染物的废弃炭随水厂沉淀池污泥排出，对此种污泥应妥善处置，防止发生二次污染。

2. 影响吸附的主要因素

活性炭具有巨大的比表面积（1000~1500m²/g），其吸附作用主要来源于物理表面吸附作用，如范德华力等。影响吸附的主要因素是：

（1）吸附质的物理化学性状

吸附质的极性越强，则被活性炭吸附的性能越强，不同的物质的被吸附性是不同的。

（2）吸附质的分子大小

活性炭的主要吸附表面积集中在孔径小于 4nm 的微孔区，根据吸附质分子的大小与活性炭吸附孔的匹配关系，可以推断并被实践证明其最大去除的分子量为区间为 500~1000。

（3）吸附时间

粉末活性炭吸附需要一定的吸附时间（通常在 30min 以上），吸附时间越长，吸附性能发挥得越充分，吸附去除效果越好。根据吸附速率曲线，吸附过程可分为快速吸附、基本饱和、吸附平衡三个阶段，以粉末炭对硝基苯的吸附为例，快速吸附阶段大约需要30min，可以达到约 70% 的吸附容量；2h 可以达到基本饱和达到最大吸附容量的 95% 以上。

（4）水源水质

水源水质对吸附性能有较大的影响，水中其他有机物的存在会与目标污染物形成竞争吸附，导致目标污染物在活性炭上的吸附容量和吸附速率下降，所以投加粉末活性炭，现场作烧杯试验，其结果具有指导意义。

（5）温度

温度从两个方面影响活性炭对污染物质的吸附：一方面，吸附是放热反应，吸附容量随着温度的升高会有所下降，但液相吸附时吸附热较小，所以影响也较小；另一方面，温度会影响污染物质在水中的溶解度，因此对吸附作用也会有影响，影响的程度与污染物质在吸附操作温度范围内的溶解度变化有关。

12.3.2　粉末活性炭的投加技术

1. 粉末活性炭的选择

目前市场上的粉末活性炭产品有木质炭、煤质炭两种，由于原材料价格的差异，一般木质的价格较高。粉末炭的粒径为≤200目（对应尺寸为 $75\mu m$）粉末活性炭的吸附性能参数一般用碘值、亚甲蓝值等参数表示，选择活性炭应首先考察其碘值、亚甲蓝值而不是材质。粉末活性炭的规格、技术要求、选用可见本手册 11.4.3 与 11.4.4。

2. 投加点的选择

为充分发挥粉末活性炭的吸附作用，需要使其与水充分混合，并保证足够的接触时间（一般接触时间 30～60min）和尽量避免吸附被干扰。合适的粉末活性炭投加点非常重要，对于常规的混凝、沉淀、过滤水处理工艺，粉末活性炭的投加点可以有以下 3 种选择：原水取水口吸水井投加、水厂内混凝前端投加和滤池前端投加。

（1）取水口投加粉末活性炭

取水口投加粉末活性炭工艺流程图 12-3 所示。当取水口距离水厂有一定距离时，尽可能在取水口投加粉末活性炭。在取水口处投加可以利用原水在管道的输送时间完成活性炭对污染物的吸附去除过程。当原水进入水厂后，通过水厂的混凝、沉淀、过滤常规工艺去除粉末活性炭。

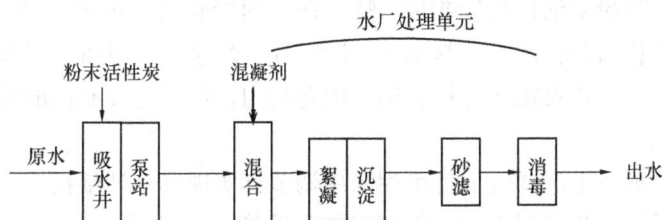

图 12-3 取水口投加粉末活性炭工艺流程图

取水口投加粉末活性炭的主要限制因素是取水口与净水厂之间的距离，这个距离最好满足 1～2h 以上的输水时间。如输水时间小于 30min，必要时可考虑单独设置接触池。

（2）水厂内投加粉末活性炭

水厂内投加粉末活性炭可以在混合设备中进行，也可在絮凝池前端投加，理论上分析认为投加混凝剂后，在絮凝池中形成的微小絮体尺寸集结到与粉末活性炭颗粒尺寸相近的位置作为最佳投加点，避免竞争吸附，充分发挥粉末炭的吸附效率。吸附了污染物的粉末活性炭可以在沉淀、过滤单元去除。水厂内投加粉末活性炭工艺流程如图 12-4 所示。

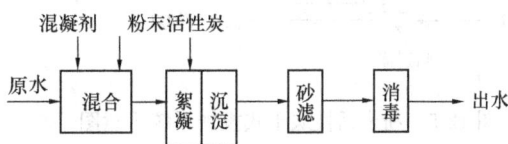

图 12-4 水厂内投加粉末活性炭工艺流程图

（3）滤前投加

滤前投加，不存在吸附与混凝竞争的问题，但粉末活性炭进入滤池后，可能会堵塞滤料层使滤池的工作周期明显缩短。此外，粉末活性炭还有穿透滤层现象，而且吸附时间难以得到保证。

投加点的选择需要结合水厂实际情况，再根据原水水质和水厂处理工艺特点、水力条件最主要的是根据实际效果综合考虑决定。

3. 投加量及投加浓度的确定

（1）粉末活性炭的投加量一般根据水质污染状态进行搅拌试验确定，但配置设备时可按《室外给水设计规范》中规定投加量"宜为 5～30mg/L",应急投加时可按 20～50mg/L 考虑。选择时宜留有余地。

(2) 粉末活性炭炭浆质量分数一般为 5%～10%。但在湿式投加中多采用 5%,这样可使炭浆快速扩散,与水体充分混合,同时避免了投加管道易堵塞和其他机械故障。

12.3.3　粉末活性炭投加系统

1. 粉末活性炭的投加方法

粉末活性炭的投加方法主要可以分为干式投加法与湿式投加法。

(1) 干式投加法

干式投加法用干粉投加机等装置将粉末活性炭通过水射器直接投加到处理水中,主要设备单元一般包括储料间、上料单元、贮料仓、计量投加设备、自动控制系统五部分,干式投加设备比较简单,占地面积较少,但设备易出故障,需要配备专门的维护人员

(2) 湿式投加法

湿式投加法先将粉末活性炭调制成 5%～10% 的炭浆液,再通过计量泵投加到水中,主要设备单元一般包括贮料间、上料单元、贮料仓、炭浆混合设备、炭浆投加设备和自动控制系统 6 个部分。湿式投加法计量精确,混合均匀,但需要设专门的炭浆池,占地面积较大,设备较复杂。

无论是干式投加还是湿式投加都可用采用调节器实现自动计量投加。粉末活性炭的计量投加设备干式投加系统见图 12-5,湿式投加系统见图 12-6。

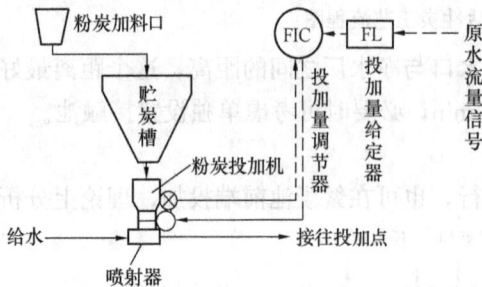

图 12-5　粉末活性炭干式投加系统示意图　　图 12-6　粉末活性炭湿式投加系统示意图

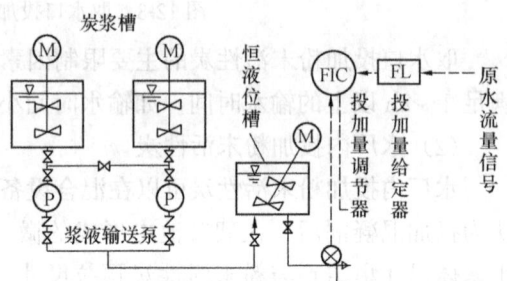

(3) 活性炭的拆包方式

活性炭的拆包方式一般有:人工拆包和自动拆包两种。人工拆包由于劳动强度大,工作环境差,通常只适用于短时、应急性投加;自动拆包通常可与上料系统、贮料仓密封连接,实现自动控制和防尘防泄漏要求,工作环境好,劳动强度小。针对 20～25kg 和 500～1000kg 不同的包装可分为小包装自动拆包机和大包装自动拆包机两种,均有商品化生产。

不管是干投还是湿投,或者采用各种包装的粉末活性炭,一般在投加前都要先将粉末活性炭输送到贮料仓中,贮料仓大小的设计可以根据不同包装活性炭的特点和投加用量的时间来确定。贮料仓需要配备料位计,当贮炭仓内料位低于一定程度时能够报警提醒工人开启加料系统或者根据料位情况通过自动控制系统进行自动进料。由于粉末活性炭粒度

小、密度小、易形成空穴和漏斗从而不利于下料,因此,贮炭仓还需要配备振打系统,以破坏空穴和漏斗,从而保证活性炭粉末在料仓内均衡移动。

2. 粉末活性炭投加系统

(1) 小包装真空上料干式投加系统

该系统包括真空上料机、贮料仓、干粉投加机、水射器、自动控制系统等部分。

上料时将真空吸头插入粉末活性炭包,人工开启真空上料机上料,粉末活性炭料暂时储存在料仓Ⅰ中,料仓Ⅱ安装料位监视器,当料位低于设定值时,通过自动控制系统开启料仓Ⅰ下端仓口粉末活性炭自流进料仓Ⅱ。料仓Ⅱ连接干粉投加机,干粉投加机通过自控系统接收到取水量的瞬时流量信号并根据设定投加比例投加粉末活性炭到水射器中,水射器瞬时将粉末活性炭完全投加到取水管道中。见图12-7。

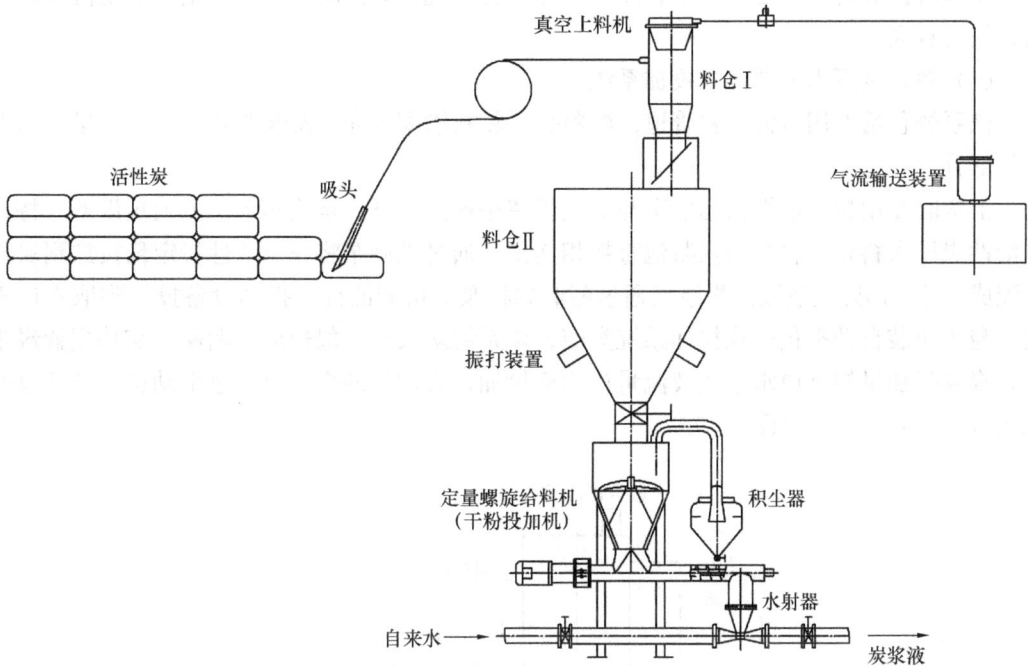

图 12-7 小包装真空上料干式投加系统示意图

该系统设备简单,占地面积小,集成度高,整体密封性好;不足之处是干粉投加机需要专人维护,此外,本系统的干粉投加机加上水射器即可作为一个临时性的粉末活性炭投加设备,可供未建设粉末活性炭投加系统的水厂在应急应对突发污染事故时临时使用。

(2) 小包装自动拆包湿式投加系统

该系统包括自动拆包机、粉炭螺旋输送机、炭浆制备设备、压力投加设备等部分。

用机械起吊装置或人工的方法将粉末活性炭包置于皮带输送机上,皮带输送机将炭包送入自动拆包机,自动拆包机将粉末活性炭与包装袋分离后,倾斜螺旋输送机将粉末活性炭送至炭浆池,配成5%～10%炭浆液,最后通过螺杆泵将炭浆液投加至取水管道。该系统炭浆池一般应设两座,交替配置炭浆液,炭浆投加量根据原水水质及流量按比例投加,投加量的变化可通过手动调节螺杆泵的无极调速装置实现,见图12-8。

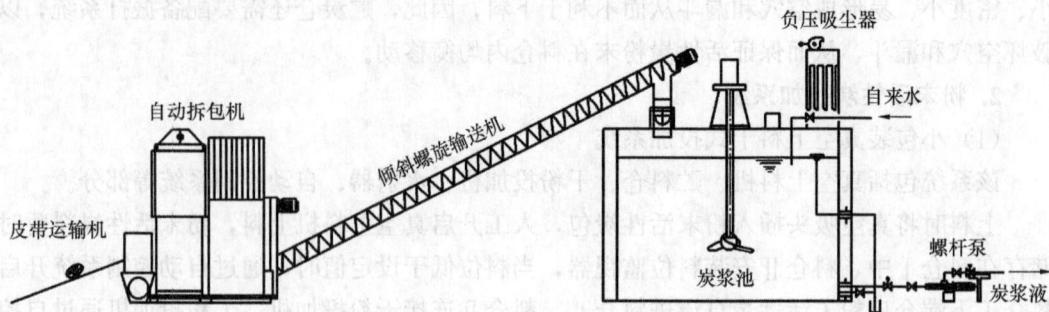

图 12-8　小包装自动拆包湿式投加系统示意图

该系统投加精准，运行稳定，能够通过配管实现多处同时投加，不足之处是占地面积大，投资较大。

（3）散装炭压力上料湿式投加系统

该系统包括专用压力上料管道、贮料仓、粉料输配单元、炭浆制备单元、定量投加设备等部分。

上料时专用粉末活性炭运输车与上炭管道相连接，开启运输车上压力上炭设备，将粉末活性炭压入料仓。料仓与炭浆池直接相连接，通过螺旋泵将粉末活性炭定量投加到炭浆池配成 5％～10％炭浆液。炭浆液通过耐磨螺杆泵等可调的计量投加设备投加到取水口管道，与小包装自动拆包湿式投加系统类似，该系统炭浆池一般也应设两座，交替配置炭浆液，炭浆投加量根据原水水质及流量按比例投加，投加量的变化可通过手动调节螺杆泵的无极调速装置实现，见图 12-9。

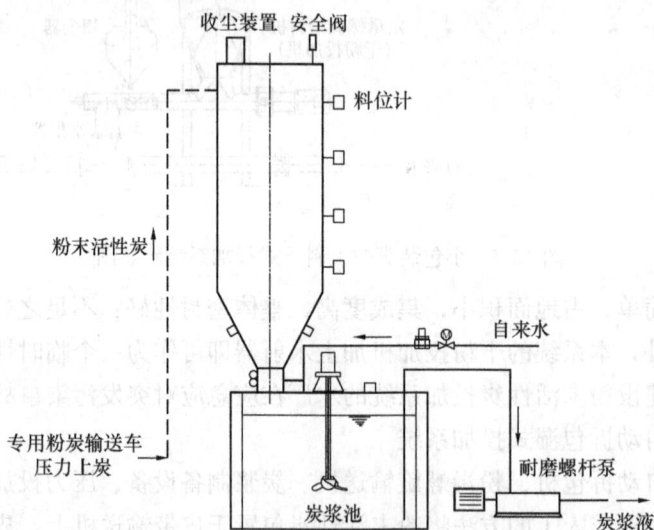

图 12-9　散装炭压力上料湿式投加系统

该系统上料方式设备简单，投资少，劳动强度小，工作环境好，特别适用于用炭量比较大的水厂，但需要水厂和活性炭生产厂家距离较近，运输方便。

（4）大包装自动拆包湿式投加系统

该系统包括大袋破包装置、贮料仓、定量给料装置、炭浆配置罐、螺杆投加泵等装置。

用机械起吊的方式将大包装（500～1000kg）的粉末活性炭包送至大袋破包装置，自动拆包后粉末活性炭进入贮料仓，经定量给料装置送入炭浆罐，配置成5%～10%炭浆液，炭浆液经螺杆泵送至取水管道。该系统为不间断运行装置，运行期间粉末活性炭和自来水按比例进入炭浆罐配置成一定浓度的炭浆液，炭浆液经螺旋泵定量送至投加处，因此，炭浆罐可以结合使用情况做的较小，节省占地面积。见图12-10。

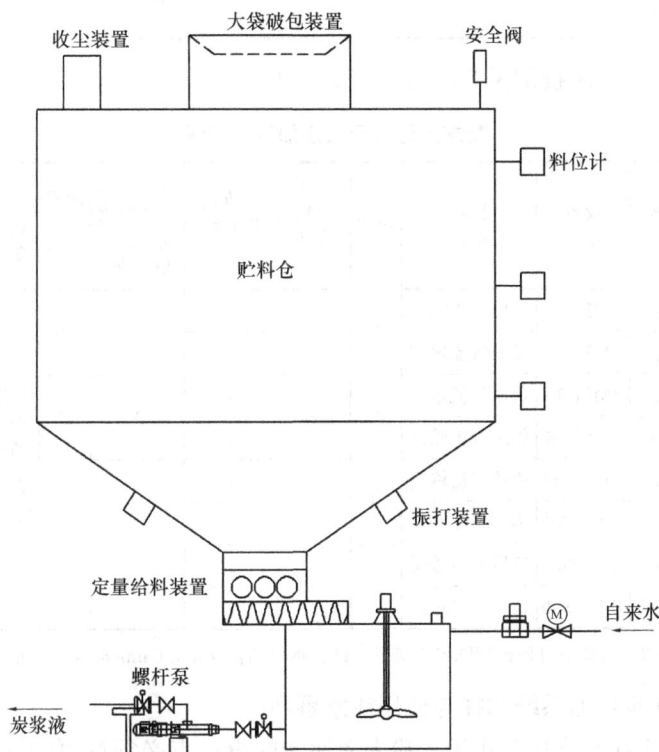

图12-10　大包装自动拆包湿式投加

该系统设备集成度好，自动化程度高，占地面积小，粉尘泄漏少，系统较稳定可靠，适用于大中型水厂。

3. 粉末活性炭投加系统选型与构造要求

（1）粉末活性炭湿法、干法投加工艺比较

粉末活性炭湿法与干法投加工艺比较见表12-6。

粉末活性炭湿法与干法投加工艺比较　　　　　　　　表12-6

对 比 方 面	湿法投加工艺	干法投加工艺
对泵的磨损	高	无
投加混合均匀度	一般	较高
分散度	较低	较高

续表

对比方面	湿法投加工艺	干法投加工艺
投加精度	低	较高
活性炭利用率	低	高
粉尘污染	较大	很小
能源消耗	高	低
设备成本/运行成本	高	低
基建费用	高	低
工人劳动强度	高	低

（2）粉末活性炭干法投加系统配置表（见表 12-7）

粉末活性炭干法投加系统配置   表 12-7

每天投加量 t/d	每天投加粉末活性炭体积（m³）	活性炭包装形式	设备型号	投料站形式	料仓容积（m³）	每天上料次数（次）	气流输送系统（套）	投加机和高速射流混合器数量（套）	用水量（m³）	设备装机功率	高速射流混合器所需水量/压力要求	压缩机及储气罐要求
0.75	1.9	25kg	IMFD30	负压气流输送	2	1	1	1	20	10kW不含增压泵空气压缩机	供水压力大于等于加药点压力和液料管背压总和的0.3MPa为宜	压缩机产气量：≥500L/min 压力：≥0.7MPa 储气罐容量：800～1000L
		500kg	IMFD30	负压气流输送			1					
1.5	3.75	25kg	IMFD96	负压气流输送	3	2	1	1	25			
		500kg	IMFD96	负压气流输送			1					
3	7.5	25kg	IMFD200	负压气流输送	6	2	1	1	30			
		500kg	IMFD200	负压气流输送			1					
7.5	18.75	500kg	IMFD300	负压气流输送	15	2	1	1	30			
		汽车罐装	IMFD300	正压气流输送			1					

注：活性炭投加量和料仓规格可根据特殊要求进行设计，本表摘自 www.tjaimeng.com.cn。

（3）粉末活性炭投加系统选择与使用注意事项

1）由于氯和活性炭能相互作用，粉末活性炭的投加点必须尽可能远离氯和二氧化氯的投加点。通常在投加粉末活性炭时不进行预氯化处理。对于必须设置预氯化的水厂，加氯量要适当增加。

2）通常粉末活性炭的投加量为 5～30mg/L。遇到特殊情况，作为应急处理时，可增加到 80mg/L 左右，但最大投加量不宜超过 100mg/L。

3）调配浓度：炭浆液的调配浓度宜为 5%～10%。浓度过高易造成投加系统与输液管道堵塞，浓度低输液流速过高时宜造成磨损，对于用炭量较少的水厂，在占地许可的情况下降低炭浆浓度，有利于吸附效果的提高。

4）为使炭液快速扩散，可以在投加前加强制扩散装置，采用压力水稀释强制扩散。有运行实践表明，强制扩散能够提高活性炭吸附净水效果。

5）尽量采用自动负压配置的投加方式，避免在装卸、拆包、配置、投加过程中粉末飞扬的污染问题，如果工作环境恶劣会造成操作人员抵触情绪，这是制约粉末活性炭技术应用的一个关键问题。

6）设备选型时一定要注意精确制备和投加量准确的问题，这不仅关系到处理效果，也与制水成本密切相关。有条件水厂应尽可能选用自动控制的成套设备。

7）粉末活性炭是一种能导电的可燃物质，贮藏仓库应采用耐火材料砌筑，并设防火消防措施。粉末活性炭在搬运过程中会飞扬于空气中，因此，位于贮藏室内的电气设备须加防护罩，并采取防爆措施。粉末活性炭易黏附在人的皮肤和衣物上，故需设置淋浴室。

4. 粉末活性炭应急处理的技术经济分析

一般情况下，一套粉末活性炭投加设备价值几十万到百万元，处理能力 10 万 m^3/d 的净水厂设备投资在 120 万左右，$1m^3$ 水投资在 12 元左右。现在新建水厂吨水投资要 800～1000 元，建设成本仅增加千分之几，一般新建水厂和水厂改造均可承受。

粉末活性炭的价格目前为 5000～6000 元/t，每 10mg/L 投加量对应的药剂成本约为 0.05～0.06 元/(m^3·水)。

12.4 投加高锰酸盐的应急处理技术

12.4.1 高锰酸盐概述

1. 高锰酸盐的理化性质

（1）高锰酸盐通常指的是高锰酸钾或高锰酸盐复合剂。高锰酸钾分子式为 $KMnO_4$，分子量为 158.03，密度为 2.073g/cm^3，外观为深紫色晶体，常温下稳定，易溶于水，其溶液呈紫红色。

（2）高锰酸钾具有强氧化性。高锰酸钾氧化有机物受水的 pH 值影响较大，在酸性条件下，高锰酸钾氧化能力较强；在中性和碱性条件下，氧化能力较弱。

（3）高锰酸钾具有不稳定性。高锰酸钾在溶液中可以缓慢地发生分解反应；光对高锰酸钾的分解具有催化作用，加热高锰酸钾固体至 473K 以上，即发生分解反应。因此高锰酸盐溶液应保存在棕色瓶中。

（4）高锰酸盐复合剂（PPC）是以高锰酸钾为主剂，多种化学物质为辅剂，通过特殊工艺配制而成。复合剂中的辅剂能提高主剂高锰酸钾的净水效能，使其净水效果明显提高。

2. 高锰酸钾的制造

生产高锰酸钾的主要原料是软锰矿和氢氧化钾。高锰酸钾的制造过程大体分为两步，首先是用软锰矿吸收空气中的氧，氧化焙烧缓缓地转化为锰酸钾（K_2MnO_4），然后用水或稀溶液浸取后，过滤而成由锰酸钾、氢氧化钾、碳酸钾组成的电解液，再经离心分离、轻重结晶、干燥制得高锰酸钾成品。高锰酸钾制造方法有电解氧化法、二氧化碳法和氢氧化锰法。电解氧化法是国内外较普遍采用的方法，根据高锰酸钾制备工艺的不同，又可分成焙烧法、熔融法和液相法 3 种。

3. 质量标准

工业高锰酸钾产品质量标准见表 12-8。

中华人民共和国国家标准 GB/T 1608—1997（工业高锰酸钾）　　　　表 12-8

项　目		指　标		
		I 型		II 型
		优等品	一等品	
高锰酸钾（KMnO₄）含量（%）	≥	99.3	99.0	97.0
氯化物（以 Cl 计）含量（%）	≤	0.01	0.02	—
硫酸盐（以 SO₄ 计）含量（%）	≤	0.05	0.10	—
水不溶物含量（%）	≤	0.02	0.25	—
镉（Cd）含量（%）	≤	—	—	0.01
铬（Cr）含量（%）	≤	—	—	0.05
汞（Hg）含量（%）	≤	—	—	0.002
流动性		—	—	通过试验
粒度：425μm 筛余物（%）	≤			20
75μm 筛余物（%）	≤			7

用于饮用水处理的高锰酸钾产品，不应含有其数量能导致处理过的水影响健康的无机物和有机物，我国生产的高锰酸钾产品一般皆能满足饮用水处理技术要求。

12.4.2　高锰酸盐净水处理的主要功能

20 世纪初，高锰酸钾首次在英国作为水处理剂用于水质净化，以后陆续在美国、西班牙等国使用。在国外高锰酸钾主要用于除铁、除锰、除臭、除味等，且使用规模越来越大。据美国水协 1999 年对美国地面水厂的调查，在服务人口超过 1 万人的水厂中，约有 36.8% 使用高锰酸钾，占美国人口的 21%，其比例仅次于氯。

我国从 20 世纪 80 年代开始以李圭白院士为主，首先提出将高锰酸钾用于饮用水除污染，特别是 90 年代又发明了高锰酸盐复合剂除污染技术，使高锰酸盐在自来水厂中应用越来越得到重视和发展。投加高锰酸钾和高锰酸盐复合剂，不需要改变水处理工艺、不需要增建大型水处理构筑物，经济有效，简便易行。

在水厂应急处理技术中投加高锰酸盐作用在于：对锰的去除；对色度、臭味的去除；对有机物和微量有机物去除和除藻。

1. 高锰酸钾除锰

采用水库水的水厂有时会发生突发性锰的增加，投加高锰酸钾可以快速除锰。

(1) 水中的锰可以有从正二价到正七价的各种价态，但主要是二价锰。天然水体的 pH 值一般为 6.0~8.5。当地下水补给河水或湖底水层与湖中水体交混时，一般在秋冬之交，二价锰将被带入含溶解氧的地面水中，但由于二价锰在天然水体 pH 值条件下氧化速度很慢，二价锰的形态在水中存在时间很长。对于水中溶解性的二价锰，除锰的方法可用氧化剂将其氧化为高价锰（主要为四价锰），由于四价锰在天然水 pH 条件下的溶解度很低，故将以水合二氧化锰（$MnO_2 \cdot 2H_2O$）沉淀的形式由水中析出，再将二氧化锰由水中分离除去，从而达到除锰的目的。

（2）高锰酸钾可以在中性和微酸性条件下迅速将水中二价锰氧化为四价锰：

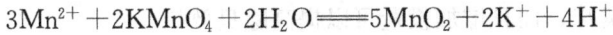

$$3Mn^{2+} + 2KMnO_4 + 2H_2O \Longrightarrow 5MnO_2 + 2K^+ + 4H^+$$

按上式计算，每氧化 1mg 二价锰理论上需要 1.9mg 高锰酸钾，但实际上所需高锰酸钾量比理论值低，因为反应生成物——二氧化锰是一种吸附剂，能直接吸附水中的二价锰，从而可使高锰酸钾用量降低。当水中含有其他易于氧化的物质时，则高锰酸钾用量会相应增大。

（3）若高锰酸钾投加量超过需要量，处理后的水会显粉红色，所以必须严格控制。高锰酸钾投加量允许在一定的安全幅度内变动，在安全幅度内，处理水的性状可保持良好。此安全幅度的大小值随 pH 值而变，pH 值愈高，幅度愈宽，且所需投加量也相应减小。

2. 高锰酸钾除臭除味

（1）高锰酸钾及其复合剂去除蓝绿藻产生的臭味

将人工培养的含蓝绿藻水加热，能闻到明显的异臭，因此对臭味的分析是将水样加热至 60℃ 左右的 6 级臭味强度值。

图 12-11 表示出 KMnO_4 及 PPC 强化混凝剂与单纯混凝的除臭效果对比。从图中可以看出，原水臭味 3 级，经过 30mg/L 聚合氯化铝混凝处理后，沉后水臭味仍为 3 级，没有降低；而投加 0.5mg/L KMnO_4 预处理后，沉后水臭味强度降为 1 级；而投加 0.5mg/L PPC 预处理，沉后水臭味强度可降为 0，即基本闻不到臭味。

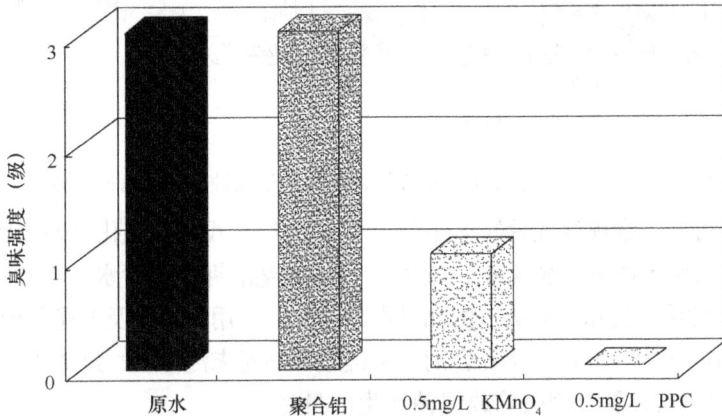

图 12-11　KMnO_4 及 PPC 强化混凝与单纯混凝对臭味去除的效果对比

聚合氯化铝投量 30mg/L

合肥巢湖水源水每年 5～10 月由于湖中蓝绿藻类大量繁殖，致使水的臭味很重。试验比较了预氯化＋常规混凝、预氯化＋粉末活性炭＋常规混凝和高锰酸盐复合剂预氧化＋常规混凝 3 种方法的除臭除味效果，试验中液体碱式氯化铝投加量为 60mg/L，氯化硫酸亚铁投加量为 40mg/L，预氯化的氯投加量为 3mg/L，粉末活性炭投加量为 30mg/L，高锰酸盐复合剂投加量分为 0.5mg/L（以高锰酸钾计，下同）和 0.75mg/L 两种，各种药剂的投加顺序为先投加预氧化剂，再投加混凝剂，快速混合后投加粉末活性炭。实验结果表明，巢湖原水经预氯化和常规混凝处理之后，沉后水的臭味强度为 3 级，经预氯化、粉末活性炭吸附和常规混凝后的沉后水臭味强度为 2 级，经两种投加量的高锰酸盐复合剂预氧化、常规混凝后的沉后水臭味强度为分别为 1 级和 0 级。投加高锰酸盐复合剂可以有效地控制和去除水中的臭味，而且增加投量可以提高除臭效果。

（2）高锰酸钾及其复合剂去除硅藻产生的臭味

在郑州黄河水厂，由于原水在蓄水池中长期贮存，在每年 12 月至次年 3 月间，由于硅藻大量繁殖，致使出厂水有明显臭味。

为了除去水中藻类产生的臭味，采用 "原水→预氯化→混凝沉淀→过滤→加氯消毒→管网" 处理工艺，对多种预处理方法进行了除臭试验。即原水先加 2mg/L 的氯进行预氯化，然后投加混凝剂聚合氯化铝 7.5mg/L，再分别投加过氧化氢 10mg/L、粉末活性炭 10mg/L、高锰酸钾 1mg/L、高锰酸盐复合剂 1mg/L，经混凝、沉淀、过滤、再加氯消毒，然后测定消毒后水的臭味，对比试验结果绘于图 12-12 中。

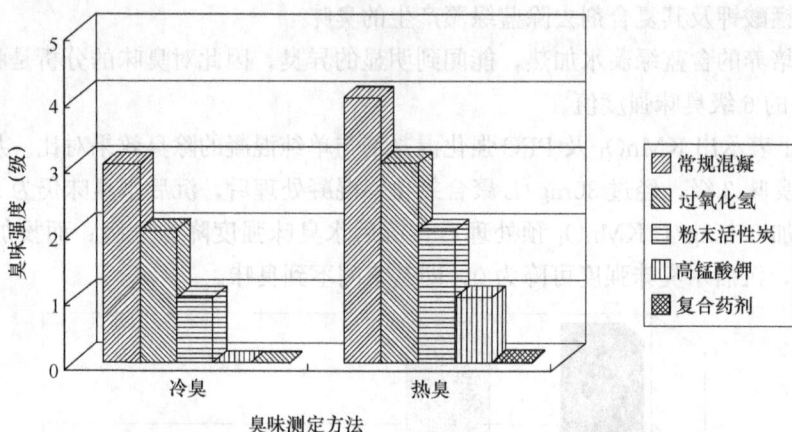

图 12-12　原水经预氯化后高锰酸盐复合剂与其他几种处理方法除臭效果比较

由图 12-12 可见，常规处理后的水样臭味为 3～4 级，投加过氧化氢处理后水样臭味 2～3 级，投加粉末活性炭处理后水臭味 1～2 级，投加高锰酸钾处理后水臭味 0～1 级，投加高锰酸盐复合剂处理后水臭味为 0 级。由此可得出结论，采用预氯化及上述各种处理方法控制水中臭味的优劣顺序为：高锰酸盐复合剂＞高锰酸钾＞粉末活性炭＞过氧化氢＞常规混凝。

（3）高锰酸钾及其复合剂去除放线菌产生的臭味

臭味问题是以受污染的地表水为水源的自来水中表现的突出问题，也是引起居民对水质抱怨的经常性的原因。水源呈富营养化后，水中臭味主要是由水中的藻类和放线菌产生的，是一些蓝绿藻和放线菌的主要代谢产物。

对水中放线菌及其代谢臭味的去除研究主要是以实验室试验为基础进行的，首先采用人工培养放线菌，并配置成具有一定臭味强度的含放线菌臭味污染水样，对其进行系统研究。

用 600mL 烧杯取上述由放线菌培养液配制成的含臭味水样各 500mL，于六联搅拌机上进行烧杯搅拌试验，试验时控制不同的加药条件，分析各种药剂对放线菌诱发的有机物及臭味的强化去除效果。先向烧杯水样中分别投加不同量的 $KMnO_4$、PPC（高锰酸盐复合剂）和 Cl_2，以 150r/min 速度搅拌预反应一定时间（如无特别指明，一般为 10min），再投加一定量的聚氯化铝，继续以 300r/min 的速度搅拌 2min，然后再加以 50r/min 的速度搅拌 10min，静置沉淀 30min，取沉后水上清液进行相应指标的分析，考察混凝强化混凝对放线菌代谢引起的有机物及臭味的去处效果，同时对高锰酸钾及高锰酸盐复合剂与预氯化的效果进行比较。试验期间主要原水指标为：浊度 7.5NTU，UV$_{254}$ 0.241，臭味 3级。试验表明，单纯混凝虽然能降低水的浊度，但对臭味没有去除作用，沉后水的臭味与原水相同，仍为 3 级；而采用 2mg/L PPC 预处理后出水臭味完全消失；2mg/L KMnO$_4$ 预处理可使水的臭味由原来的 3 级降为 1 级；而用 3mg/L 及 6mg/L Cl$_2$ 预处理后，臭味都由原来的 3 级升为 4 级。由此可见，KMnO$_4$ 及 PPC 预处理对臭味有很好的去除效果，尤其是 PPC，而 Cl$_2$ 不但不能降低却反而使水的臭味强度升高。

（4）高锰酸钾及其复合剂去除污、废水污染产生的臭味

黑龙江依兰县水厂取水点位于松花江哈尔滨江段下游，江水受到污染，特别是冬季冰封期，松花江水流量小，自净能力差，原水污染加重，水质恶化，使得水厂现行处理工艺处理后的出厂水具有臭味。臭味强度通常为 2～3 级，有时高达 4～5 级，烧开后，臭味更为强烈，这是由于工业及城市污水排放所致。经对受污染原水、常规混凝处理（液体碱式氯化铝投加量 119mg/L）和高锰酸盐复合剂预氧化混凝处理（高锰酸盐复合剂投加量以高锰酸钾计 2mg/L，液体碱式氯化铝投加量 119mg/L）的滤后水的臭味强度进行试验，由试验结果可知，原水在温室下的臭味为 1 级，加热后达到 4 级；液体碱式氯化铝常规混凝处理后的水，室温下臭味强度为 2 级，加热后也达到 4 级，采用高锰酸盐复合剂预氧化处理后的水，室温下臭味为 0 级，加热后臭味也很小，为 1 级。

试验结果表明，不论对于因藻类大量繁殖产生的臭味，或水源受到有机污染引起的臭味，采用高锰酸盐复合剂预处理，都具有良好的除臭效果。

3. 高锰酸钾及其复合剂与活性炭联用对水中有机物的去除

当水中有机物含量较高，单独用高锰酸钾或其复合剂强化混凝达不到去除要求时，可以与活性炭联用，以提高去除效果。

试验原水取自松花江哈尔滨上游江段冬季的水源水。

表 12-9 列出了常规给水处理工艺、常规＋粉末活性炭吸附、常规＋高锰酸钾预处理、常规＋高锰酸钾与粉末活性炭联用几种处理方式对低温低浊水的处理效果。表中列出了多次重复试验结果，可以看出，高锰酸钾与粉末活性炭联用对强化低温低浊度水混凝具有显

高锰酸钾与粉末活性炭联用对低温低浊度水的强化混凝效果　　　　表 12-9

处 理 工 艺	沉后浊度 (NTU)	滤后浊度 (NTU)	滤后 COD$_{Mn}$ (mg/L)
常规工艺（加入硫酸铝 40mg/L）	2.46	0.31	3.98
常规＋粉末炭（5mg/L）	2.27	0.279	3.82
常规＋高锰酸钾预氧化（1mg/L）	2.27	0.222	3.39
常规＋高锰酸钾与粉末炭（KMnO$_4$1mg/L；粉末炭 5mg/L）	2.16	0.227	2.91

注：试验过程为：加入 1mg/L KMnO$_4$ 快搅 5min（200r/min）；加入 5mg/L PAC，快搅 5min（200r/min）；加入 40mg/L 硫酸铝快搅 1min（200r/min）；然后慢搅 9min（30r/min）；沉淀 30min 后取上清液测定浊度，取滤后液测浊度和 COD$_{Mn}$。

原水 COD$_{Mn}$ 4.08mg/L；浊度 7.46 NTU；水温 0℃。

著的效果，远优于单纯的粉末活性炭吸附或单纯的高锰酸钾预处理，特别是对水中 COD_{Mn} 的去处效果更为明显。例如，常规＋粉末活性炭吸附（5mg/L PAC）使滤后水的 COD_{Mn} 比常规给水处理滤后水的平均值下降 4％；常规＋高锰酸钾预处理（1mg/L 高锰酸钾）使滤后水的 COD_{Mn} 比常规水处理工艺滤后水的平均值下降 14.8％；而常规＋高锰酸钾与粉末活性炭联用使滤后水的 COD_{Mn} 比常规水处理工艺下降 27.0％。此外，常规＋高锰酸钾与粉末活性炭联用使沉后与滤后水浊度有一定程度的降低，滤后水浊度的降低幅度更为明显。

混凝剂投加量对高锰酸钾与粉末活性炭联用处理低温低浊度水的效果有一定影响（表12-10）。随着混凝剂投量升高，无论是单纯投加硫酸铝还是几种强化混凝方式，沉后与滤后余浊和 COD_{Mn} 均有明显下降。但在任何混凝剂投量下，高锰酸钾与粉末活性炭联用都具有最佳的出水水质。

不同混凝剂投量下高锰酸钾与粉末活性炭联用时的强化混凝效果　　　　　表 12-10

处 理 工 艺	硫酸铝投量（mg/L）	沉后浊度（NTU）	滤后浊度（NTU）	滤后 COD_{Mn}（mg/L）
常规工艺（单纯硫酸铝混凝）	20	7.11	0.534	4.94
常规＋粉末炭（5mg/L）		6.20	0.490	4.90
常规＋高锰酸钾预氧化（1mg/L）		5.79	0.347	—
常规＋高锰酸钾与粉末炭复合（KMnO₄1mg/L；粉末炭 5mg/L）		4.29	0.303	4.48
常规工艺（单纯硫酸铝混凝）	40	3.07	0.238	4.80
常规＋粉末炭（5mg/L）		2.43	0.268	4.24
常规＋高锰酸钾预氧化（1mg/L）		3.48	0.246	3.60
常规＋高锰酸钾与粉末炭复合（KMnO₄1mg/L；粉末炭 5mg/L）		2.92	0.206	3.52
常规工艺（单纯硫酸铝混凝）	60	2.40	0.273	4.30
常规＋粉末炭（5mg/L）		2.79	0.289	3.90
常规＋高锰酸钾预氧化（1mg/L）		2.36	0.386	3.70
常规＋高锰酸钾与粉末炭复合（KMnO₄1mg/L；粉末炭 5mg/L）		2.16	0.261	3.60
常规工艺（单纯硫酸铝混凝）	80	3.33	0.296	2.90
常规＋粉末炭（5mg/L）		3.59	0.220	2.60
常规＋高锰酸钾预氧化（1mg/L）		3.50	0.223	2.70
常规＋高锰酸钾与粉末炭复合（KMnO₄1mg/L；粉末炭 5mg/L）		3.28	0.213	2.50

注：原水 COD_{Mn} 4.96g/L；浊度 7.0NTU；水温 0℃。

试验中发现，当采用常规＋高锰酸钾预处理与粉末活性炭联用处埋低温低浊水时，随着高锰酸钾投量增加混凝效果逐渐提高，滤后水的 COD_{Mn} 逐渐下降（见表 12-11）。若固定高锰酸钾投量为 1.5mg/L，逐渐提高粉末活性炭投量，滤后水的 COD_{Mn} 也逐渐下降

（见表 12-12）。

高锰酸钾与粉末活性炭联用时不同高锰酸钾投量的强化混凝效果　　表 12-11

处　理　工　艺	沉后浊度（NTU）	滤后浊度（NTU）	滤后 COD_{Mn}（mg/L）
常规＋高锰酸钾与粉末炭联用（KMnO₄　0.5mg/L）	1.94	0.332	4.40
常规＋高锰酸钾与粉末炭联用（KMnO₄　1.0mg/L）	2.84	0.314	3.80
常规＋高锰酸钾与粉末炭联用（KMnO₄　1.5mg/L）	2.15	0.402	3.40
常规＋高锰酸钾与粉末炭联用（KMnO₄　2.0mg/L）	2.30	0.324	3.00

注：原水 COD_{Mn} 4.67g/L；浊度 6.67NTU；水温 0℃。

　　粉末活性炭投量 10mg/L；硫酸铝投量 40mg/L。

高锰酸钾与粉末活性炭联用时不同粉末活性炭投量的强化混凝效果　　表 12-12

处　理　工　艺	沉后浊度（NTU）	滤后浊度（NTU）	滤后 COD_{Mn}（mg/L）
常规＋高锰酸钾与粉末炭联用（粉末炭 5mg/L）	3.38	0.416	3.80
常规＋高锰酸钾与粉末炭联用（粉末炭 10mg/L）	2.40	0.319	3.60
常规＋高锰酸钾与粉末炭联用（粉末炭 15mg/L）	2.31	0.224	3.00
常规＋高锰酸钾与粉末炭联用（粉末炭 20mg/L）	2.57	0.244	2.00

注：原水 COD_{Mn} 4.67g/L；浊度 6.67NTU；水温 0℃。

　　硫酸铝投量 40mg/L；高锰酸钾投量 1.5mg/L。

　　高锰酸钾与粉末活性炭的投加顺序对水的混凝效果有一定程度影响。试验中分别分析了 3 种投加顺序对强化混凝效果的影响（表 12-13）。试验表明，先投加高锰酸钾，再投加混凝剂，快速搅拌后投加粉末活性炭可取得较好的强化混凝效果。这可能是由于水中胶体脱稳后生成了一定尺度的颗粒，难以参与在活性炭表面上竞争吸附，从而更有利于去除水中有机成分，使 COD_{Mn} 显著下降；另一方面，在快速搅拌结束后投加粉末活性炭，可以减少粉末活性炭被絮体的包裹，使投入的粉末炭大都附着于絮体表面，发挥其吸附有机物的作用。

　　由实验可知，对该水源水质（COD_{Mn} 4.76mg/L），只要适当优化混凝剂、高锰酸钾和粉末炭的投加量，优化其投加顺序，就能将水的 COD_{Mn} 降至 3mg/L 以下。

高锰酸钾与粉末活性炭的投加顺序对低温低浊度水强化混凝效果的影响　　表 12-13

处理工艺与条件	硫酸铝投量（mg/L）	沉后浊度（NTU）	滤后浊度（NTU）	滤后 COD_{Mn}（mg/L）
常规处理工艺	30	2.41	0.399	4.10
先投高锰酸钾快搅 5min，投粉末炭快搅 5min，投硫酸铝混凝		2.88	0.422	3.40
高锰酸钾与粉末活性炭同时投加快搅 5min，投硫酸铝混凝		2.62	0.311	3.80
先投高锰酸钾快搅 10min，投硫酸铝快搅 1min 后投粉末炭		2.67	0.288	3.20
常规处理工艺	40	2.29	0.274	3.1
先投高锰酸钾快搅 5min，投粉末炭快搅 5min，投硫酸铝混凝		2.73	0.284	3.1
高锰酸钾与粉末活性炭同时投加快搅 5min，投硫酸铝混凝		3.07	0.270	3.3
先投高锰酸钾快搅 10min，投硫酸铝快搅 1min 后投粉末炭		2.21	0.338	2.7

处理工艺与条件	硫酸铝投量（mg/L）	沉后浊度（NTU）	滤后浊度（NTU）	滤后 COD_{Mn}（mg/L）
常规处理工艺	60	3.14	0.395	3.1
先投高锰酸钾快搅 5min，投粉末炭快搅 5min，投硫酸铝混凝		3.17	0.442	3.3
高锰酸钾与粉末活性炭同时投加快搅 5min，投硫酸铝混凝		2.67	0.460	3.2
先投高锰酸钾快搅 10min，投硫酸铝快搅 1min 后投粉末炭		1.96	0.353	2.9
常规处理工艺	80	5.6	0.401	3.1
先投高锰酸钾快搅 5min，投粉末炭快搅 5min，投硫酸铝混凝		4.21	0.40	2.90
高锰酸钾与粉末活性炭同时投加快搅 5min，投硫酸铝混凝		3.83	0.29	3.1
先投高锰酸钾快搅 10min，投硫酸铝快搅 1min 后投粉末炭		4.56	0.226	2.8

注：原水 COD_{Mn} 4.67g/L；浊度 7.47NTU；水温 0℃。

加入硫酸铝快搅 1min（200r/min），然后慢搅 9min（30r/min），沉淀 30min。

高锰酸钾投量 1.5mg/L；粉末活性炭 10mg/L。

注：以上试验资料摘自《锰化合物净水技术》。

12.4.3　高锰酸钾投加技术

1. 投加点

使用高锰酸钾时投药点、投药顺序和间隔时间，对处理过程有很大影响，宜现场试验来确定。

（1）高锰酸钾作预氧化宜在水源厂（取水泵站）加入；当在混凝单元之前投加时，先于其他水处理药剂投加的时间不宜小于 3min。

（2）除锰时，如还需加氯，宜先投氯后投加高锰酸钾，或者同时投加；如还投硫酸铝和石灰，投加顺序为先投氯，经 3～5min 反应后，再投加硫酸铝、石灰。

（3）除臭味或有机物，单独使用宜先投高锰酸钾，再投混凝剂；与粉末活性炭联用时，宜先投加高锰酸钾，再投加混凝剂，快速搅拌后再投加粉末活性炭。

2. 投加量

应根据主要去除对象经过搅拌试验对比确定。用于去除有机微污染、藻和控制臭味时，投加量一般控制在 0.5～2.5mg/L。

3. 投加方法

投加高锰酸盐有可以采用干投和湿投两种投加方法。一般采用湿投。湿投时可在一个溶液池中将高锰酸钾配置成 1%～4% 比浓度的溶液，投加时用计量泵直接投加到指定的投加点。高锰酸钾投加有专门成套的设备可选用。

4. 工程实践

浙江嘉兴贯泾港水厂的高锰酸盐投加实践如下：

（1）配置和溶解

高锰酸盐复合药剂为粉剂药品，采用自动配置，在溶药池中溶解高锰酸盐复合药剂，当溶药池液位下降到下限值时，将一定量的粉剂药品通过药斗加入溶药池，启动注水控制系统，根据工艺要求，贯泾港水厂的配置浓度为 0.5%。在实际操作中，可将加水量转换为溶药池的液位高度控制配药浓度，在确定一定量的高锰酸盐粉剂已倒入溶药池后，便可启动注水、搅拌（连续搅拌 30min），完成药剂的配置工作。高锰酸盐药剂容器要用玻璃钢、内衬氟、PVC、PE 等抗腐蚀材料做防腐处理。

（2）投加

高锰酸盐复合药剂在 pH 值 5.0～11.5 范围内都具有良好的氧化性，投量在 0.3～1.0mg/L 时，对微量有机污染物具有良好的去除作用，投量在 1.0～2.0mg/L 时，对藻类去除率最高可达 97%，投加量在 0.5～2.0mg/L 范围内即足够去除水中臭味。

高锰酸盐复合药剂的投加位置在混凝工艺的前端（强化混凝）或者是在过滤工艺的前端（强化过滤），或者同时投加，但投加后应保证与水充分混合。

高锰酸盐复合药剂的投加装置有两种：

一种是利用取水泵和输水管，在取水口处投加。投加时利用吸水管的负压，将药液吸入管内，并通过水力搅拌达到混合目的。

另一种是通过计量泵进行投加。先将高锰酸盐复合药剂经溶解、配置成一定浓度后采用计量泵进行投加，计量泵频率设为恒定，冲程则根据原水的流量变化而作相应地线性调节，以保证单位水量所投加药量相等。

贯泾港水厂实际应用中高锰酸盐投加点在生物预处理出水管处，投加量控制在 0.6～1.0mg/L，具体计算如下：（进水量/1000）×（0.6～1.0）/浓度＝药液流量。

（3）配套设备和仪表

高锰酸盐加注系统配套设备和仪表有：

1）计量泵 2 台，一用一备，型号 R411.1-810Z，Q＝1030L/h。

2）搅拌机 3 台，每个溶药池各配一台，型号 MM1000，n＝78r/min。

3）单梁防爆行车 1 台，型号 1T。

4）液位仪 3 个，每个配药池配一个，型号 FMU230E。

5）DN32 电磁流量仪。

（4）操作管理注意事项

1）定时巡查，要点是计量泵声音无异常；阀门、管道无泄漏；流量与频率相符；电动阀门：开到位、关到位状态正确，无故障；过滤器：加药流量无大幅波动，无堵塞现象。

2）注意保持加锰间地面干净整洁，保持地面干爽，防止药剂受潮。

3）高锰酸盐溶解池液位下降到设定值液位（1.2m）时应进入自动配药程序；待自动进水，液位至 1.5m 后，系统会自动停止；取 2 包（25kg）高锰酸盐倒入溶解池。按下控制柜上的［冲溶］按钮，系统再次启动，搅拌机自动启动，自动配药至 2.3m，配置结束，搅拌机继续工作 15min 后停止。

4）及时切换溶液池。

当一只溶液池用空后就应及时切换到另一只。打开备用池电动阀，关闭空池电动阀。切换后，使用池子搅拌机搅拌 20min。

5）计量泵按规定进行开、闭计量操作。

6）仓储、进货和验收。

水厂高锰酸盐库存量应保证不少于 7d 的用量，以最近 3d 的平均量作为计算基准。如果库存已不足 7d 用量时，应通知厂部进货。进货时，在现场清点进货量，装卸时注意摆放整齐有序，以方便清点和搬运。

（5）常见故障及处理方法

高锰酸盐加注设备常见故障主要有溶药池出液过滤器堵塞。由于高锰酸钾药剂为粉末状，含有较多杂质。配药的时候，杂质和药剂一起进入溶药池，经过一段时间的运行，这些杂质会堵塞过滤器，导致无法出液。该故障的解决办法就是定期清洗过滤器，人工拆下过滤器，到指定的场所进行清洗。还有一个发生概率较低的故障是底阀卡住，该底阀是弹珠式的，弹珠因杂质卡死，导致无法出液，该故障需要人工穿雨裤进入溶药池底部，将底部阀拆下清洗即可。

12.5　含藻水的应急处理技术

12.5.1　含藻水概述

1. 含藻水的定义

含藻水给水处理设计规范 CJJ 32—2011 对含藻水的定义是："水源的藻含量足以妨碍常规水处理工艺的正常运行，或降低出厂水水质的水源水"

2. 有关藻密度限值的研究

《生活饮用水卫生标准》以微囊藻毒素为标准，要求饮用水中微囊藻毒素 LR 的限制为 0.001mg/L，但藻毒素的检测方法如高效液相色谱（HPLC）法和酶联免疫吸附（ELISA）法等对仪器、试剂和技术要求高，步骤较繁琐，尚无法开展常规的检测工作，且滞后时间长。为了能指导水厂除藻工艺，复旦大学曾经研究了藻类和蓝藻及藻毒素浓度间的关系，提出了建立饮用水源和饮用水中藻类和蓝藻的限值，其研究推荐值见表 12-14。

饮用水源及饮用水中藻细胞的限制（单位：个/L）　　　　　　　　表 12-14

	生活饮用水源		生活饮用自来水	备　注
	藻细胞	蓝藻	（藻细胞）	
安全限制	2.0×10^4（2 万）	8.0×10^3（0.8 万）	1.0×10^4（1 万）	
警戒限制	4.2×10^5（42 万）	2.4×10^5（24 万）	2.1×10^4（21 万）	
危险限制	2.4×10^6（240 万）	5.0×10^5（50 万）	1.2×10^6（120 万）	

注：摘自《净水技术》2002 年特刊 15-19。

研究指出：

安全限值：指长期以含有较少数量的藻/蓝藻细胞为饮用水源而不会对肝脏产生毒性作用的限值。

警戒限值：指避免饮用水源中长期存在低剂量藻毒素可能潜在的致癌性设定的限值。

危险限值：指避免饮用水源中较大量藻细胞释放的毒素对肝脏产生危险性毒作用的限值。

但由于藻类种类庞杂，藻密度与藻毒素关系复杂，各地情况差别很大，以上研究未经鉴定，也未正式出台，只能作为参考。

3. 含藻水对供水的主要影响

(1) 引起水的异臭

蓝藻类能产生腐败臭、霉臭、青草臭、土腥臭；绿藻类能产生鱼臭、腐败臭、青草臭；硅藻类、黄藻类、涡鞭藻类也都能使产生一定的臭味。用户对此十分敏感。

(2) 含藻水不易混凝沉淀，藻类其分泌物会干扰混凝过程，使藻类不易沉降；藻类堵塞滤池并使滤料泥球化，增加过滤水头损失，增加水处理困难。

藻类进入滤池会在滤池表面形成一薄层黏膜物，造成滤速降低，过滤周期缩短。滤池还会被某些微小的藻类穿透。

(3) 蓝藻产生的生物毒素，会致使人体肝损害，参饮用水水质安全造成威胁。

由于很多藻类在细胞破裂或衰老时毒素释放进入水中，如微囊藻就会产生毒性很强的微囊藻毒素，国家标准规定微囊藻毒素－LR限值0.001mg/L。又如鱼腥藻、硅藻、放线菌会产生土臭素、甲基异莰醇－2等致臭味物质（新国标附录A要求限值0.00001mg/L以下），藻类正常生长活动会分泌这些代谢产物，而在藻体破裂时更是会大量释放。

藻类及其代谢产物是THMs和HAAs前体物的重要来源之一，会在氧化中产生毒性很大的氮类副产物（N－DBPs）。

(4) 腐蚀净水构筑物

有些藻类直接在混凝土和金属构筑物上生长，成为黏质物，黏附在净水构筑物上，形成一种润滑层，令人讨厌。有时还可以在混凝土上造成小坑破坏结构。

(5) 某些微小的藻类能穿透滤池，进入清水池和管网，增加水中有机物含量，促进细菌生长，导致管网水质下降，腐蚀管网。

4. 藻类污染的应急对策

(1) 密切注视藻类密度的变化，加大对原水和出厂水的水质监测的力度和检测频率，随时掌握水源水质的变化趋势。

(2) 加大对取水口的巡查力度，有分层取水设施的更应密切掌握不同水深藻类含量，适时调整取水深度。

(3) 做好应急技术方案的准备，及时对出现的藻类、藻密度的实际情况在化验室试验的基础上制定投加氧化剂、吸附剂的投加量、投加点、投加顺序、投加方法的技术方案。

(4) 做好应急投加等的设备和材料的准备。

(5) 及时启动应急预案，在强有力的领导指挥下组织各部门沉着应对，确保城市供水安全不受影响。

5. 藻类控制技术

由于藻类对水处理的危害，国内外学者与自来水公司对富营养化水体中藻类处理的研究很多，开发了多种藻类控制技术。

(1) 放养鲢、鳙鱼控制蓝藻水华。

早在 20 世纪 70 年代中期,武汉东湖水中的氮、磷等营养元素大大超过富营养型的标准,藻类快速生长。每年夏季,东湖水面都会出现厚厚一层微囊藻水华,散发出难闻的气味,行人不得不掩鼻而过。为此,中科院水生所的专家们开展了长达 11 年的研究。他们用实验湖沼学的方法,先后于 1989 年、1990 年、1992 年和 2000 年进行原位围隔试验,采用放养鲢、鳙鱼直接控制微囊藻水华的"生物操纵"法,观察鲢、鳙鱼放养量与水华现象之间的关系。

试验结果证明,在养鱼的围隔里,蓝藻的份额减少很多;而在不养鱼的围隔里,蓝藻水华则生长得很好,已经出现水华的间隔,在引进鲢或鳙鱼之后 10 天至 20 天,水华即全部消失。实验结果还证明,每立方米水投放 50 克鲢、鳙鱼,控制水华发生的效果最好。而放养草鱼则完全不能控制水华。东湖水华消失之谜由此揭开:养鲢、鳙鱼的水域里不出现水华,在于鲢、鳙鱼吃掉了导致水华发生的藻类,改善了水质。

(2) 三门峡自来水公司鲢鱼除藻效果好

三门峡市自来水公司第三水厂于 1995 年建成投产,以黄河水作为源水,供水能力 8 万 t/d,其调蓄预沉池占地 1 千多亩,约能蓄 300 多万吨水,黄河水被抽到此池后,再经过预加氯、沉淀、过滤、二次加氯消毒后进入自来水管网供给市民饮用。由于水在池内停留时间较长,且流动缓慢,在适宜的阳光、温度等外部条件作用下,水中的藻类就会迅速繁殖,不但水体有腥味,而且浊度也较难处理,虽然在第三水厂增加了粉末活性炭吸附处理工艺,但也不能彻底解决问题。2005 年以来,三门峡市自来水公司陆续在其第三水厂调蓄池内放养了十几万尾鲢鱼除藻,使水质得到明显改善。

鲢鱼的主食是藻类,其每长 1kg,需要吞食 40~50kg 藻类,而每条鲢鱼每年平均能长 3~4kg,这样一条鲢鱼一年就能吃掉 150kg 藻,第三水厂调蓄池放养鲢鱼后,水中的绿藻、蓝藻数量和往年同期相比大大减少,不但出厂水的腥味明显减弱,而且浊度也没有往年长时间持续难处理的现象。绝大多数市民都说今年夏季的自来水水质好多了,水里的怪味几乎闻不到了。

(3) 底泥疏浚

对于富营养化湖、库来说,将富含营养物的底泥层清除,可控制藻类生长。与此同时,增大了湖库库容,也除掉并控制了大型植物。选用底泥疏浚,应对底泥进行化学分析,以便确定底泥的综合利用价值及特殊处置措施。在清淤过程中,应合理确定淤泥的清除量,一般不宜将污泥全部全部清除,以免把大量底栖生物,水生植物同时清除水体,破坏现有的生物链系统。

(4) 水体曝气

对湖泊和水库等封闭性水体而言,常出现温度分层现象,即深冷层水中的营养物浓度一般比上层水高。此时可对湖底曝气,通过人工循环,消除或防止温度分层,使湖水充分混合并向水体充氧,抑制藻华发生。充气的好处有:a. 在光限制藻群方面,与湖底混合将增加藻细胞处于黑暗的时间,减少光合作用;b. 引入溶解氧,钝化底泥,阻止底泥中磷释放;c. 增加湖水 CO_2 的含量,提高湖水 pH 值,促进蓝藻类向毒性小的绿藻转化;d. 因充气使底层水搅浑,有利于浮游动物的生存,而不易被用眼捕食的鱼类捕食。

(5) 投加除藻剂

投加除藻剂是一种简便、应急的控制水华的办法，可以取得短期的效果，目前常用的除藻剂有硫酸铜或含铜有机螯合物、西玛三嗪等。硫酸铜是目前应用最广的杀藻剂，多用于水源水的杀藻。

研究表明，在水体中投加硫酸铜抑制剂的有效剂量为 $0.5\sim1.0$mg/L，其对水中藻类的去除率可以达 70%～90% [吕启忠等，2000]。但过量使用硫酸铜会导致水中铜盐浓度上升，危害人体健康。而且硫酸铜会破坏藻细胞，使细胞内大部分藻毒素渗入水体中，增加水体中藻毒素的背景浓度。

(6) 模拟人工湿地除藻

该法在日本、韩国应用较多，日本建设省利用种植多种水生植物吸收水中的氮、磷类营养元素和藻类物质的原理在霞浦湖边建立了占地 $3400m^2$ 的实验性人工湿地净化湖水。经 5 年的运行实践，取得了良好效果，即使在湖水水华高发期，也能有效消除蓝藻，每 m^2 人工湿地每天可去除水华 2.0kg(以 98% 的含水率计)，全年平均除氮能力 196g/(m^2·d)，还可以去除水中 40%～50% 的磷。其去除藻类的主要机制是机械过滤作用，同时存在着化学和生物作用。该法有一大优点：人工湿地的渗水率不随系统滤水量的增加而递减，仅在一定范围内波动，同时该法无藻渣产生。

(7) 种植大型水生植物

自然界可以净化环境的植物有 100 多种，比较常见的水生植物有水葫芦、浮萍、芦苇、灯芯草、香蒲和凤眼莲。其中水葫芦是国际上常用的治理污染的水生漂浮植物。可以利用植物的根系吸污纳垢，吸收溶解在水中的氮、磷；发达的根系还有吸附作用；在光合作用的同时能够释放氧气。这些植物种植简单，繁殖能力强，病害少，还具有一定的观赏价值和经济价值。

根据不同生态类型水生高等植物的净化能力及其微生物特点，通过人工复合生态系统，净化太湖局部水域富营养化水质，结果表明，藻类生物量（以 Chla 计）下降了 58%，氨氮下降了 66%，总氮下降 60%，总磷下降 72%，可溶性硫酸盐下降 80%。滇池治理过程中修建的凤眼莲景观区，在发挥水质净化功能的同时，还实现了旅游观赏功能。

水体中藻类的生长控制的根本措施是控制污染源，降低水体中氮、磷等营养质的浓度。藻类生长的抑制有物理抑藻技术，包括过滤法、遮光法、沉淀法、超声波法等。化学抑藻技术有投加杀藻剂，松香胺类、三联氮衍生物、有机酸、醛、酮化合物、硫酸铜、磷的沉淀剂等。但应用化学除藻技术有较大的生态风险，会破坏生态平衡，造成环境污染。

12.5.2 常规处理除藻的应急处理技术

1. 广东开平水厂在原水中投泥除藻

广东开平以大沙河水库为原水，全年 90% 以上时间水的浊度在 10NTU 以下，藻密度在 $100\sim500\times10^4$ 个/L，COD$_{Mn}$ 一般为 0.8～2.5mg/L，NH$_3$ 0.1～1.5mg/L，采用常规水处理工艺。生产试验证明，原水浊度在 3～10NTU，投加泥浆水，使浊度提高到 15～20NTU 之间，絮凝沉淀除藻率达到 80%～90%，不投泥则为 60%，投泥除藻，在滤池正常运行 30h 后，除藻率仍可达到 97% 以上，不投泥滤池运行不足 30h 除藻仅为 70%，投泥除藻的同时也将臭去除。但原水投泥后，细菌总数，大肠菌群及耗氧量略有提高。

2. 杭州清泰水厂在原水中投加底泥除藻

2008 年 5 月～10 月，杭州清泰门水厂原水中藻含量达 230～720 万个/L，滤前水藻含量达 12.5～50 万个/L。四组滤池使用周期从 24n 缩减至 12n，经采用投加氯预氧化，添加聚丙烯酰胺助凝剂和投加膨润土和水源河水的底泥方法进行试验。试验都是在 6 个烧杯中加入 1000mL 原水和 15.0mg/L 聚合铝；用六联同步搅拌机搅拌（150r/min 搅拌1min，再 50rpm 搅拌 5min）以后，各以不同的 Cl_2、聚丙烯酰胺、膨润土和底泥的投加量静置 45min，用计数法检测上层清液中浊度及藻含量，计算去除率。表 12-15 为试验结果。

不同投加物的除藻试验比较　　　　　　　　　　　　　　　表 12-15

1. 预氯化

	加氯量					
	1.5mg/L	2.0mg/L	2.5mg/L	3.0mg/L	3.5mg/L	4.0mg/L
浊度（NTU）	5.88	5.32	4.78	4.35	4.11	4.05
余氯（mg/L）	0.75	0.90	1.25	1.67	1.06	0.70
藻类（万个/L）	62.5	50	25	25	12.5	12.5
藻类去除率（%）	75	80	90	90	90	91

2. 助凝剂

	聚丙烯酰胺（PAM）加量					
	0.07mg/L	0.08mg/L	0.09mg/L	0.10mg/L	0.11mg/L	0.12mg/L
浊度（NTU）	5.12	5.07	4.56	4.27	4.20	4.15
藻类（万个/L）	50	50	25	25	12.5	12.5
藻类去除率（%）	80	80	80	80	90	90

3. 膨润土

	膨润土加量					
	3mg/L	6mg/L	9mg/L	12mg/L	15mg/L	18mg/L
浊度（NTU）	6.23	5.17	4.72	3.99	5.64	7.83
藻类（万个/L）	50	25	12.5	<1	<1	<1
藻类去除率（%）	80	90	90	>99	>99	>99

4. 加底泥

	贴沙河泥加量					
	3mg/L	6mg/L	9mg/L	12mg/L	15mg/L	18mg/L
浊度（NTU）	5.85	4.20	4.10	3.85	4.25	8.10
藻类（万个/L）	50	25	12.5	<1	<1	<1
藻类去除率（%）	80	90	90	>99	>99	>99

试验结果说明：氯预氧化和投加 PAM 都不能明显提高对藻类的去除率，投加膨润土和底泥虽对浊度有较大影响，但去藻率很好，而且膨润土和底泥都能够有效地作为矾花核心可以将藻类和其他杂质以絮体的形式去除在沉淀环节。由于膨润土需要外购，在水厂中

用吸砂泵可以比较容易吸取取水河段的底泥,最后在生产实践中,根据水厂的工艺流程确定进水泵房的吸水井为投加点。用吸砂泵将贴沙河河底泥沙打入吸水井,经水泵水力搅拌充分混合后,使原水与絮体核心类物质混合,分别进入 4 组沉淀池。运行后,证实除藻效果良好。

3. 深圳强化混凝沉淀试验

深圳对水库水进行了室内强化混凝沉淀除藻试验,原水浊度 4.13~5.5NTU,含藻 $1.8×10^7$ 个/L~$4.3×10^7$ 个/L,一般投加混凝剂聚合氯化铝 PAC2.5mg/L,试验证明,除浊的混凝剂最佳剂量区电动电位在 $-14~14$mV 之间,除藻对藻的脱稳的最佳电动电位在 -8mV 以上,需要的 PAC 投加量在 $4~8$mg/L,除藻率可提高 5~10 个百分点,除藻率达到 90% 左右,最佳 pH 值为 7.0 或偏碱性。

4. 天津强化混凝处理高藻水效果的研究

天津塘沽公司针对引滦水每年 4 月下旬至 10 月下旬高藻期原水的特点,将原水以液体三氯化铁作为单一的混凝剂,采用复配混凝剂并进行烧杯试验对复配混凝剂方案进行了优化,结果表明:

1) 对于微污染高藻滦河水的处理,在相同投加量的情况下,PAC(聚氯化铝)与 $FeCl_3$(三氯化铁)、PAFC(聚合氯化铝铁)与 $FeCl_3$ 两种混凝复配方式较单独投加 $FeCl_3$ 的投药方式更能有效控制沉淀出水浊度。

2) 在控制出水浊度相同的情况下,PAC 与 $FeCl_3$、PAFC 与 $FeCl_3$ 两种复配方式的出水 pH 值比单独投加 $FeCl_3$ 高,并且随着总投加量的增加,pH 值都能稳定在 7.5 以上。

3) 在出水浊度相同的情况下,复配投加方式对余铁、藻类都较单加三氯化铁有更好的控制效果。含藻量从 $(1000~4000)×10^4$ 个/L,处理后出水厂最大值为 $31×10^4$ 个/L,最小值为 $(2.4~3.6)×10^4$ 个/L,平均为 $12×10^4$ 个/L。

4) 在总投量相同的情况下,先投 PAFC 或 PAC 再投 $FeCl_3$ 的投药顺序最优;PAFC 和 $FeCl_3$ 复配投加的最佳质量比为 3∶1,PAC 和 $FeCl_3$ 复配投加的最佳质量比为 1∶2;PAFC 或 PAC 与 $FeCl_3$ 最佳的投加间隔时间为 5~20s。

5) 复配药剂的水处理成本低于单独投加 $FeCl_3$25%~30%。

12.5.3 预氯化—粉末活性炭除藻的应急处理

湖州地处浙江省北部,太湖南岸,城区现有两座水厂,水源临太湖约 10 公里,在太湖水倒流时,沉淀池出水含有大量藻类,造成滤池过滤周期缩短,出厂水浊度偏高,出厂水有异味等。为解决这些问题,水厂对提高一次加氯量并在沉淀池出水的集水槽处投加粉末活性炭的方法进行了试验研究。

1. 原水藻类概况

太湖水体终年含藻,但随着季节的变化,藻类的种类和数量差异较大。通过多年的跟踪检测与生产运行表明,当藻类含量低于 $1.0×10^6$ 个/L 时,对常规处理影响不大,也不会产生明显的藻腥味,达到 $3.0×10^6$ 个/L,即可对制水工艺形成一定影响,经一次加氯后,可在沉淀池上闻到藻腥味,出厂水浊度也随之升高。水体环境:光照条件,氮、磷含量和比例,水温,pH 值,水体生态关系等都对藻类的生长产生很大的影响,但有一定的规律性，大致可分为以下几个周期：

（1）低平衡期：12 月中旬至下一年 3 月底，水温基本维持在 10℃以下，藻类的代谢作用微弱，生长、繁殖速度较慢，取得的原水中含藻量一般在 1×10^6 个/升以下，以硅藻占优，蓝绿藻次之。

（2）繁殖期：每年的 4、5 月份，水温逐渐升高，平均在 10~15℃之间，光照渐渐充足，又由于太湖平均水深仅为 1.89m，藻类代谢开始旺盛，迅速生长繁殖，原水中含藻量逐渐上升到 3.0×10^6 个/L 左右，此时蓝藻成为优势种群，绿藻和硅藻次之。

（3）高平衡期：6 月初至 11 月中旬，水温较高，基本维持在 15℃以上，日照时间长，原水中藻类数量急剧增加，原水中含藻量基本在 3.0×10^6 个/L 以上，最高检测值为 4.0×10^7 个/L，蓝藻占绝对优势，达到 90% 以上。

（4）衰亡期：从 11 月下旬至 12 月中旬，日照强度与时间逐渐减少，尤其是水温的降低制约了藻类的生长，逐渐失去活性并死亡，原水中藻类数量减至 1.0×10^6 个/升以下。

由此可见，在藻类暴发的高平衡期期，主要以蓝藻为主，而蓝藻是藻类中产生异味和毒素的主要元凶，对饮用水的安全构成了一定威胁。

2. 研究与实验

（1）由于藻类暴发时最直接的影响就是出厂水臭与味不佳，用户投诉不绝，因此实验中把去除臭与味作为重点，在对各种除藻方案进行比对后认为，保留预加氯，保留一定的余氯可以使水中的贝类难以生长，一旦停加，会在絮凝池中迅速生长，影响排泥。同时对臭味物质在制水工艺中产生时段进行了实验，结果表明，进水中的藻腥臭味很低，但是经过混凝沉淀后水的藻腥臭很明显，甚至能在沉淀池上闻到腥臭味。由此推断，水中藻腥臭的产生主要是藻类被杀死后产生了具有藻腥臭味的物质，或是氯或藻类的某些代谢产物反应产生具有腥臭味的物质。考虑到活性炭在除臭和味方面的优良性能，同时由于藻类的影响呈周期性变化的特点，在不改变原有工艺的条件下，对滤前投加粉末活性炭方面进行了深入研究。

（2）预加氯可以氧化有机物，杀灭藻类和微生物，防止滋生青苔。对适宜投加量进行了烧杯试验，试验用原水水温 25℃，浊度 76.7NTU，氨氮 0.35mg/L，pH8.4，需氯量（以 Cl_2 计）1.2mg/L，臭和味 II 级，含藻量 7.5×10^6 个/L，试验取水样 1000mL，聚氯化铝投加量以当日氯矾量定位 22mg/L 在 250r/min 转 1min，50r/min 转 15min，静置 30min，取上清液用于测定。有关数据见表 12-16。

加 氯 量 试 验 表　　　　　　　　　　　　　　　　　表 12-16

加氯量与上清液测定结果				
加氯量（以 Cl_2 计，mg/L）	浊度（NTU）	臭和味（级）	含藻量（个/L）	藻类去除率（%）
1.0	4.93	II	4.9×10^6	34.7
1.2	4.34	II	4.8×10^6	36.0
1.4	3.94	III	4.4×10^6	41.3
1.6	3.11	III	3.8×10^6	49.3
1.8	2.82	III~IV	3.5×10^6	53.3
2.0	3.05	III~IV	3.3×10^6	56.0

结果表明，当投加量在需氯量以内时，对藻类的去除率不到 40%，这是因为原水中的还原性物质大部分都比藻类更容易消耗掉有效率，真正作用于藻类的有效氯十分有限，一部分生成化合态氯又因为氧化性较低而难以杀死藻类。当投加量在 1.8mg/L 时，去除率达到 50% 以上，可见游离态的氯对藻类才有较好的去除作用。

（3）粉末活性炭投加量的确定

在粉末活性炭选型的过程中，发现煤质粉末活性炭比木质粉末活性炭更易沉降，考虑到在投加时的均匀性和易操作性，选择了木质粉末活性炭作为投加剂，并把粒度、pH值、碘吸附值、亚甲蓝吸附值、酚吸附值、水分和灰分作为综合评价的依据，选择了湖州生产的 832 型粉末活性炭，并以此炭进行了沉淀池出水的投加量试验。试验步骤：取沉淀池出水 1000mL，分别加入 3、5、10、15、20（mg）活性炭，搅拌 30min 后，以3000r/min 离心 15min，取上清液，测得有关数据见表 12-17。

粉末活性炭投加量试验试验表　　　　　　　　　　　表 12-17

项目 ＼ 投加量	0mg	3mg	5mg	10mg	15mg	20mg
色度（度）	8	5	<5	<5	<5	<5
游离氯/总氯（mg/L）	0.06/0.18	0.02/0.12	0.01/0.08	0.01/0.08	0.01/0.07	0.01/0.07
臭和味（级）	III	II	I	I	I	I
COD_{Mn}（mg/L）	3.16	3.12	3.10	3.04	2.87	2.78
UV_{245}（cm^{-1}）	0.55	0.42	0.38	0.30	0.24	0.20
氯仿（$\mu g/L$）	15.5	11.2	9.6	7.6	6.8	5.7

从表 12-18 可知，活性炭投加到 5mg/L 时，色度、臭和味已基本去除，此时 COD_{Mn}、UV_{245} 和氯仿的去除率分别为 1.9%、30.9% 和 38.1%。活性炭投加量增加到 20mg 时，COD_{Mn}、UV_{245} 和氯仿的去除率分别为 12.0%、63.6% 和 63.2%。结果表明，活性炭对色度、臭和味的去除是比较理想的，对游离性余氯有一定的吸附作用，但是对化合态氯的吸附性不是很好，对 COD_{Mn} 的效果不明显，对 UV_{245} 的去除尚可，还可以减少氯仿的生成量。考虑到实际运行工艺中活性炭在滤池的积累效应，按 1000mL 水投加 5mg 活性炭，即能达到较好的去除效果。

3. 生产运行情况

（1）生产运行参数

湖州市自来水公司城西、城北两水厂的工艺流程图如图 12-13：

投加高锰酸钾的主要目的是除锰及氧化部分有机物，在太湖水倒流时，原水中的锰含量比较低，不投加高锰酸钾也能使出厂水合格，在试验期间，高锰酸钾投加量基本在0.2mg/L 以下；一次加氯量在原水需氯量的基础上再多加 0.5mg/L 左右，以增加游离氯的总量，保持持续的杀藻能力。考虑到粉末活性炭投加后全部截留在滤池中，对滤池的运行会造成一定影响，经生产运行试验，滤池的反冲周期由原来 48h 缩短为 36h，粉末活性炭的实际投加量（以干炭计）维持在 3mg/L 以下，平均仅为 1.5mg/L 左右，在此投加量下，可保证滤池的正常运行。

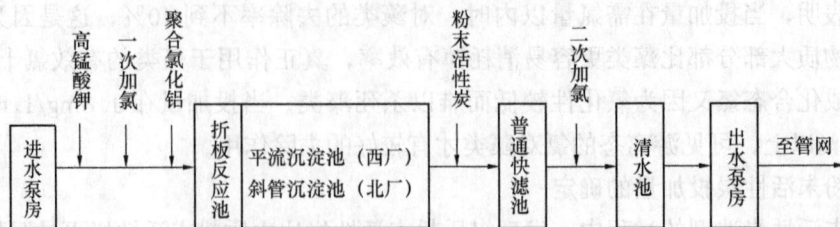

图 12-13　湖州市自来水公司城西、城北两水厂的工艺流程图

（2）结果分析

1）对原水和滤前水的藻类检测时发现，生产工艺实际对藻类的去除效果比化验室小样要好得多，西厂和北厂的平均去除率分别为 72.8% 和 63.6%，最高达 96.5%，最低为 46.6%，生产运行情况表见表 12-18。

西厂和北厂生产运行情况表　　　　　　　　　　表 12-18

日期	藻类数量（10^6 个/L）		去除率 (%)	藻类数量（10^6 个/L）		去除率 (%)
	西厂原水	西厂滤前水		北厂原水	北厂滤前水	
2004.8.26	8.4	3.0	64.3	7.0	3.8	46.4
2004.9.2	11	4.8	56.4	14	7.5	46.4
2004.9.9	13	1.0	92.3	40	9.4	76.5
2004.9.16	7.5	0.26	96.5	13	4.4	66.2
2004.9.23	21	9.7	54.0	8.4	2.7	67.9
2004.9.30	8.9	2.4	73.0	10	2.2	78.0

2）为了考察粉末活性炭是否会穿透滤层，对滤池反冲洗后每隔一段时间就取样观察，结果并没有发现滤后水中有粉末活性炭的存在。

3）投加粉末活性炭增加了滤前水的阻光系数，使藻类在滤池中生长变得很困难，解决了多年来滤池中藻类二次生长给制水带来的影响。

4）从 2004 年 6 月至 11 月近半年的运行情况，出厂水的浊度、臭和味这两个指标比往年有明显好转，用户投诉有异味的数量为历史最低，其中投诉有腥味的为零。

4. 结论

（1）提高一次加氯量以杀藻，投加粉末活性炭以去除臭味的工艺在处理太湖高藻水的试验在湖州的应用是比较成功的，解决了出厂水浊度超标（1NTU）、臭与味不良的情况。

（2）粉末活性炭对藻毒素有很好的去除作用，据 Fawell 研究表明：投加 20mg/L 的木质粉末活性炭可以去除约 85% 的毒素。在本实验期间，由于条件所限，未对藻毒素的去除情况加以对比分析。

（3）以氯气平均多投加 0.5mg/L、粉末活性炭平均投加 1.5mg/L 计算，制水成本平均上升约 0.009 元/t，且前期投入的设备较少，公司仅增加了一套水射法粉末活性炭投加装置。

（4）粉末活性炭投加装置安装后，可以在突发性原水水质事故中发挥作用，增强了预警应变能力，保障供水安全。

（5）投加的粉末活性炭虽然含水量在 40%～50%，但投加过程中不可避免的会产生飞扬的情况，增加了操作难度，并对环境产生一定影响。

12.5.4 高锰酸盐除藻的应急处理技术

1. 用太湖水源水进行除蓝藻的试验

试验研究是地点是无锡水厂，日供水量 10 万 m^3，原水取自太湖梅梁湾湖区。水厂原水含藻量随季节变化非常明显，差异很大。含藻量高时，NH_3-N 含量明显降低，随着含藻量的降低，NH_3-N 含量增大。原水浊度和 COD_{Mn} 受含藻量影响较小，但 COD_{Mn} 值全年全年平均较高，春夏季平均高达 8.62mg/L。

试验水样水色黄绿略带浑浊，浊度 14～22NTU，藻含量(2.5～8.5)×10^7 个/L，水中检测到铜绿微囊藻、水花微囊藻和尘埃微囊藻等，水温 27℃～29℃，pH 值 7.3～9.0。试验采用聚氯化铝为混凝剂。混凝剂投加量：10mg/L、20mg/L、30mg/L、40mg/L、50mg/L、60mg/L。PPC（高锰酸盐复合剂）投加量：0mg/L、0.5mg/L、1.0mg/L、2.0mg/L、3.0mg/L。

试验的沉后水经定性滤纸过滤后，单纯投加混凝剂 40mg/L 时，滤后水藻类去除率为 29% 以上，比沉后水藻类去除率（22%）提高 7 个百分点；当投加混凝剂 30mg/L、投加 PPC 1.0mg/L 强化混凝后，滤后水藻类去除率即高达 98% 以上，比沉后水藻类去除率（81%）提高 17 个百分点，并显示出 PPC 强化混凝作用可使藻类更易去除，且可大幅度降低混凝剂投加量。将高锰酸盐复合剂除藻试验结果与生产上预氯化的藻类去除率比较，结果对于相同的原水水质，用预氯化方法，聚合氯化铝的投加量为 90mg/L，加氯量为 14mg/L，沉后水藻类去除率达到 70% 左右；而投加 PPC 1mg/L 和聚氯化铝 40mg/L 时，即能达到沉后水藻类去除率 97% 的除藻效果。

聚氯化铝与 PPC 采用两种投加顺序：先投 PPC，后投聚氯化铝和先投聚氯化铝，后投 PPC。PPC 投加量分别是 0mg/L、0.5mg/L、1.0mg/L、2.0mg/L、3.0mg/L。结果表明，在其他条件相同的情况下，投加量为 40mg/L 时，先投加聚氯化铝后投加 PPC，其混凝效果和藻类去除效果优于先投 PPC 后投加聚氯化铝效果，且可得到 PPC 的最佳投加量范围，在本实验中 PPC 的最佳投加量范围约为 1.0mg/L。

混凝过程中，pH 值变化不大，在 7.3～7.5 之间。

观察絮凝体形成变化过程和水的颜色变化，可看出，先投聚氯化铝后投加 PPC 时的絮体形成块，且絮体结构密实、颗粒大。在 PPC 投加量超过 2.0mg/L 时，水出现微红色，两种投加方式均可使微红色很快褪去（在 2min 左右）。

2. 用巢湖水源水进行去除蓝藻实验

巢湖是受污染最严重的湖泊之一，污染物主要有有机物、氨氮、磷等，从而引起藻类的过量繁殖及严重的水臭，湖水中所含藻类以蓝藻类为最多，主要铜绿微囊藻、水花微囊藻、水花束丝藻、水花鱼腥藻、湖沼色球藻等。

合肥市有几座水厂以巢湖为水源，原水先进入建在岸边的水源厂，在水源厂预投加氯（有时还投加硫酸调整 pH 值），投氯量一般为 3～4mg/L，再经 1.1km 输水管道送到水处理厂，并要求进入水厂之前余氯保持在 0.8～1.2mg/L。水厂日处理水量为 10 万 m^3，原水首先经加药混合后进入双层隔板反应池，再经平流式沉淀池沉淀、快滤池过滤、二次投氯消毒，进入清水池。

水厂使用混凝剂为液体聚氯化铝和氯化硫酸亚铁，铝铁混合混凝剂投量有时可达200mg/L。由于原水水质波动很大，有时还临时投加石灰、阳离子型助凝剂（HCA）等，另外还投加粉末活性炭。虽然水厂采取了一系列加药控制措施，但在水质恶化较严重时，这些措施仍不能取得理想的净水效果，经处理后的水中仍有大量的藻类，加热产生难闻的臭味。针对这种情况，试验采用高锰酸盐复合剂（PPC）对水进行预处理，以强化对水中藻类的去除。试验期间原水水质见表 12-19。

试验期间进厂原水（预氯化）水质分析　表 12-19

分析指标	原水水质	分析指标	原水水质
pH 值	6.82~7.82	总碱度（mg/L）	40~77
浊度（NTU）	53~238	总硬度（mg/L）	70~120
COM_{Mn}（mg/L）	6.12~25.52	氯化物（mg/L）	30~44
NH_3-N（mg/L）	0.05~2.95	NO_2^--N（mg/L）	0.005~0.341
总铁（mg/L）	0.05~2.76	总锰（mg/L）	0~0.1
总细菌数（个/mL）	0~480	总大肠杆菌数（个/L）	0~170
藻含量（万个/L）	160~47800	臭味（级）	2~3

试验中采用两种原水进行试验，一是直接从水厂泵头取得的巢湖原水，二是原水经水源厂预氯化后进入水厂的预氯化水。

试验表明，单纯混凝处理对藻的去除效果很差，沉后水藻含量仍很高，改变混凝剂投量对效果影响不大；而经投加 PPC 进行预处理后，沉后水的藻含量明显降低，在 3 种混凝剂投量时，0.5mg/L PPC 预处理比单独混凝处理的沉后水除藻率分别提高了 40.5%，48.7%，46.8%。这一结果表明，PPC 预处理对混凝过程有很大的促进作用，能很好地提高混凝过程对藻的去除。

试验还表明，预投 PPC 的除藻效果优于预氯化。如预投量为 1.5mg/L、3.0mg/L 和 4.5mg/L，沉后水藻含量分别为 790、590 和 400 万个/L；而投加 0.5mg/L PPC 的沉后水藻含量为 475 万个/L，基本与 3.0~4.5mg/L 氯的作用水平相当，且随着 PPC 投量的进一步增加，沉后水的藻含量还进一步降低，如当 PPC 投量增加至 0.75 和 1.0mg/L 时，藻含量相应分别降至 390 和 320 万个/L，低于 4.5mg/L 氯处理的藻含量。由此可见，在一般应用范围内，很小投量的 PPC 就能达到较高的强化除藻效果，而预投氯则相对需要较高的投量（4.5mg/L）才能达到与很小投量（0.5mg/L）的 PPC 相当的水平。可见，PPC 对藻类的强化去除效果远远高于预氯化。

3. 高锰酸钾及其复合剂强化混凝去除水中绿藻

试验原水是哈尔滨市自来水中加入藻类培养液配制的含藻水。配制的实验原水藻类含量为 9750 万个/L，经镜检观察到藻种主要是绿藻门，包括衣裳藻属、小球藻属、栅列藻属、水绵等。浊度 32NTU，pH 值＝8.5，COM_{Mn} 为 16.16mg/L，水温 28℃，滤后 UV245＝0.37，E420＝0.131。采用杯罐混凝搅拌试验，先投高锰酸盐复合剂，快搅 1min，转速为 300r/min，再投加聚合氯化铝快搅 1min 后，以 40r/min 慢搅 10min，静沉

30min，由液面下取样用镜检法计沉后水含藻量，然后用定性滤纸过滤，再用镜检法计滤后水含藻量。

（1）当高锰酸盐复合剂投加量分别为 0mg/L，1mg/L，2mg/L，3mg/L，4mg/L，5mg/L；聚合氯化铝投加量为 20mg/L 时，不投加高锰酸钾复合剂，即单纯使用聚氯化铝混凝处理，沉后水藻类的去除率为 64%，随着高锰酸盐复合剂投量的不断增加，沉后水中藻类的去除率呈现不断上升的趋势，当高锰酸盐复合剂投加量增加到 5mg/L 时，沉后水藻类的去除率为 80.8%，比单独使用聚氯化铝混凝有大幅度提高。增加聚氯化铝投加量到 40mg/L、50mg/L，也表现出相同的规律，即在混凝剂投加量一定时，沉后水藻类去除率随高锰酸盐复合剂投加量的增加而有较大幅度提高。

（2）当聚氯化铝投加量为 20mg/L 时，滤后水的藻类去除率为 91.2%，投加高锰酸盐复合剂预氧化处理，比单纯投加聚氯化铝混凝处理滤后水的藻类去除率也有明显提高，同时滤后水的藻类去除率随高锰酸盐复合剂投加量和混凝剂聚氯化铝投加量的增加而有明显提高。

（3）试验对高锰酸盐复合剂预氧化和预氯化两种除藻方法的除藻效能进行了比较。比较结果，预氧化剂投加量为 2mg/L、4mg/L 时，无论是预氯化还是高锰酸盐复合剂预氧化，沉后藻类去除率均比单纯聚合氯化铝混凝有所提高，高锰酸盐复合剂预氧化处理比预氯化处理沉后水藻类去除率又有明显提高。值得注意的是，增加 Cl_2 的投加量，沉后水藻类去除率提高得并不大，而增加高锰酸盐复合剂的投加量，其沉后水藻类去除率提高幅度较大，除藻效果更佳。

4. 高锰酸钾及其复合剂强化混凝去除水中硅藻

郑州一水厂以黄河水为水源，在黄河南岸取水引入 22.54 万 m^3 的沉砂池，再经泵站抽入 355 万 m^3 的蓄水池，经过 12.8km 的输水管线进入水厂。由于从黄河水源到水厂，中间经历了沉砂池、蓄水池和长距离输水管线，特别是水在蓄水池中停留时间较长，藻类在水中有可能大量繁殖。

在每年的冬季 12 月至次年 3 月之间，蓄水池水中藻类大量繁殖，原水经水厂常规混凝、沉淀、过滤、消毒工艺处理后，水中所有明显的鱼腥味，特别是经加热或烧开后，臭味更加严重，难以饮用。经镜检，水中 80%～90% 是硅藻，臭味类型为鱼腥臭味。

针对水厂原水中孳生藻类的情况，取原水进行了高锰酸盐复合剂预氧化除藻试验，并与常规混凝处理、预氯化处理进行了比较，对 3 种处理方法沉后水中的总藻量和硅藻量进行了测定。

原水中总藻量为 306 万个/L，经常规混凝处理的沉后水中总含藻量为 158.4 万个/L，去除率为 48.2%；经预氯化（有效氯 1.5mg/L）处理的沉后水中总含藻量为 81.6 万个/L，去除率为 73.3%；经高锰酸盐复合剂（以高锰酸钾计 1mg/L）预氧化处理的沉后水中总含藻量为 72 万个/L，去除率为 76.5%。由此可见，常规混凝处理对藻类的去除率较低，预氯化和高锰酸盐复合剂预氧化的除藻效率较高，预氯化与高锰酸盐复合剂预氧化的除藻效率比较接近。

由于原水中含有硅藻，因此，对上述各处理方法处理后沉后水中硅藻含量的测定，原水中硅藻含量为 205.2 万个/L，经常规混凝处理的沉后水中硅藻含量为 83.2 万个/L，去除率为 59.5%，经预氯化（有效氯 1.5mg/L）处理的水中硅藻含量为 80 万个/L，去除率 61.0%；经高锰酸盐复合剂（以高锰酸钾计 1mg/L）预氧化处理的沉后水中硅藻含量为 33.6 万个/L，去除率为 83.6%。结果表明，以沉后水中硅藻含量计算，常规混凝处理对硅藻的去除率效率比对总藻量的去除率略高，预氯化处理对硅藻的去除率比对总藻量的去除率略低；高锰酸盐复合剂预氧化处理对硅藻的去除率比对总藻量的去除率有较大幅度提高。这 3 种处理方法中，常规混凝处理与预氯化处理对硅藻去除率相近，高锰酸盐复合剂预氧化处理比前两种方法对硅藻的去除率有显著提高。

以上比较研究结果表明，高锰酸盐复合剂预氧化处理，无论是对沉后水中总藻量还是硅藻量的控制，效果都比常规混凝处理和预氯化处理好，再考虑预氯化处理存在产生氯化副产物的危险性，应选择在水厂采用高锰酸盐复合剂预氧化处理技术去除与控制水中的藻类及臭味污染。

12.5.5 高锰酸盐与粉末活性炭联用除臭除藻的应急处理技术

1. 扬州水业的试验与应用

2008 年 7 月扬州某水厂供水区域，部分居民反映饮用水中存在轻微的臭味，主要是土霉味。为此，在取水口头部投加粉末活性炭，当投加量为 40mg/L 时才能达到去除效果；然而每个小时要投加 400kg 粉末活性炭，大大增加了工人的劳动强度。扬州水业借鉴已有经验，在某水厂进行高锰酸钾（PP）与粉末活性炭（PAC）联用研究。

试验所用的高锰酸钾（$KMnO_4$）≥99.3%；活性炭为木质炭，质量指标为 200 目，碘吸附值为 907mg/g，亚甲基蓝吸附值为 152mg/g。试验在六联搅拌器上进行，取一系列 1000mL 原水放入玻璃烧杯中，分别模拟不同的投加点进行试验，测定混凝滤后水中的 COD_{Mn}，模拟结果证明，高锰酸钾与粉末活性炭联用可比粉末活性炭单独应用、高锰酸钾单独应用时对有机物的去除更有效，但两者同时投加则 COD_{Mn} 去除率降低。在取水口投加高锰酸钾，加矾前投加粉末活性炭 COD_{Mn} 去除率达到 35.9%，模拟在取水口投加高锰酸钾、加矾前投加粉末活性炭去除藻类，当高锰酸钾投加量为 0.5mg/L，静沉后水样藻类去除率为 42%；当投加量为 1.0mg/L 时，静沉后水样藻类去除率为 80%；当投加量为 1.5mg/L 时，静沉后水样藻类去除率 84%。采用高锰酸钾（1.0mg/L）＋粉末活性炭（10mg/L）＋混凝剂（30mg/L）处理水样时，静淀后水样藻类去除率为 95%。

高锰酸钾和粉末活性炭联用工艺在生产上应用时，在原水取水口投加高锰酸钾，经过 1.5h 左右到达净水厂，投加方式为湿式自动投加，即将高锰酸钾药剂配成一定浓度的溶液，用隔膜计量泵投加高锰酸钾。在水厂内静态管道混合器前投加粉末活性炭，可最大限度地降低高锰酸钾的负面影响，消除与混凝之间的竞争，同时避免粉末活性炭因接触时间偏短而穿透滤层，投加方式为湿式投加，即把活性炭倒入炭浆槽内搅拌成炭浆，用泥浆泵投加，投加量可以由出水管上的阀门调节、流量仪显示。根据原水水质，高锰酸钾投加量为 0.6mg/L，粉末活性炭投加量 8mg/L，投矾量为 6mg/L。

（1）对浊度的去除

11 月份原水浊度均值为 20NTU 左右，水温大约 10℃，采用高锰酸钾预氧化与粉末活性炭联用处理低温低浊水时，沉淀池出水浊度为 0.8~1.2 NTU，均值 1.03NTU，滤后水浊度为 0.08～0.2NTU，均值 0.14NTU，与 2007 年同期相比分别下降 22％、71.4％。

（2）对 COD_{Mn} 的去除

投加高锰酸钾和粉末活性炭在不同程度上改善沉淀池和滤池对 COD_{Mn} 的去除效果，使出厂水的 COD_{Mn} 一般在 1.5mg/L 左右。

（3）对三卤甲烷的控制

为了杀死沉淀池中的青苔，如使用预加氯，出厂水三卤甲烷高达 1.41，取消预加氯，改投加高锰酸钾和粉末活性炭，在测定管网末梢水中余氯≥0.05mg/L，满足规范要求时，出厂水三卤甲烷检出值为 0.24。

（4）降低氯耗

根据生产报表，出厂水余氯测定值一般为 0.70～0.79mg/L，2008 年 11 月采用高锰酸钾和粉末活性炭联用工艺后与 2007 年同期在取水口投加粉末活性炭相比，沉淀池出水浊度、出厂水浊度、矾耗、氯耗分别下降 22.0％、71.4％、16.9％、22.1％与 2006 年同期常规处理相比，沉淀池出水浊度、出厂水浊度、氯耗分别下降 48.0％、78.5％、36.2％，矾耗增加 19.6％（见表 12-20）。出厂水中的 COD_{Mn} 去除率，2008 年 11 月比 2007 年同期提高 17.78 个百分点，与 2006 年同期相比提高 24.71 个百分点。

各工艺的处理效果比较　　　　　　　　表 12-20

时　间	处理工艺	沉后水浊度（NTU）	出厂水浊度（NTU）	氯耗（g/m³）	矾耗（g/m³）	COD_{Mn} 去除率（％）
2006.11	常规	1.98	0.65	2.87	4.48	31.70
2007.11	常规＋PAC	1.32	0.49	2.35	6.45	38.63
2008.11	常规＋PP＋PAC	1.03	0.14	1.83	5.36	56.41

高锰酸钾和粉末活性炭工艺被应用后，采集出厂水水样，委托国家城市供水水质监测网南京监测站对水质进行检测，水样检测结果显示：适合本水厂的 103 项检测项目全部满足《生活饮用水卫生标准》GB 5749—2006 的要求。

实验表明：取水口投加高锰酸钾、加矾前投加粉末活性炭，可以充分发挥两者的互补性，避免两者发生化学反应而影响絮凝效果。高锰酸钾与粉末活性炭联用对低温低浊原水具有强化絮凝作用，可显著去除水中的浊度、COD_{Mn}、三卤甲烷，在出厂水余氯测定值相同的情况下能明显降低氯耗。

2. 济南玉清水厂的实验与应用

（1）实验材料

采用的高锰酸钾为国家一级，含量 99.3％，购于济南斯普润化工有限公司，粉末活性炭为河北遵化活性炭厂生产的 FJS 型环保型湿式粉末活性炭，该粉末炭碘值为 900mg/g，亚甲蓝值为 150mg/g。

该粉末活性炭选用优质煤为原料，经 650℃条件下碳化，再经 850～980℃高温下，以 1050～1100℃过热水蒸气和二氧化碳气活化制成的活性炭，严格控制磨粉细度，再经过特殊的加湿处理，制成的环保湿式粉末活性炭。环保湿式粉末活性炭具有投加方便、污染少，损耗低，溶解迅速，吸附速度快，效率高等特点，改善了操作环境，提高了使用效率，可在一定程度上解决水厂投加干粉炭的粉尘污染问题，同时也避免了干粉炭易爆、易燃、易导电的危险性。

（2）除藻效能试验

在试验中分别进行高锰酸钾、粉末活性炭的投加试验，水样为玉清水库原水，实验是在混凝搅拌仪上进行，其中高锰酸钾的投加范围在 $0\sim1.6mg/L$，湿式粉末活性炭的投加范围在 $0\sim25mg/L$，混凝剂选择聚合氯化铝铁，投加量为 $4mg/L$（以铝量计）。

混凝条件为在混凝剂投加前 3min 投加高锰酸钾或湿式粉末活性炭，而后投加聚合氯化铝铁作为混凝剂，投加量为 $4mg/L$（铝计）。混凝搅拌仪快转 1min，转速为 300r/min，而后慢转 5min，转速为 90r/min，静置沉淀 120min。

试验表明，高锰酸钾的氧化还原电位较高，能够使藻类失活，部分有机物得到氧化，因而能够改善混凝效果，粉末活性炭能够吸附有机物和藻类，压缩双电层，从而也能促进胶体脱稳。高锰酸钾和粉末活性炭均具有很好的除藻能力，最大去除率分别为 82% 和 68%，但对有机物的去除效果不佳。综合比较对藻类去除效果，高锰酸钾的投量为 $0.8\sim1.0mg/L$，湿式粉末活性炭投加量为 $15\sim20mg/L$（干炭含量为 $6\sim8mg/L$）。

（3）现场试验研究

为验证试验，在玉清引黄供水系统进行了为期一周的现场试验，由于水库距离水厂 5.5km，因此选择在水库出水口投加高锰酸钾（投加量为 0.8mg/L）在水厂投加湿式粉末活性炭（投加量为 10mg/L）与混凝剂同时投加。

经过前后三个多月的对比试验，发现在藻类高发时，高锰酸钾－湿式粉末活性炭强化处理工艺是解决应急除藻的首选工艺，主要结果为：

1）现场感官指标的变化

对比发现，常规氯预氧化能够强化混凝，在沉淀池内能形成较大絮体，絮体呈絮状，但沉淀较慢，沉淀出水进入滤池之后，滤池（封闭式构筑物）内有明显臭味，臭味强度为 4 级。

高锰酸钾－湿式粉末活性炭预处理之后，从混凝效果上有明显的改善，絮体大，呈絮状，沉降较快，滤池内基本上没有气味，臭味强度为零。

2）关键指标的去除比较

玉清水厂稳定运行后，部分关键指标的水质检测情况见表 12-21。

济南玉清水厂高锰酸钾－湿式粉末活性炭工艺处理后水质报告（平均值）　表 12-21

序号	项　　目	原　　水	出厂水	国家水质标准
1	浊度（NTU）	5.86	0.54	1
2	色度（PCU）	58	0	15
3	pH 值	8.48	8.10	$6.5\sim8.5$
4	UV_{254}（cm^{-1}）	0.066	0.047	—
5	耗氧量（mg/L）	5.4	2.56	3.0
6	叶绿素 a（$\mu g/L$）	13.6	0	—
7	微囊藻毒素（$\mu g/L$）	0.14	0.10	1

续表

序号	项　目	原　水	出厂水	国家水质标准
8	三氯甲烷（μg/L）	—		60
9	四氯甲碳（μg/L）	—		2
10	一氯乙酸（μg/L）	—	1.0	—
11	二氯乙酸（μg/L）	—	0.3	50
12	三氯乙酸（μg/L）	—	6.9	100
13	土臭素（μg/L）	1.57	0	0.01
14	2-甲基异莰醇（μg/L）	4.78	0	0.01

3. 石家庄市水源水除臭味的研究

石家庄市地表水有两个水源地，即岗南水库和黄壁庄水库。黄壁庄水库由于水深较浅，当夏季水温，光照适宜时，水库中藻类异常增殖，使水体恶化引起水中不良臭味，主要为土腥味和土霉味。2005 年黄壁庄水库藻类总数最高值为 12075.2 万个/L，2006 年为 5660.3 万个/L，2007 年为 2716.9 万个/L，最高值出现分别为 8 月、9 月、11 月；岗南水库略好。2005 年 301.9 万个/L，2006 年 603.8 万个/L，2007 年 1071.7 万个/L，最高值出现分别为 5 月、5 月、11 月。经检测，石家庄饮用水中主要致臭物质为 2-甲基异莰醇（2-MIB），2008 年监测到黄壁庄水库原水 2-MIB 最高值为 95μg/L，2009 年为 207.0μg/L。

（1）水厂中去除臭味的工艺方案研究

实验室小试选择的是粉末活性炭有唐山产 U-301（木质）、U-306（木煤混合）、U-308（煤质）、山西产特种活性炭以及河南产 782-A（木质）；选择高锰酸钾的浓度为 0.5mg/L；河南产脱色除臭剂（w-5）。模拟石家庄市地表水厂生产工艺进行试验实验室小试（即六联混凝烧杯试验）。

1）单独投加粉末活性炭

试验原水取自黄壁庄水库，浊度为 9.31NTU，臭和味级四级，2-MIB 为 46.4ng/L，藻类数量为 785.3 万个/L，其优势种类为蓝藻、绿藻。

单独投加粉末活炭试验　　　　　　　　　　　　　　　　　　表 12-22

碳类别	碳投加量（mg/L）	处理后水臭味	2-MIB（ng/L）
U-301	10	0 级	8.2
U-306	10	一级	15.4
U-308	10	二级	19.7
782-A	10	一级	12.2
山西特种碳	10	二级	23.6

从表 12-22 可以看出 U-301 对臭味的去除效果最好，但因 U-301 以及河南产 782-A 型均为木质活性炭，处理后的水絮体上浮较多，在生产中有堵塞滤池的可能，不建议采用，因此从除味效果和矾花上浮方面考虑 U-306 为最佳种类。

2）高锰酸钾与活性炭联用除味

高锰酸钾与活性炭联用除味试验　　　　　　　　　表 12-23

碳类别	高锰酸钾投加量（mg/L）	活性炭投加量（mg/L）	处理后水臭味	2-MIB（ng/L）
U-301	0.5	7.5	0 级	5.2
U-306	0.5	7.5	0 级	6.4
U-308	0.5	7.5	一级	13.5
782-A	0.5	7.5	0 级	8.9
山西特种碳	0.5	7.5	二级	21.3

从除味效果和絮体上浮方面考虑 U-306 为最佳种类。

3）脱色除臭剂除味试验

模拟石家庄市地表水厂生产工艺进行试验室烧杯试验，每个烧杯中分别投加 0.5、1.0、2.0、3.0、4.0、5.0mg/L 的脱色除臭剂，反应 2min 后投加聚合氯化铝 10mg/L，充分反应后，沉淀 2h 后测定上清液的浊度、pH 值、臭和味、UV254 试验结果如下：

脱色除臭剂除味试验　　　　　　　　　　　　　表 12-24

	脱色除臭剂（mg/L）	浊度（NTU）	pH 值	臭和味	显色程度	UV$_{254}$
原水	0	8.8	8.21	四级		0.030
1#	0.5	0.32	8.12	二级	无色	0.021
2#	1.0	0.38	8.14	一级	无色	0.020
3#	2.0	0.50	8.14	一级	30 分钟后无色	0.019
4#	3.0	0.65	8.13	0 级	2 小时后无色	0.018
5#	4.0	0.91	8.15	0 级	微淡粉色	0.018
6#	5.0	0.74	8.14	0 级	淡粉色	0.019

脱色除臭剂投加量到 3.0mg/L 时，处理后的水基本无味。但因为脱色除臭剂含有高锰酸钾，因此处理后的水显色，此投量不可采用。

4）脱色除臭剂（w-5）与粉末活性炭（U-306）联用除味

由于脱色除臭剂含有高锰酸钾因此使水显色，为了保证除味效果，且不增加出厂水的色度，只能降低脱色除臭剂的投加量，再投加唐山 U-306 煤质木质混合型粉末活性炭。

a. 分别投加试验，原水取自黄壁庄水库，先投加 2mg/L 的脱色除臭剂 w-5，反应搅拌 30min 后，再分别在每个烧杯中投加粉末活性炭 U-306 的量为 1.0、1.5、2.0、2.5、3.0、3.5mg/L，反应 2min 后投加聚合氯化铝 15mg/L，充分反映后，沉淀 2h 后测定上清液的浊度、pH 值、臭和味、UV254。

试验结果如下表 12-25 所示。

脱色除臭剂与粉末活性炭联用除味　　　　　　　　表 12-25

	w-5 投加量（mg/L）	U-306 活性炭投加量（mg/L）	PAC 投加量（mg/L）	浊度（NTU）	pH 值	臭和味	UV$_{254}$
原水			0	3.77	8.22	三级	0.027
1#	2	1.0	15	0.51	8.11	一级	0.016
2#	2	1.5	15	0.42	8.13	一级	0.015

	w-5 投加量 (mg/L)	U-306 活性炭投加量 (mg/L)	PAC 投加量 (mg/L)	浊 度 (NTU)	pH 值	臭和味	UV$_{254}$
3#	2	2.0	15	0.50	8.14	0 级	0.015
4#	2	2.5	15	0.45	8.13	0 级	0.015
5#	2	3.0	15	0.40	8.12	0 级	0.015
6#	2	3.5	15	0.47	8.11	0 级	0.015

当 w-5 投加量为 2mg/L，U-306 活性炭投加量为 2.0mg/L 时处理后的水基本无味，因此二者联用比分别投加时效果好。

b. 同时投加 w-5 和 U-306 实验、与单独投加 U-306 进行对比试验

原水取自加药间，在 1#、2#、3# 烧杯中同时投加脱色除臭剂（w-5）和粉末活性炭，4#、5#、6# 单独投加 U-306 粉末活性炭对比结果分析如表 12-26 所示。

不同投加方法的对比试验　　　　　　　　　　表 12-26

	w-5	U-306 活性炭投加量 (mg/L)	浊 度 (NTU)	pH 值	臭和味	2-MIB (ng/L)	Geosmin (ng/L)	UV$_{254}$
原水	0	0	11.2	8.17	四级	48.2	<2.0	0.017
1#	5.0	5.0	0.30	8.15	三级	—	<2.0	0.011
2#	10.0	10.0	0.38	8.16	二级	32.8	<2.0	0.007
3#	15.0	15.0	0.43	8.17	二级弱	24.3	<2.0	0.006
4#	0	5.0	0.31	8.16	二级	—	<2.0	0.011
5#	0	10.0	0.29	8.18	一级	17.6	<2.0	0.007
6#	0	15.0	0.48	8.17	一级弱	12.9	<2.0	0.007

从上表可以看出，同时投加 w-5 和 U-306 对臭味的去除效果，反而不如单独投加 U-306 的除味效果好。

结合 A、B 两试验结果，可以看出 w-5 与活性炭同时投加，活性炭会吸附一部分 w-5 中的高锰酸钾，使高锰酸钾的氧化作用减弱，影响了它作为氧化剂对水中有机物的去除效果，因此两者同时投加的处理效果不好，应该先投加 w-5 反应半个小时左右，再投加粉末活性炭效果会好一些。

(2) 小试结论

1) 将现有的活性炭逐个进行了小试实验，唐山 U-306 粉末活性炭除味效果虽然效果较好，当原水臭味四级时，U-306 投加量 10.0mg/L 左右，处理后的水基本无味，但因絮体上浮不宜采用。

2) 高锰酸钾与粉末活性炭联用比单用粉末活性炭效果好，当原水臭和味为四级时，投加 0.3mg/L 高锰酸钾反应 30min，U-306 煤质木质混合粉末活性炭投加到 7.5mg/L，处理后的水基本无味。

3) 脱色除臭剂（w-5）与粉末活性炭（U-306）联用效果不错，当 w-5 投加量为 2mg/L，U-306 活性炭投加量为 2.0mg/L，PAC 15mg/L 时处理后的水基本无味。

4）高锰酸钾、脱色除臭剂与粉末活性炭 U-306 不可同时投加，如同时投加会降低除味效果。

（3）生产应用

高锰酸钾除味、除锰

2008 年石家庄市地表水厂在入水口处增加了一套干粉投加装置，其既可投加 w-5 除锰剂，也可投加粉末活性炭，设备投资约 80 万元；这套装置主要由上料风机、贮料罐、加压泵、送料电极螺杆，控制柜组成，运行良好，在供水量约 18 万 t/d 的情况下，保证了生产的需要，出厂水臭味明显小于往年，用户对水质投诉率也明显降低，收到良好的社会效益。

为了彻底解决岗南水库水锰超标问题，2008 年在岗南取水口增加了一套高锰酸钾投加装置，装置主要由两个溶解罐、两台搅拌机和三台隔膜计量泵组成。高锰酸钾配制浓度为 3%，高锰酸钾投加比例按原水锰含量 1.2 到 2.0 倍投加，从水厂锰含量来看，效果非常好，出厂水可控制在国标 0.1mg/L 以下。

12.5.6　二氧化氯除藻应急处理技术

二氧化氯示范工程现场试验在济南玉清水厂进行，供水能力为 40 万 m^3/d，实际供水 23 万 m^3/d，主要参数如下：1）混凝：投加聚合氯化铝铁，投加量为 5.9mg/L，采用管道混合器混合；2）折板絮凝池；3）平流沉淀池：池长 120m，停留时间为 2h；4）V 型滤池，滤速 8m/h，气水反冲，气冲强度 55$m^3/$（h·m^2），水冲强度为 11$m^3/$（h·m^2）；5）消毒：氯消毒，投加量 3.0mg/L。

对比试验在玉清水厂 3 号生产线中进行，该生产线的生产能力为 50000m^3/d，同时 1 号、2 号生产线满负荷并列运行。

在相同加药条件下，配水井中间隔开，投加二氧化氯，使投加二氧化氯的水进入 3 号线，未投加二氧化氯的水进入 1 号和 2 号线，两组工艺进行比较。

水厂选用聚合氯化铝铁作为混凝剂，投加量为 5.9mg/L，3 号试验生产线二氧化氯的投加量分别为 0.5、1.0、1.5 和 3.0mg/L，1 号和 2 号对照生产线采用原水厂工艺稳定运行一天后取样分析，实验时玉清水厂原水水质情况见表 12-27。

玉清水厂原水水质数据　　　　　　　　　　　　　　　　表 12-27

水质指标	浊度 （NTU）	色度 （PCU）	COD_{Mn} （mg/L）	UV_{254} （cm^{-1}）	叶绿素 a（mg/L）	胞外藻毒素 EMC（mg/L）
含量	6.2	61	5.6	0.066	10.5	0.32

1. 预氧化投加量的选择

改变二氧化氯预氧化投加量，研究滤后水的藻量（相对于原水）的变化，研究结果表明，投加量太少，除藻效果不好，只有 75%，投加量大于 1mg/L 之后，除藻率接近 100%，继续加大投加量会导致藻毒素大量释放，因此从除藻效果、控制藻毒素和节约成本 3 个方面出发，将二氧化氯预氧化投加量选择为 1mg/L。

2. 二氧化氯预氧化工艺特性

3 号生产线(二氧化氯投量为 1mg/L)和 1 号、2 号生产线进行技术对比,分析预氧化工艺混凝、沉淀、过滤等 3 个工序对重点指标的去除规律,并和常规工艺进行对比表明:

(1) 常规指标的去除

二氧化氯预氧化工艺能够强化常规工艺的混凝效果,不仅使反应后的色度、浊度、去除率提高,并最终使滤后色度和浊度去除率分别提高 29 和 7 个百分点,但并不能提高高锰酸盐指数的去除能力。

两种处理工艺对水质的影响比较 表 12-28

项 目	工 艺	原水含量	反应后 含 量	反应后 去除率 (%)	沉淀后 含 量	沉淀后 去除率 (%)	过滤后 含 量	过滤后 去除率 (%)
叶绿素 a	常规工艺	9.8	3.4	65	10.1	—3	4.4	55
	ClO₂ 工艺		0.3	97	1.0	90	未检出	约 100
微囊藻毒素	常规工艺	0.46	0.26	43	0.25	46	0.28	39
	ClO₂ 工艺		0.15	67	0.12	74	0.11	76
2-甲基异莰醇	常规工艺	4.16	4.21	—1	4.54	—9	5.06	—22
	ClO₂ 工艺		2.39	43	未检出	约 100	未检出	约 100
土臭素	常规工艺	4.71	5.5	—17	4.59	3	6.43	—37
	ClO₂ 工艺		0.79	83	未检出	约 100	未检出	约 100

(2) 藻类及其胞内污染物的去除

由表 12-28 可以看出:

投加 1mg/L 二氧化氯之后,各个工序对叶绿素 a 和胞外微囊藻毒素 (EMC) 去除能力都有显著的提高,滤后藻类和微囊藻毒素均分别提高 45 和 37 个百分点。

无论是藻类,还是藻毒素,混凝工艺对去除率的贡献最大,这一规律在对常规工艺和二氧化氯预氧化工艺中均有体现,而且后者体现得更加明显。

常规工艺中,沉淀池出水叶绿素 a 含量比原水还要高,说明藻类在沉淀池(露天)中重新滋生。而采用二氧化氯预氧化工艺后,残余二氧化氯有效地抑制了藻类在沉淀池中再生长,因此尽管沉淀池出水叶绿素 a 仍略高于反应后出水,但却保持 90% 的藻类去除率,大大减轻了滤池的处理压力。

在常规工艺中,由于藻类在沉淀池中再生长,滤池负担过重,对藻类的去除率只有55%,藻类在滤池中积累,由于藻类细胞破坏或衰亡释放藻毒素,致使滤后胞外藻毒素增加,而采用二氧化氯预氧化强化处理工艺后,一方面二氧化氯有效抑制了藻类在沉淀池中再生,减轻了滤池负担;另外残余二氧化氯仍然对积累在滤池中的藻类和藻毒素继续保持氧化作用,从而解决了滤后藻毒素升高的问题。

传统工艺对土臭素和 2-甲基异莰醇基本上没有任何去除效果,相反由于胞内致臭物质的释放,滤后含量增加,出现了与微藻囊素同样的"滤池积累"问题,而二氧化氯工艺则显示出对致臭物质强烈的去除效果,在混凝阶段即可去掉大部分的致臭物质,沉淀和滤后出水土臭素和 2-甲基异莰醇已被全部去除。

3. 二氧化氯消毒工艺特性

其他实验条件不变，只是在 3 号线滤后投加二氧化氯消毒，而对比组（1 号和 2 号线）仍采用传统液氯消毒。二氧化氯滤后投加量分别为 0.8、0.6、和 0.4mg/L，每种投加量运行两天，计测定结果的平均值。考察指标分为生物学指标、消毒副产物两部分。

研究发现：在二氧化氯预氧化投加量为 1mg/L 前提下，滤后二氧化氯投加量不同，所表现出来的消毒特征略有不同，但是 0.4～0.6mg/L 可以满足要求。

（1）随着投加量的降低，出厂水的余二氧化氯也逐渐降低，0.4mg/L 的投加量会使出厂水中余二氧化氯不低于 0.1mg/L。

（2）在设定的投加范围内，细菌指标均能合格，大肠杆菌则未检出。

（3）二氧化氯会产生亚氯酸盐副产品，0.6mg/L 的投加量会产生 0.4mg/L 的亚氯酸盐；另外，滤后投加二氧化氯仍然能够检出卤乙酸类消毒副产品，但产生量较低（不超过 10mg/L），卤乙酸均远远低于国家卫生部生活饮用水规范（60mg/L）。

12.6　突发性水污染事故应急处理实例

12.6.1　近年来我国水源污染事故典型事件

我国 2001 年到 2004 年间发生水污染事故 3988 件，自 2005 年底松花江水污染事故发生后，国内又发生几百起水污染事故，其中多数是由工业生产和交通运输等突发性事故而引发的，大多影响到饮用水水源。特别是 2005 年底的松花江水污染事故和 2007 年 5 月的无锡饮用水危机，给当地正常的生产生活造成了严重影响，引起国内外的广泛关注。近年来影响重大的水源污染突发性污染事件见表 12-29。

近年来影响重大的水源污染突发性污染事件　　　　　　　　表 12-29

序号	发生时间	事件概览
1	2000 年 10 月	福建省龙岩市上杭县发生了一起氰化钠槽车倾覆山涧的事件，7t 氰化钠流入小溪，饮用此水的村民 90 多人中毒，当地水源被迫放弃
2	2001 年	河南洛宁县发生了一起运输氰化钠的槽车翻车事件，严重影响洛河沿岸人民群众的生命财产安全
3	2004 年 2 月	四川沱江受化肥厂排放高浓度氨氮废水污染，内江市 80 万人停水 20d，直接经济损失达 2.19 亿元
4	2004 年 7 月	内蒙古造纸厂废水污染造成包头市供水中断 48h
5	2005 年 11 月	中石油吉林石化公司双苯厂爆炸事故造成了松花江流域发生重大水污染事件，给下游沿岸的居民生活、工业和农业生产带来了严重的影响，其中哈尔滨市近 400 万人停水 4d，经济损失难以估量
6	2005 年 12 月	广东韶关冶炼厂向北江违法排放含镉废水，形成几十公里的污染带，造成韶关、英德等市的水源污染，并严重威胁了下游广州、佛山等地的水源，给下游的居民生活、工业和农业生产带来了严重的影响

序号	发生时间	事 件 概 览
7	2006 年 1 月	湖南株洲一家企业非法排污造成湘江镉污染，影响下游湘潭、长沙市的供水
8	2006 年 1 月	河南巩义市一家企业非法排污造成黄河石油污染，影响下游山东省沿黄河 17 个取水口正常供水
9	2006 年 3 月	吉林省一家企业非法排污造成牡丹江支流水栉霉大量繁殖，影响下游供水
10	2006 年 6 月	一辆运输煤焦油的罐车在山西繁峙县发生交通事故，约 40t 煤焦油泄露入大沙河，影响下游河北省阜平县供水，并威胁保定市水源地。为此，河北、山西两省采取河道拦截与清污处理的应急措施，直接费用超过 1000 万元
11	2006 年 9 月	湖南省岳阳县新墙河水源地受到上游企业非法排放的含砷废水污染，造成水质突然恶化，出厂水连续 2d 带有严重的霉味，让市民产生厌恶和不安
12	2006 年 11 月	四川省泸州电厂柴油泄漏导致泸州市区停水
13	2007 年 5 月底至 6 月初	无锡市发生饮用水危机，在太湖蓝藻水华爆发的背景下，作为无锡市饮用水源地的太湖局部水域发生水质急剧恶化，造成自来水厂无法处理，自来水水质发臭，严重影响了生产生活
14	2007 年 7 月	秦皇岛市的水源地发生了严重的藻类水华，致臭物质超标，造成当地水厂无法处理，自来水出现明显的臭味
15	2007 年 12 月底至 2008 年 1 月中旬	贵州省都柳江受到独山县某企业非法排放的含砷废水污染，导致十几名村民中毒，并造成下游三都县城市供水中断数天
16	2007 年 8 月	江苏省沭阳县水源地受到污染，造成当地供水中断数天
17	2008 年 6 月	一辆运送粗酚的槽车在云南省富宁县发生事故，数吨粗酚泄露，造成水体酚超标，对下游百色市的水源地构成威胁
18	2008 年 11 月	河南省民权县大沙河上游一家化工厂非法排放含砷废水，给河南、安徽的环境安全和供水安全造成了严重影响，累计处理的超标水量超过 1000 万 m^3，治理费用超过 2000 万元
19	2009 年 2 月	江苏省盐城市标新化工有限公司在明知生产氯代醚酮过程中所产生的钾盐废水有毒害物质的情况下，仍将大量钾盐废水排放到公司北侧的五支河内污染市区城西、越河两个自来水厂取水口，2 月 20 日，因水污染导致市区 20 多万居民饮用水停水近 66h40min，后经法院审理，责任人董事长和车间主任分别被判处有期徒刑 11 年与 6 年
20	2009 年 7 月	2009 年 7 月下旬，内蒙古赤峰市千余市民在饮用自来水后出现腹泻、呕吐、头晕、发热等症状。致使 4307 人门诊就医，91 人住院治疗，7 月 27 日晚，赤峰市建委通报，污染事件为暴雨污水引发污染水源所致，并就此事致歉
21	2010～2011 年	2010 年 1 月陕西渭南柴油泄漏事件、2010 年 4 月成都水源地化工垃圾污染事件、2010 年 10 月广东北江铊污染事件、2011 年 6 月浙江苕溪水污染事件、2011 年 7 月湖南广东武江锑污染事件、2011 年 7 月绵阳涪江锰污染事件等

12.6.2　突发性水污染事故应急处理的典型实例

1. 松花江硝基苯污染事故的应急处理

(1) 2005 年 11 月 13 日中石油吉林石化公司双苯厂发生爆炸事故，约 100t 化学品泄漏，大量硝基苯进入松花江，造成了松花江流域重大水污染，哈尔滨市从 11 月 23 日 23 时起全市市政供水停水 4d，并对流域生态环境安全产生了危害，引起了社会极大关注。

在松花江重大有机污染事故中，采取了以活性炭吸附技术为主的多重安全屏障应急措施，即在松花江边的取水口处投加粉末活性炭，在源水从取水口流到净水厂的输水管道中（输水管道长约 5～6km，流经时间约 1～2h），用粉末炭去除水中绝大部分硝基苯，再结合净水厂内在原有砂滤池添加颗粒活性炭层，构成炭砂滤池的改造工程，形成多重屏障，确保安全。以上措施在及早恢复城市安全供水的战斗中取得了决定性的胜利。

(2) 粉末活性炭的投加量：在水源水中硝基苯浓度超标的情况下，粉末活性炭的投加量为 40mg/L（11 月 26 日～27 日）；在水源水少量超标和基本达标的条件下，粉末活性炭的投加量降为 20mg/L（约一周时间）；在污染事件过后，为防止后续水中（来自底泥和冰中）可能存在的少量污染物，确保供水水质安全，粉末活性炭的投加量保持在 5～7mg/L。

2005 年 11 月 26 日 12：00 开始生产性运行验证试验，在水源水硝基苯浓度尚超标 2.61 倍的情况下（0.061mg/L），在取水口处投加 40mg/L 粉末活性炭，到哈尔滨市自来水四厂入厂水处，硝基苯浓度已降至 0.0034mg/L，已经远低于水质标准的 0.017mg/L，再结合水厂内的混凝沉淀过滤的常规处理（受条件所限，该厂不具备炭砂滤池改造条件，因此砂滤池未改造成活性炭砂滤池），最终砂滤池出水硝基苯浓度降至 0.00081mg/L，不到水质标准的 5%。27 日晨 4 时以后，自来水四厂入厂水水样中硝基苯已检不出。经当地卫生防疫部门检验合格，哈尔滨市自来水四厂于 27 日 11：30 恢复供水。哈尔滨市的其他水厂也于 27 日晚陆续恢复供水。并从 27 日 12：00 开始把粉末炭投加量减少为 20mg/L。

2. 广东省北江镉污染事件的应急处理

2005 年 12 月 5 日至 14 日，广东韶关冶炼厂在设备检修期间超标排放含镉废水，造成北江韶关段出现了重金属镉超标现象。15 日检测数据表明，北江高桥断面镉超标 10 倍，污染河段长达 90km，计算得到江中镉含量 4.9t，扣除本底，多排入 3.62t。北江中游的韶关、英德等城市的饮用水安全受到威胁，英德市南华水厂自 12 月 17 日停止自来水供应。如果污水团顺江下泄，下游广州、佛山等大城市的供水也将受到威胁。广东省政府于 12 月 20 日公布了此次污染事件。

在接到当地报告后，原建设部派出了专家组赶赴现场。根据北江镉污染事件特性和沿江城市供水企业生产条件，专家组提出了以碱性条件下混凝沉淀为核心的应急除镉净水工艺，在水源水镉浓度超标的条件下，通过调整水厂内净水工艺，实现处理后的自来水稳定达标，并留有充足安全余量，确保沿江人民的饮用水安全。

(1) 应急技术原理和工艺路线

根据镉的特性和现有水厂实施的可能性，经实验室和水厂现场试验结果，确定了以碱性条件下混凝沉淀为核心的应急除镉净水技术路线，即利用碱性条件下镉离子溶解性大幅降低的特征，加碱把源水调成碱性，要求絮凝反应后的 pH 值严格控制在 9.0 左右，在碱性条件下进行混凝、沉淀、过滤的净水处理，以矾花絮凝体吸附去除水中镉的沉淀物；再在滤池出水处加酸，把 pH 调回到 7.5～7.8。

（2）应急技术实施要点

该应急除镉的技术要点是必须保证混凝反应处理的弱碱性 pH 值条件

1）铝盐除镉净水工艺

对于铝盐除镉净水工艺，滤后出水要求 pH 严格控制在 9.0～9.3 之间。如 pH 小于 9.0，则存在出水镉浓度超标的风险。因为在 pH 小于 9 的条件下，镉的溶解性较强，去除效率下降。如 pH 大于 9.5，则存在着铝超标的风险，因为在较高 pH 值条件下，铝的溶解性增加。

以上控制条件是在实验室试验的基础上，根据南华水厂实际运行结果得出的，并且已经留有一定的安全余量。在此 pH 控制范围内，可保证铝盐除镉工艺出水镉离子浓度在 0.001mg/L 以下，实际值在 <0.0005～0.009mg/L 之间。此外，出水铝离子浓度小于 0.1mg/L，一般在 0.05mg/L 左右。

2）铁盐除镉净水工艺

对于铁盐除镉净水工艺，滤后出水要求 pH 严格控制在 8.6 以上。如 pH 值小于 8.5，则存在出水镉浓度超标的风险。因为在 pH 小于 8.5 的条件下，镉的溶解性较强，絮凝沉淀分离效果较差。对于铁盐除镉净水工艺，pH 的控制上限主要受经济条件所限，pH 值越高则所需加碱及加酸回调的费用也越高。

以上控制条件是在实验室试验的基础上，根据南华水厂实际运行结果得出的，并且已经留有一定的安全余量。在此 pH 控制条件下，铁盐除镉工艺出水镉离子浓度在 0.001～0.002mg/L 之间，略高于铝盐工艺。

a. 对于如下常规净水工艺：

水源水→取水泵房→快速混合→絮凝反应池→沉淀池→滤池→清水池→供水泵房→管网

弱碱性混凝除镉工艺所需变动是：

——在混凝之前加碱，加碱点可设在混凝剂投加处。经试验验证，碱液先投加，或与混凝剂同时向水中投加的效果相同，但碱液不得事先与混凝剂混合，以免与混凝药剂产生不利反应。

——在滤池出水进入清水池前加酸回调 pH，加酸点应设在加氯点之前，以免影响消毒效果（碱性条件下，氯化消毒效果降低）。

b. 对于采用预氯化的水厂，采用本除镉工艺是否会降低预氯化效果，应进行试验验证。

为了保障应急除镉工艺的效果，必须做好以下几方面的控制：

——控制混凝的弱碱性条件。为了保证沉淀池出水或滤池出水处 pH 值严格控制在预设范围内，必须采用在线 pH 计测量。由于加碱点到控制点的水流时间较长，为了及时控制加碱量，在线 pH 计可以前移到反应池前，直接控制加碱泵加量，再用便携式 pH 计根据沉后水要求确定前设在线 pH 计的控制值。

——滤后水回调 pH。在清水池进水处设置在线 pH 计，在滤池出水管（渠）中设置加酸点，由在线 pH 计控制加酸泵的加量，把进入清水池的 pH 值调整到预设范围。

——混凝剂的计量投加。由于混凝剂消耗碱度，特别是酸度较高的聚合硫酸铁，加入混凝剂后 pH 的下降幅度较大，混凝剂的投加量直接影响到反应后的 pH 值，必须严格控制混凝剂的投加量。在南华水厂的运行中，由于该厂混凝剂为人工经验投加，投加量波动较大，经人工严防死守才保持了投加量的稳定。

3. 贵州省都柳江砷污染事件的应急处理

2007 年 12 月，由于贵州省黔南布依族苗族自治州独山县一家硫酸厂在生产过程中非法使用含砷量严重超标的高含砷硫铁矿，大量含砷废水流入都柳江上游河道，造成独山县基长镇盘林村等十余名村民轻微中毒，并造成下游三都水族自治县县城（地处污染点下游 70 多 km 处）及沿江乡镇 2 万多人生活饮水困难。经环境监测部门和疾病控制中心检测，都柳江河水砷浓度大大超过相关水质标准要求。从 12 月 25 日起，采用都柳江水源的三都县县城水厂停止从都柳江取水，改用备用水源，但产水量大大下降，从原来的每日供水 4000m³ 降至 300m³。虽然黔南州和三都县采取了多项应急措施，包括从州里和临近县调集消防水车从山区泉眼溪流每天取水数百吨送至水厂和居民区，但仍远远不能满足当地居民的基本生活需要。

应当地邀请，清华大学专家于 2008 年 1 月 2 日赶赴现场指挥应急供水工作，经过 3 天多的紧张工作，在现场建立了预氧化－铁盐混凝沉淀的应急除砷净水工艺，于 1 月 6 日正式恢复了县城供水。

（1）应急技术原理和工艺路线

根据小试与生产性运行结果，三都县县城水厂应急除砷净水工艺的主要控制条件与参数确定为：

1）铁盐混凝剂的加药量

聚合硫酸铁的加药量为 10mg/L（以 Fe 计）。此剂量大约为常规混凝处理的 1.5～2 倍，通过强化混凝，提高除砷效果。

2）预氯化的加氯量

该水厂采用二氧化氯消毒。根据现场运行结果，应控制沉后水的余氯在 0.5mg/L 以上（以 Cl_2 计，下同），预氯化的加氯量以保持预加氯后配水井出水余氯在 1.5mg/L 左右为宜。

3）运行条件控制

铁盐混凝剂除砷的适宜 pH 范围是 6.5～8.5。较高混凝剂投加量会使水的 pH 值显著下降。现场水源水的 pH 在 8.0～8.4 之间，实际测定运行中沉后水和滤后水的 pH 值在 7.0～7.5 之间，符合要求，不用进行 pH 调节。

由于处理中砷已被转化为不溶物附着在矾花絮体上，必须严格控制滤后水的浊度。如混凝过滤运行不好，出水浊度偏高，则砷浓度也难于满足要求。实际运行中滤后水浊度在 0.1～0.2NTU 之间，可满足除砷要求。

以上工艺参数适用于水源水砷含量小于 0.5mg/L 时的情况，即水源水砷含量在按地表水标准的 10 倍或饮用水标准的 50 倍以内。对于水源水砷浓度超过 0.5mg/L 的应急处理，可以再适当增加混凝剂投加量。当水源水砷含量降低到接近饮用水标准时，则可逐步恢复水厂原有运行工艺。

此次都柳江砷污染事件中，当地环保部门为控制砷污染，在上游河道中投撒了石灰，有效降低了水体中的砷含量，但由于难以均匀投撒，水体中砷浓度波动较大。三都县官塘电站处（水厂取水处）监测砷的最高值出现在 1 月 1 日上午，浓度 0.565mg/L。1 月 3 日以后，三都县城水厂的水源水砷浓度在 0.2～0.05mg/L 之间波动，并随着时间延长而逐渐降低，因此以上除砷处理工艺及其控制参数可以满足三都县应急供水的要求。

（2）应急技术实施要点

三都县县城水厂于 2006 年建成，供水能力为 1 万 m³/d。水厂以都柳江为水源，由取水泵房从官塘电站前池取水，输送到县城水厂进行处理。水厂净水工艺为常规工艺，采用聚氯化铝混凝剂，二氧化氯消毒（采用复合型二氧化氯发生器），加氯点在滤池出水进清水池处，水厂没有预氯化设施。水厂处理设施从配水井后分为两个独立的系列，可以分开运行。

该厂除砷净水处理主要运行控制参数为：

1）根据县城每天需水量约为 4000m³，确定处理水流量控制在 170m³/h，此处理流量约为一个系列设计负荷的 80%；

2）混凝剂选用固体聚合硫酸铁（铁含量 18.5%），投加剂量商品重 54mg/L（以 Fe 计为 10mg/L）；

3）二氧化氯预氯化投加量按加氯后配水井出水余氯约为 1.5mg/L 控制，在此条件下，滤后水仍有少量余氯；

4）滤后水的二氧化氯投加量按保证出厂水余氯大于 0.5mg/L，一般在 1.0mg/L 左右进行控制；

5）无阀滤池按自动反冲洗方式运行，但由于 2 个滤池中有 1 个滤池的水力控制自动反冲洗设备有问题，把其滤程定为 1d，到时手动启动反冲洗，以保证出水浊度控制；

6）沉淀池每天排泥 1 次，排泥水直接排入河道。因水厂没有污泥处理设施，如就地进行污泥除砷处置难度较大，存在问题较多，故未进行污泥处理。

（3）应急处理进程与运行效果

2008 年 1 月 3 日～1 月 6 日，在水源水浓度为 0.086mg/L（超出饮用水标准 7.6 倍）的情况下，试验出水为 0.005mg/L（饮用水标准限值的 50%），在水源水浓度为 0.057mg/L（超出饮用水标准的 4.7 倍）的情况下，试验出水为 0.003mg/L（饮用水标准限值的 30%），经过州、县两级疾控中心 1 月 5 日和 1 月 6 日 3 次取样检测，在水源水含砷量仍然超标数倍的情况下，水厂处理后出水达到国家饮用水标准，并留有安全余量。三都县县委县政府决定从 1 月 6 日 15：00 起县城恢复正常供水，困扰当地群众十多天的供水危机解除，应急除砷供水取得成功。

4. 黑龙江省牡丹江市水生真菌污染的应急处理

2006 年 1 月 19 日，市第四水厂水源地发现絮状污染物，造成公众对水质产生担心。这些絮状物发生在海浪河斗银河段至牡丹江市西水源段（海浪河入牡丹江），全长约20km。下午 4 时开始，牡丹江市自来水公司取水口被不明水生生物絮体堵住。经查证，不明水生物已经确定为一种水生真菌，其名称为水栉霉。

水栉霉是一种低等水生真菌，属藻状菌纲，水栉霉目，水栉霉科。它常常生活在污水中，在下水道出口附近也可以发现，是水体受到一定程度单、双糖或蛋白质污染的指示生物。其特征为：黄黏絮状物，在水中为乳白色、絮状，一般沉在水中，或附着在水中其他物体上，或附着在河床上。水栉霉属腐生菌，生长周期 40～50d，适宜条件下，菌丝长度由 5mm 可长到 60mm。每年 10 月份底开始繁殖，第 2 年 1 月中旬出现浮漂。幼龄菌丝为乳白色，老龄菌丝为黄褐色。它生长到一定长度后，在菌丝中部产生气泡，开始漂浮，随水冲下。有关水栉霉的生物毒性正在测试中。

这次水栉霉出现的主要原因是由于黑龙江省海林市排放的工业废水、生活污水所致，黑龙江省海林雪原酒业公司违法排污是此次牡丹江水栉霉污染事件的主要原因之一。海林雪原酒业公司在未依法办理环评手续的情况下，擅自扩建酒精生产项目，没有配套治污设施。酒精生产过程中高浓度污水直接排入牡丹江。海林市环保局曾于 2005 年 12 月提请海林市政府关闭该企业，但市政府一直未下达停产决定，导致海林雪原酒业公司长期违法排污。三家污染企业，海林雪原酒业、海林啤酒厂、海林食品公司屠宰车间排放不达标的企业已被停产整顿。

水源地发现水生生物后，水厂在取水口加设拦截网截留生物絮体，并加大了混凝剂和消毒氯气的投放量。海林市组织人力对严重污染河段进行破冰人工清捞。牡丹江市政府将对牡丹江上游水域进行集中整治，从长远角度确保牡丹江市民饮用水安全。

5. 无锡水危机除臭的应急处理

2007 年 5 月 28 日开始，无锡市自来水的南泉水源地的水质突然恶化，造成自来水带有严重臭味，自来水已经失去了除消防和冲厕所以外的全部使用功能。从 5 月 29 日起，无锡市市民的生活饮水和洗漱用水全部改用桶装水和瓶装水，社会生活和经济生产受到极大影响。

（1）水源水质情况

5 月 28 日上午开始，南泉水厂取水口处水质突然恶化。从 5 月 28 日下午和晚上开始，无锡市城区陆续开始受到影响。根据取水口处安装的在线溶解氧仪的数据记录，从 5 月 28 日 8 点至 31 日水源水的溶解氧浓度基本为零；6 月 1 日至 6 月 4 日水质剧烈波动，溶解氧浓度在 0～8mg/L 之间剧烈变化，变化最快时在半小时内溶解氧浓度从 8mg/L 以上降到接近零。

受太湖湖体进出水和风向影响，太湖中水流流场分布不均，水质恶化的水体形成污染团，呈团状流动。据环保部门测定，当时在太湖南泉取水口附近的污染水团约有 1km²，污染水团中心的耗氧量最高处大约 40～50mg/L，氨氮大约 10～20mg/L。

南泉水厂所取水源水的水质性状是：

水的颜色：水体发灰，严重时黑灰，水面部分时间有少量的浮藻。大部分时间没有浮藻。在烧杯中水的颜色为黄绿色。

水的臭味：臭味种类为恶臭，臭胶鞋味，烂圆白菜味，味道极大，源水的臭味等级为"五级"（最高等级，表示强度很强，有强烈的恶臭或异味），水厂人员甚至记录为"＞五级"。

藻浓度：5 月 28 日～31 日 5000 万～8000 万个/L，个别数据过亿；6 月 1 日后大部分的水样为 1000 万个～3000 万个/L。中桥水厂进厂水藻浓度 28 日 23 点达最高值，2.5 亿个/L。

COD$_{Mn}$：15～20mg/L，中桥水厂进厂水 28 日晚达最高值，24mg/L。

氨氮：7～10mg/L。

DO：严重时为零。

（2）水源水特征污染物特性和来源分析

本次无锡自来水臭味问题的产生原因极为特殊，当时的说法是因太湖蓝藻水华造成。但是根据源水水质和臭味的味道，以及应急除藻措施除臭效果欠佳的情况，专家组初步判断，产生此次无锡自来水臭味的物质，不是蓝藻水华时常见的藻的代谢产物（如 2-甲基异莰醇，土臭素等），而是另一类致臭的含硫化合物，产生的原因较为复杂。因此确定应急处理的对象，不是通常的"除藻"，而主要是"除臭"。

经对 5 月 31 日中午水源水、6 月 2 日污水团、污染期间存留的自来水等水样进行 GC/MS 分析，检出源水中含有大量的硫醇硫醚类、醛酮类、杂环与芳香类化合物。

水源水中还检出了较高含量的吲哚和酚，在水源水和受污染自来水水样中还检出了甲苯。吲哚是蛋白质中色氨酸的分解物，有强烈的粪臭味，常见于粪便污水。酚和甲苯的来源一般为工业污染。

根据水质检测结果和污染物成因分析，此次无锡自来水水源地污染物的可能来源是：太湖蓝藻暴发产生的藻渣与富含污染物的底泥，在外源污染形成的厌氧条件下快速发酵分解，所产生的恶臭物质造成无锡水危机事件。

（3）应急技术原理和工艺路线

专家组到达无锡后，随即在现场进行了调查研究，有针对性地确定了氧化剂在前，活性炭在后综合处理的方案。5 月 31 日 19 点开始，至 6 月 1 日早 7：40，试验取得了成功。采用所确定的应急除臭处理技术，试验中高锰酸钾氧化 2h，再在混凝时加入粉末炭，在 5 月 31 日晚的恶劣水源水质条件下（水样恶臭，耗氧量 15.9mg/L），应急处理后的试验水样无臭无色，感官性状良好，常规指标（包括浊度、色度、耗氧量、锰等）均达标，微囊藻毒素－LR 略超标，但至少可以满足生活用水的要求。

除采用高锰酸钾氧化外，5 月 31 日晚还试验了二氧化氯氧化，但除臭效果不好，且投加量过大，并存在副产物亚氯酸盐超标的问题。后期又试验了过氧化氢氧化，但除臭效果不佳，且反应速度很慢。

因此，所确定的除臭应急处理工艺（见图 12-14）是：在取水口处投加高锰酸钾，在输水过程中氧化可氧化的致臭物质和污染物；再在净水厂反应池前投加粉末活性炭，吸附水中可吸附的其他臭味物质和污染物，并分解可能残余的高锰酸钾。为避免产生氯化消毒副产物，停止预氯化（停止在取水口处和净水厂入口处的加氯）。高锰酸钾和粉末活性炭的投加量根据水源水质情况和运行工况进行调整，并逐步实现了关键运行参数的在线实时检测和运行工况的动态调控。应急处理所增加的运行费用为 0.20～0.35 元/m³ 水（应急处理的高锰酸钾投加量 3～5mg/L，粉末活性炭投加量 30～50mg/L）。

（4）应急技术实施要点

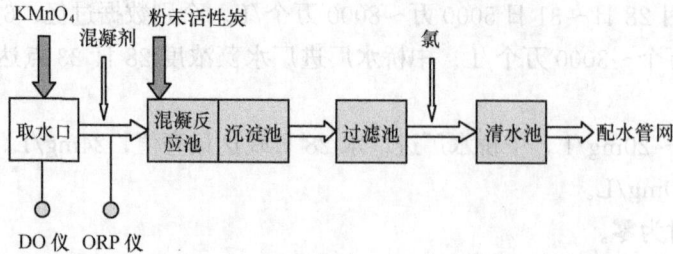

图 12-14　无锡市水危机期间水厂应急处理工艺流程图

从 6 月 1 日早晨 5：00 开始水厂按新方案运行，至 6 月 1 日下午，水厂出厂水已基本无臭味，市区供水管网水质也开始逐渐好转，可以满足生活用水要求。至于是否能作为饮水，还需对毒理学指标进行全面检测和获得卫生监督部门认可。

但从 6 月 2 日开始至 6 月 5 日，水源水质变化突然，幅度很大，造成水厂运行不稳定。在水源水质恶化时必须及时增加高锰酸钾投量，在水质变好时又要相应降低投量。为此，紧急加装了在线检测仪表，逐渐出现了应急除臭的运行目标，即"实时监测、科学指挥、动态调控、稳定运行、全面达标"。

取水口处高锰酸钾的投加量是除臭运行的关键控制参数。投加量适宜时，所加入的高锰酸钾中的 7 价锰转化为 4 价锰，存在形式为不溶性的 MnO_2，可通过净水厂的混凝沉淀过滤有效去除。如投加量过大，反应剩余的高锰酸钾会造成净水厂进水颜色发红（红水）。如投加量少，则除臭效果差，并且由于高锰酸钾生成的二氧化锰在输水管道中与水中残余的还原性物质继续反应，生成溶解性的 2 价锰，将造成出厂水锰超标。

据后来分析，大部分出厂水锰超标的问题多是由于取水口处高锰酸钾投加量偏少造成的。6 月 3 日夜在净水厂进水处紧急安装了在线 ORP 仪，实时监测氧化效果，并根据运行情况在一天内总结出了 ORP 仪的控制参数，指导取水口处高锰酸钾投加量的调整和净水厂的运行工况。

由于源水在输水管中的流经时间有数小时，高锰酸钾投加量调整的效果有滞后，对此净水厂内建立了应对锰超标问题的多种运行工况：在进厂水 ORP 适宜（400～600mV）时，采用正常运行工况（粉末活性炭投加量 30mg/L，停止水厂前加氯，采用滤前加氯和滤后加氯）。ORP 偏高（＞600mV）时，为预防可能出现红水问题，水厂运行采用除高锰运行工况（增加粉末活性炭投加量到 50mg/L，停止水厂前加氯和滤前加氯）；ORP 偏低（＜400mV）时，采用除低锰运行工况（粉末炭投加量 30mg/L，增加水厂前加氯，后氯化以滤前加氯为主）。

该应急处理工艺通过合理采用多种处理技术，强化了对臭味物质和有毒污染物的去除，并避免因应急处理而产生新的污染问题，工艺合理，实施迅速，效果良好。

在采用应急除臭处理技术后，6 月 1 日下午起，水厂出厂水已基本上无臭味。6 月 2 日，无锡市城区大范围打开消火栓放水，清洗管道，并清洗二次水箱。自来水臭味问题基本解决，至少可以满足生活用水的要求。

6. 秦皇岛自来水臭味事件的应急处理

（1）事件背景和原水水质情况

2007 年 6、7 月间，秦皇岛市市政供水水源地洋河水库蓝藻大量生长，其中的优势藻种为能够产生土臭素的鱼腥藻，水源水中土臭素的含量最高时为饮用水臭味阈值浓度的数千倍，造成自来水臭味严重。

秦皇岛市市政供水的主力水源为洋河水库，从洋河水库取水后，由源水输水管道送至沿程的各水厂净化后为城区供水。其中：北戴河水厂负责为北戴河区供水，源水输水管道 21km，供水规模 5 万 m³/d。海港水厂、汤河水厂和柳村水厂为海港区供水，分别为：海港水厂，44km，15 万 m³/d，其中有少量源水（3~5 万 m³/d）来自石河水库；汤河水厂，39km，设计 3 万 m³/d，实际供水 4.5 万 m³/d；柳河水厂，50km，5 万 m³/d。此外，山海关区由山海关水厂供水，水源为石河水库。以上各水厂隶属于秦皇岛首创水务公司。

由于洋河水库受到污染，近年来水体富营养化问题不断加剧，夏季藻类问题逐年严重。2006 年 6、7 月间（6 月 28 日~7 月中旬）曾出现自来水臭味问题，根据当时的检测，产生臭味的物质主要是土臭素，为藻类代谢产物，水源水土臭素的浓度约 600ng/L（2006 年 7 月 12 日水样），当时在水厂采取了应急处置措施后，出厂水恢复正常。

2007 年自 6 月中旬后，洋河水库藻类急剧增加，6 月上旬水源水中藻数量尚在几百万个/L，6 月下旬已经增加到 2000 多万个/L。由于水体藻类的代谢产物剧增，自 6 月中旬起，水质出现明显土霉臭味。水务公司于 6 月 18 日启动了应急处置措施，采用与 2006 年相同的处置方法，即：1）在洋河水库取水口处投加高锰酸钾，投加量 1mg/L；2）水厂内在进厂水或反应池前部投加粉末活性炭，海港区的三个水厂的投加量从初期的 10mg/L，逐渐加大到 25mg/L，其中海港水厂自 6 月 25 日起已经加大到 30mg/L；3）加强常规处理，包括启动气浮除藻设施、提高混凝剂投量、加强滤池反冲洗等。但在采取以上措施后，处理效果仍然有限，尽管自来水在常温下只有微弱霉味，但加热后霉味强烈，对淋浴、洗澡和热饮等用水的负面影响显著。

洋河水库取水口处原水水质情况为：6 月 28 日早，藻 2000 万个/L，臭阈值 100（稀释至无味的倍数），土臭素浓度 1532ng/L（人能感知出现臭味的土臭素浓度为 10ng/L）；6 月 29 日晨，藻 4000 万个/L，臭阈值 400，土臭素浓度 4000ng/L；6 月 30 日晨，藻 6800 万个/L，臭阈值 1000，藻浓度大幅增加，库中水体颜色变为明显的鲜绿色，显微镜检查发现产生臭味的螺旋鱼腥藻的比例从以前的约 25% 变成为优势藻种；7 月 1 日晨，水质进一步恶化，藻浓度 7000 万个/L，水体颜色呈略发黄的鲜绿色（显示已有藻体死亡），水面有油漆状藻体浮膜，已经显示出水华爆发的特征。藻类水华造成水厂运行困难，6 月 30 日下午 17 点开始，海港水厂部分滤池滤程大幅度缩短（虹吸滤池只有 3 小时），原因是大量的藻体堵塞滤池。

经中科院生态环境研究中心（6 月 25 日下午水样）和北京市自来水公司水质监测站（6 月 28 日晨水样）测定，本次秦皇岛自来水臭味的致臭物质为土臭素。水源水中浓度范围 6 月底已经达到 1500ng/L 左右（生态中心 6 月 25 日水样测定结果 1550ng/L；北京自来水公司 6 月 28 日水样测定结果 1532ng/L），含量很高。其他类型的致臭物质含量很低，例如，2-甲基异莰醇（2-MIB）的浓度仅为 2ng/L（生态研究中心和北京自来水公司测定结果相同）。自来水中土臭素的浓度 68ng/L（生态中心 6 月 25 日采样），淋浴热水的臭味很大。

　　秦皇岛市，特别是北戴河区，是重要的旅游城市，对自来水水质的要求极高。对于此次因水源藻类暴发所产生的自来水臭味问题，必须在最短的时间内解决，确保正常用水。

　　(2) 应急技术原理和工艺路线

　　土臭素是典型的藻类代谢产物，经显微镜镜检对水源水中藻类的观测和有关资料，主要由蓝藻中的螺旋鱼腥藻产生。土臭素的臭味类型为土霉味，其臭味的阈值为 $10\mu g/L$，我国国标《生活饮用水卫生标准》GB 5749—2006 在附录项目中给出的土臭素的参考限值也是 $10\mu g/L$。要把土臭素从水源水的 $1500\mu g/L$（超标 150 倍），降到 $10\mu g/L$ 以下，需要达到 99.5%以上的去除率，任务艰巨，国内外尚无先例。

　　土臭素的去除特征是：不易被氧化（包括高锰酸钾氧化等），但易于被活性炭吸附，因此可以采用粉末活性炭应急吸附技术。粉末活性炭吸附土臭素需要一定的吸附时间，一般需要 2h 以上的时间才能基本达到吸附平衡，粉末活性炭的投加点应设在取水口处。公司原有措施是在厂内反应池上投加，因吸附时间过短，只有 0.5h，吸附效果不佳，且运行操作的可靠性较差。

　　为确定应急除臭技术方案，专家组通过应急处理的试验模拟和效果分析（包括臭味强度的人工识别和仪器测定），分析了前期应急处理处理效果不佳的原因，确定了调整方案的工艺路线和技术参数。

　　试验模拟条件包括：1) 粉末活性炭吸附过程与所需吸附时间；2) 取水口处投加粉末炭的效果；3) 水厂内反应池前投加粉末活性炭效果；4) 取水口投加高锰酸钾氧化效果；5) 水厂内投加高锰酸钾效果；6) 水厂常规处理（混凝、沉淀、过滤、消毒）的影响等。

　　在现场共进行了 11 组试验。试验原水采水地点：洋河水库取水口处。原水采水时间：6 月 28 日晨 7 点、6 月 30 日晨 7 点。试验所用粉末活性炭有 3 个品种：1) 前期现场所用椰壳炭（承德华净活性炭厂产品，80 目，碘值 900，6800 元/t）；2) 高碘值的煤质炭（200 目，碘值 920，约 4800 元/t；3) 新购低价煤质炭（太原新华化工厂产品，325 目，碘值 700，3850 元/t；现货只有这个品种，第二批订货改用标准煤质炭）。试验设备：六联混凝搅拌器。臭味测定方法：室温臭味等级、65℃臭味等级、65℃臭阈值、GC－MS 仪器测定。

　　试验结果总结如下：

　　1) 粉末活性炭去除臭味物质，0.5h 的吸附时间不能完成吸附过程，需要 2h 以上才能基本上达到吸附平衡，4h 以上吸附时间则吸附效果更好。

　　2) 在取水口投加粉末活性炭，通过延长吸附时间，可以有效去除臭味物质。在原水土臭素含量 1500ng/L 的水源条件下，标准煤质炭的投加量在 30mg/L 以上，可以达到热水基本上无臭味的目标。

　　3) 由于厂内投加粉末活性炭的吸附时间不到 0.5h，吸附时间不足，加上前期所用粉末活性炭的粒度较粗，导致去除效果不佳，是前期应急处理效果不理想的主要原因。

　　4) 高锰酸钾对于此次的臭味物质无去除作用，反而会因氧化破坏藻体结构造成臭味的增加，高锰酸钾在取水口处投加或在水厂内投加，投加量越大，臭味和土臭素浓度越高。

5）不同规格的粉末活性炭对臭味均有去除效果，但吸附性能略有差异。

6）65℃臭阈值测定与土臭素仪器分析结果有较好的相关性，因此前者可以作为对臭味物质含量的水厂快速检测方法，用于指导生产运行。

（3）应急技术实施要点

根据以上水质测定结果、致臭物质原因分析和应急处理试验，确定秦皇岛自来水除臭应急处理的调整方案如下：

1）以取水口处投加粉末活性炭作为去除臭味物质的主要应急处置措施，在源水输水管道中完成对致臭物质土臭素的吸附去除。取水口处的粉末活性炭投加量根据水源水质变化和处理效果适当调整：在水源水土臭素含量 1500ng/L 条件下，取水口处标准煤质炭 30mg/L 以上或低价煤质炭 40mg/L。水源水中土臭素浓度在 7 月 1 日晚达到了最高值 11968ng/L，超标近 1200 倍，取水口处的活性炭投加量提高到 80mg/L。

2）对原有的厂内投加粉末活性炭处置措施进行调整，改作为厂内补充投加措施，投加量可根据除臭效果确定。在整个应急处理期间，水厂投加量保持在 10～20mg/L。

3）为应对高藻含量和投加粉末活性炭后的原水，各水厂强化厂内常规处理措施，包括：适当增加混凝剂投加量，增加沉淀池排泥和气浮池排渣的频次，加强滤池反冲洗等。各水厂具有气浮工艺设施的，气浮设备全部开启，以促进除藻效果。

4）停止取水口处的高锰酸钾投加和水厂内的预氯化，以防止藻类因氧化而释放臭味物质和藻毒素，并严禁在水源和水厂内投加各类化学杀藻剂。

在采取以上应急处理措施后，自 7 月 1 日上午起，各水厂进厂水的臭味已明显改善，加上厂内处理措施，滤后水已基本无臭味，应急处理效果显著。在最差的水源水条件下（7 月 1 日晚水样，水源水土臭素 11968 ng/L，超标约 1200 倍），出厂水土臭素：北戴河水厂 67 ng/L（去除率 99.5%），海港水厂 13ng/L（去除率 99.9%）。经监测，出水水质全面达到饮用水新国标 106 项的要求，包括藻毒素、耗氧量等指标。

此后，随着水库中藻类数量的下降，水源水中的土臭素浓度也相应减低，应急处理措施持续到 7 月底结束，确保了秦皇岛市的正常供水。

7. 汶川地震灾区城市供水水质安全保障

2008 年 5 月 12 日 14 时 28 分，四川省汶川县附近（北纬 31.0°，东经 103.4°）发生里氏 8.0 级特大地震灾害，直接受灾区达 10 万 km²。主要包括四川省的成都、德阳、绵阳、广元、阿坝和雅安，陕西省的汉中、宝鸡，甘肃省的陇南、甘南、天水、平凉、庆阳、定西等 14 个地市。

地震给灾区的供水系统造成了重大损失，包括水源水质的变化，净水构筑物的损毁。地震引发的次生灾害也对灾区的地表水源地、地下水源地、集中式供水安全、分散式供水安全造成了重大威胁，包括由地震造成重大疫情产生的威胁，由地震引发的化学品泄漏事故产生的威胁，在抗震救灾过程中使用大量消杀剂产生的威胁，地震引发的地质灾害产生的威胁等。

经过紧急工程抢修后，在数小时至数天后各城市都恢复了城市供水，并继续检漏抢修受损供水管道，为灾民临时安置点安装临时供水设施。例如，成都市城区供水主力水厂为重力流输配水，震后未停水；受灾较重的都江堰市在 5 月 14 日 17 时对水厂恢复供电，15

日 9：40 水厂开始对城区管网供水。绵阳、德阳等城市的水厂均在恢复供电后约一个小时后恢复供水。

震区城市的供水水源是当地的地表水（岷江都江堰水系、涪江水系等）或地下水（浅层地下水大口井、深井等），震后水源的水质安全性受到了地震引发的次生污染和灾害的影响，如何保障震后城市集中式供水的水质安全性成为震区城市供水的一项重要任务。本案例列举了"5·12"汶川特大地震灾区城市饮用水源受到的影响和所需要采取的应急处理技术和水厂应急处理工艺，并结合震区各主要城市的具体情况确定的具体应对措施。

（1）集中式供水震后水质安全风险分析

对于集中式饮用水水源和水厂处理设施，此次地震灾害可能引发的次生污染风险主要包括以下几个方面：

1）病原微生物

由于汶川、北川、青川、什邡、绵竹、绵阳等上游地震重灾区存在重大人员伤亡和动物死亡，医疗废弃物和临时安置点粪便可能无法及时有效处理，加上各水库为降低库容加大放水量，会造成下游各城市地表水水源地细菌学指标大幅升高。

成都市自来水水源水 5 月 13 日以来微生物指标大幅升高，细菌总数比震前提高了一个数量级，达到 30000～70000 个/mL；粪大肠菌群始终大于 16000 个/L（超出饮用水标准测定方法的上限），超过了地表水环境质量标准 II 类水体 2000 个/L 和 III 类水体 10000 个/L 的限值。

绵阳市水源地在"5·12"地震后因上游大雨造成来水水质短暂恶化，COD_{Mn} 浓度达到 18.1mg/L，粪大肠菌群浓度为 16000 个/L，均超过水源水质标准要求。

由于水媒病原微生物将会对居民饮水健康造成重大威胁，微生物风险是水源水和水厂净水工艺面临的首要风险，保障饮用水的微生物学安全，防止灾后疫情爆发，是震后供水水质安全工作的重中之重。

2）杀虫剂

由于上游地震重灾区在灾后防疫处置中大量使用杀虫剂作为消杀药剂，这些杀虫剂可能通过降雨径流进入下游水源地。

目前水厂的常规工艺不具备应对这些杀虫剂的能力，所以水源水中一旦检出敌敌畏等杀虫剂，将存在较大的风险，必须考虑有效应对措施。

3）石油类

由于抗震期间紫坪铺水库中大量使用冲锋舟等运输船只，加上原有加油站和车辆的油品泄露，已经出现局部水体石油类超标问题。紫坪铺水库下游都江堰宝瓶口断面 5 月 20 日石油类指标为 0.4mg/L，超过地表水环境质量标准（三类水体 0.05mg/L）约 7 倍。同日，成都市第六水厂取水口监测值为 0.029mg/L，取水口上游大约 30km 处的监测结果为 0.068mg/L。5 月 21 日宝瓶口断面石油类指标为 0.442mg/L，超出水环境质量标准 7.8 倍。

根据相关研究结果，粉末活性炭也对石油类污染物有一定去除效果。因此，只要维持水厂净水工艺稳定运行，并适量投加粉末活性炭，可以保障对石油类污染物的去除。

4）有机污染物

目前地表水水源水中耗氧量指标比震前有一定的增加，主要原因是上游暴雨将累积的腐殖质等有机物冲刷进入河道，此外也存在一些生活污水、工业废水污染水源的可能。

成都水源水 COD_{Mn} 浓度地震前一般在 2mg/L，震后一段时期浓度范围在 3～6mg/L 之间波动，是震前的 2～3 倍。

由于腐殖质主要由树木枝叶腐烂产生的，多属于颗粒态有机物，可以通过强化混凝、沉淀、过滤的常规工艺去除，水厂基本都具备应急处理能力。

对于由于化学品污染引起的有机物升高问题，根据已有研究的成果，活性炭吸附法对于芳香族化合物（如苯、苯酚）、农药（包括杀虫剂、除草剂等）、人工合成有机物（如钛酸酯、石油类）有不同程度的去除效果。

5）重金属

在地震后，由于地壳变动，地下水铁、锰、铜等重金属浓度上升，对于使用地下水为水源的德阳、什邡、都江堰等地的水厂造成一定影响。

德阳市北郊、东郊、南郊和西郊（孝感）四个地下水井群的铁、锰浓度明显上升。

此外，5 月 15 日，成都市自来水公司监测站发现水源水铅浓度为 0.07mg/L，超出饮用水水质标准（0.01mg/L）6 倍，水源水 pH 值由平时的 8.2～8.5 降低到 7.6～8.0。不过由于水厂工艺对铅有一定的去除能力，加之 pH 值仍相对较高，出厂水铅浓度没有超标。根据已有研究的成果，化学沉淀法对于大多数重金属具有很好的去除效果。该应急工艺通过调节适宜的 pH 值，使重金属生成碳酸盐、氢氧化物沉淀，而后通过混凝、沉淀工艺去除。

6）臭味物质

在人类、动物尸体腐败过程中，会产生尸胺、腐胺等胺类臭物质和甲硫醇、甲硫醚等硫醇硫醚类恶臭物质。这些恶臭物质的臭阈值很低，一般为 10mg/L 左右，所以即使浓度很低，仍然会使用户对自来水的安全产生怀疑。对于有重大人员伤亡和禽畜死亡的地区，需要密切关注尸体的掩埋和处置情况，密切监测水源地水质变化。

胺类恶臭物质可以被次氯酸钠等强氧化剂去除。根据无锡水危机期间的应对经验，硫醇硫醚类恶臭物质可以被高锰酸钾等强氧化剂去除。加之水源水溶解氧浓度很高，也可以逐步氧化这些还原性恶臭物质。

7）堰塞湖和泥沙悬浮物

震后上游水库为保证水库坝体安全而大量放水，地震产生的堰塞湖的引流或垮坝也将产生瞬时大流量，大流量冲刷河道，加上上游的山体滑坡等，都会造成河水中泥沙悬浮物质的大量增加。例如，震后几天由于紫坪铺水库大量放水，成都市自来水水源的都江堰水系的徐堰河水的浑浊度由震前的几十 NTU 上升到三四百个 NTU。

针对这一情况，水厂必须做好应对高浊度源水的应对措施，如适当增加混凝剂的投加量等。除地表水外，地下水在发生地震后也会出现浊度升高现象，并将持续一天至数天，随后逐渐趋于稳定。

（2）灾区集中式供水针对性应急处理技术

1）确保微生物安全性的强化消毒技术

细菌和病毒可以通过消毒工艺灭活。在水源微生物浓度明显增加，出现较高微生物风险时，必须采取加大消毒剂投加量和延长消毒接触时间的方法来强化消毒效果。

为确保饮用水微生物安全，可采取以下措施：

(a) 提高出厂水的余氯浓度，并相应提高管网水的余氯水平，以提高消毒效果的保证率，并抵御管网抢修引起的微生物二次污染。如成都市自来水公司把出厂水余氯由原有的 $0.4\sim0.7mg/L$ 提高到 $0.8\sim1.2mg/L$，一些使用二氧化氯的县级水厂也把出厂水二氧化氯余量从 $0.10mg/L$ 提高 $0.12mg/L$ 以上。

(b) 地表水厂在处理中采用多点氯化法，特别是要提高预氯化的加氯强度，通过增加消毒剂的浓度和接触时间，提高消毒灭活微生物的 Ct 值，充分灭活水中可能存在的病原微生物。

(c) 保持净水工艺对浊度的有效去除，尽可能地降低出厂水的浊度，以降低颗粒物对消毒灭活效果的干扰。

(d) 由于有的应急处理技术可能对消毒效果有负面影响，例如投加的粉末活性炭对水中的氯有一定的消解作用，应急净水工艺必须整体考虑，合理设置，首先要满足微生物安全性的要求，不能对消毒效果产生大的负面影响。

(e) 除上述强化消毒技术外，还要加强管网末梢的余氯、细菌总数、大肠菌群、浊度等指标的监测，杜绝管网末梢余氯不合格的现象，确保用户用水安全。

2) 针对敌敌畏等杀虫剂的应急处理技术

为了应对地震灾区敌敌畏等杀虫剂的污染风险，紧急确定了针对敌敌畏、溴氰菊酯、马拉硫磷等杀虫剂的应急处理技术。《生活饮用水卫生标准》GB 5749—2006 对敌敌畏的标准限值为 $0.001mg/L$，仅为地表水环境质量标准三类水体标准限值 $0.05mg/L$ 的 1/50，即使不超过地表水环境质量标准，也有可能产生自来水出厂水敌敌畏超标问题，且自来水厂的常规处理应急处理能力有限。但如果原水敌敌畏浓度达到 $10mg/L$ 时，常规处理出厂水敌敌畏肯定会超标。投加粉末活性炭对敌敌畏有较好的去除效果，实验室条件下，原水敌敌畏浓度为 $10mg/L$ 时，先投加 $20mg/L$ 以上的粉末活性炭，吸附 60min，或吸附 30min 再混凝处理后敌敌畏均为 $0.73mg/L$，可达标。生产运用时，在取水口处投加量应适当加大，有时需要在 $40mg/L$（因为考虑取水水源中其他污染物的影响，有时需要投加量达 $40mg/L$，但源水中敌敌畏浓度大于 $10mg/L$，投加粉末活性炭也难于达标）。

3) 针对杀虫剂的应急处理技术

应对杀虫剂采用常规处理的最大超标倍数，溴氰菊酯为 5 倍，乐果为 5 倍，甲基对硫磷为 10 倍，对硫磷为 25 倍，马拉硫磷为 3 倍。

(注：12.6 主要摘自《城市供水系统应急净水技术指导手册》)

第13章 水泵与水泵站

13.1 泵的基本知识

13.1.1 水泵与水泵站的分类

1. 泵的分类

（1）按用途分类

可分为：循环泵、消防泵、给水泵、排水泵、输油泵、喷灌泵、搅拌泵、井用泵、潜水泵等。

（2）按被输送介质分类

可分为：清水泵、污水泵、热水泵、渣油泵、砂浆泵、泥浆泵、水泥泵等。

（3）按叶轮的吸入方式分类

可分为：单吸式、双吸式等。

（4）按叶轮的数目分类

可分为：单级、多级。

（5）按泵轴的位置分类

可分为：立式、卧式。

（6）按泵的工作原理分类

可分为叶片式泵、容积式泵和其他类型泵。水厂中常用的是离心泵、混流泵和轴流泵，均属于叶片式泵。

2. 泵站的分类

（1）按工作任务分类

可分为：进水泵站（一级泵站）、出水泵站（二级泵站）、排水泵站、污水泵站、加压泵站、蓄能泵站、循环泵站等。

（2）按动力分类

可分为：电力泵站（以电动机为动力机的泵站）、机动泵站（以内燃机为动力机的泵站）、水力泵站（以水轮机为动力机的泵站）、风力泵站（以风力为动力的泵站）等。

（3）按泵结构形式分类

可分为：卧式泵站、立式泵站、深井泵站等。

13.1.2 泵的工作原理

1. 离心泵的工作原理

离心泵启动前泵壳内要灌满液体，当电动机带动泵轴和叶轮旋转时，液体一方面随叶轮作圆周运动，一方面在离心力作用下自叶轮中心向外周抛出，液体从叶轮获得了压力能和速度能。当液体流经蜗壳到排液口时，部分速度将转变为静压力能。在液体被叶轮抛出时，叶轮中心部分造成低压区，与吸入的液面压力形成压力差，于是液体不断地被吸入，并以一定的压力排出。离心泵的工作原理见图 13-1。

离心泵具有构造简单、能与电动机直接相连、不受转速限制、不易磨损、运行平稳、噪声小、出水均匀、调节方便、效率高、运行可靠、维修方便等优点。在叶片泵中，离心泵的用量最大、使用范围也最广。水厂中经常使用的单级单吸与单级双吸离心泵、深井泵、潜水泵等都属于这类水泵。

2. 轴流泵的工作原理

轴流泵输送液体不是依靠叶轮对液体的离心力，而是利用旋转叶轮叶片的推力使被输送的液体沿泵轴方向流动。当泵轴由电动机带动旋转后，由于叶片与泵轴轴线有一定的螺旋角，所以对液体产生推力（或叫升力），将液体推出从而沿排出管排出。这和电风扇运行的道理相似：靠近风扇叶片前方的空气被叶片推向前面，使空气流动。轴流泵的液体被推出后，原来的位置便形成局部真空，外面的液体在大气压的作用下，将沿进口管被吸入叶轮中。只要叶轮不断旋转，泵便能不断地吸入和排出液体。轴流泵具有流量大、结构简单、重量轻、外形尺寸小的优点。立式轴流泵工作时叶轮全部浸没水中，启动时不必灌泵，操作简单方便。轴流泵的主要缺点是扬程太低，应用范围受到限制。轴流泵的工作原理见图 13-2。

3. 混流泵的工作原理

混流泵是介于离心泵和轴流泵之间的一种泵，电动机带动叶轮旋转后，对液体的作用既有离心力又有轴向推力，是离心泵和轴流泵的综合。混流泵的比转速高于离心泵，低于轴流泵，一般在 300~500 之间。它的扬程比轴流泵高，但比离心泵低；流量比轴流泵小，比离心泵大。图 13-3 为混流泵工作原理图。

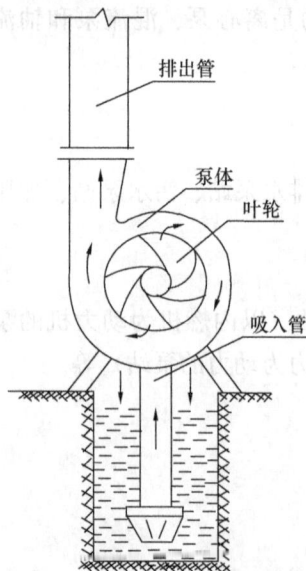

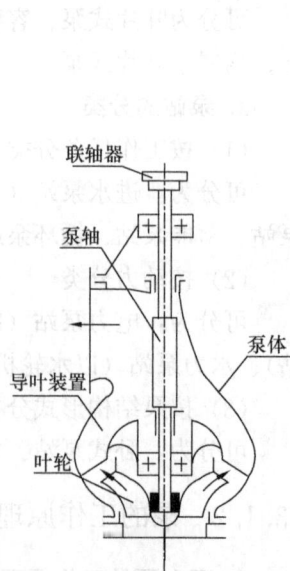

图 13-1　离心泵工作原理　　　　　图 13-2　轴流泵工作原理　　　　图 13-3　混流泵工作原理

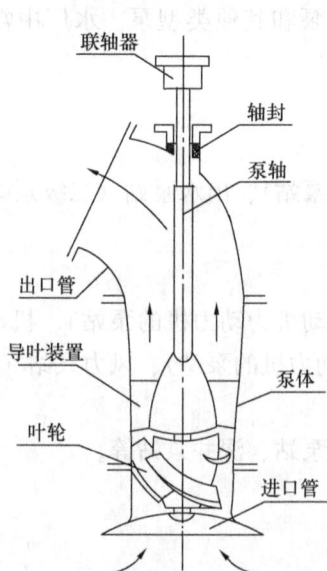

13.1.3 常用水泵的结构形式及主要部件

1. S型单级双吸离心泵

S型单级双吸离心泵是Sh型系列的更新，泵的性能指标比Sh型泵的相应产品先进。

S型泵吸入口与吐出口均在泵轴线下方，与轴线垂直呈水平，泵壳中开，检修时无需拆卸进水、排出管路及电动机。从联轴器向泵的方向看，泵为顺时针方向旋转。泵体与泵盖构成叶轮的工作室，在进、出水法兰上设有安装真空表和压力表的管螺孔，进出水法兰的下部设有放水的管螺孔。

叶轮经过静平衡校验，用轴套和两侧的轴套螺母固定，其轴向位置可以通过轴套螺母调整。叶轮的轴向力利用其叶片的对称布置达到平衡，可能还有一些剩余轴向力则由轴端的轴承承受。泵轴由两只单列向心球轴承支承，轴承装在泵体两端的轴承体内，用黄油润滑。双吸密封环用以减少泵叶轮处泄漏量。泵通过弹性联轴器与电动机联接传动。

轴封为软填料密封，为了冷却润滑密封腔和防止空气进入泵内，在填料之间装有填料环，泵工作时少量高压水通过泵盖中开面上的梯形凹槽流入填料腔，起水封作用。S型离心泵结构如图13-4所示，主要零部件及作用见表13-1。

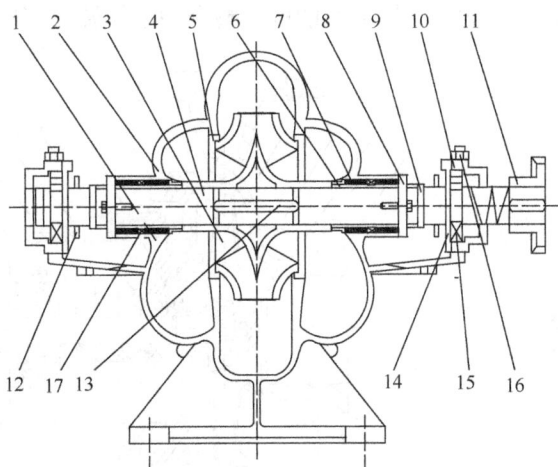

图 13-4 S型单级双吸离心泵结构示意图
1—泵体；2—泵盖；3—叶轮；4—泵轴；5—双吸密封环；
6—轴套；7—填料；8—填料压盖；9—轴套螺母；10—轴承体；11—联轴器；12—挡水圈；13—键；14—轴承端盖；
15—单列向心球轴承；16—轴承体压盖；17—填料函

S型离心泵主要零部件 表13-1

名　称	作　　用
叶轮	是离心泵传递和转换能量的主要部件，通过它把电动机传递给泵轴的机械能转化为液体的压力能和动能。叶轮通常由盖板、叶片和轮毂等组成
泵轴	泵轴的作用是支承和连接叶轮成为泵的转动部分，并带动叶轮旋转。泵轴必须具有足够的抗扭和抗弯强度，通常用优质碳素钢制成
泵体与泵盖	泵体与泵盖构成叶轮的工作室，泵工作时这部分是固定不动的部件，其作用是把泵的各个部件联结成一个整体
双吸密封环	密封环是用来保持叶轮进口外缘与泵壳间有合适的转动间隙，以减少液体由高压区向低压区的泄漏
轴套	保护轴不受磨损和腐蚀，并用来固定叶轮的位置
轴承体	轴承是泵的固定部分和转动部分的连接部件。它的作用是支承转动部件的重量，承受一定的轴向力和减小转动部件工作时的转动摩擦阻力，以提高传递能量的效率
填料函	填料函的作用是用来密封泵轴穿过泵壳处的间隙，以阻止高压液流在该间隙处的大量泄漏及防止空气进入泵内
联轴器	用于联接水泵轴和电动机轴，使它们一起转动，传递功率

2. IS 型单级单吸离心泵

单级单吸离心泵是工业、农业等各部门应用最广泛的一种离心泵，它的结构由泵体、泵盖、叶轮、叶轮螺母、轴、轴套、轴承悬架、密封环、填料环、填料盖等组成。一般泵盖固定在泵体上，泵体固定在托架上，在托架内装有支承泵轴的轴承，轴承通常由托架内机油润滑，也可以用黄油润滑。叶轮则悬臂固定在泵轴上，所以称为单级悬臂式离心泵。这种泵的轴封装置大都采用填料密封。也有采用机械密封的。在叶轮上，一般多有平衡孔，或者用平衡管来平衡轴向力。

单级悬臂式离心泵的结构简单，工作可靠，零部件少，制造工艺要求不高，噪声低，振动小，拆开联轴器就能取下整个轴承体转动部件。IS 型泵结构如图 13-5 所示。

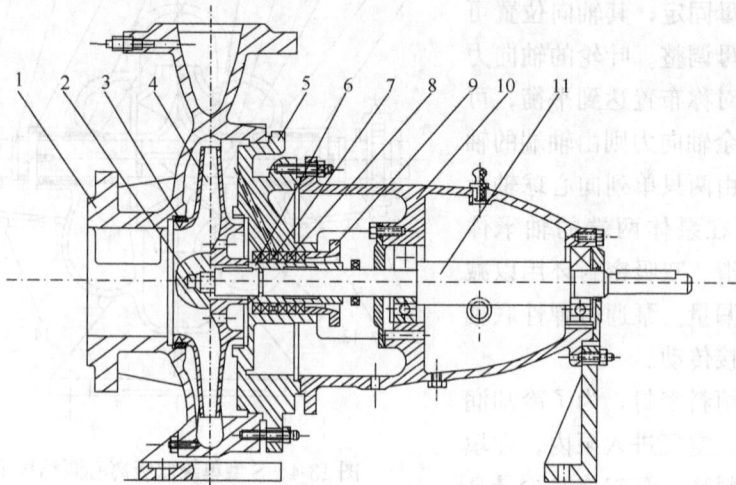

图 13-5　IS 型单级单吸离心泵

1—泵体；2—叶轮螺母；3—密封环；4—叶轮；5—泵盖；6—轴套；
7—填料环；8—填料；9—填料压盖；10—轴承悬架；11—泵轴

3. ZLB 立式轴流泵

立式轴流泵按叶轮的叶片角度是否可以调节，通常将轴流泵分为固定式、半调节式和全调节式三种结构形式。固定式轴流泵的叶片安装角度是不能调节的，通常对于泵出口直径小于 300mm 的小型轴流泵都采用这种结构形式。半调节式的轴流泵的叶片，必须在停机状态下，拆开泵的部分部件后才能调节叶片角度，中小型轴流泵通常都采用这种结构形式。全调节式的轴流泵一般均属大中型的轴流泵，设有专门的叶片调节机构。不用停机就可调节叶片角度，称为动调节机构；需要停机但不必拆卸部件的称为静调节机构。图 13-6 所示为 ZLB 半调节式轴流泵结构图。泵主要零部件及作用见表 13-2。

ZLB 立式轴流泵主要零部件　　　　　　　　　　　　　　表 13-2

名　称	作　　　用
叶轮	使液体产生推力，安装于轮毂上，其叶片在制造时留有 3 个供调整叶片角度的定位孔，借助螺母和定位销固定于轮毂上，只能在安装与检修中加以调节
泵轴	泵轴和电动机转子轴一起组成机组的主轴，用以传递扭矩。为防止摩擦和锈蚀，在泵轴导轴承和填料密封处，一般镶有不锈钢轴套

续表

名　称	作　用
导叶体	导叶体内装的导水叶是用来消除经转轮后的水流的旋转运动，使水流的旋转动能转化为压力能，将水流导流成轴向运动。导叶体口径为上大下小的锥形，可使流速逐渐减小，以减少压力损失
橡胶轴承	橡胶轴承是对水泵轴起径向支撑作用的部件。其轴承体为半铸件，用法兰和螺栓连接并固定在导叶体中轴窝内。橡胶轴瓦固定在轴承体上。橡胶轴瓦用水进行润滑和冷却
联轴器	用于和电机轴作刚性连接
填料密封	在水泵轴穿过出水流道的地方设置填料密封，以防泵体内压力水溢出泵外。通常采用油浸石棉盘根作密封填料，填料函处通入压力水供冷却和润滑
其他部件	叶轮外壳、进水喇叭口、出水弯管等

4. LK 立式斜流泵

混流泵的结构形式可分为蜗壳型和导叶型两种。低比转数的混流泵多为蜗壳型，且其结构与蜗壳型离心泵相似；高比转数的混流泵多为导叶型，而且其结构与轴流泵相似。导叶式混流泵又称斜流泵，是水厂常用的一种水泵。

图 13-7 所示为 LK 立式斜流泵的结构图，泵主要由叶轮、主轴、轴承、导叶体、导流片、吸入喇叭口、吐出弯管等组成。泵的转子可抽出（转子由叶轮、导叶体、轴组成），叶轮的叶片为半调节式。泵的轴承为橡胶轴承，泵轴设有保护套管，内充以清洁压力水。泵的轴向推力由电动机承受。

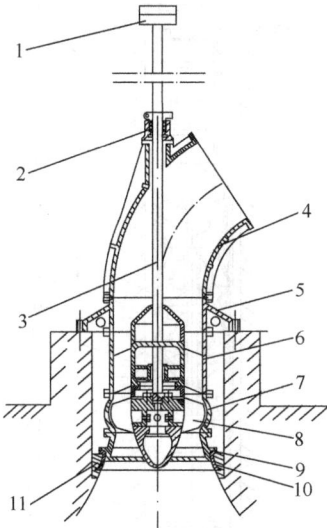

图 13-6　ZLB 半调节式轴流泵结构图

1—联轴器；2—填料密封；3—轴；4—出水弯管；5—中间接管；6—导叶体；7—叶轮外壳；8—叶轮；9—填料压圈；10—进水喇叭口（套管）；11—底座

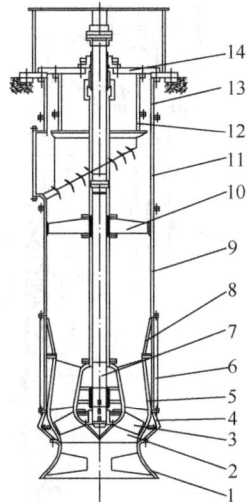

图 13-7　LK 立式斜流泵结构图

1—吸入喇叭口；2—叶轮室；3—叶轮；4—外接管（Ⅰ）；5—导叶体；6—外接管（Ⅱ）；7—下主轴；8—扩散管；9—中间接管；10—轴承支架；11—吐出弯管；12—导流片；13—外接管（Ⅲ）；14—支撑板

5. JC 长轴深井泵

长轴深井泵是提取深井地下水的设备，它的动力机和机座在地面上，泵体浸没在井下水内，靠很长的传动轴把动力机的功率传递给泵体的叶轮，使它旋转做功，使获得能量的水沿扬水管输送到地面上。JC 型深井泵是一种单吸多级立式长轴离心泵，该类泵具有结构紧凑、性能稳定、效率较高、适用范围广等优点。表 13-3 为长轴深井泵的主要零部件及作用，图 13-8 为结构示意图。

JC 长轴深井泵主要零部件 表 13-3

名　称	作　用
叶轮	是深井泵转换能量的主要部件，叶轮多采用闭式，叶轮后盖板上加工有 3～6 个孔，以减少轴向力
叶轮轴（泵轴）	轴上装有若干个叶轮，泵工作时，叶轮轴带动叶轮一起旋转，用来传递扭矩
泵壳（导流壳）	搜集液体，使液体流向由径向转到轴向，将液体的速度能转为压力能
泵座	它的上部安装电动机，下部与扬水管相连接，泵座通过地脚螺栓固定于基础上。中间部位有水平方向出水管
止逆装置	安装于电动机上部，具有防止电动机逆转和调整叶轮口环轴向间隙的作用
橡胶轴承	用于支承叶轮轴，防止其转动时产生径向摆动
传动轴	它的作用是把电动机的动力传递给叶轮
联轴器	它的作用是将各段传动轴联成整体
扬水管	把泵体流出的液体输送到井泵的出口
联管器	它的作用是将各段的扬水管联接成一个整体
轴承支架	它的作用是支持和稳定传动轴，防止其径向摆动和引起振动
滤水管	防止杂物进入泵体以免堵塞流道或损坏叶轮

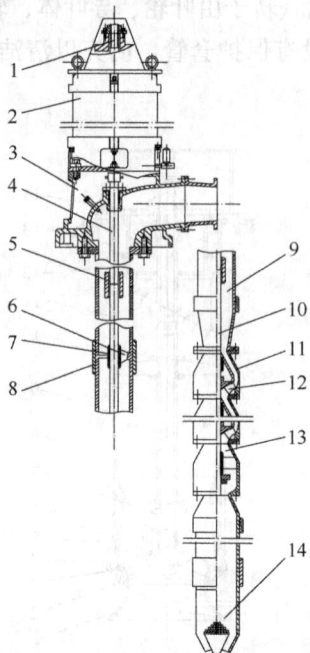

图 13-8　JC 长轴深井泵结构示意图

1—止逆装置；2—电动机；3—泵座；4—传动轴；5—联轴器；6—轴承支架；7—橡胶轴承；8—联管器；9—扬水管；10—叶轮轴；11—锥形套；12—叶轮；13—泵壳；14—滤水管

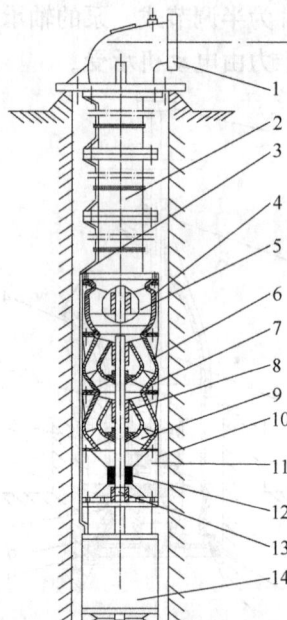

图 13-9　QJ 型潜水泵结构示意图

1—泵座；2—扬水管组装；3—护线板；4—阀体；5—止逆盘；6—锥套；7—中导流壳；8—壳轴承；9—叶轮；10—滤网；11—进水节；12—导轴承；13—联轴器；14—电动机

6. QJ 潜水泵

深井潜水泵是电机与水泵直联一体潜入水中工作的提水机具，以 QJ 型使用最为普遍，它由潜水泵、潜水电机、输水管、电缆和启动保护装置等组成。水泵为单吸多级立式离心泵，潜水电机为充水湿式、立式井用潜水异步电动机，电机与水泵通过筒式联轴器直联。电机腔内注满洁净的清水，用来冷却电动机和润滑轴承，电机轴上端设有可靠的轴封装置，能有效地防止电动机内的冷却液与所抽送的介质之间的交换。电机导轴承采用水润滑轴承，电机下部设有能承受水泵上下轴向力的止推轴承。QJ 型潜水泵结构示意图参见图 13-9。

13.1.4 泵的性能参数

1. 流量

水泵在单位时间所输送的水量称为泵的流量，用字母 Q 表示。它的单位一般为：m^3/h、m^3/s、L/s。

2. 扬程

单位质量的液体通过水泵以后所获得的能量称为扬程，又叫总扬程或全扬程，用字母 H 表示。扬程的单位为 m，即液柱高度。水泵的全扬程为：

$$H = H_{实} + h_{吸损} + h_{压损} \quad (参见图 13-10)$$

式中　$H_{实}$——从吸水井内水面高度算起经过水泵提升后能达到的高度；

$h_{吸损}$——吸水侧的损失扬程；

$h_{压损}$——压水侧的损失扬程。

3. 功率

水泵在单位时间内所做的功称为功率，功率的单位为 kW，它们有如下关系：$1kW = 102kg \cdot m/s = 1000N \cdot m/s$。

图 13-10　水泵扬程示意图

（1）有效功率（N_e）

水泵的有效功率又称泵的输出功率，它表示单位时间内液体从泵中获得的能量，即水泵对被输送液体所做的实际有效功。泵的有效功率可用下式计算：

$$N_e = \frac{\gamma \times Q \times H}{102} kW$$

式中　Q——所输送液体的流量，m^3/s；

H——泵的全扬程，m；

γ——所输送液体的比重，kg/m^3。

（2）轴功率（N）

水泵的轴功率是电动机通过联轴器传递到水泵轴上的功率，也就是水泵的输入功率。通常水泵铭牌上所列的功率均指的是水泵的轴功率。

（3）配套功率（N_g）

配套功率是指泵配套的电动机所具有的功率。配套功率比轴功率大，因为动力传递给水泵时，传动装置也会有功率损失。在选择配套电动机的功率时，除了考虑传动装置损失外，还应考虑到水泵必须具有的安全储备功率，一般增加 10%～30% 的功率作为储备功率。

4. 效率

水泵的效率是有效功率和轴功率之比值，即：

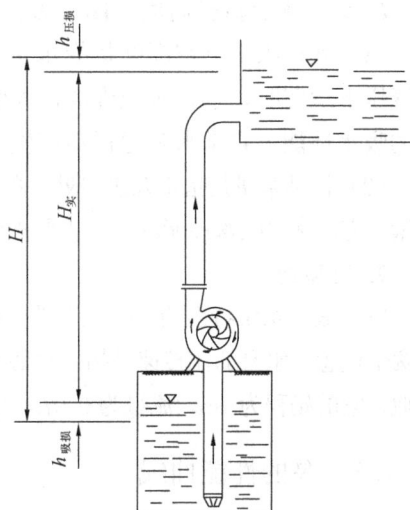

$$\eta = \frac{N_e}{N} \times 100\%$$

效率是表示水泵性能好坏的重要经济技术指标，水泵铭牌上的效率（额定效率）是指该泵在额定转速运行时可以达到的最高效率值。水泵在实际运转时，由于受其他因素和技术参数变化的影响，其实际运行效率往往有很大的变化。

5. 转速

指水泵叶轮每分钟转动的次数，用字母 n 表示。单位为 r/min。

6. 允许吸上真空高度（H_S）及汽蚀余量（Δh）

（1）允许吸上真空高度是指水泵在标准状态下，水温为 20℃，表面压力为一个标准大气压下运转时，水泵所允许的最大吸上真空高度，单位为米水柱，一般用 H_S 来反映水泵的吸水性能。它是水泵运行不产生汽蚀的一个重要参数。

（2）汽蚀余量是指水泵进口处，单位质量液体所具有超过饱和蒸汽压力（汽化压力）的富余量，它是水泵吸水性能的一个重要参数，单位为米水柱。汽蚀余量也常用 NPSH 表示。

7. 比转速

它是表示水泵特性的一个综合性数据。比转速虽然也有转速二字，但它与水泵的转速完全是两个概念。水泵的比转速是指一个假想叶轮的转速，这个叶轮与该水泵的叶轮几何形状完全相似，它的扬程为 1m，流量为 0.075m³/s 时所具有的转速。比转速常用符号 n_S 来表示。

13.1.5　泵的性能曲线

泵的性能主要通过性能参数来体现，这些参数之间互相联系又互相制约，当其中的一个参数发生变化时，其他参数也都跟随发生变化。泵的主要性能参数之间的相互关系和变化规律用曲线表示出来，这种曲线称为泵的性能曲线或特性曲线。泵的性能曲线是液体在泵内运动规律的外部表现形式。图 13-11 为 32SA-10A 单级双吸离心泵的性能曲线，分别介绍如下：

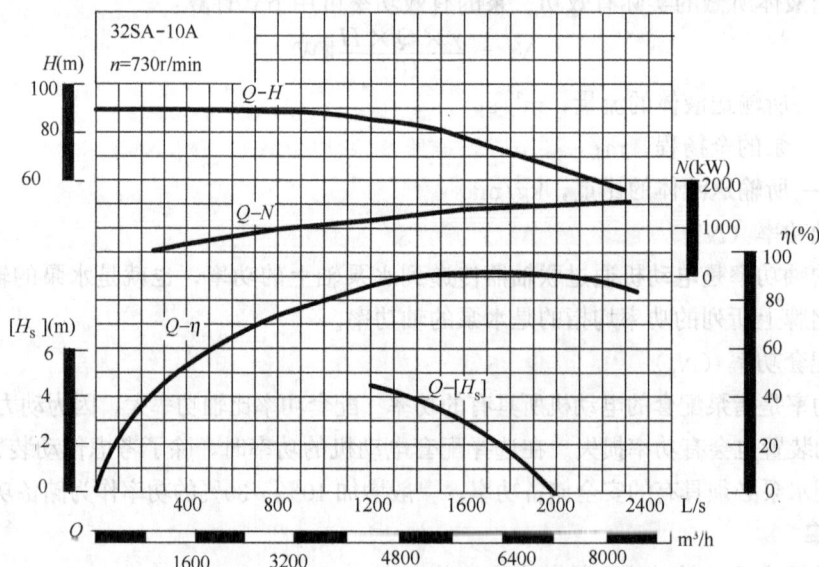

图 13-11　32SA-10A 型泵性能曲线图

1. 流量——扬程曲线

图中 $Q—H$ 曲线即为流量——扬程曲线，从曲线可以看出：当流量较小时，其扬程较高；而当流量慢慢增加时，扬程却跟着逐渐降低。

2. 流量——功率曲线

图中 $Q—N$ 曲线是流量——功率曲线，双吸离心泵流量较小时，它的轴功率也较小；当流量逐渐增大时，轴功率曲线上升。

3. 流量——效率曲线

图中 $Q—\eta$ 曲线是流量——效率曲线，双吸离心泵流量较小时，它的效率并不高；当流量逐渐增大时，它的效率也慢慢提高，当流量增加到一定数量后，再继续增大时，效率非但不再继续提高，后而慢慢降低，曲线形状像一个平缓的山顶，大部分离心泵效率的高效区范围并不宽。

4. 流量——允许吸上真空高度曲线

图中 $Q—[H_s]$ 曲线是流量——允许吸上真空高度曲线，曲线表示水泵在相应流量下工作时，水泵所允许的最大极限吸上真空高度值。它并不表示在某流量 Q、扬程 H 点工作时的实际吸水真空高度值。水泵的实际吸水真空高度值，必须小于 $Q—[H_s]$ 曲线上的相应值，否则，水泵将会产生汽蚀现象。

13.1.6　泵的运行工况

1. 管路系统特性曲线

每台水泵都有它自己固有的性能曲线，这种曲线反映出该台水泵本身的工作能力。泵的性能曲线，只能说明泵本身的性能，当泵在管路中工作时，不仅取决于其本身的性能，还取决于管路系统的性能。管路系统是指水泵的吸水管、压水管及各种阀门、弯头、配件的总称。水流通过管路系统要产生水头损失，其计算公式如下：

$$\Sigma h = SQ^2$$

式中　S——管道系统阻力系数。其值和管路直径、配件形式等有关，在管路系统已确定情况下，S 应是常数；

　　Q——管道内流量；

　Σh——管路在通过流量 Q 时的总水头损失。

因为水泵的扬程为：$H = H_{ST} + \Sigma h$，所以可得出下式：

$$H = H_{ST} + SQ^2（H_{ST}—水泵装置的静扬程）$$

利用上述公式绘制出 H 与 Q 的关系曲线，如图 13-12，这个曲线即为管路特性曲线，它是一条以 H_{ST} 为截距的向上弯曲的抛物线，它的含意是在这个特定的管路系统条件下通过不同流量时产生的不同水头损失以及和水泵扬程的关系。该曲线上 K 点的纵坐标 Σh_k 数值，表示水泵在输送流量为 Q_k 的水，将其提升到高度为 H_{ST} 时，管路对每单位质量的液体所消耗的能量。

2. 泵的运行工况点

每台水泵能出多少水，产生多高扬程，不但与泵本身特性曲线有关，而且还和管路系统有很大关系。水泵 Q—H 特性曲线与管路系统特性曲线的交点即为该台水泵在这个特定的管路系统工作条件下的水泵工况点，也叫水泵的工作点，如图 13-13 中的 K 点。该点表示水泵在这个管路系统工作时，它输送的流量为 Q_K，相应的水泵扬程为 H_K，只要管路系统的装置、阀门开启度及用水量等外部条件不变，即水头损失不变，那么水泵将稳定在这点工作。如果这一点在水泵高效范围内，则这台水泵的运行是经济合理的，否则应采取措施改变水泵的工况点。

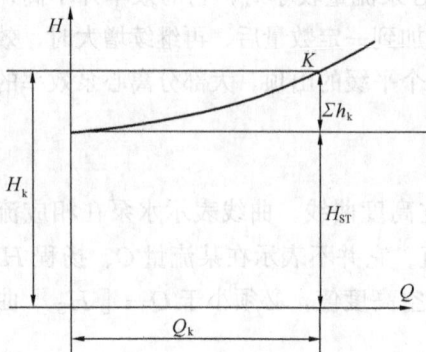

图 13-12 管路系统特性曲线

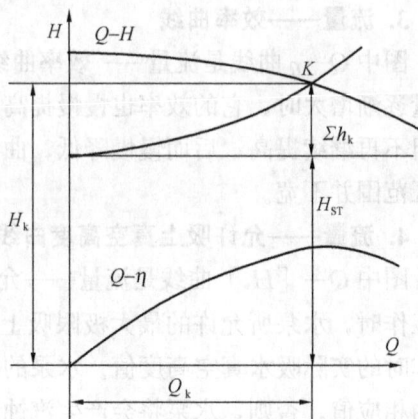

图 13-13 水泵的工况点

3. 水泵工况点的调节

水泵装置的工况点，实际上是在一个相当幅度范围内随管网中流量、管道系统状况的变化而游动着。当管网中用水量大时，压力就下降；用水量小时，压力会上升。当管网中压力变化太大时，水泵的工况点将移出水泵工作的高效区范围，这时水泵就在低效率情况下工作。如果出现这种情况，可以采取以下几种办法，对水泵装置的工况点进行人为调节。

（1）改变管路系统特性曲线

在管路装置已确定的情况下，采取调节出水阀门开启度的方法来改变管路的特性曲线。当阀门关小时，S 增大，管路特性曲线变陡，如图 13-14 中曲线 C_1 所示，管路中通过的流量减小、扬程提高。阀门开大后，S 减小，管路特性曲线变平缓，如图中曲线 C_2，流量增大，扬程降低。

采用调节出水阀门开启度来改变水泵出水量的方法，使一部分的能量白白消耗在克服阀门阻力

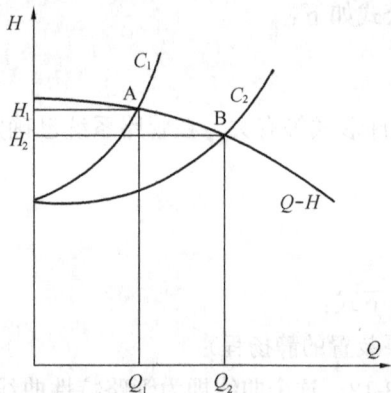

图 13-14 改变管路特性调节水泵工作点

房的电耗，本方法一般不宜采用。

（2）改变叶轮直径

水泵性能的变化规律是：流量与叶轮直径成正比；扬程与叶轮直径的平方成正比；轴功率与叶轮直径的三次方成正比，即：

$$\frac{Q_1}{Q} = \frac{D_1}{D} \quad \frac{H_1}{H} = \left(\frac{D_1}{D}\right)^2 \quad \frac{N_1}{N} = \left(\frac{D_1}{D}\right)^3$$

式中　Q、H、N——分别表示叶轮直径为 D 时的流量、扬程和轴功率；

　　　Q_1、H_1、N_1——分别表示叶轮直径为 D_1 时的流量、扬程和轴功率。

因此常用切削叶轮（或调换叶轮）的办法使水泵工作在高效区范围内。但也应指出：叶轮直径是不可任意切削的，如切削量过大，则会影响水泵的效率，允许切削量见表 13-4。

离心泵叶轮允许切削量 　　　　　　　　　　　表 13-4

n_S	60	120	200	300	350
$\dfrac{D-D_1}{D}$	0.2	0.15	0.11	0.09	0.07

注：D—叶轮原直径；D_1—叶轮切削后的直径；n_S—比转速

n_S 大于 350 的泵，一般不适合切削叶轮。实践表明，n_S 小于 200 的泵，按表 13-4 切削叶轮外径时，其效率基本不变或降低很少。

切削叶轮外径，除了注意切削限量以外，还应注意下列问题：

1）对不同构造的叶轮在切削时，应采取不同的方式，低比转数的叶轮，切削时对叶轮前、后盖板和叶片外径可同时切削掉；对高比转数的叶轮，则切削量不同，后盖板的切削量应大于前盖板的切削量，如图 13-15 所示。在切削分段式多级泵的叶轮时，应只切削部分叶片，而将叶轮前、后盖板保留。因导叶基圆直径与叶轮外径有一定关系，如果不保留前、后盖板，则它们的距离增大了，这将导致水泵效率下降。

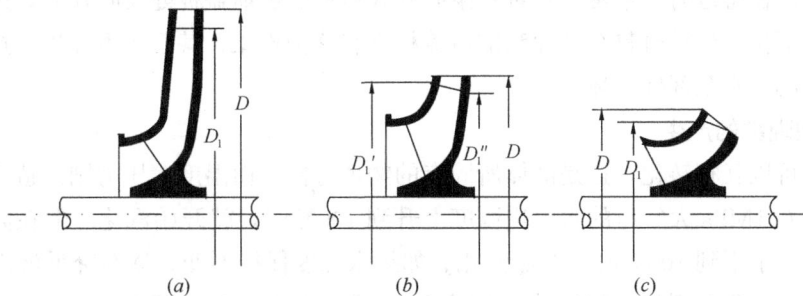

图 13-15　叶轮的切削方式

(a) 低比转数叶轮；(b) 高比转数叶轮；(c) 混流泵叶轮

2）离心泵叶轮切削后，其叶片出水舌端显得比较厚，如在沿叶片弧面出口处锉去一部分长度的金属，则可改善叶轮的工作性能，一般泵的效率可提高 1%～3%。

例：有一台单级双吸离心泵，其性能参数为：$Q=3168\text{m}^3/\text{h}$、$H=47.4\text{m}$、$N=465\text{kW}$，叶轮直径 $D=630\text{mm}$，今欲求采用切削叶轮法使扬程变为 $H_1=32\text{m}$，求：叶轮直径 D_1、流量 Q_1、功率 N_1 各为多少？

解：根据公式可得

叶轮直径：$D_1 = D\sqrt{\dfrac{H_1}{H}} = 630 \times \sqrt{\dfrac{32}{47.4}} = 517.6\text{(mm)}$

流量：$Q_1 = Q\dfrac{D_1}{D} = 3168 \times \dfrac{517.6}{630} = 2603\text{(m}^3/\text{h)}$

功率：$N_1 = N \left(\dfrac{D_1}{D}\right)^3 = 465 \times \left(\dfrac{517.6}{630}\right)^3 = 257.9 \,(\mathrm{kW})$

（3）改变水泵转速

改变离心泵转速可以改变泵的性能曲线，如图 13-16 所示。用这种方法调节离心泵时，没有附加能量损失，在一定的调节范围内泵的装置效率变化不大。

调节转速后，离心泵性能可以按下列公式计算：

$$\frac{Q_1}{Q} = \frac{n_1}{n} \qquad \frac{H_1}{H} = \left(\frac{n_1}{n}\right)^2 \qquad \frac{N_1}{N} = \left(\frac{n_1}{n}\right)^3$$

式中　　n——泵的原转速；

　　　　n_1——改变后的转速；

　Q、H、N——原转速下的流量、扬程、功率；

Q_1、H_1、N_1——改变转速后的流量、扬程、功率。

当转速变化差值超过原转速 20% 时，泵的效率要发生变化，转速降低，泵效率下降；转速增加，泵效率提高。

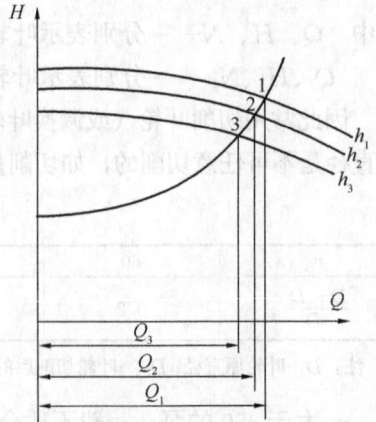

图 13-16　改变转速来调节泵的性能曲线

13.1.7　泵的汽蚀现象及预防

水泵在运行中，有时会产生噪声、振动并伴有流量、扬程、效率的降低，有时甚至不能正常工作。在检修时，常常会发现水泵叶片入口边靠近前盖板处及叶片入口边附近有麻点或蜂窝状损伤，严重时整个叶片和前后盖板都有这种现象，甚至产生穿透，这是由于汽蚀现象所引起的水泵部件损坏。

1. 汽蚀现象的产生

汽、液可以互相转化，这是液体所固有的物理特性，而温度、压力则是造成它们转化的条件。在 0.1MPa 大气压的水，当温度上升到 100℃时，就开始汽化。但在高山上，由于气压较低，水不到 100℃时就开始汽化。如果水温度保持不变，逐渐降低液面上的绝对压力，当该压力降低到某一数值时，水同样也会发生汽化。这个压力称为水在该温度条件下的汽化压力，用符号 P_v 表示。当水温为 20℃时，其相应的汽化压力为 2.4kPa。如果水在流动过程中，某一局部区域的压力等于或低于与水温相对应的汽化压力时，水就会在该区域发生汽化。

水泵发生汽化后，大量的蒸汽及溶解在水中的逸出气体，形成许多蒸汽与气体混合的小汽泡。产生的汽泡随水被带走，同时，又在原处不断地产生新汽泡。当汽泡随水流从低压区流向高压区时，汽泡在周围高压的作用下，发生破裂迅速凝结。在汽泡破裂的瞬间，产生局部空穴，高压水以极高的速度流向这些原来被汽泡所占据的空间，形成强力碰撞和高频振荡。如果汽泡的破裂发生在流道壁面附近，就会在流道壁表面形成一定强度的高频冲击。冲击形成的水击压力可高达几百甚至上千兆帕，冲击频率可达每秒几万次。如果这种现象得以持续，流道材料表面就将在水击压力的反复作用下，形成疲劳而遭到破坏，从开始的点蚀到严重的蜂窝状空洞，最后甚至把材料壁面蚀穿。

2. 汽蚀现象对泵工作的影响

泵的汽蚀现象对泵的正常运行带来了很大的负面影响，主要表现在：

（1）造成材料破坏。汽蚀发生时，由于机械剥蚀与化学腐蚀的共同作用，致使泵零部件材料受到破坏。

（2）产生噪声和振动。当离心泵发生汽蚀时，因气泡在液体压力高的地方迅速破裂而消失，使叶片上或泵壳等地方，由于高压液体猛烈冲击而引起噪声和振动。同时，汽蚀过程中反复凝结、冲击所引起的脉动力，如果这些脉动力的频率与设备的固有自然频率相接近，就会引起强烈的共振。如果汽蚀造成泵转动部件材料破坏，必然影响转子的静平衡和动平衡，也会引起强烈的机械振动。

（3）性能下降。汽化发生严重时，大量气泡的存在会堵塞流道的截面，减少液体从叶轮处获得能量，导致流量减少、扬程降低、效率降低，泵的性能曲线出现明显的变化。

3. 抗汽蚀措施

（1）提高泵本身的抗汽蚀性能

1）降低叶轮入口部分流速。

2）采用双吸式叶轮，此时单侧流量减小一半，因而提高了泵的抗汽蚀性能。

3）增加叶轮前盖板转弯处的曲率半径，这样做可以减小局部阻力损失。

4）叶片进口边适当加长。

5）采用抗汽蚀性能好的材料。

（2）提高吸入系统装置的有效汽蚀余量

1）减小吸入管路的流动损失。

2）合理确定几何安装高度。

3）采用诱导轮。

13.1.8 泵的并联与串联

1. 水泵的并联

（1）并联的作用

一台以上水泵联合运行，通过联络管共同向管网供水，称为水泵的并联。水泵并联运行有下列作用：

1）可以增加水量，因为并联时输水管中总流量就是各台水泵出水量之和。

2）可通过开、停水泵的数量来调节泵站出水量。

3）提高泵站的供水安全度。

（2）并联的条件

并联要建立在各台水泵扬程范围比较接近的基础上。并联时各台水泵的工作扬程应是一致的，否则就可能出现不完全并联或不能并联。所谓不能并联，就是大泵的工作点比小泵的扬程都高，大泵一运行，小泵就送不出水。

（3）并联时水泵的特性曲线

水泵并联工作的特性曲线是在同一扬程下各台水泵流量的叠加。但由于管路特性曲线上流量变化与水头损失之间的关系，呈抛物线变化，因此水泵并联时出水量不是简单的数

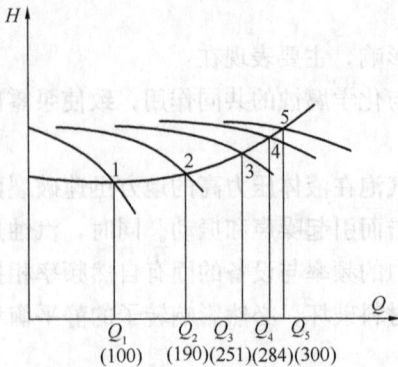

图 13-17 五台同型号水泵
并联时的特性曲线

学相加，尤其当水泵并联的台数较多时，会使每台水泵出水量陡然下降，导致不经济工作。图 13-17 为五台同型号水泵并联时的特性曲线。

图中曲线 1 为一台单独运转时的特性曲线，该时流量 $Q_1 = 100$；曲线 2 为二台并联运转，$Q_2 = 190$；曲线 3 为三台并联工作，$Q_3 = 251$；曲线 4 为四台并联工作，$Q_4 = 284$；曲线 5 为五台并联工作，$Q_5 = 300$。由上面数字可知：随着台数的增加，叠加上去的流量越来越少，一般并联工作的水泵台数不宜超过三台。

2. 水泵的串联

（1）串联的概念

水泵的串联就是将第一台水泵的压水管，作为第二台水泵的吸水管。水是由第一台水泵压入第二台水泵，即以同一流量依次流过各台水泵。水泵的这种工作方式叫水泵的串联。

多级泵和深井泵就是水泵的串联运行，只不过多级泵是卧式结构，而深井泵是立式结构。

（2）串联的条件

水泵的串联只是为了增加扬程时才运用。水泵串联的条件是参加串联的各台水泵的流量要相互接近，否则流量小的水泵可能在很大流量下"强迫"工作，会使电机过载而烧坏。

13.1.9 泵与泵站附属设备

1. 水泵附属设备

（1）吸水管路

吸水管路装设在水泵的吸水侧，是水泵吸取水源的管路。一般小型泵站的吸水管在底部装有底阀，底阀上装有止回阀板，吸水时阀板向上开启，停机时阀板关闭。如管路无泄漏，则吸水管一直处于满灌状态，为下次开机创造了条件。

底阀不但容易漏水，而且还造成一定的水头损失，因此现在较大泵站均取消底阀，使用真空引水办法。这种方法可减少维修量、减少吸入管路水头损失。

（2）压水管路

水从水泵出口后的管路叫压水管或出水管。压水管主要是将水泵做功后增加能量的水输送至管网和用户。每台水泵在其出口后一定距离内都应有它单独的压水管路，在压水管路上装有出水阀、止回阀和检修阀。

（3）真空表（或真空压力表）

真空表装在水泵的吸水管道上，距水泵进水口 200mm 处为宜。它主要为运行人员提供运行中的吸水真空度，使运行人员随时了解水泵的运行状态，从而避免水泵产生汽蚀。

（4）压力表

压力表装在泵口出水管或泵口法兰盘上方，供运行人员观察该泵运行时泵的出口压力。通过它可判断水泵在启动后或运行中是否发生抽空和掉水现象。同时，它的指示值和真空表的指示值，是计算配水电耗的重要数据。

(5) 测温装置

大、中型水泵机组一般都配备测温装置，用来测量水泵轴承、电机轴承和绕组等处的温度。装置的测温元件（如 PT100）一般都埋入设备内部测量处，同时在设备外部配备控制箱，实行显示、报警、跳闸等功能。

(6) 机组配套的启动、控制等设备

启动设备有：自耦减压启动箱、软启动箱等。控制设备有：变频调速柜、机旁按钮箱、阀门控制箱等。补偿设备有：就地补偿电容柜。保护设备：就地避雷器柜。

2. 泵站附属设备

(1) 引水设备

泵站内卧式离心泵，启动前需进行排气。按泵站各自不同的情况，目前采用两种排气方式：灌注式排气与吸入式排气。其目的都是将泵内与吸水管内的空气用注水及吸水的方法将其排出，以便水泵的启动和运行。

1) 抽真空引水装置

水泵每次启动前，先启动真空泵将吸水管路和泵内空气抽出。由于大气压的作用，使吸水池中的水沿吸水管路进入泵体内，一直进行到吸水管路及泵体内的全部空气被水置换时为止。整套装置由吸水管（或叫抽气管）、水环式真空泵、气水分离器、补水管、排水管等组成。

2) 自动引水装置（真空吊水装置）

本装置是在水泵和真空泵之间设置一个真空罐，并使真空罐一直保持规定的水位（即保持一定的真空度），这样可使水泵永远处于满水状态，可以随时启动水泵，而不用在运行前再做抽真空引水工作。

(2) 排水设备

泵站内由填料函等处排出的小股水流，经集水沟收集，流到集水井，由排水泵排出泵站外。排水泵一般用水位控制仪进行自动排水。

(3) 起重设备

泵站内一般都应设置起重设备，以利水泵、电机、阀门等设备的安装和检修。常用的起重设备有：手动单梁起重机、电动葫芦、电动单梁起重机、电动双梁起重机、桥式起重机等。

(4) 计量仪表

1) 水位仪

为了随时了解水位变化情况，一般都在清水池或吸水井装设水位仪。水位仪有超声波式、压力传感式、电容式等几种。水位仪应定期进行检定或校对。

2) 流量仪

为了计量泵站的出水量，一般都在出口总管中装设流量仪。用得较多的流量仪有：电磁式流量仪、超声波流量仪、插入式涡街流量仪、插入式涡轮流量仪等。

3）压力变送器

压力变送器装设在泵站出口总管上，以实行压力记录及远传。

4）电气仪表

电气仪表有：电度表、电压表、电流表、功率因数表等。它们所显示的数值与机泵的安全、电耗等密切相关。

5）水质仪表

水质仪表有：浊度仪、余氯仪等，用来监测出厂水质。

（5）水锤消除装置

泵站的水锤可引起水泵、阀门、止回阀和管道的破坏。泵站常用的水锤消除装置有：液控蝶阀、微阻缓闭止回阀、水锤消除器等。

13.2 泵的运行

泵的运行管理涉及水厂的安全供水，运行管理工作最基本的内容是：正确的操作、对水泵机组有效的监视、及时排除故障。本节主要针对水厂常用的离心泵、轴流泵、深井泵、潜水泵的运行管理作简单介绍。蜗壳式混流泵的运行管理参照离心泵，导叶式混流泵（斜流泵）的运行管理参照轴流泵。

13.2.1 卧式离心泵的运行

1. 运行前的准备工作

值班人员在收到机组启动命令后，应立即进行下列开泵前的准备工作。

（1）电气启动系统的检查见表 13-5。

电气启动系统的检查　　　　　　　　　　　表 13-5

序号	检 查 内 容
1	对于高压电动机（10/6kV），应检查电源电压、高压开关柜、高压液阻软启动器、就地电容补偿柜、机旁避雷器柜等，并填写操作票、准备安全用具
2	对于低压电动机（380V），应检查电源电压、低压配电柜引出回路、降压启动装置、就地电容补偿装置等，尤其要检查接触器动作是否灵活、主触头有否熔焊咬牢
3	对于变频调速机组，应增加检查变频调速装置及通风系统

（2）电动机的检查见表 13-6。

电动机的检查　　　　　　　　　　　表 13-6

序号	检 查 内 容
1	电动机停役时间较长，在投入运行前应做绝缘试验。但对于有电加热的高压电动机，且停役期间电加热一直开着，投入运行前可以不作绝缘试验
2	检查电动机轴承油位及冷却系统是否正常
3	检查电动机测温巡检装置是否正常

（3）水泵及其附属设备的检查见表13-7。

水泵及其附属设备的检查 表13-7

序号	检 查 内 容
1	检查清水池或吸水井的水位是否适合开泵
2	检查水泵进水侧阀门是否开启，出水阀门是否关闭
3	检查水泵轴承油位是否正常
4	按出水旋转方向盘车，检查泵内是否有异物及阻滞现象
5	检查各种仪表（压力表、电流表、电压表、水位仪、流量仪等）是否正常

2. 机组启动

在完成运行前的准备工作后，方可启动机组。启动机组一般以机旁就地操作为好，发现异常情况时能得到及时处理。

（1）机组的启动见表13-8。

机 组 的 启 动 表13-8

序号	启 动 步 骤
1	机组灌水或抽真空
2	接通电动机的电源（对于高压电动机，持操作票按操作规程进行操作；对于低压电动机，按下启动按钮时，注意电流表的变化，尤其是降压启动采用手动切换时，更应注意电流表指针的回落情况）
3	观察电动机及水泵的声音、泵口压力是否正常
4	开启出水阀门（观察电流表指针是否随着阀门开启度的增大而增大）
5	出水阀开足后，应作下面检查：a. 仔细检查水泵、电动机的声音、振动是否正常；b. 检查轴承是否正常；c. 检查填料室滴水是否正常；d. 检查电流、电压、出厂压力、出水量
6	填写值班记录和运行报表

（2）开泵过程中异常情况处理

在开泵过程中，值班人员应时刻注意现场设备的运况，在遇到表13-9中情况之一时，应立即停泵或中止启动顺序，对有关设备进行检查。

开泵异常情况 表13-9

序号	异 常 情 况
1	机组启动后，泵口压力表无指示或数值过低，说明泵未出水（空车），里面有空气需重新排气后再启动
2	电动机启动过程中保护装置动作，断路器跳闸。应在检查电动机及其主回路无故障、保护装置整定值正确的基础上，方能再次启动机组
3	出水阀门开足后，电流表指针仍停留在空车位置上或电流增加不多，应检查出水阀门
4	电动机电流及声音不正常、电机扫膛
5	电动机或水泵振动过大
6	轴承损坏

3. 机组运行

为了保证水泵机组安全运转，应做好表13-10所述的各项工作。

机组运行中检查 表 13-10

序号	检 查 内 容
1	电动机运行电流不超过额定值，三相不平衡电流不超过 10％
2	电动机的运行电压应在其额定电压的－10％～＋10％的范围内
3	电动机运行时各部分的温度、温升不超过允许值，具体参见电动机的运行
4	机组的振动、声音应正常：a. 电动机振动、声音的检查参见电动机运行一节。b. 水泵的振动可用手摸判断是否比以前增大，同时也可用振动仪测量，振动烈度应达到 C 级（一般可控制在 2.8mm/s 以下），水泵的声音检测可用听针或电子监听器来判断内部是否有异物
5	水泵填料室滴水符合要求：检查填料室是否有水滴出，滴水过小或没有滴水，易造成水封进气、轴套过热甚至造成抱轴故障；滴水过大又造成水的浪费，滴水宜为每分钟 30～60 滴
6	关注清水池和吸水井的水位：根据工艺要求，清水池和吸水井都有一个最低水位限制，运行人员必须随时注意水位变化，水位过低时，易发生出浑水、水泵汽蚀、水泵进空气。水位接近最高水位时，要警惕停泵、调泵、故障跳车等引起清水池满溢
7	定时抄录真空表、压力表、电度表、流量仪读数，以计算配水电耗和评估机组的实际运行效率

4. 机组停止运行

当接到停泵命令后，应立即进行相关的停泵准备工作：观察清水池水位，防止高水位停泵时可能造成清水池满溢。当水泵用高压电动机驱动时，应事先填写好操作票及做好其他相关事宜。

（1）停泵操作见表 13-11。

停泵操作步骤 表 13-11

序号	操 作 步 骤
1	关闭出水阀门
2	切断电动机的电源
3	填写报表：停机时间、水量读数、电量读数等

（2）停泵时异常情况的处理

停泵时最常见的异常情况是：操作主令电器无反应，电动机电源无法切断。可按表 13-12 所述进行处理。

停泵异常情况处理 表 13-12

序号	异常情况及处理
1	对于高压电动机，一般采用高压断路器柜（或断路器柜＋软起柜）对电动机进行供电。操作主令电器无反应时，可直接手动机构跳闸以切断电动机的电源
2	对于低压电动机，一般通过接触器接通电动机的电源。当出现操作主令电器无反应时，可首先检查控制回路的熔断器有否熔断，若熔丝完好，一般故障为接触器主触头熔焊或控制回路故障，可拉开断路器（又称空气开关，位于接触器的电源侧），达到切断电动机电源的目的
3	有些水泵采用"泵-阀联锁"，无法停泵时，应检查联锁环节
4	采用应急办法停泵后，事后应找出原因，并消除缺陷

5. 故障及排除

卧式离心泵机组因使用不当、维修不足等原因，有时会发生一些故障，现将一些主要故障原因及排除方法列表于下。

（1）启动前充水困难

水泵启动前充水困难的排除方法参见表 13-13。

水泵启动前充水困难的原因及排除方法 表 13-13

故 障 原 因	排 除 方 法
1. 吸水底阀损坏	1. 检修底阀
2. 水泵顶部排气阀门未打开	2. 打开排气阀
3. 真空泵抽气不足	3. 检查真空泵、真空管路及阀门、真空泵补给循环水
4. 吸水管路或泵壳、填料密封不良	4. 检查吸水管路及阀门、泵壳、填料与水封冷却水等，有密封不良处，应于排除

（2）水泵无法启动

1）按下按钮（或旋动控制开关）后，电动机不转动。这种故障原因大都发生在电动机的控制回路，按高、低压电动机的不同启动方式，分别列出排除方法，参见表 13-14。

水泵无法启动的原因及排除方法（一） 表 13-14

现 象	故 障 原 因	排 除 方 法
接触器不吸、电机不转（380V 电动机）	1. 控制回路熔断器熔断	1. 调换同规格熔断器
	2. 停止按钮损坏	2. 修理或调换按钮
	3. 热继电器故障	3. 检查热继电器触点接触情况及接线有否脱落
	4. 接触器线圈故障	4. 调换线圈
	5. 电源断相	5. 检查电源，消除断相
操作机构不动，断路器未合闸，电动机不转动。（10/6kV 电动机）	1. 控制小熔丝熔断	1. 调换同规格熔断器
	2. 合闸回路熔断器熔断	2. 调换同规格熔断器
	3. 合闸回路断路	3. 检查合闸回路（包含联锁环节），消除断路
	4. 合闸线圈损坏	4. 调换合闸线圈
	5. 手车在试验位置	5. 手车推至接通位置

2）按下按钮（或旋动控制开关）后，电机转动（或点动）后即跳车。这种故障原因分为机械和电气两个方面，参见表 13-15。

水泵无法启动的原因及排除方法（二） 表 13-15

故 障 原 因	排 除 方 法
机械方面	
1. 填料压得太紧	1. 调整填料松紧度
2. 轴承损坏	2. 调换轴承
3. 出水阀未关	3. 关闭出水阀

故 障 原 因	排 除 方 法
4. 泵轴与电动机轴不同心	4. 调整同心度
5. 叶轮被杂物卡住，使泵转动困难	5. 打开泵盖，清除杂物
6. 联轴器间隙过小，两轴相顶，引起泵轴功率增大	6. 重新调整联轴器间隙
电气方面	
1. 热保护被任意旋动过，整定值调得过小，躲不过启动	1. 按规范调整热继电器整定值
2. 降压启动箱内的启动和运转接触器调整不良，转换过程中主触头瞬间同时接通而造成短路跳闸	2. 仔细调整启动、运转接触器的反作用弹簧
3. 启动时间调得过小，启动电流未及降下来便转入全压运转，造成机组跳车	3. 调节启动时间
4. 电机或线路故障造成跳车	4. 检修电机或线路
5. 合闸机构故障（合闸后不能锁定）	5. 调整合闸机构
6. 继电保护动作	6. 首先检查电机、电缆等一次回路设备是否有故障，若一次回路设备无故障，则应检查继电保护定值是否过小，躲不过启动电流
7. 跳闸回路故障	7. 检查跳闸回路，消除误跳闸

（3）水泵启动后不出水或出水量过少

水泵启动后不出水或少出水，故障原因与排除方法参见表 13-16。

水泵启动后不出水的原因及排除方法　　　　　　　　表 13-16

故 障 原 因	排 除 方 法
1. 水泵未灌满水，泵内有空气	1. 停泵，重新抽真空
2. 底阀锈住，吸水口、吸水管路、叶轮槽道堵塞	2. 检修底阀，检查吸水管路、叶轮槽道，发现堵塞处于以排除
3. 吸水管路上的阀门阀板脱落	3. 检修进水阀门
4. 出水阀门阀板脱落	4. 检修出水阀门
5. 叶轮装反	5. 重装叶轮
6. 吸水管路或填料室漏气严重	6. 检查吸水管路及填料室漏气处，并于修复
7. 叶轮严重损坏、密封环磨损严重	7. 更换叶轮、密封环
8. 泵出水管位置高，出水管内窝气	8. 在出水管最高处装一排气阀，使出水管内充满水，随时将气排出
9. 水泵发生气蚀	9. 提高清水池水位或降低水泵安装高度
10. 管网压力高，零扬程不足	10. 调换扬程高一些的水泵

（4）水泵振动、噪音大（见表 13-17）

水泵振动、噪音大的原因及排除方法 　　　　　表 13-17

故 障 原 因	排 除 方 法
1. 水泵进入空气或出现汽蚀现象	1. 找出进入空气的原因，并采取相应措施消除；提高清水池水位，减小吸上真空高度
2. 泵内进入杂物	2. 打开泵盖，清除杂物
3. 水泵叶轮或电动机转子旋转不平衡	3. 解体检查，在排除其他原因的基础上，进行静平衡和动平衡试验
4. 水泵或电机地脚固定螺栓松动	4. 重新调整，紧固松动的螺栓
5. 电机、水泵不同心	5. 重新调整水泵、电机的同心度
6. 轴承损坏	6. 调换新的轴承
7. 泵轴弯曲	7. 更换泵轴
8. 流量过大或过小，远离泵的允许工况点	8. 调整控制出水量或更新改造设备，使之满足实际工况的需要
9. 水泵或电动机转动部分与静止部分有摩擦	9. 解体检修水泵或电动机
10. 电动机单相运转	10. 停机检查电动机主回路，找出断相处
11. 出水管路存有空气，在管道高处形成气囊引起管道振动，带动水泵振动	11. 在出水管道高处安装排气阀

（5）轴承过热（见表 13-18）

水泵轴承过热的原因及排除方法 　　　　　表 13-18

故 障 原 因	排 除 方 法
1. 滑动轴承油环转动慢带油少或油位低、不上油	1. 检查油位，观察油环转动速度，检查修整或更换油环
2. 油箱冷却水供应不充分	2. 检查冷却水管及节门，有堵塞物应清除
3. 油箱内进水，破坏润滑油膜	3. 检查油箱内冷却水管及油箱密封情况，解决泄漏，更换新油
4. 润滑油牌号不符合原设计要求或油质不良、有水分、有杂质	4. 按说明书中要求使用润滑油，定期检测油质情况，补充油量时，一定使用同牌号润滑油并做到周期更换新油
5. 运行时机泵发生剧烈振动	5. 检查振动原因予以清除
6. 轴与滚动轴承内座圈发生松动产生摩擦（走内圈）	6. 修补轴径或更换新泵轴与轴承
7. 水泵轴与电机轴不同心或泵轴弯曲，使轴承受到很大的附加压力，增大了摩擦，引起发热	7. 调整电机、水泵的同心度，校正或调换泵轴
8. 滚动轴承缺油或加入的润滑脂太多	8. 清洗轴承，重新加入适量的润滑脂
9. 轴承安装得不正确，或间隙不适当	9. 修理或调整轴承
10. 叶轮上的平衡孔堵塞，轴向推力增大，轴承轴向负荷增大，摩擦引起发热增大	10. 清除平衡孔的堵塞物

（6）水泵启动后轴功率过大

水泵启动后轴功率过大可从电流表指示中得到反映，该时电流数值比平时明显增大，有时甚至超过电机额定电流，故障原因及排除方法见表 13-19。

水泵轴功率过大的原因及排除方法　　　　　　　　　　　　表 13-19

故　障　原　因	排　除　方　法
1. 填料压得太紧	1. 调整填料压盖
2. 泵轴弯曲	2. 校正或调换泵轴
3. 轴承损坏	3. 调换轴承
4. 叶轮被杂物卡住或叶轮与泵壳相摩擦	4. 打开泵盖，清理或检修叶轮
5. 泵轴与电动机轴不同心	5. 调整同心度
6. 联轴器间隙过小。	6. 调整联轴器的间隙

（7）填料室发热（见表 13-20）

水泵填料室发热的原因及排除方法　　　　　　　　　　　表 13-20

故　障　原　因	排　除　方　法
1. 填料压盖压得太紧	1. 调整填料压盖螺栓，使松紧适当
2. 密封冷却管节门未开启或开启不足	2. 开启冷却水管节门，控制填料室有水不断滴出，每分钟以 30～60 滴为好
3. 换填料不当，使水封环移位，将串水孔堵死	3. 停机重新调整水封环位置，使其进水孔对准冷却水注入孔
4. 水泵未出水，无冷却水润滑	4. 停机重新按要求启动
5. 填料质量太差、牛油中有砂子、轴套磨损	5. 更换填料或轴套
6. 填料盒和轴不同心，使填料一侧周期性受挤压，导致填料发热	6. 检修填料盒，改正不同心
7. 填料规格太大或填料过多，使填料压盖进不到填料盒里面，造成压盖不正而磨轴，引起发热	7. 选择合适规格或适当减少填料，使压盖能进到盒内

（8）水泵在运行中突然掉水（空车）

水泵在运行中突然空车，出现的征象为：电流表读数和正常值相比下降幅度很大，泵声音异常，呼声较大、出厂管网压力下降。故障原因与排除方法见表 13-21。

水泵突然掉水的原因及排除方法　　　　　　　　　　　表 13-21

故　障　原　因	排　除　方　法
1. 泵内进空气	1. 找出进入空气的原因，并采取相应的措施消除
2. 清水池水位过低	2. 采取措施提升清水池的水位
3. 吸水管被杂物堵住	3. 停泵清除吸水管内的杂物
4. 泵内出现严重的汽蚀	4. 提高清水池水位，减小吸上真空高度
5. 吸水管路阀门阀板脱落	5. 停泵检修吸水管阀门
6. 出水阀门因误动关闭或阀板脱落	6. 打开出水阀或停泵检修出水阀

（9）水泵在运行中突然跳车

水泵运行中突然跳车，引起的原因有三个方面：水泵、电机、电源和启动回路，具体参见表13-22。

水泵运行中突然跳车的原因及排除方法　　　　　表 13-22

故 障 原 因	排 除 方 法
1. 水泵机械故障引起轴功率大增，使电机过负荷保护动作而跳闸	1. 停机检修水泵
2. 电机故障（绕组短路、扫膛等）	2. 停机检修电机
3. 电源缺相，引起电机单相运转而跳闸	3. 检修电源部分
4. 热保护误动作引起跳闸：定值偏小、一次接线柱接触不良热量传入、气温过高等	4. 消除误动作的因素后，重新启动
5. 打雷引起瞬间低电压，泵房个别接触器线圈释放而跳车	5. 经检查后，重新启动
6. 高压电动机由于PT柜高压熔断器熔断引起低电压跳闸	6. 检查PT柜，放置同规格熔断器，重新启动
7. 泵出水管路中液控蝶阀故障（泄漏）引起跳车	7. 检修液控蝶阀

（10）水泵在运行中出现电流表指针左右摆动（表13-23）

水泵电流表指针左右摆动的原因及排除方法　　　　　表 13-23

故 障 原 因	排 除 方 法
1. 水泵内吸入空气	1. 找出进入空气的原因，并采取相应的措施消除
2. 叶轮内有异物或进水管有堵塞现象	2. 消除叶轮内的异物或进水管路的堵塞
3. 电源电压不稳定	3. 找出原因并消除
4. 笼形电机转子断条	4. 检修电机
5. 定子绕组一相断路	5. 检修电机

6. 水泵机组在运行中异常情况下的紧急处理

（1）水泵在运行中出现表13-24其中之一项者，应立即停机，启动备用设备。

水泵运行中的异常情况　　　　　表 13-24

序号	异常情况内容
1	水泵掉水（空车）
2	发生严重汽蚀，短时间内调节水位无效时
3	水泵突然发生强烈的振动和噪声
4	阀门或止回阀阀板脱落
5	水泵发生断轴故障
6	泵进口堵塞，出水量明显减少
7	轴承温度超标或轴承烧毁
8	管路、阀门、止回阀之一发生爆破，大量漏水
9	冷却水进入轴承油箱
10	叶轮被杂物卡住或叶轮与泵壳相摩擦

（2）电动机在运行中出现表 13-25 其中之一项者，应立即停机，启用备用设备：

电动机运行中的异常情况　　　　　　　　　　　表 13-25

序号	异常情况内容
1	电机发生强烈的振动、声音异常噪声大
2	电机出现冒烟、打火、绝缘烧焦气味
3	单相运行
4	轴承温度超标或轴承损坏、轴承箱进水
5	电机扫膛
6	同步电动机出现异步运行

13.2.2　轴流泵的运行

1. 运行前的准备工作（见表 13-26）

运行前准备工作　　　　　　　　　　　表 13-26

序号	具 体 内 容
1	检查水池进水栅栏前没有杂物阻挡，如有应清除
2	水泵出水管路如装有阀门，应把阀门完全开启
3	检查水泵的淹没深度是否符合要求
4	高压电动机（10/6kV）应检查主回路及相关配套设备，并填写操作票、准备安全用具
5	低压电动机（380V），应检查电源电压、低压配电柜引出回路、降压启动装置、就地电容补偿装置等，尤其要检查接触器动作是否灵活、主触头有否熔焊咬牢
6	电动机停役时间较长，在投入运行前应做绝缘试验。但对于有电加热的高压电动机，且停役期间电加热一直开着，投入运行前可以不作绝缘试验
7	检查轴承处油位，油路畅通，油质、油量满足要求
8	盘动联轴器 3-4 转，并注意是否有阻滞、轻重不匀等现象，如有必须查明原因，设法消除
9	检查外部各连接螺栓是否紧固，仪器仪表是否正常

2. 机组启动

机组启动参见表 13-27。

机组启动步骤　　　　　　　　　　　表 13-27

序号	具 体 内 容
1	向上部填料函处的短管内引注清水，用以润滑橡胶轴承，直至泵正常出水为止
2	按下启动按钮，同时观察电流表的变化；采用降压启动时，应待电动机转速和电流值都接近额定值时，再切换到全压运行
3	启动后应观察机组的声音、振动、转速和电机的电流、电压；发现转速很低、振动大、声音不正常等，应立即切断电源检查原因，待查明原因排除故障后，才能重新启动
4	注意填料室滴水情况，填料不能压得太紧，以每分钟 10～20 滴为宜
5	电动机不能频繁启动，具体要求参见 14.4 电动机的运行与维护
6	启动完成后填写值班记录和运行报表

3. 机组运行

机组在运行中应做好表 13-28 中所列的工作。

机组运行中检查　　　　　　　　　　　　　　　　　　　　表 13-28

序号	检 查 内 容
1	注意进水水位的变化，如低于淹没深度，则应停机
2	注意进水栅栏两侧水位是否一致，如有高差，应及时清理垃圾和杂物
3	检查机组的声音、振动等是否正常
4	检查轴承温升及最高温度不得超过规定值
5	观察电动机电流、电压、温升、三相不平衡值等是否正常（具体要求参见 14.4 电动机的运行与维护中的相关内容）

4. 机组停止运行

机组停机操作按表 13-29 进行。

机组停机操作　　　　　　　　　　　　　　　　　　　　表 13-29

序号	操 作 步 骤
1	停机前应先确认操作对象无误
2	切断电动机的电源：眼睛应看着电流表读数，按下停止按钮，观察电流表是否到零
3	采用虹吸式的出水管路，在停机同时应开启真空破坏阀，防止水倒流
4	停泵后为防止误动，对于高压电动机，其一次回路应处于冷备用状态为好（拉开隔离开关或手车拉至试验位置），对于低压电动机，应拉开相关的断路器（空气开关）及闸刀
5	在冰冻季节，停泵后应考虑浸入水中的叶轮等附件会否因结冰而受损
6	做好设备及周围附近的清扫卫生工作
7	做好停机后的记录工作

5. 故障及排除（表 13-30）

轴流泵常见故障及其排除方法　　　　　　　　　　　　　表 13-30

现象	故 障 原 因	排 除 方 法
泵不出水	1. 泵轴转向不对	1. 调整电机转向
	2. 叶片断裂或固定失灵	2. 更换叶片或检修叶片固定机构
	3. 叶轮浸入深度不够	3. 待水位上升后再开泵
流量不足	1. 叶片安装角度太小	1. 调整叶片安装角度
	2. 叶片损坏	2. 更换叶片
	3. 扬程过高	3. 低水位时停机
运转中有杂声或振动	1. 叶片与进水喇叭口发生摩擦	1. 检修水泵，检查泵轴是否垂直
	2. 水泵或传动装置的地脚螺栓松动	2. 基础加固，拧紧螺栓
	3. 叶片上绕有杂物	3. 清除杂物
	4. 泵轴、传动轴或联轴器螺母未紧固	4. 紧固螺母
	5. 叶片损坏，平衡差	5. 更换叶片
	6. 轴承磨损或橡胶轴承脱落	6. 更换轴承或橡胶轴承

续表

现象	故 障 原 因	排 除 方 法
水泵超负荷	1. 出水管路阻塞或拍门未全部开启	1. 清理出水管、检修拍门使其开启灵活
	2. 叶片与喇叭口外圈摩擦	2. 检查泵轴垂直度、调整间隙或更换橡胶轴承
	3. 叶片和泵轴上绕有杂物	3. 清除杂物
	4. 集水池水位过低	4. 停止运行
	5. 叶片安装角度不正确	5. 调整叶片安装角度
停机时倒转	1. 出水拍门销子断落	1. 重新装上销子
	2. 出水拍门耳环断落	2. 更换出水拍门

13.2.3 长轴深井泵的运行

1. 新装或大修后第一次运行前的检查及准备（参见表 13-31）

检查及准备工作 表 13-31

序号	具 体 内 容
1	三相电源电压是否符合要求
2	电气设备的检查：检查低压配电柜、自耦减压启动箱、馈电线路等是否正常，电动机的绝缘电阻和直流电阻是否合格，空气开关和热继电器等保护电器的整定值是否合适，各种表计是否检定合格，接地线是否安全可靠。检查"远控-就地"选择开关是否放在需要的位置
3	电动机进行空载试验（联轴器螺栓拆除）：a. 启动前应检查：接线是否正确、轴承内油质油量是否合适、盘车是否轻快；b. 电动机运转后，应检查转向是否正确、空载电流是否过大
4	按说明书要求，调节叶轮轴向间隙
5	连接联轴器螺栓，并盘车，手感应均匀，无松紧卡滞现象
6	检查预润水装置是否完善，水量是否够用（当静水位深度为 50—100m 时，预润水要灌注 5 分钟以上才能启动水泵）
7	将进入管网的阀门关闭，打开排水阀门先行放水

2. 启动（见表 13-32）

泵的启动操作 表 13-32

序号	启 动 步 骤
1	关闭泵的出水阀门约 3/4，以防止起始流量过大而使井壁管流速大而出砂。而后可根据情况加大出水阀门的开启度
2	按下"启动"按钮，水泵启动。电动机采用降压启动时，应在电动机转速和电流值都接近额定值时，转入全压运行
3	电机启动时间不能太长，当电机转速长时间上不去而停留在较低值，应停机检查原因。电动机不能频繁启动（具体要求参见 14.4 电动机的运行与维护）。机组再次启动时应防止水泵扬水管内的水回流，造成电动机和泵轴因扭矩增大而损坏
4	启动后应首先检查电动机的电流，此时因阀门未全部开启，电流较正常运行电流小。同时检查水泵的振动及声音是否正常，轴承温度、油位是否正常，调整填料室的滴水使之符合要求

续表

序号	启 动 步 骤
5	逐渐开启出水阀门，开启过程中应注意电流和水量的变化，应将电流控制在额定值以内
6	用试水瓶在排水口或井室内取水龙头处取水，当水中无砂或符合供水要求时，可关闭排水阀门，同时打开供水阀门向输水管网供水（应在理化及细菌化验均已合格基础上）
7	启动完成后填写值班记录和运行报表

3. 运行

深井泵站一般作为取水泵站的较多，且比较分散。此种泵站多采取遥控操作和辅以定时巡检制，用以弥补遥控遥测的不足。一般每日巡检 2~3 次，巡检时应做好表 13-33 所列的工作。

深井泵的巡检 表 13-33

序号	巡 检 内 容
1	每次巡检时应对水质进行观察，以免供出不合格的水。一般要求出水达到无色、无臭、无味，每升水中含砂少于 10 粒，作为补压井不允许出砂
2	定期对动、静水位进行观察（最少每月测 1~2 次）；第一级叶轮必须浸入动水位以下 3~5m
3	观察电源电压、运行电流、电动机的温度、振动、声音是否正常（具体要求参见 14.4 电动机的运行与维护中的有关内容）
4	检查轴承温度、油位是否正常，并根据现场情况补充油量和定期换润滑油
5	注意填料滴水状况，填料是否老化破碎，避免填料泄水造成水淹泵房的事故
6	注意出水量、扬程、电量的变化，发现问题应及时上报

4. 停止运行（见表 13-34）。

深井泵的停止运行操作 表 13-34

序号	操 作 步 骤
1	远控停机时，要注意停机后遥控显示仪表上电流指示是否为零。远控停机停不下来时，应尽速派人到现场检查。如遇紧急情况或现场停机无效时，可采取强行拉闸措施（拉空气开关）
2	就地停机：确认操作对象，按下停止按钮，观察电流表是否到零。对于停运时间较长的机组，应拉开空气开关及闸刀，使线路处于冷备用状态
3	停车后应检查出水管路止回阀是否严密，有无漏水声，如有向井内回水现象应立即报告，及时检修
4	关闭出水阀门
5	冬季停运时间较长时，应将室内管道水泄入井管内，或采取其他防冻措施
6	搞好设备及附近的卫生工作，并将有关数据记入报表

5. 故障及排除

（1）启动困难或无法启动（见表 13-35）

深井泵启动困难或无法启动的原因及排除方法　　　　　　　表 13-35

故 障 原 因	排 除 方 法
1. 电压过低或一相断路	1. 查明电源方面的原因，恢复正常后方能启动
2. 电动机转向不对，电动机上止逆装置发出"咯咯"响声	2. 应立即停机，在电动机接线盒或启动箱中变换电源的相序
3. 启动前未灌预润水，使橡胶轴承与传动轴发生干摩擦发热而抱轴	3. 打开电动机上盖，加预润水后，用手盘车，确认有抱轴现象时，应检修轴承和轴
4. 叶轮轴向间隙没有调节或调节过小，使叶轮与泵壳摩擦	4. 应按说明书要求，根据传动轴长短重新调节叶轮轴向间隙（尤其半开式叶轮更应满足轴向间隙的要求）
5. 泵内有杂物或吸入砂粒过多，橡胶轴承胀大，橡胶轴承内充满砂粒	5. 可用管网水倒冲，边冲边用手向反方向盘轴，将沉砂或杂物冲出泵体，盘机轻快后，可控制出水阀门启动，如还不能启动时需停机修理或更换轴承
6. 由于安装质量问题，或因为井管倾斜过大使泵管和泵轴弯曲	6. 应停机检修，重新调整

（2）运行中出水量显著减少或不出水（表 13-36）

深井泵出水量显著减少或不出水的原因及故障排除方法　　　　　表 13-36

故 障 原 因	排 除 方 法
1. 水泵或电动机断轴	1. 电流值较小，不出水，停机盘车较轻快无压力，应提泵解体检修
2. 滤水网被异物堵塞	2. 清理滤水网
3. 泵密封环磨损严重	3. 更换密封环并修理叶轮口环
4. 由于安装质量问题，或机泵振动过大、泵扬水管螺栓松动丢失，使扬水管间有间隙或破裂，造成漏水	4. 应用测水位表从测水孔下垂，可发现在未达到正常水位时，水位表即有显示，证明该处漏水，应提泵检修
5. 由于水位下降使水泵发生抽空现象，出水量不稳定	5. 此时电流成周期性摆动，出水含大量气泡，应急解决办法：立即关阀门减少出水量，关至电流稳定不抽空为止。长久解决应加长泵的扬水管或洗井，恢复井产水能力，或换小容量水泵
6. 水泵叶轮有一级或两级与泵轴脱离不做功，使泵扬程降低减小水量或不出水	6. 为证明是否有叶轮松动，应将出水阀门关闭，测量一下泵的全扬程与泵特性对照，如扬程较低即可证明是有叶轮松动，应安排检修。叶轮与泵轴脱离多发生在用锥形套连接方式，键连接则很少发生
7. 电气方面原因：电源频率过低、转子笼条断裂或开焊、定子绕组匝间短路等	7. 应立即停机，查找电源原因或检修电动机
8. 水质或汽蚀原因使泵和叶轮叶片腐蚀严重	8. 需从出水量、用电量、扬程、水位等与原来数据比较，由于此种故障是逐渐形成的，比较的数据最好以半年或一年前比较为宜，证明属实应提泵解体大修

（3）电机电流在泵运转中升高（表 13-37）

在泵运转中电机电流升高的原因与排除方法 表 13-37

故 障 原 因	排 除 方 法
1. 电源电压过低	1. 检查电源电压，采取措施使电压恢复正常
2. 电机轴承损坏	2. 停泵，解体检修，更换轴承
3. 叶轮与壳体有摩擦	3. 停泵，重新调节轴向间隙
4. 泵吸入大量泥砂	4. 停泵，洗井，检修水泵

（4）水泵剧烈振动（表 13-38）

水泵剧烈振动的原因与排除方法 表 13-38

故 障 原 因	排 除 方 法
1. 启动时未预润滑橡胶轴承	1. 停机引水预润橡胶轴承
2. 运转中叶轮与壳体摩擦	2. 停机，调整轴向间隙
3. 水泵传动轴或电机传动轴弯曲	3. 拆泵，校直弯曲的轴
4. 橡胶轴承磨损过量	4. 拆泵，更换橡胶轴承
5. 电机传动轴与水泵传动轴不同心	5. 重新安装调整
6. 井斜度太大或弯曲严重	6. 修理井筒
7. 泵安装及装配偏差引起振动	7. 重新安装及调试
8. 电机故障（如转子不平衡等）	8. 参见 14.4 电动机的运行与维护中的有关内容

（5）填料函发热或漏水太多（表 13-39）

填料函发热或漏水太多的原因与排除方法 表 13-39

	故 障 原 因	排 除 方 法
发热	1. 电机传动轴弯曲	1. 校直电机传动轴
	2. 填料函漏水太少或不渗水	2. 松动填料压盖，使填料函有正常滴水
漏水太多	1. 填料或电机传动轴磨损	1. 更换填料或检修电机传动轴
	2. 填料过硬或规格不符	2. 更换填料
	3. 填料没压紧	3. 压紧填料压盖
	4. 轴弯	4. 校直轴

13.2.4 潜水电泵的运行

1. 新装或大修后首次运行

应做好表 13-40 中所列的各项准备工作。

潜水泵首次运行前的准备 表 13-40

序号	准备工作内容
1	检查电源电压是否符合要求
2	对低压配电柜、馈电线路、启动装置、电气仪表、遥控系统等进行检查，核对空气开关、热继电器、熔断器、时间继电器等保护电器的整定值是否合适，检查设备的接地是否可靠

续表

序号	准备工作内容
3	测量电动机的绝缘电阻是否符合要求
4	检查供水管道、排水管道是否完好。各阀门应在正确位置；室内出水阀门处于关闭 3/4 状态；室外排水阀门处于开启状态、检修阀门处于关闭状态
5	测量静水位并做好记录

2. 启动与运行（表 13-41）。

潜水泵的启动与运行 表 13-41

序号	启动步骤及运行检查内容
1	检查电源电压，接通电动机的馈电回路（合上相关的空气开关和闸刀），检查出水阀门在关闭 3/4 位置
2	按下"启动"按钮，机组启动。电机采用降压启动时，应等电动机的电流、转速接近额定值时，方能将电机转入全压运行
3	机组启动后应观察电流、声音、振动等情况，然后逐渐打开室内的出水阀向排水井排水。开阀时注意电流的变化，控制运行电流在额定电流之内
4	用净水瓶取水，验看浊度是否合格。含砂量 1 升水中不超过 10 粒
5	如果出水水质以前做过化验，符合饮用水标准时，可将排水阀逐渐关闭，室外检修阀逐渐开启，向输水管供水。如未做过水质化验，应待化验合格后方能向输水管供水
6	如果电泵是新装或大修后的第一次运行则要求运行 4 小时后停机，并迅速测试热态绝缘电阻，其值应大于 0.5 兆欧时方可继续投入运行
7	潜水电泵停机后如需再启动，其间隔时间应为 5min 以上，防止电动机过热以及防止扬水管内水尚未完全流入井中时，二次启动时因轴扭矩增大而烧毁电机和损坏泵轴

3. 停止运行

应按表 13-42 所列步骤操作。

潜水泵停运操作 表 13-42

序号	操 作 步 骤
1	出水管路无止回阀时，停机前应先将出水阀门关闭后再停机
2	按下"停止"按钮，机组停止运行。同时，切断馈电回路（拉开空气开关和闸刀）
3	搞好设备及周围的环境卫生工作
4	做好停机记录

4. 故障与排除

（1）无法启动

无法启动分为两种情况：一种是按下"启动"按钮，接触器不吸，电机不转动，这种故障多发生在控制回路；另一种是按下按钮，接触器吸合，电机不转动但嗡嗡作响，或电机转动了但达不到正常转速。故障原因及排除方法参见表 13-43。

故 障 原 因	排 除 方 法
1. 控制回路故障 熔断器熔断、热继电器损坏或常闭触点断开、接触器线圈故障或线头脱落、停止按钮损坏，二次回路有接触不良的地方	1. 检查控制回路熔断器是否熔断，热继电器、接触器线圈、停止按钮是否损坏，检查二次回路是否有接触不良之处
2. 启动时电动机端电压过低，电机无法达到正常转速	2. 和电力部门联系提高供电电压，调节泵站内变压器分接头；如采用降压启动，则提升降压百分比
3. 电源线路有一相断路	3. 检查配电柜、启动箱、馈电线路等；检查熔断器、接触器主触头、电动机接线盒等处的接触情况
4. 叶轮被杂物卡住或导轴承与轴抱死	4. 应提泵解体检查、修复
5. 电动机转子与定子间结垢后抱死	5. 应解体检查去除水垢或更换电机
6. 电动机定子线圈绝缘击穿、烧毁	6. 修理或更换电机
7. 水泵长期放置，叶轮和口环部位锈蚀	7. 修理叶轮和口环

（2）电泵出水突然中断（表 13-44）

故 障 原 因	排 除 方 法
1. 外部电力系统突然停电	1. 有备用电源时则启用备用电源，无备用电源则等待系统来电
2. 泵房内部配电系统故障停电	2. 仔细检查内部高、低压配电系统，检查保护动作、断路器跳闸、熔断器熔断等情况，查出故障，恢复供电
3. 电机过载跳闸	3. 检查电机是否单相运行引起过载跳闸，是否电压太低、出水量过大引起过载，是否井中大量出砂将叶轮、泵轴与轴承堵塞引起过载等，查出原因后，对症处理
4. 水中硬度高，电动机发热使转子与定子结垢而后抱死，热继电器或断路器动作引起跳闸停泵	4. 提泵解体检修电动机
5. 电机定子绕组短路，断路器跳闸，出水中断	5. 检修或调换电动机
6. 定子绕组一相断路	6. 检修或调换电动机
7. 水泵选型不合理，额定扬程太高而使用扬程过低，动反力大，造成叶轮上窜增大摩擦力，使电动机过载而跳闸	7. 应重新根据供水压力和动水位，核定最佳使用扬程，可采取减少水泵级数或换较低扬程泵。除此之外，还可以采用切削叶轮直径或适当堵死叶轮平衡孔的方法也可减小动反力
8. 机泵安装或制造质量问题，内部零部件损坏	8. 需提泵重新按有关标准解体检查并组装

（3）运行中水量明显减少（表 13-45）

潜水泵运行中水量明显减少的原因与排除方法　　　　表 13-45

故 障 原 因	排 除 方 法
1. 电网频率低，泵转速下降	1. 联系电力部门解决
2. 井内动水位下降较大，原装泵扬程不足	2. 提高潜水电泵的扬程，或洗井增加涌水量
3. 动水位下降至泵进水口，出现抽空现象	3. 此时电流往复周期式摆动较大，出水中含有气泡，临时措施可关闸减少出水量使电流稳定。彻底地解决应接长扬水管或洗井增加涌水量
4. 输水管网压力增高，使泵工况发生变化	4. 找出压力增高的原因，如只是临时出现的特殊情况，可不予处理，长期高应换较高扬程的水泵
5. 井下泵扬水管法兰盘结合处漏水	5. 用测水位表慢慢下到井内检查，与以前测的动水位比较，可发现中间漏水点，然后停机检修
6. 由于水泵组装的质量问题，在运行中叶轮锥形套松动与泵轴脱离	6. 将出水阀关闭测全扬程，与新装泵时的全扬程或样本特性曲线比较，扬程相差较大，水量减少较多，电流有显著下降时，可判断水泵中有的叶轮未做功，应解体检修
7. 因为水质或使用不当，使叶轮、密封口环发生严重腐蚀、磨损	7. 需从出水量、扬程、水位等与原来数据进行比较，如经判明，应提泵检修，修理或更换部件
8. 吸入口滤网堵塞	8. 清理滤网
9. 电动机转子断条	9. 修理电动机
10. 泵轴断裂	10. 更换泵轴

（4）机组振动（表 13-46）

潜水泵机组振动的原因与排除方法　　　　表 13-46

故 障 原 因	排 除 方 法
1. 泵轴或电机轴弯曲	1. 修理或更换泵轴或电机轴
2. 上导轴承或下导轴承损坏	2. 更换导轴承
3. 止推轴承磨损或损坏	3. 更换止推轴承
4. 推力盘紧固螺母损坏	4. 修好轴头，更换螺母
5. 推力盘破裂	5. 更换推力盘
6. 电机定子与转子扫膛	6. 更换导轴承或车小转子外圆，适当加大气隙
7. 叶轮不平衡、电机转子不平衡或转子断条	7. 叶轮校动平衡、电机转子校动平衡或修复断条
8. 连接螺栓松动、泵座螺栓未拧紧	8. 上紧螺栓
9. 井水涌水量不够，间歇出水	9. 可关闸减少出水量，或接长扬水管、洗井增加涌水量
10. 联轴器松动	10. 重新组装电泵
11. 机泵组装时轴线未对正	11. 重新组装对准两机轴线

（5）电流表指针摆动（表 13-47）

潜水泵电流表指针摆动的原因与排除方法 表 13-47

故 障 原 因	排 除 方 法
1. 流量大，水泵转子上下窜动	1. 调节阀门，减小流量
2. 电动机推力轴承磨损大	2. 调节垫片或更换轴承
3. 电动机扫膛	3. 更换导轴承或车小转子外圆，适当加大气隙
4. 叶轮扫泵壳	4. 重新组装电泵，使叶轮在泵壳内的间隙均匀
5. 水泵轴承磨损大	5. 更换轴承
6. 动水位降到水泵吸入口，间隙出水	6. 停机或增加叶轮和扬水管

（6）推力轴承磨损快或偏磨（表 13-48）

潜水泵推力轴承磨损快或偏磨的原因与排除方法 表 13-48

故 障 原 因	排 除 方 法
1. 电动机内部进入砂子	1. 保养电动机，清洗零部件
2. 电动机零部件装配面的 O 形密封环损坏	2. 调换新密封环
3. 电动机引出电缆线出线口的密封垫损坏	3. 调换新密封垫
4. 电动机装配螺钉的 O 形密封垫圈损坏	4. 调换新密封垫圈
5. 调节囊破裂	5. 调换新件
6. 机械密封出毛病	6. 大修，更换机械密封或动、静磨块
7. 迷宫帽松动	7. 拧紧螺钉或调换新件
8. 轴伸油封损坏	8. 换用新油封
9. 流量大，水泵上下窜动	9. 调节阀门，减小流量
10. 水泵轴向力过大	10. 调节阀门，减小流量
11. 电泵组装不当	11. 重新组装，对准两机轴线

（7）导轴承磨损快或偏磨（表 13-49）

潜水泵导轴承磨损快或偏磨的原因与排除方法 表 13-49

故 障 原 因	排 除 方 法
1. 电动机定、转子不同心： 1）机壳止口与定子铁心内圆不同心 2）轴承座止口与内圆不同心	1）以止口定位适当车削定子铁心内圆 2）更换轴承座，或以止口定位车内圆，换配轴瓦
2. 电动机内部进入砂子	2. 保养电动机，清洗零部件
3. 导轴承间隙过大	3. 更换导轴承或轴瓦
4. 电动机转轴弯曲	4. 进行调直或更换转子
5. 电泵组装不当	5. 重新组装，对准两机轴线

（8）电动机绝缘电阻下降，阻值偏低

故障现象：用兆欧表测电动机绝缘电阻，前后测得的数值有明显的下降，低于允许的最小值。

绝缘电阻下降和阻值偏低是电气回路的毛病，包括：电动机绕组、引出电缆及其接头的绝缘损坏或老化变质。

正常使用的电泵如绝缘电阻下降较大，多是电泵经长期使用后电动机绕组、电缆线和接头的绝缘老化所造成。这种情况应加强检查，一旦绝缘电阻降低到最小允许值，应对电泵进行检查修理。潜水泵电动机绝缘电阻下降、阻值偏低的原因与排除方法参见表 13-50。

潜水泵电动机绝缘电阻下降、阻值偏低的原因与排除方法　　　　　表 13-50

故 障 原 因	排 除 方 法
1. 电动机绕组绝缘损坏	1. 大修，更换绕组
2. 电动机过载，绕组绝缘老化	2. 降低水泵流量，或大修更换绕组
3. 电缆接头绝缘损坏或性能下降	3. 检查确定后进行修补或重新制作
4. 电力电缆绝缘损坏	4. 检查与修理，或更换电缆
5. 控制柜电器元件或接线绝缘不良	5. 进行检查和更换

13.3 泵的维修

泵是水厂很重要的设备，它能否正常运行，将直接影响水厂或泵站的供水安全。正确使用、精心维修能使水泵保持良好的技术状态、延缓劣化进程、消灭隐患于萌芽状态。供水系统使用的泵类设备，一般容量大、运行台时率高、零部件磨损大，加强日常维护和定期检修显得尤为重要。泵类设备的检修应在状态检测基础上，有目的、有针对性地检修，按状态检测数据来安排检修时间和检修深度。水泵维修应采用日常保养、定期维护和大修理三级维护检修制度。本节主要以取水、送水泵房的水泵为主要对象。

13.3.1 泵的三级维修制度

1. 日常保养

日常保养（又称一级保养）为经常性工作，主要是：泵的日常检查、运行监视、设备表面和周围环境的清扫、简单维护等。日常保养由运行值班人员负责。日常保养主要内容见表 13-51。

泵的日常保养　　　　　表 13-51

序号	保 养 内 容
1	根据运行情况，调整填料压盖的松紧度，使填料密封滴水约为每分钟 30～60 滴
2	及时补充轴承内的润滑油或润滑脂，保证油位正常，并定期检测油质变化情况，换用新油
3	根据填料磨损情况及时更换填料。更换填料时，每根相邻填料接口应错开大于 90°，水封管应对准水封环，最外层填料开口应向下
4	监测机泵的振动，超标时，应检查固定螺栓和连接螺栓有无松动。不能排除时，应立即上报
5	检查、调整、更换阀门填料，做到不漏水，无油污、锈迹
6	检查真空表、压力表、流量仪、液位仪、电流表、电压表、温度计等仪表有无异常情况，发现仪表失准或损坏时应上报更换
7	做好水泵、阀门、管道等设备上的清洁工作，做到：无锈蚀、防腐有效、铜铁分明、铭牌清楚；搞好设备附近场地的卫生工作

2. 定期维护

定期维护（又称二级保养或小修）是根据设备状况，定期对设备进行的预防性维修。水泵的定期维护包含二种情况：一是根据技术状态监测数据，分析表明泵存有某些局部小缺陷，需进行检查、修理，以避免小缺陷变成大缺陷；二是为保证安全供水，在水泵运行一定时间后，对其进行以预防性维修为主的检修。对于前者，应由状态监测所提供的信息来安排定期维护的时间和项目；对于后者，定期维护一般在水泵实际运转 2000 小时进行，或一年一次。定期维护应打开泵盖，检查转动部分，轴承清洗加油、调换填料等，若发现缺陷需要更换零部件时，应达到大修质量标准。定期维护工作由维修人员担任。定期维护具体内容见表 13-52。

泵 的 定 期 维 护 表 13-52

序号	定 期 维 护 内 容
1	完成日常保养全部内容
2	打开泵盖，吊出转动部分
3	轴承盖解体、清洗、换油、重新调整间隙；若轴承损坏则调换
4	检查和测量轴套磨损情况，若磨损严重，应调换，检查填料函各部件
5	检查叶轮及密封环腐蚀、磨损情况
6	检查联轴器橡胶圈损坏情况，检查泵轴和电机轴对中情况
7	转子静平衡试验
8	检查或检修附属设施、有关仪表、阀门及管路系统等
9	所有的检查、测试记录应入设备档案

3. 大修理

大修是设备运行相当一段时间后，为恢复设备原有技术状态而进行的检修工作。根据水泵的运行工况、历史档案、状态检测数据等，经综合分析得出设备运行异常或存在较大缺陷，可安排大修，以消除隐患，恢复水泵的技术性能。大修工作可在设备制造厂技术人员指导下由本单位的专业维修人员担任。大修理工作具体内容参见表 13-53。

泵 的 大 修 理 表 13-53

序号	大 修 理 内 容
1	包含定期维护的全部内容
2	打开泵盖，解体水泵，拆卸所有零部件，进行详细的检查并清洗
3	更换和修理全部有缺陷或损坏的零部件
4	检查泵壳（导流壳）、叶轮、密封环磨损、腐蚀、汽蚀情况，去除积垢、铁锈，刷无毒耐水防锈涂料；或调换叶轮、密封环
5	检修或更换轴承
6	检修或更换轴套
7	转子动平衡试验
8	检查泵本体、泵盖，泵外壳清扫刷漆

13.3.2 泵的拆卸

1. IS 型悬臂式离心泵的拆卸

IS 型离心泵的拆卸见表 13-54。

| | IS型悬臂式离心泵的拆卸 | 表 13-54 |

序号	拆卸部位	拆 卸 方 法
1	泵盖的拆卸	先卸下泵盖与泵体间的连接螺母，然后用手锤垫以纯铜棒敲击泵盖，即可拆下，若带有顶出螺栓，则可用顶出螺栓顶下
2	叶轮的拆卸	拧下叶轮螺母，用木槌或铅锤沿叶轮四周轻轻击打即可拆下，若叶轮锈蚀在轴上时，可先用汽油浸洗后再拆
3	联轴器的拆卸	联轴器与轴配合较紧，用键固定在轴上。拆卸时用专用工具把联轴器慢慢地从轴端拉下来
4	泵体的拆卸	先卸下泵体与托架间的连接螺母，取下泵体。再卸下填料压盖取出在填料函体内的填料。然后从轴上取下轴套及挡水圈
5	泵轴的拆卸	先卸下托架轴承上的前、后轴承压盖，再用纯铜棒由轴的前方向后（即向联轴器方向）敲打，即可把轴与轴承取下在拆卸过程中，应注意不使轴损坏，拆出的零件集中顺序保管

2. S 型单级双吸离心泵的拆卸

S 型离心泵的拆卸见表 13-55。

| | S型单级双吸离心泵的拆卸 | 表 13-55 |

序号	拆卸部位	拆 卸 方 法
1	泵盖的拆卸	1. 拧下泵两侧的填料压盖与泵盖之间的连接螺母，将填料压盖向两侧拉开 2. 拆下涡形体与泵盖之间的连接螺母与定位销，即可取下泵盖
2	联轴器的拆卸	拆卸的方法同 IS 型泵
3	转子部分的拆卸	1. 卸下泵两侧轴承体，然后把转子部分取出来放到木板上或橡皮垫上（不得碰伤叶轮和轴颈等） 2. 卸下轴承 3. 取下填料压盖、填料环及填料套 4. 取出叶轮两侧的双吸口环 5. 拧下轴套两端背帽，拆下轴套 6. 用压力机把叶轮由轴上压出，或用图 13-18 所示方法打下叶轮 （如果转子部分不是每个部件都要检修，就不必分别进行拆卸工作）

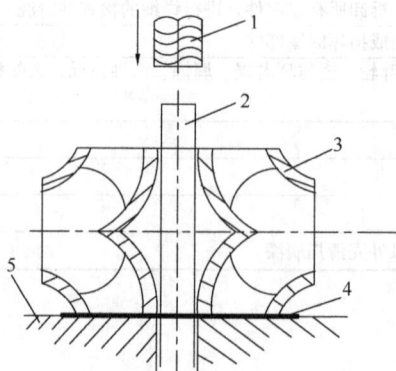

图 13-18 叶轮的拆卸
1—方木；2—泵轴；3—叶轮；4—铜垫；5—支撑体

13.3.3 泵零部件清洗与修理

1. 泵的零部件清洗

水泵零部件清洗是修理工作中重要环节，清洗质量好坏对机械修理质量影响很大，清洗主要内容见表 13-56。

泵的零部件清洗 表 13-56

序号	清 洗 内 容
1	用煤油清洗所有的螺栓
2	清洗水泵和法兰盘各接合面上的油垢和铁锈
3	刮去叶轮内外表面及密封环和轴承等处所积存的水垢及铁锈等物，再用水或压缩空气清洗、吹净
4	清洗泵壳的内表面上积存的油垢和铁锈，清洗水封管、水封环，并检查是否畅通
5	用汽油清洗滚动轴承，如为滑动轴承，应将轴瓦上的油垢刮去，再用煤油清洗
6	暂时不进行装配的零部件，在清洗后都应涂油保护
7	注意操作安全，防止引起火灾

2. 泵的零部件检查与修理

泵的零部件检查与修理分为：轴承、轴封装置、口环、叶轮、泵轴、泵体等六个部分，分别介绍如下：

（1）轴承

1）滚动轴承的修理

a. 滚动轴承使用寿命平均在 5000 小时左右，如果使用过久或安装维护不当，都会使轴承损坏。如发现滚动轴承内外圈有裂纹、滚球破碎，滚道有麻坑，保持架磨损，过热变色以及滚球和内外圈之间的间隙超过规定，均应更换新轴承。间隙的测量可用 0.03mm 的塞尺，间隙的规定值可参见表 13-57。

滚球、滚柱与轴承圈间隙值 表 13-57

轴承内径（mm）	径向间隙（mm）		
	新滚球轴承	新滚柱轴承	最大磨损许可值
20~30	0.01~0.02	0.03~0.05	0.10
35~50	0.01~0.02	0.05~0.07	0.20
55~80	0.01~0.02	0.06~0.08	0.20
85~120	0.02~0.03	0.08~0.10	0.30
130~150	0.03~0.04	0.10~0.12	0.30

b. 如内圈较紧或转动不够灵活，可能是滚球的保持架因变形歪扭和轴承圈产生机械摩擦，这时可用手锤轻轻敲打保持架，以校正其变形部位。

c. 轴承外表上如有铁锈，可用细砂纸擦除，然后洗净擦干。

d. 泵轴和轴承内圈配合较紧时，一般用压入法，如有困难可用加热法。

2）滑动轴承的修理

a. 轴瓦的修理

滑动轴承的轴瓦是最容易磨损或烧坏的零件。一般来说，如果轴瓦合金表面的磨损、擦伤、剥落和溶化等大于轴瓦接触面积的 25％时，应重新浇注轴瓦合金。当低于 25％时，可予以焊补，焊补时所用的巴氏合金必须和轴瓦上原有的牌号完全相同。

此外，如果轴瓦上出现裂纹或破裂，以及当间隙超过表 13-58 中的规定值时，都必须重新浇注轴承合金。重新浇注合金后的轴瓦，要进行车削、研刮。

滑动轴承的轴颈与轴瓦的间隙值　　　　　　　　　　　　表 13-58

轴承内径 (mm)	1500r/min 以下	1500r/min 以上
	间隙 (mm)	间隙 (mm)
30～50	0.075～0.160	0.17～0.34
50～80	0.095～0.195	0.20～0.40
80～120	0.120～0.235	0.23～0.46
120～180	0.150～0.285	0.26～0.53
180～200	0.180～0.330	0.30～0.60

b. 轴瓦的研刮

研刮轴瓦应先在泵轴上涂一层红铅油，再把泵轴放在轴瓦内来回转两圈，取出泵轴，这时在轴承表面会看到许多大小分布不均匀的小黑点。这些小黑点表示轴瓦高出部分，应用刮刀轻轻将其刮去。然后，重复上述步骤，直至轴瓦表面所显示的小黑点均匀密布为止。研刮时，应先刮下轴瓦，后刮上轴瓦。

c. 轴颈和轴瓦之间的间隙测量方法

轴颈和轴瓦之间的测量一般用压铅丝法，测量时，首先将轴承的下半轴瓦的两侧平面上以及轴颈顶部放置直径 1～1.5mm 的保险丝，然后将上轴瓦、轴承盖合上，用螺栓拧紧后再将轴承盖打开，取出被压扁的保险丝，再用千分尺测量出其厚度（一般沿保险丝长度测量 3～5 点取其平均值），最后再根据测出的各根保险丝的厚度按下式计算轴瓦的径向间隙 A：

$$A = C - \frac{a+b}{2}$$

式中　a、b——分别为放在轴瓦两侧的保险丝被压扁后所测出的平均厚度；

　　　C——为轴颈顶部的保险丝被压扁后所测出的平均厚度。

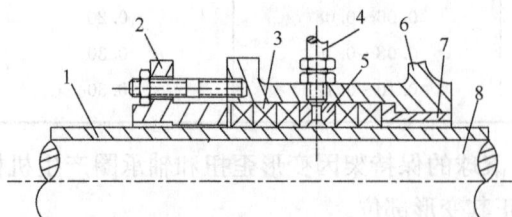

图 13-19　轴向密封装置

1—轴套；2—填料压盖；3—填料；4—水封管；
5—填料环；6—填料函体；7—填料挡套；8—轴

（2）轴封装置

旋转的泵轴及轴套与静止的泵体之间密封装置称为轴封。它的作用是为了防止被输送的高压介质从泵内漏出和外部气体进入泵内。

轴封装置的结构如图 13-19 所示，它由轴套、填料压盖、填料、水封管、填料环、填料函体、填料挡套及轴等组成。密封的好坏可用松或紧填料压盖的方法来实现。如果填料压得太紧,虽然减少了泄漏,但填料与轴套或轴间的摩擦增加,严重时导致发热、冒烟甚至将填料与轴套烧毁;如果填料压得过松,则泄漏量增加,甚至因泄漏量过大或大量气体进入泵内而破坏了泵的正常运行。填料密封的合理泄漏量应为每分钟 30～60 滴较为合适。离心泵常用的软填料如表 13-59 所示,轴封的检查和修理见表 13-60。

各种液体适用的软填料

表 13-59

轴封填料	水		油	
	冷	热	冷	热
油麻盘根	√	√	√	
油浸石棉盘根	√	√	√	
石墨石棉盘根	√	√		√
浸氟石棉盘根	√	√		
氟纤维盘根			√	
半金属盘根	√	√	√	√
金属盘根			√	√

轴封的检查和修理

表 13-60

序号	检查和修理的内容
1	轴套磨损较大或出现沟痕时,应换新件。轴被磨损时,较轻时可采用刷镀技术恢复,较重时可采用喷涂或镀套
2	填料挡套和填料环磨损过大时应换新件
3	轴封的其他零件也都要拆除清洗
4	填料应更换新的。切割填料时,应将所需长度的软填料紧紧缠绕在直径与轴相同的棒料上,然后在棒料上逐个切下密封圈,并要求切口平行、整齐,而且切口的线头不松散,切口为 30°角度。装填料时,填料接头必须错开交错成 120°,如图 13-20 所示
5	安装时应注意使填料环对准水封孔,以免填料堵死水封孔,使水封失去作用

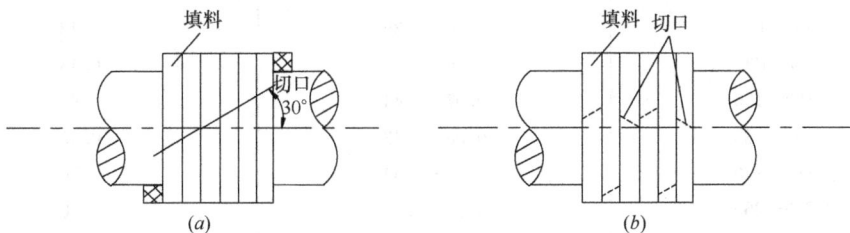

图 13-20 填料的切口和接头
(a) 填料的切口;(b) 填料的接头

（3）口环（密封环）

口环的作用是在叶轮与泵壳间形成狭窄、曲折的通道,来增加介质的流动阻力,达到减少介质泄漏的目的。口环的设置还起到保护泵上主要零件不受磨损的作用,在口环磨损后，可以修复或更换新环、恢复正常装配间隙，这样既经济又便于检修。

口环的完好性及它与叶轮间径向间隙δ（参见图 13-21），在拆卸泵时应首先检查，如口环已有沟槽等缺损或已破裂，或间隙δ超过表 13-61 中所规定的数值时，应更换新的口环或将原有口环补焊修复。

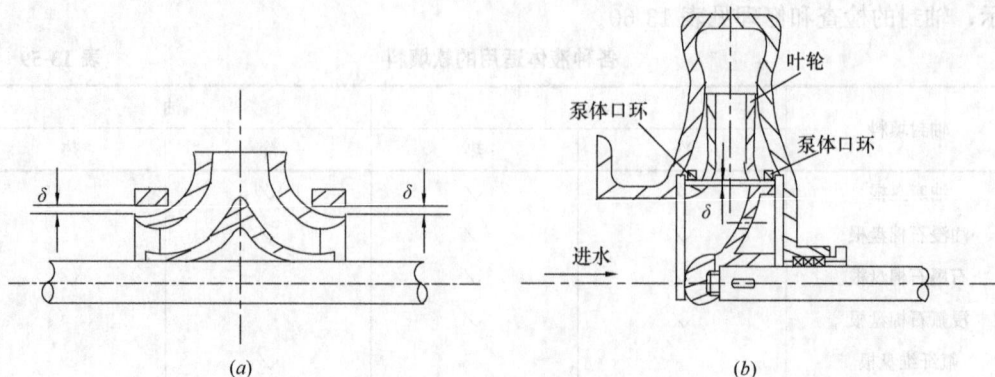

图 13-21 叶轮的径向间隙
(a) 双吸叶轮；(b) 单吸叶轮

泵在运行中，口环与叶轮的相应圆周是同时磨损而造成间隙增大的，新口环内径应按叶轮入口外径来配制，叶轮与口环之间的径向间隙应参照表 13-61 的规定。在修理过程中，这个间隙力求小一点，才能提高泵的工作效率和延长使用期限。

当原有合金磨损量不大，而又无剥离、脱落现象时可用补焊方法修复；但当磨损量太大或有脱落剥离现象时，则应调换新的口环。

新口环装上后，应检查它与叶轮的间隙是否符合表 13-61 的要求。同时，要检查两者间有无摩擦现象，其方法是在转子部分涂上红铅粉，然后转动转子，若口环上沾有红铅粉则必须返修。

口环间隙（mm）   表 13-61

口环名义直径	半径方向间隙允许值	磨损后的半径方向间隙
50～80	0.06～0.36	0.48
>80～120	0.06～0.38	0.48
>120～150	0.07～0.44	0.60
>150～180	0.08～0.48	0.60
>180～220	0.09～0.54	0.70
>220～260	0.10～0.58	0.70
>260～290	0.10～0.60	0.80
>290～320	0.11～0.64	0.80
>320～360	0.12～0.68	0.80

(4) 叶轮

1) 叶轮的更换

经过使用的叶轮可能产生某种损坏，叶轮遇有表 13-62 中任一项者，应该更换。

叶 轮 的 更 换 表 13-62

序号	损 坏 内 容
1	叶轮表面出现裂纹
2	叶轮表面因腐蚀、浸蚀或汽蚀而形成较多的孔眼
3	因冲刷而造成叶轮盖板及叶子等变薄，影响了机械强度
4	叶轮的口环轮毂发生较严重的偏磨现象而无修复价值者

2）叶轮的修理

叶轮的修理见表 13-63。离心泵叶轮静平衡允差见表 13-64。

叶 轮 修 理 表 13-63

序号	修 理 内 容
1	叶轮腐蚀如不严重或砂眼不多时，可以用补焊的方法修复。铜叶轮用黄铜补焊，铸铁叶轮亦可用黄铜补焊
2	补焊的方法是焊前对需施焊的部位进行清理，去除油污、锈蚀、氧化皮等。可以局部或整体预热至250～450℃。操作时一般采用压焊法，以减少焊缝金属的过热，并改善焊缝的形成。焊后保温缓冷，以消除应力，改善性能。冷却后进行机械加工
3	单环型口环轮毂磨损出沟痕，或偏磨现象不严重时，可用砂布打磨，在厚度允许的情况下亦可车光。或用金属喷涂法，恢复原始尺寸
4	双环型内口环密封边磨损出沟痕，或偏磨现象不严重时，亦可用砂布打磨，在厚度允许的情况下亦可车光。磨损或偏磨严重时，则可更换新内环
5	新叶轮或经修复的叶轮都应进行静平衡试验。叶轮的平衡方法是用去重法。可将试验完的叶轮放到铣床上，在较重的那一面上铣去与较轻那一面在平衡试验时所夹的物体等重的切屑。但在叶轮盖板上铣去的厚度不可超过叶轮盖板厚度的 1/3，允许在前后两盖板上切去，切削部分痕迹应与盖板圆盘平滑过渡

叶轮静平衡的允差值 表 13-64

叶轮外径（mm）	叶轮最大直径上的静平衡允许值（g）	叶轮外径（mm）	叶轮最大直径上的静平衡允许值（g）
≤200	3	501～700	15
201～300	5	701～900	20
301～400	8	901～1200	30
401～500	10		

（5）泵轴

泵轴是转子的主要部件，轴上装有叶轮、轴套等零件，借轴承支承在泵体中作高速旋转，以传递转矩。

1）轴的更换

泵轴遇有表 13-65 中任一项者，应更换新件。

泵 轴 更 换　　　　　　　　　　表 13-65

序号	故 障 现 象
1	轴已产生裂纹
2	表面有较严重的磨损，或被高压水冲刷而出现较大的沟痕，足以影响泵轴的强度，或由于严重的滚键等缺损已无修理价值的
3	轴弯曲严重无法校直

2）轴的修理

轴拆出经清洗后，应进行裂纹、表面缺陷、各相关轴颈的尺寸精度及弯曲度的检查，以确定修理方案。

轴的弯曲度可在普通车床上，用百分表检查，弯曲量不能超过 0.06mm，若大于该值，则应进行校直。轴的校直参见表 13-66。

泵 轴 的 校 直　　　　　　　　　　表 13-66

序号	校 直 方 法
1	用螺旋压力机校直。如轴弯曲较大时可在柱梁平台或螺旋压力机上进行。校直时弯曲的凸点朝上
2	直径较大而直接校直又较困难的轴，校直前要将弯曲处先行用气焊加热，加热范围在 20～40mm，此范围以外部分，缠上石棉绳或包上保温玻璃棉。加热要缓慢均匀，当温度达到 600～650℃时，可把焊嘴移开继续保温，然后进行校直。校直后，停止加热，再在加热处保温使之慢慢冷至室温，再测量弯曲量是否在规定范围之内
3	点热校直。将需校直的轴用两 V 形铁架在平台上，把最高凸点向上，用气焊快速于凸点上加热一直径为 $\phi5mm$ 左右的高温点（650～700℃左右），用温水浇淋快速冷却，测量弯曲量是否在规定范围之内，恢复量不够，可在同一轴向平面上再采用此法烤一些点，但同一点不可重复烧烤。一般情况下，热或点热校直的操作，需有一定的实际经验，否则很难取得预期的效果

轴颈的修理：泵轴的轴颈与相关件的连接有不发生相对运动的静连接和发生相对运动的动连接，但这两种连接的轴颈在使用过程中都可能产生磨损，修复的方法有：镀铬、热喷涂、刷镀等。对于修复量不大的滑动轴承轴颈亦可采用砂布打磨或用磨床磨光。

（6）泵体

泵体的损伤往往都是因机械应力或热应力的作用而出现裂纹，其检查与修理方法如下：

1）裂纹检查用手锤轻击壳体，如有破哑声，则说明已破裂，要仔细寻找裂纹地点，必要时用放大镜寻找。裂纹找到后，可在裂纹处先浇上煤油，擦干表面，然后涂上一层白粉，并用手锤再次轻击壳体。不久，裂纹内煤油会浸蚀白粉，呈现一道黑线，即可判断出裂纹的走向和长度。

2）裂纹的修补方法

a. 如裂纹在不承受压力或不起密封作用的地方，为防止裂纹继续扩大，可在裂纹的两端各钻一个直径 5～6mm 的止裂孔，壁厚大于 6mm 以上的可钻直径为 7～8mm 的止裂孔。止裂孔的位置应距裂纹末端 5～10mm。

b. 如裂纹在承压的地方，应进行补焊，方法如下：钻完止裂孔后，沿裂纹铲出 50°～

60°的坡口，然后用气焊烧去油污，用钢刷清理焊口，用铸 308 焊条焊接。为不使焊缝太热，不能连续焊接，每次以焊长 30～40mm 为宜，当焊接一段焊缝后，立即用手锤轻轻锻打，以消除内应力。对于承压的壳体在补焊完后，要装配起来进行水压试验。试验压力为工作压力的 1.5 倍，保持压力的时间不得少于 5min，试验压力不能低于 0.2MPa。

13.3.4 泵的装配

1. IS 型泵的装配

泵的装配参见表 13-67。

IS 型泵的装配 表 13-67

装配顺序	装 配 内 容
轴承与轴的装配	轴承与轴是紧配合，装配前应先将轴承放在机油中加热到 120°左右，等受热膨胀后，再套到轴上。轴承套好后，用木榔头敲打轴头，将轴承打入托架中，然后把放上了纸垫的轴承盖盖上，上好螺栓。注意后轴承与盖板之间要留有一定的间隙，因为后轴承是不承受轴向力的
联轴器的装配	先将键放在轴的键槽中，再装联轴器。装联轴器时可在它的外侧垫上木块，用锤子隔着木块敲打，直到装好为止
后盖及填料函的装配	装后盖之前，先要把挡水圈、轴套套在轴的相应位置上。随后放上后盖，再把填料环以及填料一圈一圈地放进填料函，放时要求填料平整服帖，各圈切口要互相错开。填料环必须对准水封管口，否则将起不到水封作用。填料压盖压填料的松紧度要适当
叶轮的装配	叶轮是用键和叶轮螺母固定在轴上，装配时先将键放在轴的键槽中，再用木榔头敲打叶轮将它装在轴上，然后装止退垫圈，拧紧叶轮螺母，并将止退垫圈一边撬起来贴紧于叶轮螺母的侧面
泵体的装配	将泵体用螺栓与托架连接好，然后拧紧各螺母。拧螺母时，要上下、左右对称交替地逐步将各螺母拧紧，以防受力不均，引起漏水漏气或损坏零件。装完后，轻轻转动联轴器，如果泵轴转动轻快灵活，叶轮不擦密封环，泵就装配好了

2. S 型泵的装配

泵的装配参见表 13-68。

S 型泵的装配 表 13-68

装配顺序	装 配 内 容
1	首先进行转子装配。在泵轴中间键槽内放上键，压上双吸叶轮，套上轴套。注意在叶轮与轴套之间要放密封纸垫，以防止空气漏入叶轮进口
2	拧上轴套螺母，套上填料套、水封环，装上填料压盖，再装轴承挡套及轴承端盖，放上纸垫，把滚动轴承压装上，拧上定位轴承内圈的两个圆螺母，装好轴承体
3	最后将两个双吸密封环套在叶轮的两侧，整个转子就装配完毕
4	吊装转子前，先在泵体上铺一层青壳密封纸，并装上双头螺栓和四方螺丝。吊装时应注意对正位置，叶轮上的双吸密封环要正好嵌入泵体槽内，轴承体应放在泵体两端支架的止口上，将转子慢慢放下，盖上轴承体压盖，套上弹簧垫圈，拧紧螺母。然后用轴套螺母来调整叶轮的位置，使叶轮中心对准泵体中心，调整准确后，用钩子扳手拧轴套螺母。再装上填料及水封环
5	吊装泵盖；泵盖吊装就位后，在拧紧螺母时要前后、左右对称交替进行。最后装上填料压盖，其压紧程度要适当。在轴的联轴器一端放入键，顺着键压入联轴器
6	在泵盖上部，装好水封管及其他附件

13.3.5　泵的试车与验收

1. 试车的目的

泵经过大修后要进行试车，以检查泵各部分是否还存在缺陷，特别是检查泵工作能力是否合乎要求。试车时，如果发现问题，便能在投入运转以前，得到及时处理。泵经过大修，一定要保证质量，使泵能在高效率的条件下，安全运转到下一次大修。

2. 试车前必须检查的事项

泵在试车前必须按表 13-69 所列进行检查。

泵试车前的检查　　　　　　　　　　表 13-69

序号	检 查 内 容
1	各紧固连接部分不应松动
2	润滑油脂的规格、质量符合要求，润滑油系统不堵不漏
3	轴封渗漏符合要求
4	水泵的阀门、管道、仪表、引水、排水等附属系统符合要求
5	检查电机联轴器与水泵联轴器之间的间距及两轮缘上下左右允许偏差，应符合表 13-70 的规定
6	电气设备试验合格、电机保护装置动作可靠，电机经过空载试验，转向正确，空载运转良好
7	连接水泵与电机的联轴器，盘车应灵活、无轻重不均的感觉
8	作好泵启动前的准备工作（参见"13.2 泵的运行"有关内容）

联轴器间距及上下左右允许公差（mm）　　　　表 13-70

联轴器外径	间 距	上下左右允许偏差
≤300	3～4	≤0.03
300～500	4～6	≤0.04
>500	6～8	≤0.05

3. 带负荷试验

泵经过检查合格后，应先进行空转试验，空转试验合格后，再进行带负荷试验，空转时间不能过长，应在 3 分钟之内。泵应在设计负荷下连续运转不应少于 2 小时。

泵带负荷试验应符合表 13-71 要求。

泵负荷试验要求　　　　　　　　　　表 13-71

序号	试 验 要 求
1	泵各部件应无杂音、摆动、剧烈振动或泄漏等不良情况；泵的振动烈度符合要求
2	各连接紧固部分不应松动
3	填料的温升正常，每分钟泄漏量应为 30～60 滴为宜
4	滚动轴承的温度不应超过 75℃，滑动轴承的温度不应超过 70℃
5	机组运转时的压力、流量等参数符合要求，附属系统运转正常
6	泵运转后的各项检查符合要求（参见"13.2 泵的运行"有关内容）

4. 验收要求

泵经带负荷试验合格后可正式办理验收手续。验收时应具备的资料见表 13-72。

泵验收时的相关资料 表 13-72

序号	应移交的有关资料
1	泵检修前运转的实测数据：振动、噪声、温度、电流、电压、流量、压力（泵前与泵后）、清水池水位等，以便和检修后作出比较
2	水泵解体后各部件检查、测量记录（包括磨损量、缺陷等）
3	泵零部件修复或调换记录
4	各种试验记录：转子平衡试验、电气设备试验与定值整定、焊接试验等
5	主要材料和零部件的出厂合格证和检验记录
6	机组试运转中的记录：水泵轴与电机轴的同心度、电机空载运行记录、机组带负荷运行时的实测数据：振动、噪声、温度、电流、电压、流量、压力、清水池水位等，测试应尽量保持和解体前的测试相同情况，以便于对比

13.3.6 水泵完好标准

1. 泵进口处有效汽蚀余量应大于水泵规定的必需汽蚀余量。或进水水位不应低于规定的最低水位；

2. 水泵应转动平稳，振动速度小于 2.8mm/s；

3. 水泵应运转在高效区，水泵的实际运行效率应大于额定效率的 88%；

4. 水泵的噪声应小于 85db（A）；

5. 水泵的轴承温升不应超过 35℃，滚动轴承内极限温度不得超过 75℃，滑动轴承瓦温度不得超过 70℃；

6. 填料室应有水滴出，宜为每分钟 30～60 滴；

7. 水流通过轴承冷却箱的温升不应大于 10℃，进水水温不应超过 28℃；

8. 输送介质含有悬浮物质的泵的轴封水，应有单独的清水源，其压力应比泵的出口压力高 0.05MPa 以上；

9. 电机联轴器与水泵联轴器之间的间距及两轮缘上下左右偏差应符合要求（见表 13-70）；

10. 轴承润滑油或润滑脂牌号正确，质量合格，无水分或杂质，润滑油应加注至正常油位，润滑脂加注必须适量，不能过多或过少；

11. 设备外观整洁，无油污、锈迹，铜铁分明，铭牌标志清楚；

12. 设备不漏油、不漏水、不漏电、不漏气。

13.4 泵站的现代化管理

13.4.1 现代化泵站评价标准

1. 供电可靠性

须有独立的双电源供电，供电质量符合要求；

2. 水泵及其辅助设备的配置

泵类设备的流量、扬程、轴功率等技术参数符合工艺要求；泵的额定效率不得低于 GB/T 13007—91 中 A 曲线值。泵站配有完善的自动真空引水系统（或者是自灌结构系统）、自动排水系统及相关的仪器、仪表。泵站内应有可靠的起重设备及检修平台。

3. 电气设备的配置

（1）高压开关柜：应选用性能良好的中置式金属铠装柜或其他形式的开关柜，柜内断路器宜用真空型，二次回路采用微机综合保护装置并带后台监控系统。

（2）变压器：选用节能水平在 S_9 系列以上，对于 10kV 电压等级应优先选用干式变压器。

（3）电动机：节能水平在 Y 系列以上。

（4）低压配电柜：选用固定分隔型或抽屉型，具备一定的备用回路。

4. 设备管理制度及设备完好率

泵站应有健全的设备管理制度，设备完好率 $A_1 > 99\%$，$A_2 > 98\%$。设备完好率的计算参见 13.4.2。

5. 设备实际运行的要求

（1）全站平均功率因数大于 92%；

（2）水泵、阀门等各类设备无跑、冒、滴、漏，与水泵相关的辅助设备运转正常；

（3）电动机、变压器等各类电气设备运转正常，无超载、过热及其他异常情况；

（4）水泵机组振动烈度达到 C 级（一般可控制在 2.8mm/s 以下），噪声小于 85db（噪声值为距离设备 1m、对地高 1m 处测量值）；

（5）水泵实际运行效率不得低于铭牌额定效率的 88%。

13.4.2　设备完好率

1. 设备完好率 A_1

泵站最重要的设备是水泵机组，水泵机组的故障将造成取水或供水的中断。设备完好率 A_1，是为了统计泵站水泵机组的完好程度。A_1 以"台日"为计算单位，用于评价考核期间泵站水泵机组的平均完好率。A_1 计算公式如下：

$$A_1 = \frac{考核期间的水泵机组完好总台日数}{考核期间的水泵机组制度总台日数} \times 100\%$$

水泵机组完好总台日数＝水泵机组制度总台日数－水泵机组不完好总台日数。

（1）"水泵机组"所包含的内容：

1）水泵、电动机；

2）与水泵相关的泵前、泵后的阀门、管道等；

3）与电动机相关的降压启动箱、控制箱、电缆、机旁电容补偿柜、机旁避雷柜、变频调速柜等。

（2）不完好台日的统计范围：

1）设备运行状态异常，性能偏移较大、或带病运转的时间；

2）故障停机的时间；

3）因上述两项原因而引起的待修、待料，以及检查、修理、试验直到设备复役的时间。

（3）计算举例

某泵站共有 10 台水泵机组，6 月份统计的机组故障见表 13-73。

6 月份水泵机组故障统计 　　　　　表 13-73

序 号	时 间	故 障 内 容
1	6 月 5 日	2# 机组水泵轴承故障，检修停机 8h
2	6 月 6 日	8# 机组电动机降压启动箱故障，待料＋检修，停机 24h
3	6 月 8 日	10# 机组出水阀阀板脱落，停机检修 8h
4	6 月 12 日	7# 机组变频调速装置故障，请制造厂前来修理，停机 24h
5	6 月 18 日	1# 机组电气系统空气开关故障，停机 4h
6	6 月 23 日	6# 机组水泵内进入空气，临时安排检修，停机 8h
7	6 月 29 日	3# 机组单向阀故障，检修停机 4h

计算 6 月份的设备完好率 A_1：

6 月份设备不完好时间＝8＋24＋8＋24＋4＋8＋4＝80 小时，折算为：80/24＝3.3 台日；6 月份制度总台日为：10×30＝300 台日。

$$A_1 = \frac{300-3.3}{300} = 98.9\%$$

该泵站 6 月份水泵机组故障较多，设备完好率 A_1 未达到要求。

2. 设备完好率 A_2

设备完好率 A_1 未包括泵站其他许多重要的设备，如变压器、高压开关柜、低压开关柜、起重设备、真空泵、排水泵等，不能真实反映出泵站的整体设备完好状态。此外，A_1 是以历史统计积累的数据作为计算依据，不完好状态无法在现场再现，无法核查；也无法得出即时设备完好率。

设备完好率 A_2 是为了弥补第一种统计模式所存在的缺陷进行补充和完善。A_2 以"台数"为计算单位。由于各类设备在泵站所处位置（重要性）不一样及设备复杂程度不一样，因此对设备完好程度的要求也不一样。为了既考虑到这个差异，又能使计算统计不会造成复杂化，特设置"台数"权重系数（K_Q）。重要的、复杂的、容量大的设备，其权重系数可取得高些。每个泵站可根据自己的情况，对泵站的各类设备设置 K_Q 值。设备完好率 A_2 的计算公式如下：

$$A_2 = \frac{\text{设备完好总台数（加权）}}{\text{设备总台数（加权）}} \times 100\%$$

设备完好总台数（加权）＝设备总台数（加权）－设备不完好总台数（加权）。加权台数计算值取整数（小数点后面四舍五入）。

设备完好率 A_2 可操作性强，对一个运行中的泵站进行检查时，可实时得出设备完好率，以评估该泵站的设备完好状态。下面以一个实例来说明 A_2 的计算方法。

计算举例：某泵站有 12 台离心式水泵机组、高压及低压配电室及其他附属设备，设备的配置清单及 K_Q 值参见表 13-74，某日在巡视检查泵站设备时，发现高配室进线断路器柜（101#）内部有放电声，请计算设备完好率 A_2。

泵站设备一览表 表 13-74

地 点	设备名称及容量	数量（台）	K_Q	加权台数	备 注
机房	水泵机组 800kW	4	8	32	
	水泵机组 800kW（变频调速）	2	10	20	
	水泵机组 630kW	4	7	28	
	水泵机组 400kW	2	5	10	
	真空泵 30kW	2	2	4	
	行车 10 吨	1	2	2	
	排水泵 5kW	2	1	2	
	动力配电箱	2	1	2	
高压配电室	进线、母分断路器柜（手车柜）	3	10	30	
	进线隔离、母分隔离柜	3	5	15	
	压变、计量、所用变柜	6	6	36	
	出线柜	16	6	96	
电容器室	高压电容补偿柜	2	6	12	
变压室器	变压器 500kVA	2	7	14	
低压配电室	进线、联络柜（抽屉式）	3	4	12	
	出线柜	16	2	32	
控制室	直流屏	2	2	4	
	控制、交流、信号屏	4	1	4	
全站设备加权总台数				355	

计算：根据高压开关柜完好标准，101# 柜应判为不完好设备，设备不完好加权台数为 10，因此 A_2 为：

$$A_2 = \frac{355-10}{355} = 97.18\%$$

结论：该泵站设备完好率 A_2 未达到要求。

上面仅是为了说明 A_2 的计算方法而举的一个例子，读者实际操作时，应根据本泵站设备多少、维修力量等，合理核定各类设备的 K_Q 值，以适应本泵站的具体情况。

13.4.3 设备完好标准

在设备完好率的计算中，涉及设备完好标准。设备完好是指设备处于完好的技术状态，设备完好标准总的来说有三条要求：

1. 设备性能良好，各项性能参数稳定，能满足生产工艺的要求；

2. 设备运转正常，零部件齐全，安全防护装置良好，磨损、腐蚀程度不超过规定的标准，控制系统、计量仪表和液压系统工作正常；

3. 动力消耗正常，无漏油、漏水、漏气、漏电现象，外表清洁整齐。

凡不符合上述要求者，称为不完好设备。一个现代化水厂或泵站应编制各类设备的完好标准，这些完好标准应是详细的、结合本单位实际的、能逐条对照的。水厂各类设备的完好标准应针对各类设备的具体特点、易损部位、在水厂中的作用等各种不同情况进行制定，应具有较强可操作性，方便现场核查。本书 13、14、15 章节中也有各类设备的完好标准，可供参考，但读者应紧紧结合本单位的生产实际、设备工况与特点来制定本单位的各类机电设备完好标准。

13.4.4 设备管理制度

泵站应有健全的设备管理制度，包括：台账、设备维护及检修制度、用电安全、事故管理等，主要岗位和重要设备有操作、检修、调试规范。具体要求分别简述如下：

1. 有完整的设备采购、封存、转移、报废制度。

2. 有健全的设备台账管理制度（设备的分类与编号，台账）。

3. 有健全的维护、保养制度。要求如下：

（1）明确规定维护、保养的条件和计划。

（2）主要设备的维护、保养有具体的步骤和要求及责任人。

（3）维护、保养应有详细的记录。

4. 有健全的检修制度，要求如下：

（1）建立以设备状态为基础的预知检修制度，配备足够的设备状态监测和故障诊断仪器仪表。各类设备都有检修调试规范。

（2）建立设备的巡检、点检制度。上述内容要有责任人及详细的记录。

（3）定期分析设备状态（运行台时、振动、温度、噪声、磨损、腐蚀、各项性能参数、安全防护装置、控制系统、计量仪表、液压系统、动力消耗等），在此基础上确定的设备检修（含调试）计划。

（4）设备检修后的详细记录（包括调试与试运转记录）。

5. 有健全的事故管理制度。

6. 有健全的操作规范，操作规范应符合以下要求：

（1）包含主要生产工艺，其中至少含有中控调度、加氯（或其他消毒）、机泵操作、高低配倒闸操作等。

（2）在关键岗位及设备处有明确的操作规范指导牌（卡），至少包括加氯、配电室、泵房、中控室等。

7. 严格执行"电业安全工作规程"，具备完善的用电安全制度。高配应有工作票制度、操作票制度。工作票签发人、工作许可人、工作负责人均应持证上岗。安全用具、防小动物设施齐全。

13.4.5 泵站的备品备件管理

1. 泵的备品备件

泵类设备运转台时很高，工作繁重，零部件磨损很大，备品备件工作显得尤为重要。为了应对设备的突发故障，泵站应配备表 13-75 所列部件。

泵的备品备件 表 13-75

序 号	名 称	序 号	名 称
1	叶轮	5	滑动轴承衬瓦
2	轴套	6	主轴
3	填料	7	密封环
4	滚动轴承	8	机械密封

2. 润滑油、润滑脂的配备

（1）润滑油、润滑脂的分类

工业上用的润滑油种类很多，水泵滚动轴承主要用机械油润滑。机械油按国家标准有 10 个等级，水泵上一般只用 2 个等级（N_{32}、N_{46}）。

润滑脂俗称黄油，颜色从淡黄到深褐色，润滑脂种类很多，水泵上主要用钙基脂。钙基润滑脂不溶于水，可用于需进水的零件，但对温度很敏感，55～60℃以上时就不能长时间运转。钙基润滑脂分为 4 个牌号。

钠基润滑脂遇水即被溶解，故用于没有水的零件上，一般分为三个牌号，主要用于电动机的轴承上。

（2）水泵常用的润滑油、润滑脂的牌号

水泵泵轴上装的是滚动轴承，则用钙基脂润滑；是滑动轴承用机械油润滑；是橡胶轴承用水润滑。水泵轴承用油具体牌号参照表 13-76 选择。

水泵轴承用油选择 表 13-76

水泵种类	泵轴转速（r/min）			轴承种类
	2900	1450	980	
IS（B）型离心泵	3 号钙基脂	2 号钙基脂	—	滚动轴承
	N_{32} 机械油	N_{46} 机械油	—	滚动轴承带有润滑油槽
S（Sh）型离心泵	3 号钙基脂	2 号钙基脂	—	滚动轴承
	N_{32} 机械油	N_{46} 机械油	N_{68} 机械油	滑动轴承
D（DA）型离心泵	3 号钙基脂	2 号钙基脂	—	滚动轴承
	N_{32} 机械油	N_{46} 机械油		滑动轴承
JC（JD）型深井泵	3 号钙基脂	3 号钙基脂		上部是滚动轴承用脂润滑，下部是橡胶轴承用水润滑

（3）油品的识别

油品的识别在现场主要依靠看、闻、摇、摸的办法测试。

看：看油品的颜色，颜色浅是馏出油和精制程度高的油品，颜色深是残渣油和精制程度不高的油品。

闻：闻油品的气味，油品的气味一般分汽油味、煤油味、柴油味、酸味、芳香味等。闻只能大概鉴别油品的类别，但无法区分牌号。

摇：把油品装在无色玻璃瓶中摇动，按产生气泡的多少、上升的速度来判别油的标号。

摸：用手摸油脂的软硬程度和光滑感。精制好的油品光滑感强，精制不好的油品光滑感差，润滑脂软则标号小，硬则标号大。常用油品识别可参见表 13-77。

常用油品识别参考表　　　　　　　　　　表 13-77

种　类	看	闻	摇	摸
汽油	浅黄色、浅红色、橙黄色	强烈汽油味	气泡随产生随消失	发涩、挥发快、有凉感
10 号机械油	黄色到棕色，有蓝色荧光		气泡多，消失较快，油稍挂瓶，不显色泽	
22 号、32 号、46 号机械油	黄褐色到棕色，有蓝色荧光，但不明显		气泡较多，消失较慢，油稍挂瓶，有黄色	
钙基脂	黄褐色，结构均匀的软膏			光滑，不拉丝，沾水捻不乳化
钠基脂	黄色到浅褐色，软膏状，结构松呈纤维状			不光滑、拉丝很长，有弹性，沾水捻乳化

13.4.6　泵站的经济运行

泵的动力消耗约占全国总发电量的 20% 左右，而在供水行业中泵的能源消耗约占企业能源总消耗的 80%～90%。因此做好泵站的经济运行不仅是为了适应"节能减排"大环境的需要，同时也是企业降低成本、提高效益的需要。每个泵站都要在满足社会需求的前提下，力求在最小的能源消耗情况下运行。

1. 配水电耗

（1）指标的含义

配水电耗又称"综合单位电耗"，系泵站向管网输配水所消耗的单位电量，用来考核配水机组的综合效率的高低。计量单位为：千瓦时/千立方米·兆帕（$kWh/km^3 \cdot MPa$），其含义是在扬程 1MPa、供水量为 $1000m^3/h$ 的情况下，耗用了多少电量（kWh）。表13-78 为泵站（或水厂）常用的配水电耗考核指标。

配水电耗考核指标　　　　　　　　　　表 13-78

规模（万 m^3/d）	5～10	11～30	31～60	≥61
配水电耗（$kWh/km^3 \cdot MPa$）	405	400	390	380

（2）配水电耗的计算与统计

根据配水电耗的定义：

$$配水电耗 = \frac{电量（kWh）}{流量（Q）\times 扬程（H）}$$

目前大部分机房单台机组不装设流量仪，一般装在出水总管中。考虑到上述因素，公式中的流量取 24h 总出水量，电量为 24h 用电量。扬程的测算方法：每台水泵的进、出口压力每半小时抄表一次，24h 取平均值。然后对运行中各台水泵再进行平均值计算。按上述公式，即能算出每日的配水电耗。泵站的每日报表中，电量、有用功率（$Q \times H$）都应进行累计，这样便能很方便地计算出任意一段时间内的配水电耗数值。

计算实例：

1）某泵房 24h 所有运行水泵的总出水量为 100000m³，总用电量为 15000kWh（不包括变压器损耗和泵房内其他用电，如行车、通风机、真空泵、排水泵、生活用电等）。压力表每半小时抄一次，压力报表参见表 13-79。求该泵房的日配水电耗。

压 力 日 报 表

表 13-79

时间	1# 水泵压力（MPa）		2# 水泵压力（MPa）		3# 水泵压力（MPa）		合计压力（MPa）
	泵进口 半点/整点	泵出口 半点/整点	泵进口 半点/整点	泵出口 半点/整点	泵进口 半点/整点	泵出口 半点/整点	
1：00			−0.02/−0.02	0.35/0.35			
2：00			−0.02/−0.02	0.35/0.35			
3：00			−0.02/−0.02	0.35/0.35			
4：00			−0.02/−0.02	0.35/0.35			
5：00	−0.01/−0.01	0.37/0.37	−0.02/0.02	0.36/0.36			
6：00	−0.01/−0.01	0.37/0.37	−0.02/−0.02	0.36/0.36			
7：00	−0.01/−0.01	0.37/0.37	−0.02/−0.02	0.36/0.36			
8：00	−0.01/−0.01	0.36/0.36	−0.02/−0.02	0.35/0.35			
9：00	−0.01/−0.01	0.36/0.36	−0.02/−0.02	0.35/0.35			
10：00	−0.01/−0.01	0.37/0.37	−0.02/−0.02	0.36/0.36	−0.02/−0.02	0.37/0.37	
11：00	−0.01/−0.01	0.37/0.37	−0.02/−0.02	0.36/0.36	−0.02/−0.02	0.37/0.37	
12：00	−0.02/−0.02	0.36/0.36	−0.03/−0.03	0.35/0.35	−0.03/−0.03	0.36/0.36	
13：00	−0.02/−0.02	0.36/0.36	−0.03/−0.03	0.35/0.35	−0.03/−0.03	0.36/0.36	
14：00	−0.02/−0.02	0.36/0.36	−0.03/−0.03	0.35/0.35	−0.03/−0.03	0.36/0.36	
15：00	−0.02/−0.02	0.36/0.36	−0.03/−0.03	0.35/0.35	−0.03/−0.03	0.36/0.36	
16：00	−0.02/−0.02	0.35/0.35	−0.03/−0.03	0.34/0.34	−0.03/−0.03	0.35/0.35	
17：00	−0.02/−0.02	0.35/0.35	−0.03/−0.03	0.34/0.34	−0.03/−0.03	0.35/0.35	
18：00	−0.02/−0.02	0.34/0.34	−0.03/−0.03	0.33/0.33	−0.03/−0.03	0.34/0.34	
19：00	−0.02/−0.02	0.34/0.34	−0.03/−0.03	0.34/0.34	−0.03/−0.03	0.34/0.34	
20：00	−0.02/−0.02	0.35/0.35	−0.03/−0.03	0.34/0.34	−0.03/−0.03	0.35/0.35	
21：00	−0.02/−0.02	0.35/0.35	−0.03/−0.03	0.34/0.34			
22：00	−0.02/−0.02	0.35/0.35	−0.03/−0.03	0.34/0.34			
23：00			−0.02/−0.02	0.35/0.35			
24：00			−0.02/−0.02	0.35/0.35			
合计压力	−0.29/−0.29	6.44/6.44	0.59/−0.59	8.36/8.36	−0.31/−0.31	3.91/3.91	
开泵时间	18h		24h		11h		

该泵房平均扬程为：$(0.29+0.29+6.44+6.44+0.59+0.59+8.36+8.36+0.31+0.31+3.91+3.91)÷[2×(18+24+11)]=39.8÷106=0.375MPa$

$$Q×H=100km^3×0.375MPa=37.5km^3 \cdot MPa$$

配水电耗＝电量$/QH=15000/37.5=400kWh/(km^3 \cdot MPa)$

2）某泵房考核期累计用电量为 45 万 kWh，累计有用功率（$Q×H$）为 1154$km^3 \cdot MPa$ 求该泵房考核期的配水电耗为多少。

$$450000÷1154=389.95kWh/km^3 \cdot MPa$$

(3) 实测配水电耗

在对泵站进行考核时，有时需要现场实测配水电耗。实测时泵房运转压力应尽量接近泵房年平均压力。测量时间与被测水泵（包含备用泵）应随机抽取。测量时间为 10min，采用多点同时进行。测量值为 10min 流量、电量；泵前后压力测量同时进行，每 2min 测一次，共测 5 次。扬程取平均值：先算出 10min 内每台泵的平均扬程，然后再将运转中的各水泵取平均值。根据测量的水量、电量、平均扬程值即可计算出配水电耗。

下面为某泵房测量计算实例，10min 测量数值如表 13-80 所示。

测 量 汇 总 表　　　　　　　　　　　　　　表 13-80

测量内容	测量时间	1#水泵		2#水泵		备 注
		泵前压力	泵后压力	泵前压力	泵后压力	
压力 MPa	10：02	−0.02	0.36	−0.01	0.37	
	10：04	−0.02	0.36	−0.01	0.37	
	10：06	−0.02	0.36	−0.01	0.37	
	10：08	−0.02	0.36	−0.01	0.37	
	10：10	−0.02	0.36	−0.01	0.37	
电度表转盘 10 转时间 t (s)	10：02	40		39.8		
	10：04	41.2		41.3		
	10：06	40.5		41.8		
	10：08	40.5		40.5		
	10：10	39.8		40.9		
10min 流量（Q）m³（10：00～10：10）		360				

计算如下：

$$H=[(0.02×5)+(0.36×5)+(0.01×5)+(0.37×5)]÷10=0.38$$

$Q=360m^3=0.36km^3$

$QH=0.38×0.36=0.1368km^3 \cdot MPa$

电度表常数（K_d）为：400，电流互感器变比（K_c）为：80。

t_1 为 1#水泵五次测量时间的平均值，经计算为 40.4s；t_2 为 40.86s。

$$P_1=\frac{10×3600×K_C}{K_d×t_1}=\frac{10×3600×80}{400×40.4}=178.22kW （1#水泵实测时的功率）。$$

$$P_2 = \frac{10 \times 3600 \times 80}{400 \times 40.86} = 176.21\text{kW}\ (2\sharp\text{水泵实测时的功率})。$$

泵房 10 分钟内的用电量为：$(178.22+176.21)\div 6 = 59.07\text{kWh}$

实测配水电耗为：$59.07\div 0.1368 = 431.8\text{kWh/km}^3 \cdot \text{MPa}$

以上为一次测量，可连续进行三次，配水电耗取三次平均值。

2. 水泵机组效率的测定

(1) 测试前的准备工作

泵站的水泵机组实际运行效率如何，应通过现场测试确定。测试前应先了解泵房内表计的具体分布情况。流量的测量应尽量利用现场的流量仪，最理想的情况是单台水泵装有流量仪，若单台水泵未装设流量仪则利用总管流量仪。有时也可使用便携式超声波流量仪，但直管段距离需满足要求，超声波流量仪有较大的误差。电量的测量利用现场单台水泵的电度表。在测试前，泵前后的压力表应经过校正。此外，还应记录设备的原始数据（参见表 13-82）。

(2) 测试时要记录的数据

流量（10min）、泵进口压力、出口压力、电度表 10 转秒数。测量应同时进行，同时读数。测试连续进行三次，取平均值。

(3) 测试计算实例

1）原始数据（表 13-81）

测试原始数据 表 13-81

水　泵	1. 型号	14SH-9B
	2. 扬程	55（mH$_2$O）
	3. 流量	1080（m^3/h）
	4. 转速	1450（r/min）
	5. 效率	82%
	6. 轴功率	198（kW）
	7. 允许吸上真空高度	3.5（m）
电动机	1. 型号	JS127-4
	2. 功率	260（kW）
	3. 转速	1475（r/min）
	4. 效率	$\eta_d = 93\%$
其他	1. 进口测点管内径	$D_1 = 350\text{mm}$
	2. 出口测点管内径	$D_2 = 250\text{mm}$
	3. 电度表常数	$K_d = 400$
	4. 倍率 CT×PT	$K_b = 160$
	5. 流体重度	$\gamma = 1000$（kg/m^3）
	6. 进口压力表位标高	$Z_1 = 1.05$（m）
	7. 出口压力表位标高	$Z_2 = 1.07$（m）

2）测试数据（表 13-82）

测 试 数 据 汇 总　　　　　　　　　　　　　表 13-82

测试次数	泵进口压力 P_1 (MPa)	泵出口压力 P_2 (MPa)	进出口压力差 $\Delta P = P_2 - P_1$ (MPa)	十分钟流量 Q (m³)	电度表 10 转时间 t (s)
1	−0.01	0.39	0.4	233	55.9
2	−0.01	0.39	0.4	230	55.7
3	−0.01	0.39	0.4	236	56.1
平均值	−0.01	0.39	0.4	233	55.9

3）计算

a. 流量 Q（10 分钟均值）$= \dfrac{233}{600} = 0.388$（m³/s）

b. 进口流速　$V_1 = \dfrac{4Q}{\pi D_1^2} \times 10^6 = \dfrac{4 \times 0.388}{\pi \times 350^2} \times 10^6 = 4.033$（m/s）

c. 出口流速 $V_2 = = \dfrac{4Q}{\pi D_2^2} \times 10^6 = \dfrac{4 \times 0.388}{\pi \times 350^2} \times 10^6 = 7.904$（m/s）

d. 扬程

$$H = \frac{10^6 \times \Delta P}{\gamma \times 9.8} + (Z_2 - Z_1) + \frac{V_2^2 - V_1^2}{2g}$$

$$= \frac{10^6 \times 0.4}{1000 \times 9.8} + (1.07 - 1.05) + \frac{7.904^2 - 4.033^2}{2 \times 9.8} = 43.2(\text{mH}_2\text{O})$$

e. 有用功率 $N_e = \dfrac{\gamma \times H \times Q}{102} = \dfrac{1000 \times 43.2 \times 0.388}{102} = 164.33$（kW）

f. 输入功率　$N = \dfrac{10 \times 3600 \times K_b}{k_d \times t} = \dfrac{10 \times 3600 \times 160}{400 \times 55.9} = 257.6$（kW）

g. 综合效率 $\eta_Z = \dfrac{N_e}{N} \times 100\% = \dfrac{164.33}{257.6} = 63.8\%$

h. 水泵效率 $\eta_S = \dfrac{\eta_Z}{\eta_d} = \dfrac{0.638}{0.93} = 0.686 = 68.6\%$（联轴器的效率包含在内）

测试结论：水泵实际运行效率 68.6%，为铭牌额定效率的 83.7%，其值小于 88%，该水泵机组应为不完好设备。

3. 离心泵的能量损失和提高效率的措施

（1）离心泵的能量损失

离心泵在运行过程中存在多种能量损失，按照与叶轮及所输送的流体流量的关系可分为机械损失、容积损失和水力损失三种。

1）机械损失

机械损失是指在机械运动过程中克服摩擦所造成的能量损失。泵的机械损失主要包括两部分，轴与轴承及轴端密封的摩擦损失，以及叶轮造成的圆盘摩擦损失。

a. 轴封和轴承摩擦损失：它们的损失功率（ΔP）一般为：$\Delta P = (0.01 \sim 0.03)\,P$，与其他损失相比，轴封和轴承摩擦损失所占比例不大。在采用填料密封结构时，若填料压盖压得过紧，摩擦损失就要增大，甚至填料发热。目前很多泵采用机械密封结构，这样大大地减小了轴封摩擦损失。

b. 圆盘摩擦损失：离心泵叶轮在充满液体的泵壳内旋转时，叶轮两个盖板表面与液

703

体有摩擦损失。最初测定这部分损失常常借助圆盘进行试验，所以把这种损失称为圆盘摩擦损失。

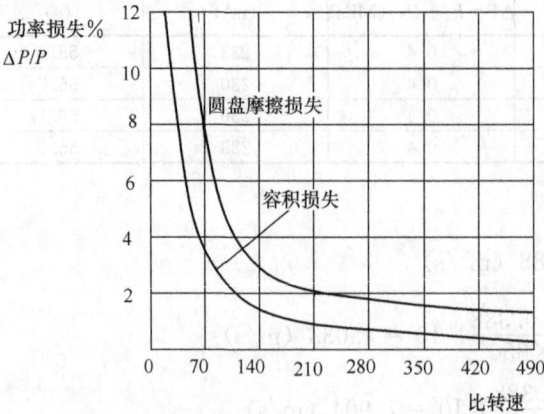

圆盘摩擦损失比较大，在机械损失中占主要成分，尤其是对中、低比转速的泵，圆盘摩擦损失所占的比例较大；对高比转速的泵，圆盘摩擦损失所占的比例较小。圆盘摩擦损失与比转速的关系见图 13-22。

2）容积损失

泵在运行时，泵体内各处的液体压力不等，有高压区，也有低压区。由于结构上的需要，在泵体内部有很多间隙，当间隙前后压力不等时，液体就要由高压区流向低压区，如图 13-23所示。这部分高压区的液体，虽然在流经叶轮时获得了能量，但是未被有效利用，而是在泵体内循环流动，因克服间隙阻力等又消耗了一部分能量，这种能量损失称为容积损失。容积损失也与比转速有关，它随比转速的变化关系见图 13-22。

图 13-22　圆盘摩擦损失、容积损失与比转速的关系

容积损失的分类如下：

a. 在叶轮入口的地方，叶轮与泵体间有一个很小的密封间隙。由于泵腔内的压力较叶轮入口处高，所以，有一小股液体通过密封间隙从叶轮出口流回叶轮入口。叶轮对这部分回流液体做的功没有被有效地利用，而损耗于克服密封间隙的阻力。通常，把这部分能量损失称为密封环泄漏损失。

b. 泵的进、出口存在很大的压力差，为减小轴向推力，常用到带有径向间隙的轴向力平衡装置（如图 13-23 的平衡孔），允许少量流体从出口高压端泄漏到低压端。这部分泄漏的流体由叶轮所获得的能量消耗在克服其流动阻力上，从而造成能量损失。

c. 多级离心泵都设有导叶隔板，液体经过导叶后，部分动能转换成压力能，使得压力升高，造成级间隔板前后出现压力差，驱使部分液体通过级间隔板与轴套间的间隙流回到前级叶轮的侧隙，形成级间泄漏，见图 13-24。这些级间泄漏的流体，流经叶轮与导叶

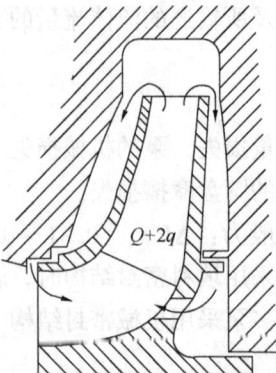

图 13-23　泵内液体的泄漏　　　图 13-24　分段式多级泵级间隔板处的泄漏

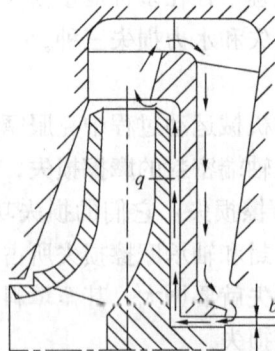

间的侧隙后，与叶轮流出的流体混合，经过导叶与反导叶，又经级间间隙流回前级叶轮的侧隙，形成循环。由于有级间泄漏存在，损失了一部分能量，同时使叶轮侧间隙内的圆盘摩擦损失也增加。

3) 水力损失

水力损失又称流动损失，是指流体在泵中流动时，由于流动阻力而产生的能量损失。水力损失主要分为三种：

a. 流体和各部分流道壁面摩擦所产生的摩擦阻力损失；

b. 流道断面变化、转弯等会使边界分离、产生漩涡二次流等而引起的涡流损失；

c. 由于工况改变，流量偏离设计流量时，叶轮入口角与叶片安装角不一致所引起的冲击损失。

(2) 提高离心泵效率的措施

要提高离心泵的效率必须设法减少泵的三种损失。

1) 降低机械损失

在机械损失中，圆盘摩擦损失占绝大部分，所以一般着重研究降低圆盘摩擦损失的途径。通常采取下列方法：

a. 叶轮圆盘摩擦损失功率的大小与叶轮转速的三次方成正比、与叶轮外径的五次方成正比。在给定的扬程下，泵的转速提高后，圆盘摩擦损失成三次方增加，但这仅是问题的一个方面；另一方面由于泵的转速提高后，叶轮外径可以相应地减小，而叶轮外径减小后，圆盘摩擦损失成五次方的比例下降。因此，离心泵转速增加后，圆盘摩擦损失并不增加而且会减小。

b. 圆盘摩擦损失的大小还与叶轮盖板、泵体内壁表面粗糙度有关，降低表面粗糙度可以减小该损失，一般可提高泵的效率 2%～4%。

c. 圆盘摩擦损失还和叶轮与泵体内侧间隙大小有关，如图 13-25所示，对一般泵而言，$B/D_2 = 2\%\sim5\%$ 范围时，圆盘摩擦损失较小。

2) 降低容积损失

a. 选取较小的密封间隙值，如图 13-24 中 b 值。实验表明，当 b 由 0.5mm 减小到 0.3mm 时，泵的效率可提高 4%～4.5%。

b. 增加密封环间的水阻力，可减少泄漏量。通常采用的方式是将密封环加工成迷宫形或锯齿形，如图 13-26 所示。

3) 降低水力损失

一般注意下列问题：

a. 液体在过流部件各部位的速度大小确定要合理，而且速度的变化要平缓。

b. 避免在流道内出现死区。

c. 合理选择各过流部件的入口、出口角度以减少冲击损失。

d. 避免在流道内存在尖角、突然转变情况。

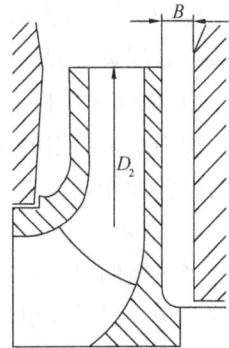

图 13-25　叶轮和
泵体间的侧隙

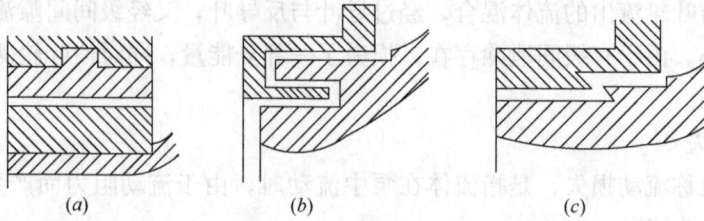

图 13-26 密封环的形式

(a) 普通圆柱形；(b) 迷宫形；(c) 锯齿形

4. 泵站经济运行的措施

(1) 合理配置水泵

泵站内应按工艺要求合理配置水泵机组，配置不当将造成泵站日常运行时能耗增大。在新建泵站或技改选择水泵时，从节能角度而言，应注意下面三个问题：

1) 机房内应尽量采用大机组少台数；

2) 采用效率较高的节能型水泵，高效区尽量宽些；

3) 合理选择泵的额定扬程。

(2) 合理确定泵站的运转压力

泵站运转压力过低，满足不了用户的要求；运转压力过高，将增大泵站的电能消耗。应在满足用户需求的前提下，尽量压缩富余扬程。

(3) 提高机组综合运行效率

水泵机组的综合效率应为电动机效率与水泵效率的乘积。为提高运行时的综合效率可采取以下措施：

1) 消除机组不配套

电动机容量配置过大，造成大马拉小车。电动机在轻载时效率降低，能耗增大。应把那些容量配置过大的电动机及时更换。

2) 加强水泵机组的维修

加强水泵机组的维修，可以消除泵的各种缺陷，恢复泵的各项性能参数，从而能减少泵内部各种能量损失，提高泵的运行效率。

3) 配备大小叶轮

当机组的出水量在夏天与冬天相差较大时，可以采取准备 2 套叶轮按不同季节分别换装的办法。以提高机组实际运行效率。

4) 切削叶轮

水泵机组额定扬程选择过高，造成水泵实际运行效率较低，这时可通过切削叶轮的方法来提高水泵实际运行效率。叶轮切削方法参见 13.1.6 "泵的运行工况" 这一节。

5) 水泵调速

当机组每天出水量变化较大时，可采用水泵调速方法使机组能在较高的效率下运转。水泵调速方法参见 14.7 "变频调速" 这一节。

(4) 采用 10kV 高压直配电动机

泵站（或水厂）进线电源一般为 10kV 电压等级，驱动水泵的电动机容量在 280kW

以上时，以往都采用 6kV 电压的电动机。在这种模式的使用中，需设置 10/6kV 变压器。而使用 10kV 直配电动机，则可省去 10/6kV 变压器。

使用 10kV 直配电动机不但能节能，而且具有以下好处：节约初投资费用、简化电气主接线、减少维修工作量。

（5）无功功率就地补偿

无功补偿按其补偿位置分为集中补偿和就地补偿两种。集中补偿是指在供电母线上对用电设备的无功功率集中地进行补偿；就地补偿是指在设备旁分别进行补偿，就地平衡无功。以往泵站的无功补偿多采用在 10kV 母线上集中补偿，这种补偿模式虽能提高泵站的功率因数，但不能消除泵站内部电气系统中的无功电流。

就地补偿能减少高压或低压配电网中的无功电流，从而减少能量损耗。就地补偿适用较大功率的设备，对于那些数量多、分布面广的小容量设备的无功功率，建议在 380V 母线上集中补偿。

（6）采用节能型变压器

运行中变压器的损耗主要是空载损耗和负载损耗。不同时期的变压器损耗标准各不相同，表 13-83 为 10kV、200kVA 的配电变压器不同时期的额定损耗标准。选用变压器时应仔细比较各制造厂提供的样本，选用损耗较低、性能良好的变压器。

10kV、200kVA 变压器损耗标准   表 13-83

各类标准	空载损耗（W）	额定负载损耗（W）	总损耗（W）
JB500-64	1335	4555	5890
JB1300-73	1000	3900	4900
86 标准	540	3400	3940
S9	480	2600	3080
S10	380	2600	2980
S11	330	2600	2930
非晶合金	100	2600	2700

（7）清水池高水位运行

清水池的运行水位与机组运行效率有密切的关系，清水位经常保持高水位运行可减少机组的能量消耗。

第14章 水厂电气设备

14.1 电工基础知识

电气设备在水厂承担了非常重要的角色，尤其是变配电设备，它们出问题将会影响一大片其他设备的正常运行，甚至使整个水厂停止供水。水厂电气设备运行是否可靠，决定水厂能否正常生产。要用好、管理维护好这些设备，必须要掌握一些电工基础知识。电工理论比较抽象，范围也比较广，纯理论内容较多。本节遵照便于生产实际应用的原则，仅对电工名词、电工定律、常用电工设备图形符号、计算公式、电工材料等进行简单、通俗的介绍。

14.1.1 电工名词解释

常用电工名词参见表 14-1。

电 工 名 词　　　　　　　　　　　　　　表 14-1

电流	电荷有规则的运动形成了电流
电流强度	是衡量电流强弱的物理量，其数值等于单位时间内通过导体截面的电量。电流强度常以字母 "I" 来表示，单位为 "A（安培）"
电压	电场中，二点之间的电位差称为电压，常以字母 "U" 表示，单位为 V（伏特）
导体	能很好传导电流的物体叫做导体，常见的导体是金属，如：铜、铝、银、铁、锌等；除此之外，大地、人体、石墨及酸、碱、盐溶液也都是导体
绝缘体	导电能力非常差、电流几乎不能通过的物体，称为绝缘体。绝缘体中的电子都被原子核紧紧地束缚住，几乎没有自由电子存在。常用的绝缘材料有：橡胶、塑料、云母、陶瓷、石蜡、胶木、纸、油类、绝缘漆、玻璃、干燥的木材和空气等
半导体	导电性能介于导体和绝缘体之间的物体，称为半导体。目前应用最广的是锗、硅、硒等
电阻率	又叫电阻系数，是衡量物质导电性能好坏的一个物理量，以字母 "ρ" 表示，单位是 $\Omega \cdot mm^2/m$（欧姆·平方毫米/米）。电阻率在数值上等于用那种物质做的长 1m（米），截面积为 $1mm^2$（平方毫米）的导线，在温度为 20℃ 时的电阻值。电阻率愈大，则物质的电阻愈大，导电性能愈低
电阻	导体一方面具有导电的能力；另一方面又有阻碍电流通过的作用，这种阻碍作用，叫做导体的电阻，以字母 "R" 表示，单位为 "Ω"。电阻值的大小与导体的长度成正比，与导体的截面积成反比
感抗	当交流电流通过具有电感的电路时，电感具有阻碍交流电流通过的作用。这种作用，称为感抗，其数值可由下式求得：$X_L = 2\pi f L$。式中：X_L—感抗（Ω）；f—电流的频率（Hz），L—电感（H）

电容	表示两个分隔开来的导体储存电荷能力的一个参数，叫做电容，以字母"C"表示，单位为"F（法拉）"。电容在数值上等于导体所具有的电量与两导体电位差之比值，即：$C=Q/U$。式中：C—电容（F），Q—电量，U—电压（V）。常用电容量单位为"微法"或"微微法"，它们之间关系为：1 微微法（pF）$=10^{-6}$微法（μF）$=10^{-12}$法（F）
容抗	当交流电流通过具有电容的电路时，电容具有阻碍交流电流通过的作用，称为容抗。其数值可由下式求得：$XC=\dfrac{1}{2fC}$。式中：XC—容抗（Ω），f—电流频率（Hz），C—电容（F）
阻抗	当交流电流通过具有电阻、电容、电感的电路时，它们所共同产生的阻止交流电流通过的作用，称为阻抗。其数值可由下式求得：$$Z=\sqrt{R^2+\left(2\pi fL-\dfrac{1}{2\pi fC}\right)^2}$$ 式中：Z—阻抗（Ω），R—电阻（Ω），L—电感（H），C—电容（F），f—频率（Hz）。
正弦电流	按正弦规律随时间变化的交流电流叫做正弦电流
频率	在一秒钟内，交流电所完成的交变次数，称为频率。用字母"f"表示，单位为"Hz（赫兹）"。我国电网电源频率为 50Hz，这一频率定为工业标准频率，简称工频
周期	交流电完成一次交变所需要的时间，称为周期。用字母"T"表示，单位为秒。周期和频率的关系为：$f=\dfrac{1}{T}$
振幅	交流电流或电压在一个周期内出现的最大值，叫做交流电流或交流电压的振幅。振幅又叫最大值，用字母 I_m（或 U_m）表示
有效值	在两个相同值的电阻中，分别通以直流电和交流电，如果经过同一时间，它们发出的热量相等，把此直流电的大小就定为此交流电的有效值。交流电流（或电压）的有效值用下列公式表示：$$I=\sqrt{\dfrac{1}{T}\int_0^T I_m^2\sin^2(\omega t+\phi_i)\mathrm{d}t}=\dfrac{I_m}{\sqrt{2}}$$ 在电气设备和电气元件上所标出的额定电压、额定电流，如无特别说明，则指的都是有效值
有功功率	又叫平均功率，交流电路功率在一个周期内的平均值，以 P 表示，单位为 W（瓦），或者 kW（千瓦）
无功功率	在具有电感或电容的电路中，电感或电容在半个周期的时间里把电源送来的能量储存起来，而在另半个周期里又把能量送还电源，这样周而复始，只是与电源交换能量，并不是真正消耗能量，为了电工计算上的需要，将这个与电源交换能量的速率的振幅值，称为无功功率，以字母 Q 表示，单位为 Var，或者 kVar。
视在功率	在具有电阻及电抗的电路中，其电压与电流有效值的乘积，称为视在功率，以字母 S 表示，单位为 VA（伏安），或者 kVA（千伏安）。视在功率与有功功率、无功功率三者之间有如下关系：$$S^2=Q^2+P^2$$
功率因数	有功功率与视在功率的比值，称为功率因数，以 $\cos\phi$ 表示，ϕ 称为功率因数角。功率因数计算公式：$\cos\phi=\dfrac{P}{S}$ 式中：P—有功功率；S—视在功率 由于有功功率是小于或等于视在功率的，所以功率因数的数值在 0 至 1 之间
击穿	绝缘物质在电场的作用下发生剧烈放电或导电的现象叫击穿

14.1.2 基本定律及计算公式

基本定律及计算公式　　　　　　　　　　　　表 14-2

名　　称	公　　式	说　　明
1. 欧姆定律	直流电路：$I=\dfrac{U}{R}$ 交流电路：$I=\dfrac{U}{Z}$	式中：I—电流（A）；U—电压（V）；R—电阻（Ω）；Z—阻抗（Ω）
2. 电磁感应	(1) 直线导体中的感应电动势： $$e=BLV$$	式中：e—感应电动势（V）； 　　　B—磁感应强度（Wb/m²）； 　　　L—导线在磁场内的长度（m）； 　　　V—导线运动速度（m/s）
	(2) 线圈中的感应电动势： $$e=-W\dfrac{\mathrm{d}\phi}{\mathrm{d}l}$$ 当线圈中的磁通按正弦变化时，感应电动势有效值可用下式计算：$E=4.44fW\phi$	式中：E—感应电动势有效值（V）； 　　　f—磁通交变频率（电源频率，Hz）； 　　　ϕ—磁通最大值（麦克斯韦），W—线圈匝数； 　　　$\dfrac{\mathrm{d}\phi}{\mathrm{d}t}$—磁通变化速率
3. 焦耳楞次定律	$$Q=0.24I^2Rt$$	式中：Q—热量（cal）； 　　　I—导体通过的电流（A）； 　　　R—导体的电阻（Ω）； 　　　t—通电时间（s）
4. 单相交流电路的电功率	$P=UI\cos\phi=I^2R$ $Q=UI\sin\phi=I^2X$ $S=UI=I^2Z$ $\cos\phi=R/Z$ $(\sin\phi=X/Z)$	式中：P—有功功率（W）； 　　　Q—无功功率（Var）； 　　　S—视在功率（VA）； 　　　R—电阻（Ω）； 　　　X—感抗（Ω）； 　　　Z—阻抗（Ω）； 　　　U—单相电压（V）； 　　　I—单相电流（A）； 　　　$\cos\phi$—功率因数
5. 三相交流电路的电功率	$P=\sqrt{3}UI\cos\phi$ $Q=\sqrt{3}UI\sin\phi$ $S=\sqrt{3}UI=\sqrt{P^2+Q^2}$	式中：P—三相有功功率（W）； 　　　Q—三相无功功率（Var）； 　　　S—三相视在功率（VA）； 　　　U—线电压（V）； 　　　I—线电流（A）； 　　　$\cos\phi$—功率因数。 　　　$\sin\phi=\sqrt{1-\cos^2\phi}$
6. 三相交流电路中电压与电流的关系	电路星形连接时： 　$U_L=\sqrt{3}U\phi$　　$IL=I\phi$ 电路三角形连接时： 　$U_L=U\phi$　　$IL=\sqrt{3}I\phi$	式中：U_L I_L—线电压、线电流的有效值（V、A）； 　　　$U\phi I\phi$—相电压、相电流的有效值（V、A）

14.1.3 常用电气设备图形符号

电气工程图是阐述电的工作原理、描述产品的构成和功能、提供安装和使用信息的重要工具和手段。电气工程图和其他专业工程图不同，它主要是用图形符号通过简图形式来表达的。因此，要看懂电气工程图，必须首先要熟悉一些电气图形符号。按照 GB 4728 标准，电气图形符号有 13 大类，表 14-3 为与水厂有关的、在实际工作中经常要用到的一些图形符号。

电气图形符号　　　　　　　　　　　　　　　表 14-3

图 形 符 号	名 称	图 形 符 号	名 称
━ ─ ─	直流	＋	正极
∿	交流	▬	负极
Y	星形连接	⚡	绝缘击穿的一般符号
△	三角形连接	⚡	导线对地绝缘击穿
⏚	一般接地符号	⊣⊢	原电池或蓄电池
▭	电阻器的一般符号	⊣⊢	电容器一般符号
⌇⌇⌇	电感线圈	⊸▬⊸	接通的连接片
Ⓜ 3~	三相鼠笼式异步电动机	▷	电缆终端头
	三相双绕组变压器绕组连接：星形/带中性点引出线的星形（Y,yn）		三相双绕组变压器绕组连接：三角形/带中性点引出线的星形（D,yn）
	一个铁芯上具有两个次级绕组的电流互感器		电压互感器绕组连接：星形/星形/开口三角形
	插头和插座		熔断器式刀开关（刀熔开关）

711

续表

图 形 符 号	名 称	图 形 符 号	名 称
多线 单线	手动三极开关		隔离开关
	断路器		负荷开关
	接触器主动合触头		避雷器
	接触器或继电器的动断（常闭）触头		熔断器
	接触器或继电器的线圈		接触器或继电器的动合（常开）触头
	热继电器动断（常闭）触头		热继电器驱动元件
	停止按钮		启动按钮
	半导体二极管一般符号		灯具的一般符号、信号灯
形式1 形式2	当操作器件吸合时延时闭合的动合（常开）触点	形式1 形式2	当操作器件释放时延时断开的动合（常开）触点
	电铃		电喇叭
	屏、台、箱、柜的一般符号		动力或动力-照明配电箱
	照明配电箱		事故照明配电箱
	指示式测量仪表的一般符号（为了区分仪表的类型，可在圆内填写相关符号，如 A，V，Hz，cosΦ，kW 等）		积算式测量仪表的一般符号（为了区分仪表的类型，可在方框内填写相关符号，如 kWh，kvarh 等）

14.1.4 常用电工材料

1. 绝缘电线与穿线管材

绝缘电线主要是指各种电气装备与电源之间连接的电线、电气装置内部的安装连线、控制信号系统用的电线、低压电力系统内的连接电线。常用的绝缘电线有两大类：一类是橡皮绝缘类，另一类是塑料绝缘类。下面介绍水厂常用的几种绝缘电线。

1) 固定敷设用聚氯乙烯绝缘电线

适用于交流电压（U_0/U）为 450/750V 及以下动力装置固定敷设用。电线的长期允许工作温度应不超过 70℃，对 BV-105 型应不超过 105℃。各种电线的型号与名称见表14-4。

固定敷设用聚氯乙烯绝缘电线型号及名称　　　　　　　　　　表 14-4

型　号	名　　　称	主　要　用　途
BV	铜芯聚氯乙烯绝缘电线	固定敷设
BLV	铝芯聚氯乙烯绝缘电线	固定敷设
BVR	铜芯聚氯乙烯绝缘软电线	固定敷设 要求柔软
BVV	铜芯聚氯乙烯绝缘聚氯乙烯护套圆形电线	固定敷设
BLVV	铝芯聚氯乙烯绝缘聚氯乙烯护套圆形电线	固定敷设
BVVB	铜芯聚氯乙烯绝缘聚氯乙烯护套平形电线	固定敷设
BLVVB	铝芯聚氯乙烯绝缘聚氯乙烯护套平形电线	固定敷设
BV-105	铜芯耐热 105℃聚氯乙烯绝缘电线	固定敷设

2) 软连接用聚氯乙烯绝缘软电线

该电线适用于家用电器、小型电动工具、仪器仪表及动力照明等的软性连接用。按电压使用等级可分为 450/750V、300/500V、300/300V 等 3 种。电线的长期允许工作温度：RV-105 型应不超过 105℃，其他型号应不超过 70℃。电线的型号与名称见表 14-5。

软连接用聚氯乙烯绝缘软电线型号与名称　　　　　　　　　　表 14-5

型　号	名　　　称	型　号	名　　　称
RV	铜芯聚氯乙烯绝缘连接软电线	RVV	铜芯聚氯乙烯绝缘聚氯乙烯护套圆形连接软电线（电缆）
RVB	铜芯聚氯乙烯绝缘平型连接软电线	RVVB	铜芯聚氯乙烯绝缘聚氯乙烯护套平形连接软电线（电缆）
RVS	铜芯聚氯乙烯绝缘铰型连接软电线	RV-105	铜芯耐热 105℃聚氯乙烯绝缘连接软电线（电缆）

3) 通用橡套电缆

适用于交流额定电压 450/750V 及以下家用电器、电动工具和各种移动式电器设备的连接用。电缆线芯的长期允许工作温度应不超过 65℃。型号与名称见表 14-6。

通用橡套电缆型号与名称　　　　　　表 14-6

型　号	名　称	主　要　用　途
YQ，YQW	轻型橡套电缆	用于轻型移动电器设备及工具
YZ，YZW	中型橡套电缆	用于各种移动电器设备和工具
YC，YCW	重型橡套电缆	用于各种移动电器设备和工具，能承受较大的机械外力作用

4）穿线管材料

为了保护导线免受外力损伤，敷设的导线需穿管保护。常用的管材有 4 种：阻燃半硬塑料管、硬塑料管、电线管、钢管。管材规格与使用范围见表 14-7。

电线保护管规格　　　　　　表 14-7

名　称	公称口径（mm）	使　用　范　围
阻燃半硬塑料管	9，12，16，20，25，31	使用在照明线路中
硬塑料管（PVC）	16，20，25，32，40，50，63	1）管材不能承受大的力的撞击 2）一般使用在室内不易碰撞到部位的明敷或腐蚀性较强的场合的明敷 3）敷设在电缆沟内、桥架内或埋设在墙内、混凝土层内
电线管	12，15，20，25，32，40，50	薄壁钢管，有一定的机械强度，专用于电线穿管，是比较理想的穿管材料 广泛使用在室内的动力、照明线路中 不适宜户外明敷、直埋或穿越马路等场合的使用
钢管	15，20，25，32，40，50，70，80	使用在有较大的压力或撞击力的场合

2. 电力电缆

电力电缆可以分成以下几类：油浸纸绝缘电力电缆、塑料绝缘电力电缆、橡皮绝缘电力电缆。这三类电缆中，其中塑料绝缘电力电缆使用得最为广泛，塑料电缆又可分为三类：聚氯乙烯绝缘电力电缆、聚乙烯绝缘电力电缆、交联聚乙烯绝缘电力电缆。下面介绍水厂经常使用的聚氯乙烯绝缘电力电缆和交联聚乙烯绝缘电力电缆。

1）聚氯乙烯绝缘电力电缆

该电缆长期使用温度不得超过 70℃，敷设时的环境温度不低于 0℃。聚氯乙烯绝缘电力电缆的型号与名称见表 14-8。

聚氯乙烯绝缘电力电缆型号与名称　　　　　　表 14-8

型　号		名　称
铜　芯	铝　芯	
VV	VLV	聚氯乙烯绝缘聚氯乙烯护套电力电缆
VY	VLY	聚氯乙烯绝缘聚乙烯护套电力电缆
VV$_{22}$	VLV$_{22}$	聚氯乙烯绝缘钢带铠装聚氯乙烯护套电力电缆

型 号		名　　　称
铜 芯	铝 芯	
VV_{23}	VLV_{23}	聚氯乙烯绝缘钢带铠装聚乙烯护套电力电缆
VV_{32}	VLV_{32}	聚氯乙烯绝缘细钢丝铠装聚氯乙烯护套电力电缆
VV_{33}	VLV_{33}	聚氯乙烯绝缘细钢丝铠装聚乙烯护套电力电缆
VV_{42}	VLV_{42}	聚氯乙烯绝缘粗钢丝铠装聚氯乙烯护套电力电缆
VV_{43}	VLV_{43}	聚氯乙烯绝缘粗钢丝铠装聚乙烯护套电力电缆

注：单芯电缆铠装应采用非磁性材料，或采用减少损耗的结构。

2）交联聚乙烯绝缘电力电缆

交联聚乙烯塑料是用化学方法或物理方法使聚乙烯分子由线性结构转变为立体网状结构，即将热塑性的聚乙烯转变为热固性的交联聚乙烯。交联聚乙烯的耐热性能比聚乙烯有很大的提高，它不像聚乙烯那样在 105～115℃温度下就熔化，但在长时间处于 300℃以上，它将分解和碳化；因此，其连续工作导体温度定为 90℃。5S 短路电流导体的最高温度不超过 250℃。

交联聚乙烯绝缘电力电缆广泛应用在 35kV 以下的电力系统中。其型号与名称见表 14-9。

交联聚乙烯电缆型号与名称　　　　　　　　　　　表 14-9

型 号		名　　称	主　要　用　途
铜 芯	铝 芯		
YJV	YJLV	交联聚乙烯绝缘聚氯乙烯护套电力电缆	敷设在室内、隧道、电缆沟内及管道中，也可埋在松散的土壤中，电缆不能承受机械外力作用，但可承受一定敷设牵引
YJY	YJLY	交联聚乙烯绝缘聚乙烯护套电力电缆	
YJV_{22}	$YJLV_{22}$	交联聚乙烯绝缘钢带铠装聚氯乙烯护套电力电缆	适用于室内、隧道、电缆沟及地下直埋敷设，电缆能承受机械外力作用，但不能承受大的拉力
YJV_{23}	$YJLV_{23}$	交联聚乙烯绝缘钢带铠装聚乙烯护套电力电缆	
YJV_{32}	$YJLV_{32}$	交联聚乙烯绝缘细钢丝铠装聚氯乙烯护套电力电缆	敷设在竖井、水下及具有落差条件下的土壤中，电缆能承受机械外力作用及较大的拉力
YJV_{33}	$YJLV_{33}$	交联聚乙烯绝缘细钢丝铠装聚乙烯护套电力电缆	
YJV_{42}	$YJLV_{42}$	交联聚乙烯绝缘粗钢丝铠装聚氯乙烯护套电力电缆	适用于水中、海底，电缆能承受较大的正压力和拉力的作用
YJV_{43}	$YJLV_{43}$	交联聚乙烯绝缘粗钢丝铠装聚乙烯护套电力电缆	

3. 绝缘材料

绝缘材料，又称电介质，其电阻系数大于 $10^9\Omega \cdot cm$，它在直流电压作用下，除有极小的泄漏电流通过外，实际上是不导电的。

绝缘材料在电机、电器、电线、电缆以及无线电等各种电气装置中的主要作用，是将带电导体或不同电位的导体隔离（绝缘）开来。绝缘材料的品种很多，具体参见表 14-10。

绝缘材料的分类   表 14-10

类 别		相当于该类别的绝缘材料
按形态分	气体绝缘材料	空气、氮、氢、二氧化碳和六氟化硫等
	液体绝缘材料	变压器油、开关油、电容器油、电缆油等矿物油，十二烷基苯，聚丁二烯，硅油和三氯联苯等合成油，以及蓖麻油等
	固体绝缘材料	绝缘漆、胶，熔敷粉末，纸、纸板等纤维制品，漆布、漆管和绑扎带等纤维制品，云母制品，电工薄膜、复合制品和胶带，电工层压制品，电工树脂及塑料，橡胶制品等
按化学性质分	无机绝缘材料	陶瓷、玻璃、云母、石棉、大理石等
	有机绝缘材料	棉纱、麻、纸、蚕丝、人造丝、橡胶、虫胶等
	混合绝缘材料	由无机和有机材料经加工制成的绝缘材料

电机、电器和变压器用绝缘材料，按其在正常条件下允许的最高工作温度，即耐热程度，可分为 7 级，具体参见表 14-11。

电机、电器和变压器用绝缘材料耐热等级   表 14-11

耐热等级代号	极限工作温度（℃）	绝 缘 材 料 举 例
Y	90	未浸渍过的棉纱、丝及纸等材料或其组合物
A	105	以漆胶浸渍或者浸在液体介质中的棉纱、丝及纸等材料，如油性漆包线、漆布、漆绸
E	120	合成有机薄膜、合成有机磁漆等材料或其组合物，如玻璃布、环氧树脂等
B	130	用树脂胶剂或浸渍剂黏合或浸渍涂覆后的云母、玻璃纤维、石棉等，如聚酯漆包线
F	155	用耐热性高的有机胶黏剂和浸渍剂黏合后或浸渍、涂覆后的云母、玻璃纤维、石棉等，如云母带、玻璃漆布
H	180	用有机硅树脂黏合或浸渍、涂覆后的云母、玻璃纤维、石棉等材料或其组合物，如有机硅材料、有机硅云母制品，复合云母
C	>180	纯无机材料，如云母、玻璃、石棉、石英、陶瓷和特殊有机材料（如聚四氟乙烯等）

4. 磁性材料

电机、电器、变压器、仪表及电磁铁等，是利用电磁感应原理制造的电气设备。它们都需要磁性材料构成磁通回路。为了获得很高的磁通密度和系统的性能，要求磁性材料具有高的导磁率和低的铁损耗，同时，还要有较好的机械加工性能。

磁性材料基本上可分为软磁性材料和硬磁性材料两大类。

1) 软磁性材料

软磁性材料的磁滞回线窄而陡，即这种磁性材料具有很小的矫顽磁力，同时在较强磁场中具有很大的导磁率。它主要用在电机、电器和变压器设备上作铁芯导磁体，如电工硅钢板。另外还可用在变压器、扼流圈及继电器铁芯上，如铁镍合金（坡莫合金）和铁、铝、硅合金等。

2) 硬磁材料

硬磁材料的磁滞回线肥而胖，这种磁性材料具有较大的矫顽磁力和剩磁感应强度，但导磁率不高。主要用作储藏和提供磁能的永久磁铁，例如磁电式仪表用的钨钢和铬钢，测量仪表和微电机里用的铝镍铁、铝镍钴等合金。

3) 电工硅钢板

硅钢是一种在铁中加入少于5%（重量）的硅的硅铁合金，硅钢的电阻率比纯铁高好几倍。硅钢磁滞损耗小、导磁率高。硅钢板是电机、电器、仪表、电信等工业部门广泛应用的重要磁性材料。硅钢的分类和用途参见表14-12。

电工硅钢板的分类和用途 表 14-12

分　类		合金等级	含硅量（%）	钢　号	公称厚度（mm）	用　途
热轧硅钢板	热轧电机钢板	低硅 D1	0.8~1.8	D11，D12	1.0，0.5	中小型发电机和电动机
		中硅 D2	1.81~2.8	D21，D22，D23，D24	0.5	要求损耗小的发电机和电动机
		较高硅 D3	2.81~3.8	D31，D32		大型汽轮发电机
		高硅 D4	3.81~4.8	D41，D42，D43，D44		
	热轧变压器钢板	较高硅	3.0~4.5	D31，D32	0.35	电力变压器
		高硅		D41，D42，D43	0.5（少用）	电抗器和电感线圈
冷轧钢板	冷轧无取向硅钢片（包括半冷轧钢板）	低硅	1.5	OD11，OD12	0.35，0.5	发电机及电动机
		中硅	2.5	OD13，OD14	0.5	
		高硅	3.0	OD15，OD16	0.5	
				OD21	0.1~0.35	
	冷轧晶粒取向硅钢片		2.8~3.5		0.35 0.5（少用）	巨型发电机 电力变压器

14.2　供电方式与供电可靠性

现代化水厂要保证持续不间断、安全、优质地供水，必须高度重视供电的可靠性。水厂供电可靠性很大程度上依赖于外部电网，但内部的电网结构、运行方式、有效管理也是不容忽视的。

14.2.1　常见供电方式

下面介绍几种水厂常见的供电方式，为便于说明，主接线图仅画出了主要部分。

1. 双路 10kV 进线，环网柜形式（一）

参见图 14-1。电源为双路 10kV 进线，1 用 1 备使用，高压计量。高压配电采用环网柜，2 台进线柜机械连锁，手动切换，2 台出线柜馈电给变压器。全厂用电设备都为低压（380/220V）。

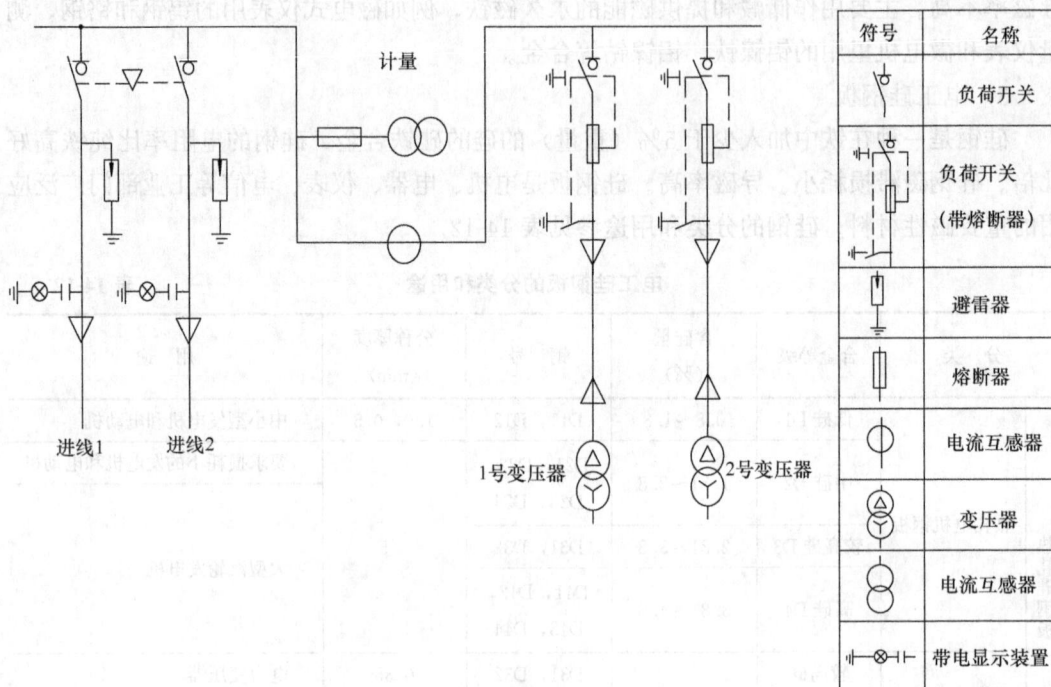

图 14-1　双路 10kV 进线，环网柜形式（一）

系统运行稳定、接线简单、造价低、易于管理（可以无人值班）。也存在不足的地方：由于使用负荷开关，没有继电保护装置，变压器仅用熔断器来保护。在熔断器以上部分发生故障时，势必跳上一级（电力局）的开关，造成处理故障的时间大大延长（即停水的时间）。同时，低压侧的电动机容量不能太大（相对于变压器而言），否则容易造成电机启动时熔断熔丝。因此本系统可以使用在小型区域加压泵房和几万 m³/d 以下的小型水厂。

2. 双路 10kV 进线，环网柜形式（二）

参见图 14-2，双路 10kV 进线，高压I段母线和II段母线之间不设母分开关，低压I段母线和II段母线之间设母分开关。正常运行时，二路电源同时使用，400V 侧母分开关断开。当一路电源中断供电时，通过低压侧母分开关使 400V 另外一段母线仍能带电运行。

可以看出：本系统接线方式其供电可靠性明显高于上述的形式（一）。双路电源形成双套系统同时运行，水厂内重要用电场所（如进水、出水泵房等）可以安排一半设备使用"进线 1"电源，另一半设备使用"进线 2"电源。当发生一路电源突然中断供

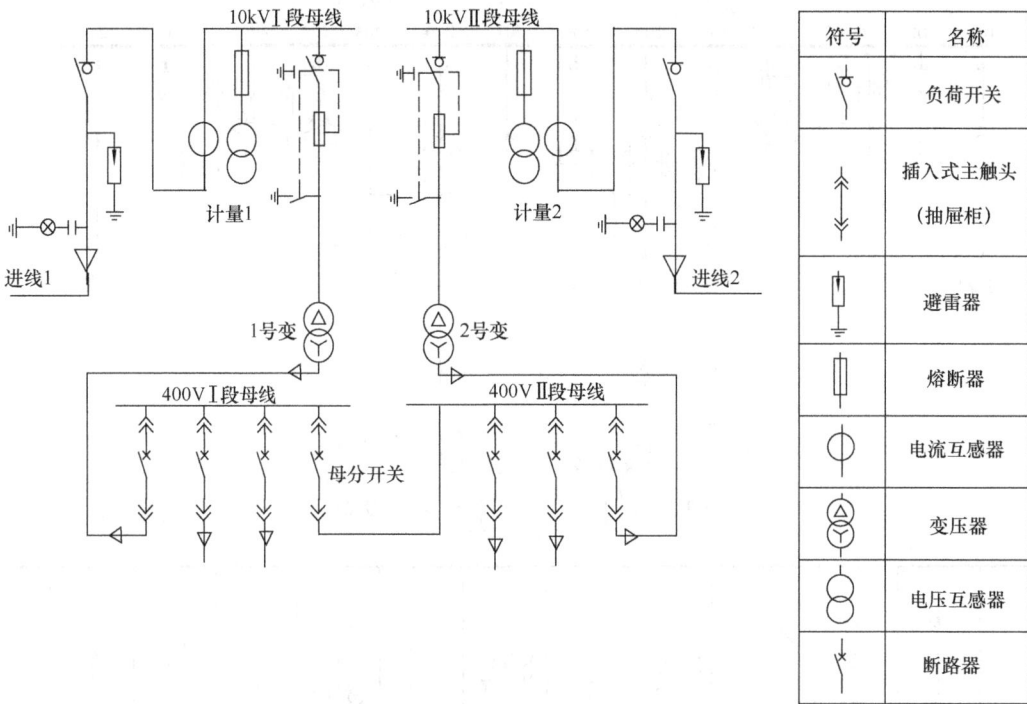

图 14-2 双路 10kV 进线，环网柜形式（二）

电时，设备的场所仍有一半设备维持运转。同时，通过低压侧倒闸操作，能很快恢复正常用电秩序。

本方案的致命缺点是：由于高压侧未设母分开关，当其中一路电源中断时（如进线2），该套系统的高压部分（包括 2 号变压器）全部退出使用。虽然通过低压母分开关联络，能恢复全厂用电设备的供电，但这时 1 号变压器将负担全厂负荷，也就是说二台变压器均必须按全厂负荷来选择容量。过大的变压器容量将造成投资增加、正常运行时变压器负荷率过低、每月基本电费支出增加等。在实际应用中，一般按常规计算变压器容量，然后再将容量放大 1～2 等级，这样当其中一路停电时，变压器大致将能负担 80％～90％全厂正常负荷。

本方案适用于小型水厂，或者使用在没有进、出水泵房（靠重力流进、出水）的中型水厂。

3. 双路 10kV 进线，中置柜形式（一）

参见图 14-3。10kV 双路进线，一用一备使用。10kV 母线分段，并设母分开关。正常运行时，母分开关是合上的，二台进线开关只允许合上其中的一台。在倒电源的过程中，必须执行"先断后通"的原则，三台开关（二进线，一母分）只能同时合上二台。为此必须有"三选二"的机械和电气联锁。机械联锁通常采用"三锁二匙"来实行，电气联锁通过断路器辅助触点来达到联锁目的。

本系统供电可靠、运行方式简明、管理和维修方便，对高配值班人员要求较低，是大多数中小型水厂所采用的高压系统接线形式。不足之处是：在同一时间内，水厂只使用一

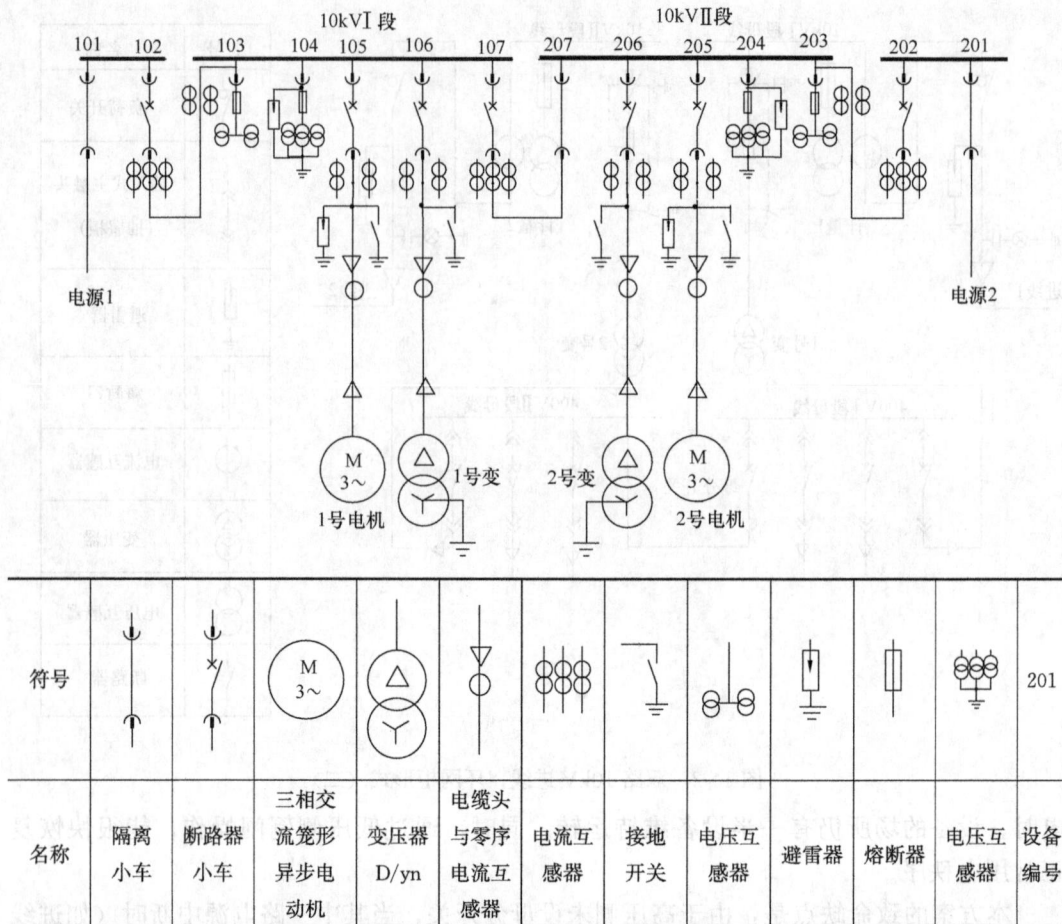

图 14-3 双路 10kV 进线，中置柜形式

个电源，另一个电源在冷备用状态。当正在使用中的那个电源中断供电后，需要手动倒闸操作，把用电设备转换到另一个电源上去。高配的操作，加上出水泵房的操作，一般需要 30～60min 甚至更长的时间才能恢复正常供水。

4. 双路 10kV 进线，中置柜形式 （二）

本方案主接线和图 14-3 相同，区别在于运行方式不同。中置柜（一）方案的运行方式是："一用一备，先断后通操作"，而本方案的运行方式是"二路同时用，先通后断操作"。从字面上看差别不大，但实际上有非常大的不同。后者比前者的供电可靠性提高了一大步。前者是电力局的一般用户，后者是重点用户；前者不需建立调度关系，后者要和电力局建立 24h 调度关系。

本方案正常时二路电源同时用，母分断开。因此水厂的各重要部位，都可得到双路电源的支持；在其中一路电源中断以后，都不会有太大的影响，都能迅速恢复正常状态。本方案"先通后断"操作的含意就是说：在倒闸操作时，允许 2 路电源短时并环操作。所以本方式 3 个开关（二进一母分）不设联锁，允许 3 个开关短时同时合上。先通后断的好处在于：在调换电源、检修倒换母线时，实行不停电操作，避免水厂内各负荷的短时停电、避免机房的频繁开停泵。

10～30 万 m³/d 的常规水厂或 100 万 m³/d 以下利用重力流进、出水的水厂，都比较适宜使用本方案。

本方案对运行管理人员、值班人员、设备硬件等相应有较高的要求。

5. 双路 35kV 进线

图 14-4 为水厂常用的内桥接线形式。双路 35kV 进线，通过二台主变把电压变换为 6kV 供给水厂的主要用电设备（例如进、出水泵房的水泵电动机）；同时，需要进行第二级变压（6/0.4kV）以供电给低压 380/220V 用电设备。

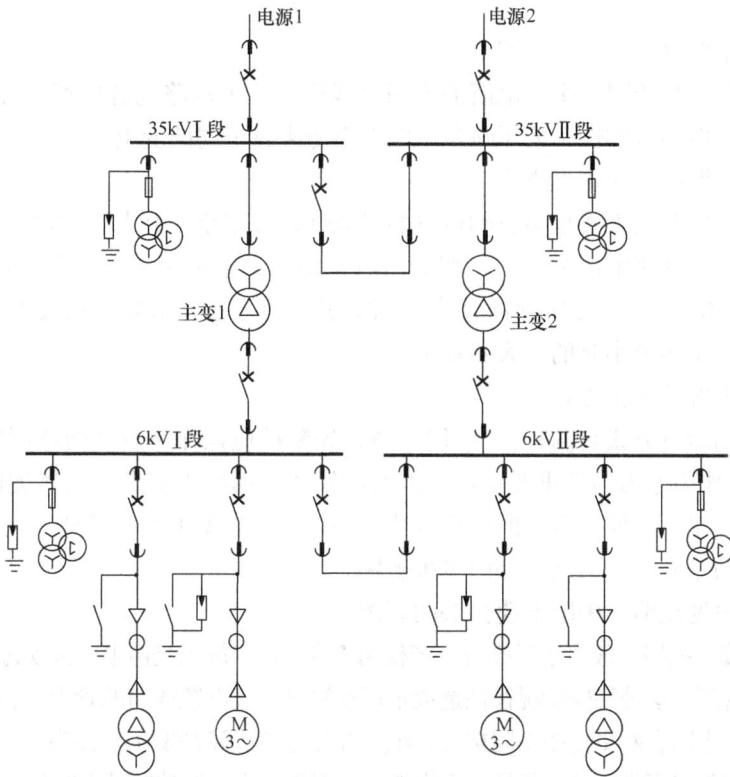

图 14-4 35kV 内桥接线

本方案适用于大型水厂的供电，正常运行时，35kV 及 6kV 母分开关均断开，两回路电源同时供电，两台变压器同时运行，以提高供电可靠性、简化保护装置、限制短路电流。

近些年来，由于城市规模的扩大、供电负荷的剧增，许多城市主干电网的供电电压升至 110kV。110kV 线路（电缆）深入负荷中心，直接将电压降至 10kV，从而省略了 35kV 这一级的降压。本方案也可用于 110kV 电源进线，适用于附近没有 35kV 供电电源而只有 110kV 电源的大型水厂。

14.2.2 提高供电可靠性

1. 外部方面

（1）采用专线供电

水厂的电源一般来自三个方面：10kV 架空线（公用线）、开闭站的环网柜、区域变电所（35kV、110kV、220kV）。架空线故障率相对较高，又是公用线，支接用户多，相互影响，停电机会相对较多。尽量避免使用公用线电源。

过去城市 10kV 配电网都是架空线，各种负荷在架空线上支接。经过几年来的城网改造，线路由空入地，改为电缆。电网的结构是用环网柜以手拉手的形式环形连接。这种形式的配电系统，供电可靠性要比前者提高许多，但仍易受到其他环连中用户的影响。大、中城市的主要水厂也要尽量避免使用开闭站环网柜的供电形式。从区域变电所对水厂专线供电，可大大提高供电可靠性。区域变电所电压等级越高供电可靠性也越高。（220kV＞110kV＞35kV）。

（2）双路电源分别来自不同变电所。

双路电源若来自于同一个变电所的不同母线段，这个双路电源的可靠性要大打折扣。因此为了提高供电的可靠性，要尽量争取两个电源来自不同的变电所。

（3）进线电源线路的敷设方式

进线电源线路敷设方式也会影响供电的可靠性，采用全线路电缆敷设其供电可靠性要比架空线路高。当两路电源来自同一变电所时，要尽量避免两路电缆同沟敷设。某市 60 万 m^3/d 水厂进线电源为双路同沟敷设的电缆，曾发生过一个故障点引发双路电源同时中断，水厂停水达十多个小时的重大停水事件。

（4）双路电源的运行方式

双路电源的运行方式有两种："一用一备，先断后通操作"及"两路同时用，先通后断操作"。后者作为电力局的重要用户，供电可靠性远远高于前者，具体理由上面已有叙述，不再重复。水厂要使用后者的运行方式，必须要在设备硬件、管理、人员素质等方面具备一定条件的基础上，向电力部门申报解决。

（5）进线电缆线路的中间电缆接头的管理

专线（电缆）线路一般由水厂投资，产权属于水厂；但施工是由电力局实施，投入运行后也由电力部门管理。这种特殊情况往往造成水厂忽视对进线电缆线路的管理。进线电缆线路一般长达数公里，中间有好多电缆中间接头，绝大部分电缆故障都发生在接头，加强对电缆中间接头的管理能有效提高供电的可靠性；在电缆故障时能大大缩短故障处理时间。

（6）强化沟通渠道

水厂在故障停电后，如何才能尽快恢复供电？这涉及各方面原因，但其中一条却很是至关重要：和电力局调度、监察、用电管理等部门的联系渠道畅通与否。水厂必须强化这个沟通渠道，这涉及有关设备硬件和人员素质。

（7）高压进线柜继电保护定值合理确定

水厂高压变配电系统中，进线开关柜继保定值由电力局用电管理部门确定，进线柜以后的设备由水厂自行决定（水厂不方便自己计算的，也可委托用电管理部门）。

进线柜的定值往往过小、过低，造成水厂内部保护无法按上、下级有选择性整定，同时进线柜过小的定值造成误动跳闸机会增多（例如高压电动机的直接启动）。所有这些都直接影响供电的可靠性。因此，水厂应积极和电力局沟通，适当提升进线柜的定值，使定值保持在一个合理的数值：既要保证和上一级的配合，又要使厂内保护能够相互有效配合。

2. 内部方面

(1) 硬件设备

有些水厂变配电设备过于陈旧，隐患较多，应尽快整体更新改造。不然很难保证供电可靠性。如某水厂使用 GG1A 高压柜已达 25 年之久，故障频频，苦不堪言。改造后供电可靠性得到了很大的提升。

(2) 人员的配置和素质的提高

提高供电可靠性离不开人。水厂应配备一定素质的电气技术、高压值班、维修试验人员。好多水厂不配置电气技术人员、维修试验人员，有事情委托电力局。这种办法只能作为过渡期间的临时措施，一个现代化的水厂应具备上述三类人员，并不断促使三类人员素质上的提高。

(3) 执行高压设备预防性试验制度

为了保证高压设备安全运行，必须按规定执行预防性试验制度。预防性试验制度是发现隐患、堵塞漏洞、降低事故几率的重要手段。

14.3　变压器的运行与维护

14.3.1　变压器的基本知识

变压器是用来改变交流电压大小的电气设备。它根据电磁感应的原理，把某一等级的交流电压变换成另一等级的交流电压，以满足不同负荷的需要。变压器在水厂变配电系统中占有很重要的地位，在日常运行和维护中，属重点关注的设备。

1. 单相变压器的工作原理

变压器是根据电磁感应原理工作的，图 14-5 是单相变压器的工作原理。图中，在闭合的铁芯上，绕有两个互相绝缘的绕组。其中，接入电源的一侧称一次绕组（N1）；输出电能的一侧称二次绕组（N2）。当交流电源电压 $\dot{U}_1$ 加到一次侧绕组后，就有交流电流 $\dot{I}$ 通过该绕组，在铁

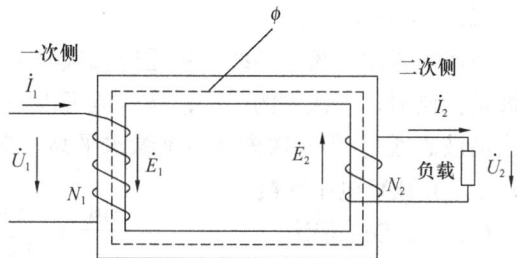

图 14-5　单相变压器工作原理

芯中产生交变磁通 ϕ。这个交变磁通不仅穿过一次侧绕组，同时也穿过二次侧绕组，两个绕组中分别产生感应电动势 $\dot{E}_1$ 和 $\dot{E}_2$。这时，如果二次侧绕组与外电路的负载接通，便有电流 $\dot{I}_2$ 流入负载，即二次侧绕组有电能输出。

改变一次绕组与二次绕组线圈的匝数，能改变输出侧的电压和电流。变压器的电压、电流、绕组匝数存在如下关系：

$$\frac{U_1}{U_2} = \frac{I_2}{I_1} = \frac{N_1}{N_2} = K$$

由上式可知：变压器的一、二次电压之比，与一、二次绕组的匝数成正比；变压器的

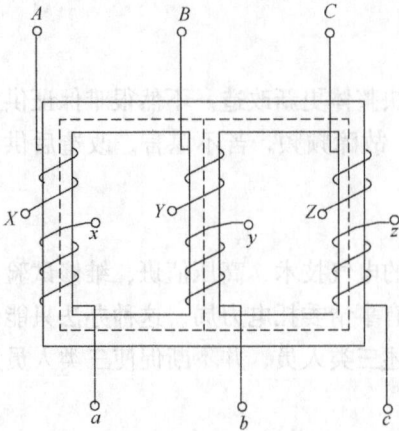

图 14-6 三相变压器

一、二次电流之比，与一、二次绕组的匝数成反比。因此，高压侧绕组匝数多、电流小；低压侧绕组匝数少、电流大。

2. 三相变压器

要把三相电压转换成另一数值的三相电压，有两种方法来达到：一种方法是使用三台单相变压器，把它们的一、二次绕组连接成星形或三角形来变换三相电压。这种三个单相变压器的组合称为三相变压器组。还有一种方法是用一台具有三个铁芯柱的三相变压器，如图 14-6 所示。

三个铁芯柱上分别套装三相一、二次绕组，一次绕组始端标以大写字母 A、B、C，末端标以大写字母 X、Y、Z；二次绕组始端标以小写字母 a、b、c，末端标以小写字母 x、y、z。一次及二次绕组可按需要连接成不同形式的接线类型。

3. 变压器的连接

三相变压器的一、二次绕组都可以连接成星形或三角形，水厂常用变压器接法有 Y，yn0（Y/Y0-12）、D，yn11（△/Y0-11）、Y，D11（Y/△-11）等几种形式。

（1）Y，yn0 接法

常用于水厂 10/0.4kV 电压变换，绕组导线填充系数大，机械强度高，绝缘材料用量少，但有三次谐波磁通，将在金属结构件中引起涡流损耗，从而降低变压器的效率。

（2）D，yn11 接法

一次侧采用三角形结线，可适应二次侧不平衡负载，避免二次侧中性点漂移造成的电压波动。同时，一次侧的三次谐波电流可以循环流动，消除了三次谐波电压（铁芯中没有三次谐波磁通）。但一次侧绕组绝缘水平高，造价相应增高。常用于大、中型或较重要的水厂 10/0.4kV 电压变换。

（3）Y，D11 接法

常用于水厂 35/10(6)kV 电压变换。一次侧接成 Y 形，使每相线圈承受的电压较小，故在制造上用的绝缘材料较少；同时，由于导线较粗，线圈机械强度好，较能耐受短路时的机械力。二次侧接成三角形，能消除三次谐波磁通。

4. 变压器的构造

三相变压器的构造参见图 14-7。图为油浸变压器外部结

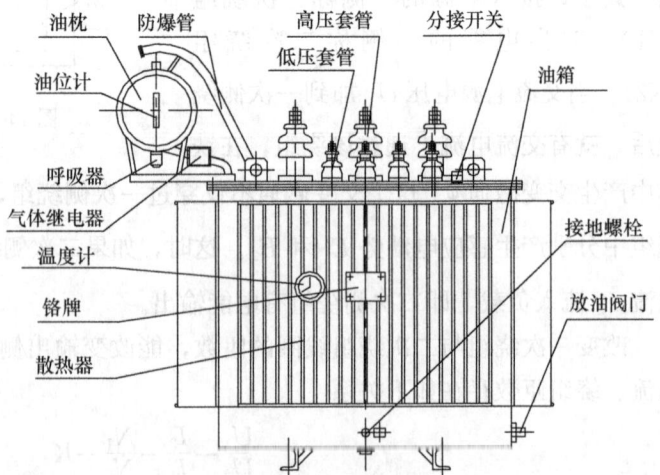

图 14-7 变压器结构图

构，变压器的铁芯和线圈均在油箱内，正常时油箱内充满油。铁芯、线圈、箱盖及其上面的其他部件组成了变压器的器身。检修时，放油及拆卸箱盖螺栓后，就能吊出器身。变压器主要由下面几部分组成（参见表14-13）。

变压器的构造   表 14-13

序号	名 称	构 造 或 作 用
1	铁芯	铁芯是用许多涂有绝缘漆的导磁性能好的薄硅钢片叠成。三相变压器的铁芯都做成三柱式，直立部分叫铁芯柱，在柱上套着变压器的高、低压绕组。水平部分称铁轭，铁芯成闭合磁路
2	绕组	绕组是变压器的电路部分，分为高压绕组和低压绕组。是用覆有高强度绝缘物的铜线或铝线绕成。通常把低压绕组套在高压绕组里面，高低压绕组之间都有绝缘材料分开
3	油箱	是变压器的外壳，内装铁芯、绕组和变压器油。在油箱外面装有散热片或散热管。变压器油起绝缘和散热作用
4	油枕	油枕装在油箱的顶盖上，油枕的体积为油箱的10%左右，在油箱和油枕之间用管子相连。当变压器油的体积随着油的温度膨胀或缩小时，油枕起着储油和补油的作用，以保证铁芯和绕组一直浸在油内。此外，油枕能减少油和空气的接触面，减少油的过速氧化和受潮，油枕的侧面还装有油位计，可以监视油位的变化
5	呼吸器	由一铁管和玻璃容器组成，内装干燥剂（如硅胶）。当油枕内的空气随变压器油的体积膨胀或缩小时，排出或吸入的空气都经过呼吸器，呼吸器内的干燥剂吸收空气中的水分，对空气起过滤作用，从而保持油的清洁
6	防爆管	装于变压器的顶盖上，喇叭形的管子与油枕或大气连通，管口用薄膜封住。当变压器内部有故障时，温度升高，油剧烈分解产生大量气体，使油箱内压力剧增，当内部压力超过一定数值后，防爆玻璃薄膜破碎，油及气体由管口喷出，防止变压器的油箱爆炸或变形。有些变压器用压力释放器来替代防爆管
7	散热器	当变压器上层油温与下部油温产生温差时，通过散热管形成油的对流，经散热管冷却后流回油箱的底部，起到降低变压器温度的作用。为提高变压器的冷却效果，大型变压器可采用风冷却、强迫油循环风冷和强迫油循环水冷等冷却方法
8	套管	变压器绕组引出线必须采用套管，套管中有导电杆，其下端用螺栓和绕组线端相连，上端用螺栓接外电路。套管的作用是使绕组引出线与油箱之间保持适当的绝缘。高压侧的瓷套管比较高大，低压侧的瓷套管比较短小
9	分接开关	用以改变高压绕组的匝数，从而调整电压比的装置。由于各种原因电源电压会有变化，为使受电端的电压尽量接近额定电压，变压器高压绕组有适当抽头。通过分接开关，使电压在±5%范围内调节。分接开关的操作部分装于变压器的顶部，经传动杆伸入变压器油箱内
10	瓦斯继电器	又称气体继电器，是变压器的主保护，装在变压器的油箱和油枕的连接管上。当变压器内部故障时，瓦斯继电器动作，发出信号或接通开关掉闸回路

5. 变压器铭牌参数

变压器主要铭牌参数见表14-14。

变压器主要铭牌参数   表 14-14

序号	名 称	说 明
1	额定电压（kV）	额定电压指的是线电压，包括一次侧和二次侧的额定电压。其一次侧的额定电压等于电力网的额定电压，二次侧的额定电压为变压器空载情况下，当一次侧绕组加上额定电压时，二次绕组的空载电压值

序号	名　称	说　明
2	额定容量（kVA）	变压器在铭牌所规定的额定状态下，变压器二次的输出能力
3	额定电流（A）	变压器在额定容量和允许温升下，变压器一、二次绕组长期允许通过的电流
4	绕组连接	说明变压器每一侧绕组是如何连接的
5	阻抗电压（%）	将变压器二次侧短路，一次侧施加电压并慢慢升压，直到二次侧产生的短路电流等于二次额定电流时，这时一次侧所加电压与额定电压的百分比，称为阻抗电压，也称为短路阻抗。这种试验称为短路试验，短路试验时一次绕组从电网汲取的有功功率称为短路损耗
6	空载电流与空载损耗	变压器二次绕组开路，一次绕组施加额定电压时，一次绕组中所流过的电流称为空载电流。该时一次绕组从电网汲取的有功功率称为空载损耗
7	冷却方式	油浸变压器的冷却方式有：油浸自冷、油浸风冷、强油风冷、强油水冷等几种

14.3.2　变压器的运行

1. 变压器的运行方式

（1）额定运行方式

1）变压器的运行电压一般不应高于该运行分接额定电压的 105%。

2）无励磁调压变压器在额定电压 ±5% 范围内改换分接位置运行时，其额定容量不变。有载调压变压器各分接位置的容量，按制造厂的规定。

3）油浸变压器顶层油温一般不超过表 14-15 的规定。自然循环冷却变压器的顶层油温一般不宜经常超过 85℃。

油浸式变压器顶层油温一般规定值　　　　　　　　表 14-15

冷 却 方 式	冷却介质最高温度℃	最高顶层油温度℃
自然循环自冷、风冷	40	95
强迫油循环风冷	40	85
强迫油循环水冷	30	70

4）干式变压器的温度限值如表 14-16 所示（制造厂有规定时按制造厂规定）。

干式变压器绕组温升限值　　　　　　　　表 14-16

绝缘系统温度等级℃	额定电流下的绕组平均温升限值 K	绝缘系统温度等级℃	额定电流下的绕组平均温升限值 K
105(A)	60	155(F)	100
120(E)	75	180(H)	125
130(B)	80		

5）变压器三相负载不平衡时，应监视最大一相的电流。接线为 Yyn0（Ynyn0）和 Yzn11（Ynzn11）的配电变压器，中性线电流的允许值分别为额定电流的 25% 和 40%，

或按制造厂的规定。

（2）过负荷运行方式

1）过负荷运行方式的分类

变压器允许正常和事故过负荷，过负荷运行方式分为三类：

a. 正常周期性负载：这种负载方式中，若变压器昼夜负荷率小于 1，则高峰负荷期间允许过负荷。昼夜负荷率越低，允许过负荷倍数越高（或者持续时间越长）。变压器短时过负荷所带来的影响可以由其他时间段负载较低所补偿。从热老化的观点出发，它与设计采用的环境温度下施加额定负载是等效的，因此这种方式可以经常使用。

b. 长期急救周期性负载：变压器在长时间持续过负荷情况下运行。这种运行方式可能持续几天或几个星期，将导致变压器的老化加速，但不直接危及绝缘的安全。这种方式将在不同程度上缩短变压器的寿命，应尽量避免使用。

c. 短期急救负载：这种负载方式中，变压器短时间大幅度超额定电流运行。这种负载方式可能导致绕组热点温度达到危险的程度，使绝缘强度暂时下降。本方式仅在事故情况下应急短时使用。

2）过负荷运行方式时电流和温度的控制

变压器有严重缺陷或绝缘有弱点时，不宜过负荷运行。变压器在过负荷运行时，应进行实时监视并有详细的负载电流及温度记录，并投入包括备用在内的全部冷却装置。

a. 正常周期性负载及长期急救周期性负载运行

油浸式变压器在"正常周期性负载"及"长期急救周期性负载"状态下运行的负荷电流和温度的限值见表 14-17。

干式变压器在"正常周期性负载"状态下负载系数不应超过 1.5 倍，在上述二种状态下绕组热点温度不应超过表 14-18 所示的最高允许值。

油浸式变压器过负荷运行时负载系数和温度限值　　　　表 14-17

正常周期性负载	负载系数 K	1.5
	热点温度与绝缘材料接触的金属部件的温度（℃）	140
	顶层油温限值（℃）	105
长期急救周期性负载	负载系数 K	1.5
	热点温度与绝缘材料接触的金属部件的温度（℃）	140
	顶层油温限值（℃）	115

干式变压器热点温度限值　　　　表 14-18

绝缘系统的温度等级℃	绕组热点温度℃	
	额定值	最高允许值
105（A）	95	140
120（E）	110	155
130（B）	120	165
155（F）	145	190
180（H）	175	220

b. 短期急救负载运行

油浸式变压器短期急救负载下运行时，变压器温度达到 85℃时，应投入所有冷却装置（包括备用），并尽量压缩负载、减少时间，一般不超过 0.5 小时。油浸变压器 0.5h 短期急救负载的负载系数（K2）参见表 14-19。

干式变压器的急救负载的运行要求按制造厂规定。

油浸式变压器 0.5h 短期急救负载的负载系数 K2   表 14-19

急救负载前的负载系数 K_1	环境温度℃							
	40	30	20	10	0	—10	—20	—25
0.7	1.95	2.00	2.00	2.00	2.00	2.00	2.00	2.00
0.8	1.9	2.00	2.00	2.00	2.00	2.00	2.00	2.00
0.9	1.84	1.95	2.00	2.00	2.00	2.00	2.00	2.00
1.0	1.75	1.86	2.00	2.00	2.00	2.00	2.00	2.00
1.1	1.65	1.80	1.90	2.00	2.00	2.00	2.00	2.00
1.2	1.55	1.68	1.84	1.95	2.00	2.00	2.00	2.00

2. 变压器的并列运行

将两台或多台变压器的一次侧以及二次侧同极性的端子之间，通过同一母线分别互相连接，这种运行方式叫变压器的并列运行。变压器并列运行能提高供电可靠性，通过合理分配变压器的负荷达到运行的经济性。

变压器并列运行固然具有很多优点，但并非所有变压器都能并列运行。变压器并列运行应同时满足下列条件：

（1）变压器的接线组别相同；

（2）变压器的变比相同（允许有±5％的差值）；

（3）变压器的短路阻抗相等（允许有±10％的差值）；

（4）并联变压器的容量比一般不宜超过 3∶1。

3. 变压器运行中的检查

变压器在运行中，值班人员应定期或定时进行巡视检查，检查内容见表 14-20。

变压器的巡视检查   表 14-20

序号	名 称	检查内容及标准
1	负荷检查	在一般情况下，读取的变压器实际负荷电流不应超过铭牌额定电流。当电网电压超过变压器的分接额定电压值 5％以上时，上述对照标准（即额定电流）应作适当修正（降低）
2	顶层油温检查	运行中变压器的顶层油温一般应低于 85℃
3	音响	应为平稳、均匀、轻微的嗡嗡声。如发现响声特别大或不均匀，有放电声，有其他声音等，则属于声音异常
4	防爆膜（或压力释放器）、瓦斯继电器	防爆管顶端的防爆膜应完整无裂纹、无存油。（或压力释放器完好），瓦斯继电器上部无气体积聚

续表

序号	名　称	检查内容及标准
5	油位	变压器油位计显示正常油位（约为油位计的$\frac{1}{4} \sim \frac{3}{4}$之间），变压器各密封处无渗漏油现象
6	绝缘套管与引出线接头	绝缘套管应清洁、无破损裂纹及放电痕迹。引出线接头接触良好，无发热变色现象
7	呼吸器	呼吸器应畅通，硅胶吸潮未达到饱和（硅胶未变色）
8	干式变	环氧树脂表面应无爬电痕迹及破损、龟裂，温控与风扇运转正常
9	接地	中性点和外壳接地良好
10	辅助设施	房屋不漏水，门、窗完好，防小动物设施完好，通风正常

4. 变压器常见故障分析

（1）变压器声音异常

变压器发生声音异常，有下列几种原因引起（表14-21）。

变压器声音异常的原因　　　　　　　　　　　　　　　　　　　表14-21

序号	故　障　原　因
1	过负荷：使变压器声音增大并发出比正常时沉重的"嗡嗡"声，应适当减低负荷
2	内部接触不良、绕组或铁芯绝缘击穿而放电打火，变压器发出放电时的"丝丝"、"劈啪"甚至爆裂声，应立即把变压器退出运行，吊芯检查
3	个别零件松动：如铁芯的穿芯螺丝挟得不紧，变压器声音增大并有明显"杂音"，应尽快把变压器退出运行，吊芯检查
4	系统短路或接地，通过很大的短路电流，使变压器发出很大的噪声
5	大容量电动机启动，短时的冲击负载，都会造成变压器声音瞬时突变。大功率变频调速装置的投运，由于存在较大的谐波电流，变压器的声音也会变大
6	系统发生铁磁谐振时，变压器发出粗细不均的噪声
7	电源电压过高，出现铁芯饱和情况，变压器声音中杂有尖锐声，音调变高

（2）变压器油温过高

油温过高可能是过负荷、内部故障、散热不良等原因引起。如果负荷、散热、环境温度都和以前一样，但油温却比过去高10℃以上并持续上升，变压器应立即退出运行，查明原因后进行检修。引起上述现象的可能原因见表14-22。

变压器油温过高的内部原因　　　　　　　　　　　　　　　　　表14-22

序号	故　障　原　因
1	铁芯穿芯夹紧螺栓绝缘损坏或铁芯多点接地造成环流，铁芯局部过热，油温升高；同时，铁芯过热引起硅钢片间绝缘逐渐破坏，铁损逐渐增大，油温不断上升
2	绕组局部层间或匝间短路，产生局部高热
3	绕组连接点、引出点接触不良，甚至拉弧放电

（3）油色显著变化

油质的检查可以通过观察油的颜色来进行，新油为浅黄色，运行一段时间后的油为浅红色，发生老化、氧化较严重的油为暗红色，经短路、绝缘击穿和电弧高温作用的油中含有碳质，油色发黑。

油色异常或显著变化，应取样进行试验。若油中出现碳质，或油质发黑，提示变压器有内故障，应立即将变压器退出运行，吊芯检查及做油的简化试验。

此外，对正常运行中的配电变压器至少两年取油样进行一次简化试验。

（4）油枕或防爆管喷油

油枕和防爆管喷油，说明变压器内部有短路故障，产生大量气体使变压器内部压力不断增加，最终造成防爆膜破裂、油枕或防爆管喷油。出现这种情况，变压器应立即停止运行，吊芯检修。

（5）瓦斯继电器动作

变压器的内故障往往伴随着油中产生气体，瓦斯继电器是以气体作为监测对象。瓦斯继电器由轻瓦斯和重瓦斯两部分组成。轻瓦斯监视变压器轻微故障，当瓦斯继电器中气体的体积积聚达到300cm³时，轻瓦斯动作，发出信号。当发生严重内故障时，通过瓦斯继电器挡板的油流流速达到0.8m/s时，重瓦斯动作，作用于跳闸。

轻瓦斯动作，也可能是其他原因引起。如：因加油、滤油时空气进入变压器内，温度下降或漏油使油面下降，保护装置二次回路故障等。

当轻瓦斯动作时，值班人员首先要在排除上述原因的基础上，立即对变压器进行检查，并对气体进行分析。若气体无色无臭不可燃，表明变压器内有空气，在放出瓦斯继电器内积聚的空气后，变压器可继续运行。但要注意，当轻瓦斯多次动作，且间隔的时间逐次缩短，则应停用检查。若气体可燃，说明变压器内部有故障，也必须停电检查。

当重瓦斯动作跳闸后，应先将备用变压器投入使用，然后对变压器进行外部检查：油色、油温、油位、油枕、安全阀或防爆膜、瓦斯继电器、各连接处是否漏油等。最后检查气体是否可燃，取油样和气样作色谱分析，以判断变压器故障性质。

（6）绝缘套管故障

绝缘套管常见故障及引起原因见表14-23。套管出现严重破损或闪络放电，应立即停运检修。

绝缘套管常见故障及引起原因　　　　　　　　　　表14-23

常见故障现象	故 障 原 因
绝缘套管脏污严重、裂纹、破损、闪络放电，套管密封圈老化损坏、渗油、漏油	套管表面积尘埃较多，遇到阴雨天气或是雾天，尘埃便会沾上水，形成泄漏电流的通路，时间一长，表面闪络放电，套管出现裂纹；检修时套管受外力碰撞而受损
套管引出线接头发热变色	套管导电杆内、外引出线接头接触不良，在负荷较大情况下，引起接头局部发热

（7）分接开关故障

分接开关故障大都是因开关接触不良引起，分接开关故障的后果是严重的：轻则造成分接开关烧毁，重则造成变压器绕组烧毁的重大事故。因此，对运行中的分接开关必须给予更多的关注。分接开关故障原因参见表 14-24。

分接开关故障原因　　　　　　　　　　　　　　　表 14-24

序号	故 障 原 因
1	分接开关触头弹簧压力不足，触头滚轮压力不匀，使有效接触面积减少，镀银层的机械强度不够而严重磨损
2	分接开关时，由于切换未到位，引起开关烧毁
3	分接开关接触不良，经受不起短路电流冲击而发生故障
4	相间绝缘距离不够，或绝缘材料性能降低，在过电压作用下短路

有的水厂由于电网的原因，需要按季节切换变压器分接开关。应十分重视这项工作，许多事故后的教训值得吸取：马虎分接开关往往会留下事故隐患。正确切换方法参见表 14-25。

分接开关的正确切换　　　　　　　　　　　　　　表 14-25

序号	操 作 步 骤
1	变压器停电，履行安全措施，拆下高压侧的电缆引线
2	分接开关切换前的测量：用双臂电桥测量变压器高压侧引线间 AB、BC、CA 的直流电阻，分接开关在每一档的位置都要测量
3	切换分接开关：在切换前应将分接开关手柄转动 10 次以上，以消除接触部分的氧化膜及油垢，然后再固定手柄在新的位置上
4	切换后直流电阻的测量（测量已固定在新档位上的变压器 AB、BC、CA 直流电阻值），所有测量的直流电阻，其三相差值不应超过 2%

（8）油位异常

油标内油位的变化与油温有关，油温的变化使油的体积随之变化，从而使油位上升或下降。常见油位异常有以下两种情况：

1）油位在油位计最低刻度以下

此时，可能使绕组露出油面，引发匝间短路、绕组局部过热等故障。引起油位过度降低的原因有：变压器各密封多处漏油；原来油位较低，加上天气突然大幅降温。

出现上述现象，应马上停电，检查变压器箱体、油枕、散热管、密封圈等有否渗漏，并对变压器补油。

2）出现假油面

正常情况下，随着油温的变化，油位会跟着上升或下降。若油标内的油位始总不变化，则说明是假油面。运行中出现假油面的原因有：可能油标管堵塞、呼吸器堵塞、防爆管通气孔堵塞等。

5. 变压器的经济运行

（1）变压器的铁损（ΔP_C）

当一次侧加有交变电压时，铁芯中产生交变磁通，从而在铁芯中产生磁滞与涡流损耗，总称铁损。

由于 I_0、R_1 数值都比较小，因此 $I_0^2 R_1$ 可以忽略不计，因此变压器的空载损耗基本上等于铁耗。当电源电压一定时，铁损基本上是个恒定值，而与负载电流大小和性质无关。

（2）变压器的铜损（ΔP_T）

由于变压器一、二次绕组都有一定的电阻，当电流流过时，就要产生一定的功率和电能损耗，这就是铜损。变压器的铜损与负载系数的平方成正比，因此变压器的铜损与负载的大小和性质有关。短路损耗可用短路试验测出，因此，只要知道负载电流的大小，就可以算出这一负载时变压器的铜耗。

（3）变压器的效率

变压器输出功率和输入功率的百分比，称为变压器的效率。

$$\eta = \frac{P_2}{P_1} \times 100\% = \frac{P_2}{P_2 + \Delta P_C + \Delta P_T} \times 100\%$$

式中　η——变压器的效率；

　　　P_2——变压器输出功率；

　　　P_1——变压器输入功率。

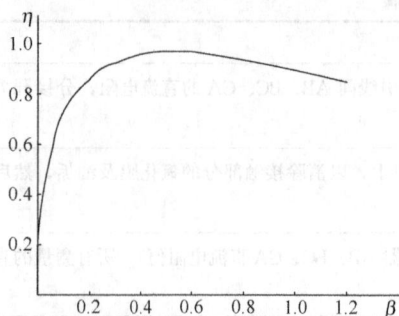

图 14-8　变压器效率曲线

变压器的效率一般都在 95% 以上。当负载的功率因数 $\cos\phi$ 为一定值时，变压器的效率与负载系数的关系，称为变压器的效率曲线，如图 14-8 所示。

从上图可看出：当变压器输出为零时，效率也为零；输出增大时，效率开始很快上升，直到最大值，然后又下降。用数学分析方法可以证明（证明从略）：当铜损与铁损相等时，变压器的效率将达到最大值。一般变压器的最高效率大致出现在 $\beta=0.5\sim0.6$ 的时候（β 为负载系数）。

（4）变压器的经济运行

变压器的经济运行可从以下两个方面来考虑：

1）合理选择变压器

在购置变压器时，必须要考虑变压器经济运行问题，主要涉及容量和型号的选择，和其他设备不同，变压器最高效率并不出现在额定状态，而是大致出现在 $\beta=50\%\sim60\%$ 的时候。变压器容量选得大一些，变压器在今后的运行中效率相对会高一些，但每月基本电费的支出也会增加。反之，变压器容量选得过小，每月基本电费支出是减少了，但变压器的效率会降低。变压器容量的选择必须兼顾这两方面因素，通过计算得出合理的变压器容量。

型号的选择，是指选择铜损和铁损尽量低的变压器，如 S_9、S_{11}、SH_{11} 等。

2）按负荷情况调整变压器的投入台数

水厂变压器容量的选择应满足出水量在最高日最高时的用电需要，因此，大部分变压器在冬季负荷率很低。此时可视情况报停（向电力局申请变压器短期停用）负荷率偏低的变压器，一方面可减少一部分基本电费的支出，另一方面又能提高其他使用中变压器的负荷率，从而提高了变压器的效率。

3）提高负载的功率因数

14.3.3 变压器的维修

1. 三级维护检修制度

变压器的维修采用日常保养、定期维护和大修理三级维护检修制度。

（1）日常保养

日常保养为经常性工作，由运行值班人员负责。日常保养的内容见表 14-26。

变压器日常保养内容 表 14-26

序号	保 养 内 容
1	检查电流、电压、顶层油温、瓦斯继电器、防爆管等是否正常
2	检查油位及外壳是否有渗漏油
3	检查干式变压器温控报警系统是否良好
4	变压器及周围环境的整洁工作
5	检查变压器室内，防小动物设施、通风设施、防火设施等是否完整，有缺陷之处应予以完善

（2）定期维护

定期维护（有的称为二级保养或小修）是根据设备状况，定期对设备进行预防性维修。定期维护工作由维修人员担任。变压器定期维护一般一年一次，定期维护时油浸变压器器身不吊出。定期维护内容见表 14-27。

变压器定期维护内容 表 14-27

序号	定 期 维 护 内 容
1	清扫油箱及外部所有附件
2	处理外壳的渗漏油
3	检查油枕、油位计，油枕的油位低于正常范围时，补充同牌号、合格的绝缘油
4	检查防爆管，更换破裂后的防爆膜
5	检查并清理套管，检查导电接头接触情况
6	检查呼吸器，调换或补充硅胶
7	检查或调整分接开关
8	检查瓦斯继电器、温度计、接地装置，轻瓦斯整定值校验；重瓦斯动作回路试验
9	变压器油耐压试验和油简化试验
10	进行预防性试验，试验内容为：绝缘电阻、吸收比、直流电阻、交流工频耐压等

（3）大修理

大修是设备运行相当一段时间后，为恢复设备原有技术状态而进行的检修工作。变压器是否需要大修，应由设备状态决定，通过状态监测、历年预防性试验报告等所提供的信息，通过分析来决定是否需要大修。此外，也可根据使用年限来决定：35kV 及以上的变压器一般每运行 5 年进行一次；10kV 及以下的一般每 10 年进行一次。但当发现异常状况或经试验判明内部有故障时，应提前进行大修。油浸变压器大修时必须将器身从油箱中吊出。水厂变压器的大修一般采用二种方式：对于故障较严重的变压器（如绕组击穿、烧毁等），送制造厂或专业修理厂进行大修；对于故障较轻的变压器（如内部零部件松动、分接开关损坏、瓷瓶损坏等）则在现场进行大修（吊芯），现场大修由水厂专业维修人员担任。变压器大修理具体内容参见表 14-28。

变压器大修内容 表 14-28

序号	大 修 内 容
1	吊出器身
2	检查及清理绕组及绕组压紧装置、垫块、引线等
3	检查铁芯、穿芯螺栓的绝缘及紧固、铁芯接地等
4	检查并清扫套管
5	检查分接开关接触情况
6	根据油质情况，过滤变压器油
7	检查和清扫油箱及其他附件，包括：本体、大盖、衬垫、油枕、散热器、放油阀、防爆管、瓦斯继电器、温度计、接地装置、滚轮等
8	检查密封情况，更换全部密封胶垫；检查呼吸器，更换硅胶
9	变压器外壳油漆
10	变压器大修试验（包括油的工频耐压和简化试验）

检查的部位若发现隐患、缺损、绝缘老化或击穿、接触不良、紧固件松动、测试值不符要求等，应修复直至符合要求。

2. 油浸变压器大修

下面主要介绍变压器的现场吊芯（大修）。

（1）解体（吊芯）

变压器现场吊芯利用变压器室上方横梁上的吊钩，把手拉葫芦挂在吊钩上。如果变压器室未设起吊钩，可用三脚把杆挂手拉葫芦进行吊芯，但该时器身不能完全吊出箱体，会给检修工作带来不便。吊芯步骤参见表 14-29。

变压器现场吊芯 表 14-29

序号	吊 芯 步 骤
1	设备停电，拆卸变压器的高、低压引线，断开风扇、温度计、瓦斯继电器等电源，并把线头用胶布包好，做好记号
2	放出变压器油，直至箱盖以下
3	拆卸箱盖螺栓
4	吊出变压器器身
5	检查和检修变压器

吊芯时应注意的事项：

1）吊芯一般应在晴朗天气进行（相对湿度不大于 75%）。

2）起吊之前，必须详细检查钢丝绳的强度和挂钩的可靠性。

3）起吊时应有专人指挥，油箱四角要有人监视，防止铁芯和绕组与油箱碰撞损坏。

4）器身吊出油箱后，四角应用粗木条牢牢撑住，防止因钢丝绳或葫芦故障，导致器身落下伤人。

（2）零部件的清洗与修理

1）绕组的检修

对绕组进行仔细的检查，应达到表 14-30 质量标准，否则应对不合格部分进行处理和更换。

绕组的质量标准　　　　　　　　　　　　　　　　　　　表 14-30

序号	质　量　标　准
1	绕组表面清洁，无油泥杂物；绕组紧固，无变形和位移；绝缘良好，有弹性，无脆裂老化现象
2	绕组层间衬垫完整，排列整齐、牢固、无松动现象
3	油道畅通，无油垢和杂物堵塞现象
4	引线、分接开关的分接线固定良好，焊接可靠；引线与各部位之间的绝缘距离符合要求
5	绝缘支架无松动、损坏、位移

2）铁芯的检修

对铁芯进行检查和整修，使其达到表 14-31 要求。

铁芯的质量标准　　　　　　　　　　　　　　　　　　　表 14-31

序号	质　量　标　准
1	硅钢片之间应紧密，整齐无缝隙，硅钢片不应有毛边；硅钢片漆膜完好，无片间短路或变色、放电烧伤痕迹；表面清洁、油路畅通
2	穿芯螺丝紧固，绝缘良好，用 1000V 绝缘电阻测量表测量绝缘电阻，其电阻值不得小于以下值：10kV 以下的设备为 2MΩ；20～35kV 设备为 5MΩ
3	铁芯必须进行接地，且仅允许一点接地，接地点应在低压侧，接地点接触良好

3）套管的检修（见表 14-32）。

套　管　的　检　修　　　　　　　　　　　　　　　　　表 14-32

序号	检　修　内　容
1	检查瓷套管有无损坏，套管应保持清洁，无放电痕迹、无裂纹、裙边无破损
2	检查胶垫密封是否良好，有无漏油情况。如发现轻微漏油，可拧紧法兰盘螺栓，无效时则更换新的密封胶垫。更换新胶垫，位置要放正，胶垫应压缩均匀，密封良好
3	套管解体时，应依次对角松动法兰螺栓；拆卸瓷套管前应先轻轻晃动，使法兰与密封胶垫间产生缝隙后再拆下瓷套，注意防止瓷套碎裂

4）分接开关的检修（见表 14-33）。

分接开关的检修　　　　　　　　　表 14-33

序号	检 修 内 容
1	转动操作手柄，检查动触头转动是否灵活，若转动不灵活应进一步检查卡滞的原因
2	检查动、静触头接触是否良好，触头表面是否清洁，有无氧化变色、过热烧伤的痕迹。触头接触电阻应小于 500μΩ。触头间用 0.05mm 塞尺检查应塞不进去
3	检查触头分接线是否紧固，发现松动应拧紧、锁住
4	检查分接开关绝缘件表面是否清洁，有无受潮、剥裂或变形

5) 油枕的检修

油枕检修包括其上面的油位计和呼吸器。油枕检修见表 14-34。

油枕的检修　　　　　　　　　表 14-34

序号	检 修 内 容
1	清洗油枕内外表面，清洗油位计、集泥器
2	更换油枕各部分密封胶垫，应耐受油压 0.05MPa 且 6h 无渗漏
3	检查油位计指示是否正常，有无堵塞，油位计的玻璃管有无裂纹或因污垢而看不清的现象
4	从油枕上拆下呼吸器，倒出硅胶，检查玻璃罩应完好，并进行清洗；装入新硅胶（蓝色），更换胶垫，下部油封罩内注入变压器油，加油至正常油位线，使其能起到呼吸作用

6) 防爆管检修（见表 14-35）。

防爆管的检修　　　　　　　　　表 14-35

序号	检 修 内 容
1	拆下防爆管进行清洗，并更换密封胶垫
2	上部防爆膜片应安装良好，均匀地拧紧法兰螺丝，防止膜片破损。防爆膜片应采用玻璃片，其厚度可参照表 14-36
3	防爆管与油枕之间应有连接管，防止由于温度变化引起防爆膜片破裂，连接管应无堵塞，接头密封良好

防爆膜片厚度（单位：mm）　　　　　　　　　表 14-36

管 径	$\phi150$	$\phi200$	$\phi250$
玻璃片厚度	2.5	3	4

7) 瓦斯继电器检修（见表 14-37）。

瓦斯继电器的检修　　　　　　　　　表 14-37

序号	检 修 内 容
1	将瓦斯继电器拆下，检查容器、玻璃窗、放气阀门、放油塞、接线端子盒等是否完整，接线端子及盖板上箭头标示是否清晰
2	瓦斯继电器应由专业人员检验，自冷式变压器轻瓦斯一般整定在 300cm³，重瓦斯整定在 0.8～1m/s（油的流速）

续表

序号	检 修 内 容
3	瓦斯继电器应保持水平位置，连接管朝向油枕方向应有 1%～1.5% 的升高坡度，瓦斯继电器至油枕间的阀门应安装于靠近油枕侧，阀的口径应与连管管径相同，并有明显的"开"、"闭"标志
4	复装完毕后，打开连管上的阀门，使油枕与变压器本体油路连通，打开瓦斯继电器的放气塞排气
5	连接二次引线，二次引线应采用耐油电缆

8）压力释放阀检修（见表 14-38）。

压力释放阀的检修 表 14-38

序号	检 修 内 容
1	从变压器油箱上拆下压力释放阀，拆下零件妥善保管，孔洞用盖板封好
2	清洁护罩和导流罩
3	检查各部分连接螺栓及压力弹簧，应完好、无锈蚀、无松动
4	进行动作试验，开启和关闭压力应符合规定
5	检查微动开关动作是否正确，触头应接触良好
6	更换密封胶垫，密封应良好不渗油
7	检查信号电缆，应采用耐油电缆

9）变压器油的处理

变压器油在运行过程中，由于受空气中的氧和高温同时作用而氧化，油色由淡黄变为深（暗）黄，由透明变为浑油，其黏度、闪点、酸价、灰分等都增加，使绝缘性能变坏；这种使油变质的化学变化称为"老化"。变压器油很容易吸收空气中的水分和脏污，混有一定水分和脏污的变压器油，其绝缘性能变坏，击穿强度显著降低，介质损失显著增加，当变压器油的绝缘性能及物理化学性质不合标准要求时，就必须进行处理，使其性质恢复后才能继续使用。

a. 变压器油的干燥和净化

压力式滤油机是检修现场最常见的滤油工具之一。它是利用滤纸的毛细管作用吸收和粘附油中的水分及脏污而使油干燥和净化。压力式滤油机由滤网、油泵、滤过器、压力表、管路、阀门等部件组成。

滤油工作一般选择晴朗天气进行，而且要连续进行，直到滤出的油合格为止。滤油过程中，滤纸吸收水分以后会使过滤效率降低，粘附杂质污物后也会堵塞本身毛细管，使油的流量减少，油压升高，因此必须定期更换滤纸。

过滤后油的击穿电压应大于 25kV（按规定试验方法）。

b. 变压器油的再生

上述滤油并不能使变压器油酸价降低。因此，变压器油由于老化而使酸价提高时，必须进行再生处理。

对于酸价值较低的变压器油（酸价值在 0.5mgKOH/g 以下者），可采用吸附剂过滤法。即让变压器油通过硅胶桶，使油中的酸价为桶中的吸附剂吸附，然后再进行过滤。吸附剂常用白亚土、除酸硅胶、骨碳等。

对于酸价值较高的变压器油，则应采用接触过滤法。即先将油加热（不超过 80℃，以免被空气氧化），加入硫酸、碱、白土细粉搅拌，澄清后，进行过滤。

再生后的油，如果安定度较差，可以加些抗氧化剂，常用的有匹拉米酮，加入量为总油量的 0.02～0.03%。

（3）变压器的组装

变压器吊芯检修完毕，应及时将器身装入油箱内。组装变压器的步骤见表 14-39。

变压器的组装　　　　　　　　　　　　表 14-39

序号	组 装 步 骤
1	放好箱盖密封垫，将器身吊入油箱内，沿箱盖四周依次逐渐旋紧箱盖螺栓（最好使用力矩扳手，防止箱盖因受力不均而变形）
2	补油至标准油位，注油时要及时排除箱盖下面的积气
3	检修后进行电气试验
4	连接高、低压引出线，连接二次回路线路，连接接地线

（4）变压器的试验

变压器大修后必须进行各种试验，以检验大修的质量，只有在试验合格基础上才允许变压器投入运行。变压器大修后的试验项目见表 14-40。

变压器大修试验项目　　　　　　　　　表 14-40

序号	名 称	试验方法与标准
1	绕组直流电阻	测量绕组直流电阻应使用单臂或双臂电桥，各相绕组直流电阻相互间的差别不应大于三相平均值的 2%
2	绕组的绝缘电阻、吸收比	采用 2500V 兆欧表，测量应尽量在油温低于 50℃ 时进行。绝缘电阻应换算至同一温度下，再进行比较。换算可按以下公式： $$R_2 = R_1 \times 1.5^{(t_1-t_2)/10}$$ 式中：R_1、R_2 分别为 t_1、t_2 时的绝缘电阻值； 本次测量值与上次测量值相比应无明显变化，吸收比应不低于 1.3
3	变压器油的击穿电压	已加入油箱内的变压器油的工频击穿电压应大于 25kV（试验方法按 GB/T 507 和 DL/T 429.9）
4	交流工频耐压试验	交流工频耐压试验是鉴定变压器绝缘强度最有效和最直接的方法。10kV 电压等级的试验电压为 30kV。由于工频耐压是破坏性试验，因此必须在绝缘电阻测量合格的基础上进行。试验接线如图 14-9 所示
5	测温装置及其二次回路	顶层油温是变压器运行中的重要技术数据，因此对测温装置必须进行校验，确认装置的准确性，对二次信号回路的校验也应同步进行
6	瓦斯继电器及其二次回路	瓦斯继电器是变压器的主保护，能非常灵敏地反映变压器的内故障；但在实际运行中，瓦斯继电器也容易误动作。因此大修后对瓦斯继电器进行现场校验是必需的。用打气筒充气，观察瓦斯继电器内积聚气体达到 300cm³ 时，轻瓦斯是否发出信号；同时，用瓦斯继电器上的"试验顶针"推动挡板，看是否发出重瓦斯信号

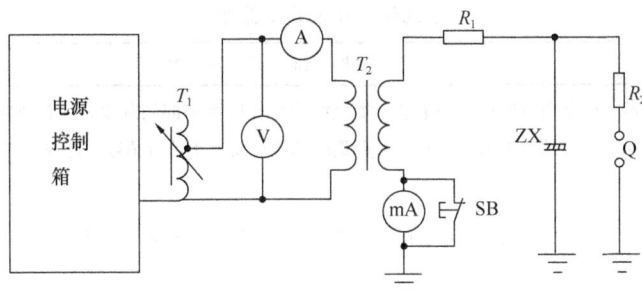

图 14-9　交流工频耐压试验接线图

T_2—试验变压器；T_1—调压器；Q—保护球隙；V—电压表

A—电流表；mA—毫安表；R_1—限流电阻；R_2—球间隙保护电阻

ZX—试品；SB—短路按钮

（5）变压器的试运行

变压器试运行前应进行的检查参见表 14-41。

变压器试运行前的检查　　　　　　　　　　　　　表 14-41

序号	检 查 内 容
1	变压器本体及所有附件均完整无缺，不渗油
2	接地可靠
3	变压器顶盖上无遗留杂物
4	油枕、冷却装置、净油器等油路系统上的阀门均在"开"的位置。油位计标示线清晰可见，油位正常
5	瓦斯继电器、呼吸器、防爆管、分接开关、温度计等均正常
6	继电保护装置已经过整定与调试，动作正常
7	高、低压引出线连接正确、接触良好

在上述检查全部正常后，变压器可投入试运行，试运行要求如下：

1）重瓦斯放在跳闸位置。

2）额定电压情况下，对变压器进行空载合闸冲击，励磁涌流不致引起保护装置误动。一般应连续冲击三次。

3）变压器试运行时间一般为 24h。

4）试运行期间应密切监视变压器有无异常情况。

3. 干式变压器的检修

干式变压器由于结构简单、维护方便、防火阻燃、防尘等优点，在水厂得到了广泛的使用。干式变压器分为以下二类：浸渍式干式变压器（如 SG9）、环氧树脂干式变压器（如树脂浇注型 SC9、缠绕式树脂包封型 SCR）。

干式变压器大致由以下几部分组成：绕组、三柱式铁芯及挟持部件、温控器、风机、外罩等。干式变压器并不是完全免维护，在水厂比较清洁的环境下，一般每年进行一次以清扫、检查为主的定期维护。定期维护内容见表 14-42。

干式变压器的定期维护 表 14-42

序号	定 期 维 护 内 容
1	清扫变压器本体及所有附件：用电动手提风机清扫变压器内部的灰尘，尤其要吹净通风道、绝缘子、绕组的顶部和低部等部位的灰尘。在积垢严重的部位可用无水乙醇清除。绝缘子在吹尘后也应用无水乙醇清洗干净
2	检查绕组：绕组与引线的绝缘体表面有无爬电痕迹或炭化、破损、龟裂、过热、变色的现象，绕组压紧装置是否松动
3	检查铁芯：1）铁芯应紧密，整齐无缝隙，硅钢片无锈蚀、无变色、放电烧伤痕迹；2）穿芯螺丝紧固，绝缘良好，用 1000V 绝缘电阻测量表测量绝缘电阻，其值不得小于以下规定：10kV 以下的设备，$2M\Omega$；$20\sim35kV$ 设备，$5M\Omega$。3）铁芯接地应良好，确认是一点接地
4	导体的连接点：检查高、低压侧引线端子及分接头等处的紧固件和连接件的螺栓紧固情况，有无生锈、腐蚀痕迹，并将分接头螺栓重新紧固一次
5	温控装置：1）检查插入变压器绕组测温孔的三只铂电阻；2）检查风机；3）检查温控报警系统
6	检修后的试验：1）直流电阻；2）绝缘电阻和吸收比；3）工频交流耐压试验，干变试验方法同油变，但试验电压为设备出厂试验值的 85%；4）温控装置试验，包括：显示数值的正确性校验，风机启动、风机停止的正确性校验，超温报警、超温跳闸整组动作试验（"超温报警"、"超温跳闸"的整定值可参照厂家说明书）

4. 变压器完好标准

变压器的完好标准如下：

(1) 运行电流不超过额定电流；

(2) 顶层油温不超过 85℃；

(3) 油箱及散热器密封良好，无漏油、渗油，油位正常；

(4) 运行声音均匀、平稳，无异常音响及其他杂声；

(5) 套管应完好无损，表面无积尘；

(6) 呼吸器应畅通，硅胶吸潮不应达到饱和状态（不应变色）；

(7) 气体继电器内应充满油；

(8) 防爆管隔膜完好；

(9) 外壳接地良好；

(10) 通风冷却装置正常；

(11) 变压器室房屋无漏雨，防小动物设施良好；

(12) 变压器油油质符合要求（包括绝缘强度）；

(13) 干式变压器外壳防护装置、通风和测温报警装置良好；

(14) 油浸变压器应有储油坑及相应的灭火设施；

(15) 设备防腐良好、外观整洁、无锈迹、油污，铭牌标志清楚；

(16) 变压器预防性试验周期不应超期。

14.4 电动机的运行与维护

电动机是一种将电能转换成机械能的动力设备，分为交流电动机和直流电动机，其中三相交流异步电动机具有结构简单、价格低廉、坚固耐用、使用维护方便等优点，因此在工农业生产中得到了广泛的应用，水厂的生产设备绝大部分也是由交流异步电动机驱动的。本节主要介绍交流异步电动机的工作原理、结构与性能、运行与维护等方面知识。

14.4.1 三相交流异步电动机的结构

三相交流异步电动机的结构如图 14-10 所示，异步电动机主要由下列三部分组成：

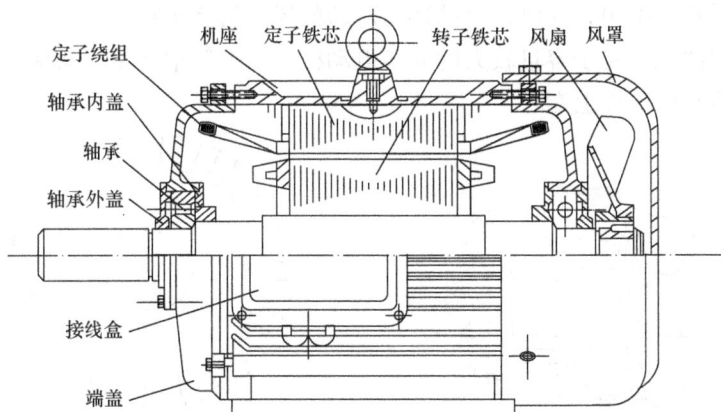

图 14-10　三相笼形异步电动机结构图

1. 定子

定子是用来产生旋转磁场的。三相异步电动机的定子一般由机座、定子铁芯、定子绕组等部分组成。

（1）机座：是电动机机械结构的重要组成部分，一般用铸铁或铸钢浇铸成型，它的作用是保护和固定电动机的铁芯及定子绕组并支撑端盖。机座包括接线盒和吊环，接线盒作用是保护和固定绕组的引出线端子，吊环用来起吊电动机。

（2）定子铁芯：异步电动机定子铁心是电动机磁路的一部分，由 0.35mm～0.5mm 厚表面涂有绝缘漆的薄硅钢片叠压而成，如图 14-11 所示。由于硅钢片较薄而且片与片之间是绝缘的，所以减少了由于交变磁通通过而引起的铁心涡流损耗。铁心内圆有均匀分布的槽口，用来嵌放定子绕圈。

（3）定子绕组：定子绕组是电动机的电路部分。三相异步电动机有三个独立的绕组，每相绕组包含若干线圈，每

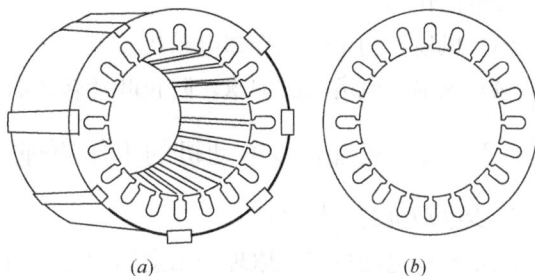

图 14-11　定子铁芯及冲片示意图
（a）定子铁芯；（b）定子冲片

741

个线圈又由若干匝构成。三相绕组按照一定的规律依次嵌放在定子槽内，并与定子铁芯之间绝缘，定子绕组通以三相交流电时，便会产生旋转磁场。

2. 转子

转子是用来产生电磁力矩带动负载转动的部件。转子由转子铁芯、转子绕组、转轴三部分组成。

（1）转子铁芯：转子铁芯是用 0.5mm 厚的硅钢片叠压而成。单片转子冲片见图 14-12，在硅钢片外圆上均匀地冲有许多槽，用以浇注铸铝条或嵌放转子绕组。转子铁芯也是电动机磁路的一部分。铁芯内孔用来固定转轴。

（2）转子绕组：异步电动机的转子绕组分为绕线形与笼形两种，由此异步电动机也可分为绕线式异步电动机与笼形异步电动机二种。笼形异步电动机的转子绕组，一般用熔化的铝液浇入转子铁芯槽中，并将两个端环与冷却的风扇翼浇铸在一起，图 14-13 为笼形异步电动机的铸铝绕组。对于容量较大的异步电动机，由于铸铝质量不易保证，常用铜条插入转子槽中，再在两端焊上端环。

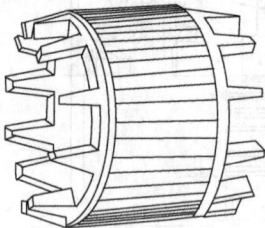

图 14-12　笼形转子绕组　　　　　　图 14-13　转子冲片图

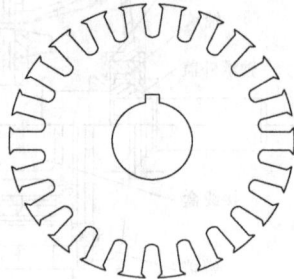

（3）转轴：转轴的作用是支承转子，传递转矩，并保证定子与转子之间具有均匀的气隙。

3. 其他部分

主要包括端盖、轴承盖、风扇、风罩等。

（1）端盖：用铸铁或铸钢浇铸成型，它的作用是把转子固定在定子内腔中心，使转子能够在定子中均匀地旋转。

（2）轴承盖：它的作用是固定转子，使转子不能轴向移动，同时还具有存放润滑油和保护轴承的作用。

（3）风扇：用来通风冷却电动机。

（4）风罩：风扇的防护罩，防止叶片转动时伤人。

14.4.2　三相交流异步电动机的工作原理

异步电动机的工作原理

三相异步电动机工作原理的示意图如图 14-14 所示。图中：磁极 N-S 逆时针方向以 n_s 速度旋转来代替定子绕组的旋转磁场，转子导体由 10 根笼条组成。当磁场逆时针旋转时，相当于转子导体顺时针方向切割磁力线，根据右手定则，可以确定转子导体中感应电动势

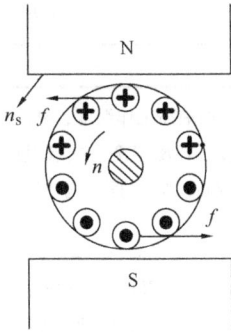

图 14-14　异步电动机的电磁关系

的方向，如图中所示。由于导体两端被金属端环短路，因此导体中形成感应电流，其方向和感应电动势相同。这些通有感应电流的导体在磁场中会受到电磁力 f 的作用，导体受力的方向可根据左手定则确定，N 极范围内导体受力方向向左，而 S 极范围内的导体受力方向向右。这是一对大小相等，方向相反的力，因此就形成了电磁转矩，笼形转子朝着磁场旋转的方向转动起来，这就是异步电动机的简单工作原理。

三相异步电动机的转速（转子旋转的速度 n）总是略低于旋转磁场的转速（同步速）。二者之差与同步速的比值，称为转差率，即：

$$S=\frac{n_s-n}{n_s}\times100\%$$

转差率是异步电动机重要参数之一，当三相电动机在额定负载下运行时，转差率约在 $2\%\sim5\%$。电动机功率越大，效率越高，转差率越小。

14.4.3　三相交流异步电动机的铭牌参数及性能指标

1. 电动机的铭牌参数（见表 14-43）

三相交流异步电动机铭牌参数　　　　　　　　　　　　　表 14-43

序号	名　称	参　数　的　含　意
1	型号	常用的三相交流异步电动机的型号含义如下： 　　Y - 355 M 2 — 4 　　　　　　　　　　四极电机 　　　　　　　　2 号铁芯（1 号为短铁芯，2 号为长铁芯） 　　　　　　　中机座（L 长机座，M 中机座，S 短机座） 　　　　　中心高 355 　　　异步电动机
2	额定功率	又称额定容量，指电动机在铭牌规定的额定运行状态下工作时，从转轴上输出的机械功率，单位为 kW
3	额定电压	指电动机在额定运行状态下，定子绕组应接的线电压，单位为 V 或 kV
4	额定电流	指电动机在额定运行状态下工作时，定子绕组的线电流，单位为 A
5	额定转速	指电动机在额定运行状态下工作时，转子每分钟的转速，单位为 r/min
6	频率	指电动机所使用的交流电源频率，单位为 Hz，我国规定电力系统的工作频率为 50Hz
7	接法	指电动机在额定电压下，三相定子绕组 6 个首末端头的连接方法，有星形和三角形两种
8	定额 （工作制）	指电动机在额定条件下运行时，允许连续工作的时间，即电动机的工作方式。有三种工作方式：连续工作制（S1）、短时工作制（S2）、断续周期工作制（S3）。S1 指的是电动机可以长时间连续运行。S2 是指电机在限定时间内短时运行，S2 的标准时间有 15min、30min、60min、90min 四种。S3 是指电动机只能周期性地运行，用负载持续率来表述： $$负载持续率=\frac{t_g}{t_g+t_O}\times100\%$$ 式中：t_g—工作时间，t_O—停歇时间 　　负载持续率标准有：15%、25%、40%、60%4 种

序号	名　称	参　数　的　含　意
9	绝缘等级（或温升）	指电动机绕组所采用的绝缘材料的耐热等级，它表明电动机所允许的最高工作温度。电动机绝缘材料的耐热等级见表14-44。电机温升=绕组绝缘极限工作温度－环境温度－热点温差。环境温度我国规定为40℃。热点温差是指电动机为额定负载时，绕组最热点的稳定温度与绕组平均温度之差
10	防护等级	电动机的外壳防护形式分为两种：第一种，防止固体异物进入电动机内部及防止人体触及电动机内的带电或运动部分的防护；第二种，防止水进入电动机内部程度的防护。电动机外壳防护等级的标志由字母IP和两个数字表示。IP后面的第一个数字代表第一种防护形式的等级，第二个数字代表第二种防护形式的等级，具体参见表14-45及表14-46。Y型电动机的外壳防护等级有IP44、IP23、IP54等几种形式

电动机绝缘材料的耐热等级　　　　　　　　　　　　表 14-44

绝　缘　等　级		A	E	B	F	H
极限工作温度（℃）		105	120	130	155	180
热点温差（℃）		5	5	10	15	15
温升（℃）	电阻法	60	75	80	100	125
	温度计法	55	65	70	85	105

电动机的外壳第一种防护形式的防护等级　　　　　　　　　　　　表 14-45

防护等级	简　称	定　义
0	无防护	没有专门的防护
1	防止大于 50mm 的固体进入的电动机	能防止直径大于 50mm 的固体异物进入壳内，能防止人体的某一大面积部分（如手）偶然或意外地触及壳内带电或运动部分，但不能防止有意识地接近这些部分
2	防止大于 12mm 的固体进入的电动机	能防止直径大于 12mm 的固体异物进入壳内，能防止手指、长度不超过 80mm 物体触及或接近壳内带电或运动部分
3	防止大于 2.5mm 的固体进入的电动机	能防止直径大于 2.5mm 的固体异物进入壳内，能防止厚度（或直径）大于 2.5mm 的工具、金属线等触及或接近壳内带电或转动部分
4	防止大于 1mm 的固体进入的电动机	能防止直径大于 1mm 的固体异物进入壳内，能防止厚度（或直径）大于 1mm 的导线、金属条等触及或接近壳内带电或转动部分
5	防尘电动机	能防止触及接近机内带电或转动部分，不能完全防止尘埃进入，但进入量不足以影响电动机的正常运行

电动机的外壳第二种防护形式的防护等级　　　　　　　　　　　　表 14-46

防护等级	简　称	定　义
0	无防护电动机	没有专门的防护
1	防滴电动机	垂直的滴水应无有害影响

防护等级	简　称	定　义
2	15°防滴电动机	与铅垂线成15°范围内的滴水，应无有害影响
3	防淋水电动机	与铅垂线成60°范围内的淋水，应无有害影响
4	防溅水电动机	任何方向的溅水应无有害影响
5	防喷水电动机	任何方向的喷水应无有害影响
6	防海浪电动机	猛烈的海浪或强力喷水应无有害影响
7	防浸水电动机	在规定的压力和时间内浸在水中，进入水量应无有害影响
8	防潜水电动机	在规定的压力下长时间浸在水中，进入水量应无有害影响

2. 电动机的性能指标（见表 14-47）

电动机性能指标　　　　　　　　　表 14-47

序号	名　称	参　数　的　含　意
1	额定功率因数	当电动机在额定工况下运行时，定子相电压与相电流之间的相位差的余弦（即 $\cos\Phi$），称为额定功率因数
2	额定效率	当电动机在额定工况下运行时，输出功率 P_2 与输入功率 P_1 的比值，称为电动机额定效率 η_n，并用百分数表示。电动机的效率为： $$\eta_s = \frac{P_2}{P_1} \times 100\%$$
3	启动转矩	电动机启动时产生的转矩，异步电机启动转矩比额定转矩大 1.2～2 倍，启动转矩大的电机启动性能好。如果启动转矩过小，会使电动机不能带负载启动
4	启动电流	电动机在刚启动时的电流叫启动电流。异步电动机启动电流通常是 4～7 倍额定电流。当转速逐渐增加到稳定转速后，电流才趋于正常值。过大的启动电流会冲击电网，并且影响电机本身的寿命
5	最大转矩	代表电机所能拖动的最大负荷时的转矩，一般用额定转矩的倍数来表示
6	转动惯量	代表电机从启动到稳定转速所需的时间。电动机的转动惯量小，转速很快就可以达到稳定转速，这样启动电流存在的时间就缩短了，这对电机运行是有好处的

14.4.4　异步电动机的启动与调速

1. 异步电动机的启动

笼形电动机启动性能较差，直接启动时启动电流很大，对电网造成冲击。因此，笼形电动机除了直接启动外，还采用降压启动，常用的有：定子串电阻或电抗启动、星—三角启动、自耦变压器降压启动、软启动器启动等。

（1）直接启动

直接启动又称全压启动，是将电动机的定子绕组接到同一电压等级的电源上启动。直接启动的优点是启动设备简单、操作方便，缺点是启动电流大，能造成电网电压波动，影响同一电源上的其他负载运行。一台电动机能否直接启动，必须综合考虑下列因素：供电变压器的容量大小、电动机与供电变压器间的距离、同一变压器供电的负载种类及允许电

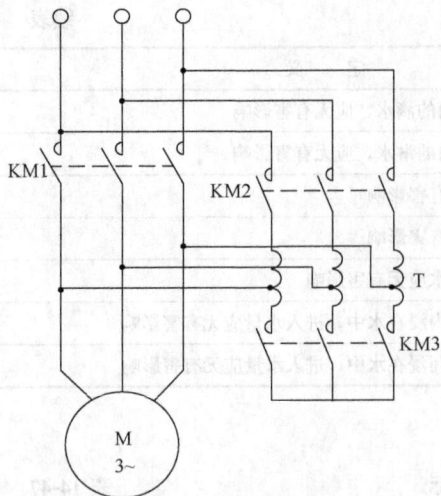

图 14-15 自耦减压启动原理
KM1—运转接触器；KM2、KM3—启动接触器
T—自耦变压器；M—三相交流电动机

压波动的大小、电动机启动频繁的程度等。

(2) 自耦减压启动

自耦减压启动原理参见图 14-15。电动机启动时，先通过自耦变压器把电压降低，使电机在较低电压下启动，待转速达到一定值时，再将自耦变压器退出，电动机维持在额定电压下运行。

自耦变压器有不同的电压抽头，如 80%、60%、40%，以供选择不同的启动电压。这种启动方式适用于各种星形或三角形接法的电动机，其缺点是结构复杂、维护麻烦、价格昂贵、不允许频繁启动。

(3) 星—三角启动

星—三角启动只适用在正常运行时定子绕组为三角形连接且绕组首尾六个端子全部引出来的电动机。启动原理见图 14-16。启动时定子绕组接成星形，使加在每相绕组上的电压降至额定电压的 $\frac{1}{\sqrt{3}}$，启动电流可减小到直接启动时的 $\frac{1}{\sqrt{3}}$，启动后待转速达到一定值，再将定子绕组换接成三角形，使电动机在额定电压下运转。这种启动方式采用设备较少，造价较低。缺点是：启动转矩为△形直接启动时的 $\frac{1}{3}$，一般适用于轻载启动的生产机械。

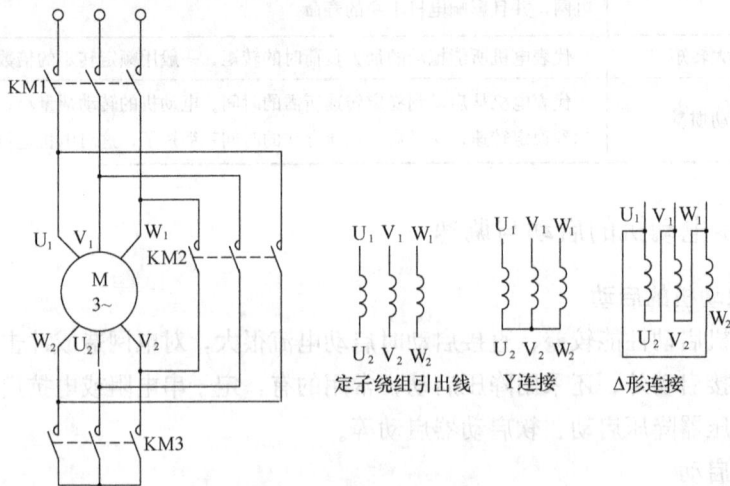

图 14-16 星—三角启动原理
KM1—电源接触器；KM2—三角形连接的接触器；
KM3—星形连接的接触器；M—三相交流电动机；
U1、V1、W1、U2、V2、W2—电动机引出线编号

（4）软启动器启动

软启动器可保证电动机连续平滑地启动，避免了电动机启动时所产生的电流和机械的冲击。软启动器不但具有软启动、软停止的功能，同时还具有断相、过流、过载、三相不平衡等保护功能，以及检测、运行与故障状态显示、报警等其他多种功能。软启动器以其卓越的功能，逐步取代了落后的星—三角启动器和自耦减压启动器。软启动器可分为三类：晶闸管软启动器、磁控软启动器、液阻软启动器。

1）晶闸管软启动器

晶闸管软启动器的原理是通过改变串接于电动机主回路中的晶闸管的导通角，达到控制电动机电压的平稳升降，完成电动机的平稳启动或停止。在启动完毕后，晶闸管被旁路，旁路接触器既可以内置，也可以外置。设备外部电路接线参见图14-17。（框内为软启动器设备，框外为外置设备。每个厂的产品接线会有不同）。

2）磁控软启动器

磁控软启动器的原理是通过改变串接于电动机主回路中的饱和电抗器来达到电动机端电压的平滑变化。饱和电抗器的工作绕

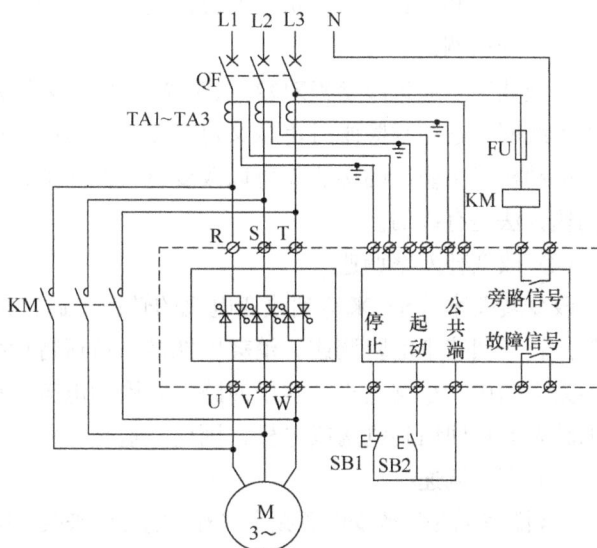

图 14-17　软启动器电气接线图

QF—断路器；TA1、TA2、TA3—电流互感器；FU—熔断器；
KM—接触器；SB2、SB1—启动及停止按钮

组串接在电动机定子回路，通过定子电流反馈调整电抗器控制绕组的直流电流的大小，从而改变饱和电抗器的饱和程度，实现电动机的软启动。其调节特性和晶闸管软启动器相同。

磁控软启动器特点是：工作可靠、价格便宜、对环境要求不高。磁控软启动的这些特点，使其将来有很大的推广使用空间。

3）液阻软启动器

液阻软启动器的原理是将"可控液态电阻"串接于电机定子回路（或绕线式异步电机转子回路）中，液态电阻的两极板之间的距离按预定设置自动改变，阻值呈无级平滑减小，电机电压均匀提高，从而达到平滑启动的目的。电机启动完毕，液态电阻随即自动切除。启动过程具有电流小且恒定，转速逐步提高的软启动特性。

液阻软启动器结构简单、可靠、价格低廉、维修费用少。缺点是：功能单一，易控性差，设备体积较大。以上缺点的存在，使液态软启动器适用范围受到一定的限制。

2. 异步电动机的调速

异步电动机的转速为：

$$n = (1 - S) \frac{60f_1}{p}$$

式中　n——转子转速（r/min）；

　　　S——转差率（%）；

　　　f_1——电源频率（Hz）

　　　p——电机极对数。

由公式可知，异步电动机可通过改变三个参数来调速：

（1）变极调速

变极调速是通过改变极对数（p）来达到改变电机的转速。我们知道，电机每相绕组有多个线圈，这些线圈既可串联又可并联，串联时产生的磁极对数是并联时的两倍。所以改变电动机定子绕组的接法就可以改变电机的转速。变极调速只能按极对数变化，所以这种调速方法是有级的。

（2）改变转差率调速

改变转差率（S）来达到改变电机的转速，通常是通过转子回路串接电阻或电势来进行的。转子回路串电阻调速，消耗电能多，机械特性变坏，主要用在短时内调速、调速范围不太大的中、小型电机。转子回路串入附加电势来调速又称串级调速，由于它可以将转子的转差能量回馈到电网或电机，因此，这是一种高效的调速方法。

（3）变频调速

变频调速就是用改变电源频率（f_1）的方法来改变电动机的转速。这种方法能在较大范围内实现无级调速，是一种非常理想的调速方法。但变频调速装置结构复杂、初投资较大。

14.4.5　电动机的运行

1. 电动机启动前的准备和检查（见表14-48）

电动机启动前的检查　　　　　　　　　　　　　　　　表 14-48

序号	检 查 内 容
1	对长期停用的电动机，应检查绕组的绝缘电阻（相间及相对地），500KW 及其以上的电动机还应增加吸收比的测量，吸收比应大于 1.3，实测的绝缘电阻应大于表 14-49 所列数值。测试仪表的选用：0.38kV 设备使用 500 伏兆欧表，1kV 及 3kV 设备使用 1000 兆欧表，6kV 及 10kV 设备使用 2500V·MΩ 表
2	检查电源电压是否正常，电压变动范围应在其额定电压的 $-10\% \sim +10\%$ 范围内，三相电压的差别不大于 5%
3	检查联轴器的连接是否牢固，机组转动是否灵活，有无摩擦、卡住、窜动等不正常现象
4	检查电动机轴承是否有油，如轴承缺油应及时补足，若轴承用水冷却，则应开启冷却水
5	检查电动机的配套设备：启动柜（如自耦减压启动箱）、机旁电容补偿柜、机旁避雷器柜等是否正常
6	检查电动机外壳接地是否可靠，机组周围有无妨碍运行的杂物或易燃物品等

电动机绝缘电阻（冷态下 25℃）　　　　　　　　　　表 14-49

绕组额定电压（kV）	10	6	3	0.38	转子
绝缘电阻（MΩ）	170	100	50	7	1

2. 电动机的启动与注意事项（见表 14-50）

电动机的启动与注意事项 表 14-50

序号	注 意 事 项
1	电动机启动时尽量采用在机旁就地操作，以便出现异常情况时，及时发现，及时处理
2	电动机接通电源后，如发现电动机不能启动或启动时转速很低以及声音不正常等现象，应立即切断电源检查原因。待查明原因、排除故障后，才能重新启动。新安装或检修后初次投入运行的电动机，应注意电动机的转向是否正确
3	启动多台电动机时，应按容量从大到小一台一台启动，不能同时启动。以免启动电流过大使断路器跳闸
4	电动机应避免频繁启动，防止因频繁启动使电动机过热，缩短电动机的使用寿命。规定如下：在冷态时，可启动两次，间隔时间不得小于 5min；在热态时，可启动一次。当处理事故或电动机启动时间不超过 2～3S 时，可再启动一次。用自耦减压启动时，还要考虑自耦变压器的承受能力

3. 电动机运行中的监视与检查

电动机在正常运行时，重点应监视检查表 14-51 所列内容。

电动机运行中的监视和检查 表 14-51

序号	监 视 检 查 内 容
1	电源电压：不超过额定电压的 ±10%，三相电压不对称的差值不应超过 5%
2	负载电流：不得超过铭牌额定电流，三相电流不平衡的差值不得超过 10%
3	温升：所谓"温升"是指电动机的运行温度与环境温度的差值。三相异步电动机的最高允许温度和最大允许温升应符合表 14-52 规定
4	声音：电动机运行时，电机内部、轴承等部位，不应有摩擦声、尖叫声或其他杂声。电机运转声音没有明显的改变或加大。机旁噪声应小于 85db
5	振动：电动机运行时，应转动平稳，振动无明显加大。轴承处振动允许值不应超过表 14-53 中规定值
6	气味：电动机内部及接线盒处无异味、焦煳味甚至冒烟现象
7	电机接地良好，底脚螺栓紧固，进、出风口畅通，无水滴、油滴或杂物落入电机内部

电动机的允许温度及允许温升（环境温度 40℃） 表 14-52

电动机部位	绝缘等级	允许温度（℃）	允许温升（℃）	测试方式
定子绕组	A	100	60	电阻法
	E	110	70	
	B	120	80	
	F	140	100	
	H	165	125	
转子绕组	A	105	60	电阻法
	E	120	75	
	B	130	85	
	F	140	100	
	H	165	125	

续表

电动机部位	绝缘等级	允许温度 (℃)	允许温升 (℃)	测试方式
定子铁芯	A	105	60	温度法（用酒精温度计）
	E	120	75	
	B	130	85	
	F	140	100	
	H	165	125	
滑环		150	70	温度计法
轴承	滚动	95	—	温度计法
	滑动	80	—	

电动机运行时轴承振动允许值 表 14-53

电机额定转速 r/min	3000	1500	1000	750 及以下
振动允许值（峰峰值）mm	0.05	0.085	0.1	0.12

14.4.6 电动机常见故障分析与处理

1. 常见故障分析

电动机在运行中会发生各种各样的故障，常见故障分析与处理方法参见表 14-54。

三相异步电动机常见故障分析与处理 表 14-54

故障现象	可能原因	处理方法
电源接通后，电动机不能启动	(1) 电源缺相 (2) 启动设备接触不良或一相断线 (3) 定子绕组有断路、短路或接地现象 (4) 传动部分阻塞 (5) 电动机轴弯曲、变形，引起定子与转子之间卡阻	(1) 检查电源及内部配电设备 (2) 检查启动设备并修复 (3) 解体电动机，找出故障点，并修复 (4) 检查传动部分，消除阻塞 (5) 检修转子
电源接通后，电动机稍为动一下，断路器即跳闸（或接触器释放）	(1) 线路或绕组有短路或接地现象 (2) 过电流整定值过小，无法躲过启动 (3) 热继电器整定值过小、被人误动或热继电器损坏 (4) 电机堵转	(1) 检查线路或定子绕组，找出故障点，并消除 (2) 重新计算与整定 (3) 更正刻度或更换热继电器 (4) 检查电机及被带动的负载，是否有卡阻现象，如有应消除
电机启动后，声音异常，噪声大	(1) 电源缺相，电机单相运行 (2) 定子绕组有短路、断线故障，使三相电流不平衡 (3) 转子不平衡或转子扫膛 (4) 机壳裂纹或地脚螺栓松动 (5) 轴承损坏或严重缺油 (6) 风叶碰壳或风扇损坏	(1) 检查电源及相关主回路设备，消除缺相 (2) 解体电动机，找出故障点，并修复 (3) 检修转子、校验动平衡 (4) 修补裂纹、旋紧地脚螺栓 (5) 轴承清洗、加油，或更换轴承 (6) 检修风叶或更换风扇

故障现象	可 能 原 因	处 理 方 法
电动机带负载后，转速明显下降	(1) 电源电压过低 (2) 定子绕组匝间短路 (3) 转子笼条断裂或开焊 (4) 绕线型转子一相断路 (5) 负载过重	(1) 检查电源电压并采取相关措施 (2) 找出故障点，并修复 (3) 检修转子并校验动平衡 (4) 找出断路点并消除 (5) 减轻负载
电动机振动大	(1) 转子不平衡 (2) 联轴器不同心 (3) 地脚螺栓松动 (4) 电机转轴弯曲 (5) 轴承损坏或严重缺油 (6) 风扇叶片损坏	(1) 转子校验动平衡 (2) 联轴器同心度校正 (3) 紧固地脚螺栓 (4) 检修电机转轴 (5) 轴承清洗、加油，或更换轴承 (6) 检修风扇叶片
电动机在运行中过热或冒烟	(1) 电压过低或电压过高，引起电流增大 (2) 电动机单相运行 (3) 三相电压严重不平衡 (4) 定子绕组短路、断路或接地 (5) 负载过重或电机频繁启动 (6) 传动不同心 (7) 电动机轴弯曲、变形 (8) 转子扫膛 (9) 轴承损坏或润滑脂干涸 (10) 周围环境温度过高 (11) 电动机通风散热差或风道堵塞	(1) 检查电源电压并采取相关措施 (2) 检查电源及主回路断路器、熔断器、接触器等器件，消除缺相故障 (3) 检查电源电压及内部有关配电系统设备。找出原因并消除 (4) 修理定子绕组 (5) 减轻负载，避免频繁启动 (6) 校正传动同心度 (7) 检修电动机转子 (8) 电动机解体检查，消除电机扫膛原因 (9) 轴承清洗、加油，或更换轴承 (10) 电机外壳吹风降温 (11) 电机解体清扫检查
电动机轴承过热	(1) 轴承损坏或内部有异物卡住 (2) 润滑油过少或过多，油质不好或混入杂物 (3) 电机轴与外部传动机械连接不同心 (4) 电动机轴弯曲 (5) 转子不平衡 (6) 轴承与端盖机械配合不适度	(1) 检修或调换轴承 (2) 轴承清洗、加油 (3) 校正同心度 (4) 检修电机转子轴并校验动平衡 (5) 转子校验动平衡 (6) 重新加工装配
电动机启动困难或启动时间过长	(1) 电源电压过低 (2) 电动机启动转矩过小 (3) 启动电压降过大 (4) 负载过大	(1) 检查电源电压并采取相关措施 (2) 提高降压启动的电压比例，或改为直接启动 (3) 重新计算供电线路的电压降，若启动时电动机端电压过低，可考虑加粗供电线路 (4) 减低负载
电动机三相电流不平衡	(1) 电源电压不平衡 (2) 绕组匝间短路或接地 (3) 电机单相运行	(1) 检查电源电压，并采取相关措施 (2) 检修定子绕组 (3) 检查电源及主回路断路器、熔断器、接触器等器件，消除缺相故障

故障现象	可能原因	处理方法
电动机运行电流不稳定（电表指针左右摆动）	(1) 电源电压不稳定 (2) 转子断条 (3) 绕线式转子有一相断线或一相电刷接触不良	(1) 检查电源电压及内部的配电系统设备，消除不稳定 (2) 检修电机转子 (3) 找出断路点并消除

2. 事故处理

当运行中电动机开关跳闸时，值班人员应迅速查明跳闸原因，同时启动备用设备，以保证安全供水。在跳闸原因不清的情况下，禁止对跳闸电动机进行再合闸操作。电动机在运行中如出现下列情况之一时，应立即切断电源，停机检查：

(1) 发生人身事故时。

(2) 水泵及附属设备发生故障或损坏而不能送水时。

(3) 电动机冒烟起火。

(4) 轴承损坏，温度超标。

(5) 电流突然大幅增加或减少。

(6) 电动机温升超过允许值。

(7) 电动机单相运行。

(8) 电动机剧烈振动、噪声大或声音异常。

(9) 电动机扫膛、转速突然下降，联轴器失灵或损坏。

(10) 电动机启动设备、机旁避雷柜或无功补偿柜故障。

14.4.7 电动机的维修

电动机是水厂重要电气设备，尤其是取水和送水泵房的电动机，其运转情况直接关系到水厂能否安全、可靠地供水。为了保证电动机安全运转，防止发生故障，必须要加强电动机的维修工作。电动机的维修采用日常保养、定期维护和大修理三级维护检修制度。本节主要以取水、送水泵房的水泵电动机为主要对象。

1. 三级维护检修制度

(1) 日常保养

日常保养为经常性工作，主要是电动机的日常检查、运行监视、设备表面和周围环境的清扫、简单维护等。日常保养由运行值班人员负责。日常保养的主要内容见表14-55。

电动机日常保养内容 表14-55

序号	保养内容
1	电动机运行时监视、检查的各项内容（参见"电动机运行"这一节有关内容）
2	电动机轴承温度、振动的检查与测试，润滑油或润滑脂的补加
3	信号灯、二次熔断器的调换，热继电器刻度的调整
4	高压电动机在停机时，加热装置的投入
5	电动机外部灰尘、油垢的清除，设备周围场地的清扫

（2）定期维护

定期维护是根据设备状况，定期对设备进行的预防性维修。定期维护一般在电动机实际运转2000～4000h后进行，或一年一次。电机定期维护时，设备需吊离基础，作局部解体（转子不抽出）。维护主要为：轴承换脂、电机清扫、接线盒检查、绝缘试验及其他局部小修。定期维护由维修人员担任，具体内容见表14-56。

电动机定期维护内容 表 14-56

序号	定 期 维 护 内 容
1	完成日常维护全部内容
2	清洗或更换轴承、更换润滑油或润滑脂
3	用压缩空气清扫电机内部
4	检查电机绕组端部、引出线、接线盒等处：连接是否可靠，绝缘是否有过热、老化或损坏等
5	检查端盖、轴承盖、风扇、风扇罩等有否损伤，紧固螺栓有否松动
6	检查通风系统及进出风口
7	绕线式电动机应检查电刷的磨损、集电环与电刷的接触等
8	同步电动机应检查励磁系统
9	检查传动装置是否良好
10	检查接地是否良好
11	测量绝缘电阻、吸收比
12	检查、清扫、调整启动设备及其他电机辅助或配套设备

（3）大修理

大修是设备运行相当一段时间后，为恢复设备原有技术状态而进行的检修工作。电动机是否需要大修，应由设备状态决定，通过点检、状态监测、历年试验报告等所提供的信息，通过分析来决定是否需要大修。此外，也可根据使用年限来决定：6～10kV电动机每3～5年大修一次，380V电动机每1～3年大修一次。但当发现异常状况或经试验判明内部有故障时，应提前进行大修。电动机大修时必须全部解体（包括抽出转子）。水厂电动机大修可采用两种方式：对于故障较严重的电动机（如绕组重绕、转子校动平衡、绕组干燥浸漆等），送制造厂或专业修理厂进行大修；对于故障较轻的电动机（如绕组引出线或端部故障、槽楔脱落、端盖或轴磨损等）则可由水厂专业维修人员担任。电动机大修理具体内容见表14-57。

电动机大修内容 表 14-57

序号	大 修 内 容
1	完成定期维护的所有内容
2	清扫定子、转子，尤其是电机的进、出通风道
3	检查定子：绝缘有否受损或老化、槽楔有否脱落、线圈端部接线是否牢固、铁芯齿部有否松散或磨损。出现缺损的，应于修复，包含下列项目：绕组的干燥浸漆、引出线的更换、绕组局部更换或重绕、修复脱落槽楔，修复铁芯局部烧伤、磨损、熔化
4	检查转子：有否动静摩擦痕迹、有否断条或开焊、轴有否磨损、动平衡配重物是否松动或脱落。出现缺损的，应于修复，包含下列项目：转子断条、脱焊修复，动平衡试验，修复转轴弯曲、磨损

续表

序号	大 修 内 容
5	检查电机引出线、接线盒：导线有否老化，接线盒有否接触不良及过热现象
6	检查端盖，有无裂纹、磨损等现象，如有则应通过焊接、喷镀等修复或调换端盖
7	清洗轴承，检查磨损情况，加润滑脂或调换轴承
8	检查和清扫启动设备及电机相关辅助设备，检查电动机的保护装置及其整定值
9	测量绝缘电阻、吸收比、直流电阻、工频耐压试验、振动、噪声，大中型电机还应测量定子和转子的气隙及轴承对机座的绝缘电阻

2. 电动机的拆装

（1）电动机的拆装顺序

电动机拆卸时应谨慎小心，不能鲁莽行事，不可猛力敲击，以免造成二次故障或损坏其零部件。拆卸应按一个合理的顺序，采用恰当的方法，由外向里、一个一个零部件地依次拆卸。在拆卸过程中，一边检查、测试，进一步查找或复检故障部位及原因，与此同时标好标记，以便安装时准确复原各零部件的位置。对有故障的零部件要做好记录。对于可拆可不拆的零部件，特别是不需要修理的零部件或不妨碍维修的零部件尽量不拆，这样既可减小拆装的工作量，又能避免因拆卸不当而损坏。

拆卸交流电动机的顺序一般如下：风罩→风叶→卸下前轴承盖外盖→拆下前端盖→拆下后端盖螺栓→抽出转子（包括后端盖）。

电动机的安装顺序与此相反（电动机安装过程中要注意及时测定定子与转子之间的气隙距离）。

（2）轴承盖的拆装

轴承盖的拆卸较为简单，只要旋下固定轴承盖的螺栓即可。轴承的前后两个外盖拆下后要做好标记，以免将来安装时前后搞错。这里重点介绍安装轴承外盖：先在外盖插入一只螺栓，一手顶住螺栓，一手旋转电动机转轴，使轴承的内盖也跟着转动，当转到轴承内外盖的螺栓孔一致时，及时把螺栓顶入内盖的螺孔内，并旋紧。然后把其余两只螺栓也装上，并旋紧。

（3）端盖的拆装

端盖的拆卸：先在端盖与机座的接缝处标上对正记号，然后旋下固定端盖的螺栓。利用拆卸端盖用的顶丝孔，把一个大小合适的螺栓旋入，逐一轮流旋进，至端盖退出机座为止。

端盖的安装：先除去端盖口脏物，再对准机座上螺栓孔把端盖装上，插上螺栓，按对角线的位置轮番逐渐将螺栓旋紧。注意松紧合适，各螺栓的松紧程度要一致。同时，在旋紧过程中，要随时转动转子，看其是否转动灵活。

（4）抽出转子

小型电动机的转子可用手抬出，但注意不要擦伤铁芯或绕组。对于大、中型电动机，必须用起重设备抽出转子。抽转子的方法有多种，也有专门设备，但用得最多的还是下面的方法：选用一段内径比轴颈大 10～20mm 且管口无毛刺的钢管作为假轴（接长轴），套在轴伸端，套假轴时，轴颈上必须包上保护物。分别用图 14-18、图 14-19 两种方法抽出转子。

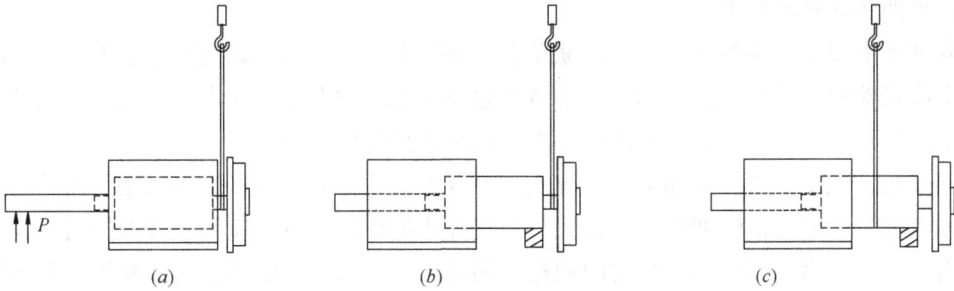

图 14-18　电动机抽出转子方法（一）

图 14-18 为水厂最为常用的抽出转子方法，后端盖一侧用吊车，接长轴一侧用人力（几个人）向上抬住，即图（a）P 处加力，使转子在抽出过程中始终保持在水平位置，避免擦伤铁芯或绕组。图（a）中为待抽芯的电动机，利用行车动力，在转子没有碰到铁芯的情况下，一点一点地缓慢向右移动，逐渐将转子移出机座。图（b）为转子大部分已移出机座外，然后在转子下面垫上木块，并把钢丝绳移到转子重心处，如图（c）所示。最后，拿去接长轴，把转子吊至检修处。

图 14-19 为抽出较大电机的转子时使用，电机轴两侧均使用钢丝绳起吊，电机上部的横木能使两个起吊钢丝绳保持垂直。转子移动使用行车动力，转子移出机座的步骤和图 14-18 相同。

（5）轴承的拆装

滚动轴承拆卸一般采用拉具（或叫拉模、拉令、拔轮器），有两爪和三爪两大类。拆卸时，丝杠应顶正，钩爪要抓牢轴承内圈，以免拉坏轴承。

轴承的装配方法分为热装和冷装两种工艺。热装法是通过对轴承加热，使其膨胀，里圈内径变大后，套到轴承档处。冷却后轴

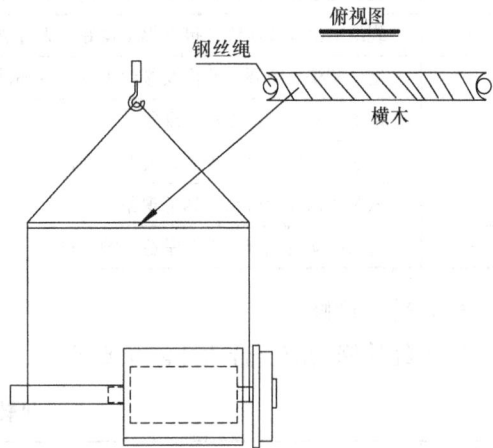

图 14-19　电动机抽出转子方法（二）

承内径缩小，从而与轴形成紧密的配合。但轴承加热温度应控制在 80℃～100℃ 之内，加热时间视轴承的大小而定，一般在 5～10min 之间。加热方法一般为：油煮法及烘箱法。

冷装法：是用套筒敲击的方法。套筒为一段内径略大于轴承内径、厚度略超过轴承内圈厚度的无缝钢管，将其内圆磨光，一端焊上一块铁板。装配时用榔头击打套筒，将轴承逐渐推到预定位置。

（6）联轴器的拆装

联轴器的拆卸：也分为冷拆法和热拆法两种。冷拆法是采用拉具拆卸，热拆法是采用拉具和加热相结合的方法。热拆法主要针对较大直径或用加热法安装的联轴器。联轴器热

拆时，先将拉具安装好并加上可能达到的最大拉力，然后用气焊或喷灯先外后内沿联轴器的表面进行加热。加热过程中当听到联轴器和轴之间发出"嘣"的一声时，应尽快给拉具加力，迅速将联轴器拉下。

联轴器的安装：冷装时，先轻敲联轴器，使其装入一小部分，观察是否上正。然后继续敲击联轴器中心位置，使其到位。为减小阻力可先在轴上涂上少许润滑油，为减少敲击对轴承及轴承盖的冲击力，可采取适当的方法顶住轴的另一端。

热装时，先用烘烤、电加热、气焊或喷灯等方法使待装联轴器受热膨胀，然后迅速地将联轴器安装到电动机轴伸端预定位置。用气焊或喷灯加热时，应沿联轴器的内外表面均匀地进行，并应避免因停留过长时间而造成局部过热变形。此法不会造成联轴器和轴的损伤，轴和联轴器接触紧密，同轴度好。

3. 电动机零部件的检修

（1）定子检修

定子检修后应符合表 14-58 要求。

电动机定子的检修　　　　　　　　　　　　　　　　　　　表 14-58

序号	检修后应达到的标准
1	定子内部清洁、无杂物、无油垢，通风槽清洁
2	绕组无过热现象，无绝缘老化变色现象。导线无脱焊、虚焊，绑线无松动
3	绕组引出线及连线焊接点焊接良好，无过热变色现象
4	定子槽楔无断裂、凸出及松动现象，端部槽楔牢固
5	定子线圈在槽内无松动现象
6	铁芯无擦痕及过热现象，齿部无局部松散现象
7	铁芯硅钢片无松动、锈蚀现象
8	高压电动机线棒上无电晕造成的痕迹

（2）转子检修

转子经检修后应符合表 14-59 要求。

电动机转子的检修　　　　　　　　　　　　　　　　　　　表 14-59

序号	检修后应达到的标准
1	笼形电动机的导电条在槽内无松动现象，导电条和端环的焊接牢固，浇铸的导电条和端环无裂纹
2	转子的平衡块应紧固，平衡螺钉应锁牢
3	转子铁芯表面应无擦伤

（3）轴承的检修

将拆下的轴承进行清洗，然后进行检查：

1）首先查看轴承的滚动体、夹持器和内外钢圈等部分有无破裂、锈蚀和疤痕，有以下情况之一者，应调换轴承：滚珠或滚柱破裂或出现麻坑、保持架碎裂、沟道出现划痕或麻坑、内圈或外圈配合面磨损严重。

2）用塞尺来检查轴承的磨损情况，将塞尺插入轴承外圈与滚动体之间，即可测得径向间隙（滚珠或滚柱与钢圈之间间隙称径向间隙）值。如果间隙超出表14-60的最大允许值，则应更换轴承。

滚动体与钢圈间的径向间隙 表 14-60

轴承内径	径 向 间 隙		
	新滚珠轴承	新滚柱轴承	磨损最大允许量
20～30	0.01～0.02	0.03～0.05	0.10
35～50	0.01～0.02	0.05～0.07	0.20
55～80	0.01～0.02	0.06～0.08	0.25
85～120	0.02～0.04	0.08～0.10	0.30
130～150	0.02～0.05	0.10～0.12	0.35

（4）其他部件的检修

电动机其他部件包括：风扇、端盖、机座等。首先检查这些部件有否破损、裂纹。然后完成下列工作：风扇校静平衡，检查端盖轴承档有否磨损，若有磨损应作处理，如镶套、喷镀、堆焊、粘接等。

4. 电动机的试验

为了保证电动机的修理质量，对已修复的电动机应进行一些必要的试验。大致有以下几项：

（1）装配质量的检查

装配质量检查包括：各部分零件是否齐全、位置是否正确，各处螺栓是否拧紧，转子转动是否灵活、有无摩擦现象，轴承转动是否正常、有无杂声，引出线的标记是否正确，出线盒内接线柱和连接片是否齐全，出线套管是否完整无损。

（2）直流电阻的测定

测量直流电阻一般采用电桥法，小于1Ω的电阻用双臂电桥，大于1Ω的电阻用单臂电桥。测量时引线要尽量短一些，连接点要紧密，尽可能增大接触面积，从而减小接触电阻，提高测量精度。三相绕组直流电阻的不平衡度应小于5%，即：

$$\frac{R_{最大} - R_{最小}}{R_{平均}} < 5\%$$

（3）绝缘电阻的测定

绝缘电阻用兆表测试，额定电压380V及以下的电动机用500V·MΩ表，6～10kV电动机用2500V·MΩ表。应分别测量各相绕组对机壳和各相绕组之间的绝缘电阻值。绝缘电阻值应大于表14-49所示的数值（应折算到同一温度再进行比较），同时也应和本设备历史数值进行比较。500kW以上电机还应测量吸收比，其吸收比R_{60}/R_{15}应大于1.3。

（4）工频耐压试验

只有在电动机绝缘电阻和吸收比合格后，方可进行此项试验。绕组对机壳的交流耐压试验时间为1min，试验电压值见表14-61。

工频耐压试验是破坏性试验，作此试验前应慎重考虑，同时选择合理的试验值。对于容量较大的电动机，建议用直流耐压来取代工频耐压，一方面可大大减小试验变压器的容量，另一方面可减小试验风险。

定子绕组交流工频耐压标准（kV） 表 14-61

额定电压	≤0.4	0.5	2	3	6	10
试验电压	1	1.5	4	5	10	16

（5）电动机定、转子之间的气隙测定

本项试验应提前在电动机装配时进行。电动机定、转子之间各处的气隙差别应符合下述公式要求：

$$\frac{\delta_{最大} - \delta_{最小}}{\delta_{平均}} < 5\%$$

（6）振动测定：电机试运行时进行，轴承处振动值应小于表 14-53 所列允许值。

5. 动机完好标准

电动机完好标准如下：

（1）运行电流不超过额定值，电流指示稳定，无周期性摆动。三相不平衡电流不超过 10%；

（2）温升不超过允许温升；

（3）滚珠或滚柱轴承极限温度不超过 95℃，滑动轴承瓦温度不超过 80℃；

（4）电刷与滑环（或整流子）的接触面不小于 80%，滑环（或整流子）表面应无凹痕，清洁平滑；电刷压力正确，表面无打火现象。同步电动机的滑环极性应每年更换 2～3 次。同一电机应使用同品质的电刷。绕组表面不得留有电刷磨损留下的金属粉粒；

（5）具有无功补偿的同步电动机宜以过励方式运行，励磁电流不应超过转子绕组的额定电流；

（6）电机转动灵活，没有中途死点。运转时没有擦铁芯现象，声音、振动均正常。电机轴承处的振动不得超过表 14-53 所列的允许值。电机的噪声应小于 85dB；

（7）电机进风与出风口应保持畅通；

（8）引出线接线盒内不应有过热、烧伤、腐蚀现象，导线绝缘良好，绝缘子完好无损；

（9）轴承油位正常，油脂加注适当，油或油脂牌号正确，质量合格，油中无水分或杂质；

（10）电机绝缘电阻应大于表 14-49 所列数值（折算至同一温度时比较）；对于容量大于 500kW 的高压电动机还应测量吸收比，其值应大于 1.3；

（11）设备没有跑、冒、滴、漏，外壳接地良好；

（12）设备外观整洁、防锈良好，无油污或锈迹，铭牌标志清楚。

14.5 高压电器及高压柜的运行与维护

14.5.1 概述

高压电器是水厂配电系统中的重要设备，它的性能直接影响到安全供水，因此高压电器的正确使用、安全运行、精心维护是水厂电气人员面临的一个重要任务。高压电器的种类很多，按照它在电气系统中的作用，可分为：

1. 开关电器：如断路器、隔离开关、负荷开关、接地开关等。

2. 保护电器：如熔断器、避雷器。

3. 测量电器：如电压互感器、电流互感器。

4. 限流电器：如电抗器、电阻器。

5. 其他电器：如电力电容器。

6. 成套电器：如高压开关柜。

高压电器应满足下列要求：

(1) 绝缘安全可靠。既要能承受工频最高工作电压的长期作用，又要能承受内部过电压和外部（大气）过电压的短期作用。

(2) 在额定电流下长期运行时其温升合乎国家标准，且有一定的短时过载能力。

(3) 能承受短路电流的热效应和电动效应而不致损坏。

(4) 开关电器应能安全可靠地关合和开断规定的电流，测量电器应具有符合规定的测量精度。

14.5.2 高压断路器

1. 断路器简介

(1) 断路器的作用

高压断路器不仅可以切断和接通正常情况下高压电路中的空载电流和负荷电流，还可以在系统发生故障时与保护装置相配合，迅速切断故障电流，将故障设备与正常设备隔离开，防止事故扩大，保证系统的安全运行。

(2) 断路器的分类

在 10 (6) kV 系统中，常用的断路器有少油、真空、六氟化硫等几种。真空断路器由于具有体积小、重量轻、开断容量大、维护工作量小、能防火防爆、操作噪声小等特点，得到了广泛的使用并逐渐取代了少油断路器，少油断路器已被逐渐淘汰。六氟化硫断路器主要应用在 35kV 以上系统，在 10kV 系统中使用得较少。

在中压领域，特别在 12kV 级，真空断路器已成为主流产品。真空断路器之所以如此辉煌，这与真空断路器技术的不断进步分不开。固封极柱技术，这就是真空断路器技术巨大进步的体现。真空断路器的极柱绝缘经历了空气绝缘-复合绝缘-固封绝缘。这就形成了三代真空断路器。

(3) 对断路器的基本要求

1) 工作可靠，在额定条件下，应能长期可靠地工作。

2) 应具有足够的断路能力，尤其在短路故障时，应能可靠地切断短路电流，并保证具有足够的热稳定度和动稳定度。

3) 具有尽可能短的切断时间。当电力网发生短路故障时，要求断路器迅速切断故障电流，这样可以缩短电力网的故障时间和减轻短路电流对电气设备的危害。因此，分闸时间是高压断路器的一个重要参数。

4）结构简单、价格低廉。

2. 断路器的主要技术参数（表 14-62）

断路器主要技术参数   表 14-62

序号	名 称	含 意
1	额定电压	是指断路器能承受的正常工作电压，额定电压指的是线电压
2	最高工作电压	断路器有可能在高于额定电压下长期工作，因此规定了断路器有一最高工作电压。按国家规定，最高工作电压为额定电压的 1.15 倍
3	额定电流	是指断路器可以长期通过的工作电流
4	额定断开电流	在额定电压下，断路器能可靠切断的最大电流，它表明了断路器的断路能力
5	动稳定电流	表明断路器在冲击短路电流作用下，承受电动力的能力。这个值的大小由导体及绝缘等部分的机械强度所决定
6	热稳定电流	是指断路器在某规定时间内，允许通过的最大电流。热稳定电流表明断路器承受短路电流热效应的能力
7	合闸时间	对有操动机构的断路器，自发出合闸信号（即合闸线圈加上电压）起，到断路器接通时为止所需的时间。一般合闸时间大于分闸时间
8	分闸时间	是指从发出跳闸信号（即跳闸线圈加上电压）起，到断路器开断至三相电弧完全熄灭时为止所需的全部时间。分闸时间为断路器固有分闸时间与电弧熄灭时间之和。一般分闸时间为 0.06～0.12s

3. 真空断路器的维护

（1）真空断路器的运行检查

真空断路器在运行中，需巡视检查的项目见表 14-63。

真空断路器巡视检查项目   表 14-63

序号	检 查 内 容
1	分、合闸位置指示正确，并与当时实际运行情况相符
2	支持绝缘子无裂纹及放电声，绝缘杆、撑板、绝缘子上无尘土
3	真空灭弧室无异常
4	保护接地装置完好；引线接触部分无过热，引线松、紧度适当
5	弹簧操纵机构箱门平整、开启灵活、关闭紧密
6	断路器在运行状态，储能电动机的电源闸刀应在合上位置
7	检查储能电动机，行程开关接点无卡住和变形，分、合闸线圈无冒烟和异味
8	断路器在分闸备用状态时，分闸连杆应复位，分闸锁扣到位，合闸弹簧应贮能

（2）真空断路器的维护（表 14-64）。

真空断路器的维护   表 14-64

序号	维 护 内 容
1	不带电部分进行定期清扫
2	设备停电时，进行传动部位检查，清扫瓷瓶积存的污垢及处理缺陷

续表

序号	维 护 内 容
3	结合设备停电对所有摩擦部位填加润滑油
4	配合设备停电机会，检查各部位螺钉有无松动，发现松动及时拧紧
5	在设备停电时，检查辅助开关触点，若有烧损，应及时更换

4. 常用的几种真空断路器产品介绍

(1) VS1 真空断路器

VS1（ZN63A-12）型真空断路器是国内设计的产品，其主要性能和外观均达到国外同类产品先进水平。该断路器功能齐备，操作使用安全方便、可靠性高。断路器既可单独使用，也可用于中置式开关柜和固定式开关柜以及无油化改造，并可与国外同类型产品实现完全互换。VS1 真空断路器可进行频繁的操作，具有多次开断和快速重合闸的能力。

断路器符合 GB 1984—89《交流高压断路器》、JB 3855—85《10kV 户内交流高压真空断路器》、DL 403—91《10—35kV 户内高压真空断路器订货技术条件》和相关的 IEC 标准，并具有可靠的联锁功能。国内生产 VS1 真空断路器的厂家非常多，产品质量差别较大，为保证质量，精心选择厂家是必要的。VS1 真空断路器的设备外形参见图 14-20，技术参数见表 14-65。

(2) VD4 真空断路器

VD4 真空断路器是由 ABB 公司生产的一款以空气为绝缘的户内开关设备产品，断路器符合 GB1984、DL/T403、德国 E0670 与 IEC60056 及 60694 等标准的规定。VD4 断路器可在工作电流范围内进行频繁的操作或多次开断短路电流；机械寿命可高达 30000 次，满容量短路电流开断次数可高达 100 次。VD4 真空断路器适用于重合闸操作并有极高的操作可靠性与使用寿命。断路器在开关柜内的安装形式既可以是固定式，也可以是可抽出式，还可以安装在框架上使用。该断路器性能优良，但价格也较贵。VD4 真空断路器在国内由厦门 ABB 开关有限公司生产。VD4 真空断路器的外形参见图 14-21，技术参数见表 14-66。

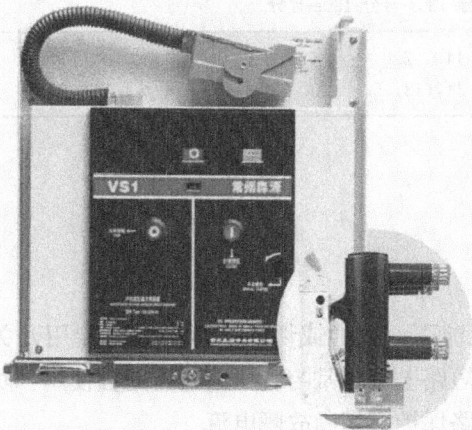

图 14-20 VS1 真空断路器外形图

图 14-21 VD4 真空断路器外形图

VS1 真空断路器技术参数 表 14-65

项 目		单 位	参 数
额定电压		kV	3.6、7.2、12
额定频率		Hz	50
断路器额定电流		A	630、1250、1600、2000、2500、3150
额定热稳定电流（4s）		kA	16、20、25、31.5、40、50
额定动稳定电流（峰值）		kA	40、50、63、80、100、125
额定短路开断电流		kA	16、20、25、31.5、40、50
额定短路关合电流（峰值）		kA	40、50、63、80、100、125
额定绝缘水平	1min 工频耐受电压	kV	42
	雷击冲击耐受电压	kV	75
额定操作			分-0.3s-合分-180s-合分
额定短路开断电流开断次数		次	50
机械寿命			2000

VD4 真空断路器技术参数表 表 14-66

项 目		单 位	数 据
额定电压		kV	12
额定绝缘水平	1min 工频电压	kV	42
	雷电冲击耐受电压（峰值）	kV	75
额定频率		Hz	50
额定电流		A	630，1250，1600，2000，2500，3150
额定短路开断电流（有效值）		kA	16，20，25，31.5，40，50
额定峰值耐受电流		kA	40，50，63，100，125
额定短时耐受电流		kA	16，20，25，31.5，40，50
额定操作顺序			自动重合闸：分-0.3s-合分-180s-合分 非自动重合闸：分-180s-合分-180s-合分
分合闸机构电源额定电压		V	AC：110，220 DC：24，48，60，110，220

14.5.3 负荷开关

1. 负荷开关简介

（1）负荷开关的作用

高压负荷开关是用来在额定电压和额定电流下，接通或切断高压电路的专用开关设备，只允许接通或开断负载电流，不允许开断短路电流，常与高压熔断器配合使用：负荷开关切断负荷电流，高压熔断器用作过流和短路保护，切断故障电流。

高压负荷开关具有结构简单、动作可靠、造价低廉等特点，广泛应用于小功率电路中，作为手动控制设备。

(2) 负荷开关的分类

高压负荷开关按工作原理可分为：产气式、压气式、真空、SF6 等几种。

产气式负荷开关的工作原理是：闸刀的中部装有灭弧管，灭弧管采用固体产气元件，在电弧的高温下产生大量气体，沿喷嘴高速喷出，形成强烈的纵吹作用，使电弧很快熄灭。产气式负荷开关常用的产品有 FW4—10、FW5—10 等。

压气式负荷开关的工作原理是：负荷开关操作时，主轴带动活塞压缩空气，使压缩空气从喷嘴中高速喷出以吹熄电弧。压气式负荷开关常用的产品有 FN11—12、FN12—12 等。

产气、压气负荷开关相当于隔离开关加上简单的灭弧装置，因此具有明显的断开点，能起隔离开关的作用。

真空负荷开关，断开点在真空泡的灭弧室内，只能开断，不能隔离电路。所以一般在电源侧要加上一个隔离开关。真空负荷开关常用的产品有 FZN25—12、FZN21—12 等。

六氟化硫负荷开关，一般做成双断口、三工位，即接通、断开、接地三个位置。由于 SF6 负荷开关，其开断距离是以"零表压"不击穿设计。同时，开关采用同轴内装式"状态指示牌"，能明显指示主开关处于"接通"、"断开"、"接地"状态，因此在电源侧一般不用加装隔离开关。用得较多的产品是 FLN36—12 及 ABB 公司的 SFG 等。

2. 负荷开关的维护

负荷开关的维护必须在切断电源情况下，采取完备的安全措施后，才能进行。其检查内容如表 14-67 所示。

负荷开关的检查与维护　　　　　　　　　　表 14-67

序号	检 查 内 容
1	检查负荷电流是否在额定电流范围内，接点部分有无过热现象
2	检查瓷绝缘的完好性及有无放电痕迹
3	检查灭弧装置的完好性，消除烧伤、压缩时漏气等现象
4	柜外安装的负荷开关，应检查开关与操作手柄之间的安全附加挡板装设是否牢固
5	连接螺栓是否紧固、接地是否良好
6	操作传动机构各部分是否完整，动作应无卡劲，所有机械摩擦部分应涂以中性凡士林
7	三相是否同时接触，中心有无偏移等
8	带有熔断器的负荷开关，应检查熔断器是否完好
9	全部检修调试完成后，投入运行前应进行不少于 5 次的分、合闸操作

14.5.4 隔离开关

1. 隔离开关简介

隔离开关又名隔离闸刀，它没有专门的灭弧结构，所以不能用来切断负荷电流和短路电流。使用时应与断路器相配合，只有在断路器断开电路后才能进行操作。

隔离开关在电力系统中的主要用途为：

(1) 将电气设备与带电部分隔离，以保证被隔离的电气设备有明显的断开点能安全地进行检修。

（2）通过隔离开关可改变系统的运行方式。

（3）接通和断开小电流电路，如电压互感器、避雷器等。

常用的隔离开关产品有 GN6—10、GN8—10、GN10—10 等，高压手车式开关柜中的隔离手车，实际上也是起着隔离开关的作用。

2. 隔离开关的维护

隔离开关的巡视检查：

（1）接头和触头不应有过热现象，可用示温片进行监视。

（2）绝缘子无裂纹、电晕和放电现象。

隔离开关定期在停电情况下进行维护，应达到表 14-68 标准。

隔离开关维护标准   表 14-68

序号	维 护 标 准
1	操作连杆及机械部分：无损伤，不锈蚀；各机件连接紧固，位置正确，无歪斜、松动、脱落等不正常现象
2	刀片和刀嘴（或触头）应无脏污、烧伤、过热痕迹
3	闭锁装置良好
4	手动分、合闸过程中，应无阻滞或卡劲现象，动静触头配合良好，三相同期性符合要求
5	设备接地良好

14.5.5 电压互感器、电流互感器

1. 互感器简介

在电力系统中，由于绝缘要求、仪表制造工艺等方面的原因，用电气仪表直接去测量大电流和高电压是不可能的。为此，在电力系统中采用了电流互感器（简称 CT）和电压互感器（简称 PT），这是电流和电压的变换装置。电流互感器是将大电流变成小电流，电压互感器是将高电压变成低电压。由于采用了互感器，测量仪表和保护装置均接在互感器的二次侧，不直接与高电压或大电流电路连接，从而保证了仪表和人员的安全。

电流互感器的二次测额定电流均为 5A(安培)，电压互感器二次侧额定电压均为 100V(伏)(线间电压)，这使得仪表和继电保护装置标准化，简化了制造工艺并降低了成本。

电流互感器和电压互感器的工作原理基本上和变压器相同。常用的电压、电流互感器产品有 JDZ—10、JDZX—10、LZZ—10、LZZB—10 等。互感器的外形参见图 14-22、图 14-23。

图 14-22　电压互感器 JDZ(X)外形图　　图 14-23　电流互感器 LZZ(B)外形图

2. 电流互感器的接线

(1) 三相星形接法

三相星形接法是用三只单相电流互感器连接成星形来测量三相电流，如图 14-24 所示。A1 显示的是 A 相电流，A2 为 B 相，A3 为 C 相。

(2) 三相不完全星形接法

三相不完全星形接法是用二只单相电流互感器连接成不完全星形来测量三相电流，如图 14-25 所示。A1-A 相电流，A2-B 相电流，A3-C 相电流。

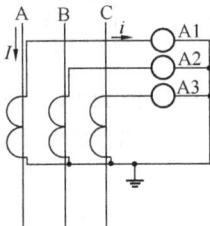

图 14-24　电流互感器的
星形接法

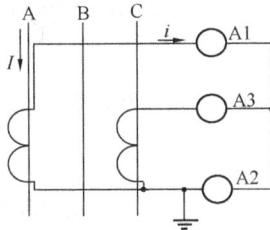

图 14-25　电流互感器的
不完全星形接法

3. 电压互感器的接线

(1) V/V 接线

V/V 接线是用二只电压互感器通过 V 形连接来测量三相电压，V 形连接只能测量线电压。具体参见图 14-26。

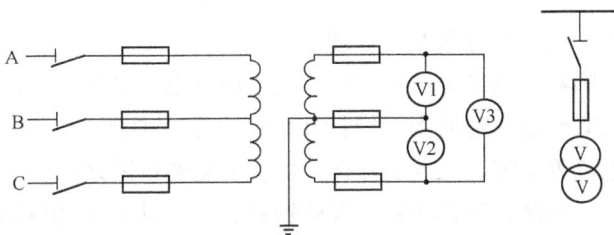

图 14-26　电压互感器的 V/V 接法

(2) Yn/yn 接线

Yn/yn 接线是用三只电压互感器通过 Y 形连接来测量三相电压，Y 形连接不但能测量线电压，而且还能测量相电压。具体参见图 14-27。

带有剩余电压绕组的电压互感器接线参见图 14-28。这种电压互感器二次侧有两套绕组，yn 形接线的二次绕组称为基本二次绕组，用来接仪表、继电保护装置及绝缘监察电压表；开口三角形的二次绕组，称为辅助绕组（或称剩余电压绕组），用来连接监察绝缘用的电压继电器。在系统正常运行时，开口三角形两端的电压接近零，当系统发生一相接地时，开口三角形两端出现零序电压，使电压继电器吸合，发出接地预告信号。

4. 电流互感器的运行和维护

(1) 电流互感器的巡视和检查

电流互感器在运行中，应经常检查，检查项目见表 14-69。

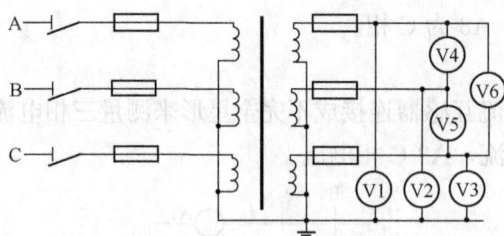

图 14-27　电压互感器的 Yn/yn 接线

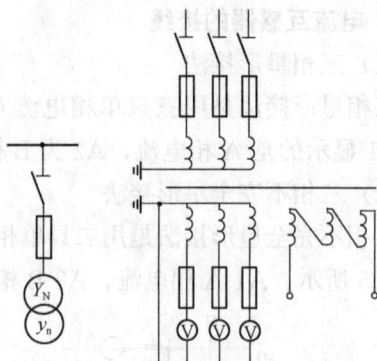

图 14-28　带有剩余电压
绕组的电压互感器接线

电流互感器巡视检查项目　　　　　　　　表 14-69

序号	检 查 项 目
1	瓷套管或其他绝缘介质清洁完整，无裂纹、破损或放电现象；绝缘体表面（环氧树脂）无爬电、碳化、龟裂
2	一次回路各接点无过热、变色现象
3	二次回路各连接点接触良好，无开路现象
4	无声响、无异味；声响较大时提示二次回路可能开路
5	电流互感器所连接的表计指示是否正常，电流表无指示提示二次回路可能开路

（2）电流互感器二次回路开路及其处理

运行中的电流互感器，其二次侧负载均为仪表或继电器电流线圈，阻抗非常小，运行接近于短路状态，此时铁芯中磁通密度维持在较低水平，通常在 1000 高斯以下。当二次回路开路后，二次电流等于零，二次电流产生的去磁磁通也随之消失了。这样，一次电流全部变成励磁电流，使电流互感器的铁芯骤然饱和，此时铁芯中的磁通密度可高达 18000 高斯以上，这将产生以下后果：

1）由于磁通饱和，磁通变为平顶波，二次绕组产生的感应电势出现了尖顶波，将产生数千伏的高压，对二次绝缘、设备、人员构成威胁。

2）铁芯损耗增加，严重发热，绝缘有烧坏的可能。

3）将在铁芯中产生剩磁，使电流互感器比差和角差增大，影响计量的准确性。

4）开路点可能出现打火现象，电流表回零，电力表指示偏低，电能表转速变慢。

5）当保护回路开路时，一旦高压回路发生故障，保护拒动造成越级跳闸，使事故范围扩大。

所以电流互感器在运行中是不能开路的。如果发现电流互感器二次侧有开路故障，应及时进行修复。

在电流互感器二次回路上工作，可以不停电进行，但需履行第二种工作票。同时注意如下事项：

1）工作时应有人监护，使用绝缘工具，并站在绝缘垫上。

2）为了方便工作，可将电流互感器二次侧在适当地方临时短路，但要注意不要引起保护误动。短路应妥善可靠，严禁用导线缠绕。

3）工作必须认真、谨慎，不得将回路永久接地点断开。

5. 电压互感器的运行和维护

（1）电压互感器的巡视和检查

电压互感器在运行中检查按表 14-70 进行。

表 14-70

电压互感器巡视检查内容

序号	检 查 内 容
1	瓷质套管或其他绝缘介质无裂纹、破损、或放电现象，绝缘体表面（环氧树脂）无爬电、碳化、龟裂等
2	音响正常，无异味。尤其是当系统一相接地时，观察音响有无异常、有否出现异味
3	一次、二次回路各接点接触良好，无过热变色现象
4	电压互感器二次回路熔断器有无熔断，所接的各种表计指示是否正确

（2）电压互感器一次侧熔丝熔断的原因和处理

运行中的电压互感器经常遇到的故障是一次侧熔丝熔断。一次侧熔丝熔断常见原因有以下几个方面：

1）雷电感应过电压：瞬时通过电压互感器的激磁电流剧增，使高压熔断器熔断。

2）当系统发生一相接地时，未接地两相的对地电压将升高 $\sqrt{3}$ 倍，此外，当发生一相间隙性电弧接地时，将产生数倍过电压。电压升高时，使电压互感器铁芯饱和，电流急剧增加，使熔丝熔断。

3）系统发生铁磁谐振：10kV（千伏）系统中，由于电缆线路大量的使用，与电压互感器相配合，形成了可能产生谐振的条件。加之目前市场上有些电压互感器产品励磁特性不良，极易产生铁磁谐振。

系统谐振时，电压互感器将产生过电压、过电流，使高压熔丝熔断，甚至烧毁电压互感器。

4）电压互感器内部故障，如：匝间、层间或相间短路，电流突然增大，使熔丝熔断。

电压互感器高压熔断器熔断时，应及时调换同型号的备品熔断器。调换应在停电情况下进行（履行第一种工作票）。电压互感器的熔断器，常用型号为 RN2－10，其熔丝为镍铬合金材料，额定电流为 0.5A（安），电阻为 93Ω（欧）左右，有限制短路电流的作用，其额定断路容量可达 1000 兆伏安。不能随意用其他型号的熔断器来代替使用，否则将造成电弧不能熄灭，烧毁设备，甚至酿成更大的系统停电事故。

14.5.6 微机综合保护装置

1. 概述

变电所常规采用集中式二次系统：把测量、控制、保护、信号等线路接入主控室，同时设置各类小母线，把不同柜、屏的同类回路集中在一起。由于大量的、复杂的、交叉的二次回路电缆连接，使这种系统变得非常复杂，可靠性降低、维护工作量增大。微机综合

767

保护监控系统的出现，使变电所二次系统这些不足之处得到了根本性的改变。

微机保护监控系统采用分层、分布、分散式结构，整个系统分成两层：间隔层和集控层（后台）。间隔层可分散安装在各开关柜上，各间隔单元相对独立，通过先进的 CAN 网络互联。原先开关柜内保护、测量、控制、信号等回路中的各种元器件，现在全部由一个小机箱来代替。这种系统具有明显的优点：运行维护方便，可靠性高；任一部分设备有故障时，只影响局部；变电所内可减少大量二次电缆和屏、柜，节省了投资；系统具有可扩展性和灵活性；同时，为变电所的现代化、无人值班提供了必要条件。

2. 综合保护监控系统简介

综合保护监控系统网络见图 14-29。

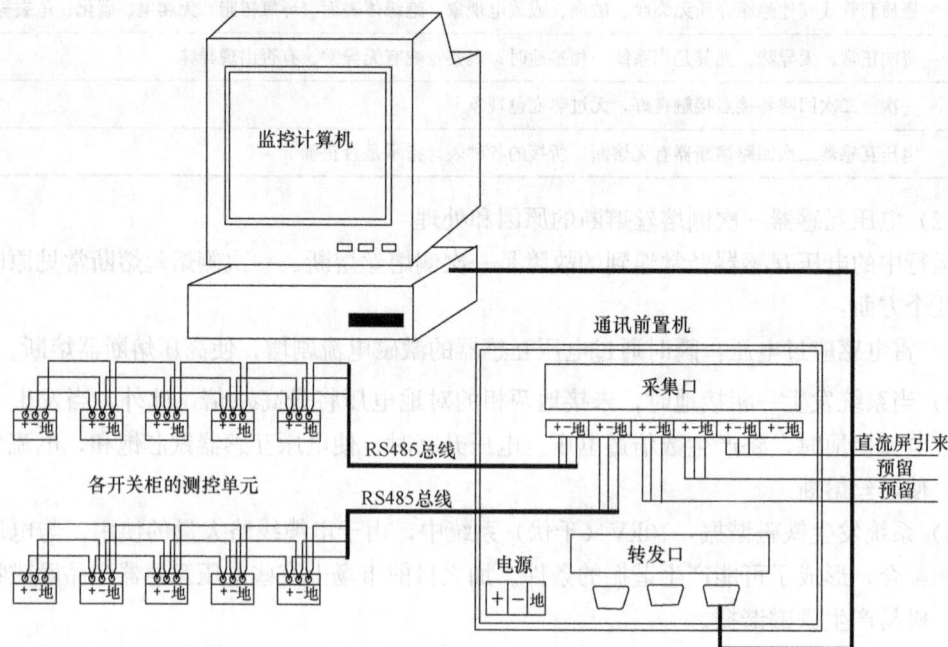

图 14-29 变电所综合保护监控系统网络图

从图中可看出：变电所内二次回路的连接非常简洁，中央信号屏、控制屏等均被取消，各柜的测控单元自成一个小系统，独立地完成本柜的控制、保护、测量、信号等任务。这种系统在预防性试验、定值的校对和修改、故障的查询等都非常方便，遇到类似直流系统接地等二次回路故障时，查找起来也容易。一个先进的现代化水厂应优先选用这种系统。

14.5.7 高压成套装置

高压成套装置，又称高压开关柜，是以开关为主的成套电气设备，它用于配电系统，作接受和分配电能之用。根据主接线的要求，它将各类高压电器按一定的顺序，装配在金属柜内。

1. 高压开关柜简介

目前，水厂使用中的 10kV 高压开关柜有三种类型：固定柜、手车柜、环网柜。

（1）固定式开关柜

固定式是指柜内所有元器件都有相对固定位置，不能移动。其产品有 GG1A、XGN2 等。

GG1A 是半封闭式（母线外露）的早期高压开关柜，虽然有结构简单、价格较低的优点，但由于体积偏大、安全性差、五防联锁不完善、维修不便等缺点，使用已越来越少。

XGN 是箱型金属封闭间隔式开关柜，是 GG1A 的替代产品，具有以下优点：采用金属封闭间隔式结构，模块化组装。整个开关柜分为 4 个间隔：断路器室、母线室、电缆室、仪表室。机械联锁达到五防要求。缺点是各个间隔相通，容易造成故障扩大。XGN2－12 的外形图参见图 14-30。

（2）手车式开关柜

手车式是指柜内断路器等器件通过小车可以移出，便于检修。手车柜产品主要有 JYN2-10、KYN1-10、KYN28-12、KYN18-12 等几种。

JYN2-10 是交流金属封闭移开式开关柜，是早期的手车柜。采用落地手车，整个开关柜分为 4 个间隔：手车室、母线室、电缆室、仪表室。但由于采用非金属隔板，安全性较差。

KYN1-10 是交流金属铠装移开式开关柜。落地手车，整个开关柜也分为四个间隔：手车室、母线室、电缆室、仪表室。但外壳和主要功能单元全部用金属隔板封闭，形成整体接地，安全性能好。开关柜的各项性能优于 JYN2-10。

图 14-30 XGN2-12 箱型金属封闭间隔式开关柜

KYN28-12 是交流金属铠装移开式开关柜，它是根据 ABB 公司的 ZS1 手车柜，国内研究开发的，它又称 GZS1 手车柜。它采用先进的中置手车结构，断路器置于柜体中部，利用滑架和滚轮，推入、拉出手车十分轻便。在每一配电室内，备有一辆维护小车，它可将柜内的断路器移到柜外，因此，没有落地手车推、拉不便的缺点。中置手车柜比落地手车柜有非常大的优越性，也正是因为这个原因，使中置式手车柜得到了非常广泛的使用。KYN28-12 的外形图参见图 14-31。图中中置手车已拉出柜外。

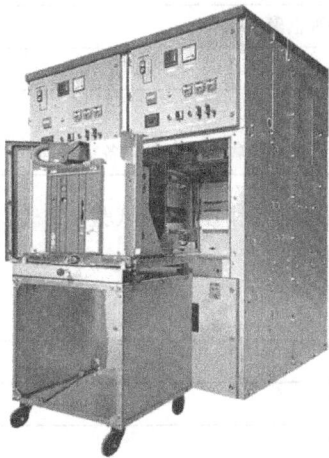

图 14-31 KYN28-12 中置式手车柜外形

KYN18-12 柜的各种性能、结构和上述 KYN28-12 柜相似，它是根据西门子公司 8BK-20 手车柜，由国内研究开发的。KYN18-12 的外形图参见图 14-32。下部门打开，才能拉出手车。

目前国产 KYN28-12、KYN18-12 完全可以替代当今世界先进水平的 ABB 公司的 ZS1、SIEMENS 公司 8BK-20 的产品。

（3）环网柜

环网柜是一种间隔式固定柜，柜体分为开关室、母线室、电缆室、操作机构与控制保护室。柜内主要配置为负荷开关、撞针式熔断器。负荷开关能接通和分断负载电流，熔断器切断故障电流，同时，弹出的撞针使负荷开关脱扣跳闸。

环网柜中的负荷开关的类型可以选择为：压气式、真空式、SF6 式等几种。目前以 SF6 式环网柜使用得最为广泛。环网柜具有体积小、可靠性较高、操作安全、维护方便、性价比好等优点，在电力系统城网改造及用户变电所得到了广泛的使用。

一些小水厂或以重力流进、出水的水厂（没有进水、出水泵房）可考虑使用环网柜。因为这类水厂用电量少、设备单机功率较小。尤其是电源引自城市环网系统开闭站的水厂，更适宜使用，因为电源侧用的都是没有继电保护的环网柜，没有理由认为下级用户侧反而需要采用具有继电保护的中置柜。

图 14-32　KYN18-12
中置式手车柜外形图

对于用电量较大、设备单机容量较大，或电源以专线形式直接引自电力局 35kV、110kV、220kV 变电所的水厂，用环网柜是不适合的。

常用的环网柜产品有：施耐德公司的 SM6、ABB 公司的 Uniswitch、国产 HXGN-12 等。

2. 固定式高压开关柜的巡视检查与维护

运行中的高压开关柜，应进行巡视检查。有人值班的变配电所，每班至少一次；无人值班的变配电所，每星期内白天和夜间各一次。遇有大风、暴雨、霜、冰、雪等恶劣天气还应进行特殊巡视。巡视检查项目如表 14-71 所示。

固定式高压开关柜的巡视检查　　　　　　　　　表 14-71

序号	检 查 内 容
1	母线和各接点是否有过热现象，示温蜡片是否熔化
2	开关柜中各电气元件在运行中有无异常气味和声响
3	一次回路各绝缘体有无碎裂、闪络、放电痕迹
4	操作机构的分合闸指示及指示灯显示是否和断路器实际状态相符
5	仪表、信号、指示灯等指示是否正确，保护压板及转换开关的位置是否正确
6	二次回路各继电器、开关、熔断路、电缆、端子连接等是否良好
7	设备接地是否良好
8	高压配电室的通风、照明及安全防火装置是否齐全，电缆沟是否积水，防小动物设施是否完备

除了巡视检查外，高压开关柜还应定期对设备进行清扫、检查和预防性试验。一般一年一次。维护检查内容见表 14-72。

固定式高压开关柜的维护　　　　　　　　　表 14-72

序号	维 护 内 容
1	瓷瓶、绝缘套管是否清洁，有无破损、裂纹及放电痕迹
2	检查母线等各连接处连接是否坚固、接触是否良好
3	检查断路器和隔离开关的操作系统：分合闸应灵活、触头接触良好、三相同期性符合要求，各部位的销子、螺栓等紧固件不得松动和短缺

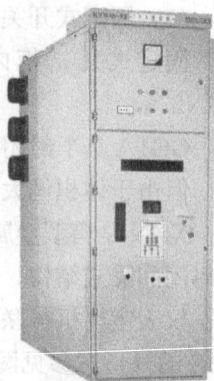

序号	维 护 内 容
4	检查断路器和隔离开关的机械联锁是否灵活可靠，如采用电磁连锁装置，则需通电检查电磁锁动作是否灵活，开闭是否准确
5	一次与二次回路电气试验

3. 手车式高压开关柜的巡视检查与维护

手车式高压开关柜的巡视检查与固定式开关柜相同。

手车式高压开关柜也应定期进行清扫、检查、维护、试验。一般一年一次。检查项目见表 14-73。

手车式高压开关柜的维护   表 14-73

序号	维 护 内 容
1	检查手车推入、拉出的灵活情况，以及手车 3 个位置的定位情况
2	检查动、静触头中心线是否一致，接触是否紧密，测量接触电阻，应小于 $100\mu\Omega$
3	检查断路器、推进机构、接地闸刀之间的联锁机构是否完好
4	检查触头盒的安全隔板启闭是否灵活
5	检查手车定位的限位开关是否完好
6	检查二次回路插接件连接是否紧密，接触是否良好，柜内照明是否完好
7	一次与二次回路电气试验

4. 高压开关柜完好标准

高压开关柜包括：断路器柜、隔离柜、压变柜、避雷器柜、电容器柜、计量柜、环网柜等。完好标准如下：

(1) 手车进出灵活、定位准确；一次、二次触头插接正确、接触良好；小车互换性良好；

(2) 操作机构的操作性能良好，无卡阻现象，无合不上或跳不掉的情况；辅助开关接触良好；

(3) 五防装置及联锁装置完好；

(4) 信号、控制、仪表、继电保护装置完好；

(5) 柜内一次回路器件（断路器、压变、流变、避雷器、电容器、熔断器、所用变、接地闸刀、瓷瓶、套管等）完好；

(6) 油位正常、无渗漏油，油绝缘强度符合要求；

(7) 柜内设备、继电保护等的预防性试验未超过周期；

(8) 设备外观清洁，油漆完好，标志清晰。房屋无漏雨或渗雨；通风良好，防小动物设施良好；

(9) 开关柜技术档案齐全（包括电气原理图、二次接线安装图、端子排布置图、预防性试验报告、事故跳闸记录等）；

(10) 设备外壳接地良好；

(11) 固定开关柜闸刀应接触良好，三相同步，操作灵活；

（12）安全用具及消防器材配备齐全；

（13）二次回路线路整齐规范，套管及元器件线号清楚。

14.6 低压电器及低压柜的运行与维护

14.6.1 概述

电能的生产和传输均采用高电压，而对电力的使用，却大多数是低电压。电能的分配和使用需要各类低压电器，据统计，每 1000kW 发电容量需要 10000 件低压电器相配套。随着生产和科学的进步，低压电器的品种越来越多，使用越来越广，低压电器已渗透到生活中的每个角落。

低压电器的种类繁多，但就其用途和所控制的对象，可概括为以下两大类：

第一类为低压配电电器，这类电器包括刀开关、转换开关、熔断器、断路器及保护继电器。主要用于低压配电系统中，要求在系统发生故障情况下动作准确、工作可靠，有足够的热稳定性和动稳定性。

第二类为低压控制电器，这类电器包括控制继电器、启动器、接触器、控制器、调压器、主令电器、变阻器等。主要用于电力传动系统中，要求寿命长、体积小、工作可靠。

低压电器通常按其种类分为 12 大类：刀开关、熔断器、断路器、控制器、接触器、启动器、控制继电器、主令电器、电阻器、变阻器、调压器、电磁铁。下面我们主要介绍一些水厂常用的低压电器及其成套设备。

14.6.2 低压断路器

1. 简介

低压断路器用于对配电线路、电动机或其他用电设备的不频繁通断操作，当电路中出现过载、短路和欠电压等不正常情况时，能自动分断电路，保护用电设备免受损害。漏电保护断路器除了具备一般断路器的功能外，还可以在电路或用电设备出现对地漏电或人身触电时能迅速分断故障电路，保护人身及用电设备安全。

断路器按结构分类，可分为框架式和塑壳式两类。

框架式断路器为敞开式结构，在操作上可以通过各种传动机构实现手动（直接操作，储能操作，杠杆连动等）或自动（电磁铁、电动机或压缩空气）。框架的形式可做成敞开式、手车式及其他多种防护式。断路器具有过载长延时、短路短延时、特大短路瞬时动作的保护特性。此外，断路器还具有欠压保护。框架断路器的容量可以做得很大，一般用在总进线柜或容量大的设备上。水厂常使用的产品有：DW15，ME、CW1、CW2（常熟开关厂），RMW1、RMW2（上海人民），MT（施耐德），E 系列（ABB）等。

塑壳断路器的特点是具有安全保护的塑料外壳，制造上结构紧凑、体积小、重量轻，使用安全可靠，适于单独安装。塑壳断路器的容量较框架式小，一般用于中、小容量的用电设备及配电线路。微型塑壳断路器广泛使用在照明电路中。塑壳断路器具有过载、短路、欠压保护。水厂常使用的产品有：CM1、CM2（常熟开关厂），RMM1、RMM2（上海人民），NS系列（施耐德），S系列（ABB）等。

2. 断路器的主要技术参数（见表14-74）

断路器主要技术参数 表 14-74

序号	名　称	含　意
1	额定电压	是指断路器能承受的正常工作电压，额定电压指的是线电压
2	额定电流	是指断路器可以长期通过的工作电流
3	分断能力	是指在规定的条件下能够接通和分断的短路电流值。在选择断路器时，必须使分断能力大于网络可能出现的最大短路电流
4	限流能力	对限流式断路器，一般要求限流系数在 0.3～0.6 之间。限流系数为：实际分断电流（峰值）/预期短路电流（峰值）。为了达到较高的限流能力，要求限流电器的固有动作时间要小于 3ms
5	动作时间	指从网络出现短路的瞬间开始至主触头分离，电弧熄灭，电路完全分断所需的全部时间。框架式和塑壳式断路器动作时间一般为 30～60ms，限流式和快速断路器一般小于 20ms
6	使用寿命	指在规定的正常负载条件下，断路器能操作的次数。一般断路器根据容量不同，寿命在 2000～20000 次
7	保护特性	保护特性是指断路器的过电流保护特性。断路器的保护特性必须和被保护对象的允许发热特性相匹配。一般断路器具有二段或三段保护特性

3. 断路器的运行和维护

断路器的运行与维护参见表14-75。

低压断路器的运行与维护 表 14-75

序号	运行与维护的内容
1	断开断路器时必须将手柄拉向"分"字处；接通时，将手柄推向"合"字处。若要接通已经自动分闸的断路器，应先将手柄拉向"分"使断路器机构扣上，然后再将手柄推向"合"字处
2	正常运行时应检查断路器接头、塑壳等地方的发热、框架断路器合闸时合闸机构动作的成功率、塑壳断路器合闸时手柄用力程度
3	框架断路器用在总进线柜时，其失压保护是否投入或退出应进行认真比较，有的场合把失压保护（失压线圈）退出使用可带来不少好处
4	断路器过载脱扣器的可调螺钉，不得随意调整；瞬时脱扣器可按现场实际情况进行调整。最好能用大电流发生器对断路器的保护动作值进行整定
5	断路器在正常情况下应定期维护，一般为 6 个月至一年维修一次，转动部分若不灵活或润滑油已干涸时，可加润滑油
6	断路器在短路保护动作后，应立即进行外观检查：1）触头接触情况是否良好，螺钉、螺母是否松动，绝缘部分是否清洁，若有不清洁之处，或留有金属粒子残渣时，应予以清除干净。2）检查灭弧栅片是否短路，若被金属粒子短路，应用工具将其清除，以免再次遇到短路电流而影响断路器的可靠分断。3）检查电磁脱扣器的衔铁是否可靠地支撑在铁芯上，若衔铁已滑出，应重新放入，并检查动作是否可靠

14.6.3 接触器

1. 简介

接触器是电力拖动和自动控制系统中应用最普遍的一种电器。它作为执行元件可以远距离频繁地自动控制电动机的启动、运转、反向和停止。它能短时接通和分断超过数倍额定电流的过负载。每小时带电操作次数可达 1200 次。由于它功能多、使用安全、维修方便、价格低廉等优点，使其广泛应用于各行各业。常用的产品有 CJ20、B 系列、LC1-D（施耐德）、A 系列（ABB）等。

2. 接触器的主要技术参数（表 14-76）

接触器主要技术参数　　　　　　　　　　　　　表 14-76

序号	名　称	主　要　含　义
1	额定电压	额定条件下，接触器主回路的工作电压（线电压）
2	额定电流	额定条件下，接触器主触头能通过的电流
3	线圈工作电压	指接触器工作时施加线圈上的电压
4	定额工作制	指接触器在额定条件下，允许连续工作的时间，即：连续工作制、短时工作制、反复短时（或断续周期）工作制（具体参见电动机技术参数表 14-43）
5	额定接通能力	接触器在规定的条件下所能接通的电流值，同时还应保证在稳态情况下不发生触头熔焊或严重磨损
6	额定分断能力	接触器按规定的分断条件，在额定电压下所能分断的电流值，同时不产生过大的飞弧或严重的触头磨损
7	机械寿命	抗机械磨损的性能，用接触器在更换机械零件前所能承受的无负载操作的次数来表示
8	电寿命	抗电气磨损的性能，用不需修理或更换零件的带负载操作次数来表示

3. 交流接触器的维护与运行

运行中的接触器应定期检查与维护，检查周期应视具体工作条件而定，检查项目见表 14-77。

交流接触器的定期维护　　　　　　　　　　　　表 14-77

序号	维　护　内　容
1	清除接触器表面的污垢，尤其是进线端相间的污垢，以防因绝缘强度降低而造成三相电源短路
2	清除灭弧罩内的碳化物和金属颗粒，以保持其良好的灭弧性能
3	清除触头表面及四周的污物，一般情况下不要修锉触头。如果触头有所烧损可稍微修锉一下；当触头烧蚀严重以致不能正常工作时，则应更换触头
4	拧紧所有紧固件
5	接触器检修时，应切断电源，且进线端应有明显的断开点

4. 交流接触器常见故障分析与处理

交流接触器常见故障的分析与处理见表 14-78。

交流接触器常见故障分析及处理　　　　　　　　　　　　　　表 14-78

故障现象	故 障 原 因	处 理 方 法
线圈通电后接触器不动作或动作不正常	1. 线圈损坏 2. 电源断路 3. 电源电压过低 4. 接触器运动部分卡住或弹簧反力过大	1. 用万用表测量线圈，若开路应检修线圈 2. 检查各接线端子是否断线或松脱、开焊，或辅助触头虚接，并于修复 3. 测量电源电压是否与接触器的铭牌额定电压相符（不应低于 85%） 4. 卸下灭弧罩，按动触头是否灵活，排除卡住现象，检查弹簧反力是否正确。如有部件变形损坏应拆下更换
线圈通电后吸力过大，线圈短时发热冒烟	1. 接入的电源电压超过线圈额定电压 1.1 倍以上 2. 线圈内局部短路	1. 测量电源电压，调整电压或调换线圈 2. 更换线圈
线圈断电后，接触器不断开	1. 运动部分卡死 2. 铁芯极面油垢粘着 3. 剩磁严重 4. 反作用弹簧失效或丢失 5. 安装位置错误 6. 主触头熔焊 7. 非磁性垫片磨损或脱落（直流）	1. 清除异物或更换严重变形零件 2. 用汽油清洗极面并用干布擦拭干净 3. 如系铁芯中柱无气隙，可磨锉至 0.1～0.3mm，或在线圈两端并联一只 0.1～1μF 电容器 4. 更换或调整反作用弹簧，但反力不宜过大 5. 更正安装位置 6. 扳开触头，用小锉去掉毛刺；如经常熔焊应检查产品工作环境及触头压力是否过小或闭合时触头跳动 7. 调换非磁性垫片
吸合后噪声大	1. 电源电压低 2. 极面间有异物或接触不好 3. 触头超行程过大或反作用弹簧力过大 4. 短路环断裂	1. 调整电源电压至 85～110% 线圈额定电压 2. 清理极面或调整铁芯（若极面不平可少量磨削），使接触良好 3. 减少超行程或调整反力至规定值 4. 仔细查找断裂处，并加以焊接或更换新的短路环
触头及导电连接板温升过高	1. 触头接触压力不足或超行程过小 2. 触头接触不良 3. 紧固螺钉松脱 4. 触头严重磨损及开焊等	1. 调整主触头弹簧及超行程至规定值 2. 改善触头接触情况，必要时可稍事修锉触头表面，静触头与导电板固定要牢靠 3. 检查弹簧垫圈是否断裂，旋紧螺钉 4. 触头磨损至原厚度的 1/3 或已开焊，应更换新触头
触头迅速烧损	1. 吸引线圈电压过低，吸合不良 2. 触头参数相差太多	1. 调整电源电压不应低于线圈额定电压的 85% 2. 注意触头零件是否齐全，开距、超程压力是否正确
相间短路	1. 相间绝缘损坏 2. 相间绝缘介质有导电尘埃或潮湿	1. 胶木碳化应更换 2. 经常清理保持干燥

14.6.4 熔断器

1. 简介

熔断器是借熔体在电流超出限定值而熔化、分断电路的一种保护设备。当电网或用电设备发生过载或短路时，它能自身熔化分断电路，避免对电网或用电设备造成损害。

熔断器的最大特点是结构简单、体积小、重量轻、使用维护方便、价格低廉，使它在强电系统和弱电系统都获得了广泛的使用。

熔断器分为有填料和无填料两种，无填料熔断器常用的有：插入式（如 RC1A）、封闭管式（如 RM7）；有填料的熔断器常用的有：螺旋式（如 RL6、RLS2）、封闭管式（如 RT12、NT）。

2. 熔断器的选用原则

熔断器的额定电流与熔体的额定电流不同，某一额定电流等级的熔断器可以装入几个不同额定电流等级的熔体。所以选择熔断器作线路和设备的保护时，首先要明确选用熔体的规格，然后再根据熔体去选定熔断器。熔断器的选用原则如下：

(1) 熔断器的保护特性必须与被保护对象的过载特性有良好的配合，使其在整个曲线范围内获得可靠的保护。

(2) 熔断器的极限分断电流应大于或等于所保护电路可能出现的短路冲击电流的有效值，否则就不能获得可靠的短路保护。

(3) 在配电系统中，各级熔断器必须相互配合以实现选择性，一般要求前一级熔体比后一级熔体的额定电流大 2~3 倍，这样才能避免因发生越级动作而扩大停电范围。

(4) 只有要求不高的电动机才采用熔断器作过载和短路保护，一般过载保护最宜用热继电器，而熔断器则只作短路保护。

3. 熔断器的运行与维护（表 14-79）

熔断器的运行与维护 表 14-79

序号	检查与维护的内容
1	必须保证接触良好，并应经常检查。如果接触不良使接触部位的过热传入熔体，熔体温升过高就会造成误动作
2	熔断器及熔体均必须安装可靠，否则若有一相接触不良，易造成电动机单相运行而烧毁
3	拆换熔断器时，要检查新熔体的规格和形状是否与被更换的熔体一致
4	安装熔体时，不能有机械损伤，否则相当于截面变小、电阻增加，保护特性变坏
5	检查熔体发现氧化腐蚀或损伤时，应及时更换新熔体
6	熔断器周围介质温度应与被保护对象的周围介质温度基本一致，若相差太大，也会使保护动作产生误差

14.6.5 热继电器

1. 简介

热继电器是依靠负载电流通过发热元件时产生的热量，当负载电流超过允许值，所产生的热量增大，使机构随之动作的一种保护电器。主要用途是保护电动机的过载。热继电器常用的有双金属片式和热敏电阻式两种。常用的产品有：JR16、T 系列、LR2（施耐德）、TA（ABB）等。

2. 热继电器的运行与维护（表 14-80）

热继电器的运行与维护 表 14-80

序号	检查与维护内容
1	检查电路的负荷电流，是否在热元件的整定范围内
2	检查与热继电器连接的导线接点处有无发生过热的现象，导线截面是否满足负荷需要

序号	检查与维护内容
3	检查热继电器上的绝缘盖板是否完整无损和盖好，以保持热继电器中合理的温度，保证其动作性能
4	检查热元件的发热电阻丝外观是否完好，继电器内的辅助接点有无烧毛、熔焊现象，机构各部分元件是否正常完好，动作是否灵活可靠
5	检查继电器的工作环境温度是否与型号的特点相适应
6	检查继电器的绝缘体是否完整无损、内部是否清洁

3. 热继电器的常见故障及处理

热继电器的常见故障及处理见表 14-81。

热继电器的常见故障及处理　　　　　　　　　　　　　　　　表 14-81

故障现象	原　　因	处理方法
热继电器误动作	1. 整定值偏小 2. 电动机启动时间过长 3. 操作频率过高 4. 强烈的冲击振动 5. 可逆运转及过密的通断操作 6. 环境温度变化太大	1. 合理调整整定值，如热继电器额定电流不符合要求，应予更换 2. 在启动过程中将热继电器短接 3. 合理选用并限定操作频率 4. 对有强烈冲击振动的场合，应选用带防冲击振动装置的专用热继电器，或采取防振措施 5. 不宜选用双金属片-热元件式热继电器，可改用其他保护方式 6. 改善使用环境，使符合周围介质温度不高于+40℃及不低于-30℃
热继电器不动作	1. 整定值偏大 2. 触头接触不良 3. 热元件烧断或脱焊 4. 动作机构卡住 5. 导板脱出	1. 合理调整整定值 2. 清除触头表面灰尘或氧化物等 3. 更换已坏的热继电器 4. 进行维修调整，但应注意修后不使特性发生变化 5. 重新放入，并试验动作是否灵活
热元件烧断	1. 负载侧短路电流过大 2. 反复短时工作操作频率过高	1. 排除电路故障，更换热继电器 2. 合理选用并限定操作频率

14.6.6 刀开关

1. 简介

刀开关主要用于配电设备中隔离电源，同时也用来不频繁地接通与分断小容量负载电路。刀开关按极数划分，可分为单极、双级、三极三种；按操作方式划分，可分为手柄直接操作、杠杆手动操作、气动操作、电动操作四种；按合闸方向划分，可分为单投和双投两种。

刀开关不能切断故障电流，但能承受故障电流引起的电动力和热效应，因此，刀开关要求具有一定的动稳定性和热稳定性。

为了使用方便和减小体积，将刀开关和熔断器组合在一起，这就是熔断器式刀开关。这种开关电器可以手动不频繁地接通和分断不大于额定电流的电路，其短路分断能力是由熔断器的分断能力来决定的。这种刀熔组合电器常见的有：胶盖刀闸、负荷开关（铁壳开关）、刀熔开关。

2. 刀开关的运行与维护（表 14-82）

刀开关的运行与维护　　　　　　　表 14-82

序号	检查与维护内容
1	刀开关应垂直安装在开关板或条架上，使夹座位于上方，以避免在分断位置由于刀架松动或闸刀脱落而造成误合闸（特别是中央手柄式）
2	合闸时要保证三相同步，各相接触良好，倘若有一相接触不良，就可能造成电动机单相运行而损坏
3	按产品使用说明书中规定的分断负载能力使用，超过分断能力使用将会引起持续燃弧，甚至造成相间短路，损坏开关
4	没有灭弧罩的刀开关不应分断带电流的负载，而只作隔离开关用。当分断电路时，应首先拉开可带负载的断路器，然后再拉开刀开关；合闸时的程序与分断时相反
5	应经常检查刀开关发热情况，尤其是夏天时要经常性检查运行电流在50％额定电流以上的刀开关。一经发现刀片发热变色应马上处理

14.6.7 低压成套设备

低压成套装置，又称低压开关柜，是以低压开关电器和控制电器组成的成套设备。这类电器产品可分为电控设备和配电设备两大类。电控设备产品主要是指各种生产机械的电力传动控制设备，其直接控制对象多为电动机。配电设备产品主要指各种在发电厂、变电所和厂矿企业的低压配电系统中作动力、配电、照明的成套设备。

下面主要介绍水厂常用的低压开关柜。

1. 固定式低压开关柜

固定式配电柜在我国很长一段时期内使用 BSL 系列，1984 年以后用 PGL 系列取代了 BSL。上述二类柜体均采用落后的焊接结构。1992 年推出了 GGD 系列，柜体采用型材组装而成，柜内以 20mm、25mm 模数形式组装元器件，灵活方便。GGD 配电柜具有分断能力高，动、热稳定性好，电气方案灵活、组合方便，防护等级高等优点，是目前低压固定柜中最有代表性的产品。GGD 配电柜外形见图 14-33。

图 14-33 GGD 配电柜

2. 抽屉式低压开关柜

抽屉式配电柜的每个馈出支路的元器件都集中在一个抽屉内，这类配电柜的引出回路远远多于固定柜，同时检修方便、安全，是目前水厂内使用最多的配电柜。

常用产品有：GCK、GCS、MNS(ABB)、SIVACON(西门子)等。图 14-34 为 GCK 配电柜外形图。

3. 固定分隔式低压开关柜

固定分隔柜又称插拔式柜，柜的形式类似于抽屉式，但它用插拔式的断路器代替了移动的抽屉，断路器拔出后，间隔内设备便在无电状态下，能够方便地进行维护和检修。它同时具备固定柜和抽屉柜两者之间的优点，代表了今后低压柜的使用方向。

常用的产品有：MDmax、ArTU (ABB)、SIKUS (西门子)、Prisma 与 Blokset (施耐德) 等。GCK、GCS、MNS 等也可做成固定分隔式柜。图 14-35 为 ArTU 配电柜外形图。

图 14-34 GCK 配电柜

图 14-35 ArTU 配电柜

4. 低压开关柜完好标准

低压开关柜完好标准如下：

(1) 抽屉式开关柜各抽屉进出灵活不卡阻，各插接件接触良好；

(2) 固定式开关柜闸刀操作灵活，定位准确；

(3) 柜内各导体连接点、触头、刀片应接触良好，不发热；

(4) 柜内空气开关、接触器等运行时不应有很大的电磁声；

(5) 联锁装置良好；

(6) 无功补偿装置自动投切良好，功率因数表指示正确；

(7) 一次回路有明显的相色标示，二次回路线路整齐规范，套管线号及元器件标号清楚；

(8) 空气开关、热继电器定值合适，合理放置熔断器的熔芯、熔丝、熔片；

(9) 电器、仪器仪表、信号指示等均应正常；

(10) 设备外壳防腐良好、无锈蚀，标志清晰，设备内部无积尘，电缆沟下无积水；柜与柜之间的控制电缆都应在两端标出去向。

14.7 变频调速

14.7.1 变频调速基本知识

在电气调速传动领域内，直流调速已逐渐被交流调速所取代；在不久的将来，交流调速将完全取代直流调速。目前，从数百瓦级的家用电器直到数千千瓦级乃至数万千瓦级的调速传动装置，都可以用交流调速传动方式来实现。交流调速传动已经从最初的风机、水泵等的调速过渡到针对各类高精度、快响应的高性能指标的调速控制。从性能价格比的角度看，交流调速装置已经优于直流调速装置。目前人们所说的交流调速传动，主要是指采用电子式电力变换器对交流电动机的变频调速传动。

水厂供水系统中，泵的选择必须满足供水对象所需的最大流量和最大水压的要求，由于水泵运转高效区范围不宽，而用户的实际需水量总是在不断变化，很难使水泵一直保持在高效区运行。此外，在满足用户需求条件下，需要尽量压缩泵房的富余扬程，以节约电能。如何才能使水泵一直运转在比较高的效率？如何才能使泵房一直运转在合适的压力？众所周知，采用水泵调速是最佳的方法。

对于新建水厂，采用大机组、少台数，加以变频调速相配合，无异比传统的小容量、多台数，大小泵搭配的方案优越。

在一些已建水厂中，新上变频调速时，必须事先进行充分调研分析。变频调速是否节能？节能效果多大？都和特定的现场设备工况相关。应把重点放在现场测试、现状分析上，判明是否真正有潜力可挖，方能收到实效。

变频调速系统一般需消耗 3%～6% 的能量（包含电动机因效率降低所造成的额外能量损失），若变频调速所带来的效益不足于抵消调速装置的损耗，则造成不但不节能、反而多耗能。

1. 异步电动机的调速方法

异步电动机的转速可表示为：

$$n = n_1(1-s) = \frac{60f_1}{p}(1-s)$$

式中 n——转子转速，r/min；

n_1——同步转速，r/min；

f_1——定子电流频率，Hz；

p——极对数；

s——转差率。

由上述公式可知，异步电动机调速可以通过三条途径进行：改变电源频率、改变极对数、改变转差率。具体可以归纳为：

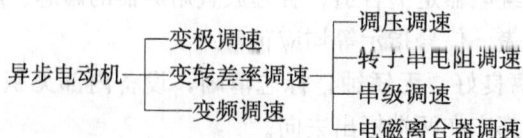

```
                          ┌─ 变极调速        ┌─ 调压调速
                          │                  ├─ 转十串电阻调速
       异步电动机 ────────┼─ 变转差率调速 ───┤
                          │                  ├─ 串级调速
                          └─ 变频调速        └─ 电磁离合器调速
```

变频调速具有调速范围广、平滑性好、效率最高、机械特性较硬、有优良的静态及动态特性，可以方便地实现恒转矩或恒功率调速。整个调速特性与直流电动机调压调速十分相似，是应用最广的一种高性能交流调速。目前变频调速已成为异步电动机最主要的调速方式，在很多领域都获得了广泛的应用。

2. 变频调速的基本要求及机械特性

(1) 保持电机磁通 (ϕ_m) 为恒定值

为了充分利用铁芯材料，电机磁路的工作点一般选在磁化曲线的拐点，因此，调速时希望保持每极磁通为恒定值。因为磁通增加时，将引起铁芯过分饱和及励磁电流急剧增加，导致绕组过热；而磁通减少时，将使电动机输出转矩下降，如果负载转矩仍维持不变，势必导致定、转子过电流，也要产生过热。因此变频调速时希望保持磁通恒定。

(2) 保持 E_1/f_1 恒定

异步电动机定子绕组感应电动势为：

$$E_1 = 4.44 f_1 W_1 K_{W1} \Phi_m$$

式中　E_1——定子每相绕组感应电动势；

$\quad W_1$——定子绕组每相串联匝数；

$\quad K_{W1}$——基波绕组系数；

$\quad \Phi_m$——每极气隙磁通。

由上面公式可知：为保持 Φ_m 不变，在改变电源频率 f_1 的同时，必须按比例改变感应电动势 E_1，亦即保持 E_1/f_1 为恒定值。图 14-36 为 E_1/f_1 恒定时变频调速的机械特性。从曲线可看出：特性曲线直线部分斜率不变（硬度相同），机械特性平行地移动；调速过程中，电动机过载能力相等，输出转矩不变，属于恒转矩调速。

(3) 保持 U_1/f_1 恒定

由于感应电动势难以直接控制，保持 E_1/f_1 恒定只是一种理想的控制方法。当忽略定子漏阻抗压降时，可近似地认为：$U_1 \approx E_1 = 4.44 f_1 W_1 K_{W1} \phi_m$ 因此保持 U_1/f_1 恒定可以近似地维持 ϕ_m 值的恒定，从而实现近似的恒磁通调速。图 14-37 为 U_1/f_1 恒定时变频调速的机械特性。

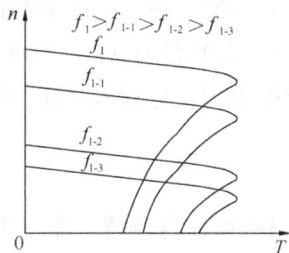

图 14-36　保持 E_1/f_1 恒定时
变频调速的机械特性

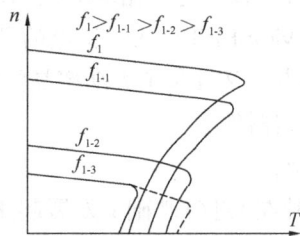

图 14-37　保持 U_1/f_1 恒定时
变频调速的机械特性

从图可见：保持 U_1/f_1 恒定进行变频调速时，最大转矩将随着 f_1 的降低而降低。此时直线部分的斜率仍不变。采用 $U_1 \approx E_1$，使控制易于实现，但也带来误差。当频率相对较低时，E_1 数值变小，U_1 数值也变小，此时定子漏阻抗压降在 U_1 中所占比例增大，从而产生较大误差，如图中的曲线 $f_{1\text{-}3}$。为此，可在低频段提高定子电压 U_1，目的是补偿定子漏阻抗压降，补偿后的机械特性曲线如图中的虚线所示。

（4）变频电源

由上面的讨论可知：异步电动机变频调速必须按照一定的规律同时改变其定子的电压和频率，即必须通过变频装置获得电压和频率均可调节的供电电源，实现所谓的 VVVF 调速控制。现代电力电子技术的飞速发展使静止式变频器完全取代了早期的旋转变流机组。变频器按其结构形式可分为交—直—交变频器和交—交变频器两类，其中交—直—交变频器根据直流部分电流、电压的不同形式，又可分为电压型和电流型两种。

3. 电力电子器件

（1）BJT 晶体管

BJT 是一种大功率的双极型高反压晶体管，它的基本特性与一般电子技术中应用 NPN 型三极管相似，需要在基极提供一定的电流才能正常工作。但在电力电子应用中，BJT 主要工作在开关状态，即用于截止和饱和导通状态，并要求有较大的容量、适当的增益、较高的工作速度和较低的功率损耗。

（2）GTO 晶闸管

GTO 晶闸管又称门极关断晶闸管，它与普通晶闸管相比，属"全控型器件"或"自关断器件"，既可控制器件的导通，又可控制器件的关断。因此，使用 GTO 的装置与使用普通晶闸管的装置相比，它具有如下的优点：

1）主电路器件少，结构简单；

2）装置小巧轻便；

3）因换相是脉冲换相，所以无噪声；

4）因无须强迫换相装置，损耗减少，所以装置效率高；

5）易实现脉宽调制，因此可改善输出波形。

GTO 是目前承受电压最高和流过电流最大的全控型器件，已达到 6kV/6KA 的应用水平，在大容量、中高压变频器中得到了广泛的使用。

（3）IGBT 晶体管

IGBT 晶体管又称为绝缘栅双极型晶体管，它是一种结合了大功率晶体管（BJT）和功率场效应管（MOSFET）两者特点的复合型器件，它既具有 MOS 器件的工作速度快、驱动功率小的特点，又具备了大功率晶体管的电流能力大、导通压降低的优点，是一种极有应用价值的新型器件。

（4）IGCT 晶闸管

IGCT 是一种在 GTO 基础上发展起来的集成门极换流晶闸管，是一种新型的复合型器件，兼有 MOSFET 和 GTO 两者的优点，又克服了两者的不足之处，是一种较为理想的中高压开关器件。

4. 通用变频器工作原理

（1）交—直—交变频器

所谓交—直—交变频器，它首先通过整流电路将电网的交流电变为直流电，再由逆变电路将直流电逆变为频率和幅值可变的交流电供给交流电机。这类变频器根据直流部分电流、电压的不同形式，又可分为电压型和电流型两种。

1) 电压型变频器

电压型变频器的主电路典型形式如图 14-38 所示。在电路中直流部分接有大容量的电容器，使施加于负载上的电压值基本上不受负载的影响，而基本保持恒定，类似于电压源，因而称为电压型变频器。

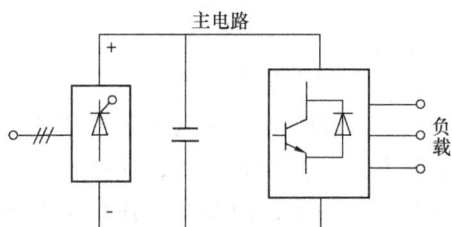

图 14-38 电压型变频器

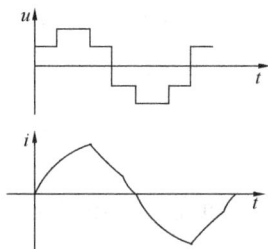

图 14-39 电压型变频器的输出电压及电流

电压型变频器逆变输出的交流电为方波电压或方波电压序列，而电流的波形经过电动机的滤波后接近于正弦波，如图 14-39 所示。

电压型变频器主要优点是运行几乎不受负载的功率因数或换流的影响；缺点是当负载出现短路或在变频器运行状态下投入负载，都易出现过电流，必须在极短的时间内施加保护措施。

2) 电流型变频器

电流型变频器与电压型变频器在主电路结构上基本相似，所不同的是电流型变频器的直流部分接入的是大容量的电抗器而不是电容器，如图 14-40 所示。变频器施加于负载上的电流值稳定不变，基本不受负载的影响，其特性类似于电流源，所以称之为电流型变频器。电流型变频器逆变器输出的交流电流为方波，而电压接近于正弦波，如图 14-41 所示。

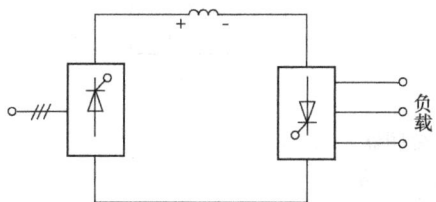

图 14-40 电流型变频器

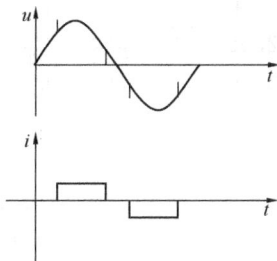

图 14-41 电流型变频器的输出电压及电流

(2) 交—交变频器

交—交变频器把一种频率的交流电直接变换为另一种频率的交流电，中间不经过直流环节。它的基本结构如图 14-42 所示。图中是两组极性相反的相控整流器，分别称为正组整流器和反组整流器，将它们并联后接入负载。如果对相控整流器的触发角连续进行交变的相位调制，可使输出端（负载端）产生一个连续变化的平均电压，它直接将输入电源较高频率的输入电压变换为频率可变的电压输出。

交-交变频器由于控制方式决定了最高输出频率只能达到电源频率的 1/3～1/2，不能高速运行，这是它的主要缺点。但由于没有中间环节，不需换流，提高了变频器效率，并能实现四象限运行，因而多用于低速大功率系统中，如回转窑、轧钢机等。

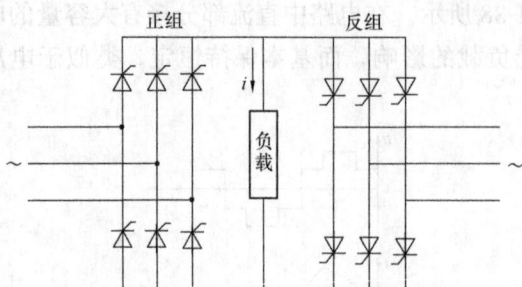

图 14-42 单相输出交-交变频器电路图

(3) PWM 控制技术

变频调速时，需要同时调节逆变器的输出电压和频率，以保证电动机主磁通的恒定。对输出电压的调节主要有两种方式：

1) PAM 方式

是通过改变直流电压的幅值进行调压的方式。在变频器中，逆变器只负责调节输出频率，而输出电压的调节则由相控整流器或直流斩波器完成。采用相控整流器调压时，网侧的功率因数随调节深度的增加而变低。而采用直流斩波器调压时，在不考虑谐波影响的前提下，网侧的功率因数可以达到 $COS\phi \approx 1$。

PAM 控制方式的输出线电压波形为方波。

2) PWM 方式

PWM 方式也叫脉冲宽度调制方式，该方式变频器的整流器采用不可控的二极管整流电路，变频器的输出频率和输出电压的调节均由逆变器按 PWM 方式完成。PWM 变频器框图如图 14-43 所示，脉宽调制方法与波形如图 14-44 所示。

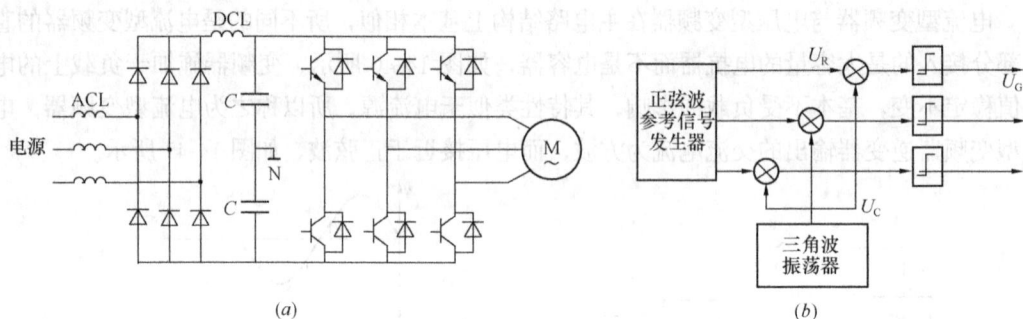

图 14-43 PWM 变频器

(a) 主电路；(b) 控制电路

图中正弦波信号发生器 (U_R) 与三角波振荡器 (U_C) 互相比较生成单极性脉冲 (U_G)。当 U_R 高于 U_C 时，U_G 为正电平；当 U_R 低于 U_C 时，U_C 为零电平。PWM 控制脉冲 (U_G) 的宽度随时间按正弦规律变化，该脉冲用以控制逆变器功率器件的交替导通和关断。用上述方法获得的逆变器输出电压波形，其基波的幅值和频率均完全受控于正弦波控制信号 (U_R) 的幅值和频率，并且谐波含量较低。当三角形调制波的频率增加时，输出波形的谐波含量会进一步减小，负载的电流波形也就越接近于正弦波。

电压型 PWM 变频器有如下优点：

a. 可以实现由逆变器自身同时完成调压和调频的任务，使线路简化。

b. 输出电压的谐波含量可以极大地减少，特别是可以减小和消除某些较低次谐波。

c. 由于主开关器件的开关频率足够高，可以实现快速电流控制。这对于矢量控制式高性能变频器是必不可少的。

14.7.2 水厂大容量变频器简介

早期的水泵调速方法是：液体电阻、液力偶合器、电磁调速，装置虽简单，但使用中本身消耗功率较多。随着电力电子技术和控制技术的发展，交流调速技术逐步发展成熟，各种高效调速技术得到了广泛的应用。目前，在水厂常用的大功率调速装置大致有以下 4 类：

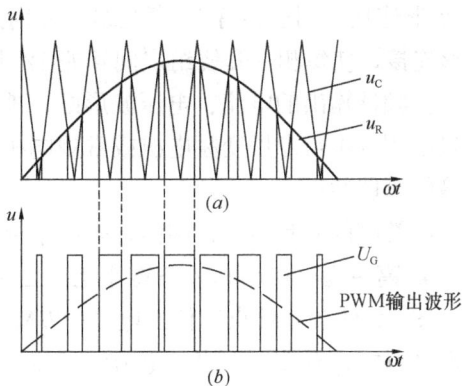

图 14-44 单极性脉宽调制方法与波形

1. 高—低 (10000/690V) 变频器

图 14-45 是高—低 (690V) 变频器的结构示意图，降压变压器是设备的一部分。该结构将输入的 10kV 高压经降压变压器变成 690 伏的低电压，然后用低压变频器进行变频，最后将变频后的电压送入电动机。该结构由于采用 690V 电压，所以功率不能做得太大，一般最大功率不超过 800KW 为宜。此外，690V 电动机需非标准定制。

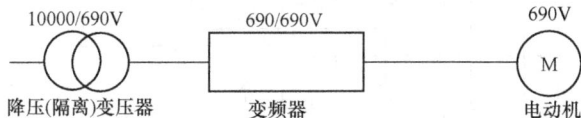

图 14-45 高—低 (690V) 变频器的结构示意图

本结构变频器线路简单、技术成熟、可靠性高、dv/dt 小、价格较便宜（对高—高变频器而言），应作为水厂变频调速首选方案。

2. 高—高 (10/10kV，10/6kV) 单元串联式变频器

变频器采用多个低压功率单元串联叠加而达到高电压输出。低电压功率单元的电路参见图 14-46(a)，功率单元为三相输入、单相输出的交-直-交 PWM 电压型变频器。功率单元串联叠加原理参见图 14-46(b)，图中为 6kV 变频器，共有 15 个功率单元。

本结构形式的变频器同样需要电源变压器，电源变压器实际上是一台移相变压器，原

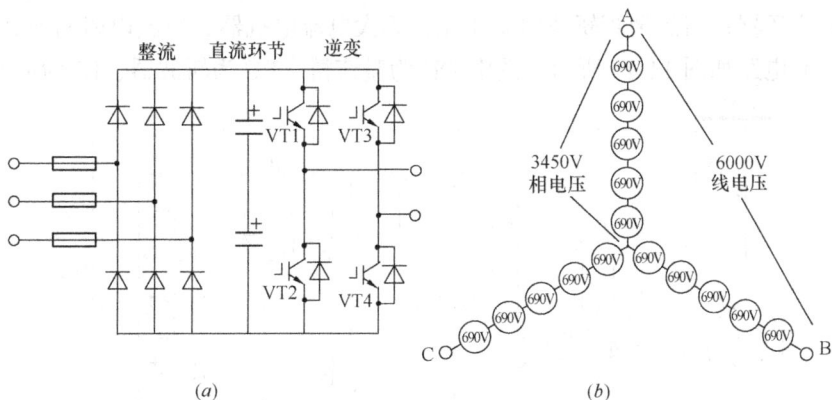

图 14-46 单元串联式变频器

(a) 主电路结构；(b) 电压叠加原理

边 Y 形连接，副边共有 15 套绕组，分别为每组功率单元供电。副边绕组采用 △ 形或延边 △ 形连接，使每相 5 套绕组之间互差 12°电角度。

变频器输出的电流、电压波形好，被称为完美无谐波变频器，可与常规的笼型异步电动机配用（不需专用变频电机或常规电机不需降容使用）。缺点是：所用元器件多，出现故障的可能性增多。

本类型的变频器现在国内许多厂家都能生产。

3. 高—高 (10/6kV) 三电平电压型变频器

图 14-47 为中性点钳位三电平 PWM 高压变频器。由于逆变器部分采用中性点钳位的三电平方式，有效地解决了电力电子器件耐压不高的问题，它的每个主管承受的关断电压仅为直流环节电压的一半。同时，输出的多级电压阶梯波形能有助于谐波减小。此结构的变频器在输出电路中谐波分量较大，应加装滤波器，否则，电机应采用专用的变频电机。

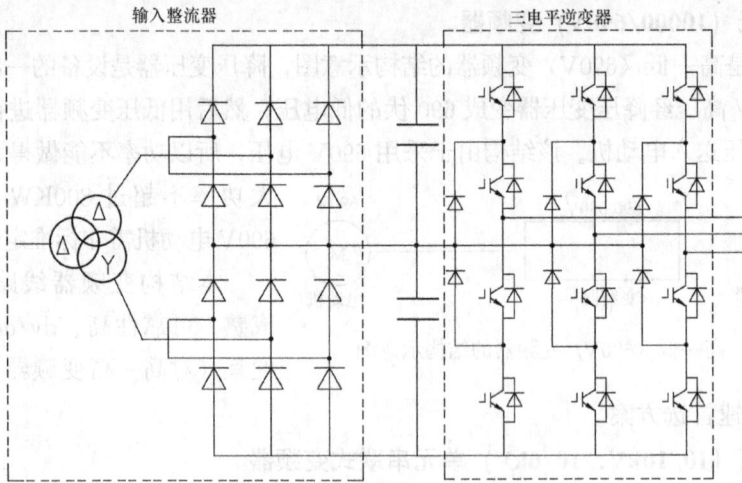

图 14-47 中性点钳位三电平 PWM 变频器

4. 斩波内反馈调速

斩波内反馈调速是在传统串调和内反馈技术基础上发展起来的新一代内馈调速系统。整个调速装置就是一个带斩波的 IGBT 电压型变频器，没有其他大设备。与传统串调相比，无电源变压器；与晶闸管斩波串调相比，无大电流电抗器。斩波内馈调速又称为转子变频调速，其电路如图 14-48 所示。图中 DR 为整流桥、BC 为斩波器、BI 为逆变器。

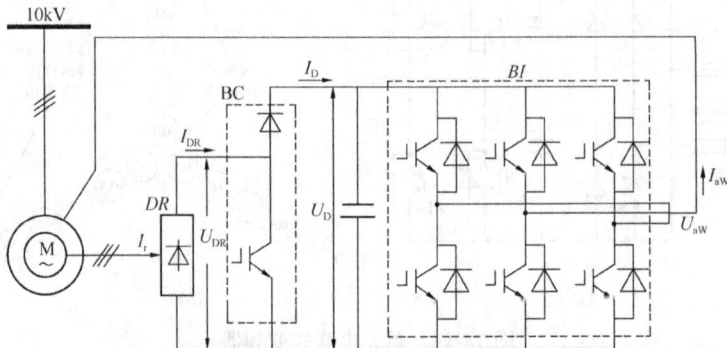

图 14-48 斩波内反馈（转子变频）调速电路图

转子变频调速具有以下特点：

(1) 用 380V 低压变频器调节 6kV 或 10kV 高压电动机的转速。

(2) 主电路简单，逆变器容量小，仅为电动机功率的 20%～30%。

(3) 运行功率因数高，谐波小。

但转子调速也有致命的弱点，需使用绕线式电动机，而该类型电动机维护复杂，运行可靠性远不如异步笼形电机。也正因为这个原因，影响了转子变频调速装置的推广使用。

14.7.3 变频调速的维护与使用

1. 变频器的日常巡视检查

为确保变频器可靠运行，应定时进行巡视检查，检查内容见表 14-83。

变频器巡视检查内容 表 14-83

序号	巡 视 检 查 内 容
1	变频器的输入电压不得超过额定电压的±10%
2	变频器的通风系统应运转正常，滤网清洁，散热风道畅通
3	变频器室内环境温度小于 40℃，以 25℃左右为最好；湿度小于 80%，并不得结露。室内环境整洁无尘埃
4	变频器显示面板上的输出电压、电流、频率等各种数据正确，无故障报警显示
5	检查电抗器有无过热或出现电磁噪声
6	检查电容器有否出现局部过热，外部有无鼓泡或变形
7	停用的变频器，其电加热设备是否投入使用
8	变频器电源侧带有变压器的，应按变压器的巡检要求进行检查
9	检查变频柜内有否异味、过热变色、异声等不正常现象

2. 变频器的定期维护与检查

变频器主要组成部件是电子元器件，因此其工作可靠性与外界因素密切相关，如：环境温度、环境湿度，空气中油污、灰尘和腐蚀性气体等。定期维护对变频器来说，尤其显得必要。一般三个月应进行一次除尘维护。变频器维修应在停电后进行，由于变频器配有大容量的电容器，因此在切断电源后应过 8 分钟以上的时间方能进入柜内工作。变频器定期检查重点应放在平时运行时无法检查的部位，维护检查内容见表 14-84。

变频器维护检查内容 表 14-84

序号	检 查 内 容
1	对整流柜、逆变柜、控制柜等进行清扫、除尘
2	检查及清扫通风机、通风管路、滤网等
3	检查主滤波电容器，外形有否膨胀变形或漏液，安全阀是否胀出。有缺陷的电容器视情况进行修复或调换。同时检测电容量，对于电容量小于额定容量 85%的电容器应考虑调换。使用 5 年以上的电容器，电容量、漏电流、耐压等指标明显下降偏离标准的，也应更换
4	检查交流输入、整流、逆变、直流环节等处的熔断器是否完好，状态指示是否正确；发现烧毁、有缺陷的应及时更换。快熔和普通熔断器不应混淆
5	检查直流母排有无变形、腐蚀氧化，各连接螺栓有无松脱，各绝缘片、柱有无开裂变形或击穿

序号	检 查 内 容
6	检查电抗器绝缘是否完好，铁芯紧固螺栓有无松动，连接点是否接触良好，有无发热变色痕迹
7	检查端子排、电路板插座、接触器触头等是否接触良好，有无松脱、发热、拉弧等现象
8	对线路板、母排等除尘后，进行必要的防腐处理（涂刷绝缘漆）
9	变频器电源侧带有变压器的，维修应按变压器要求进行
10	变频器较长时间停用后，再次使用时，应测量绝缘电阻。移相变压器和旁通柜主回路进行绝缘测量时应使用 2500V 兆欧表。绝缘测试合格后，方能投入使用

3. 变频器常见故障及其处理

（1）过电流

由于逆变器件的过载能力较差，当变频器中通过突变性质的、电流峰值很大的电流时，变频器将作出反应（报警或跳闸）。过电流的整定值根据变频器最大允许电流确定。过电流是变频器最为常见的故障，产生原因及处理方法见表 14-85。

过电流产生原因及处理方法　　　　　　　　　　表 14-85

故障现象	可 能 原 因	处 理 方 法
运行中过电流跳闸	1. 电动机遇到冲击负载，或传动机构出现"卡住"现象，引起电动机电流突然增加 2. 变频器的输出侧电缆短路、电动机定子绕组短路 3. 变频器自身故障 4. 电子热继电器整定不当，动作电流设定得太小，引起变频器过电流误动作（跳闸）	1. 检查电动机所驱动的负载及传动机构，消除负载的冲击及堵转现象 2. 用兆欧表检查电缆、电动机绕组的绝缘电阻，找出短路点并修复 3. 检查快速熔断情况，检修变频器 4. 重新调整电子热继电器的整定值
启动时—升速即跳闸	1. 负载或传动机构卡住 2. 变频器的输出侧短路 3. 变频器功率模块损坏 4. 电动机的启动转矩过小，不能启动负载	1. 检查负载和传动机构，消除卡住和阻塞 2. 检查电动机、电缆等绝缘电阻，消除短路点 3. 检查变频器的功率模块，找出损坏的模块并调换 4. 检查和修复电动机
启动时不马上跳闸，升速过程中跳闸	1. 升速时间设定太短 2. 转矩补偿（U/F 比）设定太大，引起低频时空载电流过大 3. 电子热继电器整定不当，动作电流设定得太小，引起变频器误动作	1. 修改设定，加长升速时间 2. 修改设定，减低设定值 3. 按 1.05 倍电机额定电流来设定整定值
降速过程中的过电流	降速时间设定太短	修改设定，适当提升整定值

（2）过电压

过电压报警一般出现在停机的时候，主要原因是减速时间太短或制动电阻及制动单元有问题。产生原因及处理方法见表 14-86。

（3）欠电压

产生原因及处理方法见表 14-87。

变频器过电压报警产生原因及处理方法表　　　　　　表 14-86

故障现象	可 能 原 因	处 理 方 法
过电压报警	1. 电源电压过高 2. 降速时间设定太短 3. 降速过程中，再生制动的放电单元工作不理想	1. 检查电源电压，采取措施降低电压，如调节变压器的分接开关 2. 适当提升设定值 3. 来不及放电，应增加外接制动电阻和制动单元；放电支路发生故障（实际不放电）应修复

变频器欠电压报警产生原因及处理方法表　　　　　　表 14-87

故障现象	可 能 原 因	处 理 方 法
欠电压报警	1. 电源电压过低 2. 电源断相 3. 整流桥故障	1. 检查电源电压，采取措施升高电压，如调节变压器的分接开关 2. 检查外部电源有无断相、变频器交流输入侧有无断相，如有应消除 3. 检查整流桥，找出故障点并修复

（4）过热

产生原因及处理方法见表 14-88。

变频器过热报警产生原因及处理方法　　　　　　表 14-88

故障现象	可 能 原 因	处 理 方 法
过热报警	1. 室内环境温度偏高 2. 变频柜内通风不良 3. 温度传感器性能不良，误报警	1. 采取措施降低室内温度 2. 检查风机有否堵转，通风管路、滤网有否堵塞，如有应消除 3. 修复并校准温度传感器

（5）共振

变频器是通过改变电动机的电源频率来改变电动机的转速，电机转速的变化就有可能在某一转速下与负载侧设备的共振点、共振频率重合，造成机组共振。

这时，震动变得十分强烈，有时会使设备不能正常工作甚至损坏。因此在变频器的功能参数选择和预置时，利用变频器的频率跳跃功能，设定跳跃频率和宽度，以此躲过共振点，避免机组发生共振现象。

（6）干扰

变频器整流电路和逆变电路中使用了半导体开关元件，采用 PWM 控制方式，这就决定了变频器的输入、输出电压和电流除了基波之外，还含有许多高次谐波成分。这些高次谐波成分将会引起电网电压波形的畸变，产生无线电干扰电波，它们对周边的设备、包括变频器的驱动对象——电动机带来不良的影响。

1）变频器干扰的种类

a. 传导干扰——通过电线、接地线引起。

b. 感应干扰——由电磁感应、静电感应产生。

c. 辐射干扰——通过电线、变频器引起。

2）对产生干扰方（变频器）的对策

a. 传导干扰：在输入侧使用干扰滤波器（输入专用）、零相电抗器、接地电容、绝缘变压器。

b. 感应干扰：把输入及输出线、动力线、信号线分离，采用屏蔽线，使用电源滤波器、正确接地。

c. 辐射干扰：注意控制柜子中的安装和动力线的金属配管。

3）对被干扰方的对策：

a. 尽量远离变频器。

b. 信号线采用屏蔽线，且屏蔽线只有一端和共用端相接。

c. 还可以使用磁环和滤波电容。

d. 在电源线中插入电源线滤波器。

e. 接地线的分离。

第 15 章　水厂通用机械设备和阀门

15.1　真空泵

15.1.1　水厂常用真空泵

利用机械、物理、化学或物理化学方法对容器进行抽气，以获得真空的机器或器械，都叫做真空泵。真空泵的种类很多，有机械真空泵、喷射真空泵、物理化学吸附泵等。水厂一般采用 SZ 型和 SZB 型水环式真空泵。

1. SZ 型水环式真空泵

SZ 系列水环式真空泵的结构主要由滚珠轴承架、转子部分、后盖、前盖、泵体等机件所组成，SZ-1 型如图 15-1 所示。水环式真空泵的基本结构是，泵整个转子部分 3 偏心的装在泵体 6 内，在转动时形成吸入与排出 2 个工作腔。泵体的两侧装有后盖 4、前盖 5，保证叶轮与两盖的间隙。为了防止漏气，采用填料密封并通过水封管供给干净的冷水。

两端支承采用滚动轴承，并能保证开车后叶轮与侧盖的间隙不发生变动。泵由电动机端看去为顺时针方向旋转。

SZ 型水环式真空泵技术规格如表 15-1 所示。

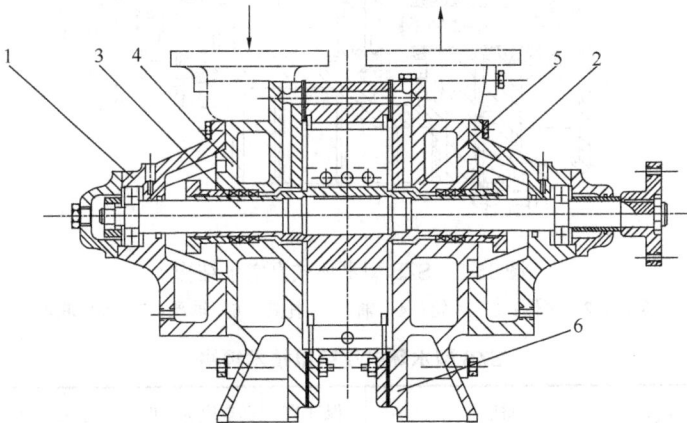

图 15-1　SZ-1 水环式真空泵结构图

1—滚珠轴承架；2—密封填料；3—转子部分；4—后盖；5—前盖；6—泵体

2. SZB 型水环式真空泵

SZB 为单级悬臂式真空泵，结构简单，使用较广。SZB 型真空泵结构见图 15-2 所示。真空泵由泵盖、泵体、叶轮、轴、托架、联轴器等机件所组成。

SZ 型水环式真空泵技术规格　　　　　　　　　表 15-1

型号	抽气量（m³/min）					极限真空度（Pa）	配带动力（kW）	转速（r/min）	水消耗量（L/min）	泵重（kg）
	760 Pa	456 Pa	304 Pa	152 Pa	76 Pa					
SZ-1	199.5	85.12	53.2	15.96	—	16225	4	1450	10	140
SZ-2	252.2	219.45	126.35	33.25	—	13034	10		30	150
SZ-3	1529.5	904.4	478.8	199.5	66.5	7980	30	975	70	463
SZ-4	3591	2340.8	1463	399	133	7049	70	730	100	975

　　SZB 型水环式真空泵的泵体和泵盖由铸铁制造，它们配合在一起构成了工作室。泵盖上铸有箭头，指明泵工作时叶轮的旋转方向。泵体由螺栓坚固在托架上。泵体上面的两个孔，从传动方向看，左侧为进气孔，右侧为排气孔，均与工作室相通。泵体侧面螺孔是向泵内补充冷水用。底面两个四方螺塞供停泵后放水用。泵体上铸有液封道，将水环的有压液体引至填料环处，起阻气、冷却和润滑作用。

　　叶轮用铸铁制造。叶轮上有 12 个叶片呈放射状均匀分布。轮毂上的小孔，用来平衡轴向力。叶轮与轴用键连接，工作时叶轮可以沿轴向滑动，自动调整间隙。

　　泵轴用优质碳素钢制造，支撑在两个单列向心球轴承上。轴承间有空腔，可存机油润滑。泵轴与泵体之间用填料装置密封。从传动方向看，泵轴为反时针方向转动。

　　SZB 型水环式真空泵的技术规格参见表 15-2。

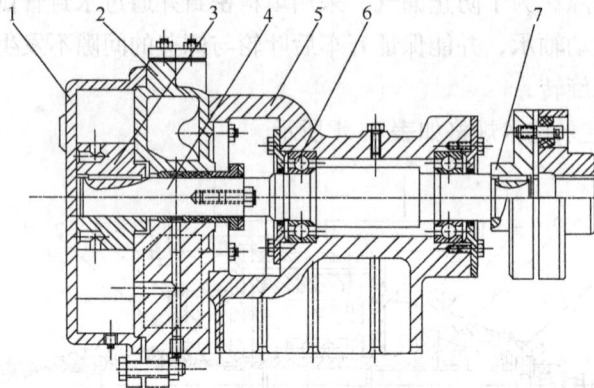

图 15-2　SZB 型水环式真空泵结构

1—泵盖；2—泵体；3—叶轮；4—轴；5—托架；6—轴承；7—弹性联轴器

SZB 型水环式真空泵技术规格　　　　　　　　　表 15-2

型　号	抽气量		水银柱高度 mm	转速（r/min）	保证真空度（%）	真空度为 0 时保证排气量（L/min）	功率（kW）		叶轮直径
	m³/h	L/s					轴功率	配套功率	
SZB 1	19.8	5.5	440	1450	80	370	1.1	2.2	180
	14.4	4.0	530				1.2		
	7.2	2.1	600				1.3		
	0	0	650				1.3		

型 号	抽气量		水银柱高度 mm	转速 (r/min)	保证真空度 (%)	真空度为0时保证排气量 (L/min)	功率 (kW)		叶轮直径
	m³/h	L/s					轴功率	配套功率	
SZB-8	38.2	10.6	440	1450	80	600	1.9	3.0	180
	28.8	8.0	520				2.0		
	14.4	4.0	600				2.1		
	0	0	650				2.1		

型号含义：SZB-4 SZ—水环式真空泵，B—悬臂式，4—水银柱为520mm时的流量值（L/s）。

15.1.2 真空泵的选择

选择真空泵的时候，必须掌握两个工作参数：一是抽气量，另一个是真空度。对一台真空泵来说，抽气量和真空度是互相关联的，随着真空度的增大，抽气量逐渐减小。例如表15-2中，真空度为520mmHg时，SZB-4的抽气量为4L/s，当真空度到达650mmHg时，抽气量为零。

抽气量以泵站中最大一台水泵为依据，按下式计算：

$$Q_{抽} = \frac{W_1 + W_2}{t} \times K$$

式中 $Q_{抽}$——真空泵抽气量（m³/min）；

W_1——吸水管存气容积（m³），根据吸水管直径和长度计算，参见表15-3；

W_2——泵壳内存气容积（m³），大约等于水泵吸水口面积乘以吸水口到出水阀门的距离；

t——水泵引水时间，一般采用3~5min；

K——漏气系数，一般采用1.05~1.10。

每米管道中的空气量 表15-3

管 径	100	150	200	250	300	400	500	600
空气量（m³/m）	0.008	0.018	0.031	0.049	0.071	0.126	0.196	0.282

真空度的计算是以水泵的安装高度来计算的，按下式计算：

$$H_{真} = \frac{H_{吸} + H_{泵}}{13.6}$$

式中 $H_{真}$——真空度（mmHg）；

$H_{吸}$——水泵吸水井最低水位至泵轴的高度（mm）；

$H_{泵}$——泵轴到水泵最高点；

13.6——汞的比重。

真空泵的选用举例如下：

例：现有一台10Sh-9型离心泵，安装高度 $H_{吸}$ 为3m，$H_{泵}$ 为1m，吸水管直径为

300mm，吸水管总长度为 10m，水泵引水时间为 5min，试选择真空泵。

解：查表 14-3，$W_{300} = 0.071$，则：$W_1 = 0.071 \times 10 = 0.71 \text{m}^3$。

吸水口至水泵出水阀距离约为 2m，则：

$$W_2 = \frac{\pi D^2}{4} \times 2 = \frac{\pi \times 0.3^2}{4} \times 2 = 0.14 \ (\text{m}^3)$$

K 取 1.05，真空泵抽气量为：

$$Q_{抽} = \frac{W_1 + W_2}{t} \times K = \frac{0.71 + 0.14}{5} \times 1.05 = 0.18 (\text{m}^3/\text{min}) = 10.8 \text{m}^3/\text{h}$$

真空度为：　　　$H_{真} = \frac{H_{吸} + H_{泵}}{13.6} = \frac{(3+1)1000}{13.6} = 294 \ (\text{mm Hg})$

查表 15-2，选用 SZB-4 型真空泵，当真空度 440Hg 时，抽气量为 19.8m³/h，大于 10.8 m³/h，可满足要求。

15.1.3　真空泵的使用与维护

1. SZ (SZB)型水环式真空泵使用与维护要求

（1）真空泵应安装在通风、光线充足、清洁的场所；倘若泵所排出的气体对人体或工作环境有影响时，应自空气分离器上导出气体排到远离工作的场所。

（2）初次安装或经大修的泵要进行极限真空检验，经检验确定试运转正常，极限真空合格后方可正式投入使用。

（3）启动或停车程序应按产品说明书要求进行。

（4）新安装的泵或经过长期停车的泵启动前必须用手转动联轴器一周，确认无卡住或其他不良现象后才可开车。

（5）真空泵在极限工作时，由于泵内产生物理作用而发生爆炸声，但功率消耗并不因此增大；当出现爆炸声伴随功率消耗增加时，表明泵的工作不正常，此时应立即停泵检查。

（6）应定期压紧填料，如因填料磨损不能保持所需要的密封性时，应更换新填料。填料不能压得过紧，正常压紧的填料允许水成滴漏出，其量不得太多。

（7）经常检查滚珠轴承的工作和润滑情况，正常工作的滚珠轴承，其温度比周围环境温度高 15℃～20℃，最高不允许超过 60℃。

（8）正常工作的轴承每年至少清洗一次，并将润滑脂全部更换。平时发现润滑脂缺少时应及时加注。

（9）如果环境温度低于 0℃或停止使用时间很长，必须拧开泵及分离器上的管路，将水放掉。

水环式真空泵的基本结构与单级离心泵相似，故其修理要求和工艺方法可参考离心泵。

2. 真空泵常见故障与排除方法

水环式真空泵的常见故障与排除见表 15-4。

水环式真空泵常见故障原因与排除方法   表 15-4

故障现象	产 生 原 因	排 除 方 法
真空度降低	1. 管道密封不严，有漏气的地方 2. 密封填料磨损 3. 叶轮与端盖的间隙过大 4. 水环温度过高，一般不应超过 40℃	1. 拧紧法兰螺钉或更换衬垫 2. 更换填料 3. 调整间隙，中小泵为 0.15，大泵 0.2 4. 增加水量并降低进水温度
抽气量不足	1. 泵的转速低于规定转数 2. 叶轮与端盖间的间隙过大 3. 填料室密封漏气 4. 吸入管道漏气 5. 供水量不足以造成所需要的水环 6. 水环温度过高	1. 如是电源电压过低应增高电压，否则应更换电动机 2. 调整端盖与泵体间的衬垫 3. 更换新填料 4. 拧紧法兰螺钉或更换衬垫 5. 增加供水量 6. 增加供水量以降低水温
零件发生高热	1. 个别零件精度不够 2. 零件装配不正确 3. 润滑油不足或质量不好 4. 密封冷却水和水环水量供给不足 5. 轴密封填料压得过紧 6. 转子歪斜 7. 轴弯曲	1. 更换不合格的零件 2. 重新正确装配 3. 增添润滑油或更换符合规定质量的油。 4. 增加水量 5. 适当放松填料压盖螺栓 6. 检查校正 7. 检查校正

3. 真空泵完好标准

真空泵完好标准如下：

(1) 主要技术性能（真空度等）达到设计要求或满足工艺要求，附属设备齐全，设备运转平稳，声响正常无过热现象，封闭良好；

(2) 设备润滑系统完好，润滑油质符合要求，并定期进行检查，换油；

(3) 设备冷却系统运行正常，冷却装置完好，排水温度不超过规定要求；

(4) 各种仪表指示值正确，并定期进行校验；管路及阀门密封良好，无泄漏现象；

(5) 电动机电流、温升、声响等正常，电气控制、保护、测量回路运转正常；

(6) 设备外观整洁，无油污、锈迹，铭牌标志清楚。

15.2 鼓风机

15.2.1 罗茨鼓风机的工作原理和技术参数

1. 工作原理

罗茨鼓风机是回转式鼓风机的一种，于 1854 年由美国的弗朗西斯·罗茨和菲兰德·罗茨两兄弟发明，并由此得名。罗茨鼓风机由于其结构简单，使用维修方便，不需要内部润滑，在使用压强范围内排气量几乎不变，容积效率高，并具有输送介质不含油的特性，因此得到了广泛的应用。

罗茨鼓风机是一种双转子压缩机械，两转子的轴线互相平行，转子由叶轮与轴组合而成。叶轮之间、叶轮与机壳及墙板之间具有微小间隙，以避免相互接触。两转子由原动机通过一对同步齿轮驱动，做方向相反的等速旋转。两叶罗茨鼓风机的工作过程如图 15-3 所示。图中由 $(a) \sim (e)$ 5 个位置，表示转子旋转半周的情况，另半周中按同样的顺序重复以上过程。假定叶轮与叶轮、叶轮与机壳之间间隙为零，并将上叶轮与机壳的接触点用 a_1 和 a_2 表示，下叶轮与机壳的接触点用 b_1 和 b_2 表示。

在位置 (a)，机壳内分为三个部分。左面为进气腔，腔内压强与进气压强相等。右面为排气腔，腔内气体处于排气压强作用之下。上叶轮与机壳围成封闭的基元容积 V_1，其内部压强等于进气压强。

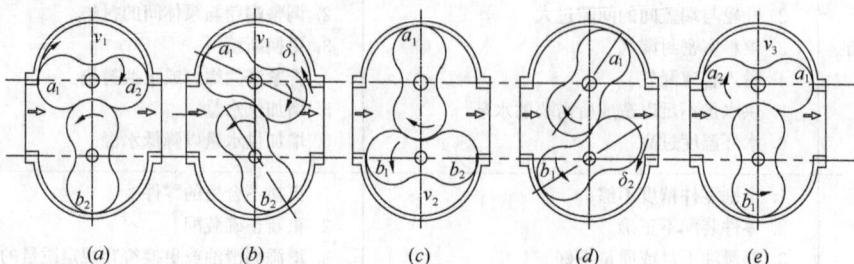

图 15-3　两叶罗茨鼓风机的工作过程示意图

在位置 (b)，随着上叶轮右面接触点 a_2 的消失，基元容积 V_1 开始与排气腔连通。在气体压差作用下，排气口的高压气体，通过回流缝隙 δ_1 迅速向基元容积 V_1 回流，使其压强陡然上升至排气压强。

位置 (c) 与位置 (a) 相似，只不过上下两个叶轮互换位置而已。原来在基元容积 V_1 内的气体被推移到排气口，下叶轮与机壳在 b_1、b_2 两处接触，构成新的基元容积 V_2。

当叶轮旋转到位置 (d) 时，随着接触点 b_2 的消失和回流缝隙 δ_2 的开启，基元容积 V_2 与排气腔连通，此时的情形与位置 (b) 相似。

位置 (e) 与位置 (a) 相同，基元容积 V_2 的气体也被推移到排气口去了，新的基元容积 V_3 出现在先前 V_1 所在的位置上。

至此，上下两个叶轮各自旋转半周，分别输送了一个基元容积的气体。

2. 主要技术参数

（1）流量

容积（体积）流量：指单位时间内流经风机的气体容积，习惯上均指进气容积流量，用 q_j 表示，其单位为 m^3/s，m^3/min，m^3/h。

（2）压力

气体在单位面积的容器壁上所作用的力叫气体压力，其单位有 mmH_2O、$mmHg$、kgf/cm^2、Pa、bar、MPa。压力单位换算参见表 15-5。

压力单位换算　　　　　　　　　　　表 15-5

帕 (Pa)	标准大气压 （即物理大 气压）atm	毫米汞柱 (mmHg)	毫米水柱 (mmH₂O)	工程大气压 (kgf/cm²) at	巴 (bar)
1	0.99×10^{-5}	0.0075	0.102	1.02×10^{-5}	10^{-5}

帕 (Pa)	标准大气压 （即物理大 气压）atm	毫米汞柱 (mmHg)	毫米水柱 (mmH₂O)	工程大气压 (kgf/cm²) at	巴 (bar)
101325	1	760	10330	1.033	1.0133
133.32	0.00132	1	13.6	0.00136	0.001332
9.807	0.9678×10^{-4}	0.0736	1	0.0001	0.9807×10^{-4}
98067	0.9678	735.6	104	1	0.9807
105	0.9869	750.1	10197	1.02	1

（3）功率

风机所输送的气体在单位时间内从风机中获得的能量称为风机的有效功率或全压有效功率。用 N_e 表示，单位为 kW，一般不考虑气体的压缩性。N_e 的计算公式如下：

$$N_e = \frac{PQ_s}{1000}$$

式中　P——风机的全压，Pa；

　　　Q_s——风机的流量，$\mathrm{m^3/s}$。

单位时间内风机的叶轮对气体所做的功，称为风机的内部功率，用 N_i 表示。内部功率等于风机的有效功率加上风机内部损失掉的所有功率。

单位时间内原动机传递给风机轴的能量称为风机的轴功率，以 N 表示。轴功率减去风机轴承内的机械损失所耗去的功率等于风机的内部功率。

（4）效率

风机的有效功率与轴功率之比称为风机的效率或全压效率，以 η 表示。可写成：

$$\eta = \frac{N_e}{N} = \frac{PQ_s}{1000N}$$

（5）转速

指风机转子在单位时间内的转动速度，用 n 表示，其单位为 r/min，由于风机的流量、压力、功率、噪声等都随着转速的改变而改变，所以也把它列为风机的性能参数之一。

（6）噪声

从生理学观点讲，凡是使人烦躁的讨厌的声音称为噪声。噪声是污染环境的主要因素之一，对人体健康有害。风机的噪声主要来自气体动力噪声和机械噪声。用电机作为原动机时还有电磁噪声。噪声的高低通常用 A 声级来评定，以 LA 表示，单位为 dB（A）。

15.2.2　鼓风机的操作与维护

由于水厂使用中的鼓风机大多为罗茨式，因此本节主要叙述罗茨鼓风机的操作和维护。

1. 鼓风机的操作

（1）启动前的检查

风机首次启动或大修后，应检查以下的所有项目；日常启动前的检查可按需要选择其中几项。

1）检查所有螺栓、定位销及各部分连接是否紧固，各管路、阀门是否处于正常状态。

2）检查机组底座四周是否全部垫实，地脚螺栓是否紧固。

3）检查驱动装置的位置和校准精度；检查皮带的张紧度，有否磨损。

4）检查电气配电系统及电动机绝缘电阻是否符合要求；检查电机转动方向是否与所示箭头一致。

5）检查润滑是否良好，油位是否保持在正确位置。

6）有通水冷却要求的风机，应打开管路的阀门，冷却水温度不超过 25℃。

7）检查所有测量仪表是否完好。

8）用手盘动转子，转子应转动灵活，无滞阻现象，同时注意倾听各部分有无不正常的杂声。

（2）风机的启动

为减小电机启动电流，机组应空载启动，即不能闭阀启动。所以应按以下步骤进行：

1）打开鼓风机旁通阀（或放空阀）。

2）启动机组，风机空载运行。检查机组运行情况，如遇电流过大、出现金属摩擦声等异常情况，应立即停车。风机运行正常后，可继续下面操作步骤。

3）开出口阀、关旁通阀（或放空阀），使风机达到满负荷运行。

（3）风机的运行

风机在正常运行时，不能关闭出口阀，否则将造成设备爆裂事故。风机在正常运行中应检查下列项目：

1）电机运行电流有否超过额定电流。

2）检查机组的振动、噪声、温升是否正常，有无不正常的杂声。

3）管路有无漏气；设备有否漏油。

4）观察进、排气压力指示是否正常，空气过滤器有否阻塞。

5）轴承的温度是否正常。

6）冷却水系统、润滑系统是否正常。

（4）风机的停车

风机禁止在满负荷情况下突然停车，应按下列步骤操作：

1）打开旁通阀（或放空阀）。

2）接下停止按钮，机组停止运行。

3）关闭出口阀。

4）关闭旁通阀。

2. 鼓风机常见故障的分析与排除

鼓风机常见故障原因与排除方法参见表 15-6。

鼓风机常见故障原因与排除方法 表 15-6

故 障	可 能 原 因	排 除 方 法
风量不足	1. 管道漏气 2. 安全阀动作 3. 排风压力上升 4. 吸气压力上升 5. 皮带打滑 6. 空气滤清器堵塞	1. 消除管道漏气 2. 重新调整安全阀设定压力 3. 消除排风侧压力上升原因 4. 消除吸气压力上升原因 5. 拉紧皮带或更换皮带 6. 清扫空气滤清器
声音异常或振动异常	1. 皮带打滑 2. 齿轮油不足 3. 轴承润滑脂不足 4. 压力异常 5. 旁路单向阀不良 6. 安全阀动作不良 7. 室内换气不足 8. 紧固部位松动 9. 叶轮不平衡或损坏 10. 轴承或齿轮磨损	1. 拉紧皮带或更换皮带 2. 加油 3. 补充润滑油脂 4. 消除压力异常原因 5. 检查单向阀或更换 6. 检查安全阀、调整 7. 检查或改善换气设施，降低室内温度 8. 将松动部位紧固 9. 调整叶轮平衡或更换 10. 更换
温度过高	1. 排风压力上升 2. 室内换气不足 3. 空气滤清器堵塞	1. 消除排风压力上升原因 2. 检查或改善换气设施，降低室内温度 3. 清扫空气滤清器
漏油	1. 加油量过多 2. 紧固部位松动 3. 密封垫破损	1. 在停机状态下把油放到油标中间位置 2. 将松动部位紧固 3. 更换密封垫
设备不转动	1. 电机或电器损坏 2. 转子粘合 3. 混入异物	1. 检查电源、电路、电机及其他相关电气设备 2. 确认粘合原因，去除黏合物 3. 去除异物
电机超载	1. 风机压力高于规定值 2. 转动部分相碰或摩擦 3. 进口过滤堵塞，出口管障碍或堵塞 4. 室内通风不良，室温太高	1. 降低通过鼓风机的压差 2. 立即停机，检查原因并消除 3. 清除障碍物 4. 增强通风，降低室温

3. 鼓风机的维护

（1）日常检查维护项目：

1）检查鼓风机出口压力、振动、温升，出现不正常现象时应及时停机检查原因。

2）检查电机运行电流是否正常，检查管路和阀门有无漏气情况。

3）检查隔音罩进排气孔中是否有杂物，若有，应及时清理。

4）每周检查油位是否在视油镜的中间位置，若少油，应及时加到位。

5）每周检查皮带张紧度，张紧度保持在 3.2N。

6）每周检查滤清器阻力显示，如指示红色，则应清洗滤芯或更换。

7）每周检查轴承润滑脂情况，如发现润滑脂减少，应及时添加。

（2）定期维护项目

1）每季度对风机各连接部位进行紧固。

2）每季度，对风机进行振动、噪声、温度测试，测试结果应和历次测试作比较，发现数值变大，应找出原因并进行整改。测试结果的比较应在同一测试点及相同的测试条件下进行。

3）根据润滑油的实际使用情况，每六个月更换一次，每次换油时必须对油箱彻底清洗干净。

4）每年风机解体检修一次，清洗齿轮、轴承，检查油密封、气密封，检查转子和气缸内部磨损情况，校正各部分间隙。

4. 鼓风机完好标准

鼓风机完好标准如下：

（1）鼓风机主要技术性能（流量、压力等）达到设计要求或满足工艺要求；

（2）鼓风机机组振动速度应小于 4.6 mm/s，噪声小于 85dB（噪声值为距离设备 1 米、对地高 1 米处的测量值）；

（3）油箱内油质符合要求，油位在正常位置；

（4）空气滤清器阻力显示正常；

（5）皮带张紧度符合要求，无打滑现象；

（6）轴承润滑正常，轴承温度不超过 75℃；

（7）运行时，风机内部应无碰撞或摩擦的声音；

（8）电动机运行电流不超过额定电流，温升不超过允许温升；

（9）进、出管路及阀门完好，无泄漏现象。所有连接部位螺栓坚固，无松动现象；

（10）设备外观整洁，无油污、锈迹，铭牌标志清楚。

15.3　起重设备

起重设备属特种设备，其安装、使用、维护、检修、检验等均应遵守国务院颁发的"特种设备安全监察条例"的相关规定。水厂常用的起重设备有：电动葫芦、手动单梁起重机、电动单梁起重机、电动双梁起重机、桥式起重机等几种。使用单位应当建立起重设备安全技术档案，加强对起重设备的管理和维护，制定事故应急措施和救援预案，定期由具有相关资责的专业单位对设备进行维修、检验，使起重设备始终保持在完好状态。

15.3.1　起重机结构简单介绍

1. 手动单梁起重机

手动单梁起重机由大梁桥架、传动机构、手动单轨小车、手拉葫芦等组成。其手拉葫芦、小车、大车运行机构用曳引链以人力驱动的办法进行工作。这种起重机用于无电源或起重量不大的场合。

2. 电动葫芦

电动葫芦是将电动机、减速机构、卷筒等紧凑集合为一体的起重机械。电动葫芦有多种形式，常用的为单轨小车式电动葫芦。此种电动葫芦具有运行机构，以单轨下翼缘作为运行轨道。具体外形结构参见图 15-4。图中电动葫芦采用钢丝绳式起吊结构，电动机为锥形转子的电动机，利用电动机轴向磁拉力的特点，使电机带有制动器功能。

3. 电动单梁起重机

当起重量不大时，如 5t 以下，一般多采用电动单梁起重机。这种起重机通常是采用地面操纵。跨度不大时（小于 10m），可用一段工字钢作为主梁；跨度较大时常制成桁构梁。

电动单梁起重机由金属结构（主梁）、电动葫芦、大车运行机构等组成。参见图 15-5。

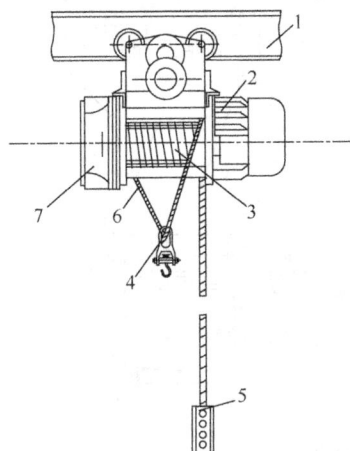

图 15-4　电动葫芦结构简图

1—轨道；2—电动机(含制动器)；3—卷筒；4—吊钩；

5—操作按钮盒；6—钢丝绳；7—减速器

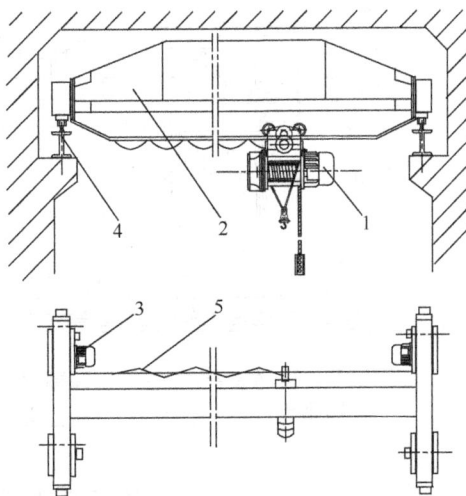

图 15-5　电动单梁起重机结构简图

1—电动葫芦；2—主梁；3—大车运行机构；

4—轨道；5——橡套电缆

电动单梁起重机另有一种结构形式为悬挂式，轨道（工字钢）吸顶安装，大车轮子在工字钢下翼缘运行。

4. 电动双梁起重机

电动双梁起重机又称为电动葫芦桥式起重机，其结构和电动单梁起重机相比，增加了小车及运行机构、主梁由单梁改为双梁。电动双梁起重机由金属结构（主梁）、小车及运行机构、电动葫芦、大车运行机构等组成。起重机按操作方式分为地面操纵和司机室操纵两种形式。起重机的大车运行机构运行速度在地面操纵为 $20\sim40\mathrm{m/min}$；司机室操纵为 $70\sim80\mathrm{m/min}$。

5. 桥式起重机

桥式起重机主要由桥架、大车运行机构、小车运行机构、起升机构和电气设备等组成。运行机构的驱动方式有 3 种：

（1）集中低速驱动：电动机和减速箱放在桥架走台中间，由低速轴通过联轴器传动大车车轮转动。这种方式仅用于起重量和跨度不大的桥式起重机上。

（2）集中高速驱动：电动机装在桥架走台中间，通过联轴器带动高速传动轴与装在走台两端的减速箱相连接，经过减速箱的低速轴与车轮轴连接。其优点是传动的扭矩小，不足之处是需要两台减速箱。而且传动轴必须具有较高的加工精度，以减少因偏心误差在高速旋转时所引起的剧烈振动。

（3）分别驱动：这种起重机是在走台的两端各有一套驱动装置，对称布置。每套装置由电动机通过联轴器、减速箱与大车车轮连接。分别驱动的优点是省去了很长的传动轴，减轻了自重，安装和维修方便。但是要求两套驱动装置的运行必须同步。

桥式起重机的结构参见图 15-6。

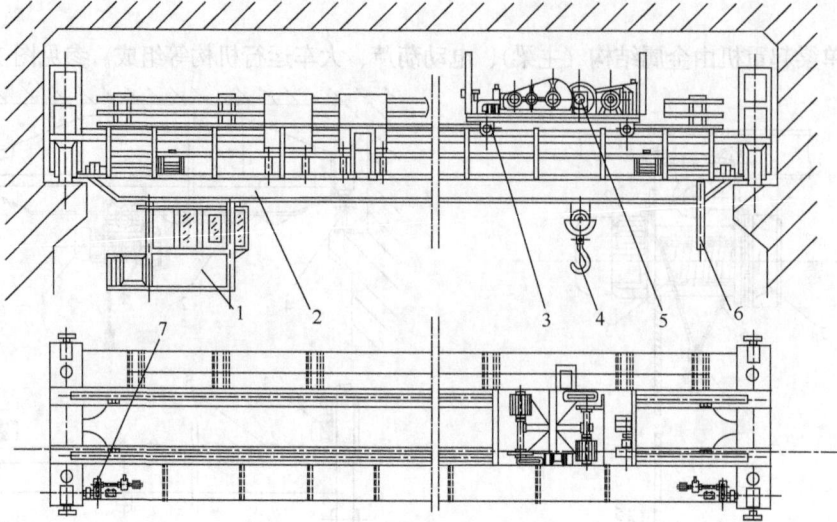

图 15-6　桥式起重机结构简图

1—司机室；2—桥架；3—小车及运行机构；4—吊钩；5—卷筒；6—大车导电架；7—大车运行机构

15.3.2　起重机的安全使用

起重机的安全使用应做到以下 10 条：

1. 在无载荷情况下，接通电源，开动并检查各运转机构。控制系统和安全装置均应灵活准确、安全可靠，方可使用。

2. 带有司机室的起重机，必须设有专人驾驶，严禁非司机人员操作；专职驾驶人员一定要经过审查检验合格，发给驾驶证，方能独立操作。

3. 在地面操作的梁式、电动葫芦等起重机，要指定人员负责操作，并要执行专职驾驶人员的操作规程。

4. 对新安装、改装、大修、自制的起重机的安全技术必须符合特种设备安全监察条例的规定，经本企业有关部门及质量检查部门验收合格后方能使用。

5. 起重机要定期检查，安全装置必须保证完全可靠，发现失灵时，要立即采取措施消除，不得迁就使用。

6. 使用起重机必须严格遵守操作规程，严禁起吊易燃、易爆、超载荷、载人、歪拉斜吊和吊拔埋在地下物件。

7. 禁止使用两台起重机共同吊一重物。在特殊情况下需要两台共同起吊一重物（只限于吨位相同的起重机）时，应采用可靠安全措施，并有有关领导在场指挥，方可起吊。

8. 起重机应根据使用情况，2~3 年做一次载荷试验（静载荷超载 25％，动载荷超载 10％）。对新安装、大修、自修的起重机，在使用前应进行载荷试验。

9. 露天工作的起重机，当风力大于六级时，禁止使用。不工作时，必须将起重机可靠地固定好。

10. 起重机驾驶人员必须做到"十不吊":

(1) 超过额定载荷不吊;

(2) 指挥信号不明,重量不明,光线暗淡不吊;

(3) 吊索和附件捆缚不牢,不符合安全要求不吊;

(4) 行车吊挂重物直接进行加工时不吊;

(5) 歪拉斜挂不吊;

(6) 工件上站人或工件上浮放有活动物的不吊;

(7) 氧气瓶、乙炔发生器等具有爆炸性物不吊;

(8) 带棱角快口物件未垫好(防止钢丝绳磨损或割断)不吊;

(9) 埋在地下的物件不拔吊;

(10) 干部违章指挥时不吊。

15.3.3 起重机常见故障分析与排除

1. 葫芦式起重机常见故障分析与排除

葫芦式起重机(包括电动葫芦、电动单梁和双梁起重机)常见故障及排除方法参见表15-7。

葫芦式起重机常见故障原因与排除方法　　　　　　　　　表 15-7

项 目	常见故障	故 障 原 因	排 除 方 法
起重机运行机构	启动时,主动车轮打滑	1. 轨道面或车轮踏面有油水等污物 2. 车轮装配精度差,三条腿现象严重,主动轮轮压太小或悬空	1. 清除污物,必要时在轨顶面上撒砂子 2. 改进车轮装配质量或火焰矫正桥架
	运行中出现歪斜——跑偏——啃轨——磨损	1. 轨道架设未能达到相应规范要求 2. 起重机桥架几何精度差(跨度超差、跨度差、对角线差等达不到要求) 3. 车轮槽宽与轨顶面宽间隙配合不当 4. 车轮公称直径尺寸相差较大	1. 检查轨道跨度、标高、倾斜度等,并进行修整 2. 检查起重机桥架几何精度,并进行修整 3. 调整车轮与轨道侧面间隙,使达到规范要求 4. 检查车轮直径,必要时更换车轮
	运行中,出现卡轨、爬轨、脱轨或行车出现蛇行、扭摆、冲击、振动等	1. 轨道与桥架跨度配合不当 2. 轮槽与轨顶面宽度配合不当 3. 起重机三条腿现象严重 4. 起重机跑偏现象严重 5. 轨道接缝质量差	1. 检查起重机和轨道几何精度,并修复 2. 同上 3. 调整车轮与轨道侧隙 4. 必要时进行起重机大修 5. 修整轨道接缝达到规范要求
	起制动时,有明显的不同步、扭动、侧向滑移	1. 因磨损造成车轮踏面直径尺寸相差较大 2. 分别驱动的电动机制动间隙相差较大	1. 更换车轮 2. 调整两侧驱动电动机的制动间隙(锥形转子轴向串量),调整工作应由同一个人完成

续表

项　目	常见故障	故　障　原　因	排　除　方　法
起重机运行机构	制动时刹不住车	1. 制动器间隙太大 2. 制动环磨损已达到报废标准而继续使用	1. 调整制动器间隙 2. 更换制动环
葫芦运行小车	车轮打滑	工字钢等轨道面或车轮踏面上有油、水等污物	清除轨道面或车轮踏面上的污物
	车轮悬空	1. 工字钢等支承车轮的翼缘面不规整 2. 运行小车制造装配精度差，三条腿现象严重	1. 利用火焰加热修整 2. 按制造装配精度要求进行检查并修整
	轮缘爬轨	1. 轨道端部止挡（阻进器）或缓冲器不对称 2. 运行小车主被动侧重量不平衡，造成被动侧车轮翘起而爬轨	1. 重新调整（或修整）止挡或缓冲器为对称结构 2. 在被动侧加配重
减速器	齿轮传动噪声太大	1. 缺油、润滑不良 2. 齿轮齿面有磕碰伤痕，齿轮加工精度低，齿轮副装配精度低 3. 齿轮、轴承等磨损严重 4. 齿轮箱内清洁度差	1. 加足润滑油 2. 修整齿面磕碰伤痕，提高齿轮精度 3. 更换齿轮、轴承 4. 清洗、换油
	起升减速器箱体碎裂	多因起升限位器失灵，吊钩滑轮外壳直接撞击卷筒外壳，造成吊钩偏摆打裂箱体	及时更换减速器箱体，更换或修理起升限位器，尽量使限位器少动作
制动器	制动失灵	1. 电动机轴断裂 2. 锥形制动环装配不当，出现磨损台阶制动失效	1. 更换电动机轴 2. 更换制动环，并正确装配
	重物下滑或运行时明显刹不住车	1. 制动间隙太大 2. 制动环磨损严重，并超过了规定值而未更换 3. 电动机轴或齿轮轴轴端紧固螺钉松动	1. 调整制动间隙 2. 更换制动环 3. 将电动机卸下，拧紧松动的坚固螺钉
	制动时发出尖叫	制动轮与制动环间有相对摩擦，接触不良	重新调整制动器或车削一下制动环，使锥度相符（指锥形制动器而言）
卷筒装置	导绳器破裂	斜吊	按操作规程操作，导绳器已破裂的应修复
	外壳带电	轨道未接地或地线失效	加装或接通接地线
钢丝绳	切断	1. 因起升限位器失灵被拉断 2. 超载过大 3. 已达到报废标准仍在继续使用	1. 修理或更换限位器 2. 按规定吊载 3. 更换钢丝绳
	变形	1. 无导绳器，缠绕乱时，钢丝绳进入卷筒端部缝隙中被挤压变形 2. 斜吊造成乱而变形	1. 应安装导绳器 2. 按操作规程操作
	磨损	1. 斜吊造成钢丝绳与卷筒外壳之间的磨损 2. 钢丝绳选用不当，直径太大与绳槽不符	1. 不要斜吊 2. 合理选择钢丝绳
	空中打花	在地面缠绕钢丝绳时，未能将钢丝绳放松伸直	让钢丝绳在放松状态下重新缠绕在卷筒上

项 目	常见故障	故 障 原 因	排 除 方 法
起升 限位器	负荷升至极限位 置时不能限位	1. 电源相序接错，接线不牢 2. 限位杆的停止挡块松动	1. 重新接线，修整设备 2. 紧固停止挡块于需要的位置上
主梁	主梁上拱度消 失，甚至出现下挠	1. 超载过大 2. 疲劳过度 3. 使用环境恶劣（如高温烘烤）	1. 按规定吊载，安装载荷限制器加以 限制 2. 利用火焰修复 3. 改善工作环境
	主梁工字钢等下 翼缘出现塑性变形	1. 超载过大 2. 葫芦轮压太大 3. 工字钢翼缘太薄 4. 主梁下翼缘磨损严重而变薄，局部 弯曲强度减弱	1. 不得超载或加载荷限制器加以限制 2. 增加葫芦走轮个数降低轮压 3. 选用异型加厚工字钢或在下翼缘下 表面贴板补强 4. 变形严重时，无法补强应报废
操纵室	振动与摇晃	1. 操纵室本身刚性差，与主梁连接 不牢 2. 起重机主梁动刚性差 3. 起重机运行振动冲击大	1. 加强操纵室刚性，增加减振装置 2. 适当提高主梁刚度 3. 对轨道缺陷进行修复
密封	渗、漏油	1. 油封疲劳破坏失效 2. 减速器加油过多 3. 装配时连接螺栓未拧紧 4. 减速箱体结合面未采用密封结构或 未涂密封胶	1. 及时更换新油封 2. 放掉多余的油 3. 拧紧连接螺栓 4. 拆装时应清除箱体接合面的污物， 重新涂上密封胶

2. 桥式起重机常见故障与排除

桥式起重机常见故障与排除参见表 15-8。

桥式起重机常见故障原因与排除方法   表 15-8

项 目	常见故障	故 障 原 因	排 除 方 法
小车运行 机构	打滑	1. 轨道上有油或冰霜 2. 轮压不均 3. 同一截面内两轨道标高 差过大 4. 启动过猛（一般发生在 鼠笼式电动机的启动时）	1. 去掉油污和冰霜 2. 调整轮压 3. 调整轨道，使其达到安装标准 4. 改善电动机启动的方法，或选用绕线式 电动机
	小车三条腿运行	1. 车轮直径偏差过大 2. 安装不合理 3. 小车架变形	1. 按图纸要求进行加工 2. 按技术要求重新进行调整安装 3. 火焰矫正，使其达到设计要求
减速器	周期性颤动的声响	齿轮齿距误差过大或齿侧间 隙超过标准，引起机构振动	更换齿轮
	发生剧烈的金属摩擦 声，引起减速器的振动	1. 减速器高速轴与电动机 轴不同心 2. 齿轮轮齿表面磨损不均， 齿顶有尖锐的边缘所致	1. 检修、调整同轴度 2. 修整齿轮轮齿

续表

项 目	常见故障	故 障 原 因	排 除 方 法
减速器	壳体、特别是安装轴承处发热	1. 轴承滚珠破碎，或保持架破碎 2. 轴颈卡住 3. 轮齿磨损 4. 缺少润滑油	1. 更换轴承 2. 检查、检修轴颈 3. 修整轮齿 4. 添加或更换润滑油
	润滑油沿剖分面流出	1. 密封环损坏 2. 减速器壳体变形 3. 剖分面不平，连接螺栓松动	1. 更换密封环 2. 检修减速器壳体，将壳体洗净后涂液体密封胶 3. 剖分面刮平，开回油槽，紧固螺栓
	减速器在架上振动	1. 减速器固定螺栓松动 2. 输入或输出轴与电动机轴、工作机件不同心 3. 支架刚性差	1. 紧固减速器的固定螺栓 2. 调整减速器传动轴的同心度 3. 加固支架，增大刚性
制动器	不能刹住重物（对运行机构则是小车或大车断电后滑行过大）	1. 制动器杠杆系统中有的活动铰链被卡住 2. 制动轮工作表面有油污。 3. 制动带磨损严重，铆钉裸露 4. 主弹簧张力调整不当或弹簧疲劳、制动力矩过小所致 5. 电磁铁冲程调整不当，或长冲程电磁铁坠重下有物支承 6. 液压推杆制动器叶轮旋转不灵活	1. 润滑活动铰链 2. 用煤油清洗制动轮工作表面 3. 更换新制动带 4. 调整或更换主弹簧 5. 调整电磁铁冲程，清理长冲程电磁铁的工作环境 6. 检修推动机构和电器部分
	制动器不能打开。	1. 制动带胶粘在有污垢的制动轮上 2. 活动铰链被卡住 3. 主弹簧张力过大 4. 制动器顶杆弯曲，顶不到动磁铁 5. 电磁铁线圈烧毁 6. 在液压推杆制动器上油液使用不当 7. 叶轮卡住 8. 电压低于额定电压的85%，电磁铁吸力不足	1. 用煤油清洗制动轮及制动带 2. 消除卡住地方，润滑铰链处 3. 调整主弹簧 4. 将顶杆调直或更换顶杆 5. 更换线圈 6. 按工作环境温度更换油液 7. 检查电气部分和调整推杆机构 8. 查明电压降低的原因，并予以解决
	在制动带上发生焦味、冒烟，制动带迅速磨损	1. 制动带与制动轮间隙不均匀，在运转时相摩擦而生热 2. 辅助弹簧失效不起作用，推不开制动臂，制动带始终压在制动轮上 3. 制动轮工作表面粗糙	1. 调整制动器 2. 更换弹簧 3. 按要求重新加工制动轮
	制动器易于脱开调整的位置，制动力矩不稳定	1. 主弹簧的锁紧螺母松动致使调整螺母松动 2. 螺母或制动推杆螺扣破坏	1. 拧紧调整螺母，并用锁紧螺母锁住 2. 更换制动推杆和螺母，或重新修整推杆并配制螺母

项 目	常 见 故 障	故 障 原 因	排 除 方 法
卷筒	卷筒发现疲劳裂纹	卷筒断裂	更换卷筒
	卷筒轴和键磨损	轴被剪断,导致吊物坠落	停止使用,立即检修
	卷筒绳槽磨损和跳槽	卷筒强度削弱,容易断裂,钢丝绳缠绕混乱	当卷筒壁厚磨损达原厚度的20%以上时,应更换卷筒
滑轮	滑轮槽磨损不均匀	材质不均匀,安装不合要求,绳与轮接触不均匀	重新安装或修补,磨损超过3mm时,应更换
	滑轮心轴磨损	心轴损坏	调换心轴并加强润滑
	滑轮转不动	心轴和钢丝绳磨损加剧	检修心轴和轴承
	滑轮冲撞,轮缘裂纹	滑轮损坏	更换新轮
	滑轮倾斜,松动	轴上定位板松动	调整、紧固定位板,使轴固定
钢丝绳	断股、断丝、打结磨损	参见表15-7相关项目	参见表15-7相关项目
车轮	轮辐、踏面(滚动面)有裂纹	车轮损坏	更换新车轮
	主动车轮滚动面磨损不均匀	由于表面淬火不匀,车轮倾斜啃道所致,运行时振动	成对的更换车轮
	轮缘磨损	由于车体倾斜、啃轨所致,容易出现脱轨现象	轮缘磨损超过原厚度的50%时,应更换新车轮
联轴器	联轴器体内有裂纹	联轴器损坏	更换
	联轴器连接螺栓孔磨损	开动时机构跳动、切断螺栓,如是起升机构,将会发生吊物坠落	对于起升机构联轴器应更换新件,对于运行机构的联轴器可重新扩孔配螺栓,孔磨损严重时可焊补后再钻铰孔
	齿式联轴器轮齿磨损或折断	由于缺少润滑油,工作频繁,打反车所至。会导致齿磨坏,重物坠落	对于起升机构,轮齿磨损达原齿厚15%即应更换新件,对于运行机构轮齿磨损达原齿厚的20%时,更换新件
	齿轮套键槽磨损	不能传递转矩,重物坠落	对于起升机构齿轮套则应更换新件,对于运行机构齿轮套可在与其相距90°处重新插键槽,配键后继续使用

15.3.4 起重机完好标准

1. 电动葫芦完好标准

(1) 电动葫芦起重和牵引能力达到设计要求;

(2) 各传动系统运转正常,钢丝绳、吊钩、吊环符合安全技术规程;

(3) 制动装置安全可靠,主要零件无严重磨损;

(4) 操作系统灵敏可靠,调整正常;

(5) 主、副梁的下挠、上拱、旁弯等变形均不得超过有关技术规定;

(6) 电气装置齐全有效,安全装置灵敏可靠;

(7) 车轮与轨道有良好接触,无严重啃轨现象;

(8) 润滑装置齐全,效果良好,无漏油;

(9) 电动葫芦内外整洁,标牌醒目,零部件齐全;

(10) 技术档案齐全,有专人负责设备动态记录;

(11) 各种接触器、开关触点接触良好,运行正常;

(12) 电机无异常声响,温升、电流、电压均符合电机铭牌规定。

2. 单梁起重机完好标准

(1) 起重能力:应达到设计要求,在起重机明显部位标志起重吨位、设备编号;

(2) 大梁:大梁下挠不超过规定值。额定起重量作用下,电动单梁起重机大梁从水平线下挠应≤L/500;手动单梁起重机大梁从水平线下挠应≤L/400(L 为跨度);

(3) 行走系统及轨道:

1) 轨道平直,接缝处两轨道位差≤2mm,接头平整,压接牢固;

2) 车轮无严重啃道现象,与路轨有良好接触;

3) 行走系统各零部件完好齐全,运转平稳,无异常窜动、冲击、振动、噪声和松动现象,车架无扭动现象,制动装置安全可靠;

4) 传动装置润滑良好,无漏油。

(4) 起吊装置:

1) 起吊制动器在额定载荷内制动灵敏、可靠;

2) 钢丝绳符合使用技术要求;

3) 吊钩、吊环符合使用技术要求;

4) 滑轮、卷筒符合使用技术要求;

5) 吊钩升降时,传动装置无异常窜动、冲击、噪声和松动现象;

6) 起吊装置润滑良好,无漏油。

(5) 电气与安全装置:

1) 电气装置安全可靠,各部分元、器件运行达到规定要求;

2) 滑触线或橡套电缆敷设整齐、固定可靠、接触良好;

3) 轨道和起重机有可靠的接地,接地电阻应小于 4 欧;

4) 地面操纵的悬挂按钮箱应动作可靠并有明显的标志。

3. 桥式起重机完好标准

(1) 起重能力:应达到设计要求,在起重机明显部位标志起重吨位、设备编号;

(2) 主梁:空载情况下,主梁下挠≤L/1500 或额定起重量作用下主梁下挠≤L/700;

(3) 操作系统:各运行部位操作符合技术要求,灵敏可靠,各档变速齐全;大小车的滑行距离达到工艺要求;

(4) 行走系统:

1) 轨道平直,接缝处两轨道位差不超过 2mm,接头平整,压接牢固;

2) 减速器、传动轴、联轴器零部件完好、齐全,运转平稳,无异常窜动、冲击、振动、噪声、松动现象;

3) 制动装置安全可靠,性能良好,不应有异常响声与松动现象;

4) 闸瓦摩擦衬垫厚度磨损≤2mm,且铆钉头不得外露,制动轮磨损≤2mm,小轴及心轴磨损不超过原直径的 5%，制动轮与摩擦衬垫之间间隙要均匀，闸瓦开度应≤1mm 。

（5）起吊装置：

1）传动时无异常窜动、冲击、振动、噪声、松动现象；

2）起吊制动器在额定载荷时应制动灵敏可靠，闸瓦摩擦衬垫厚度磨损≤2mm，且铆钉头不得外露，小轴和心轴磨损不超过原直径的 5%，制动轮与摩擦衬垫之间要均匀，闸瓦开度≤1mm。

3）钢丝绳符合使用技术要求；

4）吊钩、吊环符合使用技术要求；

5）滑轮、卷筒符合使用技术要求。

（6）润滑：润滑装置齐全，效果良好，无漏油现象；

（7）电器与安全装置：

1）电器装置齐全、可靠，运行达到使用要求；

2）滑触线或橡套电缆安全可靠，接触良好，无发热现象；

3）轨道和起重机均有可靠接地，接地电阻小于 4 欧；

4）驾驶室或操纵室应装设切断电源的紧急开关，操纵控制系统应有零位保护；

5）安全装置、限位保护应齐全完好。

（8）使用与管理：设备内外整洁，油漆完好，无锈蚀；技术档案齐全。

15.4 阀门

阀门是管路流体输送系统中的控制部件，它用来改变通路断面和介质流动方向，具有导流、截止、调节、节流、止回、分流或溢流卸压等功能。阀门也是水厂使用数量最多的设备之一，阀门工作状态的好坏直接影响到水厂的制水生产。水厂或泵站中用得较多的阀门有：闸阀、蝶阀、止回阀、减压阀、安全阀等。阀门可以采用多种传动方式，如：手动、电动、气动、液动等。

15.4.1 常用阀门的结构形式介绍

1. 电动闸阀

闸阀是指关闭件（闸板）沿通路中心线的垂直方向移动的阀门。闸阀在管路中主要作切断用，闸阀是使用很广的一种阀门。闸阀有以下优点：流体阻力小；开闭所需外力较小；介质的流向不受限制；全开时密封面受工作介质的冲蚀是截止阀小；体形比较简单；铸造工艺性较好。闸阀也有不足之处：外形尺寸和开启高度都较大，造成安装所需空间较大；开闭过程中密封面间有相对摩擦，容易引起擦伤现象；闸阀一般都有两个密封面，给加工、研磨和维修增加一些困难。

（1）电动闸阀根据闸板的构造可分为两大类：

1）平行式闸阀——密封面与垂直中心线平行，即两个密封面互相平行的闸阀。平行式闸阀又有双闸板和单闸板之分。

2）楔式闸阀——密封面与垂直中心线成某种角度，即两个密封面成楔形的闸阀。楔式闸阀中又有双闸板、单闸板及弹性闸板之分。

（2）根据阀杆的构造又分为两大类：

1）明杆闸阀——阀杆螺母在阀盖或支架上，开闭闸板时，用旋转阀杆螺母来实现阀杆的升降。这种结构对阀杆的润滑有利，开闭程度明显，因此被广泛采用。

2）暗杆闸阀——阀杆螺母在阀体内与介质直接接触，开闭闸板时用旋转阀杆来实现。这种结构的优点是：闸阀的高度总是保持不变，因此安装空间小，适用于大口径或对安装空间受限制的闸阀。此种结构应装有开闭指示器，以指示开闭程度。这种结构的缺点是：阀杆螺纹不仅无法润滑，而且直接接受介质侵蚀，容易损坏。图 15-7 为明杆楔式闸阀结构简图。

2. 电动蝶阀

蝶阀是用圆盘形蝶板作启闭件并随阀杆转动来开启、关闭和调节液体通道的一种阀门。蝶阀的蝶板安装于管道的直径方向。蝶阀旋转角度为 0°～90°，旋转到 90°时，阀门在全开状态，此时具有较小的流阻，当开启在 15°～70°之间时，又能进行灵敏的流量控制。

蝶阀不仅结构简单、体积小、重量轻，而且驱动力矩小、操作简便。蝶阀的这些特点，使它在各种行业得到了非常广泛的使用。

蝶阀的种类很多，并且有多种分类方法。

（1）按结构形式分类

1）中心密封蝶阀；

2）单偏心密封蝶阀；

3）双偏心密封蝶阀；

4）三偏心密封蝶阀。

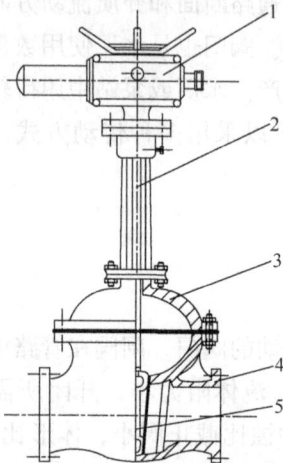

图 15-7 明杆楔式闸阀结构简图
1—电动头；2—阀杆；3—阀盖；
4—阀体；5—闸板

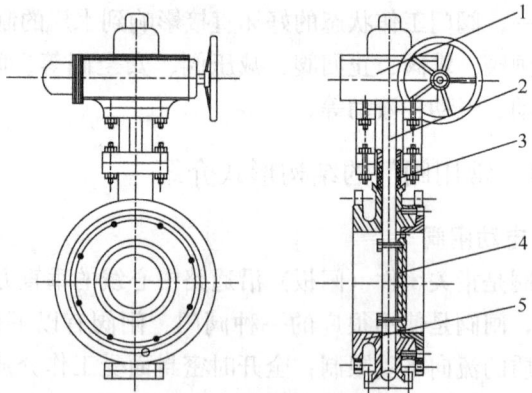

图 15-8 电动蝶阀结构简图
1—电动头；2—阀轴；3—填料；
4—阀板；5—阀体

（2）按密封面材质分类

1）软密封蝶阀

a. 密封副由非金属软质材料对非金属软质材料构成；

b. 密封副由金属硬质材料对非金属软质材料构成。

2）金属硬密封蝶阀：密封副由金属硬质材料对金属硬质材料构成。

（3）按密封形式分类

1）强制密封蝶阀

a. 弹性密封蝶阀：密封比压由阀门关闭时阀板挤压阀座，阀座或阀板的弹性产生；

b. 外加转矩密封蝶阀：密封比压由外加于阀门轴上的转矩产生；

2）充压密封蝶阀：密封比压由阀座或阀板上的弹性元件充压产生；

3）自动密封蝶阀：密封比压由介质压力自动产生。

（4）按连接方式分类

1）对夹式蝶阀；

2）法兰式蝶阀；

3）支耳式蝶阀；

4）焊接式蝶阀。

图 15-8 为电动蝶阀结构简图。

3. 气动蝶阀

气动蝶阀结构和电动蝶阀相似，不同之处是电动装置换成了气动装置，阀门的启闭用带压气体来驱动，压缩空气一般来自具有恒定压力的储气罐。图15-9为阀门气动装置结构示意图。

图（a）中，压缩空气由 A 口输入、B 口排出，使左右活塞相反方向运动，输出轴逆时针方向转动，打开阀门。图（b）中，压缩空气由 B 口输入、A 口排出，使左右活塞向中心移动，输出轴顺时针方向转动，关闭阀门。

压缩空气的输入和排出由电磁阀切换。

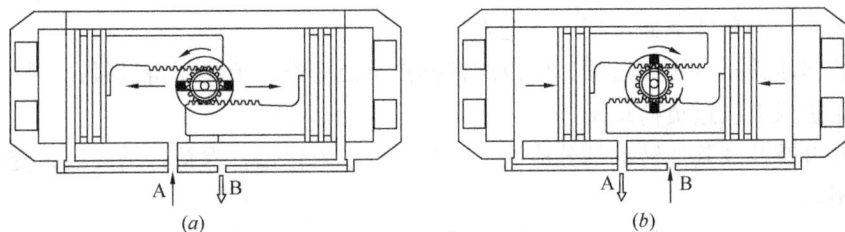

(a)   (b)

图 15-9 阀门气动装置结构示意图

4. 液控蝶阀

液控蝶阀是一种能按程序开闭，能泵阀联动及消除水锤，具有止回阀功能的新型管路控制设备。常用于出水泵房，取代水泵的出水阀及止回阀。

常用液控蝶阀分为两种类型：重锤式液控蝶阀和蓄能罐式液控蝶阀。前者关阀动力来自重锤的位能，后者来自蓄能罐中油（或气）的动能。

图 15-10 为重锤式液控蝶阀结构图。该蝶阀靠液压驱动，开阀时由油泵电动机提供动力，蝶阀开启后液压驱动的油路自动保压，使重锤不下降，蝶板不抖动。关阀时由起升的重锤提供动力，关阀时不需驱动电源。

蝶阀能根据开、停泵时的水力过渡过程理论，采用分阶段按程序开、关阀。当水泵机组失电停机时，蝶阀能自动按调定好的程序先快关截断大部分水流，起到止回阀的功能，

811

然后慢关至全关，起到消除水锤危害的作用。开阀时间可调，关阀时快关、慢关的时间和角度均可调节。

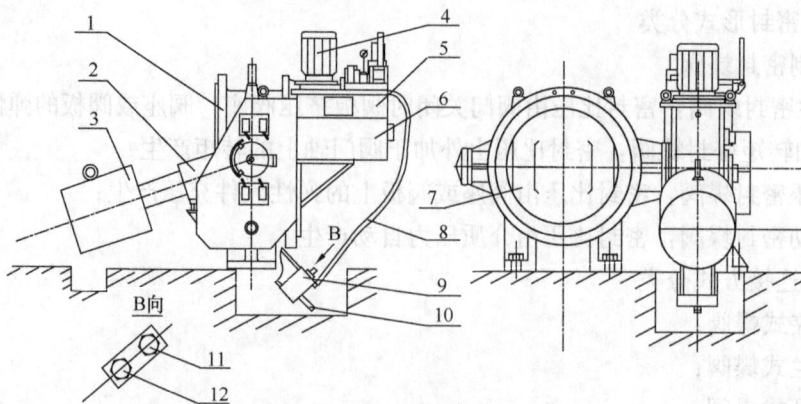

图 15-10　重锤式液控蝶阀结构图

1—阀体；2—连接头；3—重锤；4—油泵电动机；5—油箱；6—电气箱；7—蝶板；8—高压胶管；
9—摆动油缸；10—快慢关角度调节螺杆；11—快关调节螺杆；12—慢关调节螺杆

15.4.2　阀门的使用与维护保养

1. 阀门的使用

阀门在使用过程中应注意如下事项：

（1）电动、气动或液动阀门，在开启、关闭时，应密切注意设备的运转情况及开度表指示，发现异常情况，应立即断电检查。

（2）手动阀门在开启或关闭操作时，应使用手轮开、关，不得借助杠杆或其他工具。

（3）液控蝶阀重锤下面严禁人员进入。

（4）填料压盖不宜压得过紧，应以阀杆操作灵活为准。填料压得过紧，会导致阀杆的磨损，甚至造成电机过负荷跳闸。

（5）阀杆螺纹及其他转动部分应涂一些黄油或二硫化钼，保持传动灵活，变速箱要按时添加润滑油。

（6）不经常启闭的阀门，应定期转动手轮，并对转动部分加油，防止咬住。

（7）电动闸阀应正确调整限位开关，防止出现顶撞死点、损坏设备的事故。阀门关闭或开启到头，即为死点，此时应回转手轮 1/4～1 圈，把这个位置作为限位开关的动作点。

（8）应定期检查密封面、阀杆等有无磨损以及垫片、填料，若有损坏失效，应及时修理或更换。

（9）对于明杆阀门，要记住全开和全关时的阀杆位置，避免全开时撞击上死点，便于检查全闭时有否异常情况（如阀板脱落、密封面粘有杂物等）。

（10）管路初用时，内部脏物较多，可将阀门微启，利用介质的高速流动，将其带走。然后轻轻关闭（不能快闭、猛闭，以防残留杂质夹伤密封面）。如此重复多次，冲净脏物，再投入正常使用。

2. 阀门的维护

阀门使用过程中维护的目的是要使阀门处于常年整洁、润滑良好、阀件齐全、正常运转的状态。阀门维护的原则如下：

（1）保持阀门外部和活动部位的清洁，保护阀门油漆的完整。

阀门的表面、阀杆和阀杆螺母上的梯形螺纹、阀杆螺母与支架滑动部位以及齿轮、蜗轮蜗杆等部件容易沉积灰尘、油污以及介质残渍等脏物，对阀门产生磨损和腐蚀。因此，应经常清洁阀门。

（2）保持阀门的润滑。

阀门梯形螺母、阀杆螺母与支架滑动部位，轴承位、齿轮和蜗轮蜗杆的啮合部位以及其他配合活动部位都需要良好的润滑条件，减少相互间的摩擦，避免相互磨损。润滑部位应按具体情况定期加油；经常开启的阀门一般应一周至一个月加油一次，不经常开启的可适当延长一些。

（3）保持阀件的齐全、完好。

法兰和支架的螺栓应齐全、满扣，不允许有松动现象。手轮上的紧固螺母如松动应及时拧紧，手轮丢失后，不允许用活扳手代替手轮，应及时配齐。填料压盖不允许歪斜或无预紧间隙。阀门上的标尺应保持完整、准确。

（4）阀门电动装置的日常维护

电动装置一般情况下应每月进行一次维护，维护内容为：

1）外表清洁，无粉尘沾积，装置不受汽水、油污沾染；

2）密封面应牢固、严密、无泄漏现象；

3）润滑部分按规定加油，阀杆螺母应加润滑脂；

4）电气部分完好，对地绝缘电阻大于 0.5MΩ，断路器和热继电器整定值正确，未出现误动和拒动情况，指示灯显示正确；

5）手动-电动切换机构完好，手动操作机构灵活；

6）行程开关、过力矩开关调整在正确位置，开度表指示值与阀门实际位置相符。

3. 阀门常见故障分析与排除

阀门常见故障产生原因及排除方法见表 15-9。

阀门常见故障产生原因及排除方法　　　　　　　　表 15-9

常见故障	产 生 原 因	排 除 方 法
阀体和阀盖的泄漏	1. 铸铁件铸造质量不高，有砂眼、松散组织、夹碴等缺陷。 2. 焊接不良，存在着夹碴、未焊透，应力裂纹等缺陷	1. 提高铸造质量 2. 应按焊接操作规程进行，焊后进行探伤和强度试验
填料处泄漏	1. 填料选用不当 2. 填料安装不对 3. 填料超过使用期，已老化 4. 填料圈数不足，压盖未压紧 5. 阀杆精度不高，有弯曲、腐蚀、磨损等缺陷	1. 应选用符合要求的填料 2. 按有关规定正确安装填料，盘根应逐圈安放压紧，接头成 30°或 45° 3. 应及时更换 4. 应按规定的圈数安装，压盖应对称均匀地压紧，压套应有 5mm 以上的预紧间隙 5. 阀杆弯曲、磨损后应进行矫直、修复，对损坏严重的应予以更换

常见故障	产 生 原 因	排 除 方 法
垫片处泄漏	1. 垫片选用不对或损坏 2. 法兰螺栓紧固不均匀、法兰倾斜，垫片的压紧力不够或连接处无预紧间隙 3. 垫片装配不当，受力不匀 4. 静密封面加工质量不高，表面粗糙不平、横向划痕、密封副互不平行等缺陷 5. 静密封面和垫片不清洁，混入异物	1. 按工况条件正确选用垫片的材质和形式，已损坏的应调换 2. 应均匀对称地拧紧螺栓，必要时应使用力矩扳手，预紧力应符合要求，不可过大或过小法兰和螺纹连接处应有一定的预紧间隙 3. 垫片装配过程中对正，受力均匀，垫片不允许搭接和使用双垫片 4. 静密封面腐蚀、损坏、加工质量不高，应进行修理、研磨，进行着色检查，使静密封面符合有关要求 5. 安装垫片时应注意清洁，密封面应用煤油清洗，垫片不应落地
密封面的泄漏	1. 密封面研磨不平，不能形成密合线 2. 阀杆与关闭件的连接处顶心悬空、不正或磨损 3. 阀杆弯曲或装配不正，使关闭件歪斜或不逢中 4. 密封面材质选用不当，使密封面产生腐蚀、磨损 5. 关闭不到位，密封面与闸板配合不严密 6. 密封面变形、损坏，密封面之间有污物附着	1. 研磨密封面，使其达到要求 2. 检修阀杆与关闭件，使之符合要求，顶心处不符合要求的应进行修整，顶心应有一定的活动间隙，特别是阀杆台肩与关闭件的轴向间隙应大于 2mm 3. 阀杆弯曲应进行矫直，阀杆、关闭件、阀杆螺母、阀座经调整后应在一条公共轴线上 4. 选用符合工况条件的密封面材料 5. 调整行程机构，使关闭到位，检修密封面，使之与闸板配合严密 6. 检查密封面，进行整修和清洗，如密封面损坏，应调换
密封圈连接处的泄漏	1. 密封圈辗压不严 2. 密封圈连接面被腐蚀 3. 密封圈连接螺纹、螺钉、压圈松动	1. 密封圈辗压处泄漏应注入胶粘剂或再辗压固定 2. 可用研磨、粘接、焊接方法修复，无法修复时应更换密封圈 3. 卸下螺钉、压圈清洗，更换损坏的部件，研磨密封与连接座密合面，重新装配
阀杆操作不灵活	1. 阀杆与它相配合件加工精度低，配合间隙过大，表面粗糙度差 2. 阀杆、阀杆螺母、支架、压盖、填料等件装配不正，其轴线不在一直线上 3. 填料压得过紧，抱死阀杆 4. 阀杆弯曲 5. 阀杆螺母松脱，梯形螺纹滑丝 6. 梯形螺纹处不清洁，积满了脏物和磨粒，润滑条件差 7. 转动的阀杆螺母与支架滑动部分磨损、咬死或锈死 8. 操作不良，使阀杆和有关部件变形、磨损、损坏 9. 阀杆与传动装置连接处松脱或损坏 10. 阀杆被顶死或关闭件被卡死	1. 提高阀杆与它相配合件的加工精度和修理质量，相互配合的间隙应适当，表面粗糙度符合要求 2. 装配阀杆及连接件时应装配正确，间隙一致，保持同心，旋转灵活，不允许支架、压盖等有歪斜现象 3. 适当放松压盖 4. 矫正阀杆，难以矫正时应更换 5. 应修复或更换 6. 阀杆、阀杆螺母的螺纹应进行清洗和加润滑油 7. 应保持阀杆螺母处油路畅通，滑动面清洁，润滑良好，对不经常操作的阀门应定期检查、活动阀杆 8. 正确操作阀门，关闭力要适当，对损坏的部件应进行修复或调换 9. 修复连接处的松脱或磨损的部件 10. 手动操作时，用力要适当，电动操作时，对行程机构应进行调整，防止阀门顶撞死点

常见故障	产 生 原 因	排 除 方 法
关闭件脱落产生泄漏	1. 关闭件连接不牢固，松动而脱落 2. 选用连接件材质不对，经不起介质的腐蚀和机械磨损 3. 行程机构调整不当或操作不良，使关闭件卡死或超过死点，连接处损坏断裂	1. 阀门解体，修复关闭件的松动或脱落 2. 调换符合要求的连接件 3. 重新调整行程机构，手动操作时应正确操作：用力不能过大，开关阀门时不能冲撞死点，连接处损坏的应修复
密封面间嵌入异物的泄漏	1. 不常启、闭的密封面上易沾积一些脏物 2. 阀内留有较多铁锈、焊渣、泥土等异物	1. 不常启、闭的阀门，应定期启、闭一下，关闭时留一细缝，让密封面上的沉积物被冲走 2. 管路初用或阀门检修后，内部会留下很多异物，应用开细缝的方法把这些异物冲走，然后再将阀门投入正常使用
齿轮、蜗轮、蜗杆传动不灵活	1. 轴弯曲 2. 齿轮不清洁，润滑差，齿部被异物卡住，齿部磨灭或断齿 3. 轴承部位间隙小，润滑差，被磨损或咬死 4. 齿轮、蜗轮和蜗杆定位螺钉、紧圈松脱、键销损坏 5. 传动机构组成的零件加工精度低，表面粗糙度差 6. 装配不正确	1. 矫正轴 2. 保持清洁，定期加油，齿部磨损严重和断齿缺陷应进行修复或更换 3. 轴承部位间隙应适当，油路畅通，对磨损部位进行修复或更换 4. 齿轮、蜗轮和蜗杆上的紧固件和连接件应配齐和装紧，损坏应更换 5. 提高零件的加工精度和加工质量 6. 正确装配，间隙适当
气动或液动装置的动作不灵或失效	1. O形圈等密封件损坏或老化，引起内漏，使活塞产生爬行等故障 2. 缸体和缸盖因破损和砂眼等缺陷产生的外漏，致使缸内压力过低 3. 垫片或填料处泄漏，使缸内操作压力下降 4. 缸体内壁磨损，镀层脱落，增加了内漏和对活塞运动的阻力 5. 活塞杆弯曲或磨损，增加了气动或液动的开闭力或泄漏 6. 活塞杆行程过长，闸板卡死在阀体内 7. 缸体内混入异物，阻止了活塞的上下运动 8. 活塞与活塞杆连接处磨损或松动，不但产生内漏，而且容易卡住活塞 9. 填料压得过紧 10. 进入缸体内气体或液体介质的压力波动或压力过低 11. 常开或常闭式缸内弹簧松弛和失效，引起活塞杆动作不灵或使关闭件无法复位 12. 缸体胀大或活塞磨损破裂，影响正常运动	1. 对O形圈等密封件定期检查和更换 2. 对破损和泄漏处进行修补或更换 3. 按前面"填料处的泄漏"和"垫片处的泄漏"方法处理 4. 对缸体进行修复或更换 5. 活塞杆弯曲应及时矫正，活塞杆磨损应进行修复或更换 6. 旋动缸底调节螺母，调整活塞杆工作行程 7. 介质未进入缸体前应有过滤机构，过滤机构应完好、运转正常，对缸内的异物及时排除、清洗 8. 活塞与活塞杆连接处应有防松件，对磨损处进行修复，对易松动的可采用粘接或其他机械固定方法 9. 填料压紧应适当，如压得过紧应放松 10. 调整或稳定进入缸体的介质压力 11. 及时更换弹簧 12. 进行镶套和修复，无法修复的要更换

续表

常见故障	产 生 原 因	排 除 方 法
电动装置过力矩保护动作	1. 阀门部件装配不正 2. 阀杆与阀杆螺母润滑不良、阀杆螺母与支架磨损、卡死 3. 填料压得太紧 4. 电动装置与阀门连接不当 5. 行程机构调整不当，阀门顶撞死点而引起过力矩动作 6. 阀内有异物抵住关闭件而使转矩急剧上升	1. 按技术要求重新装配 2. 定期加油，零部件磨损要及时修复 3. 调整填料压紧程度 4. 电动装置与阀门连接应牢固、正确，间隙要适当 5. 重新调整行程机构 6. 清除阀内异物

4. 阀门完好标准

阀门的完好标准如下：

(1) 阀门开、关时运转平稳，无中间阻塞或卡死；阀体不漏水、不漏气、不漏油；

(2) 阀门的行程机构与过力矩保护装置调整合适；

(3) 阀门的实际状态和机械指针、开度表、信号灯指示相符；

(4) 阀门电动头的手动—电动切换装置良好，手动开、关阀门时应轻巧、灵活；

(5) 阀杆与阀杆螺母、传动箱等润滑良好，油质符合要求；

(6) 露天阀门的电动头应有良好的防护装置；

(7) 气动阀门应运转灵活，无明显摩擦声，供气管路无泄漏，空压机储气罐压力容器通过安全检测，空压机压力设定合适，无频繁启动现象；

(8) 液控蝶阀的补油或蓄能系统应工作正常，停电时应能自动关阀；油路泄漏严重时能自动停泵；

(9) 设备外壳防腐良好，无锈蚀，无油污；地上无水滴锈迹，接地良好。

第16章 水厂自动化和信息化

16.1 概述

16.1.1 自动化和信息化的组成

1. 自动化和信息化的概念

自动化和信息化的概念不完全相同，自动化（Automation）着重于生产过程，强调由手工操作变为无需人工介入的过程，如自动加药、自动冲洗、自动开泵等，是生产过程的信息化。信息化（Informatization）则强调信息的综合利用，如办公自动化、设备管理、水质管理等，它的含义更加广泛。

可以认为，自动化是信息化的基础，信息化是自动化的扩展和延伸。

2. 水厂自动化和信息化的组成

水厂的生产特点是：要求高安全可靠性；不可间断运行；原水水质、供水水量受随机因素影响和大时滞性等。根据水厂的以上特点，它的自动化和信息化不应该是一个单一系统，而分为生产自动化、管理信息、安全保卫、网络4部分，由11个系统组合而成，见下表所示：

水厂自动化和信息化的组成 表 16-1

	区划	系统名称		区划	系统名称
1	生产自动化	监测与控制系统	6		视频监控系统
2		办公自动化系统	7		周界报警系统
3	管理信息	设备管理系统	8	安全保卫	门禁/巡更系统
4		水质管理系统	9		防雷系统
5		动态数学模型系统	10		突发事件处理系统
			11	网络	企业内部网

在以上11个系统建立之后，还需要在企业内部网的基础上，将它们集成整合成一个有机整体，这就是水厂的自动化和信息化。

16.1.2 自动化和信息化的现代化标准

鉴定一个水厂的自动化和信息化的优劣应从定性和定量两个方面进行衡量。

1998年，杭州市自来水公司依据 IEC、ISO、GB 的相关标准，在参照了国外水行业和国内电力行业的基础上，提出了一套水厂自动化和信息化的"定性＋定量"考核指标，并在杭州九溪水厂工程中首次得以实施，使九溪水厂成为达到当时国际先进水平的水厂之一。在此基础上，2004 年，浙江省城市水业协会制定了《现代化水厂评价标准》。2005年，制定了《现代化水厂评价标准实施细则》，将水厂自动化和信息化的要求更进一步增强，并使其更具可操作性。

水厂自动化和信息化的考核指标体系中的定性衡量是指从性质、功能方面对系统进行分析，包括了 12 部分 41 项评价点。定量衡量是指从系统技术指标量值的角度对系统进行衡量，包括了 4 部分 45 项指标。定性和定量两项一共是 86 项衡量标准，如果把这 86 项衡量标准赋以相应的分值，那么只要统计出该水厂的得分值，就能得到自动化和信息化品质优劣的精确结果。

当采用了这种方法，不管由谁来操作，只要按照规定，都会得到相同的结果。实践证明，这种评价方法是非常客观、公正、准确的。

1. 指标体系

（1）定性衡量

有以下 12 部分 41 项评价点。

水厂自动化和信息化的定性衡量表　　　　　　　　　　　表 16-2

序号	项目		评价点	衡 量 标 准
1.01	1.监测与控制系统		监控网结构	三层网络结构：中控主机、工程师站、服务器和交换机组成第一层快速以太网；PLC 主站和交换机组成第二层环形结构全双工光缆以太网；现场 PLC 站和下属子 PLC 站、电气柜综合测量单元、工艺设备控制器组成第三层有线或无线网络； 若采用现场总线，取两层网络结构
1.02		基本功能	数据采集和监测	监控范围覆盖原水、加药、消毒、沉淀、滤池、出水、回用水、电气等部分； 对于成套系统，主要技术数据在中控主机上应有显示； 显示色彩规范：红色表示危险，绿色表示安全，黄色表示告急； 监测内容、画面要求满足生产需要
1.03			控制	具有预处理，自动加碱，自动加药，自动加氯、加氨、加二氧化氯，沉淀，过滤，深度处理，出水，排泥水处理等常规控制功能
1.04			报警	具有历史事件和报警查询功能。 报警分级设置，具有声光报警和确认功能
1.05			数据处理	具备数据存档、数据处理、报表生成功能，数据准确、全面
1.06			网络通信	实现与总公司，各工作站和 PLC 站通信，通信顺畅。 有通信冗余
1.07		调度控制功能	自动配泵	计算机根据调度指令和水泵的状况，生成配泵的主选方案和备选方案，并显示配水电耗
1.08			自动调流	重力供水时，计算机根据调度指令和设备状况，生成调流的主选方案和备选方案，并显示配水电耗
1.09			自动加药	计算机根据原水水质、出厂水质、设备状况，生成加药主选方案和备选方案，确定加药品种和加药量，显示加氯机工作方案、计量泵工作方案
1.10			控制方式	具有本地手动方式、远程控制方式、自动控制方式。 本地手动方式优先级别最高，远程控制方式次之，自动控制方式优先级别最低
1.11			安全性	具有密码保护、口令登录，通过对不同级别的用户赋予不同的操作权限，防止非授权人员进行误操作

续表

序号	项目	评价点	衡　量　标　准
1.12	2. 办公自动化系统	功能要求	具有信息管理、工作流管理、事务审批等功能；以上功能得到充分应用，有案可查
1.13		覆盖范围	主要部门和科室都使用办公自动化系统进行管理
1.14	3. 设备管理系统	功能要求	具有设备档案管理、设备运行管理、设备检修管理、设备变动管理、设备资产管理、备品备件管理等6项功能；以上功能得到充分应用，有案可查
1.15		准确性	电脑材料和文字材料、实际情况完全一致
1.16	4. 水质管理系统	功能要求	具有查询功能、统计功能、分析功能、评价功能、管理功能等功能；以上功能得到充分应用，有案可查
1.17		管理对象	包括原水水质和出厂水质
1.18	5. 动态数学模型系统	配泵数学模型	提出配泵的主选方案和备选方案；显示方案中各水泵工作状况、效率；显示方案中变频器工作状况；显示方案的出厂水压和配水电耗
1.19		调流数学模型	提出调流的主选方案和备选方案；显示方案中调流阀工作状态；显示方案中输配水系统工作状况
1.20		加药数学模型	提出加药（含加氯）的主选方案和备选方案；提出加药品种和各种加药（含加氯）量；显示方案中计量泵和加氯机的工作方案；显示方案的出厂水质预期值：浊度、pH、氨氮、COD_{Mn}、余氯等
1.21	6. 视频监控系统	监控范围	对水厂重要部位，如加药、消毒、过滤、变配电站等关键工艺部位以及安全保护防范系统需要监视的部位实行24h全天候监控。
1.22		系统构成	由摄像机、模拟或数字传输系统、图像监视设备、磁盘图像存储设备4部分组成，同时应配置主动式红外探测装置，并与报警主机声光报警器联动。 图像存储设备应满足各监控点1个月的存储容量，关键部位应连续录像，或定制录像时间
1.23		功能要求	具备显示、输入、可编程、存储、日志、报警、联网等功能
1.24		安全性	具有密码保护、口令登录，通过对不同级别的用户赋予不同的操作权限，防止非授权人员进行误操作
1.25	7. 周界报警系统	功能要求	无防范盲区和死角
1.26		联动要求	实现与视频监控系统联动，有声光报警输出
1.27	8. 门禁/巡更系统	工作范围	在无人值守的场合均设置门禁/巡更系统
1.28		功能要求	具备巡视记录功能。 实现与视频监控系统联动
1.29	9. 防雷系统	外部防雷	自动化和信息化置于有效避雷网保护下，也包括户外摄像头、户外仪表箱等相对独立的单元
1.30		内部防雷	导线进入室内到达信息系统前，应根据设备耐冲击电压大于电涌保护器水平同时大于电网最高波动电压的原则，采用多级保护，转移浪涌电流从而有效降低过电压。 由室外引入的通信、信号通道应设置避雷器。 电源防雷：采用四级防雷措施，各级避雷器性能达到要求。 信号防雷：在室外的馈线端口、通信网络端口及室外的模拟量的设备进线和出线端口安装避雷器
1.31		等电位接地	采用等电位接地技术
1.32		防雷合格证	具有国家法定部门颁发的有效的《电子信息系统防雷合格证》

续表

序号	项目	评价点	衡量标准
1.33	10. 突发事件处理系统	处理预案	中控室主机上有各种突发事件处理预案,预案具有实用性,处置得当,能减少损失,化险为夷。 处理预案包括人身伤亡、设备事故、操作系统故障、液氯或液氨泄漏、爆管、原水停水、原水水质异常、过程水质异常、出厂水质异常、生产工艺事故、停电、投毒、爆炸、恐怖袭击、地震、火灾、水灾、台风等。 对应急预案进行定期演练和后评估
1.34		应急小组	成立由厂领导挂帅的突发事件应急小组,应急小组成员有明确的分工
1.35		储备系统	建立了水厂内部的技术、物资和人力等的储备系统
1.36		记录备案	对已发生的突发事件有严格记录,存档备案
1.37	11. 企业内部网	覆盖范围	覆盖全厂主要生产及管理部门
1.38		体系结构	有合理的带宽和网速,能满足企业的需求 开放的体系结构,支持二次开发
1.39		网络安全	具备有效的网络安全措施,如设备冗余、密码保护、防火墙技术等
1.40	12. 各系统的集成整合	统一的数据中心和信息平台	建立了统一的数据中心和统一的信息平台。 在网络环境下实现各子系统的互联交换和资源共享。 通过数据共享机制、数据安全机制、访问控制机制,各客户端交换数据
1.41		容错能力	键盘操作:在操作站的键盘上操作任何未经定义的键时,系统不得出错或出现死机情况。 CPU 切换:人为退出控制站中正在运行的 CPU,备用 CPU 应能自动投入工作,切换过程中系统不得出错或出现扰动、死机情况。 备份机切换:人为退出控制站中正在运行的机器,备份机应能自动投入工作,切换过程中系统不得出错或出现扰动,死机情况

（2）定量衡量

有以下 4 部分 45 项技术指标。

水厂自动化和信息化的定量衡量表　　　　　　　　表 16-3

序号	项目	指标类型	名称缩写	评价内容	衡量标准		
					优秀	良好	合格
2.01	1. 监测与控制系统	可靠性	平均无故障时间 MTBF	MTBF(h)＞	26000	23000	20000
2.02		可用性	可用率 A	$A \geqslant$(%)	99.95	99.90	99.80
2.03		实时性	PLC 的扫描周期 t	$t \leqslant$(s)	1		
2.04			主机的联机启动时间 t	$T \leqslant$(min)	2		
2.05			报警响应时间 t	$t \leqslant$(s)	3		
2.06			数据采集时间 t	$t \leqslant$(s)	3		
2.07			查询响应时间 t	$t \leqslant$(s)	5		
2.08			实时数据更新时间 t	$t \leqslant$(s)	3		
2.09			控制指令响应时间 t	$t \leqslant$(s)	3		
2.10			画面切换时间 t	$t \leqslant$(s)	0.5		
2.11			热备系统切换时间 t	$t \leqslant$(s)	1(对于手动切换)		

续表

序号	项目	指标类型	名称缩写	评价内容	衡量标准		
					优秀	良好	合格
2.12		准确度	模拟量综合误差 δ_1	$\delta_1 \leqslant (\%)$	0	0.5	1.0
2.13			开关量综合误差 δ_2	$\delta_2 = (\%)$	\multicolumn{3}{c}{0}		
2.14			脉冲量综合误差 δ_3	$\delta_3 \leqslant (\%)$	0	0.5	1.0
2.15		正确性	数据位置正确率 I	$I = (\%)$	100		
2.16		控制精度(1)	出厂水压力控制误差 ΔP	$\Delta P \leqslant (MPa)$	0.02		
2.17	1. 监测与控制系统		出厂水余氯控制误差 ΔCl	$\Delta Cl \leqslant (ppm)$	0.2		
2.18			沉淀池出水浊度控制误差 ΔT	$\Delta T \leqslant (NTU)$	0.5(仅对于原水浊度大于 100NTU 的水厂)		
2.19			出厂水余氯控制范围 Cl	$Cl \geqslant (mg/L)$	0.3		
2.20			出厂水浊度控制范围 T	$T \leqslant (NTU)$	0.1		
2.21			出厂水 pH 控制范围 pH	pH	7.0~8.5		
2.22		完好率	设备完好率 J_1	$J_1 > (\%)$	100	98	95
2.23			仪表完好率 J_2	$J_2 > (\%)$	100	98	95
2.24		CPU 负荷率	服务器 CPU 负荷率 A_1	$A_1 \leqslant (\%)$	20	30	40
2.25			主机 CPU 负荷率 A_2	$A_2 \leqslant (\%)$	20	30	40
2.26	2. 视频监控系统		显示帧率	$R \geqslant (帧/s)$	6.25		
2.27			显示分辨率	$R_1 \geqslant$	768×576		
2.28			回放分辨率	$R_2 \geqslant$	384×288		
2.29	3. 周界报警系统		误报率	$R \leqslant (\%)$	1		
2.30			反应时间	$t \leqslant (ms)$	20		
2.31			定位误差	$R \leqslant (m)$	2		
2.32			与视频监控系统联动响应时间	$t \leqslant (s)$	0.5		
2.33	4. 防雷系统		电源避雷器	第一级标称放电电流 $\geqslant (kA)$	60		
2.34				第二级标称放电电流 $\geqslant (kA)$	40		
2.35				第三级标称放电电流 $\geqslant (kA)$	20		
2.36				直流电源标称放电电流 $I \geqslant (kA)$	10		
2.37			信号避雷器	标称导通电压 $\geqslant$（额定工作电压 U_n）	1.2		
2.38				标称放电电流 $\geqslant (kA)$	非屏蔽双绞线：1		
2.39					屏蔽双绞线：0.5		
2.40					同轴电缆：3		

续表

序号	项 目	指标类型	名称缩写	评价内容	衡量标准		
					优秀	良好	合格
2.41				插入损耗≤(dB)	0.5		
2.42	4.防雷系统		馈线避雷器	电压驻波比≤	1.3		
2.43				响应时间≤(ms)	10		
2.44				平均功率≥(W)	1.5倍系统平均功率		
2.45			等电位接地电阻 R	$R<(\Omega)$	1		

2. 考核方法

部分技术参数的考核方法见下表，余可类推。

部分技术参数的考核方法表　　　　　　　　表 16-4

	技术参数	测 试 方 法
1	平均无故障间隔时间 MTBF	从制造商提供的技术资料中查得服务器、中控主机、交换机、路由器、PLC控制器的 MTBF（如系统配置中未采用其中一项或几项，则不计，如其中某硬件采用双机双工或双机热备技术，计算时该项的 $M=1.5M_0$），并分别设置为 M_1、M_2、…M_5。用公式：$MTBF=1/(1/M_1+1/M_2+\cdots1/M_5)$ 计算
2	可用率 A	从中控室的系统运行记录中查阅和统计出系统的正常运行时间累计值 T_u 和故障停用时间累计值 T_d，用公式：$A=[T_u/(T_u+T_d)]\times100\%$ 计算
3	主机的联机启动时间 t	现场测试，从开机到系统正常运行的时间 （使用工具：秒表）
4	报警响应时间 t	现场测试，从现场警信发生到中控主机上声、光报警的时间，共3次，以最大数值计 （使用工具：对讲机或手机、秒表）
5	查询响应时间 t	现场测试，从查询发生到中控主机显示查询结果的时间，共3次，以最大数值计 （使用工具：秒表）
6	实时数据更新时间 t	现场测试，从现场数据改变到中控主机上显示数据的时间，共3次，以最大数值计 （使用工具：对讲机或手机、秒表）
7	控制指令的响应时间 t	现场测试，从中控主机发出控制指令到现场执行机构动作开始的时间，共3次，以最大数值计 （使用工具：对讲机或手机、秒表）
8	计算机画面的切换时间 t	现场测试，从画面的切换指令发出到中控主机显示新画面的时间，共3次，以最大数值计 （使用工具：秒表）
9	模拟量综合误差 δ_1	检查某模拟量数据在现场仪表的值 X_1 和在显示屏上的值 X_2，抽查的数据不少于5个，用公式：$\delta_1=[(X_1-X_2)/X_1]\times100\%$ 计算，以误差最大的一个计 （使用工具：对讲机或手机）
10	开关量综合误差 δ_2	检查某开关量数据在现场仪表的值 X_1 和在显示屏上的值 X_2，抽查的数据不少于5个，以误差最大的一个计 （使用工具：对讲机或手机）
11	脉冲量综合误差 δ_3	检查某脉冲量数据在现场仪表的值 X_1 和在显示屏上的值 X_2，抽查的数据不少于5个，时间不少于10min，以误差最大的一个计 （使用工具：对讲机或手机）

	技术参数	测 试 方 法
12	数据位置正确率 I	检查目标位置与信息源位置相一致的位置正确率，抽查的信息数据不少于 20 个
13	出厂水压力控制误差 ΔP	在主机屏幕上即时设置压力参数值（与现在值应差 0.02MPa 以上），15min 内，检验出厂压力值，应满足 $\Delta P \leqslant 0.02$MPa
14	出厂水余氯控制误差 ΔCl	在主机屏幕上即时设置余氯参数值（与现在值应差 0.2ppm 以上），120min 内，检验出厂余氯值，应满足 $\Delta Cl \leqslant 0.2$ppm
15	沉淀池出水浊度控制误差 ΔT	在主机屏幕上即时设置沉淀池出水浊度参数值（与现在值应差 0.5NTU 以上），系统稳定后，检验该浊度值，应满足 $\Delta T \leqslant 0.5$NTU
16	设备完好率 J	检查设备现场和运行记录，正常使用的设备 X_1 和故障或无故停用的设备 X_2，用公式：$J = [X_1/(X_1 + X_2)] \times 100\%$ 计算
17	CPU 负荷率 A	进入"任务管理器"，检查 CPU 负荷率，共 3 次，每次 1 分钟，间隔 10min，以最大数值计
18	宽带网速	在服务器中进入"任务管理器"下的"联网"，在"链接速度"中读出网速
19	局域网速	先要在服务器上安装"文件传输协议（FTP）服务"，然后在客户端访问 FTP，即可测得局域网速度。亦可参见 http://wenku.baidu.com/view/ec1bfa4bc850ad02de8041b9.html

16.1.3　自动化和信息化的目标

自动化和信息化的目标主要体现在保障安全供水、提高供水水质、提升管理水平、优化供水成本四个方面。

1. 保障安全供水

科学和高效的自动化系统能迅速采集和处理大量信息，能迅速发现异常，及时采取措施，防止事故的发生，能有效和规范整个水厂的生产、管理工作，提高了水厂和管网的安全运行水平。

2. 提高供水水质

自动化和信息化通过精确掌握设备的运行工况，严格执行各道生产流程，能全面控制工艺水平，按照一定的品质指标进行生产，因而能全面提高出厂水质，确保向城市提供更优质的自来水。由于有确实的技术数据做支撑，其提高供水水质的措施和方法是非常有效的。

3. 提升管理水平

自动化和信息化提高了管理工作的实时性、准确性和正确性，使科学管理工作得到保障。

依托自动化和信息化系统，能够实现科学调度功能、管网分析功能、辅助决策功能，对提高公司和水厂管理水平的方法和措施是十分到位的。

4. 优化供水成本

自动化和信息化能够提供各种优化的选择方案，使水厂经常在优化工况下运行，达到在出优质水的前提下节约能源、降低生产成本的目的，提高水厂经济效益。

与此同时，监测和操作使水厂的工作量和劳动强度大大减少，因此可以实现少人值守或无人值守，运行值班人员减少后，相应的生活建筑和社会设施也可减少，从而节约投资，不仅具有经济效益，还有优良的社会效益。

16.2 监测与控制系统

16.2.1 系统特点和典型模式

1. 系统特点

水处理工艺具有连续且不间断的特点，水厂的工艺周期为 2~3h，属滞后型系统。它的监控对象分布在加药、滤池、泵站等各个单元，数据分散、监测量大、顺序控制量多、反馈调节量少，是水厂控制系统构成的主要特点。

（1）主要特征

水厂监测与控制系统的主要特征是"集中管理、分散控制"。

"集中管理"指采用一个中控主机实现对整个系统的信息采集、处理和管理；

"分散控制"指将一个大系统分为若干个子系统，分别由若干台控制器去控制，承认各个子系统间的联系，并经过通信网将各个局部控制器联系起来，实现全系统的协调控制。

（2）系统结构

监测与控制系统的结构是"纵向分层，横向分站"。

"纵向分层"指水厂的控制系统从结构上一般分为三级：现场设备级、分散控制级、集中管理级，局部网络将三者紧密地联系起来；

"横向分站"指按照水厂的工艺流程，将控制单元一般划分为原水泵房、加药、消毒、沉淀、过滤、深度处理、出水泵房、排泥水处理等单元站。

（3）工作过程

监测与控制系统的工作原理可以归纳为 3 个步骤：

1）实时数据采集和监测

监测与控制系统对来自测量现场的被控量的瞬时值进行检测和输入。

所谓实时，是指信号的输入、计算和输出都在一定的时间内完成，亦即计算机对输入信息，以足够快的速度进行控制，超出了这个时间，就失去了控制的时机，控制也就失去了意义。

2）实时控制决策

对采集到的被控量进行分析和处理，并按已定的控制规律，决定将要采取的控制行为。

3）实时控制输出

根据控制决策，适时地对执行机构发出控制信号，完成控制任务。

上述过程不断重复，使整个系统按照一定的品质指标进行工作，并对被控量和设备本身的异常现象及时作出处理。

2. 典型模式

按照系统结构，目前自来水厂常用的监测与控制系统有四种模式：PC＋PLC 系统、集散型控制系统（DCS）、现场总线型系统（FCS）和集中型控制系统（CCS）。

（1）PC＋PLC 系统

这个系统主要由个人计算机 PC（Personal Computer）和可编程控制器 PLC（Programmable Logic Controller）为主体组成，因此称为 PC＋PLC 系统，它实质上是集散控制系统的一种构成模式。国内现有约 70％的水厂选择了这种模式，是名副其实的主流技术。

PC ＋PLC 系统的典型结构如图 16-1：

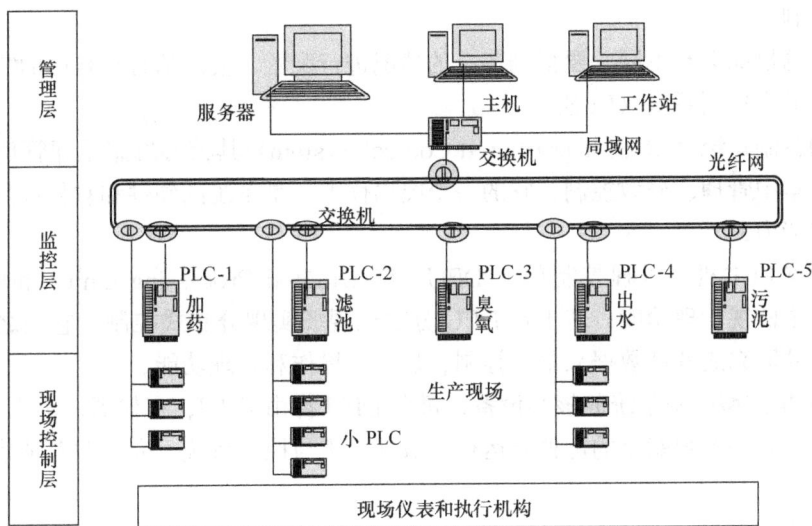

图 16-1　PC＋PLC 系统结构框图

在上图中，系统由管理层、监控层和现场控制层三层网络构成。

——管理层：

服务器、中控主机、交换机、再加上各工作站等构成 10/1000Mbps 局域网管理层，通信协议为 TCP/IP。核心交换机通过以太网与 PLC 系统进行通信，实现全厂统一管理，数据共享。

——监控层：

中控主机与现场 PLC 控制器利用光缆环网构成工业以太网监控层。通信协议为 TCP/IP。

光缆作为通信介质，具有最好的电磁兼容性，既无电磁辐射，也不会受到电磁辐射的干扰，无遭雷击的危险。而且，光缆重量轻、安装方便，具有完全的电气隔离，无接地问题，其极低的衰减特性使通信距离大大延长，免去安装中继器的麻烦。光缆环网相对于总线型结构具有线路冗余功能，当某处的光缆断开时，整个系统仍能正常工作。

——现场控制层：

各 PLC 站通过总线构成现场控制层。系统设置了 5 个 PLC 站，分别控制加药、滤池、臭氧、出水泵房、污泥处理工艺流程，通信介质为双绞线、同轴电缆或光缆。通信协议为各 PLC 自定义的协议或 MODBUS/RS485。

PLC-1：设在加药间，负责进厂水、格栅间、沉淀池、加药、加氯系统的数据采集和控制。

PLC-2：设在滤池控制室，负责滤池和反冲洗部分的数据采集和设备控制，它也是各个滤池子站的主站。

PLC-3：设在臭氧控制室，负责深度处理，即活性炭和臭氧部分设备的数据采集和控制。

PLC-4：设在出水泵房控制室，负责清水池、出厂水的设备数据的采集和控制。

PLC-5：设在排泥水处理控制室，负责调节池、浓缩池、平衡池、脱水机房设备的数据采集和控制。

各水厂的情况会有不同，要根据各自的情况进行配置，使之适合于自己的需要。

(2) 集散型控制系统 (DCS)

集散型控制系统 (DCS：Distributed Control System) 其核心思想是即管理与控制相分离，实行集中管理、分散控制，它的一个突出优点，是系统的硬件和软件都具有灵活的组态和配置能力。

DCS 系统由主机、过程控制单元 DPU (Distributed Processing Unit) 和网络组成。主机用于集中监视管理功能，若干台 DPU 分散到现场实现分布式控制，它们之间用控制网络互连，共同完成各种数据采集、控制、显示、操作和管理功能。

DPU 是集散型控制系统的核心设备，每台 DPU 都由 CPU、存储器、输入/输出通道等部分组成，是一个智能化的可独立运行的数据采集与控制系统，完成对各种数据采集和控制功能。

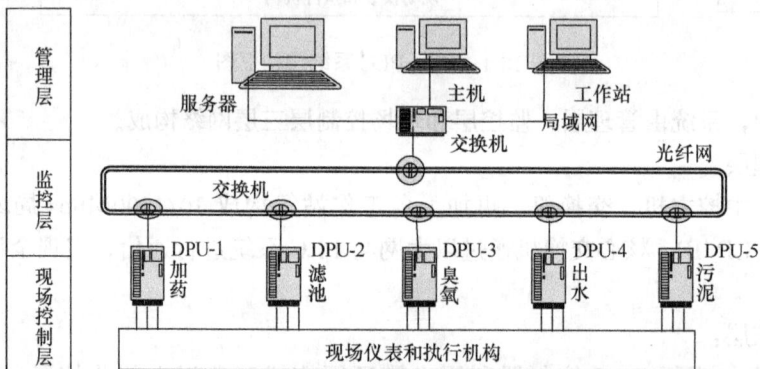

图 16-2　DCS 系统结构框图

从结构框图上看，DCS 系统和 PC＋PLC 系统最主要的差别是用 DPU 过程控制单元取代了 PLC 控制器，然而这种改动，实质上完全实现了集中管理和分散控制的目的。

DCS 系统的缺憾在于它的封闭性：各种 DCS 系统之间以及 DCS 与上层信息网之间难以实现网络互连和信息共享，因此集散型控制系统实质上是一种封闭的、不具有互操作性的分布式控制系统，这种以垄断为目的的经营方式限制了它的进一步推广发展。

(3) 现场总线系统 (FCS)

现场总线系统 (FCS：Fieldbus Control System) 是近年来获得迅速发展的新一代的

控制系统。

现场总线系统是一项以智能仪表、控制器、计算机、数字通信、网络为主要内容的综合技术，它打破了传统 DCS 采取的按照控制回路要求，对设备一对一分别进行连线的结构模式，把原先处于监控层的模块放入现场控制层，并使现场设备具有通信能力，从而令控制系统的功能能够不依赖于监控层的主机而直接在现场完成，实现了彻底的分散控制。

具体来说，现场总线系统将 DCS 的 3 级结构改革为 FCS 的 2 级结构，将通信一直延伸到生产现场或生产设备，仅用一对传输线（如双绞线、同轴电缆、光缆和电源线等）将现场仪表、变送器和执行器互连起来，废弃了 DCS 的输入/输出单元和控制站。在遵守同一通信协议的前提下，允许选用性能价格比最高的产品集成在一起，实现对不同品牌的仪表或设备互相连接，统一组态。

现场总线系统结构如图 16-3 所示：

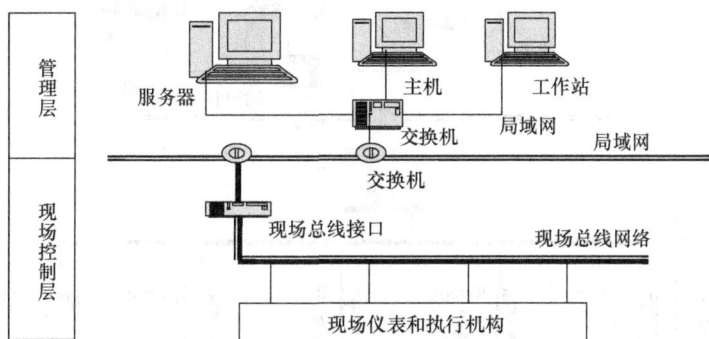

图 16-3　FCS 系统结构框图

现场总线系统对执行机构和仪表有很高的要求，它们必须具有高度的智能化与功能自主性，能够完成控制的基本功能。而目前条件下，要做到这一点还有困难，这样就限制了现场总线系统的普及应用。

针对这种情况，开发商又推出一种改进型的 FCS 系统，它在保留 PLC 控制器的同时，配置了现场总线。新系统结合了 PC＋PLC 系统控制功能强大和 FCS 系统结构简单的优点，取消了对执行机构的智能化要求，其结构框图如图 16-4：

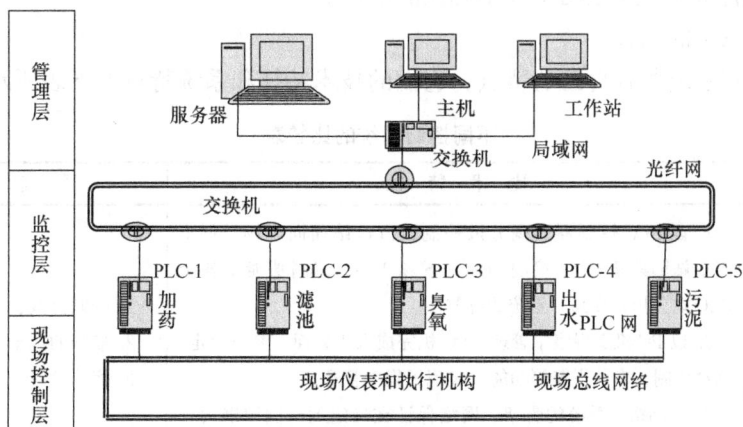

图 16-4　改进型 FCS 系统结构框图

（4）集中型控制系统（CCS）

在集中型控制系统（CCS：Central Control System）中，由单一的控制器完成监控系统的所有功能和对全部被控对象实施控制的一种系统结构。其优点是系统的整体性和协调性好，但对控制器的可靠性和安全性要求很高。

在这个系统中，控制器起着唯一的大脑的作用，它可以是 PLC 控制器，也可以是其他具有控制功能的智能设备。对于较远距离的信号，采用远程输入/输出单元（Remote I/O）将信号收集到控制器中，由控制器完成信号的控制操作。控制器一旦故障，整个系统会陷于瘫痪，因此往往配置成双机双工或双机热备的模式，以提高整个系统的 *MTBF*。其结构框图如图 16-5：

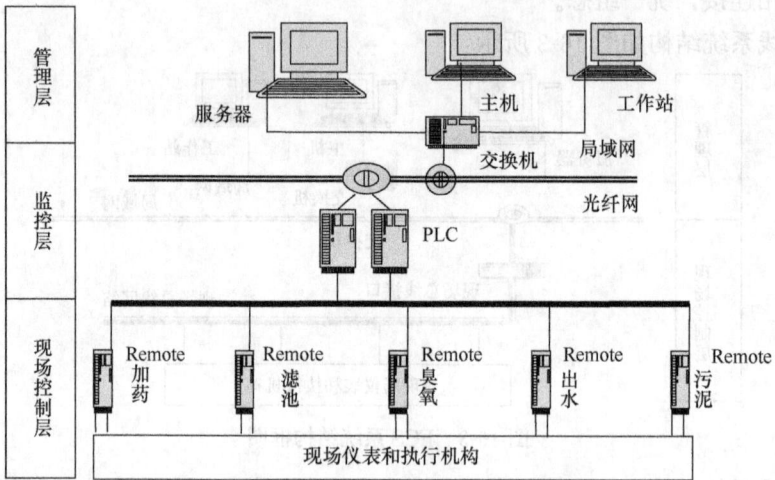

图 16-5　CCS 系统结构框图

在系统比较简单的情况下，这种结构的优点突出，它的结构简单，投入少，操作方便。缺点是：控制风险集中，需要对中心 PLC 建立冗余双备份，对通信的要求很高。

集中型控制系统一般适用于较小规模的水厂。

（5）控制系统的比较

不同的控制系统各有自己的特点，它们的技术特征和系统特点如下表所示：

不同控制系统的比较表　　　　　　　　　　　　　　　　表 16-5

系　统	技　术　特　征	系　统　特　点
PC+PLC 系统	1. 以 PLC 控制器实现分散控制。PLC 站面向现场，每个 PLC 站都具备 CPU 控制功能和现场 I/O，控制功能由各个 PLC 站分担，提高了系统的可靠性。 2. 以 PC 机实现集中管理。PC 机完成人机界面、参数设定、远动控制、事件报警等功能，实现了集中管理。 3. 以网络为系统的骨架。网络保证在确定的时间限度内完成信息的传送，确保系统的实时性和可靠性	1. 控制分散、信息集中。 2. 较强的抗干扰能力。 3. 经济性好

续表

	技 术 特 征	系 统 特 点
集散型控制系统 (DCS)	1. 采用了全方位高度分散的系统结构,将系统功能垂直分解和将生产过程水平分解,保证局部故障时不危及整个系统。 2. 采用大规模或超大规模集成电路,控制功能齐全、控制算法丰富。 3. 灵活的组态功能,使其丰富的控制功能得以充分体现和应用。 4. 应用积木模件结构,安装简单,调试方便	1. 高可靠性,具有高度的控制功能分散性。 2. 实时性好、协调性强。 3. 灵活性好、适应性强。 4. 封闭性,难以实现互操作
现场总线系统 (FCS)	1. 现场总线将通信一直延伸到生产现场或生产设备。 2. 仅用一对传输线(如双绞线、同轴电缆或光缆)将现场仪表、变送器和执行器互连起来。 3. 在遵守同一通信协议的前提下,实现对不同品牌的仪表或设备互相连接,统一组态。 4. 现场仪表或设备具有高度的智能化与功能自主性,可完成控制的基本功能。 5. 对于本质安全型的现场仪表,允许直接从通信线上供电。 6. 既可以与同层网络互连,也可以通过网络互联设备与不同层的网络互连,实现开放式互连	1. 全数字化通信。 2. 开放型的互联网络。 3. 完全分散式体系。 4. 结构简单,将 DCS 的 3 级结构简化为 2 级结构
集中型控制系统 (CCS)	1. 由一台控制器完成全部监测和控制任务。 2. 远程 I/O 单元完成对信号的采集和总线传输	1. 结构简单,统一编程,统一控制,数据交换方便。 2. 资金投入少。 3. 可靠性略差

16.2.2 主要设备的性能要求

1. PC 机

水厂监测和控制系统所使用的计算机,可分为监控主机、管理计算机和服务器三种,前两种可归入 PC 机范畴,而关于服务器的情况,我们将在 16.5.2 节中予以论述。

电脑的更新换代很快,要根据当时情况选择不同配置的 PC 机或工业级电脑。衡量 PC 机性能的技术指标有:主频、内存容量、硬盘容量、面板分辨率、$MTBF$ 等。

要着重注意的是所选 PC 机的 $MTBF$ 指标,因为在整个监测和控制系统中,PC 机的 $MTBF$ 是整个系统性能指标的瓶颈,选择不同的 PC 机,往往就决定了整个系统的 $MTBF$ 指标。

2. PLC 控制器

国际电工委员会(IEC)在 1987 年 2 月定义:"可编程控制器是一种数字运算操作的电子系统,专为在工业环境应用而设计的。它采用一类可编程的存储器,用于其内部存储程序,执行逻辑运算、顺序控制、定时、计数与算术操作等面向用户的指令,并通过数字或模拟式输入/输出控制各种类型的机械或生产过程。可编程控制器及其有关外部设备,都按易于与工业控制系统联成一个整体,易于扩充其功能的原则设计。"

PLC 具有逻辑控制、定时控制、计数控制、步进(顺序)控制、PID 控制、数据控制、通信和联网及其他功能。PLC 还有许多特殊功能模块,适用于各种特殊控制的要求。

PLC 具有以下特点:高可靠性、丰富的 I/O 接口模块、采用模块化结构、编程简单易学、安装简单、维修方便。

对 PLC 主要模块性能的要求如下表：

PLC 模块性能要求表 表 16-6

模 块	要　求
CPU	32 位高性能工业级微处理器（滤池和其他子站的 CPU 性能可略低）； 运算速度：典型位执行时间不超过 0.08μs，典型每千字节指令字运算时间不超过 0.06ms； 内置 RAM 不小于 2M
COM	32 位高性能工业级微处理器（滤池子站的 CPU 性能可略低）； 内置 RAM 不小于 2M； 两个串行口，一个网络口
Di	输入点数：16 点、32 点，输入电压：24V(DC)； 隔离：现场侧与背板之间 250VAC 持续或 1500V AC 持续 1min； 每个输入点都具有状态指示； 具有故障诊断功能；模块可带电热插拔
Do	输出点数：16 点、32 点；负载：24V(DC) 0.5A； 隔离：现场侧与背板之间 250VAC 持续或 1500V AC 持续 1min； 每个输入点都具有状态指示；具有故障诊断功能；模块可带电热插拔
Ai	输入点数：4、8 点；输入范围：0～5V，1～5V，0～20mA，4～20mA； 分辨率：16 位； 隔离：现场侧与背板之间 250VAC 持续或 1500V AC 持续 1min，通道间 250V AC 持续或 1500V AC 持续 1min； 共模抑制比：100db；常模抑制比：80db； 具有开路检测功能；具有故障诊断和读出功能； 具有输入保护功能；具有干扰抑制功能；模块可带电热插拔
Ao	输出点数：4 点；输出范围：0～10V，1～5V，4～20mA，0～20mA； 分辨率：14 位； 隔离：现场侧与背板之间 250VAC 持续或 1500V AC 持续 1min，通道间 250VAC 持续或 1500V AC 持续 1 分钟； 具有输出过载保护功能；具有输出短路保护功能；模块可带电热插拔
POWER	工作电压：85～264VAC；频率范围：47～63Hz； 具有过压保护功能；模板有电源状况显示和电源开关

PLC 控制器的主流产品见下表：

PLC 的主流产品表 表 16-7

国　别	开　发　商	系　统　名　称
美国	Rocwell	Control Logix5550
德国	Siemens	S7-300，S7-400
法国	Schncider Electric	MODICON
日本	欧姆龙	CV500/CV1000/CV2000/CVM1
中国	深圳市德天奥科技有限公司	V80-M40DR/DT-DC/AC

3. 现场总线

国际电工委员会（IEC）在 IEC61158 中规定了 10 种现场总线标准，见下表：

IEC61158 规定的 10 种现场总线标准　　　　　　表 16-8

	总 线 名 称	开 发 商	通 信 方 式
1	TS61158	—	单工，半双工，全双工
2	Control Net 和 Ethernet/IP	美国 Rockwell 公司	CTDMA 方法和 Producer/Consumer 模式
3	Profibus	德国 Siemens 公司	令牌环和主站/从站方式
4	P-Net	丹麦 Process-Data Sikebory Aps 公司	虚拟令牌传递方式
5	FF HSE	北美 FF 现场总线基金会	CSMA/CD 方式
6	Swift-Net	美国 SHIP STAR 协会	TDMA 多路存取方式
7	World FIP	法国 CEGELEC 公司	总线裁决方式
8	Interbus	德国 Phoenix Contact 公司	整体帧协议
9	FF H1	北美 FF 现场总线基金会	LAS 方式和 Publisher/Subscriber 模式
10	PROFInet	德国 Siemens 公司	TCP/IP 协议

上表中 10 种类型的现场总线采用完全不同的通信协议，要实现这些总线的相互兼容和互操作，还有许多问题需要解决。

虽然使用不同现场总线通信的智能化仪表要通过应用层协议实现相互兼容，如国际标准 Ethernet、TCP/IP 等协议，但选择在线仪表时，仍要注意其采用何种总线通信协议，避免在系统连接方面出现通信问题。

国内常见的有 FF、Profibus、HART 等，也有些在线仪表提供 RS485 通信接口，采用 MODBUS 通信协议。

4. DCS 产品

至今，世界几十家公司已推出近百个 DCS 系统品种，下表列举了目前 DCS 的主流产品：

DCS 的主流产品　　　　　　表 16-9

国 别	开 发 商	型 号
美国	Honeywell（霍尼韦尔）	TDC-3000
	Foxboro	Spectrum，I/A Series
	Taylor Instruments	MOD300
日本	日立	HIACS-5000
	三菱重工	MIDAS-8000
	东芝	TOSDIC
德国	Siemens	Teleperm-M
	Hartman Braun	Contronic-P
英国	Kent	P4000
法国	Control Bailey	MICRO-Z
中国	上海新华控制工程公司	XDPS
	北京和利时信息技术有限公司	MACS Smartpro
	浙大中控集团	SUPCON WebField
	南京科远自动化集团股份有限公司	NETWORK

国内 DCS 系统的起步较晚，其发展水平还在不断提高中，不久将可与世界先进水平并驾齐驱。

16.2.3　基本控制技术

在监测与控制系统中应用的基本控制技术有：前馈控制、反馈控制、PID 控制、神经网络控制、模糊控制、自适应控制等，它们各有特点和不同的适用场合。

1. 前馈控制

前馈控制亦称开环控制，是指通过观察情况、收集整理信息、掌握规律、预测趋势，正确预计未来可能出现的问题，提前采取措施，将可能发生的偏差消除在萌芽状态中，为避免在未来不同发展阶段可能出现的问题而事先采取的措施。前馈控制模型如图 16-6：

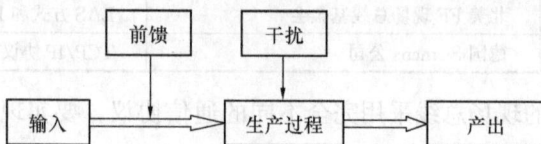

图 16-6　前馈控制模型图

前馈控制能避免预期出现的问题，它在水厂得到广泛应用，如加碱、加氨、前加氯工艺等都采用前馈控制手段，并成为相对固定的控制模式。

前馈控制的特点和适用场合　　　　　表 16-10

前馈控制	具 体 描 述
主要特点	事前控制：在工作开始之前进行，防患于未然，避免了事后控制对已铸成的差错无能为力的弊端； 适用范围广：比反馈控制及时、有效，几乎所有控制目标都可以使用； 正确运用比较复杂：需要长期的经验和数据积累，精度的提高受到限制
适用场合	对于干扰源是可测不可控的变量； 对于时延大、扰动大而频繁的过程； 在单纯反馈控制达不到要求的场合，可让前馈-反馈控制配合使用，以提高控制质量

2. 反馈控制

反馈控制又称事后控制或成果控制，在被控参数出现偏差后，调节器发出控制命令以补偿扰动对被控参数的影响，最后消除（或基本消除）偏差。反馈控制模型如图 16-7：

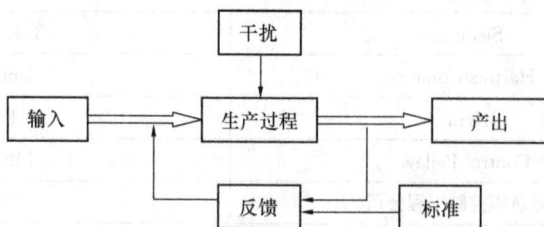

图 16-7　反馈控制模型图

根据反馈在系统中的作用与特点不同可以分正反馈和负反馈两种。正反馈主要是用来对小的变化进行放大，从而可以使系统在一个稳定的状态下工作。负反馈主要是通过输入、输出之间的差值作用于控制系统的其他部分。正反馈与负反馈也可以配合使用，以使系统的性能更优。

反馈控制技术在水厂的应用非常广泛，如后加氯、滤池水位控制等工艺都采用反馈控制技术。

反馈控制的特点和适用场合　　　　　　　　　　　　　　　　　　　表 16-11

反馈控制	具 体 描 述
主要特点	定位精度较高； 是一种不及时的控制：反馈控制总是滞后于扰动，会造成调节过程的动态偏差； 可以克服所有干扰：不管是何种干扰，只要影响到被控变量，都能在反馈控制中得到一定程度的克服
适用场合	几乎适用于所有控制系统，对于研究大规模复杂的控制系统尤有独特的作用

3. PID 控制

PID 控制是根据系统的误差，利用比例、积分、微分计算出控制量进行控制的技术。PID 控制模型如图 16-8：

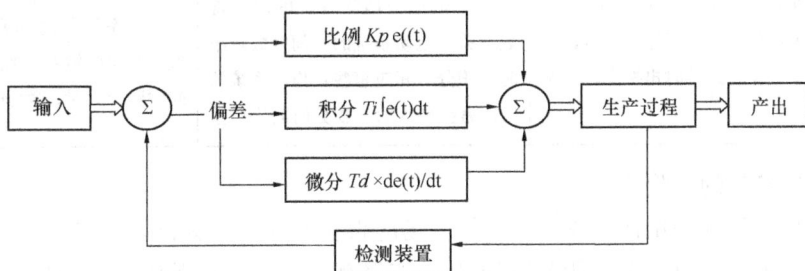

图 16-8　PID 控制模型图

（1）PID 控制的工作原理

PID 控制器由比例单元、积分单元和微分单元组成，其输入 e(t) 与输出 u(t) 的关系为：

$$u(t) = Kp[e(t) + 1/Ti \int e(t)dt + Td \times de(t)/dt]$$

式中，Kp 为比例系数；Ti 为积分时间常数；Td 为微分时间常数。

使用中只需设定 3 个参数（Kp，Ti 和 Td）即可。在很多情况下，并不一定需要全部 3 个单元，可以取其中的一到两个单元，但比例控制单元是必不可少的。

比例（P）控制：控制器的输出与输入误差信号成比例关系，该常数称之为比例常数 Kp。比例贯穿于整个动态过程的始终。

积分（I）控制：控制器的输出与输入误差信号的积分成正比关系。积分项对误差取决于时间的积分，随着时间的增加，积分项会增大。它推动控制器的输出增大使稳态误差进一步减小，直到等于零。因此，比例＋积分（PI）控制器，可以使系统在进入稳态后无稳态误差。

微分（D）控制：控制器的输出与输入误差信号的微分（即误差的变化率）成正比关系。它能预测误差变化的趋势，具有比例＋微分的控制器，就能够提前使抑制误差的控制作用等于零，甚至为负值，从而避免了被控量的严重超调。对有较大惯性或滞后的被控对象，比例＋微分（PD）控制器能改善系统在调节过程中的动态特性。

（2）PID 参数的预置与调整

PID 参数的预置与调整见表 16-12。

PID 参数的预置方法表　　　　　表 16-12

	比例增益 K_p	积分时间 T_i	微分时间 T_d
引入原因	事先将差值信号进行放大，设置差值信号的放大系数	由于传动系统和控制电路都有惯性，调节结果达到最佳值时不能立即停止，导致"超调"，然后反过来调整，再次超调，形成振荡。为此引入积分环节	根据差值信号变化的速率，提前给出一个相应的调节动作，从而缩短了调节时间，克服因积分时间过长而使恢复滞后的缺陷
作用	比例增益 K_p 越大，调节灵敏度越高	经过比例增益 K_p 放大后的差值信号在积分时间内逐渐增大（或减小），从而减缓其变化速度，防止振荡	缩短了调节时间，克服因积分时间过长而使恢复滞后的缺陷
预置方法	在初次调试时，K_p 可按中间偏大值预置，或者暂时默认出厂值，待设备运转时再按实际情况细调	T_i 的取值与拖动系统的时间常数有关：拖动系统的时间常数较小时，积分时间应短些；拖动系统的时间常数较大时，积分时间应长些	拖动系统的时间常数较小时，微分时间应短些；拖动系统的时间常数较大时，微分时间应长些

（3）PID 参数的经验值

PID 参数的预置是相辅相成的，运行现场应根据实际情况进行如下细调：被控物理量在目标值附近振荡，首先加大积分时间 T_i，如仍有振荡，可适当减小比例增益 K_p。被控物理量在发生变化后难以恢复，首先加大比例增益 K_p，如果恢复仍较缓慢，可适当减小积分时间 T_i，还可加大微分时间 T_d。

在实际调试中，只能先大致设定一个经验值，然后根据调节效果修改。

PID 参数的经验值　　　　　表 16-13

	比例增益 K_p（%）	积分时间 T_i（min）	微分时间 T_d（min）
温度系统	20～60	3～10	0.5～3
流量系统	40～100	0.1～1	—
压力系统	30～70	0.4～3	—
液位系统	20～80	1～5	—

（4）PID 控制的特点和适用场合

PID 控制的特点和适用场合　　　　　表 16-14

PID 控制	具 体 描 述
主要特点	简单实用：使用中只需设定 3 个参数（K_p，T_i 和 T_d）即可，也可以取其中的一到两个单元，但比例控制单元是必不可少的； 调节方便：K_p，T_i 和 T_d 可以根据过程的动态特性及时整定，如果过程的动态特性变化，PID 参数也可以重新整定

续表

PID 控制	具 体 描 述
适用场合	应用范围广，虽然很多工业过程是非线性或时变的，但通过对其简化可以变成基本线性和动态特性不随时间变化的系统，这样 PID 就可控制了

PID 控制技术在水厂主要应用在加氯、SCD 控制等工艺中，效果可称理想。

4. 神经网络控制

神经网络控制技术是基于人工神经网络的控制技术。这种控制系统最吸引人之处是在于控制器具有学习功能，从而可以对不明确的对象进行学习式控制。使对象的输出与给定值的偏差趋于无穷小。神经网络控制模型如图 16-9：

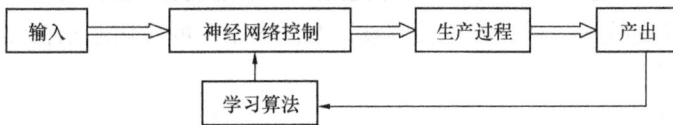

图 16-9　神经网络控制模型图

神经网络控制的特点和适用场合　　　　　　　　表 16-15

神经网络控制	具 体 描 述
主要特点	具有自学习功能：网络会通过自学习功能，学会识别类似的图像或变化。 具有联想存储功能：用人工神经网络的反馈网络实现。 具有高速寻找优化解的能力：发挥计算机的高速运算能力，可能很快找到优化解
适用场合	适于实时控制和动力学控制； 适用于复杂系统、大系统和多变量系统的控制； 适用于非线性控制

目前国外水厂对神经网络控制技术的应用较多，国内水厂尚未见报道，随着和国际水平接轨，神经网络控制技术在国内水厂的应用将不会很远。

5. 模糊控制

模糊控制把被控制状态用模糊数学的处理方法进行处理的一种控制方法。模糊控制模型如图 16-10：

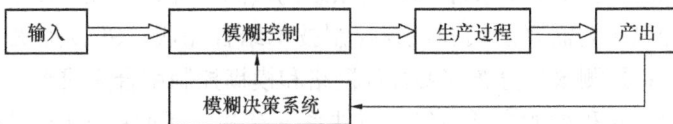

图 16-10　模糊控制模型图

模糊控制系统能够将人的控制经验和知识包含进来，既可以面向简单的被控对象，也可以用于复杂的控制过程。与传统的 PID 控制器相比，模糊控制器具有一定的自适应控制能力，特别适用于很难建立精确数学模型的实际系统。

模糊控制的特点和适用场合　　　　　　　　表 16-16

模糊控制	具 体 描 述
主要特点	具有一定的智能水平：模糊控制是基于启发性的知识及语言决策规则设计的，有利于模拟人工控制的过程和方法，增强控制系统的适应能力，使之具有一定的智能水平； 容易找到折中的选择：不会使控制结果产生较大差异，模糊控制容易找到折中的选择，控制效果优于常规控制器。 便于应用：是一种基于规则的控制，不需要建立被控对象的精确的数学模型，因而使控制机理和策略易于接受与理解
适用场合	适合于非线性系统，由于干扰和参数变化在模糊控制中被大大减弱，因此适合于非线性、时变及纯滞后系统的控制； 适用于数学模型难以获取，动态特性不易掌握或变化非常显著的系统，模糊控制技术从工业过程的定性认识出发，比较容易建立语言控制规则

与神经网络控制技术一样，模糊控制技术在国内水厂的应用刚刚在尝试阶段，其广泛应用只是时间问题。

6. 自适应控制

自适应控制是采用自动方法改变或影响控制参数，以改善控制系统性能的一种控制方法。其控制模型如图 16-11：

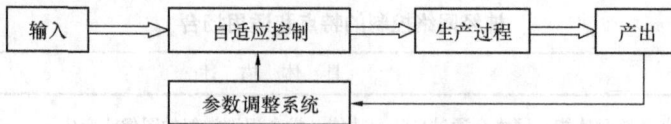

图 16-11　自适应控制模型图

自适应控制的特点和适用场合　　　　　　　　表 16-17

自适应控制	具 体 描 述
主要特点	具有在线辨识功能：可以依据对象的输入输出数据，不断地辨识模型参数，使模型变得越来越接近于实际； 具有自适应能力：通过在线辨识和控制以后，控制系统会逐渐适应，最终将自身调整到一个比较满意的工作状态
适用场合	对象特性或扰动特性变化范围很大，控制要求较高的系统

由于自适应控制比常规反馈控制要复杂得多，因此只是在用常规反馈达不到所期望的性能时，才会考虑采用。

7. 控制技术的运行方式

为了达到理想的控制效果，要依据各自系统的实际情况，单独使用或几种技术配合使用。例如：水厂加氯工艺需要前馈和反馈控制技术结合完成，SCD 加矾工艺需要反馈和 PID 控制结合完成；预测水量分布需要神经网络和模糊控制结合完成等。

总之，水厂自动化程度的高低不仅与硬件系统有关，还取决于控制技术的运行方式，只有具备好的硬件，又具备了优秀的设计思想，才会诞生一个出色的自动化系统。

16.2.4　组态软件

组态软件是监测与控制系统中的必须配置的关键工具。

"组态"一词的意思是指软件系统生成的方式，这种方式是用户按照系统的监控方案，从软件中选择必要的软件模块，采用填表方式、步骤记入方式或类似于画系统方块图那样的连续模块方式，进行监控系统的"组态"——即系统生成。

1. 组态软件的特点

组态软件从 20 世纪 80 年代开始进入中国，并迅速为广大用户接受，到了 20 世纪 90 年代已经有国内自主开发的同类产品，应用领域日益拓展。

在给水行业中，工业组态软件的开发和应用正呈现出日益扩大之势。对于用户而言，使用工业组态软件的特点如表 16-18 所示。

组态软件的特点　　　　　　　　　　　表 16-18

序号	优点	描述
1	开发和使用方便	采用模块化结构，不需要编写程序就能完成特定的应用； 软件界面友好，可视性强，采用全集成和图示化的开发方式； 在开发过程中基本上不必考虑如何编程的问题，用户可将精力集中于对过程自动化流程分析、规划和设计上； 开发方便，易于使用
2	系统规模灵活	采用分布式结构，可方便组态，接口开放，扩展灵活，具有高效和实用的特点； 支持各种工控设备和常见的通信协议，并且提供分布式数据管理和网络功能； 包含有实时数据库、开放数据库接口、对 I/O 设备的驱动等功能； 包含几十种以上的常用运算和监控模块。这些模块包括：监测软件包、控制软件包、操作显示软件包、制图软件包、趋势软件包、报表软件包、打印软件包等。并提供至少一种过程控制语言，使用户开发高级的应用程序； 提供编程手段，一般都是内置编译系统，提供 BASIC 语言，有的支持 VB，也有的支持 C 语言
3	很高的运行可靠性	在质量上经过严格的筛选，运行可靠性高。软件运行的操作影响小

2. 软件结构

组态软件采用模块化的设计思想，由若干个模块构成，其功能随着各模块的开发和更新而不断加强和完善。一般的组态软件通常包含：图形界面系统、数据库系统、第三方应用程序接口等构件。

3. 主要功能

组态软件解决了控制系统通用性问题，其预设的各种软件模块可以非常容易地实现和完成监控层的各项功能，并能同时支持各种硬件厂家的计算机和 I/O 产品，与高可靠的工控计算机和网络系统结合，可向控制层和管理层提供软、硬件的全部接口，进行系统集成。

组态软件的主要功能见下表所示：

组态软件功能表　　　　　　　　　　　表 16-19

序号	功能	具体描述
1	画面显示和组态	充分利用了 Windows 图形功能完善、界面美观的特点，有可视化的 IE 风格界面、丰富的工具栏，操作人员可直接进入开发状态。丰富的图形控件和工况图库，使用户能绘制各种工业画面，并可任意编辑，丰富的动画连接方式，使画面生动直观
2	良好的开放性	能与多种通信协议互联，支持多种硬件设备。组态软件向下能与低层的数据采集设备通信，向上能与管理层通信，实现上位机与下位机的双向通信

序号	功　能	具　体　描　述
3	丰富的功能模块	提供丰富的控制功能库，满足用户的测控要求和现场要求。利用各种功能模块，完成实时监控、产生功能报表、显示历史曲线、提供报警等功能，使系统具有良好的人机界面，易于操作
4	强大的数据库	配有实时数据库，可存储各种数据，如模拟量、数字量、脉冲量，实现与外部设备的数据交换
5	可编程的命令语言	用户可根据自己的需要编写程序，增强图形界面
6	周密的系统安全防范	对不同的操作者，赋予不同的操作权限，保证整个系统的安全可靠运行
7	仿真功能	提供强大的仿真功能使系统并行设计，从而缩短开发周期
8	控制功能	考虑软件 PLC，先进过程控制策略等控制功能

4. 使用组态软件的步骤

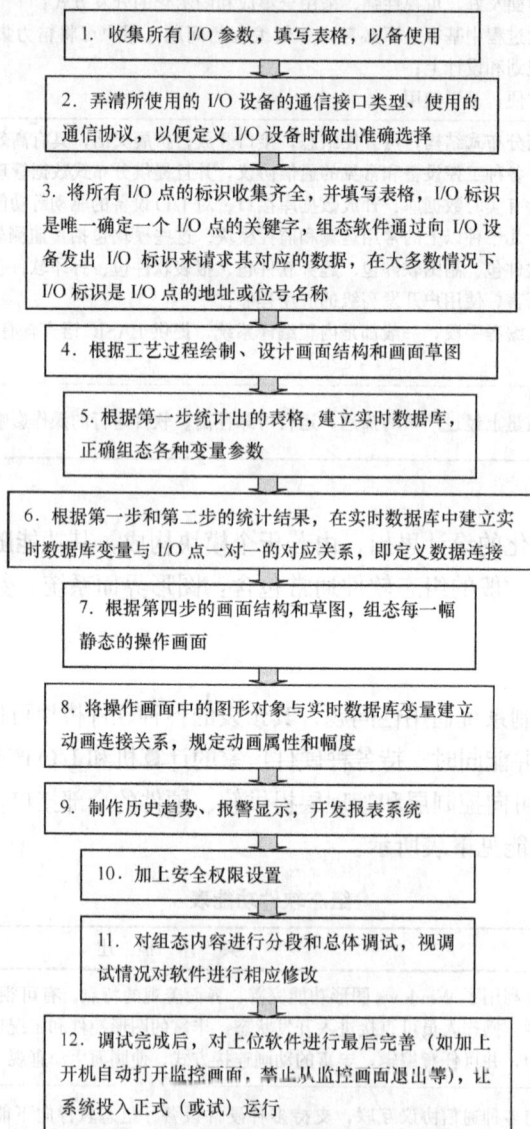

1. 收集所有 I/O 参数，填写表格，以备使用

2. 弄清所使用的 I/O 设备的通信接口类型、使用的通信协议，以便定义 I/O 设备时做出准确选择

3. 将所有 I/O 点的标识收集齐全，并填写表格，I/O 标识是唯一确定一个 I/O 点的关键字，组态软件通过向 I/O 设备发出 I/O 标识来请求其对应的数据，在大多数情况下 I/O 标识是 I/O 点的地址或位号名称

4. 根据工艺过程绘制、设计画面结构和画面草图

5. 根据第一步统计出的表格，建立实时数据库，正确组态各种变量参数

6. 根据第一步和第二步的统计结果，在实时数据库中建立实时数据库变量与 I/O 点一对一的对应关系，即定义数据连接

7. 根据第四步的画面结构和草图，组态每一幅静态的操作画面

8. 将操作画面中的图形对象与实时数据库变量建立动画连接关系，规定动画属性和幅度

9. 制作历史趋势、报警显示，开发报表系统

10. 加上安全权限设置

11. 对组态内容进行分段和总体调试，视调试情况对软件进行相应修改

12. 调试完成后，对上位软件进行最后完善（如加上开机自动打开监控画面，禁止从监控画面退出等），让系统投入正式（或试）运行

组态软件的使用步骤

组态软件需要进行完整、严密的开发，让其能够正常工作，一般包括以下 12 项组态步骤。

5. 主流产品

由于各公司的竞相开发，在市场上可供选择的就有十几种之多，组态软件的主流产品如下表示：

工业组态软件的主流产品表 表 16-20

产地	名称	开发商	备注
国外	Intouth	美国 Wonderware 公司	是组态软件的"鼻祖"，有最好的图形化人机界面，图形功能丰富，使用方便，但控制功能较弱。提供 VBA 语言开发环境和 OPC 支持
	iFIX	美国 Intellution 公司	是全新模式的组态软件，思想和体系结构都先进，提供的功能完整，但对系统的资源耗费巨大，运行速度较慢。提供 VBA 语言开发环境
	WinCC	德国 Siemens 公司	功能强大，使用较复杂，在网络结构和数据管理方面略陈旧，对第三方的支持不热衷。提供类 C 语言开发环境和 OPC 支持
	RSView	美国罗克韦尔（AB）公司	是标准 PC 平台上的一种组态软件，以 MFC（微软基础类库）、COM（组件对象模型）技术为基础的运行于 Microsoft Windows 环境下的 HMI（人机接口）软件包
	Movicon	意大利 Progea 公司	提供 VBA 语言开发环境
	Citech	澳大利亚 Citect 集团	是组态软件中的后起之秀，控制算法很佳。I/O 硬件驱动较少。提供类 C 语言开发环境
国内	组态王	北京亚控科技发展有限公司	是国内开发较早的软件，界面操作灵活方便，有较强的通信功能，支持的硬件也较丰富
	力控	北京三维力控科技有限公司	是一个面向方案的 HMI/SCADA 平台软件。其最大特征是分布式实时数据库的三层结构
	世纪星	北京世纪长秋科技有限公司	
	Synall	北京太力信息产业有限公司	
	MCGS	北京昆仑通态自动化软件科技有限公司	
	Controx	北京图灵开物技术有限公司	
	杰控	北京杰控科技有限公司	
	紫金桥	北京紫金桥软件技术有限公司	

与国外的组态软件相比，大部分国产组态软件具有较高的性能价格比，本地化能力较强。但多数产品仍有集成能力差、GIS 功能薄弱、多任务调度能力差、事故追忆和诊断能

力缺乏等弱点。在这种情况下，选择哪种组态软件，业主可以根据自己的情况，做出合理的判断和选择。

16.2.5　功能要求

一个水厂无论采用哪种监测与控制系统，都应该满足和达到以下功能要求。

1. 数据采集和监测功能

在水厂监测与控制系统中，需要采集的参数很多，这些信号按性质分为模拟量、开关量、脉冲量 3 种。

——模拟量：指在一定范围内变化的连续数值，它的量值一般为 4～20mA，也可以是 1～5V（DC），比如压力、液位、浊度等；

——开关量：指控制继电器接通或者断开所对应的值，它的量值为"1"和"0"，比如电机的开关、故障等；

——脉冲量：指瞬间突然变化、作用时间极短的电压或电流信号，一般用于统计，比如流量仪输出、电度表输出等都有脉冲量信号。

除了上述这些数据量外，对于智能化仪表，还需采集以二进制形式表示的数或 ASCII 码表示的数或字符等数字量。

水厂数据采集是监测与控制系统最基本的功能，数据采集功能的强弱会直接影响整个系统的品质。为实现计算机监控任务，水厂数据采集应该满足：实时性、可靠性、准确性、灵活性的要求。

（1）监测内容

现场监测站应覆盖全部生产过程，自动化系统监测一般包括以下内容。

自动化系统监测的内容　　　　　　　　　　　　　　　　表 16-21

工　序	监　测　内　容		
	模拟量	开关量	脉冲量
进水	压力　　浊度 pH　　盐 水温　　电机温度	水泵开停、故障	进水流量
预处理/预氧化	水位、液位 投药池液位	设备开停、故障	
加碱、加矾	投加量液位　SCD 值 工作频率　冲程 报警	设备开停、故障 阀门开停、故障 变频故障	投加量
加矾	矾池液位　SCD 值 工作频率　冲程 脱矾报警	设备开停、故障 阀门开停、故障 变频故障	
加氯（加氨、加二氧化氯）	加氯机开度　加氨量 加氨量　　氯瓶称重 加氨机开度　氨瓶称重	设备开停、故障 真空报警　压力低限 自动切换　漏氯报警 漏氯吸收开停	

续表

工 序	监 测 内 容		
	模拟量	开关量	脉冲量
沉淀	沉淀池液位　沉淀后浊度	吸泥机开停、故障	
过滤	清水阀开度　滤池液位 滤后浊度　　水头损失 鼓风机出口压力 水泵与冲洗泵出口压力	设备与各种阀门的开停、故障	
深度处理	臭氧系统及接触池的成套信号 臭氧接触池液位 活性炭吸附池（同滤池）	吸附池同滤池	
出水	清水池水位　　出水压力 浊度　　　　　余氯 COD_{Mn}　　　　pH 电机温度		出水流量
排泥水处理	污水池液位	脱水机开停、故障	
电气	电压　　　　　电流 有功功率　　　无功功率 功率因素等	系统开停、故障	电量

（2）画面要求

中控主机的显示画面应不受现场环境的干扰，能满足监测和控制的需要。

显示画面一般包括以下内容。

中控主机显示的画面内容　　　　　　　　　　表 16-22

名　称	图　例	要　求
工艺流程图	进水系统图　　　生物预处理系统图 预氧化系统图　　加碱系统图 加矾系统图　　　加氯系统图 加氨系统图　　　沉淀系统图 滤池系统图　　　深度处理系统图 出水系统图　　　排泥水处理系统图等	图中应含：设备运行状态、工况、示值； 以颜色和符号表明数据的性质； 各类模拟量能以表格、棒图、饼图等形式显示； 能通过颜色变化、百分比、色标填充等手段增强画面的可视性； 可以通过转换设备转移到大屏幕、投影屏、模拟屏上显示。 生产报表中应包括电耗、药耗、水质参数等指标，并具有定时打印和随机打印功能
系统结构图	高压配电系统图　　低压配电系统图 信息化系统图	
趋势画面	各类模拟量参数运行曲线	
报警画面	报警记录　　　　操作记录 各类突发事件处理提示	
生产报表	即时报表　　　日报表　　　月报表 季报表　　　　年报表	
操作画面	滤后浊度控制图　　出厂水压控制图 出厂余氯控制图　　自动配泵控制图 自动调流控制图　　自动加药控制图	

（3）画面选色原则

为了确保各幅画面的醒目和统一，画面的选色原则除了应该具有简单、清晰的特点外，还必须符合相关标准、规范、规定：

《人机、界面、标志和标识的基本要求和安全要求——编码规则》IEC 60073—1996；

《火力发电厂、变电所二次接线设计技术规程》DL/T 5136—2001；

《电工成套装置中的指示灯和按钮的颜色》GB 2682—1981。

这三项标准在选色上有一些出入，我们依据"国家标准向国际标准看齐"和"后颁标准优先于之前标准"两项原则，规定如下。

显示画面中的选色原则　　　　　　　　　　表 16-23

颜　色	含　义	说　　明	举　例
红色	危险	表示运行、正在运行等	设备运行；电机带电
绿色	安全	表示等待、准备就绪、情况正常等	设备停机；电机无电
黄色	告急	表示故障、报警等	设备报警；水质超限
蓝、灰、黑、白色	无特定用意	用于除红、绿、黄三色之外的任何其他用意	水管、设施、建筑物等颜色

图形符号内的填充颜色表示相应设备的状态，应该符合以上选色原则。

通常情况下，大的背景可以选用黑色。当黑色背景引出很大的对比度时，也可以采用比较明亮的背景色，例如蓝色或者咖啡色。

一幅图中选用的颜色不宜太多，无关系的颜色容易引起视觉噪声，使效果逊色。一般来说，采用四种颜色的配置已经能适应过程显示的动态标志需要。

2. 控制功能

（1）常规控制功能

现场监测控制站应覆盖全部生产过程，自动化系统的常规控制功能包括预处理、预氧化、加碱、加矾、加氯、加氨、沉淀、过滤、深度处理、出水、排泥水处理等内容。

常规控制功能表　　　　　　　　　　表 16-24

序号	项　目	控制方案	控制技术	控制对象
1	预处理：预加氯、臭氧、粉末活性炭或高锰酸盐投加	根据搅拌试验做出的曲线确定投加量	前馈控制或自适应控制	计量泵频率
2	生物预处理	根据水源水质和源水流量确定鼓风机运转	前馈控制或自适应控制	
3	加碱：石灰水或 NaOH 溶液投加	根据源水 pH 和源水流量确定投加量	前馈控制或自适应控制	计量泵频率
4	加矾：混凝剂投加（常规）	1. 根据源水的流量、浊度、温度、pH 值，混凝搅拌试验结果确定	前馈控制或自适应控制	计量泵冲程
		2. 根据滤后水浊度确定	反馈控制	计量泵频率

序号	项　目	控制方案	控制技术	控制对象
5	加矾：混凝剂投加（用SCD仪）	1. SCD值	PID控制	计量泵冲程
		2. 原水流量	前馈控制	计量泵频率
6	加氯：加氯投加	1. 原水流量	前馈控制	加氯机开度
		2. 出厂水余氯	反馈控制	
7	加氨：加氨投加	氯、氨的投加比例控制在3～4：1	前馈控制	加氨机开度
8	沉淀：排泥机控制	根据原水水质和流量	前馈控制或自适应控制	排泥机排泥时间和排泥周期
9	过滤1：滤池水位控制	1. 根据滤池滤速	前馈控制	清水阀开度
		2. 滤池水位	反馈控制	
10	过滤2：滤池反冲洗控制	1. 过滤时间 2. 水头损失 3. 滤后浊度（设定值）	前馈控制	滤池反冲洗运行
11	出水：出厂水压力控制	1. 出厂压力和流量 2. 清水池水位	前馈控制	水泵开停与变频器频率
		3. 出厂水压力	反馈控制	

在水厂工艺中，由开发商提供的成套设备，如石灰投加、臭氧投加、排泥水处理等一般都自成封闭系统，用户只要按照使用说明操作即可。

水厂主要设备的控制方式分为中央控制、就地控制、现场控制三层控制模式。中央控制由水厂中控室完成，具有最低的控制优先级；就地控制由各控制站完成；现场控制则在设备或仪表的现场控制柜、按钮箱、变送器等操作完成，具有最高的控制优先级。如图16-12：

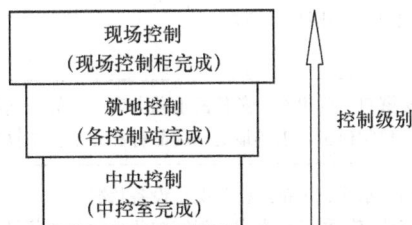

图 16-12　控制方式示意图

（2）调度控制功能

调度控制功能是在积累了大量运行数据的基础上，根据给定的条件，经过量化的分析计算，实现计算机调度控制。

水厂的调度控制功能应具有自动配泵、自动调流和自动加药三项调度控制功能。

自动配泵功能、自动调流功能　　　　　　　　　　　　　　表 16-25

定义	根据调度指令和水泵状况、调流阀状况，制定出经济合理的、耗能少的配泵或调流运行方案
控制目标	在满足供水压力的情况下水泵总电耗最低或实现调流自动化控制，达到整体运行安全、优质、高效、低耗的要求
控制方式	设置各种水泵、变频器、调流阀的运行状态
制定依据	1. 出厂水压、水量要求； 2. 各水泵的工频特性曲线、变频特性曲线； 3. 变频器性能； 4. 调流阀特性； 5. 清水池水位要求； 6. 设备完好状况
实现方法	1. 穷举法：列出所有符合条件的配泵方案或调流方案，对它们的效率、配水电耗进行比较，择优者推荐； 2. 模型法：利用动态数学模型，求解最优配泵方案或调流方案，并算出其效率和配水电耗
操作步骤	1. 输入公司调度指令； 2. 计算机根据调度指令和水泵的状况显示配泵或调流的主选方案和备选方案，并显示配水电耗、效率； 3. 在调度员认可后执行该方案，或否定该方案重新制定配泵方案； 4. 检查出厂水压、水量，判定该方案是否真正合理可行，具有实用功能

自动加药功能　　　　　　　　　　　　　　　　　　　　表 16-26

定义	根据水质、水量的变化情况，控制加药品种、加药量，达到保证出厂水质的目的
控制目标	在合适的经济效益下，使出厂水达到最佳水质，达到整体运行安全、优质、高效、低耗的要求
控制方式	设置出预处理、预氧化、加碱、加矾、加氯、加氨设备的合理运行状态
制定依据	1. 化验室搅拌试验及进水流量； 2. 加药品种 　氧化剂：氯、高锰酸盐、臭氧； 　吸附剂：粉末活性炭； 　混凝剂和助凝剂：聚合氯化铝、聚丙烯酰胺； 　消毒剂：氯、氨、二氧化氯等； 　中和剂：氢氧化钠（氢氧化钙）、石灰。 3. 设备完好状况
实现方法	1. 经验法：利用历史资料，列出符合条件的加药方案，估算出运行该方案后的水质指标； 2. 模型法：利用动态数学模型，求解最优加药品种和方案，估算出运行该方案后的水质指标
操作步骤	1. 输入原水水质、出厂水质、设备运行状况、设备状况； 2. 计算机显示加药主选方案和备选方案，确定加药品种和加药量，显示加氯机工作方案、计量泵工作方案，出厂水质期望值； 3. 在调度员认可后执行该方案，或否定该方案重新制定加药方案； 4. 系统稳定后，检查出厂水质，判定该方案是否合理可行，具有实用功能

3. 报警功能

（1）报警内容

应该根据工艺过程的需要合理选用，过少的报警会使系统发生的问题得不到应有的重视，过多的报警信号则会使引起故障的主要因素难于找到。

超限报警中限值的确定要适当，可以采用逐项调整的方法，使之既能正确反映系统运行的情况，又能减少不必要的干扰。

报　警　内　容　　　　　　　　　　　　　　　表 16-27

报警种类	报　警　内　容
模拟量超限	矾池液位、氯瓶秤重、氨瓶秤重、沉淀池液位、滤前浊度、滤池液位、滤后浊度、滤后压力、水头损失、鼓风机出口压力、冲洗泵出口压力、清水池水位、出水流量、出水浊度、出水余氯、出水 pH、电机温度等
设备故障	水泵故障、电机故障、阀门故障、计量泵故障、加氯机故障、加氨机故障、其他设备故障等
突发事故	人身伤亡、设备事故、操作系统故障、液氯或液氨泄漏、爆管、原水停水、原水水质异常、过程水质异常、出厂水质异常、生产工艺事故、停电、投毒、爆炸、恐怖袭击、地震、火灾、水灾、台风等

（2）报警形式

当故障发生时，中控主机发出声、光警报，显示故障点和故障状态，也可以是语音报警。

同时在显示画面上提示处理故障的方法，电脑完成报警记录，记录在报警库中，报警打印机自动打印故障记录。

4. 数据处理功能

（1）数据处理要求

模拟输入量的数据处理内容如表 16-28 所示。

模拟输入量的数据处理内容　　　　　　　　　　表 16-28

序号	处理项目	处　理　内　容
1	地址/标记名处理	为每个模拟输入量建立地址/标记名
2	扫查处理	根据被测模拟量或输入通道的正常/异常状况，对其实现扫查允许/禁止处理
3	变换处理	当模拟输入量变换成二进制码后，进行变换计算
4	零值处理	当模拟输入量为零值，其输入变送器或模数转换器的精度使测量值不为零时，经数据处理后测量值为零
5	测量死区处理	当模拟量的测量变化小到可以忽视时，设立测量死区，将被测量在死区范围内的变化视为无变化
6	上、下限值值处理	测量上、下限值通常有两级，即上限、下限，上上限、下下限，当测量值超过限值时，进行报警
7	合理限值处理	合理限值一般取传感器上、下限值，当传感器或通道故障，被测量超过合理限值时，该点禁止扫查
8	死区处理	当被测量超过限值后，若其仍在限值上下很小范围内变化，将会造成频繁报警，设立测量上、下限死区，使被测量只有返回到限值死区以外才能退出报警状态
9	越限报警处理	根据被测量各类报警的重要程度，设定不同的报警级别，以及建立报警时间标记

数字输入量的数据处理内容如表 16-29 所示。

数字输入量的数据处理内容　　　　　　　　表 16-29

	处理项目	处 理 内 容
1	地址/标记名处理	为每个数字输入量建立地址/标记名
2	扫查处理	根据被测数字量或输入通道的正常/异常状况，对其实现扫查允许/禁止处理
3	输入抖动处理	当被测数字量数值频繁抖动时，经处理视为无变化
4	报警处理	根据被测量各类报警的重要程度，设定不同的报警级别，以及建立报警时间标记

脉冲输入量的数据处理内容如表 16-30 所示。

脉冲输入量的数据处理内容　　　　　　　　表 16-30

	处理项目	处 理 内 容
1	地址/标记名处理	为每个脉冲输入量建立地址/标记名
2	扫查处理	根据被测脉冲量或输入通道的正常/异常状况，对其实现扫查允许/禁止处理
3	输入抖动处理	当被测脉冲量数值频繁抖动时，经处理视为无变化
4	报警处理	根据被测量各类报警的重要程度，设定不同的报警级别，以及建立报警时间标记
5	计数冻结处理	被测脉冲量超过限值时，该点计数冻结
6	计数溢出处理	被测脉冲输入量超过合理限值时，该点禁止扫查

（2）趋势记录处理

对每个模拟量，按不同的时间间隔，如 1min、10min、1h、1d，可做成不同的趋势曲线，趋势记录的采样值可以取即时值、平均值等。对于每个趋势曲线还可以做最大值、最小值或最大变化率的处理。

此外还应具备以下功能。

——趋势类：包括采样速率、趋势记录数；

——偏差类：包括保持周期、偏差记录数；

——累加类：包括保持周期、累加记录数；

——平均值类：包括保持周期、平均值记录数；

——最大、最小值类：包括保持周期、最大/最小记录数。

（3）报表处理

包括即时报表、班报、日报、月报、季报、年报、报警记录报表、操作记录报表等。还可根据需要生成各类综合报表，如电耗、药耗、水质参数等报表。并具有定时打印和随机打印的功能。

（4）数据存档

系统采集的实时数据或运算数据，按照其不同类型、属性、时序等特征分类，建立和保存在相应的数据库中。这些数据库是开放性的平台，支持大多数的软件系统，并具有良好的与各种硬件兼容的性能。

应用数据库包括：实时数据库、生产日志数据库、故障数据库、报警数据库、运行参数数据库等。

需要设置不同级别的数据库操作权限和密码，每个等级密码中设计有操作工号。

5. 网络通信功能

通信功能包括管理层网络的通信和控制层网络的通信两部分内容。

（1）管理层网络通信

水厂内部均采用局域网，局部网络将有限范围内的一些计算机联成网络，它的通信特点见表16-31所示。

局域网通信的特点 表 16-31

序号	特 点	具 体 描 述
1	通信距离	一般在几百米到几千米的范围
2	通信对象	允许相同的或不同的数字设备通过公共传送介质进行通信
3	通信介质	通信介质多样，既可以是现有的电话线，也可以是专用线，如双绞线、光缆等
4	通信速率	通信频带较宽，传送数据速率可达100Mb/s，还能进行快速多站访问
5	通信协议	绝大多数采用国际标准的TCP/IP协议
6	数据传送量	能可靠地适应大量数据的传送，传送误码率低，如发现错误，网络中的工作站能检测出来并进行纠错处理
7	通信用户	能支持大量的用户，可达10～1000个，并有较好的可扩展性、灵活性和安全性
8	建设投资	连接和安装费用较低，一次性投资不大，一般不超过工作站设备的20%

（2）控制层网络通信

控制层的网络通信各不相同，其通信方式和速率一般由所选用的监控层的产品决定。

每种PLC产品都有其特有的通信协议，例如AB公司的DH＋、DH485工业局域网协议、西门子公司的SINEC-L1工业局域网协议，无论选用哪种监控层的产品，基本的要求是该产品的控制网络支持TCP/IP协议的工业以太网，这样就能解决异种网络之间的互联。

16.2.6 安装与调试

在安装前，中控室和各操作室的土建、安装、电气、装修等工作必须全部完成，空调机启用，并配有吸尘器。其环境温度、湿度、照明及空气净化程度必须符合集散控制系统运行的条件，才可以开始安装。

监测与控制系统的安装工作包括：机柜安装；设备安装；系统内部电缆连接；端子外部仪表信号线的连接；系统电源；接地连接等内容。

安装人员必须保持清洁，在中控室和操作室工作时应该换上干净的专用拖鞋，以防止将灰尘带入系统装置内。

1. 机柜安装

机柜能有序、整齐地排列设备，是系统设备最直接的物理保护，同时还屏蔽电磁干扰，方便以后维护设备。

机柜的安装工作包括：安装准备，机柜就位，机柜水平位置调整，机柜内设备和电缆安装，机柜配件（包括机柜门、铭牌、接地线等）安装，检查是否满足要求，安装结束等程序。

在安装过程中，机柜的牢固性和稳定性是首要考虑。安装时，要防止倾倒和振动，以免造成意外损害。

对两个或多个相邻机柜的间距，一般没有特殊的要求，以方便检修、适合打开机柜门和设备进出为宜。

2. 设备安装

设备应安装在垂直平面上，且确保安装在水平状态。

产生热量的设备（变压器、电源块、功率接触器等）应安装在 PLC 上部。

当 PLC 安装在垂直导轨上时，应使用 GB 或 DIN 标准的导轨固定端子。

当若干 PLC 安装在同一柜子里时，两个 PLC 间距不应小于 150mm，PLC 两侧的空隙不应小于 100mm。

硬件设备之间的连接通常采用多芯屏蔽双绞线或同轴电缆，一般情况下由厂家负责此项工作。现场仪表的连接大都根据仪表类型来选择不同的电缆形式，接线根据系统配置图和接线图进行。

模拟量输入输出信号线应选择屏蔽线缆，数字量输入输出信号线可选用非屏蔽电缆。

3. 系统布线

（1）电缆布线

电缆电线敷设前，应进行外观检查和导通检查，并用直流 500V 兆欧表测量绝缘电阻 100V 以下的线路采用直流 250V 兆欧表测量绝缘电阻，其电阻值不应小于 5MΩ；当设计文件有特殊规定时，应符合其规定。

网络工程应按最短路径集中敷设，横平竖直，整齐美观，不宜交叉，敷设线路时，应使线路不受损伤。

线路不应敷设在易受机械损伤，有腐蚀性物质排放，潮湿以及有强磁场和强静电场干扰的位置，当无法避免时应采取防护或屏蔽措施。

线路不应敷设在影响操作和妨碍设备，管道检修的位置，应避开运输，人行通道和吊装孔。

线路不宜敷设在高温设备和管道的上方，也不宜敷设在具有腐蚀性液体的设备和管道的下方。

线路与绝热的设备和管道绝热层之间的距离应大于 200mm，与其他设备和管道表面之间的距离应大于 150mm。

线路从室外进入室内时，应有防水和封堵措施。线路进入室外的盘、柜、箱时、宜从底部进入，并应有防水密封措施。

线路的终端接线处以及经过建筑物的伸缩缝和沉降缝处，应留有余度。

电缆不应有中间接头，当无法避免时，应在接线箱或拉线盒内接线，接头宜采用压接，当采用焊接时应用无腐蚀性的焊药，补偿导线应采用压接，同轴电缆和高频电缆应采用专用接头。

在线路的终端处，应加标志牌，地下埋设的线路，应在地面有明显标识。

标志牌应装在电缆终端头，电缆接头处和隧道及竖井的两端，规格统一并注明线路编号。

电缆的弯曲半径不应小于电缆外径的 10 倍。

当电缆槽垂直段大于 2m 时,应在垂直段上,下端槽内增设固定电缆用的支架,当垂直段大于 4m 时,还应在其中部增设支架。

电缆管的弯曲半径应符合所穿入电缆弯曲半径的规定,每根电缆管不应超过 3 个弯头,直角弯不应超过 2 个。

电线与仪表连接的多股线芯端头宜烫锡或采用接线片,采用接线片时,电线与接线片的连接应压接或焊接,连接处应均匀牢固,导电良好,锡焊时应使用无腐蚀性焊药,在易受振动影响时,接线端子上应加弹簧垫圈电缆(线)与端子的连接处应固定牢固,并留有适当的余量。

(2)光缆布线

楼内光缆宜在金属线槽中敷设,当在桥架敷设时应在绑扎固定段加装垫套。

敷设光缆时,光缆的牵引接头应做好技术处理,可采用牵引力自动控制性能的牵引机进行,牵引力应加于光缆的加强芯上,其牵引力不应超过 150kg;牵引速度宜为 10m/min 左右;一次牵引的直线长度不宜超过 1km;光缆接头的预留长度不应小于 8m。

光缆的弯曲半径不应小于光缆外径的 15 倍。

光缆连接允许损耗值,应符合表 16-32 的规定。

光缆连接允许损耗值 (dB)　　　　　　　　　　　　　　　　表 16-32

连接类别	多　模		单　模	
	平均值	最大值	平均值	最大值
熔接	0.15	0.3	0.15	0.3

光缆敷设后,宜测量通道的总损耗,并用光时域反射计观察光缆通道全程波导衰减特性曲线。采用光功率计测试,1km 光缆总损耗 < 0.3dB。

对同一光缆中的每根光缆应进行长度测试,测试结果应一致.当在同一盘光缆中光缆长度差异较大时,应从另一端进行测试或做通光检查以判断是否有断纤现象存在。

在每根光缆的接续点和终端必须做永久性标志。

(3)综合布线

电源线,综合布线系统和缆线应分隔敷设,缆线间的最小净距应符合设计要求。

建筑物内电,光缆暗管敷设与其他管线最小净距应符合表 16-33 的规定。

管线敷设最小净距 (mm)　　　　　　　　　　　　　　　　表 16-33

管线种类	平行净距	垂直交叉净距
避雷引下线	1000	300
保护接地	50	20

电缆线槽,桥架宜高出地面 2.2m 以上。线槽和桥架顶部与楼板的间距不宜小于 300mm,在过梁和其他局部障碍物处,其间距不宜小于 50mm。

电缆槽内缆线布置应顺直,不宜交叉,在缆线进出线槽部位,转弯处应绑扎固定,其水平部分缆线可不绑扎,垂直线槽布放缆线时应每间隔 1.5m 固定在缆线支架上电缆桥架内缆线垂直敷设时，在缆线的上端和每间隔 1.5m 处应固定在桥架的支架上；水平敷设时在缆线的首、尾、转弯及每间隔 5～10m 处应进行固定。

在水平，垂直桥架和垂直线槽中敷设时，应对缆线进行绑扎，绑扎间距不宜大于 1.5m，间距应均匀，松紧适度。

4. 系统供电

监测与控制系统中的供电包括监测与控制系统的供电、在线仪表供电、变送器供电、执行器供电、仪表盘供电和信号连锁系统供电。仪表盘供电包括盘装仪表和盘后安装仪表的供电，信号连锁系统供电指系统连接的输入/输出信号连锁等装置的供电。

一般采用双回路电源供电。为保证系统安全运行，防止工作电源突然中断造成爆炸、火灾、人身伤亡、损坏关键设备等事故的发生，信号连锁系统的供电应与正常供电系统分开。

对监测与控制系统中的供电一般采用 UPS 电源供电。当突发停电时，UPS 能快速转换到"逆变"状态继续给负载供电，从而不会让在使用中的电脑因为突然停电未来得及存储而失去重要文件。

据互联网数据中心（IDC）统计：电脑故障的 45％是由于电源问题而引起的。在中国，大城市停电的次数平均为 0.5 次/月，中等城市为 2 次/月，小城市或村镇为 4 次/月，电网至少存在九种问题：断电、雷击尖峰、浪涌、频率振荡、电压突变、电压波动、频率漂移、电压跌落、脉冲干扰。因此从改善电源质量的角度来说配备 UPS 也是十分必要的。

PLC 的系统配线：在供电距离较近时，可使用两条或三条单芯硬线；在供电距离较远时，应使用铠甲屏蔽电缆。所有交流电线缆应走槽盒或穿管，防护金属盒、管应有可靠接地。

PLC 系统设备的外供电的 24V 直流电线可选用不小于 $1mm^2$ 的普通电线或铜网屏蔽电缆，当设备负荷电流较大时，截面积可扩大至 $2.5mm^2$。

5. 接地连接

监测与控制系统的接地要求较高，它要求有专用的工作接地极，且要求它的入地点远离避雷入地点间距离大于 4m，接地体与交流电的中线及其他用电设备接地体间距离大于 3m。还要检测它的接地电阻数值是否符合要求。

6. 系统的调试

在调试之前先要完成整个系统的安装工作。

为了确保监测与控制系统的正常运行，必须认真细致地进行系统调试工作。系统调试的一般步骤如下：

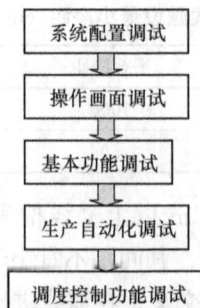

系统配置调试

↓

操作画面调试

↓

基本功能调试

↓

生产自动化调试

↓

调度控制功能调试

监测与控制系统调试的步骤

监测与控制系统的调试需要工艺、电气、设备等各专业的配合，调试之前必须是安装工作全部完工，设备完好无损，接地符合要求，通信系统可靠，后勤保障充沛。

在调试过程中，调试人员要认真记录系统的运行数据和状况，测试各项技术参数，使各项功能的运行效果到最佳状态。

（1）系统配置调试

系统配置调试按照表 16-34 的内容和步骤实施。

系统配置测试表　　　　　　　　　　　　　　　　　　　　　　　　　表 16-34

序号	项目	测 试 内 容
1	三层网络结构	1. 按系统图纸实地检验，由中控主机、工程师站、服务器和交换机组成第一层快速以太网； 2. 按系统图纸实地检验，由 PLC 站和水厂中控室工业以太网交换机组成第二层环形结构全双工快速光缆以太网； 3. 按系统图纸实地检验，由现场 PLC 主站和下属子 PLC 站、电气柜上综合测量单元、工艺设备控制器组成第三层有线或无线网络
2	中控室配置	1. 配置中控主机、交换机、数据库、组态软件、加密保护、打印机、UPS 电源等，性能满足要求； 2. 设备就位，安装规范，运行正常
3	计算机房配置	1. 配置服务器、数据库、交换机、UPS 电源等，性能满足要求； 2. 设备就位，安装规范，运行正常
4	系统技术参数	1. 平均无故障间隔时间 $MTBF > 20000$h； 2. 服务器、主机 CPU 的最大负荷 $A \leqslant 50\%$； 3. 主机的联机启动时间 $t \leqslant 2$min； 4. 报警响应时间 $t \leqslant 3$s； 5. 单项数据查询响应时间 $t \leqslant 5$s； 6. 单项实时数据更新时间 $t \leqslant 3$s； 7. 控制指令的响应时间 $t \leqslant 3$s； 8. 计算机画面的切换时间 $t \leqslant 0.5$s
5	在线仪表配置	1. 原水：流量计、浊度仪、pH 仪； 2. 加药：液位仪和实现自动计量及控制的仪表； 3. 沉淀池出水：浊度仪； 4. 滤池：每格配液位仪或水头损失仪、每组或每格配浊度仪； 5. 清水池、吸水井：液位仪； 6. 出水：流量计、浊度仪、余氯仪、压力仪、pH 仪； 7. 回用水：液位仪； 8. 仪表就位，安装规范，运行正常
6	仪表技术参数	1. 压力仪：测量精度 1.0%； 2. 流量仪：测量精度 1.0%； 3. 浊度仪：测量精度 2.0%； 4. 余氯仪：测量精度 5.0%； 5. 液位仪：测量精度 0.5%； 6. pH 仪：测量精度 3.0%
7	备份要求	1. 硬件：重要模块、易损件有备份； 2. 软件：计算机硬盘有备份，应用程序软件有备份

（2）操作画面调试

操作画面调试按照表 16-35 的内容和步骤实施。

操作画面测试表　　　　　　　　　　　　　　　　　表 16-35

序号	项　　目	测 试 内 容
1	监控范围	原水、加药、消毒、沉淀、滤池、出水、回用水、电气等工艺的数据信号全部接入监控系统，在中控主机屏幕上显示
2	显示画面	1. 工艺流程图： 进水系统图　　　　预处理系统图　　　　预氧化系统图 加碱系统图　　　　加矾系统图　　　　　加氯系统图 加氨系统图　　　　沉淀系统图　　　　　滤池系统图 深度处理系统图　　出水系统图　　　　　排泥水处理系统图 2. 系统结构图： 高压配电系统图　　低压配电系统图　　　信息化系统图 3. 趋势画面： 各类模拟量参数运行曲线 4. 报警画面： 报警记录　　　　　操作记录　　　　　　各类突发事件处理提示 5. 生产报表： 即时报表　　　　　日报表　　　　　　　月报表 季报表　　　　　　年报表 6. 操作画面： 滤后浊度控制图　　出厂水压控制图　　　出厂余氯控制图 自动配泵控制图　　自动调流控制图　　　自动加药控制图
3	画面要求	1. 图中应含：设备运行状态、工况、示值； 2. 以颜色和符号表明数据的性质； 3. 各类模拟量能以表格、棒图、饼图等形式显示； 4. 能通过颜色变化、百分比、色标填充等手段增强画面的可视性； 5. 可以通过转换设备转移到大屏幕、投影屏、模拟屏上显示。 6. 生产报表中应包括电耗、药耗、水质参数等指标，并具有定时打印和随机打印功能
4	技术参数	1. 数据位置正确率 $I=100\%$； 2. 模拟量综合误差 $\delta_1 \leqslant 1.0\%$； 3. 开关量综合误差 $\delta_2 = 0$； 4. 脉冲量综合误差 $\delta_3 \leqslant 1.0\%$

（3）基本功能调试

基本功能调试按照表 16-76 的内容和步骤实施。

基本功能测试表　　　　　　　　　　　　　　　　　表 16-36

序号	项　　目	测 试 内 容
1	数据处理功能	1. 数据采集：利用现场 PLC 控制设备，采集实时检测的各类数据，数据类型要求包括：模拟量、开关量、脉冲量等； 2. 数据存档：系统采集的实时数据或运算数据，按照其不同类型、属性、时序等特征分类，建立和保存在相应的数据库中； 3. 数据处理：对存放在数据库中的数据，进行最大值、最小值、平均值、偏差值、累计值和其他各种特殊的运算处理。并根据需要，生成各类实用图表、趋势曲线等； 4. 报表生成：包括即时报表、班报、日报、月报、季报、年报、报警记录报表、操作记录报表等。并具有定时打印和随机打印的功能

序号	项 目	测 试 内 容
2	网络通信功能	实现与总公司，各工作站和PLC站通信功能，通信顺畅，解决不同网络之间的互联
3	容错功能	1. 键盘操作的容错：在操作站的键盘上操作任何未经定义的键时，系统不得出错或出现死机情况； 2. CPU切换时的容错：人为退出控制站中正在运行的CPU，此时备用的CPU应能自动投入工作，切换过程中系统不得出错或出现扰动、死机情况； 3. 备份机整体切换时的容错：人为退出控制站中正在运行的机器，此时备份机应能自动投入工作，切换过程中系统不得出错或出现扰动、死机情况
4	报警功能	1. 模拟量超限 模拟量超限包括：矾池液位、氯瓶称重、氨瓶称重、沉淀池液位、滤前浊度、滤池液位、滤后浊度、滤后压力、水头损失、鼓风机出口压力、冲洗泵出口压力、清水池水位、出水流量、出水浊度、出水余氯、出水pH、电机温度； 当模拟量超限时，声光报警，并自动记录在案。 2. 设备故障 设备故障包括：水泵故障、电机故障、阀门故障、计量泵故障、加氯机故障、加氨机故障、其他设备故障； 当发生设备故障时，声光报警，并自动记录在案。 3. 突发事故 现场检查中控主机屏幕，有突发事件处理预案； 突发事件应包括：人身伤亡、设备事故、操作系统故障、液氯或液氨泄漏、爆管、原水停水、原水水质异常、过程水质异常、出厂水质异常、生产工艺事故、停电、投毒、爆炸、恐怖袭击、地震、火灾、水灾、台风； 当突发事件发生后，系统会显示不同的处置预案，并自动记录在案； 检查各项突发事件处理功能否合理可行，具有实用功能

（4）生产自动化调试

生产自动化调试按照表16-37的内容和步骤实施。

生产自动化测试表　　　　　　　　　　　表 16-37

序号	项 目	测 试 内 容
1	生产自动化	1. 预处理：根据搅拌试验做出的等温曲线确定投加量和投加方式，确定设备运行状况和投加量； 2. 预氧化：根据水源水质和试验结果确定药剂投加量和投加方式，确定设备运行状况和投加量； 3. 加碱：根据实验和原水的pH值，确定设备运行状况和投加量； 4. 加矾：以当日原水的混凝搅拌试验为参考依据。并依据实际混凝效果或SCD值，确定设备运行状况和投加量； 5. 加氯：以消毒试验推荐值为参考数据，并依据水量、pH值、水温等参数，确定设备运行状况和投加量； 6. 加氨：以氯、氨的投加比控制为3~4:1，确定设备运行状况和投加量； 7. 沉淀：根据原水流量和水质控制排泥时间和排泥周期，确定吸泥机设备运行状况； 8. 过滤：根据时间、水头损失、滤后浊度确定冲洗周期，控制滤池滤速、运行水位、冲洗周期、冲洗时间、冲洗强度； 9. 深度处理：控制活性炭滤池滤速、接触时间、反冲洗强度； 10. 出水：根据清水池水位、出厂压力和流量，确定设备运行状况； 11. 排泥水处理：根据污水池液位、污泥浓度，确定设备运行状况

续表

序号	项　目	测 试 内 容
2	三级控制	1. 三种控制方式：本地手动方式、远程控制方式、自动控制方式； 2. 本地手动方式优先级别最高，远程控制方式次之，自动控制方式优先级别最低； 3. 在远动控制的模式下，系统操作人员可以通过监控计算机直接下达命令，启动或停止某些设备； 4. 进水泵开停、加药、滤池冲洗、出水泵开停、排泥处理实现就地控制和中控室控制两级控制
3	控制误差	1. 出厂水压力控制误差 $\Delta P \leqslant \pm 0.02 \text{MPa}$； 2. 出厂水余氯控制误差 $\Delta Cl \leqslant \pm 0.2 \text{ppm}$； 3. 沉淀池出水浊度控制误差 $\Delta T \leqslant 0.5 \text{NTU}$； 4. 出厂水余氯控制范围 $Cl \geqslant 0.3 \text{ mg/L}$； 5. 出厂水浊度控制范围 $T \leqslant 0.1 \text{ NTU}$； 6. 出厂水余氯控制范围 $7.0 < \text{pH} < 8.5$
4	安全性	具有密码保护、口令登录，通过对不同级别的用户赋予不同的操作权限，防止非授权人员进行误操作

（5）调度控制功能调试

调度控制功能调试按照表 16-38 的内容和步骤实施。

调度控制功能测试表　　　　　　　　　　　　　　　　　表 16-38

序号	项　目	测 试 内 容
1	自动配泵	1. 检查中控主机屏幕，有自动配泵方案设置功能； 2. 输入公司调度指令； 3. 计算机根据调度指令和水泵的状况显示配泵的主选方案和备选方案，并显示配水电耗、效率； 4. 在调度员认可后执行该方案，或否定该方案重新制定配泵方案； 5. 检查出厂水压、水量，判定该方案是否真正合理可行，具有实用功能
2	自动调流	1. 检查中控主机屏幕，有自动调流方案设置功能； 2. 输入调流指令； 3. 计算机根据调度指令和设备状况显示调流的主选方案和备选方案，并显示配水电耗、效率； 4. 在调度员认可后执行该方案，或否定该方案重新制定调流方案； 5. 检查出厂水量，判定该方案是否真正合理可行，具有实用功能
3	自动加药	1. 检查中控主机屏幕，有水质实时管理设置功能； 2. 输入原水水质、出厂水质、设备运行状况、设备状况； 3. 计算机显示加药主选方案和备选方案，确定加药品种和加药量，显示加氯机工作方案、计量泵工作方案，出厂水质期望值； 4. 在调度员认可后执行该方案，或否定该方案重新制定加药方案； 5. 系统稳定后，检查出厂水质，判定该方案是否合理可行，具有实用功能

16.3　管理信息系统

水厂的管理信息系统一般包含办公自动化、设备管理、水质管理、动态数学模型等 4 个子系统。

16.3.1　办公自动化系统

办公自动化（OA：Office Automation），是将现代化办公和计算机网络功能结合起来的一种新型办公系统。

办公自动化以计算机为中心，基于工作流的概念，利用 Internet/Intranet 技术、计算机技术和数据库技术，采用一系列现代化的办公设备，使企业内部人员方便快捷地共享信息，高效地协同工作，实现办公规范化和制度化，从而达到提高行政效率的目的。

1. 结构和配置

水厂办公自动化系统以 TCP/IP 协议为网络通信基础，基于 B/S 软件体系架构，它的基本结构如图 16-13 所示：

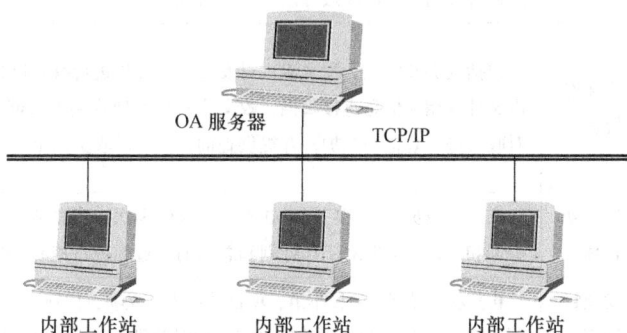

图 16-13　水厂办公自动化系统基本结构图

办公自动化系统由浏览器和服务器组成，数据和程序放在服务器端，服务器有多层结构，负责与数据库的交换工作，将结果发送给各终端。

（1）主要硬件

在结构上应将公网和企业网分开，连接公网的出口应设置网络安全设备并部署安全策略。网络接入设备（路由器、交换机）和网络安全设备（防火墙、IPS、流控设备）的带宽不宜低于千兆。

服务器是办公自动化系统的核心设备，在选型时应充分考虑其安全性、易用性、可管理性、可扩展性。

（2）软件系统

办公自动化系统的应用软件包括工作流处理模块、信息管理模块、信息传递模块。

工作流处理模块：是办公自动化系统的核心，各部门、人员间的协同工作都通过工作流来实现。

信息管理模块：信息管理模块提供各种资料，还提供了一个讨论、批评、建议、沟通、协调、合作的平台。

信息传递模块：即电子邮件系统，它建立了企业内部和外部、上级和下级、个人之间的通信联系，能够快速及时地传递电子文档，实现信息传送和反馈。

2. 功能

办公自动化系统应该具有以下 13 项基本功能。

办公自动化系统的基本功能　　　　　　　　　　　　　　　表 16-39

序号	基本功能		功 能 描 述
1	信息管理	内部信息发布	对内部通知及各类文件的发放及传输。各相关人员可对在授权范围内的文档进行相应的发布管理操作，并可对在授权范围内的文档进行在线查找、浏览
2		公共信息查询	对与本行业有关的公共信息及时发布，并可在线查询
3		员工论坛	单位员工可对在论坛上进行文档的发布，并可对在授权范围内的文档进行在线查找、浏览
4		电子邮件	实现公司内部邮件通信，方便信息交流
5	工作流管理	文档管理	对各种档案和资料进行分类管理、归档保存。归档后的文件，按机密等级分权限进行查询，查询权限可以由用户指定
6		在线文件管理	包括发文和收文。发文流程对发文的全过程进行有效控制和跟踪，流程结束后由文件及相关信息直接归档；收文流程是处理收到上级部门及其他部门的公文，对收文进行登记和维护，并提供查询，同时对收文的全过程进行有效控制和跟踪
7		工作计划管理	实现单位员工、部门领导在不同阶段的本次工作总结及下次工作计划，并提供查询和维护，同时对工作计划和总结的全过程进行控制和跟踪
8		研发项目管理	包括项目经理、项目小组、项目的预审、立项、计划、实施、控制、终止、最终项目报告、考核与奖励等相关内容，同时对研发项目的全过程进行有效控制和跟踪
9		人事管理	包括人员档案管理、调动分配管理、离职管理及各种查询统计；可以实现对单位员工人事信息、岗位调动变化的管理查询功能；离职管理模块中可以自动检查员工目前未完工作，对人事管理人员进行相应提示
10		会议管理	在会议召开前对会议的议题和内容进行审批和准备，包括合理地安排会议的参加人员、时间、场地、内容议题，准备会议文件，以电子邮件或打印会议单的方式发放会议通知等；对已召开的会议可以对出席情况、议题讨论结果、会议决议等内容作记录并整理会议纪要；并实现会议室管理、记录查询的功能
11		出差管理	对员工出差的全过程进行有效控制和跟踪，包括出差前的申请和审批、出差后的总结、审批和费用报销等
12		车辆管理	对于单位内部车辆建立相应的车辆档案，记录购买情况；对出车情况建立申请、审批、登记的流程化管理制度；对车辆维修的情况进行登记管理，对维修费用情况做到清晰、准确。并提供各种查询，能够进行数据统计和分析
13	事务审批		包括事务申请、相关部门初审、复审、事务立项等内容，对事务全过程进行有效控制和跟踪，实现完善的督办事宜等

3. 评价标准

对办公自动化系统的评价标准如表 16-40 所示。

办公自动化系统的评价标准表　　　　　　　　　　　表 16-40

序号	项目	评价内容	衡 量 标 准		
			优 秀	良 好	合 格
1	系统配置	各设备就位,安装规范	以太网交换路由机、服务器、入侵检测系统、网络线路的冗余与备份等设备就位,安装规范		
2	覆盖范围	主要部门和科室	厂长室、中控室、水质科、技术科都使用办公自动化系统进行管理		
3	系统性能	网络版	基于 Internet/Intranet 的设计架构; 完善的用户登录及安全机制; 方便易用、友好的界面和提示; 管理多种数据类型; 支持协同工作和移动办公; B/S 模式或 C/S 结合 B/S 模式; 具有可扩展性、易升级性和开放性		
4	基本功能	系统功能齐全,能满足水厂管理需要	信息管理、工作流管理、事务审批等13项功能齐全		
5	应用情况	日常管理均通过 OA 系统实施,运作情况良好	13 项功能全部得到应用	有 12 项功能得到应用	有 10 项及以上的功能得到应用

16.3.2　设备管理系统

设备管理系统是利用网络通信技术、计算机技术和数据库技术,对企业中的设备实行从购置到报废全过程的监督、检查、维护和管理。

1. 功能

设备管理系统应该实现以下 6 项功能。

设备管理系统的基本功能表　　　　　　　　　　　表 16-41

序号	基本功能	功 能 描 述
1	设备档案管理	每台设备都建立了档案,包括申购报告、批复文件、论证文件、投资文件、订购合同、验收报告、索赔文件、技术资料等,并有设备台账查询、统计。 实现设备生命周期(包括采购、编号、入库、出库、退库、安装、检修、报废)等各环节的处理及全过程跟踪管理。 对设备位置进行排序并确认
2	设备运行管理	建立了《设备巡回检查制度》和《设备维护保养制度》,按照该制度对处于运行、备用、暂时停运和检修状态的设备进行检查、维护、登记,并可查询历史记录。 每台设备的可靠性指标:故障率、完好率、可用率、计划外停机时间等
3	设备检修管理	建立标准计量检修档案,记录历次校验数据和标准检修变更记录,包括检修计划、工作许可、故障情况、检修人员、检修日期、检修内容、更换的部件、技术记录、试运行状况、验收情况等。 每台设备的管理性指标:维修次数、故障分布、抢修及时性、维护计划完成率等。 每台设备的经济性指标:维护费、备件材料费等

序号	基本功能	功　能　描　述
4	设备变动管理	包括变动原因、审批、变动时间、设备去向、操作人员、审核等
5	设备资产管理	包括设备台账、资产盘点、折旧计算等，使设备资产的经济效益最大化
6	备品备件管理	包括合理的备品备件范围、内容和数量、备品备件的申请、库存、计划与采购、领用、使用情况、统计分析等

2. 评价标准

对设备管理系统的的评价标准如表 16-42 所示。

设备管理系统的评价标准　　　　　　　　表 16-42

序号	项目	评价内容	衡　量　标　准		
			优　秀	良　好	合　格
1	系统性能	网络版	基于 Internet/Intranet 的设计架构； 方便易用、友好的界面和提示； 有高效的查询工具； 有开放式的报表功能； 支持从 Excel 导入设备资料，输出数据生成 Excel 等格式报表； 有权限管理功能； 有基础数据维护及数据导出等维护功能，完善的数据备份和恢复功能		
2	基本功能	系统功能齐全，能满足水厂管理需要	设备档案管理、设备运行管理、设备检修管理、设备变动管理、设备资产管理、备品备件管理等 6 项功能齐全		
3	准确性	信息准确可靠	电脑材料和文字材料、实际情况完全一致		
			内容实时更新		
4	应用情况	日常管理均通过设备管理系统实施，运作情况良好	6 项功能全部得到应用	有 5 项功能得到应用	有 4 项功能得到应用

16.3.3　水质管理系统

水质管理系统是利用网络通信技术、计算机技术和数据库技术，对给水系统水质进行监督、管理和指导。

1. 管理对象和内容

水质管理系统的管理对象包括原水水质和出厂水质，管理数据来自公司的计算机辅助调度系统和水厂的监测与控制系统。

水质管理系统的管理对象和内容表　　　　　　表 16-43

管理对象	管　理　内　容
原水水质	浊度、pH、氨氮、亚硝酸盐、COD_{Mn} 等
出厂水质	浊度、余氯、pH、氨氮、亚硝酸盐、COD_{Mn}、压力、流量等

2. 功能

水质管理系统应该实现以下 5 项功能:

水质管理系统的基本功能表 表 16-44

序号	基本功能	功 能 描 述
1	查询功能	具有多途径查询、模糊查询功能
2	统计功能	具有统计功能,如求数据的平均值、最大值、最小值、总和等,能快速输出水质信息的报告单
3	分析功能	能直接导出水质信息的各种报表、图形、曲线,体现水质的变化信息和实时信息,报表包括每日汇总、指标合格率、日、月、旬、年报等,图形包括各种水质分布图、变化图、直方图、饼图等,曲线包括各水质指标的连续曲线
4	评价功能	掌握水质情况,与国家标准比、与历史比、与同类企业比,做出评价,找出存在的问题
5	管理功能	发现水质问题,提供解决问题的方案,指导提高水质的具体措施

3. 评价标准

对水质管理系统的评价标准如表 16-45 所示。

水质管理系统的评价标准表 表 16-45

序号	项目	评价内容	衡 量 标 准		
			优 秀	良 好	合 格
1	系统性能	网络版	基于 Internet/Intranet 的设计架构; 方便易用、友好的界面和提示; 有高效的查询工具; 有开放式的报表功能; 支持从 Excel 导入设备资料,输出数据生成 Excel 等格式报表; 有权限管理功能; 有基础数据维护及数据导出等维护功能,完善的数据备份和恢复功能		
2	管理对象	包括原水水质和出厂水质	原水水质:浊度、pH、氨氮、亚硝酸盐、COD_{Mn} 等; 出厂水质:浊度、余氯、pH、氨氮、亚硝酸盐、COD_{Mn}、压力、流量等		
3	基本功能	系统功能齐全,能满足水厂管理需要	查询功能、统计功能、分析功能、评价功能、管理功能等 5 项功能齐全		
4	准确性	信息准确可靠	电脑材料和文字材料、实际情况完全一致		
5	应用情况	日常管理均通过设备管理系统实施,运作情况良好	5 项功能全部得到应用	有 4 项功能得到应用	有 3 项功能得到应用

16.3.4 动态数学模型系统

水处理过程是一个动态系统,我们需要借助数学模型来研究分析系统。数学模型将给水系统输入、输出各种变量以及内部中间变量之间关系的数学表达式,以微分方程、差分方程或状态方程的形式表示出来。

一个优秀的动态数学模型可以精确地表示系统的各种动态特性，动态数学模型的基本功能如下表所示：

动态数学模型的基本功能表　　　　　　　　　表 16-46

动态数学模型	基 本 功 能
配泵数学模型	提出配泵的主选方案和备选方案； 显示方案中各水泵工作状况、效率； 显示方案中变频器工作状况； 显示方案的配水电耗
调流数学模型	提出调流的主选方案和备选方案； 显示方案中调流阀工作状态
加药数学模型	提出加药（含加氯）的主选方案和备选方案； 提出加药品种和各种加药（含加氯）量； 显示方案中加氯机工作方案； 显示方案中计量泵工作方案； 显示方案的出厂水质预期值：浊度、PH、温度、氨氮、COD_{Mn}、氯化物、余氯等

16.4　安全保卫系统

水厂的安全保卫系统包括：视频监控系统、周界报警系统、门禁/巡更系统、防雷系统和突发事件处理系统五部分的内容。

16.4.1　视频监控系统

视频监控系统是水厂安全的重要保障系统。它可以得到被监视控制对象的实时、形象、真实的画面，并可录像保存，还可与周界报警系统联动。实现对各重要部位的有效监控。

建设和使用视频监控系统时要遵循的规定是：

《民用闭路监视电视系统工程技术规范》GB 50198—94；

《有线广播电视及闭路监控系统设计安装技术规范及标准图集实用手册》。

1. 系统构成

视频监控系统由视频采集、云台控制、信号传输和视频处理四部分组成。如图 16-14 和表 16-47 所示。

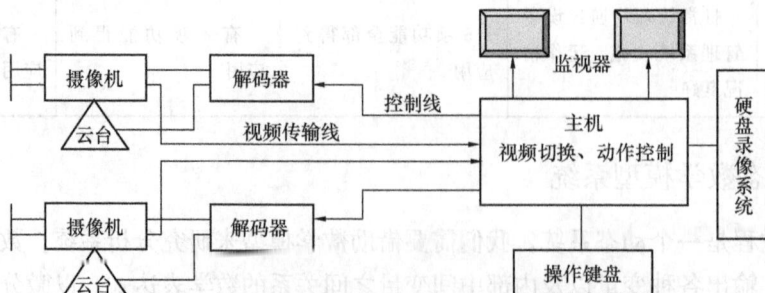

图 16-14　视频监控系统构成图

视频监控系统构成表 表 16-47

序号	功能	部件	具 体 描 述
1	视频采集	摄像机	在光照度变化大的场所应选用自动光圈镜头并配置防护罩，大范围监控区域则应选用带有转动云台和变焦镜头的摄像机
2	云台控制	云台和控制器	摄像机安装在电动云台上，由云台带动摄像机完成上下左右旋转、镜头的调焦、放大、缩小等控制功能，使摄像机监控的角度更大
3	信号传输	光缆、同轴电缆、网线或无线	完成电源信号传输、视频信号传输和控制信号传输
4	视频处理	由操作主机、解码器、硬盘录像系统、视频矩阵、画面处理器、切换器、分配器组成	对视频信号的数字化处理，图像信号的显示、存储及远程传输任务。显示部分由几台监视器组成

2. 工作原理

摄像机是视频监控系统的眼睛，它们将摄取景物的光信号转变成电信号，通过解码器进行信号转换由传输电缆传到控制室内，摄像部分的好坏及它产生的图像信号质量将影响整个系统的质量。图像信号经过视频分配器，一组输出接入矩阵切换器，控制监视器的视频输出，另一组接入硬盘录像机，送入局域网进行远程操作监控。

云台对摄像机的动作进行控制，由云台带动摄像机完成上下左右旋转、镜头的调焦、放大、缩小等控制功能，使摄像机监控的角度更大。

电源信号的传输、视频信号的传输和控制信号的传输由光缆、同轴电缆、网线或无线系统完成。

视频处理系统由操作主机、解码器、硬盘录像系统、视频矩阵、画面处理器、切换器、分配器组成，完成对视频信号的数字化处理，图像信号的显示、存储及远程传输任务。

3. 主流产品

视频监控系统的主流产品如表 16-48 所示。

视频监控系统的主流产品表 表 16-48

名 称	开 发 商
Infinova 系列	美国 Infinova（英飞拓）有限公司
Toyani 系列	日本图雅丽（Toyani）
松下系列	日本松下（Panasonic）电器产业公司

4. 评价标准

对视频监控系统的评价标准如表 16-49 所示。

视频监控系统的评价标准 表 16-49

序号	项目	评价内容	衡 量 标 准
1	系统配置	配置合理	主机的监视界面友好、操作简单；采用光缆作为图像信号传输介质

序号	项目	评价内容	衡　量　标　准
2	系统安装	安装规范	对水厂的重要部位如大门、沉淀池、加药间、氯库、滤池、泵房、配电间等实行 24h 全天候监控； 安装规范，运行正常，技术资料完整
3	系统性能	功能完善	显示：可以根据管理需要进行预先设定，各监视器可以对任意一台摄像机进行定点显示或 4 画面、9 画面、16 画面的显示；各监视器可以对所有摄像机或部分摄像机图像进行自动循环显示，也可同时显示 16 路硬盘录像机放像信号
			输入：可达 16 路图像同时输入和对摄像机、云台的解码全控制
			分辨率：每路显示、存储、回放不低于 6.25 帧/秒，显示分辨率不低于 768×576，回放分辨率不低于 384×288
			可编程：可以设定各监视器上图像循环切换的内容及时间，自动循环显示时间可在 1～30s 内调整
			存储：采用数字压缩技术实现对图像的显示、存储、回放及远程传输
			日志：历史记录均有时间标记，并能实现多条件检索和回放
			报警：每路视频可单独设置移动侦测检测区域，检测灵敏度可调，报警后会产生声光及输出报警
			联网：可通过局域网、广域网等实现图像的远程浏览
4	安全性	安全可靠	具有密码保护、口令登录，通过对不同级别的用户赋予不同的操作权限，防止非授权人员进行误操作

16.4.2　周界报警系统

周界报警系统是厂区安全的第一道防线，它安装在水厂大门和围墙上，将整个厂区围起来，24h 不间断监控围墙状态，对非正常进入立即报警。

建设和使用周界报警系统时要遵循的规定是：

《警报系统》IEC 60839-5-2-1991；

《入侵探测器》GB 10408—2000；

《防盗报警中心控制台》GB/T 16572—1996；

《视频入侵报警器》GB 15207—1994；

《安全防范报警设备安全要求和试验方法》GB 16796—1997。

1. 系统功能

建立安全可靠的环境，防范非法翻越围墙，防止非法的入侵和各种破坏活动。

2. 系统构成

周界报警系统由探测器、传输线和报警主机、三部分组成。

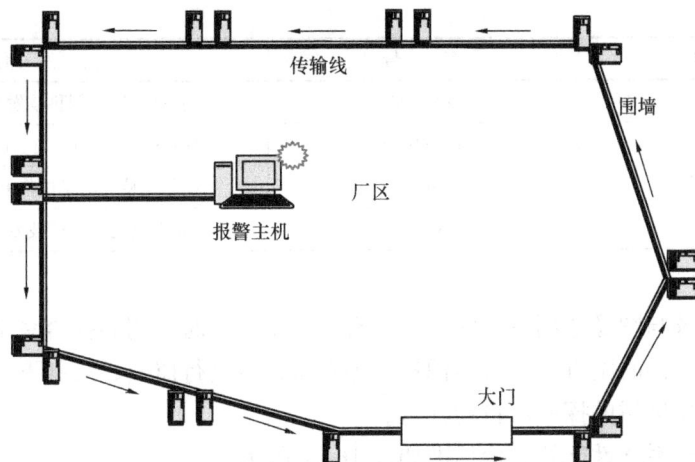

图 16-15 使用红外探测器的周界报警系统构成图

探测器是周界报警系统的重点,不同的探测器组成不同的周界报警系统。有三种常用的周界报警探测器,如表 16-50 所示。

三种探测器的比较　　　　　　　　　　　　　　　　表 16-50

探 测 器	工 作 原 理	主要性能
红外对射探测器	每个红外对射报警器由一对发射器和接收器组成,发射器和接收器分置两处,发射器发射出 N 束红外光被接收器接收形成一道看不见的警戒线。利用红外线发射,当有人或物体遮挡住相邻两束红外光时,报警器发出报警信号,实现报警功能	有两光束、三光束、四光束、八光束之分,每秒发射 1000 光束
电场感应探测器	当电磁场的传输途径有异物阻断时,电磁场受到干扰就会发出报警	采用 1～40kHz 的低频振荡信号电压
脉冲电子围栏	流经合金丝上有脉冲电流,当探测到有非法入侵时,发出声光报警信号并进入预备电击状态,异物触及围栏时,给予脉冲电击,使之退缩离开,且不敢再次触及	采用 6000～10000V 脉冲电压,重复频率每秒 1 次,脉冲持续时间≤0.1 秒

传输线的作用是将探测器的信号快速、安全地传送到报警主机。

报警主机由主机、显示屏及键盘组成。当报警被触发时,显示屏上显示具体报警点,警号发出声光告警,提示值班人员注意。主机上设置模块化的联动输出节点,可根据水厂实地情况配置,用于触发探照灯开启和相应摄像机的开启,并同时进行录像。

3. 主流产品

周界报警系统的主流产品如表 16-51 所示。

周界报警系统的主流产品表　　　　　　　　　　表 16-51

名　称	型　号	开 发 商
红外对射式		上海强智楼宇设备有限公司
		深圳市索科特智能设备有限公司

名 称	型 号	开 发 商
电场感应式	ZY-100	北京致远同创科技发展有限公司
电子围栏式	PTE1013	澳大利亚帕克顿（PAKTON）公司
	ESB275	英国罗特兰电子围栏制造有限公司
	ZY-1900	北京致远同创科技发展有限公司

4. 评价标准

周界报警系统与图像监测系统联动，当有非正常进入时，周界报警系统立即报警，显示报警点的位置，同时附近的云台摄像机立即对报警点进行监控，录制下现场情况。夜间报警时，警情发生区域的探照灯自动开启。

衡量周界报警系统性能的评价标准如表 16-52 所示。

周界报警系统的评价标准 表 16-52

序号	评 价 内 容	衡 量 标 准
1	防范区域	无防范盲区和死角
2	误报率（%）≤	1
3	反应时间（ms）≤	20
4	定位误差（m）≤	2
5	与图像监测系统联动响应时间（s）≤	0.5

16.4.3 门禁/巡更系统

它实际上包括了门禁和巡更两个系统。

门禁系统的基本功能是：对通道进出权限的管理、进出通道方式的管理、进出通道的时段、进出记录查询、实时监控、异常报警等。

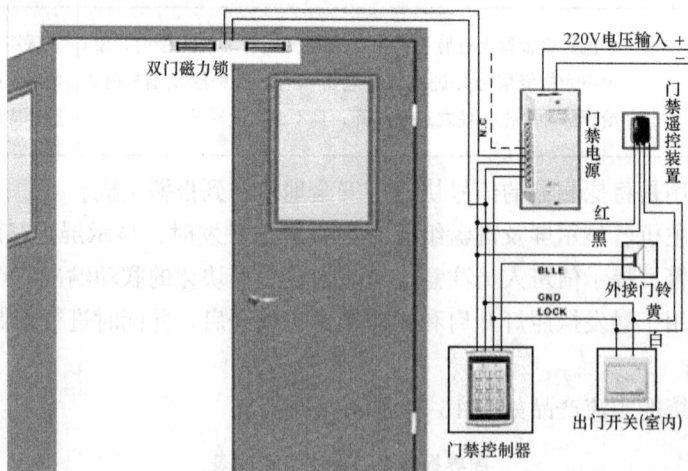

图 16-16 门禁系统

门禁系统按的识别方式有三种：密码识别、卡片识别和人像识别。它是水厂等部门出入口实现安全防范管理的有效措施。

巡更系统是门禁系统的一个变种，是一种对门禁系统的灵活运用。它是电脑考勤的一种形式，必须在规定的时间按规定的路线去读取规定的每一个巡更信息点，才完成对值班人员的工作考勤。

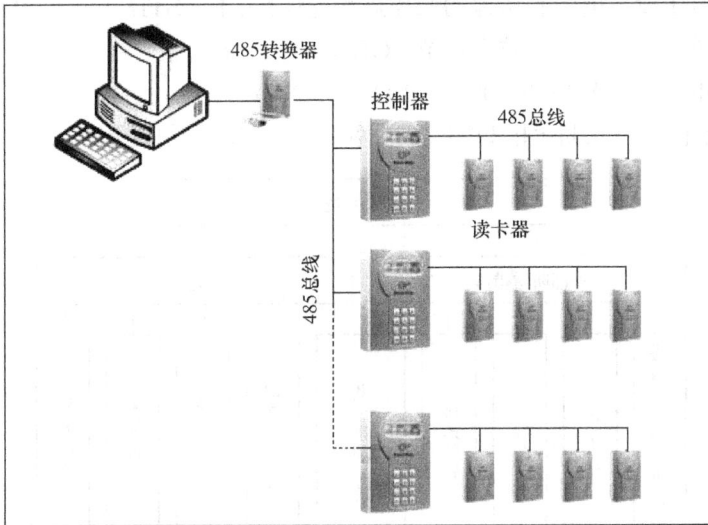

图 16-17 巡更系统

在无人值守的场所应设置门禁/巡更系统，并做好规范的《水厂巡视记录》。

16.4.4 防雷系统

雷电是一种自然界中极为壮观的声、光、电作用的自然现象，它曾给人们的生活带来了意外的恐惧、惊喜和无穷的遐想。在现代生活中，雷电也给航空、通信、电力、建筑和人身安全造成极大的危害。

雷电产生于对流发展旺盛的积雨云中，积雨云顶部一般较高，可达 20 公里，云的上部常有冰晶。冰晶的淞附、水滴的破碎以及空气对流等过程，使云中产生电荷，云的上部以正电荷为主，下部以负电荷为主，云的上、下部之间形成一个电位差。当两块积雨云相遇或带有电荷的雷云与地面的突起物接近时，在它们之间就会发生激烈的放电，出现强烈的闪光和爆炸的轰鸣声，这就是人们见到和听到的闪电雷鸣。闪电的平均电流是 3 万 A，最大电流可达 30 万 A。闪电的电压可高至 1 亿～10 亿 V，一个中等强度雷暴的功率可达 1000 万 W，相当于一座小型核电站的输出功率。

雷电分直击雷、电磁脉冲、球型雷、云闪 4 种。其中尤以电磁脉冲对信息化系统的影响最为巨大，一旦发生，它所造成的破坏是不可估量的。

对于自动化和信息化来说，几公里以外的高空雷闪或对地雷闪出有可能导致计算机 CPU 误动或损坏。国外资料介绍，0.03GS 的磁场强度可造成计算机误动，2.4GS 即可将元器件击穿。因此，出于代价和安全的考虑，防雷是一项必不可少的措施。

我国处于温带多雷地区，一年中平均雷击日为 25～100d，大部分地区位于多雷、高雷和强雷区，每年因雷击灾害遭受的损失很大。防雷工作是我们必须认真完成的一项重要任务。

防雷与接地系统的设计、建设、使用和管理都必须符合相关标准、规范、规定：

《雷电电磁脉冲防护》IEC 61312；

《建筑物防雷》IEC 61024；

《对于敏感电子设备电源和接地的操作规程建议》IEEE STD1100—1992（2005）；

《建筑物电子信息系统防雷技术规范》GB 50343—2004；

《建筑物防雷设计规范》GB 50057—1994（2000）；

雷电防护措施包括外部防雷和内部防雷两部分，如图 16-18 所示：

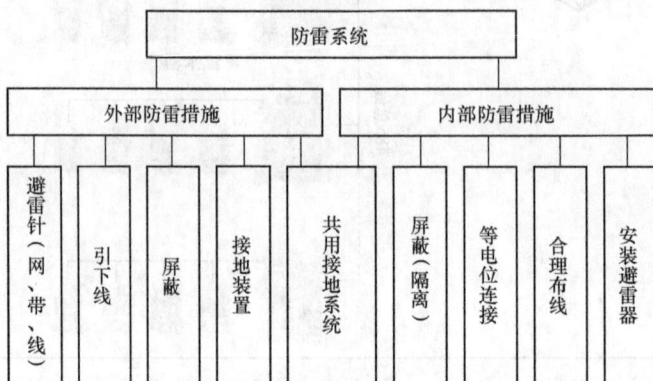

图 16-18　雷电防护措施图

1. 外部防雷

外部防雷主要是直击雷防护。设法使雷电迅速散到大地中去，通常采用避雷针、避雷带或避雷网作为避雷装置。

按照国家标准《建筑物防雷设计规范》的要求，计算机网络系统所在大楼为第二类或第三类防雷建筑物，一般都按要求建设有防雷设施，如大楼屋顶的避雷网（带）、避雷针或混合组成的接闪器等，将强大的雷电流引入大地，形成较好的建筑物防雷设施。直击雷直接击中计算机网络系统的可能性就非常小，因此通常不必再安装防护直击雷的设备。

但对于一些没有条件安置在防雷建筑物内的系统设备，如远程站 RTU、视频监控系统的室外云台等电子设施，则仍须为它们安装防护直击雷的避雷针。

避雷针包括接闪器、引下线和接地系统，它实际上是一个引雷器，它将雷电流引向其尖端后泄入大地，从而避免雷电对设施造成危害。据估计，采用避雷针措施，可以避免 85％左右的直击雷，这个方法是相当有效的。

避雷针的针尖一般用镀锌棒或钢管制成。它的保护范围是一个圆锥形的空间，其高度等十避雷针的高度，其底面为半径等于避雷针针高的圆，被保护的设备只要不超出这个保护范围，就能得到有效保护。

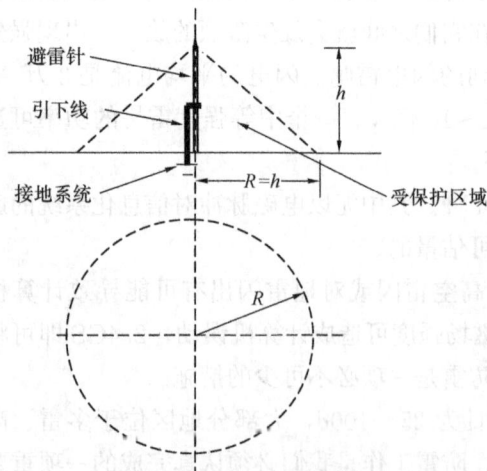

图 16-19　避雷针的保护区域

2. 内部防雷

内部防雷指对雷电波侵入的防护。雷电
波会通过电源线、信号线和金属管道等各种通道侵入信息系统，其防护措施主要有屏蔽和安装避雷器。

（1）屏蔽

屏蔽是利用各种金属屏蔽体来阻挡和衰减施加在电子设备上的电磁干扰或过电压能量。具体可分为建筑物屏蔽、设备屏蔽和各种线缆屏蔽。水厂自动化和信息化，主要的屏蔽措施是线缆屏蔽。

采用规范的屏蔽电缆时，屏蔽层接地。这样，雷电流的"趋肤效应"使相当大的一部分电流沿屏蔽层接地端口泄入大地，从而大大消除了电磁脉冲的影响。测量结果表明，电缆屏蔽层一端接地时可将高频干扰电压降低一个数量级，两端接地时可降低两个数量级。

（2）避雷器

电磁脉冲入侵信息系统主要有三个途径：交流电源供电线路、设备和仪表的通信线路、地电位反击电压通过接地体入侵。

防止电磁脉冲的有效方法，是采用高效的避雷器，它能保证有效信号无损耗地正常进入设备，同时阻断雷电进入设备的通路，让雷电能量在外部泄放入地，不能再对设备造成危害。

1）电源避雷器

电源部分遭受雷击的可能性最大，这是因为室外的输电线最容易吸收电磁脉冲，并将其引进来，在整个电网上传输，一般的稳压电源对此都无能为力。

因此，在电力部门的两级防雷外，我们还需要在中控主机和各 PLC 控制器前安装第三级避雷器，防止过压及浪涌电压对重要设备的侵袭。以滤去对电子设备有害的残余浪涌电压。

在电源防雷上采用四级防雷措施，各级电源避雷器应达到如表 16-53 要求。

电源避雷器的要求　　　　　　　　　　　　　　　表 16-53

第一级标称放电电流≥（kA）		第二级标称放电电流≥（kA）	第三级标称放电电流≥（kA）	直流电源标称放电电流≥（kA）
10/350μs	8/20μs	8/20μs	8/20μs	8/20μs
15	60	40	20	10

2）信号避雷器

信息系统的信号线有各种信号输入/输出线、天馈线和电脑网络线等。在导线进入室内到达信息系统前，要加接信号避雷器。

在室外的馈线端口、通信网络端口及室外的 4～20mA 模拟量的设备进线和出线端口安装信号避雷器。传感器在室内且信号线较短可不加防浪涌保护设备，如果信号线较长或传感器在室外，必须在传感器加防雷放浪涌保护模块。

依据 IEC 61644 标准，信号防雷器分为 B、C、F 三级。B 级（Base protection）是基本保护级（粗保护级），C 级（Combination protection）是综合保护级，F 级（Medium&fine

protection）是中等或精细保护级，对于水厂的信号防雷，信号避雷器应达到如表 16-54 要求。

信号避雷器的要求　　　　　　　　　　　　　　　　　表 16-54

	标称导通电压≥ （额定工作电压 U_n）	测试波形 （1.2/50μs、8/20μs）	标称放电流≥ （kA）
非屏蔽双绞线	1.2	混合波	1
屏蔽双绞线	1.2	混合波	0.5
同轴电缆	1.2	混合波	3

馈线避雷器的要求　　　　　　　　　　　　　　　　　表 16-55

插入损耗≤ （dB）	电压驻波 比≤	响应时间≤ （ns）	平均功率≥ （W）	特性阻抗 （Ω）	传输速率 （bps）	传输速率 （MHz）	接口 形式
0.50	1.3	10	1.5 倍系统 平均功率	应满足系统要求			

3）避雷器的主流产品

避雷器的主流产品见表 16-56 所示。

避雷器的主流产品表　　　　　　　　　　　　　　　　表 16-56

国　别	品　牌	开　发　商
德　国	DEHN	德国 DEHN 防雷公司
	OBO	德国 OBO 避雷器公司
法　国	SOULE	法国 SOULE 公司
	CITEL	法国 CITEL 公司
英　国	ESP-furse	英国 Furse 公司
美　国	PANAMAX	美国 PANAMAX 公司
	POLYPHASER	美国 POLYPHASER 公司
	INNOVATIVE	美国创新科技有限公司
	ECS SineTamer	美国 ECS 防雷器/浪涌保护器公司
中　国	雷科星	长沙市雷立行电子科技有限公司
	海德	广州市海德防雷科技有限公司

（3）等电位接地

无论是直击雷还是电磁脉冲，最终都要把雷电流引入大地，接地的目的就是为了释放瞬间大电流的雷击能量。接地系统的好坏，对防雷效果有决定性的意义。

等电位接地是用连接导线或等电位连接器将防雷装置、建筑物的金属构架、金属装置、电气装置、电信装置等连接起来，形成一个等电位连接网络，以实现均压等电位，防止防雷空间内的火灾、爆炸、生命危险和设备损坏。

等电位接地也就是工程现场俗称的"接地网"，它能有效地抑制电磁干扰，消除地电位反击电压。

国际上非常重视等电位联结的作用，IEC 标准中指出，等电位的连接是内部防雷装置的一部分，其目的在于减少雷电流所引起的电位差。

以往有些国内规程和规范要求电子设备单独接地（主要是上世纪七十年代的一些规定），此地被称为直流工作地、信号地、逻辑地等，还列出了接地电阻的不同要求，如 1Ω、4Ω、10Ω 等，这其实是很不科学的。

在 IEC 标准和 ITU 标准中，均不提单独接地，美国标准 IEEE STD1100—1992《对于敏感电子设备电源和接地的操作规程建议》中更严肃指出："不建议采用任何一种所谓分开的、独立的、绝缘的、专用的、干净的、静止的、信号的、计算机的、电子的或其他这类不正确的大地接地体作为设备接地导体的一个连接点。"

由此看出，分开接地没有实际意义，采用等电位接地是唯一正确的选择。所幸的是，近年来我国新出的规范和标准中，已经没有单独接地的说法了。2004 年颁布的国标《建筑物电子信息系统防雷技术规范》更是强制规定："需要保护的电子信息系统必须采取等电位连接与接地保护措施。"

等电位接地系统基本要求见表 16-57 所示。

等电位接地系统基本要求表　　　　　　　　　　表 16-57

序号	项　　目	具 体 内 容
1	接地网	建立全厂的等电位连接系统，电气和电子设备的金属外壳、机柜、机架、金属管、槽、屏蔽线缆外层、信息设备防静电接地、安全保护接地、浪涌保护器接地端等均应以最短的距离与等电位连接网络的接地端子连接
2	接地电阻 R＜（Ω）	1
3	接地体位置	接地体应离机房所在主建筑物 3～5m 左右设置
4	结构	水平和垂直接地体应埋入地下 0.8m 左右，垂直接地体长 2.5m，每隔 3～5m 设置一个垂直接地体
5	材质	垂直接地体采用 50mm×50mm×5mm 的热镀锌角钢，水平接地体则选 50mm×5mm 的热镀锌扁钢
6	地网焊接	焊接面积应≥6 倍接触点，且焊点做防腐蚀、防锈处理
7	与建筑钢筋焊接	各地网应在地面下 0.6～0.8m 处与多根建筑立柱钢筋焊接，并作防腐蚀、防锈处理

16.4.5　突发事件处理系统

1. 水厂中突发事件处理的具体要求

（1）建立水厂突发事件应急预案

当突发事件发生后，中控室电脑上显示突发事件应急预案，这些预案具有实用性，处置得当，能减少损失，化险为夷。

对应急预案进行定期演练和后评估。

（2）成立由厂领导挂帅的突发事件应急小组

突发事件应急小组成员有明确的分工，其职责是：

1）负责全厂突发事件、应急事件的统一领导、统一指挥。

2）负责建立相关人员、物资、技术等保障机制，统一调配。

3）协调与上级有关部门及其他单位的关系，保证在上级部门和本厂突发事件应急领导小组统一指挥下高效、有序地进行救护与处理工作。

4）向上级部门及时汇报有关信息。

5）起草突发事件处理预案和实施方案，组织收集与分析相关信息。

（3）建立水厂内部的技术、物资和人力等的储备系统

能保证在发生突发事件时应急技术措施及应对方案有效实施。

（4）对已发生的突发事件有严格记录

2. 突发事件中各项应急预案的流程图

一般的突发事件处理执行程序见表 16-58 所示。

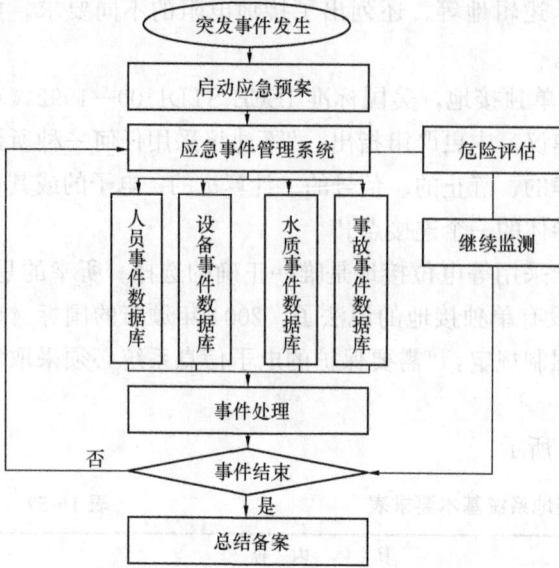

图 16-20 处理突发事件的主程序流程

突发事件处理执行程序表 表 16-58

（1）人身伤亡处理流程图	（2）设备事故处理流程图
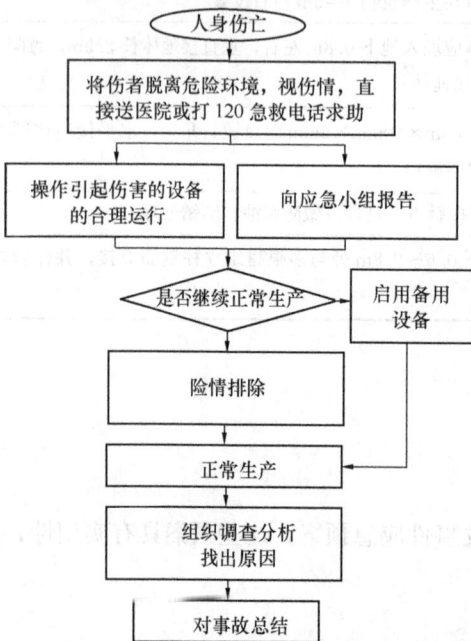	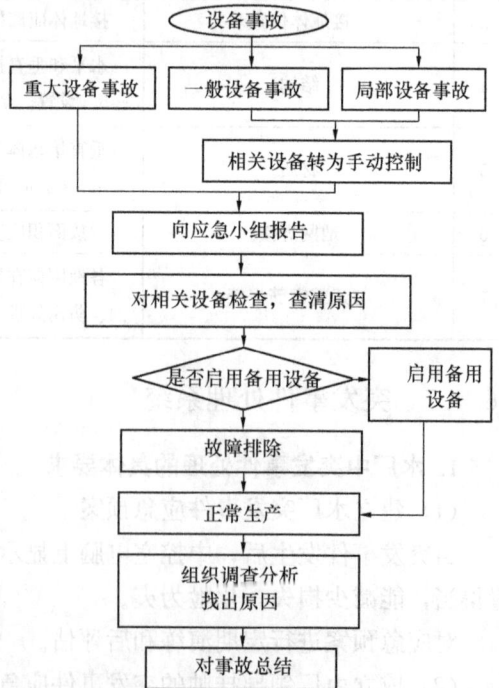

（3）操作系统故障处理流程图

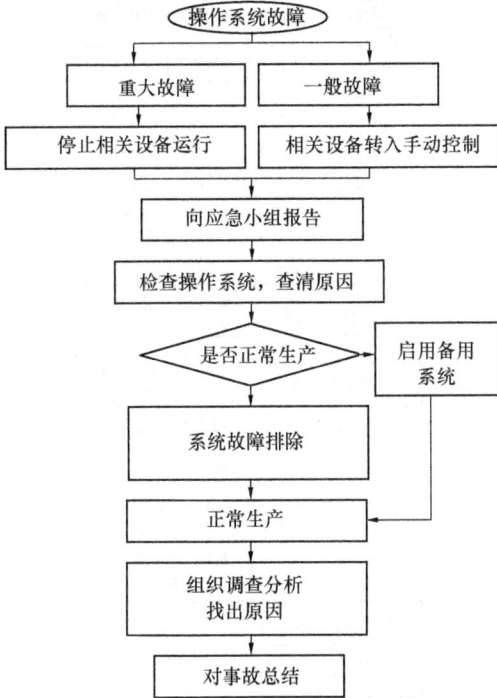

```
        操作系统故障
      ┌──────┴──────┐
   重大故障        一般故障
      │              │
 停止相关设备运行   相关设备转入手动控制
      └──────┬──────┘
       向应急小组报告
            │
    检查操作系统，查清原因
            │
      ┌─是否正常生产─┐→ 启用备用系统
      │              │
    系统故障排除
            │
       正常生产
            │
   组织调查分析找出原因
            │
       对事故总结
```

（4）液氯泄漏处理流程图

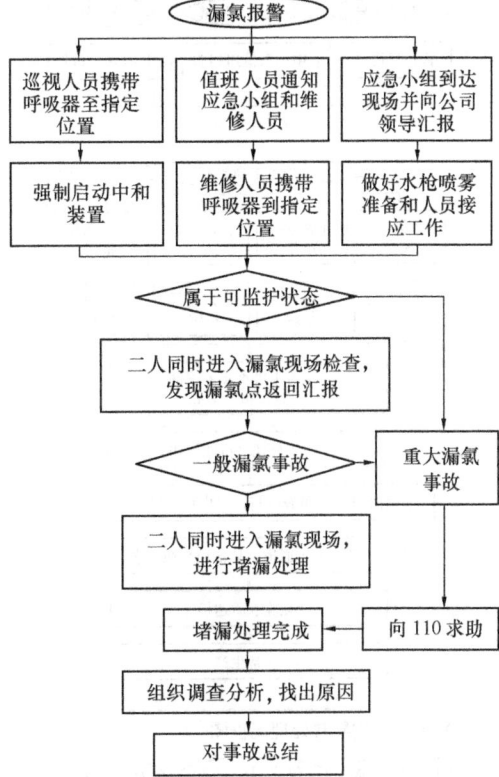

```
              漏氯报警
   ┌──────────┼──────────┐
巡视人员携带   值班人员通知   应急小组到达
呼吸器至指定   应急小组和维   现场并向公司
位置          修人员         领导汇报
   │           │              │
强制启动中和   维修人员携带   做好水枪喷雾
装置          呼吸器到指定   准备和人员接
             位置           应工作
   └──────────┼──────────┘
        ┌─属于可监护状态─┐
        │                │
 二人同时进入漏氯现场检查，
 发现漏氯点返回汇报        │
        │                │
    ┌一般漏氯事故┐     重大漏氯事故
    │            │          │
 二人同时进入漏氯现场，
 进行堵漏处理              │
        │                 │
   堵漏处理完成 ← 向110求助
        │
 组织调查分析，找出原因
        │
     对事故总结
```

（5）爆管事故处理流程图

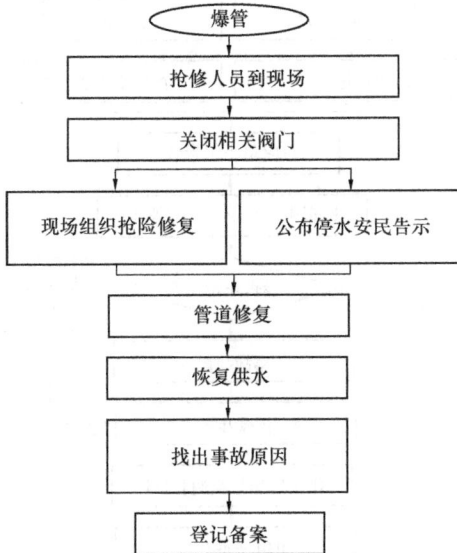

```
        爆管
         │
    抢修人员到现场
         │
     关闭相关阀门
    ┌────┴────┐
 现场组织抢险修复  公布停水安民告示
    └────┬────┘
     管道修复
         │
      恢复供水
         │
     找出事故原因
         │
       登记备案
```

（6）原水停水处理流程图

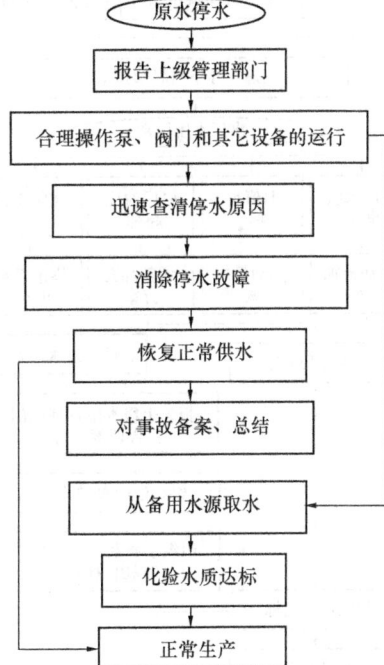

```
        原水停水
         │
     报告上级管理部门
         │
 合理操作泵、阀门和其它设备的运行
         │
     迅速查清停水原因
         │
      消除停水故障
         │
       恢复正常供水
         │
     对事故备案、总结
         │
     从备用水源取水
         │
      化验水质达标
         │
       正常生产
```

871

(7) 原水水质异常处理流程图

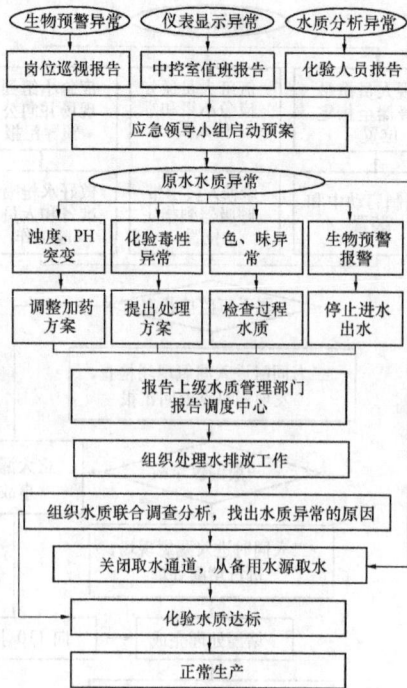

(8) 过程水质异常处理流程图

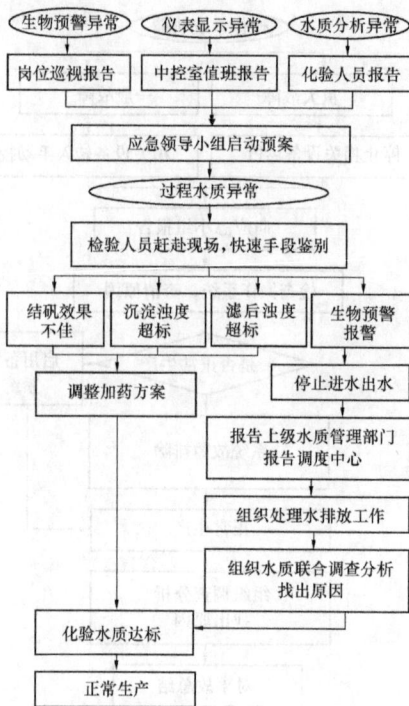

(9) 出厂水质异常处理流程图

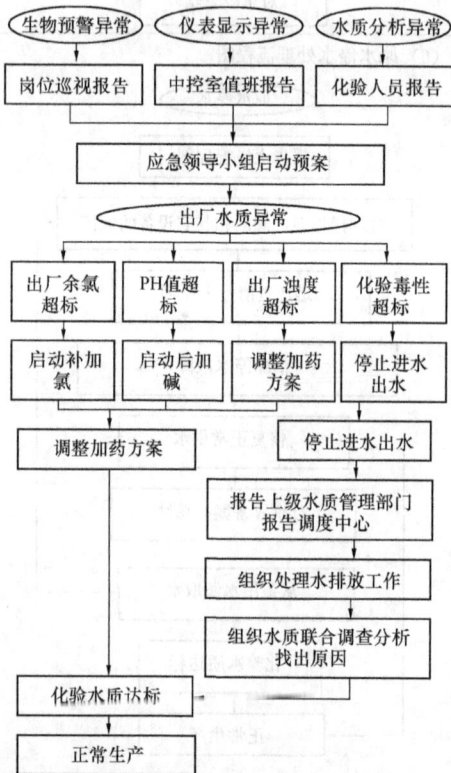

(10) 生产工艺事故处理流程图

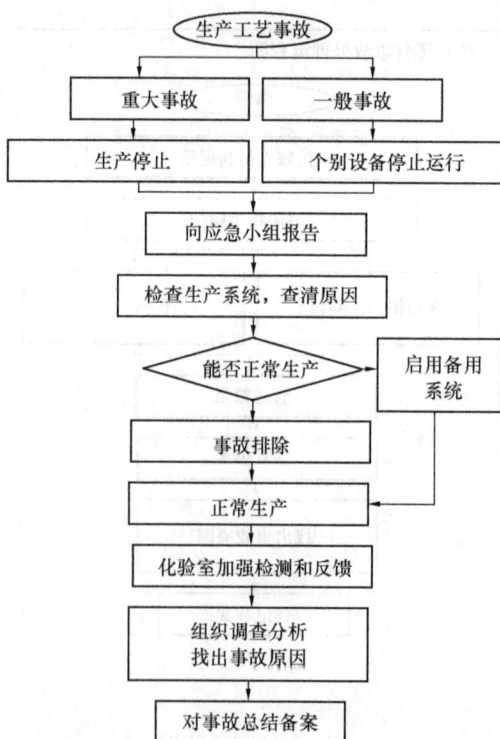

(11) 停电事故处理流程图

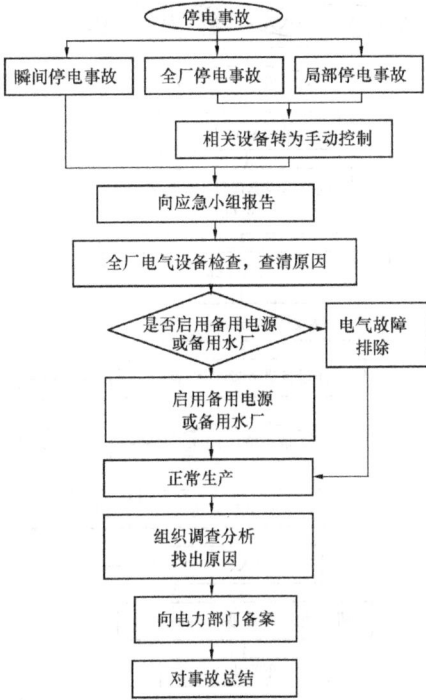

```
                    ┌──────────┐
                    │  停电事故  │
                    └──────────┘
        ┌──────────────┼──────────────┐
  ┌──────────┐  ┌──────────┐  ┌──────────┐
  │瞬间停电事故│  │全厂停电事故│  │局部停电事故│
  └──────────┘  └──────────┘  └──────────┘
        └──────────────┼──────────────┘
              ┌──────────────────┐
              │ 相关设备转为手动控制 │
              └──────────────────┘
                       │
              ┌──────────────────┐
              │   向应急小组报告    │
              └──────────────────┘
                       │
              ┌──────────────────────┐
              │ 全厂电气设备检查，查清原因 │
              └──────────────────────┘
                       │
              ◇是否启用备用电源◇ ──── ┌────────┐
              ◇或备用水厂    ◇       │电气故障 │
                                    │排除    │
                       │            └────────┘
              ┌──────────────┐           │
              │ 启用备用电源   │           │
              │ 或备用水厂    │           │
              └──────────────┘           │
                       │                 │
              ┌──────────────┐◄──────────┘
              │   正常生产     │
              └──────────────┘
                       │
              ┌──────────────┐
              │ 组织调查分析   │
              │ 找出原因      │
              └──────────────┘
                       │
              ┌──────────────┐
              │ 向电力部门备案 │
              └──────────────┘
                       │
              ┌──────────────┐
              │  对事故总结    │
              └──────────────┘
```

(12) 投毒事故处理流程图

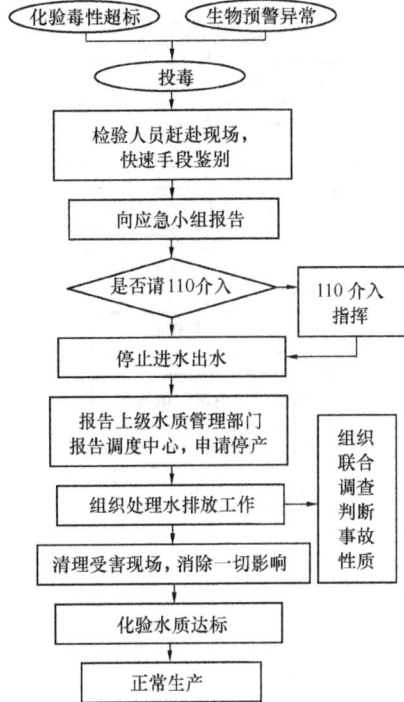

```
  ┌──────────┐   ┌──────────┐
  │化验毒性超标│   │生物预警异常│
  └──────────┘   └──────────┘
        └────────┬────────┘
              ┌──────┐
              │ 投毒 │
              └──────┘
                 │
        ┌──────────────────┐
        │ 检验人员赶赴现场，  │
        │ 快速手段鉴别      │
        └──────────────────┘
                 │
        ┌──────────────────┐
        │   向应急小组报告    │
        └──────────────────┘
                 │
        ◇是否请110介入◇ ──── ┌────────┐
                            │110介入 │
                            │指挥    │
                 │          └────────┘
        ┌──────────────┐◄──────────┘
        │  停止进水出水  │
        └──────────────┘
                 │
        ┌──────────────────┐   ┌──────┐
        │ 报告上级水质管理部门 │   │组织  │
        │ 报告调度中心，申请停产│   │联合  │
        └──────────────────┘   │调查  │
                 │             │判断  │
        ┌──────────────────┐   │事故  │
        │ 组织处理水排放工作  │   │性质  │
        └──────────────────┘   └──────┘
                 │
        ┌──────────────────────┐
        │ 清理受害现场，消除一切影响 │
        └──────────────────────┘
                 │
        ┌──────────────┐
        │  化验水质达标  │
        └──────────────┘
                 │
        ┌──────────────┐
        │   正常生产     │
        └──────────────┘
```

(13) 爆炸事故处理流程图

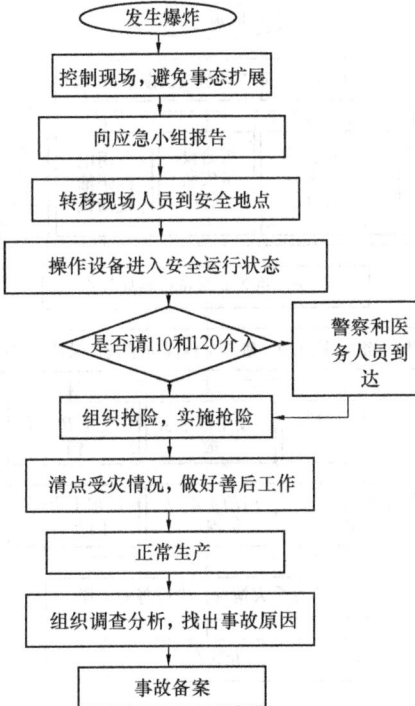

```
              ┌──────────┐
              │ 发生爆炸  │
              └──────────┘
                   │
        ┌──────────────────┐
        │ 控制现场，避免事态扩展│
        └──────────────────┘
                   │
        ┌──────────────────┐
        │   向应急小组报告    │
        └──────────────────┘
                   │
        ┌──────────────────┐
        │ 转移现场人员到安全地点│
        └──────────────────┘
                   │
        ┌──────────────────┐
        │ 操作设备进入安全运行状态│
        └──────────────────┘
                   │
        ◇是否请110和120介入◇ ── ┌──────────┐
                               │警察和医务 │
                               │人员到达   │
                   │           └──────────┘
        ┌──────────────────┐◄──────────┘
        │ 组织抢险，实施抢险  │
        └──────────────────┘
                   │
        ┌────────────────────────┐
        │ 清点受灾情况，做好善后工作  │
        └────────────────────────┘
                   │
        ┌──────────────┐
        │   正常生产     │
        └──────────────┘
                   │
        ┌──────────────────────┐
        │ 组织调查分析，找出事故原因 │
        └──────────────────────┘
                   │
        ┌──────────────┐
        │   事故备案     │
        └──────────────┘
```

(14) 恐怖袭击处理流程图

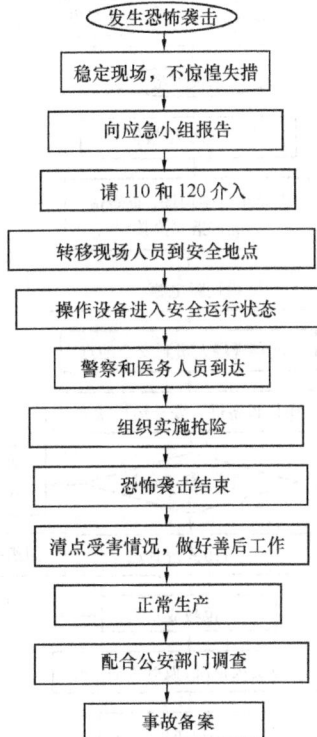

```
              ┌────────────┐
              │ 发生恐怖袭击 │
              └────────────┘
                    │
        ┌────────────────────┐
        │ 稳定现场，不惊惶失措   │
        └────────────────────┘
                    │
        ┌──────────────────┐
        │   向应急小组报告    │
        └──────────────────┘
                    │
        ┌──────────────────┐
        │ 请110和120介入    │
        └──────────────────┘
                    │
        ┌──────────────────┐
        │ 转移现场人员到安全地点│
        └──────────────────┘
                    │
        ┌──────────────────┐
        │ 操作设备进入安全运行状态│
        └──────────────────┘
                    │
        ┌──────────────────┐
        │ 警察和医务人员到达  │
        └──────────────────┘
                    │
        ┌──────────────┐
        │  组织实施抢险  │
        └──────────────┘
                    │
        ┌──────────────┐
        │  恐怖袭击结束  │
        └──────────────┘
                    │
        ┌────────────────────────┐
        │ 清点受害情况，做好善后工作  │
        └────────────────────────┘
                    │
        ┌──────────────┐
        │   正常生产     │
        └──────────────┘
                    │
        ┌──────────────────┐
        │ 配合公安部门调查    │
        └──────────────────┘
                    │
        ┌──────────────┐
        │   事故备案     │
        └──────────────┘
```

(15) 地震事故处理流程图

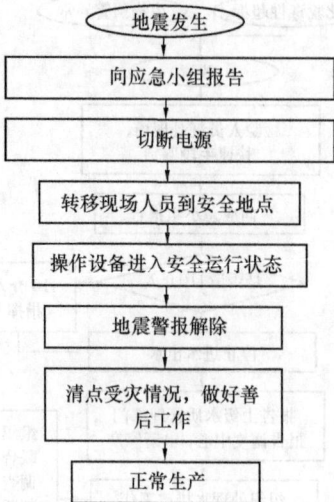

```
地震发生
  ↓
向应急小组报告
  ↓
切断电源
  ↓
转移现场人员到安全地点
  ↓
操作设备进入安全运行状态
  ↓
地震警报解除
  ↓
清点受灾情况,做好善后工作
  ↓
正常生产
```

(16) 火灾事故处理流程图

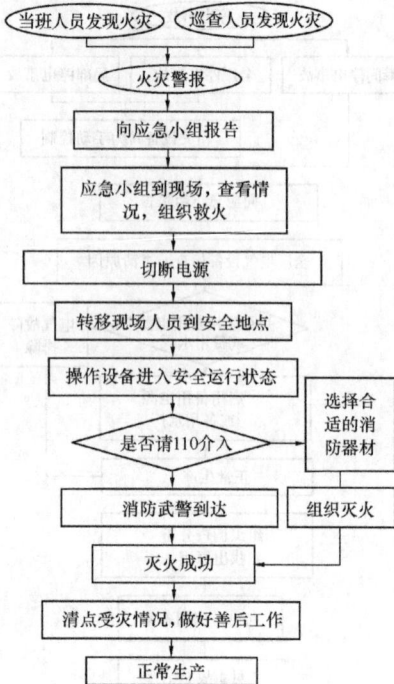

```
当班人员发现火灾    巡查人员发现火灾
         ↓
      火灾警报
         ↓
    向应急小组报告
         ↓
  应急小组到现场,查看情况,组织救火
         ↓
      切断电源
         ↓
  转移现场人员到安全地点
         ↓
  操作设备进入安全运行状态
         ↓
    是否请110介入 → 选择合适的消防器材
         ↓                ↓
    消防武警到达        组织灭火
         ↓                ↓
      灭火成功 ←───────────
         ↓
  清点受灾情况,做好善后工作
         ↓
      正常生产
```

(17) 水灾事故处理流程图

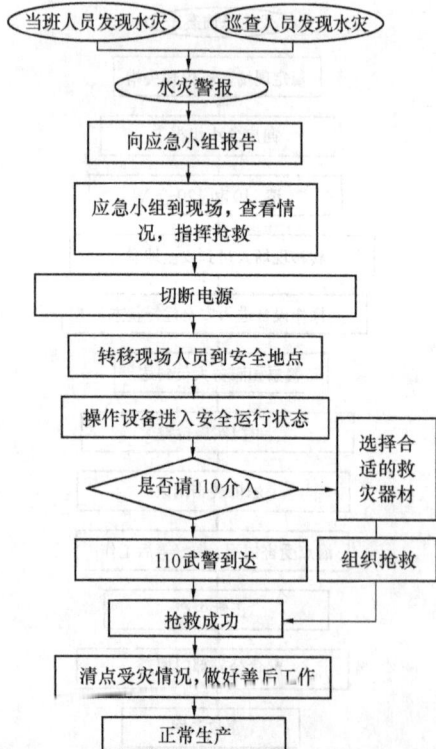

```
当班人员发现水灾    巡查人员发现水灾
         ↓
      水灾警报
         ↓
    向应急小组报告
         ↓
  应急小组到现场,查看情况,指挥抢救
         ↓
      切断电源
         ↓
  转移现场人员到安全地点
         ↓
  操作设备进入安全运行状态
         ↓
    是否请110介入 → 选择合适的救灾器材
         ↓                ↓
    110武警到达        组织抢救
         ↓                ↓
      抢救成功 ←───────────
         ↓
  清点受灾情况,做好善后工作
         ↓
      正常生产
```

(18) 台风事故处理流程图

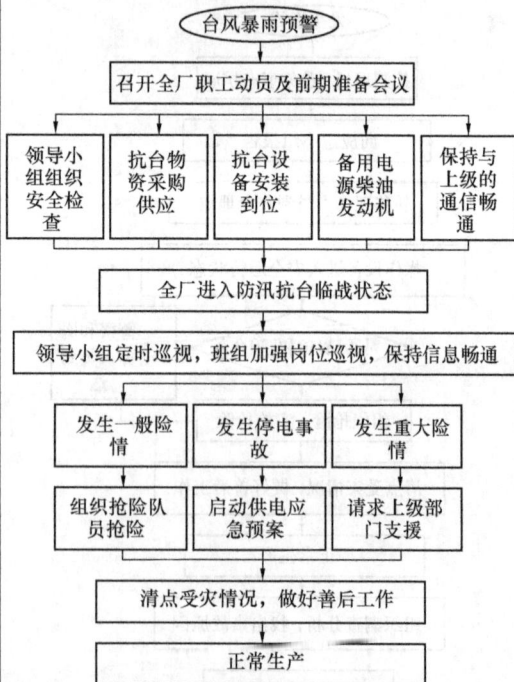

```
台风暴雨预警
     ↓
召开全厂职工动员及前期准备会议
     ↓
┌──────┬──────┬──────┬──────┬──────┐
领导小   抗台物  抗台设  备用电  保持与
组组织   资采购  备安装  源柴油  上级的
安全检   供应    到位    发动机  通信畅
查                              通
└──────┴──────┴──────┴──────┴──────┘
     ↓
全厂进入防汛抗台临战状态
     ↓
领导小组定时巡视,班组加强岗位巡视,保持信息畅通
     ↓
┌──────┬──────┬──────┐
发生一般  发生停电事  发生重大险
险情      故          情
  ↓         ↓           ↓
组织抢险队  启动供电应  请求上级部
员抢险     急预案      门支援
└──────┴──────┴──────┘
     ↓
清点受灾情况,做好善后工作
     ↓
正常生产
```

16.5 企业内部网

企业内部网（Intranet）是指覆盖企业范围的网络，是把企业的通信资源、处理器资源、存储器资源，以及企业的信息资源等捆绑在一起的网络。

建立企业内部网的目的是为了满足其在管理、信息获取和发布、资源共享及提高效率等方面的要求。

企业内部网的主要特征是：

——采用 TCP/IP 通信协议和 Web 技术；

——不对外开放，仅供单位内部使用，并具有明确的应用目标，对外具有与因特网的接口；

——有安全设施，防止内部和外部的攻击。

16.5.1 网络的拓扑结构

企业内部网几乎都采用以太网构筑，因此有必要对以太网的基本情况先行叙述。

1. 以太网（Ethernet）概述

为什么叫以太网？它起源于一个科学假设：声音是通过空气传播的，那么光有可能是通过一种叫以太的物质传播的。后来，爱因斯坦证明以太根本就不存在，但"以太"这个名称却保留下来，这就是以太网得名的由来。

以太网作为一种原理简单、便于实现的局域网技术已经成为业界的主流。而更高性能的快速以太网和千兆以太网的出现更使其成为最有前途的网络技术。

以太网的工作原理是：采用带冲突检测的载波帧听多路访问（CSMA/CD）机制。每个节点都可以看到在网络中发送的所有信息，以太网是一种广播网络。

以太网的工作过程：当以太网中的一台主机要传输数据时，它将按如下步骤进行：

1）监听信道上是否有信号在传输。如果有的话，表明信道处于忙状态，就继续监听，直到信道空闲为止。

2）若没有监听到任何信号，就传输数据。

3）传输的时候继续监听，当冲突发生时，涉及冲突的计算机会发送会返回到监听信道状态。

4）若未发现冲突则发送成功，所有计算机在试图再一次发送数据之前，必须在最近一次发送后等待 9.6 微秒（以 10Mbps 运行）。

以太网可以采用多种连接介质，包括同轴缆、双绞线和光纤等。其中双绞线多用于从主机到集线器或交换机的连接，而光纤则主要用于交换机间的级联和交换机到路由器间的点到点链路上。同轴缆作为早期的主要连接介质已经逐渐趋于淘汰。

2. 网络的拓扑结构

计算机网络是由多个互连的节点组成的，节点就是网络中的计算机、打印机或其他设备。企业内部网的拓扑结构是指由节点和通信线路组成的几何形状。

企业内部网的拓扑结构常用的有星型、总线型、环型、树型和网状型等，它们的特性比较如表 16-59 所示。

内部网络拓扑结构比较表 表 16-59

结　　构	描　　述	优　　点	缺　　点
星型	有一个功能较强的中心节点，任意两个节点之间的通信都必须通过中心节点进行	结构简单；易于建网；易于扩充；便于管理维护	集中管制；对中心点的依赖性大；中心点负担重，一旦出现故障，会导致全网瘫痪
总线型	采用一条高速公用总线连接各个节点，每个节点的数据发送到总线上被其他节点接收	结构简单；易于扩展；网络响应速度快；易于安装	总线负载能力有限；工作结点数量有限
环型	通过点到点链路形成闭合环状通路，所有链路都是单向的，按同一方向传输	结构简单；实时性好	节点故障会引起全网故障；诊断故障困难；可扩展性差
树型	形状像一棵倒置的树，顶端有一个带分支的根，越靠近树根，节点的处理能力越强	各节点按层次连接；易于扩展；可靠性高	对根的依赖性大；如根发生故障，则全网瘫痪
网状型	各节点与通信线路互相连成不规则的形状，每个节点至少有两条链路连到其他节点	可靠性高	管理复杂

　　水厂一般多采用星型或总线型的结构，以双绞线或光缆为物理介质。

16.5.2　网络硬件

　　网络硬件是计算机网络系统的物质基础。要构成一个企业内部网，首先要将网络的硬件设备连接起来。随着计算机技术和网络技术的发展，网络硬件日趋多样化，功能也更加强大，更加复杂。

网络硬件设备主要由服务器、工作站、传输介质、网络设备等组成。

1. 服务器

服务器是整个自动化和信息化的灵魂。它在网络操作系统的控制下，将与其相连的硬盘、打印机及通信设备提供给各客户站共享，并为网络用户提供集中计算、信息发表及数据管理等服务。

服务器实质上是一种高性能计算机，它的高性能体现在高速度的运算能力、长时间的可靠运行、强大的外部数据吞吐能力等方面。

根据其使用功能的不同，服务器可以分为数据库服务器、Web 服务器等类型。水厂使用的各种服务器的功能和主要特点如表 16-60 所示。

各种服务器的功能和主要特点表　　　　　　　　　　表 16-60

种类	功　　能	特　　点
数据库服务器	提供网上查询、更新、事务管理、索引、高速缓存、查询优化、安全及多用户存取控制	减少编程量：数据库服务器提供了用于数据操纵的标准接口 API。 数据库安全保证：数据库服务器提供监控性能、并发控制等工具，由数据库管理员统一负责授权访问数据库及网络管理。 数据可靠性管理及恢复：数据库服务器提供统一的数据库备份和恢复、启动和停止数据库的管理工具。 充分利用计算机资源：数据库服务器把数据管理及处理工作从客户机上分出来，使网络上各计算机的资源能各尽其用。 提高了系统性能：能大大降低网络开销；协调操作，减少资源竞争，避免死锁；提供联机查询优化机制。 便于平台扩展：多处理器的水平扩展；多个服务器计算机的水平扩展；服务器可以移植到功能更强的计算机上，不涉及处理数据的重新分布问题
Web 服务器	提供网上信息浏览服务	应用层使用 HTTP 超文本传输协议，使浏览器更加高效，使网络传输减少。 采用 HTML 文档格式，可以用任何文本编辑器来编辑。 浏览器统一资源定位器 URL，使客户端程序查询不同的信息资源时有统一的访问方法
架构服务器	承担架构各类硬件和数据的物理关系的任务	应用源程序保存在该服务器上。管理系统中共享的硬件资源，如磁盘、打印机和软件资源如数据库、文件系统等
代理服务器	连接外部网和企业内部网	它起到防火墙的作用，具有重要的安全功能

根据网络信息量和所要求功能的不同，有不同的服务器规划方式。服务器规划和搭建要掌握以下技巧：

(1) 生产服务器、视频监控服务器和办公平台服务器要分别部署；

(2) 数据库服务器与 Web 服务器分别部署；

(3) 生产关键服务器采用实时热备方式；

(4) 数据库服务器可选用一用一备方式；

(5) 选择足够的存储空间存放生产数据，最好是千兆（TB）级的；

(6) 可选择磁盘阵列的数据存储方式；

(7) 数据必须有冷备份，有条件的时候可选异地备份。

衡量服务器机性能的主要技术指标有：主频、内存容量、硬盘容量、面板分辨率和亮度、MTBF 等。

2. 工作站

网络按照水厂需要规划部署，至少应包括中控主机、工程师站等，它们通过网络接口卡连接到网络上。

(1) 中控主机

中控主机完成人机界面、参数设定、远动控制、事件报警等功能，实现水厂生产流程的集中管理。

中控主机可根据水厂需要设计，一般按照双机双工或双机热备模式部署两台中控主机。

(2) 其他工作站

水厂的网络工作站还包括厂长室工作站、水质科工作站、生产科工作站、工程师工作站等。

在网络工作站上，除运行自己的操作系统外，还必须运行有关的网络软件如网络协议软件（TCP/IP 等）、网络应用软件（如各种信息服务的客户软件）等。用户在工作站上，使用网络软件提供的应用程序或操作命令向服务器申请网络服务，获取各种公共的网络资源。

工作站具有友好的人机交互界面，主要面向管理领域，其中工程师工作站承担着开发维护软件系统的工作。

3. 传输介质

在局域网中，常用的传输介质有双绞线、同轴电缆、光缆和无线介质微波等。

(1) 双绞线

一对双绞线是由包裹有绝缘材料的两根由高纯度的铜制成的导线按照规则的方法扭绞起来构成的。在实际应用中，通常将若干对双绞线捆成电缆，在其外面加上护套。

双绞线可以有效地限制两根导线中的任意一根对另外一根发出的电磁信号干扰，同时可以阻止其他导线中的电磁信号干扰这两根导线。

双绞线可按其是否加金属网丝套的屏蔽层而分为屏蔽双绞线（STP）和非屏蔽双绞线（UTP）。在 EIA/TIA-568A 标准中，将双绞线按电气特性分为三类双绞线、四类双绞线、五类双绞线和超五类双绞线。网络中最常用的是五类双绞线，它的最高速率达 100Mb/s，常用于以太网的数据与语音传输。

EIA/TIA 的布线标准中还规定了两种双绞线的线序：568A 和 568B，现在常用的是 EIA/TIA568B。EIA/TIA568B 规定的线序为：1—>橙白，2—>橙，3—>绿白，4—>蓝，5—>蓝白，6—>绿，7—>棕白，8—>棕，其中 1—>橙白和 2—>橙是一对，用于数据发送，3—>绿白和 6—>绿是一对，用于数据的接收，其余的线不做任何用途。

双绞线按照线序的不同组合可分为直连线和交叉线。直连线两端都采用 568A 和 568B 线序，通常用于计算机与集线器、交换机相连，交换机与路由设备相连；而交叉线则是一端采用 568A 线序，另一端采用 568B 线序，主要用于计算机与计算机相连，交换机与交换机相连，计算机与集线器、交换机的 UPLINK 口相连。

（2）光缆

光缆是基于光脉冲传送的新型传输介质，主要由折射率较高的纤芯和折射率较低的包层构成。

光纤通信的原理是由光发送机产生光束，将电信号转变为光信号，再把光信号导入光纤，在光纤的另一端由光接收机来接收光纤上传输过来的光信号，并将它成电信号，经解码后再进行处理。

光脉冲可以以全反射的形式，几乎无损耗地在由高纯度石英玻璃拉制的纤芯中传播。多模光纤传输距离可达 2～5km，适合短距离传输；单模光纤带宽较大，传输距离可达 60～300km，广泛应用于长距离传输。理论分析得出光纤适合传输波长窗口有 850nm、1310 nm 和 1550nm 三个波长，在这三个波长窗口都有 25000～30000GHz 的带宽，对于实际应用来说这是个极高的数字。

光纤的优点是很明显的，表现在四方面：传输频带宽，通信容量大；传输损耗小，中继距离长；体积小，重量轻；不会引起电磁干扰，也不会受外界的电磁干扰，尤其适合于强电磁干扰的现场应用。

由于光纤非常脆弱，在实际使用中，通常将若干根光纤做成比较结实的光缆，一根光缆中包括一到数百根光纤，以满足工程施工的强度要求。

（3）同轴电缆

同轴电缆由中心内导体、绝缘层、网状编织的外导体屏蔽层及保护塑料外套或钢带从里到外包裹而成。与双绞线相比，同轴电缆的传输通频带更高、传输损耗更小、机械强度更大，且抗外界干扰能力更强。适合于较高速率的信号传送。

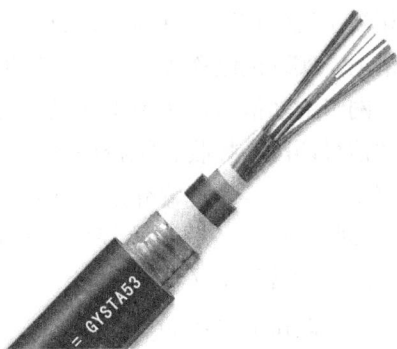

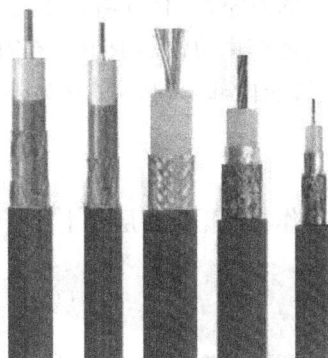

按特性阻抗的不同，同轴电缆分为 50Ω 和 75Ω 两大类。50Ω 同轴电缆通常用于数据通信中；75Ω 同轴电缆是公用天线的标准传输电缆，通常用于模拟传输系统。

（4）无线微波

微波通信是使用波长在 0.001～1m、频率为 0.3G～300GHz 的电磁波——微波进行的通信。微波通信不需要固体介质，当两点间直线距离内无障碍时就可以使用微波传送。

微波通信由于其频带宽、容量大，可以用于各种电信业务的传送，如电话、电报、数据、传真以及彩色电视等均可通过微波电路传输。微波通信具有良好的抗灾性能，对水灾、风灾以及地震等自然灾害，微波通信一般都不受影响。

目前水厂的微波通信多数是采用 CDMA 技术，CDMA 是一种扩频技术，它将包含有用信息的信号扩展成较大的宽带，通过接收端的解调压缩来获取极大的信号增益和较高的信噪比。

4. 网络设备

（1）网卡（NIC）

网卡又称网络适配器，是工作在物理层和数据链路层的网络设备，安装在计算机的扩展槽上。它的功能相当于通信控制处理器。通过它将各工作站连接到网络上，实现网络资源的共享和互相通信。

网卡的功能是：实现工作站和传输介质的物理连接和信号匹配；接收和执行服务器及工作站发来的各种控制命令；实现传输介质的送取控制、数据帧的发送和接收、错误校验、数据的并/串转换及网卡与计算机之间的数据交换等。

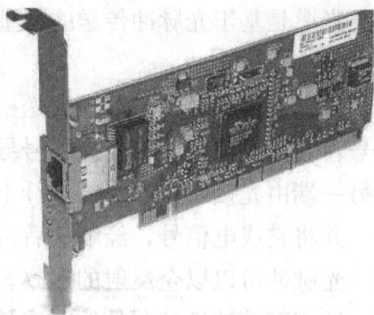

（2）路由器（Router）

路由器是网络的基本组成设备，互联网就是由许多路由器连接起来的网络组成的。路由器有很多接口，如 Console 控制接口、串口、以太接口、ISDN 接口和辅助端口（AUX），通常以太网接口用来连接局域网，串口用来连接广域网，而 Console 接口专门用于路由器的配置。

路由器的最主要功能是分组转发，路由器拥有记录网络信息的路由表，通过查询路由表能将 IP 分组转发到目的网络。路由器工作在网络层，处理的对象是 IP 分组，IP 分组从源端走到目的端需要经过很多个路由器。目前互联网中流行的路由协议是 RIP、IGRP、EIGRP、OSPF 和 BGP，其中 RIP、IGRP、EIGRP、OSPF 属于内部协议，BGP 为外部协议，另外 IGRP 和 EIGRP 是思科公司的专用协议。

（3）交换机（Switch）

交换机也称为交换式集线器，是硬件化的网桥。交换机工作在数据链路层，主要负责数据帧的存储转发，交换机中含有记录物理地址和端口信息的 MAC（介质访问控制）表，通过查询 MAC 表交换机能够正确地转发接收到的数据帧。交换机具有连接

网络、隔离冲突域的作用。

交换机的主要特性见表 16-61 所示。

交换机的主要特性表　　　　　　　　　　　　　　　　　　表 16-61

特　性	具　体　描　述
工作原理	根据收到数据帧中的源 MAC 地址建立该地址同交换机端口的映射，并将其写入 MAC 地址表中； 将数据帧中的目的 MAC 地址同已建立的 MAC 地址表进行比较，以决定由哪个端口进行转发； 如数据帧中的目的 MAC 地址不在 MAC 地址表中，则向所有端口转发。这一过程称之为泛洪（flood）； 广播帧和组播帧向所有的端口转发
主要功能	学习：了解每一端口相连设备的 MAC 地址，并将地址同相应的端口映射起来存放在交换机缓存中的 MAC 地址表中； 转发/过滤：当一个数据帧的目的地址在 MAC 地址表中有映射时，它被转发到连接目的节点的端口而不是所有端口（如该数据帧为广播/组播帧则转发至所有端口）； 消除回路：当交换机包括一个冗余回路时，以太网交换机通过生成树协议避免回路的产生，同时允许存在后备路径
工作特性	每一个端口所连接的网段都是一个独立的冲突域； 交换机所连接的设备仍然在同一个广播域内，交换机一般不隔绝广播； 依据帧头的信息进行转发，是工作在数据链路层的网络设备

衡量交换机的技术指标有：交换速度，交换容量、背板带宽、处理能力、吞吐量等，用户要根据不同的用途进行选择。

交换机的主流产品见表 16-62 所示。

交换机的主流产品表　　　　　　　　　　　　　　　　　　表 16-62

国　别	品　牌	开　发　商
美　国	Cisco	美国思科公司（Cisco System Inc.）
	NETGEAR	美国网件公司
	Intel	美国 Intel 公司
	3Com	美国 3Com 公司
德国	赫斯曼	德国赫斯曼公司
中国	华为	深圳华为技术有限公司
	H3C	杭州华三通信技术有限公司
	TP-LINK	深圳市普联技术有限公司
	D-Link	台湾友讯集团

（4）集线器（HUB）

集线器是基础的网络设备之一，集线器工作在物理层，是一个多端口的信号放大设备，起到物理信号的转发和放大作用。

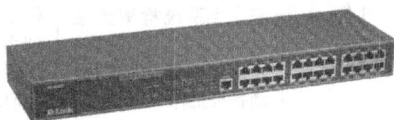

集线器只是单纯地将物理信号发送到所有端口，不能隔离广播域和冲突域。它实际上是一种中继设备，与通常所指的中继设备区别仅在于集线器能够提供更多的端口服务，所以集线器又被称作多口中继器。

（5）网关（Gateway）

网关又称网间连接器、协议转换器，网关在传输层上以实现网络互连，是最复杂的网络互联设备，仅用于两个高层协议不同的网络互连。网关既可以用于广域网互连，也可以用于局域网互联。

网关是一种充当转换重任的计算机系统或设备。在使用不同的通信协议、数据格式或语言，甚至体系结构完全不同的两种系统之间，网关是一个翻译器。与网桥只是简单地传达信息不同，网关对收到的信息要重新打包，以适应目的系统的需求。同时，网关也可以提供过滤和安全功能。大多数网关运行在 OSI 层协议的顶层——应用层。

（6）防火墙（Firewall）

防火墙是设置在企业内部网和 Internet 之间的一道保护屏障，是在网络之间执行安全控制策略中

定义来保护其后面的网络，它使企业内部网免受非法用户的侵入。

防火墙具有以下功能：

——检查所有从外部网络进入内部网络，或所有从内部网络流向外部网络的数据包；

——执行安全策略，限制所有不符合安全标准的数据通过；

——具有防攻击能力，以保证自身的安全性；

——具有内部网用户访问外部网时的安全保护措施，在内部网用户访问外部网时，提供地址转换或端口转换的功能，它可以对外部网屏蔽企业内部网的细节，还可以对通信内部进行检查，实现对内部网的安全保护。

设置防火墙的目的主要是保护内部网资源不被外部非授权的用户使用，防止发生不可预测的、潜在破坏性的入侵。例如，黑客的攻击，病毒的破坏，资源被盗用或文件被篡改等。

防火墙产品中，国外主流厂商为思科（Cisco）、CheckPoint、NetScreen 等，国内主流厂商为东软、天融信、网御神州、联想、方正等，它们都提供不同级别的防火墙产品。

5. 硬件冗余

硬件冗余技术是提高系统的可靠性的常用和有效的方法。

常用的硬件冗余技术是双机冗余，它们要求配备两台完全相同的单机，其工作方式有4 种，即双机冷备、双机温备、双机热备和双机双工。它们之间的比较见表 16-63 所示。

硬件冗余技术比较表　　　　　　　　　　　　　　　表 16-63

	双机冷备	双机温备	双机热备	双机双工
工作原理	平时只有主机工作，备机处于停机备用状态。当系统检测到主机错误时，使主机停止输出，同时自动启动备机工作	平时只有主机工作，备机处于通电但不工作状态。当系统检测到主机错误时，使主机停止输出，同时自动启动备机工作	主机和备机同时工作，但平时只有主机能够输出，当系统检测到主机错误时，自动切换到备机输出	二机共同承担不同的任务，若其中一机出现故障，则将任务重新调整，让无故障机承担故障机的任务，或者让系统的功能降级

续表

	双机冷备	双机温备	双机热备	双机双工
拓扑结构				
MTBF (h)	与单机相同	与单机相同	单机的 1.5 倍	单机的 1.5 倍
特点	需要等待一定的时间，系统的连续性受到影响，适用于对连续性要求不高的系统	与双机冷备相比，能减少切换取代时间，丢失数据的范围较少。在实际中较少应用	双机并列运行，仅一台有输出，结构较复杂。应用较普遍	双机并列运行，两台均有输出，系统有效度高。得到广泛应用

系统有效度较高的是双机热备和双机双工，双机热备的结构较双机双工为复杂，需要较多投入。

对水厂信息化系统来说，双机双工是更容易接受的选择方案。多数水厂在中控主机的配置上都选择双机双工的工作方式，这种配置既提高了系统的可靠性，又是中控室工作的实用需要，可谓是一举两得的选择。

16.5.3 网络软件

网络软件是在网络环境下运行和使用的软件，包括网络协议软件、通信软件和网络操作系统。

1. 网络协议

网络协议是指通信双方必须遵守的约定和规则。它是通信双方关于通信如何进行所达成的一致。例如，用什么样的格式表达、组织和传输数据，怎样校验和纠正传输出现的错误，以及传输信息的时序组织与控制机制等。现代网络都是层次结构，网络协议规定了分层原则、层间关系、执行信息传递过程的方向、分解与重组等。

（1）网络协议的基本作用

网络协议的基本作用是：

——所有入网的计算机能够连接到某一数据传输网络上，网络能够安全、可靠、快速地在计算机间传输数据；

1）各种用户的"会话"相互兼容；

2）网络应对来自不同厂商的不同种类、不同型号的设备"开放"。

（2）主要网络协议的比较

当前国际上最主要的三种网络通信协议是：国际标准化组织 ISO 制定的开放系统互连参考模型 OSI/RM，美国电气电子工程师协会（IEEE）制定的 IEEE802 局域网标准，以及应用最广泛的 TCP/IP 协议。它们的定义和定位见表 16-64 所示。

三种网络协议的比较表　　　　　　　　　　　　　　　表 16-64

	定　义	定　位	优　缺　点
OSI/RM	开放系统互连参考模型（Open System Interconnection/Reference Model）	从逻辑上把网络的功能分七层：物理层、数据链路层、网络层、传输层、会话层、表示层、应用层。每一层执行一个不同的功能	优点：各层功能划分清楚，分层设计灵活方便。 缺点：系统效率不高
IEEE802	美国局域网标准协议	局域网参考模型只对应 OSI 参考模型的数据链路层与物理层，它将数据链路层划分为逻辑链路控制子层与介质访问控制子层	优点：可靠性高，且便于扩充；网络传输速率高。 缺点：不适于对实时性要求高的场合
TCP/IP	传输控制/网际协议（Transmission Control Protocol/Internet Protocol）	采用了 4 层结构：应用层、传输层、互联网层和网络接口层。是互联网的基础协议，已成为公认的标准	优点：独立于特定的网络硬件，可以运行在局域网、广域网，更适用于互联网中；统一的网络地址分配方案，使得整个 TCP/IP 设备在网中都具有唯一的地址。 缺点：通信效率不高

目前 TCP/IP 是世界上最广泛使用的协议。TCP（Transmission Control Protocol）意思为传输控制协议；IP（Internet Protocol）意为网络互联协议。TCP/IP 的特点是：

1）TCP/IP 协议是既成事实、公认的国际标准；

2）TCP/IP 协议不仅用于广域网，也应用于局域网；

3）TCP/IP 协议为其他标准提供参考依据。

2. 通信软件

通信软件用于管理各工作站之间的信息传输。有各种类型的网卡驱动程序等。

通信软件通常由线路缓冲区管理程序、线路控制程序以及报文管理程序组成。报文管理程序通常由接收、发送、收发记录、差错控制、开始和终了 5 个部分组成。

3. 网络操作系统

网络操作系统是网络的心脏和灵魂，是向网络计算机提供服务的特殊的操作系统。它在计算机操作系统下工作，使计算机操作系统增加了网络操作所需要的能力。

网络操作系统是网络上各计算机能方便而有效地共享网络资源，为网络用户提供所需的各种服务的软件和有关规程的集合。网络操作系统与通常的操作系统有所不同，它除了应具有通常操作系统应具有的处理机管理、存储器管理、设备管理和文件管理外，还应具有以下两大功能：

1）提供高效、可靠的网络通信能力；

2）提供多种网络服务功能，如：远程作业录入并进行处理的服务功能；文件传输服务功能；电子邮件服务功能；远程打印服务功能。

目前局域网中主要存在以下四类网络操作系统，见表 16-65 所示。

四种网络操作系统的比较表 表 16-65

	性 能 特 点	主 要 版 本
Windows 类	对服务器的硬件要求较高； 稳定性能不是很高； 一般应用在中低档服务器中	Windows NT 4.0 Serve Windows 2008 Server Windows Advance Server
NetWare 类	对网络硬件的要求较低； 兼容 DOS 命令； 常用于教学网和游戏厅	NetWare V4.11 NetWare V5.0
Unix 系统	系统稳定和安全性能非常好； 多数是以命令方式来进行操作的，不容易掌握； 一般应用于大型网站或大型企、事业局域网	UNIXSVR3.2 SVR4.0 SVR4.2
Linux 系统	源代码开放； 安全性和稳定性很好； 主要应用于中、高档服务器中	REDHAT 红旗 Linux

4. 软件冗余

软件冗余就是用几种不同的软件处理数据，对处理结果进行比较，产生输出。

软件冗余的目的是防止了某种软件由于设计错误而产生的故障，并借此屏蔽硬件的某些故障。

软件冗余分为两种：第一种是把系统按功能划分成小段，各段之间进行比较；第二种是采用几个系统功能相同的软件相比较。这种软件冗余关键在于各个软件的独立性，相互独立的程序即使可能存在故障，也可以通过表决将其屏蔽。如果程序间相互不独立，故障可能同时存在于各个程序，则无法提高系统的可靠性。

由于采用了几种不同的相互独立的处理软件，因此防止了某种软件由于设计错误而产生的故障，还可以屏蔽硬件的某些故障，确保了系统安全。

例如，在硬件的二冗余系统中，主机和备机都采用两种软件，平时主机工作，此时两种软件同时对数据进行处理，对结果进行比较。如果一致，则产生输出，否则说明系统故障，立即进行切换，使备机工作，从而提高系统的可靠性。

5. 软件体系结构

软件体系结构是一个程序/系统各构件的结构、它们之间的相互关系以及进行设计的原则和随时间进化的指导方针。

当前的软件系统体系结构有两种，即 C/S 结构和 B/S 结构。

（1）客户机/服务器结构 C/S（Client/Server）

客户机/服务器结构主要由客户机、数据库服务器和数据库三部分组成。其结构框图如图 16-21：

图 16-21　C/S 结构框图

C/S 结构的工作原理是：应用程序（客户端）首先依据用户操作形成对应的 SQL 语句，然后通过网络协议向数据库服务器发送 SQL 命令；数据库服务器通过其监听端口实时检测有无服务请求，当检测到有 SQL 请求时，服务器首先对客户端身份进行验证，验证通过后执行请求客户的 SQL 命令。

C/S 结构的特点体现在以下几方面：

1）交互性强是 C/S 固有的一个优点。在 C/S 中，客户端有一套完整应用程序，在出错提示、在线帮助等方面都有强大的功能，并且可以在子程序间自由切换。

2）C/S 模式提供了更安全的存取模式。由于 CS 配备的是点对点的结构模式，采用适用于局域网、安全性可以得到可靠的保证。

3）C/S 完成任务的速度快，使得 C/S 更利于处理大量数据。由于客户端实现与服务器的直接相连，没有中间环节，因此响应速度快。同时由于开发是针对性的，因此，操作界面漂亮，形式多样，可以充分满足客户自身的个性化要求。

4）C/S 缺少通用性，业务的变更，需要重新设计和开发，增加了维护和管理的难度，进一步的业务拓展困难较多。

（2）浏览器/服务器结构 B/S（Browser/Server）

浏览器/服务器结构主要由浏览器、Web 服务器和数据库三部分组成。其结构框图如图 16-22：

图 16-22　B/S 结构框图

在 B/S 模式中，客户端运行浏览器软件。浏览器以超文本形式向 Web 服务器提出访问数据库的要求，Web 服务器接受客户端请求后，将这个请求转化为 SQL 语法，并交给数据库服务器，数据库服务器得到请求后，验证其合法性，并进行数据处理，然后将处理后的结果返回给 Web 服务器，Web 服务器再一次将得到的所有结果进行转化，变成 HTML 文档形式，转发给客户端浏览器以友好的 Web 页面形式显示出来。

B/S 结构的特点体现在以下几方面：

1）系统开发、维护和升级的经济性好。B/S 模式所具有的框架结构可以大大节省这些费用，同时，BS 模式对前台客户机的要求并不高，可以避免盲目进行硬件升级造成的巨大浪费。

2）一致的用户界面。B/S 模式的应用软件都是基于 Web 浏览器的，这些浏览器的界面都很相似。对于无用户交互功能的页面，用户接触的界面都是一致的，从而可以降低软件的培训费用。

3）很强的开放性。在 B/S 模式下，外部的用户亦可通过通用的浏览器进行访问。

4）易于扩展。由于 Web 的平台无关性，B/S 模式结构可以任意扩展，可以从一台服务器、几个用户的工作组级扩展成为拥有成千上万用户的大型系统。

5）更强的信息系统集成性。在 B/S 模式下，集成了解决企事业单位各种问题的服务，而非零散的单一功能的多系统模式，因而它能提供更高的工作效率。

6）灵活的信息交流和信息发布服务。B/S 模式借助 Internet 强大的信息发布与信息传送能力可以有效地解决企业内部的大量不规则的信息交流。

（3）两者特性的比较

C/S 结构和 B/S 结构都是非常重要的计算架构，它们的特性比较如表 16-66 所示。

C/S 和 B/S 特性比较表　　　　　　　　　　　　　　表 16-66

	优　点	缺　点
C/S结构	①响应速度快，客户端实现与服务器的直接相连，没有中间环节； ②操作界面漂亮、形式多样，可以充分满足客户自身的个性化要求； ③具有较强的事务处理能力，能实现复杂的业务流程	①分布功能弱，需要专门的客户端安装程序； ②兼容性差，对于不同的开发工具，具有较大的局限性； ③开发成本较高，需要具有一定专业水准的技术人员才能完成
B/S结构	①具有分布性特点，可以随时随地进行查询、浏览等业务处理； ②业务扩展简单方便，通过增加网页即可增加服务器功能； ③维护简单方便，只需要改变网页，即可实现所有用户的同步更新； ④开发简单，共享性强	①个性化特点降低，无法实现具有个性化的功能要求； ②无法满足快速操作的要求，操作是以鼠标为最基本的操作方式； ③页面动态刷新速度慢； ④无法实现分页显示，给数据库访问造成较大的压力； ⑤功能弱化，难以实现传统模式下的特殊功能要求

（4）两种结构的结合策略

综合起来可以发现，B/S 和 C/S 各有千秋，它们无法相互取代。凡是 C/S 的强项，便是 B/S 的弱项，反之亦然。水厂信息化系统要掌握 C/S 结构和 B/S 结构的特点，采用 C/S+B/S 结构体系。

在自动化和信息化中，一般以 C/S 结构为主。水厂中控室选择 C/S 结构，人机交互能力强，中控主机和服务器都能够处理任务，而且响应速度快。

在管理信息系统中，一般以 B/S 结构为主。各工作站多选择 B/S 结构，通过浏览器实现工作业务，虽速度较慢，但使用方便，效果优惠。

16.5.4　数据库

要把数据转化成有用的信息，就要用一些有意义的方法来组织数据，这就引发出数据库的概念。

1. 数据库概述

数据通常是按层次方式进行组织的，该层次由位、字节、字段、记录、文件和数据库

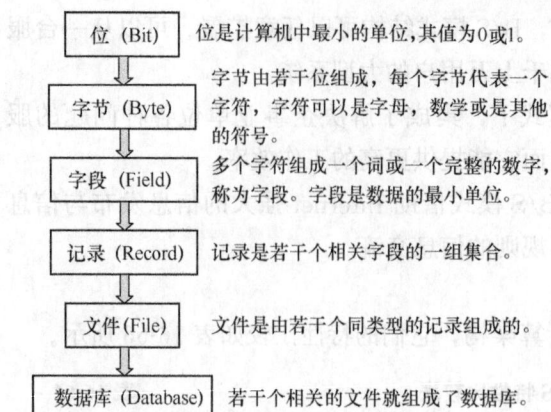

图 16-23　数据库组成示意图

组成。如图 16-23 所示：

数据库（DB：Data Base）就是按照数据结构来组织、存储和管理数据的仓库。

数据库是信息化系统必不可少的组成部分，甚至可以认为，数据库是整个信息化系统软件的核心，因为信息化系统的几乎所有的应用软件借以实现其功能的数据基础就是数据库。

从数据库的实时性方面进行考虑，水厂信息化系统使用的数据库大致可以分实时数据库、历史数据库、常数数据库和报警数据库四类。

（1）实时数据库

实时数据库对于水厂来说就如同飞机上的"黑匣子"。它的一个重要特性就是实时性，包括数据实时性和事务实时性。它用于工厂过程的自动采集、存储和监视，可在线存储每个工艺过程点的多年数据，可以提供清晰、精确的操作情况画面，用户既可浏览工厂当前的生产情况，也可回顾过去的生产情况。实时数据库可以选择内存而不是磁盘作为实时数据库的存储介质，即将实时数据库建立于内存中。对于水厂监控系统而言，实时响应的要求可达到毫秒级，实时数据库包含的数据记录类型主要有：模拟量输入/输出、数字量输入/输出、脉冲量输入、事件顺序记录输入、模拟/数字测点的通道信息、采样周期控制信息等。

实时数据库的性能对整个系统的性能有很大影响，实时数据库的性能指标见表 16-67 所示。

实时数据库的性能指标表　　　　　　　　　　　　　　　　表 16-67

指 标 名 称	指 标 描 述
查询速度	每毫秒内存历史记录平均查询速度（AMRPms） 每毫秒实时位号平均查询数量（ARVPms） 每毫秒磁盘历史平均查询速度（AHRPms）
CPU 占有率	10 万点容量负荷下 CPU 占有率 16 万点容量负荷下 CPU 占有率 25 万点容量负荷下 CPU 占有率
稳定性	平均无故障运行时间
并发访问	可以同时访问的最大用户数量
历史数据文件压缩	1000 点保存一年历史数据占用外存资源

为了保证整个系统的优良性能，选择一个性能满足要求的实时数据库是非常重要的。实时数据库的主流产品见表 16-68 所示。

实时数据库的主流产品表　　　　　　　　　　　　　　　　　　表 16-68

数据库名称	开 发 商	数据库名称	开 发 商
PHD	美国 Honeywell 公司	Agilor	中国科学院软件研究所
PI	美国 OSI Software 公司	PSpace	北京三维力控科技公司
eDNA	美国 Instep 软件公司	Apace	广州软动智软计算机科技有限公司
Historian	英国 Wonderware 公司	ESP-iSYS	浙大中控
iHistorian	美国 GE Fanuc 公司	OpenPlant	上海麦杰科技公司
IP21	美国 Aspen 科技公司	RealDB	大庆紫金桥软件公司

（2）历史数据库

建立于中控主机或服务器的硬盘中。它存储的数据主要是一些需要长期保存的有统计和分析价值的数据，例如出厂水浊度值统计、出厂水余氯值统计、出厂水压力统计、出厂水流量统计、水泵运行/停止时间统计、测量值越限次数/时间统计以及各种类型的报表和趋势数据等。它的数据来源于实时数据库。

不同的数据库制造商有不同的衡量指标，下表 16-69 列出了三个主要数据库的技术指标。

Oracle 数据库的性能指标表　　　　　　　　　　　　　　　　　表 16-69

指 标 类 型	指 标 名 称	单 位
关于实例效率的性能指标	缓冲区未等待率（Buffer Nowait%）	%
	Redo 缓冲区未等待率（Redo NoWait%）	%
	缓冲区命中率（Buffer Hit%）	%
	内存排序率（In-memory Sort%）	%
	共享区命中率（Library Hit%）	%
	软解析的百分比（Soft Parse%）	%
	闩命中率（Latch Hit%）	%
	SQL 语句执行与解析的比率（Execute to Parse%）	%
	共享池内存使用率（Memory Usage%）	%
关于等待事件的性能指标	文件分散读取（db file scattered read）	厘秒
	文件顺序读取（db file sequential read）	厘秒
	缓冲区忙（buffer busy）	厘秒
	排队（enqueue）	厘秒
	闩释放（latch free）	厘秒
	日志文件同步（log file sync）	厘秒

DB2 数据库的性能指标表　　　　　　　　　　　　　　　　　　表 16-70

指 标 类 型	指 标 名 称	单 位
表空间存储器运行状况指示器	自动调整大小表空间利用率（ts. ts _util _auto Resize%）	%
	表空间利用率（ts. ts _util%）	%
	表空间容器利用率（ts. ts _op _status%）	%

续表

指标类型	指标名称	单位
排序运行状况指示器	专用排序内存利用率（db2. sort _privmem _Util%）	%
	共享排序内存利用率（db2. sort _shrmem _Util%）	%
	溢出排序百分比（db. spilled _sorts%）	%
日志记录运行状况指示器	日志利用率（db. log _util%）	%
	日志文件系统利用率（db. log _fs _util%）	%
应用程序并发性运行状况指示器	死锁率（db. deadlock _rate%）	%
	锁定列表利用率（db. locklist _util%）	%
	等待锁定的应用程序的百分比（db. apps _waiting _locks%）	%
程序包和目录高速缓存，以及工作空间运行状况指示器	目录高速缓存命中率（db. catcache _hitratio%）	%
	程序包高速缓存命中率（db. pkgcache _hitratio%）	%
	共享工作空间命中率（db. shrworkspace _hitratio%）	%
内存运行状况指示器	数据库堆利用率（db. db _heap _util%）	%

SQL Server 数据库的性能指标表　　　　　表 16-71

指标类型	指标名称	单位
访问方法（Access Methods）对象包含的性能计数器	全表扫描/秒（Full Scans/sec）	次数/s
缓冲器管理器（Buffer Manager）对象包含的性能计数器	缓冲区高速缓存命中率（Buffer Cache Hit Ratio%）	%
	读的页/s（Page Reads/sec）	个数/s
	写的页/s（Page Writes/sec）	个数/s
	惰性写/s（Lazy Writes/sec）	个数/s
高速缓存管理器（Cache Manager）对象包含的性能计数器	高速缓存命中率（Cache Hit Ratio%）	%
闩（Latches）对象包含的性能计数器	平均闩等待时间（Average Latch Wait Time）	毫秒
	闩等待（Latch Waits/sec）	个数/s
锁（Locks）对象包含的性能计数器	死锁的数量/s（Number of Deadlocks/sec）	个数/s
	平均等待时间（毫秒）（Average Wait Time）	毫秒
	锁请求/s（Lock Requests/sec）	个数/s

下面是历史数据库的主流产品表：

历史数据库的主流产品表　　　　　表 16-72

规模	数据库名称	开发商	规模	数据库名称	开发商
大型	ORACLE	美国甲骨文公司	中型	SQL Server	美国微软公司
	SYBASE	美国 SYBASE 公司		Access	美国微软公司
	INGRES	美国 INGRES 公司		万全 R520	中国联想集团有限公司
	INFORMIX	美国 Infomix Software 公司	小型	MySQL	瑞典 MySQLAB 公司
	DB2	美国 IBM 公司		Industrial SQL	美国 Wonderware 公司

（3）常数数据库

常数数据库基本上不需要发生改动，且与实时性几乎无关。如被测模拟量的上下限值等。

水厂的常数数据库可采用小型数据库，也可与历史数据库合用。

（4）报警数据库

用于储存事件信息和报警信息。一般归纳到实时数据库中。

2. 水厂数据库的搭建

在水厂内部网中，合理地规划和搭建数据库是非常重要的，它会使系统性能有很大差异。要根据网络信息量和所要求功能的不同，规划和部署自己的数据库建设方案。

在搭建数据库时要掌握以下技巧：

（1）负载均衡：不要使某个数据库负载太重或太轻，历史数据库的存储能力应大于3年；

（2）性能优化：历史数据库的访问方法、命中率、运行速度等指标能满足生产需要，实时数据库的查询速度、CPU 占有率、稳定性、并发访问等指标能满足生产需要；

（3）双机热备：重要数据库采用双机热备技术，提高其可靠性。

16.5.5 网络安全策略和功能要求

1. 网络安全策略

计算机网络系统是一个非常脆弱的系统，它受到的威胁和攻击主要来自计算机犯罪、计算机病毒、黑客攻击、信息战争和计算机系统故障等。

网络安全策略是保护计算机网络系统免受人为破坏和外界攻击，确保系统正常运行，它的内容包括操作权限控制、防火墙技术、数据加密技术、系统容错技术，见表 16-73 所示。

网络安全策略表　　　　　　　　　　　　　表 16-73

序号	安全策略	具 体 描 述
1	操作权限控制	是针对可能出现的网络非法操作而采取安全保护措施。用户被赋予一定的操作权限。网络管理员能够通过设置，指定用户和用户组可以访问网络中的哪些服务器和计算机，可以在服务器或计算机上操控哪些程序，访问哪些目录、子目录、文件和其他资源
2	防火墙技术	是一个过滤器，用于监视和检查流动信息的合法性。防火墙分为专门设备构成的硬件防火墙和运行在服务器或计算机上的软件防火墙。通常都安置在网络边界上，通过网络通信监控系统隔离内部网络和外部网络，以阻挡来自外部网络的入侵
3	数据加密技术	把数据变成不可读的格式，防止企业的数据信息在传输过程中被篡改、删除和替换
4	系统容错技术	是对自身的错误的屏蔽作用。一旦发生错误，可以从错误状态恢复到正常状态；在发生错误时，能完成预期的功能；在一定程度上具有容错能力。系统容错技术有：数据的实时备份，网络设备和链路冗余备份，服务器冗余备份等

2. 功能要求

（1）网络功能

企业内部网的功能见表 16-74 所示。

企业内部网的功能表　　　　　　　　　　　　　　　　表 16-74

序号	网络功能	具 体 描 述
1	资源共享	共享网络上的硬件资源、软件资源和信息资源
2	通信功能	提供了可靠的通信通道，实时传递生产、管理、服务等方面的各种动态信息，也可以传输各种类型的信息，如数据信息和图形、图像、声音、视频等信息
3	数据查询	动态查询生产、管理等实时数据，提供各类生产、统计等报表供相关人员查阅、分析
4	实时管理	在掌握各种信息资料的基础上，利用生产自动化系统和管理信息系统实时管理水厂的生产、科研和员工生活
5	办公自动化	可以实现无纸化办公，现代化办公
6	信息发布	可以在网页上发布各种信息，向各部门发布通知、文件等
7	均衡负载	网络中的工作负载能够均匀地分配给网络中的各个计算机系统，以减少延迟，提高效率，充分发挥网络系统上各主机的作用
8	提高系统可靠性	由于网络中的计算机可以互为备份，当某个计算机或系统发生故障时，该机的工作可以由网络中的其他计算机来完成，从而提高了整个系统的可靠性
9	其他信息服务	可开设部门之间、员工之间的 E-mail 服务，开设留言簿、聊天室、电子论坛等栏目，增强工作的趣味性和娱乐性

（2）衡量标准

水厂内部网的衡量标准见表 16-75 所示。

水厂内部网的衡量标准表　　　　　　　　　　　　　　表 16-75

序号	衡量标准	具 体 描 述
1	覆盖范围	覆盖全厂主要部门：中控室、厂长室、生产处、水质处、技术处等
2	人机界面	界面友好、操作简单
3	功能完善	具备资源共享、通信功能、数据查询、实时管理、信息发布、均衡负载等功能
4	网络安全	具备有效的网络安全措施，如设备冗余、防火墙技术等
5	带宽和网速	有合理的带宽和网速，能满足企业的需求
6	容错功能	采用具有容错功能的服务器及网络设备
7	系统备份	采用数据备份、数据日志、故障处理等系统故障对策功能
8	体系结构	开放的体系结构，提供标准的程序接口，支持二次开发的维护管理

16.6　各系统的集成整合和竣工验收

16.6.1　各系统的集成整合

在自动化和信息化领域中，每个系统都具有自己的功能和特点，当这些系统独立运行时，它们是一个个的信息孤岛，无法享用其他系统的数据和信息，也得不到其他系统的支持和帮助。在这种情况下，它们各自的作用是很有限的。

集成整合以后，它们就升华成为一个新的整体，能够完成原先无法实现的功能。

1. 集成整合的内涵

水厂自动化和信息化的各个子系统往往是由不同的开发商分别完成的，这些子系统之间往往有独立的开发思想、不同的系统结构、各自的数据库系统、各异的人机界面。在没有集成整合之前，它们只是一个个的信息孤岛。现在这些子系统都集中到水厂，如何才能使它们协调工作、发挥最大的作用呢？

集成整合是要完成各系统中不同属性的信息资源的统一整合管理，使资源达到充分共享，实现集中、高效、便利的管理。

集成整合的目标是系统功能的提升和新功能的开发，达到 $1+1>2$ 的整体效果。

集成整合的范围包括水厂的 10 个子系统：监测与控制系统、办公自动化系统、设备管理系统、水质管理系统、动态数学模型系统、视频监控系统、周界报警系统、门禁/巡更系统、防雷与接地系统、突发事件处理系统。

2. 集成整合的内容

集成整合实现的关键在于解决系统之间的互联和互操作性问题。系统集成的内容见表16-76 所示。

系统集成内容表　　　　　　　　　　　　　　　　表 16-76

序号	集成内容	具 体 描 述
1	数据集成	1. 定义统一和标准的格式，采用适用的交换技术实现数据的交换和共享。 2. 交换方式包括子站系统间的数据交换、上下级间的数据交换、管理系统与外部网络的数据交换。 3. 为保证互联互通、信息共享和业务协同的要求，应建立和完善基础数据分类与编码标准、数据格式、信息发布规范、数据交换协议等统一标准
2	应用集成	1. 为应用系统的开发建立统一的数据源和集成数据环境，完成企业应用整合。 2. 在各系统集成整合的基础上，开发出原先单个系统无法实现的功能，这是衡量集成整合效果最重要的标准
3	网络集成	网络层次的互通互联是实现系统集成的前提和基础。应遵从国家相关政策和标准，统一规划，采用标准协议实施建设
4	安全集成	系统集成的各个层面需要安全保障，系统建设和集成项目实施时应遵循国家信息安全相关标准

3. 集成整合的方法

各个系统的数据库不同、网络结构不同、通信规约不同，实现不同系统之间的集成整合是有一定难度的。一般的做法是，在各系统之上，建立一个统一的数据中心和统一的信息平台。

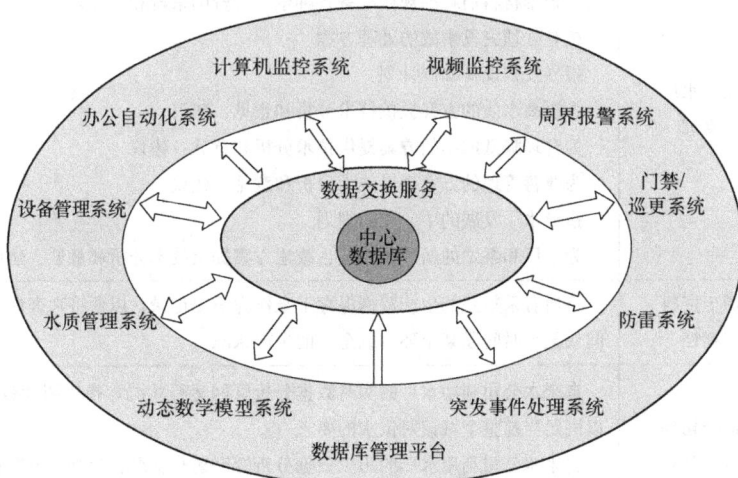

图 16-24　各系统的集成整合框图

数据中心的结构包括：数据仓库、管理平台、访问平台、信息门户四部分，网络是数据中心的交换平台。建立统一的数据中心后，在网络环境下实现各子系统的互联交换和资源共享。

统一的信息平台可以根据需要调用辅助与支持系统提供的数据资源和处理工具，它是各系统集成整合的关键。在统一的信息平台上，通过数据共享机制、数据安全机制、访问控制机制，各客户端交换数据。

集成整合的结构：包括主机及操作系统、数据库管理系统、中间件管理系统、数据存储系统、数据备份系统、网络安全及管理系统等六部分。

4. 衡量标准

系统集成要做大量细致、详细的调查研究工作，还要有较大的投入。衡量集成整合成功的最重要标准是功能的提升。系统集成的衡量标准见表 16-77 所示。

系统集成衡量标准表　　　　　　　　　　表 16-77

序号	衡量标准		具 体 描 述
1	数据集成		各系统的数据运行在统一的平台上，通过制定统一的数据标准，采用统一的结构、编码，实现对数据的统一管理
2	信息集成		各系统的信息采用统一的标准，规范和编码，实现各系统间信息共享，进而可实现相关软件间的交互和有序工作
3	应用集成		为应用系统的开发建立统一的数据源和集成数据环境，完成企业应用整合，实现在各种网络环境下的信息同步、数据转换和流程处理
4	功能	科学调度水厂生产	安排全厂的生产运行，指挥各工序的工作，检查生产任务的完成情况，解决生产过程中的矛盾和问题 能提出两种或更多的经济调度方案，并进行比较
		动态调整生产状况	了解和掌握厂区内所有系统和关键设备的生产和运行情况，根据需要随时对生产状况进行调整，满足向社会供水的需要
		指导水厂管理	根据设备故障的规律和频率储存备品备件；根据供水规律安排生产及设备检修方案；根据材料消耗的规律准备各种生产物资的采购和贮存等 指导处理突发事故的处理方案 指导安排设备维修计划 为提高水质的方案提供技术分析和意见、建议 为合理降低成本的方案提供技术分析和意见、建议 为改善管理的方案提供技术分析和意见、建议 指导水厂发展的中、长期规划 为水厂和泵站的新建、扩建、改建方案提供技术分析和意见、建议
		历史资料存档	将所有采集到的生产数据保存下来作为历史记录，以便将来查询和了解某一个时间或某个时间段某个环节或全厂的生产状况
		向公司提供资料	自来水公司利用水厂的实时数据分析管网运行状况，指挥调度各个水厂的运行，以满足当前整个城镇对供水的要求 自来水公司利用水厂的历史数据分析管网运行状况，为管网改造和供水设施的新建、改建或扩建提供重要的分析判断依据

16.6.2 工程的竣工验收

自动化和信息化一般应在试运行 1～3 个月后进行竣工验收。

竣工验收是系统建设的最后阶段，它是全面考核项目建设成果，检验设计和施工质量的重要步骤。通过工程验收，可以将工程立项直到工程竣工较长时间内的工程全部资料、图纸较整齐地保留下来，同时也便于明确工程责任。

验收依据

水厂自动化系统工程竣工验收的依据有：项目合同书，设计文件，施工图纸和说明书，图纸会审记录，设备技术说明书，系统施工过程中发生的设计变更，验收大纲，工程洽商单，性能测试报告，现行的施工技术验收标准及规范等。

1. 工程验收标准

(1) 国家颁布的施工验收规范、质量检验标准：

1)《自动化仪表安装工程质量检验评定标准》GBJ131—90

2)《自动化仪表工程施工及验收规范》GB 50093—2002

3)《电气装置安装工程施工及验收规范》GB 50254～50259—96

4)《建筑与建筑群综合布线系统工程验收规范》GB/T 50312—2007

(2) 工程合同；

(3) 经审查通过的设计文件；

(4) 国家有关法律、法规、规章和规范性文件。

2. 验收步骤

自动化系统工程项目的验收应分为系统测试、系统试运行、初步验收、正式验收、竣工交接五个步骤，如图 16-25 所示。

(1) 系统测试

1) 依据国家相关技术规范和设计文件，由工程监理单位组织第三方专家对工程进行全面测试。

2) 测试报告应准确、公正、完整、规范，既有定性的功能评价，也有定量的技术指标。

3) 未经测试或未通过测试的工程项目都不能实施工程验收。

(2) 系统试运行

1) 系统调试开通后，至少应 15～30d 试运行，并做好试运行记录。

图 16-25 工程验收步骤流程

2) 业主单位应依据试运行记录，提出系统试运行报告。内容包括：系统运行起讫日期，试运行是否正常；故障（包括误报警，漏报警）产生的次数，原因和排除故障的日期；系统功能是否符合设计要求以及综合评述。

3) 试运行期间设计、系统集成及工程监理单位应配合业主单位，建立系统的值勤，操作和维护管理制度。

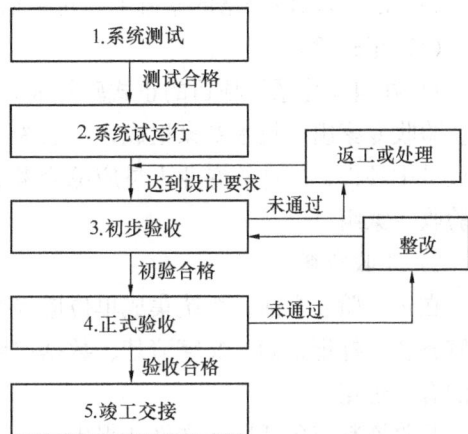

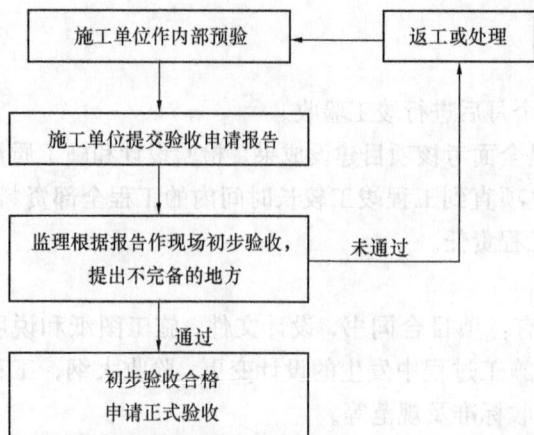

图 16-26　工程初步验收流程

工程项目完成后，正式要求监理工程师验收前，施工单位应组织内部预验收。预验收应邀请监理工程师参加。

2）提交验收申请报告

在系统正式竣工验收前，施工单位应向监理部门提交竣工验收申请报告。监理部门收到验收申请报告后，参照工程合同规定的技术条件、验收标准等，进行仔细的审查。

3）初步验收

监理工程师审查验收申请报告后，若认为可以进行验收，则应由监理部门对竣工的项目进行初步验收，在初步验收中发现的施工质量问题，应及时以书面形式通知施工单位，并令其按有关的质量要求进行修理或返工。

4）在初步验收合格的基础上，可由监理部门申请正式验收。

（4）正式验收

1）在自动化系统项目的正式验收前，应由建设单位组织相关专家成立工程验收专家组。验收专家组由技术专家组成，一般为 3～7 人，推选组长，副组长各一名。验收专家组成员中硬件、软件等专业人员应综合考虑，配备齐全，不利于验收公正性的人员不得参加验收专家组。

2）验收资料

在正式验收之前，系统集成单位应提供完整的验收资料，验收资料应保证质量，做到内容齐全、标记正确、文字清楚、数据准确、图文表一致，图样的绘制应符合国家相关规范的有关规定。

验收资料应包括以下文件和报告：

设计任务书（工程立项批准文件）；

项目验收申请报告；

工程招标书/工程投标书（系统集成商施工相关资质证书材料）；

工程施工中标通知书；

工程施工合同（含工程预算表）；

设计图纸、资料及工程竣工图和工程说明；

4）试运行应达到设计要求并为业主单位认可。

5）建设单位应在工程通过测试合格和试运行后 1 个月内向上级主管部门提出验收申请。

6）自动化系统一般应在试运行 1～3 个月后进行竣工验收。

（3）初步验收

初步验收应由监理工程师牵头、项目经理配合进行，按图 16-26 所示的工作程序进行：

1）内部预验

设备及制造厂提供的产品说明书、试验记录、合格证件及安装图纸等技术文件，系统软件及应用软件，电缆清册等明细表；

隐蔽工程记录，包括直埋电缆输电线路的敷设位置图，比例宜为 1∶500。图上必须标明各线路的相对位置、电缆型号、规格及其实际敷设总长度和分段长度、电缆终端和接头的形式及安装日期、电缆终端和接头中填充的绝缘材料名称、型号；

仪表设备的检验调校记录；

系统各项技术性能的测试记录，测试过程中的故障和修复记录；

工程变更通知书，设备，材料代用单和合理化建议；

未完工程项目明细表；

数据及数据库设计说明书；

工程集成单位的建设施工报告；

工程监理单位的监理工作报告；

工程试运行报告；

测试报告；

系统操作手册；

系统维护手册；

设备随机资料（手册或说明书等）；

汇总技术资料；

设备清单；

所有软件备份（光盘）；

竣工图及说明；

项目决算。

3）参加正式验收会议的单位有业主、设计单位、施工单位、监理部门、验收专家组。验收会应由专家组组长主持，按下列程序进行：

4）验收专家组的职责如下：

a. 听取工程施工单位的建设施工报告、监理单位的工程监理工作报告、业主单位的工程试运行报告；

b. 认真阅读项目验收的全部资料；

c. 以经批准的项目可行性报告、合同文本或计划任务书约定的内容和考核目标为基本依据，逐项进行审查；

d. 对系统的主要技术参数进行抽检和测试；

e. 当发现系统有重大缺陷或明显不符合要求时，应向系统集成单位提出质询，并视答辩情况决定验收工作是否继续进行；

f. 对计划任务完成情况、经费使用的合理性、

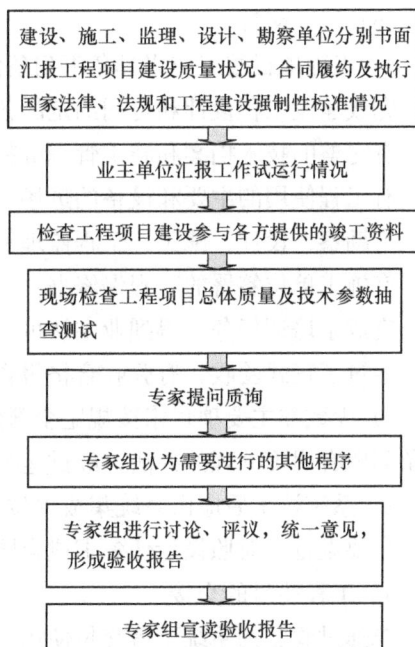

建设、施工、监理、设计、勘察单位分别书面汇报工程项目建设质量状况、合同履约及执行国家法律、法规和工程建设强制性标准情况

↓

业主单位汇报工作试运行情况

↓

检查工程项目建设参与各方提供的竣工资料

↓

现场检查工程项目总体质量及技术参数抽查测试

↓

专家提问质询

↓

专家组认为需要进行的其他程序

↓

专家组进行讨论、评议，统一意见，形成验收报告

↓

专家组宣读验收报告

图 16-27　工程正式验收流程

项目产生的科技成果水平、应用效果和对经济与社会的影响、实施的技术路线、攻克关键技术的方案和效果、知识产权的形成和管理、用户培训、系统运行维护及升级等做出客观的、实事求是的评价；

g. 对系统建设中存在的主要问题提出整改意见和建议；

h. 对系统作出正确、公正、客观的评价和验收结论。

5）验收结论

A. 验收报告的结论分为"通过验收"、"整改后再验收"和"不通过验收"三种，具体标准如下所示：

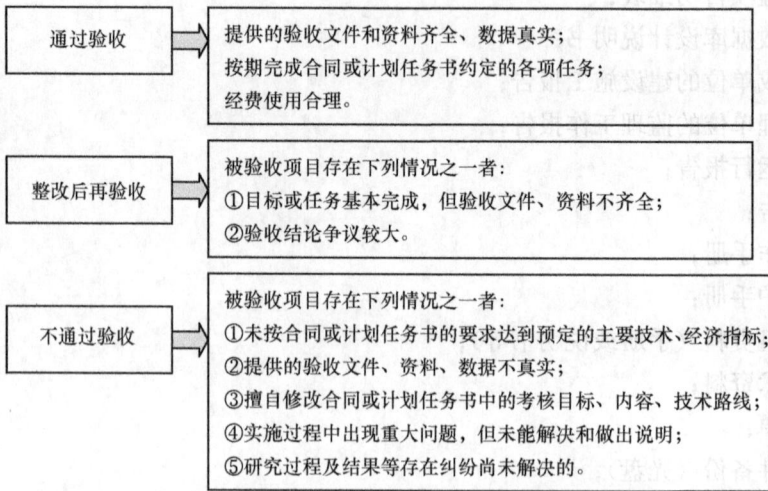

通过验收	提供的验收文件和资料齐全、数据真实； 按期完成合同或计划任务书约定的各项任务； 经费使用合理。
整改后再验收	被验收项目存在下列情况之一者： ①目标或任务基本完成，但验收文件、资料不齐全； ②验收结论争议较大。
不通过验收	被验收项目存在下列情况之一者： ①未按合同或计划任务书的要求达到预定的主要技术、经济指标； ②提供的验收文件、资料、数据不真实； ③擅自修改合同或计划任务书中的考核目标、内容、技术路线； ④实施过程中出现重大问题，但未能解决和做出说明； ⑤研究过程及结果等存在纠纷尚未解决的。

B. 验收报告应由验收组长和副组长签字，作为重要档案存档。

（5）竣工交接

1）工程项目竣工应当具备下列条件：

完成建设工程设计和合同约定的各项内容；

有完整的技术档案和施工管理资料；

有工程使用的主要和设备的进场试验报告；

有勘察、设计、施工、工程监理等单位分别签署的质量合格文件；

有施工单位签署的工程保修书；

完成了培训任务，得到业主认可；

通过了正式验收，有验收合格报告。

2）少数非主要项目未按规定全部建成，经业主单位与设计，系统集成单位协商，对遗留问题有明确处理的办法，经试运行并为业主单位认可后，也可视为竣工。

3）系统竣工后应由系统集成单位写出竣工报告。竣工报告内容包括：工程概况，安装的主要设备，对照设计任务书或合同所完成的质量评估，提出维修服务条款等。

4）工程项目的交接

未通过验收的系统不得交付使用。

工程验收合格后，应及时办理项目的交接，将工程项目的所有权移交给业主单位。以便使项目早日投产使用,充分发挥效益。

3. 工程的回访与保修

回访保修的责任应由承包人承担,承包人应建立施工项目交工后的回访与保修制度,听取用户意见,提高服务质量,改进服务方式。

承包人应建立与发包人及用户的服务联系网络,及时取得信息,并按计划、实施、验证、报告的程序,搞好回访与保修工作。

保修工作必须履行施工合同的约定和"工程质量保修书"中的承诺。

16.7 中控室与计算机房

16.7.1 一般要求与基本配置

1. 一般要求

对水厂中控室和计算机房的一般要求可以归纳如表 16-78 所示。

中控室和计算机房的一般要求表　　　　　　　　　　表 16-78

序号	项　目	中　控　室		计　算　机　房
1	环境	交通通信方便,自然环境清洁		
		远离粉尘、油烟、有害气体		
		远离强震源和强噪声源		
		避开强电磁场干扰		
2	室内	安装空调,铺设防静电地板		
		温度	冬季（℃）	20 ± 2
			夏季（℃）	26 ± 2
			变化率<（℃/h）	5
		相对湿度	相对湿度（%）	40—50
			变化率<（%/h）	6
		噪声	<（dB）	55
		尘埃	<（mg/m³）	0.2（粒径<10μm）
		H_2O	<（ppb）	10
		SO_2	<（ppb）	50
		Cl_2	<（ppb）	1
		无线电干扰场强	≤（dB）	126 （在频率为 0.15~1000MHz 时）
		磁场干扰场强	≤（A/m）	800
		地板表面垂直及水平向的振动加速度值	≤（mm/s²）	500
		绝缘体的静电电位	≤（kV）	1

899

续表

序号	项目	中 控 室	计 算 机 房
3	面积（m²）	＞60	＞25
		办公和辅助房面积＞90	办公和辅助房面积＞35
		（10 万 t/d 以下规模的水厂可酌减）	
4	布置	两相对机柜之间的距离不小于 1.5m	
		机柜侧面距墙不小于 0.5m	
		走道净宽不小于 1.2m	
5	安全	安装可靠的避雷设施	
		配备有效的灭火消防器材	
6	接地	等电位接地，接地电阻＜1Ω	
7	装修	铺设防静电地板	
		吊顶用吸声材料	
		墙壁避免眩光	
8	硬件配置	中控主机	数据库服务器
		视频监控主机	Web 服务器
			文件服务器
		以太网交换机	
		UPS 电源	
		大屏幕	磁盘阵列
		打印机	机柜
9	软件配置	系统软件	操作系统
			网络通信软件
			系统诊断程序
			人机交互接口
		应用软件	数据库
			组态软件
			管理软件
			通信软件
			接口软件

　　水厂中控室的具体位置，既可以安排在水厂综合楼，也可以安排在滤池值班室或出水泵房值班室，用户可从结合水厂的管理和实际情况综合比较后进行选择。而计算机房的具体位置一般都选在水厂综合楼。

2. 抗干扰措施

　　为了保证自动化和信息化的正常运行，中控室和计算机房应该建立有效的抗干扰措施。

　　干扰信号有各种不同的来源，如表 16-79 所示。

干扰信号的来源 表 16-79

序号	干扰源	具 体 描 述
1	传导	系统的输入端由于滤波二极管等元器件的特性变差，引入传导感应电势
2	静电	动力线路或动力源产生电场，通过静电感应到信号线，引入干扰
3	电磁	在动力线周围的信号线，受电磁感应产生感应电动势
4	信号线耦合	信号线因位置排列紧密，通过线间耦合，感应电势并引入干扰
5	接地不妥	当有两个或两个以上的接地点存在时，由于接地点电位不等或其他原因引入不同的电位差
6	连接电势	不同金属在不同温度下产生热电势

干扰信号的传播方式见表 16-80 所示。

干扰信号的传播方式 表 16-80

序号	传播方式	具 体 描 述
1	空中辐射	以电磁波的方式在空中传播
2	电磁感应	通过线间电感传播
3	静电感应	通过线间电容传播
4	线路传播	通过电源网络传播

针对干扰信号的传播方式，可以制定有效的抗干扰措施，见表 16-81 所示。

抗干扰的措施 表 16-81

序号	抗干扰措施	具 体 描 述
1	屏蔽	屏蔽可以抑制和削弱电磁感应和静电感应传播的干扰
2	滤波	滤波可以削弱空中辐射和线路传播方式传播的干扰
3	接地	接地可以消除或削弱线路传播方式传播的干扰。 导线屏蔽层、仪表盘、机柜、仪表外壳、配电盘、金属接线盒、汇线槽、导线穿管及铠装电缆的铠装层等应采用保护性接地。应该指出，导线屏蔽层应在一处接地
4	合理布线	合理布线可以抑制和削弱电磁感应和静电感应传播的干扰。 采用加大信号线与电源动力线之间的距离，尽可能不采用平行敷设的方法。 系统的供电应通过分电盘与其他电源完全分隔，在布线中途，不允许向系统外部设备供电。 尽量把信号线和动力线的接线端子分开，以防止由于高温高湿或长期使用造成接线端子绝缘下降，从而引入耦合干扰
5	选择电缆	光缆完全克服了电磁干扰和静电干扰的影响。 绞合线可使感应到线上的干扰电压按绞合的节据相互抵消，使信号线端子间不出现干扰电压，与平行线相比，绞合线的干扰可降低约两个数量级。 采用金属导体为屏蔽层的电缆可以使信号线与动力线之间的电容减至接近零，从而抑制静电感应干扰。 用金属管敷设信号线的方法也可以抑制电磁干扰，可降低电磁感应干扰一个数量级，采用金属管接地还能降低静电感应的影响。 最佳的选择是光缆。不然宜采用聚氯乙烯绝缘的双绞线与外层屏蔽为一组的多组电缆

16.7.2 主要设备的性能要求

1. UPS 电源

UPS 按工作原理可分成后备式、在线式与在线互动式三大类，其性能特点如表 16-82 所示。

不同 UPS 电源的性能特点 表 16-82

类 别	工 作 过 程	性 能 特 点
后备式	市电正常时直接由市电向负载供电；当市电超出其工作范围或停电时，通过转换开关转为电池逆变供电	没有稳压，切换时间为 10ms 左右，输出波形一般为方波。 具有结构简单而具有价格便宜，可靠性高等优点
在线式	市电正常时，由市电进行整流提供直流电压给逆变器工作，由逆变器向负载提供交流电；在市电异常时，逆变器由电池提供能量，逆变器始终处于工作状态，保证无间断输出	有很宽的输入电压范围，基本无切换时间，输出电压稳定精度高，能够持续零中断地输出纯净正弦波交流电，能够解决尖峰、浪涌、频率漂移等电源问题，适合对电源要求较高的场合。 成本较高。目前，功率大于 3kVA 的 UPS 几乎都是在线式 UPS
在线互动式	市电正常时，直接由市电向负载供电，当市电偏低或偏高时，通过 UPS 内部稳压线路稳压后输出；当市电异常或停电时，通过转换开关转为电池逆变供电	具有滤波功能，抗市电干扰能力很强，转换时间小于 4ms，逆变输出为模拟正弦波，能配备服务器、路由器等网络设备，或者用在电力环境较恶劣的地区

UPS 电源有山特、APC、阳光等主流品牌。对 UPS 电源的基本要求如表 16-83 所示。

UPS 电源的基本要求 表 16-83

序号	项 目	基 本 要 求
1	输出波形	正弦波，谐波失真≤3%
2	输入电压	220VAC±10% 或 380VAC±10%
3	输出电压	220（1±2%）VAC
4	输出频率	50（1±0.2%）Hz
5	干扰抑制能力	共模干扰抑制≥60dB，差模干扰抑制≥80dB（2）
6	蓄电池	密闭式免维护电池，额定负载下供电时间为 30 分钟
7	报警输出	带失电、电池电量不足等故障报警和继电器输出
8	过载能力	125% 时 10min，150% 时 30s
9	运行环境	温度：0℃～40℃（室内），相对湿度：0%～95% 无凝露
10	平均无故障时间	≥50000 小时

蓄电池是 UPS 系统中的一个重要组成部分，一般分为铅酸电池、铅酸电池免维护电

池及镍镉电池等，它们各自的特点如表 16-84 所示。

蓄电池的种类和优缺点

表 16-84

种 类	概 述	优 缺 点
铅酸电池	一般型电池，也称为汽车电池	需加水维护； 期望寿命 1～3 年； 充放电时会产生氢气，安置地点须设置排风管以免造成危险； 电解液呈酸性，会腐蚀金属； 需经常加水维护； 价格低廉
铅酸电池免维护电池	新型电池	无需加水； 期望寿命一般为 5～7 年； 密封式充电不会产生任何有害气体； 摆设容易，不需考虑安置地点通风问题； 免保养，免维护； 放电率高，特性稳定； 价格较高
镍镉电池	高级电池，用于特殊场合及特殊设备	需加水； 期望寿命 20～40 年； 水为介质，充放电不会产生有害气体； 失水率低，但需要固定时间加水及保养； 放电特性最佳； 可放置于任何恶劣环境； 价格很高

蓄电池的优劣直接关系到 UPS 系统的可靠程度，考虑到负载条件、使用环境、使用寿命及成本等因素，一般 UPS 都选择铅酸电池免维护电池。

2. 大屏幕

由于水厂所属行业的特殊性，上级部门及同行参观的机会很多，水厂中控室里一幅靓丽、艳美的大屏幕就成为人们关注的焦点和被青睐的对象。

大屏幕通常有模拟屏、LCD 投影仪和 DLP 屏幕三种，它们的显示效果、投资造价、使用寿命各不相同。

（1）模拟屏

模拟屏是根据用户需要、定制开发的固定屏幕。屏面上的工艺流程、设、文字及管线采用数码图文输出，利用动态数据交换技术完成数据的实时显示，每个数字显示点都由独立的高速处理芯片完成。

模拟屏的优点是显示简单清晰、使用维护方便。缺点是显示内容单一，更改较困难。

（2）LCD 投影仪

LCD 是液晶显示器（Liquid Crystal Display）的英文简称。LCD 投影仪是液晶显示技术和投影技术相结合的产物，它利用了液晶的电光效应，通过电路控制液晶单元的透射率及反射率，从而产生不同灰度层次及多达 1670 万种色彩的靓丽图像。

903

LCD 投影仪的工作原理是：光线通过滤光片和多镜头镜片将光线均匀化，并将超高压汞灯产生的圆锥形光线校正为和投影图像近似的矩形光线，光线通过分光镜分为红、绿、蓝三原色并被分别反射到相应的液晶片上，通过电路板驱动，液晶片上的各像素点有序开闭，产生了图像，并通过对每原色光的调校产生了丰富的色彩，最后三路光线最终汇聚在一起，由镜头投射出去形成动态图像。

LCD 屏幕色彩丰富、显示方式多样，图形、文字、动画、电视等画面均有强烈效果，而且亮度高、寿命长。

LCD 投影仪的生产厂家主要为日韩厂商，主流产品如表 16-85 所示。

LCD 投影仪的主流产品　　　　　　　　　　　表 16-85

国　别	品　牌	开　发　商
日　本	Sony（索尼）	日本索尼株式会社
	Epson（爱普生）	日本精工爱普生公司
	NEC	日本电气公司
	SANYO（三洋）	日本三洋电器集团

（3）DLP 屏

DLP 是数字光处理（Digital Light Procession）的英文缩写。这种技术要先把影像信号经过数字处理，然后再把光投影出来。

DLP 的工作原理是：通过超高压汞灯发射出的冷光源通过冷凝透镜，将光均匀化，经过处理后的光通过一个色轮分解为红、绿、蓝三色，再将色彩从透镜投射在数字微镜芯片 DMD 上，最后经过投影镜头在投影屏幕上成像。

DLP 显示屏可以提供 1670 万种颜色和 256 段灰度层次，它的优点是图像逼真自然、极快的响应时间、很高的分辨率和很高的可靠性，缺点是昂贵的价格。

（4）性能比较

几种大屏幕的性能比较见表 16-86 所示。

几种大屏幕的性能比较　　　　　　　　　　　表 16-86

序号		模拟屏	LCD 投影仪	DLP 屏
1	亮度（ANSI 流明）≥		2000	900
2	对比度≥		300：1	2000：1
3	分辨率（dpi）≥		1024×768	1024×768
4	造价	中	低	高

从综合比较看，模拟屏存在着显示内容单一、更改困难的缺点；DLP 存在着造价高昂的弊病；而成本较低、显示内容丰富、又不失档次感的 LCD 投影仪最能成为一般水厂中控室的首选。

从实用角度看，中控室里的电脑显示屏已经足够满足显示需要，不必再配置模拟屏、投影仪、DLP，它们仅仅是增加了中控室的观赏性。

3. 打印机

目前通用的打印机有针式打印机，喷墨式打印机，激光打印机三种。它们的衡量指标如表 16-87 所示。

打印机性能指标 表 16-87

	针式打印机	喷墨打印机	激光打印机
打印方式	24 针击打式点阵	喷墨	激光
分辨率（dpi）≥	360	1200	1200
打印速度≥	中文：100 字/s	黑白/彩色：14ppm/10ppm	21ppm
噪声＜	57dB	50dB	55dB
MTBF≥	10000h		
接口	USB 接口/IEEE-1284 双向并口		

打印机的主流产品如表 16-88 所示。

打印机的主流产品 表 16-88

国　　别	品　　牌	开　发　商
美　　国	HP（惠普）	美国惠普公司
日　　本	Epson（爱普生）	日本精工爱普生公司
	Canon（佳能）	日本佳能公司
	Brother（兄弟）	日本兄弟工业株式会社
中　　国	lenovo（联想）	联想控股有限公司
韩　　国	Samsung（三星）	韩国三星集团

4. 磁盘阵列

自动化和信息化中的数据量非常巨大，特别是在视频监控系统中，为了保存一定时期的图像数据，对计算机硬盘存储量有很高的要求。如何增加磁盘的存取速度，如何防止数据因磁盘的故障而失落及如何有效地利用磁盘空间，一直是电脑专业人员和用户的困扰。磁盘阵列技术的产生一举解决了这些问题。

磁盘阵列是把多个磁盘组成一个阵列，当做单一磁盘使用，它将数据以分段的方式储存在不同的磁盘中，存取数据时，阵列中的相关磁盘一起动作，这样就大幅减低数据的存取时间，同时有更佳的空间利用率。

磁盘阵列的优点可以归纳为：提高了存储容量，提高了数据传输率。

磁盘阵列的基本技术参数是：平均传输率（MB/s）、最大存储容量（TB）、高速缓存、单机磁盘数量（个）、平均无故障工作时间（h）等。

5. 机柜

机柜是系统设备最直接的物理保护，能有序、整齐地排列设备，同时还屏蔽电磁干扰，方便以后维护设备。对机柜的主要要求如表 16-89 所示。

对机柜的主要要求　　　　　　　　　　　　　　　　　　　　　表 16-89

序号	要　求	具　体　描　述
1	强度	良好的承重能力,具有抗振动、抗冲击、耐腐蚀、防尘、防水、防辐射等性能,以便保证设备稳定可靠地运行。防护等级为 IP55
2	配置	配有安装用的起重吊耳,带有可锁上的前门,所有的门或出入口都用氯丁橡胶密封
3	机架化	能满足 IT 设备小型化、网络化、机架化的要求,提供适合的附件及安装配件
4	兼容性	能安装来自不同厂商的设备
5	通风散热	良好的通风散热设计,内置换气风扇,强制换气。 带风扇、温度故障报警和继电器输出
6	抗干扰	屏蔽、抗电磁干扰符合 IEC801 和国家相关标准要求
7	标准化	合乎标准化、规格化、系列化的要求。便于操作、安装和维修,能保证操作者安全
8	美观	造型美观、适用、色彩协调。 外壳用环氧树脂粉末静电喷塑,固化处理

机柜一般分为服务器机柜、网络机柜、PLC 机柜、控制台机柜,它们的尺寸规格如表 16-90 所示。

机柜尺寸规格　　　　　　　　　　　　　　　　　　　　　　表 16-90

种类	主要尺寸（mm）			主要配件
	高度	宽度	深度	
服务器机柜	1000、1200、 1400、1600、 1800、2000	600、750、800	600、800、900、 960、1000	专用固定托盘、专用滑动托盘、电源支架、地脚轮、地脚钉、理线环、水平理线架、垂直理线架、L 支架、扩展横梁、调速风机单元等
网络机柜				
PLC 机柜				
控制台机柜	根据图纸定做			

16.8　在线仪表

在线仪表是指安装在工艺现场,提供 24 小时连续测量的现场分析仪表。它们是水厂生产自动化和信息化的感觉器官,其正常运行具有十分重要的意义。

16.8.1　一般要求和基本配置

1. 一般要求

仪表的输出方式有两种。一是二线制输出,输出信号为 4～20mA 的直流电流信号,或 0～10V 直流电压信号,以对应校验量程中 0～100％的值;二是现场总线输出,这是以微处理器为基础的智能型仪表,如 RS232\RS485 输出接口等,其输出信号符合通用的现场总线标准。不管采用何种输出方式,在线仪表必须达到以下要求。

（1）具有长期连续检测、自动运算、线性校正、自动温度补偿、现场数字显示、故障诊断等智能化功能。

（2）信号输出优先采用标准 RS232\RS485 通讯接口,总线接口,DC4～20mA 模拟信号方式，并定期进行校验调整。

(3) 仪表外观完整、附件齐全，型号、规格及材质均符合设计规定。

(4) 工作环境温度为-10～+50℃，相对环境湿度≤90%。

(5) 传感器与变送器之间的连接电缆由生产厂商配套供应。

(6) 外壳有永久的标记，正确清楚地刻上或模压上该仪表的编号、型号、名称、主要性能等印记。

2. 基本配置

水厂各生产站对在线仪表的需求是不同的，一般情况下的配置如表 16-91 所示。

各站的在线仪表的配置 表 16-91

	生 产 站	配置的仪表
1	原水泵站	原水流量仪、浊度仪、pH 仪、温度仪、氨氮仪、溶解氧仪、化学需氧量仪等
2	加药站	SCD 仪、药液流量仪、液位仪等
3	沉淀池	液位仪、浊度仪等
4	滤池	气、水流量仪，每格配液位仪或水头损失仪，每组或每格配浊度仪等
5	清水池、吸水井	液位仪等
6	出水泵站	压力仪、流量仪、浊度仪、余氯仪、pH 仪、COD 仪、氨氮仪等
7	污泥处理站	液位仪、污泥浓度仪等
8	配电站	电压、电流、电度、功率因素仪等

根据检测对象的不同，在线仪表可分为过程仪表和水质仪表两类。水厂可以根据各自工艺的特殊情况，增加或减少需配置的在线仪表。

16.8.2 过程仪表

1. 压力仪

E+H PMC71，PMC41 压力变送器 表 16-92

名称	压力变送器	品牌	E+H	
规格型号			PMC41	
技术指标				

准确度：线性度优于设置量程的 0.2%。

传感器：干式电容陶瓷传感器，最高可测量 40bar，耐腐蚀耐磨损，抗过载能力高，真空密封。压阻式金属传感器，测量范围可达 400bar。

电子电路：模拟电路价格便宜测量准确，尤其是对快速的过程响应时间短。数字电路：智能型，通过 HART 协议传送通用操作程序。

外壳：无静止空间的不锈钢外壳，Cerabar M 满足食品与医药工业的特殊卫生要求。

工作电压：12.5～36VDC。

信号输出：4～20mA 二线制；2，0～20mA 三线制。

测量范围：

1. 相对压力：最大 0～40MPa，最小 0～1kPa；

2. 绝对压力：最大 0～40MPa，最小 0～10kPa；

3. 负相对压力：最大-0.1MPa ～+2.4MPa，最小-2kPa～+2kPa

工作 原理	介质压力直接作用于陶瓷膜片，正常的压力使膜片偏移 0.025mm，超压状态也只使膜片偏移 0.1mm，此时测量膜片贴到了陶瓷支架上，避免了损坏。膜片位移产生的电容量，由与其直接连接的电子部件检测、放大和转换为标准信号
安装 注意	1. 正确安装 　通常压力传感器的损坏都是由于其安装位置不恰当而引起的。如果将传感器强行安装在过小的孔或形状不规则的孔中，就有可能造成传感器的振动膜受到冲击而损坏。选择合适的工具加工安装孔，有利于控制安装孔的尺寸。另外，合适的安装扭矩有利于形成良好的密封。但是如果安装扭矩过高就容易引起传感器的滑脱，为防止这种现象发生，通常在传感器安装之前在其螺纹部分上涂抹防脱化合物。在使用这种化合物以后，即使安装扭矩很高，传感器也很难被移动。 　2. 检查安装孔的尺寸 　如果安装孔的尺寸不合适，传感器在安装过程中，其螺纹部分就很容易受到磨损。这不仅会影响设备的密封性能，而且使传感器不能充分发挥作用，甚至还可能产生安全隐患。只有合适的安装孔才能够避免螺纹的磨损（国内压力传感器螺纹标准 M20×1.5），通常可以采用安装孔测量仪对安装孔进行检测，以做出适当的调整。 　3. 保持安装孔的清洁 　保持安装孔的清洁并防止堵塞对保证设备的正常运行来说十分重要。 　4. 选择恰当的位置 　尤其是高温熔体压力感器在挤出机合作如果安装位置太靠近生产线的上游时，未熔融的物料可能会磨损传感器的顶部；如果传感器被安装在太靠后的位置，在传感器和螺杆行程之间可能会产生熔融物料的停滞区，熔料在那里有可能产生降解，压力信号也可能传递失真；如果传感器过于深入机筒，螺杆有可能在旋转过程中触碰到传感器的顶部而造成其损坏。一般来说，传感器可以位于滤网前面的机筒上、熔体泵的前后或者模具中。 　5. 保持干燥 　尽管传感器的电路设计能够经受苛刻的挤出加工环境，但是传感器也不能绝对防水，在潮湿的环境下也不利于正常运行。因此，需要保证挤出机机筒的水冷装置中的水不会渗漏，否则会对传感器造成不利影响。如果传感器不得不暴露在水中或潮湿的环境下，就要选择具有极强防水性的特殊传感器。 　6. 避免低温干扰 　在挤出生产过程中，对于塑料原料而言，从固体到熔融状态应当具有充足的"浸透时间"。如果挤出机在开始进行生产前还没有达到操作温度，那么传感器和挤出机都会受到一定程度的损坏。另外，如果传感器从冷的挤出机上被拆除，材料就可能黏附在传感器顶部引起振动膜的损坏。因此，在拆除传感器之前，应确认机筒的温度足够高，机筒内部的物料处于软化状态下。 　7. 防止压力过载 　即使传感器测压范围的过载设计最高能够达到 50%（超出最大量程的比率），从设备运行的安全角度考虑也应该尽量避免冒险，最好选择被测压力处于量程范围之内的传感器。在通常情况下，所选传感器的最佳量程应该是被测压力的 2 倍，这样即使挤出机在极高的压力下运行，也能避免传感器受到损坏
日常 维护	1. 定期检测传感器示数与输出数值是否在误差范围内。 2. 在一些容易脏的地方要注意传感器探头是否堵塞。 3. 在室外安装的传感器定期检查避雷线是否接好，防潮工作是否做好
故障 分析	1. 数值不稳定上下波动大 可能原因：传感器堵塞、管道内压力本来就不稳、传感器已损坏。 2. 现场数值与上位机有较大偏差 可能原因：数据传输有干扰、输出模块损坏（很少发生）

备品 备件	名　　称	数量（牛）	品　　牌	备　　注
	传感器	1个	E+H	

2. 流量计

表 16-93

开封电磁流量计

名称	流量计	品 牌	开 封	

规格型号	E-mag E			

技术指标	安装方式：一体型或分离型。 公称通径：$DN15\sim DN3000$。 精确度：$+0.2\%$。 测量范围：$1500:1$。 公称压力：$0.6\sim 40MPa$。 防护等级：IP65 IP67 IP68。 防爆标志：MdIIBT4、EExemd［ib］IICT3...T6。 语言菜单：英语、中文。 适用电源：$85\sim 265V.AC.$，$11\sim 40V.DC.$。 通讯方式：通讯接口配置有 RS232、RS485、HART、Profibus DP 和 Profibus PA		

$U=BDvK$

$U=$电极感应电动势	$B=$磁场强度	$D=$仪表管径	$v=$介质平均流速
$K=$传感器系数	$U\sim v$	$B=$补偿后值	$D=$固定值

$qv=\prod D2pv/4$

$qv=$体积流量	$U\sim qv$	感应电动势与体积流量成线性比关系

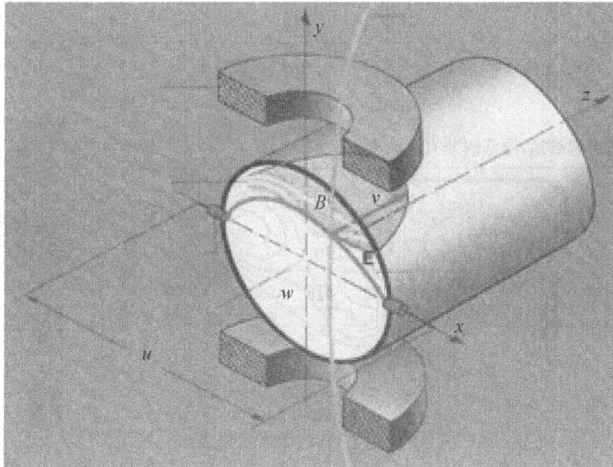

安装注意	具体安装方法由下图所示：		
	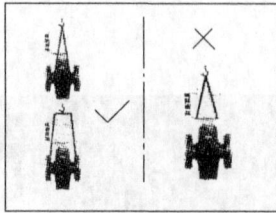 正确吊装	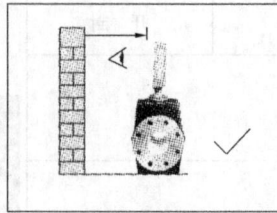 方便读数	 避开滴漏
	 防止曝晒	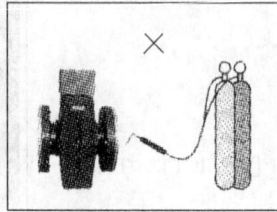 远离火焰	 避免强振
	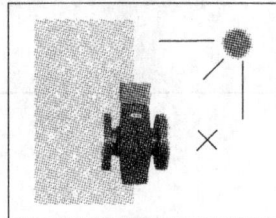 避免过大温差	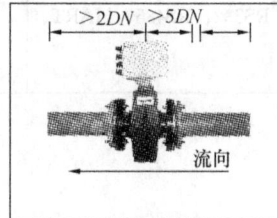 保证直管段要求	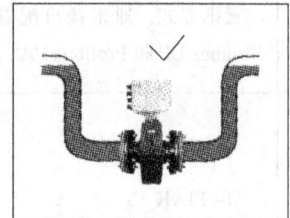 充满管道
	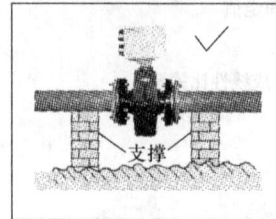 合理支撑	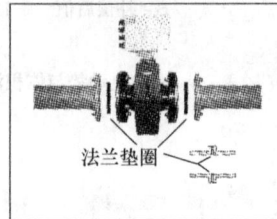 正确加装垫圈	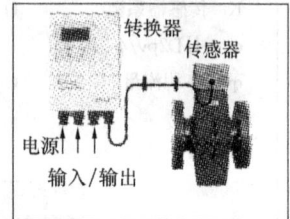 规范布线
	传感器与管道的连接，连线和地线		
	非金属管道,传感器装有接地电极。　　　　　非金属管道,传感器无接地电极。 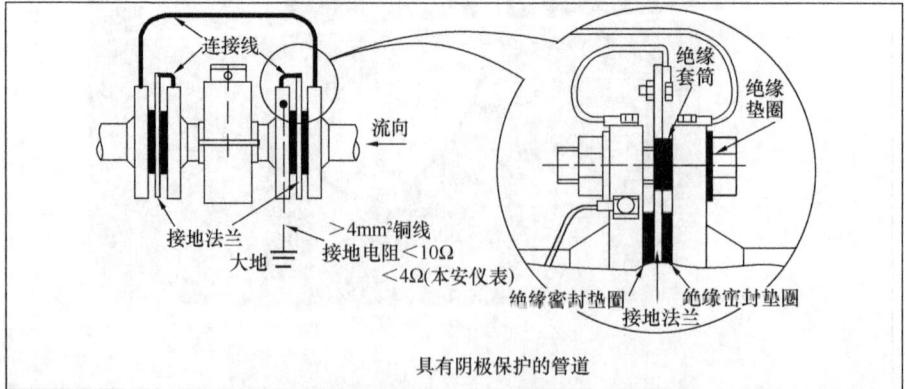 具有阴极保护的管道		

910

安装注意	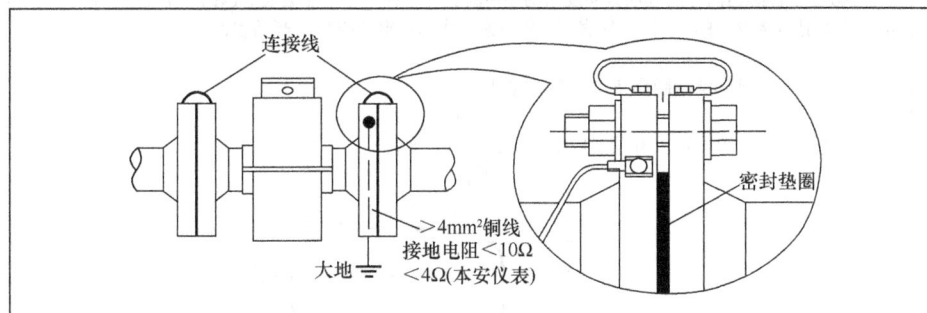金属管道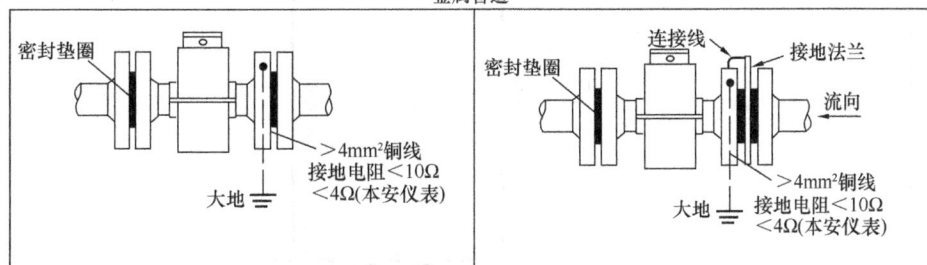
日常维护	1. 传感器个电阻检查 2. 转换器信号模拟比对

备品备件	名　称	数量（年）	品　牌	备　注
	转换器			

3. 液位仪

E＋H FMU230/231 超声波物位测量仪　　　　　表 16-94

名称	超声波物位测量仪	品牌	E＋H
规格型号	prosonic T FMU230，FMU231		
技术指标	参考工作条件： ■ 温度＝+20℃ ■ 压力＝1013mbar abs ■ 湿度＝60% ■ 理想的反射面（如平静、平坦的液体表面） ■ 信号波束内无干扰反射 测量值分辨率：3mm 测量误差：最大测量范围的 0.25%（包括线性、重复性和滞后） 脉冲频率：0.5~1Hz 反应时间：约 5s		

续表

工作 原理	Prosonic T 传感器向产品表面方向发出的超声波脉冲，在产品表面被反射返回并由传感器接收。Prosonic T 测量脉冲发射与接收间的时间 t，仪表用 t 和声速 c 计算传感器膜片与产品表面之间的距离。 $$D = c \cdot t/2$$ 用用户输入的已知空罐距离 E 计算物位如下： $$L = E - D$$ 一体化的温度传感器可以补偿温度变化引起的声速变化 E：空罐距离　　F：满量程（满罐距离）D：传感器到物料表面的距离 L：物位　　BD：死区距离
安装 注意	1. 安装探头是应保证最高物在探头以下，探头端应伸入罐内。 2. 注意安装角探头应与物面垂直避开加料扇区。 3. 不可在一个罐内同时装两个 ProsonicT。 4. 不可将探头安装于罐中心
日常 维护	1. 巡回检查 a. 及时了解仪表运行情况。　　b. 查看仪表指示值是否正常。 c. 查看仪表供电是否正常。　　d. 查看仪表是否漏液损坏和腐蚀。 e. 查看仪表保温伴热是否正常。 2. 定期维护 a. 仪表清洁工作。b. 定期进行压管排污。c. 定期进行校准

	现　　象	原　　因	处理方法
故障 分析	临界灯亮	信号发出后返回太快	检查探头及安装方法
	重波灯亮	信号发出后不能返回接受	测量介质有问题或更换新探头
	测量明显失真	受干扰或不稳定工作	重新精度调零

	名　　称	数量（年）	品　　牌	备　　注
备品 备件	液晶显示屏	1个	E+H	
	液位计	1个	E+H	

16.8.3　水质仪表

1. 浊度仪

（1）HACH 1720E 低量程浊度仪，如表 16-95 所示。

表 16-95

名 称	低量程浊度仪	品　牌	HACH	
规格 型号	1720E			

<table>
<tr><td rowspan="1">技术
指标</td><td colspan="4">

量程：0.0001～9.9999；10.000～99.999NTU；自动选择量程。

准确度：10～40NTU 时，读数的±2%或±0.02，取大者；40～100NTU 时，读数的±5%。

重现性：优于读数的±1.0% 或±0.002，取大者

响应时间：步进响应，初始响应为 1min，间隔响应 15s。

信号平均：6s，30s，60s，90s 用户可选；用户默认值为 30s。

样品流速：200～750mL/min。

工作温度：对于单传感器系统为 0～50℃，对于双传感器系统为 0～40℃。

样品温度：0～50℃。

模拟输出：0/4～20mA 可选。在 0～100NTU 范围内可编程。

继电器：3 只 SPDT，230VAC，5A；可设定点警报。

电源要求：100～230VAC，50/60Hz，自动选择；40VA。

进水管道：¼″NPT 内螺纹，¼″压缩配件（提供）。

排水管道：½″NPT 内螺纹，½″软管（提供）。

数字通讯：MODBUS/RS485，MODBUS/RS232，
LonWorks 协议（可选）。

标准方法：标准方法 2130B，USEPA 180.1，HACH 方法 8195。

外壳：NEMA-4X/IP66 控制器。

尺寸：浊度仪：(25.4×30.5×40.6) cm
</td></tr>
</table>

工作 原理	1720E 浊度计通过把来自传感器头部总成的平行光的一束强光引导向下进入浊度计本体中的试样。光线被试样中的悬浮颗粒散射，与入射光线中心线成 90 度的方向散射的光线被浸没在水中的光电池检测出。如下图：

安装 注意	1. 传感器电缆长度为 2m，可选购 7.62m，最大电缆长度为 9.62m。 2. Sc100 控制器能同时按两台浊度仪的探头，也可控制其他探头，如 pH 计等。 3. Sc100 控制器带有中文操作菜单。 4. 浊度仪本体原包装带有一瓶 20NTU 校准液，但不带进样管和排水管。 5. 在定安装位置时浊度仪探头上部至少应提供 254 毫米的空间拆下首部总成。 6. 更换灯泡时手不得直接接触灯泡。 7. 在调试过程中应注意以下几点： 输出　　　　4～20mA 量程　　　　需进行激活，与输出对应。 校准　　　　需校准 流量　　　　200～750mL/min，450mL/min
日常 维护	1. 清洗（建议每周至少清洗一次，视水质情况增加清洗次数） 　（1）光电池窗口的清洗 　经常检查光电池窗口以确定是否需要清洗。使用棉花或适当加柔和的清洁剂去除绝大多数的沉淀物和污物，不要使用含有磨料的清洗剂 　（2）清洗浊度计本体及气泡捕集器 　在持续使用后，浊度计本体内部可能聚积沉淀物。必须定期清洗本体及/或气泡捕集器。可能需要拆下 1720E 仪表的气泡捕集器及底板使清洗更容易进行。在每次进行校正之前也必须进行浊度计排液和清洗。 　（3）清洗浊度仪本体步骤 　a. 切断通过浊度计本体的水样。 　b. 从本体上拆下首部总成及气泡捕集器罩盖。垂直提起气泡捕集器把它拆下，并放在一旁单独清洗。 　c. 从浊度计本体底部拧下塞堵使本体排液。 　d. 重新装上排液塞堵，灌满本体清洗溶液直到溢水口高度。该清洗溶液可以含有稀释氯溶液（在 3.78L 水中放入 25mL 家用漂白液）或一种 诸如 Liqui-nox 的试验室用清洁剂（在 1L 水中放入 1mL 的清洁剂）。 　e. 使用一把软毛刷子清洗本体内各个表面。 　f. 再次拧下排液塞堵，并用经超滤过的去离子水彻底冲洗浊度计本体。清洗并重新安装塞堵。 　（4）清洗气泡捕集器 　a. 在一个足以容纳浸泡整个气泡捕集器的容器内准备一种清洗溶液。（按上面步骤 d 进行）。 　b. 使用试管刷子，清洗每个表面。 　c. 用经超滤过的去离子水彻底清洗气泡捕集器并把它重新安装在浊度计本体内。 　d. 重新安装气泡捕集器罩盖并在本体顶部安装首部总成。 　e. 恢复试样液流通过仪表。 　2. 校正 　在任一次重大维护或修理后，以及在正常运行中至少每三个月也进行复校。在初次使用前和每次校正前，浊度计本体和气泡捕集器必须彻底清洗和冲洗；或使用配套的校正量筒。用 StablCal® 校正步骤如下： 　（1）开启各种 StablCal 标准溶液瓶之前先轻轻地来回倒置瓶子一分钟，不要用力摇动，避免产生气泡。这样能确保标准溶液有一个恒定的浊度。 　（2）进入 MAIN MEMU（主菜单），按确认键。 　（3）进入 SENSOR SETUP（传感器启动），选择传感器，按确认键。 　（4）进入 CALIBRATE（校正），并按确认键。 　（5）OUTPUT MODE，选择仪表输出方式为 HOLD。 　（6）向圆筒或仪表本体灌入 20NTU 标准溶液，重新安装首部，按确认键后测量结果读数被显示，校正合格，仪表显示 GOOD CAL。（如果让 20.0NTU StablCal 标准溶液停留在校正圆筒或浊度计本体十五分钟以上，在使用之前必须再混合：轻轻地使其在校正圆筒里涡动，以确保一个始终如一的浊度。） 　（7）用 20NTU 标准校正模块进行校验，并选择干态校验状态。校验成功，退出主菜单。 　（8）使用完标准液后，所有的标准液都要废弃掉。绝对不要把标准液再倒回它原来的容器，则会造成污染。 　3. 更换灯泡 　（1）切断浊度计仪表的电源，拔下连接器接头，断开灯泡引线

日常维护

（2）等灯泡已经冷却后，按如下步骤拆卸：

a. 戴上棉布手套保护您的双手并避免把手印留在灯泡上。

b. 抓住灯泡。

c. 逆时针方向旋转灯泡，轻轻地向外拽，直到它离开灯口。

d. 通过灯口内的孔拉出灯泡引线和连接器。不要用赤裸的双手触摸一个新的灯泡。这样会造成灯泡被侵蚀，灯泡寿命被减少。戴上棉布手套或用一张纸巾抓住灯泡以避免污染灯泡。如果发生了污染，使用异丙醇擦拭玻璃泡部分。按上述各项说明相反顺序重新安装灯泡，把金属灯泡接口上的凹槽对准灯座内的孔。

4. 熔断器更换

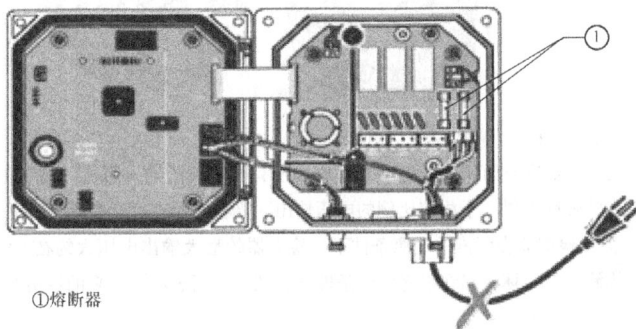

①熔断器

①熔断器

控制器包括两个电源熔断器

（1）切断控制器的电源（包括切断带电的各个继电器）。

（2）完全拧松罩盖内的所有 4 个螺钉，打开控制器。

（3）拆下高电压隔板。

（4）拆下各个熔断器并安装同一类型同一额定值的（T（管式），1.6A，250V，缓慢烧断）新的熔断器。

（5）重新安装高电压隔板。

（6）关闭控制器罩盖并拧紧 4 个螺钉。

（7）重新连接仪表的所有电源。

5. 注意事项

仪表清洗、校正、修理时，必须通知相关班组，必要时需对仪表输出保持，程序如下：

保持输出：进入 menu→测试/维护→保持输出→激活→发射。

恢复输出：进入 menu→测试/维护→保持输出→激活→解除

故障分析

1. 光检测器好坏快速测试方法

（1）目测法

正常的光检测器不会有水雾，水滴，以及外玻璃镜面破裂的情况，或者检测器内气泡过大，在垂直检测器时候能看到气泡，对测量结果存在干扰。

好的检测器示意图：表面无水气状，在水平检测器时部分探头内有一个小气泡。

坏的检测器示意图：探头内呈水雾状或单个的小气泡明显扩大。由于检测器腔内为硅油，随着仪器的使用，腔内硅油会随之减少，影响测量的准确性，必须及时更换。

（2）仪器定量测量法

这个试验需要一只数字化万用表，这种万用表必须有很好高的输入阻抗（高于 100M）。HACH 的光检测器会随着照射光的强度提供一个相应比例的电压输出。光检测器在完全黑暗中（完全遮光）这个电压输出值应该为 0mV，而当检测器在强烈的光照条件下，检测器的最大输出电压大约在 300mV。我们可以根据这个原理来判断光检测器的好坏，当在强光照射条件下，如果万用表测试出来的输出电压是 0 的话，我们可以直接判断该检测器已经失效。

强光下输出大约在
300mV 左右

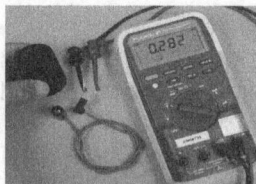

遮光后，检测器输
出电压近似 0mV

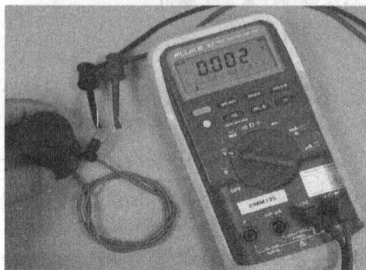

2. 1720E 灯泡的故障处理

针对 HACH-SS7/1720E 的 SC100 仪表显示屏右侧的报警灯不断闪烁时，或在进行正常校正过程中出现多次校正失败的情况下，可认定传感器故障。进入传感器诊断菜单中 WARNINGLIST（警告表）中，如出现 Dark Reading Warming 时，可用万用表测量灯泡低端输出电压应在 3.5～4.0V 之间即为正常，如低于该范围则需要更换灯泡，将会导致校准通不过。

但有时即使重新更换了灯泡之后，在警告栏中仍出现 Dark Reading Warming。这是由于 HACH 的灯泡采用插入式，虽然更换方面快捷，但由于长期水气的影响，导致连接处氧化，可能线路被腐蚀后，导致阻抗增加。可更换一根同类型的连接线重新焊接，可消除这一故障。在重新更换检测器或灯泡时，需重新进行标定，并且必须进行 ELETRONICS（0 电子设备）清"0"，仪表可恢复正常运行。

3. 读数在非常低的情况（0.0001NTU）

经检测后发现，故障由光源检测器电路连接松动引起，由于松动引起光电检测器反馈电压偏低，造成读数低

故障
分析

	名　　称	数量（年）	品　　牌	备　　注
备品 备件	20NTU 校正液	4 瓶	HACH	同一地点最多可校正 8 台仪表
	20NTU 校正模块	1 个	HACH	有效期 2～5 年
	灯泡	1 个	HACH	1 年更换一个
	光检测器	1 个	HACH	
	熔断丝	6 个	HACH	
	手套	1 副	国产	更换手套所需

（2）HACH SS7 高量程浊度仪，如表 16-96 所示。

表 16-96

名称	高量程浊度仪		品　　牌	HACH
规格 型号	Surface Scatter 7 sc			
技术 指标	测量范围：0～9999NTU。 准确度：在 0～2000NTU 时，读数的 ±5%；在 2000～9999NTU 时，读数的 ±10%。 样品流速：1.0～2.0L/min。 电源要求：220VAC，50Hz，40VA。 样品温度：0～70℃。 模拟、数字、报警信号：请参考 sc100 或 sc1000 标准控制器的技术规范。			 美国HACH-SS7高量程浊度仪
工作 原理	Surface Scatter 7 sc 是采用散射光监测原理的浊度仪。样品以每分钟 1～2 升的流速，流入倾斜的浊度计主体，液体溢出浊度计主体顶端的水平面，形成了平整的测量平面。一束强光束按某一角度射向液体表面，样品中的悬浮颗粒物发出散射光，放置在液体表面上方的检测器检测 90° 的散射光			
安装 注意	安装适宜图 			

917

续表

	1	试样入口	9	sc100 的电源
安装注意	2	流量控制阀（推荐）	10	3/4″（英寸）NPT 接头（已经提供）
	3	3/4″NPT×3/4″内径管转接器（与气泡弯管一起提供）	11	球阀（已经提供）
	4	气泡弯管（选项）	12	1/4″空气净化接头（最大 50 SCFH 仪器空气）
	5	最小 127mm（5 英寸）	13	1″NPT 接头（已经提供）
	6	试样单元	14	3/4″NPT 接头（已经提供）
	7	sc100	15	排水
	8	由客户提供电源开关盒（NEMA 4X），以便满足官方一致性要求	16	3/4″内径管（客户提供）

日常维护	1. 一般操作 （1）将 SS7 sc 型 /SS7 sc-HST 型浊度仪插接到未通电的控制器上，方法是将电缆连接器上的取向带与控制器连接器上的槽道对齐。 （2）推入并转动螺纹环以确保连接成功。轻轻拉动以检查是否接好。 （3）完成所有管道和电气连接及检查之后，接通系统电源。 （4）确保通电时试样单元的门被安全地关好，因为此时正在测量暗读数。如果门在通电时是打开的，请关好门后重新通电。接通电源之后的一个小时内重新测量暗读数。 2. 定期清洗（建议每周至少清洗一次，视水质情况增加清洗次数） （1）进入 MAIN MENU 主菜单。 （2）选择测试、维护子菜单，选择保持输出并激活。 （3）打开仪表门，清洗浊度仪主体部分，切不可碰到光源部分，如不小心碰到光源部分，可用擦镜纸擦干净。 （4）清洗完毕，消除保持输出，并按 BACK 键退回到显示模式。 （5）关闭仪表门，并调节好样水流量 1～2/min。 3. 仪表校正 要求三个月对仪表进行一次校准，或者在每次更换或调整光源后进行校准。要求采用福尔马肼标准液进行校准。 （1）以浓度 4000 NTU 标准液，通过重复倒转瓶子搅拌使浊度均匀，制备所需 NTU 值的福尔马肼标准液，一般为 300NTU。（必须在使用前不久制备稀释液。稀释的福尔马肼标准液是不稳定的，在校准完毕后应该将其丢弃。稀释时要使用经过过滤的试样或去矿物质的水。） （2）关闭流入仪器的试样流量并排空浊度仪主体，并清洗干净。将校准圆筒插入浊度仪主体的顶部。 a. 选择执行标定菜单输入并确认。 b. 选择输出模式（保持输出），并激活确认。 c. 编辑标准液值并确认。 （3）遵照显示器的输入要求并将福尔马肼标准液倒入圆筒中，允许溢出。只允许溶液停放到足以使表面上或表面附近的气泡消散为止。 （4）紧密地关闭试样单元的门，确认以便继续。 （5）显示的浊度值是使用前一次校准的放大系数而确定的标准值，确认以便接受和继续校准。 （6）如果在设定的时间内没有作出选择，显示屏将要求重新搅拌标准液，以免标准液数值发生变化。 a. 打开 SS7 仪表箱门并重新搅拌标准液。 b. 关闭门并确认以便继续。 （7）确认以便校准。在成功地完成校准后，显示器将会显示校准成功和新的校准放大系数，确认以便接受校准。 （8）遵照显示器的输入要求并输入完成校准的用户名称并确认。 （9）从浊度仪主体上取下校准圆筒。仪器现在已被校准好。 （10）关闭排水阀并恢复试样流量

	4. 定期更换灯泡
日常维护	(1) 将控制器的电源开关设在"关"的状态，断开 sc100 型控制器的电源。 (2) 打开试样单元的门，在连接器上拔下灯的电缆。 (3) 拧下后板上固定光源总成的两个螺钉，取下光源总成。 (4) 拧下端板上固定光源总成的四个螺钉，将端板上的密封圈、带槽间距件和灯取下。 (5) 擦干净换上的新灯，除去灰尘和指纹，留在玻璃灯泡上的指纹 会对灯造成永久性破坏，将灯安装在光源块件上。 (6) 将带槽间距件套在灯的电缆线上，使槽口远离灯基座，使灯的电缆线穿过槽口。将灯和间距件安装到壳体的底端，使间距件的槽口与壳体上的槽口对齐。 (7) 用第 3 步骤中取下的两个螺钉将端板安装好。 (8) 用第 2 步骤中取下的两个螺钉将装配好的光源总成安装到试样 单元中。连接灯的电缆线连接器。 (9) 使用浊度仪配有的定位模板，核实光源总成的位置是否正确： a. 务必关好灯门。接通 sc100 型控制器的电源。继续操作前，请等候显示屏上显示当前的浊度读数。 b. 在浊度仪主体的顶部安装校准圆筒。 c. 将定位模板放置在校准圆筒上端，使导销朝下，对着圆筒里面平的槽口。模板的后边缘应该对着试样单元的后板。 d. 在定位模板表面上检查灯像的位置。它应该在目标区域上，使光束中心位于线的中间。 e. 如果需要调整光源总成，松开两个安装螺钉以调整灯像的位置，对齐后拧紧螺钉。 5. 注意事项 仪表清洗、校正、修理时，必须通知相关班组，必要时需对仪表输出保持，程序如下： 保持输出：进入 menu→测试/维护→保持输出→激活→发射 恢复输出：进入 menu→测试/维护→保持输出→激活→解除

	传感器错误或警告	可能的原因	改正措施
故障分析	灯故障	灯泡被烧掉	更换灯泡
		灯泡没有接好	恢复连接
		控制器上的+12V 连接松动	恢复连接
		灯泡被取出重新安装灯泡	重新安装灯泡
		浊度仪测头中的电路板是坏的	请与技术支持部门联系
	读数低	探测器被覆盖或弄脏	清洗
		镜片被覆盖或弄脏	用异丙基酒精和棉球清洁镜片
		光线路径被阻碍	清除障碍物
		参见上述灯故障的原因	参见上述灯故障的改正措施
	输入电压警告	sc100 上的连接松动	紧固 sc100 上的连接
		SS7sc 至 sc100 的电缆太长	如果使用一根延长电缆，确保只有一根且不得长于 7 米
		电压波动	关闭仪器电源并重新启动。
		探测器总成坏了	更换探测器总成
	A/D 转换失败	电压波动	关闭仪器电源并重新启动。
		探测器总成坏了	更换探测器总成
	闭光源告警	漏光：在通电或电子装置零化（电子校零）过程中 SS7 sc 的外壳门打开	确实关好门，然后在校准菜单中执行电子校零
		探测器总成坏了	更换探测器总成

续表

	名 称	数量（年）	品 牌	备 注
备品备件	500mL 4000NTU 标液	1 瓶	HACH	100～300NTU 溶液自配
	灯泡	1～3 年	HACH	

（3）HACH FilterTrak 660 sc 超低量程浊度仪，如表 16-97 所示。

表 16-97

名称	超低量程浊度仪		品牌	HACH	
规格型号	FilterTrak 660 sc				
技术指标	量程：0.000～5000mNTU。 光源：660nm 激光光源。 精度：0～1000mNTU 时，读数值的±2％或 5mNTU 取最大者；1000～5000mNTU 时，读数值的± 5％。 分辨率：0.001mNTU。 重现性：在 30mNTU 时为± 3.6％；在 800mNTU 时为± 1.7％。 样品流速：100～750mL/min。 工作温度：0～40℃。 水样温度：0～50℃。 模拟输出：两路 0/4～20mA，输出在 0～5000mNTU 范围可任意设定。 连接电缆：已包含 2m 电缆；如有需要，可以选用加长电缆：7.5m，15m，30m，100m。 报警输出：两个浊度报警点，每个报警点配有 SPDT 继电器，5A/230VAC				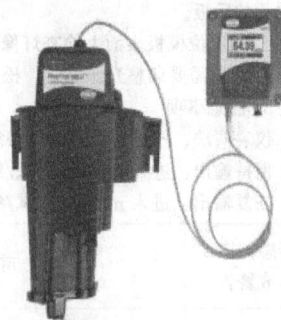
工作原理	水样通过去泡器，所夹带的气泡被除去后，经中心柱流入 FilterTrak 传感器的测量室。35mW 的激光二极管发射出波长为 660nm 的光束，穿过样品池。该光束是经过高度校准的单色光束，消除了杂散光。光线经过样品中的颗粒散射之后被与光束成 90°的监测器接收，经光纤耦合到检测系统分析。检测到的光量与样品浊度成正比				
安装注意	1. 传感器电缆长度为 2m，可选购 7.62m，最大电缆长度为 9.62m。 2. Sc100 控制器能同时托两台浊度探头，也可控制其他探头，如 pH 计等。 3. Sc100 控制器带有中文操作菜单。 4. 浊度仪本体原包装带有一瓶 20NTU 校准液，但不带进样管和排水管 5. 在定安装位置时浊度仪探头上部至少应提供 254 毫米的空间拆下首部总成。 6. 更换灯泡时手不得直接接触灯泡。 7. 在调试过程中应注意以下几点： 输出　　　　　4～20mA 量程　　　　　需进行激活，与输出对应 校准　　　　　需校准 流量　　　　　200～750mL/min，450mL/min				

日常维护	1. 清洗（建议每周至少清洗一次，视水质情况增加清洗次数） （1）光电池窗口的清洗 经常检查光电池窗口以确定是否需要清洗。使用棉花或适当加柔和的清洁剂去除绝大多数的沉淀物和污物，不要使用含有磨料的清洗剂。 （2）清洗浊度计本体及气泡捕集器 在持续使用后，浊度计本体内部可能聚积沉淀物。必须定期清洗本体及/或气泡捕集器。可能需要拆下660仪表的气泡捕集器及底板使清洗更容易进行。在每次进行校正之前也必须进行浊度计排液和清洗。 （3）清洗浊度仪本体步骤 a. 切断通过浊度仪本体的水样。 b. 从本体上拆下首部总成及气泡捕集器罩盖。垂直提起气泡捕集器把它拆下，并放在一旁单独清洗。 c. 从浊度仪本体底部拧下塞堵使本体排液。 d. 重新装上排液塞堵，灌入本体清洗溶液直到溢水口高度。该清洗溶液可以含有稀释氯溶液（在3.78L水中放入25mL家用漂白液）或一种 诸如 Liqui-nox 的试验室用清洁剂（在1L水中放入1mL的清洁剂）。 e. 使用一把软毛刷子清洗本体内各个表面。 f. 再次拧下排液塞堵，并用经超滤过的去离子水彻底冲洗浊度计本体。清洗并重新安装塞堵。 （4）清洗气泡捕集器 a. 在一个足以容纳浸泡整个气泡捕集器的容器内准备一种清洗溶液。（按上面步骤4进行） b. 使用试管刷子，清洗每个表面。 c. 用经超滤过的去离子水彻底清洗气泡捕集器并把它重新安装在浊度计本体内。 d. 重新安装气泡捕集器罩盖并在本体顶部安装首部总成。 e. 恢复试样液流通过仪表。 2. 校正 在任一次重大维护或修理后，以及在正常运行中至少每三个月也进行复校。在初次使用前和每次校正前，浊度计本体和气泡捕集器必须彻底清洗和冲洗；或使用配套的校正量筒。用 StablCal® 校正步骤如下： （1）开启各种 StablCal®标准溶液瓶子之前先轻轻地来回倒置瓶子一分钟，不要用力摇动，避免产生气泡。这样能确保标准溶液有一个恒定的浊度。 （2）进入 MAIN MEMU（主菜单），按确认键。 （3）进入 SENSOR SETUP（传感器启动），选择传感器，按确认键。 （4）进入 CALIBRATE（校正），并按确认键。 （5）OUTPUT MODE，选择仪表输出方式为 HOLD。 （6）向圆筒或仪表本体灌入 20 NTU 标准溶液，重新安装首部，按确认键后测量结果读数被显示，校正合格，仪表显示 GOOD CAL。（如果让 20.0 NTU StablCal®标准溶液停留在校正圆筒或浊度计本体十五分钟以上，在使用之前必须再混合：轻轻地使其在校正圆筒里涡动，以确保一个始终如一的浊度。） （7）用 20NTU 标准校正模块进行校验，并选择干态校验状态。校验成功，退出主菜单。 （8）使用完标准液后，所有的标准液都要废弃掉。绝对不要把标准液再倒回它原来的容器，则会造成污染。 3. 更换灯泡 （1）切断浊度计仪表的电源，拔下连接器接头，断开灯泡引线。 （2）等灯泡已经冷却后，按如下步骤拆卸： a. 戴上棉布手套保护您的双手并避免把手印留在灯泡上。 b. 抓住灯泡。 c. 逆时针方向旋转灯泡，轻轻地向外拽，直到它离开灯口

日常 维护	d. 通过灯口内的孔拉出灯泡引线和连接器。不要用赤裸的双手触摸一个新的灯泡。这样会造成灯泡被侵蚀，灯泡寿命被减少。戴上棉布手套或用一张纸巾抓住灯泡以避免污染灯泡。如果发生了污染，使用异丙醇擦拭玻璃泡部分。按上述各项说明相反顺序重新安装灯泡，把金属灯泡接口上的凹槽对准灯座内的孔。 4. 熔断器更换 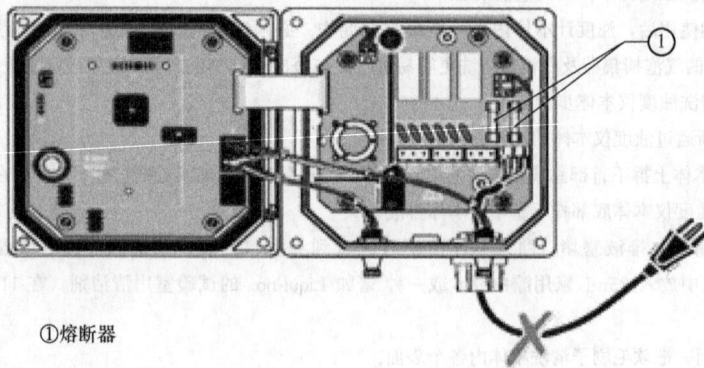 ①熔断器 ①熔断器 控制器包括两个电源熔断器 (1) 切断控制器的电源（包括切断带电的各个继电器）。 (2) 完全拧松罩盖内的所有 4 个螺钉，打开控制器。 (3) 拆下高电压隔板。 (4) 拆下各个熔断器并安装同一类型同一额定值的（T（管式），1.6 安培，250 伏，缓慢烧断）新的熔断器。 (5) 重新安装高电压隔板。 (6) 关闭控制器罩盖并拧紧四个螺钉。 (7) 重新连接仪表的所有电源。 5. 注意事项 仪表清洗、校正、修理时，必须通知相关班组，必要时需对仪表输出保持，程序如下： 保持输出：进入 menu→测试/维护→保持输出→激活→发射。 恢复输出：进入 menu→测试/维护→保持输出→激活→解除。			

	传感器报警	可能原因	纠正措施
故障 分析	信号低	激光模块被覆盖或弄脏	清洗
		激光模块的接线断了	联系服务
		激光模块破裂	联系服务
		光路径阻碍	清除阻碍
		样品浊度值 <2mNTU	重新校准浊度仪
		主板故障	联系服务

	名　称	数量（年）	品　牌	备　注
备品 备件	800mNTU 标液	4	HACH	

922

（4）飞华 NSZ0-100 浊度仪，如表 16-98 所示。

表 16-98

名称	浊度仪	品牌	飞华	
规格型号	NSZ0-100			
技术指标	测量准确度：FS+1‰~2％。 重现性：FS+1.0％。 分辨率：<10NTU 为 0.01；>10NTU 为 0.1。 水样流速：0.5L/min。 水样温度：0~45℃。 工作温度：0~40℃			
工作原理	NSZ0 浊度取样器箱内的光路系统，其光源发出的光，经聚焦后形成一光束投射到水中。在相对入射光呈 90°角处的光电池，接收水样中悬浮颗粒形成的散射光。根据 MIE 氏理论此散射光量的大小与水样浊度的大小成正比由于仪器有较高灵敏度所以能测出 0.01NTU 浊度的水样。			
安装注意	1. 控制单元与取样器安装时需间隔 300~350cm。 2. 安装位置尽量靠近水源。 3. 流量计调节到 0.5L/h。 4. 安装示意图 			

日常维护	1. 仪器的定标 采用 10NTU Forazin 标液定标。将 1L 10NTU 浊度标液倒入标样杯内，将采样器移入样杯上上、下箭头对准。等待 30s 后可开始标定。即按入 0108 开启键盘-按一次定标键-显示 10-再按一次定标键-仪器从 60s 倒计时到 0s（共 60s）。此时 10 浊度标液定标完成。定标完成按入清除键再按入 8010 关闭键盘。 2. 定期保养 (1) 每日放水。 (2) 定期清洁光电池窗口、透镜窗口。 (3) 清洗仪器主体：视原水浊度情况，确定清洗周期。以沉积物不超过 1mm 及水样槽不积水藻、青苔，保持清洁为佳。 3. 非定期保养 (1) 熔断丝的更换：更换熔断丝前必须切断电源，熔断丝必须是 2A。 (2) 更换灯泡：更换灯泡必须切断电源，拆下灯泡座，换上备用灯泡，灯泡钨丝必须平行，光束在挡光板中间，并且正好与挡光板相切。灯泡换掉后必须重新定标。 (3) 更换光电池：更换光电池前切断电源，更换后应重新定标		

	故障现象	原　因	排　除　方　法
故障分析	合上电源开关，各灯不亮，无显示	熔断丝断开	更换熔断丝
		＋5V 电源回路故障	检查＋5V 电源回路
		无电源	检查交流 220V 电源
	合上电源开关，浊度显示 0.00	电灯泡烧坏	更换灯泡，调整好焦距，注意必须重新定标
		光电池已断开	光电池是否断开
		硅光电池坏	更换光电池
		硅光电池信号端短接	更换光电池
	记录无输出	4～20MA 转换电路坏	检查修理转换电路
		D/A 转换芯片坏	更换芯片
	RS232C 串行接口与外部设备连不上	仪器 RS232 串行口参数设置与外部设备不一致	设置 RS232C 串行口，选择正确参数设置
		串行口芯片坏	更换芯片
	灯泡不亮	灯泡烧坏	更换灯泡，重新定标
		灯泡电源电压失去	检查灯泡电源电压线路，更换元件
	显示数据偏离太大，数据乱跳	设置参数丢失	检查设置参数，重新设置

	名　称	数量（年）	品　牌	备　注
备品备件	灯泡	1 个	飞华	灯泡属于非定期更换物品只是备用
	标准液	1 瓶		

2. 颗粒物计数仪

HACH 2200PCX 颗粒物计数仪　　　　　　　　　　　表 16-99

名称	颗粒计数仪		品牌	HACH	
规格 型号	2200PCX				

技术指标：

粒径范围：2～750μm。

样品流速：100mL/min。

最大压力：4.5Bar。

采样间隔：1s～24h。

样品入口：配有自密封装置的快速接口，外径为 $1/4''$ 的管。

样品出口：配有自密封装置的快速接口，外径为 $1/4''$ 的管。

电源：100～230VAC；50～60Hz。

尺寸：$13.8'' \times 8.3'' \times 7''$。

防护等级：NEMA 4X。

操作温度：0～50℃。

仪器安装方式：壁挂/面板/管道安装

工作原理

　　水样品里面的微小粒子通过检测通道，激光光束照射到样品，水中颗粒物遮挡了光线，在光电检测器上留下阴影，检测器检测光线的消光度。

颗粒　激光　透镜组　检测器

安装注意

恒压管安装保持一定高度使流量为 100mL/min

日常维护

　　1. 清洁传感器

　　每个在线的传感器装配一个单元让通道中的水流过激光束。有时，该单元会变脏（或形成一层覆盖膜），影响传感器的正常校对。如果这种情况出现，校对出错指示灯（在单元前面板上的 LED）将发光。清洗传感器的工作不需打开 NEMA 的封闭器就可以完成。

　　大量稀释的无磨蚀的清洁化学药液将被使用。千万不要使用浓酸或其盐溶液。浓溶液可能破坏传感器的组件。

　　(1) 清洗频率

　　清洗的设备分布非常广泛。典型的，大约一个月清洗一次用来监测干净样品（比如过滤后的出水）的传感器；每周要清洗用来监测未处理水或二沉池出水的传感器；最好可以根据实际情况进行定期清洗。高浊度，矿物质（如离子，锰，钙等）和藻类或其他微生物的生长引起的测量偏离都可能需要增加清洗

(2) 刷子清洗

通常，由于样品在流动单元变干并在流动单元表面留下少量的渣滓，造成单元变脏。鉴于此原因，哈希公司出厂干净和干燥的液体粒子计数传感器。如果校对出错指示灯（LED）发觉报警，则要按下面的步骤进行单元清洗。这个过程不会损坏单元装置。

a. 移走在 NEMA 封闭箱底部入流口处的快速断开装置管子。使该快速断开管子连接到顶部。

b. 由流动路线从上到下插入清洗刷子。用少许的实验室清洁液来来增强清洗效果和润滑刷子与单元。它将到底部停止。重复几次，然后重装接上进水管来冲刷单元。

c. 观察校对出错指示灯。几秒钟后该指示灯将熄灭。

d. 如果校对出错指示灯仍然发光，则实行污染清洗。

(3) 污染清洗

如果刷子洗涤在恢复样品单元和回复校对出错指示灯条件中不成功，则该单元可能受到化学污染。从正常的在线流动管路上断开粒子计数器，按照下面的内容进行化学溶解清洗污染物。

a. 对于微生物（绿色）的生长，取 30 到 50 微升的浓度 70% 或 90% 的异丙基酒精，对该单元进行浸泡。家用氯漂白稀释溶液（有效氯含量 5.25%）也可能会被用到。稀释漂白液比例大约是 1∶1000（1 毫升的漂白液加 1 升的水），用来配制 50mg/L 的清洗液。更大浓度的氯漂白稀释溶液用来去除严重的微生物生长。取 30 毫升到 50 毫升的稀溶液来浸泡单元。再放入干净水中。

b. 对于红色的沉积矿物质（金属离子等），先用离子去除剂（哈希公司的 RoVer）对该单元进行浸泡然后用水冲洗单元。

c. 对于白色的钙垢，先用白醋或磷酸对该单元进行浸泡然后用水冲洗干净。

d. 对于轻微的锰污染物（紫色或黑色），先用体积 1/3 的水，1/3 白醋和 1/3 的过氧化氢组成的溶液对该单元进行浸泡然后用水冲洗。

e. 对于严重的锰污染物，则需用体积比例 70% 的白醋和 30% 的过氧化氢（强度 3%）组成的溶液对该单元进行浸泡。

重新安装传感器的流动管路。对一个充分润湿的单元进行条件指示灯检查。如果该单元的指示灯仍然发光，尝试使用上面讨论的其他一种溶液来进行化学浸泡，或处长浸泡的时间。

日常维护

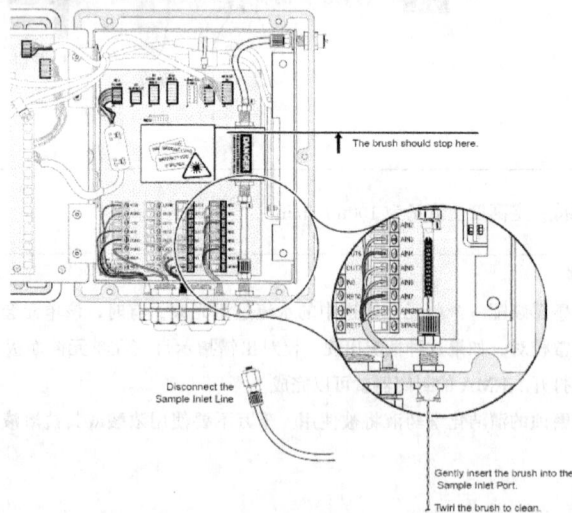

Figure 18　Cleaning the Cell

The brush should stop here.

Disconnect the Sample Inlet Line

Gently insert the brush into the Sample Inlet Port.

Twirl the brush to clean.

2. 更换传感器流动单元

该粒子计数传感器有一组可替换的取样单元。如果单元受损，或表面覆盖有不能被清洗液去掉的物质，该取样单元应当被更换，从而使校对测量不受到影响

日常维护	更换时必须小心和正确操作以免设备受到损坏。 3. 更换管件 2200 PCX 传感器所用的管件经过了仔细挑选，使脏物和矿物质的沉积物的积累最小化。更换时务必选用同样大小和类型的管件。 按照你测样的条件，必要时随时更换管件。典型的，对于处理过的水（如过滤后的出水）测样时应当一年更换管件一次。对于监测二沉池出水的传感器，每隔六个月要进行一次管件更换。对于监测未处理水的传感器，大约每隔三个月要进行一次管件更换
故障分析	1. 不计数　可能原因：传感器脏，未通水 2. 传感器报警　可能原因：传感器脏

备品备件	名　称	数量（年）	品　牌	备　注
	滤　杯	2个	HACH	此备件为可选备件

3. pH 仪

HACH Sc100pH 仪　　　　表 16-100

名称	pH/ORP 分析仪 配数字化电极	品牌	HACH	
规格型号	Sc100			

技术指标	名　称	pH 传感器
	潮湿的材料	PEEK®3 或 Ryton®4 (PVDF) 机体，材料与 Kynar®5 连接相符的。 盐桥，玻璃处理电极，钛接地电极和 Viton®6 环形密封圈（带有可选 HF－电阻玻璃处理电极的 pH 传感器包含 316 不锈钢接地电极和全氟弹性体环形密封圈；有关其他湿环形密封圈材料，请向制造商咨询）
	最大流速	每秒 3m (10ft)
	稳定性	每天 0.03，非累积
	测量范围	pH 值介于－2.0 到 14.0
	温度补偿	选择 NTC 300 欧姆热敏电阻器时，在－10～105℃（14.0～221℉）范围内自动选择，Pt 1000Ω RTD，或 Pt100ΩRTD 温度元件，或手动固定在用户定义的温度
	测量精度	±0.02pH
	温度精度	± 0.5℃ (0.9℉)
	再现性	± 0.05pH
	灵敏度	± 0.01pH
	探头的最大浸入深度/压力	浸入 107m (350ft) /1050kPa (150psi)
	探头电缆长度	对于带有数字讯口的模拟传感器，互连电缆和延长电缆的长度分别是 6m (20ft) 和 7.7m (25ft) 对于带有积分数字电子设备的传感器，10m (31ft)

工作 原理	GLI 独一无二的差分传感器技术，使用三个电极取代传统的 pH 传感器中的双电极。测量电极和标准电极都与第三个地电极测量电位，最终测出的 pH 值是测量电极和标准电极之间电位差值。该技术被证实具有无与伦比的准确性，消除了参比电极的结点污染后造成的电位漂移。
安装 注意	1. 流通式需 U 形安装 pH 探头。 　　2. 需接地。 　　3. 浸没式安装示意图：
日常 维护	1. 清洗传感器 　　(1) 使用水流清洗传感器的外部。如果仍有残渣，请使用一块干净的软布仔细地擦拭传感器的整个测量端（电极、中央金属接地电极和盐桥），以便去除堆积在其上散布的污染物。使用干净的温水冲洗传感器。 　　(2) 准备中性的肥皂水溶液，并用容器盛装不含羊毛脂（如实验用玻璃清洗剂）的清洁剂或耐磨肥皂。 　　说明：羊毛脂将会在玻璃处理电极上形成一个涂层，因此，可能会对传感器的性能产生负面影响。 　　(3) 将传感器浸入肥皂溶液中 2～3min。 　　(4) 使用一个小型的软毛刷（如牙刷）擦拭传感器的整个测量端，以便彻底清洗电极和盐桥表面。如果使用清洁剂溶液清洗时无法去除表面上的沉积物，请使用盐酸（或其他弱酸）对其进行分解。这种酸剂应尽可能进行稀释。依据经验，可以确定要使用的酸剂和相应的稀释比率。一些顽固的附着物可能需要使用其他清洗剂进行清洗。 　　(5) 传感器的整个测量端在弱酸中浸透的时间不能超过 5min。使用干净的温水冲洗传感器，然后将传感器插回中性的肥皂溶液中 2～3min，以便对剩余所有的酸剂进行中和。 　　(6) 从肥皂溶液中取出传感器，然后再用干净的温水对其进行冲洗。 　　(7) 清洗完毕，请务必对测量系统进行校正。 　　2. 更换标准电池溶液和盐桥 　　(1) 要取出盐桥，请让传感器保持竖直方向（顶部电极），然后使用钳子或类似的工具对其进行逆时针旋转。请注意不要损坏伸出的处理电极。丢弃废旧的盐桥时要得当。 　　(2) 更换传感器蓄水池中的标准电池溶液。 　　a. 倒出陈旧的溶液，然后使用蒸馏水对蓄水池进行彻底冲洗。 　　b. 将新鲜的标准电池溶液（型号：25M1A1025-115）注入蓄水池，直到液位达到盐桥螺纹的底部。 　　(3) 安装一个新的环形密封圈，然后以顺时针方向轻轻地旋转新盐桥的螺纹，直到用手指拧紧，且盐桥的底面与传感器机体的顶面完全接触为止。不要拧得过紧。 1—盐桥　　　　2—传感器

续表

日常维护	(4) 两点自动校准			
	序号	选择	菜单层次/说明	确认
	1		主菜单	
	2		SENSOR SETUP（传感器设置）	
	3		如果连接的传感器不止一个，则需高亮显示相应的传感器	
	4		校正	
	5		两点自动校正	
	6		输出模式 选择 ACTIVE（活动）、HOLD（保持）或 TRANSFER（传输）	
	7	a	两点自动校正将干净的探头移至第 1 种缓冲液中。此后，按下 ENTER 以继续	
		b	两点自动校正处于 Stable（稳定）状态时，按下 ENTER	
			将干净的探头移至第 2 种缓冲液中。此后，按下 ENTER 以继续	
		c	两点自动校正处于 Stable（稳定）状态时，按下 ENTER	
		d	两点自动校正完成 斜率：××.×mV/pH	
		e	将探头重新插入处理溶液	
	8		主菜单或主测量屏幕	

<table>
<tr><td rowspan="40">故障
分析</td><td colspan="2">

1. 排除不带积分数字电子设备的 pH 传感器的故障

(1) 断开红色、绿色、黄色和黑色传感器导线与数字讯口的连接。

(2) 将传感器置于 pH 值等于 7 的缓冲液中。继续操作之前，允许传感器和缓冲液的温度大约等于 25℃ (70℉)。

(3) 通过测量黄色导线和黑色导线之间的电阻，验证传感器温度元件（300Ω 的热敏电阻器）是否工作正常。在 25℃（70℉）左右的温度下，读数应该介于 250 到 350Ω 之间。

(4) 重新连接黄色导线和黑色导线。

(5) 红色导线与万用表的（＋）端相连，而绿色导线与万用表的（－）端相连。在 pH 值等于 7 的缓冲液中，使用传感器测量直流电（mV）。传感器的偏移读数应该介于出厂时指定的－50 和＋50mV 限制范围内。如果介于这个范围内，请以 mV 为单位记录读数值，然后继续执行第 6 步的操作。

(6) 如果万用表仍处于连接状态，请用水冲洗传感器，然后将其置于 pH 值等于 4 或 pH 值等于 10 的缓冲液中。在允许传感器和缓冲液的温度达到 25℃（70℉）左右之后，测量传感器的读数范围，如下表中所示。

——缓冲液的 pH 值等于 4 时的读数范围

如果将传感器置于 pH 值等于 4 的缓冲液中，其读数范围至少应该比第 5 步中的偏移读数高出＋160mV。

典型的读数范围举例（pH 值等于 4 的缓冲液）
</td></tr>
<tr><td align="center">偏移读数（缓冲液的 pH 值等于 7 时）</td><td align="center">读数范围（缓冲液的 pH 值等于 4 时）</td></tr>
<tr><td align="center">－50mV</td><td align="center">＋110mV</td></tr>
<tr><td align="center">－25mV</td><td align="center">＋135mV</td></tr>
<tr><td align="center">0mV</td><td align="center">＋160mV</td></tr>
<tr><td align="center">＋25mV</td><td align="center">＋185mV</td></tr>
<tr><td align="center">＋50mV</td><td align="center">＋210mV</td></tr>
<tr><td colspan="2">

——缓冲液的 pH 值等于 10 时的读数范围

如果将传感器置于 pH 值等于 10 的缓冲液中，其读数范围至少应该比第 5 步中的偏移读数低出－160 毫伏。

典型的读数范围举例（pH 值等于 10 的缓冲液）
</td></tr>
<tr><td align="center">偏移读数（缓冲液的 pH 值等于 7 时）</td><td align="center">读数范围（缓冲液的 pH 值等于 10 时）</td></tr>
<tr><td align="center">－50mV</td><td align="center">－210mV</td></tr>
<tr><td align="center">－25mV</td><td align="center">－185mV</td></tr>
<tr><td align="center">0mV</td><td align="center">－160mV</td></tr>
<tr><td align="center">＋25mV</td><td align="center">－135mV</td></tr>
<tr><td align="center">＋50mV</td><td align="center">－110mV</td></tr>
<tr><td colspan="2">

如果在 pH 等于 4 或 pH 等于 10 的缓冲液中，传感器的读数范围至少分别比偏移读数高出＋160 毫伏或低出－160 毫伏，则该传感器符合出厂时的限制要求。

2. 排除带有积分数字电子设备的 pH 传感器的故障

(1) 将传感器置于 pH 值等于 7 的缓冲液中，然后允许缓冲液和传感器达到温度平衡。具体的验证方法是，监控传感器的温度值，使测量的温度达到稳定。如果传感器处于测量模式，sc100 显示屏上将会显示该值。

(2) 在 sc100 中的 Sensor Setup（传感器设置）菜单中，高亮显示 Diag/Test（诊断/测试），然后按下 ENTER。

(3) 高亮显示 Sensor Signal（传感器信号）菜单，然后按下 ENTER。该传感器的偏移读数应该介于出厂时指定的－50 和＋50mV 限制范围内。如果介于这个范围内，请以 mV 为单位记下读数值，然后执行第 4 步的操作。如果读数不属于这个范围，请中断测试，然后与技术支持人员联系。
</td></tr>
</table>

| 故障分析 | (4) 冲洗传感器，然后将传感器置于 pH 值等于 4 或 10 的缓冲液中，同时允许缓冲液和传感器达到温度平衡。具体的验证方法是，监控传感器的温度值，使测量的温度达到稳定。如果传感器处于测量模式，sc100 显示屏上将会显示该值。
(5) 在 sc100 中的 Sensor Setup（传感器设置）菜单中，高亮显示 Diag/Test（诊断/测试），然后按下 EN-TER。
(6) 高亮显示 Sensor Signal（传感器信号）菜单，然后按下 ENTER。此后，测量传感器的值范围。 |

——缓冲液的 pH 值等于 4 时的读数范围

如果将传感器置于 pH 值等于 4 的缓冲液中，其读数范围至少应该比下表中所示的偏移读数高出 +160 毫伏。

典型的读数范围举例（pH 值等于 4 的缓冲液）

偏移读数（缓冲液的 pH 值等于 7 时）	读数范围（缓冲液的 pH 值等于 4 时）
−50mV	+110mV
−25mV	+135mV
0mV	+160mV
+25mV	+185mV
+50mV	+210mV

——缓冲液的 pH 值等于 10 时的读数范围

如果将传感器置于 pH 值等于 10 的缓冲液中，其读数范围至少应该比第 6 步中的偏移读数低出 −160mV。典型读数举例：

典型的读数范围举例（pH 值等于 10 的缓冲液）

偏移读数（缓冲液的 pH 值等于 7 时）	读数范围（缓冲液的 pH 值等于 10 时）
−50mV	−210mV
−25mV	−185mV
0mV	−160mV
+25mV	−135mV
+50mV	−110mV

3. 排除不带积分数字电子设备的 ORP 传感器的故障

(1) 断开红色、绿色、黄色和黑色导线与数字讯口的连接。

(2) 将传感器置于 200mV 的参考溶液中，并允许传感器和参考溶液的温度达到 25℃（70℉）左右。

(3) 通过测量黄色导线和黑色导线之间的电阻，验证传感器温度元件（300Ω 的热敏电阻器）是否工作正常。在 25℃（70℉）左右的温度下，读数应该介于 250～350Ω 之间。

(4) 重新连接黄色导线和黑色导线。

(5) 红色导线与万用表的（+）端相连，而绿色导线与万用表的（−）端相连。在 200mV 的参考溶液中，使用传感器测量直流电（mV）。此时，读数应该介于 160～240mV 之间。

4. 排除带有积分数字电子设备的 ORP 传感器的故障

(1) 将传感器置于 200mV 的参考溶液中，并允许缓冲液和传感器达到温度平衡。具体的验证方法是，监控传感器的温度值，使测量的温度达到稳定。如果传感器处于测量模式，sc100 显示屏上将会显示该值。

(2) 在 sc100 中的 Sensor Setup（传感器设置）菜单中，高亮显示 Diag/Test（诊断/测试），然后按下 ENTER。高亮显示 Sensor Signal（传感器信号）菜单，然后按下 ENTER。此时，读数应该介于 160～240mV 之间

备品备件	名　　称	数量（年）	品　　牌	备　　注
	盐桥	1	HACH	
	电解液	1		

4. 氨氮分析仪

HACH AMTAX inter2 氨氮在线分析仪　　　　　表 16-101

名称	氨氮分析仪	品牌	HACH
规格型号	AMTAX inter2		

技术指标	测量范围：$0.02\sim2.00mg/L NH_4-N$； $0.1\sim20.0mg/L NH_4-N$； $1.0\sim80mg/L NH_4-N$。 准确度：测量值的±2%。 测量周期：5, 10, 15, 20, 30min（可选）。 仪器校正：用户可以根据需要选择手动校正或自动校正。 检修周期：6个月。 用户维护：一般每月1h。 试剂消耗：化学试剂A/B：4~8周，视测量间隔而定。 零点及标准溶液：12个月。 清洗溶液：6~12个月，视清洗周期而定。 模拟输出：两路0/4~20mA，最大负载500ohm。 报警输出：2个继电器，24V/1A。 数字输出：MODBUS或PROFIBUS。 环境温度：5℃~40℃。 工作电源：230VAC±10%，50Hz。 耗电功率：约310VA（包括冰箱）

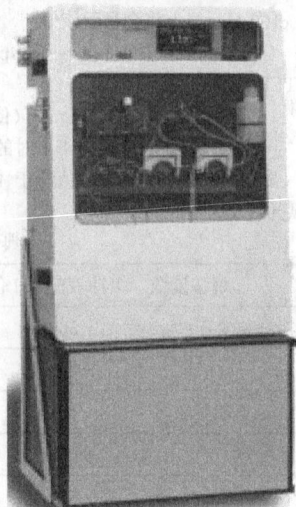

工作原理	化学反应原理 在催化剂的作用下，铵根离子在pH为12.6的碱性介质中，与次氯酸根离子和水杨酸盐离子反应，生成靛酚化合物，并呈现出绿色。在仪器测量范围内，其颜色改变程度和样品中的铵根离子浓度成正比，因此，通过测量颜色变化的程度，我们就可以计算出样品中铵根离子的浓度。的碱性介质中，与次氯酸根离子和水杨酸盐离子反应，生成靛酚化合物，并呈现出绿色。在仪器测量范围内，其颜色改变程度和样品中的$NH4+$浓度成正比，因此，通过测量颜色变化的程度，就可以计算出样品中$NH4+$的浓度

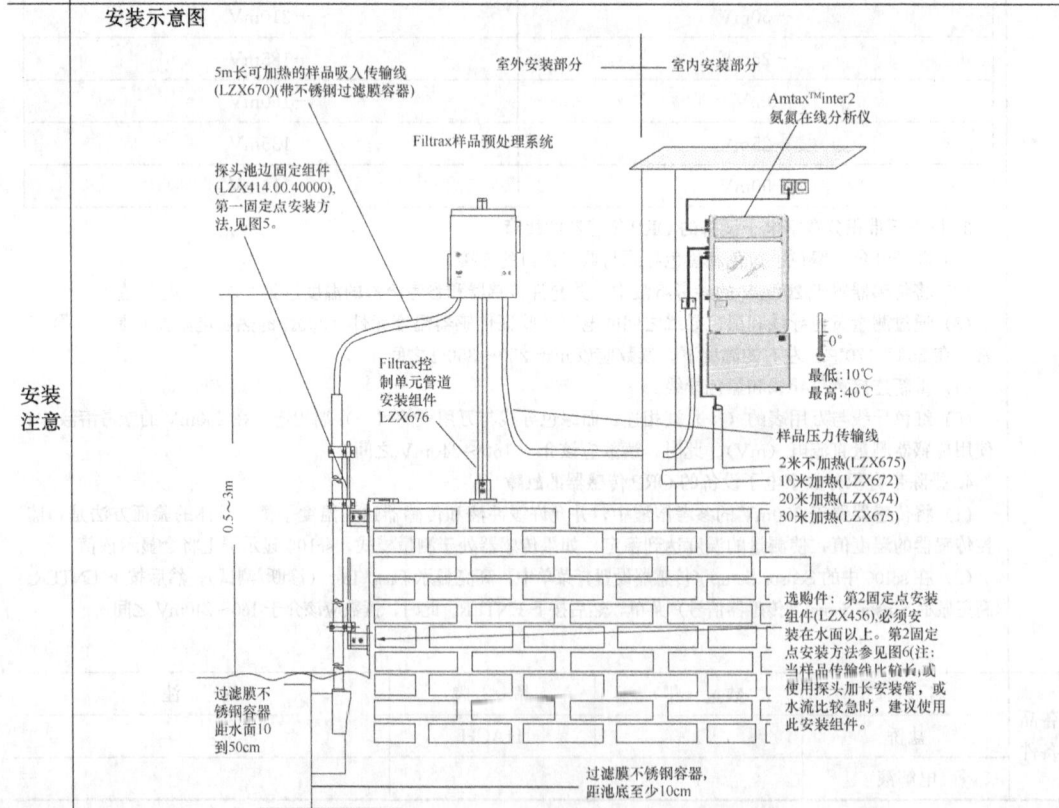

安装注意	安装示意图

日常维护	维护周期 每4～8周：更换：试剂 　　　　　检查：1.搅拌池　2.溢流池　3.样品管 每3个月：更换：1.阀管　2.样品泵管 　　　　　清洗：玻璃部件 每6个月：更换：1.泵管　2.试剂泵管　3.卤素灯　4.清洗液 　　　　　清洗：光学部件 　　　　　检查：1.信号等级　2.板路 每12个月：更换：1.连接管路　2.零点标液　3.标准溶液			

备品备件	名　　称	数量（年）	品　　牌	备　　注
	标液（5mg/L）			
	清洗液			
	年维护套包（单通道）			
	年维护套包（双通道）			

5. 余氯分析仪

HACH CL17 余氯分析仪　　　　　　　　　　　　　　　表 16-102

名称	余（总）氯分析仪		品牌	HACH
规格型号	CL17			
技术指标	测量范围：0～5mg/L 余氯或总氯。 准确度：±5%或±0.035mg/L 按 Cl_2 计，取较大者。 测量精度：±5%或±0.005mg/L 按 Cl_2 计，取较大者。 最低检测限：0.035mg/L。 样品温度：5～40℃。 模拟输出：4～20mA，在 0～5mg/L 范围内可以任意设置。 水样流量：200～500mL/min。 电源要求：100～115/230V 交流电，2.5A 保险丝。 光　　源：波长 520nm 一级发光二极管。 警报设定：两个可选浓度警报，每一个警报都配有一个 SPDT 继电器，5A，230VAC。 仪器尺寸：42cm×32cm×18cm			
工作原理	HACH CL17 余氯分析仪是一个微处理的过程分析仪表，用于测量连续的水样中氯含量的仪表。可以是余氯，也可以是总氯，所测的范围为 0～5mg/L。缓冲溶液和指示溶液不同选择用于决定是测游离氯还是总氯。仪表采用 DPD 比色方法来测量，指示溶液和缓冲溶液导入水样中，根据氯的含量，变成相应的红色，并将测量的值显示在控制面板上。 　　分析仪设计成每 2.5min 间隔就获得分析仪水样，水样引入测量池，测量得出一个空白吸收。水样的空白吸收使得对于浊度和水样的自然颜色进行一个补偿，并提供一个自动的零参考点。这时加入试剂，并逐渐呈现紫红色，随即仪表会对其进行测量并与零参考点进行比较			

安装注意	1. 样品管线安装 （1）选择一个好的具有代表性的采样点，对于实现仪器的最佳分析效果非常重要。 （2）在分析仪进口处，进样压力如果超过 5psig 会导致水样喷溢出来并损坏仪器，而加装样品调节装置可防止出现该问题。 （3）安装采样管道时，应选择管径较大的水流主管道的侧面或中心部位，尽量防止汲入管道底部的沉积物和顶部空气。采样管伸入主管道的中部是最为理想的。 2. 安装样品调节组件 装配水位高度调节器（直立管道）和过滤器。可以达到良好的运行状态，样品调节装置前的样品压力必须保证在 1.5～75psig 之间。（实际操作中透明管出水处到仪表上端的距离控制在 60～65cm 之间为最佳） 3. 安装调试中注意 （1）进样流速调节到 400mL/nim 为最佳。 （2）电源开关要打倒 230V 挡，才能开机。 （3）4～20ma 量程根据客户要求对应好。 （4）DPD 粉末加入到指示剂内。 （5）仪表适应温度在 5～40℃，条件恶劣的情况下，建议安装空调。 （6）搅拌棒要放入比色池中，否则读数有可能为零。 （7）阀组合夹紧板松紧合适，太紧太松都会造成取不上样
日常维护	1. 键盘描述 （1）MENU 测量模式下，按下此键将进入报警、记录、维护和设定菜单。 （2）左箭头在不同的显示层移动，可以用来编辑。当左箭头的图标显示时激活。 （3）右箭头在不同的显示层移动，可以用来编辑。当右箭头的图标显示时激活。 （4）上箭头在不同的菜单间进行切换或编辑显示当屏幕上有上下箭头图标时激活。 （5）下箭头在不同的菜单间进行切换或编辑显示当屏幕上有上下箭头图标时激活。 （6）EXIT 消除编辑值或退出菜单结构。 （7）ENTER 接受输入值，或进入更深一层的菜单结构树。 （8）报警灯　表明报警被激活。 （9）显示屏　测量值和菜单信息的显示区域。 2. 仪表校准 余氯小于 0.5mg/L 时，需配制： （1）零余氯水或用原厂配制的硫酸亚铁（NO. 1811-33）4mL 加入到 2L 的样水中。 （2）3～5mg/L 余氯的标准水。 将（1）和（2）溶液分别通入仪器中稳定 10min，分别输入两点在 CAL ZERO 和 CAL STD 中； 当余氯大于 0.5mg/L 时，可通过化验室取样分析测出水样的余氯值，再直接在 CALSTD 菜单中输出化验值即可； 注：因仪表内置默认曲线校正，一般无需 0 余氯校正；出厂水余氯仪如有偏差，可通过偏移校正进行，滤后水余氯仪不建议校正。 3. 试剂的更换 仪表使用两种试剂：余氯缓冲试剂、余氯指示试剂。 余氯指示试剂需配制，要加入 DPD 指示粉剂（NO. 22972-55）。 指示粉剂在使用前加入指示溶液中，混合均匀，注意两种试剂加入仪表时不要混淆，一般试剂每月换一次。 4. 取样软管的更换 仪表内取样软管的更换：27 度以上每三月更换一次；27 度以下每六月更换一次。根据实际使用经验，一般一年更换一次或更长；如遇管子老化破裂需及时更换。更换软管时将电源拔掉，戴好防护手套，其他部件的管子视实际情况进行更换。 5. 清洗（建议每周至少清洗一次，视水质情况增加清洗次数） 进入 MAINT 菜单的 CLEAN 菜单，用回形针取出转石，进入清洗程序，当"CLEAN"闪烁时，加入 19.2N 的硫酸标准液数滴，让比色度计上停留 15 分钟。插入棉签棒（木质）上下左右轻轻擦拭，重新装入转石，盖上盖子，按 EXIT 键退出清洗，回到正常运行状态，（或在 60 分钟后自动回到运行状态），清洗频率视使用情况而定。

日常 维护	6. 注意事项 仪表清洗、校正、修理时，必须通知相关班组，必要时需对仪表输出保持，程序如下： HOLD OUTPUTS（保持输出）——该功能使得报警器锁定，为了维护的需要，记录仪保持在它当前输出 状态，激活该功能步骤如下： (1) 进入该键，按 ENTER，随后按上箭头键激活持续 60 分钟，报警 LED（发光管）将一直闪烁。 (2) 为解除该标识，并返回正常运行，按 MENU 键，随后按下箭头键，直至 HOLDOUTPUTS（保持输 出）显示出来。 (3) 按 ENTER。 (4) 用下箭头键选择 off（关闭），并再按 ENTER

故障分析部分：

1. 仪表度数偏差较大或波动大问题
(1) 仪表管路堵塞药剂流动不通畅（通常两瓶试剂会出现较大的液位差）。
(2) 水压不稳或水压偏低（拔出进样管查看，并查看堰管是否有水流出）。
(3) DPD 粉末加错，加入到缓冲剂中（余氯指示剂溶液 23140-11 总氯指示剂溶液 22634-11）。
(4) 比色池长期未清洗。
2. 探头报警
(1) 需清洗比色池，比色已脏。
(2) 如比色池已进行清洗，报警未消除，基本判断为比色池故障。
3. 出现马达故障报警
(1) 马达故障。
(2) 为光电开关故障，感应不到马达位置，造成马达故障报警

常规故障

症 状	可能的原因	纠正行动
显示器未变亮和泵的马达未运行	无运行动力	检查电源开关位置、保险和电源线连接
显示器未变亮和泵的马达运行	供电出现问题	更换主要的线路板
零读数	工作电压不正常	确认线路电压在规格要求之内
	线路电压选择器开关设置不正确	检查线路电压选择器开关位置
	马达电缆未与线路板连接	检查马达电缆连接
	马达有问题	替换马达
样品从色度计中溢出	未加搅拌棒	将搅拌棒放入色度计
	夹紧板蝶形螺钉未完全拧紧	拧紧蝶形螺钉
	样品未流入仪器	检查样品调节和其他样品供给线路
	超过一个搅拌棒	取走多余的搅拌棒
样品从色度计中溢出	排液管路堵塞或排液管路出现气封	清洗排液管路和/或从排液管道中消除气封
低读数	管道阻塞	替换管道

备品备件：

名 称	数量（年）	品 牌	备 注
保险丝	6个/年		规格：T2.5A250V
维护组件	2套/年	HACH	
19.2N硫酸溶液	1瓶/年	HACH	
比色池	故障申购	HACH	
蠕动泵	故障申购	HACH	

16.9　管理和维护

16.9.1　管理维护的现代化标准

同样的技术，在不同的管理下，会显现出不同生产力。"企业兴衰，三分技术，七分管理"，"管理决定成败"，"成也管理，败也管理"，说的都是一个道理。

规范化、科学化和精细化的管理和维护应该有一个相应的标准。科学的衡量标准不但是自动化和信息化系统正常运行的基本保证，也是供水企业可持续发展的强大推力。

我们在参照国内外的相关规范和多年实践的基础上，提出一套管理维护的现代化标准，它有20项评价点，其中包括12项管理工作评价点和8项维护工作评价点，见下表所示：

管理维护工作的现代化标准

表 16-103

序号	项目	评价点		衡量标准
1.01			系统管理	系统的运行和维护正常完好
1.02			管理机构	配置了工程技术人员，能满足系统的管理维护工作
1.03		系统管理	规章制度	建立了实用的规章制度，包括《计算机网络管理制度》、《信息化系统管理制度》、《中控室和计算机房管理制度》、《档案资料管理制度》、《计算机病毒防范制度》、《数据保密及数据备份制度》、《安全保密管理制度》等，每个制度都包括5项内容：职能、任务、权限、责任和监督措施。 制定了各岗位的操作手册，并进行公告和定期更新
1.04			运行记录	具有一年以上的《系统运行日志》、《设备运行记录》、《防雷系统维护记录》、《仪表维护校验记录》、《水厂巡视记录》。 运行记录的内容规范，记载完整
1.05			备份	对应用程序和重要数据资料定期备份
1.06	1. 管理工作		培训计划	制定员工技术培训计划和技术进修的激励措施
1.07			技术培训	主要技术工种人员在上岗前都必须经过技术培训，考试合格
1.08		培训和进修	进修计划	针对企业技术发展和实际需求，制定出主要技术工种的岗位进修计划
1.09			记录存档	将培训和进修的内容以及各项信息记录并存档
1.10			资历档案	管理所有技术人员的资历档案，并且在该技术人员获得新的岗位技能后及时更新员工的资历档案
1.11		安全管理	实体安全	采用口令登录方式来控制对系统的访问，并设置不同权限级别的用户名和口令，不超级操作； 严格执行各种安全防范措施； 严格执行各种制度管理措施； 保证机房的良好工作环境和报警设备的正常运行
1.12			信息安全	严格执行计算机管理规定，使用病毒清理软件； 设置防火墙； 使用代码加密

序号	项目	评价点	衡量标准
2.01	2. 维护工作	一般规定	定期对自动化系统和设备进行巡视、检查、测试和记录； 定期核对自动化信息的准确性、完整性； 每年对自动化设备进行一次全面点检和清扫
2.02		中控室	定期检查网络设备的工作状态、网络速度、运行参数，应与设计一致
2.03		现场监控站	定期检查现场监控站的电源，当不能满足使用要求时，应采用 UPS 或稳压电源供电； 定期检查现场监控站，各项指示应正常，接线端子应无脱落、松动、接触不良等现象，接地良好； 及时更换现场监控站内置电池和损耗性器件
2.04		UPS 电源	定期检查 UPS 电池组充电器是否完好，定期清理 UPS 电池灰尘； 每月检查一次 UPS 的输入、输出接线端子及电池接线端子，不应有松动、锈蚀、接触不良等现象； 每半年清洗一次风扇外部过滤网； 每半年检查一次 UPS 的输出电压、充电电压，应符合设计要求； 每半年对处于浮充状态的在线运行的 UPS 电池做一次维护性放电
2.05		在线仪表	按国家规定或制造厂设定的仪表检定周期对在线仪表进行检定，并做好记录； 每日检查一次在线水质检测仪表的进样管路和排水管路，确认样品的流动状态是否正常、仪器仪表显示屏上是否有误动作指示； 定期对在线仪表和采样系统进行目视检查； 按规定的使用周期对在线水质检测仪表传感器进行清洗，更换过滤器，并做好记录； 对水质检测仪表应储备至少 2 次的试剂、清洗剂、标定液、过滤器、检测器等关键材料和备件
2.06		执行器和驱动器	定期对执行器、驱动器进行检查、调整与维护，保证其能够可靠、准确地执行自动化控制系统的控制指令
2.07		防雷	定期对避雷器进行检查、调整与维护，保证其完好可靠，检查内容包括有无接触不良、漏电流是否过大、绝缘是否良好，发现故障应及时排除； 每年进入雷雨季节前必须检查与测试各类接地器（极）接地电阻，并经常检查防雷与防电涌保护器，发生事故后必须查明原因，并重新测试、及时更换损坏或有问题的接地器（极）与保护器
2.08		视频监控系统	定期进行检查、调整与维护，保证其完好可靠； 定期对摄像机进行清洁、除垢，及时修剪遮挡"视线"的树枝，清理障碍物

16.9.2　机构和制度

1. 管理机构

管理机构是自动化和信息化正常运行的必须保证。

应建立中控室值班机构，为自动化和信息化配备若干系统维护和运行管理人员。

（1）中控室值班机构

配备中控室值班人员，且具备上岗合格证。值班人员是给水专业的技术人员，他们能够掌握和使用本系统以达到调度和指挥生产的目的，负责水厂的生产调度工作和系统的正常运行。人员数量可根据各水厂的具体情况配备。

（2）系统维护机构

一般情况下，为自动化和信息化配备 2～3 名系统管理人员和维护人员。

运行管理人员应是相关专业的技术人员。统一全厂自动化和信息化的管理，统一开发计划，统一培训和横向联合。

维护人员应掌握计算机专业和自动化专业的一般知识，能熟练使用计算机技术，具备自动化系统的维护能力。负责系统的日常维护和一般故障的及时排除，保证系统的正常运行。

（3）人员的培训和进修

制定切实可行的人员的培训和进修计划，并遵照执行。

制定对员工的激励措施，并记录存档。

2. 规章制度

规章制度是自动化和信息化正常运行的重要基石。

为了让系统正常运行、让系统的程序和数据始终保持最新的正确状态，必须建立一套完整的管理维护制度。

这些制度包括《计算机网络管理制度》、《信息化系统管理制度》、《中控室和计算机房管理制度》、《档案资料管理制度》、《计算机病毒防范制度》、《数据保密及数据备份制度》、《安全保密管理制度》等。在制度中明确各岗位的职能、任务、权限和责任。

制定各岗位的操作手册，并进行公告和定期更新，使员工能够清楚了解修改的新内容。

下面列出了供企业参考的管理制度样本。

《计算机网络管理制度》

为推进企业信息化建设，促进网络资源共享，提高工作效率，确保计算机网络系统安全运行，按照"数据互换、信息共享、安全保密"的基本原则，制定以下管理制度。

第一条　各办公室工作人员负责本室计算机网络的使用与管理，做好计算机软件系统的杀毒工作，及时提供真实完整、质量较高、反映全面的数据信息，满足工作的需求。各处长对本处计算机网络的使用与管理负领导责任。

第二条　严禁上网聊天和玩游戏，严禁进入与工作无关的网站。

第三条　严禁上网下载及安装软件，由此造成病毒侵入而引起计算机瘫痪或其他损失的，一切后果由操作者自负，并追究处室负责人责任。

第四条　不得使用来历不明的软盘或光盘，不得把本处室的软盘随意外借，不得使用有病毒的光盘，使用软盘或光盘之前要先查杀病毒。

第五条　未经许可的外来人员不得随意操作计算机或相关设备，不得为外单位人员拷贝软件。

第六条　全体人员应遵守保密制度的规定，对要求保密的文件、资料不得上网共享使用。

第七条 计算机网络管理人员要严格遵守工作纪律，严守操作规程，建立和设置必要的安全防护系统，保证整个系统的正常运行。

《信息化系统管理制度》

第一条 数据保密

根据数据的保密规定和用途，确定数据使用人员的存取权限、存取方式和审批手续；

禁止泄露、外借和转移专业数据信息；

各科室应制定业务数据的更改审批制度，未经批准不得随意更改已在局域网内公布的业务数据；

各科室与因特网连接的计算机不得录入机密文件和涉密信息；

第二条 数据备份

各科室对本科室计算机内的重要数据应制作备份并异地存放，确保系统发生故障时能够快速恢复；

数据备份不得更改；

数据备份必须指定专人负责保管，由计算机信息技术人员按规定的方法同数据保管员进行数据的交接。交接后的备份数据应在指定的数据保管室或指定的场所保管；

数据备份保管地点应有防火、防热、防潮、防尘、防磁、防盗设施。

第三条 操作规范

一、计算机操作人员

必须爱护电脑设备，经常保持办公室和电脑设备的清洁卫生；

必须懂得正确操作和使用计算机，加强计算机知识的学习；

必须注意保护自己的计算机信息系统，自己部门登录系统的口令要注意保密；

不得让任何无关人员使用自己的计算机，不要擅自或让其他非专业技术人员修改自己计算机系统的重要设置；

严禁利用计算机系统上网发布、浏览、下载、传送反动、色情和暴力信息；

严禁利用计算机非法入侵他人或其他组织的计算机信息系统；

二、维护技术人员

维修计算机和软件的部门或个人，在出门、销售、出租以前和维修以后，必须保证计算机和软件无病毒和其他有害数据；

三、任何科室和个人不得从事下列活动：

利用计算机信息网络制作、传播、复制有害信息；

非法侵入计算机信息网络，非法窃取计算机信息系统中信息资源；

未经授权查阅他人电子邮箱，冒用他人名义发送电子邮件；

故意干扰计算机信息网络畅通，故意输入计算机病毒以及其他有害数据危害计算机信息系统安全；

违反规定，对计算机信息系统功能进行增加、删除、修改、干扰，对信息系统中存储、处理或者传输的数据和应用程序进行增加、删除、修改、复制，影响计算机信息系统正常运行；

刊登、出版、发行、销售、出租有关计算机病毒源程序的书刊资料和其他媒体；

传播、制造、销售、运输、携带、邮寄含有计算机病毒及危害学校及社会公共安全的有害数据；

危害计算机信息系统安全的施工，从事其他危害计算机信息系统安全的活动。

《中控室和计算机房管理制度》

第一条　安全规定

一、中控室和计算机房不得携入易燃、易爆物品；

二、中控室和计算机房内严禁吸烟；

三、中控室和计算机房不准吃饭、吃零食或进行其他有害、污损电脑的行为；

四、中控室和计算机房严禁乱拉接电源，以防造成短路或失火；

五、安装坚固门锁系统，防止电脑被盗。

第二条　净化规定

一、中控室和计算机房内不得有卫生死角、可见灰尘；

二、调节适合电脑的温度、湿度、负离子浓度，定时换风；

三、门窗密封，防止外来粉尘污染；

四、中控室和计算机房内不准带入无关物品，不准睡觉休息；

五、中控室和计算机房用品定期清洁。

第三条　参观管理的规定

一、无关人员不得进入机房。

二、经公司批准，外来人员才予安排参观。

三、外来人员参观中控室和计算机房，须有公司指定人员陪同。

四、电脑处理秘密事务时，不得接待参观人员。

五、操作人员按公司陪同人员要求可以在电脑演示、咨询；对参观人员不合理要求，陪同人员应婉拒，其余人员不得擅自操作。

六、经同意，参观人员可以实地操作电脑，但须有公司人员的认可，不得调阅公司机密文件。

第四条　软盘、光盘管理制度

一、软盘、光盘集中存放，由专人统一保管。

二、公司建立软盘、光盘使用档案，注明软件名称、部门、使用人员等信息。

三、各部门使用光盘，均向管理人员登记领用。

《档案资料管理制度》

第一条　档案管理要做到分类科学、整理系统、鉴定正确、保管安全、统计准确，利用方便、手段先进。

第二条　档案的收集、归档、整理及各类档案的综合管理工作指定专人负责，并接受上级档案管理部门的业务指导。

第三条　查阅档案材料，一般应在档案室进行，不得外借。

第四条 需要复印文件，必须经领导同意，不得擅自复印，复印数量及发放的单位应进行登记。

第五条 查阅档案，主要是为本单位服务，内部使用须办理登记，因业务需要确需对档案资料进行调整变更的，需经领导同意，原则上只能在原资料上办理调整手续或添加资料。对调整、变更、签批的资料必须对应存档，档案一律不得外借，外单位查阅，必须要有单位介绍信，经领导批准，方可借阅。

第六条 档案资料要根据上级审批机关的要求，按时间顺序适时调整，按年度归档保存。

第七条 查阅利用档案人员必须爱惜案卷，保证档案的完整、清洁，不得在案卷上涂改、圈划、抽换、批注，不得随意拆卷，对造成档案资料损失者，要依照《档案法》追究责任。

第八条 档案室应配套安全设施，销毁档案须编制销毁清册，经公司领导批准后，方可销毁。

第九条 档案管理人员调离岗位时，必须办理交接手续并签名盖章。

《计算机病毒防范制度》

第一条 网络管理人员应有较强的病毒防范意识，定期进行病毒检测，发现病毒立即处理并通知管理部门或专职人员。

第二条 采用国家许可的正版防病毒软件并及时更新软件版本。

第三条 未经上级管理人员许可，当班人员不得在服务器上安装新软件，若确为需要安装，安装前应进行病毒例行检测。

第四条 经远程通信传送的程序或数据，必须经过检测确认无病毒后方可使用。

《数据保密及数据备份制度》

第一条 根据数据的保密规定和用途，确定使用人员的存取权限、存取方式和审批手续。

第二条 禁止泄露、外借和转移专业数据信息。

第三条 制定业务数据的更改审批制度，未经批准不得随意更改业务数据。

第四条 每月末当班人员制作数据的备份并异地存放，确保系统一旦发生故障时能够快速恢复，备份数据不得更改。

第五条 业务数据必须定期、完整、真实、准确地转储到不可更改的介质上，并要求集中和异地保存，保存期限至少 3 年。

第六条 备份的数据必须指定专人负责保管，由管理人员按规定的方法同数据保管员进行数据的交接。交接后的备份数据应在指定的数据保管室或指定的场所保管。

第七条 备份数据资料保管地点应有防火、防热、防潮、防尘、防磁、防盗设施。

《安全保密管理制度》

根据《中华人民共和国保守国家秘密法》、国家保密局《计算机信息系统保密管理暂行规定》、《计算机信息系统国际联网保密管理规定》，结合本单位实际，制定本规定。

第一条 在局域网络上发布的信息是指经本单位主要领导或分管领导审核批准，向社会公开、让公众了解和使用的信息。

第二条 局域网络发布信息保密管理实行"涉密不上网，上网不涉密"，坚持"谁发布，谁负责"的原则。凡向互联网站提供或者发布信息，必须经本单位主要领导或分管领导审查批准，并应该按照一定的工作程序，健全信息保密审批制度。

第三条 上网信息应履行以下审批程序：各单位的信息提供部门负责信息的搜集和整理，然后提供给办公室审核，再送单位领导审批，最后提交信息管理人员在网上发布。

第四条 除新闻媒体已公开发表的信息外，本单位各科室及相关单位提供的上网信息应确保不涉及国家秘密。

第五条 本单位任何个人不得利用网站、网页上开设的电子公告系统、聊天室、论坛等发布、谈论和传播国家秘密信息。

第六条 本单位内部工作秘密、内部资料等，虽不属于国家秘密，但应作为内部事项进行管理，未经单位领导批准不得擅自发布。

第七条 明确禁止网上发布信息的基本范围与职责。

3. 运行记录

一个成熟和规范的水厂应该具有一年以上的《系统运行日志》、《设备运行记录》、《防雷系统维护记录》、《仪表维护校验记录》、《水厂巡视记录》。其中要求每日记录的是《系统运行日志》、《水厂巡视记录》、《仪表维护校验记录》，要求每周记录的是《设备运行记录》、《防雷系统维护记录》。

每本记录都要求条理清楚、内容规范、记载完整。

下面列出了供参考使用的记录日志样本。

《系统运行日志》 表 16-104

日期：		
系统名称：（水厂监测与控制系统、办公自动化系统、设备管理系统、水质管理系统、动态数学模型系统、视频监控系统、周界报警系统、门禁/巡更系统、防雷系统、突发事件处理系统、网络系统）		
系统运行状况		
宽带网速	设计速度：	运行速度：
局域网速	设计速度：	运行速度：
故障发生时间		
故障现象		
处理经过		
检修人员		记录人员

具体要求：

1) 本记录要求每日一份。应遵照《城镇供水厂运行、维护及安全技术规程》的要求对维护对象认真检查。

2) 网络速度的检查可为每周一次。

《水厂巡视记录》　　　　　　　　　　　　表 16-105

时间：

巡视部位	正常	维护后正常	本次维护内容
中控室			
计算机房			
进水，1#PLC 站			
加药，2#PLC 站			
沉淀，3#PLC 站			
滤池，4#PLC 站			
出水，5#PLC 站			
污泥处理，6#PLC 站			
电气			
现场仪表			
视频监控系统			
周界报警系统			
避雷针			
防雷和接地系统			

巡视人员：

巡视要求：

1）本记录要求每日一份。应遵照《城镇供水厂运行、维护及安全技术规程》的要求对巡视对象认真检查。

2）若发现系统、设备、仪表等异常，要立即联系相关人员，及时排除故障，保证水厂生产正常运行。

3）巡视对象中亦包括执行器、驱动器，要定期对它们进行检查、调整与维护，保证其能够可靠、准确地执行自动化控制系统的控制指令。

4）每次巡视都要认真记录，以存档备案。

《仪表维护校验记录》　　　　　　　　　　表 16-106

日期：			仪表编号：
仪表名称： （过程仪表：原水流量仪、出厂水流量仪、药液流量仪、气体流量仪、压力仪、液位仪、水头损失仪、温度仪、污泥浓度仪） （水质仪表：浊度仪、余氯仪、pH 仪、氨氮仪、溶解氧仪、化学需氧量仪、SCD 仪）			安装位置：
上次检定时间：			责任人：
检查项目	正常	维护后正常	本次维护内容
仪表显示			
传感器			
进水样管			
出水样管			
过滤器			
试剂状态			
清洁和清洗			
校验检定			

校验维护人员：

具体要求：

1）本记录要求每日一份。请遵照《城镇供水厂运行、维护及安全技术规程》的要求对维护对象认真检查。

2）水质仪表应每日检查一次。并应储备至少 2 次的试剂、清洗剂、标定液、过滤器、检测器等关键材料和备件。

3）每次检查都要认真记录，以存档备案。

《设备运行记录》

表 16-107

日期：			设备编号：	
设备名称：（服务器、PLC 控制器、工作站、防火墙、交换机、路由器、UPS 电源、投影仪、打印机、磁盘阵列）			安装位置：	
上次检定时间：			责任人：	
设备运行状况				
故障发生时间				
故障现象				
处理经过				
检修人员：			记录人员：	

具体要求：

1）本记录要求每周一份。请遵照《城镇供水厂运行、维护及安全技术规程》的要求对维护对象认真检查。

2）对 UPS 电源：每月检查一次内部和外部的接线端子，不应有松动、锈蚀、接触不良等现象；每半年检查一次输出电压、充电电压，应符合设计要求；每半年检查一次电池组充电器是否完好；每半年对处于浮充状态的在线运行的 UPS 电池做一次维护性放电；每半年清洗一次风扇外部过滤网；经常清理灰尘。

3）对于其他设备，

4）每次检查都要认真记录，以存档备案。

《防雷系统维护记录》

表 16-108

日期：					
名称和编号		安装位置	安装、绝缘、焊接情况	本次维护内容	责任人
避雷针	L-1				
	L-2				
	L-3				
电源避雷器	P-1				
	P-2				
	P-3				
信号避雷器	S-1				
	S-2				
	S-3				
接地器					
接地电阻					
维护人员：					

具体要求：

1) 本记录要求每周一份。请遵照《城镇供水厂运行、维护及安全技术规程》和现行国家标准的要求对维护对象认真检查。

2) 每年进入雷雨季节前必须检查与测试各类接地器（极）接地电阻，并应经常检查避雷器，发生事故后必须查明原因，并重新测试、及时更换损坏或有问题的接地器（极）与避雷器。

3) 每次检查都要认真记录，以存档备案。

16.9.3 责任和任务

管理和维护的目的是要保证自动化和信息化正常而可靠地运行，能发挥最大的作用，并使系统不断得到改善和提高。其任务就是要有计划、有组织地对系统进行必要的改动，以保证系统中的各个要素随着条件和环境的变化始终处于最佳的、正确的工作状态。

维护有两种可采取方式：一是用户具备专业技术力量和维护能力，自己进行维护，二是委托社会力量进行维护。不管采用哪种方式，管理权必须是业主自己把握，并有随时检查督促维护能力和维护水平的权力。

1. 常规维护

常规维护工作包括硬件维护、软件维护和数据维护三方面的内容，见表16-109所示。

自动化和信息化的常规维护内容　　　　　　　　　　表 16-109

序号	维护项目	具 体 内 容
1	硬件维护	专责人员应定期对自动化系统和设备进行巡视、检查、测试和记录，定期核对自动化信息的准确性、完整性，每年至少对设备进行一次全面点检和清扫； 定期检查网络设备工作状态、网络速度、运行参数与设计指标的一致性； 系统运行状况和环境状况的检查； 定期检查供电电源，当不能满足使用要求时，应采用UPS或稳压电源供电； 及时更换现场监控站的内置电池和损耗性器件； 每月检查一次UPS的输入、输出电源接线端子入电池接线端子，不应有松动、锈蚀、接触不良等现象； 每半年检查一次UPS的输出电压、充电电压，应符合设计要求； 一般故障的及时排除； 设立设备故障登记表和检修登记表
2	软件维护	改正性维护：改正软件性能上的缺陷，识别和纠正软件错误； 适应性维护：为适应外界环境或数据环境变化而进行的修改； 完善性维护：为扩充系统的功能和改善系统性能而进行的修改； 预防性维护：为了提高软件的可靠性、可维性等，对其中某一部分进行设计和调试：如磁盘整理、清除软件"垃圾"、病毒防护等
3	数据维护	每年至少一次，专人全面核对信息的准确性、完整性； 保证输入数据的完全正确性； 保证电脑中数据、文字材料中数据以及实际情况的完全一致性，并达到相应的精度； 确保指定期限内历史数据的完整； 确保用人工或自动的方法定期备份指定期限内的所有数据； 确保备份数据保管的安全可靠； 执行系统数据的安全的保障措施

2. 安全维护

安全维护工作体现在两方面：数据备份和安全管理。见表 16-110 所示。

信息系统安全维护工作内容表　　　　表 16-110

项　目		维　护　内　容
数据备份		备份内容：生产、管理、服务的重要数据，系统软件，应用软件； 备份周期：对于重要数据，不少于每月做一次备份； 备份地点：备份保管地点应有防火、防热、防潮、防尘、防磁、防盗设施，有条件的单位，最好异地保存备份
安全管理	实体安全	采用口令登录方式来控制对系统的访问，并设置不同权限级别的用户名和口令，不得超级操作； 严格执行各种安全防范措施； 严格执行各种制度管理措施； 保证机房的良好工作环境和报警设备的正常运行
	信息安全	严格执行计算机管理规定，使用病毒清理软件； 设置防火墙； 使用代码加密； 装设电磁屏蔽间或使用低辐射的计算机设备

3. 突发事件处理

突发事件处理应包括处理预案、应急小组、储备系统和记录备案四方面的内容。见表 16-111 所示。

突发事件处理表　　　　表 16-111

处理预案	调度主机和中控室主机上应有各种突发事件处理预案，预案具有实用性，处置得当，能减少损失，化险为夷。 处理预案至少应包括人身伤亡、设备事故、操作系统故障、液氯或液氨泄漏、爆管、生产工艺事故、停电、投毒、爆炸、恐怖袭击、地震、火灾、水灾、台风等。 应对应急预案进行定期演练和后评估
应急小组	应成立由企业领导挂帅的突发事件应急小组，应急小组成员有明确的分工
储备系统	应建立企业内部的技术、物资和人力等的储备系统
记录备案	对已发生的突发事件应有严格记录，存档备案

4. 故障处理

自动化和信息化的故障可分为硬件故障和软件故障两类，它们的处理方法可参考表 16-112 进行。

系统故障处理表　　　　表 16-112

故障性质	故　障　现　象	处　理　方　法
硬件故障	系统崩溃，无法运行	采用"排除法"，诊断出现故障的部件，更换后即可
	局部设备损坏	
	不影响正常运行的错误	

续表

故障性质	故 障 现 象	处 理 方 法
软件故障	系统错误：外部接口错误，参数调用错误，子程序调用错误，输入/输出地址错误，资源管理错误等	重新设计应用软件，由系统开发商负责解决。 若在使用中途发生，可先用备份软件恢复系统，再请开发商找出原因，予以解决
	功能错误：编码对功能的误解产生的错误	
	过程错误：逻辑错误，运算错误，初始错误，过程错误等	
	数据错误：数据结构、内容、属性错误，动态数据与静态数据混淆，参数与控制数据混淆等	
	编码错误：语法错误，变量名错误，局部变量与全局变量混淆，程序逻辑错误和编码书写错误等	
	病毒侵入：系统运行速度明显减慢或瘫痪	杀毒，重新安装系统软件

5. 资料管理

系统资料分为两类：自动化和信息化资料和生产报表资料。必须建立一套完整的《档案资料管理制度》，并有专人负责系统资料的管理。

档 案 资 料 表　　　　　　表 16-113

资料性质	资 料 内 容
系统资料	设计方案：设计依据，系统功能，系统结构，系统图纸
	操作说明书：系统启动、登录，各功能的操作，联网操作，一般情况处理
	测试报告：测试内容，各技术参数的实测值，与标准值的差异，存在的问题，整改措施等
	软件：操作系统软件（光盘），开发平台软件（光盘），工具软件（光盘），应用软件（光盘）等
	使用手册：包括开发厂商资料、软件使用手册，指令集等
	设备及仪表说明书：包括装箱单、合格证，说明书，使用手册，备品备件表、安装图等
	系统竣工图纸和资料：包括系统集成结构图，设备布置图，系统接线图，设计变更，验收报告等
生产报表资料	生产报表（日、月、季、年）：包括出厂压力、流量、电耗、药耗等数据
	值班记录：设备运行记录、生产状况记录、交接班内容、上级指示等
	生产分析：生产计划完成情况，影响生产的各种原因分析，生产问题分析等
	调度方案：公司指令，调度方案制定依据及方法，实际运行方案，变更原因等

6. 备品备件管理

备品备件的规格和数量应视客观情况确定，面对电子产品更新换代的特点，过多地储备备品备件是一种浪费。

软件的备份主要指系统应用软件及存储的各种监测数据。根据软件的大小可以采用软盘、光盘、磁带机、硬盘等方式进行备份。一般应备份2~3套，需分地存放。

对于监控主机、数据服务器等，需要做计算机硬盘的备份。

对于交通落后的偏远地区，易损件和关键部件的备品备件数量可适当多一些，但一般不要超过20%，并可有一定数量的整机备份。科技发达地区，视备品、备件获得的难易程度贮备可满足日常维修的备品、备件数量即可。

7. 系统的继续开发

由于信息技术的飞速发展和社会需求的不断深入，将会对系统提出新的需求，因此有系统继续开发的任务。

系统继续开发包括：系统软件的升级换代，先进软件的吸收消化和真正采用，先进控制技术的开发利用，系统的进一步优化等等。

对运行中的系统做继续开发或重大修改时，均应提出书面改进方案，并经技术认证，由相关部门与主管领导批准方可实施。

技术开发或改进后的设备和软件应经过测试与试运行，验收合格后方可投入运行，同时应对相关技术人员进行培训。

由于工艺调整、系统设备的变更，需修改相应的监控、操作画面、数据库和应用程序等内容时，应以经过批准的书面报告进行变更，并做好备份。

应用软件的开发和修改、数据库修改、图形显示和报表格式的生成和修改，均应在工程师站上进行，防止对正常运行系统的干扰。

16.9.4　系统的特殊维护

除了常规的管理与维护内容外，一些系统由于结构和使用上的特殊性，还需要进行特殊维护。

1. 监测与控制系统的特殊维护

现场监控站的维护内容　　　　　　　　　　　　　　　表 16-114

序号	项　目	主　要　内　容
1	定期检查	定期检查柜内通风和照明，柜内环境应符合设备运行条件的要求。 定期检查现场监控站，各项指示应正常，接线端子应无脱落、松动、接触不良等现象，接地良好。 定期对执行器、驱动器进行检查、调整与维护，保证其能够可靠、准确地执行自动化控制系统的控制指令。 定期检查供电电源，波动应符合要求，否则应采用稳压电源。 定期检查现场监控站的电源，当不能满足使用要求时，应采用 UPS 或稳压电源供电
2	及时更换	及时更换 PLC 内置电池和损耗性器件
3	清理灰尘	定期清理设备内外的灰尘

UPS 电源的维护内容　　　　　　　　　　　　　　　表 16-115

序号	项　目	主　要　内　容
1	定期检查	每月检查一次 UPS 的输入、输出接线端子及电池接线端子，不应有松动、锈蚀、接触不良等现象； 每半年检查一次 UPS 的输出电压、充电电压，应符合设计要求； 定期检查 UPS 电池组充电器是否完好，定期清理 UPS 电池灰尘； 对处于浮充状态的在线运行的 UPS 电池，每半年做一次维护性放电； 每半年检查一次 UPS 的输出电压、充电电压，应符合设计要求； 定期检查电池组充电器是否完好，避免电池长期处于过充电或不完全充电状态。应避免电池过度放电； 如果在半年之内电池从未放过电，应对电池做一次维护性放电；长期停用的电池应定期充放电
2	使用禁忌	不同容量、不同类型、不同制造厂家的电池严禁混合使用
3	清理灰尘	定期清理灰尘； 至少每半年清洗一次风扇外部过滤网

2. 视频监控系统的特殊维护

摄像机应定期进行清洁、除垢。

及时修剪遮挡摄像机"视线"的树枝，清理障碍物。

3. 周界报警系统的特殊维护

及时修剪遮挡报警系统的树枝，清理障碍物。

4. 防雷系统的特殊维护

防雷系统的特殊维护分为周期性维护和日常性维护两类。

周期性维护的周期为一年，每年在雷雨季节到来之前，应进行一次全面检测。日常性维护应在每次雷击之后，进行在雷电活动强烈的地区对防雷装置应随时进行目测检查。

防雷系统的维护内容   表 16-116

序号	项 目	主 要 内 容
1	检测外部防雷装置的电气连续性	若发现有脱焊松动和锈蚀等应进行相应的处理，特别是在断接卡或接地测试点处应进行电气连续性测量
2	检查避雷针、避雷带、网线杆塔和引下线的腐蚀情况及机械损伤	若有损伤，应及时修复；当锈蚀部位超过截面的三分之一时，应更换
3	测试接地装置的接地电阻值	若测试值大于规定值，应检查接地装置和土壤条件，找出变化原因，采取有效的整改措施
4	检测内部防雷装置和设备等电位连接的电气连续性	若发现连接处松动或断路，应及时修复
5	检查各类浪涌保护器的运行情况	有无接触不良、漏电流是否过大、发热、绝缘是否良好、积尘是否过多等，出现故障，应及时排除

5. 在线仪表的特殊维护

在线仪表的特殊维护内容包括：在线仪表的维护、校验、清洗、维修、资料管理等。

在线仪表运行管理的内容   表 16-117

序号	项 目	工 作 内 容
1	仪表维护	每台仪表的维护工作责任要落实到人； 对在线仪表和采样系统应定期进行目视检查； 严格按照说明书进行操作维护，杜绝盲目拆卸，减少因清洗造成的仪表损坏； 维护内容包括：防尘、防潮、防盗、防震、防腐蚀等工作； 每日检查一次在线水质仪表的进样管路和排水管路有无泄漏现象，确认样品的流动状态是否正常，仪表显示屏上是否有误动作指示； 按周期进行量程与精度、零点漂移、温度漂移的标定，更换过滤器，更新内置电池，电源检查与整机维护等工作； 定期对执行器、驱动器的动作开关、执行机构进行检查、调整与维护，保证其完好可靠； 做好仪表维护登记

序号	项 目	工 作 内 容
2	仪表校验	要有专人负责定期进行仪表的校验工作； 按国家规定或制造厂设定的仪表检定周期对在线仪表进行检定，保证其性能和精密度，使处于完好工作状态，并做好记录； 按周期进行量程、输入输出信号、开关动作进行校验调整； 当仪表读数波动较大时，应增加校对次数； 水质仪表校验使用的标准液应由相关部门专门提供； 储备至少两个周期的清洗剂、标准标定液、过滤器、检测器等关键材料； 做好校验登记
3	仪表清洗	水质仪表要有专人负责清洗； 在线水质检测仪表应按规定的使用周期对传感器进行清洗，更换过滤器； 清洗分为常规清洗、提交清洗、临时清洗三种，严格按说明书要求进行清洗操作，使仪表处于完好工作状态； 清洗完成后，清洗人员要仔细观察仪表运行状态，确认其运行正常，如发现存在故障，要及时进行处置； 做好清洗登记
4	仪表维修	对于本单位不能维修的仪表，可送外单位或请专业人员进行维修； 各台仪表的备品备件均应符合质量要求； 做好每次维修记录

主 要 参 考 文 献

1. 金银龙主编. 生活饮用水卫生标准释义. 北京：中国标准出版社. 2007.

2. 深圳自来水集团主编. 国际饮用水水质标准汇编. 北京：中国建筑工业出版社. 2001.

3. 甘石华. 饮用水卫生与管理. 北京：人民卫生出版社. 2008.

4. 岳舜琳. 给水处理技术文集. 净水技术杂志编辑部. 2009.

5. 蔡祖根等. 安全饮用水与科学饮水. 南京：南京大学出版社. 2010.

6. 城市供水水质标准检验项目释义. 中国城镇供水协会. 2005.

7. 蒋增辉. Ames 试验及其在自来水检测中运用. 城市公用事业. 2001/2.

8. 周鸿等. 水中内分泌干扰物在我国研究进展. 中国城镇水网.

9. 洪觉民. 为进一步提高自来水出厂水水质而努力. 中国给水排水. 2008

10. 水质与水处理(公共供水技术手册). 中国建筑工业出版社.

11. 陈运鸣. 我国城市供水水质的追赶目标. 中国供水与节水报.

12. 宋仁元. 宋仁元论文集. 中国城镇供水协会.

13. 沈大年. 沈大年从事供水事业 60 周年回顾. 中国城镇供水协会科技委.

14. 陆坤明. 水质标准和水质问题. 深圳自来水. 2000/12.

15. 黄永坚. 水库分层取水. 北京：中国水利电力出版社。1986. 9.

16. 郑月芳. 河道管理. 北京：中国水利电力出版社.

17. 周金全等. 地表水取水工程. 北京：化学工业出版社.

18. 吴存荣等. 水库运行与管理. 南京：河海大学出版社.

19. 陆清辉. 长距离隧洞输水系统压力控制技术研究. 宁波供水. 2008/1.

20. 陆清辉. 浅谈调流阀选型和配套组合装置的设计及运行. 宁波供水 2009/1.

21. 严其芳等. 直立式分层取水装置在水库取水工程中的应用. 给水排水. 2010/4.

22. 城镇供水厂运行、维护及安全技术规程. 北京：中国建筑工业出版社. 2010.

23. 室外给水设计规范. 北京：中国计划出版社. 2000.

24. 丁亚兰. 国内给水工程设计实例. 北京：化学工业出版社. 1999.

25. 李圭白. 锰化合物净水技术. 北京：中国建筑工业出版社. 2006.

26. 张杰等. 生物固锰除锰机理与工程技术. 北京：中国建筑工业出版社. 2005.

27. 洪觉民. 城镇供水工程. 北京：中国建筑工业出版社. 2009.

28. 吴正淮. 地下水除铁除锰机理的革新与应用. 给水排水. 1994/1.

29. 李圭白. 地下水除铁技术的若干新发展. 给水排水. 1983/3.

30. 张杰. 地下水除铁除锰现代观. 给水排水. 1996/10.

31. 给水排水设计手册第 3 册城镇供水. 北京：中国建筑工业出版社. 2004.

32. 化学工业标准汇编. 北京：中国标准出版社. 1996.

33. 严连荷. 水处理药剂及配方手册. 北京：中国石化出版社. 2004.

34. 陆柱等. 水处理药剂. 北京：化学工业出版社. 2002.

35. 徐广祥. 净水材料分析方法. 北京：中国建筑工业出版社. 1988.

36. 李享技. 助凝剂聚丙烯酰胺在净水生产中的应用. 城镇供水.

37. 杨大森等. 纯碱在水厂中的应用. 城镇供水. 2009/4.

38. 王庆松等. 解决水库水 pH 低对策研究. 城镇供水. 2008/3.

39. 邹一平等. 水厂加碱试验研究. 给水排水. 2001/10.

40. 张东等. 活化硅酸活化与助凝机理研究. 长三角论文集.

41. 顾振国等. 杨树浦水厂活化硅酸助凝效果的研究及生产性应用. 给水排水.

42. 崔福义等. 流动电流混凝控制技术在我国的应用. 给水排水. 1994、1999.

43. 高乃云. 浅议饮用水处理中聚丙烯酰胺的应用标准及潜在危害. 给水排水. 2010.

44. 何文杰等. 安全饮用水保障技术. 天津：天津出版社 2009.

45. 郭娟等. 微涡流混凝工艺在东海水厂改造中的应用. 供水技术. 2010/12.

46. 顾伟庆等. 药剂投加点对沉淀池出水浊度的影响. 给水排水. 2008/11.

47. 并全章等. 斜管沉淀池的积泥问题与措施. 城镇供水. 2005/5.

48. 周平等. 降低斜管沉淀池出水浊度的有效方法. 山东供水. 2007.

49. 常颖等. 平流沉淀池集水槽工艺改造研究. 给水排水. 2006/5.

50. 李明明等. 大丰水厂斜管沉淀池排泥系统的几点改进措施. 给水排水. 2007/2.

51. 陈伟等. 机械搅拌澄清池运行优化的研究. 给水排水. 2008/2.

52. 于天壁. 水力循环澄清池的几项改进. 给水排水. 1994/1.

53. 向晓峰. 水力循环澄清池改进实例. 城镇供水.

54. 万强煌. 提高水力循环澄清池加斜管(板)净水能力的设想. 给水排水. 1990/2.

55. 蒋力. 水力循环澄清池的技术改造. 净水技术. 2004/3.

56. 俞曙. 新型底部刮泥机在东钱湖水厂的应用. 宁波供水. 2010/6.

57. 许嘉炯等. 《新型中置式高密度沉淀池的开发与应用》. 给水排水. 2007/2.

58. 罗启达等 ACTIFLO一种新型高效水处理澄清工艺. 净水技术 2004. 1.

59. 林琦. 平流沉淀池技改工程成功案例介绍. 供排水设备. 2010/10.

60. 洪觉民等. 气水反冲洗在滤池中应用实践. 1992 北京国际水处理会论文集.

61. 王静争. 气水反冲洗技术在虹吸滤池中的应用. 给水排水. 1993/1.

62. 张军峰等. 对传统普通滤池的气水反冲洗技术改造. 设备信息.

63. 方林等. 双阀滤池改造为气水反冲洗滤池的实例. 供水技术. 2010/2.

64. 周明亮等. 对传统沉淀过滤工艺的更新与改进. 山东供水. 2007/2.

65. 方承佳. 改造大阻力普通快滤池的实践. 中国给水排水. 2000/6.

66. 马志利等. 紫金山虹吸滤池改造浅析. 给水排水. 1993/3.

67. 龙宝云. 虹吸滤池挖潜改造介绍. 给水排水. 2001/10.

68. 李满. 关于 V 形滤池在水厂建设与生产运行中应注意的几个问题. 设备信息.

69. 纪银传等. 梅岭水厂 V 形滤池黑化石英砂滤料解决方案. 城镇供水. 2010/1.

70. 汤光明等. 滤料表面黑化物质的组成及清洗技术研究. 城镇供水. 2010/1.

71. 朱进军等. 常规水处理工艺中亚硝酸盐的抑制与去除. 给水排水. 2009/4.

72. 朱卫方等. 浅谈 V 形滤池的维护管理. 西南给排水. 2001/5.

73. 陈艳萍等. V 形滤池泥球形成的原因及解决办法. 给水排水. 2005/1.

74. 王争元等. V 形滤池反冲洗排水系统的设计探讨. 中国给水排水. 2005/1.

75. 容振辉等. V 形滤池气动蝶阀的技术改造. 设备信息.

76. 章民驹等. 挂城水厂 V 形滤池的阀门改造. 中国给水排水. 2001/2.

77. 陆劲蓉等. 浅谈滤后水水质管理. 供水节水报.

78. 何寿平. 移动冲洗罩滤池. 北京：中国建筑工业出版社.

79. 吴济华. GTE 翻板型滤池. 西南给排水. 1999/6.

80. 周俊杰等. 翻板滤池在昆明饮用水处理中应用 2005 水质年会.

81. 王佐等. 普通快滤池改造为气水反冲洗均质滤料滤池工程实践. 供水技术. 2010/12.

82. 蒋继申等. 《杭州市九溪水厂自控系统的特包及大型水厂的建设体会》给水排水 2001/07.

83. 蒋继申等. 《给水行业自动化和信息化系统技术性能指标的探讨》, 给水排水 2005/04.

84. 孙晓航等. 氯胺消毒方法及其对水质影响的研究. 城镇供水. 2009/2.

85. 许阳. V-2000 真空加氯系统常见故障的判断及处理. 给水排水. 1996/6.

86. 高新沙. 储存、使用氯气安全问题及其对策. 设备信息.

87. 胡晓园. 浅谈水厂液氨消毒设施的安全管理. 中国供水节水. 2010/6.

88. 商文新等. 消毒设备技术发展状况. 设备信息.

89. 陈志平. 次氯酸钠消毒在水厂中应用. 城镇供水. 2009/4.

90. 何纯提. 净水厂排泥水处理. 中国建筑工业出版社. 2006.

91. 叶辉等. 自来水厂排泥水处理污泥量的确定方法. 给水排水. 2002/1.

92. 张明德等. 长桥水厂排泥水处理及板框压滤机系统. 给水排水. 2007/9.

93. 郑小明等. 排泥水处理技术在闵行一水厂的应用. 给水排水. 2003/6.

94. 陈昊. 研究常规水处理除藻新方法. 西南给排水. 2010.5.

95. 陈静. 自来水厂污泥浓缩和聚丙烯酰胺预处理研究. 同济大学学报. 2006

96. 白玉华. 粉末活性炭投加系统应用于给水厂的设计. 给水排水. 2010/1.

97. 深圳市供水行业技术进步指南 SZDB/Z 23-2009.

98. 陈士才等. 杭州市祥符水厂的排泥水处理工程. 给水排水. 2004/2.

99. 刘辉等. 自来水厂排泥水处理的国内外发展概况. 给水排水. 2001/1.

100. 潘明等. 北京市第九水厂污泥处理工程设计简介. 给水排水. 1999/1.

101. 许建华. 自来水厂排泥水处理技术的若干问题. 给水排水. 2001/17.

102. 成华等. 梅村水厂污泥处理. 深圳自来水. 2001/3.

103. 周建军等. 太原市呼延水厂污泥处理工程简介. 给水排水. 2006/8.

104. 朱海涛等. 嘉兴贯泾港水厂工艺运行介绍. 给水排水. 2009/3.

105. 陈士才. 大型臭氧系统在净水厂深度处理中应用. 给水排水.

106. 张捷等. 再生颗粒活性炭在果园桥水厂的实用实践. 给水排水. 2005/1.

107. 许嘉炯等. 嘉兴南郊水厂微污染河网水集成净水处理工艺选择及设计. 给水排水. 2008/9.

108. 洪觉民等编著. 中、小自来水厂管理维护手册. 北京：中国建筑工业出版社, 1990.

109. 刘竹溪 刘景植主编. 水泵与水泵站 第三版. 北京：中国水利水电出版社, 2006.

110. 何川 郭立君主编. 泵与风机 第四版. 北京：中国电力出版社, 2008.

111. 柏学恭 田馥林主编. 泵与风机检修. 北京：中国电力出版社, 2008.

112. 沙毅 闻建龙编著. 泵与风机. 合肥：中国科学技术大学出版社, 2005.

113. 中国机械工程学会设备与维修工程分会编. 泵类设备维修问答. 北京：机械工业出版社, 2007.

114. 中国城镇供水协会编. 机泵运行工. 北京：中国建材工业出版社, 2005.

115. 赵家礼主编. 高压交流电动机检修技术问答. 北京：化学工业出版社, 2008.

116. 孙克军主编. 电动机的使用与维修. 北京：化学工业出版社, 2008.

117. 张选正 顾红兵编著. 中高压变频器应用技术. 北京：电子工业出版社, 2007.

118. 任致程主编. 实用软启动器图集. 北京：中国电力出版社, 2008.

119. 孙晓霞主编. 实用阀门技术问答. 北京：中国标准出版社, 2008.

120. 中国机械工程学会设备与维修工程分会编. 起重设备维修问答. 北京：机械工业出版社, 2004.

121. 中华人民共和国能源部编. 进网作业电工培训教材(上)(下). 辽宁：辽宁科学技术出版社, 1992.

122. 深圳市供水行业技术进步指南 SZDB/Z23-2009.

123. 韩安荣主编. 通用变频器及其应用. 北京：机械工业出版社，2000.

124. 蒋继申等.《给水行业自动控制系统》. 南京：河海大学出版社. 1999 年.

125.《城市供水 2010 年技术进步发展规划及 2020 年远景目标》. 中国建筑工业出版社. 2005 年.

126. 浙江省城市供水现代化研究报告 2003.

127. 刘文君. 高度重视饮用水微生物学安全性强化紫外线消毒. 给水排水. 2011/8.

128. 聂雪彪等. 天津开发区净水厂三期工程紫外线消毒系统应用研究. 给水排水. 2011/5.

129. 张悦、张晓健等. 城市供水系统应急指导手册. 北京：中国建筑工业出版社，2010 年.

130. 刘文君等. 城市供水系统应急技术手册. 北京：中国建筑工业出版社，2011 年.

131. 刘志琪等. 城镇供水安全保障及应急体系研究报告. 中国城镇供排水协会.